LEHRBUCH DER DARSTELLENDEN GEOMETRIE

IN ZWEI BÄNDEN

VON

DR.-ING. E. H., DR. PHIL. G. SCHEFFERS

O. PROFESSOR AN DER TECHNISCHEN HOCHSCHULE BERLIN

ZWEITER BAND

ZWEITE, DURCHGESEHENE AUFLAGE
(MANULDRUCK)

MIT 396 TEXTFIGUREN

SPRINGER-VERLAG BERLIN HEIDELBERG GMBH 1927

ISBN 978-3-662-40642-7   ISBN 978-3-662-41122-3 (eBook)
DOI 10.1007/978-3-662-41122-3

Vorwort zur ersten Auflage.

Wie beim Erscheinen des ersten Bandes angekündigt wurde, bringt der zweite zunächst die Perspektive oder Zentralprojektion und dann in einem umfangreichen letzten Kapitel Anwendungen und Ergänzungen. Während sonst für die Anordnung des Stoffes die Projektionsverfahren maßgebend waren, sind es im letzten Kapitel die abzubildenden Gegenstände. Ihre Eigenschaften werden mit den Hilfsmitteln der darstellenden Geometrie erforscht. Schon beim Durcharbeiten des ersten Bandes kann man ohne weiteres Abschnitte aus diesen Anwendungen und Ergänzungen heranziehen. Überhaupt bleibt es jedem überlassen, aus dem letzten Kapitel auszuwählen, was ihm besonders wichtig erscheint. In Vorträgen über darstellende Geometrie wird man mit der zur Verfügung stehenden Zeit zu rechnen haben und sich dementsprechend mit einer bescheidenen Auswahl aus der Fülle der Dinge begnügen müssen. Das Buch muß dagegen über alle wichtigeren Anwendungen Auskunft geben, um im Falle des Bedarfs als Berater dienen zu können.

Nicht gebracht wurde die Lehre von den Linien gleicher Helligkeit auf Flächen, da ihre herkömmliche Begründung mit der Wirklichkeit im Widerspruche steht, indem sie nur den Einfallswinkel der Lichtstrahlen und nicht auch den Einfallswinkel der Sehstrahlen bei der Betrachtung des Grundrisses oder Aufrisses berücksichtigt. Will man auch dies tun, also die subjektiven Lichtgleichen ermitteln, so entsteht eine Aufgabe, deren Schwierigkeit in keinem vernünftigen Verhältnis zum Gewinn steht, womit nicht gesagt sein soll, daß sie an sich mathematisch behandelt zu werden verdient. Beiseite gelassen wurde auch die Photogrammetrie oder Auswertung photographischer Aufnahmen zur Wiederauffindung der wahren Abmessungen der Gegenstände, da sie bei ihrem großen Umfang ein ganzes Kapitel erfordert hätte. Auch wurde davon abgesehen, die eigentliche Kurven- und Flächentheorie zu entwickeln. Denn die darstellende Geometrie hat andere Ziele als die Differential- und Integralrechnung. Diese mag die Kurven und Flächen in ihrer Allgemeinheit erforschen, die darstellende Geometrie soll sie nur durch besonders lehrreiche Beispiele in einigen kennzeichnenden Hauptzügen beleuchten.

Die geschichtlichen Anmerkungen wird mancher Techniker als Ballast ansehen. Vielleicht aber wird er mit dieser Meinung ein wenig zurückhalten, wenn er sich die Frage vorlegt, was eigentlich die letzten Gründe dafür sind, daß zwar die Technik selbst in der Allgemeinheit hoch geschätzt wird, der Techniker jedoch immer noch nicht die ihm gebührende Achtung genießt. Zwischen Zivilisation und Kultur besteht eben ein gewisser Unterschied; wer ihn nicht kennt oder nicht kennen will, darf sich nicht über die Folgen beklagen.

Auch der zweite Band bringt an einigen Stellen Neues. Die Abbildungen nebst ihrer Beschriftung habe ich wieder selbst hergestellt; sie wurden bloß mechanisch wiedergegeben, so daß alle an ihnen etwa zu bemerkenden Mängel mir allein zur Last fallen. Bei der sehr großen Zahl von Abbildungen wird man aber mildernde Umstände zugestehen, da es überhaupt eine nicht ganz leichte Sache war, trotz der Überlastung, unter der wir Hochschullehrer seit zwei Jahren leiden, das Werk zu Ende zu führen.

Auch beim Abschlusse des zweiten Bandes bringe ich dankbar zum Ausdruck, daß der Herr Verleger ihn aufs beste ausgestattet hat.

Berlin - Dahlem, im August 1920.

Vorwort zur zweiten Auflage.

Zu wesentlichen Änderungen lag kein Anlaß vor. Ein paar Irrtümer, auf die ich freundlicherweise hingewiesen wurde, sind ausgemerzt. Selbstverständlich sind auch alle bekannt gewordenen Druckfehler beseitigt. Da sich in der Anlage und Einteilung nichts geändert hat, kann man ohne Störung beide Bände des Werkes in der ersten oder zweiten Auflage nebeneinander benutzen.

Durch Hinzufügung eines Namenverzeichnisses zu beiden Bänden komme ich einem von befreundeter Seite geäußerten Wunsche nach. Es bezieht sich hauptsächlich auf die geschichtlichen Ausführungen, denn sonst habe ich im allgemeinen nur da Autoren erwähnt, wo ich mir bewußt war, daß ich mich auf sie gestützt habe.

Dies Vorwort gibt mir Gelegenheit, auf eine Einzelheit im ersten Bande zurückzukommen: In der zweiten Auflage des ersten Bandes ist der Übergang vom Grund- und Aufriß zum Kreuzriß durch Benutzung der Hilfsgeraden unter 45 Grad bewerkstelligt worden, siehe insbesondere die Fig. 305 auf S. 284. Dies Verfahren ist bei Anwendung der Reißschiene bequemer als das sonst gebräuchliche; immerhin scheint es kaum der Mühe wert zu sein, das hier besonders hervorzuheben. Aber es gewinnt eine größere Bedeutung, wenn man nach einer Mitteilung meines verehrten Kollegen E. Waelsch in Brünn, dem ich diese Vereinfachung verdanke, daran die hübsche Bemerkung knüpft: Grundriß, Aufriß und Kreuzriß eines beweglichen Punktes sind drei Ecken eines veränderlichen Rechtecks, dessen Seiten immer dieselben Richtungen behalten, während die vierte Ecke jene 45-Grad-Linie durchläuft.

Berlin - Dahlem, im Dezember 1926.

Georg Scheffers.

Inhalt.

---

[1]) Die mit Sternchen versehenen Nummern sind überschlagbar.

Fünftes Kapitel: Anwendungen und Ergänzungen.

Viertes Kapitel.

Zentralprojektion oder Perspektive.

§ 1. Grundbegriffe.

290. Erklärung der Zentralprojektion oder Perspektive. Die bisher entwickelten Verfahren der Abbildung dienten im wesentlichen zur Herstellung technischer Zeichnungen. Will man die Grundlagen zum Entwerfen künstlerischer Zeichnungen gewinnen, solcher Zeichnungen also, die möglichst unmittelbar einen lebendigen Eindruck des Dargestellten hervorrufen sollen, so muß man davon ausgehen, wie das Sehen überhaupt zustande kommt:

Ein Punkt P des Raumes wird sichtbar, wenn von ihm ausgehende Lichtstrahlen die Sehnerven des Beobachters treffen. Diese geradlinigen Strahlen gehen durch die Mittelpunkte O_1 und O_2 der Augenlinsen. Indem sie Reize ausüben, wird der Beobachter veranlaßt, den Punkt P sowohl in der Richtung von O_1 nach P als auch in der von O_2 nach P zu suchen, siehe Fig. 405. Beim Sehen führt man also ein Zurückgehen in der Lichtrichtung aus (Nr. 112). Man löst, ohne sich dessen bewußt zu sein, die trigono-

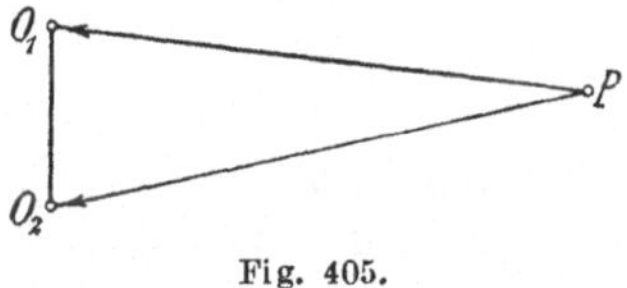

Fig. 405.

metrische Aufgabe, aus der Grundlinie O_1O_2, dem Abstand der Augen voneinander, und aus den Richtungen, in denen O_1P und O_2P zur Grundlinie geneigt sind, die Entfernungen O_1P und O_2P zu bestimmen. Unablässige Erfahrung macht uns darin geübt, diese Entfernungen abzuschätzen. Schließt man das eine Auge O_2, so kann man zwar immer noch die Richtung feststellen, in der sich der Punkt P befindet, nicht aber seine Entfernung O_1P vom Auge O_1, es sei denn, daß andere Erfahrungen Hilfe leisten: Die ungefähre Entfernung bekannter Gegenstände schätzt man beim Sehen mit nur einem Auge auf Grund des Umstandes ab, daß sie in größeren Abständen kleiner erscheinen. Außerdem kommt der Umstand zu Hilfe, daß sich die Farben der Gegenstände in größeren Entfernungen abtönen. Sobald derartige Anhalte fehlen, ist man nicht imstande, mit bloß einem Auge die Entfernungen abzuschätzen. Dies zeigt der bekannte Versuch, beim Sehen mit nur einem Auge einen Faden in die Öse einer Nadel einzuführen. Man hilft sich hierbei unwillkürlich dadurch, daß man den Kopf bewegt, also das Auge in eine andere Lage bringt und so das zweite Auge ersetzt.

Wenn man nun statt eines Gegenstandes im Raum eine auf eine Bildtafel T entworfene Zeichnung des Gegenstandes betrachtet, erhellt aus dem vorhergehenden, daß das Sehen mit beiden Augen der Vortäuschung eines räumlichen Gebildes geradezu Abbruch tut. Denn die Entfernung des Bildes, also das Flächenhafte, Platte der Zeichnung kommt dabei zum Bewußtsein. Deshalb nehmen wir im folgenden an, daß nur ein Auge zum Sehen benutzt werde.

Den Mittelpunkt der Augenlinse, durch den die Sehstrahlen gehen, bezeichnen wir kurzweg als das Auge O (vom latein. oculus). Blickt man nach einem Punkt P, so macht jeder andere auf dem Sehstrahl OP gelegene Punkt auf das Auge denselben Eindruck wie der Punkt P selbst. Insbesondere gilt dies von demjenigen Punkt P', in dem der Sehstrahl OP die Bildtafel T schneidet. Daher wird unter dem Bild des Punktes P der Schnittpunkt P' des Sehstrahls OP mit der Tafel T verstanden. Der Sehstrahl OP heißt auch der projizierende Strahl des Punktes P und das Auge O das Projektionszentrum. Das hierdurch festgelegte Abbildungsverfahren nennt man Zentralprojektion oder Perspektive. Eigentlich bedeutet Perspektive ein Hindurchsehen (Nr. 105): Man denke sich die Tafel T als durchsichtige Glasplatte und nehme den abzubildenden Gegenstand z. B. dahinter an, so das Vierflach $PQRS$ in Fig. 406. Die Seh-

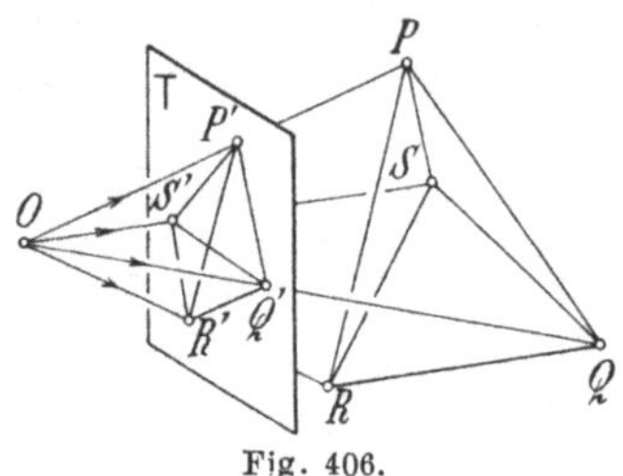
Fig. 406.

strahlen OP, OQ, OR, OS schneiden die Tafel T in den Bildern P', Q', R', S' der Eckpunkte. Das Bild $P'Q'R'S'$ des Vierflachs macht, von O aus betrachtet, auf das Auge den Eindruck, als ob man durch die Glasplatte hindurch das wirkliche Vierflach $PQRS$ im Raum erblickte. Dies trifft nicht mehr zu, wenn man das Bild $P'Q'R'S'$ von einer anderen Stelle aus betrachtet. Zum perspektiven Bild eines Gegenstandes gehört also allemal ein bestimmter Punkt O, von dem aus es angeschaut werden muß. Die Bezeichnung Zentralprojektion oder Perspektive dient nicht nur für das Abbildungsverfahren, sondern auch für das Bild: Man nennt $P'Q'R'S'$ die Perspektive des Vierflachs $PQRS$.

Die Parallelprojektion ist ein Sonderfall der Perspektive, nämlich eine Perspektive mit unendlich fernem Projektionszentrum O. In diesem Fall sind die projizierenden Strahlen parallel. Aus unendlich großer Ferne kann man eigentlich nur unendlich große Gegenstände erkennen. Mit ziemlicher Annäherung üben wir beim Sehen eine Parallelprojektion aus, wenn wir z. B. den Mond betrachten. Ein in Parallelprojektion entworfenes Bild kann nur angenähert eine künstlerische Wirkung hervorrufen, und zwar nur dann, wenn man aus so weiter Ferne darauf blickt, daß die Sehstrahlen nahezu die Richtung der Projektion bekommen. Da die Parallelprojektion bloß ein Sonderfall der Perspektive ist, gelten ihre Gesetze nicht ohne weiteres auch im Fall der allgemeinen Zentralprojektion oder Perspektive. Ein wesentlicher Unterschied sei schon hier erwähnt: Ein unendlich ferner Punkt, der nicht gerade in der Richtung der bei der Parallelprojektion benutzten projizierenden Strahlen liegt, hat ein ebenfalls unendlich fernes Bild. Anders ist es, wenn man von einem im Endlichen gelegenen Projektionszentrum O aus das Bild herstellt, siehe Fig. 407: Selbst wenn P unendlich fern liegt, wird der nach P gehende Sehstrahl OP, also die

Parallele durch O zur Richtung, in der P unendlich fern gegeben ist im allgemeinen die Tafel T in einem im Endlichen gelegenen Punkt P' schneiden. Dies ist nur dann nicht der Fall, wenn die Richtung, in der man den unendlich fernen Punkt P angenommen hat, zur Tafel parallel ist. Somit folgt: **Liegt das Projektionszentrum O im Endlichen, so hat jeder unendlich fern gelegene Punkt P ein im Endlichen gelegenes perspektives Bild P', es sei denn, daß die Richtung nach dem unendlich fernen Punkt zur Tafel parallel verlaufe.**

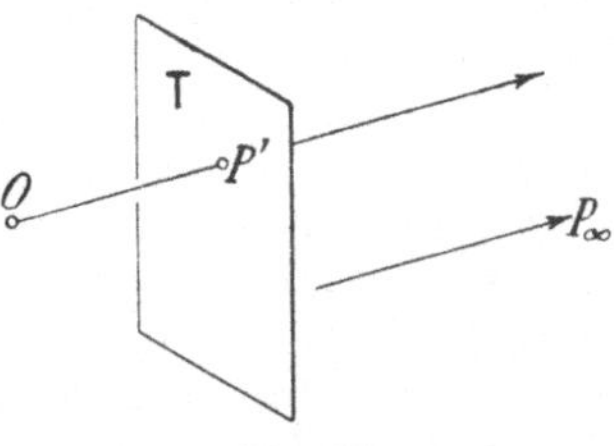

Fig. 407.

Richtung und unendlich ferner Punkt ist nach Nr. 4 dasselbe. In der Perspektive wird demnach eine Richtung durch einen Punkt der Bildtafel gekennzeichnet. Man wird im folgenden sehen, daß diese Kennzeichnung einer Richtung fortwährend in der Perspektive mit großem Vorteil zur Verwendung kommt.

Ein mechanisches Verfahren zur Herstellung einer Perspektive ist die Photographie: In Fig. 408 ist eine photographische Kammer mit Objektiv und photographischer Platte $\mathfrak{T}$ im Querschnitt dargestellt. Die Lichtstrahlen, deren chemische Wirkung auf die Platte das Negativ erzeugt, gehen durch den Mittelpunkt O des Objektivs. Ein Gegenstand PQ bringt also auf der Platte $\mathfrak{T}$ ein Bild $\mathfrak{P}\mathfrak{Q}$ hervor, das der Schnitt der Ebene $\mathfrak{T}$ mit den von den Punkten des Gegenstandes ausgehenden Strahlen durch O ist. Nun bedeute T eine nur gedachte Ebene, die zu $\mathfrak{T}$ parallel sei,

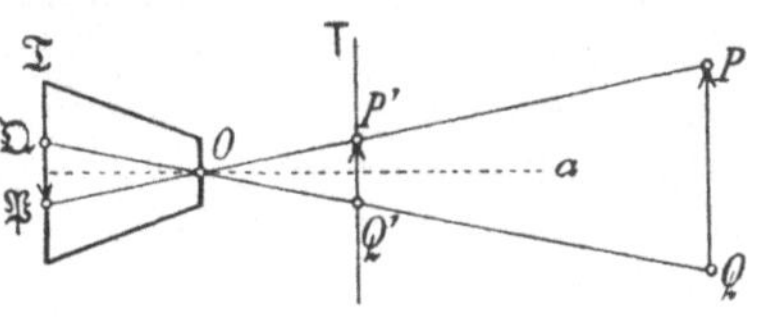

Fig. 408.

und zwar so, daß sich O in der Mitte zwischen $\mathfrak{T}$ und T befinde. Die durch O gehenden Sehstrahlen erzeugen auf der Tafel T ein perspektives Bild $P'Q'$ des Gegenstandes PQ, indem O die Stelle des Auges vertritt. Man sieht, daß dies perspektive Bild $P'Q'$ mit dem Negativ $\mathfrak{P}\mathfrak{Q}$ kongruent ist, aber durch 180° um die Achse a der photographischen Kammer gedreht. Hat man vom Negativ durch Entwickeln und Kopieren ein Positiv, die eigentliche Photographie hergestellt, und bringt man sie in der richtigen Lage auf die Ebene T, so ist also die **Photographie die Perspektive des Gegenstandes** PQ, **wie sie durch Projektion vom Zentrum O aus auf die Tafel T entsteht.**

291. Hauptpunkt und Distanz. Ein perspektives Bild macht nur dann denselben Eindruck wie der Gegenstand, wenn es vom Projektionszentrum O aus betrachtet wird. Deshalb muß man auf der Bildtafel T Angaben machen, aus denen zu entnehmen ist, welche Lage das Auge O gegenüber der Tafel T hat. Zu diesem Zweck fällt man das Lot von O auf die Tafel. Es heißt der **Hauptsehstrahl** und trifft die Tafel in einem Punkt H, dem **Hauptpunkt.** Die Länge des Lotes OH wird die **Distanz** genannt. Das Fremdwort Distanz werden wir nur für die Entfernung des Auges von der Tafel und niemals für irgendeine andere Entfernung benutzen. Man bezeichnet die Distanz gewöhnlich mit dem Buchstaben d. Durch die Angabe des Hauptpunktes H, der Länge der Distanz d und derjenigen Seite der Tafel, die als die von O aus gesehene Vorderseite dient, ist die Lage des Auges O gegenüber der Tafel vollkommen bestimmt.

Die deutliche Sehweite beträgt beim Lesen 20 bis 25 cm. Demnach wäre d so lang anzunehmen. Größere Zeichnungen betrachtet man allerdings aus größerer Entfernung. Mithin ist $d = 20$ cm ungefähr das Minimum der Distanz. Wird aber $d = 20$ cm oder größer gewählt, so brauchen wir für die Figuren zu viel Platz. Außerdem entstehen dann Schwierigkeiten durch das Vorkommen unerreichbarer Punkte. Aus diesen Gründen werden wir bei der Entwicklung der Grundlagen der Perspektive die Distanz zunächst immer bedeutend kleiner annehmen. Erst später zeigen wir, wie man die Schwierigkeit der unerreichbaren Punkte bei der Wahl einer Distanz in vernünftiger Länge überwinden kann. Man muß daher bei den folgenden Abbildungen immer daran denken, daß die Distanz d zu klein gewählt ist, und darf sich deshalb nicht durch anscheinende Verzerrungen der Figuren stören lassen. Bringt man das Auge jedesmal in die allerdings zu gering gewählte Entfernung von der Tafel, was sich zur Not oft erreichen läßt, ohne das Sehen unmöglich zu machen, so verschwinden die zunächst auffallenden Verzerrungen. Im Fall der Photographie (Nr. 290) ist die Distanz d gleich der Entfernung des Objektivs O von der photographischen Platte $\mathfrak{T}$, also gleich der Brennweite des Objektivs. Da sie meistens weniger als 20 cm beträgt, macht man Photographien dadurch anschaulicher, daß man sie vergrößert. Dies bedeutet nichts anderes, als daß die Distanz vergrößert wird. In der Tat gilt nämlich der Satz:

Wenn man das perspektive Bild eines Gegenstandes ähnlich vergrößert, entsteht ein perspektives Bild desselben Gegenstandes auf einer zur ursprünglichen Tafel parallelen Tafel mit gegenüber dem Gegenstand selbst unverändert gebliebenem Projektionszentrum oder Auge. Das Verhältnis der neuen Distanz zur alten entspricht dabei dem Maße der angewandten Vergrößerung. Die Richtigkeit

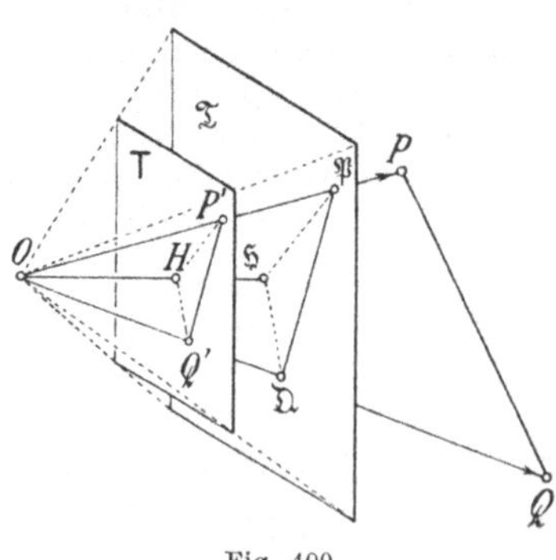

Fig. 409.

dieses Satzes leuchtet bei der Betrachtung der Fig. 409 ohne weiteres ein. Darin ist die Tafel T durch eine zu ihr parallele neue Tafel $\mathfrak{T}$ ersetzt, so daß an die Stelle der Bilder P', Q' der Punkte P, Q die Schnittpunkte $\mathfrak{P}$, $\mathfrak{Q}$ der Sehstrahlen OP, OQ mit der Ebene $\mathfrak{T}$ treten. Ist $\mathfrak{H}$ der neue Hauptpunkt, d. h. der Schnittpunkt des Hauptsehstrahls OH mit $\mathfrak{T}$, so ist $\mathfrak{H}\mathfrak{P} : HP' = O\mathfrak{H} : OH$, ebenso $\mathfrak{H}\mathfrak{Q} : HQ' = O\mathfrak{H} : OH$. Außerdem ist $\mathfrak{H}\mathfrak{P} \parallel HP'$ und $\mathfrak{H}\mathfrak{Q} \parallel HQ'$. Demnach ist das neue Bild auf der Tafel $\mathfrak{T}$ in der Tat dem alten Bild auf der Tafel T ähnlich.

Bei dieser Ähnlichkeit entspricht dem Hauptpunkt $\mathfrak{H}$ der neuen Tafel der Hauptpunkt H der alten Tafel. Wird die neue Distanz $O\mathfrak{H} = \mathfrak{d}$ gesetzt, so ist $\mathfrak{d} : d$ der Maßstab der Vergrößerung.

Hieraus erhellt: Die im folgenden zu entwerfenden perspektiven Bilder, bei denen wir die Distanz d aus den angegebenen Gründen zu klein wählen, gehen in für die Betrachtung wirklich brauchbare perspektive Bilder über, wenn sie in einem geeigneten Maßstab ähnlich vergrößert werden.

292. Verschwindungsebene. Daß ein Punkt P, dessen perspektives Bild P' entworfen werden soll, hinter der Bildtafel T, vom Auge O gerechnet, liege, ist durchaus nicht erforderlich. Auch solche Punkte P, die vor der Tafel gelegen sind, haben perspektive Bilder, denn der Sehstrahl OP schneidet die Tafel T immer in einem bestimmten Punkt P', abgesehen selbstverständlich von dem Fall, wo P im Auge O selbst liegt. Denn in diesem Fall ist der Sehstrahl OP unbestimmt und demnach auch das Bild P'.

Das perspektive Bild P' eines Punktes P ist unendlich fern, wenn der Sehstrahl OP zur Tafel parallel ist (Nr. 290). Alle zur Tafel parallelen Sehstrahlen machen die zur Tafel parallele Ebene durch O aus. Diese Ebene heißt die Verschwindungsebene V, siehe Fig. 410. Sie ist also der Ort aller derjenigen Punkte, deren Bilder unendlich fern liegen. Jeder in der Verschwindungsebene gelegene Punkt heißt ein Verschwindungspunkt, jede in ihr gelegene Linie eine Verschwindungslinie.

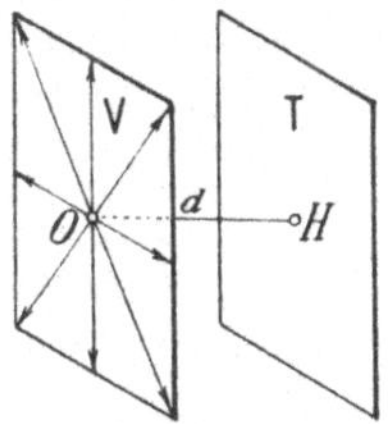

Fig. 410.

Die Verschwindungsebene V zerlegt den Raum in zwei Teile. Da wir uns vorstellen, daß der Beobachter von O aus nach der Tafel T blicke, ist derjenige Teil, in dem sich die Tafel befindet, der vor dem Beobachter, der andere der hinter ihm gelegene. Wenn künftig von vor oder hinter dem Beobachter befindlichen Punkten die Rede sein wird, soll es immer in diesem Sinne gemeint sein. Ein hinter dem Beobachter gelegener Punkt P wird nicht gesehen, aber rein geometrisch kommt auch ihm ein perspektives Bild zu, denn der Strahl OP schneidet die Tafel in einem Punkt P'. Selbstverständlich soll eine perspektive Darstellung im Endergebnis nur wirklich sichtbare Gegenstände veranschaulichen. Aber zu Zwecken der Konstruktion bedient man sich vorteilhaft häufig auch der nur geometrischen, nicht physikalischen oder wirklich wahrnehmbaren Bilder von hinter dem Beobachter gelegenen Punkten. Ist ein Punkt P sichtbar, so ist die Reihenfolge

$$\text{entweder} \quad O \to P \to P' \quad \text{oder} \quad O \to P' \to P,$$

je nachdem nämlich P vor oder hinter der Tafel liegt. Ist ein Punkt P unsichtbar, d. h. befindet er sich hinter dem Beobachter, so ist dagegen die Reihenfolge

$$P \to O \to P'.$$

293. Schlagschatten bei Zentralbeleuchtung aufgefaßt als Zentralprojektion. Ebenso wie die Photographie (Nr. 290) liefert auch der Schlagschatten, der bei Zentralbeleuchtung (Nr. 110) auf einer Ebene T entsteht, ein Beispiel zur Perspektive. Man stelle sich etwa eine auf einer Tischplatte T stehende Kerze HO vor, deren leuchtender

Punkt der Punkt O sei, siehe Fig. 411. Ebenso wie HO lotrecht zur Tischplatte sei, mögen mehrere zur Platte lotrechte Stäbe S_1A_1, S_2A_2 ... angebracht sein. Der Schatten, den der Stab S_1A_1 auf den Tisch wirft, entsteht durch den Schnitt der Ebene T mit den von O nach den Punkten von S_1A_1 gehenden Lichtstrahlen. Diese Strahlen bilden die Ebene durch O und S_1A_1; und da diese Ebene die Parallele HO zu S_1A_1 enthält, schneidet sie die Tischplatte T in der Geraden durch die Fußpunkte H und S_1 der Lote HO und S_1A_1. Also ist der Schatten von A_1 der Schnittpunkt $\mathfrak{A}_1$ des Lichtstrahls OA_1 mit der Geraden HS_1. Dementsprechend werfen die Stäbe S_1A_1, S_2A_2 ... die Schlagschatten $S_1\mathfrak{A}_1$, $S_2\mathfrak{A}_2$ ... Ersetzt man nun die Lichtquelle O durch das Auge, d. h. betrachtet man die Stäbe S_1A_1, S_2A_2 ... von O aus, so sind die Schlagschatten $S_1\mathfrak{A}_1$, $S_2\mathfrak{A}_2$ ... die perspektiven Bilder der Stäbe S_1A_1, S_2A_2 ..., entworfen auf der Tafel T.

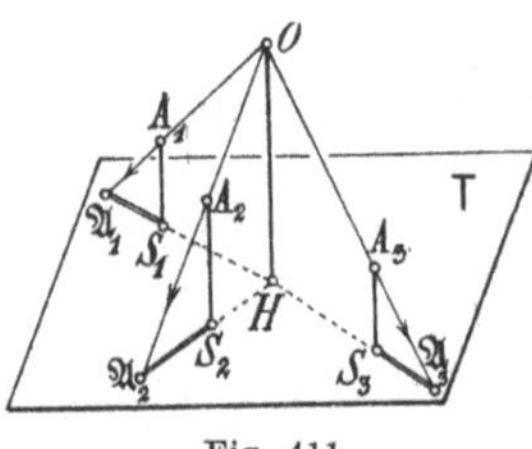

Fig. 411.

Werden die Stäbe S_1A_1, S_2A_2 ... nicht lotrecht zur Tischplatte T, sondern in einer anderen gemeinsamen Richtung angebracht, siehe Fig. 412, so findet man die Schlagschatten, indem man zunächst durch die Lichtquelle O die Parallele zu den Stäben zieht und mit der Platte in F zum Schnitt bringt. Denn die Lichtebene aller von O nach S_1A_1 gehenden Lichtstrahlen enthält diese Parallele OF zu S_1A_1 und schneidet also die Tischebene T in der Geraden FA_1, so daß der Schlagschatten des Punktes A_1 der Schnittpunkt $\mathfrak{A}_1$ des Lichtstrahls OA_1 mit der Geraden FS_1 ist. Auf diese Art ergeben sich daher die Schlagschatten $S_1\mathfrak{A}_1$, $S_2\mathfrak{A}_2$ ... der parallelen, aber zur

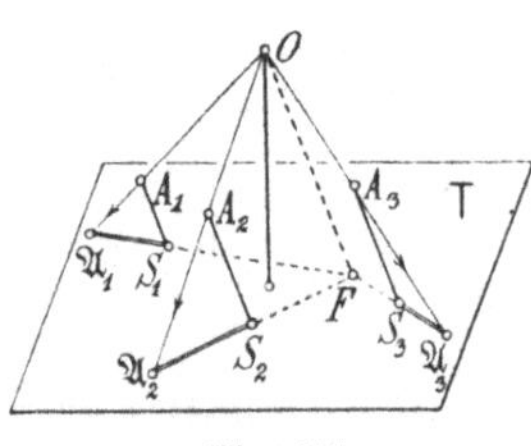

Fig. 412.

Tafel geneigten Stäbe S_1A_1, S_2A_2 ... Ersetzt man die Lichtquelle O durch das Auge, so sind die Schlagschatten wieder die perspektiven Bilder der Stäbe auf der Tafel T.

Die Schlagschatten $S_1\mathfrak{A}_1$, $S_2\mathfrak{A}_2$ ... laufen, über S_1, S_2 ... hinaus verlängert, im Punkt F (in Fig. 411 insbesondere im Punkt H) zusammen; demnach werfen parallele Geraden bei Zentralbeleuchtung von einem Punkt O aus solche Schatten auf eine Ebene T, die, gehörig verlängert, in einem Punkt F zusammentreffen.

294. Perspektive Bilder von Geraden. Wenn man den soeben betrachteten Schattenwurf als Perspektive vom Auge O aus auffaßt, führt die letzte Bemerkung zu dem Ergebnis, daß parallele Geraden S_1A_1, S_2A_2 ... solche perspektive Bilder haben, die in einem Punkt F zusammenkommen. Bei der großen Wichtigkeit dieses Umstandes soll er aber jetzt unabhängig vom Schattenwurf aufs neue erörtert werden.

Vorweg einige einfache Bemerkungen: Wenn eine Gerade g durchs Projektionszentrum O geht, fallen alle Sehstrahlen nach den Punkten der Geraden in einen, nämlich in die Gerade selbst, zusammen, so daß das perspektive Bild der Geraden bloß ein Punkt ist. Wenn dagegen die Gerade g nicht durch das Auge O geht, erzeugen die Sehstrahlen nach allen ihren Punkten eine Ebene, die Sehebene oder projizie-

rende Ebene der Geraden g. Demnach ist das perspektive Bild
der Geraden g der Schnitt der Tafel T mit dieser Sehebene, folglich
ebenfalls eine Gerade g'. Da jeder Punkt, der auf der Tafel selbst
liegt, sein eigenes perspektives Bild ist, geht das perspektive
Bild g' der Geraden g durch den Schnittpunkt der Geraden g
mit der Tafel, den Spurpunkt S, siehe Fig. 413. Der Sehstrahl
nach dem unendlich fernen Punkt von g,
der ebenfalls der Sehebene (O, g) angehört,
ist zu g parallel. Sein Schnittpunkt F mit
der Tafel liegt auf g', und er heißt der
Fluchtpunkt der Geraden g. Unter
dem Fluchtpunkt einer Geraden wird
also das perspektive Bild ihres unendlich fernen Punktes verstanden;
er ergibt sich als Schnittpunkt der
Tafel mit dem zur Geraden parallelen

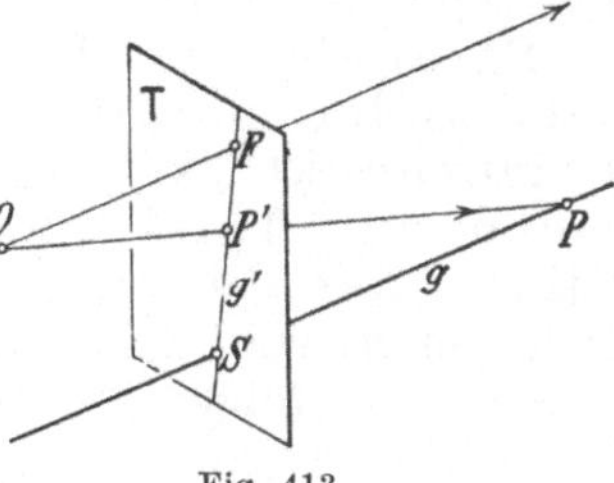

Fig. 413.

Sehstrahl. Ist der Fluchtpunkt F einer Geraden auf der Tafel angegeben, so kennt man die Richtung der Geraden; es ist die des Sehstrahls OF. Ist auch der Spurpunkt S auf der Tafel angegeben, so
weiß man, daß die Gerade die Parallele zu OF durch S ist.

Liegen mehrere parallele Geraden $g_1, g_2, g_3 \ldots$ vor, so fallen die zu
ihnen parallelen Sehstrahlen in einen einzigen
zusammen. Mithin kommt ihnen allen derselbe Fluchtpunkt zu, siehe Fig. 414. Somit
gilt der wichtige Satz:

Parallele Geraden haben denselben Fluchtpunkt. Mit anderen Worten:
Die perspektiven Bilder von beliebig
vielen parallelen Geraden gehen
durch einen gemeinsamen Punkt, den
Schnittpunkt der Tafel mit dem zu

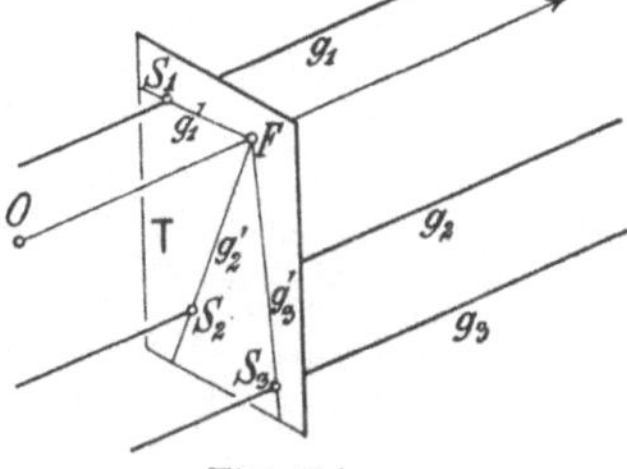

Fig. 414.

den Geraden parallelen Sehstrahl. Hiermit stehen Fig. 411 und 412
der letzten Nummer im Einklang. In Fig. 411 ist OH und in Fig. 412
ist OF parallel zu S_1A_1, $S_2A_2 \ldots$

Es erscheint angebracht, dies noch
durch die Anschauung zu erläutern:
Sehen wir zunächst von der Tafel T
ab, fassen wir also nur eine Reihe
von parallelen Geraden $g_1, g_2, g_3 \ldots$
ins Auge, so bilden die nach ihnen
gehenden Sehebenen $(O, g_1), (O, g_2),$
$(O, g_3) \ldots$ ein Ebenenbüschel
(Nr. 155), denn alle enthalten die
zu $g_1, g_2, g_3 \ldots$ parallele Gerade
durch O, die Achse des Büschels.
Indem wir nun eine Bildtafel T
irgendwie annehmen, bringen wir sie
mit den Ebenen des Büschels zum

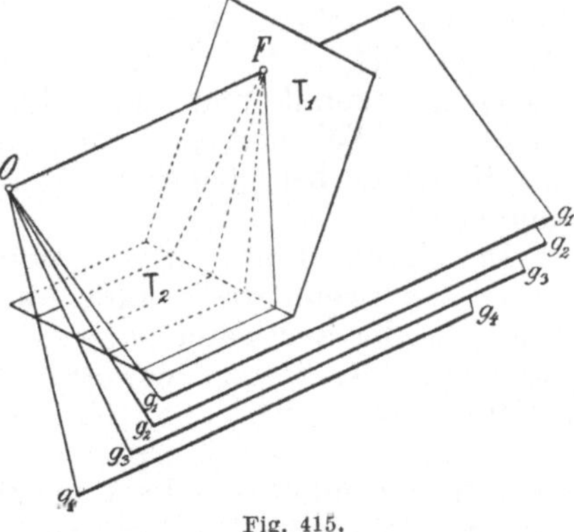

Fig. 415.

Schnitt. Wenn die Bildtafel die Achse des Büschels in einem im Endlichen gelegenen Punkt F trifft, wie es bei der Bildtafel T_1 in Fig. 415
der Fall ist, geht als Schnitt ein Strahlenbüschel (Nr. 174) hervor,

indem die Schnittgeraden alle in F zusammenlaufen. Nur wenn die Bildtafel zur Achse des Ebenenbüschels parallel ist, wie es bei der Bildtafel T_2 in Fig. 415 der Fall ist, liefert der Schnitt eine Schar von parallelen Geraden. Dies ist der Sonderfall, wo die Geraden $g_1, g_2, g_3 \ldots$ zur Bildtafel parallel sind. Der zu ihnen parallele Sehstrahl, die Achse des Ebenenbüschels, trifft die Bildtafel in einem unendlich fern gelegenen Fluchtpunkt. Also:

Parallele Geraden bilden sich perspektiv nur dann als zueinander parallele Geraden ab, d. h. ihr gemeinsamer Fluchtpunkt ist nur dann unendlich fern, wenn die Geraden zur Tafel parallel sind. In diesem Fall sind die Bilder der Geraden auch zu den Geraden selbst parallel. Sieht man von dem Fall von Geraden ab, die der Tafel selbst angehören, so folgt: Der Spurpunkt und der Fluchtpunkt einer Geraden liegen entweder beide im Endlichen oder beide unendlich fern. Im zweiten Fall ist die Gerade zur Tafel parallel.

Der Umstand, daß parallele Geraden im allgemeinen nicht parallele Bilder haben, unterscheidet die perspektiven Darstellungen wesentlich von Parallelprojektionen. Liegen mehrere Geraden gezeichnet vor, die von einem gemeinsamen Punkt ausgehen, wie in Fig. 416 a, so besteht allerdings kein Zwang, anzunehmen, daß sie Bilder von parallelen Ge-

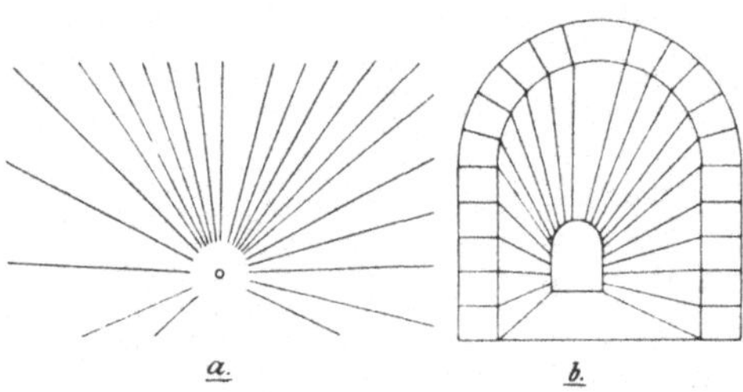

Fig. 416.

raden seien, denn der gemeinsame Punkt könnte ja in Wahrheit im Endlichen liegen. Erst wenn man weiteres hinzufügt, wird man veranlaßt, die Geraden als Bilder von parallelen Geraden anzusehen, wie z. B. in Fig. 416 b, wo mittels einiger weiterer Linien die Vorstellung von einem langen Gang erweckt wird. Photographien sind nach Nr. 290 perspektive Bilder. Die photographischen Aufnahmen von Bauwerken pflegt man meistens bei lotrechter Stellung der photographischen Platte zu machen. Dann sind die lotrechten Kanten der Häuser zur Tafel parallel, so daß sie im Bild wieder als parallele Geraden erscheinen. Dagegen erkennt man auf photographischen Aufnahmen leicht, daß andere in Wahrheit parallele, aber nicht zur Platte parallele Linien der Gebäude bei gehöriger Verlängerung in einem Punkte zusammenkommen.

Der Fluchtpunkt einer Geraden fällt nur dann mit ihrem Spurpunkt zusammen, wenn die Gerade durch das Auge O geht. Wenn eine Gerade g weder zur Tafel parallel ist, noch durch das Auge geht, hat sie drei besonders bemerkenswerte Punkte, ihren Spurpunkt S, ihren Verschwindungspunkt V (Nr. 292) und ihren unendlich fernen Punkt, siehe Fig. 417. Der Spurpunkt S ist sein eigenes Bild; das Bild des Verschwindungspunktes V liegt unendlich fern, d. h. das Bild g' der Geraden g ist zum Sehstrahl OV nach ihrem Verschwindungspunkt parallel; der unendlich ferne Punkt der Geraden schließlich hat als Bild den Fluchtpunkt F, indem $OF \parallel g$ ist. Das Viereck $OFSV$ ist ein Parallelogramm. Durch S und V wird die Gerade g in drei

Teile zerlegt, von denen nur der mittlere, zwischen der Tafel und der Verschwindungsebene gelegene, eine endliche Länge hat. Das Bild des hinter der Tafel gelegenen Stückes der Geraden g ist die Strecke FS von endlicher Länge, das Bild des Stückes SV dagegen ist die unendliche Verlängerung von FS über S hinaus, und das Bild des hinter dem Beobachter, d. h. hinter der Verschwindungsebene V gelegenen Stückes der Geraden g ist die unendliche Verlängerung von FS über F hinaus. Dies letzte Bild ist bloß geometrisch, nicht physikalisch (Nr. 292). Wenn ein Punkt die Gerade g vollständig durch-

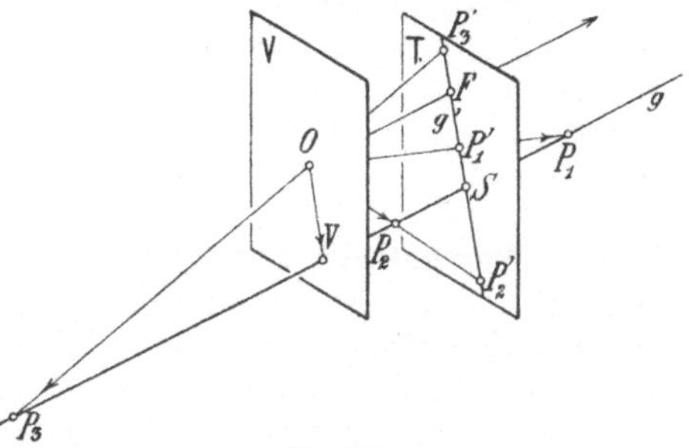

Fig. 417.

läuft, indem er aus dem Unendlichfernen kommt und durch Zwischenlagen P_1, P_2, P_3 wieder ins Unendlichferne geht, läuft sein Bild vom Fluchtpunkt F aus über S ins Unendlichferne, um dann auf der anderen Seite aus dem Unendlichfernen herzukommen und schließlich wieder in F anzulangen. Läßt man den Punkt die Gerade g mit beständig gleicher Geschwindigkeit durchlaufen, so durchläuft das Bild des Punktes die Bildgerade g' durchaus nicht so. Die Geschwindigkeit des Bildpunktes wird vielmehr um so größer, je weiter er sich von F entfernt, und sie strebt nach Null, wenn er sich dem Fluchtpunkt F nähert. Auch hierdurch unterscheidet sich die Perspektive einer Geraden wesentlich von ihrer Parallelprojektion.

Wenn A, B, C irgend drei Punkte der Geraden g sind, ist das Teilverhältnis $AC : BC$ im allgemeinen nicht gleich dem Teilverhältnis $A'C' : B'C'$ im Bild, siehe Fig. 418. Somit ist das Teilverhältnis nicht wie im Fall der Parallelprojektion eine Invariante (Nr. 104). Insbesondere ist das Bild der Mitte einer Strecke im allgemeinen durchaus nicht die Mitte des Bildes der Strecke. Wenn man eine Strecke AB von bestimmter Länge irgendwo auf g anbringt, kann das Bild $A'B'$ je nach der Lage kleiner oder größer als AB sein. Wird die Strecke AB z. B. weit hinter der Tafel auf g aufgetragen, so erscheint sie im Bild bedeutend kleiner, indem das Bild nach der

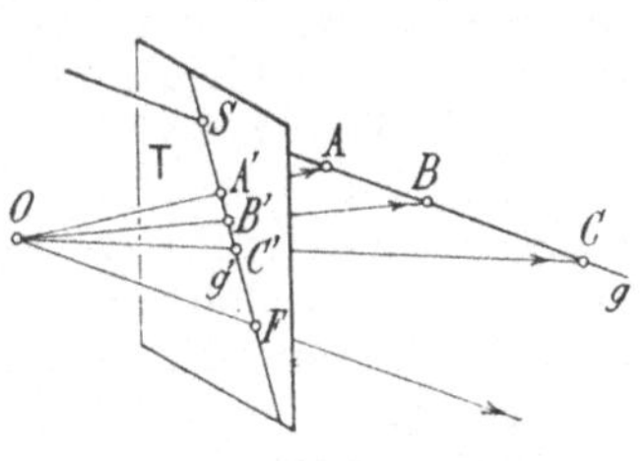

Fig. 418.

Länge Null strebt, wenn die Strecke AB immer weiter hinausrückt. Wird die Strecke AB dagegen auf g zwischen der Tafel T und der Verschwindungsebene V aufgetragen, so kann ihr Bild bedeutend vergrößert erscheinen. Es wird insbesondere unendlich groß, wenn der eine Endpunkt der Strecke im Verschwindungspunkt V liegt. Wird die Strecke AB so auf g angenommen, daß A vor und B hinter die Verschwindungsebene V kommt, so zerfällt ihr Bild sogar in zwei getrennte unendlich lange Stücke, von denen aber das eine, nämlich das auf SF jenseits von F gelegene, nur ein geometrisches, nicht ein physikalisches Bild ist.

Ein Teilverhältnis $AC : BC$ auf g ist dem Teilverhältnis $A'C' : B'C'$ im Bild nur dann gleich, wenn entweder die drei Strahlen OA, OB, OC

einander parallel sind oder $g \parallel g'$ ist. Der erste Fall liegt vor, wenn das Projektionszentrum O unendlich fern ist, d. h. wenn es sich um Parallelprojektion handelt, der zweite, wenn die Gerade g zur Tafel parallel ist. Bei der Perspektive mit im Endlichen gelegenen Auge O bewahrt demnach ein Teilverhältnis auf einer Geraden nur dann im Bild seinen Wert, wenn die Gerade zur Tafel parallel ist. Also wird auch nur in diesem Fall das Bild der Mitte einer Strecke die Mitte des Bildes der Strecke.

295. Perspektive Abbildung von Ebenen. Geht eine Ebene E durchs Auge O, so gehören alle nach den Punkten der Ebene gehenden Sehstrahlen der Ebene an. Sie treffen also die Tafel nur in den Punkten der Spurgeraden s der Ebene, d. h. der Schnittgeraden der Ebene mit der Tafel, so daß das Bild der Ebene in diesem Fall bloß die Spurgerade s ist. Wir betrachten jetzt eine Ebene E, die nicht durchs Auge O geht. Die Sehstrahlen nach allen ihren Punkten erfüllen den ganzen Raum und bilden ein Strahlenbündel (während man nach

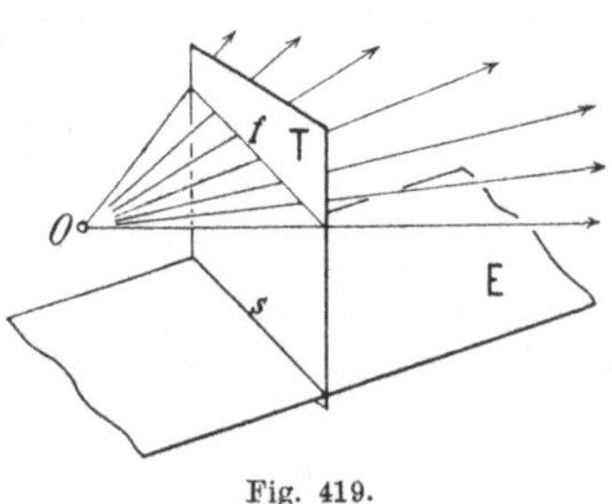

Fig. 419.

Nr. 174 unter einem Strahlenbüschel die Gesamtheit aller derjenigen Strahlen von einem Punkt aus versteht, die in einer Ebene liegen). Folglich ist jeder Punkt der Tafel T das Bild eines Punktes der Ebene E. Insbesondere sind die Punkte der Spurgeraden s der Ebene ihre eigenen Bilder. Die Sehstrahlen nach allen unendlich fernen Punkten der Ebene E machen ein Strahlenbüschel aus, siehe Fig. 419. Man kann die Ebene dieses Büschels als die Sehebene nach der unendlich fernen Geraden der Ebene E bezeichnen. Sie ist zur Ebene E parallel und schneidet die Tafel in einer zur Spurgeraden s parallelen Geraden f, der Fluchtgeraden der Ebene E. Unter der Fluchtgeraden einer Ebene wird demnach das perspektive Bild der unendlich fernen Geraden der Ebene verstanden; sie ist der Schnitt der Tafel mit der zur Ebene parallelen Sehebene und verläuft parallel zur Spurgeraden der Ebene. Da unendlich ferne Gerade und Stellung dasselbe bedeuten (Nr. 4), kennzeichnet eine Fluchtgerade f eine Stellung.

Sind mehrere Ebenen parallel, so fallen die zu ihnen parallelen Sehebenen zusammen, und daraus folgt: Parallele Ebenen haben dieselbe Fluchtgerade.

Die Fluchtgerade einer Ebene liegt nur dann unendlich fern, wenn die Ebene zur Tafel parallel ist. Dann ist auch die Spurgerade unendlich fern. Hierbei wird von dem Fall abgesehen, wo die Ebene die Tafel selbst ist. Umgekehrt: Ist die Spurgerade einer Ebene unendlich fern, so gilt dasselbe von ihrer Fluchtgeraden. Die Fluchtgerade einer Ebene fällt nur dann mit ihrer Spurgeraden zusammen, wenn die Ebene durchs Auge geht.

Ebenso wie eine beliebig angenommene Gerade durch die Tafel T und die Verschwindungsebene V in drei Teile zerlegt wird, siehe Fig. 417 von Nr. 294, wird auch eine beliebig angenommene Ebene E durch T und V in drei Teile zerlegt, siehe Fig. 420. Nur der zwischen der Tafel T und der Verschwindungsebene V gelegene Teil ist ein Streifen von end-licher Breite. Über die perspektive Abbildung der drei Teile ist ganz Entsprechendes wie im Falle der Ge-raden in voriger Nummer zu sagen. Insbesondere schneidet die Ebene E die Verschwindungsebene V in der Verschwindungsgeraden v von E. Diese Gerade ist der Ort aller der-jenigen Punkte von E, deren Bilder un-endlich fern liegen. Die Tafel T, die

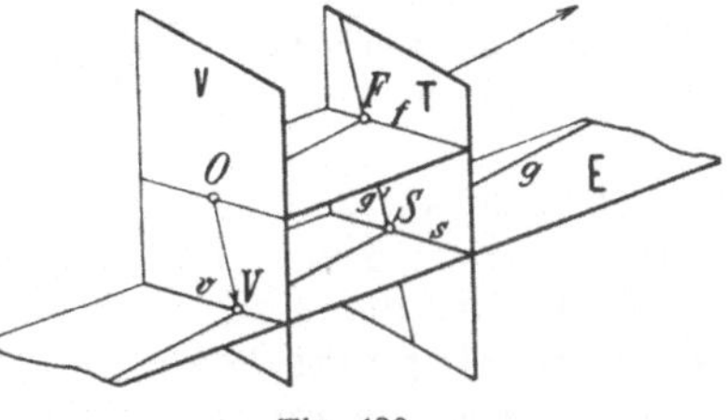

Fig. 420.

Verschwindungsebene V, die Ebene E und die Ebene (O, f) umschließen einen prismatischen Raum, dessen Querschnitte Parallelogramme sind.

296. Bestimmung von Geraden und Ebenen durch ihre perspek-tiven Bilder. Man kann irgendein Paar von Punkten S und F der Tafel T als den Spurpunkt und Fluchtpunkt einer Geraden g an-nehmen, denn die zugehörige Gerade g ist die durch den Spurpunkt S gehende und zum Sehstrahl OF parallele Gerade (Nr. 294). Dabei wird vorausgesetzt, daß S und F im Endlichen liegen, d. h. von den zur Tafel parallelen Geraden wird abgesehen. Die Gerade durch S und F ist zwar in ihrer ganzen Ausdehnung das perspektive Bild der Geraden g, aber als wirklich wahrnehmbares oder physikalisches Bild kommt nur der Teil von F über S bis ins Unendlichferne in Betracht. Wenn ins-besondere S und F an derselben Stelle liegen, ist das Bild der Geraden bloß dieser Punkt, da die Gerade dann durchs Auge geht.

Ganz Entsprechendes gilt für Ebenen: Wird von den zur Tafel parallelen Ebenen abgesehen, so ist eine Ebene E durch beliebige An-nahme ihrer Spurgeraden s und der dazu parallelen Fluchtgeraden f vollständig bestimmt. Denn die Ebene E muß durch die Spurgerade s gehen und zur Sehebene (O, f) parallel sein. Die Tafel ist zwar in ihrer ganzen Ausdehnung das perspektive Bild der Ebene E, aber als wirklich wahrnehmbares oder physikalisches Bild kommt nur diejenige Hälfte der Tafel in Betracht, die sich von f an über s bis ins Unendliche er-streckt. Dabei wird angenommen, daß s nicht mit f zusammenfalle, d. h. die Ebene E nicht durchs Auge gehe; sonst nämlich ist das Bild der Ebene E bloß die Gerade s.

Was dagegen einen Punkt P des Raumes betrifft, so ist er durch sein perspektives Bild P' noch nicht vollständig bestimmt, denn wenn P' gegeben ist, weiß man nur, daß P irgendwo auf dem Sehstrahl OP' liegen muß. Man pflegt deshalb einen Punkt im Raum dadurch perspektiv festzulegen, daß man entweder eine durch ihn gehende Gerade oder eine durch ihn gehende Ebene per-spektiv kennzeichnet. Ist z. B. P' auf einer Geraden SF der Tafel gegeben, die das Bild einer Geraden mit dem Spurpunkt S und Flucht-punkt F sein soll, so ergibt sich P als Schnitt des Sehstrahls OP' mit derjenigen Geraden, die durch S geht und zu OF parallel liegt.

Wenn wir auch weiterhin von denjenigen Geraden und Ebenen ab-sehen, die zur Tafel parallel sind, und annehmen, daß eine Gerade g des Raumes mit einer Ebene E vereinigt liege (Nr. 4), d. h. daß g der

Ebene E angehöre, so liegt der Spurpunkt S von g auf der Spurgeraden s von E und der Fluchtpunkt F von g auf der Fluchtgeraden f von E. Die Umkehrung leuchtet sofort ein, so daß der Satz gilt:

Eine nicht zur Tafel parallele Gerade liegt dann und nur dann mit einer Ebene vereinigt, wenn der Spurpunkt der Geraden auf der Spurgeraden der Ebene sowie der Fluchtpunkt der Geraden auf der Fluchtgeraden der Ebene gelegen ist, siehe Fig. 420 von Nr. 296.

Nach Nr. 294 sind zwei Geraden nur dann parallel, wenn sie denselben Fluchtpunkt haben. Nach Nr. 295 ferner sind zwei Ebenen nur dann parallel, wenn sie dieselbe Fluchtgerade haben. Hierzu tritt nun noch als dritter Satz hinzu:

Eine Gerade ist nur dann zu einer Ebene parallel, wenn ihr Fluchtpunkt auf der Fluchtgeraden der Ebene liegt.

Dies gilt auch dann, wenn es sich um Geraden und Ebenen handelt, die zur Tafel parallel sind.

297. Distanzkreis. Will man das perspektive Bild eines Gegenstandes entwerfen, so muß man als Zeichenebene die Bildtafel T selbst benutzen. Dabei muß man angeben, wo im Raum das Auge O sein soll. Dies geschieht nach Nr. 291 durch Kennzeichnen des Hauptpunktes H der Tafel und durch Hinzufügen der Länge d der Distanz. Das Auge befindet sich nämlich dann senkrecht über der Stelle H der Zeichenebene im Abstand d. Statt die Länge der Distanz durch eine Strecke darzustellen, ist es für viele Zwecke vorteilhaft, in der Bildebene um den Hauptpunkt H den Kreis vom Radius d zu schlagen. Dieser Kreis heißt der Distanzkreis; er wird bei Konstruktionen häufig verwendet.

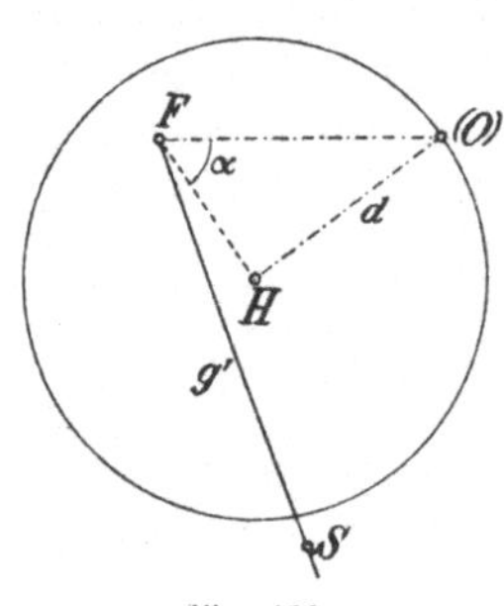

Fig. 421.

Nachdem so das Auge gegenüber der Zeichenebene als Bildtafel festgelegt worden ist, sei eine Gerade g durch ihren Spurpunkt S und Fluchtpunkt F gegeben. Da die Gerade g die Parallele zu OF durch S ist, bildet sie mit der Tafel denselben spitzen Winkel α, wie es OF tut. Der Winkel von OF gehört nun dem rechtwinkligen Dreieck OHF an, das längs der Kathete HF auf der Tafel senkrecht steht. Man bekommt also den Winkel α, wenn man das Dreieck OHF um die Kathete HF in die Tafel umlegt, siehe Fig. 421. Dabei gelangt O nach einer derjenigen beiden Stellen (O) auf dem Distanzkreis, die den zu HF senkrechten Durchmesser begrenzen. Hiernach ist

$$\operatorname{tg}\alpha = \frac{H(O)}{HF} = \frac{d}{HF}.$$

Alle Geraden, deren Fluchtpunkte F dieselbe Entfernung vom Hauptpunkt H haben, bilden mit der Tafel denselben Winkel. Je weiter der Fluchtpunkt F von H entfernt ist, um so geringer ist die Neigung der Geraden zur Tafel. Je nachdem der Fluchtpunkt einer Geraden innerhalb des Distanzkreises, auf dem Distanzkreis oder außerhalb des Distanzkreises liegt, ist der spitze Winkel, den die Gerade mit der Tafel bildet, größer als 45°, gleich 45° oder kleiner als 45°. Insbesondere haben alle zur Tafel senkrechten Geraden ihren Fluchtpunkt im Hauptpunkt H. Daß der Spurpunkt S in Fig. 421 gar nicht gebraucht wird, steht damit im Einklange, daß der Fluchtpunkt allein schon die Richtung der Geraden bestimmt.

Nun sei eine Ebene E durch ihre Spurgerade s und ihre zu s parallele Fluchtgerade f gegeben, siehe Fig. 422. Die Ebene E geht durch s und ist zur Ebene (O, f) parallel. Der spitze Winkel α, den sie mit der Tafel bildet, ist gleich dem, den die Ebene (O, f) mit der Tafel bildet. Dieser aber ist gleich dem spitzen Winkel, unter dem die Fallinien der Ebene (O, f) gegenüber der Tafel geneigt sind (Nr. 17). Insbesondere liegt eine Fallinie in der zu f senkrechten Ebene durch O, und ihre senkrechte Projektion auf die Tafel ist das Lot vom Hauptpunkt H auf f. Der Punkt F, in dem dies Lot auf f eintrifft, heißt der Hauptfluchtpunkt der Ebene E.

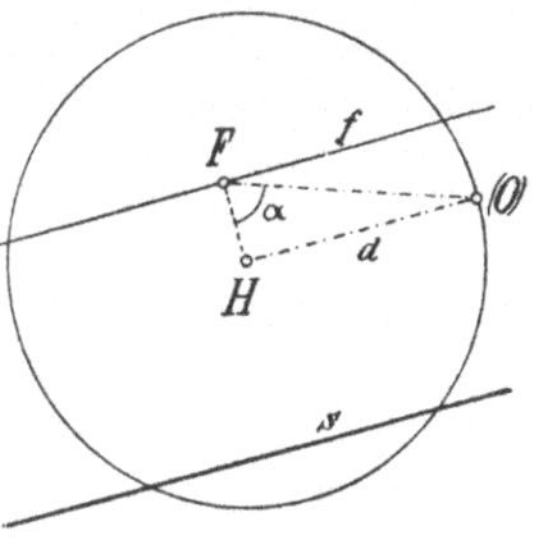

Fig. 422.

Er ist der Fluchtpunkt aller derjenigen Geraden der Ebene E, die gegenüber der Tafel das stärkste Gefälle haben oder, was dasselbe besagt, die zur Spurgeraden der Ebene senkrecht sind. Wenn man das rechtwinklige Dreieck OHF wie vorhin um die Kathete HF in die Tafel umlegt, bekommt man im umgelegten Dreieck $(O)HF$ den Winkel $\alpha = \angle HF(O)$, und es ist wie oben

$$\operatorname{tg}\alpha = \frac{d}{HF}.$$

Alle Ebenen, deren Fluchtgeraden f dieselbe Entfernung vom Hauptpunkt H haben, bilden mit der Tafel denselben Winkel. Je weiter die Fluchtgerade vom Hauptpunkt entfernt ist, um so geringer ist die Neigung der Ebene zur Tafel. Je nachdem die Fluchtgerade einer Ebene den Distanzkreis schneidet, berührt oder meidet, ist der spitze Winkel, den die Ebene mit der Tafel bildet, größer als 45°, gleich 45° oder kleiner als 45°. Insbesondere gehen die Fluchtgeraden aller zur Tafel senkrechten Ebenen durch den Hauptpunkt H.

298. Schnitt von Geraden und Ebenen. Wenn sich zwei Geraden schneiden, gehören sie einer Ebene an. Nach Nr. 296 muß die Spurgerade der Ebene durch die Spurpunkte und die Fluchtgerade der Ebene durch die Fluchtpunkte der Geraden gehen. Aber zwei auf der Tafel gelegene Geraden sind nur dann die Spur- und Fluchtgerade einer Ebene, wenn sie zueinander parallel sind. Daraus folgt:

Zwei Geraden mit den Spurpunkten S_1, S_2 und Fluchtpunkten F_1, F_2 schneiden sich dann und nur dann, wenn die Verbindende von S_1 und S_2 zur Verbindenden von F_1 und F_2 parallel ist. Diese Verbindenden sind dann die Spur- und Fluchtgerade derjenigen Ebene, in der beide

Geraden liegen. Wenn S_1 mit S_2 oder F_1 mit F_2 zusammenliegt, schneiden sich die Geraden auch. Im ersten Fall haben die Geraden den Spurpunkt, im zweiten den unendlich fernen Punkt gemein.

Ferner ergibt sich sofort: **Die Schnittgerade zweier Ebenen hat ihren Spurpunkt im Schnittpunkt der Spurgeraden beider Ebenen und ihren Fluchtpunkt im Schnittpunkt der Fluchtgeraden beider Ebenen.**

Was dabei die Sichtbarkeit betrifft, so ist zunächst hervorzuheben, **daß man sich die Bildtafel T stets durchsichtig vorstellt** (Nr. 290). Nach Nr. 296 erstreckt sich ferner das wirkliche, physikalische Bild einer Geraden von ihrem Fluchtpunkt F über ihren Spurpunkt S bis ins Unendliche und das einer Ebene von ihrer Fluchtgeraden f über ihre Spurgerade s bis ins Unendliche. Sind nun zwei undurchsichtige Ebenen E_1 und E_2 durch ihre Spurgeraden s_1, s_2 und Fluchtgeraden f_1, f_2 gegeben, so daß ihre Schnittgerade den Schnittpunkt S von s_1 und s_2 als Spurpunkt und den Schnittpunkt F von f_1 und f_2 als Fluchtpunkt hat, so sind die in Fig. 423 kenntlich gemachten Teile der Ebenen sichtbar. Um dies zu beweisen, fasse man z. B. die Deckstelle von s_1

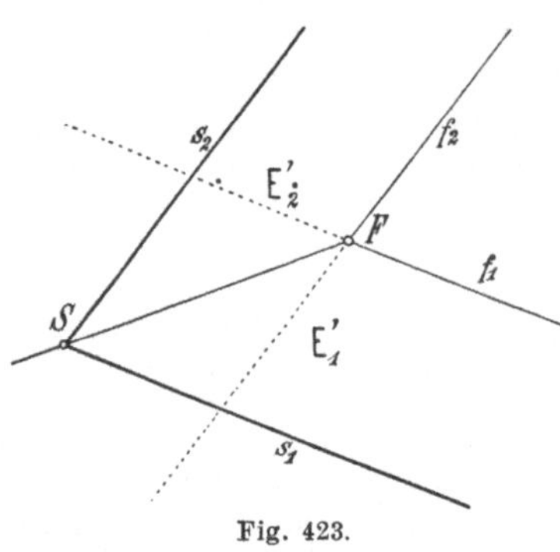

Fig. 423.

und f_2 ins Auge. Als Punkt von s_1 ist sie eine Stelle der Tafel selbst und als Punkt von f_2 das Bild eines unendlich fernen Punktes der Ebene E_2, der also für das Auge von jenem Punkt auf s_1 verdeckt wird.

Wenn zwei Ebenen E_1 **und** E_2 **parallel sind,** haben sie eine gemeinsame Fluchtgerade f (Nr. 295). Liegen ihre Spurgeraden s_1 und s_2 auf verschiedenen Seiten von f, so deckt keine der Ebenen die andere zu, siehe Fig. 424a. Liegen s_1 und s_2 auf derselben Seite von f, so deckt diejenige Ebene, deren Spurgerade näher bei f ist, also in Fig. 424 b die Ebene E_1, die andere Ebene E_2 zu. Denn die Spurgerade s_1 ist hier nicht nur als die Schnittgerade der Ebene E_1 mit der Tafel, sondern auch als das Bild einer gewissen Geraden der Ebene E_2 aufzufassen, die hinter der Tafel liegt, weil ihr Bild zwischen s_2 und f gelegen ist. Demnach verdeckt die dem Auge näher gelegene Spurgerade s_1 von E_1 diese Gerade der Ebene E_2. Im Fall der Fig. 424a

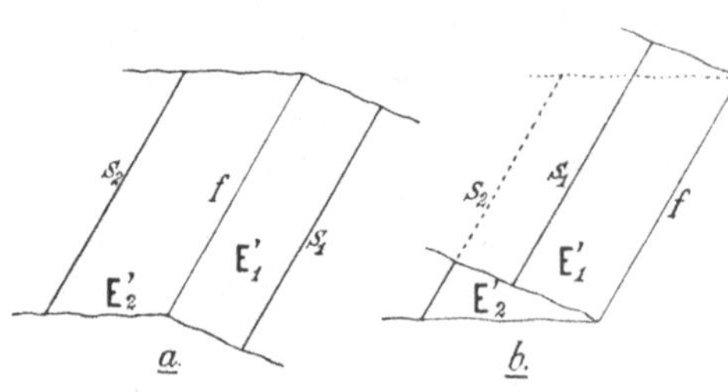

Fig. 424.

befindet sich das Auge O zwischen den beiden parallelen Ebenen E_1 und E_2, im Fall der Fig. 424b dagegen jenseits der Ebene E_1, die deshalb die Ebene E_2 dem Anblick entzieht.

Um den Schnittpunkt P **einer Geraden** g **mit einer Ebene** E **zu bestimmen,** legt man durch g eine Hilfsebene (Nr. 217); sie schneidet die Ebene E in einer Geraden, deren Schnittpunkt mit g der gesuchte Punkt ist. Als Spurgerade der Hilfsebene dient irgendeine

durch den Spurpunkt S von g gezogene Gerade. Dann ist die Fluchtgerade der Hilfsebene die zu dieser Spurgeraden parallele Gerade
durch den Fluchtpunkt F von g,
siehe Fig. 425 a.
Da, wo die Spurgerade und Fluchtgerade der Hilfsebene die Spurgerade s und
Fluchtgerade f der
gegebenen Ebene
E treffen, liegen

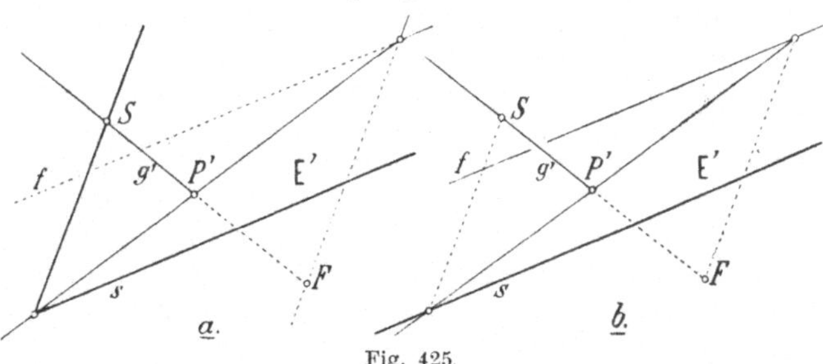

Fig. 425

Spurpunkt und Fluchtpunkt der Schnittgeraden beider Ebenen. Die
Schnittgerade trifft SF im Bild P' von P. In Fig. 425a ist angenommen
worden, daß nicht nur die gegebene Ebene E, sondern auch die Hilfsebene undurchsichtig sei. Ist dagegen die Hilfsebene durchsichtig, so
stellt sich das Sichtbare wie in Fig. 425b dar.

Ist eine Gerade g
zu einer Ebene E parallel, so liegt ihr Fluchtpunkt F auf der Fluchtgeraden f der Ebene
(Nr. 296). Was die Sichtbarkeit betrifft, so sind
die drei in Fig. 426 dargestellten Fälle möglich.

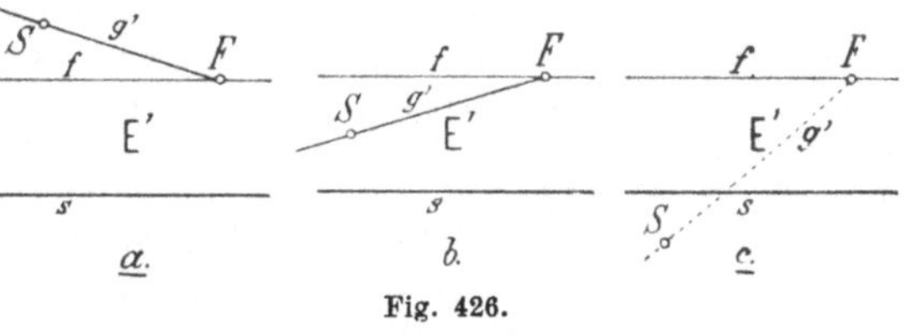

Fig. 426.

In den Fällen a und b ist die Gerade zu
sehen, im Fall c nicht.

Zwei durch ihre Spurpunkte S_1, S_2 und Fluchtpunkte F_1, F_2 gegebene Geraden g_1 und g_2 sind im allgemeinen windschief, weil
S_1S_2 im allgemeinen nicht zu F_1F_2 parallel ist. Wenn die Bilder der
beiden windschiefen Geraden einen Punkt gemein haben, der auf der Bildgeraden F_1S_1 nicht über F_1 hinaus und auf der Bildgeraden F_2S_2 nicht

über F_2 hinaus liegt, ist
noch festzustellen, welche
der beiden Geraden dort
die andere verdeckt. Zu
diesem Zweck werden F_1
und F_2 durch eine Gerade f
verbunden. Sie ist die
Fluchtgerade zweier paralleler Ebenen E_1 und E_2,
von denen die eine g_1
und die andere g_2 enthält.

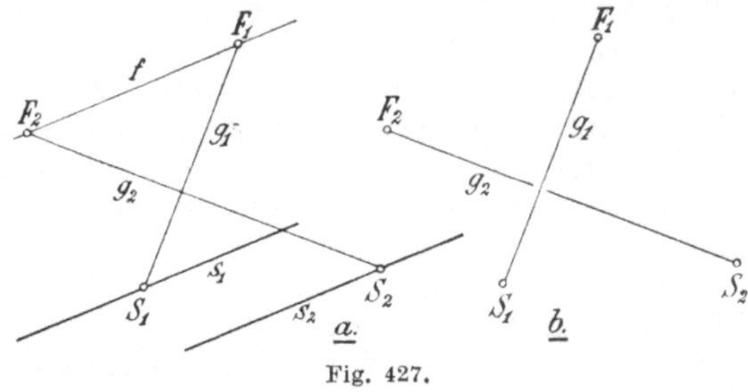

Fig. 427.

Die Spurgeraden s_1 und s_2 von E_1 und E_2 sind die Parallelen zu f durch
S_1 und S_2, siehe Fig. 427 a. Liegt s_1 näher als s_2 bei f, so verdeckt die
Ebene E_1 die Ebene E_2, d. h. die Deckstelle der Bilder von g_1 und g_2
gehört zu solchen Punkten von g_1 und g_2, von denen der erste dem
Auge näher ist als der zweite. Wenn man also die Hilfsebenen fortläßt,
wird man die Zeichnung von g_2 an der Deckstelle unterbrechen, siehe
Fig. 427 b.

299. Übungen. 1) Eine Gerade sei durch ihren Spurpunkt S und Fluchtpunkt F gegeben. Auf SF sei ein Punkt P' als Bild eines Punktes der Geraden angenommen. Gesucht der Spurpunkt und Fluchtpunkt des von P auf die Tafel gefällten Lotes. Man ermittelt zuerst ihren Fluchtpunkt nach Nr. 297, dann ihren Spurpunkt nach Nr. 298.

2) Drei Ebenen seien durch ihre Spurgeraden und Fluchtgeraden gegeben, gesucht ihr Schnittpunkt. Auch soll festgestellt werden, was sichtbar ist, wenn alle drei Ebenen undurchsichtig sind. Unter welchen Bedingungen schneiden sich alle drei Ebenen in einer Geraden?

3) Zwei windschiefe Geraden seien durch ihre Spurpunkte S_1, S_2 und Fluchtpunkte F_1, F_2 gegeben. Außerdem sei ein Punkt S_3 auf der Tafel angenommen. Wo liegt der Fluchtpunkt F_3 derjenigen Geraden, die von S_3 ausgeht und die beiden gegebenen Geraden schneidet? Man lege die Ebenen durch S_3 und je eine der beiden gegebenen Geraden.

4) Zwei parallele Geraden g_1 und g_2 seien durch ihren gemeinsamen Fluchtpunkt und durch ihre Spurpunkte gegeben. Ferner sei eine Ebene durch ihre Spurgerade und Fluchtgerade gegeben. Gesucht Spurpunkt und Fluchtpunkt derjenigen Geraden, in der die gegebene Ebene die Ebene der beiden gegebenen Geraden schneidet.

5) Die Spurpunkte S_1, S_2 und Fluchtpunkte F_1, F_2 zweier Geraden mögen so liegen, daß die Strecke S_1F_1 parallel und gleich der Strecke S_2F_2 ist. Dann sind die Geraden nicht windschief zueinander. Wo im Raum liegt ihr Schnittpunkt?

6) Wie liegen die Spur- und Fluchtgerade einer Ebene und der Spur- und Fluchtpunkt einer Geraden, wenn die Gerade die Ebene in einem Punkte der Verschwindungsebene schneidet?

§ 2. Gebundene oder unfreie Perspektive.

300. Horizont. Man kann einen Gegenstand durch seine senkrechte Projektion auf eine Grundrißtafel geben, wenn man außerdem die Höhen aller seiner Punkte über der Tafel hinzufügt (Nr. 8). Man kann ihn auch durch seine beiden Projektionen im Grundriß und Aufriß geben (Nr. 194). Wenn nun die eine oder andere Art der Darstellung vorliegt, stellt sich die **gebundene oder unfreie** Perspektive die Aufgabe, das perspektive Bild des Gegenstandes auf einer Tafel T für ein irgendwo gewähltes Projektionszentrum oder Auge O zu entwerfen. Hiermit beschäftigen wir uns im gegenwärtigen Paragraphen. Vorher sei bemerkt: Man spricht von der **freien Perspektive**, wenn man diejenigen Aufgaben, die in der Geometrie des Raumes gestellt werden können, also zunächst die Grundaufgaben der Stereometrie (Nr. 206), geradezu durch die perspektive Zeichnung auf einer Tafel T löst. Schon in Nr. 298 wurden einige einfache Aufgaben in freier Perspektive behandelt. Wir werden später, in § 8, sehen, daß die Lösung der stereometrischen Grundaufgaben in freier Perspektive sehr einfach ist. Trotzdem besprechen wir zunächst die unfreie oder gebundene Perspektive; sie hat nämlich den Vorteil größerer Anschaulichkeit.

Die Gegenstände, um deren Abbildung es sich in der gebundenen Perspektive handelt, wie z. B. Bauwerke und Maschinen, stehen fast immer auf einer **wagerechten** Ebene oder werden wenigstens nach einer gedachten wagerechten Ebene gerichtet. Deshalb spielen die wagerechten Ebenen eine besondere Rolle. Alle wagerechten Ebenen haben als parallele Ebenen dieselbe Fluchtgerade (Nr. 295); sie ist die Schnittgerade der Tafel T mit der durchs Auge O gehenden wagerechten Ebene und demnach eine wagerechte Gerade, welche Stellung auch immer die Tafel haben mag. Man nennt sie den Horizont (vom griech. $\delta\varrho\iota\zeta\varepsilon\iota\nu$, bestimmen oder begrenzen). Die wirklich sichtbaren Bilder aller wagerechten Ebenen reichen bis an den Horizont heran (Nr. 296). Wie hoch der Horizont auf der Tafel T liegt, erläutert Fig. 428. Die Ebene dieser Figur soll diejenige lotrechte Ebene durchs Auge O sein,

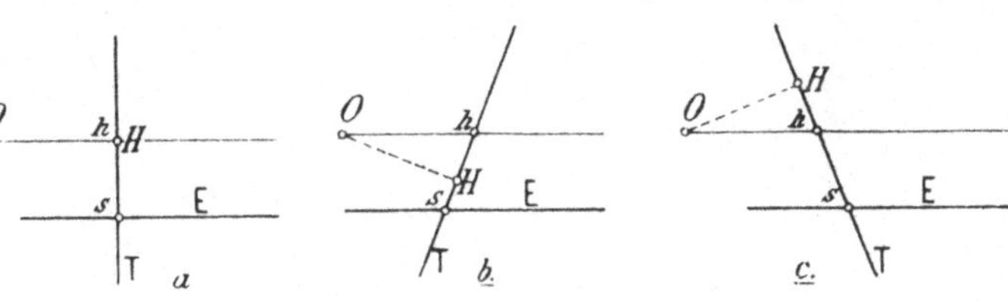

Fig. 428.

die auf der Tafel T senkrecht steht und also den Hauptsehstrahl OH (Nr. 291) enthält. Die Tafel T und irgendeine wagerechte Ebene E schneiden die Ebene der Figur in Geraden, und diese Geraden allein sind in Fig. 428 angegeben. Man stelle sich also T und E als die längs dieser Geraden auf der Ebene der Figur senkrecht stehenden Ebenen vor. Die zur wagerechten Ebene E parallele Sehebene, die T im Horizont h schneidet, ist ebenfalls durch ihre Schnittgerade mit der Ebene der Figur angedeutet. Dementsprechend sind die Spurgerade s der Ebene E und ihre Fluchtgerade, d. h. der Horizont h, durch Punkte dargestellt; sie stehen in diesen Punkten auf der Ebene der Figur senkrecht. Ist die Tafel T lotrecht, siehe Fig. 428 a, so geht der Horizont durch den Hauptpunkt H; je nachdem sie dagegen nach der einen oder anderen Seite geneigt ist, siehe Fig. 428 b und c, liegt der Horizont höher oder tiefer als der Hauptpunkt H. In Fig. 429, worin die Ebene der Figur die Bildtafel T selbst sein soll, ist angegeben, wie sich die wagerechte Ebene E in den drei Fällen der Fig. 428 mittels ihrer Spurgeraden s und des Horizontes h darstellt.

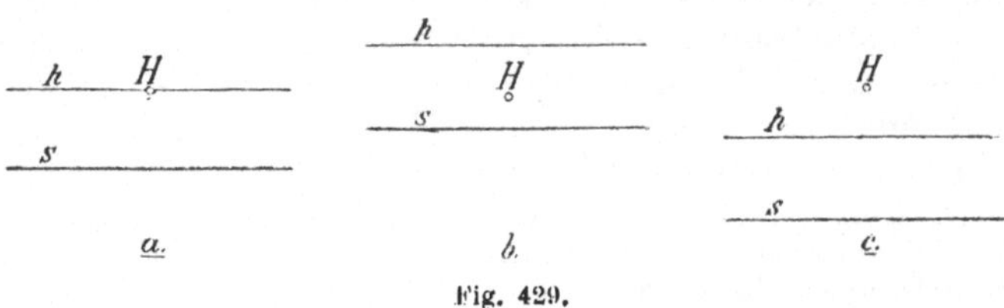

Fig. 429.

Die lotrechten Kanten eines auf der Ebene E stehenden Gegenstandes sind nur dann zur Tafel T parallel und erscheinen also nach Nr. 294 nur dann auch im Bild parallel, und zwar als zum Horizont h senkrechte Geraden, wenn die Tafel T zu ihnen parallel ist, d. h. nur dann, wenn die Tafel T selbst lotrecht ist. Da man nun in der Perspektive meistens die lotrechten Kanten als zum Horizont senkrechte Strecken darzustellen wünscht, bevorzugt man die Annahme einer lotrechten Tafel T. Wir werden deshalb die Tafel T lotrecht wählen; der Fall einer nicht lotrechten Tafel wird in Nr. 316 behandelt werden.

Die Tafel T sei also lotrecht. Dann ist der Horizont h die durch den Hauptpunkt H gehende wagerechte Gerade der Tafel, siehe Fig. 428 a und 429 a. Hat man auf dieser Tafel T

das perspektive Bild eines Gegenstandes gezeichnet und hängt man
das Bild zur Betrachtung an eine Wand, so muß man darauf achten,
daß der Horizont h die Augenhöhe des Betrachtenden bekommt. Wird

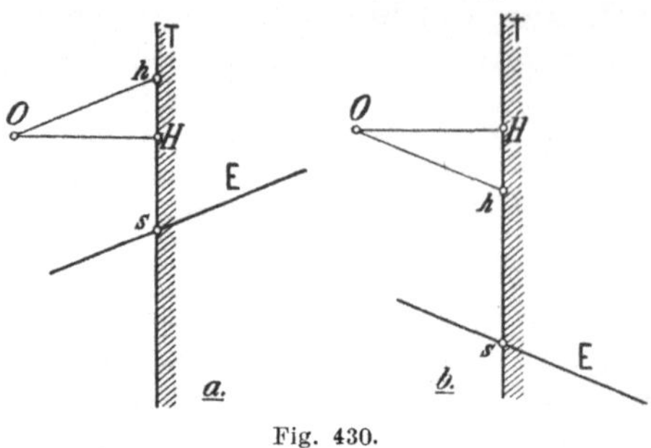

nämlich das Bild höher gehängt,
wie es Fig. 430 a im Querschnitt
senkrecht zur Wand zeigt, so steigt
die Sehebene (O, h), in der man
nach dem Unendlichfernen der
wagerechten Ebene E blickt, in
die Höhe, so daß die Ebene E den
Eindruck eines nach dem Beobachter hin fallenden Abhanges
macht. Wird das Bild tiefer gehängt, siehe Fig. 430 b, so macht
die Ebene E dagegen den Ein-

Fig. 430.

druck eines Abhanges, auf den man von oben hinunterblickt. Gegen
die Regel, ein auf lotrechter Tafel entworfenes perspektives
Bild so aufzuhängen, daß der Horizont in Augenhöhe kommt,
wird häufig verstoßen, oft aus Platzmangel, oft auch deshalb, weil man
nicht gern mehrere Bilder verschieden hoch nebeneinander aufhängt.

Jede wagerechte Gerade hat ihren Fluchtpunkt auf dem
Horizont h, auch dann, wenn die Tafel nicht lotrecht ist. Wenn die
Tafel lotrecht ist, bezeichnet man diejenigen wagerechten Geraden, die
zur Tafel senkrecht sind, d. h. die Parallelen zum Hauptsehstrahl OH,
als Tiefenlinien. Das Wort Tiefe wird dabei nicht im Gegensatz zur
Höhe über der wagerechten Grundebene E gebraucht, sondern für die
Entfernungen der Gegenstände von der Tafel. In diesem Sinne spricht
man von der Tiefenwirkung eines Gemäldes, ebenso von der Tiefe der
Bühne eines Theaters usw. Der Fluchtpunkt aller Tiefenlinien
ist der Hauptpunkt H (Nr. 297). Diejenigen wagerechten Geraden,
die mit der lotrechten Tafel 45° bilden, haben ihre Fluchtpunkte in
den Schnittpunkten des Horizonts h mit dem Distanzkreis. Man nennt
diese beiden Punkte die Distanzpunkte und bezeichnet sie gewöhnlich mit D_1 und D_2. Eigentlich könnte jeder Punkt des Distanzkreises
ein Distanzpunkt heißen; daß man gerade diese beiden Punkte so nennt,
liegt darin, daß gerade sie besonders viel gebraucht werden.

Anmerkung: Die Unterscheidung zwischen der gebundenen und freien Perspektive
wurde durch Joh. Heinrich Lambert gemacht (geb. 1728 zu Mülhausen i. E., Professor
an der Münchener Akademie, d. h. Universität, seit 1765 Mitglied der Akademie der
Wissenschaften in Berlin, wo er 1777 starb), und zwar in dem Buch: „J. H. Lamberts
freye Perspective, oder Anweisung, jeden perspektivischen Aufriß von
freyen Stücken und ohne Grundriß zu verfertigen“, Zürich 1759, 2. Aufl. mit
Anmerkungen und Zusätzen in einem zweiten Teil 1774. Allerdings brauchen wir die
Bezeichnung freie Perspektive nicht genau in demselben Sinn. Bei dieser Gelegenheit
sei bemerkt, daß die altväterische Form „perspektivisch“ in neuerer Zeit durch die kürzere
Form „perspektiv“ verdrängt wird.

301. Das Punkt- und Geradenverfahren. Wir nehmen an, ein Gegenstand sei durch seine senkrechten Projektionen auf eine Grundrißtafel
und eine Aufrißtafel gegeben, und die Grundrißtafel sei wagerecht. Als
Beispiel ist in Fig. 431 eine Säule mit quadratischem Querschnitt und
einfachem Fuß und Knauf gewählt. Der Beobachter habe das Auge
an der durch den Grundriß O' und Aufriß O'' gegebenen Stelle O. Da

er nach der Säule blickt und da die Tafel T lotrecht, also der Hauptsehstrahl wagerecht angenommen werden soll, ist die Grundrißprojektion des Hauptsehstrahls so zu ziehen, daß sie ungefähr nach der Mitte des Grundrisses der Säule geht. Senkrecht dazu ist dann die Gerade s_1 anzunehmen, längs deren diese lotrechte Bildtafel T auf der Grundrißtafel steht. Die Aufrißspurgerade s_2 der Bildtafel ist zur Projektionsachse senkrecht. Der Hauptsehstrahl OH erscheint im Grundriß in der wahren Länge d. Sein Aufriß ist zur Projektionsachse parallel, so daß der Aufriß H'' von H so hoch wie O'' liegt

Die Grundrißspurgerade s_1 der Tafel T heiße die Standlinie, der auf ihr gelegene Grundriß H' des Hauptpunktes H die Marke der Standlinie. Der Horizont h ist die durch H gehende Höhenlinie der Tafel T; sein Grundriß fällt mit s_1 zusammen, und sein Aufriß geht durch H''. Da wir den Grundriß und Aufriß eines Punktes P der Säule

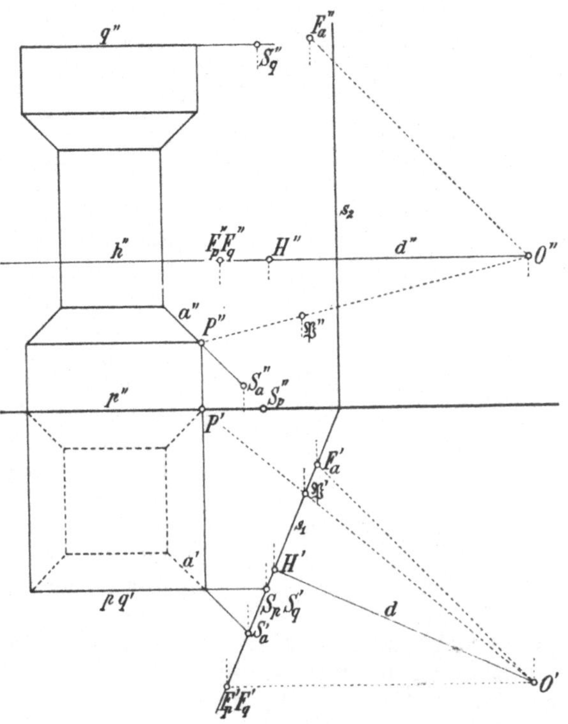

Fig. 431.

wie gewöhnlich P' und P'' nennen, sei das perspektive Bild von P mit $\mathfrak{P}$ bezeichnet. Dieser Punkt $\mathfrak{P}$ ist der Schnittpunkt des Sehstrahls OP mit der Tafel T. Der Grundriß $\mathfrak{P}'$ von $\mathfrak{P}$ liegt auf s_1, der Aufriß $\mathfrak{P}''$ senkrecht darüber auf $O''P''$. Um das perspektive Bild der Säule in seiner wirklichen Gestalt zu zeichnen, könnte man die Tafel T entweder um s_1 in die Grundrißtafel oder um s_2 in die Aufrißtafel umlegen. Führt man die Umlegung nach links hin aus, so fällt das Bild in unliebsamer Weise auf den Grundriß oder Aufriß der Säule selbst; führt man die Umlegung nach rechts hin aus, so ergibt sich das Bild auf der Rückseite der Tafel T. Deshalb ist es besser, das Bild in einer besonderen Zeichnung herzustellen, siehe Fig. 432. Hier ziehen wir zunächst die Standlinie s_1 wagerecht und geben auf ihr die Marke H' an. Indem wir nun die Strecke $H'\mathfrak{P}'$ aus dem Grundriß von Fig. 431 entnehmen und auf s_1 in Fig. 432 von H' aus nach der richtigen Seite hin abtragen, bekommen wir dort $\mathfrak{P}'$. Senkrecht über $\mathfrak{P}'$ liegt das gesuchte perspektive Bild $\mathfrak{P}$ von P, und zwar in derjenigen Höhe, die gleich der Höhe von $\mathfrak{P}''$ über der Projektionsachse in Fig. 431 ist. Auf diese Art läßt sich das Bild der Säule Punkt für Punkt herstellen. Man nennt dies das Punktverfahren.

2*

Besser ist das Geradenverfahren: Man ermittelt die perspektiven Bilder der Kanten des Gegenstandes mit Hilfe ihrer Spur- und Fluchtpunkte. Wenn hier von Spurpunkten die Rede ist, sind die auf der Bildtafel T gemeint, nicht die Spurpunkte, die den Geraden im Schnitt mit der Grundriß- oder Aufrißtafel zukommen. Wie man vorzugehen hat, ist an dem Beispiel der Kante a gezeigt: In Fig. 431 ist der Grundriß S'_a ihres Spurpunktes S_a der Schnittpunkt von a' mit s_1, und der Aufriß S''_a liegt senkrecht darüber auf a''. Den Fluchtpunkt F_a von a bekommt man, indem man ebenso den zu a parallelen Sehstrahl

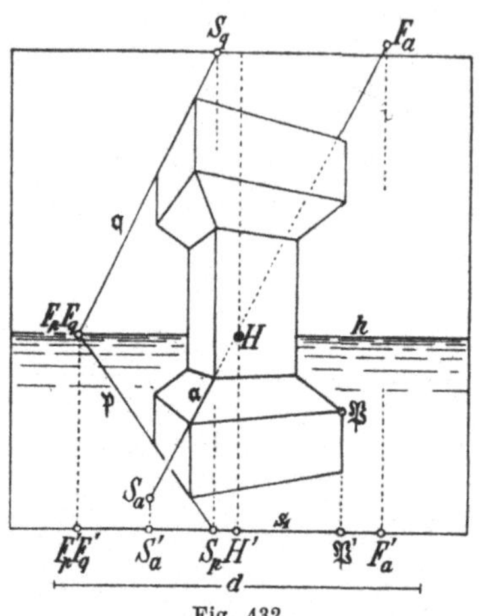

Fig. 432.

mit der Tafel zum Schnitt bringt. Die Punkte S_a und F_a überträgt man nun in Fig. 432, indem man S'_a und F'_a auf die Standlinie s_1 durch Abtragen der Strecken $H'S'_a$ und $H'F'_a$ nach den richtigen Seiten hin übernimmt, dann in S'_a und F'_a die Lote auf s_1 errichtet und diese Lote gleich den Höhen der Punkte S''_a und F''_a über der Projektionsachse macht. Hat man so S_a und F_a gefunden, so ist die Gerade a, die S_a mit F_a verbindet, das perspektive Bild der Geraden a. Dasselbe Verfahren ist noch an den beiden wagerechten Kanten p und q gezeigt. Sie haben senkrecht übereinander liegende Spurpunkte S_p und S_q und einen gemeinsamen Fluchtpunkt F_p, F_q, weil sie parallel sind. Dieser Fluchtpunkt liegt auf dem Horizont h, weil p und q wagerecht sind, und der Horizont ist die zur Standlinie s_1 parallele Gerade, deren Höhe über s_1 gleich der Höhe von h'' über der Projektionsachse zu machen ist.

Das Geradenverfahren ist auf die lotrechten Kanten der Säule nicht anwendbar; man zeichnet sie nachträglich senkrecht zur Standlinie s_1 ein. Das Geradenverfahren hat den Nachteil, daß unerreichbare Spur- oder Fluchtpunkte Schwierigkeiten machen können. In solchen Fällen kann man mit dem Punktverfahren aushelfen. Da die Säule auf der wagerechten Grundebene steht und sonst keine Gegenstände vorhanden sind, ist der Horizont h als Grenze des Bildes der Grundebene so weit sichtbar, als er nicht durch die Säule verdeckt wird. Die Grundebene kann man durch einige Schraffen parallel zum Horizont anschaulicher machen. Der Hauptpunkt H liegt auf h senkrecht über H'. Das Bild ist von derjenigen Stelle O aus zu betrachten, die senkrecht vor H liegt und von der Tafel den aus dem Grundriß in Fig. 431 zu entnehmenden Abstand $d = O'H'$ hat. Wenn man das Bild rechteckig umrahmen will, muß man beachten, daß man ein rechteckiges Bild so zu betrachten pflegt, daß man die von oben nach unten gehende Mittellinie des Rechtecks gerade vor sich hat. Daraus entspringt die Vorschrift: Der rechte und der linke Rand des Rahmens müssen dieselbe Entfernung vom Hauptpunkt H haben. Was dagegen die obere und untere Randlinie betrifft, so ist keine besondere Vorschrift nötig, da man das Bild nach Nr. 300 so hoch anzubringen hat, daß der Horizont in Augenhöhe kommt.

In Fig. 432 ist als unterer Rand die Standlinie s_1 und als oberer die Spurgerade der obersten wagerechten Säulenebene benutzt worden.

***302. Der Perspektivenzeichner von Hauck[1]).** Das Punktverfahren, das zeichnerisch weniger vorteilhaft als das Geradenverfahren ist, hat dennoch einen Vorzug: bei ihm kommen nur wirklich erreichbare Punkte vor. Deshalb lassen sich Vorrichtungen ersinnen, mittels derer das Punktverfahren mechanisch ausgeführt werden kann. Eine derartige Vorrichtung ist der Perspektivenzeichner von Hauck. Bei ihm spielt derjenige Punkt K eine besondere Rolle, in dem das Lot vom Auge O auf die Aufrißtafel die Bildtafel T trifft. Er sei als der Kernpunkt bezeichnet. Man bemerkt in Fig. 433, worin die Grundrißtafel, Aufrißtafel und Bildtafel in Parallelprojektion dargestellt sind, daß die Ebene, die den Sehstrahl OP irgendeines Punktes P auf die Aufriß-

tafel projiziert, außer dem Schnittpunkt Q der Aufrißspurgeraden s_2 mit der Geraden $O''P''$ den Punkt K enthält. Folglich schneidet diese projizierende Ebene die Tafel T in der Geraden KQ, die also durch das perspektive Bild $\mathfrak{P}$ des ins Auge gefaßten Punktes P geht. Durchläuft P irgendein räumliches Gebilde, dessen perspektives Bild hergestellt werden soll, so kommen also drei Strahlenbüschel vor: in der Grund

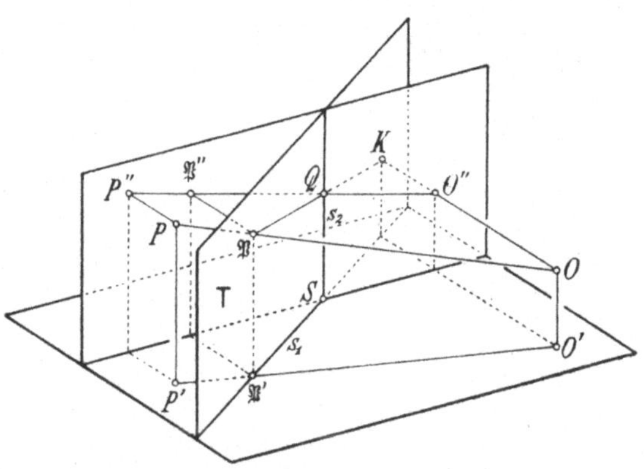

Fig. 433.

rißtafel das der Strahlen $O'P'$ von O' aus, in der Aufrißtafel das der Strahlen $O''P''$ von O'' aus und in der Bildtafel T das der Strahlen $K\mathfrak{P}$ von K aus.

In Fig. 434 ist nun ein einfaches Gebäude durch seinen Grundriß und Aufriß dargestellt. Um die Zusammensetzung der zu besprechenden Vorrichtung besser erläutern zu können, haben wir die Grundrißtafel tiefer als die Grundebene des Hauses angenommen. In der Tat ist dies für das perspektive Bild ohne Belang; maßgebend ist, was die Höhen betrifft, nur die Höhenlage des Gegenstandes gegenüber dem Auge O. Ferner haben wir die Aufrißtafel durch das Gebäude hindurchgelegt, so daß die Projektionsachse die Grundrißprojektion durchschneidet. Wie in Fig. 431 der vorigen Nummer kann man zunächst den Grundriß $\mathfrak{P}'$ und Aufriß $\mathfrak{P}''$ des perspektiven Bildes $\mathfrak{P}$ irgendeines Punktes P des Gebäudes ermitteln. Nun werde die Bildtafel T um ihre Aufrißspurgerade s_2 in die Aufrißtafel nach links umgelegt. Dabei gelangt H' nach (H') und $\mathfrak{P}'$ nach $(\mathfrak{P}')$ auf der Projektionsachse. Damit nun das zu zeichnende perspektive Bild nicht auf die Aufrißzeichnung fällt, wird es weit genug nach unten verschoben, d. h. der Horizont h wird beliebig tief als Parallele zur Projektionsachse oder zur Aufrißprojektion h'' des Horizonts gezeichnet. Wir wollen die will-

---

[1]) Die mit Sternchen versehenen Nummern sind überschlagbar.

kürlich gewählte Strecke, um die h tiefer als h'' angenommen wird, mit $\imath$ bezeichnen. Der Hauptpunkt H ist auf h senkrecht unter (H') anzugeben. Um nun das Bild $\mathfrak{P}$ von P zu bekommen, benutzen wir den Kernpunkt K, der auf dem Horizont liegt. Sein Aufriß fällt mit O'' zusammen, und sein Grundriß liegt auf s_1. Vermöge der angewandten

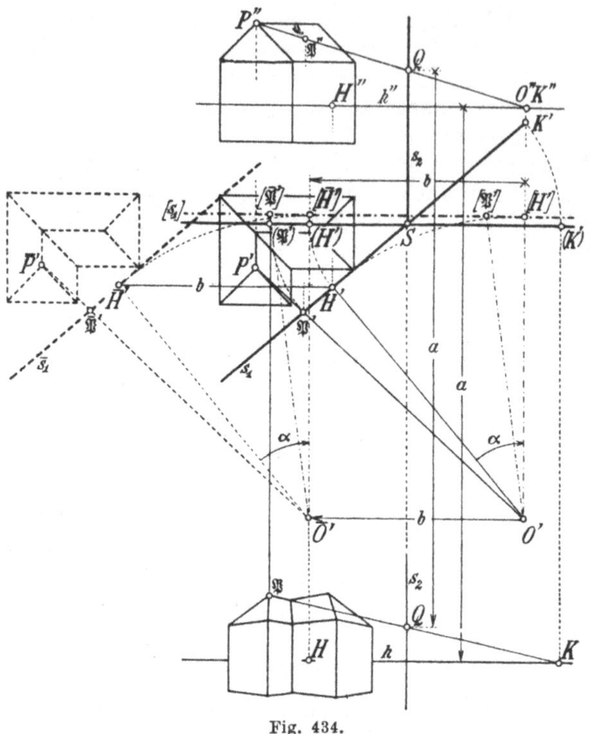

Drehung um s_2 gelangt K' nach (K') auf der Projektionsachse, so daß der Kernpunkt K der Bildzeichnung senkrecht unter (K') auf dem unten angenommenen Horizont h liegt. Der Schnittpunkt von $K\mathfrak{P}$ mit s_2 war in Fig. 433 mit Q bezeichnet worden. Er ist der Schnittpunkt von $O''P''$ mit s_2, und da er der Tafel T angehört, ist er ebenfalls um die Strecke a tiefer zu legen. So geht der unten befindliche und ebenfalls mit Q bezeichnete Punkt hervor.

Nun ist das gesuchte Bild $\mathfrak{P}$ des Punktes P augenscheinlich der Schnitt der Lotrechten durch $(\mathfrak{P}')$ mit der Geraden durch die Punkte K und Q der unteren Zeichnung.

Fig. 434.

Um diese Konstruktion des Bildes durch eine Vorrichtung zu erzielen, empfiehlt es sich, statt der Drehung der Standlinie s_1 um den Punkt S der Projektionsachse eine andere Bewegung zu machen, die dasselbe leistet: Wenn die Standlinie zunächst um die Grundrißprojektion O' des Auges so weit gedreht wird, bis sie in eine wagerechte Gerade $[s_1]$ übergeht, kommen H' und $\mathfrak{P}'$ nach Stellen $[H']$ und $[\mathfrak{P}']$ auf $[s_1]$, die noch zu weit rechts liegen, und zwar zu weit um diejenige Strecke b, die gleich der Entfernung des Punktes (H') von $O'O''$ ist. Man müßte also die Gerade $[s_1]$ mit den Punkten $[H']$ und $[\mathfrak{P}']$ noch in sich um b nach links verschieben, um zu erreichen, daß $[H']$ und $[\mathfrak{P}']$ auf die richtigen Lote kommen, die durch die Punkte H und $\mathfrak{P}$ der unteren Zeichnung gehen. Das kann man aber auch so leisten: Zuerst wird der ganze Grundriß mitsamt der Standlinie s_1 und der Grundrißprojektion O' des Auges um die Strecke b nach links verschoben. Die dadurch hervorgehenden Punkte sind in Fig. 434 durch überstrichene Buchstaben gekennzeichnet. Wenn man nun die Strahlen $\overline{O'}\overline{H'}$ und $\overline{O'}\,\overline{\mathfrak{P}'}$ um $\overline{O'}$ durch den Winkel $\alpha = \measuredangle H'O'O''$ dreht, bringt man $\overline{H'}$ und $\overline{\mathfrak{P}'}$ nach Stellen $[\overline{H'}]$ und $[\overline{\mathfrak{P}'}]$ auf $[s_1]$, die auf den Loten durch (H') und $(\mathfrak{P}')$ liegen.

Aus dem gegebenen Aufriß und dem nach links um die Strecke b verschobenen Grundriß geht demnach das Bild $\mathfrak{P}$ eines Punktes P wie folgt hervor: Man bringt den Strahl $O''P''$ mit s_2 in Q zum Schnitt und verschiebt Q um die Strecke a nach unten, worauf man durch den verschobenen Punkt Q die Gerade KQ zieht. Man dreht ferner den Strahl $\overline{O}'\overline{P}'$ um $\overline{O}'$ durch den Winkel α, so daß dieser Strahl in der neuen Lage die Gerade $[s_1]$ in einem Punkt $[\mathfrak{P}']$ schneidet. Nun ist der gesuchte Punkt $\mathfrak{P}$ der Schnittpunkt von KQ mit der durch $[\mathfrak{P}']$ gehenden lotrechten Geraden. Dabei ist zu beachten, daß O'', K und $\overline{O}'$ feste Punkte sind, a eine konstante Strecke und α ein konstanter Winkel, nämlich $\sphericalangle H'O'O''$, ist. Die Länge der Strecke a kann beliebig groß angenommen werden, während die Strecke b, um die der Grundriß nach links verschoben wird, die Entfernung des Punktes (H') von $O'O''$ sein muß. Ferner ist es einerlei, wie hoch oder tief man den Grundriß anbringt, weil er nur zur Bestimmung der lotrechten Geraden durch die Punkte $[\overline{\mathfrak{P}'}]$ dient.

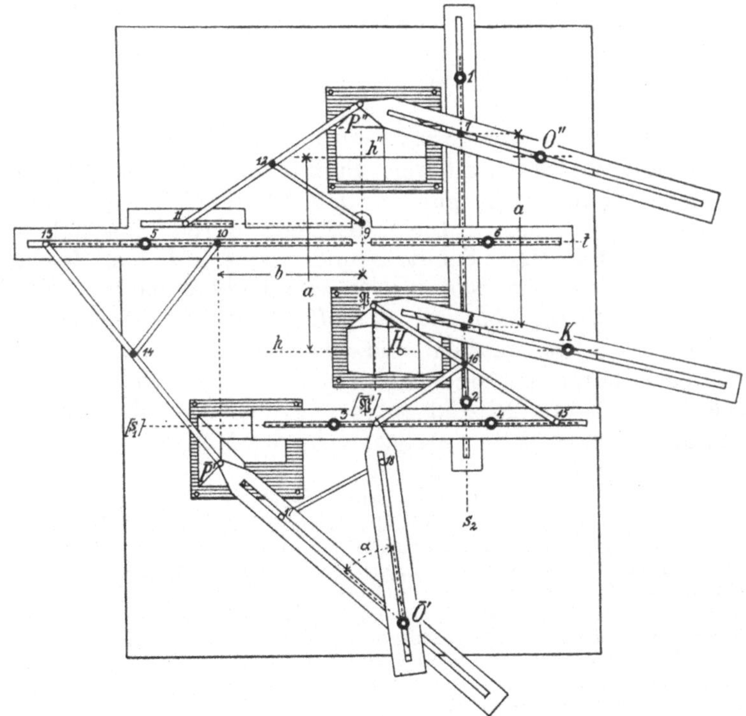

Fig. 435.

Beim Perspektivenzeichner von Hauck liegt der Grundriß, wie Fig. 435 zeigt, in der Tat tiefer als das perspektive Bild. An den Stellen O'', K und $\overline{O}'$ sind auf dem Zeichenbrett Stifte angebracht, und die Aufrißspurgerade s_2 ist mittels eines Schlitzes längs zweier auf dem Brett fester Stifte 1 und 2 beweglich, so daß die darauf geklemmten Stifte 7 und 8 immer denselben Abstand a bewahren. Diese beiden

Stellen *7* und *8* bedeuten die Punkte Q von Fig. 434. Der Winkel α ist der feste Winkel des Schenkelpaares $\overline{O}'\overline{P}'$ und $\overline{O}'[\overline{\mathfrak{P}}']$, und er ist um den auf dem Brett festen Stift $\overline{O}'$ drehbar. Ferner ist die Standlinie s_1 in der wagerecht gedrehten Lage $[s_1]$ durch eine Stange dargestellt, die mittels eines Schlitzes und zweier auf dem Zeichenbrett fester Stifte *3* und *4* in sich beweglich bleibt. Was die Stangen $P''O''$, $\mathfrak{P}K$, $\overline{P}'\overline{O}'$ und $[\overline{\mathfrak{P}}']\overline{O}'$ betrifft, so haben sie ebenfalls Schlitze, so daß sie gezwungen werden, durch die Stifte O'', K und $\overline{O}'$ zu gehen. Im übrigen aber sind sie vollkommen beweglich. Dafür, daß $\sphericalangle \overline{P}'\overline{O}'[\overline{\mathfrak{P}}']$ beständig gleich α bleibt, sorgt ein darunter angebrachtes starres gleichschenkliges Dreieck mit den Schenkeln $\overline{O}'17$ und $\overline{O}'18$, indem es in *17* und *18* Stifte hat, die zur Leitung der Schlitze von $\overline{O}'\overline{P}'$ und $\overline{O}'[\overline{\mathfrak{P}}']$ dienen. Schließlich ist noch das Stabpaar $\mathfrak{P}16\,15$ und $[\overline{\mathfrak{P}}']16$ zu erwähnen. Der zweite Stab ist halb so lang wie der erste und um die Mitte *16* des ersten drehbar. Da die Stifte *15* und *16* längs $[s_1]$ und s_2 beweglich sind, wird bewirkt, daß das Dreieck $15[\overline{\mathfrak{P}}']\mathfrak{P}$ stets in $[\overline{\mathfrak{P}}']$ rechtwinklig bleibt, so daß $\mathfrak{P}$ auf der Lotrechten durch $[\overline{\mathfrak{P}}']$ liegt. In P'' und $\overline{P}'$ angebrachte Fahrstifte sind auf die richtigen Punkte des Aufrisses und Grundrisses einzustellen. Dann verzeichnet ein in $\mathfrak{P}$ angebrachter Zeichenstift das gesuchte Bild.

Es muß aber noch dafür gesorgt werden, daß man die Fahrstifte P'' und $\overline{P}'$ nur auf zusammengehörige Punkte des Aufrisses und Grundrisses einstellen kann, d. h. nur so, daß $\overline{P}'$ immer um die Strecke b weiter links als P'' liegt. Dies geschieht durch Einschalten einer Stange t, die mittels eines Schlitzes und zweier auf dem Zeichenbrett fester Stifte *5* und *6* wagerecht in sich verschiebbar bleibt. Mittels der Stangenpaare $P''12\,11$, $12\,9$ und $\overline{P}'14\,13$, $14\,10$, die wie das Stangenpaar $\mathfrak{P}16\,15$, $16[\overline{\mathfrak{P}}']$ beschaffen sind, wird erreicht, daß die Stelle *9* stets senkrecht unter P'' und die Stelle *10* stets senkrecht über $\overline{P}'$ liegt. Die Stellen *9* und *10* sind auf dem Stab t fest, und zwar so, daß ihr Abstand gleich b ist. Infolgedessen wird also $\overline{P}'$ stets um die Strecke b weiter links als P'' liegen.

Anmerkung: Guido Hauck (geb. 1845 zu Heilbronn, 1877 als Nachfolger von K. Pohlke, Nr. 62, Professor der darstellenden Geometrie an der Berliner Bauakademie, 1883 erster Rektor der Berliner Technischen Hochschule, gest. 1905 in Berlin) machte seinen Apparat zuerst in den Verhandlungen der Physikalischen Gesellschaft in Berlin, 2. Bd. 1883, S. 43—46, bekannt in dem Aufsatz „Über mechanische Perspektive und Photogrammetrie". Nebenbei bemerkt löst die Photogrammetrie die Aufgabe, aus durch Photographien (Nr. 290) gegebenen perspektiven Bildern eines Gegenstandes seine wahren Maße zu ermitteln. Ausführlicher beschrieb Hauck seinen Perspektivenzeichner unter dem Titel „Mein perspektivischer Apparat" in der Festschrift der Technischen Hochschule zu Berlin 1884, S. 213—232. Dann vereinigte er sich mit E. Brauer, Professor an der Technischen Hochschule Darmstadt, später Karlsruhe, um die Vorrichtung in mechanischer Hinsicht zu verbessern. Der von E. Brauer in der Zeitschrift des Vereins deutscher Ingenieure 35. Bd. 1891, S. 782—786 beschriebene „Hauck-Brauers Perspektiv-Apparat" vermeidet alle gleitenden Bewegungen. Siehe auch den „Katalog mathematischer und mathematisch-physikalischer Modelle, Apparate und Instrumente" der Deutschen Mathematiker-Vereinigung, München 1892, S. 234—241. Fig. 435 zeigt alles Wesentliche des ersten von Hauck in Holz hergestellten Modells, das sich im Besitz der Technischen Hochschule Berlin befindet. Ebenda befindet sich auch der aus Holz und Metall hergestellte Hauck-Brauersche Apparat, ausgeführt von der Firma Traiser in Darmstadt.

303. Das Schichtenverfahren. Die in der Perspektive abzubildenden Gegenstände haben meistens Gliederungen in wagerechte Schichten, so z. B. die Säule in Fig. 431 von Nr. 301 wie überhaupt Bauwerke. Man kann daher auch so vorgehen: Zuerst ermittelt man nur das perspektive Bild des Grundrisses. Dann .weiß man nämlich, daß die Bilder aller Eckpunkte des Gegenstandes senkrecht über den entsprechenden Stellen des perspektiv dargestellten Grundrisses liegen, und es kommt nur noch darauf an, ihre Höhen zu finden. Dies geschieht durch Benutzung der Flucht- und Spurpunkte der in den einzelnen wagerechten Schichten gelegenen Geraden. Da nämlich alle wagerechten Ebenen den Horizont h als ihre gemeinsame Fluchtgerade haben, kommen allen wagerechten Geraden des Gegenstandes dieselben Fluchtpunkte wie ihren Grundrißprojektionen zu. Dagegen liegt die Spurgerade einer wagerechten Ebene um ebensoviel über der Standlinie, als sich die Ebene über der Grundrißtafel befindet. Um also die Spurpunkte der Geraden in irgendeiner wagerechten Schicht zu bekommen, verschiebt man die Standlinie mit den auf ihr gelegenen Spurpunkten der in Betracht kommenden Geraden der Grundrißprojektion um die erforderliche Höhe.

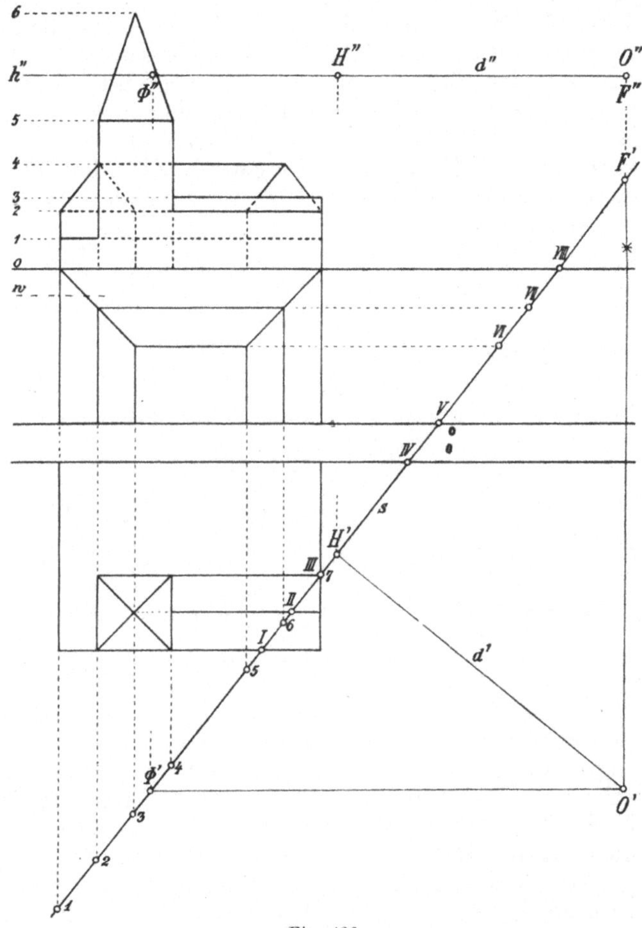

Fig. 436.

Dies Schichtenverfahren erläutern wir an der Darstellung einiger Baulichkeiten, die in Fig. 436 im Grundriß und Aufriß dargestellt sind. Das sind dieselben Gebäude wie in Fig. 241 (Nr. 166) und Fig. 397—400 (Nr. 282). Man kann daher das Ergebnis in Fig. 437 mit den früheren Abbildungen in Kavalierperspektive, aus der Vogelschau und in senkrechter Axonometrie vergleichen.

Nachdem das Auge O durch seinen Grundriß O' und Aufriß O'' festgelegt worden ist, wird der zur Grundrißtafel parallele Hauptsehstrahl OH wie in Nr. 301 so gezogen, daß sein Grundriß ungefähr nach der Mitte der Grundrißprojektion des Gegenstandes zielt, oder auch so, daß er ungefähr die Mittellinie des Winkels der äußersten von O'' aus nach dem Grundriß zu ziehenden Sehstrahlen ist. Senkrecht zu dieser Grundrißprojektion ist dann die Standlinie anzunehmen. Wir bezeichnen sie nur mit s statt mit s_1 in Nr. 301, weil wir der Geraden, in der die Tafel T die Aufrißtafel schneidet, gar nicht bedürfen. Da die wagerechten Kanten der Häuser nur zwei verschiedene Richtungen haben, ergeben sich für sie nur zwei Fluchtpunkte F und Φ. Die Grundrisse von F und Φ auf s liegen auf den durch O' in diesen Richtungen gezogenen Strahlen, die zugehörigen Aufrisse auf der Aufrißprojektion h'' des Horizonts. Diejenigen Geraden der Grundrißzeichnung, denen die eine oder andere Richtung zukommt, haben Spurpunkte auf s, die mit $1, 2 \ldots 7$ und $I, II \ldots VIII$ bezeichnet sind[1]). Man zeichnet nun in Fig. 437 die Standlinie s mit der Marke H' und darüber den Horizont h mit dem Hauptpunkt H so hoch, wie O'' über der Projek-

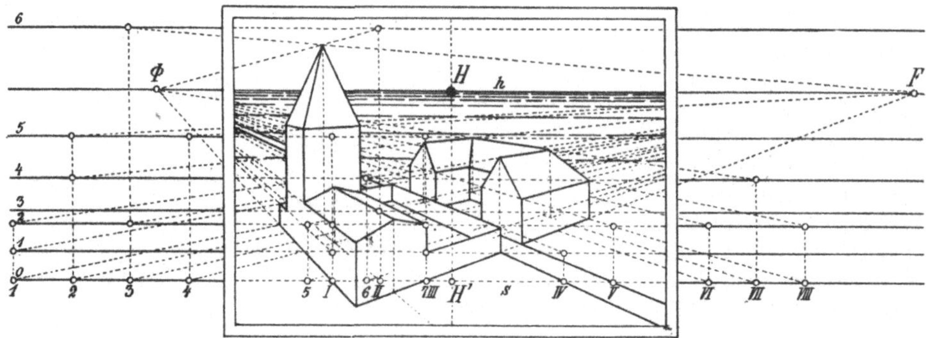

Fig. 437.

tionsachse liegt. Dann bestimmt man die Fluchtpunkte F und Φ; sie liegen auf h rechts und links von H in den aus dem Grundriß zu entnehmenden Abständen $H'F'$ und $H'\Phi'$. Die Spurpunkte $1, 2 \ldots 7$ und $I, II \ldots VIII$ werden am bequemsten mittels eines Papierstreifens übertragen. Indem man die Spurpunkte $1, 2 \ldots 7$ mit dem Fluchtpunkt F und die Spurpunkte $I, II \ldots VIII$ mit dem Fluchtpunkt Φ verbindet, ist es leicht, das vollständige perspektive Bild des Grundrisses zu zeichnen. Die wagerechten Geraden der Gebäude liegen in sieben Schichten, mit $0, 1 \ldots 6$ bezeichnet. Die Schicht 0 ist die der Grundrißtafel, die oberste Schicht 6 geht durch die Turmspitze und soll nur zur Ermittlung des perspektiven Bildes dieser Spitze dienen. Ebenso hoch wie die Schichtlinien im Aufriß in Fig. 436 übereinander liegen, sind sie in Fig. 437 einzutragen. Dadurch ergeben sich die mit $0, 1 \ldots 6$ bezeichneten Spurgeraden der Schichten. Die Schicht 1 enthält die oberen Kanten der Hofmauer, deren Spurpunkte also hervorgehen, wenn man die auf s gelegenen Spurpunkte $1, 7, I$ und IV bis zur Schicht-

---

[1]) Das Sternchen auf $O'O''$ und die mit w bezeichnete Linie werden erst in Nr. 306 und 307 gebraucht.

höhe *1* hebt. Indem man diese gehobenen Spurpunkte mit F und Φ verbindet, bekommt man die perspektiven Bilder der oberen Kanten der Hofmauer. In derselben Weise geht man Schicht für Schicht weiter. In Fig. 437 sind alle gebrauchten gehobenen Spurpunkte kenntlich gemacht. Die Turmspitze gewinnt man, indem man durch sie in Fig. 436 die zu OF und $O\Phi$ parallelen Hilfsgeraden zeichnet, deren Spurpunkte senkrecht über den Spurpunkten *3* und *II* in der Schichthöhe *6* gelegen sind. Die nicht wagerechten Kanten des Gegenstandes findet man schließlich durch Verbinden der durch die wagerechten Geraden ermittelten Eckpunkte. Da alle Eckpunkte im Bilde senkrecht über den entsprechenden Punkten des Grundrisses liegen müssen, ergeben sich viele Proben der Richtigkeit der Zeichnung.

Nach Nr. 301 ist der rechteckige Rahmen des Bildes so anzubringen, daß seine Ränder rechts und links dieselbe Entfernung vom Hauptpunkt H haben. Zur Hebung der Anschaulichkeit trägt der quer durch die Gebäude gelegte Weg bei, und die Grundebene wird durch einige Schraffen parallel zum Horizont h anschaulicher gemacht. Da die Tafel T als durchsichtige Ebene gedacht wird, sind die Spurgeraden, insbesondere auch die Standlinie s, bloß Hilfslinien. Die Einzeichnung des Horizonts h dagegen ist unerläßlich, soweit er nicht durch die Gebäude verdeckt wird.

304. Perspektive Abbildung unbegrenzter Gegenstände. Bisher haben wir in sich abgeschlossene Gegenstände abgebildet. Unbegrenzt war nur ihre wagerechte Grundebene, die ihren Abschluß durch den Horizont h sowie durch die Umrahmung des Bildes bekommt. Daß man aber solche Gegenstände, die ins Endlose gehende Teile haben oder so ausgedehnt sind, daß sie nicht vollständig überblickt werden können, in genau derselben Weise abbilden kann, soll durch die Perspektive eines **Erdeinschnittes mit darüber führender Brücke** erläutert werden. Der in Fig. 438 oben durch seinen Grundriß und Aufriß gegebene Erdeinschnitt hat zwei Böschungsebenen und zwei wagerechte Sohleebenen, von denen die linke einen Fahrweg oder Wasserkanal, die höher gelegene rechte einen Fußweg bedeuten mag. Bei der Wahl des Aufrisses O'' des Auges ist zu beachten, daß er nicht ins Innere des durch Schraffen gekennzeichneten Erdreichs kommt. Der Hauptsehstrahl OH wird etwa nach dem mittleren Brückenpfeiler gerichtet sein. Die Perspektive in Fig. 438 unten wird wie in voriger Nummer nach dem Schichtenverfahren hergestellt. Das perspektive Bild des Grundrisses ist jedoch nicht vollständig angegeben. Ein gewandter Zeichner erkennt bald, daß man nicht unbedingt den ganzen Grundriß einzuzeichnen braucht. Die einzige erwähnenswerte Schwierigkeit bietet die Wiedergabe der mit b bezeichneten Kante der rechten Böschungsebene, da ihr oberer Endpunkt nicht erreichbar ist. Man benutzt den Punkt P, in dem b die entsprechende linke Kante a trifft, indem man das Bild $\mathfrak{P}$ von P nach dem Punktverfahren (Nr. 301) ermittelt. Das ist hier besonders einfach, da P der Tafel selbst angehört, also sein eigenes Bild ist, so daß $H\mathfrak{P}$ im Bild gleich $H''P''$ im Aufriß ist. Der rechteckige Bildrahmen, dessen senkrechte Mittellinie nach Nr. 301 durch H gehen muß, begrenzt die an sich endlosen Böschungsebenen. Der Horizont h ist mit Ausnahme des Fluchtpunktes F unsichtbar.

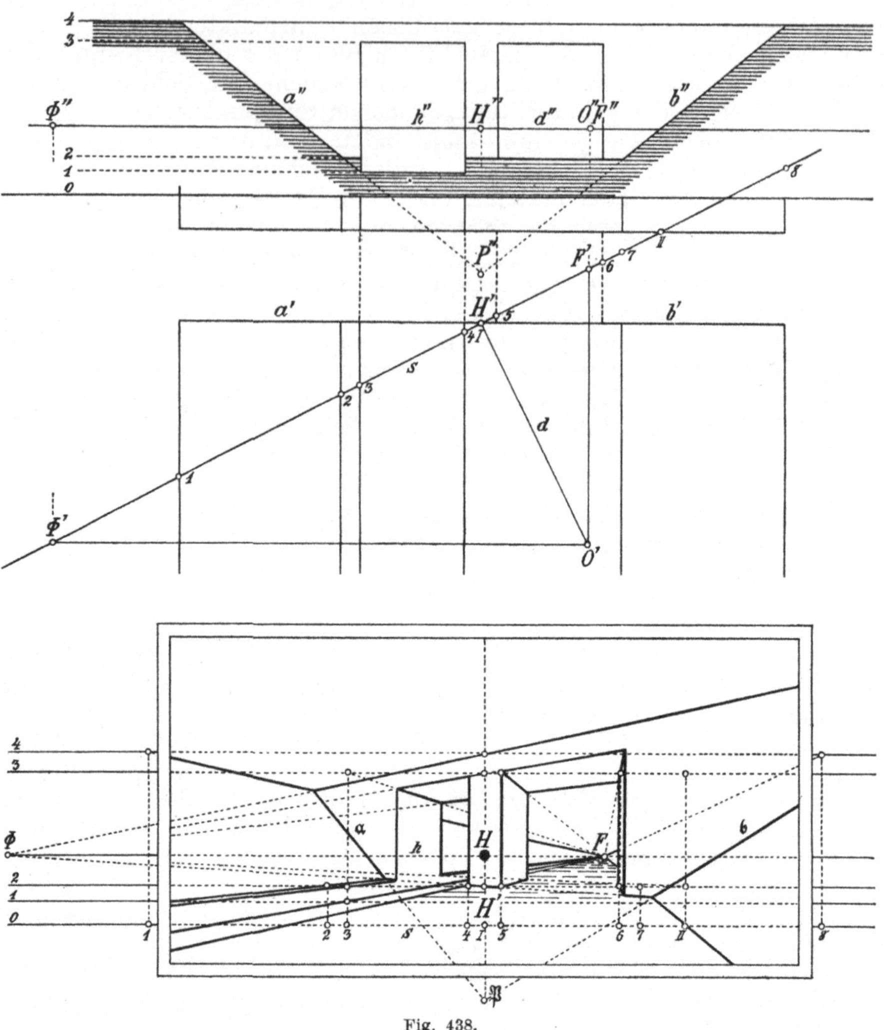

Fig. 438.

***305. Der Perspektivenzeichner von Ritter**[1]**).** Das Gerät, das wir hier beschreiben wollen, zeichnet das perspektive Bild ebenfalls schichtenweise. Jedoch bedient es sich bei der Herstellung der Bilder der einzelnen wagerechten Schichten nicht des Geradenverfahrens, sondern des Punktverfahrens (Nr. 301), und zwar aus demselben Grunde wie die Haucksche Vorrichtung (Nr. 302), weil nämlich nur beim Punktverfahren alle Punkte erreichbar sind.

Zur Vorbereitung diene Fig. 439. Darin stellt E die wagerechte Ebene durch das Auge O vor. Sie schneidet die lotrechte Tafel T im Horizont h. Der abgebildete Gegenstand werde senkrecht auf die Ebene E projiziert. Insbesondere sei P irgendein Punkt des Gegenstandes, P' seine senkrechte Projektion auf E und z die Höhe $P'P$. Das perspektive Bild $\mathfrak{P}'$ von P' liegt auf h, das perspektive Bild $\mathfrak{P}$ von P lotrecht darüber.

---

[1]) Die mit Sternchen versehenen Nummern sind überschlagbar,

Die Höhe von $\mathfrak{P}$ über h sei mit $\mathfrak{z}$ bezeichnet, also $\mathfrak{P}'\mathfrak{P} = \mathfrak{z}$. Bedeutet nun U denjenigen Punkt, der lotrecht unter dem Auge O liegt, und zwar gerade so tief unter O, wie P über E liegt, d. h. ist $UO = z$, so wird UP' die Tafel T in einem lotrecht unter $\mathfrak{P}'$ gelegenen Punkt $\mathfrak{Q}$ treffen, so daß $\mathfrak{Q}\mathfrak{P} = z$ ist. Wird $\mathfrak{Q}\mathfrak{P}'$ mit $\mathfrak{z}'$ bezeichnet, so ist also die Höhe $\mathfrak{z}$ des Bildpunktes $\mathfrak{P}$ über dem Horizont gleich der Differenz $z - \mathfrak{z}'$ zwischen der wahren Höhe z und der Tiefe des Punktes $\mathfrak{Q}$ unter dem Horizont. Statt des Punktes U kann man nun auch einen Punkt V benutzen, der in der Ebene E liegt. Man trage nämlich $z = OU$ von O aus auf der Verschwindungsgeraden v (Nr. 295) bis V ab und bringe VP' mit h in $\mathfrak{R}$ zum Schnitt. Da sich $\mathfrak{P}'\mathfrak{R}$ zu OV wie $\mathfrak{P}'P'$ zu OP',

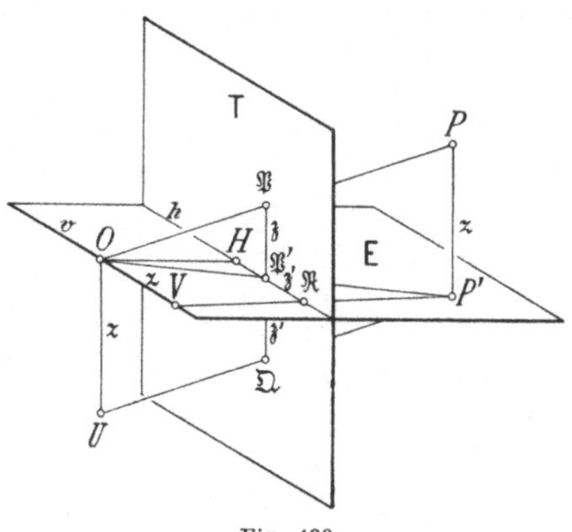

Fig. 439.

d. h. wie $\mathfrak{Q}\mathfrak{P}'$ zu UO verhält, ist $\mathfrak{P}'\mathfrak{R} = \mathfrak{z}'$, also die Höhe $\mathfrak{z}$ des Bildpunktes $\mathfrak{P}$ über dem Horizont gleich der Differenz $z - \mathfrak{z}'$ zwischen der wahren Höhe z und der Strecke $\mathfrak{z}' = \mathfrak{P}'\mathfrak{R}$.

Der Perspektivenzeichner von Ritter benutzt nun die wagerechte Ebene E durch O als Zeichenebene, indem die Tafel T mit dem in ihr enthaltenen perspektiven Bild um den Horizont h in die Ebene E umgelegt wird. In Fig. 440 sei demnach die Ebene der Zeichnung, die man sich als die eines Zeichenbrettes vorstelle, die Ebene E mit dem in ihr enthaltenen Auge O und Horizont h. Die Grundrißzeichnung des abzubildenden Gegenstandes wird in irgendeiner Lage jenseits von h — von O aus gerechnet — so auf dem Zeichenbrett befestigt, daß der Hauptsehstrahl OH ungefähr nach ihrer Mitte zielt. Der gestrichelt angedeutete Aufriß könnte irgendwo anders gelegen sein; wir bedürfen seiner nur, um die Höhen z der Punkte P des Gegenstandes über dem Horizont h abzugreifen, dessen Aufrißprojektion h'' in der gewünschten Höhe in die Aufrißzeichnung eingetragen wird. Nun betrachten wir irgendeinen Punkt P des Gegenstandes, und bestimmen auf der zu h parallelen Verschwindungsgeraden v rechts von O den Punkt V so, daß $OV = z$, der aus dem Aufriß zu entnehmenden Höhe des Punktes P über dem Horizont, ist. Werden $P'O$ und $P'V$ in $\mathfrak{P}'$ und $\mathfrak{R}$ mit h zum Schnitt gebracht, so bedeutet $\mathfrak{P}'\mathfrak{R}$ die vorhin mit $\mathfrak{z}'$ bezeichnete Strecke. Da das perspektive Bild um h in die Ebene des Zeichenbrettes umgelegt werden soll, ergibt sich also das Bild $\mathfrak{P}$, indem man in $\mathfrak{P}'$ auf h das Lot $\mathfrak{P}'\mathfrak{P} = z - \mathfrak{z}'$ errichtet. Weil aber dann das perspektive Bild zum Teil auf die Grundrißzeichnung fällt, sorgt eine geeignete Vorrichtung dafür, es sowohl nach rechts als auch nach oben um in gewissen Grenzen beliebig annehmbare Strecken zu verschieben. Die Gerade h wird durch eine Schiene dargestellt, die auf dem Zeichenbrett fest angebracht ist und auf der zwei Schlitten $\mathfrak{P}'$ und $\mathfrak{R}$ laufen. Diese Schlitten werden andererseits durch zwei von einem Fahrstift P' ausgehende Stangen geführt, die mittels Schlitze durch und um O und V beweglich sind, indem O und V durch zwei auf einer festen Schiene v angebrachte Stifte dargestellt

werden. Auf der Schiene h liegt — in Fig. 440 der Deutlichkeit halber
parallel daneben gezeichnet — eine mit $\mathfrak{P}'$ fest verbundene Stange $\mathfrak{P}'C$
von beliebig einstellbarer Länge b, so daß der auf h ebenfalls mittels
eines Schlittens bewegliche Punkt C stets von $\mathfrak{P}'$ die Entfernung b hat.
Ferner ist längs h noch eine dritte Stange beweglich, die mit $\mathfrak{R}$ fest
verbunden und auch mittels Schlittens längs h verschiebbar ist. Auch
sie ist der Deutlichkeit halber parallel neben h gezeichnet. Auf dieser
Stange ist links von $\mathfrak{R}$ ein Stift D in der Entfernung $\mathfrak{R}D = z$ angebracht.
Ferner trägt diese Stange noch einen auf ihr festen Stift A, so daß die

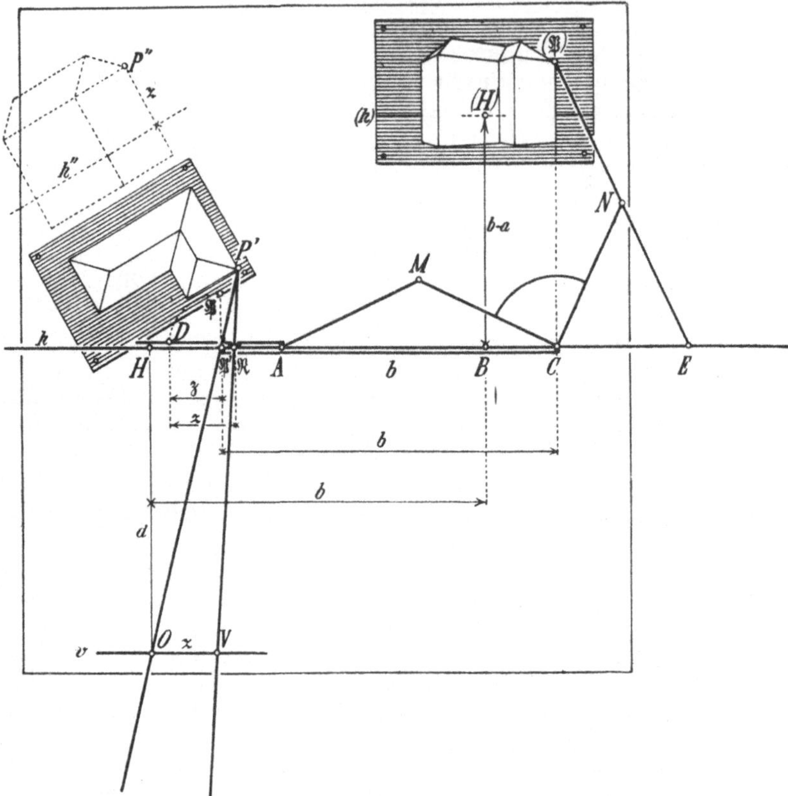

Fig. 440.

Strecke DA beständig eine beliebig einstellbare Länge a behält. Weiterhin sind an A und C gleichlange Stäbe AM, CM, drehbar um A, C
und M, angeknüpft. Der ebenso lange Stab CN ist in C mit dem
Stab CM rechtwinklig und starr verbunden. Schließlich ist um N als
Mitte ein doppelt so langer Stab $E(\mathfrak{P})$ beweglich, dessen Endpunkt E
gezwungen wird, auf der Schiene h zu bleiben. Dies Gestänge bewirkt,
daß stets $C(\mathfrak{P})$ senkrecht zu h und gleich AC bleibt. Wegen $\mathfrak{R}D = z$
und $\mathfrak{P}'\mathfrak{R} = \mathfrak{z}'$ ist $D\mathfrak{P}' = z - \mathfrak{z}' = \mathfrak{z}$, der Höhe des Bildpunktes $\mathfrak{P}$ über
dem Horizont. Demnach ist $\mathfrak{P}'A = a - \mathfrak{z}$, also $AC = b - a + \mathfrak{z}$ und
somit auch $C(\mathfrak{P}) = b - a + \mathfrak{z}$. Weil $\mathfrak{P}'\mathfrak{P} = \mathfrak{z}$ ist, bewirkt also das
Gestänge, daß $\mathfrak{P}$ erstens um die Strecke b nach rechts verschoben und

zweitens um die Strecke $b - a$ nach oben gehoben wird, so daß sich mittels des Zeichenstiftes in ($\mathfrak{P}$) das perspektive Bild rechts oben ergibt. Der Horizont (h) des entstehenden Bildes liegt um $b - a$ höher als h und der Hauptpunkt (H) um b weiter rechts als H.

Wenn der Fahrstift P' den Grundriß der in der Höhe z über dem Horizont gelegenen Schicht des Gegenstandes durchläuft, liefert der Zeichenstift ($\mathfrak{P}$) das perspektive Bild der Schicht. Will man eine andere wagerechte Schicht zeichnen, so ist sowohl V als auch D auf die entsprechende Höhe z einzustellen, indem $OV = \mathfrak{R}D = z$ sein muß. Zu diesem Zweck sind auf den Stangen v und AD Papierstreifen anzubringen, auf denen man die einzelnen Schichthöhen durch Striche mit gleichen Zahlen anmerkt, so daß dann das Einstellen auf die verschiedenen Schichthöhen leicht vonstatten geht.

Nachdem man die einzelnen Schichten gezeichnet hat, vervollständigt man das Bild durch diejenigen Linien, die Punkte verschiedener Schichten miteinander verbinden.

Anmerkung: Hermann Ritter (geb. 1851 in Liestal bei Basel, Baumeister und Teilhaber der Firma Ph. Holzmann & Co. in Frankfurt a. M., gest. 1918 in Bern) ließ sich den Perspektivenzeichner 1883 patentieren. Eine Beschreibung gab er unter dem Titel „Perspektograph. Apparat zur mechanischen Herstellung der Perspektive aus geometrischen Figuren sowie umgekehrt der Originalfiguren aus perspektivischen Bildern", Frankfurt a. M. 1884. Siehe auch den bei Nr. 302 genannten „Katalog mathematischer Modelle usw.", S. 241—243. Obgleich der Haucksche Apparat in wissenschaftlicher Beziehung höher steht, hat er den praktischen Nachteil, daß für jeden Punkt zwei Fahrstifte einzustellen sind, einer im Grundriß und einer im Aufriß. Bequemer ist daher der Rittersche Apparat, der von der Firma Hartmann & Braun, Bockenheim-Frankfurt a. M., in Holz und Metall ausgeführt wurde. Anders als Ritter hat neuerdings K. Mack (geb. 1880 in Kindsberg, Professor an der Deutschen Technischen Hochschule Prag) das Schichtenverfahren zu einem Werkzeug verwendet, siehe „Eine neue Methode und ein neues Gerät zur Konstruktion von Perspektiven", Sitzungsber. d. Wiener Akad. Abt. II a, 127. Band 1918, S. 699—717, „Über meinen Perspektographen", Jahresber. d. Deutschen Mathemat.-Vereingg. 31. Band 1922, S. 158—162.

306. Versenkung des Grundrisses. Beim Schichtenverfahren (Nr. 303) besteht ein Nachteil darin, daß das zuerst zu zeichnende perspektive Bild des Grundrisses zu schmal wird, wenn die Höhe des Auges über der Grundrißtafel, d. h. die Höhe des Horizonts h über der Standlinie s zu gering ist. Dann nämlich schneiden sich die Geraden des Grundrisses unter so spitzen Winkeln, daß sich die Schnittpunkte nicht genau genug ergeben. In Fig. 437 von Nr. 303 trat dieser Übelstand nicht auf, weil die Augenhöhe damals ziemlich groß gewählt wurde. Aber die in jener Figur dargestellten Baulichkeiten wird man doch eigentlich aus derjenigen Höhe betrachten, die der natürlichen Höhe des menschlichen Auges entspricht. Man müßte dann aber O'' statt wie in Fig. 436 etwa in derjenigen Höhe annehmen, die dort durch das Sternchen unterhalb O'' kenntlich gemacht ist. Da dann aber der Streifen zwischen s und h zu schmal ausfallen würde, ersetzt man die Grundrißtafel zunächst durch eine beliebig tief gelegene neue wagerechte Ebene (Nr. 12). Dies Verfahren der Versenkung des Grundrisses, das man auch die Kellerkonstruktion nennt, ist in Fig. 441 durchgeführt worden. Sie bezieht sich auf den in Fig. 436 von Nr. 303 dargestellten Grundriß und Aufriß mit dem einzigen Unterschied, daß O'' an der durch das Sternchen bezeichneten Stelle gewählt worden ist. Statt der Standlinie s, die nur wenig unterhalb des Horizonts h liegt, ist eine beliebig tief gelegene Standlinie (s) mit der Marke (H') senkrecht unter H' benutzt worden. Dadurch entsteht in der versenkten Grundrißebene ein in allen Teilen deutlich zu zeichnender Grundriß, auf dem man wie sonst mittels des Schichtenverfahrens das Bild der Gebäude aufrichtet. Die mit $0, 1 \ldots 6$ bezeichneten Schicht-Spurgeraden und der Horizont h haben also in Fig. 441 genau dieselben Abstände voneinander wie in Fig. 437 von Nr. 303.

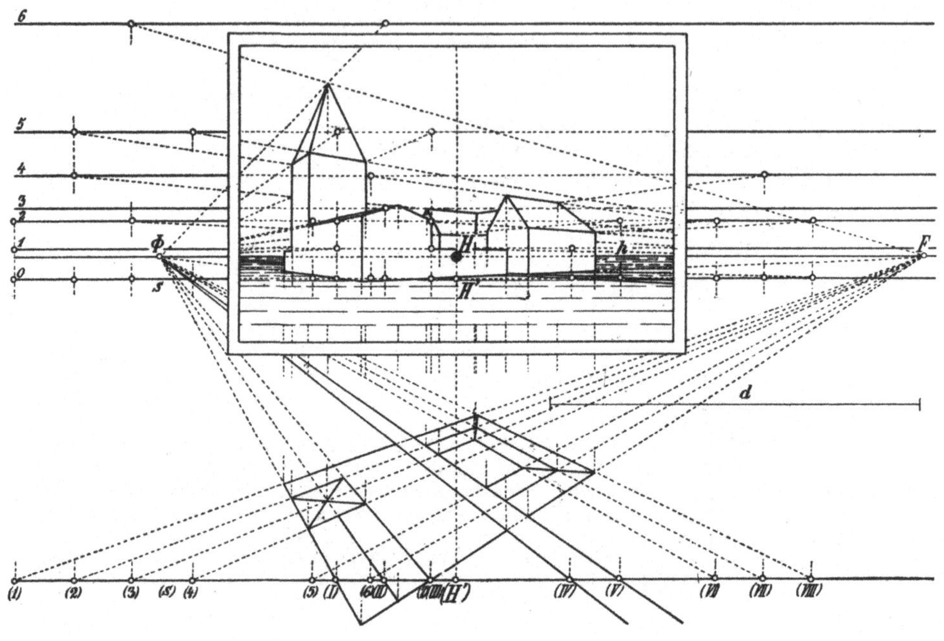

Fig. 441.

Das Bild in Fig. 441 spricht mehr an als das in Fig. 437, bei dem man die Gebäude aus einer ungewöhnlichen Höhe, die nämlich fast gleich der des Turmes ist, in Augenschein nimmt.

307. Spiegelung im Wasser. Bei landschaftlichen Darstellungen kommt es vor, daß sich die Gegenstände an der Oberfläche eines Gewässers spiegeln. Der Spiegelpunkt $\bar{P}$ eines Punktes P liegt auf dem Lot von P auf die Wasserfläche, und zwar gerade so weit unterhalb des Fußpunktes M, wie P darüber liegt, siehe Fig. 442. Da $PM\bar{P}$ zur lotrecht gedachten Tafel parallel ist, stellt sich das Bild $\mathfrak{M}$ der Mitte M von $P\bar{P}$ als die Mitte des Bildes von $\mathfrak{P}\,\bar{\mathfrak{P}}$ dar (Nr. 294).

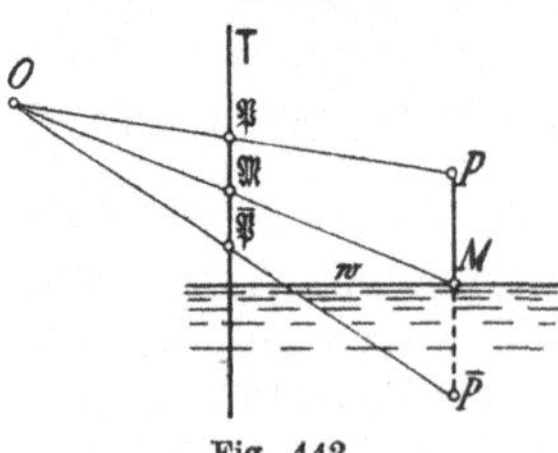

Fig. 442.

Demnach kann man das Spiegelbild wie in Fig. 443 herstellen, die denselben Anblick wie Fig. 441 der letzten Nummer wiedergibt. Wir haben hier angenommen, die Oberfläche des Wassers habe die in Fig. 436 von Nr. 303 durch die Gerade w angedeutete Tiefe unter der

Schicht *0*. Dementsprechend ist *w* in Fig. 443 in derselben Tiefe unterhalb der Spurgeraden *0* gezeichnet und dann der Grundriß in der Schicht mit der Spurgeraden *w* hergestellt worden. Dadurch gehen die soeben mit 𝔐 bezeichneten Punkte hervor, an denen die Punkte 𝔓 zu spiegeln sind, um die Punkte 𝔓 der gesuchten Abbildung im Wasser zu liefern. Der Wasserspiegel liegt tiefer als die Schicht *0*; deshalb hat das Gelände ein Gefälle nach dem Wasser hin. Man wird es sich also als uneben vorstellen. Daher sind sowohl die Grundlinien der Gebäude als auch der Horizont durch ein wenig wellige Linien ersetzt worden. Der Rand des Gewässers kann nach Belieben gezeichnet werden.

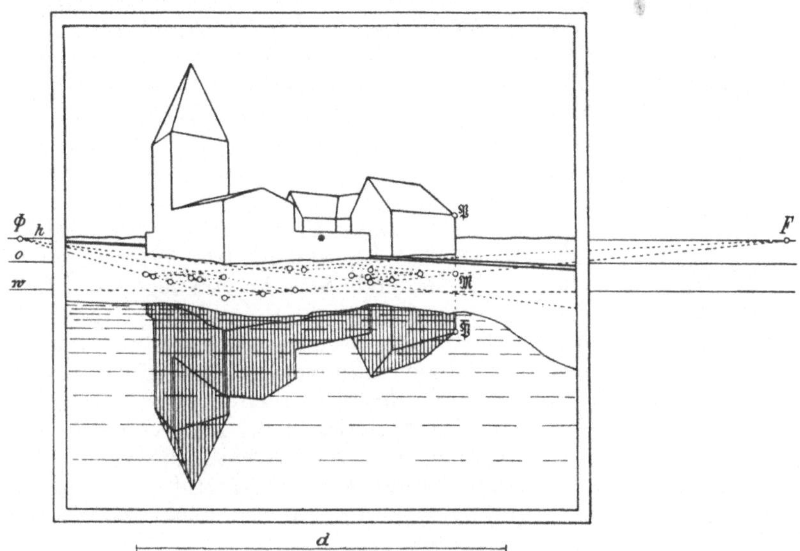

Fig. 443.

Ein anderes Verfahren zur Herstellung des Spiegelbildes besteht darin, daß man jede wagerechte Schicht für sich im Wasser spiegelt, also das Schichtenverfahren auch für das Spiegelbild anwendet. Die Spurgeraden $\overline{0}, \overline{1}, \overline{2} \ldots$ der gespiegelten Schichten liegen so, daß die Spurgerade *w* der Schicht der Wasseroberfläche die Mittellinie der Geradenpaare $0, \overline{0} - 1, \overline{1} - 2, \overline{2} \ldots$ ist.

308. Wahre Längen lotrechter und wagerechter Strecken. Beim Entwerfen des perspektiven Bildes ist anzuraten, **vom Großen ins Kleine zu arbeiten**, nämlich zunächst die wichtigeren Linien zu ermitteln und dann die Einzelheiten einzuzeichnen, da sonst die Häufung der Hilfslinien verwirrt. Beim Einzeichnen der Einzelheiten ist es bequemer, nicht alles aus dem Grundriß und Aufriß wie bisher zu entnehmen, sondern sie zum Teil geradezu im Bild zu konstruieren. Dabei muß man wissen, welche Längen insbesondere lotrechten und wagerechten Strecken bei der perspektiven Abbildung zu geben sind. Hierzu bedient man sich der folgenden Verfahren, bei denen, wie jetzt immer, angenommen wird, daß die Tafel lotrecht sei.

Eine auf einer wagerechten Ebene E aufstehende lotrechte Strecke $P'P$ mit dem Fuß P' und Kopf P erscheint im Bild als eine Strecke $\mathfrak{P}'\mathfrak{P}$, die zum Horizont senkrecht ist, siehe Fig. 444. Wird sie parallel zu sich selbst derart verschoben, daß ihr Fuß irgendeine wagerechte Gerade in der Ebene E beschreibt, deren Fluchtpunkt F irgendwo auf dem Horizont h liege, so gelangt der Fuß schließlich an eine Stelle Q' der Spurgeraden s der Ebene E. Weil der Kopf die zur Bahn des Fußes parallele Gerade mit demselben Fluchtpunkt F beschreibt, ergibt er sich in der

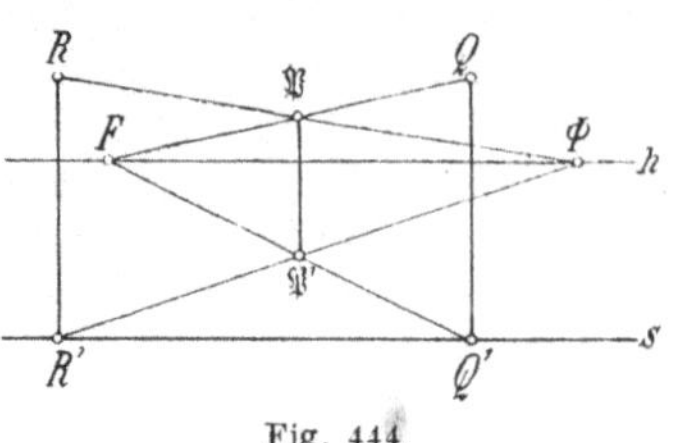
Fig. 444.

neuen Lage als Schnittpunkt Q des in Q' auf s errichteten Lotes mit $F\mathfrak{P}$. In der neuen Lage $Q'Q$ gehört nun die lotrechte Strecke der Tafel an, so daß also $Q'Q$ die wahre Länge der lotrechten Strecke $\mathfrak{P}'\mathfrak{P}$ ist. Wenn man statt F irgendeinen anderen Fluchtpunkt Φ auf h wählt, ergibt sich eine Strecke $R'R$, die in der Tat ebenso lang wie $Q'Q$ ist. Denn es ist $R'R : \mathfrak{P}'\mathfrak{P} = R'\Phi : \mathfrak{P}'\Phi = Q'F : \mathfrak{P}'F = Q'Q : \mathfrak{P}'\mathfrak{P}$. Die umgekehrte Aufgabe, eine auf E senkrecht stehende Strecke von gegebener Länge so in das Bild einzuzeichnen, daß ihr Fuß $\mathfrak{P}'$ irgend-

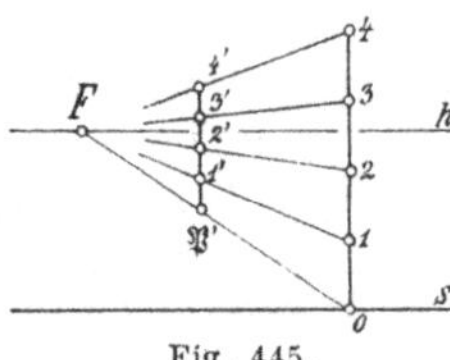
Fig. 445.

wo auf E liegt, ist hiernach leicht zu lösen; siehe die Übertragung eines Maßstabes aus seiner wahren Länge in die perspektive Länge in Fig. 445.

Um die wahre Länge einer in der wagerechten Ebene E gelegenen Strecke zu finden, geht man von Fig. 446 aus, worin g eine in E verlaufende Gerade und P einen Punkt auf g bedeutet. Da der Fluchtpunkt F von g auf dem zu g parallelen Sehstrahl liegt, gilt, wenn $\mathfrak{P}$ das Bild von P und S der Spurpunkt von g ist, die Proportion

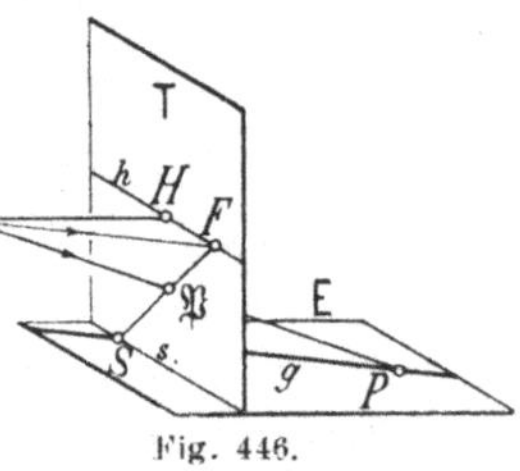
Fig. 446.

$$SP : S\mathfrak{P} = OF : F\mathfrak{P}.$$

Wenn nun in Fig. 447, deren Ebene die Tafel T selbst ist, die Gerade g durch ihren Spurpunkt S auf der Spurgeraden s der Ebene E und durch ihren Fluchtpunkt F auf dem Horizont h gegeben und auf ihr das Bild $\mathfrak{P}$ des Punktes P gezeichnet ist, liegen die in der Proportion auftretenden Strecken $S\mathfrak{P}$ und $F\mathfrak{P}$ vor. Ferner ergibt sich die Länge der Strecke OF wie in Fig. 421 von Nr. 297 durch Umlegen des bei H rechtwinkligen Dreiecks FHO um die Kathete FH, wobei O nach (O) gelangt, indem $H(O) = d$ und $\perp h$ ist. Durch einen Kreisbogen um F kann man die Strecke $F(O)$ als Strecke FT auf h abtragen. Bringt man dann

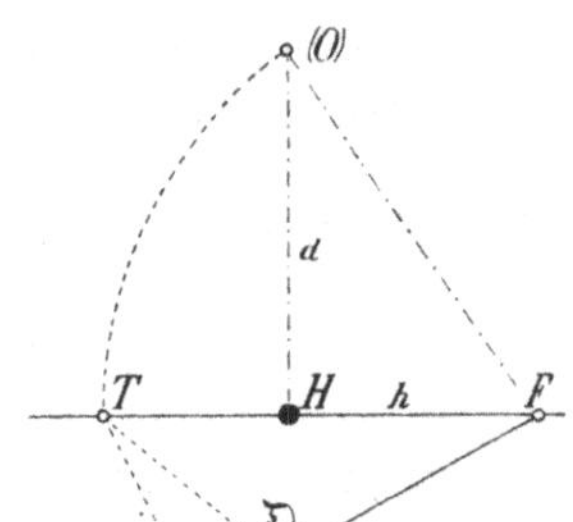
Fig. 447.

die Gerade $T\mathfrak{P}$ mit s in P zum Schnitt, so ist

$$S\bar{P} : S\mathfrak{P} = TF : F\mathfrak{P}.$$

Wegen $TF = (O)F = OF$ stimmt diese Proportion im zweiten, dritten und vierten Glied mit der ersten Proportion überein. Deshalb müssen auch die ersten Glieder einander gleich sein: $SP = S\overline{P}$. Mithin ist $S\overline{P}$ die wahre Länge der wagerechten Strecke $S\mathfrak{P}$. Ebenso ist $S\overline{Q}$ die von $S\mathfrak{Q}$, also $\overline{P}\,\overline{Q}$ die von $\mathfrak{P}\mathfrak{Q}$. Die Lage des Hilfspunktes T auf dem Horizont h hängt wesentlich vom Fluchtpunkt F der Geraden ab, auf der die zu messende wage-rechte Strecke liegt. Er ist der Fluchtpunkt von lauter parallelen Geraden, die auf der Ge-raden SF und der Spurgeraden s in Wahrheit gleiche Strecken abschneiden. Statt seiner kann man auch den zweiten Schnittpunkt des Hori-zonts h mit dem Hilfskreis um F durch (O) benutzen. Der Hilfspunkt T heißt der zum Fluchtpunkt F gehörige Teilungspunkt; man bedient sich nämlich seiner, um eine vor-geschriebene regelmäßige Teilung längs einer wagerechten Geraden im Bild richtig wieder-zugeben, wie es Fig. 448 für eine lotrechte Mauer mit regelmäßiger Fensteranordnung zeigt. Die

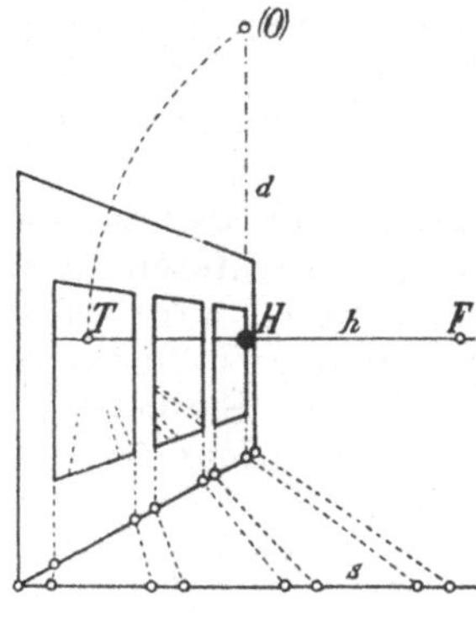

Fig. 448.

wahren Fensterbreiten und die wahren Abstände zwischen den Fenstern sind die Strecken auf der Spurgeraden s.

Wenn die einzuteilende wagerechte Gerade insbesondere zu den Tiefenlinien gehört, also zur Tafel senkrecht ist (Nr. 300), hat sie als Fluchtpunkt den Hauptpunkt H, so daß der zugehörige Teilungs-punkt einer der beiden Distanzpunkte D_1, D_2 ist, siehe Fig. 449. Hier bilden die Hilfsgeraden nach D_1 sowohl mit s als auch mit der Tiefenlinie in Wahrheit Winkel von $45°$ (Nr. 297). Die Parallelen zur Spurgeraden s durch die Teilstellen der Tiefenlinie geben eine bessere Anschauung von der wagerechten Ebene, da sie in Wahrheit gleiche Abstände voneinander haben. Je näher sie dem Horizont kommen, um so enger rücken sie im Bilde zusammen. In Fig. 449 ist die Zeich-nung noch über die Spurgerade s nach vorn fortgesetzt.

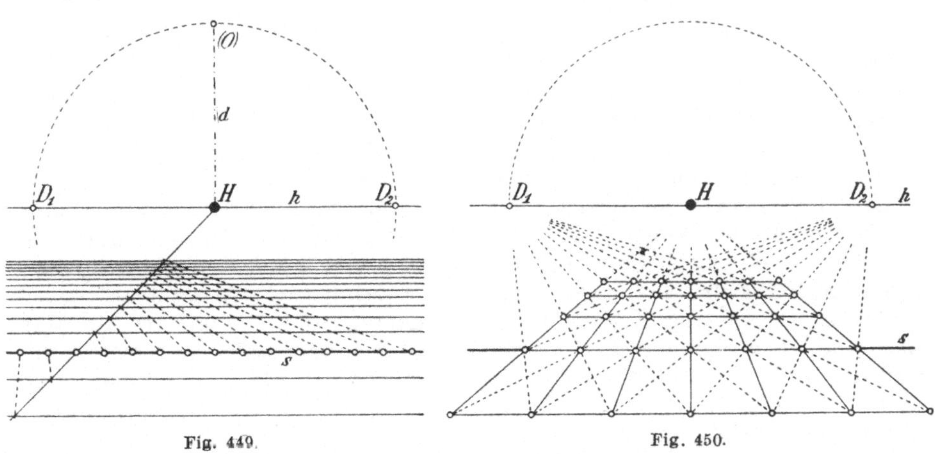

Fig. 449.   Fig. 450.

Bei dieser Gelegenheit sei mit wenigen Worten die Darstellung einer Täfelung der wagerechten Ebene durch Quadrate erwähnt, deren Seiten zur Spurgeraden s parallel und senkrecht sind: Nachdem man die Spurgerade s in gleiche Teile zerlegt hat, siehe Fig. 450, zieht man durch diese Stellen die Hilfsgeraden nach D_1 und D_2. Da sie in Wahrheit mit s Winkel von $45°$ bilden, liefern sie die Diagonalen der gewünschten Täfelung, die sich daher durch das Ziehen der Tiefenlinien durch die Stellen auf s und der Parallelen zur Spurgeraden durch die Schnittpunkte der Tiefenlinien mit den Diagonalen sofort ergibt.

Wie man mit Hilfe des Vorhergehenden perspektive Einzelheiten zu zeichnen imstande ist, soll an einem Beispiel erläutert werden: Es handle sich darum, auf die wagerechte Ebene E einen im übrigen beliebig gerichteten Würfel zu stellen, also irgendeinen Würfel zu zeichnen, von dem zwei Ebenen wagerecht, daher vier Kanten zur Tafel parallel sind. Eine Ecke des Würfels kann an irgendeiner Stelle A der Ebene E angenommen werden; dann kann auch noch die Richtung der einen von ihr ausgehenden wagerechten Kante

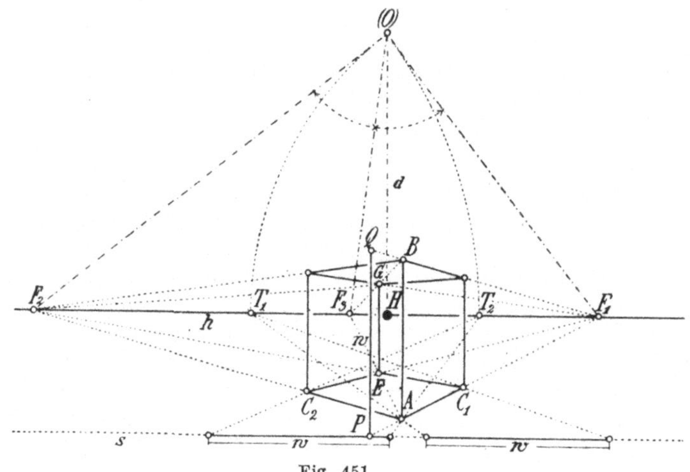

Fig. 451.

beliebig gewählt werden. Dies geschieht durch Annahme ihres Fluchtpunktes F_1 auf h, siehe Fig. 451. Da nun die andere von A ausgehende wagerechte Kante zu dieser Kante senkrecht ist, muß ihr Fluchtpunkt F_2 so auf h liegen, daß $\sphericalangle F_1OF_2$ ein rechter Winkel ist, denn die beiden Kanten sind zu den Sehstrahlen OF_1 und OF_2 parallel. Um also F_2 zu finden, legt man das Dreieck F_1OF_2 um die auf h gelegene Hypotenuse in die Tafel um, wobei O nach (O) kommt, indem $H(O) = d$ und $\perp h$ ist. Das in (O) auf $(O)F_1$ errichtete Lot schneidet h im gesuchten Fluchtpunkt F_2. Die dritte von A ausgehende Würfelkante erscheint als Senkrechte zu h. Ist die Kantenlänge w gegeben, so hat man sie auf die drei von A ausgehenden Kanten in der richtigen Art zu übertragen, auf die soeben erwähnte dritte Kante nach Fig. 444, indem man $PQ = w \_\_ s$ benutzt, und auf die beiden ersten Kanten mit Hilfe ihrer Teilungspunkte T_1 und T_2. So findet man die Würfelecken B, C_1 und C_2. Nun ist das Würfelbild leicht zu vollenden, da vier Kanten nach F_1, vier nach F_2 gehen und vier zu h senkrecht sind. Die Richtigkeit der Zeichnung läßt sich dadurch prüfen, daß man den Fluchtpunkt F_3 der Diagonale AE des Grundquadrates bestimmt. Er ergibt sich augenscheinlich, indem man h mit der Geraden, die den rechten Winkel $F_1(O)F_2$ in gleiche Teile zerlegt, zum Schnitt bringt. Die Quadratdiagonalen AE und BG müssen nach F_3 gehen.

Ebenso wie der Würfel lassen sich andere Einzelheiten wie Türen, Fenster, Treppen, Tische, Stühle, Kästen u. dgl. in das perspektive Bild eines Gebäudes oder Innenraumes einzeichnen.

Anmerkung: Einiges aus der älteren Geschichte der Perspektive findet füglich hier Platz. Wie in Nr. 201 erwähnt wurde, können die aus alten Zeiten stammenden großen Bauwerke nicht ohne die Hilfe von Zeichnungen, insbesondere von Grundrissen, entstanden sein. Bekunden sie also, daß die Grundlehren der senkrechten Projektion in längst vergangenen Jahrtausenden im Besitz besonders begabter Männer gewesen sind, so nötigen uns dagegen keine Überlieferungen, etwas Entsprechendes in bezug auf die Perspektive anzunehmen. Die Technik bedurfte ihrer nicht; sie entsprang vielmehr aus den Bedürfnissen der Malerei. Sie ist also eine Errungenschaft nicht der Zivilisation, sondern der Kultur. Während ferner falsche Werkzeichnungen dem Erbauer oder Erfinder verhängnisvoll wurden, indem sie die Ausführung seiner Entwürfe kostspielig, gefährlich, ja geradezu unmöglich machten, haben falsche oder fehlende Kenntnisse in der Perspektive seit jeher bis heute noch niemanden am Malen gehindert. Zunächst wurde die Perspektive bloß gefühlsmäßig ausgeübt. Dann bemerkte man gewisse Grundgesetze, und weiterhin erwachte darauf der Wunsch, diese Gesetze auf wissenschaftlichem Wege geometrisch zu ergründen. Schwierig ist es festzustellen, wann die Maler die wesentlichsten Gesetze der Perspektive, insbesondere den Satz vom Fluchtpunkt paralleler Geraden (Nr. 294), wirklich erkannt haben. Ein Bild kann nämlich richtig sein, ohne zu beweisen, daß sein Urheber die Perspektive gekannt habe. Denn Unkenntnis der Perspektive läßt sich durch gute Beobachtung ausgleichen, weil das perspektive Bild so ist, wie der Gegenstand dem Auge erscheint, während die Parallelprojektion eine Darstellung liefert, wie der Gegenstand niemals wirklich gesehen wird. Ferner zwingt schon der Erfahrungssatz, daß ein Gegenstand im Bild um so kleiner erscheint, je weiter er entfernt ist, bei der zeichnerischen Wiedergabe frontaler Architekturen, d. h. von Architekturen, deren Hauptflächen zur Tafel parallel sind, die Tiefenlinien (Nr. 300) so darzustellen, daß sie gehörig verlängert wenigstens ungefähr zusammenlaufen.

Aus dem Altertum ist uns nur wenig von Gemälden überliefert, es genügt aber, um festzustellen, daß den Völkern des Orients die Raumanschauung fehlte; sie haben nichts von Perspektive gewußt. Dagegen zeigen griechische und römische Gemälde, z. B. Wandmalereien in Rom und Pompeji, ausgedehnte frontale Architekturen; darin sind die unteren Tiefenlinien nach einem gemeinsamen Punkt gerichtet, aber die oberen nach einem anderen. Chr. Wiener (Nr. 2, a. a. O. S. 7) fand hierin ein gewolltes Abweichen von der geometrischen Richtigkeit zu dem Zweck, das Innere der Architektur mehr offen zu legen. Aber wir glauben nicht, daß man das Fluchtpunktgesetz, wenn auch nur für die Tiefenlinien, gekannt habe. Wie gesagt, zwang die einfachste Beobachtung dazu, solche Tiefenlinien, die in derselben wagerechten Schicht liegen, mehr oder weniger zusammenlaufen zu lassen. Wie auf anderen Gebieten steht das frühe Mittelalter auch in der Perspektive auf einem niedrigeren Standpunkt als die griechisch-römische Welt. Es ist ja durchweg als ein Zeitalter zu kennzeichnen, das blind gegenüber den Tatsachen der Erfahrung war. Deshalb zeichnete man auch z. B. Häuser in Landschaften einfach in schiefer Parallelprojektion ein, mochte das auch noch so falsch aussehen. Erst als man sich allmählich von der steifen, byzantinischen Art frei machte und anfing, die wirkliche Welt mit unbefangenem Auge zu betrachten, wurde es besser. Zunächst sind es wieder frontale Architekturen, in denen sich dies bekundet; dazu tritt die Darstellung der Täfelung des Fußbodens mittels Tiefenlinien und Paralleler zur Bildtafel (Fig. 450). Es steht fest, daß man diese Täfelung zunächst ohne Benutzung des Fluchtpunktes der Tiefenlinien, d. h. des Hauptpunktes, und der Fluchtpunkte der 45°-Linien, d. h. der Distanzpunkte, herstellte, nämlich mit Hilfe eines Grundrisses und Aufrisses mittels des Punktverfahrens. Sie kann also richtig entworfen worden sein, ohne daß dem Maler etwas vom Fluchtpunkt zum Bewußtsein kam. Bei der Nachprüfung alter Gemälde stellen sich Abweichungen von den Fluchtpunkten heraus. Aber man darf daraus nicht ohne weiteres schließen, daß das Fluchtpunktgesetz unbekannt gewesen wäre. Denn da man ein größeres Bild nie genau von der richtigen Stelle aus betrachtet, sondern das Auge wandern läßt, kann sich der Maler genötigt sehen, absichtlich die an den Rändern des Gemäldes stärker werdenden perspektiven Verzerrungen als störend auszugleichen. Die Meinungen darüber, inwieweit den alten Meistern das Fluchtpunktgesetz bekannt gewesen sei, weichen daher auch stark voneinander ab. Während z. B. Joseph Kern in seiner Dissertation „Die Grundzüge der linear - perspektivischen Darstellung in der Kunst der Gebrüder van Eyck und ihrer Schule. I. Die perspektivische Projektion", Leipzig 1904, zu beweisen versucht, daß der Niederländer Jan van Eyck (1390—1440) das Fluchtpunktgesetz für die Tiefenlinien selbständig entdeckt habe, widerspricht ihm Karl Doehlemann (geb. 1864 in München, Professor der darstellenden Geometrie an der Technischen Hochschule München, gest. 1926): „Die Perspektive der Brüder van Eyck", Zeitschr. f. Math. u. Phys. 52. Band 1905, S. 419—425, siehe auch „Die Entwicklung der Perspektive in der altniederländischen Kunst", Repertorium f. Kunstwissensch. 34. Band 1911, S. 392—422, 500—535, und die Erwiderung von Kern: „Perspektive und Bildarchitektur bei Jan van Eyck", ebenda 35. Band 1912, S. 27—64. Viele einschlägige Untersuchungen sind auf S. 48, 49 der Darmstädter Dissertation von Hans Schuritz erwähnt: „Die Perspektive in der Kunst Dürers", Frankfurt a. M. 1919. Außerdem verweisen wir auf zwei Gelegenheitsschriften von Reinhold Müller (geb. 1857 in Dresden, Professor der darstellenden Geometrie an der Technischen Hochschule Darmstadt): „Die Ausbildung der malerischen Perspektive im Zeitalter der italienischen Frührenaissance", Rektoratsrede, Braunschweig 1906, „Über die Anfänge und über das Wesen der malerischen Perspektive", Rektoratsrede Darmstadt 1913, sowie auf das Büchlein „Mathematik und Malerei" von Georg Wolff, Leipzig und Berlin, 2. Auflage 1925.

Da sich die Untersuchung der Gemälde der alten Meister in bezug auf die Perspektive allzusehr auf dem weiten Felde der Vermutungen bewegt, gehen wir darauf nicht weiter ein, zumal dies eigentlich nicht in die Geschichte der Perspektive, sondern in die Kunstgeschichte gehört. Denn die Geschichte der Perspektive hat es mit denen zu tun, die nicht nur die Gesetze der Perspektive erkannt, sondern auch ihrer Mit- oder Nachwelt überliefert haben. Indem wir zu diesen übergehen, bemerken wir noch, daß wir uns namentlich öfters auf die gediegene Arbeit von Schuritz stützen werden.

Zunächst berichtet der Kunstgelehrte Giorgio Vasari (1511—1574) in seinem berühmten Sammelwerk „Vite de' più eccellenti pittori, scultori ed architetti", Florenz 1550, von dem Bildhauer und Baumeister Filippo Brunelleschi (geb. 1377 in Florenz, gest. ebenda 1446): „egli trovò da se un modo che ella (nämlich la prospettiva) potesse venir giusta e perfetta, che fu il levarla con la pianta e profilo e per via della intersegazione". Wir verdeutschen dies etwa so: „er fand von sich aus ein Verfahren, wonach die Perspektive richtig und vollkommen abgeleitet werden konnte, indem er sie aus dem Grundriß und Profil, und zwar mittels Durchschneidens, aufbaute". Man darf wohl hieraus schließen, daß Brunelleschi das Punktverfahren (Nr. 301) erdachte, aber so, daß er die Tafel nicht nur zum Grundriß, sondern auch zum Aufriß (Profil) senkrecht stellte.

Das erste Buch über Perspektive dürfte das von Leone Battista Alberti (geb. 1404 in Venedig, Baumeister, Maler, Dichter usw., gest. 1472 in Rom) sein: „De pictura" (Über die Malerei), verfaßt 1435, aber erst 1511 in Nürnberg gedruckt (lateinisch, dagegen italienisch mit einem anderen Werk desselben Verfassers unter dem Titel „Della pittura e della statua di Leonbattista Alberti", Mailand 1804). Hierin wird die quadratische Täfelung der wagerechten Grundebene mit zur Tafel parallelen Linien abgeleitet, jedoch ohne Benutzung von Fluchtpunkten (siehe H. Staigmüller: „Kannte Leon Battista Alberti den Distanzpunkt?", Repertorium f. Kunstwissensch. 14. Band 1891, S. 301—304). Indem Alberti die Linien dieser Täfelung als Hilfslinien benutzte, zeichnete er das perspektive Bild eines wagerechten Kreises; lotrechte Strecken wußte er in der richtigen Verkürzung darzustellen. Noch weiter ging dann der Maler Piero de' Franceschi (auch della Francesca, geb. 1406 oder 1416 in Borgo di San Sepolcro, gest. ebenda 1492), der nach seiner Erblindung die Schrift „De prospectiva pingendi" (Über die Perspektive der Malerei) verfaßte (Abdruck „Petrus Pictor Burgensis, De prospectiva pingendi, nach dem Kodex der kgl. Bibl. zu Parma, nebst deutscher Übersetzung" von Konstantin Winterberg, Straßburg 1899). Ihm gelang es, mittels der erwähnten quadratischen Täfelung schon recht schwierige Gegenstände, z. B. ein Säulenkapitell, perspektiv richtig darzustellen. Den menschlichen Kopf zeichnete er sogar mit Hilfe zahlreicher wagerechter Schnitte, so daß er also schon das Schichtenverfahren (Nr. 303), wenn auch ohne Benutzung von Fluchtpunkten, anwandte. Man findet ferner bei Franceschi Betrachtungen über die perspektive Verzerrung bei der Darstellung von Säulen (vgl. später Nr. 364) sowie die Perspektive von Rotationskörpern mit zur Tafel senkrechten Achsen, von der wir in Nr. 454 handeln werden. Aber die Bedeutung von Fluchtpunkten war Franceschi wie seinen Vorgängern unbekannt; auch gab er sich nicht mit Beweisführungen ab. Dennoch stellt sein Buch eine für seine Zeit recht beachtenswerte Leistung dar. Die Kunstgeschichte erblickt in Franceschi einen der ersten, die die Malerei zunächst als eine Raumkunst betrachteten; an perspektiver Wahrheit und Klarheit habe es ihm kein Renaissancekünstler zuvorgetan (siehe Karl Woermann, „Geschichte der Kunst aller Zeiten und Völker", 2. Band, Leipzig und Wien 1905, S. 597). An Alberti und Franceschi schließt sich würdig als dritter Lionardo da Vinci an (1452—1519, vgl. Nr. 84). Von ihm kommt außer dem hinterlassenen Buch „Trattato della pittura", Rom 1651 (deutsch „Das Buch von der Malerei" von H. Ludwig, Wien 1882), sein reicher, in Paris, Mailand, London und Windsor befindlicher literarischer Nachlaß (in Spiegelschrift — Lionardo war linkshändig — und mit vielen Skizzen in Perspektive) sowie seine lehrende Tätigkeit in Betracht. Was seine Vorgänger geleistet haben, ist ihm geläufig; er übertrifft sie aber durch seine tiefere Auffassung. So hat er zuerst den Hauptpunkt nicht nur handwerksmäßig benutzt, sondern auch sein Wesen als Fluchtpunkt der Tiefenlinien vollkommen erfaßt. Ob dasselbe auch hinsichtlich der Distanzpunkte als Fluchtpunkte der 45-Grad-Linien gilt, ist jedoch noch fraglich. Perspektive Verzerrungen, Spiegelungen und Schatten bei Zentralbeleuchtung (Nr. 318) hat er behandelt. Wir weisen auf die von Schuritz a.a.O.S.11—14 gebrachten Erläuterungen hin.

Wie es scheint, tritt der Horizont als selbständige gerade Linie (Nr. 300) erst bei dem französischen Geistlichen Jean Pèlerin auf (geb. vor 1445, gest. 1524 als Domherr in Toul, wegen seiner Wanderlust auch Viator genannt). Vermutlich ist er gelegentlich mit den italienischen Malern in Berührung gekommen, so daß er von ihnen manches erfahren haben mag. Sein Werk „De artificiali perspectiva" (Über die künstliche Perspektive) mit lateinischem und französischem Text, Toul 1505, wird allerdings erst durch die zahlreichen, stets skizzenhaften Figuren einigermaßen verständlich. Pèlerin kennt die Fluchtpunkte beliebiger wagerechter Geraden, auch benutzt er schon den versenkten Grundriß (Nr. 306). Mit Beweisen gibt er sich jedoch nicht ab.

Von den Italienern stark beeinflußt ist das vielgenannte Buch „Vnterweysung der Messung mit dem Zirckel vnd richtscheydt, in Linien Ebnen vñ gantzen Corporen", Nürnberg 1525 (2. Auflage 1538. und mehrere spätere Auflagen), von Albrecht Dürer (geb. 1471 in Nürnberg, gest. ebenda 1528). Zwar ist es das erste deutsche Buch über Perspektive, doch bringt es nichts wesentlich Neues.

Man kann sagen, daß im ersten Viertel des sechzehnten Jahrhunderts der Hauptpunkt, die Distanzpunkte, der Horizont sowie die Fluchtpunkte beliebiger wagerechter Geraden bekannt waren, aber man muß wohl beachten, daß das Vorhandensein von Fluchtpunkten bis dahin noch keineswegs als nüchterne geometrische Schlußfolgerung bewiesen, sondern für etwas mit dem Unendlichfernen metaphysisch Zusammenhängendes aufgefaßt wurde.

Das erste französische Buch über Perspektive, das wir nur der Vollständigkeit zuliebe zu nennen brauchen, schrieb Jean Cousin (geb. 1500 in Soucy bei Sens, Maler und Bildhauer, gest. um 1590), nämlich: „Livre de la perspective", Paris 1560.

Der Übergang zur geometrischen Begründung der Gesetze der Perspektive beginnt mit einem Werk des meistens nach seinem Geburtsort benannten Baumeisters Vignola (der Ton liegt auf der ersten Silbe), eigentlich Giacomo Barozzi (da Vignola), geb. 1507, gest. 1573 in Rom. Dieser hatte nämlich 1530 ein Buch „Le due regole della prospettiva pratica" verfaßt, das vorerst nur geschrieben von Hand zu Hand ging, aber dann nach Vignolas Tod von dem Mathematiker Egnatio Danti (1537—1586) mit strengen geometrischen Erläuterungen versehen und 1583 in Rom veröffentlicht wurde. Der verdienstvolle Bearbeiter Danti fügte auch geschichtliche Bemerkungen und einiges über Theaterperspektive hinzu. Beachtenswert ist, daß Danti in einem besonderen Fall auch die Fluchtpunkte von nicht wagerechten Geraden kennt, nämlich die der Geraden, die in lotrechten Ebenen, die auch zur Tafel lotrecht sind, unter 45 Grad steigen oder fallen. (Dabei ist, wie immer bei den älteren Autoren, die Tafel lotrecht angenommen, wie wir es auch abgesehen von Nr. 316 im gegenwärtigen Paragraphen tun.)

Den größten wissenschaftlichen Fortschritt aber bringt das Werk des schon bei Nr. 84 genannten Guidobaldo del Monte (1545—1607): „Perspectivae libri sex" (Sechs Bücher über Perspektive), Pesaro 1600. Denn hier wird die Perspektive rein geometrisch begründet und der Fluchtpunkt beliebiger paralleler Geraden eingeführt (als „punctum concursus"). Das geschieht im ersten Buch; im zweiten wird die Theorie auf eine große Zahl von Aufgaben über die Perspektive einer wagerechten Ebene angewandt und im dritten die Höhe des perspektiven Bildes eines Punktes über dieser Ebene bestimmt, während das vierte Buch die Grundlagen des Schichtenverfahrens vollkommener als Pèlerin entwickelt. Das fünfte Buch behandelt den Schatten bei Zentralbeleuchtung, und das letzte Buch ist der Theaterperspektive gewidmet. Näheres siehe bei Gino Loria (Nr. 2): „Perspektive und darstellende Geometrie", 25. Abschnitt der „Vorlesungen über Geschichte der Mathematik", 4. Band, herausgeg. von Moritz Cantor, Leipzig 1908, S. 585—587.

Von den späteren Schriften über Perspektive wollen wir diejenigen, die sich auf noch nicht von uns erörterte Dinge beziehen, gelegentlich nennen.

Eine 1636 von Desargues herausgegebene, jetzt verschollene Abhandlung bildet die Grundlage des schon bei Nr. 148 genannten, von seinem Schüler Bosse verfaßten Werkes „Manière universelle de M. Desargues, pour pratiquer la perspective etc.", Paris 1648. Ein Teil jener Abhandlung ist darin auf S. 321—334 abgedruckt. Man darf die Leistungen von Desargues auf dem Gebiete der Perspektive nicht so hoch einschätzen, wie es Bosse tut, der ihn geradezu zu seinem Helden macht (vgl. Lambert, a. a. O. in Nr. 300, 2. Aufl. 2. Teil, S. 28). Wir möchten aber doch hervorheben, daß Desargues Gewicht darauf legte, nur wirklich ausführbare Konstruktionen anzuwenden („sans employer aucun tiers point, de distance ny d'autre nature, qui soit hors du champ de l'ouvrage", S. 321). Deshalb wandte er das Punktverfahren seiner Vorgänger an. Schließlich sehen wir uns noch veranlaßt, einen Ingenieur Aleaume zu nennen, von dessen Buch über Perspektive erst sechs Blätter gedruckt waren, als ihn und seinen Drucker der Tod ereilte. Der Mathematiklehrer Estienne Migon hat das Buch, mit eigenen Zusätzen versehen, in Paris 1643 (also vor dem Buch von Desargues) herausgegeben unter dem Titel: „La perspective spéculative et pratique, où sont démonstréz les fondemens de cet art, et tout ce qui en a ésté enseigné jusqu'à présent. Ensemble la manière universelle de la pratiquer, non seulement sans le plan géométral et sans tiers poinct, dedans ni dehors le champ du tableau,... De l'invention du feu Sieur Aleaume, Ingénieur du Roy." Die Ähnlichkeit dieses Titels mit dem in Nr. 148 ausführlicher angegebenen Titel des Werkes von Desargues sowie die gleichartige Betonung der Beschränkung auf das erreichbare Gebiet ist auffallend. Dies Buch von Migon nennen wir hauptsächlich deshalb, weil darin der Teilungspunkt zuerst vorkommt und zwar in dem wohl von Migon selbst herrührenden auf S. 61 mit einem besonderen Vorwort beginnenden zweiten Teil des Buches, S. 118. Aber der Teilpunkt wird umständlicher als in unserer Fig. 447 ermittelt.

Wir benutzen die Gelegenheit, noch auf eine Abhandlung von Emil Müller (geb. 1861 in Landskron, Professor der darstellenden Geometrie an der Technischen Hochschule Wien) hinzuweisen: „Geschichte der darstellenden Geometrie, ihre Lehre und Bedeutung an den technischen Hochschulen Österreichs", Zeitschr. d. Österr. Ingenieur- und Architektenvereins 1919, Heft 10, 13 und 17. Hiermit soll der Literaturnachweis in Nr. 2 ergänzt werden; Österreich war von jeher dasjenige Land deutscher Zunge, in dem die darstellende Geometrie besondere Pflege gefunden hat.

309. Vergrößerung des Bildes. Das Geraden- und Schichtenverfahren stößt auf Hindernisse, wenn Spur- oder Fluchtpunkte zu weit entlegen sind. Dagegen führt das Punktverfahren stets zum Ziel. Gewöhnlich kommen nur einzelne Geraden durch bestimmte Spurpunkte vor, während meistens von einem Fluchtpunkt eine Anzahl von Geraden ausgeht. Im Fall eines unerreichbaren Spurpunktes empfiehlt es sich deshalb zwar, mit Hilfe des Punktverfahrens einen Punkt zu ermitteln, durch den die zu zeichnende Gerade geht, indem man dann ihn statt des Spurpunktes benutzt, aber es wäre zu mühselig, ebenso im Fall eines unerreichbaren Fluchtpunktes vorzugehen. Sieht man von den Fluchtpunkten solcher Geraden ab, die beinahe zur Tafel parallel sind, so sind die Fluchtpunkte erreichbar, wenn die Distanz hinlänglich klein ist. Deshalb haben wir die Distanz bisher beträchtlich kleiner als die deutliche Sehweite angenommen (Nr. 291). Um nun die durch unerreichbare Fluchtpunkte entstehende Schwierigkeit zu heben, kann man die Distanz zunächst hinlänglich klein wählen und nachträglich das perspektive Bild ähnlich vergrößern. Auch ein anderer Umstand gibt Anlaß zur ähnlichen Vergrößerung des Bildes:

Die Perspektive dient malerischen Zwecken und wird deshalb namentlich zur Darstellung ausgedehnter Gegenstände benutzt, die man immer nur im verkleinerten Maßstab durch Grundriß und Aufriß geben kann. Somit ist das aus dem Grundriß und Aufriß entwickelte perspektive

Bild zunächst nicht das des Gegenstandes selbst, sondern nur das eines verkleinerten Modells. Wird dies Modell bis zur wahren Größe des Gegenstandes vergrößert, indem man dabei das Auge O als Ähnlichkeitspunkt benutzt, also alle Strecken von O nach den Punkten des Modells in demselben Maßstab wachsen läßt, so bleibt jeder Punkt auf seinem ursprünglichen Sehstrahl. Mithin ist das perspektive Bild nicht nur das des Modells, sondern auch das des Gegenstandes selbst. Da aber der Gegenstand infolge der Vergrößerung ziemlich weit hinausrückt, liegt dann ein perspektives Bild auf einer dem Auge unverhältnismäßig nahen Tafel vor, weshalb es zu klein ausfällt. Auch dieser Umstand gibt dazu Anlaß, aus dem für kurze Distanz geltenden Bild ein größeres Bild für größere Distanz abzuleiten.

Nach Nr. 291 ergibt sich nun eine ähnliche Vergrößerung des Bildes dadurch, daß man einfach die Tafel T durch eine zu ihr parallele Tafel $\mathfrak{T}$ in größerer Distanz $\mathfrak{d}$ ersetzt, siehe Fig. 409 ebenda. Der Maßstab der Vergrößerung ist $\mathfrak{d} : d$, wenn d die ursprüngliche Distanz bedeutet. Ist S der Spurpunkt einer Geraden in bezug auf die Tafel T, d. h. ihr Schnittpunkt mit T, so geht zwar durch die Vergrößerung aus S das Bild $\mathfrak{S}$ eines Punktes der Geraden auf der neuen Tafel hervor, aber dieser Punkt $\mathfrak{S}$ ist nicht der Schnittpunkt der Geraden mit der neuen Tafel $\mathfrak{T}$, also nicht ihr Spurpunkt in bezug auf $\mathfrak{T}$. Weil die Spurpunkte eine wichtige Rolle beim Geraden- und Schichtenverfahren spielen, ist dies ein Übelstand. Deshalb erscheint es vorteilhafter, die ähnliche Vergrößerung so entstehen zu lassen, daß jeder Spurpunkt wieder Spurpunkt wird.

Dies geschieht, wenn man den ganzen Raum irgendeiner ähnlichen Vergrößerung unterwirft. In dem Maßstab dieser Vergrößerung ändert sich dann nicht nur der abzubildende Gegenstand, sondern auch seine Entfernung von der Tafel, ferner das perspektive Bild des Gegenstandes sowie die Distanz. Man benutze dabei nicht das Auge, sondern den Hauptpunkt H als Ähnlichkeitspunkt der Vergrößerung. Geht die alte Distanz d in die neue Distanz $\overline{d}$ über, so ist $\overline{d} : d$ der Maßstab der Vergrößerung. Irgendein Punkt P des Gegenstandes rückt infolge der Vergrößerung an eine neue Stelle $\overline{P}$ auf dem Strahl HP derart, daß $H\overline{P} : HP = \overline{d} : d$ ist. Dasselbe gilt für das Bild $\mathfrak{P}$ von P. Da H der Tafel angehört, bleibt die Tafel bei der Vergrößerung an der alten Stelle, aber jeder Bildpunkt $\mathfrak{P}$ wird durch einen neuen Bildpunkt $\overline{\mathfrak{P}}$ ersetzt, der auf der Geraden $H\mathfrak{P}$ so liegt, daß $H\mathfrak{P} : H\overline{\mathfrak{P}} = \overline{d} : d$ ist. An die Stelle des Auges O tritt das neue Auge $\overline{O}$ auf dem alten Hauptsehstrahl, in dem $\overline{O}H = \overline{d}$ ist.

Somit bekommt man ein perspektives Bild eines im Maßstab $\overline{d} : d$ vergrößerten und entsprechend weiter von der Tafel entfernten Gegenstandes, gesehen von einem Auge aus, das sich auf dem Hauptstrahl in der größeren Distanz $\overline{d}$ befindet, indem man das alte Bild vom Hauptpunkt H als Ähnlichkeitspunkt im Maßstab $\overline{d} : d$ vergrößert. Alle Punkte und Geraden des Bildes behalten dabei ihre alte Bedeutung, selbstredend in bezug auf den vergrößerten Gegenstand und das weiter entfernte Auge. Insbesondere geht jeder Spurpunkt S in einen Spurpunkt $\overline{S}$ und jeder Fluchtpunkt F in einen Fluchtpunkt $\overline{F}$ über.

Ebenso geht jede Spurgerade s in eine Spurgerade $\bar{s}$ und jede Fluchtgerade f in eine Fluchtgerade $\bar{f}$ über.

Wenn nun bei einer perspektiven Darstellung gewisse Fluchtpunkte infolge der zu groß gewählten Distanz unerreichbar sind, wendet man eine Verkleinerung vom Hauptpunkt H

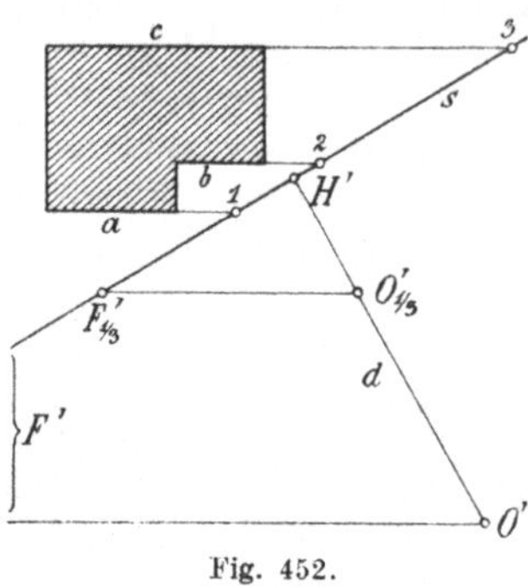

Fig. 452.

aus an. In Fig. 452 ist die Grundrißprojektion F' des Fluchtpunktes der Kanten a, b, c des Grundrisses eines Gebäudes unerreichbar. Denkt man sich hier alles vom Hauptpunkt H aus auf ein Drittel verkleinert (oder überhaupt auf einen bequemen Bruchteil), so tritt an die Stelle von O' der Punkt $O'_{1/3}$, der Endpunkt des Drittels von HO'. Da die Kanten des Grundrisses bei der ähnlichen Verkleinerung ihre Richtungen nicht ändern, ergibt sich der neue Fluchtpunktgrundriß $F'_{1/3}$, der jetzt an die Stelle von F' tritt, als Schnitt der Standlinie s mit dem von $O'_{1/3}$ aus parallel zu a, b, c gezogenen Strahl. An die Stelle der Spurpunkte $1, 2, 3$ treten infolge der Verkleinerung des Grundrisses neue, die nur ein Drittel so weit von H entfernt sind. In Fig. 453, worin der Horizont h und die Standlinie s gezeichnet ist, wird

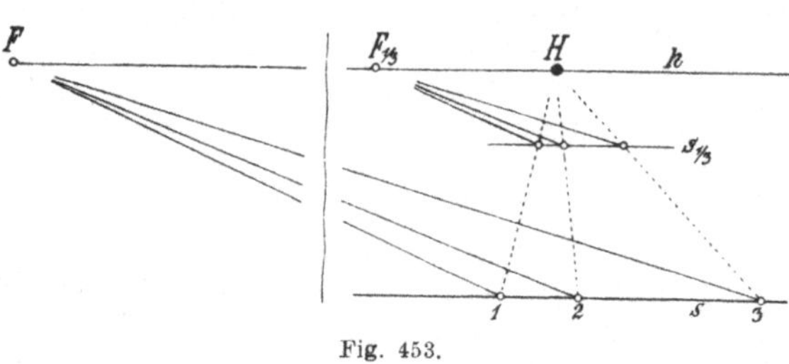

Fig. 453.

man also zunächst $F_{1/3}$ so auf h bestimmen, daß $HF_{1/3}$ gleich $H'F'_{1/3}$ in Fig. 453 ist. Da vermöge der ähnlichen Verkleinerung auch die Entfernung der Standlinie s vom Horizont auf ein Drittel zurückgeführt wird, zieht man $s_{1/3}$ parallel zu s in einem Drittel des Abstandes und bekommt durch Verbinden der Spurpunkte $1, 2, 3$ mit H diejenigen Punkte auf $s_{1/3}$, die nach der Verkleinerung als Spurpunkte dienen. Nun sind die Geraden von ihnen aus nach dem **Hilfsfluchtpunkt** $F_{1/3}$ zu ziehen. Parallel dazu verlaufen diejenigen Geraden, die von den Spurpunkten $1, 2, 3$ nach dem Fluchtpunkt F gehen. Mithin kann man diese Geraden von $1, 2, 3$ aus, die perspektiven Bilder der Kanten a, b, c, auch dann zeichnen, wenn der Fluchtpunkt F unerreichbar ist.

310. Verzicht auf die Benutzung des Aufrisses. Bei der Herstellung des perspektiven Bildes eines Gegenstandes bedarf man nur des Grundrisses, sobald man die Höhen über dem Grundriß auf einem Höhenmaßstab (Nr. 8) vermerkt. Ist man dabei genötigt, das soeben angegebene Verfahren im Fall unerreichbarer Fluchtpunkte zu benutzen, so empfiehlt es sich, zur Prüfung der Genauigkeit noch einige Punkte mittels des Punktverfahrens festzustellen. Aber in Nr. 301 wurde das Punktverfahren nur unter der Voraussetzung angewandt, daß außer dem Grundriß auch der Aufriß gegeben sei. Wie sich das Punktverfahren darstellt, wenn statt des Aufrisses nur die Höhen über dem Grundriß auf dem Höhenmaßstab vermerkt sind, soll an dem Beispiel in Fig. 454 gezeigt werden. Es handelt sich hier um einen **Innenraum mit einer Wendeltreppe.** Die Stufenhöhen, die Höhe des Auges O und die Höhe der Brüstung a des fensterartigen

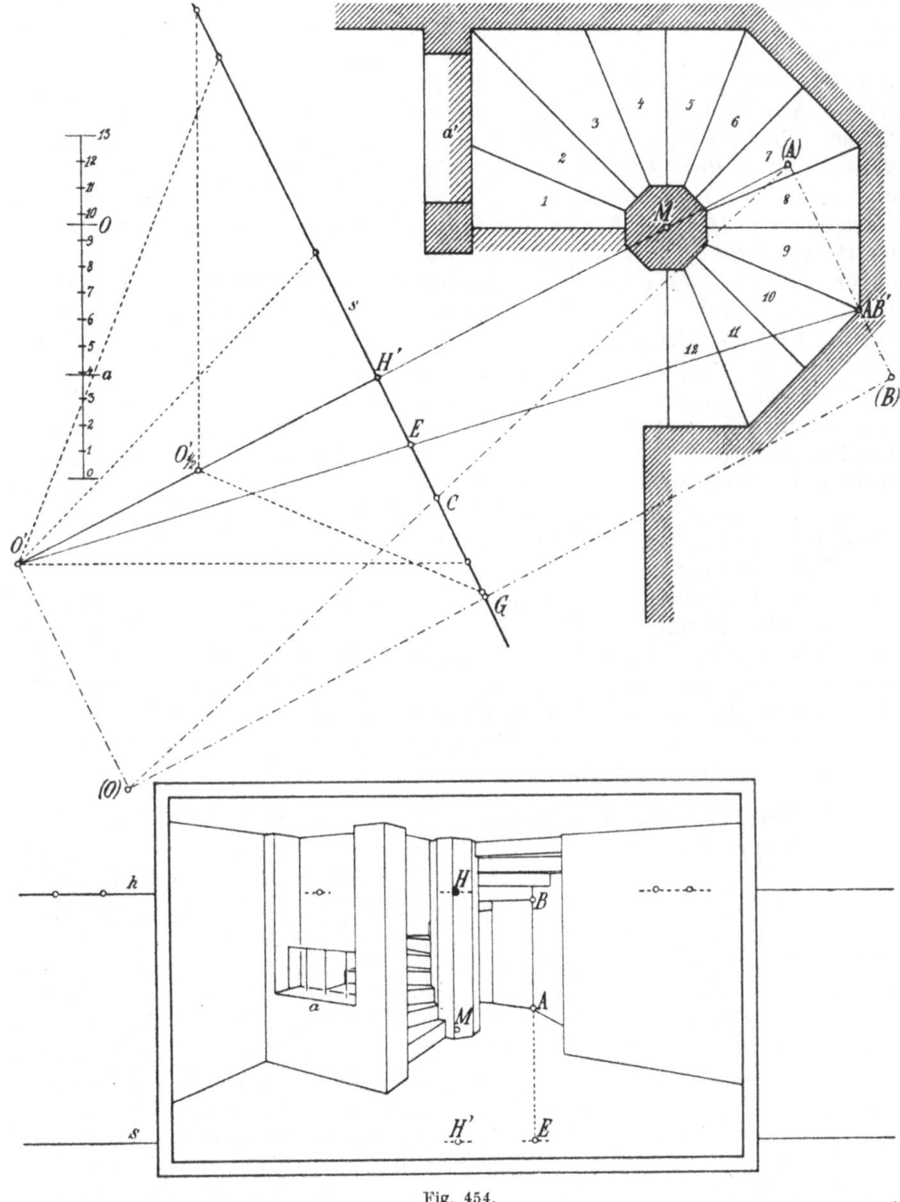

Fig. 454.

Einschnitts neben der Treppe sind links oben auf dem Maßstab angegeben. Die Höhe der Stufe *13* ist auch die der Decke des Innenraumes. Die Höhe des Horizonts h über der Standlinie s in der unteren Zeichnung ist gleich der am Maßstab zu entnehmenden Augenhöhe. Einige

Fluchtpunkte sind erreichbar, einige unerreichbare durch Hilfsfluchtpunkte ersetzbar, indem man die Hälfte der Distanz benutzt, also O' durch den Punkt $O'_{1/2}$ ersetzt. Insbesondere empfiehlt es sich, im vorliegenden Fall auch diejenigen Punkte im Bilde festzustellen, in denen die fortgesetzt gedachten wagerechten Ebenen der Treppenstufen die von M ausgehende Treppenachse schneiden. Dies geschieht nach Fig. 445 von Nr. 308. Schließlich bekommt man alles noch Fehlende durch Anwendung des Punktverfahrens, wie es insbesondere für die beiden übereinander liegenden Punkte A und B gezeigt ist, von denen der Punkt A der Grundrißebene selbst angehört, während B die Höhe der neunten Treppenstufe hat. Zieht man nämlich im Grundriß $O'A$, so liefert der Schnitt E mit der Standlinie s, auf die untere Zeichnung übertragen, den Punkt E auf s, über dem die Bilder von A und B liegen müssen. (Da keine Verwechslung zu befürchten ist, sind die Bilder auch mit A und B bezeichnet.) Ferner sei (A) der Fußpunkt des Lotes vom Grundrißpunkt A auf $O'H'$. Denkt man sich nun die in A auf der Grundrißebene senkrecht stehende Strecke AB mit ihrem Fuß auf $A(A)$ bis (A) verschoben, so ändern sich die Höhen der Bilder von A und B über der Standlinie nicht, da A und B Parallelen zur Tafel beschreiben. Mithin kommt es nur darauf an, festzustellen, welche Höhen der Fuß und der Kopf der verschobenen Strecke im Bild bekommen. Da die projizierende Ebene jetzt längs $O'H'$ auf der Grundrißtafel lotrecht steht, denkt man sich diese Ebene um $O'H'$ in den Grundriß umgelegt, d. h. man errichtet in O' auf $O'H'$ das Lot $O'(O)$ gleich der Augenhöhe und in (A) das Lot $(A)(B)$ gleich der Länge der Strecke, also gleich der Höhe der neunten Treppenstufe. Dann zieht man die umgelegten Sehstrahlen $(O)(A)$ und $(O)(B)$, die s in C und G treffen. Nun weiß man, daß A und B im Bild die Höhen $H'C$ und $H'G$ über der Standlinie haben, und kann sie also unten im Bild senkrecht über E einzeichnen. Auf diese Art lassen sich alle noch fehlenden Stellen des Bildes genau ermitteln.

311. Vergrößerung der Distanz. Das Auge O werde durch ein neues Auge $\overline{O}$ auf dem alten Hauptsehstrahl OH ersetzt, d. h. die Distanz $d = OH$ werde durch eine neue, etwa größere Distanz $\overline{d} = \overline{O}H$ ersetzt. Der abgebildete Gegenstand dagegen bleibe der alte, auch bleibe die Tafel T an der alten Stelle. Das vom neuen Auge $\overline{O}$ gesehene Bild des Gegenstandes ist dann nicht zu dem vom alten Auge O aus gesehenen Bild ähnlich; es liegt also hier eine andere Abänderung des Bildes als in Nr. 309 vor. Da die Tafel an der alten Stelle bleibt, spielt jeder Spurpunkt auch dann, wenn das

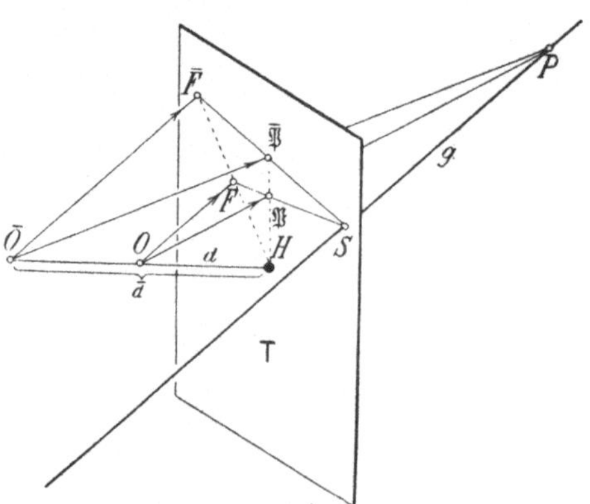

Fig. 455.

neue Auge $\overline{O}$ benutzt wird, die Rolle eines Spurpunktes. Entsprechendes gilt von jeder Spurgeraden. Will man das neue Bild $\overline{\mathfrak{P}}$ eines Punktes P

des Gegenstandes aus dem alten Bild $\mathfrak{P}$ ableiten, so muß man noch irgendeine durch P gehende Gerade g mittels ihres Spurpunktes S und Fluchtpunktes F gekennzeichnet haben, denn ein Punkt P wird durch Angabe seines Bildes $\mathfrak{P}$ allein noch nicht im Raum festgelegt (Nr. 296). Der neue Fluchtpunkt $\overline{F}$ von g, siehe Fig. 455, ist der Schnitt der Tafel mit der Parallelen zu g durch $\overline{O}$. Demnach liegt $\overline{F}$ auf der Geraden HF, und es ist $H\overline{F} : HF = \overline{d} : d$. Der neue Sehstrahl $\overline{O}P$ nach P bestimmt mit dem alten Sehstrahl OP eine Ebene, die $O\overline{O}$ und demnach auch den Hauptpunkt H enthält. Mithin liegen auch $\mathfrak{P}$ und $\overline{\mathfrak{P}}$ auf einer Geraden durch H. Also ergibt sich $\overline{\mathfrak{P}}$ als Schnitt von $S\overline{F}$ mit $H\mathfrak{P}$.

Aus der perspektiven Zeichnung SF der Geraden g mit dem Bild $\mathfrak{P}$ des auf ihr gelegenen Punktes P ergibt sich demnach das neue Bild $\overline{\mathfrak{P}}$ von P durch folgende Konstruktion auf der Tafel T, siehe Fig. 456: Man bestimmt $\overline{F}$ auf HF so, daß $H\overline{F} : HF = \overline{d} : d$ ist und bringt $S\overline{F}$ mit $H\mathfrak{P}$ in $\overline{\mathfrak{P}}$ zum Schnitt. In Fig. 456 ist noch eine andere Gerade durch P angenommen worden; ihr Spurpunkt S_1 und Fluchtpunkt F_1 sind nach Nr. 298 nur insoweit beliebig wählbar, als $S_1 S \parallel F_1 F$ sein muß. Das Bild $S_1 F_1$ der zweiten Geraden geht in das neue Bild $S_1 \overline{F}_1$ über, indem man HF_1 im Maßstab $\overline{d} : d$ vergrößert. Also ist $\overline{F}\overline{F}_1 \parallel FF_1$. Die Geraden SS_1 und FF_1 sind die Spurgerade s und Fluchtgerade f einer Ebene. Die neue Fluchtgerade $\overline{f}$, nämlich $\overline{F}\overline{F}_1$, ergibt sich also als zu f parallele

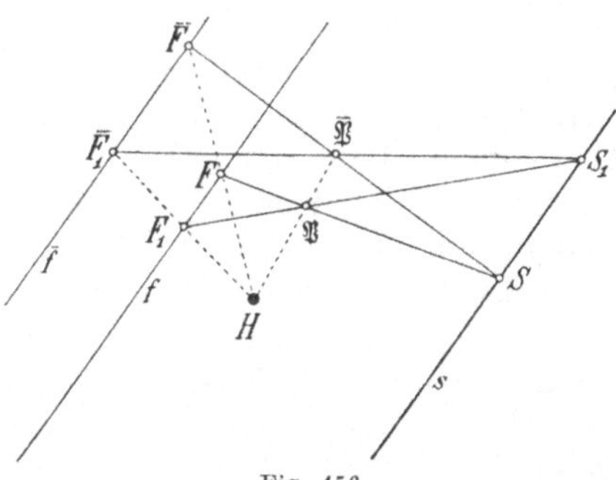

Fig. 456.

Gerade, indem sich die Abstände der Geraden f und $\overline{f}$ von H wie d zu $\overline{d}$ verhalten. Jede durch H gehende Fluchtgerade, also insbesondere der Horizont h, bleibt ungeändert. Bei der Anwendung auf das Schichtenverfahren (Nr. 303) ist zu beachten, daß die Vergrößerung der Distanz keine Änderung der Schichthöhen bewirkt.

Als Beispiel hierzu ist in Fig. 457 aus dem Bild des Würfels in Fig. 451 von Nr. 308 das Bild für eine sechsmal so große Distanz abgeleitet. Der Horizont h, die Spurgerade s und die damals mit P und Q bezeichneten Punkte bleiben ungeändert, weil P und Q auf der Tafel liegen. Die alten Fluchtpunkte F_1, F_2, F_3 sowie die alten

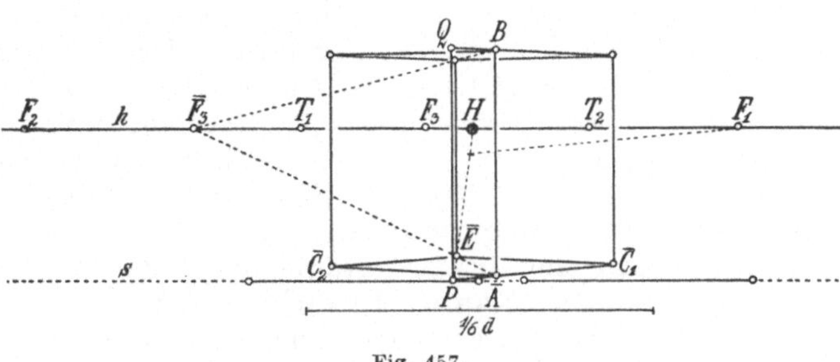

Fig. 457.

Teilungspunkte T_1 und T_2 sind aus Fig. 451 entnommen und aufs neue angegeben. Sie sind aber durch die sechsmal so weit von H entfernten

Punkte $\overline{F}_1, \overline{F}_2, \overline{F}_3$ und $\overline{T}_1, \overline{T}_2$ zu ersetzen und werden dadurch, abgesehen von $\overline{F}_3$, unerreichbar. Indem wir wie in Nr. 308 konstruieren, haben wir zuerst $P\overline{F}_1$ zu ziehen. Weil $\overline{F}_1$ unerreichbar ist, wird HP in sechs gleiche Teile zerlegt, der erste Teilpunkt — von H aus gerechnet — mit F_1 verbunden und dann die Parallele dazu durch P gezogen. Sie geht nach $\overline{F}_1$. In derselben Art kann man alles, was seinerzeit konstruiert war, in entsprechender Weise auch hier ausführen. Das neue Würfelbild in Fig. 457 ist größer als das alte Würfelbild in Fig. 451 von Nr. 308, obgleich es aus sechsmal so großer Distanz betrachtet

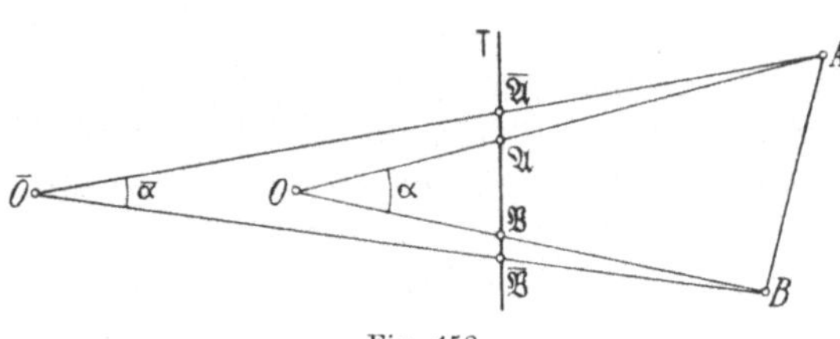

Fig. 458.

wird. Die naheliegende Erwartung, ein kleineres Bild zu bekommen, beruht auf der Verwechslung des perspektiven Bildes einer Strecke mit ihrer scheinbaren Größe. In der Tat, wird eine Strecke AB, siehe Fig. 458, von O aus betrachtet, so ist der Sehwinkel α der Strahlen OA und OB die scheinbare Größe der Strecke, weil dem Beobachter nur dieser Winkel zum Bewußtsein kommt, da das Auge nur den Unterschied der Richtungen der Sehstrahlen feststellt. Das perspektive Bild $\mathfrak{A}\mathfrak{B}$ hat also dieselbe scheinbare Größe wie die Strecke AB selbst. Rückt das Auge in die neue Lage $\overline{O}$ mit größerer Distanz, so entsteht ein kleinerer Sehwinkel $\overline{\alpha}$, aber trotzdem ein längeres perspektives Bild $\mathfrak{A}\mathfrak{B}$.

Es gibt aber Fälle, in denen eine beliebige Vergrößerung der Distanz unstatthaft ist. Wird z. B. ein Innenraum betrachtet, siehe den Grundriß in Fig. 459, und befindet sich der Beobachter in

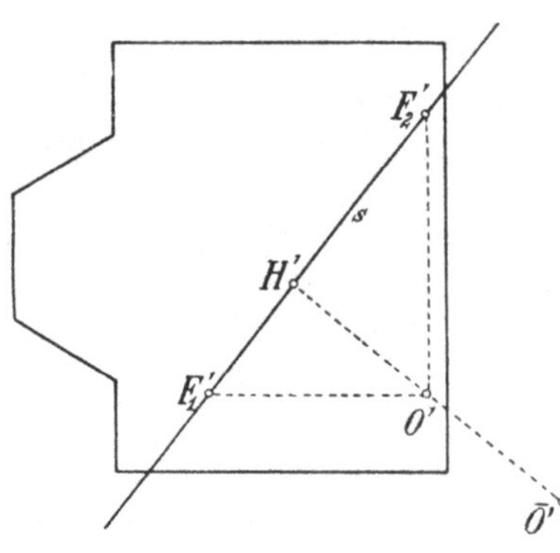

Fig. 459.

diesem Raum, so kann seine Distanz OH bei festbleibender Tafel nicht verdoppelt werden, denn sonst käme das Auge O an eine Stelle außerhalb des Innenraums, so daß der Beobachter den Raum gar nicht sehen könnte. In Fig. 460 ist oben das zu dem Grundriß in Fig. 459 gehörige perspektive Bild des Zimmers dargestellt, unten dasjenige, das zur doppelten Distanz gehört. Dies untere Bild läßt das Zimmer nicht so tief erscheinen und gibt deshalb eine gefälligere Darstellung. Dennoch ist es sinnlos, denn die Seitenwände links und rechts, die in der oberen Zeichnung auseinandergehen, wie die punktierten Linien zeigen, schneiden sich in der unteren Zeichnung längs der dem Beobachter nächsten lotrechten Kante. Tatsächlich decken diese Wände das ganze Bild zu. Sichtbar wäre es also nur, wenn sich in diesen Wänden eine so große Öffnung befände, wie es dem Rahmen des Bildes entspricht.

Anmerkung: Um größere Baulichkeiten vorzutäuschen, bedienen sich Geschäfte in ihren Anpreisungen perspektiver Darstellungen ihrer Geschäftsräume, Fabriken, Kellereien u. dgl. mit möglichst geringer Distanz. Die dadurch bedingte Täuschung kann man meistens beseitigen, indem man seine Aufmerksamkeit auf die in der Zeichnung angebrachten Fenster richtet, da ihre Anzahl Rückschlüsse auf die wahren Maße gestattet. Andererseits täuschen diejenigen, die sich mit Innenarchitektur abgeben, in ihren Entwürfen ihren Kunden gefälligere Räume vor, indem sie zu große Distanzen benutzen, nämlich das Auge wie in der unteren Fig. 460 an einer Stelle außerhalb des dargestellten Innenraumes anbringen. Die so hergestellten Entwürfe gewähren Anblicke, wie sie in Wirklichkeit niemals möglich sind.

312. Gleichzeitige Vergrößerung des Bildes und der Distanz. Um ein Bild mit größerer Distanz zu erzielen, kann man die beiden Verfahren von Nr. 309 und 311 miteinander vereinigen. Bei dem von Nr. 309 wurden alle Spurpunkte, Fluchtpunkte, Spurgeraden und Fluchtgeraden in diejenigen neuen Lagen gebracht, die sich durch eine ähnliche Vergrößerung des Raumes vom Hauptpunkt H aus ergeben. Bei dem Verfahren von Nr. 311 dagegen bleiben die Spurpunkte und Spurgeraden in Ruhe.

Angenommen, zunächst werde wie in Nr. 311 nur die Distanz d vergrößert, und

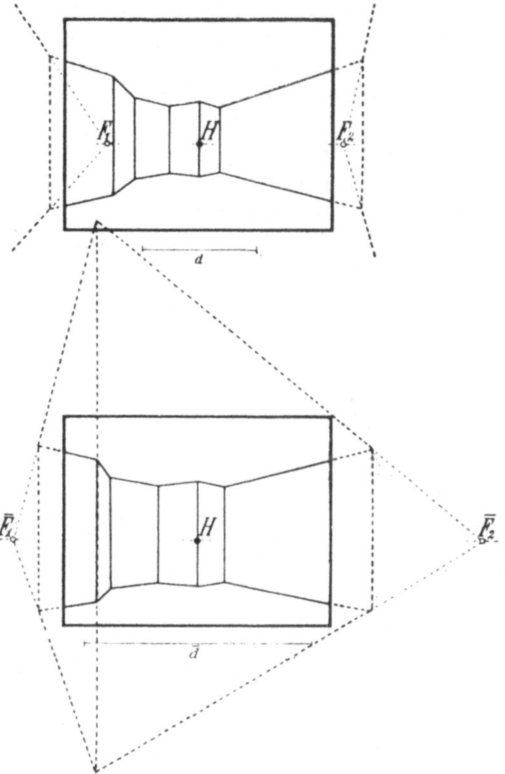

Fig. 460.

zwar m-fach, d. h. jeder Fluchtpunkt und jede Fluchtgerade werden auf das m-fache von H aus weiter hinausgerückt. Darauf werde das so entstehende neue Bild nach Nr. 309 vergrößert, indem alle von H ausgehenden Entfernungen durch die n-fachen ersetzt werden. Hierbei wird die Distanz ebenfalls aufs n-fache vergrößert, so daß sie schließlich das mn-fache der ursprünglichen Distanz d geworden ist. Was den Gegenstand selbst betrifft, so bleibt er bei der zuerst ausgeführten Vergrößerung unverändert, während er bei der zweiten die n-fache lineare Vergrößerung erfährt. Das schließlich hervorgehende Bild ist demnach das Bild des n-fach linear vergrößerten und n-mal so weit von der Tafel entfernten Gegenstandes, entworfen für die mn-mal vergrößerte Distanz. Jeder Fluchtpunkt kommt dabei in die mn-fache Entfernung von H. Was dagegen die Spurpunkte betrifft, so rücken sie nur in die n-fache Entfernung von H. Auch die Abstände der Schichten beim Schichtenverfahren werden nur auf das n-fache vergrößert, wie überhaupt jede auf der Tafel selbst gelegene Strecke.

Zur Anwendung gehen wir zu dem in Fig. 437 von Nr. 303 entworfenen Bild einiger Gebäude zurück und nehmen uns vor, zunächst

die Distanz zu verdoppeln ($m = 2$) und dann das Ergebnis von H aus
in zweifacher linearer Vergrößerung ($n = 2$) darzustellen. Dann wird
ein Bild mit der vierfachen Distanz erhalten. An die Stelle der
Fluchtpunkte F und Φ in Fig. 437 treten viermal so weit von H entfernte Fluchtpunkte. Deshalb sind jene Stellen F und Φ jetzt in
Fig. 461, wo sie nur die Rolle von Hilfsfluchtpunkten spielen, mit $F_{1/4}$
und $\Phi_{1/4}$ bezeichnet. Die Abstände der Schichten $0, 1, \ldots 6$ voneinander und vom Horizont h in Fig. 437 sind in der neuen Zeichnung zu
verdoppeln; dasselbe gilt von den Abständen der auf der Standlinie s
gelegenen Spurpunkte 1 bis 7 und I bis VIII von der Marke H'. Deshalb sind die Spurpunkte $1, 2, 3, 4$ und $VI, VII, VIII$ so weit links

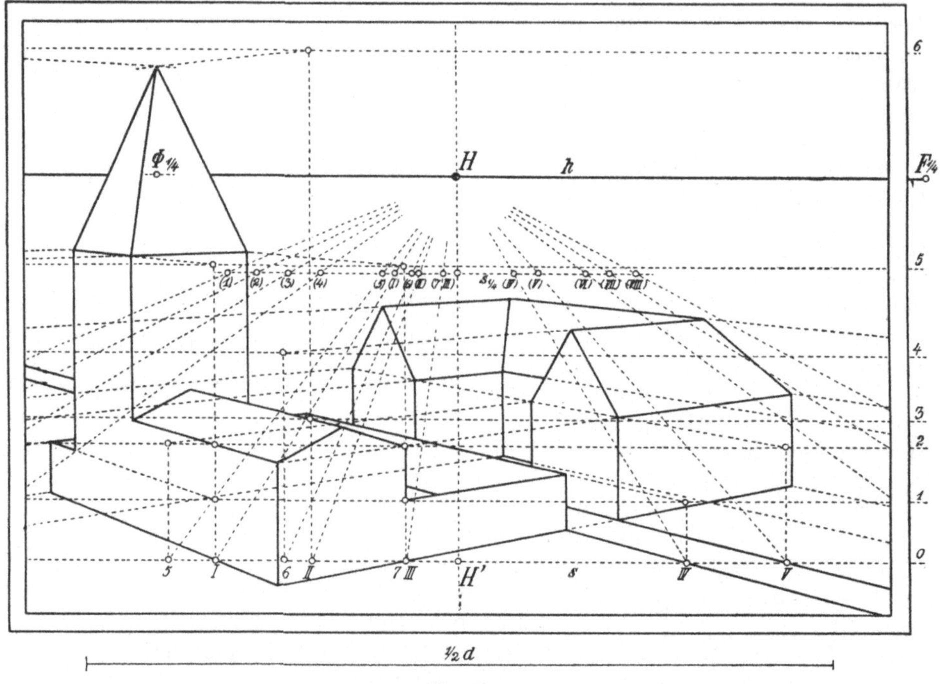

Fig. 461.

bzw. rechts gelegen, daß sie wegen Platzmangels nicht angegeben werden
können. Da die Spurpunkte mit den unerreichbaren Fluchtpunkten F
und Φ zu verbinden sind, benutzt man die Standlinie $s_{1/4}$, deren Abstand von H nur ein Viertel von HH' beträgt, und zeichnet hier als
Punkte (1) bis (7) und (I) bis (VIII) die Spurpunkte in denselben Abständen von der Marke wie auf der Standlinie in Fig. 437 ein, so daß
jeweils entsprechende Punkte auf $s_{1/4}$ und s auf einem Strahl durch H
liegen. Statt nun z. B. den Spurpunkt I geradezu mit dem unerreichbaren Fluchtpunkt Φ zu verbinden, zieht man die Gerade von (I)
nach dem Hilfsfluchtpunkt $\Phi_{1/4}$; parallel zu ihr ist die gesuchte Gerade
durch I. In derselben Weise kann man alle Geraden von den Spurpunkten aus zeichnen und damit das perspektive Bild des Grundrisses
herstellen. Ebenso bestimmt man die einzelnen Schichten. Die Konstruktionen sind in Fig. 461 angegeben, soweit sie sich nicht auf die

Hilfsfluchtpunkte beziehen. Dabei ist daran zu erinnern, daß nur wegen Platzmangels im Buch die Punkte *1, 2, 3, 4* und *VI, VII, VIII* fehlen. Beim Zeichnen hat man sich eines Zeichenblattes zu bedienen, das ungefähr doppelt so breit als Fig. 461 ist.

Das Ergebnis ist nicht ähnlich dem in Fig. 437 von Nr. 303. Den Unterschied erkennt man z. B. deutlich daran, daß jetzt die rechte Dachebene des niedrigen linken Gebäudes wegen der größeren Distanz verdeckt ist. Die Hälfte der Distanz ist eingezeichnet. Man kann das Auge bei der Betrachtung in die richtige Stelle bringen, weil die Distanz jetzt ungefähr 20 cm beträgt.

313. Hilfsmittel im Fall unerreichbarer Punkte. Will man eine Perspektive mit großer Distanz entwerfen, so ist es das beste, ein entsprechend großes Zeichenbrett zu benutzen. Andernfalls muß man die Vergrößerung nachträglich vornehmen. Bei großer Distanz kommen fast immer unerreichbare Fluchtpunkte vor, aber auch bei kleiner Distanz treten sie für solche Geraden auf, die geringe Neigung zur Tafel haben. Da man meistens viele Geraden nach demselben Fluchtpunkt ziehen muß, sind einfache Verfahren dafür im Fall unerreichbarer Fluchtpunkte erwünscht. Ein unerreichbarer Fluchtpunkt auf dem Horizont *h* läßt sich immer durch eine einzeln bestimmte Gerade *g*, die nach ihm geht, festlegen, indem man diese eine Gerade z. B. mittels des Punktverfahrens ausfindig macht. Die Frage ist dann, **wie man bequem durch gegebene Punkte *P* die Geraden nach dem unerreichbaren Schnittpunkt von *h* und *g* zieht.**

Zunächst kann man wie in Fig. 462 vorgehen: Man zieht zwei parallele Geraden, von denen die eine durch *P* geht und *h* und *g* in *A* und *C* schneide, während die andere *h* und *g* in *B* und *D* schneide. Dann trägt man *CP* von *A* bis *Q* in umgekehrtem Sinn auf *AC* auf und zieht die Gerade von *Q* nach dem Schnittpunkt *E* von *AD* und *BC*. Sie schneidet *BD* augenscheinlich in einem Punkt *R* der gesuchten, von *P* nach dem Schnittpunkt von *h* und *g* gehenden Geraden.

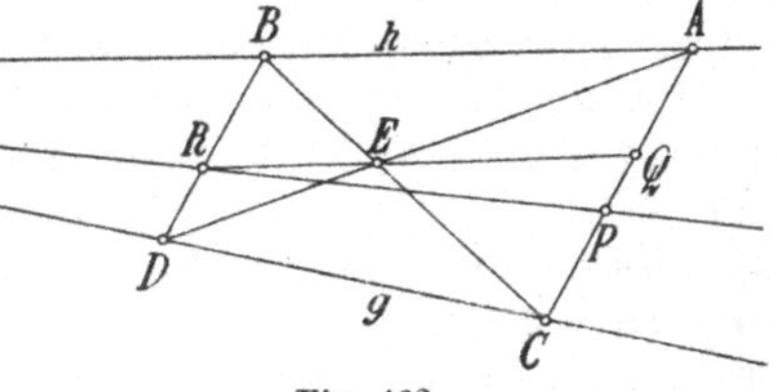

Fig. 462.

Man kann aber auch ohne Benutzung von Parallelen und ohne den Zirkel durch bloßes Geradenziehen die Aufgabe lösen, indem man die Umkehrung des Satzes von Desargues (Nr. 148) anwendet: Man wählt *Q* und *R* beliebig auf *h* und *g*, siehe Fig. 463, und bringt *QR, RP, PQ* mit einer beliebig angenommenen Geraden in *U, V, W* zum Schnitt. Dann legt man durch *U* eine Gerade, die *h* und *g* in *Q'* und *R'* treffe, und zieht *Q'W* und *R'V*. Der Schnittpunkt *P'*

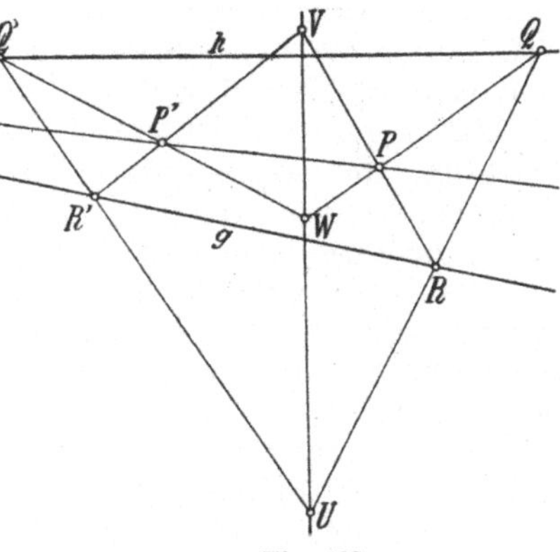

Fig. 463.

dieser beiden Geraden liegt auf der Geraden von P nach dem unerreichbaren Schnittpunkt von h und g, denn auf die Dreiecke PQR und $P'Q'R'$ ist die Umkehrung des Satzes von Desargues anwendbar.

So einfach diese Verfahren sind, empfindet man doch ihre wiederholte Anwendung wegen der vielen Hilfslinien als lästig. Übersichtlicher ist das folgende Näherungsverfahren: In möglichst großer Entfernung voneinander zieht man zwei parallele Geraden, wie z. B. in Fig. 464 die zu h senkrechten Geraden durch A und B. Sie mögen g in C und D schneiden. Nun teilt man AC in eine gewisse Anzahl gleicher Teile und BD in dieselbe Anzahl gleicher Teile. Beide Teilungen setzt man über A und C bzw. B und D hinaus soweit wie möglich fort. Außer-

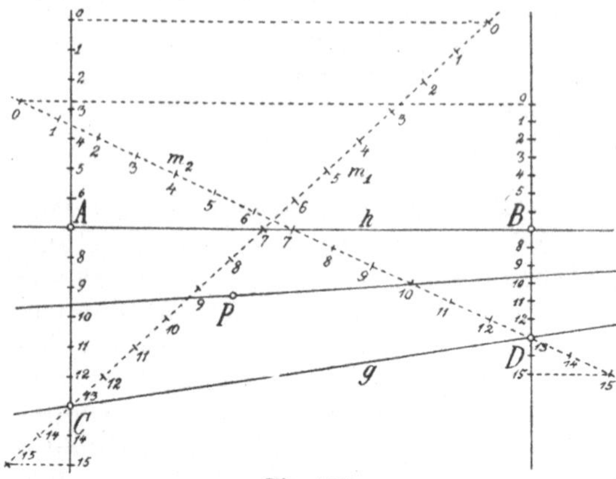

Fig. 464.

dem beziffert man die Teilpunkte beider Teilungen in entsprechender Weise, so daß also A und B dieselbe Ziffer haben, ebenso C und D. Diejenige Gerade durch einen beliebigen Punkt P, die nach dem unerreichbaren Schnittpunkt von h und g geht, muß auf beiden Teilungen zu entsprechenden Stellen gehören. Man legt daher das Lineal so durch P, daß es zwischen entsprechenden Teilpunkten beider Teilungen hindurchgeht und die Teilstrecken in nur mit dem Auge abzuschätzenden gleichen Verhältnissen teilt. Übrigens geschieht die Herstellung der beiden Teilungen am bequemsten mit Hilfe eines vorhandenen Maßstabes, wie es die Figur zeigt, wo ein Maßstab mit halben Zentimetern benutzt worden ist. Man legt ihn einmal so, daß zwei Teilpunkte (hier ist es der 7. und 13.) auf h und AC zu rücken, siehe m_1, dann so, daß dieselben Teilpunkte auf h und BD rücken, siehe m_2. Nachdem man die Maßstabteilung beide Male auf das Zeichenblatt übertragen hat, bekommt man durch Parallelenziehen zu h die gewünschten Teilungen auf AC und BD.

Das bequemste Hilfsmittel ist eine aus drei Stäben bestehende Vorrichtung, die sogenannte Fluchtpunktschiene. Sie beruht auf folgendem: Wenn A, B, F feste Punkte eines Kreises sind und ein Punkt M den Kreisbogen von A bis B durchläuft, behält sowohl $\sphericalangle AMB$ als auch $\sphericalangle FMA$ und $\sphericalangle FMB$ beständig dieselbe Größe, während sich diese Winkel ändern, sobald M den Kreis verläßt. Ist nun F als unerreichbarer Schnittpunkt zweier Geraden h und g gegeben, während A und B beliebig auf dem Zeichenbrett gewählt seien, siehe Fig. 465, so kann man den Punkt M, in dem der Kreis durch A, B und F die Gerade g außer in F schneidet, so ausfindig machen: Wenn AB die Gerade h in C schneidet, setze man einen Winkel gleich $\sphericalangle FCB$ irgendwo an g als Schenkel nach derselben Seite hin an und ziehe durch B die Parallele zum zweiten Schenkel dieses Winkels. Trifft diese Parallele die Gerade g in D, so ist dann $\sphericalangle FCB = \sphericalangle FDB$, so daß F, C, D, B auf einem Kreis liegen und daher auch $\sphericalangle FBC = \sphericalangle FDC$ ist. Die Parallele zu CD durch A schneidet daher g im gesuchten Punkt M, denn für diesen Schnittpunkt ist $\sphericalangle FMA = \sphericalangle FDC$, daher $\sphericalangle FMA = \sphericalangle FBA$,

was eben besagt, daß M auf dem Kreis durch A, B und F liegt. Nachdem man so M bestimmt hat, lege man auf MA, MB und g drei Stäbe a, b, c und verknüpfe sie in M fest miteinander, so daß sie ihre gegenseitigen Neigungen nicht ändern können. Läßt man diese Vorrichtung sich so bewegen, daß die Stäbe a und b beständig durch A und B

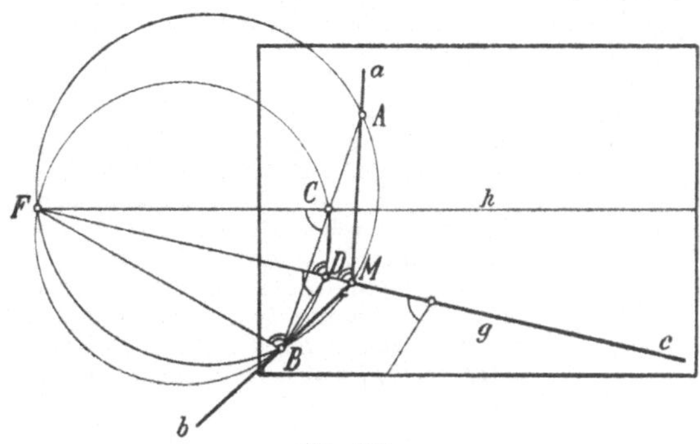

Fig. 465.

gehen, so beschreibt M den Bogen AB des Kreises durch A, B und F, und der Stab c zielt dabei beständig nach dem unerreichbaren Punkt F. Die Fluchtpunktschiene wird hiernach aus drei Linealen zusammengesetzt, deren in Betracht kommende Kanten a, b, c durch einen gemeinsamen Punkt M gehen. Durch eine Schraube lassen sich die Stäbe unter den gewünschten Winkeln fest miteinander verbinden, siehe Fig. 466. Die Rolle der Punkte A und B spielen zwei auf dem

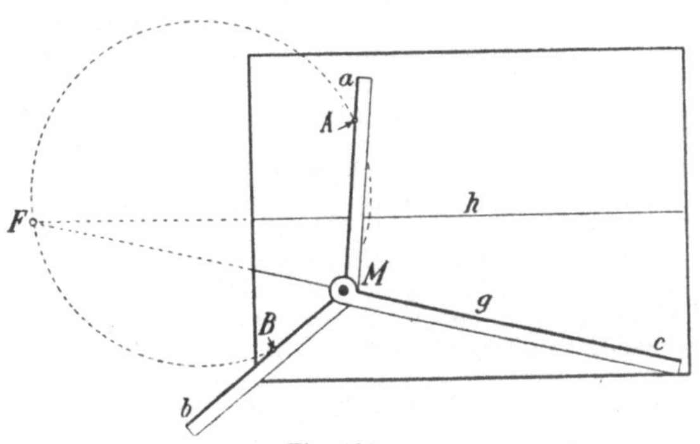

Fig. 466.

Zeichenbrett gesteckte Stifte, an denen man die Stäbe a und b mit leichtem Druck gleitend entlang führt.

Besonders bequem ist es, A und B auf einem Lot zu h anzunehmen. Denn dann ist D der Fußpunkt des Lotes von B auf g, siehe Fig. 467.

Noch bequemer ist es aber, die Einstellung der Schiene so vorzunehmen: Man stellt die Lineale in leidlich geeigneten Winkeln gegeneinander ein und schraubt sie dann fest zusammen. Nun legt man

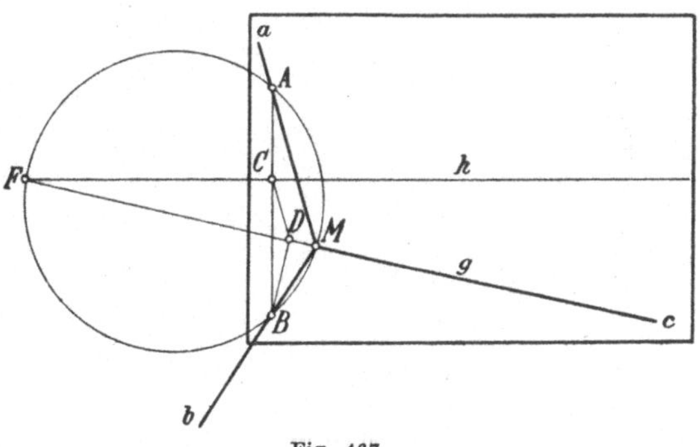

Fig. 467.

die Vorrichtung so hin, daß c auf h fällt und zieht die Geraden längs a und b. Weiterhin legt man sie so, daß c auf g fällt und zieht ebenfalls die

4*

Geraden längs a und b. Die Schnittpunkte der beiden Geradenpaare geben alsdann die Stellen A und B an, in denen die Stifte zu befestigen sind.

Anmerkung: Die Fluchtpunktschiene wurde vor 1797 von Peter Nicholson (Baumeister, geb. 1765 in Prestonkirk, Schottland, gest. 1844 in Carlisle) erfunden. In seinem Buch: „The rudiments of practical perspective, in which the representation of objects is described by two easy methods, one depending on the plan of the object, the other on its dimensions and position, each method being entirely free from the usual complication of lines, and from the difficulties arising from remote vanishing points", London 1822, findet sich in Fig. 77 auf Tafel XXI die in Fig. 468 wiedergegebene Darstellung seiner Vorrichtung, die er ein Centrolinead (S. 86) nannte. Die Stifte A und B sind hier durch die Schneiden zweier Metallstücke ersetzt. Da jedes der beiden Lineale a und b für sich gegenüber dem Lineal c fest eingestellt werden kann, indem jedes für sich durch eine Schraube angeklemmt wird, und da der gemeinsame Punkt M durch eine Ausbohrung dargestellt ist, läßt sich hier die richtige Einstellung wie folgt erreichen (S. 87): Man setzt die Stifte A und B irgendwo auf h und g. Dann legt man die Vorrichtung so, daß M mit A und c mit h zusammenfällt, dreht b in die Lage AB und stellt b fest. Weiterhin legt man die Vorrichtung so, daß M mit B und c mit g zusammenfällt, dreht a in die Lage BA und stellt a fest. Aufs neue wurde die Fluchtpunktschiene von Wilh. Streckfuß 1865 erfunden, siehe sein „Lehrbuch der Perspektive", 2. Aufl. Breslau 1874, S. 54—56. Weitere Angaben bei Rudolf Mehmke (geb. 1857 zu Lauterbach am Harz, Professor der darstellenden Geometrie an der Technischen Hochschule Stuttgart): „Über das Einstellen der dreiteiligen Fluchtpunktschiene", Zeitschr. f. Math. u. Phys. 42. Bd. 1897, S. 99—103, und bei Friedrich Schilling (geb. 1868 in Hildesheim, Professor der darstellenden Geometrie an der Technischen Hochschule Danzig): „Über die Anwendung der Fluchtpunktschiene in der Perspektive", ebenda 56. Bd. 1908, S. 189—208. Insbesondere hat Schilling den Fehler, der durch die nicht punktförmigen Stifte entsteht, untersucht und dementsprechend die Genauigkeit der Schiene durch eine neue Herstellungsart verbessert.

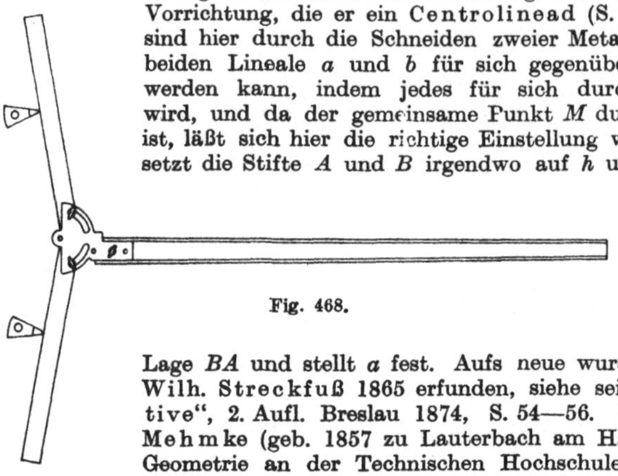

Fig. 468.

***314. Beliebige Änderung des Auges**[1]**).** In Nr. 311 wurde das Auge O durch ein neues Auge $\overline{O}$ auf demselben Hauptsehstrahl ersetzt. Man kann die Betrachtung leicht auf den Fall verallgemeinern, wo das Auge O durch ein neues Auge $\overline{O}$ in ganz beliebiger Lage ersetzt wird, siehe Fig. 469, wo H der zu O und $\overline{H}$ der zu $\overline{O}$ gehörige Hauptpunkt der Tafel T sei. Die Distanzen OH und $\overline{O}\overline{H}$ seien wieder mit d und $\overline{d}$ bezeichnet. Der Punkt K, in dem die Gerade $O\overline{O}$ die Tafel trifft, heiße der Kernpunkt. Ist nun P ein Punkt einer Geraden g, die den Spurpunkt S und in bezug auf O den Fluchtpunkt F, in bezug auf $\overline{O}$ den

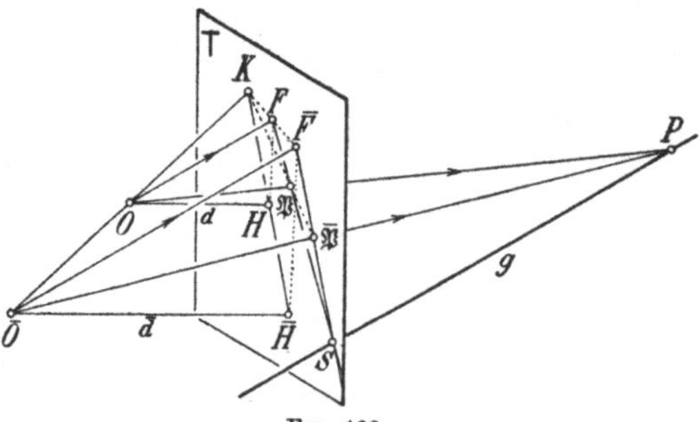

Fig. 469.

Fluchtpunkt $\overline{F}$ hat, und sind $\mathfrak{P}$ und $\overline{\mathfrak{P}}$ die Bilder des Punktes P, betrachtet von O und $\overline{O}$ aus, so erkennt man sofort: Erstens ist K auf $H\overline{H}$ gelegen, und zwar so, daß $K\overline{H} : KH = \overline{d} : d$ ist. Zweitens liegen F und $\overline{F}$

---

[1]) Die mit Sternchen versehenen Nummern sind überschlagbar.

auf einer Geraden von K aus, und zwar so, daß auch $K\overline{F} : KF = \overline{d} : d$ ist. Drittens liegen $\mathfrak{P}$ und $\overline{\mathfrak{P}}$ ebenfalls auf einer Geraden von K aus. Aus dem Bild $\mathfrak{P}$ ergibt sich demnach das neue Bild $\overline{\mathfrak{P}}$, nachdem man den Kernpunkt K aus $KH : K\overline{H} = d : \overline{d}$ bestimmt hat, wie folgt, siehe Fig. 470: Der Fluchtpunkt $\overline{F}$ wird auf der Geraden KF als Schnittpunkt mit der Parallelen zu HF durch $\overline{H}$ gefunden. Dann ist $\overline{\mathfrak{P}}$ der Schnittpunkt der Geraden $K\mathfrak{P}$ mit $S\overline{F}$. Auch leuchtet ein: Die neue Fluchtgerade $\overline{f}$ einer Ebene und die alte Fluchtgerade f liegen so, daß sie parallel sind und sich ihre Abstände vom Kernpunkt·K wie $\overline{d}$ zu d verhalten.

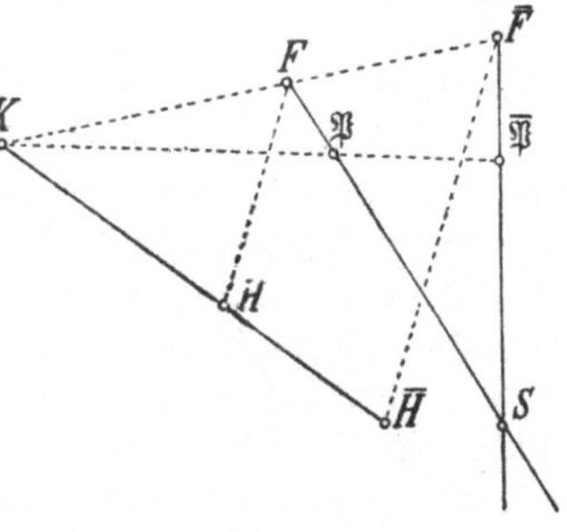

Fig. 470.

In Nr. 311 lag der besondere Fall vor, wo $\overline{H}$ der alte Hauptpunkt H war, also auch der Kernpunkt K sich in H befand.

In Fig. 471 ist eine Anwendung gemacht: Wieder ist wie in Nr. 311 aus dem Bild des Würfels in Fig. 451 von Nr. 308 ein neues Würfelbild für ein neues Auge $\overline{O}$ abgeleitet worden. Der neue Hauptpunkt $\overline{H}$ ist beliebig angenommen, und die neue Distanz $\overline{d}$ ist um die Hälfte länger

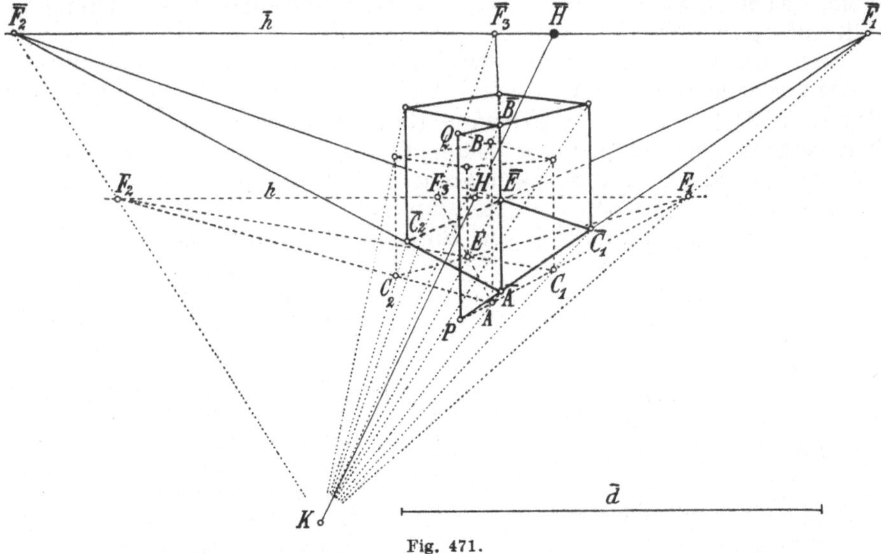

Fig. 471.

als die alte Distanz d gewählt. Demnach ergibt sich der Kernpunkt K als Endpunkt der zweifachen Verlängerung von $H\overline{H}$ über H hinaus. Der alte Horizont h ist durch den dazu parallelen Horizont $\overline{h}$ durch $\overline{H}$ zu ersetzen. Auf ihm liegen die neuen Fluchtpunkte $\overline{F}_1, \overline{F}_2, \overline{F}_3$, indem sie durch die Geraden von K nach F_1, F_2, F_3 aus $\overline{h}$ ausgeschnitten werden. Die Punkte P und Q bleiben als Spurpunkte ungeändert. Man kann das neue Würfelbild Schritt für Schritt herstellen, wie es die Figur zeigt. Zufällig ist dabei die hintere Würfelkante mit der vorderen zur Deckung gekommen.

***315. Stereoskopbilder.** Der Kernpunkt K rückt ins Unendlichferne, wenn die neue Distanz $\bar{d}$ gleich der alten Distanz d ist, weil dann $O\bar{O}$ zur Tafel parallel ist. In diesem Sonderfall ergeben sich die neuen Fluchtpunkte aus den alten durch Verschiebung in der Richtung und Länge der Strecke von H bis $\bar{H}$, und das neue Bild $\bar{\mathfrak{P}}$ eines Punktes liegt auf der Parallelen zu $H\bar{H}$ durch das alte Bild $\mathfrak{P}$. Die Spurpunkte bleiben wie im allgemeinen Fall ungeändert.

Dies Verfahren zeigt, wie diejenigen beiden perspektiven Bilder eines und desselben Gegenstandes miteinander zusammenhängen, die entstehen, je nachdem das rechte Auge O oder das linke Auge $\bar{O}$ des Beobachters als Projektionszentrum dient. Denn man darf voraussetzen, daß der Beobachter so vor der Tafel stehe, daß die Gerade, die seine Augen verbindet, zur Tafel parallel ist. Zwei derartig zusammengehörige Bilder heißen Stereoskopbilder; ihre richtige Betrachtung bewirkt nämlich, daß man den Gegenstand wirklich körperlich sieht. Man muß zu diesem Zweck das rechte Bild nur mit dem rechten Auge O und das linke Bild nur mit dem linken Auge $\bar{O}$ betrachten. Dies gelingt nach einigen Versuchen durch starres Hinsehen auf die Tafel und wird erleichtert, wenn man fürs erste zwischen beide Augen eine Pappe hält. Mühelos leistet das Stereoskop mit Hilfe optischer Linsen die Vereinigung beider Bilder zu der gewünschten körperlichen Wirkung. Die geometrische Erklärung der überraschenden räumlichen Täuschung erhellt sofort aus Fig. 405 von Nr. 290 und dem dort Gesagten.

Beim Entwerfen von Stereoskopbildern nehme man als gemeinsame Distanz d beider Augen von der Tafel die deutliche Sehweite (Nr. 291), also etwa 20 bis 25 cm. Die beiden Hauptpunkte H und $\bar{H}$ liegen auf dem gemeinsamen Horizont h beider Bilder, und ihre Entfernung voneinander ist gleich der Entfernung a des einen Auges vom anderen, daher ungefähr 6 bis $7\frac{1}{2}$ cm. Es empfiehlt sich, einen nicht zu großen Wert zu nehmen, damit sich die Bilder leichter vereinigen lassen. Da sich die beiden Bilder nicht überdecken dürfen, ist der Raum, innerhalb dessen der abzubildende Gegenstand angenommen werden muß, ziemlich eingeschränkt. Dies erläutert Fig. 472, deren Ebene die wagerechte Ebene durch die Augen sein soll, so daß die Tafel T längs des Horizonts h auf der Ebene der Figur senkrecht stehe. Die beiden

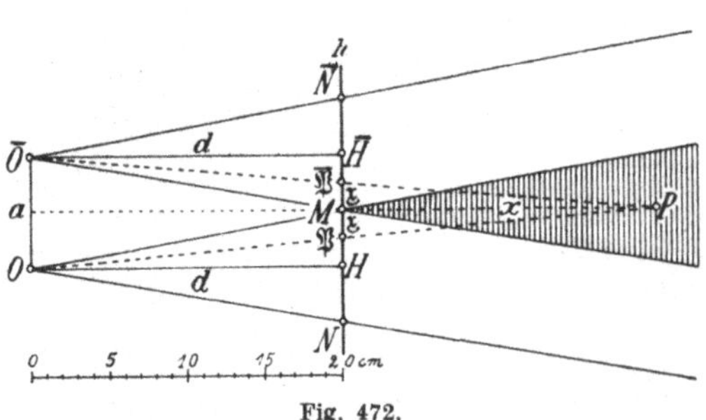

Fig. 472.

Bilder dürfen nur bis zu dem im Mittelpunkt M von $H\bar{H}$ auf die wagerechte Ebene errichteten Lot m reichen. Man denke sich also längs OM und $\bar{O}M$ die zur Ebene der Figur senkrechten Ebenen. Sie begrenzen denjenigen keilförmigen Raumteil hinter der Tafel (in Fig. 472 durch Schraffen hervorgehoben), in dem der Gegenstand sein muß. Die durch O gehende Ebene parallel zur Ebene $(\bar{O}, m)$ und die durch $\bar{O}$ gehende Ebene parallel zur Ebene (O, m) schneiden die Tafel in der rechten Begrenzung des rechten Bildes und in der linken Begrenzung des linken Bildes, so daß also jedes Bild die Breite $MN = M\overline{N} = a$ hat. Nach oben und unten hin sind keine Grenzen gesetzt, aber die Bilder passen nur dann in das Stereoskop, wenn sie ungefähr quadratisch mit den Mittelpunkten H und $\overline{H}$ sind.

Das Zeichnen von Stereoskopbildern muß mit peinlichster Genauigkeit geschehen. Wenn die Strecke $\mathfrak{P}\overline{\mathfrak{P}}$ zwischen den zusammengehörigen Bildern $\mathfrak{P}$ und $\overline{\mathfrak{P}}$ eines Punktes P nur um ein ganz Geringes falsch ist, kommt der Punkt P als Schnittpunkt der Sehstrahlen $O\mathfrak{P}$ und $\overline{O}\overline{\mathfrak{P}}$ an eine Stelle, die um ein beträchtliches Stück zu nahe oder zu fern liegt, weil der Winkel $OP\overline{O}$ ziemlich klein ist. Nimmt man nämlich etwa wie in Fig. 472 den Punkt P auf der Mittellinie an und setzt man $MP = x$, so sind $M\mathfrak{P}$ und $M\overline{\mathfrak{P}}$ einander gleich, und sie seien mit $\mathfrak{x}$ bezeichnet. Dann ist

$$\frac{\tfrac{1}{2}a}{d+x} = \frac{\mathfrak{x}}{x}\,,$$

woraus man berechnet:

$$\mathfrak{x} = \tfrac{1}{2}a \cdot \frac{x}{d+x}, \qquad x = 2d \cdot \frac{\mathfrak{x}}{a-2\mathfrak{x}}\,.$$

Ist z. B. $x = d$, so wird $\mathfrak{x} = \tfrac{1}{4}a$. Wir nehmen etwa $d = 20$ cm und $a = 7$ cm an, so daß dann $x = 20$ cm, $\mathfrak{x} = 1{,}75$ cm ist. Gesetzt nun, die Strecke $\mathfrak{P}\overline{\mathfrak{P}} = 2\mathfrak{x}$ sei um ein halbes Millimeter zu groß gezeichnet, so tritt an die Stelle von $\mathfrak{x} = 1{,}75$ cm der Wert $\mathfrak{x} = 1{,}775$ cm, woraus $x = 20{,}58$ cm folgt. Demnach verursacht der Fehler von $^1/_2$ mm bei $\mathfrak{P}\overline{\mathfrak{P}}$ eine falsche Abschätzung der Entfernung des Punktes P hinter der Tafel im Betrage von mehr als $^1/_2$ cm. Die Augen sind für solche Fehler bei einer Entfernung des Punktes P vom Beobachter, die nur rund 40 cm ausmacht, außerordentlich empfindlich. Es empfiehlt sich deshalb, die Stereoskopbilder zunächst in bedeutender Vergrößerung möglichst genau zu zeichnen und dann photographisch auf das richtige Maß zu verkleinern.

Anmerkung: Mit der zeichnerischen Herstellung von Stereoskopbildern haben sich u. a. beschäftigt: C. H. Eltzner, Architekt und Photograph in Leipzig, in der Schrift: „Das Stereoskop, eine Sammlung von 28 Tafeln mathematischer Kristallkörper und Flächen stereoskopisch dargestellt", Leipzig 1864, und Anton Steinhauser, Professor an der Oberrealschule in Wiener-Neustadt, in der Schrift: „Über die geometrische Konstruktion der Stereoskopbilder", Graz 1870. Wegen der schwer erreichbaren Genauigkeit der Zeichnungen bestimmte Theodor Hugel, Rektor der Gewerbeschule zu Neustadt a. d. H., die Bilder auf rechnerischem Wege, siehe „Darstellung von Stereoskopbildern mit Hilfe orthogonaler Koordinaten", Programm der Gewerbeschule zu Neustadt a. d. H., Darmstadt 1876.

Die Beschränkung auf den oben angegebenen keilförmigen Raum für den abgebildeten Gegenstand fällt fort, wenn man das rechte Bild in grüner und das linke in roter Farbe zeichnet und dann die Zeichnung durch eine Brille betrachtet, die rechts rotes und links grünes Glas hat, weil man dann rechts das rote Bild nicht sieht, dagegen das grüne in schwarzen Linien, ebenso links das grüne Bild nicht, dagegen das rote in schwarzen Linien. In diesem Falle dürfen die Bilder einander überdecken, so daß keinerlei besondere Beschränkungen für den Platz des Gegenstandes selbst nötig sind. Solche Bilder sollen zuerst 1858 von J. Ch. d'Almeida hergestellt worden sein.

316. Perspektive Darstellung auf nicht lotrechter Tafel. In Nr. 300 wurde begründet, weshalb man bei der perspektiven Abbildung von Bauwerken u. dgl. eine lotrechte Bildtafel bevorzugt. Der Vollständigkeit

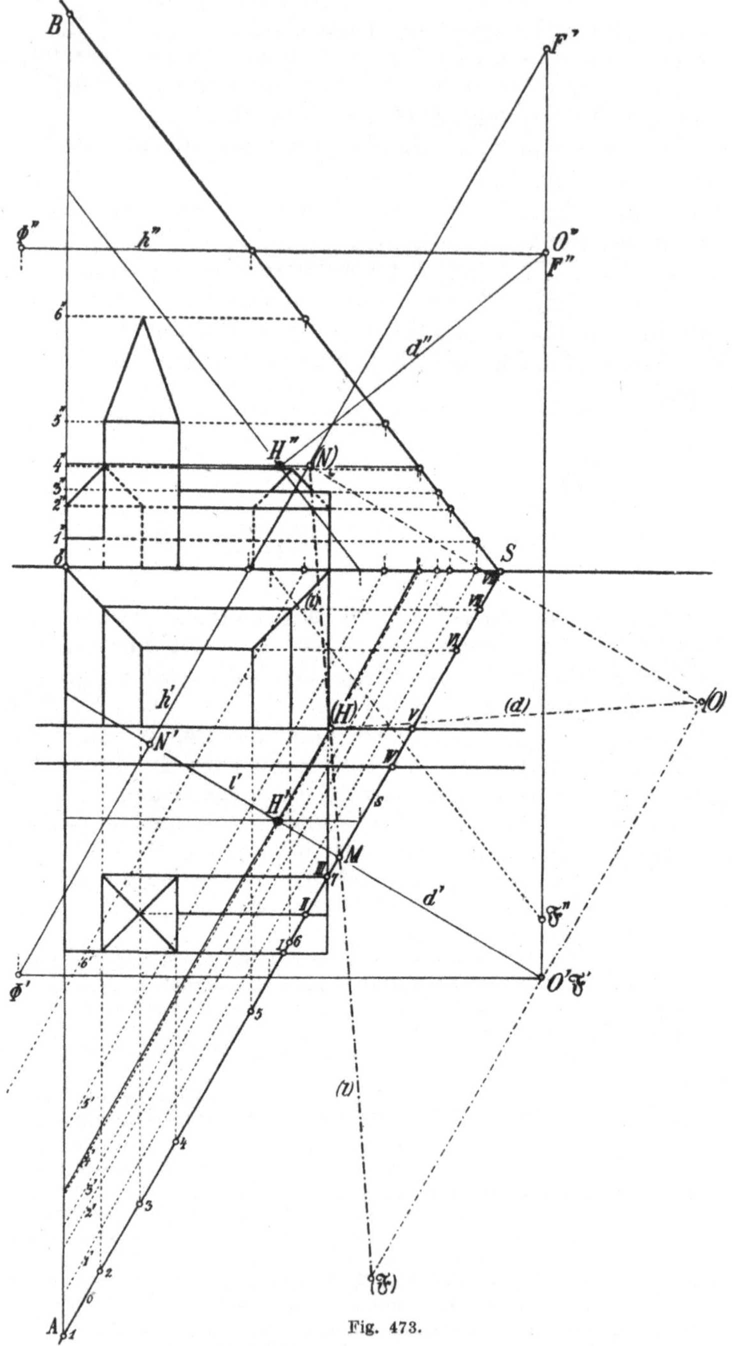

Fig. 473.

halber soll aber jetzt noch gezeigt werden, wie man im Falle einer beliebig geneigten Tafel vorgehen kann.

Wir benutzen als Gegenstand wieder wie in Nr. 303 jene schon mehrfach wiedergegebene Baulichkeiten, die in Fig. 473 abermals im Grund-

riß und Aufriß dargestellt sind. Nachdem der Grundriß O' und der Aufriß O'' des Auges gewählt worden ist, wird man als Hauptsehstrahl eine Gerade von O aus ziehen, die in beiden Projektionen nach der ungefähren Mitte des Gegenstandes geht. Auf ihr wählt man dann den Hauptpunkt H. Die Bildtafel T ist nun die in H auf HO senkrecht stehende Ebene. Da man nach Nr. 202 die durch H gehenden Hauptlinien dieser Ebene kennt, kann man ihre Spurgeraden (Nr. 201) im Grundriß und Aufriß ermitteln. Die Spurgerade in der Grundrißtafel sei mit s bezeichnet. Der Horizont h ist diejenige Höhenlinie, in der die Tafel T durch die zur Grundrißtafel parallele Ebene durch O geschnitten wird. Zur Anwendung des Schichtenverfahrens (Nr. 303) wird die Tafel T noch mit den wagerechten Schichtebenen geschnitten, wodurch sich die mit $1, 2 \ldots 6$ bezeichneten Höhenlinien der Tafel T ergeben. Die Höhenlinie 0 ist die Spurgerade s selbst. Die gehörig verlängerten Geraden des Grundrisses des Gegenstandes treffen die Spurgerade s in den wie früher (in Nr. 303) mit 1 bis 7 und I bis VIII bezeichneten Punkten. Die Punkte 1 bis 7 gehören zu lauter parallelen Geraden, deren Fluchtpunkt F der Schnittpunkt des von O auf die Aufrißtafel gefällten Lotes mit der Tafel T ist. Die Punkte I bis VIII ferner gehören ebenfalls zu lauter parallelen Geraden. Ihr Fluchtpunkt Φ ist der Schnittpunkt der durch O zur Projektionsachse parallel gezogenen Geraden mit der Tafel T. Beide Fluchtpunkte F und Φ liegen auf dem Horizont h, so daß ihre Grundrisse F' und Φ' sofort zu finden sind, also auch ihre Aufrisse F'' und Φ''. Insbesondere fällt F'' mit O'' zusammen. Die zu den Grundrißlinien parallelen Kanten in den einzelnen wagerechten Schichten schneiden, gehörig verlängert, die Schichten-Höhenlinien 1 bis 6. Man bemerkt, daß die den Punkten 1 bis 7 auf s entsprechenden Punkte dieser Höhenlinien in zur Projektionsachse senkrechten Ebenen liegen, ebenso die den Punkten I bis VIII auf s entsprechenden Punkte der Schichten in zur Aufrißtafel parallelen Ebenen. Wenn man nun die Bildtafel T außer durch ihre Grundrißspurgerade s und ihre Aufrißspurgerade, die sich in S auf der Projektionsachse treffen, noch mittels der zur Projektionsachse senkrechten Ebene durch die am weitesten links liegenden Kanten des Grundrisses abgrenzt, entsteht ein dreieckiger Abschnitt ASB der Tafel, und die den Punkten 1 bis 7 auf s entsprechenden Spurpunkte der einzelnen Schichten befinden sich auf Parallelen zu AB sowie die den Punkten I bis VIII auf s entsprechenden Spurpunkte der Schichten auf Parallelen zu SB. Die Seiten SA und SB des Dreiecks SAB liegen in wahrer Länge vor; die dritte Seite AB ergibt sich als Hypotenuse zu den Abständen der Punkte A und B von der Projektionsachse als Katheten, so daß man das Dreieck SAB in Fig. 474 in wahrer Größe zeichnen kann. Auf SA oder s gibt man die mit 1 bis 7 und I bis VIII bezeichneten Punkte an. Ferner kann man die Höhenlinien der sechs Schichten parallel zu s eintragen, da man ihre Schnittpunkte mit SB aus dem Aufriß entnehmen kann. Indem man nun durch die Punkte 1 bis 7 auf s die Parallelen zu AB und durch die Punkte I bis VIII auf s die Parallelen zu SB zieht, bekommt man die Schnittpunkte aller zu den Fluchtpunkten F und Φ gehörigen wagerechten Geraden des Gegenstandes mit der Tafel T. Der Horizont h ist ebenso wie die Schichtenhöhenlinien einzutragen, indem man den Abschnitt, den er auf SB

bestimmt, aus dem Aufriß entnimmt. Um nun auf h die Fluchtpunkte F und Φ zu bekommen, legt man noch in Fig. 473 durch das Auge O die zur Spurgeraden s senkrechte, also die zur Grundrißtafel und zur Tafel T senkrechte Ebene. Sie schneidet s in einem Punkt M, h in einem Punkt N.

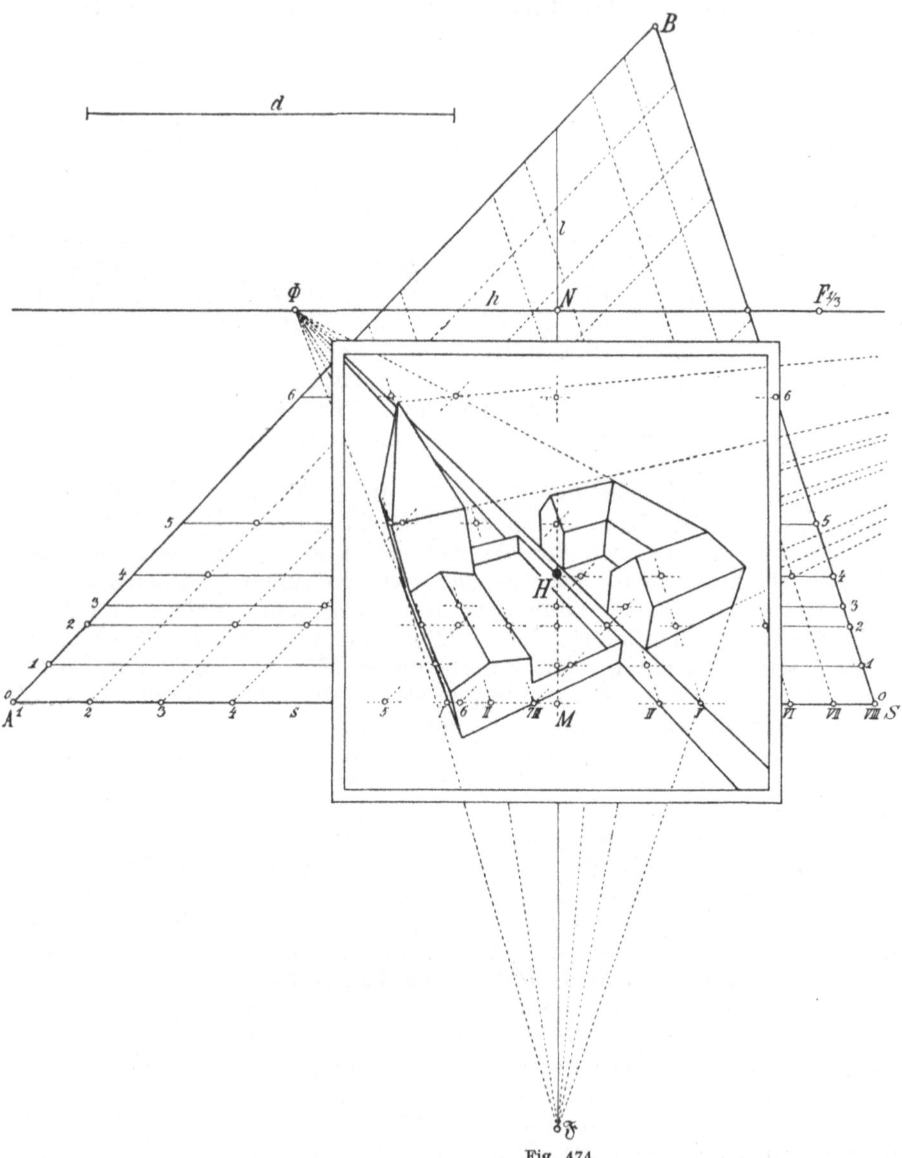

Fig. 474.

Indem man M auf s in Fig. 474 überträgt und dann hier in M das Lot auf s errichtet, findet man durch den Schnitt mit h den Punkt N. Indem man ferner aus dem Grundriß $N'F'$ und $N'\Phi'$ entnimmt und diese Strecken von N aus in Fig. 474 auf h nach rechts und links abträgt, erhält man die Fluchtpunkte F und Φ. Der Punkt F ist allerdings zu weit entlegen. Deshalb ist in Fig. 474 der Hilfsfluchtpunkt $F_{1/3}$ eingezeichnet, dessen Entfernung von N ein Drittel von NF beträgt. Man kann nun in Fig. 474 das perspektive Bild des Grundrisses dadurch einzeichnen, daß man die Punkte *1* bis *7* auf *s* mit F und die Punkte *I* bis *VIII* auf *s* mit Φ verbindet. Die Geraden von *1* bis *7* nach F werden mittels des Hilfsfluchtpunktes $F_{1/3}$ wie in Nr. 309 ermittelt. In derselben Weise stellt man die perspektiven Bilder der sechs Schichten her.

Alsdann sind die lotrechten Kanten des Gegenstandes in das Bild einzuzeichnen. Da sie jetzt nicht zur Tafel T parallel sind, erscheinen sie nicht als parallele Geraden. Vielmehr haben sie einen gemeinsamen Fluchtpunkt $\mathfrak{F}$. Dies ist der Schnittpunkt der Tafel T mit der Geraden $O'O$ in Fig. 473, so daß $\mathfrak{F}'$ mit O' zusammenfällt. Da $\mathfrak{F}$ der Ebene T angehört, ergibt sich aus $\mathfrak{F}'$ der Aufriß $\mathfrak{F}''$, indem man die durch $\mathfrak{F}$ gehende Hauptlinie zweiter Art der Ebene T benutzt, deren Grundriß mit $O'\Phi'$ zusammenfällt und deren Aufriß sofort gefunden wird. Um $\mathfrak{F}$ in Fig. 474 einzutragen sowie den Hauptpunkt H in dieser Bildzeichnung zu ermitteln und zugleich festzustellen, wie groß die Distanz d ist, wird man die durch O senkrecht zu *s* gelegte Hilfsebene in Fig. 473 um ihre Grundrißspurgerade in die Grundrißtafel umlegen, wobei O nach (O) und N nach (N) gelangt, indem die Höhen $O'(O)$ und $N'(N)$ gleich der aus dem Aufriß zu entnehmenden Höhe von O sind. Die Gerade $M(N)$ stellt in der Umlegung die Fallinie MN der Tafel T dar, und auf ihr liegt der umgelegte Fluchtpunkt $(\mathfrak{F})$. Ferner ist der Fußpunkt des Lotes von (O) auf $M(N)$ der umgelegte Hauptpunkt (H), also $(O)(H)$ gleich der Distanz d. Die Fallinie MN liegt nun in Fig. 474 vor. Indem man also $M(\mathfrak{F})$ und $M(H)$ aus Fig. 473 entnimmt und auf MN von M aus nach unten und oben abträgt, erhält man den Fluchtpunkt $\mathfrak{F}$ und den Hauptpunkt H. Die lotrechten Kanten des Gegenstandes stellen sich als von $\mathfrak{F}$ ausgehende Geraden dar. Dadurch werden die vorher gezeichneten einzelnen Schichten auf ihre Richtigkeit geprüft, und so vollendet man leicht die ganze Zeichnung.

Die Umrahmung des Bildes hat wieder so zu geschehen, daß H auf der senkrechten Mittellinie des Rahmenrechtecks liegt (Nr. 301). Insbesondere haben wir eine quadratische Umrahmung vorgenommen. Will man bei der Betrachtung des Bildes die richtige Wirkung erzielen, so muß man das Auge O senkrecht über H in der Entfernung d einstellen, und außerdem muß man die Zeichnung entsprechend der aus Fig. 473 in der Umlegung $M(N)$ der Fallinie ersichtlichen schrägen Lage halten.

Weil die lotrechten Geraden im Bild als von $\mathfrak{F}$ ausgehende Geraden erscheinen, wird man derartige perspektive Darstellungen nur dann benutzen, wenn man dafür zu sorgen weiß, daß das Bild nur in der richtigen schrägen Stellung betrachtet werden kann, indem man es z. B. in der richtigen Neigung an einer Wand aufhängt.

317. Übungen. 1) Die Cheopspyramide bei Kairo hat eine quadratische Grundfläche, deren Kanten nach den vier Haupthimmelsrichtungen gehen. Die Kantenlänge beträgt rund 230 m und die Höhe der Pyramide rund 140 m. Das Bild der Pyramide zu zeichnen für einen Beobachter, der sich in 400 m Entfernung von der Mitte der Grundfläche befindet, und zwar in der Richtung, die um 30° von der Süd-richtung nach Osten abweicht. Die Höhe des Auges über der Grund-ebene betrage 20 m (Nr. 301, 306).

2) Die Tafel sei lotrecht, eine wagerechte Ebene E sei durch ihre Spurgerade s gegeben. Diese Ebene sei die Oberfläche des spiegelnden Wassers. Eine Gerade, deren Fluchtpunkt F höher als der Horizont und deren Spurpunkt S tiefer als die Spurgerade gegeben ist, soll im Wasser gespiegelt werden (Nr. 307).

3) Perspektive eines Ikosaeders oder Dodekaeders, das einem auf wagerechter Ebene stehenden Würfel einbeschrieben ist (Nr. 68, 308).

4) Eine wagerechte Ebene E sei durch ihre Spurgerade s auf der lot-rechten Tafel gegeben. In einem Punkt A von E ist ein Lot AB auf die Ebene errichtet. Das Bild $\mathfrak{AB}$ von AB liege vor. Ferner sei $\mathfrak{C}$ das Bild irgendeines Punktes C der Ebene E. Welchen Winkel bildet BC in Wahrheit mit der wagerechten Ebene (Nr. 308)? Die Distanz sei vorgeschrieben.

5) Den in Fig. 438, Nr. 304, dargestellten Kanal für eine dreimal so große Distanz zu zeichnen (Nr. 311).

6) Ein durch seinen Grundriß und Aufriß gegebener Turm, dessen Grundfläche ein regelmäßiges Achteck und dessen Spitze eine regel-mäßige achtseitige Pyramide ist, soll auf einer Tafel abgebildet werden unter der Annahme, daß der Beobachter auf der Grundebene stehe und sein Hauptsehstrahl ungefähr nach der Mitte der Turmachse gerichtet sei, so daß die Tafel nicht lotrecht ist. Der Fluchtpunkt der lotrechten Kanten liegt nicht wie der Fluchtpunkt $\mathfrak{F}$ in Fig. 474 von Nr. 316 unterhalb, sondern oberhalb des Horizonts.

§ 3. Schattenkonstruktionen in der Perspektive.

318. Zentralbeleuchtung. Bei der Darstellung von Gegenständen in Parallelprojektion, insbesondere in senkrechter Projektion, war die Be-leuchtung nur ein Mittel, die Zeichnung anschaulicher zu machen. Dieser Zweck wurde genügend durch Anwendung einer Parallelbeleuch-tung erreicht (Nr. 110 und 270). Anders ist die Beleuchtung im Falle der Perspektive aufzufassen. Da die Perspektive die Bilder so ent-werfen will, wie sie wirklich gesehen werden, muß sie auch die Schatten wiedergeben, die im Falle der Beleuchtung durch eine Kerze, Lampe, Laterne od. dgl. vorkommen. Es werde also angenommen, daß die Lichtquelle irgendein bestimmter Punkt L sei; dann handelt es sich um die Zentralbeleuchtung von einer im Endlichen befind-lichen Lichtquelle L aus. Die Parallelbeleuchtung, z. B. die durch die Sonne, ist in der Perspektive nicht wesentlich anders als die Zentral-beleuchtung zu behandeln, denn parallele Lichtstrahlen erscheinen im Bild ebenfalls als Geraden, die einen Punkt, den Fluchtpunkt, gemein haben (Nr. 294). Auf den Fall der Parallelbeleuchtung oder Sonnen-beleuchtung werden wir in Nr. 324 näher eingehen.

Wir setzen auch jetzt voraus, daß die Bildtafel T lotrecht sei (Nr. 300). Als Grundebene E diene wie bisher diejenige wagerechte Ebene, auf der alles aufgebaut ist, also die Grundrißtafel im Fall der gebundenen Perspektive. Sie wird durch Angabe ihrer Spurgeraden s, der Standlinie, festgelegt, die zu dem durch den Hauptpunkt H gehenden wagerechten Horizont h parallel ist und tiefer als h liegt. Die senkrechte Projektion L' der Lichtquelle L auf die Grundebene E heiße der Fußpunkt der Lichtquelle. Unter $L'L$ stelle man sich etwa eine Kerze mit dem Fuß L' und dem leuchtenden Dochtende L vor. Um nicht zu vielerlei Bezeichnungen zu haben, wollen wir dieselben Buchstaben im Bild wie in Wirklichkeit anwenden, demnach die Kerze durch die Strecke $L'L$ in der Zeichnung, siehe Fig. 475, geben. Man kann leicht ermitteln, wo sich der Fuß-punkt $\overline{L}$ des Lotes von L auf die Tafel T befindet, und wie lang dieses Lot ist. Denn dies Lot ist eine Tiefenlinie (Nr. 300), daher sein Fluchtpunkt der Hauptpunkt H. Die

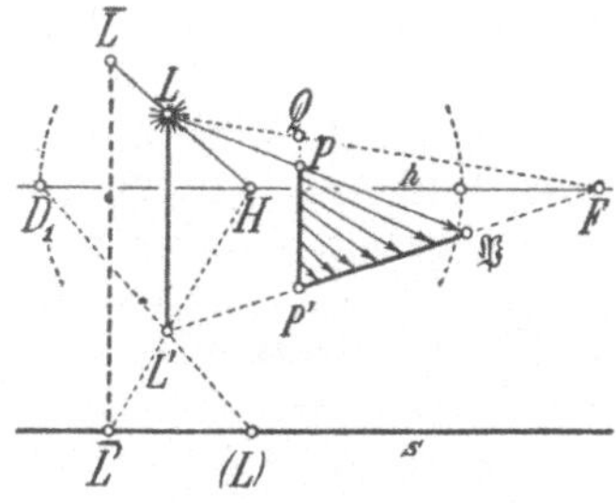

Fig. 475.

lotrechte Ebene, die $L\overline{L}$ enthält, also die Ebene von $L\overline{L}$ und LL', schneidet daher die Grundebene E in der Geraden HL', die s in einem Punkt $\overline{L}'$ trifft. Folglich schneidet diese Ebene die Tafel in der lot-rechten Geraden durch $\overline{L}'$, so daß der Schnitt dieser Geraden mit HL der gesuchte Fußpunkt $\overline{L}$ ist. Das Lot $L\overline{L}$ von L auf die Tafel ist in Wahrheit gerade so lang wie $L'\overline{L}'$, und die wahre Länge dieser Strecke ergibt sich nach Fig. 449 von Nr. 308 als der Abschnitt, den die von dem einen Distanzpunkt D_1 nach L' gehende Gerade auf der Spur-geraden s bestimmt, nämlich als die Strecke $\overline{L}'(L)$. Demnach liegt die Lichtquelle auf der von $\overline{L}$ ausgehenden Tiefenlinie hinter der Tafel in der Entfernung, die gleich $\overline{L}'(L)$ ist.

319. Lotrechte Strecken in Zentralbeleuchtung. Indem wir Fig. 475 beibehalten, nehmen wir an, ein auf der Grundebene E stehendes Lot sei durch seinen Fußpunkt P' und Kopf P gegeben. Der Schlagschatten, den $P'P$ auf die Grundebene E wirft, ist der Schnitt der Ebene E mit der Ebene der von L nach $P'P$ gehenden Lichtstrahlen. Diese Licht-ebene enthält die zu $P'P$ parallele Gerade $L'L$, mithin schneidet sie E in der durch L' und P' gehenden Geraden, auf der also der Schlagschatten liegt. Der Schatten erstreckt sich von P' bis zum Schnittpunkt $\mathfrak{P}$ von $L'P'$ mit dem Lichtstrahl LP, vgl. auch Fig. 411 von Nr. 293.

Aber die Sachlage ist nicht immer so einfach. Die Zentralbeleuch-tung unterscheidet sich nämlich in einer Hinsicht wesentlich von der Parallelbeleuchtung. Wird die Ebene E von oben her durch parallele Strahlen erhellt, so hat jeder oberhalb E befindliche Punkt P des Raumes einen Schlagschatten $\mathfrak{P}$ auf E, wird sie dagegen durch Strahlen erhellt, die von einer im Endlichen gelegenen Lichtquelle L oberhalb E ausgehen, so werfen nur die tiefer als L liegenden Punkte Schlag-schatten auf E. Denn der Lichtstrahl von L nach einem höher als L gelegenen Punkt P steigt empor, so daß erst seine rückwärtige Ver-längerung über L hinaus die Ebene E in einem Punkt $\mathfrak{P}$ trifft, der also ein bloß geometrischer, nicht physikalischer Schlagschatten ist (Nr. 113). Daß in Fig. 475 dieser Fall nicht vorliegt, kann man be-stätigen, indem man L mit dem Fluchtpunkt F von $L'P'$ durch eine Gerade verbindet und den Schnittpunkt Q dieser Geraden mit $P'P$

bestimmt. Denn da LF und $L'F$ in Wahrheit parallel sind, ist $L'L$ in Wahrheit gleich $P'Q$. In Fig. 475 ist nun Q über P gelegen, somit $P'P$ in Wahrheit kleiner als $L'L$.

Noch ein zweiter Umstand ist zu beachten: Auch wenn P tiefer als L liegt, also auch dann, wenn dem Punkt P ein wirklicher Schlagschatten $\mathfrak{P}$ auf E zukommt, ist es möglich, daß dieser Schlagschatten kein wirklich wahrnehmbares, sondern nur ein geometrisches perspektives Bild hat (Nr. 292), nämlich dann, wenn $\mathfrak{P}$ hinter dem Beobachter, besser gesagt, hinter der Verschwindungsebene liegt. In diesem Fall ergibt sich das bloß geometrische Bild von $\mathfrak{P}$ als ein Punkt, der oberhalb des Horizontes h liegt. Der Horizont h begrenzt ja nach oben hin den für den Beobachter sichtbaren Teil der Grundbene E (Nr. 296).

Wenn wir annehmen, daß $P'P$ ein dem Beobachter sichtbares Lot oberhalb E sei, liegt weder der Fluchtpunkt F noch der Schnittpunkt $\mathfrak{P}$ von $L'P'$ und LP zwischen L' und P'. Demnach ergeben sich die folgenden sechs Möglichkeiten je nach der Lage von $\mathfrak{P}$ und F auf den Verlängerungen der Strecke $L'P'$ über P' oder L' hinaus:

Fall	Lage im Bild	In Wahrheit ist	Der Schlagschatten von P ist	Der Schlagschatten von $P'P$ ist die Strecke
a	$L'P' - \mathfrak{P} - F$	$P'P < L'L$	vorhanden und sichtbar	$P'\mathfrak{P}$, im Bild und in Wahrheit endlich
b	$L'P' - F - \mathfrak{P}$	$P'P > L'L$	nicht vorhanden	$P'F$, im Bild endlich, in Wahrheit ∞
c	$F - L'P' - \mathfrak{P}$	$P'P < L'L$	vorhanden und sichtbar	$P'\mathfrak{P}$, im Bild und in Wahrheit endlich
d	$\mathfrak{P} - L'P' - F$	$P'P > L'L$	nicht vorhanden	$P'F$, im Bild endlich, in Wahrheit ∞
e	$\mathfrak{P} - F - L'P'$	$P'P < L'L$	vorhanden, aber unsichtbar	über P' hinaus, im Bild ∞, in Wahrheit endlich
f	$F - \mathfrak{P} - L'P'$	$P'P > L'L$	nicht vorhanden	über P' hinaus, im Bild und in Wahrheit ∞

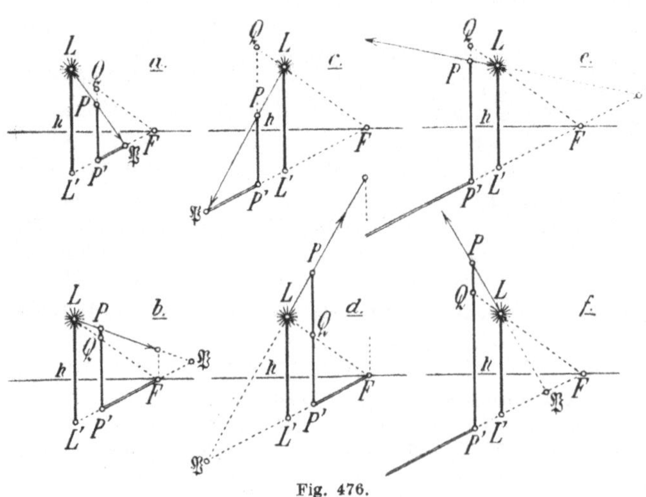

Fig. 476.

Diese sechs Fälle sind in Fig. 476 dargestellt. In den Fällen b und d ist auch angegeben, wie man den Fluchtpunkt des Lichtstrahls LP findet. In allen Fällen ist der Lichtstrahl LP im Sinne der Fortschreitung des Lichtes mit einem Pfeil versehen worden.

Insbesondere kann es vorkommen, daß LP und $L'P'$ im Bilde parallel sind, also $\mathfrak{P}$ im Bild unendlich fern liegt. Dann gehört $\mathfrak{P}$ der Verschwindungsebene an.

Wenn $P'P$ in Wahrheit gerade so lang wie $L'L$ ist, also Q mit P zusammenfällt, liegt $\mathfrak{P}$ in F. Der Schlagschatten von $P'P$ ist dann unendlich lang.

320. Zentralbeleuchtung eines Innenraumes. Wenn das perspektive Bild eines Gegenstandes nach den im vorigen Paragraphen entwickelten Verfahren (Nr. 301 bis 308) aus dem Grundriß und Aufriß oder aus dem Grundriß und den Höhen über dem Grundriß (Nr. 310) abgeleitet worden ist, kennt man von jedem Punkt P des Gegenstandes sowohl sein eigenes Bild als auch das Bild seines Grundrisses P'. Man kann daher nach voriger Nummer bei Annahme einer Lichtquelle L und ihres Fußpunktes L' den gesamten wirklichen oder auch nur geometrischen, sichtbaren oder unsichtbaren Schlagschatten auf der Grundebene E herstellen. Weiterhin kann man daraus durch Zurückgehen nach der Lichtquelle (Nr. 112) diejenigen Schlagschatten bestimmen, die von den einzelnen Teilen des Gegenstandes aufeinander geworfen werden. Was die Eigenschatten betrifft, so gilt wie in Nr. 111 die Regel, daß ein sichtbares ebenes Flächenstück beleuchtet ist oder Eigenschatten hat, je nachdem sein Umlaufsinn mit dem seines Schlagschattens übereinstimmt oder ihm entgegengesetzt ist.

Wenn der Grundriß in der Perspektive nur einen schmalen Streifen zwischen dem Horizont h und der Standlinie s einnimmt, ist es ungenau, aus den auf die Grundebene E fallenden Schatten durch Zurückgehen in der Lichtrichtung diejenigen Schatten zu ermitteln, die von den Teilen des Gegenstandes aufeinander geworfen werden. Diese Ungenauigkeit kann man dadurch beseitigen, daß man wie in Nr. 306 einen versenkten Grundriß benutzt. Aber die Schlagschatten auf einer tiefer gelegenen wagerechten Ebene sind oft zum Teil unerreichbar. Deshalb empfiehlt es sich, noch andere Hilfsmittel heranzuziehen. Hier wollen wir zwei einfache Sätze benutzen. Der erste Hilfssatz besagt, daß der Schlagschatten, den eine Gerade auf eine Ebene wirft, stets durch den Schnittpunkt der Geraden mit der Ebene geht. Handelt es sich um den Schatten, den eine Strecke auf ein begrenztes Stück Ebene wirft, so hat man, um diesen Satz anzuwenden, sowohl die Strecke als auch das Ebenenstück weiter fortzusetzen. Ist eine Gerade insbesondere zu einer Ebene parallel, so ist der Schatten, den sie auf die Ebene wirft, zu ihr selbst parallel, d. h. die Verlängerung des Schattens geht in der perspektiven Darstellung nach dem Fluchtpunkt der Geraden. Der zweite Hilfssatz besagt, daß der Schatten, den eine Gerade auf eine Ebene wirft, durch den Punkt geht, in dem der zur Geraden parallele Lichtstrahl die Ebene trifft, vgl. Fig. 411 und 412 von Nr. 293. Dieser parallele Lichtstrahl stellt sich im Bild als derjenige dar, der nach dem Fluchtpunkt der Geraden geht. Demnach findet man zwei Punkte des Schlagschattens, den eine Gerade auf eine Ebene wirft, indem man erstens den Schnittpunkt der Geraden mit der Ebene und zweitens den Schnittpunkt des zur Geraden parallelen Lichtstrahls mit der Ebene bestimmt.

Diese Hilfsmittel reichen aus, um in Fig. 477 alle Schatten zu ermitteln, die in dem dargestellten Innenraum bei der Beleuchtung von L aus vorkommen. Das perspektive Bild des Grundrisses ist angegeben; die Distanz beträgt 8 cm. Die wagerechten Geraden auf den

Wänden A und C haben ihren Fluchtpunkt F auf dem Horizont in derjenigen Entfernung vom Hauptpunkt H, die gleich dem Doppelten der Entfernung des Hilfsfluchtpunktes $F_{1/2}$ von H ist (Nr. 309). Entsprechendes gilt in bezug auf die Wände B und D, indem hier $\Phi_{1/2}$ der Hilfsfluchtpunkt ist. Die Lichtquelle L ist als eine Lampe gedacht, die an der Stelle L'' des oberen Brettes mittels des Pendels $L''L$ aufgehängt ist. Man bekommt den Fußpunkt L' der Lichtquelle, indem man durch L'' die Geraden nach F und Φ zieht, von ihren Schnittpunkten mit den Ebenen D und A senkrecht nach unten geht und

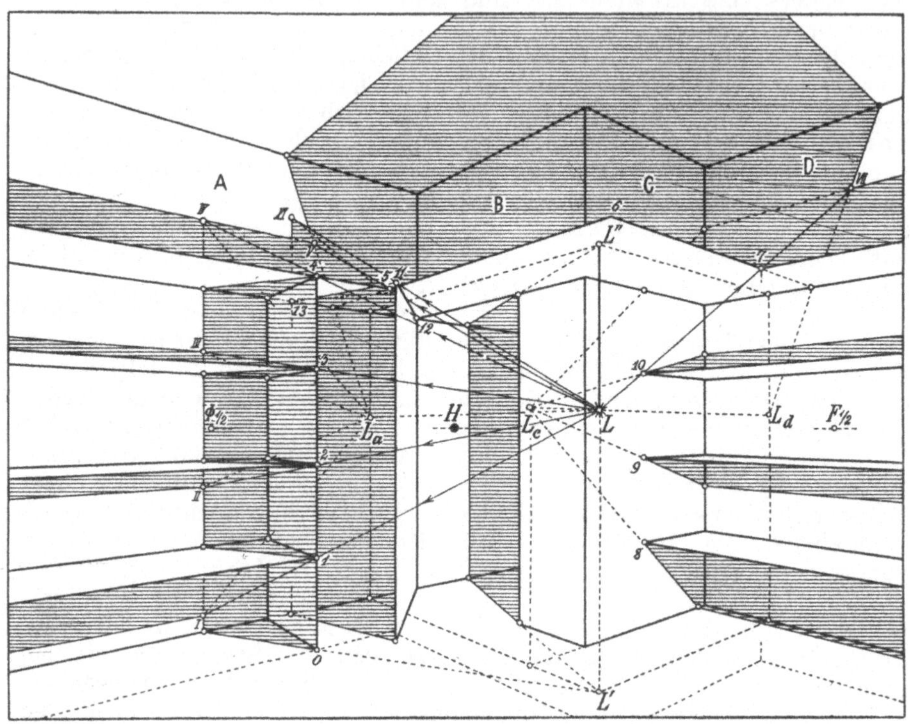

Fig. 477.

von den Stellen, an denen man so den Fußboden erreicht, die Geraden nach F und Φ zieht. Der Schnittpunkt dieser beiden Geraden ist L'. Um den zweiten Hilfssatz anwenden zu können, bestimmt man noch die Punkte L_a, L_c und L_d, in denen die zu den Zimmerwänden parallelen wagerechten Geraden durch L die Wände A, C, D treffen. Insbesondere ist L_a der Schnittpunkt von $L\Phi$ mit der Ebene A, L_c der Schnittpunkt von $L\Phi$ mit der Ebene C und L_d der Schnittpunkt von LF mit der Ebene D. Die Konstruktion von L_a, L_c, L_d geschieht mit Hilfe des Grundrisses, indem man $L'\Phi$ und $L'F$ mit den Grundkanten der Wände schneidet und von da senkrecht in die Höhe geht.

Zunächst werde der Schlagschatten der Kante $0\,1\,2\,3\,4$ bestimmt. Die Schatten I, II, III, IV der Punkte $1, 2, 3, 4$ auf der Wand A findet man, indem man die Schlagschatten ermittelt, die von den von $1, 2, 3, 4$ auf die Wand A gefällten Loten, den Kanten des Brettergestelles, auf A geworfen werden. Nach dem zweiten Hilfssatz nämlich müssen diese Schlagschatten verlängert nach L_a gehen. Ebenso findet man den Schlagschatten V, den die einspringende Ecke *5* des obersten Brettes auf A wirft. Von V geht der Schlagschatten aus, den *5 6* auf A wirft. Dieser Schatten wird an der obersten Kante der Wand A gebrochen. Da *5 6* zur Zimmerdecke parallel ist, läuft der Schatten an der Decke in Wahrheit parallel zu *5 6*, d. h. er geht im Bild gehörig verlängert nach dem Fluchtpunkt Φ. Entsprechendes ist über die Schlagschatten auf den Wänden C und D und über die Fortsetzung des Schattens von *6 7* auf der Zimmerdecke zu sagen. Die Schattengrenzen auf C gehen, gehörig verlängert, durch L_c, der Schatten von *6 7* auf D, gehörig verlängert, durch L_d. Die Konstruktion der Schlagschatten der einzelnen Bretter erhellt ohne weiteres, ebenso die des Schattens, der in den Türeingang fällt, wobei auch der Punkt L'' benutzt werden kann. Was schließlich den Schatten der geöffneten Tür betrifft, so ist zu beachten, daß seine Grenzlinie auf dem Fußboden von L' ausgeht, woraus sich ohne weiteres der Schlagschatten XI des Punktes *11* auf A ergibt. Die obere Türkante hat demnach auf A den Schlagschatten, von *12* nach XI. Daß der Punkt *10* auf dem Lichtstrahl nach *7* liegt, ist nur ein Zufall.

Daß von allen Brettern nur diejenigen Seiten zu sehen sind, die beleuchtet werden, findet seine Erklärung darin, daß die Lichtquelle nur wenig höher als das Auge ist.

321. Lichtquelle hinter dem Beobachter. Bisher haben wir stillschweigend angenommen, daß sich die Lichtquelle L vor dem Beobachter, genauer gesagt, vor der Verschwindungsebene befinde. Ein Gegenstand kann aber auch durch eine hinter der Verschwindungsebene gelegene Lichtquelle beleuchtet werden, die der Beobachter also nicht sieht und die daher auf dem fertigen Bild nicht darzustellen ist. Für die Konstruktion der Schatten wird trotzdem das nur geometrische Bild der Kerze $L'L$ wie in der vorhergehenden Nummer benutzt.

Den Unterschied zwischen dem bisher betrachteten und dem neuen Fall zeigt Fig. 478, wo die Ebene der Zeichnung die lotrechte Ebene durch das Auge O und die Kerze $L'L$ sei. Bei der bisher gemachten Annahme a liegt das sichtbare Bild der Kerze $L'L$ so, daß der leuchtende Punkt L über dem Kerzenfuß L' zu zeichnen ist,

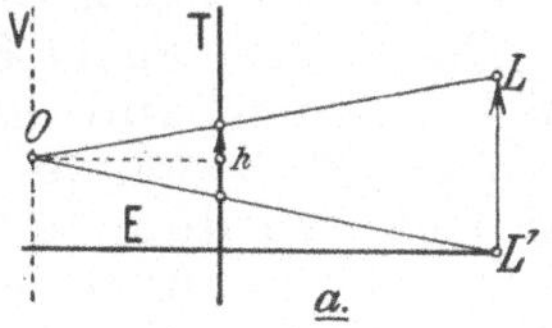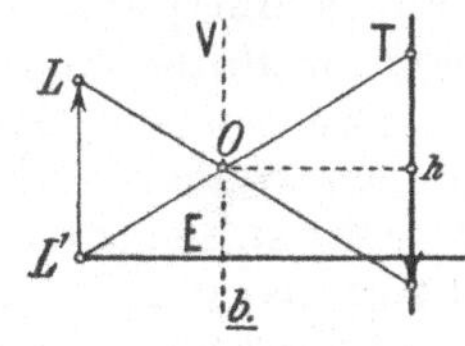

Fig. 478.

bei der neuen Annahme b dagegen liegt das nur geometrische Bild des leuchtenden Punktes L unterhalb des ebenfalls nur geometrischen Bildes des Fußpunktes L'. Das geometrische Bild der Kerze steht also jetzt auf dem Kopf. Da der Punkt L' der Grundebene E angehört, aber hinter der Verschwindungsebene V liegt, befindet sich das Bild von L' oberhalb des Horizonts h.

Nimmt man demgemäß L' oberhalb des Horizonts h und L irgendwo senkrecht darunter an und bestimmt man die Schlagschatten auf der

Ebene E wie in Nr. 319, so sind dies also die Schlagschatten bei der Beleuchtung von einer hinter dem Beobachter gelegenen Stelle aus. Fig. 479 gibt ein Beispiel: Ein auf E stehendes gerades Prisma, als dessen Grundfläche ein Parallelogramm gewählt wurde, sowie ein auf E liegendes Prisma, dessen lotrechter Querschnitt ein in Wahrheit rechtwinkliges Dreieck ist, werden von der hinter dem Beobachter angenommenen

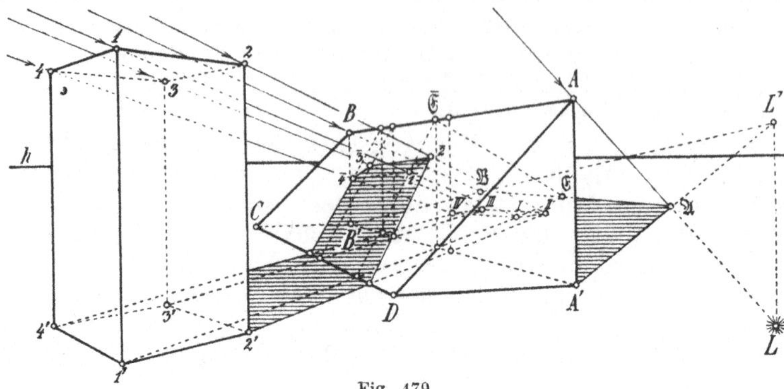

Fig. 479.

Lichtquelle L beleuchtet. Da die Eckpunkte $1, 2, 3, 4$ und A, B, auf E senkrecht projiziert, die Fußpunkte $1', 2', 3', 4'$ und A', B' haben, findet man die Schlagschatten I, II, III, IV und $\mathfrak{A}, \mathfrak{B}$ so, wie es bei A gezeigt ist: Der Punkt $\mathfrak{A}$ ist der Schnittpunkt des Lichtstrahls AL mit $A'L'$.

Den Schlagschatten, den das stehende Prisma auf das liegende wirft, kann man durch Zurückgehen nach der Lichtquelle wie in Nr. 112 und 272 bestimmen. Man wird z. B., um den Schlagschatten $\overline{1}$ von 1 auf $ABCD$ zu finden, den Schatten $1'I$ bis $\mathfrak{A}\mathfrak{B}$ verlängern und dann vom Schnittpunkt $\mathfrak{C}$ mit $\mathfrak{A}\mathfrak{B}$ den Strahl durch L ziehen. Er trifft AB in einem Punkt $\overline{\mathfrak{C}}$, auf dessen Verbindungslinie mit dem Schnittpunkt von $1'I$ und CD der Schlagschatten liegt, den $1'1$ auf die Ebene $ABCD$ wirft. Aber man kann dasselbe dadurch erzielen, daß man das liegende Prisma mit der Lichtebene durch die lotrechte Kante $11'$ zum Schnitt bringt. Diese Lichtebene ist nämlich lotrecht, so daß man von dem Schnittpunkt des Schattens $1'I$ mit $A'B'$ senkrecht bis AB emporgeht, wodurch man ebenfalls zu dem Punkt $\overline{\mathfrak{C}}$ gelangt.

Das soeben benutzte Verfahren wird bei Schattenkonstruktionen oft verwendet. Allgemein gesagt besteht es in folgendem: Soll der Schlagschatten ermittelt werden, den ein Punkt P auf einen Gegenstand wirft, so benutzt man als Hilfsebene die Lichtebene durch das auf der Grundebene E stehende Lot $P'P$. Diese Hilfsebene schneidet E in dem Schlagschatten, den $P'P$ auf E wirft, nämlich längs der Geraden $P'L'$. Da die Hilfsebene lotrecht ist, kann man, vom Grundriß senkrecht in die Höhe gehend, ohne weiteres ihren Schnitt mit dem vorliegenden Gegenstand ermitteln. Da, wo der Lichtstrahl von P zum erstenmal diese Schnittlinie trifft, liegt der gesuchte Schlagschatten von P.

Besonders ist zu beachten, daß, falls die Lichtquelle L hinter der Verschwindungsebene liegt, der Sinn des Fortschreitens des Lichtes, also der Sinn der Bewegung von L

aus, im Bilde gerade umgekehrt in die Erscheinung tritt: Hier ist der Pfeil nach dem geometrischen Bild der Lichtquelle L gerichtet. Wie das zustande kommt, soll Fig. 480 erläutern, worin $1, 2, 3, 4$ aufeinanderfolgende Punkte auf einem Lichtstrahl von L aus sind. Man bemerkt, daß die Bilder dieser Punkte in der Tat so aufeinander folgen, daß der Pfeil auf der Bildtafel nach dem geometrischen Bild von L geht. Allgemein ist zu sagen: Durchläuft ein Punkt einen von einer Stelle L ausgehenden Strahl, indem er sich also von L aus immer weiter entfernt, so durchläuft das perspektive Bild des Punktes das Bild des Strahles dann, wenn L sichtbar, also vor dem Beobachter ist, so, daß es sich ebenfalls vom Bild des Punktes L entfernt, andernfalls aber, wenn L unsichtbar, also hinter dem Be-

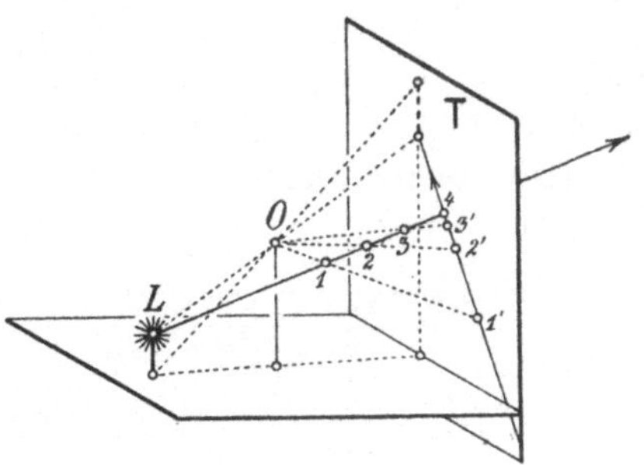

Fig. 480.

obachter ist, so, daß es sich dem in diesem Fall bloß geometrischen Bild des Punktes L immer mehr nähert. Anders gesagt: Von einem Punkte L ausgehende Strahlen erscheinen in der Perspektive als ebenfalls vom Bild des Punktes L ausgehende oder aber als dorthin zusammenlaufende Strahlen, je nachdem der Punkt L vor oder hinter der Verschwindungsebene liegt.

Dementsprechend weisen die Pfeile der Lichtstrahlen in Fig. 479 von den Punkten $1, 2, 3, 4$ und A, B nach dem geometrischen Bild L der Lichtquelle hin. Wie schon bemerkt wurde, ist $L'L$ in Fig. 479 nur als Hilfslinie für die Konstruktion zu benutzen. Auf einem fertigen Bild, das nur das wirklich Sichtbare zeigen soll, ist $L'L$ fortzulassen. In Fig. 479 ist übrigens weder die Standlinie s, noch der Hauptpunkt H und die Distanz angegeben. Die Zeichnung ist nämlich richtig für irgendeine unterhalb h parallel zu h gezogene Standlinie s, für irgendeinen Hauptpunkt H auf h und für irgendeine Distanz d.

Wenn die Standlinie s, der Hauptpunkt H auf h und die Distanz d gegeben sind, kann man geradeso wie in Fig. 475 von Nr. 318 aus dem nur geometrischen Bild $L'L$ der Kerze ermitteln, wo sich die Lichtquelle in Wirklichkeit befindet, siehe Fig. 481. Das Lot von L auf die Tafel, also die durch L gehende Tiefenlinie, hat H als Fluchtpunkt und schneidet die Tafel in $\overline{L}$. Die Strecke $L\overline{L}$ ist also das Bild des Lotes von der Lichtquelle auf die Tafel.

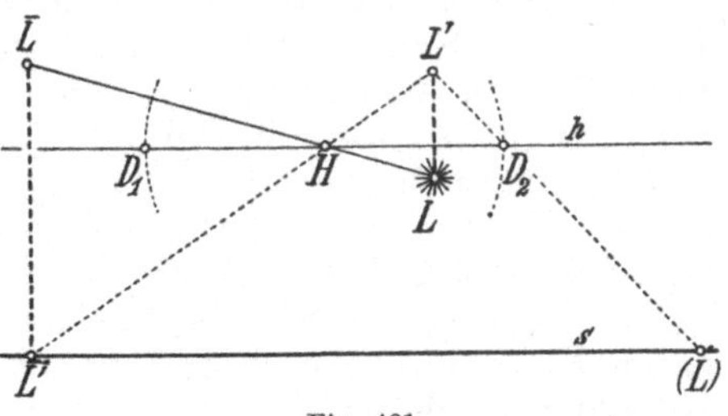

Fig. 481.

Sie ist in Wahrheit gleich der Strecke $L'\overline{L}'$, und die Länge dieser Strecke ergibt sich wie in Fig. 475 von Nr. 318, indem man einen Distanzpunkt — hier empfiehlt es sich, den rechts gelegenen Punkt D_2 zu nehmen — mit L' verbindet. Diese Verbindende schneidet die Spurgerade s in einem Punkt (L), und die Strecke $\overline{L}'(L)$ ist die gesuchte Entfernung. Demnach liegt die Lichtquelle senkrecht vor dem Punkt L der Tafel in der Entfernung, die gleich $\overline{L}'(L)$ ist. Diese Entfernung ist, wie es ja sein muß, größer als die Distanz $d = HD_2$.

322. Lichtquelle unterhalb der Grundebene. Es kann vorkommen, daß die Grundebene E nur zum Teil wirklich stofflich vorhanden ist, also eine Lücke hat, so daß auch der Fall eintreten kann, daß das Licht von einer unterhalb der Grundebene befindlichen Stelle L aus die über der Grundebene gelegenen Gegenstände beleuchtet. Dies ist der Fall der Beleuchtung vom Keller aus.

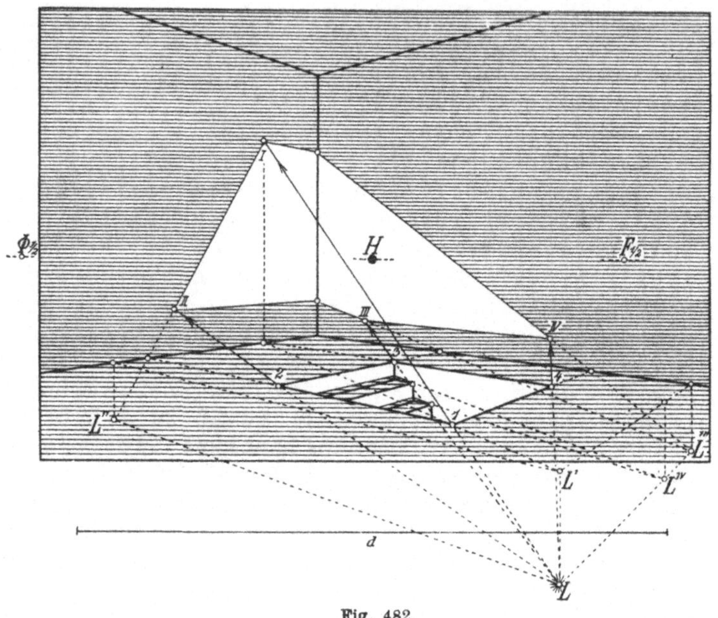

Fig. 482.

In Fig. 482 liegt die Annahme vor, daß von einem Zimmer aus eine Treppe zum Keller führe. Im Keller sei eine Lichtquelle L, etwa mittels eines Pendels an der Stelle L' der Grundebene E, d. h. des Fußbodens, aufgehängt. In diesem Fall ist L wie in der letzten Nummer unterhalb L' anzunehmen, aber in voriger Nummer lag L' oberhalb des Horizonts h, während wir jetzt annehmen, daß sich die Aufhängestelle L' vor dem Beobachter befinde, also ihr Bild unterhalb des Horizonts h habe. Die wagerechten Kanten der Zimmerwände gehen nach unerreichbaren Fluchtpunkten F und Φ, deren Lage sich aus den angegebenen Hilfsfluchtpunkten $F_{1/2}$ und $\Phi_{1/2}$ ergibt, indem sie von H doppelt so weit wie $F_{1/2}$ und $\Phi_{1/2}$ entfernt sind. Die Kelleröffnung $1\,2\,3\,4$ wirft auf die Wände einen Lichtfleck, der in der alten Weise konstruiert wird. Dabei benutzt man, um den zweiten Hilfssatz von Nr. 320 anwenden zu können, die Punkte L'' und L''', in denen die zu den Wänden parallelen wagerechten Geraden von L aus die nach unten fortgesetzt gedachten Wände treffen. Wie man sie findet, zeigen die durch L' auf

der Grundebene gezogenen Parallelen zu den Zimmerwänden. Da die
Kante *1 2* der Kelleröffnung zu LL'' parallel ist, geht ihr Schatten *I II*
verlängert nach dem Punkt L''. Ebenso geht der Schatten, den die
Kante *1 4* auf die andere Wand wirft, verlängert nach dem Punkt L'''.
Die Kante *1 4* wirft aber ihren Schatten zum Teil auch auf die linke
Wand, die zu ihr parallel ist, so daß ihr dort zustande kommender Schatten auf der Geraden von *I* nach dem Fluchtpunkt *F* liegt. Ebenso ist
der Schatten, den *2 3* auf die linke Wand wirft, auf der Geraden von *II*
nach *F* gelegen. Aber *2 3* wirft auch auf die rechte Wand einen Schatten; er geht verlängert nach dem Punkt, in dem die Verlängerung
von *2 3* die rechte Wand schneidet, außerdem nach L'''. Die beiden
sichtbaren wagerechten Ebenen der Treppenstufen haben Eigenschatten.
Die Schlagschatten, die sie auf die rechte Kellerwand werfen, gehen
verlängert nach den Punkt L^{IV}, dem Schnittpunkt von LL''' mit dieser
Kellerwand, während ihre Schlagschatten auf den lotrechten Stufen-
ebenen zu ihnen selbst parallel sind, also verlängert nach *F* gehen.

Soeben haben wir eine Lichtquelle *L* unterhalb der Grundebene E
so angenommen, daß sie sich vor dem Beobachter befindet. Sie wäre
also wirklich sichtbar, wenn der Fußboden des Zimmers nicht vor-

handen wäre. Schließ-
lich kann aber auch
der Fall vorkommen,
daß sich die unter-
halb der Grundebene
E gelegene Licht-
quelle *L* hinter dem
Beobachter befindet.
Als Ergänzung zu Fig.478
von Nr. 321 diene daher
Fig.483, deren Ebene wie-
der die lotrechte Ebene

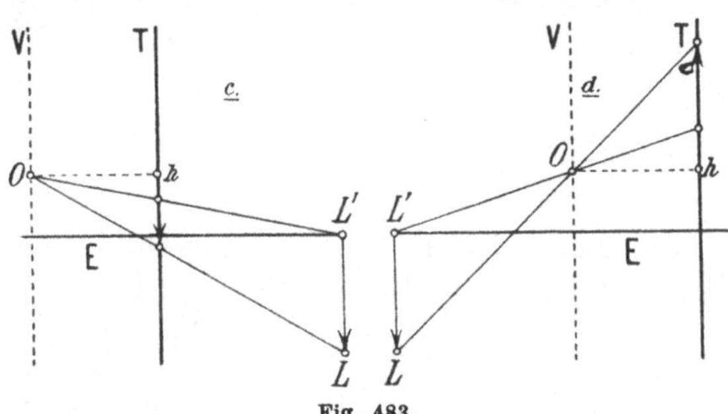

Fig. 483.

durch das Auge *O* und die Gerade LL' sei: Fall c bezieht sich auf die
Annahme in Fig. 482; hier ist die Lichtquelle vor der Verschwindungsebene V gelegen. Fall d bezieht sich auf eine hinter der Verschwindungsebene gelegene Lichtquelle. Zusammen mit den Fällen a und b in
Fig. 478 von Nr. 321 ergibt sich die folgende Übersicht:

Fall	Lichtquelle	L' im Bild	L im Bild	
a	oberhalb E und vor der Verschwindungsebene V	unterhalb *h*	über L'	Fig. 478
b	oberhalb E und hinter der Verschwindungsebene V	oberhalb *h*	unter L'	Fig. 478
c	unterhalb E und vor der Verschwindungsebene V	unterhalb *h*	unter L'	Fig. 483
d	unterhalb E und hinter der Verschwindungsebene V	oberhalb *h*	über L'	Fig. 483

Nach voriger Nummer gehen die Pfeile der Lichtstrahlen im Bild in
den Fällen a und c von *L* aus, in den Fällen b und d nach *L* hin, denn
in den Fällen b und d ist *L* in der Perspektive das nur geometrische,
nicht sichtbare Bild der Lichtquelle.

Als Beispiel zu Fall d diene Fig. 484, bei der nur das eine zu bemerken ist, daß der Schatten der Kante *1 2* dadurch gefunden wird,
daß man von einem Punkt *1* dieser Kante den Schatten bestimmt:
Der Lichtstrahl *1 L* liegt in der lotrechten Lichtebene *1 L L'*, die

die rechte Wand in der lotrechten Geraden nach dem gesuchten Schatten I schneidet.

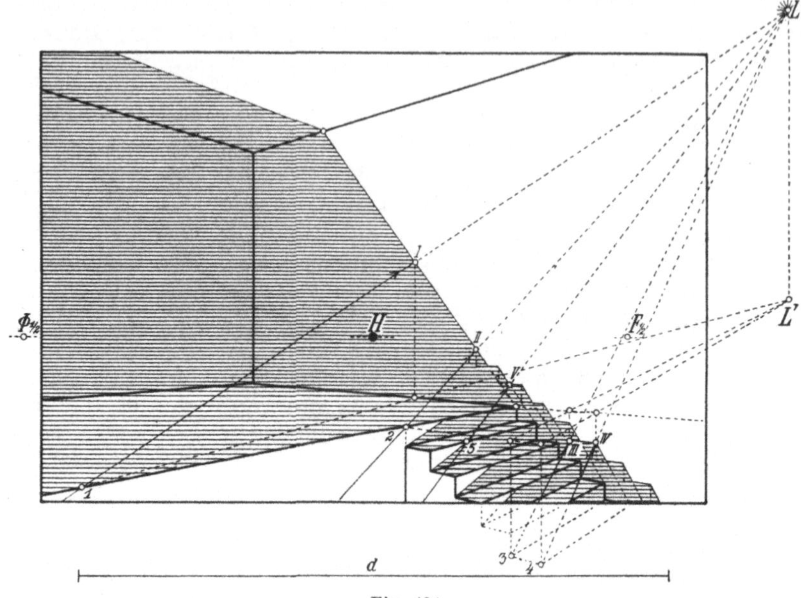

Fig. 484.

Die Lage der Lichtquelle gegenüber der Tafel läßt sich auch im Fall d nach dem Verfahren von Fig. 475, Nr. 318, ermitteln, siehe Fig. 485: Die Lichtquelle liegt auf dem in $\overline{L}$ auf die Tafel errichteten Lot, und zwar in der Entfernung $\overline{L}'(L)$, die größer als die Distanz $d = HD_2$ ist, so daß L in der Tat hinter dem Beobachter gelegen ist.

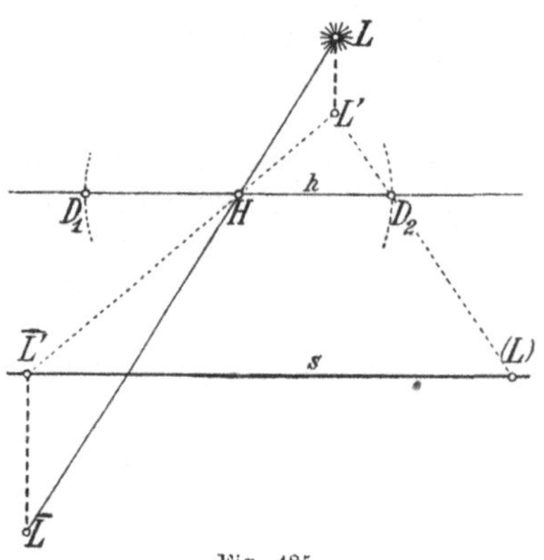

Fig. 485.

323. Lichtquelle in der Verschwindungsebene. Wenn sich die Lichtquelle L in der Verschwindungsebene V befindet, darf sie selbstredend nicht insbesondere im Auge O angenommen werden. Ihr perspektives Bild liegt unendlich fern (Nr. 292). Dasselbe gilt vom perspektiven Bild ihres Fußpunktes L'. Mithin sind dann in der Zeichnung die Lichtstrahlen als lauter parallele Geraden zu ziehen, und ihre senkrechten Projektionen auf die Grundebene E erscheinen ebenfalls als parallele Geraden, siehe Fig. 486, worin die Schlagschatten von vier lotrechten Stäben *1, 2, 3, 4* dargestellt sind. Insbesondere werfen die Stäbe *3* und *4* unendlich lange Schatten. Der Stab *4* ist so lang, daß der Lichtstrahl durch sein oberes Ende die Grundebene E nicht schneidet. Vielmehr tut es nur die rückwärtige Verlängerung des Lichtstrahls, wie man daraus sieht, daß der geometrische Schlagschatten des oberen Endes oberhalb des Horizonts h liegt, so daß er kein wirklicher Schlagschatten ist.

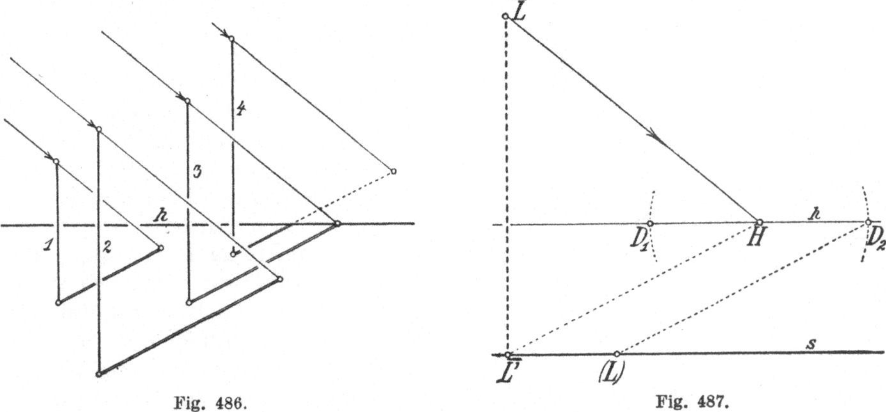

Fig. 486.　　　　　　　　　　　　Fig. 487.

Da hier die Lichtstrahlen im Bild als parallele Geraden erscheinen, muß betont werden, daß es sich dennoch nicht um Parallelbeleuchtung, sondern um Zentralbeleuchtung handelt. Die Lage der Lichtquelle gegenüber der Tafel kann man wieder wie in Fig. 475 von Nr. 318 ermitteln, wenn man nur bedenkt, daß jetzt L und L' im Bild unendlich ferne Punkte sind, siehe Fig. 487: Man zieht denjenigen Lichtstrahl, der eine Tiefenlinie ist, d. h. den durch den Hauptpunkt H. Seine senkrechte Projektion auf die Grundebene E ist die Gerade durch H, die nach dem unendlich fernen Bild von L' geht. Diese Projektion schneidet die Spurgerade s von E in dem Punkt $\overline{L}'$, und senkrecht über $\overline{L}'$ liegt der Punkt $\overline{L}$ auf der Tiefenlinie. Demnach befindet sich die Lichtquelle auf dem in $\overline{L}$ auf der Tafel errichteten Lot. Wenn man wie in Fig. 475 von Nr. 318 mit Hilfe des Distanzpunktes D_2 die Länge $\overline{L}'(L)$ der Entfernung der Lichtquelle von der Tafel konstruiert, findet man, wie es sein muß, eine Strecke gleich der Distanz $d = HD_2$.

324. Parallelbeleuchtung oder Beleuchtung durch die Sonne. Die Parallelbeleuchtung ist nur ein Sonderfall der Zentralbeleuchtung, so daß nur wenig zu dem bisher Gesagten hinzuzufügen ist. Da wir uns die Parallelbeleuchtung als Beleuchtung durch die Sonne denken, bezeichnen wir jetzt die Lichtquelle mit S statt mit L. Sie liegt unendlich fern, also ist auch der Fußpunkt der Lichtquelle, den wir jetzt den Fußpunkt S' der Sonne nennen, unendlich fern. Mithin ist S' auf dem Horizont h anzunehmen. Für die Parallelbeleuchtung gilt demnach dasselbe wie für die Zentralbeleuchtung, wenn man nur den Fußpunkt der Lichtquelle oder Sonne statt wie bisher irgendwo in der Grundebene jetzt auf dem Horizont h annimmt. In Fig. 479 von Nr. 321 war L' sehr nahe beim Horizont h gewählt. Deshalb stellt sie eine Beleuchtung durch eine sehr weit entfernte Lichtquelle dar, so daß die Lichtstrahlen in Wahrheit nahezu parallel sind.

Wie bei einer im Endlichen befindlichen Lichtquelle ist zu unterscheiden, ob sich die Sonne vor oder hinter dem Beobachter befindet. Steht sie vor dem Beobachter, besser gesagt, vor der Verschwindungsebene, so ist ihr Bild S ein Punkt oberhalb des Horizonts, steht sie hinter der Verschwindungsebene, so ist ihr nur geometrisches Bild S ein Punkt unterhalb des Horizonts. Im ersten Fall sind die Pfeile der Lichtstrahlen von S weg gerichtet, im zweiten Fall gehen sie auf S zu, siehe Fig. 488 a und b. In beiden Fällen ist der Sehstrahl nach S, also der Strahl vom Auge O nach S, ein Lichtstrahl, und er gibt demnach an, in welcher Richtung die Sonne

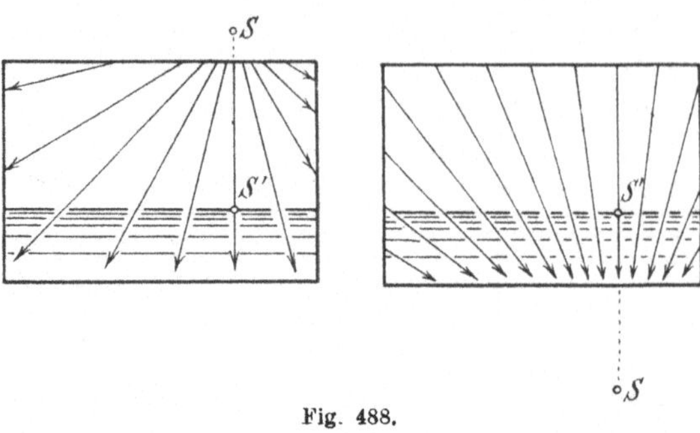

Fig. 488.

zu suchen ist. Im Fall a befindet sich die Sonne auf diesem Strahl OS in der im Sinne von O nach S genommenen Richtung, dagegen im Fall b in der im Sinn von S nach O genommenen Richtung, nämlich hinter dem Beobachter. Im Fall a befindet sich also die Sonne vorn und rechts, im Fall b dagegen hinten und links.

Der Fall, in dem die Sonne vor dem Beobachter steht, liegt in Fig. 489 vor, der andere Fall in Fig. 490. In Fig. 489 gehen daher die Schlagschatten der Gebäude nach dem Beobachter hin, in Fig. 490

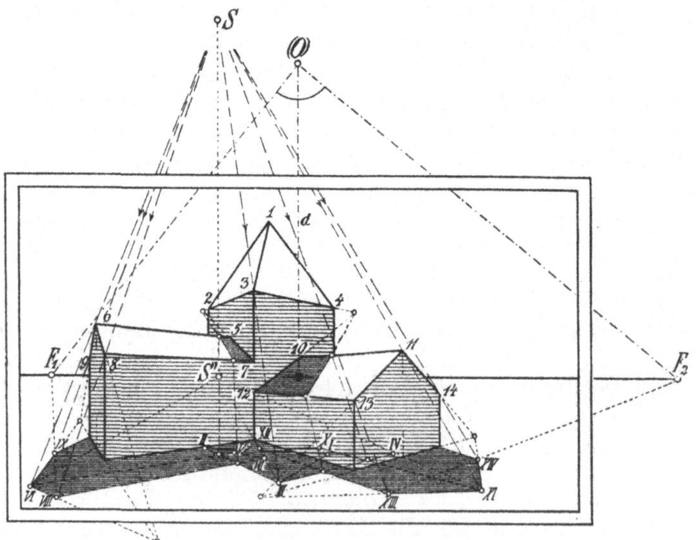

Fig. 489.

fallen sie hinter die Gebäude. Die Schlagschatten der wagerechten Kanten gehen nach dem ersten Hilfssatz von Nr. 320 verlängert nach den Fluchtpunkten F_1 und F_2 dieser Kanten, so daß die Konstruktion ohne weiteres erhellt. Die Schlagschatten auf den Dächern findet man durch Zurückgehen in der Lichtrichtung, so z. B. den von $2\,3$ in Fig. 489,

indem man die Schnittpunkte von *II III* mit *V VI* und *VII VIII* ermittelt und von ihnen aus die Strahlen nach S zieht. Wie die Konstruktion $F_1(O)F_2$ in Fig. 489 angibt, sind, nebenbei bemerkt, Gebäude
dargestellt, die rechteckige Grundrisse haben und rechtwinklig aufeinander stoßen.

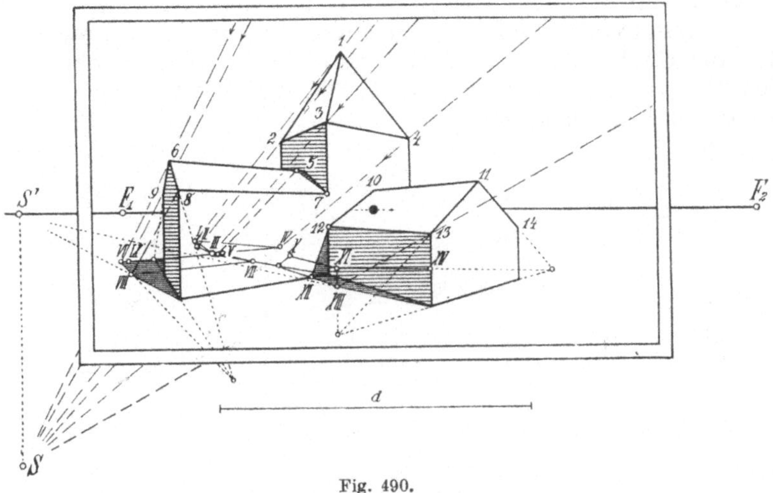

Fig. 490.

Insbesondere kann sich die unendlich ferne Lichtquelle S
in der Verschwindungsebene befinden (Nr. 323), d. h. die Sonnenstrahlen können zur Verschwindungsebene und also auch zur Bildtafel
**parallel sein. Dann erscheinen sie auch im Bild als parallele
Strahlen** (Nr. 294), und der Fußpunkt S' der Sonne liegt dann auf h

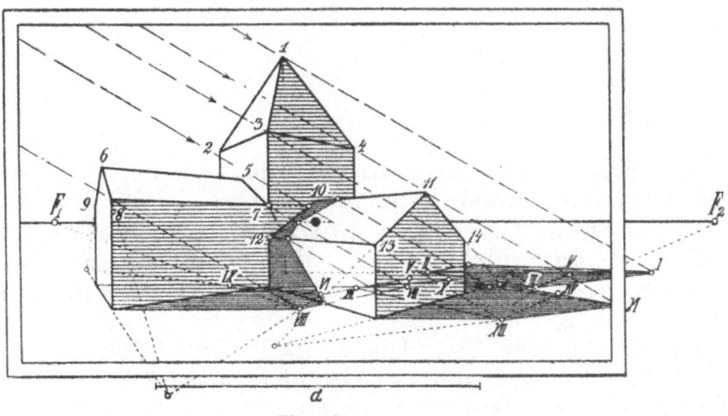

Fig. 491.

unendlich fern, so daß die senkrechten Projektionen der Lichtstrahlen auf die Grundebene parallel zu h werden. Hierdurch allein unterscheiden sich die Strahlen bei Parallelbeleuchtung
von denen bei Zentralbeleuchtung im Fall einer in der Verschwindungsebene angenommenen Lichtquelle, vgl. Fig. 486 von Nr. 323, wo die
Richtung der senkrechten Projektion der Lichtstrahlen auf die Grund-

ebene nicht zu h parallel angenommen worden waren, also keine Parallel-, sondern Zentralbeleuchtung vorlag. Fig. 491 stellt dieselben Gebäude wie Fig. 489 und 490 im Falle der Beleuchtung durch zur Bildtafel parallele Strahlen dar.

Bei allen drei Figuren 489 bis 491 ist noch zu bemerken: Die Richtigkeit der Zeichnung wird dadurch geprüft, daß man auch diejenigen Punkte benutzt, in denen die nach unten verlängerten schrägen Giebelkanten die Grundebene schneiden. Denn nach diesen Punkten müssen infolge des ersten Hilfssatzes von Nr. 320 auch die verlängerten Schlagschatten der Kanten gehen.

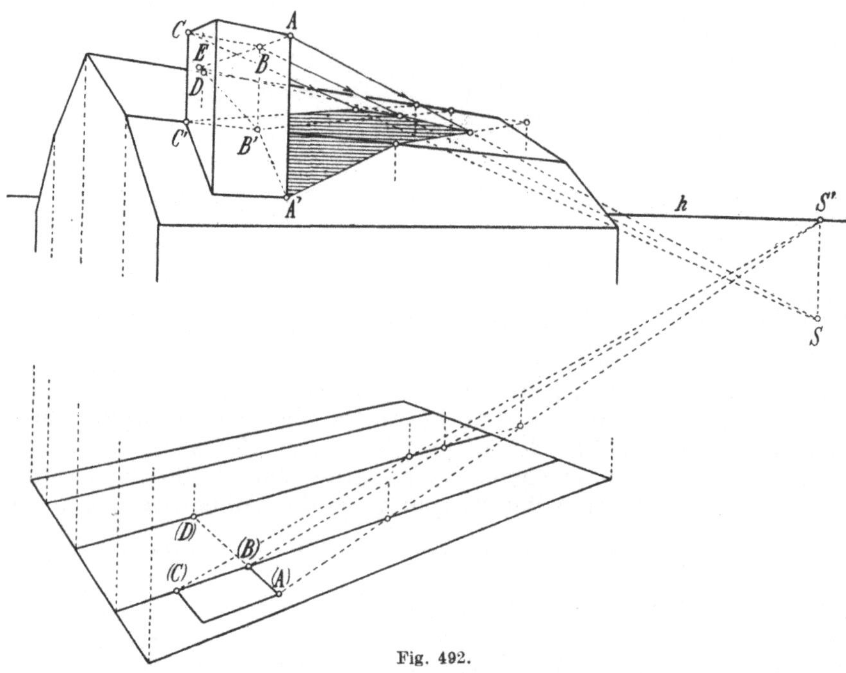

Fig. 492.

Um die Schlagschatten zu finden, die von den Gegenständen aufeinander geworfen werden, kann man wie in Nr. 321 als Hilfsebenen die Lichtebenen durch die Lote zur Grundebene verwenden. Fig. 492 zeigt dies und zugleich die Benutzung des versenkten Grundrisses (Nr. 306 und 320), wodurch die Genauigkeit größer wird. Es handelt sich um den Schatten eines Schornsteins auf einem Mansardendach (Nr. 28). Die Lichtebenen durch die Schornsteinkanten $A'A$, $B'B$, $C'C$, die zur Grundebene senkrecht sind, schneiden den versenkten Grundriß in Punkten auf den Geraden von (A), (B) und (C) nach S'. Diese Punkte überträgt man senkrecht nach oben in die Zeichnung des Daches. Dadurch ergeben sich Punkte, durch die die Schlagschatten von $A'A$, $B'B$ und $C'C$ gehen. Der Schlagschatten, den AB auf das obere Dach wirft, geht, gehörig verlängert, nach dem Punkt E, in dem die verlängerte Gerade AB diese Ebene trifft. Der Punkt E wird gefunden, indem man den zur Grundebene senkrechten Schnitt durch $(A)(B)$ legt, der den First in D trifft, so daß E der

Schnittpunkt von AB und $B'D$ ist. Der Schlagschatten, den BC auf die obere Dachebene wirft, ist zum First parallel und hat also denselben Fluchtpunkt wie der First.

325. Unerreichbarer Fluchtpunkt der Sonnenstrahlen. Der Fußpunkt S' der Sonne auf dem Horizont h kann durch eine auf der Grundebene gezogene Gerade a' gegeben werden, d. h. durch den Grundriß eines Sonnenstrahls, so daß S' der Schnittpunkt von h mit a' ist. Dann wird auch der Fluchtpunkt S der Sonnenstrahlen gegeben sein, sobald noch ein Sonnenstrahl a ge-zogen worden ist, denn S ist der Schnittpunkt von a mit dem in S' auf h errichteten Lot. Nun kann es sein, daß S' und infolgedessen auch S un-erreichbar ist. Es fragt sich, wie man dann den Sonnenstrahl durch irgendeinen Punkt zieht. Dies ist eine andere Aufgabe als die in Nr. 313, denn S ist ja nicht als der unerreichbare Schnittpunkt zweier an sich erreichbarer Geraden gegeben, vielmehr ist die eine Gerade, nämlich $S'S$, jetzt selbst un-erreichbar. Daß S' und S in

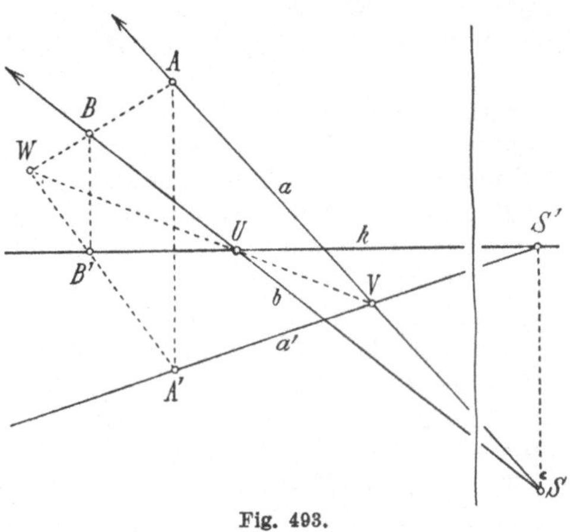

Fig. 493.

Fig. 493 unerreichbar sein sollen, ist durch die Trennungslinie rechts angedeutet.

Um durch irgendeinen Punkt B den Strahl nach S zu ziehen, be-dient man sich der Umkehrung des Satzes von Desargues (Nr. 148) in dem Sonderfall, wo die Ver-bindenden entsprechender Eck-punkte der beiden Dreiecke auf parallelen Geraden liegen. Man nimmt nämlich A irgendwo auf a an und wählt A' und B' auf a' und h so, daß sie auf den Loten durch A und B liegen. Dann sind ABS und $A'B'S$ zwei Dreiecke, auf die sich der Satz des Desargues anwenden läßt. Wenn man also AS und $A'S'$ oder a und a' in V so-wie AB und $A'B'$ in W zum Schnitt bringt, muß der Schnittpunkt U der Geraden BS und $B'S'$ oder h auf VW liegen. Demnach ergibt sich BS

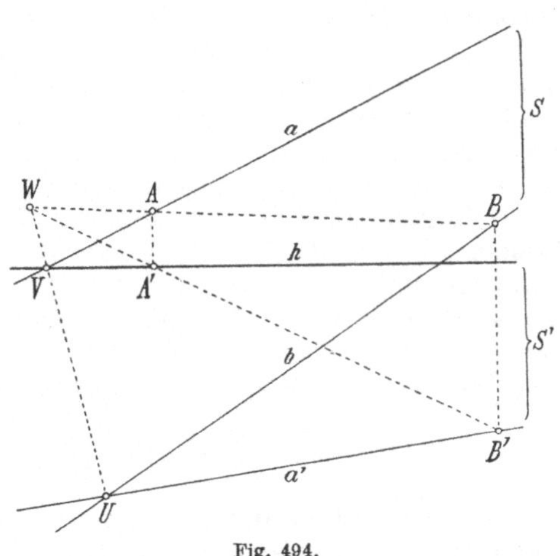

Fig. 494.

als die Gerade von B aus durch den Schnittpunkt U von h mit VW.

Unter Umständen empfiehlt es sich, eine Vertauschung vorzunehmen, so im Fall der Fig. 494. Hier ist als der A zugeordnete Punkt A' der

Fußpunkt des Lotes von A auf h gewählt, als der B zugeordnete Punkt B' der Schnittpunkt des durch B gezogenen Lotes mit a'. Wieder ist dann der Satz von Desargues auf die Dreiecke ABS und $A'B'S'$ anwendbar. Daraus folgt, daß der gesuchte Strahl von B aus durch den Punkt U geht, in dem VW die Gerade a' trifft. Dabei ist V der Schnittpunkt von a und h und W der von AB und $A'B'$.

Nachdem man so außer dem gegebenen Lichtstrahl a einen zweiten Strahl b von B aus nach dem unerreichbaren Fluchtpunkt S der Sonnenstrahlen ermittelt hat, kann man weiterhin andere Lichtstrahlen durch diejenigen Verfahren finden, die in Nr. 313 für den unerreichbaren Schnittpunkt zweier Geraden h und g entwickelt wurden.

326. Übungen. 1) Auf der Straße sei eine Laterne, die durch ein Fenster in ein Zimmer leuchte. Man soll die Schattengrenzen auf dem Fußboden und auf den Wänden des Zimmers bestimmen (Nr. 320).

2) Befindet sich eine Lichtquelle L hinter dem Beobachter (Nr. 321), so können auch solche Gegenstände, die auf dem Bild nicht zu sehen sind, sichtbare Schatten auf die Grundebene E und auf die dargestellten Gegenstände werfen. Insbesondere bestimme man den Schlagschatten, den die Strecke $O'O$ auf die Grundebene E wirft, wenn O' der Fußpunkt des Lotes vom Auge O auf die Grundebene E ist. Die Ebene E sei durch ihre Spurgerade gegeben. Welchen Schatten wirft die Strecke $O'O$ auf einen einfachen Gegenstand, z. B. auf einen auf E stehenden Kasten?

3) In einem Zimmer befinde sich eine an der Decke hängende Lichtquelle L. An einer Wand hänge ein Spiegel. Darin wird die Lichtquelle gespiegelt. Man bestimme diesen Spiegelpunkt sowie seine senkrechte Projektion auf den Fußboden (Nr. 308). Alsdann bestimme man die Schatten eines einfachen Gegenstandes, z. B. eines Tisches. Einerseits tritt eine Beleuchtung von L aus ein, andererseits eine schwächere Beleuchtung vom Spiegelpunkt aus, so daß sich verschiedene Schattenabtönungen ergeben.

4) Bei Sonnenbeleuchtung strahlt eine spiegelnde Wasserfläche, die durch eine wagerechte Ebene E mit der Spurgeraden s gegeben sei, die Sonne zurück, so daß auch hier wie in der 3. Aufgabe eine doppelte Beleuchtung vorkommt. Man wende sie z. B. auf eine einfache, über einen Kanal führende Brücke an.

5) Gegeben sei der Distanzkreis und der Fluchtpunkt S der Sonne. Welchen Winkel bilden die Sonnenstrahlen mit den wagerechten Ebenen, vorausgesetzt, daß die Tafel lotrecht sei? Die Aufgabe läßt sich wie die 4. Aufgabe in Nr. 317 lösen. Es gibt aber eine kürzere Lösung, indem man den Winkel bestimmt, der von dem durch das Auge O gehenden Lichtstrahl mit den wagerechten Ebenen gebildet wird.

§ 4. Perspektivität.

327. Unveränderlichkeit von Doppelverhältnissen bei perspektiver Abbildung. Zu einer tieferen Einsicht in das Wesen der Perspektive kommt man, wenn man noch eingehender, als es bis jetzt geschah, die gesetzmäßigen Beziehungen untersucht, die zwischen den Punkten einer Ebene und ihren perspektiven Bildern auf der Bildtafel bestehen, und die man unter dem Namen der Perspektivität zusammenfaßt, zu der als Sonderfall die Affinität (§ 3 des 2. Kapitels) gehört. Hierzu kommen wir aber erst in Nr. 334. Vorher nämlich müssen wir einen einfacheren Fall erledigen, nämlich die Untersuchung der Beziehungen zwischen den Punkten einer Geraden und ihren perspektiven Bildern. Diese Untersuchung gehört nicht der Geometrie des Raumes, sondern der Geometrie der Ebene an. Denn die Sehstrahlen nach allen Punkten einer Geraden g erzeugen eine Ebene, die Sehebene (O, g), und sowohl die Gerade g als auch ihr perspektives Bild $\mathfrak{g}$ liegt in der Sehebene. In den folgenden Figuren soll demnach die Ebene der Zeichnung nicht die Bildtafel T, sondern diese Sehebene sein. Die Gesamtheit aller in der Ebene von einem Punkt O ausgehenden Geraden nennt man bekanntlich ein Strahlenbüschel, und der Punkt O heißt der Scheitel des Büschels (Nr. 174). Nimmt man in der Ebene außer O zwei nicht durch O gehende Geraden g und $\mathfrak{g}$ an, so schneidet jeder Strahl des Büschels diese Geraden in einem Punktepaar P, $\mathfrak{P}$. Man kann dann nach Belieben entweder $\mathfrak{g}$ als das perspektive Bild von g, also $\mathfrak{P}$ als das von P, oder umgekehrt g als das perspektive Bild von $\mathfrak{g}$, also P als das von $\mathfrak{P}$ auffassen. Die Beziehung zwischen den Punkten P und $\mathfrak{P}$ von g und $\mathfrak{g}$ ist also durchaus wechselseitig oder umkehrbar.

Liegt O unendlich fern, so sind die Strahlen des Büschels zueinander parallel; dies ist der Fall der Parallelprojektion. In diesem Fall sind irgend drei Punkte A, B, C von g und die zugehörigen Punkte $\mathfrak{A}$, $\mathfrak{B}$, $\mathfrak{C}$ von $\mathfrak{g}$ so gelegen, daß das Teilverhältnis $AC : BC$ gleich dem Teilverhältnis $\mathfrak{A}\mathfrak{C} : \mathfrak{B}\mathfrak{C}$ ist (Nr. 104). Dies einfache Gesetz gilt nicht mehr im Fall der Zentralprojektion (Nr. 294). Man sieht leicht ein: Wie man auch immer auf zwei Geraden g und $\mathfrak{g}$ je drei verschiedene Punkte A, B, C und $\mathfrak{A}$, $\mathfrak{B}$, $\mathfrak{C}$ annehmen mag, immer kann man die starr gedachten Geraden in eine solche Lage zueinander bringen, daß die drei Geraden $A\mathfrak{A}$, $B\mathfrak{B}$, $C\mathfrak{C}$ durch einen gemeinsamen Punkt O gehen. Am einfachsten erreicht man dies, wenn man A mit $\mathfrak{A}$ zur Deckung bringt. Denn da sich dann $B\mathfrak{B}$ und $C\mathfrak{C}$ in einem Punkt O schneiden, liegen die Punktepaare A, $\mathfrak{A} - B$, $\mathfrak{B} - C$, $\mathfrak{C}$ auf drei Strahlen des Strahlenbüschels mit dem Scheitel O. Dies gilt, wie auch immer die Reihenfolge der Punkte auf g und $\mathfrak{g}$ beschaffen sein mag, z. B. auch dann, wenn C außerhalb der Strecke AB, dagegen $\mathfrak{C}$ innerhalb der Strecke $\mathfrak{A}\mathfrak{B}$ liegt. Mithin kommt dem Inbegriff von drei Punkten A, B, C einer Geraden g keinerlei Eigenschaft zu, die bei beliebigen perspektiven Abbildungen bestehen bliebe.

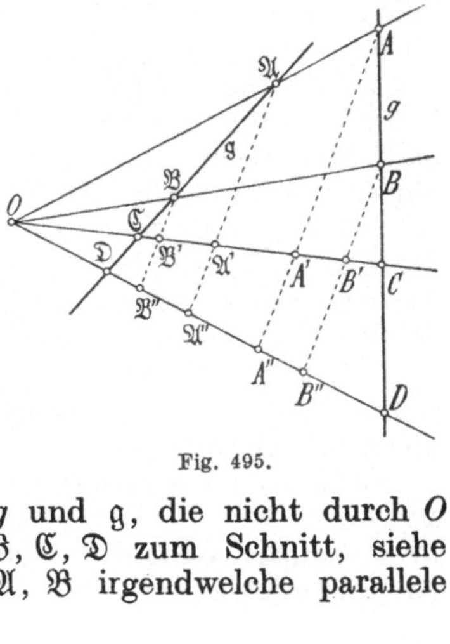

Daß es sich anders verhält, wenn man den Inbegriff von irgend vier Punkten A, B, C, D einer Geraden g ins Auge faßt, wird man von vornherein vermuten und kann man auf folgende Art leicht erkennen: Man greift vier verschiedene Strahlen des Büschels mit dem Scheitel O heraus

Fig. 495.

und bringt sie mit irgend zwei Geraden g und $\mathfrak{g}$, die nicht durch O gehen, in Punkten A, B, C, D und $\mathfrak{A}$, $\mathfrak{B}$, $\mathfrak{C}$, $\mathfrak{D}$ zum Schnitt, siehe Fig. 495. Nun seien durch A, B und $\mathfrak{A}$, $\mathfrak{B}$ irgendwelche parallele

Geraden gezogen. Sie mögen den Strahl $O\mathfrak{C}C$ in A', B' und $\mathfrak{A}'$, $\mathfrak{B}'$ sowie den Strahl $O\mathfrak{D}D$ in A'', B'' und $\mathfrak{A}''$, $\mathfrak{B}''$ schneiden. Dann ist

$$\frac{AC}{BC} = \frac{AA'}{BB'}, \qquad \frac{AD}{BD} = \frac{AA''}{BB''},$$

also

$$\frac{AC}{BC} : \frac{AD}{BD} = \frac{AA'}{AA''} : \frac{BB'}{BB''}.$$

Ebenso ergibt sich:

$$\frac{\mathfrak{A}\mathfrak{C}}{\mathfrak{B}\mathfrak{C}} : \frac{\mathfrak{A}\mathfrak{D}}{\mathfrak{B}\mathfrak{D}} = \frac{\mathfrak{A}\mathfrak{A}'}{\mathfrak{A}\mathfrak{A}''} : \frac{\mathfrak{B}\mathfrak{B}'}{\mathfrak{B}\mathfrak{B}''}.$$

Nun ist aber

$$\frac{AA'}{AA''} = \frac{\mathfrak{A}\mathfrak{A}'}{\mathfrak{A}\mathfrak{A}''} \quad \text{und} \quad \frac{BB'}{BB''} = \frac{\mathfrak{B}\mathfrak{B}'}{\mathfrak{B}\mathfrak{B}''}.$$

Folglich kommt:

$$\frac{AC}{BC} : \frac{AD}{BD} = \frac{\mathfrak{A}\mathfrak{C}}{\mathfrak{B}\mathfrak{C}} : \frac{\mathfrak{A}\mathfrak{D}}{\mathfrak{B}\mathfrak{D}}.$$

Hier steht nun links das Verhältnis aus den beiden Teilverhältnissen

$$\frac{AC}{BC} \quad \text{und} \quad \frac{AD}{BD},$$

worin die Strecke AB durch die Punkte C und D geteilt wird. Man nennt es das **Doppelverhältnis der vier Punkte** A, B, C, D von g. Ebenso heißt das Verhältnis aus

$$\frac{\mathfrak{A}\mathfrak{C}}{\mathfrak{B}\mathfrak{C}} \quad \text{und} \quad \frac{\mathfrak{A}\mathfrak{D}}{\mathfrak{B}\mathfrak{D}}$$

das Doppelverhältnis der vier Punkte $\mathfrak{A}$, $\mathfrak{B}$, $\mathfrak{C}$, $\mathfrak{D}$ von $\mathfrak{g}$. Somit ist das Doppelverhältnis von A, B, C, D gleich dem von $\mathfrak{A}$, $\mathfrak{B}$, $\mathfrak{C}$, $\mathfrak{D}$. Dies gilt auch in bezug auf die Vorzeichen. Man muß sich nämlich daran erinnern, daß jedes Teilverhältnis nach Nr. 9 ein bestimmtes Vorzeichen hat. Das Teilverhältnis, worin AB durch C zerlegt wird, ist positiv, falls C außerhalb AB liegt, und negativ, falls C zwischen A und B liegt. Mithin ist das Doppelverhältnis von A, B, C, D nur dann positiv, wenn C und D entweder beide außerhalb oder beide innerhalb der Strecke AB liegen. Ist dies der Fall, so liegen auch die Punkte $\mathfrak{C}$ und $\mathfrak{D}$ beide außerhalb oder beide innerhalb der Strecke $\mathfrak{A}\mathfrak{B}$, wobei es wohlbemerkt vorkommen kann, daß, falls C und D außerhalb AB liegen, $\mathfrak{C}$ und $\mathfrak{D}$ innerhalb $\mathfrak{A}\mathfrak{B}$ gelegen sind. Denn die Geraden g und $\mathfrak{g}$, mit denen die vier Strahlen des Büschels geschnitten werden, können auch so gewählt werden, daß z. B. A und $\mathfrak{A}$ auf verschiedenen Seiten des Scheitels O zu liegen kommen. Immer also zeigt sich, daß die Doppelverhältnisse von A, B, C, D und von $\mathfrak{A}$, $\mathfrak{B}$, $\mathfrak{C}$, $\mathfrak{D}$ zugleich positiv oder zugleich negativ sind. Mithin stimmen sie auch in bezug auf die Vorzeichen überein. Hiermit gelangen wir zu dem

Satz des Pappus: **Das Doppelverhältnis der Punkte, in denen vier verschiedene Strahlen eines Strahlenbüschels von einer Geraden geschnitten werden, ist gleich dem Doppelverhältnis der Punkte, in denen die Strahlen von** irgendeiner anderen Geraden geschnitten werden. Vorausgesetzt wird dabei, daß die Schnittgeraden nicht durch den Scheitel des Büschels gehen.

Man kann diesen Satz auch so fassen:

Sind $\mathfrak{A}$, $\mathfrak{B}$, $\mathfrak{C}$, $\mathfrak{D}$ die perspektiven Bilder von vier verschiedenen Punkten A, B, C, D einer Geraden, so ist das Doppelverhältnis von $\mathfrak{A}$, $\mathfrak{B}$, $\mathfrak{C}$, $\mathfrak{D}$ gleich dem von A, B, C, D. Mit anderen Worten: Das Doppelverhältnis von vier Punkten einer Geraden bleibt bei perspektiver Abbildung unverändert; es ist eine Invariante der Perspektive.

Anmerkung: Pappus von Alexandria (Nr. 178) hat ein Sammelwerk „Synagoge" verfaßt, worin er teils mathematische Sätze anderer wiedergibt, teils neue Zusätze dazu macht. Man kann nicht mehr feststellen, inwieweit die Zusätze sein Eigentum sind. Der nach ihm benannte Satz findet sich a. a. O. S. 871. Statt des Doppelverhältnisses tritt dort der Quotient aus zwei Produkten auf, der sich ergibt, wenn man $AC : BC$ nicht mit $AD : BD$ dividiert, sondern mit dem reziproken Wert $BD : AD$ multipliziert. A. F. Möbius (Nr. 5, a. a. O. § 182, „Ges. Werke" 1. Bd., S. 220) brauchte die Bezeichnung Doppelschnittsverhältnis, die J. Steiner (Nr. 5, a. a. O. „Ges. Werke" 1. Bd., S. 244) durch das kürzere Wort Doppelverhältnis ersetzte. Die französische Bezeichnung rapport anharmonique, anharmonisches Verhältnis, rührt von M. Chasles her (in seinem „Aperçu historique etc.", S. 34 der 1. Aufl., die, wie berichtigend zu Nr. 5 bemerkt sei, 1837, nicht 1867 in Brüssel erschien in den Mémoires couronnés et Mém. des savants étrangers, Académie des Sciences, 11. Bd. S. 575 u. f.). Sie soll eigentlich zum Ausdruck bringen, daß das Doppelverhältnis eine Verallgemeinerung des harmonischen Doppelverhältnisses (Nr. 184 und unten Nr. 333) ist. Aber die Bezeichnung ist zu beanstanden, weil sie eigentlich gerade diesen Sonderfall verneint.

328. Hilfssatz über Doppelverhältnisse. Liegen vier Punkte A, B, C, D auf einer Geraden g vor, so ist ihr Doppelverhältnis

$$\frac{AC}{BC} : \frac{AD}{BD}$$

wie gesagt nur dann positiv, wenn C und D beide außerhalb der Strecke AB oder beide innerhalb dieser Strecke liegen. Bei der Bildung des Doppelverhältnisses ist stets die Reihenfolge der vier Punkte zu berücksichtigen. Unter dem Doppelverhältnis von A, C, B, D z. B. ist das Verhältnis aus den beiden Teilverhältnissen zu verstehen, in die AC durch B und D zerlegt wird, also das Verhältnis von $AB : CB$ zu $AD : CD$. Die Reihenfolge, in der die vier Punkte genannt werden, ist also für das Doppelverhältnis wesentlich.

Nun stellen wir den Hilfssatz auf:

Sind drei Punkte A, B, C auf einer Geraden g gegeben, so ist auf der Geraden ein, aber auch nur ein Punkt D derart vorhanden, daß das Doppelverhältnis der vier Punkte A, B, C, D einen vorgeschriebenen Wert hat.

Ist nämlich k der vorgeschriebene Wert, also irgendeine gegebene positive oder negative Zahl, so wird an den Punkt D die Forderung

$$\frac{AC}{BC} : \frac{AD}{BD} = k$$

gestellt, die sich so schreiben läßt:

$$\frac{AD}{BD} = \frac{AC}{k \cdot BC}.$$

Alles, was rechts steht, ist gegeben; daher wird verlangt, daß D die Strecke AB in einem gegebenen Verhältnis teile. Nach Nr. 9 gibt es aber gerade und nur einen Punkt D auf g, der dies tut. Hiermit ist der Hilfssatz bewiesen. Aus ihm folgt sofort:

Wenn auf einer Geraden g vier verschiedene Punkte A, B, C, D und auf einer anderen Geraden $\mathfrak{g}$ drei verschiedene Punkte $\mathfrak{A}, \mathfrak{B}, \mathfrak{C}$ gegeben sind, ist auf $\mathfrak{g}$ stets ein, aber auch nur ein Punkt $\mathfrak{D}$ derart vorhanden, daß das Doppelverhältnis von A, B, C, D gleich dem von $\mathfrak{A}, \mathfrak{B}, \mathfrak{C}, \mathfrak{D}$ ist.

Diesen Punkt $\mathfrak{D}$ kann man, ohne die beiden Geraden g und $\mathfrak{g}$ in neue Lagen zu bringen, durch bloßes Ziehen von geraden Linien finden,

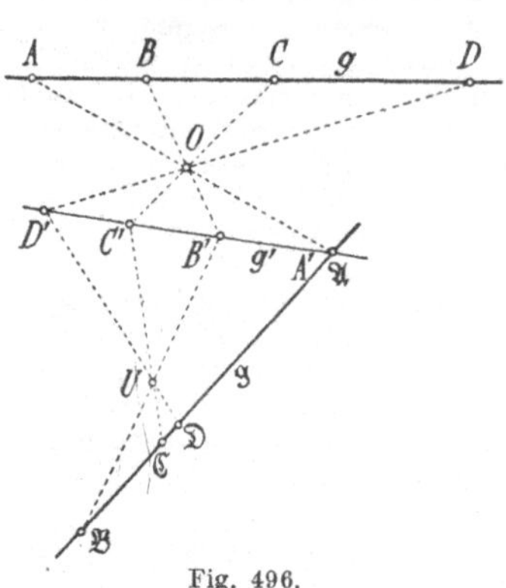
Fig. 496.

siehe Fig. 496: Man zieht durch $\mathfrak{A}$ irgendeine Gerade g' und nimmt auf $A\mathfrak{A}$ irgendeinen Punkt O an. Die Geraden OB, OC, OD mögen g' in B', C', D' schneiden. Den Punkt $\mathfrak{A}$ kann man als Schnittpunkt von OA mit g' auch mit A' bezeichnen. Nun ist nach dem Satz des Pappus das Doppelverhältnis von A, B, C, D gleich dem von A', B', C', D'. Ferner sei U der Schnittpunkt von $B'\mathfrak{B}$ und $C'\mathfrak{C}$. Der gesuchte Punkt ist dann der Schnittpunkt $\mathfrak{D}$ von $\mathfrak{g}$ mit UD'. Denn das Doppelverhältnis von $\mathfrak{A}, \mathfrak{B}, \mathfrak{C}, \mathfrak{D}$ ist nach dem Satz des Pappus gleich dem von A', B', C', D', das gleich dem von A, B, C, D ist.

Anmerkung: Das Doppelverhältnis der vier Punkte A, B, C, D hängt, wie gesagt, wesentlich von der Reihenfolge der Punkte ab. Es sei deshalb erwähnt, daß sich die Doppelverhältnisse, die bei anderer Reihenfolge der Punkte hervorgehen, in einfacher Weise durch jenes Doppelverhältnis ausdrücken lassen. Bezeichnet man nämlich das Doppelverhältnis der Punkte in der Reihenfolge A, B, C, D mit $(ABCD)$, so erkennt man leicht, daß

$$(ABCD) = (BADC) = (CDAB) = (DCBA)$$

ist, d. h.: der Wert des Doppelverhältnisses ändert sich nicht, wenn man zwei der vier Punkte miteinander vertauscht und zugleich die beiden anderen. Weil man die vier Punkte auf vierundzwanzig verschiedene Arten anordnen kann, gibt es insgesamt vierundzwanzig Doppelverhältnisse. Aber nach dem Gesagten stimmen je vier im Wert überein, so daß sich nur sechs verschiedene Werte ergeben. Wenn man beachtet, daß z. B. $AC = AB + BC$ und $AB = -BA$ usw. ist (wie in der Anmerkung zu Nr. 178), erkennt man leicht, daß

$$(ACBD) = 1 - (ABCD), \qquad (BACD) = \frac{1}{(ABCD)},$$

$$(BCAD) = \frac{(ABCD) - 1}{(ABCD)}, \qquad (CABD) = \frac{1}{1 - (ABCD)},$$

$$(CBAD) = \frac{(ABCD)}{(ABCD) - 1}$$

ist. Hat also das Doppelverhältnis $(ABCD)$ den Wert k, so sind

$$k, \quad 1 - k, \quad \frac{1}{k}, \quad \frac{k-1}{k}, \quad \frac{1}{1-k}, \quad \frac{k}{k-1}$$

alle überhaupt vorkommenden Werte der Doppelverhältnisse, indem je vier denselben Wert haben.

329. Bedingung für die perspektiven Bilder von vier Punkten einer Geraden. Nimmt man auf zwei Geraden g und $\mathfrak{g}$ je vier verschiedene Punkte A, B, C, D und $\mathfrak{A}$, $\mathfrak{B}$, $\mathfrak{C}$, $\mathfrak{D}$ an, so fragt es sich, unter welchen Umständen es möglich ist, die starr gedachten Geraden in eine solche gegenseitige Lage zu bringen, daß die vier Strahlen $A\mathfrak{A}$, $B\mathfrak{B}$, $C\mathfrak{C}$, $D\mathfrak{D}$ durch einen gemeinsamen Punkt O gehen. Nach dem Satz des Pappus ist es unmöglich, wenn das Doppelverhältnis von A, B, C, D nicht gleich dem von $\mathfrak{A}$, $\mathfrak{B}$, $\mathfrak{C}$, $\mathfrak{D}$ ist. Wir zeigen jetzt, daß es dagegen stets möglich ist, wenn beide Doppelverhältnisse denselben Wert haben. Es genügt, zu zeigen, daß es wenigstens auf eine Art möglich ist, und am einfachsten gelingt dies, wenn man A mit $\mathfrak{A}$ zur Deckung bringt. Wenn sich nämlich dann $B\mathfrak{B}$ und $C\mathfrak{C}$ in einem Punkt O treffen, mag OD die Gerade $\mathfrak{g}$ in $\mathfrak{D}'$ schneiden. Nach dem Satz des Pappus ist dann das Doppelverhältnis von $\mathfrak{A}$, $\mathfrak{B}$, $\mathfrak{C}$, $\mathfrak{D}'$ gleich dem von A, B, C, D. Nach Voraussetzung ist aber auch das von $\mathfrak{A}$, $\mathfrak{B}$, $\mathfrak{C}$, $\mathfrak{D}$ gleich dem von A, B, C, D. Nach der letzten Nummer fällt demnach $\mathfrak{D}'$ mit $\mathfrak{D}$ zusammen. Damit ist bewiesen:

Sind A, B, C, D und $\mathfrak{A}$, $\mathfrak{B}$, $\mathfrak{C}$, $\mathfrak{D}$ je vier verschiedene Punkte auf zwei Geraden, so lassen sich diese Geraden dann und nur dann, wenn das Doppelverhältnis von A, B, C, D gleich dem von $\mathfrak{A}$, $\mathfrak{B}$, $\mathfrak{C}$, $\mathfrak{D}$ ist, in eine solche Lage bringen, daß die vier Geraden $A\mathfrak{A}$, $B\mathfrak{B}$, $C\mathfrak{C}$, $D\mathfrak{D}$ durch einen gemeinsamen Punkt gehen, der weder auf der einen noch auf der anderen Geraden liegt.

Mit anderen Worten:

Die notwendige und hinreichende Bedingung dafür, daß sich eine Gerade mit vier verschiedenen auf ihr angenommenen Punkten A, B, C, D in eine solche Lage bringen lasse, daß die perspektiven Bilder der vier Punkte vier verschiedene in gerader Linie gelegene gegebene Punkte $\mathfrak{A}$, $\mathfrak{B}$, $\mathfrak{C}$, $\mathfrak{D}$ einer Tafel werden, besteht darin, daß das Doppelverhältnis von A, B, C, D gleich dem von $\mathfrak{A}$, $\mathfrak{B}$, $\mathfrak{C}$, $\mathfrak{D}$ ist.

Man sagt, daß zwei Gebilde, deren Punkte A, B, $C \ldots$ und $\mathfrak{A}$, $\mathfrak{B}$, $\mathfrak{C} \ldots$ einander entsprechen, in perspektiver Lage seien, wenn sie so liegen, daß die Geraden, die einander entsprechende Punkte verbinden, also die Geraden $A\mathfrak{A}$, $B\mathfrak{B}$, $C\mathfrak{C} \ldots$ durch einen gemeinsamen Punkt O gehen. Mit Hilfe dieser Redeweise läßt sich der Satz so aussprechen:

Die notwendige und hinreichende Bedingung dafür, daß sich zwei Geraden mit je vier verschiedenen Punkten in perspektive Lage bringen lassen, besteht darin, daß das Doppelverhältnis der vier Punkte der einen Geraden gleich dem Doppelverhältnis der in derselben Reihenfolge genommenen entsprechenden Punkte der anderen Geraden ist.

330. Projektive Punktreihen. Der Inbegriff aller Punkte einer Geraden heißt, wie schon gelegentlich bemerkt wurde (Nr. 170), eine Punktreihe, die Gerade selbst der Träger der Punktreihe. Wenn nun die Punkte zweier Punktreihen auf irgend zwei Trägern g und $\mathfrak{g}$ einander gesetzmäßig zugeordnet sind, so daß jedem Punkt der einen Reihe ein bestimmter Punkt der anderen entspricht, sagt man, daß die beiden Punktreihen insbesondere projektiv seien, wenn je vier

Punkte A, B, C, D des Trägers g immer dasselbe Doppelverhältnis wie die zugeordneten vier Punkte $\mathfrak{A}, \mathfrak{B}, \mathfrak{C}, \mathfrak{D}$ des Trägers $\mathfrak{g}$ haben. Nach der letzten Nummer lassen sich zwei projektive Punktreihen stets in perspektive Lage bringen. Umgekehrt: Sind zwei Geraden g und $\mathfrak{g}$ mittels eines Projektionszentrums O perspektiv aufeinander bezogen, d. h. entspricht jedem Punkt P von g derjenige Punkt $\mathfrak{P}$ von $\mathfrak{g}$, der auf dem Strahl von O nach P liegt, so sind die auf beiden Geraden gelegenen Punktreihen projektiv, wenn man die starr gedachten Träger der Reihe in irgendwelche andere gegenseitige Lage bringt. Man kann also auch sagen: Alle projektiven Punktreihen gehen aus perspektiven Punktreihen dadurch hervor, daß man ihre starr gedachten Träger in beliebige Lagen bringt. Aus der letzten Nummer ergibt sich:

Um auf zwei geradlinigen Trägern g und $\mathfrak{g}$ in beliebiger Lage in allgemeinster Weise projektive Punktreihen zu erzeugen, wählt man auf g drei verschiedene Punkte A, B, C und auf $\mathfrak{g}$ ebenfalls drei verschiedene Punkte $\mathfrak{A}, \mathfrak{B}, \mathfrak{C}$. Dann ordnet man jedem Punkt P von g denjenigen Punkt $\mathfrak{P}$ von $\mathfrak{g}$ zu, der so liegt, daß A, B, C, P dasselbe Doppelverhältnis wie $\mathfrak{A}, \mathfrak{B}, \mathfrak{C}, \mathfrak{P}$ haben.

Ferner folgt aus der Betrachtung der letzten Nummer:

Zwei projektive Punktreihen gelangen in perspektive Lage, sobald ein Punkt der einen Reihe mit dem entsprechenden Punkt der anderen Reihe zur Deckung kommt.

Außerdem:

Hat man auf einer Geraden g drei verschiedene Punkte A, B, C und auf einer Geraden $\mathfrak{g}$ ebenfalls drei verschiedene Punkte $\mathfrak{A}, \mathfrak{B}, \mathfrak{C}$ angenommen, ordnet man dann jedem Punkt P von g denjenigen Punkt $\mathfrak{P}$ von $\mathfrak{g}$ zu, der so liegt, daß A, B, C, P dasselbe Doppelverhältnis wie $\mathfrak{A}, \mathfrak{B}, \mathfrak{C}, \mathfrak{P}$ haben, und werden dadurch irgend vier Punkten P_1, P_2, P_3, P_4 von g die Punkte $\mathfrak{P}_1, \mathfrak{P}_2, \mathfrak{P}_3, \mathfrak{P}_4$ von $\mathfrak{g}$ zugeordnet, so ist auch das Doppelverhältnis von P_1, P_2, P_3, P_4 gleich dem von $\mathfrak{P}_1, \mathfrak{P}_2, \mathfrak{P}_3, \mathfrak{P}_4$.

Insbesondere kann man, nachdem man vier Punkte A, B, C, D auf g und vier Punkte $\mathfrak{A}, \mathfrak{B}, \mathfrak{C}, \mathfrak{D}$ auf $\mathfrak{g}$ so angenommen hat, daß das Doppelverhältnis von A, B, C, D gleich dem von $\mathfrak{A}, \mathfrak{B}, \mathfrak{C}, \mathfrak{D}$ ist, als die Punkte P_1, P_2, P_3, P_4 die Punkte A, B, C, D in irgendeiner anderen Reihenfolge wählen, so daß sich ergibt:

Wenn das Doppelverhältnis von vier verschiedenen Punkten A, B, C, D einer Geraden gleich dem Doppelverhältnis von vier verschiedenen Punkten $\mathfrak{A}, \mathfrak{B}, \mathfrak{C}, \mathfrak{D}$ einer zweiten Geraden ist, stimmt auch der Wert des Doppelverhältnisses der in irgendeiner anderen Reihenfolge genommenen Punkte A, B, C, D mit dem Wert des Doppelverhältnisses der in der entsprechenden Reihenfolge genommenen Punkte $\mathfrak{A}, \mathfrak{B}, \mathfrak{C}, \mathfrak{D}$ überein.

Anmerkung: Das letzte folgt auch unmittelbar aus der Anmerkung zu Nr. 328.

Die Bezeichnung solcher Eigenschaften der Figuren, die bei beliebigen Zentralprojektionen bestehen bleiben, als projektiv wurde durch J. V. Poncelets „Traité des propriétés projectives des figures" (Nr. 5) eingeführt. Insbesondere wurde der Begriff der projektiven Punktreihen von Georg Karl Christian v. Staudt (geb. 1798 zu Rothenburg o. d. Tauber, Professor an der Universität Erlangen, gest. 1867 in

Erlangen) eingeführt, allerdings mit anderer Definition, die aber doch auf dasselbe führt. Siehe seine „Geometrie der Lage", Nürnberg 1847, S. 49. Die Geometrie der Lage, auch projektive oder neuere Geometrie genannt, beschäftigt sich mit denjenigen Eigenschaften der Gebilde, die allein durch das Verbinden und Schneiden von Punkten, Geraden und Ebenen (Nr. 4) hervorgehen, und bedarf daher eigentlich des Maßbegriffes gar nicht. Das genannte grundlegende Werk von Staudt sowie seine „Beiträge zur Geometrie der Lage", 3 Hefte, Nürnberg 1856—1860, sind auch durch den Umstand bemerkenswert, daß sie, obwohl ausschließlich der Geometrie gewidmet, gar keine Figuren enthalten. In der Anmerkung zu Nr. 5 sind schon die übrigen wichtigeren Werke über die Geometrie der Lage angegeben. Als Hauptlehrbuch dient gegenwärtig das von Theodor Reye (geb. 1838 zu Ritzebüttel, zuletzt Professor an der Universität Straßburg, gest. 1919 in Würzburg): „Die Geometrie der Lage", 1. Aufl. in 2 Abteilungen, Hannover 1868, jetzt in 3 Abteilungen, 1. Abt. in 5. Aufl. Leipzig 1909, 2. und 3. Abt. in 4. Aufl. Stuttgart 1907 und Leipzig 1910, bearb. unter Mitw. von Stanislaus Jolles (geb. 1857 in Berlin, Professor der darstellenden Geometrie an der Technischen Hochschule Berlin).

331. Drehung perspektiver Punktreihen um ihren Schnittpunkt.
Zwei Geraden g und $\mathfrak{g}$ seien in perspektiver Lage, d. h. ihre Punkte seien als die Schnittpunkte der von einem Projektionszentrum O aus gezogenen Strahlen in der gemeinsamen Ebene beider Geraden aufeinander bezogen, so daß den Punkten $1, 2, 3 \ldots$ von g die Punkte $I, II, III \ldots$ von $\mathfrak{g}$ entsprechen, siehe Fig. 497. Insbesondere ist der Schnittpunkt S von g und $\mathfrak{g}$ sich selbst zugeordnet. Nun mögen die starr gedachten Geraden g und $\mathfrak{g}$ in neue Lagen zueinander gebracht werden, jedoch nur so, daß ihr Schnittpunkt S derselbe bleibt, d. h. sie mögen um S in neue Lagen gedreht werden. Es genügt, bloß die eine Gerade g um S in eine neue Lage g' zu drehen, wodurch die Punkte $1, 2, 3 \ldots$ von g in die Punkte $1', 2', 3' \ldots$ von g' übergehen mögen. Da nun die Punktreihen auf g und $\mathfrak{g}$ auch nach der Drehung projektiv sind und da insbesondere der Punkt S sich selbst entspricht, folgt aus der letzten Nummer, daß die Punktreihen auch nach der Drehung in perspektiver Lage sind, d. h. daß auch jetzt die Strahlen $1'\,I, 2'\,II, 3'\,III \ldots$ durch einen gemeinsamen Punkt O' gehen.

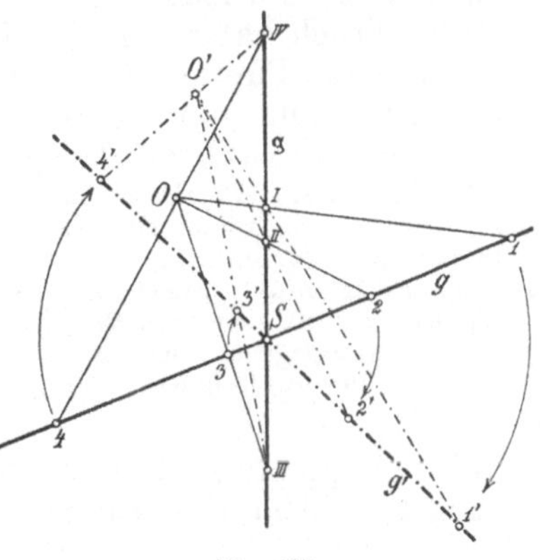

Fig. 497.

Um den geometrischen Ort von O' für den Fall zu finden, daß sich g' in der Ebene von g und $\mathfrak{g}$ um S dreht, benutzen wir besondere Punkte: Dem unendlich fernen Punkt von g ist der Punkt F zugeordnet, in dem der zu g parallele Strahl durch O die Gerade $\mathfrak{g}$ schneidet. Demjenigen Punkt V, in dem g von dem zu $\mathfrak{g}$ parallelen Strahl durch O getroffen wird, ist der unendlich ferne Punkt von $\mathfrak{g}$ zugeodnet. Vermöge der Drehung kommt V in eine neue Lage V', siehe Fig. 498, während F in Ruhe bleibt. Da O' der Schnittpunkt der Verbindenden zugeordneter Punkte von g' und $\mathfrak{g}$ ist, muß also O' einerseits auf der Parallelen zu g durch F und andererseits auf der Parallelen zu $\mathfrak{g}$ durch V' liegen. Mithin ist $SFOV$ ein Gelenkparallelogramm mit starren Seiten; die Seite SF bleibt in Ruhe, und die Punkte O' und V' beschreiben gleich große **Kreise** um S und F in der Art, daß die Radien einander beständig parallel bleiben.

Man kann auch zwei andere besondere Punktepaare benutzen: Durch O seien die Parallelen zu denjenigen Geraden gezogen, vermöge deren die Winkel von g und $\mathfrak{g}$ in gleiche Teile zerlegt werden. Diese zueinander senkrechten Strahlen mögen g und $\mathfrak{g}$ in K_1, K_2 und $\mathfrak{K}_1$, $\mathfrak{K}_2$ schneiden. Dann ist $SK_1 = S\mathfrak{K}_1$ und $SK_2 = S\mathfrak{K}_2$. Kommen K_1 und K_2 durch die Drehung nach K_1', K_2', so ist also auch $SK_1' = S\mathfrak{K}_1$, $SK_2' = S\mathfrak{K}_2$, woraus man schließt, daß $K_1'\mathfrak{K}_1$ und $K_2'\mathfrak{K}_2$ zu den Geraden parallel sind, vermöge deren die Winkel von g' und $\mathfrak{g}$ in gleiche Teile zerlegt werden. Mithin liegt O' als Schnittpunkt der zueinander senkrechten Geraden $K_1'\mathfrak{K}_1$ und $K_2'\mathfrak{K}_2$ auf dem Kreis mit dem Durchmesser $\mathfrak{K}_1\mathfrak{K}_2$. Man sieht leicht ein, daß F der Mittelpunkt dieses Kreises ist, so daß man zu dem Vorigen zurückkommt.

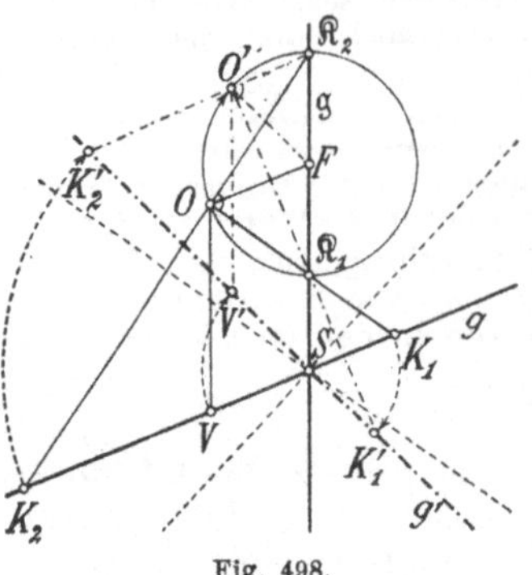

Fig. 498.

Absichtlich haben wir die den unendlich fernen Punkten von g und $\mathfrak{g}$ zugeordneten Punkte mit F und V bezeichnet. Wenn nämlich $\mathfrak{g}$ das perspektive Bild von g und O das Auge ist, stellt F den **Fluchtpunkt** und V den **Verschwindungspunkt** der Geraden g dar.

Anmerkung: Die Bestimmung der Kreise, die O und V bei der Drehung von g um S beschreiben, findet sich zuerst bei Claude François Milliet Dechales (geb. 1621 zu Chambéry, Jesuit, gest. 1678 zu Turin als Rektor des Kollegiums) in dem „Cursus seu mundus mathematicus" (Mathematische Lehre oder Welt), Lyon 1674 in 3 Bänden, 2. Aufl. nach des Verfassers Tod 1690 in 4 Bänden von dem Pater Amati Varcin herausgegeben, hier im 3. Bd. S. 494, wo merkwürdigerweise die hinzugefügte und auf S. 495 wiederholte Figur gerade an den wesentlichen Stellen falsch ist.

332. Doppelverhältnis ausgedrückt durch einfaches Verhältnis und umgekehrt. Um das Doppelverhältnis von vier Punkten A, B, C, D einer Geraden g in ein einfaches Verhältnis zu verwandeln, benutzt man den Satz des Pappus (Nr. 327), indem man dafür sorgt, daß der dem Punkt D zugeordnete Punkt ins Unendlichferne kommt. Man nimmt also das Projektionszentrum O irgendwo und die Gerade $\mathfrak{g}$ als eine Parallele zu OD an, siehe Fig. 499. Von den den Punkten A, B, C, D entsprechenden Punkten $\mathfrak{A}, \mathfrak{B}, \mathfrak{C}, \mathfrak{D}$ liegt dann $\mathfrak{D}$ unendlich fern, so daß $\mathfrak{A}\mathfrak{D} : \mathfrak{B}\mathfrak{D} = +1$ ist (Nr. 9),

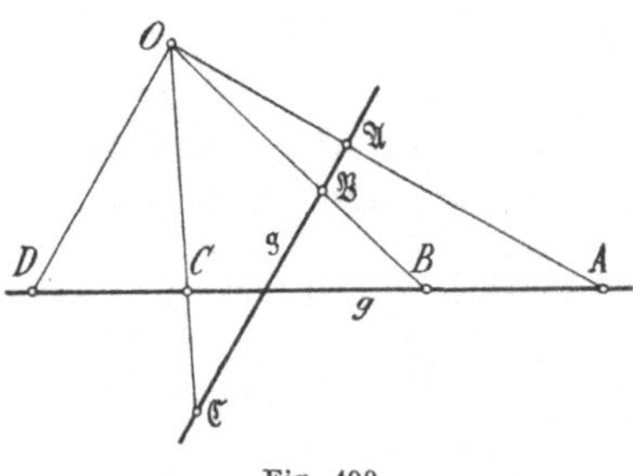

Fig. 499.

mithin das Doppelverhältnis von $\mathfrak{A}, \mathfrak{B}, \mathfrak{C}, \mathfrak{D}$ gleich dem Verhältnis $\mathfrak{A}\mathfrak{C} : \mathfrak{B}\mathfrak{C}$ wird. Demnach hat das Doppelverhältnis von A, B, C, D denselben Wert wie das einfache Teilverhältnis $\mathfrak{A}\mathfrak{C} : \mathfrak{B}\mathfrak{C}$.

Nach Nr. 327 ist das Verhältnis $AC : BC$, worin ein Punkt C eine Strecke AB teilt, keine in der Perspektive unveränderliche Größe. Bei der Beantwortung der Frage, wie es sich bei der Abbildung ändert,

geht man umgekehrt wie soeben vor: Da der unendlich ferne Punkt
der Geraden g, auf der die Strecke AB liegt, diese Strecke im Verhältnis $+1$ teilt, ist das Verhältnis $AC:BC$
gleich dem Doppelverhältnis von A, B, C
und dem unendlich fernen Punkt von g.
Da nun der unendlich ferne Punkt von g
als der Fluchtpunkt F von g abgebildet
wird, folgt: Sind A, B, C drei Punkte
einer Geraden, so ist das Teilverhältnis $AC:BC$ gleich dem Doppelverhältnis aus den perspektiven

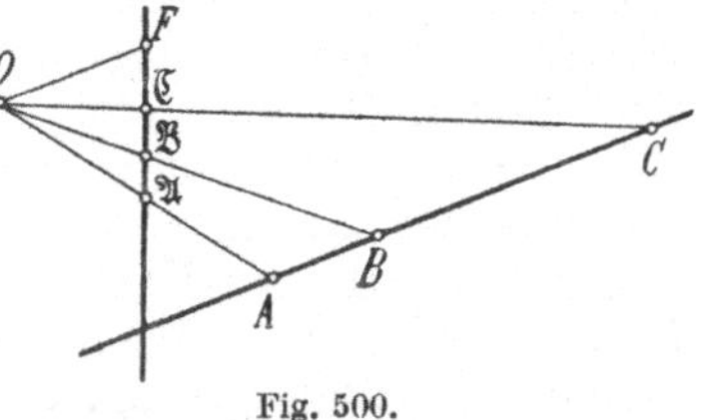

Fig. 500.

Bildern $\mathfrak{A}, \mathfrak{B}, \mathfrak{C}$ der Punkte und dem Fluchtpunkt F der
Geraden, siehe Fig. 500.

333. Harmonisches Doppelverhältnis. Der Mittelpunkt M einer
Strecke AB stellt sich bei perspektiver Abbildung als ein Punkt $\mathfrak{M}$ dar,
der im allgemeinen nicht die Mitte des Bildes $\mathfrak{A}\mathfrak{B}$ der Strecke ist
(Nr. 294). Da $AM:BM = -1$ ist (Nr. 9), liefert der letzte Satz:

$$\frac{\mathfrak{A}\mathfrak{M}}{\mathfrak{B}\mathfrak{M}} : \frac{\mathfrak{A}F}{\mathfrak{B}F} = -1,$$

wenn F der Fluchtpunkt der Geraden AB ist. Das Doppelverhältnis
hat also den Wert -1. Da man auch schreiben kann:

$$\frac{\mathfrak{A}\mathfrak{M}}{\mathfrak{B}\mathfrak{M}} = -\frac{\mathfrak{A}F}{\mathfrak{B}F},$$

besagt dies, daß $\mathfrak{M}$ und F die Strecke $\mathfrak{A}\mathfrak{B}$, abgesehen vom Vorzeichen,
in demselben Verhältnis teilen, also innerlich und äußerlich oder um-
gekehrt. Demnach teilen $\mathfrak{M}$ und F die Strecke $\mathfrak{A}\mathfrak{B}$ harmonisch
(Nr. 184), und daher heißt das Doppelverhältnis -1 das harmonische
Doppelverhältnis. Wie schon in Nr. 184 gesagt wurde, sei wieder-
holt: Da $\mathfrak{M}\mathfrak{A} = -\mathfrak{A}\mathfrak{M}$ usw. ist, kann man auch schreiben:

$$\frac{\mathfrak{M}\mathfrak{A}}{F\mathfrak{A}} = -\frac{\mathfrak{M}\mathfrak{B}}{F\mathfrak{B}},$$

d. h. $\mathfrak{A}$ und $\mathfrak{B}$ teilen die Strecke $\mathfrak{M}F$ harmonisch. Man nennt deshalb
$\mathfrak{A}, \mathfrak{B}$ und $\mathfrak{M}, F$ harmonische Punktepaare, ohne zu betonen,
welches Paar das ursprünglich gegebene sein soll. Wir haben nun also
den Satz:

Das perspektive Bild der Mitte einer Strecke und der
Fluchtpunkt der Geraden, der die Strecke angehört, teilen
das perspektive Bild der Strecke harmonisch.

Ferner gilt der Satz: Vier harmonische Punkte einer Geraden bilden sich in der Perspektive immer wieder als
harmonische Punkte ab.

Mit Hilfe der Perspektive läßt sich nun leicht ein Satz beweisen,
der sich früher (in Nr. 187) auf anderem Wege ergab: Wir nehmen auf
der Bildtafel T ein beliebiges Viereck $\mathfrak{A}\mathfrak{B}\mathfrak{C}\mathfrak{D}$ an, siehe Fig. 501. Ge-
hörig verlängert mögen die Seiten $\mathfrak{A}\mathfrak{B}$ und $\mathfrak{C}\mathfrak{D}$ in $\mathfrak{P}$ und die Seiten $\mathfrak{A}\mathfrak{D}$
und $\mathfrak{B}\mathfrak{C}$ in $\mathfrak{R}$ zusammenlaufen. Die Gerade $\mathfrak{P}\mathfrak{R}$ sei mit f bezeichnet.

Wird nun eine Ebene E parallel zur Ebene (O, f) gewählt, so daß sie T in einer zu f parallelen Spurgeraden s trifft, so ist f die Fluchtgerade der Ebene E. Demnach sind 𝔄𝔅 und ℭ𝔇 sowie 𝔄𝔇 und 𝔅ℭ die Bilder je zweier paralleler Strecken AB und CD sowie AD und BC, die in den Richtungen O𝔓 und Oℜ verlaufen. Mithin ist 𝔄𝔅ℭ𝔇 das perspektive Bild eines Parallelogramms $ABCD$. Der Mittelpunkt des Parallelogramms sei Q; die Parallelen zu den Parallelogrammseiten durch Q bilden sich als Geraden nach 𝔓 und ℜ durch den Schnittpunkt ℚ der Geraden 𝔄ℭ und 𝔅𝔇 ab. Auf der Bildtafel liegt der Inbegriff von vier beliebig gewählten Punkten 𝔄, 𝔅, ℭ, 𝔇 vor, die miteinander durch alle sechs Geraden 𝔄𝔅, 𝔄ℭ, 𝔄𝔇, 𝔅ℭ, 𝔅𝔇, ℭ𝔇 verbunden sind. Man sagt,

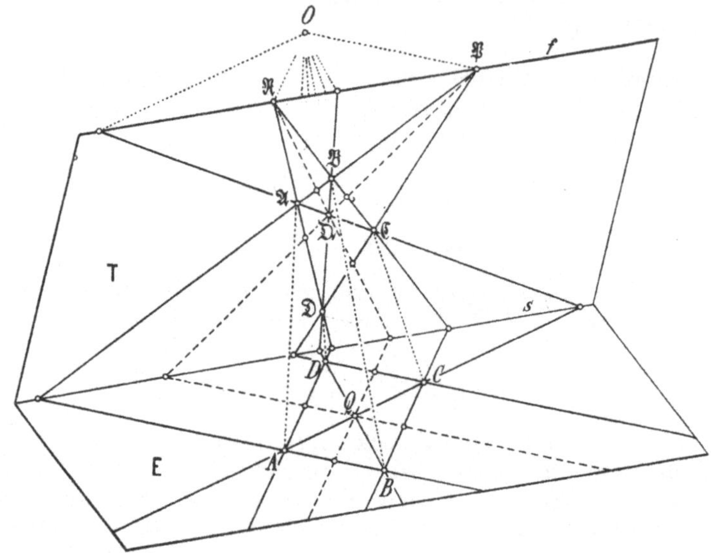

Fig. 501.

daß dies ein vollständiges Viereck 𝔄𝔅ℭ𝔇 sei. Das vollständige Viereck 𝔄𝔅ℭ𝔇 hat demnach sechs Seiten (vgl. Nr. 187). Diese Seiten schneiden sich zu je zweien in einem der drei Punkte 𝔓, ℚ, ℜ. Diese Punkte heißen die drei Diagonalpunkte des vollständigen Vierecks. Schließlich sind 𝔓, ℚ, ℜ zu je zweien durch eine Gerade verbunden. Diese Geraden ℚℜ, ℜ𝔓, 𝔓ℚ heißen die drei Diagonalen des vollständigen Vierecks. Da nun $ABCD$ ein Parallelogramm ist und die Geraden, deren Bilder ℚ𝔓 und ℚℜ sind, durch die Mitten der Parallelogrammseiten gehen, ergibt sich sofort:

Jede Seite eines vollständigen Vierecks wird von den Diagonalen des Vierecks in solchen zwei Punkten getroffen, die zu den Eckpunkten der Seiten harmonisch liegen. So z. B. wird die Strecke 𝔄𝔅 durch 𝔓 und den Schnittpunkt mit ℚℜ harmonisch geteilt, ebenso 𝔄ℭ durch ℚ und den Schnittpunkt mit 𝔓ℜ. Übrigens erkennt man auch sofort, daß je zwei Diagonalpunkte, wie z. B. 𝔓 und ℚ, durch die Schnittpunkte der zugehörigen Diagonale 𝔓ℚ mit den nicht durch 𝔓 und ℚ gehenden Seiten 𝔄𝔇 und 𝔅ℭ harmonisch geteilt werden.

Man verwendet ein vollständiges Viereck, wenn man das perspektive Bild $\mathfrak{M}$ der Mitte einer Strecke finden will, sobald außer dem Bild $\mathfrak{AB}$ der Strecke auch ihr Fluchtpunkt F bekannt ist, indem man auf einer beliebigen Geraden durch F noch zwei Punkte $\mathfrak{C}$ und $\mathfrak{D}$ willkürlich wählt und diejenige Diagonale des vollständigen Vierecks $\mathfrak{ABCD}$ zeichnet, die nicht durch F geht. Diese Diagonale schneidet $\mathfrak{AB}$ in $\mathfrak{M}$.

Man kann in entsprechender Weise die Aufgabe lösen, auf einer in der Perspektive vorliegenden Geraden mit zwei gegebenen Punkten $\mathfrak{P}_0$ und $\mathfrak{P}_1$ und dem gegebenen Fluchtpunkt F weitere Punkte $\mathfrak{P}_2$, $\mathfrak{P}_3$, $\mathfrak{P}_4$ ... so zu bestimmen, daß die Punktreihe $\mathfrak{P}_0$, $\mathfrak{P}_1$, $\mathfrak{P}_2$, $\mathfrak{P}_3$, $\mathfrak{P}_4$ ... das Bild einer Punktreihe P_0, P_1, P_2, P_3, P_4 ... ist, in der die Abstände zwischen aufeinanderfolgenden Punkten einander gleich sind. Diese Aufgabe der Abbildung einer regelmäßigen Teilung löst man nämlich so: Man wählt einen Punkt Φ und eine Gerade durch F nach Belieben und bringt $\Phi\mathfrak{P}_0$ und $\Phi\mathfrak{P}_1$ mit dieser Geraden durch F in $\mathfrak{Q}_0$

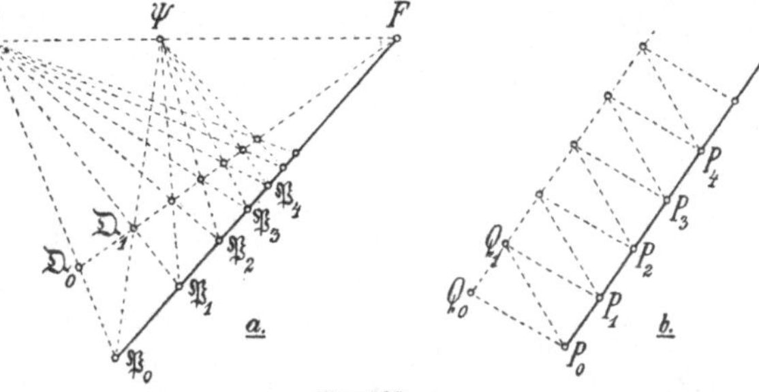

Fig. 502.

und $\mathfrak{Q}_1$ zum Schnitt. Dann bestimmt man den Schnittpunkt Ψ von $F\Phi$ und $\mathfrak{P}_0\mathfrak{Q}_1$ und führt die in Fig. 502 a angegebene Konstruktion im Zickzack aus, wodurch die gesuchten Punkte $\mathfrak{P}_2$, $\mathfrak{P}_3$, $\mathfrak{P}_4$ ... hervorgehen. Die Richtigkeit erhellt daraus, daß man die Gerade $F\Phi$ durch den Fluchtpunkt F als Fluchtgerade einer Ebene auffassen kann, so daß die nach Φ gehenden Geraden in Wahrheit zueinander parallel sind, ebenso die nach Ψ gehenden, siehe Fig. 502 b.

334. Perspektivität zweier Ebenen. Nunmehr nehmen wir an, zwei Ebenen E und T seien mittels eines Projektionszentrums oder Auges O perspektiv aufeinander bezogen, d. h. irgendeinem Punkt P von E sei derjenige Punkt $\mathfrak{P}$ von T zugeordnet, der auf dem Sehstrahl OP liegt. Es ist dabei nicht unbedingt nötig, unter T die Bildtafel zu verstehen. Man kann vielmehr auch T als die abzubildende Ebene und E als die Bildtafel auffassen. Die Beziehung ist also wechselseitig.

Hierdurch wird jedem Punkt der einen Ebene ein Punkt der anderen Ebene zugeordnet. Dabei gelten die beiden Gesetze:

Erstens: Ein Punkt fällt mit dem ihm zugeordneten Punkt zusammen, wenn er auf der Schnittgeraden beider Ebenen liegt.

Zweitens: Beschreibt einer der beiden Punkte in seiner Ebene eine Gerade, so gilt dasselbe vom zugeordneten Punkt. Mit anderen Worten: Jeder Geraden der einen Ebene ist eine Gerade der anderen Ebene zugeordnet.

In diesen beiden Gesetzen ist vom Projektionszentrum O gar nicht die Rede. Wir wollen nun auch annehmen, daß das Projektionszentrum O nicht gegeben sei, sondern nur zwei sich in einer Geraden s schneidende

Ebenen E und T vorliegen. Dann läßt sich die eine Ebene auch ohne Ausführung einer Zentralprojektion derart Punkt für Punkt auf die andere beziehen, daß die beiden soeben ausgesprochenen Gesetze gelten. Dies geschieht in allgemeinster Weise so: Man wählt ein Paar einander zugeordneter Punkte A und $\mathfrak{A}$ in E und T beliebig, siehe Fig. 503. Nimmt man dann in E noch einen Punkt B an, so darf man den zu

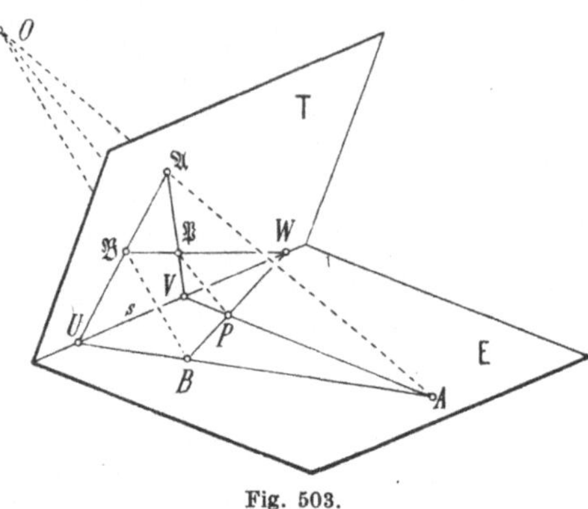

geordneten Punkt $\mathfrak{B}$ nicht mehr irgendwo in T wählen. Denn nach dem ersten Gesetz ist der Punkt U, in dem die Gerade AB die Gerade s trifft, sich selbst zugeordnet, und nach dem zweiten Gesetz entspricht der Geraden ABU die Gerade $\mathfrak{A}U$. Mithin muß man $\mathfrak{B}$ auf $\mathfrak{A}U$ annehmen. Wenn man $\mathfrak{B}$ irgendwo auf $\mathfrak{A}U$ gewählt hat, ist aber weiterhin jedem Punkt P von E ein bestimmter Punkt $\mathfrak{P}$ von T zugeordnet. Denn wenn die Geraden AP und BP die Gerade s in V und W schneiden,

Fig. 503.

entspricht sowohl der Punkt V als auch der Punkt W nach dem ersten Gesetz sich selbst, demnach infolge des zweiten Gesetzes der Geraden AV die Gerade $\mathfrak{A}V$ und der Geraden BW die Gerade $\mathfrak{B}W$. Weil P der Schnittpunkt von AV und BW ist, muß also der zugeordnete Punkt $\mathfrak{P}$ der Schnittpunkt von $\mathfrak{A}V$ und $\mathfrak{B}W$ sein. Daß die so gewonnene Zuordnung von Punkten P und $\mathfrak{P}$ ausnahmslos die beiden Gesetze erfüllt, sieht man nachträglich so ein: Da $A\mathfrak{A}$ und $B\mathfrak{B}$ in der Ebene $AU\mathfrak{A}$ liegen, schneiden sie sich in einem Punkt O. Nun enthalten die Ebenen $AV\mathfrak{A}$ und $BW\mathfrak{B}$ die Gerade $A\mathfrak{A}$ bzw. $B\mathfrak{B}$, d. h. beide Ebenen gehen durch O. Deshalb geht auch ihre Schnittgerade durch O. Die Schnittgerade ist aber $P\mathfrak{P}$. Mithin sind einander zugeordnete Punkte P und $\mathfrak{P}$ allemal die Schnittpunkte von E und T mit einem von O ausgehenden Strahl, und somit wird die Zuordnung durch perspektive Abbildung bewirkt, was nach sich zieht, daß die beiden Gesetze überall gelten.

Diese Betrachtung zeigt, daß man alle diejenigen Zuordnungen zwischen den Punkten der Ebenen E und T, bei denen die beiden Gesetze gelten, ohne Benutzung der Perspektive durch Konstruktionen herstellen kann, die bloß in den Ebenen E und T selbst verlaufen. Deshalb und aus einem in der nächsten Nummer zu erwähnenden Grunde liegt das Bedürfnis vor, allen Zuordnungen von dieser Art eine besondere Bezeichnung zu geben. Man nennt sie Perspektivitäten. Die Schnittgerade s der beiden Ebenen heißt die Achse der Perspektivität und der Punkt O das Zentrum der Perspektivität.

Wenn man insbesondere $\mathfrak{B}$ auf $\mathfrak{A}U$ so annimmt, daß sich $AU:BU$ wie $\mathfrak{A}U:\mathfrak{B}U$ verhält, wird $A\mathfrak{A}$ zu $B\mathfrak{B}$ parallel. Dann rückt O ins Unendlichferne, und aus der Perspektivität wird eine Affinität (Nr. 120). Die Affinität ist also ein Sonderfall der Perspektivität.

335. Perspektivität in einer Doppelebene. Daß die Bezeichnung Perspektivität nicht überflüssig ist, erkennt man, wenn man die Zu ordnung in dem Fall betrachtet, wo gar nicht mehr von einer Zentral-projektion geredet werden kann, nämlich im Fall zweier in einer Doppelebene zusammenliegender Ebenen E und T. In diesem Fall bezeichnen wir eine bestimmt gewählte Gerade s als die Achse der Perspektivität, auf die sich das erste Gesetz bezieht: Jeder Punkt von s soll sich selbst zugeordnet sein. Genau so wie in voriger Nummer wird man ein Punktepaar A, $\mathfrak{A}$ beliebig annehmen und einem beliebig gewählten Punkt B irgendeinen Punkt $\mathfrak{B}$ derjenigen Geraden $\mathfrak{A}U$ zuordnen, die von $\mathfrak{A}$ nach dem Schnittpunkt U von AB mit s geht. Dann kann man geradeso wie dort zu jedem Punkt P auf Grund der beiden Gesetze den zugeordneten Punkt $\mathfrak{P}$ bestimmen. Der einzige Unterschied besteht darin, daß jetzt alles in einer einzigen Ebene ausgeführt werden soll. Deshalb aber ist noch eine kleine Schwierigkeit zu überwinden: Der Nachweis, daß die beiden Gesetze bei der so gewonnenen Zuordnung ausnahmslos gelten, wurde in voriger Nummer dadurch geführt, daß wir nachträglich zeigten, daß die Zuordnung durch eine perspektive Abbildung hergestellt werden kann. Dieser Schluß ist jetzt nicht mehr möglich, da E und T in einer Doppelebene liegen. Aber der Nachweis ergibt sich jetzt sofort, wenn man zunächst wie in voriger Nummer zwei verschiedene Ebenen annimmt und dann die Figur z. B. durch Parallelprojektion oder durch irgendeine Perspektive auf eine Ebene, auf die Doppelebene abbildet, wie es ja auch schon in Fig. 503 der letzten Nummer geschehen ist. Man kann also sagen:

Besteht zwischen zwei Ebenen eine Perspektivität, so geht daraus durch Parallelprojektion oder perspektive Abbildung auf eine Tafel eine Perspektivität auf der Tafel als Doppelebene hervor.

Ferner hat sich ergeben:

Falls die beiden in Nr. 334 ausgesprochenen Gesetze gelten, sind auch im Fall einer Doppelebene einander entsprechende Punkte auf Geraden gelegen, die einen Punkt O gemein haben. Dieser Punkt heißt wie im Fall zweier verschiedener Ebenen E und T das Zentrum der Perspektivität.

Alles Erörterte gilt auch dann, wenn die Achse s der Perspektivität unendlich fern gewählt wird, sei es nun, daß die Ebenen E und T voneinander verschieden sind oder zusammenfallen. Sind sie verschieden, so sind sie dann zueinander parallel, da s ihre Schnittgerade ist. Da ein unendlichferner Punkt eine Richtung kennzeichnet (Nr. 4), besagt dann das erste Gesetz von Nr. 334, daß jeder Richtung der einen Ebene in der anderen Ebene dieselbe Richtung entspricht. Nachdem man also A und $\mathfrak{A}$ beliebig gewählt und B auch beliebig angenommen hat, muß man $\mathfrak{B}$ irgendwie so wählen, daß $\mathfrak{A}\mathfrak{B}$ zu AB parallel ist. Wenn nun P ein beliebiger Punkt der Ebene E ist, ergibt sich der zugeordnete Punkt $\mathfrak{P}$, indem man zu AP und BP durch $\mathfrak{A}$ und $\mathfrak{B}$ die Parallelen zieht und diese zum Schnitt bringt. Demnach gehen in E und T einander ähnliche und ähnlich gelegene Gebilde hervor. Dabei ist der gemeinsame Punkt O von $A\mathfrak{A}$ und $B\mathfrak{B}$ der Ähnlichkeitspunkt. **Die Ähnlichkeit zweier ebener Gebilde mit ähnlicher Lage ist somit der Sonderfall der Perspektivität mit unendlich-ferner Achse.** Dies gilt auch, wenn es sich um eine Perspektivität in einer Doppelebene handelt.

336. Drehung perspektiver Ebenen um die Perspektivitätsachse. Wir nehmen zwei verschiedene Ebenen E und T an, die sich in einer im Endlichen gelegenen Geraden s schneiden. Nach Nr. 334 ist eine Perspektivität zwischen den Ebenen vollkommen bestimmt, wenn man zwei Punktepaare A, $\mathfrak{A}$ und B, $\mathfrak{B}$ willkürlich, jedoch so wählt, daß sich AB und $\mathfrak{AB}$ auf s schneiden. Das Verfahren, wodurch in Nr. 334 zu irgendeinem Punkt P von E der zugeordnete Punkt $\mathfrak{P}$ von T gefunden wurde, bestand aus Konstruktionen in den Ebenen E und T selbst, ohne Benutzung des Zentrums der Perspektivität. Diese Konstruktionen werden in keiner Weise behelligt, wenn man die starr gedachte Ebene E um s in eine neue Lage dreht. Also:

Eine Perspektivität zwischen zwei Ebenen bleibt auch dann eine Perspektivität, wenn man die eine starr gedachte Ebene um die Achse der Perspektivität in eine neue Lage dreht. Mit anderen Worten: Hat man eine in einer Ebene E gelegene Figur $ABC\ldots$ perspektiv auf eine Tafel T als eine Figur $\mathfrak{ABC}\ldots$ abgebildet, so bleibt $\mathfrak{ABC}\ldots$ ein perspektives Bild der Figur auch dann, wenn man die starr gedachte Ebene E um ihre Spurgerade s in eine neue Lage dreht, d. h.: wenn dabei $ABC\ldots$ in $\overline{A}\overline{B}\overline{C}\ldots$ übergeht, haben die Strahlen $\overline{A}\mathfrak{A}, \overline{B}\mathfrak{B}, \overline{C}\mathfrak{C}\ldots$ einen Punkt $\overline{O}$ gemein, ebenso wie vorher die Strahlen $A\mathfrak{A}, B\mathfrak{B}, C\mathfrak{C}\ldots$ das Zentrum O gemein hatten.

Bei der Drehung von E um s wandert das Zentrum O der Perspektivität mit, und es ist leicht, festzustellen, wie dies geschieht. Man denke sich durch das ursprüngliche Zentrum oder Auge O die zur Spurgeraden s senkrechte Ebene $\mathfrak{E}$ gelegt. Sie ist zu E und T senkrecht und schneidet E und T in zwei von einem Punkt S der Spurgeraden s ausgehenden Geraden g und $\mathfrak{g}$, die auf s senkrecht stehen. Den Spurpunkt S nennen wir den Hauptspurpunkt der Ebene E. Das perspektive Bild der Geraden g ist die Gerade $\mathfrak{g}$. Die Punktreihe auf $\mathfrak{g}$ ist demnach zur Punktreihe auf g perspektiv. Dreht sich E um s in eine neue Lage, so bleibt E beständig zu $\mathfrak{E}$ senkrecht; die Gerade g bleibt also beständig in der Hilfsebene $\mathfrak{E}$. Demnach liegt der Fall vor, daß sich eine von zwei perspektiven Punktreihen g und $\mathfrak{g}$ um ihren gemeinsamen Punkt S in einer Ebene $\mathfrak{E}$ dreht. Nach Nr. 331 beschreibt dabei das Auge O einen Kreis in der Ebene $\mathfrak{E}$. Der Mittelpunkt F des Kreises ist der Fluchtpunkt von g, also der in $\mathfrak{E}$ gelegene Hauptfluchtpunkt der Ebene E (Nr. 297). Der Punkt V, der in Nr. 331 vorkam, ist derjenige Punkt der Verschwindungsgeraden v von E, der in der Ebene $\mathfrak{E} \perp s$ liegt, und den wir den Hauptverschwindungspunkt der Ebene E nennen wollen. Nach Nr. 331 ist die neue Lage O' des Auges O so beschaffen, daß FO' und SV' zueinander parallel und gleich lang sind, wenn V' die neue Lage von V bedeutet. Somit gilt der Satz:

Ist eine Ebene E mit der Spurgeraden s auf eine Tafel T vermöge des Auges O perspektiv abgebildet, und wird E um s in eine neue Lage E gedreht, so bleibt die perspektive Beziehung erhalten; das Auge O kommt dabei in eine neue Lage O'. Bei der Drehung von E beschreibt das Auge einen Kreis in der zu E und T senkrechten Ebene durch

das Auge. Der Mittelpunkt des Kreises ist der Hauptfluchtpunkt F von E, und der Radius FO' ist beständig gleich
und parallel (auch dem Sinne nach) zu der Geraden vom
Hauptspurpunkt S nach dem Hauptverschwindungspunkt V
der gedrehten Ebene.

Was die vorhin eingeführten neuen Bezeichnungen betrifft, so sei
noch einmal zusammengefaßt gesagt: Unter dem Hauptspurpunkt S,
Hauptfluchtpunkt F und Hauptverschwindungspunkt V einer Ebene E
sollen die Schnittpunkte der Spurgeraden s, Fluchtgeraden f und Verschwindungsgeraden v der Ebene E mit derjenigen Ebene ℭ verstanden
werden, die durch das Auge O geht und zur Spurgeraden s, also zur
Ebene E und zur Tafel T senkrecht ist.

Die Drehung der
Ebene E kann man so
weit ausführen, bis E in
die Tafel T fällt. Dies
ist auf zwei Arten möglich. Entweder fällt dabei das hinter der Tafel T gelegene Stück der
Ebene E auf denjenigen
Teil der Tafel, der, von
der Fluchtgeraden f aus
gerechnet, jenseits der
Spurgeraden s liegt,
oder auf den anderen
Teil. Da man nun
hauptsächlich das hinter der Tafel liegende
Stück der Ebene E abzubilden pflegt, kommt
dies bei der zweiten Art
in unliebsamer Weise
mit dem Teil der Tafel T zur Deckung, wo
sich sein Bild befindet.
Wir ziehen deshalb die
Umlegung der Ebene E
in die Tafel T in der
ersten Art vor. Dies
ist in Fig. 504 dargestellt. Die zu s senkrechte Hilfsebene ℭ ist

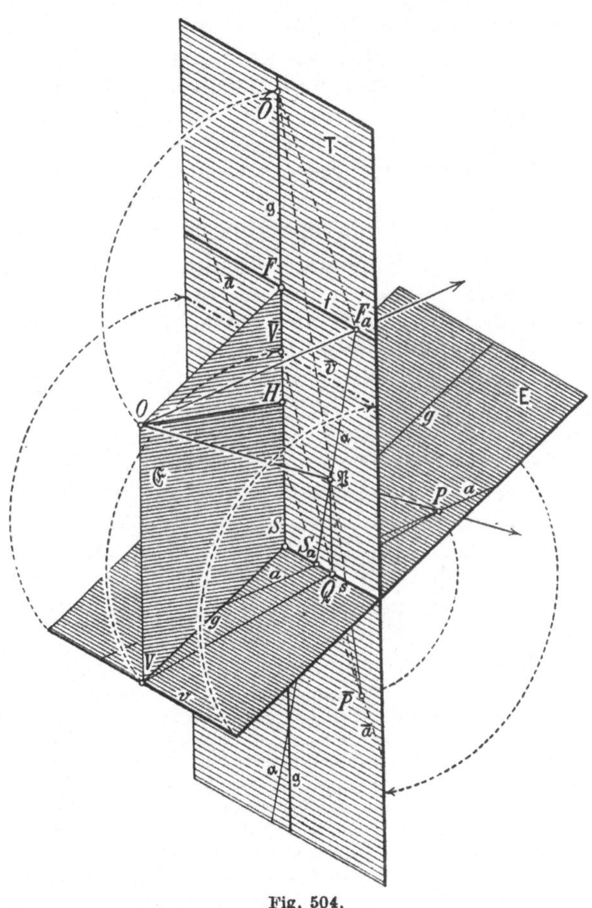

Fig. 504.

die des Parallelogramms $SFOV$. Da FO während der Drehung gleich
und (auch dem Sinne nach) parallel zu SV bleibt, ergeben sich die Lagen $\overline{O}$
und $\overline{v}$ des Auges und der Verschwindungsgeraden nach vollendeter Umlegung der Ebene E in die Tafel T so: Vom Hauptfluchtpunkt F
aus wird die Strecke FO senkrecht zur Fluchtgeraden f
bis $\overline{O}$ abgetragen, und zwar nach derjenigen Seite hin, wo
die Spurgerade s nicht liegt. Ferner wird s um dieselbe

Strecke FO parallel zu sich bis $\bar{v}$ verschoben, und zwar im Sinne nach der Fluchtgeraden hin.

Irgendein Punkt P der Ebene E geht vermöge der Umlegung in einen Punkt $\bar{P}$ von T über. Das Bild $\mathfrak{P}$ von P kann man nun aus der Umlegung $\bar{P}$ ermitteln: Zunächst muß es auf dem Sehstrahl liegen, der jetzt der in T gelegene Strahl von $\bar{O}$ nach $\bar{P}$ ist. Ferner kann man irgendeine Gerade a durch P ziehen und ihr Bild bestimmen. Man zeichnet also in der Umlegung eine Gerade $\bar{a}$ durch $\bar{P}$, ihr Spurpunkt sei S_a. Der Fluchtpunkt F_a ergibt sich auch nach der Umlegung als Schnitt der Fluchtgeraden f mit dem zu $\bar{a}$ parallelen Strahl durch $\bar{O}$. Nun ist das Bild $\mathfrak{a}$ von a die Gerade $S_a F_a$, und das Bild $\mathfrak{P}$ von P der Schnittpunkt des Strahls $\overline{OP}$ mit $\mathfrak{a}$. Man kann den Bildpunkt $\mathfrak{P}$ von P noch durch eine besondere Hilfslinie prüfen: Die Ebene durch O und VP enthält das Bild $\mathfrak{P}$ von P und die Parallele OV zur Tafel T, sie schneidet daher T in einer zur Spurgeraden s senkrechten Geraden durch $\mathfrak{P}$. Diese Gerade geht von dem Punkt Q aus, in dem VP die Spurgerade s trifft. Bei der Umlegung bleibt aber s in Ruhe. Also folgt: Man bringe $\overline{V}\overline{P}$ mit s in Q zum Schnitt und errichte in Q das Lot auf s. Dies Lot muß durch das Bild $\mathfrak{P}$ von P gehen.

Durch die Umlegung kommt ein in E angenommenes Dreieck in eine solche Lage, in der es umgekehrten Umlaufsinn als zuerst hat, wenn man es von O aus betrachtet. Zwischen der umgelegten Ebene und der Tafel besteht demnach eine **ungleichsinnige** Perspektivität. Dagegen würde sich eine **gleichsinnige** Perspektivität ergeben, wenn die Umlegung im entgegengesetzten Sinne ausgeführt würde, was wir aber aus dem oben angegebenen Grunde nicht tun wollen. Bei den Anwendungen ist also immer daran zu denken, daß die Ebene E nach ihrer Umlegung ihre ursprünglich nicht von O aus sichtbare Seite darbietet.

Dadurch, daß die Perspektivität zwischen der Ebene E und der Tafel T auch nach der Umlegung besteht, wird die Untersuchung der Eigenschaften perspektiver ebener Figuren erleichtert: **Man kann sich auf die Untersuchung der Perspektivität in einer Doppelebene beschränken.**

Anmerkung: Die Einsicht, daß die perspektive Beziehung zwischen einer Ebene und ihrem Bild bei der Umlegung um die Spurgerade erhalten bleibt, ist der erste wichtige Fortschritt, den die Lehre von der Perspektive seit Ubaldis Einführung des allgemeinen Fluchtpunktbegriffes (Nr. 308) gemacht hat. Sie findet sich in dem „Traité d'optique" von S. Stevin (Nr. 83), S. 533 der französischen Übersetzung der Stevinschen Werke durch A. Girard. Aus welchem Jahr seine Abhandlung stammt, ist uns nicht bekannt. Sowohl Stevin als auch Wilh. Jacob s'Gravesande (geb. 1688 zu Herzogenbusch, gest. 1742 zu Leiden als Professor an der Universität) in seinem „Essai de perspective", im Haag 1711, nimmt an, daß die abgebildete Ebene wagerecht und die Tafel lotrecht sei. Demgegenüber ist zu betonen, daß die Umlegung gilt, wie auch immer die Ebene E zur Tafel T gelegen sein mag, wenn sie nur nicht zu ihr parallel ist. Bei dieser Gelegenheit sei bemerkt, daß s'Gravesande die Verschwindungsgerade der Ebene in die Perspektive eingeführt hat; er nannte sie die ligne géométrale. Wie es scheint, hat Brook Taylor (geb. 1685 zu Edmonton, Middlesex, gest. 1731 zu London), derselbe, nach dem die Taylorsche Reihe benannt wird, die Arbeiten seiner Vorgänger gar nicht gekannt, als er in einer kurzen Schrift „Linear perspective", London 1715, 2. Auflage unter dem Titel „New principles of linear perspective", London 1719, so ziemlich alles Wesentliche für die Grundlegung der Perspektive — auch vom Standpunkt der Gegenwart aus — entwickelte. Da das Buch zu knapp geschrieben war, um auch dem Künstler verständlich zu sein, veröffentlichte John Colson (1680—1760, Professor in Cambridge)

eine neue mit Berichtigungen und Zusätzen versehene Auflage: New principles of
linear perspective: or the art of designing in a plane, the representation
of all sort of objects, in a more and general simple method, than has been
hitherto done", London 1749. Die Verschwindungsebene und gerade heißen hier
directing plane und line, und es wird die perspektive Abbildung ganz beliebig zur
Tafel gelegener Ebenen untersucht und durch Umlegung auf die Perspektivität in der
Doppelebene zurückgeführt.

337. Handhabung der Perspektivität in der Umlegung. Gibt man
auf der Tafel T außer dem Hauptpunkt H und dem Distanzkreis die
Spurgerade s einer Ebene E beliebig an und wählt man die Fluchtgerade f der Ebene irgendwie parallel zu s, so ist die Ebene E dadurch
gegenüber der Tafel und dem Auge O vollkommen bestimmt (Nr. 296).
Wird nun die Ebene E um die Spurgerade s und zwar in dem in voriger
Nummer angegebenen Drehsinn umgelegt, so ergibt sich die Lage $\overline{O}$
des umgelegten Auges und die umgelegte Verschwindungsgerade $\overline{v}$ wie
folgt: Zunächst ermittelt man durch das Lot von H auf f den Hauptfluchtpunkt F, siehe Fig. 505, und bestimmt dann die Länge von FO
wie in Fig. 422 von Nr. 297, indem man das bei H rechtwinklige Dreieck FHO um FH in die Tafel umklappt. Dabei gelangt O nach einem
Punkt (O) auf dem Distanzkreis auf der Parallelen zu f durch H. Da
nun $F(O)$ die Länge von FO hat, geht $\overline{O}$ hervor, indem man den Kreis

um F durch (O) mit der
Geraden HF zum Schnitt
bringt. Wie verabredet, soll
derjenige Schnittpunkt gewählt werden, der so liegt,
daß der Sinn von F nach $\overline{O}$
dem von s nach f entspricht.
Die Verschwindungsgerade $\overline{v}$
in der Umlegung ist parallel
zu s und f, und zwar ist
der Abstand von s bis $\overline{v}$
gleich und insbesondere
auch dem Sinne nach gleich
der Strecke von F bis $\overline{O}$. In
Fig. 505 liegt $\overline{v}$ zwischen s

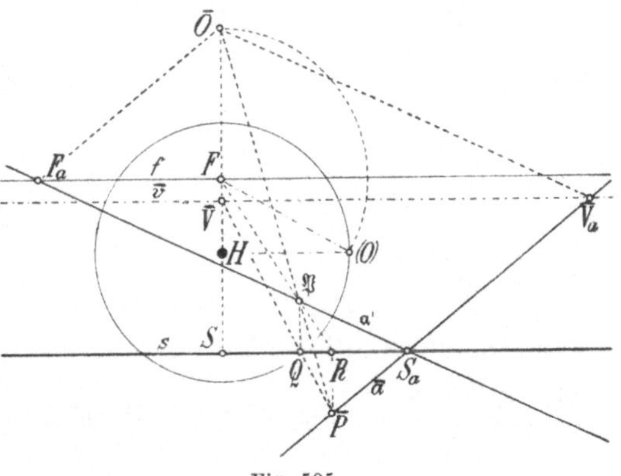

Fig. 505.

und f; es kann aber auch vorkommen, daß $\overline{v}$ jenseits von f liegt.
Wenn nun $\overline{P}$ irgendein Punkt der in E gelegenen, perspektiv abzubildenden und in die Tafel umgelegten Figur ist, liegt der Bildpunkt $\mathfrak{P}$
auf dem Strahl $\overline{OP}$, den wir auch jetzt noch einen Sehstrahl nennen,
obgleich von einem wirklichen Sehen von $\overline{O}$ aus in der Doppelebene
nicht gesprochen werden kann. Um $\mathfrak{P}$ vollkommen zu bestimmen,
genügt es, das Bild $\mathfrak{a}$ irgendeiner Geraden $\overline{a}$ durch $\overline{P}$ herzustellen: Die
Gerade $\overline{a}$ trifft s in dem Spurpunkt S_a und $\overline{v}$ in dem Verschwindungspunkt $\overline{V}_a$. Ihr Fluchtpunkt F_a auf f wird durch den zu $\overline{a}$ parallelen
Sehstrahl ausgeschnitten. Die Bildgerade $\mathfrak{a}$ ist nun die durch F_a und S_a,
und sie ist parallel zu $\overline{O}\,\overline{V}_a$ (Nr. 294), denn $\overline{V}_a$ ist in der Umlegung derjenige Punkt der Geraden $\overline{a}$, dessen Bild unendlich fern liegt. Daß
$F_a S_a \| \overline{O}\,\overline{V}_a$ ist, bestätigt man auch dadurch, daß $F\overline{O}$ gleich der Entfernung $S\overline{V}$ zwischen dem Hauptspurpunkt S und dem Hauptverschwin-

dungspunkt $\overline{V}$ ist. Die Bildgerade a schneidet den Sehstrahl $\overline{OP}$ im gesuchten Bild $\mathfrak{P}$ von $\overline{P}$.

Insbesondere kann man als Gerade $\overline{a}$ das Lot von $\overline{P}$ auf s benutzen. Sein Fluchtpunkt ist der Hauptfluchtpunkt F, also sein Bild die Gerade von F nach dem Spurpunkt R des Lotes von $\overline{P}$ auf s. Demnach liegt $\mathfrak{P}$ auch auf FR.

Man kann nach voriger Nummer auch so vorgehen: $\overline{V}\overline{P}$ schneidet s in einem Punkt Q, und der Bildpunkt $\mathfrak{P}$ muß auf dem in Q auf s errichteten Lot gelegen sein.

Man hat also zahlreiche Hilfsmittel, um von einer in der Umlegung gezeichneten Figur das perspektive Bild zu finden. Zu beachten ist, daß die Spurgerade s der gegebenen Ebene E eine beliebige Lage haben kann; sie braucht also durchaus nicht wagerecht zu sein. In Fig. 504 der letzten Nummer, wo die Tafel T lotrecht angenommen wurde, und in Fig. 505 ist s nur deshalb wagerecht gezogen worden, weil dadurch mehr Ruhe in die Figuren kommt.

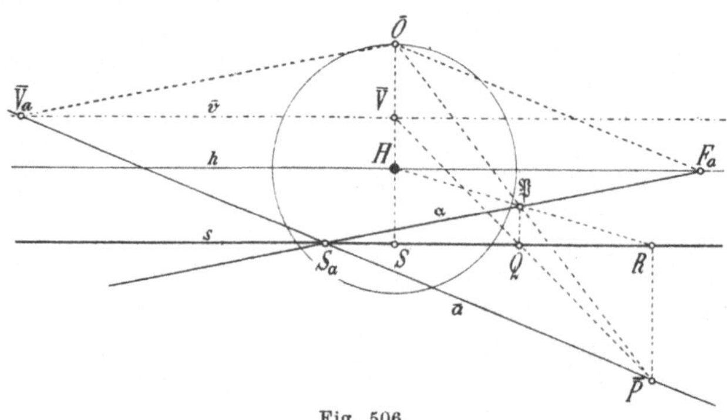

Fig. 506.

Besonders häufig allerdings benutzt man die Umlegung einer wagerechten Ebene E in die lotrecht angenommene Tafel T. In diesem Fall, siehe Fig. 506, ist die Fluchtgerade der Horizont h, so daß der Hauptfluchtpunkt F mit dem Hauptpunkt H zusammenfällt, demnach die Strecke $F\overline{O}$ gleich der Distanz d ist. Somit liegt in diesem Falle $\overline{O}$ auf dem Distanzkreis, und die umgelegte Verschwindungsgerade $\overline{v}$ ist um die Distanz d von der Spurgeraden s entfernt. Im übrigen gilt alles wie vorher; in Fig. 506 ist wieder das Bild $\mathfrak{P}$ eines Punktes $\overline{P}$ auf mehrere Arten bestimmt, unter anderem durch eine Hilfsgerade $\overline{a}$ durch $\overline{P}$, deren Bild a durch $\mathfrak{P}$ geht.

Als Beispiel gibt Fig. 507 das perspektive Bild eines regelmäßigen Sechsecks, das in einer wie die Tafel T lotrechten Ebene E liegt, so daß die Spurgerade lotrecht ist. Zweckmäßig bestimmt man hier zuerst die Bilder der Diagonalen des Sechsecks.

Schließlich sei noch daran erinnert, daß sich die gegebene und die abgebildete Figur durchaus nicht immer nur auf der einen Seite der Spurgeraden s zu befinden brauchen. Denn diejenigen Punkte der Ebene E, die zwischen der Tafel und der Verschwindungsebene gelegen sind, fallen bei der Umlegung zwischen s und $\overline{v}$, und die hinter dem Beobachter gelegenen Punkte von E liegen nach der Umlegung auf derjenigen Seite von $\bar{v}$, auf der sich die Spurgerade s nicht befindet. Dementsprechend kann auch das perspektive Bild der Figur überall auf der

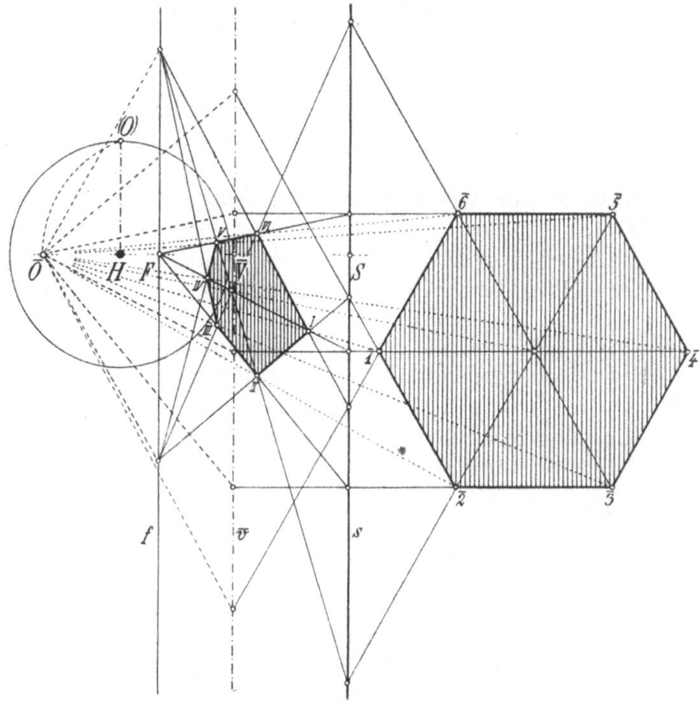

Fig. 507.

Tafel T Punkte haben. Wenn die abzubildende Figur die Spurgerade s schneidet, geht das Bild durch dieselben Punkte der Spurgeraden.

338. Deckelemente bei der Perspektivität in einer Doppelebene. Wird eine Ebene E durch Drehung um ihre Spurgerade s in die Tafel T umgelegt, so daß eine Perspektivität auf der Tafel als Doppelebene hervorgeht, so entspricht nach dem ersten Gesetz der Perspektivität in Nr. 334 jeder Punkt der Spurgeraden sich selbst. Damit ist aber nicht gesagt, daß es nicht noch einen anderen, sich selbst zugeordneten Punkt gäbe. In der Tat lehrt der Rückblick auf Fig. 498 von Nr. 331, die ja den Ausschnitt $\mathfrak{C}$ senkrecht zur Ebene E und Tafel T durch das Auge O vorstellt (Nr. 336), daß das bei der Drehung von E um s wandernde Auge O' nach vollendeter Umlegung nach dem damals mit $\mathfrak{K}_2$ bezeichneten Punkt kommt. Dieser Punkt ist also das umgelegte Auge $\bar{O}$, und man sieht wegen $S\mathfrak{K}_2 = SK_2$, daß auch der Punkt K_2 bei der Umlegung nach $\mathfrak{K}_2$ rückt. Mithin folgt: Derjenige Punkt der umgelegten Ebene $\bar{E}$, der nach $\bar{O}$ fällt, deckt sich mit dem ihm zugeordneten Punkt der Tafel T.

Dasselbe ergibt sich so: Da jeder Punkt $\bar{P}$ der umgelegten Ebene $\bar{E}$ mit dem zugeordneten Punkt $\mathfrak{P}$ auf einem Strahl durch $\bar{O}$ liegt, ist jede Gerade durch $\bar{O}$ eine Deckgerade, d. h. eine Gerade, die sich selbst bei der Perspektivität in der Doppelebene entspricht. Mithin ist ihr gemeinsamer Punkt $\bar{O}$ ein **Deckpunkt**, d. h. ein Punkt, der sich selbst bei der Perspektivität in der Doppelebene entspricht. Außerdem wissen wir, daß jeder Punkt der Spurgeraden s ein Deckpunkt ist, sowie daß die Spurgerade s eine Deckgerade ist. Deshalb sieht man leicht ein, daß es sonst keine Deckpunkte oder Deckgeraden gibt. Denn gäbe es noch einen anderen Deckpunkt X außer den Punkten der Spurgeraden und dem Punkt $\bar{O}$, so würde jede Gerade, die X mit einem Punkte von s verbindet, eine sich selbst entsprechende Gerade, also eine Deckgerade sein. Jeder Punßt $\bar{P}$ der Ebene $\bar{E}$ würde daher auf zwei Deckgeraden, nämlich auf $\bar{P}\bar{O}$ und $\bar{P}X$ liegen, und müßte sich daher selbst entsprechen, was sinnlos ist. Ebenso erkennt man, daß es sinnlos ist, anzunehmen, daß es außer den angegebenen Deckgeraden noch eine Deckgerade gäbe. Also:

Bei der Perspektivität in der Doppelebene gibt es als Deckpunkte außer den Punkten der Perspektivitätsachse s nur das Zentrum $\bar{O}$ der Perspektivität und als Deckgeraden außer den Geraden durch $\bar{O}$ nur die Achse s.

Anmerkung: Die Affinität ist, wie gesagt (Nr. 334), ein Sonderfall der Perspektivität, nämlich der mit unendlich entferntem Projektionszentrum. Bei der Affinität in einer Doppelebene sind bloß die Punkte der Affinitätsachse im Endlichen gelegene Deckpunkte. Aber im Unendlichen tritt noch der in der Affinitätsrichtung gelegene Punkt als Deckpunkt hinzu. Die Deckgeraden sind außer der Achse der Affinität diejenigen Geraden, die in der Richtung der Affinität verlaufen.

***339. Involutionen**[1]). Von den Involutionen war schon in § 7 des 2. Kapitels die Rede. Wir werden aber hier ganz unabhängig davon auf einem neuen Wege zu ihnen gelangen:

Wir betrachten zwei projektive Punktreihen (Nr. 330), d. h. wir nehmen an, die Punkte zweier Geraden seien einander derart gesetzmäßig zugeordnet, daß je vier Punkte A, B, C, D der einen Geraden dasselbe Doppelverhältnis wie die zugeordneten Punkte $\mathfrak{A}$, $\mathfrak{B}$, $\mathfrak{C}$, $\mathfrak{D}$ der anderen Geraden haben. Insbesondere wollen wir jetzt annehmen, daß erstens die beiden Geraden, die Träger der Punktreihen, in eine Gerade zusammenfallen, und daß zweitens zwei Punkte A und B derart vorhanden seien, daß dem Punkt A der mit B zusammenliegende Punkt $\mathfrak{A}$ und dem Punkt B der mit A zusammenliegende Punkt $\mathfrak{B}$ entspricht, siehe Fig. 508.

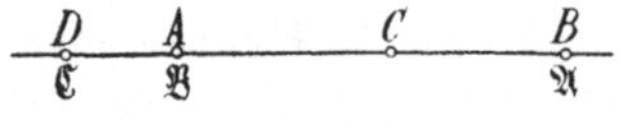

Fig. 508.

Unter diesen Voraussetzungen wählen wir irgendeinen Punkt C des Trägers. Ihm sei der Punkt $\mathfrak{C}$ zugeordnet. Nun wird demjenigen Punkt D, der mit $\mathfrak{C}$ zusammenliegt, ein gewisser Punkt $\mathfrak{D}$ entsprechen. Die Frage ist, wo er liegt. Verlangt wird, daß das Doppelverhältnis von A, B, C, D gleich dem von $\mathfrak{A}$, $\mathfrak{B}$, $\mathfrak{C}$, $\mathfrak{D}$ sei. Da aber $\mathfrak{A}$ der Punkt B, $\mathfrak{B}$ der Punkt A und $\mathfrak{C}$ der Punkt D ist, wird gefordert, daß das Doppelverhältnis von A, B, C, D gleich dem von B, A, D, $\mathfrak{D}$ sei, d. h.:

$$\frac{AC}{BC} : \frac{AD}{BD} = \frac{BD}{AD} : \frac{B\mathfrak{D}}{A\mathfrak{D}} \, .$$

---

[1]) Die mit Sternchen versehenen Nummern sind überschlagbar.

Diese Forderung vereinfacht sich sofort:

$$\frac{AC}{BC} = \frac{A\mathfrak{D}}{B\mathfrak{D}}.$$

Sie besagt, daß C und $\mathfrak{D}$ die Strecke AB in demselben Verhältnis teilen, mithin zusammenfallen (Nr. 9). Daher gilt der Satz:

Wenn zwei projektive Punktreihen denselben Träger haben und es einmal vorkommt, daß der einem Punkt A der ersten Reihe entsprechende Punkt $\mathfrak{A}$ der zweiten Reihe, aufgefaßt als Punkt B der ersten Punktreihe, demjenigen Punkt $\mathfrak{B}$ der zweiten Reihe entspricht, der mit A zusammenfällt, so tritt diese Erscheinung überall ein.

Somit bilden die Punkte des Trägers lauter Paare. Sind allgemein A, B und C, D zwei solche Paare, so entsprechen den Punkten A, B und C, D der ersten Punktreihe diejenigen Punkte der zweiten, die durch Vertauschen innerhalb eines jeden einzelnen Paares hervorgehen, also die Punkte B, A und D, C.

Nun sei M derjenige Punkt, zu dem als zweiter der unendlichferne Punkt des Trägers gehört. Dann entsprechen den Punkten A, B, C, M der ersten Punktreihe die Punkte B, A, D und der unendlichferne Punkt als Punkte der zweiten Punktreihe, so daß das Doppelverhältnis der vier ersten Punkte gleich dem der vier letzten Punkte ist. Aber das Doppelverhältnis von B, A, D und dem unendlichfernen Punkt ist nach Nr. 332 gleich dem einfachen Teilverhältnis $BD : AD$. Folglich kommt:

$$\frac{AC}{BC} : \frac{AM}{BM} = \frac{BD}{AD}$$

oder

$$AC \cdot BM \cdot AD = BC \cdot AM \cdot BD.$$

Wenn auf der Geraden ein Pfeil angebracht wird, in dessen Sinn die Strecken positiv gerechnet werden, so daß z. B. AC positiv oder negativ ist, je nachdem der Sinn von A nach C dem des Pfeiles entspricht oder nicht, lassen sich alle Strecken durch solche Strecken darstellen, die in M enden. Denn es ist:

$$AC = MC - MA, \qquad AD = MD - MA, \qquad BC = MC - MB,$$
$$BD = MD - MB.$$

Ferner ist $BM = -MB$ und $AM = -MA$. Also kommt:

$$(MC - MA)MB(MD - MA) = (MC - MB)MA(MD - MB).$$

Multipliziert man dies aus, so heben sich vier Summanden fort, und es bleibt:

$$MB \cdot MC \cdot MD + MA^2 \cdot MB = MA \cdot MC \cdot MD + MA \cdot MB^2,$$

wofür man schreiben kann:

$$(MA - MB)MC \cdot MD = (MA - MB)MA \cdot MB.$$

Hier hebt sich $MA - MB$ fort, und es bleibt einfach übrig:

$$MC \cdot MD = MA \cdot MB.$$

Das Produkt $MA \cdot MB$ der Abstände der Punkte A, B des ersten Paares von M ist negativ, wenn M zwischen A und B liegt, sonst positiv.

Wir bezeichnen es demnach mit $-c^2$ oder c^2, so daß sich für jedes Punktepaar C, D ergibt:

$$MC \cdot MD = -c^2 \quad \text{oder} \quad MC \cdot MD = +c^2.$$

Wenn also zwei projektive Punktreihen auf demselben Träger vorliegen derart, daß ein Punktepaar A, B so beschaffen ist, daß sowohl dem Punkt A als Punkt der ersten Reihe der Punkt B als Punkt der zweiten entspricht als auch dem Punkt B als Punkt der ersten Reihe der Punkt A als Punkt der zweiten, so tritt dieselbe Erscheinung immer ein, und es gibt dann einen Punkt M auf dem Träger derart, daß für alle Punktepaare das Produkt der Abstände von M einen konstanten Wert hat. Dieser Punkt M bildet zusammen mit dem unendlichfernen Punkt des Trägers ein Punktepaar.

In Nr. 170 wurde gesagt, daß die Vorschrift $MA \cdot MB = -c^2$ oder $+c^2$, angewandt auf das Punktepaar A, B einer Geraden, eine Involution definiere, die elliptisch oder hyperbolisch heißt, je nachdem $-c^2$ oder $+c^2$ der konstante Wert, die sogenannte Potenz der Involution, ist. Im ersten Fall (siehe Fig. 509 oben) wird jedes Paar wie A, B oder C, D durch M getrennt, im zweiten keines (siehe Fig. 509 unten).

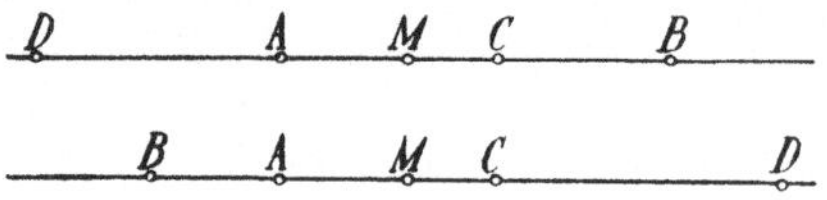

Fig. 509.

Wir haben demnach den Satz:

Jede Punktinvolution auf einer Geraden wird durch zwei projektive Punktreihen erzeugt, die so beschaffen sind, daß, falls einem Punkt A der ersten Reihe ein Punkt B der zweiten entspricht, allemal auch dem Punkt B, als Punkt der ersten Reihe aufgefaßt, der Punkt A als Punkt der zweiten Reihe zugeordnet ist.

Hiermit sind wir zu der Art gelangt, wie man die Punktinvolutionen mit Hilfe projektiver Punktreihen erzeugt.

Eine Strahleninvolution wird nun wie in Nr. 174 definiert, indem man die Punkte des Trägers einer Punktinvolution durch die Strahlen ersetzt, die sie mit einem Punkt O außerhalb des Trägers verbinden.

Aus dem Satz des Pappus (Nr. 327) folgt sofort, daß jeder Schnitt einer elliptischen oder hyperbolischen Strahleninvolution mit einer Geraden auf der Geraden eine elliptische oder hyperbolische Punktinvolution erzeugt, ein Satz, der in Nr. 176 auf anderem Wege bewiesen wurde. Allgemein ergibt sich:

Jede perspektive Abbildung einer Punkt- oder Strahleninvolution ist wieder eine Punkt- oder Strahleninvolution, und zwar sind beide Involutionen zugleich elliptisch oder zugleich hyperbolisch. Zu beachten ist dabei, daß der Mittelpunkt einer Punktinvolution, nämlich der obenerwähnte Punkt M, vermöge der Abbildung im allgemeinen nicht in den Mittelpunkt der neuen Involution übergeht, ein Umstand, auf den schon in Nr. 176

hingewiesen wurde. Der Grund liegt darin, daß der Mittelpunkt der Punktinvolution derjenige Punkt ist, der zusammen mit dem unendlichfernen Punkt des Trägers ein Punktepaar bildet, und daß, wie wir wissen, der unendlichferne Punkt im allgemeinen nicht als unendlichferner Punkt abgebildet wird.

340. Übungen. 1) Wie groß ist das Doppelverhältnis von vier Punkten A, B, C, D einer Geraden, die aufeinanderfolgend gleiche Abstände voneinander haben $(AB = BC = CD)$? (Nr. 327.)

2) Zu beweisen: Liegen zwei projektive Punktreihen A, B, C, D ... und $\mathfrak{A}$, $\mathfrak{B}$, $\mathfrak{C}$, $\mathfrak{D}$ ... auf zwei verschiedenen Geraden g und $\mathfrak{g}$ einer Ebene vor, greift man dann irgend zwei Punkte der ersten Reihe (z. B. A und B) sowie die entsprechenden Punkte der zweiten Reihe (also $\mathfrak{A}$ und $\mathfrak{B}$) heraus und verbindet man sie überkreuz (also A mit $\mathfrak{B}$ und B mit $\mathfrak{A}$), so ist der Ort der Schnittpunkte der Kreuzlinien eine Gerade (Nr. 327, 330).

3) Auf einer Geraden seien drei Punkte A, B, C gegeben. Den Punkt D der Geraden zu bestimmen, für den das Doppelverhältnis von A, B, C, D gleich 3 ist (Nr. 328 oder 332).

4) Das perspektive Bild $\mathfrak{A}\mathfrak{B}\mathfrak{C}$ eines Dreiecks ABC und die Fluchtgerade f der Ebene des Dreiecks seien gegeben. Gesucht das Bild des Schnittpunktes der Transversalen von den Ecken A, B, C nach den Mittelpunkten der Gegenseiten (Nr. 332).

5) Eine Ebene E sei um ihre Spurgerade s in die Tafel umgelegt. In der Umlegung ein Viereck der Ebene zu zeichnen, dessen perspektives Bild ein Parallelogramm ist (Nr. 337).

6) Eine Ebene E sei um ihre Spurgerade s in die Tafel umgelegt. Das perspektive Bild eines in der Ebene gelegenen gleichseitigen Dreiecks zu ermitteln, ohne das Dreieck selbst in der Umlegung zu zeichnen. Man bestimme zunächst die Fluchtpunkte der Kanten des Dreiecks (Nr. 337).

§ 5. Anwendungen der Perspektivität.

341. Die Perspektivität beim Schichtenverfahren. Wenn man, wie es beim Schichtenverfahren (Nr. 303) gebräuchlich ist, die Tafel T lotrecht annimmt, kommt allen wagerechten Schichtebenen der durch den Hauptpunkt H gehende Horizont h als gemeinsame Fluchtgerade zu. Wenn man also alle diese Ebenen nach dem Verfahren von Nr. 337 um ihre Spurgeraden in die Tafel umlegt, ergibt sich für alle dasselbe umgelegte Auge $\overline{O}$, nämlich der höchste Punkt des Distanzkreises, vgl. Fig. 506 von Nr. 337. Es wäre aber zu umständlich, alle einzelnen Schichten in der Umlegung zu zeichnen. Man kann sich mit der Umlegung der Grundebene und der Zeichnung des in ihr enthaltenen Grundrisses begnügen, denn hieraus geht die Umlegung einer jeden Schicht dadurch hervor, daß man das, was sich im Grundriß auf diese Schicht bezieht, um diejenige Strecke nach oben verschiebt, die der Höhe der Schichtebene über der Grundebene gleich ist.

In Fig. 510 ist als Beispiel die Darstellung eines Strebepfeilers an einer Mauer behandelt. Um die Höhen der Schichtebenen ohne Irrung bequem entnehmen zu können, bedient man sich des seitlich angebrachten Aufrisses. Die Fluchtpunkte F und Φ der beiden hier hauptsächlich in Betracht kommenden wagerechten Richtungen sind die Schnittpunkte des Horizontes h mit den durch das umgelegte Auge $\overline{O}$ in diesen Richtungen gezogenen Strahlen. Der unerreichbare Fluchtpunkt Φ ist vom Hauptpunkt H dreimal so weit entfernt wie der Hilfspunkt $\Phi_{1/3}$. Das Folgende wird zeigen, daß man des Punktes Φ zur

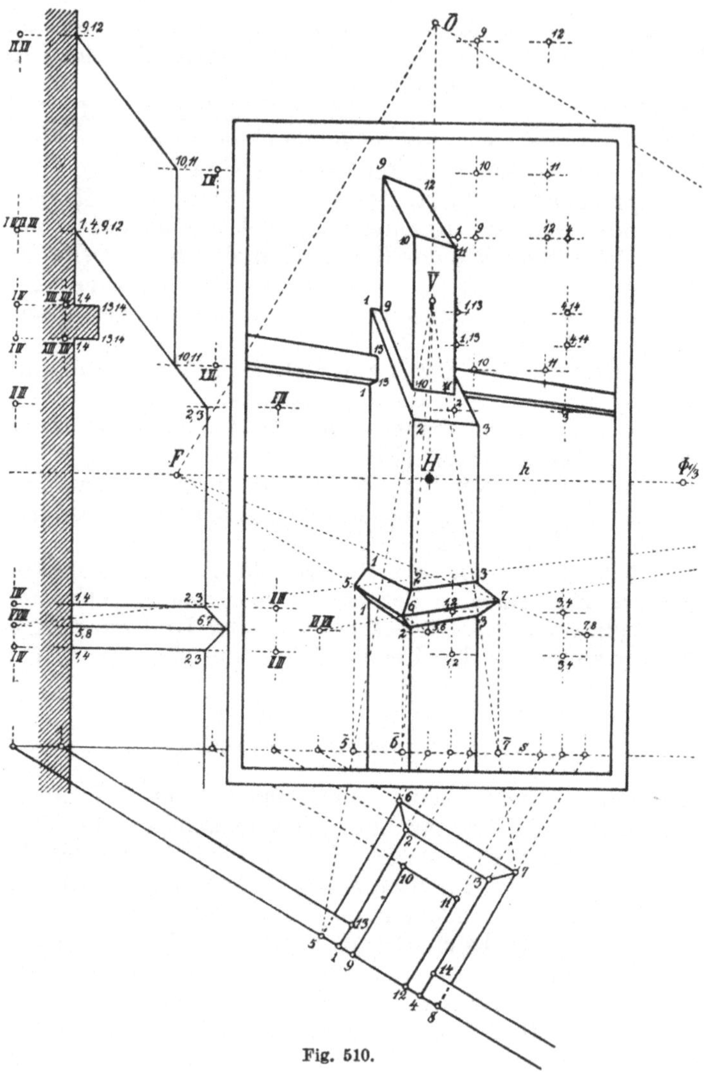

Fig. 510.

Herstellung der Zeichnung nicht bedarf. Der Hauptverschwindungspunkt $\overline{V}$ der umgelegten Grundebene liegt ebenso viel höher als die Standlinie s wie $\overline{O}$ höher als h, d. h. um die Distanz d höher als s. Auf der Standlinie s sind die Spurpunkte aller zunächst in Betracht kommenden Geraden des Grundrisses angegeben. Alle diejenigen Ecken des Pfeilers, die denselben Grundriß haben, sind mit derselben Zahl bezeichnet. Die Entstehung des Bildes kann man insbesondere an den

Hilfslinien verfolgen, die für die Punkte *5, 6, 7* der am weitesten ausladenden Schicht angegeben sind (der Punkt *8* dieser Schicht ist unsichtbar). Die Spurgerade dieser Schicht liegt so hoch wie der zugehörige
Aufriß, und man überträgt die in Betracht kommenden Spurpunkte
von der Standlinie *s* aus auf diese Spurgerade durch Lote. So gehen die
mit *5, 6* und *7, 8* bzw. *V VIII* und *VI VII* bezeichneten Spurpunkte
hervor, deren Verbindung mit den Fluchtpunkten *F* und *Φ* die Kanten
im Bilde liefert. Da *Φ* nicht erreichbar ist, geht man nach Fig. 506
von Nr. 337 besser so vor: Man bringt die Geraden vom umgelegten
Hauptverschwindungspunkt $\bar{V}$ der Grundebene nach den Eckpunkten
5, 6, 7 des Grundrisses mit der Standlinie *s* in $\bar{5}, \bar{6}, \bar{7}$ zum Schnitt.
Dann weiß man, daß die gesuchten Bilder der Punkte *5, 6, 7* senkrecht
über $\bar{5}, \bar{6}, \bar{7}$ liegen. In derselben Art werden alle Schichten gezeichnet.
Die eingetragenen Zahlen gestatten die Verfolgung aller Konstruktionen,
obgleich die übrigen Hilfslinien fortgelassen sind.

342. Quadrat und quadratische Täfelung in beliebiger Ebene. Irgendeine Ebene E sei durch ihre Spur- und Fluchtgerade *s* und *f* gegeben,
siehe Fig. 511. Wenn man die
Ebene nach Nr. 337 um *s* in die
Tafel umlegt, wobei sich das umgelegte Auge $\bar{O}$ ergibt, kann man
irgendein Quadrat in der Ebene
zeichnen, indem man es zunächst
in der Umlegung in der wahren
Gestalt $\bar{1}\,\bar{2}\,\bar{3}\,\bar{4}$ darstellt.

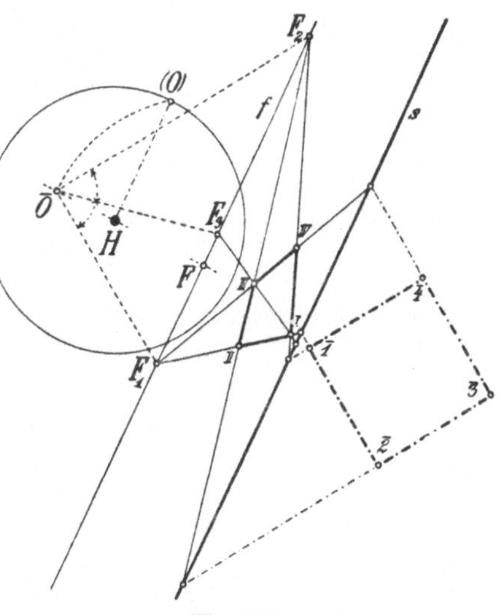

Fig 511.

Man kann aber das Quadratbild auch ohne Benutzung der
wahren Gestalt des Quadrats
in der Umlegung gewinnen.
Dies geschieht wie in Nr. 308 für
den Fall einer wagerechten Ebene;
der einzige Unterschied besteht
darin, daß jetzt das umgelegte
Auge $\bar{O}$ nicht gerade auf dem Distanzkreis liegt. Eine Kante des
Quadrats kann man als beliebige
Strecke *I II* im Bild annehmen;
dann ist ihr Fluchtpunkt F_1 bekannt. Mittels des rechten Winkels
$F_1\bar{O}F_2$ ergibt sich der Fluchtpunkt F_2 der senkrechten Kanten und,
indem man diesen rechten Winkel in gleiche Teile zerlegt, der Fluchtpunkt F_3 der einen Diagonale. Nun zieht man *II* F_2 und *I* F_3, um die
Ecke *III* zu bekommen, sowie *I* F_2 und *III* F_1, um die Ecke *IV* zu
bekommen. Man könnte auch den Fluchtpunkt der Diagonale *II IV*
benutzen, wenn er erreichbar wäre; er liegt auf dem zu $\bar{O}F_3$ senkrechten Strahl durch $\bar{O}$.

Nachdem man das Quadrat gezeichnet hat, kann man sich die
Aufgabe stellen, einen Würfel zu zeichnen, der das Quadrat als Seite
hat. Aber diese Aufgabe wird durchaus **nicht** in der Weise wie in
Nr. 308 zu lösen sein. Denn jetzt ist die Ebene des Quadrates nicht

zur Tafel senkrecht, so daß also die in I, II, III, IV zu errichtenden Würfelkanten jetzt nicht parallel sind und daher im Bild einen im Endlichen gelegenen Fluchtpunkt haben.

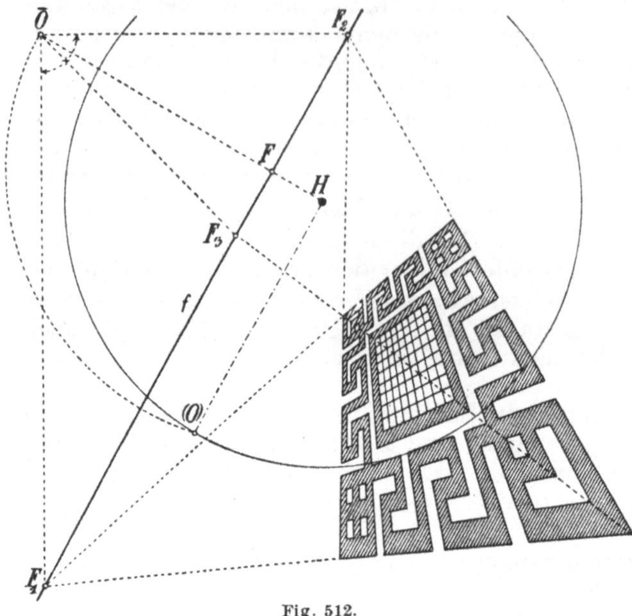

Wir kommen auf die Aufgabe, den Würfel zu zeichnen, in Nr. 405 zurück.

Unter fortwährender Anwendung der Fluchtpunkte F_1, F_2, F_3 kann man an das gezeichnete Quadrat beliebig viele gleich große Quadrate ansetzen. Dadurch ergibt sich die Darstellung einer beliebigen quadratischen Täfelung der Ebene. Mit ihrer Hilfe ist es leicht, ein Muster, z. B. einen Mä

Fig. 512.

ander, perspektiv wiederzugeben, siehe Fig. 512. Die starken Verkürzungen haben ihren Grund in der Kleinheit der gewählten Distanz.

343. Verschiebung einer Ebene. Eine Ebene E_1 werde parallel in eine neue Lage E_2 verschoben. Beiden Ebenen kommt eine gemeinsame

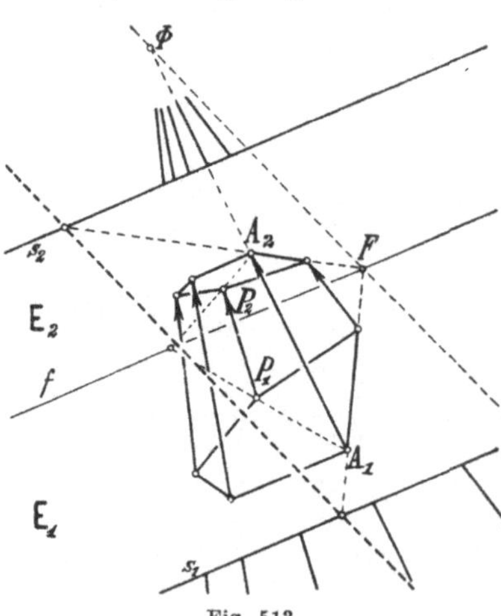

Fluchtgerade f zu, während ihre Spurgeraden s_1 und s_2 irgendwie parallel zu f angenommen werden können, siehe Fig. 513. Die Richtung der Verschiebung wird dadurch bestimmt, daß man in E_1 und E_2 Punkte A_1 und A_2 annimmt und festsetzt, daß A_1 vermöge der Verschiebung in A_2 übergehe. Obgleich alle Punkte von E_1 vermöge der Verschiebung parallele und gleich lange Strecken beschreiben, werden diese Strecken im Bilde weder parallel noch gleich lang erscheinen. Der gemeinsame Fluchtpunkt Φ der Strecken ist der Fluchtpunkt von A_1A_2. Um ihn zu finden, benutzt man irgendeine Hilfsebene durch A_1A_2. Man kann annehmen, daß die Hilfsebene die Ebene E_1

Fig. 513.

in irgendeiner Geraden durch A_1 schneide, und es sei F der Fluchtpunkt dieser Geraden. Dann ist FA_2 der Schnitt der Hilfsebene mit E_2. Die Verbindende der Spurpunkte von FA_1 und FA_2 liefert die Spurgerade der

Hilfsebene, und die Fluchtgerade ist parallel dazu durch F. Der gesuchte Fluchtpunkt $\varPhi$ von $A_1 A_2$ muß also auf dieser Fluchtgeraden liegen.

Wenn nun P_1 irgendein Punkt von E_1 ist, stellt $\varPhi P_1$ die Gerade dar, längs deren er verschoben wird. Also ist die neue Lage P_2 von P_1 der Schnitt von $\varPhi P_1$ mit E_2. Um ihn zu finden, legt man die Hilfsebene durch P_1 und $A_1 A_2$, da sie die Strecke $P_1 P_2$ enthält. Diese Hilfsebene schneidet E_1 in der Geraden $A_1 P_1$, die ihren Fluchtpunkt auf f hat. Sie schneidet die zu E_1 parallele Ebene E_2 in der von demselben Fluchtpunkt ausgehenden Geraden durch A_2, auf der also P_2 liegen muß.

Während zwischen den Punkten der Ebene E_1 und E_2 in Wirklichkeit eine **Kongruenz** besteht, indem jede in E_1 gelegene Figur bloß parallel bis zur Ebene E_2 verschoben wird, stellt sich die Beziehung zwischen den Punkten beider Ebenen im Bild als eine **Perspektivität auf der Tafel als Doppelebene** dar. Dabei ist $\varPhi$ das Zentrum und f die Achse der Perspektivität. Bei der Verschiebung durchläuft ein in E_1 angenommenes Vieleck ein Prisma, dessen anderes Endvieleck das bis zur Ebene E_2 verschobene Vieleck ist. Damit sind wir zur **perspektiven Abbildung eines Prismas mit zwei parallelen Grenzflächen** gelangt. Um die Figur anschaulicher zu machen, haben wir angenommen, daß die Ebenen E_1 und E_2 längs ihrer Spurgeraden s_1 und s_2 enden.

Findet die Verschiebung der Ebene E_1 nach E_2 parallel zur Tafel statt, so werden die Verschiebungsstrecken auch im Bild zueinander parallel. Dieser Fall tritt ein, wenn der Fluchtpunkt $\varPhi$ unendlich fern liegt, d. h. wenn A_1 und A_2 so angenommen werden, daß sich die Abstände des Punktes A_1 von f und s_1 wie die des Punktes A_2 von f und s_2 verhalten. Jetzt erscheint die Beziehung zwischen der Ebene E_1 und E_2 im Bild als eine **Affinität**, deren Achse die Fluchtgerade f ist, siehe Fig. 514. Dieser Fall kommt beim **Schichtenverfahren** (Nr. 303 und 341) vor, denn die Schichtenebenen sind zur Grundebene parallel, und ihre Punkte ergeben sich aus denen des Grundrisses durch Verschieben senkrecht zur Grundebene, also parallel zur lotrecht gedachten Tafel.

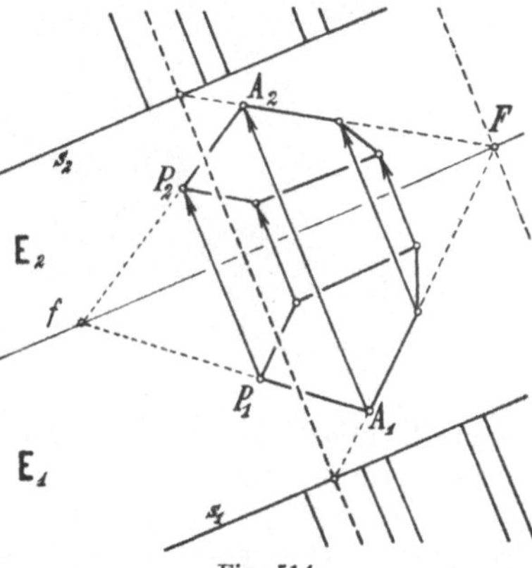

Fig. 514.

344. Drehung einer Ebene um eine zur Tafel parallele Achse. Wir erinnern noch einmal daran, daß nach Nr. 335 jede Perspektivität zwischen irgend zwei Ebenen E_1 und E_2 in dem Falle, wo man sie mittels Zentralprojektion auf eine Tafel abbildet, wieder als eine Perspektivität, aber auf der Tafel als Doppelebene, erscheint, sowie daran, daß jede Affinität, insbesondere auch jede Kongruenz zwischen zwei Ebenen E_1 und E_2 ein Sonderfall der Perspektivität ist (Nr. 334), und deshalb der soeben genannte Satz auch für sie gilt.

Insbesondere wollen wir jetzt eine Ebene E_1 um eine in ihr enthaltene und zur Tafel parallele Gerade g in eine neue Lage E_2

drehen. Dabei wollen wir uns vorstellen, daß die Tafel T lotrecht sei
und daß die Gerade g als eine lotrechte Gerade gewählt worden sei. Die
Vorstellung wird am klarsten, wenn wir dabei von irgendeiner wagerechten Grundebene ausgehen, also von einer Ebene, deren Spurgerade s
wagerecht und deren Fluchtgerade der Horizont h ist, und dann auf
dieser Ebene in irgendeinem Punkt G das Lot g errichten, siehe Fig. 515.
Dann sind durch g zwei Ebenen E_1 und E_2 zu legen. Sie werden die
Grundebene in von G ausgehenden Geraden a_1 und a_2 schneiden, die
beliebig gewählt werden können. Die Drehung der Ebene E_1 in die neue
Lage E_2 liefert in Wahrheit eine Kongruenz, und sie erscheint im Bild als
eine Perspektivität in der Doppelebene mit der Achse g. Da g auf der
Grundebene senkrecht steht, sind die parallelen Strahlen, die einander
entsprechende Punkte von E_1 und E_2 verbinden, zur Grundebene parallel.

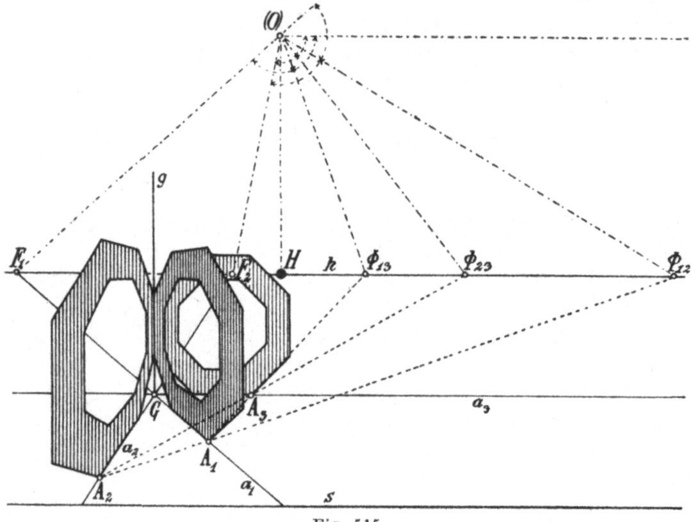

Fig. 515.

Deshalb liegt ihr gemeinsamer Fluchtpunkt auf dem Horizont h, und
dieser Fluchtpunkt Φ_{12} ist das Zentrum der Perspektivität in der Doppelebene. Um Φ_{12} zu bestimmen, fassen wir irgendeinen Punkt A_1 von a_1
ins Auge. Der durch die Drehung hervorgehende Punkt A_2 muß auf
a_2 liegen, und GA_1 muß in Wahrheit gleich GA_2 sein, d. h. A_1A_2 muß
in Wahrheit senkrecht zu derjenigen Geraden sein, die den Winkel A_1GA_2
in gleiche Teile teilt. Da nun die Richtung von a_1 die vom Auge O nach
dem Fluchtpunkt F_1 und die Richtung von a_2 die vom Auge O nach
dem Fluchtpunkt F_2 ist, wird man, um Φ_{12} als Fluchtpunkt von A_1A_2
zu finden, $\sphericalangle F_1OF_2$ in gleiche Teile zerlegen. Deshalb legt man die
Ebene durch das Auge O und den Horizont h um diesen Horizont in
die Tafel um, wobei O nach (O) gelangt, indem $H(O) = d$ zu h senkrecht
ist. Nun ergibt sich Φ_{12} als Schnittpunkt von h mit dem Strahl, der
den Außenwinkel von $(O)F_1$ und $(O)F_2$ in gleiche Teile zerlegt. Da nunmehr die Achse g und das Zentrum Φ_{12} der Perspektivität bekannt sind,
und der Geraden a_1 die Gerade a_2 entspricht, kann man zu jedem Punkt
von E_1 den entsprechenden Punkt von E_2 finden, so insbesondere den
A_1 zugeordneten Punkt A_2, indem man $\Phi_{12}A_1$ mit a_2 zum Schnitt bringt.

Man kann die Drehung so weit ausführen, bis die gedrehte Ebene, die wir dann E_3 nennen wollen, parallel zur Tafel liegt. An die Stelle von a_2 tritt dann die Parallele a_3 zu h durch G und an die Stelle des Fluchtpunktes F_2 der unendlich ferne Punkt von h. Demnach ergibt sich das Zentrum der zwischen E_1 und E_3 bestehenden Perspektivität als Schnittpunkt Φ_{13} von h mit dem Strahl, der den einen Winkel zwischen $(O)F_1$ und der Parallelen zu h durch (O) in gleiche Teile zerlegt. Auch zwischen den Ebenen E_2 und E_3 besteht eine Perspektivität. Ihr Zentrum Φ_{23} ergibt sich gerade so, indem jetzt $(O)F_2$ an die Stelle von $(O)F_1$ tritt.

Da die Ebene E_3 durch g zur Tafel parallel ist, erscheinen die in ihr gelegenen Figuren in wahrer Gestalt (aber im allgemeinen nicht in wahrer Größe, sondern nur dann, wenn G auf s gewählt wird). Man kann daher, wie es in Fig. 515 geschehen ist, eine Figur von gegebener Gestalt durch Drehung um g in die Ebenen E_1 und E_2 überführen, indem man sie zuerst in wahrer Gestalt in der Ebene E_3 zeichnet und dann die Perspektivitäten zwischen E_3 und E_1 bzw. zwischen E_3 und E_2 mit den Zentren Φ_{13} und Φ_{23} benutzt. In Fig. 515 ist ein Ring, begrenzt durch zwei konzentrische regelmäßige Achtecke, dargestellt.

Die Anwendung auf architektonische Zeichnungen zur Darstellung der Füllungen von Türen usw. liegt auf der Hand.

345. Ebene Schnitte von Pyramiden. Die Perspektivität in der Doppelebene kommt auch bei einer Aufgabe vor, die anscheinend gar nicht in das Gebiet der Perspektive gehört. Liegt nämlich in einer Ebene E ein Vieleck vor, so sind die Sehstrahlen nach den Ecken des Vielecks die Kanten einer Pyramide, die das Vieleck als Grundfläche hat. Mithin ist das perspektive Bild des Vielecks der Schnitt dieser Sehpyramide mit der Tafel T. Deshalb kann die Aufgabe, eine gegebene Pyramide mit einer Ebene zu schneiden, mit Hilfe der Perspektive wie folgt gelöst werden.

Die Pyramide sei in senkrechter Projektion im Grundriß und Aufriß dargestellt; insbesondere sei ihr Grundvieleck auf der Grundrißtafel gelegen. Ihre Spitze sei mit O bezeichnet. Siehe Fig. 516. Die Pyramide soll mit einer Ebene T geschnitten werden, die durch ihre Grundriß-Spurgerade s_1 sowie durch den Punkt A gegeben sei, in dem sie die Höhe der Pyramide trifft. Die Aufriß-Spurgerade s_2 der Ebene E ergibt sich durch Verwendung der durch A gehenden und zu s_1 parallelen Höhenlinie (Nr. 201), die wir nicht wie früher mit h, sondern jetzt mit a bezeichnen, weil wir den Horizont h zu nennen pflegen. Man bestimmt also den Aufriß-Spurpunkt von a und zieht dann s_2 durch ihn. Nun wird O als das Auge, T als die Bildtafel aufgefaßt. Dann ist das gesuchte Schnittvieleck das perspektive Bild des Grundvielecks. Die Grundrißtafel ist also die Ebene E, die perspektiv auf T abgebildet wird. Die Verschwindungsebene V ist die zu T parallele Ebene durch O, und ihre Spurgeraden v_1 und v_2 im Grundriß und Aufriß sind zu s_1 und s_2 parallel. Man bekommt sie, indem man zunächst einen Punkt der Aufriß-Spurgeraden v_2 ermittelt, nämlich denjenigen, in dem die durch O gehende Höhengerade der Verschwindungsebene die Aufrißtafel schneidet. Diese Höhengerade ist zu a parallel; ihr Grundriß fällt also mit a' zusammen, während ihr Aufriß die Parallele zur Projektionsachse durch O'' ist. Nachdem man den Aufriß-Spurpunkt dieser Höhenlinie gefunden hat, zieht man durch ihn $v_2 \parallel s_2$, so daß man auch $v_1 \parallel s_1$ sofort bekommt. Die Grundriß-Spurgerade v_1 ist die Verschwindungsgerade der Ebene E, nämlich der Grundrißtafel. Ferner ist s_1 diejenige Gerade, die als die Spurgerade der Ebene E in der Perspektive zu benutzen ist, da sie die Schnittgerade von E mit T ist. Ferner ist die Fluchtgerade f der Ebene E diejenige Gerade, in der die zur Grundrißtafel E parallele Ebene durch das Auge O die Ebene T schneidet. Der Aufriß f'' ist die schon benutzte Parallele zur Projektionsachse durch O''. Da f der Ebene T angehört, ist der Aufriß-Spurpunkt von f der Schnittpunkt von f'' mit s_2. Indem

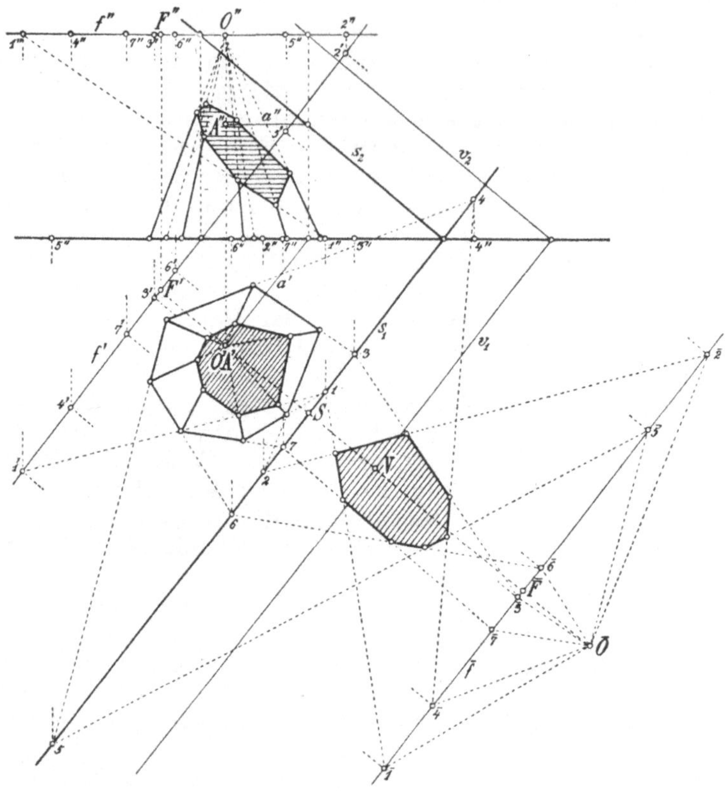

Fig. 516.

man von ihm auf die Projektionsachse lotet und durch den Fußpunkt die Parallele zu s_1 zieht, erhält man den Grundriß f' von f.

Um nun das Vieleck zu bekommen, in dem die Ebene T die Pyramide schneidet, muß man beachten, daß die Ebene T jetzt nicht wie sonst in der Perspektive die Ebene der Zeichnung ist. Vielmehr sind jetzt die Grundrißtafel und Aufrißtafel diejenigen Ebenen, die als Ebenen der Zeichnung dienen. In Nr. 336 drehten wir die Ebene E um ihre Spurgerade in die Tafel T; jetzt dagegen werden wir die Tafel T um die Spurgerade s_1 in die Grundrißtafel E drehen. Man muß sich hierbei daran erinnern, daß die Beziehung zwischen den Ebenen E und T, die durch die Perspektive mit dem Auge O hergestellt wird, durchaus wechselseitig ist; wenn man will, kann man ja auch E als die Bildtafel auffassen (Nr. 334). Dann vertauschen die Fluchtgerade f und die Verschwindungsgerade v ihre Rollen, ebenso der Hauptfluchtpunkt F und der Hauptverschwindungspunkt V. Diese Punkte F und V sind die Schnittpunkte von f und v mit der Ebene durch O, die sowohl zu T als auch zu E senkrecht ist, d. h. mit der Ebene, die auf der Grundrißtafel lotrecht steht längs der zu s_1 senkrechten Geraden durch O'. Von dem Gelenkparallelogramm $SFOV$, von dem in Nr. 336 die Rede war, bleibt bei der Umlegung von T um s_1 in die Grundrißtafel E jetzt nicht die Seite SF, sondern die Seite SV in Ruhe, die der Grundrißtafel angehört, und O beschreibt also jetzt einen Kreis um V, dessen Ebene zur Grundrißtafel und zu s_1 senkrecht ist. Der Radius VO dieses Kreises ist die Hypotenuse, die zur Kathete $O'V$ und zur Höhe von O über der Grundrißtafel als zweiter Kathete gehört. Man trägt also diese Hypotenuse von V aus auf der zu s_1 senkrechten Geraden bis $\overline{O}$ ab, um das umgelegte Auge zu bekommen. Da immer die Strecke SV gleich der Strecke FO ist, ergibt sich die umgelegte Fluchtgerade $\bar{f}$ mit dem umgelegten Hauptfluchtpunkt $\overline{F}$ sofort, weil $\overline{F}\overline{O}$ gleich der Strecke SV (auch dem Sinne nach) sein muß.

Nach dieser Vorbereitung bekommt man nun die Umlegung des gesuchten Schnittvielecks, indem man in der Grundrißtafel als Doppelebene diejenige Perspektivität benutzt bei der $\overline{O}$ das Zentrum, s_1 die Achse, $\bar{f}$ die Fluchtgerade und v_1 die Verschwindungsgerade ist. Man verbindet also zusammengehörige Spur- und Fluchtpunkte der Kanten des Grundvielecks, d. h. diejenigen Punkte, in denen die Kanten s_1 treffen, und diejenigen Punkte, in denen die Parallelen durch $\overline{O}$ zu ihnen die Fluchtgeraden $\bar{f}$ treffen. Zusammengehörige Spur- und Fluchtpunkte sind mit $1, \overline{1}-2, \overline{2}$ usw. bezeichnet. Auf diese Art geht das Schnittvieleck in wahrer Gestalt und Größe in der Umlegung hervor. Man kann dabei auch die Verschwindungsgerade v_1 benutzen, was allerdings in Fig. 516 unterlassen worden ist: Die Kanten des Schnittvielecks müssen zu den Geraden parallel sein, die $\overline{O}$ mit den Schnittpunkten von v_1 und den Grundkanten der Pyramide verbinden.

Schließlich ist es leicht, das Schnittvieleck im Grundriß und Aufriß auf der Pyramide selbst darzustellen. Zweckmäßig verwendet man dabei wieder die Spur- und Fluchtpunkte. Die Spurpunkte sind im Grundriß dieselben wie vorher, und ihre Aufrisse liegen auf der Projektionsachse. Die Fluchtpunkte hat man von $\bar{f}$ durch Lote zu s_1 auf f' und von da durch Lote zur Projektionsachse auf f'' zu übertragen. Die Richtigkeit der Zeichnung wird dadurch geprüft, daß die Grundrisse und Aufrisse der Ecken des Schnittvielecks auf den Grundrissen und Aufrissen der Pyramidenkanten liegen müssen.

Bei dieser Art der Lösung der Aufgabe, einen ebenen Schnitt einer Pyramide herzustellen, ist der Umstand bemerkenswert, daß man zuerst die wahre Gestalt und Größe des Schnittvielecks und erst dann seinen Grundriß und Aufriß entwickelt. Zu beachten ist, daß das Schnittvieleck in der Umlegung von der Unterseite her gesehen wird.

346. Parallelogrammschnitt einer vierseitigen Pyramide. Insbesondere sei jetzt das Grundvieleck der Pyramide ein Viereck von beliebiger Gestalt, siehe Fig. 517. Die schneidende Ebene T sei jedoch nicht

gegeben. Vielmehr werde die Aufgabe gestellt, eine Ebene T ausfindig zu machen, deren Schnitt mit der Pyramide ein
Parallelogramm ist.

Mit V_1 und V_2 seien die Schnittpunkte der verlängerten Gegenseiten
des Grundvierecks bezeichnet. Wenn man nun wieder die gesuchte
Schnittfigur als perspektives Bild auffaßt, indem man die Pyramidenspitze O als Auge benutzt, hat man zu bedenken, daß das perspektive
Bild einer Geraden parallel zu dem Sehstrahl nach ihrem Verschwindungspunkt ist (Nr. 294). Da nun die sich in V_1 schneidenden Seiten

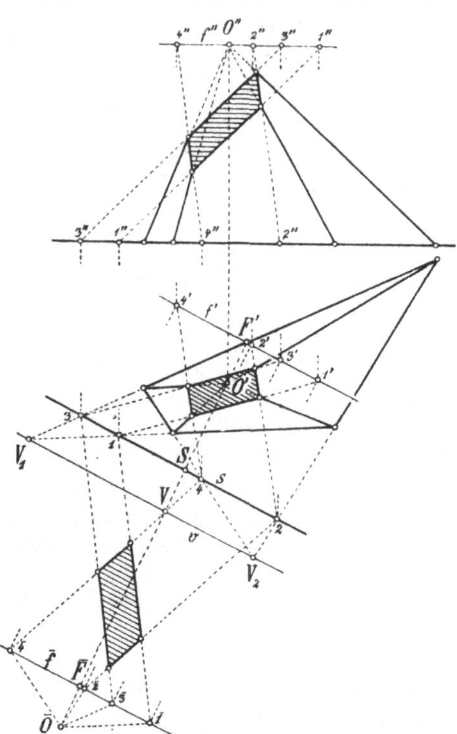

Fig. 517.

des Grundvierecks parallele Bilder haben sollen, muß also V_1
ihr Verschwindungspunkt sein.
Ebenso ergibt sich, daß V_2 der
Verschwindungspunkt der beiden
anderen Gegenseiten ist. Mithin
stellt $V_1 V$ die Verschwindungsgerade v dar. Demnach ist die
Ebene durch O und die Gerade v
die Verschwindungsebene. Jede
zu ihr parallele Ebene T schneidet also die Pyramide in einem
Parallelogramm, und sonst gibt
es keine Ebene, die dasselbe
tut. Man hat daher die Spurgerade s, in der T die Grundrißtafel schneidet, irgendwie parallel
zu v anzunehmen. Ist dies geschehen, so ist auch der Hauptverschwindungspunkt V und der
Hauptspurpunkt S bekannt. Die
Strecke VO, der Radius des
Kreises, den das Auge bei der
in voriger Nummer ausgeübten
Umlegung beschreibt, ergibt sich
wieder als Hypotenuse zu $O'V$
als der einer Kathete und der
Höhe von O über der Grundriß-
tafel als der anderen Kathete. Demnach findet man auch das umgelegte
Auge $\overline{O}$, da $V\overline{O} = VO$ sein muß. Mithin ist auch die umgelegte Fluchtgerade $\overline{f}$ bekannt, denn der Hauptfluchtpunkt liegt in der Umlegung $\overline{F}$
so, daß $\overline{O}\,\overline{F}$ gleich VS (auch dem Sinne nach) ist.

Wenn man nun wie in voriger Nummer das Schnittviereck in der
Umlegung herstellt, ergibt sich, wie zu erwarten, ein Parallelogramm.
Um daraus den Grundriß und Aufriß des Parallelogramms auf der Pyramide so wie in voriger Nummer zu gewinnen, muß man vorher noch
die Grundrißprojektion $\overline{f}'$ der Fluchtgeraden finden. Sie ergibt sich
daraus, daß für den Grundriß F' des Hauptfluchtpunkts $O'F' = VS$ (auch
dem Sinne nach) sein muß.

347. Abbildung eines ebenen Vierecks als Quadrat. Soeben hat sich
gezeigt, daß es stets Ebenen gibt, die eine vierseitige Pyramide in Par-

allelogrammen schneiden, und daß alle diese Ebenen einerlei Stellung haben. Deshalb ist es im allgemeinen unmöglich, eine gegebene vierseitige Pyramide in einem Quadrat zu schneiden. Man kann sich aber die Aufgabe stellen: Ein ebenes Viereck sei als Grundfläche einer Pyramide gegeben, wo muß man dann die Spitze O der Pyramide annehmen, damit es möglich sei, die Pyramide in einem Quadrat zu schneiden?

In Anknüpfung an die beiden letzten Nummern nehmen wir das gegebene Viereck irgendwo auf der Grundrißtafel an, siehe Fig. 518. Wieder seien V_1 und V_2 die Schnittpunkte der verlängerten Gegenseiten des Vierecks. Die Diagonalen mögen die Gerade $V_1 V_2$, die wie in der

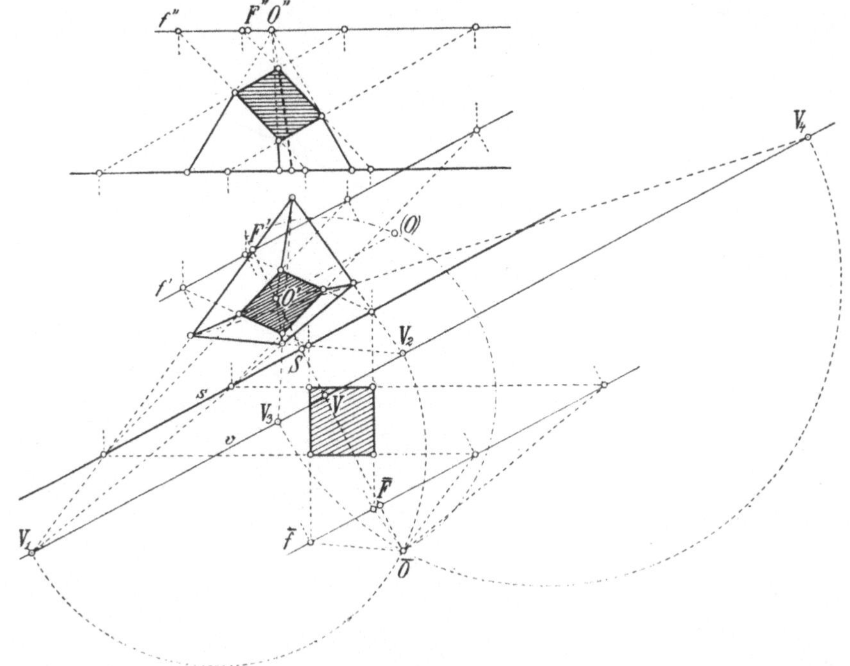

Fig. 518.

letzten Nummer die Verschwindungsgerade v sein muß, in V_3 und V_4 schneiden. Das Schnittviereck, d. h. das perspektive Bild des Vierecks, ist nun ein Quadrat, wenn erstens $\sphericalangle V_1 \overline{O} V_2$ und zweitens $\sphericalangle V_3 \overline{O} V_4$ ein rechter Winkel ist. Denn nur dann sind die Seiten des Schnittvierecks und ebenso die Diagonalen des Schnittvierecks zueinander senkrecht. Mithin muß das umgelegte Auge $\overline{O}$ in einem der Schnittpunkte der Kreise mit den Durchmessern $V_1 V_2$ und $V_3 V_4$ liegen. Die Kreise schneiden sich stets, weil V_1, V_2 und V_3, V_4 einander harmonisch trennende Punktpaare sind (Nr. 333). Hat man nun eine der beiden Schnittpunkte der Kreise als das umgelegte Auge $\overline{O}$ und außerdem die Spurgerade s irgendwie parallel zu v angenommen, so daß man den Hauptverschwindungspunkt V und Hauptspurpunkt S kennt, so bekommt man auch den Hauptfluchtpunkt in der Umlegung $\overline{F}$, da $\overline{O}\,\overline{F} = VS$ (auch dem Sinne nach) sein muß. Nun läßt sich das Schnittviereck wie in Nr. 345 in der Umlegung zeichnen, und es geht ein Quadrat hervor. Weiterhin muß man den Grundriß und Aufriß der Pyramidenspitze O bestimmen. Beim Zurückdrehen der Ebene T, die längs s die Grundrißebene schneidet, beschreibt das Auge O einen Kreis um V, dessen Ebene längs $SV\overline{F}\,\overline{O}$ auf der Grundrißtafel senkrecht steht. Diesen Kreis wird man in der Umlegung um seinen auf der Grundrißtafel gelegenen Durchmesser zeichnen. Dann kann man den Punkt (O) auf dem umgelegten Kreis beliebig annehmen und also den Grundriß O' von O als den Fußpunkt des Lotes von (O) auf $SV\overline{F}\,\overline{O}$ sowie den Aufriß O'' von O in der Höhe $O'(O)$ über der Projektionsachse bestimmen. Alles weitere ergibt sich wie in voriger Nummer.

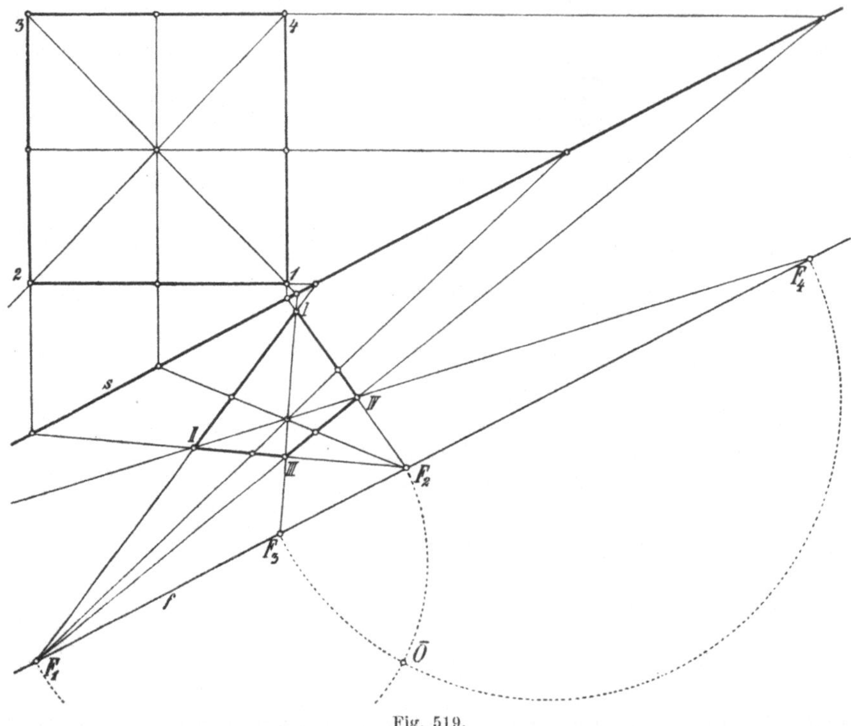

Fig. 519.

Diese Betrachtung zeigt, wenn man die Pyramidenspitze als das Auge O auffaßt: Ein ebenes Viereck von beliebiger Gestalt kann stets perspektiv als ein Quadrat abgebildet werden. Selbstredend kann man auch sagen: Ein ebenes Viereck von beliebiger Gestalt kann stets als perspektives Bild eines Quadrates aufgefaßt werden. Denn die Beziehung zwischen zwei Ebenen, von denen die eine auf die andere perspektiv abgebildet wird, ist ja wechselseitig.

Bei der Wichtigkeit der Sache sei noch gezeigt, wie man vorgehen wird, wenn das gegebene Viereck als das perspektive Bild eines Quadrates erscheinen soll, und zwar bei Benutzung der Perspektivität in der Doppelebene. In Fig. 519 ist dasselbe Viereck $I\,II\,III\,IV$ wie in Fig. 518 angenommen worden. Aber die Schnittpunkte der Gegenseiten spielen jetzt die Rolle von Fluchtpunkten und sind daher mit F_1 und

F_2 bezeichnet. Die Gerade $F_1 F_2$ ist die Fluchtgerade f, und auf ihr liegen die Fluchtpunkte F_3 und F_4 der Diagonalen des gesuchten Quadrats, nämlich die Schnittpunkte mit $I\,III$ und $II\,IV$. Das umgelegte Auge $\bar{O}$ muß nun wieder im Schnitt der Kreise mit den Durchmessern $F_1 F_2$ und $F_3 F_4$ liegen. Nimmt man die Spurgerade beliebig parallel zu f an, so kann man rückwärts aus dem Viereck $I\,II\,III\,IV$ als perspektivem Bild das Quadrat $1\,2\,3\,4$ konstruieren. Es ist größer als das in Fig. 518. Durch passende Wahl der Spurgeraden s könnte man erreichen, daß es geradeso groß wird.

348. Winkel, die sich in wahrer Größe abbilden. Wenn in einer Ebene E ein Punkt P angenommen wird, kann man sich die Frage stellen, ob es in der Ebene einen solchen Winkel mit dem Scheitel P gibt, der sich als gleich großer Winkel abbildet. In dem Fall, wo die Ebene E zur Tafel T parallel ist, trifft dies für jeden Winkel in E zu; deshalb sei die Ebene E als nicht parallel zur Tafel vorausgesetzt. Die Untersuchung können wir nach Nr. 336 auf Grund der Perspektivität auf der Tafel als Doppelebene ausführen, indem wir die Ebene E um ihre Spurgerade s in die Tafel umlegen. Hierbei sei daran erinnert, daß das umgelegte Auge $\bar{O}$ und die umgelegte Verschwindungsgerade $\bar{v}$ so liegen, daß der Abstand von der Fluchtgeraden f bis $\bar{O}$ (auch dem Sinne nach) gleich dem von s bis $\bar{v}$ ist. Zur Vermeidung einer Überfüllung der Figur lassen wir die Angabe des Hauptpunktes und Distanzkreises fort, da sie weiterhin nicht gebraucht werden.

Ein Punkt P der Ebene E, der vor dem Beobachter liegt, gelangt bei der Umlegung an irgendeine Stelle $\bar{P}$, die von $\bar{O}$ aus gerechnet jenseits von $\bar{v}$ anzunehmen ist. Wenn nun $\bar{a}$ und $\bar{b}$ die Schenkel irgendeines Winkels α mit dem Scheitel $\bar{P}$ sind, schneiden sie $\bar{v}$ in den Verschwindungspunkten $\bar{V}_1$ und $\bar{V}_2$, siehe Fig. 520, und die Bilder a und b von $\bar{a}$ und $\bar{b}$ sind zu $\bar{O}\bar{V}_1$ und $\bar{O}\bar{V}_2$ parallel. Der Winkel bildet sich also nur dann in wahrer Größe ab, wenn $\sphericalangle\,\bar{V}_1 \bar{P}\,\bar{V}_2 = \sphericalangle\,\bar{V}_1 \bar{O}\,\bar{V}_2$ ist. Dies läßt sich anders aussprechen, wenn der Spiegelpunkt U von $\bar{O}$ hinsichtlich $\bar{v}$ benutzt wird: es wird gefordert, daß $\sphericalangle\,\bar{V}_1 \bar{P}\,\bar{V}_2 = \sphericalangle\,\bar{V}_1 \bar{U}\,\bar{V}_2$ sei, und da $\bar{P}$ und $\bar{U}$ auf derselben Seite von $\bar{v}$ liegen, ist dies dann und nur dann der Fall, wenn $\bar{P}$, $\bar{U}$, $\bar{V}_1$, $\bar{V}_2$ auf einem Kreis liegen. Demnach ist in Fig. 520

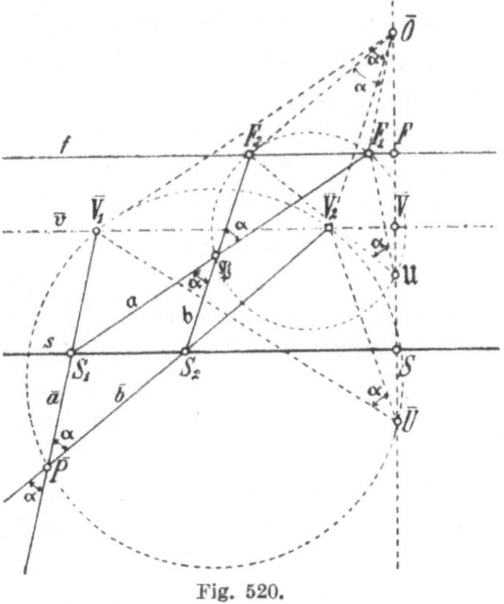

Fig. 520.

durch $\bar{P}$ und $\bar{U}$ irgendein $\bar{v}$ schneidender Kreis gezeichnet worden. Seine Schnittpunkte $\bar{V}_1$ und $\bar{V}_2$ mit $\bar{v}$ sind die Verschwindungspunkte der Schenkel $\bar{a}$ und $\bar{b}$ eines Winkels α mit dem Scheitel $\bar{P}$, und das Bild dieses Winkels, das in bekannter Weise mittels der Spurpunkte S_1, S_2 und der Verschwindungspunkte $\bar{V}_1$, $\bar{V}_2$ oder auch der Fluchtpunkte F_1, F_2

hergestellt werden kann, hat dieselbe Größe α. Wird das Bild von $\overline{P}$ mit $\mathfrak{P}$ bezeichnet, so ist also $\measuredangle S_1 \overline{P} S_2 = \measuredangle S_1 \mathfrak{P} S_2 = \measuredangle \overline{V}_1 \overline{U} \overline{V}_2 = \measuredangle \overline{V}_1 \overline{O} \overline{V}_2 = \measuredangle F_1 O F_2 = \alpha$.

Es steht in unserem Belieben, ob wir E als die abgebildete Ebene und T als die Bildtafel oder umgekehrt T als die abgebildete Ebene und E als die Bildtafel auffassen wollen (Nr. 334). Zur zweiten Auffassung kommen wir, indem wir die Rollen der Verschwindungsgeraden $\bar{v}$ und Fluchtgeraden f vertauschen. Dementsprechend ist dann statt des Spiegelpunktes $\overline{U}$ von $\overline{O}$ hinsichtlich $\bar{v}$ der Spiegelpunkt $\mathfrak{U}$ von $\overline{O}$ hinsichtlich f zu benutzen. Also folgt: Auch die vier Punkte $\mathfrak{P}$, $\mathfrak{U}$, F_1, F_2 liegen auf einem Kreis. Dies könnte man auch nachträglich rein planimetrisch leicht beweisen. Infolge hiervon kommt α in Fig. 520 noch einmal als $\measuredangle F_1 \mathfrak{U} F_2$ vor. Wohlbemerkt darf man aber nicht etwa folgern, daß der Kreis durch $\mathfrak{P}, \mathfrak{U}, F_1, F_2$ das Bild des Kreises durch $\overline{P}, \overline{U}, \overline{V}_1, \overline{V}_2$ sei.

Da es unendlich viele die Verschwindungsgerade $\bar{v}$ schneidende Kreise durch $\overline{P}$ und $\overline{U}$ gibt, sind in der umgelegten Ebene E unendlich viele Winkel mit dem Scheitel $\overline{P}$ vorhanden, die sich in wahrer Größe abbilden. Wir nahmen an, daß sich der Punkt, der durch die Umlegung an die Stelle $\overline{P}$ gelangt, vor dem Beobachter befinde. Liegt er hinter ihm, so hat er allerdings ein nur geometrisches Bild $\overline{\overline{P}}$, und zwar befindet sich dies dann auf derselben Seite von $\bar{v}$ wie $\overline{O}$. In diesem Falle findet man irgendeinen Winkel mit dem Scheitel $\overline{\overline{P}}$, der sich in wahrer Größe abbildet, indem man irgendeinen die Verschwindungsgerade $\bar{v}$ schneidenden Kreis durch $\overline{P}$ und $\overline{O}$ legt und die Schnittpunkte des Kreises mit $\bar{v}$ als die Verschwindungspunkte der Schenkel des Winkels benutzt.

Solange $\overline{P}$ weder in $\overline{U}$ noch in $\overline{O}$ liegt, gibt es immer nur gewisse unendlich viele Kreise durch $\overline{P}$, die auch durch $\overline{U}$ oder $\overline{O}$ gehen, d. h. dann gibt es unter den unendlich vielen Winkeln mit dem Scheitel $\overline{P}$ nur gewisse unendlich viele Winkel, die sich in wahrer Größe abbilden. Anders verhält es sich, wenn $\overline{P}$ in $\overline{U}$ oder $\overline{O}$ selbst liegt. Dann nämlich kann jeder Kreis durch $\overline{P}$, der $\bar{v}$ schneidet, als der Hilfskreis dienen, d. h. jeder Winkel der umgelegten Ebene, dessen Scheitel in $\overline{U}$ oder $\overline{O}$ liegt, bildet sich in wahrer Größe ab. Dies sieht man auch leicht geradezu ein. Mithin gibt es in der Ebene E zwei Punkte derart, daß jeder Winkel von E, der einen der Punkte als Scheitel hat, im Bild in wahrer Größe erscheint. Diese beiden Punkte von E mögen die winkeltreuen Punkte der Ebene heißen. Wir wissen zwar, daß sie nach der Umlegung die Punkte $\overline{U}$ und $\overline{O}$ sind, müssen aber noch feststellen, wo sie sich vor der Umlegung befinden.

Offenbar liegen sie in derjenigen Ebene $\mathfrak{E}$, die längs der Geraden $\overline{O}\,\overline{V}$ auf der Tafel T senkrecht steht. Diese Ebene ist die durch Auge O senkrecht zur Spurgeraden s der Ebene E gelegte Ebene, die sowohl E als auch T in einer Geraden schneidet, und wir können uns darauf beschränken, den Vorgang der Umlegung nur insoweit zu verfolgen, als er sich in dieser Querschnittebene $\mathfrak{E}$ abspielt. Er wurde schon in derselben Weise in Nr. 336 und Nr. 331 untersucht. Insbesondere verweisen wir auf Fig. 498 von Nr. 331, worin wir g und $\mathfrak{g}$ als die Schnitte der Querschnittebene mit E und T anzusehen haben. Wir stellen den Querschnitt in Fig. 521 noch einmal dar. Das Auge O beschreibt bei der Umlegung den Kreis um den Hauptfluchtpunkt F. Wie in der genannten Figur sollen auch jetzt K_1, K_2 und $\mathfrak{K}_1$, $\mathfrak{K}_2$ die Punkte sein, in denen E und T durch diejenigen Lote getroffen werden, die man vom Auge O auf die Winkelhalbenden der Ebenen E und T fällen kann. Bezeichnet S den Hauptspurpunkt, so ist $SK_1\mathfrak{K}_1$ ebenso wie $SK_2\mathfrak{K}_2$ ein gleichschenkliges Dreieck mit der Spitze S. Man erkennt daraus ohne Mühe, daß $\mathfrak{K}_2$ derjenige Punkt $\overline{O}$ ist, in den O durch die Umlegung gelangt, wie schon in Nr. 331 bemerkt wurde. Der Hauptverschwindungspunkt V ist die Mitte von K_1K_2.

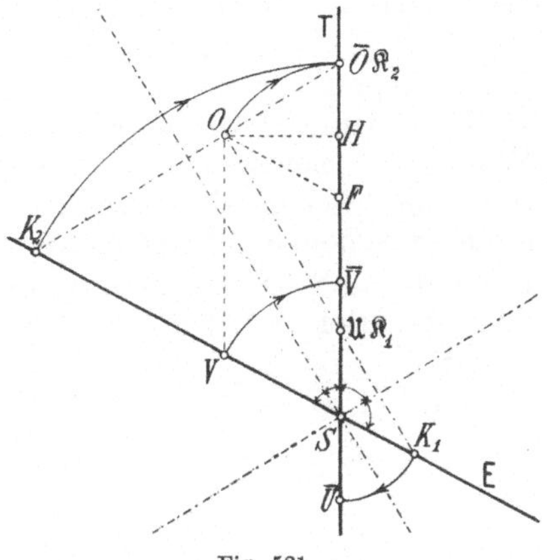

Fig. 521.

Mithin geht K_1 vermöge der Umlegung in den vorhin mit $\overline{U}$ bezeichneten Punkt über. Ferner ist der Hauptfluchtpunkt F der Mittelpunkt des Kreises über $\mathfrak{K}_1\mathfrak{K}_2$, den das Auge bei der Umlegung beschreibt, so daß der oben mit $\mathfrak{U}$ bezeichnete Punkt der Punkt $\mathfrak{K}_1$ ist.

Demnach sind die winkeltreuen Punkte der Ebene E die Punkte K_1 und K_2 und ihre Bilder die Punkte $\mathfrak{K}_1$ und $\mathfrak{K}_2$.

***349. Eine Parabelschar, die sich als Parabelschar abbildet[1]).** Obgleich wir uns erst im nächsten Paragraphen aufs neue eingehend mit den Kegelschnitten beschäftigen, kommen wir schon jetzt durch weitere Verfolgung der Betrachtung der letzten Nummer zu einer merkwürdigen Schar von Parabeln, die sich als Parabeln abbilden:

In Fig. 522 ist zunächst wie in Fig. 520 durch einen beliebig in der Umlegung angenommenen Punkt $\overline{P}$ und durch $\overline{U}$ ein die Verschwindungsgerade $\overline{v}$ schneidender Kreis gelegt worden. Seine Schnittpunkte $\overline{V}_1$ und $\overline{V}_2$ mit $\overline{v}$ sind die Verschwindungspunkte der Schenkel eines Winkels α mit dem Scheitel $\overline{P}$, und das Bild dieses Winkels hat die wahre Größe α. Wir wissen, daß auch $\mathfrak{P}$, $\mathfrak{U}$, F_1, F_2 auf einem Kreise liegen. Nun werde von $\overline{U}$ aus auf den Schenkel $\overline{P}\,\overline{V}_1$ das Lot gefällt. Die Verbindungsgerade seines Fußpunktes mit $\overline{V}$ heiße $\overline{x}$. Sie bildet mit $\overline{U}\,\overline{V}$ einen gewissen Winkel β. Da der Fußpunkt jenes Lotes und $\overline{V}$ auf einem Kreis mit dem Durchmesser $\overline{U}\,\overline{V}_1$ liegen, ist β als Peripheriewinkel in diesem Kreis gleich $\sphericalangle\,\overline{P}\,\overline{V}_1\overline{U}$. Nun aber ist $\sphericalangle\,\overline{P}\,\overline{V}_1\overline{U}$ als Peripheriewinkel im Kreis durch $\overline{P}$, $\overline{U}$, $\overline{V}_1$, $\overline{V}_2$ gleich $\sphericalangle\,\overline{P}\,\overline{V}_2\overline{U}$. Da also dieser Winkel auch gleich β ist, folgert man: Der Fußpunkt des Lotes von $\overline{U}$ auf den zweiten Schenkel $\overline{P}\,\overline{V}_2$ des Winkels α liegt ebenfalls auf der Geraden $\overline{x}$.

Dem Winkel α mit dem Scheitel $\overline{P}$ kommt also folgende Eigenschaft zu: Seine Schenkel bilden mit den Loten, die man von $\overline{U}$ auf sie fällen

---

[1]) Die mit Sternchen versehenen Nummern sind überschlagbar.

kann, solche rechte Winkel, deren Scheitel auf einer Geraden $\bar{x}$ durch $\overline{V}$ liegen. Man kann dies Ergebnis umkehren: Falls ein Winkel α mit dem Scheitel $\overline{P}$ so angenommen wird, daß die beiden Fußpunkte der Lote von $\overline{U}$ auf seine Schenkel einer Geraden $\bar{x}$ durch $\overline{V}$ angehören, liegen $\overline{P}$, $\overline{U}$, $\overline{V}_1$, $\overline{V}_2$ auf einem Kreis, so daß der Winkel α in wahrer Größe abgebildet wird.

Nun erinnern wir an ein Ergebnis in Nr. 264: Wenn sich ein rechter Winkel so bewegt, daß sein Scheitel eine Gerade $\bar{x}$ durchläuft und sein einer Schenkel beständig durch einen Punkt $\overline{U}$ geht, hüllt sein anderer Schenkel als Tangente eine Parabel $\bar{p}$ ein, die $\bar{x}$ als Scheiteltangente und $\overline{U}$ als Brennpunkt hat. Die Leitlinie l dieser Parabel hat von der Scheiteltangente $\bar{x}$ denselben Abstand wie der Brennpunkt $\overline{U}$, und da $\overline{U}\,\overline{V} = \overline{V}\,\overline{O}$ ist, erhellt, daß die Leitlinie die Parallele zu $\bar{x}$ durch $\overline{O}$ ist. Also hat sich ergeben:

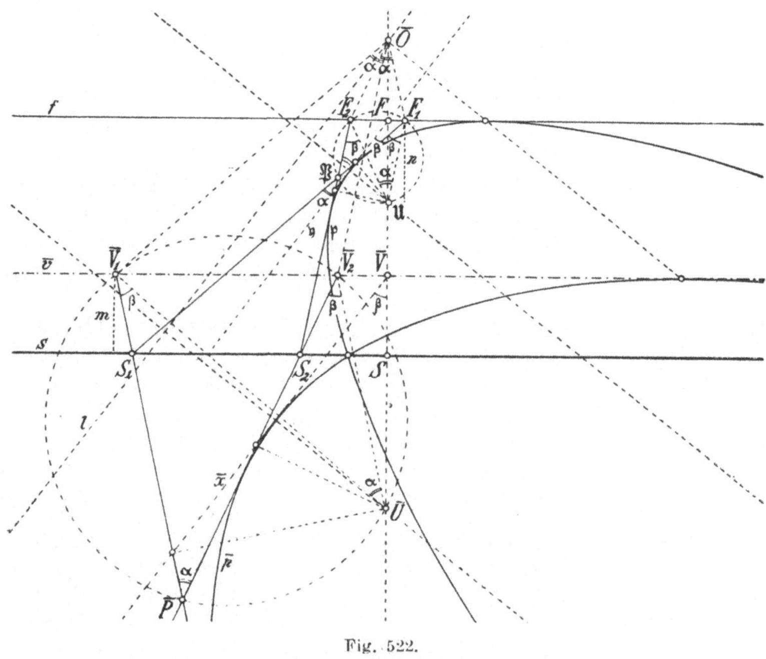

Fig. 522.

Ein Winkel mit dem Scheitel $\overline{P}$ bildet sich in wahrer Größe ab, wenn seine Schenkel zwei Tangenten an irgendeine derjenigen Parabeln $\bar{p}$ sind, die $\overline{U}$ als Brennpunkt und eine Gerade l durch $\overline{O}$ als Leitlinie haben.

Wir erinnern hier wie in voriger Nummer daran, daß die Beziehung zwischen der umgelegten Ebene E und der Tafel T umkehrbar ist, d. h. daß man auch E als die Bildtafel und T als die abgebildete Ebene auffassen kann, und daß dabei $\overline{U}$ die Rolle mit $\mathfrak{U}$ vertauscht. Also folgt:

Ein Winkel, dessen Scheitel das Bild $\mathfrak{P}$ hat, bildet sich insbesondere dann in wahrer Größe ab, wenn die Bilder seiner Schenkel zwei Tangenten an irgendeine derjenigen

Parabeln $\mathfrak{p}$ sind, die $\mathfrak{U}$ als Brennpunkt und eine Gerade durch $\overline{O}$ als Leitlinie haben.

Wird also irgendeine Parabel $\overline{p}$ gezeichnet, die $\overline{U}$ als Brennpunkt und eine Gerade durch $\overline{O}$ als Leitlinie hat, so bestimmen irgend zwei Tangenten der Parabel allemal einen Winkel, der sich in wahrer Größe abbildet, und zwar sind ihre Bilder Tangenten einer Parabel $\mathfrak{p}$, die $\mathfrak{U}$ als Brennpunkt und eine Gerade durch $\overline{O}$ als Leitlinie hat. Mithin bildet sich auch jede Parabel $\overline{p}$ von der angegebenen Art als eine der Parabeln $\mathfrak{p}$ ab.

Ebenso wie sich ergab, daß $\sphericalangle \overline{P}\,\overline{V}_1\overline{U} = \sphericalangle \overline{P}\,\overline{V}_2\overline{U} = \beta$, d. h. gleich dem Winkel der Scheiteltangente $\overline{x}$ von $\overline{p}$ mit $\overline{V}\overline{U}$ ist, folgert man für das Bild, daß $\sphericalangle \mathfrak{P}F_1\mathfrak{U} = \sphericalangle \mathfrak{P}F_2\mathfrak{U}$ und gleich dem Winkel der Scheiteltangente $\mathfrak{y}$ von $\mathfrak{p}$ mit $F\mathfrak{U}$ ist. Die Scheiteltangente $\mathfrak{y}$ ergibt sich entsprechend wie $\overline{x}$, d. h. sie geht durch F und durch die Fußpunkte der Lote von $\mathfrak{U}$ auf $\mathfrak{P}F_1$ und $\mathfrak{P}F_2$. Man kann nun beweisen, daß die zuletzt genannten drei Winkel den drei zuerst genannten Winkeln gleich sind, also die Größe β haben. Es genügt zu zeigen, daß $\sphericalangle \overline{P}\,\overline{V}_1\overline{U} = \sphericalangle \mathfrak{P}F_1\mathfrak{U}$ ist. Dies hat seinen Grund darin, daß $\overline{V}_1$ von s denselben Abstand wie $\overline{O}$ von f hat und daß $\overline{V}_1$ auf der Mittelsenkrechten $\overline{v}$ von $\overline{O}\overline{U}$ liegt. Errichtet man nämlich in $\overline{V}_1$ und F_1 die zueinander parallelen Lote m und n auf $\overline{v}$ und f, so bemerkt man, daß $\sphericalangle \overline{P}\,\overline{V}_1\overline{U}$ die Differenz der Winkel ist, die m mit $\overline{P}\,\overline{V}_1$ und $\overline{U}\,\overline{V}_1$ bildet. Da $\overline{P}\,\overline{V}_1 \parallel F_1\overline{O}$ ist, schließt man, daß der Winkel zwischen m und $\overline{P}\,\overline{V}_1$ gleich $\sphericalangle F\overline{O}F_1 = \sphericalangle F\mathfrak{U}F_1$, also auch gleich dem Winkel zwischen n und $\mathfrak{U}F_1$ ist. Ferner erkennt man, daß der Winkel zwischen m und $\overline{U}\,\overline{V}_1$ gleich $\sphericalangle \overline{V}_1\overline{U}\overline{O} = \sphericalangle \overline{V}_1\overline{O}\,\overline{U}$, also gleich dem Winkel zwischen S_1F_1 und n ist, weil $S_1F_1 \parallel \overline{V}_1\overline{O}$ ist. Mithin ist β oder $\sphericalangle \overline{P}\,\overline{V}_1\overline{U}$ gleich der Differenz der Winkel, die n mit S_1F_1 und $\mathfrak{U}F_1$ bildet, d. h. gleich $\sphericalangle \mathfrak{P}F_1\mathfrak{U}$, was zu beweisen war.

Somit kehrt der Winkel β wieder als der Winkel zwischen der Scheiteltangente $\mathfrak{y}$ und $F\overline{V}$, so daß die Scheiteltangente $\mathfrak{y}$ zur Scheiteltangente $\overline{x}$ parallel ist. Weiterhin schließt man hieraus, daß die Parabel $\mathfrak{p}$ dieselbe Leitlinie l wie die Parabel $\overline{p}$ hat. Da jede Gerade durch $\overline{O}$ ihr eigenes perspektives Bild ist (Nr. 338), bildet sich daher die Leitlinie von $\overline{p}$ als die von $\mathfrak{p}$ ab. Ferner wissen wir nach voriger Nummer, daß $\overline{U}$ das Bild $\mathfrak{U}$ hat, d. h. der Brennpunkt von $\overline{p}$ bildet sich als der Brennpunkt von $\mathfrak{p}$ ab. Wir erinnern nun noch daran, daß $\overline{U}$ durch die Umlegung aus dem einen winkeltreuen Punkt K_1 der Eben E hervorgegangen ist, daß ferner $\overline{O}$, aufgefaßt als Punkt der umgelegten Ebene E, aus dem anderen winkeltreuen Punkt K_2 der Ebene E entstanden ist. Außerdem erinnern wir daran, daß es nicht nötig ist, daß $\overline{P}$ auf derjenigen Seite von $\overline{v}$ liegt, auf der sich $\overline{O}$ nicht befindet. Liegt $\overline{P}$ auf der anderen Seite, so tritt nach voriger Nummer $\overline{O}$ an die Stelle von $\overline{U}$, d. h. dann wird K_1 mit K_2 vertauscht. Zusammengefaßt hat sich also ergeben:

Wenn eine Ebene E nicht zur Tafel T parallel ist, also nur zwei winkeltreue Punkte K_1 und K_2 hat, deren Bilder $\mathfrak{K}_1$ und $\mathfrak{K}_2$ seien, erscheint ein in E gelegener Winkel

8*

dann und nur dann im Bild in wahrer Größe, wenn seine Schenkel eine Parabel p berühren, die K_1 (oder K_2) als Brennpunkt hat und deren Leitlinie durch K_2 (oder K_1) geht. Diese Parabel p selbst bildet sich als eine Parabel $\mathfrak{p}$ ab, die $\mathfrak{K}_1$ (oder $\mathfrak{K}_2$) als Brennpunkt hat und deren Leitlinie durch $\mathfrak{K}_2$ (oder $\mathfrak{K}_1$) geht. Dabei ist das Bild des Brennpunktes von p der Brennpunkt von $\mathfrak{p}$ sowie das Bild der Leitlinie von p die Leitlinie von $\mathfrak{p}$.

In Nr. 357 wird sich ergeben, daß das perspektive Bild eines Kegelschnitts immer wieder ein Kegelschnitt ist. Insbesondere kann man erreichen, daß sich eine Parabel wieder als Parabel abbildet. Aber hier tritt der besonders bemerkenswerte Fall ein, daß die Brennpunkte und Leitlinien auch im Bilde Brennpunkte und Leitlinien vorstellen, was im allgemeinen durchaus nicht so ist.

Zu den Tangenten der Parabel p gehört auch die Verschwindungsgerade $\bar{v}$. Da ihr Bild unendlich fern ist, berührt sie die Parabel in einem Punkte, dessen Bild unendlich fern liegt, d. h. in dem Punkt, in dem sie von dem zur Achse der Parabel $\mathfrak{p}$ parallelen Strahl durch $\overline{O}$ getroffen wird. Ebenso zeigt sich, daß auf demselben Strahl der Punkt liegt, in dem die Fluchtgerade f die Parabel $\mathfrak{p}$ berührt.

350. Perspektive rechte Winkel. In einer nicht zur Tafel parallelen Ebene E sei ein Punkt P gewählt. Dann gibt es einen rechten Winkel in E mit dem Scheitel P, dessen Bild ebenfalls ein rechter Winkel ist. Indem wir nämlich wie in Nr. 348 die Umlegung der Ebene E in die Tafel benutzen, also statt P einen Punkt $\overline{P}$ in der Umlegung annehmen, siehe Fig. 523, finden wir: Die Verschwindungspunkte $\overline{V}_1$ und $\overline{V}_2$ der Schenkel $\bar{a}$ und $\bar{b}$ des rechten Winkels müssen so liegen, daß auch $\sphericalangle\,\overline{V}_1\overline{O}\,\overline{V}_2$ ein rechter Winkel ist, d. h. $\overline{V}_1$ und $\overline{V}_2$ sind die Schnittpunkte von $\bar{v}$ mit dem Kreis, der durch $\overline{O}$ und $\overline{P}$ geht und seinen Mittelpunkt auf $\bar{v}$ hat. Also ergibt sich wie in Nr. 127,

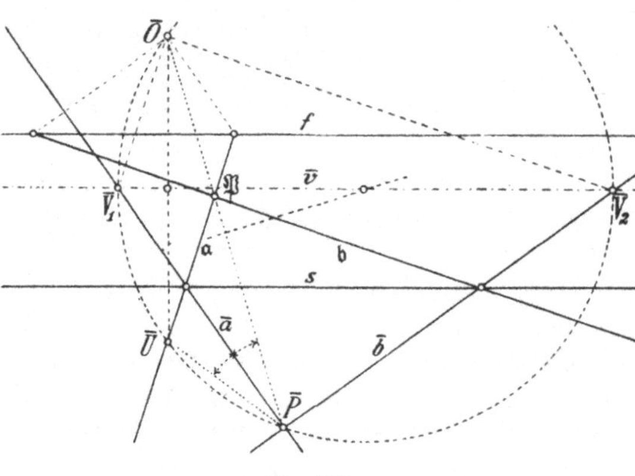

Fig. 523.

wo wir dieselbe Frage für den Sonderfall einer Affinität statt einer allgemeinen Perspektivität behandelten, daß man das Mittellot von $\overline{O}\overline{P}$ mit $\bar{v}$ zum Schnitt bringen und um den Schnittpunkt den Kreis durch $\overline{O}$ legen wird, der $\bar{v}$ in $\overline{V}_1$ und $\overline{V}_2$ schneidet. Man kann aber auch statt dieses Hilfskreises das in Fig. 176 von Nr. 127 angewandte Verfahren benutzen: Der Punkt $\overline{O}$ wird an $\bar{v}$ gespiegelt. Dadurch geht der wie in Nummer 348 auch jetzt mit $\overline{U}$ bezeichnete Punkt hervor. Dann sind die Schenkel $\bar{a}$ und $\bar{b}$ des gesuchten rechten Winkels diejenigen Geraden, vermöge deren die Winkel der Geraden $\bar{P}\bar{O}$ und $\bar{P}\bar{U}$ in gleiche Teile zerlegt werden. Aus Nr. 348 wissen wir, daß $\bar{U}$ und $\bar{O}$, aufgefaßt als Punkte der umgelegten Ebene E, die winkeltreuen Punkte K_1 und K_2 dieser Ebene sind. Also folgt:

Diejenigen rechten Winkel in einer nicht zur Tafel parallelen Ebene E, die sich wieder als rechte Winkel abbilden, haben solche Schenkel, vermöge deren die Winkel der Geraden von den Scheiteln nach den winkeltreuen Punkten K_1 und K_2 der Ebene in gleiche Teile zerlegt werden. Während im Sonderfall der Affinität alle in E enthaltenen rechten Winkel, die sich wieder als rechte Winkel abbilden, parallele Schenkel haben, ist das hier also nicht der Fall.

Nur wenn $\bar{P}$ in $\bar{U}$ oder $\bar{O}$ selbst liegt, d. h. wenn der Scheitel P in E als einer der beiden winkeltreuen Punkte K_1 und K_2 der Ebene angenommen wird, bilden sich alle rechten Winkel wieder als rechte Winkel ab.

***351. Konfokale Ellipsen und Hyperbeln**[1]**).** Indem wir die Betrachtung der letzten Nummer weiter verfolgen, gelangen wir wie in Nr. 349 zu einer bemerkenswerten Schar von Kegelschnitten, aber diesmal zu Ellipsen und Hyperbeln:

Unter dem Winkel, unter dem sich zwei in einem Punkte treffende Kurven durchsetzen, versteht man den Winkel, den die Tangenten des Schnittpunktes bilden. Sollen sich also zwei durch $\bar{P}$ in Fig. 523 der letzten Nummer gehende Kurven der umgelegten Ebene E rechtwinklig schneiden, so müssen sie in $\bar{P}$ zueinander senkrechte Tangenten haben. Sollen sich auch ihre Bilder im Bildpunkt $\mathfrak{P}$ rechtwinklig schneiden, so müssen also die Tangenten in $\bar{P}$ die Geraden $\bar{a}$ und $\bar{b}$ sein. Nach Nr. 79 hat nun diejenige Ellipse, die durch $\bar{P}$ geht und deren Brennpunkte $\bar{O}$ und $\bar{U}$ sind, in $\bar{P}$ die Tangente $\bar{b}$ und diejenige Hyperbel, die durch $\bar{P}$ geht und deren Brennpunkte $\bar{O}$ und $\bar{U}$ sind, in $\bar{P}$ die Tangente $\bar{a}$. Da $\bar{O}$ und $\bar{U}$ die Umlegungen der Punkte K_2 und K_1 der Ebene E sind, gilt demnach der Satz:

Diejenigen einander überall senkrecht durchsetzenden Kurvenscharen einer nicht zur Tafel parallelen Ebene E, die sich als ebenfalls einander überall senkrecht durchsetzende Kurvenscharen abbilden, sind die Ellipsen und Hyperbeln, die als Brennpunkte die winkeltreuen Punkte K_1 und K_2 der Ebene E haben.

Man nennt diese Ellipsen und Hyperbeln konfokal, weil sie die Brennpunkte gemein haben (Nr. 74). Da die Beziehung zwischen den Ebenen E und T wechselseitig ist, also auch E als die Bildtafel und T als die abzubildende Ebene aufgefaßt werden könnte, wobei $\bar{U}$ mit dem in Nr. 348 eingeführten Spiegelpunkt $\mathfrak{U}$ von $\bar{O}$ hinsichtlich f zu vertauschen wäre, ergibt sich: Die in Rede stehenden konfokalen Ellipsen und Hyperbeln haben als Bilder die Schar derjenigen Ellipsen und Hyperbeln, denen die Brennpunkte $\bar{O}$ und $\mathfrak{U}$ zukommen. Wir erinnern noch daran, daß $\bar{O}$ und $\mathfrak{U}$ die perspektiven Bilder derjenigen

---

[1]) Die mit Sternchen versehenen Nummern sind überschlagbar.

Punkte K_2 und K_1 der Ebene E sind, die bei der Umlegung der Ebene E nach $\overline{O}$ und $\overline{U}$ gelangen. Somit gilt der Satz:

In jeder nicht zu Tafel T parallelen Ebene E gibt es eine Schar von konfokalen Ellipsen und Hyperbeln, die sich wieder als eine Schar von konfokalen Hyperbeln und Ellipsen abbildet. Die Brennpunkte der Schar in E sind die winkeltreuen Punkte K_1 und K_2 dieser Ebene, und die Bilder dieser Brennpunkte sind die Brennpunkte der Schar in T.

Absichtlich haben wir bei der zweiten Schar zuerst die Hyperbeln erwähnt, weil nämlich jede Ellipse in E, die K_1 und K_2 als Brennpunkte hat, die Verschwindungsgerade der Ebene schneidet und deshalb als eine nach zwei Richtungen ins Unendliche gehende Kurve abgebildet wird, d. h. als eine der konfokalen Hyperbeln der Tafel T. Dementsprechend bilden sich die konfokalen Hyperbeln der Schar in E als konfokale Ellipsen ab.

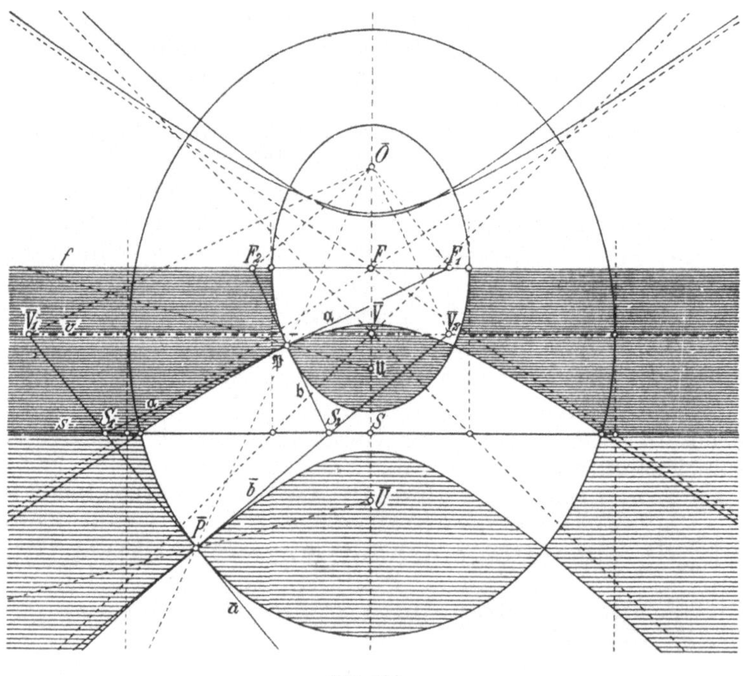

Fig. 524.

In Fig. 524 ist die durch $\overline{P}$ gehende Ellipse und Hyperbel mit den Brennpunkten $\overline{O}$ und $\overline{U}$ gezeichnet; ihre Bilder sind die durch $\mathfrak{P}$ gehende Hyperbel und Ellipse mit den Brennpunkten $\overline{O}$ und $\mathfrak{U}$. Die Ellipse und Hyperbel durch $\overline{P}$ zerlegen die umgelegte Ebene E in mehrere Teile. Um hervorzuheben, wie diese Teile den Teilgebieten der Tafel entsprechen, die durch die Hyperbel und Ellipse durch $\mathfrak{P}$ bestimmt werden, sind einander entsprechende Schraffen angebracht, und zwar in der umgelegten Ebene E nur über s hinaus, auf der Tafel zwischen

s und f. Da die Ellipse durch P die umgelegte Verschwindungsgerade $\bar{v}$ senkrecht schneidet und die Schnittpunkte unendlich ferne Bilder haben, müssen die Bilder der Tangenten dieser Schnittpunkte vom Hauptfluchtpunkt F ausgehen und die Hyperbel durch $\mathfrak{P}$ im Unendlichfernen berühren, also die Asymptoten der Hyperbel durch $\mathfrak{P}$ sein (Nr. 257). Man erkennt ebenso: Die Tangenten der Punkte, in denen die Ellipse durch $\mathfrak{P}$ die Fluchtgerade f schneidet, sind die Bilder der nach dem Hauptverschwindungspunkt $\bar{V}$ gehenden Asymptoten der Hyperbel durch P.

352. Perspektivität zwischen einer Ebene und ihrem Schlagschatten. Wenn eine Ebene von einer punktförmigen Lichtquelle L aus beleuchtet wird und infolgedessen auf eine andere Ebene einen Schatten wirft, entspricht jedem Punkt P der ersten Ebene ein Schlagschatten $\mathfrak{P}$ in der zweiten Ebene, und diese Beziehung kann als Zentralprojektion der ersten Ebene auf die zweite Ebene mit L als Projektionszentrum aufgefaßt werden (Nr. 293). Wenn man nun diesen Schattenwurf bildlich bestimmt, also alles perspektiv auf eine Tafel T abbildet, stellt sich die Beziehung zwischen der ersten Ebene und ihrem Schatten auf der zweiten Ebene als eine Perspektivität auf der Tafel T als Doppelebene dar. Man kann also die Frage stellen, wo das Zentrum, die Achse, die Fluchtgerade und die Verschwindungsgerade dieser Perspektivität liegen.

In Fig. 525 ist angenommen worden, die Lichtquelle L befinde sich senkrecht über der Stelle L' einer wagrechten Ebene, die wir wieder als die Grundebene bezeichnen, indem wir die Tafel lotrecht voraussetzen. Eine auf der Grundebene senkrecht stehende Ebene ist hier durch ein Viereck $A\,B\,B'A'$ dargestellt, das in Wahrheit ein Rechteck ist. Die Punkte A und B werfen auf die Grundebene die Schlagschatten $\mathfrak{A}$ und $\mathfrak{B}$. Ein beliebiger Punkt P der Ebene $A\,B\,B'A'$ wirft auf die Grundebene den Schlagschatten $\mathfrak{P}$. Die Perspektivität, die zwischen $A\,B\,B'A'$ und $\mathfrak{A}\,\mathfrak{B}\,B'A'$ besteht, hat als Zentrum die Lichtquelle L und als Achse die Gerade $A'B'$, die wir deshalb mit $\mathfrak{z}$ bezeichnen wollen. Da den auch in der Zeichnung parallelen Geraden $A'A$

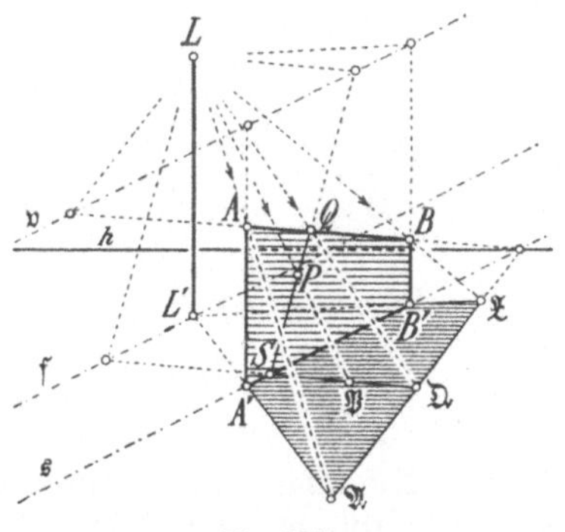

Fig. 525.

und $B'B$ die von L' ausgehenden Geraden $A'\mathfrak{A}$ und $B'\mathfrak{B}$ entsprechen, muß die Fluchtgerade $\mathfrak{f}$ der Perspektivität durch L' gehen. Andererseits muß sie zu $\mathfrak{z}$ parallel sein. Ebenso muß die Verschwindungsgerade $\mathfrak{v}$ zu $\mathfrak{z}$ parallel sein. Sie ergibt sich also sofort, weil bekanntlich der Abstand von $\mathfrak{z}$ bis $\mathfrak{v}$ (auch dem Sinne nach) gleich dem von $\mathfrak{f}$ bis L sein muß. Man kann nun den Schatten irgendeiner Geraden SQ der Ebene $A\,B\,B'A'$ mit Hilfe der Perspektivität ermitteln: Die Gerade SQ trifft $\mathfrak{v}$ in einem Punkt, und der Schatten $S\mathfrak{Q}$ von SQ muß zu der Geraden von L nach diesem Punkt parallel sein. Andererseits trifft die Parallele zu SQ durch L die Gerade $\mathfrak{f}$ in einem Punkt, durch den der verlängerte Schatten $S\mathfrak{Q}$ gehen muß.

In Fig. 526 ist statt der lotrechten schattenwerfenden Ebene eine zur Grundebene geneigte Ebene $ABCD$ angenommen worden. Die oberen Punkte A und B liegen senkrecht über den Stellen A' und B' der Grundebene, und zwar haben $A'B'$ und AB denselben Fluchtpunkt auf dem Horizont h wie DC, so daß also AB und DC in Wahrheit parallel sind. Außerdem sind A' und B' so gewählt worden, daß DA' und CB' denselben Fluchtpunkt auf h haben. Infolgedessen ist die senkrechte Projektion $A'B'CD$ von $ABCD$ auf die Grundebene in Wahrheit ein Parallelogramm, mithin auch $ABCD$ selbst in Wahrheit ein Parallelogramm. Als Lichtquelle ist die Sonne angenommen worden, und zwar so, daß sie hinter dem Beobachter steht, also ihr Bild S unten liegt.

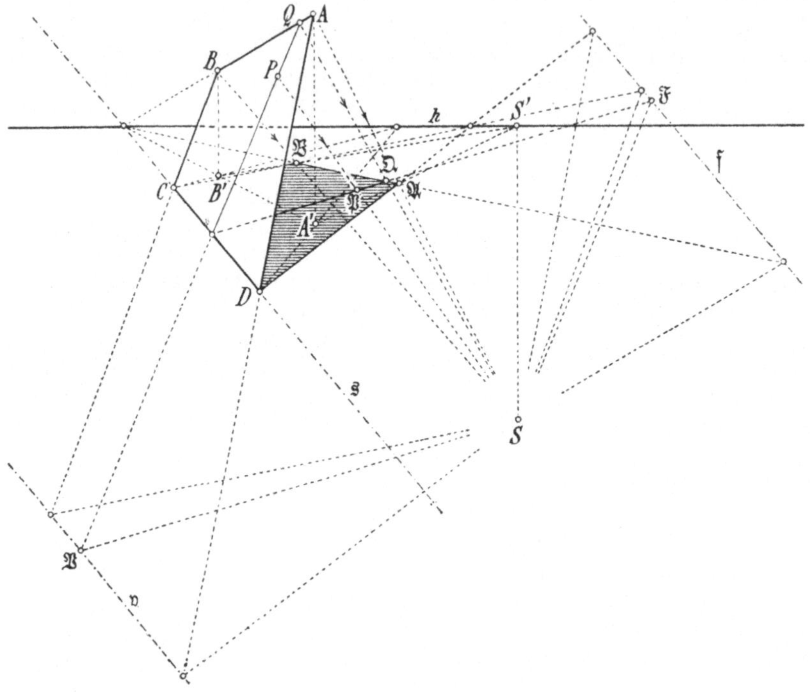

Fig. 526.

Wie in Nr. 324 stellt S' den Fußpunkt der Sonne auf dem Horizont h dar. Zwischen dem Parallelogramm $ABCD$ und seinem in Wahrheit ebenfalls ein Parallelogramm bildenden Schlagschatten $\mathfrak{ABCD}$ auf der Grundebene besteht in Wahrheit eine Affinität, da die Sonnenstrahlen zueinander parallel sind. Diese Affinität, die ja wie jede Affinität ein Sonderfall der Perspektivität ist, stellt sich im Bild als eine Perspektivität auf der Tafel als Doppelebene dar. Dabei ist S das Zentrum und die Gerade CD die Achse $\mathfrak{s}$ der Perspektivität. Um die Fluchtgerade $\mathfrak{f}$ und Verschwindungsgerade $\mathfrak{v}$ der Perspektivität zu ermitteln, kann man so verfahren: Die Parallelen zu AD und BC durch S müssen die Geraden $\mathfrak{A}D$ und $\mathfrak{B}C$ auf der Fluchtgeraden $\mathfrak{f}$ schneiden, und die Parallelen zu $\mathfrak{A}D$ und $\mathfrak{B}C$ durch S müssen die Geraden AD und BC auf der Verschwindungsgeraden $\mathfrak{v}$ schneiden. Dabei müssen sich $\mathfrak{f}$ und $\mathfrak{v}$ parallel zu $\mathfrak{s}$ herausstellen, und zwar so, daß der Abstand von $\mathfrak{s}$ bis $\mathfrak{v}$

(auch dem Sinne nach) gleich dem von $\mathfrak{f}$ bis S ist. Man kann nun wieder den Schlagschatten irgendeines Punktes P der Ebene $ABCD$ mit Hilfe der Perspektivität finden, indem man durch P Geraden PQ zieht und die ihnen entsprechenden Geraden wie im vorigen Fall ermittelt.

353. Spiegelbild einer Ebene. Wenn eine Ebene E ein Spiegel ist, ergibt sich das Spiegelbild $\mathfrak{P}$ irgendeines Punktes P, indem man von P das Lot auf E fällt und es über seinen Fußpunkt hinaus verdoppelt. Wir wollen nun nicht den ganzen Raum, sondern nur irgendeine ebene Figur abspiegeln. Dann ist das Spiegelbild ebenfalls eine ebene Figur. Sie liegt hinsichtlich E symmetrisch zur ersten Figur. **Zwischen der Ebene der gegebenen Figur und der Ebene des Spiegelbildes besteht demnach eine Affinität. Wenn man diese Spiegelung in der Perspektive zeichnet, wird sie sich also als eine Perspektivität auf der Tafel T als Doppelebene darstellen.**

In Fig. 527 ist angenommen worden, die spiegelnde Ebene E stehe längs einer Geraden g lotrecht auf einer wagerechten Grundebene, indem die Bildtafel T wieder lotrecht vorausgesetzt wird. Als abgespiegelte ebene Figur ist ein Rechteck angenommen worden, das ebenfalls

lotrecht auf der Grundebene, und zwar längs einer Geraden a, steht und wie jenes Rechteck in der Zeichnung als Trapez erscheint. Um das Spiegelbild herzustellen, bestimmt man zunächst, wie sich z. B. der Spurpunkt A der Geraden a abspiegelt. Zu diesem Zweck ist von A das Lot auf g zu fällen. Da g den Fluchtpunkt F hat, also in Wahr-

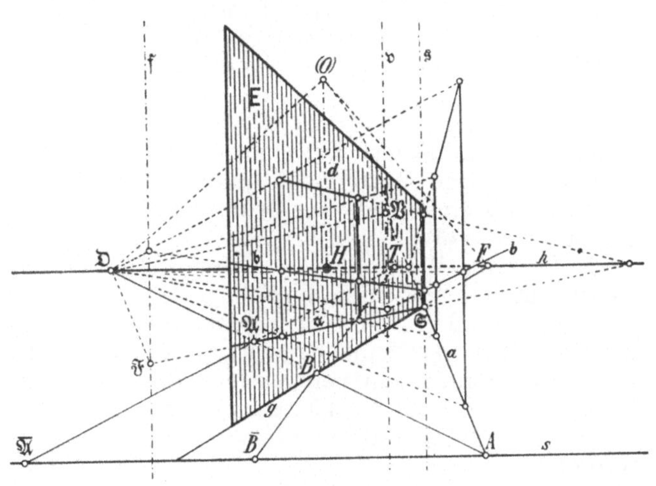

Fig. 527.

heit parallel zu OF ist, hat man in O auf OF das Lot zu errichten, das h im Fluchtpunkt $\mathfrak{O}$ des gesuchten Lotes schneidet. Man führt dies durch Umlegung aus: Das in H auf h errichtete Lot $H(O)$ wird gleich der Distanz d gemacht, und dann wird in (O) auf $F(O)$ das Lot errichtet. Es trifft h in $\mathfrak{O}$. Nachdem man so die Gerade $A\mathfrak{O}$ ermittelt hat, auf der sich der Spiegelpunkt $\mathfrak{A}$ von A befindet, muß man $\mathfrak{A}$ auf ihr so bestimmen, daß in Wahrheit $AB = B\mathfrak{A}$ ist, wenn B den Schnittpunkt von $A\mathfrak{O}$ mit g bedeutet. Man bedient sich nach Nr. 308 des zum Fluchtpunkt $\mathfrak{O}$ gehörigen Teilungspunkts T, der durch den Kreis um $\mathfrak{O}$ durch (O) auf h ausgeschnitten wird. Wenn TB die Spurgerade s der Grundebene in $\bar{B}$ schneidet, wird $A\bar{B}$ von $\bar{B}$ aus auf s nach der anderen Seite bis $\mathfrak{A}$ abgetragen. Die Gerade

$T\mathfrak{A}$ liefert dann durch ihren Schnitt mit $A\mathfrak{O}$ den Spiegelpunkt $\mathfrak{A}$ von A.

Jedem Punkt der längs a lotrecht stehenden Ebene kommt ein Spiegelpunkt zu, und zwar liegt er auf einem Lot zur Ebene E. Aber alle Lote zu E sind in Wahrheit zu AB parallel, d. h. sie haben den Fluchtpunkt $\mathfrak{O}$ gemein. Folglich ist $\mathfrak{O}$ das Zentrum der Perspektivität, die zwischen der ebenen Figur und ihrem Spiegelbild besteht. Die Gerade $\mathfrak{z}$, in der die Ebene E die abzuspiegelnde Ebene schneidet und die in dem Schnittpunkt $\mathfrak{S}$ von a und g auf der Grundebene senkrecht steht, ist die Achse der Perspektivität. Die Gerade a oder $\mathfrak{S}A$ wird als die von $\mathfrak{S}$ nach $\mathfrak{A}$ gehende Gerade $\mathfrak{a}$ gespiegelt. Mithin ist der Punkt $\mathfrak{F}$, in dem die Parallele zu a durch $\mathfrak{O}$ die Gerade $\mathfrak{a}$ schneidet, ein Punkt der Fluchtgeraden $\mathfrak{f}$ der Perspektivität, und der Punkt $\mathfrak{V}$, in dem die Parallele zu $\mathfrak{a}$ durch $\mathfrak{O}$ die Gerade a schneidet, ein Punkt der Verschwindungsgeraden $\mathfrak{v}$ der Perspektivität. Also sind $\mathfrak{f}$ und $\mathfrak{v}$ bekannt, da sie zu $\mathfrak{z}$ parallel laufen. Wie immer muß der Abstand von $\mathfrak{z}$ bis $\mathfrak{v}$ (auch dem Sinne nach) gleich dem von $\mathfrak{f}$ bis $\mathfrak{O}$ sein.

Man kann nun das Spiegelbild $\mathfrak{b}$ irgendeiner Geraden b der zu spiegelnden ebenen Figur mit Hilfe der Perspektivität ermitteln: Zunächst geht $\mathfrak{b}$ von dem Punkt aus, in dem b die Achse $\mathfrak{z}$ schneidet. Ferner ist $\mathfrak{b}$ parallel zur Geraden von $\mathfrak{O}$ nach dem Punkt, in dem b die Gerade $\mathfrak{v}$ schneidet. Schließlich geht $\mathfrak{b}$ noch durch den Punkt, in dem die Parallele zu b durch $\mathfrak{O}$ die Gerade $\mathfrak{f}$ schneidet.

354. Übungen. 1) Nach Nr. 308 sei unter Annahme einer lotrechten Tafel T das Bild eines auf einer wagerechten Ebene stehenden Würfels gezeichnet. Der Würfel soll parallel zur Grundebene so verschoben werden, daß eine Ecke des Grundquadrats nach einer gegebenen Stelle gelangt (Nr. 343).

2) Derselbe Würfel soll um eine zur Grundebene lotrechte gegebene Achse durch irgendeinen Winkel gedreht werden (Nr. 344).

3) Wie muß ein Dreieck in einer nicht zur Tafel T parallelen Ebene E hinsichtlich der winkeltreuen Punkte K_1 und K_2 der Ebene E gelegen sein, damit sein perspektives Bild ihm ähnlich sei (Nr. 348)?

4) Kann ein ebenes Vieleck mit mehr als drei Ecken, das in einer nicht zur Tafel parallelen Ebene liegt, als ähnliches Vieleck abgebildet werden?

5) Wie in Fig. 526 von Nr. 352 werfe eine zur Grundebene geneigte Ebene auf die Grundebene Schatten; die Lichtquelle sei jedoch nicht die Sonne, sondern ein im Endlichen gelegener Punkt L. Der Fußpunkt L' des Lotes von L auf die Grundebene sei ebenso wie L selbst gegeben. Dann besteht im Bild zwischen der geneigten Ebene und ihrem Schlagschatten eine Perspektivität. Gesucht ihr Zentrum, ihre Achse, Flucht- und Verschwindungsgerade. Mit Hilfe dieser Linien soll dann der Schatten irgendeiner Geraden der geneigten Ebene ermittelt werden.

§ 6. Perspektives Bild von Kreis und Kugel.

355. Das Kreisbild als Kegelschnitt. Die Sehstrahlen nach den Punkten eines Kreises erzeugen einen Kreiskegel, der im allgemeinen kein Rotationskegel ist. Das perspektive Bild des Kreises ist der Schnitt dieses Sehkegels mit der Tafel T. Da jeder ebene Schnitt eines Kreiskegels ein Kegelschnitt genannt wird (Nr. 256 und 267), bedeutet also Kegelschnitt und perspektives Bild des Kreises dasselbe. Demnach stellt sich der Kreis im Bild als Ellipse, Parabel oder Hyperbel dar. Der Inhalt von § 6 des 3. Kapitels kann überhaupt als die Untersuchung der Abbildung von Kreisen in der Perspektive aufgefaßt werden. Man braucht zu diesem Zweck nur die Kegelspitze als das Auge, den Grundkreis des Kegels als den abzubildenden Kreis und die den Kegel schneidende Ebene als die Bildtafel anzusehen, vgl. insbes. Fig. 372—374 von Nr. 268.

Aber damals wurde von der Darstellung des Kegels ausgegangen, sei es im Grundriß und Aufriß oder in irgendeiner Parallelprojektion. Jetzt dagegen dient die Bildtafel, also die den Kegel schneidende Ebene, als Ebene der Zeichnung. Dieser Umstand bedingt einen zwar nicht sachlichen, aber in der Form vorhandenen Unterschied in der Betrachtungsweise und läßt es angemessen erscheinen, die Untersuchung überhaupt von neuem in Angriff zu nehmen. Wir wollen also vorläufig die Ergebnisse von § 6 des 3. Kapitels nicht benutzen; später knüpfen wir daran an.

Der perspektiv abzubildende Kreis gehört einer Ebene E an. Wenn diese Ebene zur Tafel parallel ist, ergibt sich als Kreisbild wieder ein Kreis. Wir nehmen deshalb an, die Ebene E sei nicht zur Tafel parallel. Dann kommt ihr eine im Endlichen gelegene Verschwindungsgerade v zu, und da die Punkte von v die einzigen Punkte der Ebene E sind, die unendlich ferne Bilder haben, erkennt man: Das perspektive Bild des Kreises hat keinen oder nur einen oder zwei verschiedene unendlich ferne Punkte, je nachdem der Kreis die Verschwindungsgerade v seiner Ebene meidet, berührt oder schneidet. (Vgl. Nr. 256, wo die zur Schnittebene des Kegels parallele Ebene durch die Kegelspitze die Verschwindungsebene bedeutet.) Im ersten Fall heißt das Kreisbild eine Ellipse, im zweiten eine Parabel und im dritten eine Hyperbel. Wir werden im folgenden aufs neue zeigen, daß das Kreisbild im ersten Fall in der Tat diejenige Kurve ist, die in Nr. 72 als Ellipse erklärt wurde.

356. Projektive Erzeugung des Kreises. Die Erklärung des Kreises als des Ortes aller Punkte in der Ebene, denen dieselbe Entfernung von einem Punkt zukommt, ist für die perspektive Abbildung nicht zu gebrauchen, weil die verschiedenen Radien des Kreises bei der Abbildung verschieden stark verzerrt werden. Man kann aber den Kreis auf mancherlei Art projektiv erzeugen, d. h. durch ein Verfahren, das auch für jedes zentralprojektive Bild des Kreises im wesentlichen dasselbe bleibt. Eine derartige Erzeugung des Kreises ergibt sich so:

Auf dem Kreis seien vier verschiedene Punkte A, B, C, Z gewählt. Der Schnitt-

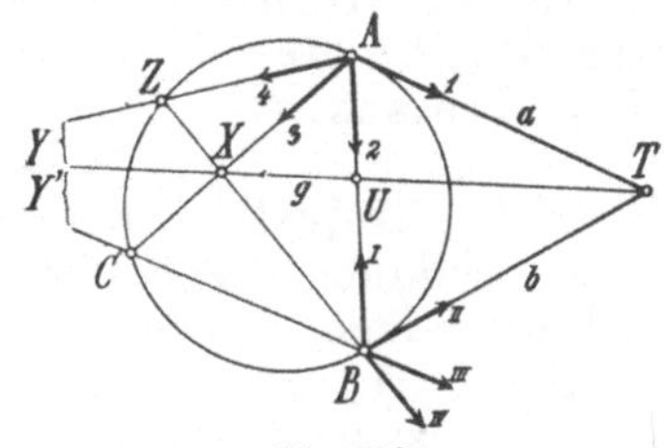

Fig. 528.

punkt der Tangenten a und b von A und B heiße T. Die vier in Fig. 528 von A ausgehenden und mit $1, 2, 3, 4$ bezeichneten Strahlen bilden nach dem Satz vom Peripheriewinkel miteinander dieselben Winkel wie die vier von B ausgehenden und mit I, II, III, IV bezeichneten Strahlen. Nach dem Satz des Pappus (Nr. 327) werden nun vier Strahlen eines Strahlenbüschels von zwei beliebigen Geraden in je vier Punkten mit demselben Doppelverhältnis geschnitten, und da der Inbegriff der Strahlen $1, 2, 3, 4$ zu dem der Strahlen I, II, III, IV kongruent ist, folgt also: Eine beliebige Gerade g schneidet die Strahlen $1, 2, 3, 4$ und die Strahlen I, II, III, IV in je vier Punkten mit demselben Doppelverhältnis. Als Gerade g wählen wir die von T nach dem Schnittpunkt X von AC und BZ. Sie schneide AZ in Y, BC in Y' und AB in U. Dann ergibt sich, daß T, U, X, Y dasselbe Doppelverhältnis wie U, T, Y', X haben, also:

$$\frac{TX}{UX} : \frac{TY}{UY} = \frac{UY'}{TY'} : \frac{UX}{TX}\,.$$

Da sich TX und UX beiderseits fortheben, bleibt:

$$\frac{UY}{TY} = \frac{UY'}{TY'}\,,$$

d. h. Y und Y' teilen die Strecke UT in demselben Verhältnis und fallen demnach zusammen (Nr. 9). Dies Ergebnis läßt sich so aus-drücken: Sind A, B, C, Z vier ver-schiedene Punkte eines Kreises und ist T der Schnittpunkt der Tan-genten a und b von A und B, so liegt der Schnittpunkt X von AC und BZ mit dem Schnittpunkt Y von AZ und BC auf einer Geraden durch T, siehe Fig. 529. Läßt man nun den Punkt Z den Kreis voll-ständig durchlaufen, während man A,

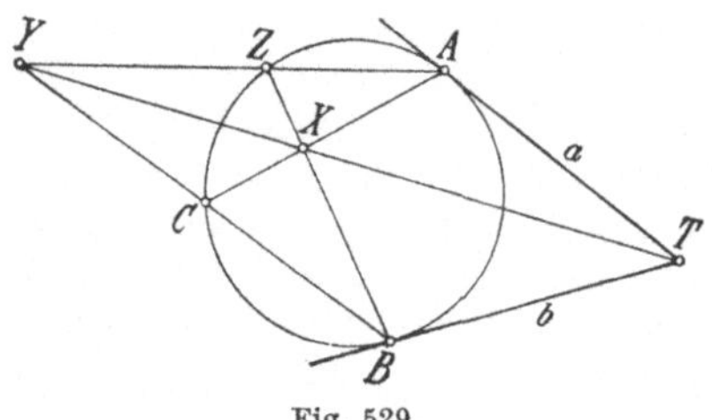

Fig. 529.

B, C festhält, so dreht sich die zugehörige Gerade TXY vollständig um T herum. Mithin kann man den Kreis Punkt für Punkt durch bloßes Geradenziehen so erzeugen:

Sind A, B, C drei verschiedene Punkte eines Kreises und sind a und b die Tangenten von A und B, so lege man durch den Schnittpunkt T von a und b eine willkürliche Gerade und bringe sie mit AC und BC in X und Y zum Schnitt. Dann ist der Schnittpunkt Z von AY und BX ein Punkt des Kreises, und so bekommt man alle Punkte des Kreises.

357. Projektive Erzeugung der Kegelschnitte. Durch perspek-tive Abbildung des Kreises geht ein Kegelschnitt hervor; mithin ergibt sich die folgende projektive Erzeugung der Kegelschnitte, siehe Fig. 530:

Sind $\mathfrak{A}$, $\mathfrak{B}$, $\mathfrak{C}$ drei verschiedene Punkte eines Kegel-schnittes und sind a und b die Tangenten von $\mathfrak{A}$ und $\mathfrak{B}$, so lege man durch den Schnittpunkt $\mathfrak{T}$ von a und b eine willkürliche Gerade und bringe sie mit $\mathfrak{AC}$ und $\mathfrak{BC}$ in $\mathfrak{X}$ und $\mathfrak{Y}$ zum Schnitt. Dann ist der Schnittpunkt $\mathfrak{Z}$ von

𝔄𝔜 und 𝔅𝔛 ein Punkt des Kegelschnittes, und so bekommt man alle Punkte des Kegelschnittes.

In Nr. 138 kam ein Sonderfall vor, nämlich der Fall, wo a zu b parallel ist, also 𝔗 unendlich fern liegt. Auch war dort ausdrücklich angenommen worden, daß ℭ zwischen a und b liege. Dieser Sonderfall lieferte eine Ellipse. Auch in Fig. 530 ist als Beispiel eine Ellipse dargestellt; es hätte aber hier bei anderer Annahme von 𝔄, 𝔅, ℭ und a, b auch eine Parabel oder Hyperbel sein können.

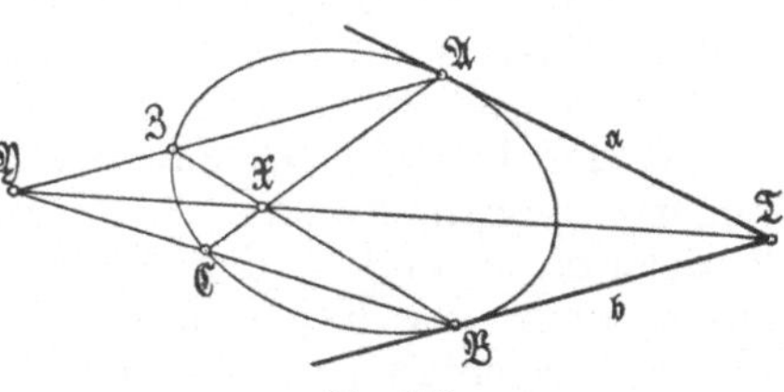

Fig. 530.

Die soeben gewonnene projektive Erzeugung eines Kegelschnittes läßt sich anwenden, wenn man drei verschiedene Punkte 𝔄, 𝔅, ℭ des Kegelschnittes und die Tangenten a und b der Punkte 𝔄 und 𝔅 kennt. Daher erhebt sich die Frage, ob man die Punkte 𝔄, 𝔅, ℭ und die Geraden a und b durch 𝔄 und 𝔅 beliebig annehmen darf. Dies wäre nur dann erlaubt, wenn es in einer Ebene drei Punkte A, B, C auf einem Kreis und Kreistangenten a und b in A und B so gäbe, daß A, B, C, a, b durch eine geeignete perspektive Abbildung in 𝔄, 𝔅, ℭ, a, b übergingen. Daß die aufgeworfene Frage zu bejahen ist, wollen wir unter der Voraussetzung zeigen, daß 𝔄, 𝔅, ℭ nicht in gerader Linie liegen, a nicht durch 𝔅 oder ℭ sowie b nicht durch 𝔄 oder ℭ geht. Wenn nämlich einer dieser drei besonderen Fälle vorliegt, ergibt sich ein ausgearteter, in Geraden zerfallender Kegelschnitt; bei der perspektiven Abbildung eines Kreises kommt keiner dieser Fälle vor, wenn man annimmt, daß die Kreisebene nicht durchs Auge gehe. Es ist klar, daß das Kreisbild nur eine Gerade ist, falls die Kreisebene das Auge enthält. Deshalb können wir von diesen Ausnahmefällen absehen.

Unter 𝔄, 𝔅, ℭ seien demnach drei nicht in gerader Linie liegende Punkte verstanden; a sei eine Gerade durch 𝔄, die weder durch 𝔅 noch durch ℭ gehe, b sei eine Gerade durch 𝔅, die weder durch 𝔄 noch durch ℭ gehe. Selbstverständlich sollen a und b in der Ebene T von 𝔄, 𝔅, ℭ liegen. Der Schnittpunkt von a und b heiße wieder 𝔗. Um nun den Beweis zu führen, legen wir in einer zweiten Ebene E, die T längs a schneide, einen Kreis k so, daß er a in 𝔄 berührt, siehe Fig. 531. Dann gibt es außer a noch eine von 𝔗 an k

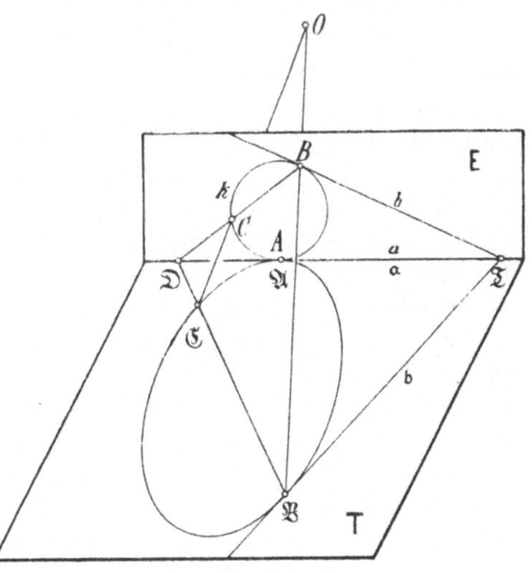

Fig. 531.

gehende Tangente b. Ihr Berührungspunkt sei mit B bezeichnet. Die Gerade 𝔅ℭ schneide a in 𝔇. Die Gerade B𝔇 schneidet den Kreis abgesehen von B noch einmal. Der zweite Schnittpunkt heiße C. Den

Punkt $\mathfrak{A}$ wollen wir als Punkt des Kreises k auch mit A bezeichnen, demnach $\mathfrak{a}$ auch mit a. Weil C und $\mathfrak{C}$ in der Ebene $\mathfrak{BD}B$ liegen, schneiden sich $B\mathfrak{B}$ und $C\mathfrak{C}$ in einem Punkt O des Raumes. Wenn nun O als das Auge dient und die Ebene E auf die Tafel T abgebildet wird, sind $\mathfrak{A}, \mathfrak{B}, \mathfrak{C}, \mathfrak{a}, \mathfrak{b}$ die Bilder von A, B, C, a, b. Demnach bildet sich der Kreis als ein Kegelschnitt $\mathfrak{k}$ ab, der durch $\mathfrak{A}, \mathfrak{B}, \mathfrak{C}$ geht und in $\mathfrak{A}$ und $\mathfrak{B}$ die Geraden $\mathfrak{a}$ und $\mathfrak{b}$ berührt.

In der Tat gibt es daher einen Kegelschnitt durch die willkürlich angenommenen Punkte $\mathfrak{A}, \mathfrak{B}, \mathfrak{C}$ mit den willkürlich angenommenen Tangenten $\mathfrak{a}$ und $\mathfrak{b}$ der Punkte $\mathfrak{A}$ und $\mathfrak{B}$. Es gibt aber auch nur einen, denn der Kegelschnitt, der durch $\mathfrak{A}, \mathfrak{B}, \mathfrak{C}$ geht und in $\mathfrak{A}$ und $\mathfrak{B}$ die Tangenten $\mathfrak{a}$ und $\mathfrak{b}$ hat, läßt sich Punkt für Punkt so erzeugen, wie es in dem an den Anfang der Nummer gestellten Satz ausgesprochen wird. Mithin gilt der Satz:

Sind in der Ebene drei Punkte $\mathfrak{A}, \mathfrak{B}, \mathfrak{C}$ gegeben, die nicht in gerader Linie liegen, und sind $\mathfrak{a}$ und $\mathfrak{b}$ gegebene Geraden durch $\mathfrak{A}$ und $\mathfrak{B}$ derart, daß weder $\mathfrak{a}$ durch $\mathfrak{B}$ oder $\mathfrak{C}$ noch $\mathfrak{b}$ durch $\mathfrak{A}$ oder $\mathfrak{C}$ geht, so gibt es einen, aber auch nur einen Kegelschnitt, der durch $\mathfrak{A}, \mathfrak{B}, \mathfrak{C}$ geht und in $\mathfrak{A}$ und $\mathfrak{B}$ die Geraden $\mathfrak{a}$ und $\mathfrak{b}$ berührt.

Dieser Kegelschnitt $\mathfrak{k}$ ist, wie gesagt, das Bild des in Fig. 531 in der Ebene E konstruierten Kreises k, wenn der Punkt O das Auge bedeutet. Nun wollen wir ein neues Auge $\overline{O}$ und eine neue Tafel $\overline{\mathsf{T}}$ annehmen und den Kegelschnitt $\mathfrak{k}$ auf dieser neuen Ebene $\overline{\mathsf{T}}$ perspektiv abbilden. Dadurch gehen $\mathfrak{A}, \mathfrak{B}, \mathfrak{C}$ in drei Punkte $\overline{\mathfrak{A}}, \overline{\mathfrak{B}}, \overline{\mathfrak{C}}$ über, die nicht in gerader Linie liegen, und aus $\mathfrak{a}$ und $\mathfrak{b}$ ergeben sich Geraden $\overline{\mathfrak{a}}$ und $\overline{\mathfrak{b}}$ durch $\overline{\mathfrak{A}}$ und $\overline{\mathfrak{B}}$, von denen weder $\overline{\mathfrak{a}}$ durch $\overline{\mathfrak{B}}$ oder $\overline{\mathfrak{C}}$ noch $\overline{\mathfrak{b}}$ durch $\overline{\mathfrak{A}}$ oder $\overline{\mathfrak{C}}$ geht. Die projektive Erzeugung des Kegelschnittes $\mathfrak{k}$ aus $\mathfrak{A}, \mathfrak{B}, \mathfrak{C}$ und $\mathfrak{a}, \mathfrak{b}$ vermöge des am Anfang der Nummer aufgestellten Satzes liefert vermöge der neuen perspektiven Abbildung genau dieselbe Erzeugung mittels der Punkte $\overline{\mathfrak{A}}, \overline{\mathfrak{B}}, \overline{\mathfrak{C}}$ und Geraden $\overline{\mathfrak{a}}, \overline{\mathfrak{b}}$, d. h. sie liefert wieder einen Kegelschnitt $\overline{\mathfrak{k}}$. Somit ist das perspektive Bild des Kegelschnittes $\mathfrak{k}$ auf der neuen Tafel $\overline{\mathsf{T}}$ wieder ein Kegelschnitt $\overline{\mathfrak{k}}$. Hiermit ist der Satz gewonnen:

Jedes perspektive Bild eines Kegelschnittes ist ebenfalls ein Kegelschnitt. Ausführlicher ausgesprochen: Wird ein Kreis k mittels des Auges O auf einer Tafel T perspektiv abgebildet und ferner das Bild $\mathfrak{k}$ mittels eines neuen Auges $\overline{O}$ auf einer neuen Tafel $\overline{\mathsf{T}}$ perspektiv abgebildet, so geht eine Kurve $\overline{\mathfrak{k}}$ hervor, die man aus einem gewissen Kreis auch durch eine einzige perspektive Abbildung von einem gewissen Auge aus auf eine gewisse Tafel gewinnen kann.

Wiederholte perspektive Abbildungen von Kegelschnitten liefern also nicht, wie man zunächst annehmen sollte, Kurven von neuer Art, sondern immer wieder Kegelschnitte. In Nr. 139, 262 und 266 wurde bloß bewiesen, daß jeder Kegelschnitt durch eine Parallelprojektion wieder in einen Kegelschnitt von derselben Art übergeht. Vermöge einer perspektiven Abbildung geht aber z. B. eine Ellipse nicht immer wieder in eine Ellipse über, denn wenn die abzubildende Ellipse die Verschwindungsebene schneidet, hat ja ihr Bild zwei

unendlich ferne Punkte. Das Bild kann also dann nur eine Hyperbel
sein. Während mittels Parallelprojektion jede Ellipse wieder
in eine Ellipse, jede Parabel wieder in eine Parabel und
jede Hyperbel wieder in eine Hyperbel verwandelt wird,
kann ein Kegelschnitt mittels geeigneter Zentralprojektion in einen Kegelschnitt von anderer Art übergeführt
werden.

358. Sonderfälle der projektiven Erzeugung der Kegelschnitte. Ehe
wir daran gehen, das perspektive Bild eines Kreises wirklich zu zeichnen, schalten wir hier einige allgemeine Betrachtungen von grund-
legender Bedeutung ein.

Parallele Tangenten $\mathfrak{a}$ und $\mathfrak{b}$ eines Kegelschnittes gehen vermöge
Perspektive aus solchen Kreistangenten a und b hervor, die sich in
einem Punkt T der Verschwindungsgeraden v der Kreisebene treffen.
Ist der Kegelschnitt eine Parabel, so berührt der Kreis nach Nr. 355
die Verschwindungsgerade v, d. h. dann ist, falls T auf v gewählt wird,
allemal eine der beiden Tangenten a und b die Gerade v selbst. Ihr Bild
aber liegt unendlich fern. Mithin gehört zu einem beliebigen
Punkt $\mathfrak{A}$ einer Parabel als Punkt $\mathfrak{B}$ mit paralleler Tangente
stets der unendlich ferne Punkt der Parabel. Dagegen gibt
es zu jedem im Endlichen gelegenen Punkt $\mathfrak{A}$ einer Ellipse
oder Hyperbel einen ebenfalls im Endlichen gelegenen
Kurvenpunkt $\mathfrak{B}$ mit paralleler Tangente.

Nimmt man nun zwei parallele Tangenten $\mathfrak{a}$ und $\mathfrak{b}$ mit ihren
Berührungspunkten $\mathfrak{A}$ und $\mathfrak{B}$ an, so ergibt sich der Kegelschnitt auf
Grund der Konstruktion der letzten Nummer, sobald noch ein Punkt $\mathfrak{C}$
gegeben ist, und zwar geht auf diese Art eine Ellipse oder Hy-
perbel hervor. Der Punkt $\mathfrak{T}$, in dem sich $\mathfrak{a}$ und $\mathfrak{b}$ schneiden, ist
dann unendlich fern, d. h. die willkürlich durch $\mathfrak{T}$ zu ziehende Gerade
$\mathfrak{TXY}$ in Fig. 530 von Nr. 357 ist jetzt eine willkürliche Parallele zu $\mathfrak{a}$
und $\mathfrak{b}$. Ob sich nun insbesondere eine Ellipse oder eine Hyperbel er-

gibt, erkennt man
so: In der Ebene
E des Kreises sei
unter T ein außer-
halb des Kreises
gelegener Punkt
der Verschwin-
dungsgeraden v
verstanden. Da
der Fall der Pa-
rabel ausgeschlos-
sen ist, gehen
durch T zwei von-
einander und von
v verschiedene
Tangenten a und
b an den Kreis.

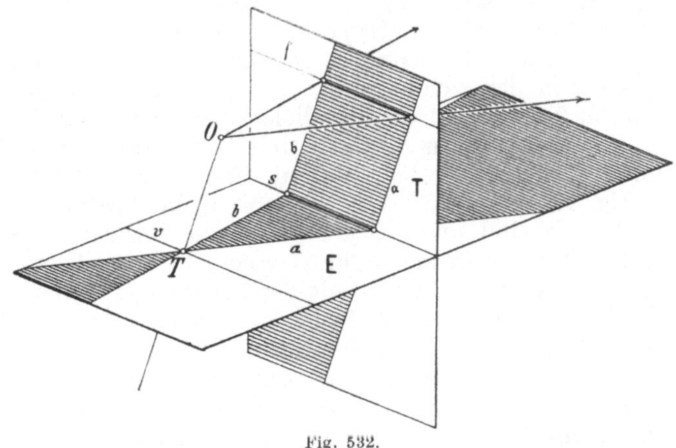

Fig. 532.

Sie bestimmen vier Winkelfelder. In Fig. 532 sind diejenigen geschrafft, die v nicht enthalten. Diese bilden sich als der Streifen

der Tafel T ab, der zwischen den zu OT parallelen Bildern $\mathfrak{a}$ und $\mathfrak{b}$ von a und b liegt, und zwar ist die Fluchtgerade f die Grenze zwischen den Bildern beider Winkelfelder. Je nachdem nun der Kreis, der ja a und b berühren soll, die Verschwindungsgerade v nicht schneidet oder doch schneidet, liegt er entweder in dem geschrafften oder in dem nicht geschrafften Gebiet der Ebene E, also sein Bild zwischen $\mathfrak{a}$ und $\mathfrak{b}$ oder außerhalb des Streifens von $\mathfrak{a}$ und $\mathfrak{b}$. Wenn also $\mathfrak{A}$ und $\mathfrak{B}$ solche im Endlichen gelegene Punkte eines Kegelschnittes sind, denen parallele Tangenten $\mathfrak{a}$ und $\mathfrak{b}$ zukommen, ist die Kurve eine Ellipse oder Hyperbel, je nachdem man noch einen dritten Kurvenpunkt $\mathfrak{C}$ innerhalb oder außerhalb des Streifens von $\mathfrak{a}$ und $\mathfrak{b}$ annimmt, und zwar verläuft dann die ganze Kurve nur innerhalb bzw. nur außerhalb dieses Streifens.

Wenn man $\mathfrak{C}$ zwischen $\mathfrak{a}$ und $\mathfrak{b}$ wählt, also im Fall der Ellipse, geht die Konstruktion der vorigen Nummer in diejenige über, die in Fig. 190 von Nr. 138 vorkam und sich auf die in Nr. 72 als Ellipse erklärte Kurvenart, nämlich auf die senkrechte Projektion des Kreises bezog. Mithin steht die perspektive Erklärung der Ellipse in Nr. 355 durchaus im Einklange mit der anscheinend viel engeren Erklärung der Ellipse in Nr. 72. Mit Rücksicht auf Nr. 73 können wir daher auch sagen: Das perspektive Bild eines Kreises läßt sich, sobald es vollständig im Endlichen verläuft, stets durch einen ebenen Schnitt eines Rotationszylinders erzeugen.

Im Fall der Hyperbel schließen wir so: Wir haben von einem Kreis auszugehen, der die Verschwindungsgerade v in zwei verschiedenen Punkten schneidet. Diese Punkte wollen wir jetzt als die Punkte A und B wählen, also ihre Tangenten als die Geraden a und b. Die Bilder $\mathfrak{A}$ und $\mathfrak{B}$ von A und B sind dann die unendlich fernen Punkte der Bilder $\mathfrak{a}$ und $\mathfrak{b}$ von a und b, d. h. $\mathfrak{a}$ und $\mathfrak{b}$ berühren die Hyperbel im Unendlichfernen und sind also ihre Asymptoten (nach der in Nr. 252 angegebenen Erklärung des Wortes Asymptote). Wird nun noch ein dritter Punkt $\mathfrak{C}$ der Hyperbel gewählt, so liefert die projektive Erzeugung nach der vorigen Nummer folgendes: Eine willkürliche Gerade durch den Schnittpunkt $\mathfrak{T}$ von $\mathfrak{a}$ und $\mathfrak{b}$ schneide die Parallele zu $\mathfrak{a}$ durch $\mathfrak{C}$ in $\mathfrak{X}$ und die Parallele zu $\mathfrak{b}$ durch $\mathfrak{C}$ in $\mathfrak{Y}$. Der Schnittpunkt der Parallelen zu $\mathfrak{a}$ durch $\mathfrak{Y}$ mit der Parallelen zu $\mathfrak{b}$ durch $\mathfrak{X}$ ist ein Punkt $\mathfrak{Z}$ der Hyperbel. Genau dieselbe Konstruktion aber findet sich in Fig. 361 von Nr. 259, wo $\mathfrak{a}$ und $\mathfrak{b}$ die beiden äußersten Mantellinien des Kegels sind und statt T, C, Z die Bezeichnungen M, P, Q stehen. Dort wurde ein ebener Schnitt eines Rotationskegels parallel zur Kegelachse betrachtet. Mithin gilt der Satz: Das perspektive Bild eines Kreises läßt sich, sobald es zwei unendlich ferne Punkte hat, stets durch einen ebenen Schnitt eines Rotationskegels parallel zur Kegelachse erzeugen.

Schließlich kommen wir zum Fall der Parabel zurück. Wir gehen also von einem Kreis aus, der die Verschwindungsgerade v in einem Punkte B berührt, dessen Tangente b daher mit v zusammenfällt. Nun werde auf der Geraden v derjenige Punkt T gewählt, der so liegt, daß der Winkel der Sehstrahlen OB und OT ein rechter ist. Dann sei a die zweite von

T an den Kreis gehende Tangente mit dem Berührungspunkt A. Da die Geraden AB und AT (oder a) die Verschwindungspunkte B und T haben, sind ihre Bilder zu OB und OT parallel, also zueinander senkrecht. Mithin hat die Bildparabel einen Punkt $\mathfrak{A}$, dessen Tangente a senkrecht ist zur Geraden von $\mathfrak{A}$ nach dem unendlich fern gelegenen Punkt $\mathfrak{B}$ der Parabel. Um also eine Parabel zu konstruieren, können wir annehmen, $\mathfrak{A}$ sei ein Punkt der Parabel, eine durch $\mathfrak{A}$ gehende Gerade a die zugehörige Tangente und der unendlich ferne Punkt der Parabel der Punkt $\mathfrak{B}$ in der zu a senkrechten Richtung. Außerdem werde ein Parabelpunkt $\mathfrak{C}$ beliebig gewählt. Bei dieser Annahme liefert die in voriger Nummer gefundene projektive Erzeugung genau die in Fig. 369 von Nr. 265 angegebene Konstruktion (wo $\mathfrak{A}$, $\mathfrak{B}$, $\mathfrak{C}$, a mit A, B, C, a bezeichnet waren), und zwar insbesondere für den Fall, daß die Richtung nach $\mathfrak{B}$ senkrecht zu a ist. Die Parabel ist also durch die Angabe des Punktes $\mathfrak{A}$, seiner Tangente a, des Punktes $\mathfrak{C}$ und des senkrecht zu a unendlich fern gelegenen Punktes $\mathfrak{B}$ vollständig bestimmt.

Wir benutzen nun die Ebene als eine Grundrißtafel, siehe Fig. 533, und nehmen die Aufrißtafel senkrecht zu a an. Dann sind die Aufrisse $\mathfrak{A}''$ und $\mathfrak{C}''$ von $\mathfrak{A}$ und $\mathfrak{C}$ auf der Projektionsachse gelegen. Nun werde in der Grundrißtafel irgendein durch $\mathfrak{C}$ gehender Kreis gezeichnet, dessen Mittelpunkt O' auf dem zu a senkrechten Strahl von $\mathfrak{A}$ nach dem endlich fernen Punkt $\mathfrak{B}$ liege, und der Kreis treffe diesen Strahl in P und Q. Die Aufrisse P'' und Q'' liegen auf der Projektionsachse. Wir bestimmen im Aufriß einen Punkt A'' als Schnitt der Mittelsenkrechten von $\mathfrak{C}''Q''$ mit dem Kreis um $\mathfrak{C}''$ durch $\mathfrak{A}''$, so daß ein gleichschenkliges Dreieck $\mathfrak{C}''A''Q''$ mit der Spitze A'' entsteht. Die Parallele zu $\mathfrak{C}''A''$ durch P'' schneide die Gerade $Q''A''$ in O''. Dann ist auch das Dreieck $P''O''Q''$ gleichschenklig mit der Spitze O''; folg-

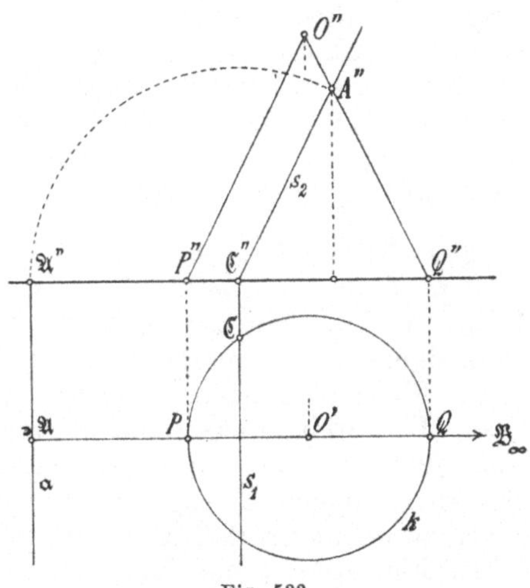

Fig. 533.

lich liegt O'' senkrecht über O'. Demnach sind O' und O'' als Grundriß und Aufriß eines Punktes O aufzufassen. Dieser Punkt diene als das Auge, von dem aus der gezeichnete Kreis in der Grundrißebene betrachtet wird. Als Bildtafel T werde die auf der Aufrißtafel längs $\mathfrak{C}''A''$ oder s_2 senkrecht stehende Ebene benutzt, deren Grundrißspurgerade s_1 die Gerade $\mathfrak{C}\mathfrak{C}''$ ist. Die Sehstrahlen nach den Punkten des Kreises bilden einen Rotationskegel, und er hat die Verschwindungsebene, die ja durch O geht und zu T parallel ist, als Tangentialebene längs der linken äußersten Mantellinie. Folglich stellt PP'' die Verschwindungsgerade dar. Da sie den Kreis berührt, ist das perspektive Bild des Kreises in der Ebene T, d. h. der Schnitt des Rotationskegels mit der Ebene T, eine Parabel. Wenn man diese Parabel um die Spurgerade s_1 in die Grundrißtafel umlegt, geht nun augenscheinlich eine Parabel hervor, die in $\mathfrak{A}$ die Gerade a berührt, die ferner durch $\mathfrak{C}$ geht und auch den unendlichen Punkt $\mathfrak{B}$ hat, d. h. es geht gerade diejenige Parabel hervor, von der wir ausgegangen waren und deren **Scheitel** $\mathfrak{A}$ **ist. Dies besagt: Das perspektive Bild eines Kreises läßt sich, sobald es einen und nur einen unendlich fernen Punkt hat, stets durch einen ebenen Schnitt eines Rotationskegels parallel zu einer Tangentialebene erzeugen.**

Die Bedeutung der Sätze dieser Nummer liegt in dem Umstand, daß der Sehkegel, d. h. der Kegel der Strahlen, die vom Auge O nach einem Kreis gehen, im allgemeinen durchaus kein Rotationskegel, sondern ein schiefer Kreiskegel ist. Wir haben nämlich im vorhergehenden bewiesen: **Jeder ebene Schnitt eines beliebigen schiefen Kreiskegels läßt sich entweder als ebener Schnitt eines Rotationszylinders oder als ebener Schnitt eines Rotationskegels parallel zu einer Tangentialebene oder als ebener Schnitt eines Rotationskegels parallel zur Kegelachse erzeugen, je nachdem nämlich die Kurve keinen oder nur einen oder zwei verschiedene unendlich ferne Punkte hat, d. h. je nachdem sie eine Ellipse, Parabel oder Hyperbel ist.** Da sich auch jede Ellipse als ebener Schnitt eines Rotationskegels erzeugen läßt (Nr. 77), ist also nachgewiesen, daß jeder Kegelschnitt überhaupt als ebener Schnitt eines Rotationskegels hergestellt werden kann. Hierfür wurde in Nr. 267 ein ganz anderer Beweis gegeben. **Die im ersten Band abgeleiteten Eigenschaften der Ellipse, Parabel und Hyperbel gelten hiernach für alle perspektiven Bilder von Kreisen.**

359. Elliptisches Kreisbild. Um das perspektive Bild eines Kreises in dem Falle zu erhalten, wo es nur im Endlichen verläuft, also eine Ellipse ist, wenden wir nach Nr. 336 und 337 die Perspektivität in der Doppelebene an, indem wir die Kreisebene E um ihre Spurgerade s in die Tafel T umlegen. Hatten wir bisher die umgelegten Punkte der Eben E durch überstrichene Buchstaben bezeichnet, so können wir wohl jetzt auf diese auf die Dauer lästige Unterscheidung verzichten. Nur das umgelegte Auge werden wir auch jetzt $\widetilde{O}$ nennen, um immer daran zu erinnern, daß dies nur ein Hilfspunkt, kein wirkliches Auge ist.

In Fig. 534 ist ein Kreis in der Umlegung der Ebene E so angenommen worden, daß er die umgelegte Verschwindungsgerade v der Ebene meidet. (Daß er auch die Spurgerade s nicht trifft, ist ohne Bedeutung; falls er s trifft, greift auch das Bild des Kreises über s über.) Um das elliptische Bild des Kreises zu zeichnen, bedarf man der Ellipsenachsen. Sie lassen sich aus konjugierten Durchmessern ableiten (nach Nr. 85 oder 137), und deshalb gehen wir darauf aus, konjugierte Durchmesser der Ellipse zu bekommen. Da das Bild $\mathfrak{M}$ der Kreismitte M nicht die Mitte der Ellipse sein wird (Nr. 294), gehen die Durchmesser der Ellipse nicht aus den Durchmessern des Kreises, sondern aus gewissen anderen Kreissehnen hervor. Nun wissen wir: Wenn man an die Ellipse zwei parallele Tangenten legt, ist die Verbindende ihrer Berührungspunkte ein Durchmesser. Solche Geraden aber, die im Bilde parallel sind, haben in Wahrheit ihren Verschwindungspunkt gemein. Mithin wählen wir einen Punkt V_1 auf der umgelegten Verschwindungsgeraden v und ziehen von ihm aus die Tangenten an den Kreis. Die Berührungspunkte seien A und B. Das Bild $\mathfrak{AB}$ der Kreissehne AB ist dann ein Durchmesser der Ellipse. Die Tangenten in den Endpunkten des konjugierten Durchmessers sind zu $\mathfrak{AB}$ parallel (Nr. 72), d. h. sie gehen aus denjenigen Kreistangenten hervor, die von dem Verschwindungspunkt von AB ausgehen, also von dem Punkt V_2, in dem AB die Gerade v schneidet. Indem wir daher von V_2 aus die

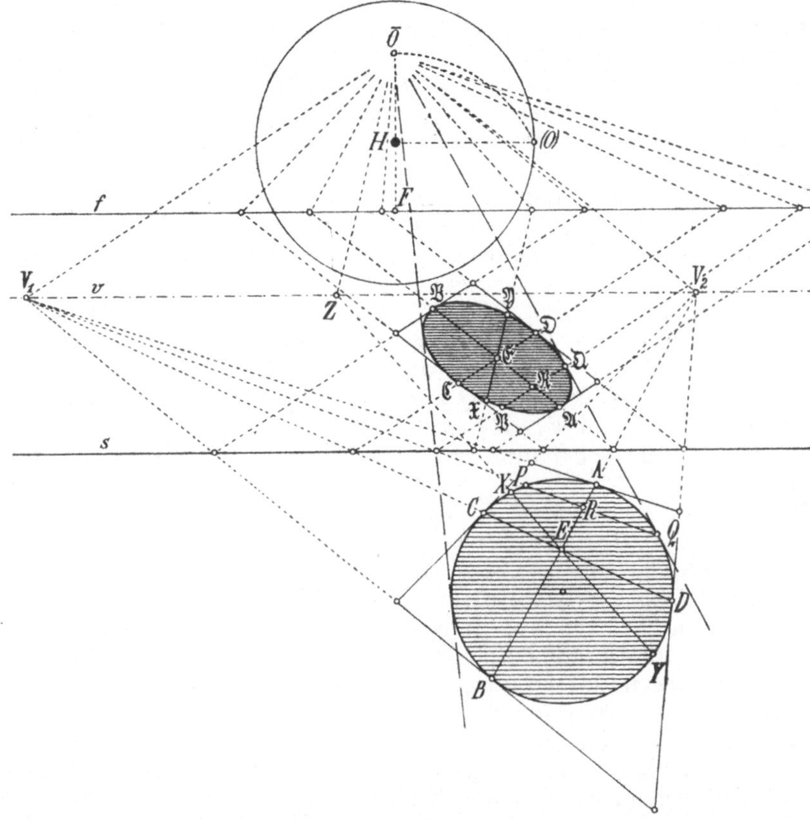

Fig. 584.

Tangenten an den Kreis ziehen, die ihn in C und D berühren mögen, finden wir, daß das Bild $\mathfrak{CD}$ von CD der zu $\mathfrak{AB}$ konjugierte Durchmesser der Ellipse ist. Die Tangentenpaare des Kreises, die von V_1 und V_2 ausgehen, erzeugen somit eines derjenigen dem Kreis umschriebenen Vierecke, denen im Bild diejenigen der Ellipse umschriebenen Parallelogramme entsprechen, die von der Ellipse in den Seitenmitten berührt werden. Nachdem man das Bildparallelogramm gezeichnet hat, dessen Seiten zu $\overline{O}V_1$ und $\overline{O}V_2$ parallel sind, kann man aus den Mittellinien $\mathfrak{AB}$ und $\mathfrak{CD}$ als konjugierten Durchmessern nach Nr. 85 oder 137 die Achsen der Ellipse ableiten und dann die Ellipse zeichnen. Die Ellipse muß so liegen, daß sie die von $\overline{O}$ an den Kreis gehenden Tangenten ebenfalls berührt.

9*

360. Nochmals die Polareigenschaften des Kreises. Der Schnittpunkt E von AB und CD bildet sich als der Mittelpunkt $\mathfrak{E}$ der Ellipse ab. Demnach stellt sich jede durch E gehende, aber sonst beliebige Kreissehne XY im Bild als ein Durchmesser $\mathfrak{XY}$ der Ellipse dar, so daß $\mathfrak{E}$ die Mitte von $\mathfrak{XY}$ ist. Die Punkte $\mathfrak{X}$, $\mathfrak{Y}$, $\mathfrak{E}$ und der unendlich ferne Punkt der Geraden $\mathfrak{XY}$ sind vier harmonische Punkte (Nr. 333). Da der unendlich ferne Punkt von $\mathfrak{XY}$ das Bild des Verschwindungspunktes Z von XY ist, folgt daraus, daß auch X, Y, E, Z harmonische Punkte sind, und da Z auf der den Kreis nicht schneidenden Geraden v liegt, ergibt sich hieraus eine Kreiseigenschaft:

Zu jeder einen Kreis nicht schneidenden Geraden v der Kreisebene gibt es einen Punkt E im Innern des Kreises derart, daß jede durch E gehende Gerade den Kreis in zwei Punkten X und Y und die Gerade v in einem Punkt Z so trifft, daß X, Y und E, Z harmonische Punktepaare sind.

Dasselbe gilt aber auch für jede den Kreis schneidende Gerade, z. B. für die Gerade AB. Denn das Bild $\mathfrak{AB}$ von AB ist ein Durchmesser der Ellipse, und dieser Ellipsendurchmesser geht durch die Mitte $\mathfrak{R}$ einer jeden zu $\mathfrak{CD}$ parallelen Sehne $\mathfrak{PQ}$. Folglich sind $\mathfrak{P}$, $\mathfrak{Q}$, $\mathfrak{R}$ und der unendlich ferne Punkt von $\mathfrak{PQ}$ harmonische Punkte. Da der unendlich ferne Punkt das Bild von V_1 ist, ergibt sich also: Zur Geraden AB gehört ein Punkt V_1 derart, daß jede von V_1 ausgehende Sekante den Kreis in zwei Punkten P, Q und die Gerade AB in einem Punkt R so trifft, daß P, Q und V_1, R harmonische Punktepaare sind.

Hiermit ist die sogenannte Polareigenschaft des Kreises bewiesen:

Zu jeder Geraden p in der Ebene eines Kreises gibt es einen Punkt P der Kreisebene derart, daß jede von P ausgehende Sekante den Kreis in einem Punktepaare trifft, das von P und dem Schnittpunkt mit p harmonisch geteilt wird. Dies wurde in Nr. 188 auf anderem Wege dargetan. Der Punkt P heißt der Pol der Geraden p, die Gerade p die Polare des Punktes P. Liegt P im Innern des Kreises, so meidet p den Kreis, liegt P außerhalb des Kreises, so schneidet p den Kreis. In Fig. 534 ist V_1 der Pol von AB, V_2 der von CD und E der von v oder V_1V_2. Das Dreieck V_1V_2E heißt ein Polardreieck, weil jede Ecke des Dreiecks der Pol der gegenüberliegenden Dreiecksseite ist. Die Tangentenpaare des Kreises von V_1 und V_2 aus machen als Inbegriff von vier Geraden der Ebene ein sogenanntes vollständiges Vierseit aus. Die sechs Punkte, in denen sie sich zu je zweien schneiden, heißen die sechs Ecken des vollständigen Vierseits, und diese sechs Punkte liegen zu je zweien auf einer Geraden. Solcher Geraden gibt es drei, und sie heißen die Diagonalen des vollständigen Vierseits, die Eckpunkte des von ihnen gebildeten Dreiecks die Diagonalpunkte (Nr. 191). Also hat sich ergeben:

In jedem einem Kreis umschriebenen vollständigen Vierseit ist jede der drei Diagonalen die Polare des ihr gegenüberliegenden Diagonalpunktes. So ist die Diagonale V_1E die Polare des Diagonalpunktes V_2, die Diagonale V_2E die des Diagonalpunktes V_1 und die Diagonale V_1V_2 die des Diagonalpunktes E.

Ferner hat sich ergeben:

Bildet sich ein Kreis perspektiv als Ellipse ab, so ist der Mittelpunkt der Ellipse das Bild des Pols der Verschwindungsgeraden v der Kreisebene hinsichtlich des Kreises.

361. Polareigenschaften der Kegelschnitte. Da die Kegelschnitte die perspektiven Bilder der Kreise sind und da sich vier harmonische Punkte perspektiv immer wieder als vier harmonische Punkte abbilden, leuchtet ein, daß man durch Abbildung der Kreise ohne weiteres auch die Polareigenschaften der Kegelschnitte findet, wobei es ganz einerlei ist, ob das Kreisbild eine Ellipse, Parabel oder Hyperbel ist. Es gilt also der Satz:

Zu jeder Geraden $\mathfrak{p}$ in der Ebene eines Kegelschnittes gibt es einen Punkt $\mathfrak{P}$ der Ebene derart, daß jede von $\mathfrak{P}$ ausgehende Sekante den Kegelschnitt in einem Punktepaar trifft, das von $\mathfrak{P}$ und dem Schnittpunkt mit $\mathfrak{p}$ harmonisch getrennt wird. In Nr. 189 wurde dies nur für den Fall der Ellipse und zwar auf anderem Wege bewiesen. Wieder heißt jetzt $\mathfrak{P}$ der Pol von $\mathfrak{p}$ sowie $\mathfrak{p}$ die Polare von $\mathfrak{P}$, und man kann den Begriff des Polardreiecks wie im Fall eines Kreises aufstellen.

Ferner gilt auch jetzt der Satz:

In jedem einem Kegelschnitt umschriebenen vollständigen Vierseit ist jede der drei Diagonalen die Polare der gegenüberliegenden Ecke.

Wenn ein Punkt auf dem Kegelschnitt selbst liegt, versteht man unter seiner Polare seine Tangente. Ohne jede Ausnahme gilt dann der Satz:

Liegt ein Punkt $\mathfrak{Q}$ auf der Polare $\mathfrak{p}$ eines Punktes $\mathfrak{P}$, so geht die Polare q von $\mathfrak{Q}$ durch den Pol $\mathfrak{P}$ von $\mathfrak{p}$. Im Fall des Kreises war dieser Satz schon in Nr. 188 ausgesprochen worden.

362. Nochmals das elliptische Kreisbild. In Nr. 359 wurde der Punkt V_1 auf der Verschwindungsgeraden v beliebig gewählt. Am bequemsten ist es, den Fußpunkt W des Lotes vom Mittelpunkt des Kreises auf v zu benutzen, siehe Fig. 535. Dann ist AB zu v parallel, und V_2 fällt ins Unendlichferne, so daß CD der zu v senkrechte Kreisdurchmesser ist. Bei dieser Annahme geht ein dem Kreis umschriebenes Trapez hervor, dessen Bild ein solches der Ellipse umschriebenes Parallelogramm ist, dessen Mittellinien konjugierte Durchmesser der Ellipsen liefern. Insbesondere ist jetzt der Durchmesser $\mathfrak{AB}$ zu v parallel und der konjugierte Durchmesser $\mathfrak{CD}$ nach dem Hauptfluchtpunkt F hin gerichtet. Um das Parallelogramm genau zu zeichnen, wird man die Diagonalen des Trapezes bei der Abbildung benutzen, wie es angedeutet ist.

Man kann aber auch ganz anders vorgehen: Dem Kreis werde dasjenige Quadrat $1\,2\,3\,4$ umschrieben, von dem zwei Seiten zu v parallel sind. Das Bild $I\,II\,III\,IV$ dieses Quadrats ist allerdings kein der Ellipse umschriebenes Parallelogramm, sondern ein ihr umschriebenes Trapez mit zwei zu v parallelen Seiten $I\,II$ und $III\,IV$. Aber die Strecke von der Mitte von $I\,II$ bis zur Mitte von $III\,IV$ ist wieder ein Durchmesser $\mathfrak{CD}$ der Ellipse. Wenn nun bloß dieses Trapez $I\,II\,III\,IV$

vorliegt, kann man den zu $\mathfrak{CD}$ konjugierten Durchmesser der Ellipse ohne Benutzung der Verschwindungsgeraden sowie aller übrigen Geraden und

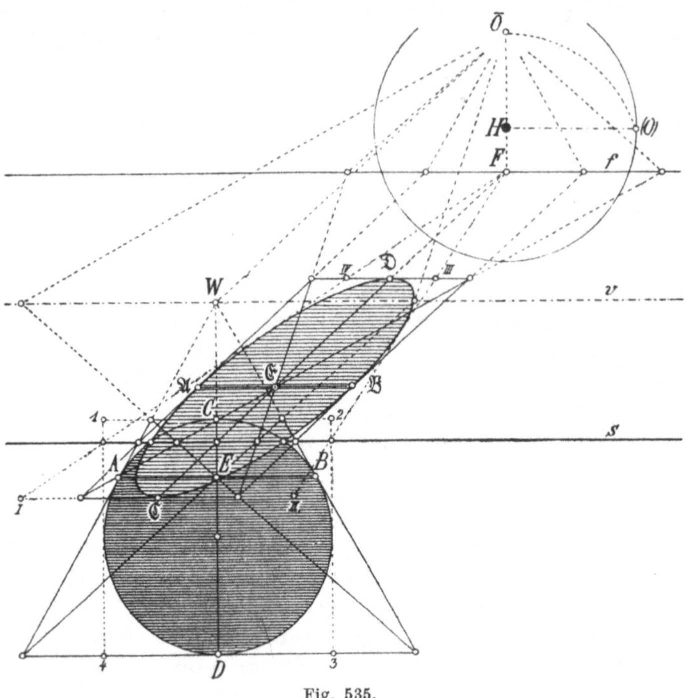

Fig. 535.

Punkte in der Art ermitteln, wie es Fig. 536 zeigt. Da man nämlich weiß, daß *I II III IV* in Wahrheit ein Quadrat ist, von dem eine Seite *I II* zur Tafel parallel liegt, stelle man sich vor, das Quadrat werde um diese Seite so weit gedreht, bis seine Ebene zur Tafel parallel liegt. Dann wird es als Quadrat erscheinen, nämlich als das in Fig. 536 mit *1 2 3 4* bezeichnete Quadrat, dessen Seite *1 2* mit *I II* zusammenfällt. Zwischen den beiden Quadratebenen, der ursprünglichen Ebene und der zur Tafel parallelen Ebene, besteht nun eine Affinität, da die eine aus der anderen durch eine Drehung hervorgegangen ist. Diese Affinität stellt sich im Bilde nach Nr. 335 als eine Perspektivität auf der

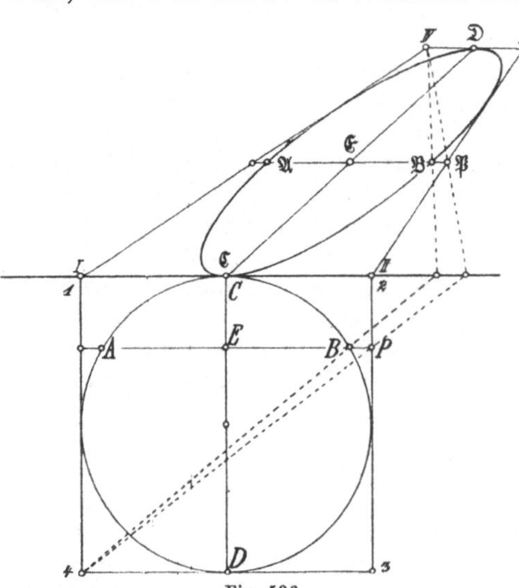

Fig. 536.

Tafel als Doppelebene dar. Die Achse der Perspektivität ist die Gerade *I II* oder *1 2*. Der Kreis, der dem Quadrat *1 2 3 4* einbeschrieben ist, wird vermöge der Perspektivität in die gesuchte Ellipse verwandelt. Der zu $1\,2$ senkrechte Kreisdurchmesser CD entspricht dem Ellipsendurchmesser $\mathfrak{C}\mathfrak{D}$, indem $\mathfrak{C}$ mit C zusammenfällt. Der Mittelpunkt $\mathfrak{E}$ von $\mathfrak{C}\mathfrak{D}$ ist die Ellipsenmitte. Die durch $\mathfrak{E}$ gehende Parallele zu $I\,II$ schneide $II\,III$ in $\mathfrak{P}$. Dann ist $\mathfrak{P}$ das Bild eines Punktes $\mathfrak{P}$ von $2\,3$, der sich z. B. mit Hilfe der Geraden $IV\,\mathfrak{P}$ leicht ergibt, wie es die Figur zeigt. Man kann also die Parallele zu $1\,2$ durch P ziehen, und sie schneidet CD in dem Punkt E, dessen Bild die Ellipsenmitte $\mathfrak{E}$ ist. Diese Parallele enthält nun eine Kreissehne AB, die sich als die zu $I\,II$ parallele Sehne $\mathfrak{A}\mathfrak{B}$ der Ellipse durch $\mathfrak{E}$, also als der zu $\mathfrak{C}\mathfrak{D}$ konjugierte Ellipsendurchmesser abbilden muß. Wie man z. B. den Punkt $\mathfrak{B}$ mit Hilfe der Geraden $4\,B$ ermittelt, zeigt die Figur. Auf diese Art ergeben sich also konjugierte Durchmesser $\mathfrak{A}\mathfrak{B}$ und $\mathfrak{C}\mathfrak{D}$ der Ellipse durch Konstruktionen, die weder von der Verschwindungsgeraden noch von anderen gegebenen Elementen außer dem Quadrat $1\,2\,3\,4$ und dem Trapez $I\,II\,III\,IV$ Gebrauch machen. **Deshalb wird diese Art der Konstruktion niemals durch unerreichbare Punkte gestört.**

363. Unmittelbare Bestimmung der Achsen des elliptischen Kreisbildes. Wir schicken einige Bemerkungen voraus, die zwar zum Teil aus Nr. 179 zu entnehmen wären, aber hier ganz unabhängig davon entwickelt werden mögen:

Liegt wie in Fig. 537 ein die Verschwindungsgerade v meidender Kreis vor, so ist nach Nr. 359 bekannt: Wird ein Punkt V_1 auf v angenommen, und ist AB die Polare von V_1, nämlich die Berührungssehne der Tangenten von V_1 aus, so trifft AB die Gerade v in einem Punkt V_2 derart, daß die Polare CD von V_2 durch V_1 geht, und der Schnittpunkt E von AB und CD ist derjenige Punkt, dessen perspektive Abbildung die Ellipsenmitte liefert. Er ist der Pol der Verschwindungsgeraden v (Nr. 360) und liegt auf dem Lot von der Kreismitte M auf v. Der Fußpunkt dieses Lotes sei wie in

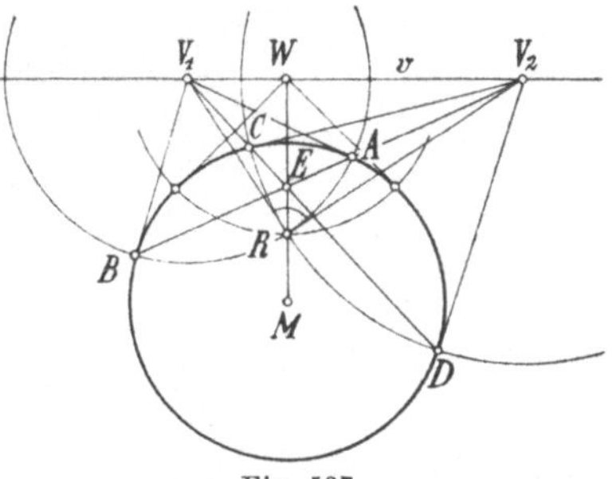

Fig. 537.

Nr. 362 mit W bezeichnet. Der Kreis um V_1, der durch A und B geht, schneidet das Lot in einem Punkt R. Er liegt im Inneren des gegebenen Kreises. Bezeichnet r den Radius des gegebenen Kreises, so ist also:
$$V_1R^2 = V_1A^2 = V_1M^2 - r^2,$$
$$WR^2 = V_1R^2 - V_1W^2 = V_1M^2 - r^2 - V_1W^2 = (V_1M^2 - V_1W^2) - r^2 = MW^2 - r^2.$$

Der letzte Wert hängt gar nicht von der Lage des angenommenen Punktes V_1 auf v ab. Folglich gehen alle Kreise, deren Mittelpunkte auf v liegen und die den gegebenen Kreis senkrecht schneiden, durch denselben Punkt R auf MW (außerdem noch durch den Spiegelpunkt von R hinsichtlich v, der aber hier nicht gebraucht wird, vgl. Nr. 179). Also geht der Kreis um V_2 und durch C und D ebenfalls durch R. Da nun $V_1C \cdot V_1D$ gleich V_1A^2 oder V_1R^2 ist, berührt der

Kreis um V_2 in R den Radius V_1R, d. h. $\sphericalangle V_1RV_2$ ist ein rechter Winkel. Der Punkt R kann insbesondere dadurch ermittelt werden, daß man von W aus die Tangenten an den gegebenen Kreis legt und dann um W den Kreis durch die Berührungspunkte zieht.

Nach Nr. 359 sind die Bilder der Sekanten AB und CD konjugierte Durchmesser der Bildellipse. Die Punkte V_2 und V_1, in denen diese Sekanten die Verschwindungsgerade v treffen, werden nach dem Vorhergehenden auf v durch einen rechten Winkel ausgeschnitten, dessen Scheitel R ist. Nach Fig. 534 in Nr. 359 sind ferner die konjugierten Durchmesser der Ellipse, die sich aus AB und CD ergeben, zu den Strahlen vom umgelegten Auge $\bar{O}$ nach den Verschwin-

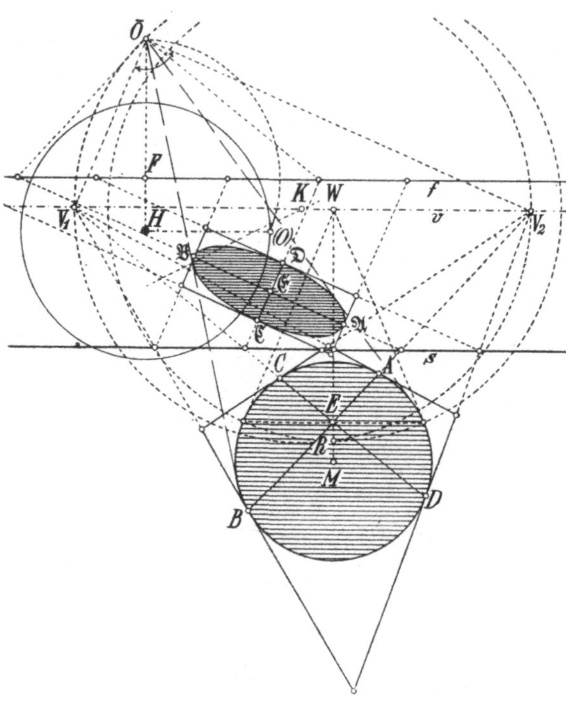

Fig. 538.

dungspunkten V_2 und V_1 parallel. Da die Achsen der Bildellipse das rechtwinklige konjugierte Durchmesserpaar ausmachen, ergibt sich mithin: Um die Achsen der Bildellipse zu bestimmen, hat man V_1 und V_2 so auf der Verschwindungsgeraden v zu wählen, daß sowohl $\sphericalangle V_1RV_2$ als auch $\sphericalangle V_1\bar{O}V_2$ ein rechter Winkel wird. Wieder also stoßen wir wie schon in Nr. 350 auf die in Nr. 127 benutzte Konstruktion, siehe Fig. 538. Nachdem hier der Punkt R mittels des zum gegebenen Kreis senkrechten Kreises um W gefunden worden ist, bestimmt man durch die

Mittelsenkrechte von $\bar{O}R$ auf der Verschwindungsgeraden v den Mittelpunkt K eines Kreises, der durch $\bar{O}$ und R geht und der v in den Punkten V_1 und V_2 schneidet, so daß $\sphericalangle V_1RV_2$ und $\sphericalangle V_1\bar{O}V_2$ rechte Winkel sind. Außerdem bestimmt man den Punkt E, dessen Bild die Ellipsenmitte $\mathfrak{E}$ ist, nämlich dadurch, daß man die Polare von W mit $M\overline{W}$ schneidet. Dann weiß man, daß die Geraden V_1E und V_2E den Kreis in denjenigen Sehnen CD und AB schneiden, deren Bilder die Achsen $\mathfrak{CD}$ und $\mathfrak{AB}$ der Bildellipse sind. Um sogleich auch das der Ellipse umschriebene Rechteck parallel zu den Achsen zu gewinnen, dessen man zum Zeichnen der Ellipse bedarf (Nr. 82), zieht man von V_1 und V_2 die Tangenten an den Kreis. Sie erzeugen dasjenige dem Kreis umschriebene Viereck, das sich als dieses Rechtek abbildet.

Im Anschluß hieran läßt sich leicht die Frage beantworten, wie ein Kreis liegen muß, damit er auch im Bild als Kreis erscheine. Selbstverständlich bildet sich jeder Kreis, dessen Ebene zur Tafel parallel ist, wieder als Kreis ab. Aber wir nehmen hier an, daß die Ebene des Kreises nicht zur Tafel parallel sei. Zu fordern ist, daß das Kreisbild eine Ellipse mit lauter rechtwinkligen konjugierten Durchmesserpaaren sei, d. h. daß jeder rechte Winkel mit den Scheitel R die Verschwindungsgerade v in Punkten V_1 und V_2 derart treffe, daß auch $\sphericalangle V_1 \overline{O} V_2$ ein rechter Winkel wird. Dies aber ist dann und nur dann der Fall, wenn R mit $\overline{O}$ oder mit dem Spiegelpunkt $\overline{U}$ von $\overline{O}$ hinsichtlich v zusammenfällt. Der Spiegelpunkt $\overline{U}$ kam schon in Nr. 348 und 350 vor. Weiterhin ergibt sich, daß jetzt W der Hauptverschwindungspunkt V sein muß, da der Kreis um W, der den gegebenen Kreis senkrecht schneidet, der Kreis mit dem Durchmesser $\overline{O}\,\overline{U}$ wird. Da nun $\overline{U}$ und $\overline{O}$ bei der Umlegung der Kreisebene aus den **winkeltreuen Punkten** K_1 und K_2 der Ebene entstehen (Nr. 348), gilt der Satz:

In jeder nicht zur Tafel parallelen Ebene E gibt es eine Schar von Kreisen, die sich perspektiv als Kreise abbilden. Diese Kreise durchsetzen senkrecht denjenigen Kreis, der die Verbindende der winkeltreuen Punkte K_1 und K_2 der Ebene E als Durchmesser hat.

Nach Nr. 179 bilden alle diese besonderen Kreise der Ebene E dasjenige Kreisbüschel, das das Büschel aller Kreise durch K_1 und K_2 senkrecht durchsetzt. Wir kommen darauf zurück (in Nr. 376).

364. Anwendungen des elliptischen Kreisbildes. Wir machen vom Vorhergehenden Anwendungen, indem wir die Bilder einiger Rotationszylinder herstellen.

Als erstes Beispiel betrachten wir zwei auf wagerechter Grundebene E senkrecht stehende Rotationszylinder von gleichem Radius. Die Bildtafel T sei lotrecht und parallel zur Verbindenden der Mitten der Grundkreise, so daß beide Zylinder von der Tafel T denselben Abstand haben. Ist die Grundebene E, deren Fluchtgerade der Horizont h ist, durch ihre Spurgerade s gegeben, so stellen sich die Grundkreise nach der Umlegung der Grundebene um die Spurgerade als gleich große Kreise dar, deren Mittelpunkte auf einer Parallelen zur Spurgeraden liegen, siehe Fig. 539. Um die Bilder dieser Grundkreise zu bestimmen, wenden wir etwa das erste in Nr. 362 angegebene Verfahren an: Die Fußpunkte der Lote von den Kreismitten auf die umgelegte Verschwindungsgerade v seien jetzt mit V_1 und V_2 bezeichnet (damals wurde die Bezeichnung W gebraucht). Die Tangenten von V_1 und V_2 an die Kreise und die zur Spurgeraden s parallelen Kreistangenten liefern den Kreisen umschriebene Trapeze, deren Bilder Parallelogramme sind. Die Mittellinien der Parallelogramme sind konjugierte Durchmesser der Bildellipsen. Je ein Durchmesser ist zu s parallel, die beiden anderen zielen nach dem Hauptpunkt H.

Wir wollen annehmen, beide Zylinder seien gleich hoch. Die beiden oberen Endkreise liegen dann in einer zur Grundebene E parallelen Ebene. Die Spurgerade s_1 dieser Ebene liegt in der gegebenen Höhe des Zylinders über s. Man bekommt nun die Parallelogramme, die den Bildellipsen der oberen Endkreise umschrieben sind, aus den vorhin bestimmten Parallelogrammen, indem man alle Spurpunkte von s bis s_1

hebt, dagegen alle Fluchtpunkte beibehält. Zur genaueren Herstellung sowohl der unteren als auch der oberen Parallelogramme benutzt man zweckmäßig auch ihre Diagonalen (wie schon in Nr. 362).

Schließlich handelt es sich noch um die Ermittlung der äußersten Mantellinien der Zylinder. Sie können als die zu s senkrechten gemeinsamen Tangenten der unteren und oberen Ellipsen gefunden werden. Aber man kann sie unabhängig von der Zeichnung der Ellipsen bestimmen, was vorzuziehen ist, weil sich dadurch eine bessere Unter-

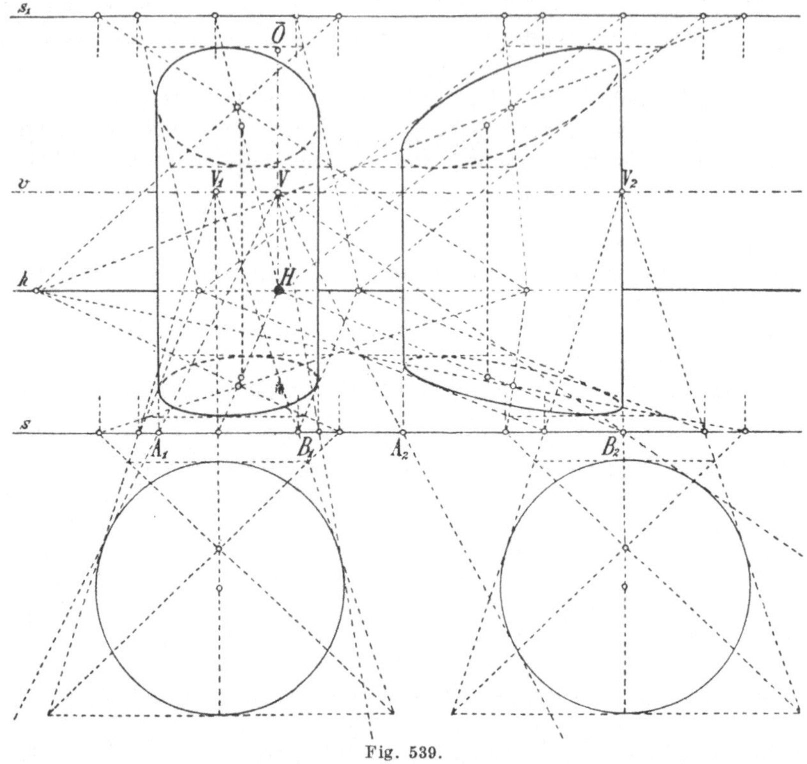

Fig. 539.

lage für den Fall ergibt, wo man sich damit begnügen will, die Ellipsen freihändig, ohne Bestimmung ihrer Achsen, in die Parallelogramme einzuzeichnen: Da die Zylinder lotrecht sind, werden dem Beobachter diejenigen Mantellinien als die äußersten erscheinen, längs deren die durch das Auge O gehenden Tangentialebenen die Zylinder berühren. Diese Tangentialebenen sind lotrecht und enthalten also außer dem Auge O auch den Fußpunkt des Beobachters, d. h. den Fußpunkt des Lotes von O auf die wagerechte Grundebene. Dieser Festpunkt ist aber auf der Verschwindungsgeraden v gelegen, also der Hauptverschwindungspunkt V, der in der Umlegung der Grundebene der Fußpunkt des Lotes vom Hauptpunkt H auf v ist. Die in Rede stehenden Tangentialebenen schneiden die Grundebene demnach in den von V ausgehenden Tangenten der Grundkreise. Folglich zieht man von V die Tangenten an die umgelegten Grundkreise. Sie treffen die Spurgerade s in A_1 und B_1 sowie in A_2 und B_2. Da die Tangentialebenen lotrecht sind, schnei-

den sie die Tafel in den auf s in A_1, B_1, A_2, B_2 errichteten Loten. Als
Ebenen durch das Auge O erscheinen die Tangentialebenen im Bild
bloß als Geraden. Folglich liegen auf den soeben errichteten Loten die
gesuchten äußersten Mantellinien der Zylinder. Daß in Fig. 539 die
äußerste rechte Mantellinie des rechten Zylinders gerade durch V_2 geht,
ist selbstverständlich Zufall.

Man kann diese Ermittlung der äußersten Mantellinien auch so begründen: Gesucht werden die zur Spurgeraden s senkrechten Tangenten
der Bildellipsen. Alle Geraden der Grundebene, die im Bild als Senkrechte zu s erscheinen, haben ihren Verschwindungspunkt in dem
Punkt, in dem die Parallele zu ihnen durch das umgelegte Auge $\bar{O}$
die umgelegte Verschwindungsgerade v schneidet. Das ist aber der
Hauptverschwindungspunkt V. In der Tat also sind die Bilder der
von V an die umgelegten Grundkreise gezogenen Tangenten die zu s
senkrechten Ellipsentangenten.

Der rechte Zylinder erscheint in Fig. 539 viel breiter als der linke,
obgleich beide Zylinder gleich stark sind. Dies erklärt sich wieder wie
in Nr. 311 daraus, daß die scheinbare Stärke der Zylinder nicht durch
die Abstände zwischen den äußersten Mantellinien im Bilde angegeben
wird, sondern durch die Gesichtswinkel, nämlich durch die Winkel, die
von den Ebenen gebildet werden, die durch das Auge O in der ursprünglichen Lage gehen und diese äußersten Mantellinien enthalten. Der Gesichtswinkel $A_1 V B_1$, der zum linken Zylinder gehört, ist größer als der
Gesichtswinkel $A_2 V B_2$ des weiter vom Auge entfernten rechten Zylinders.
Vom richtigen Augenpunkt O aus betrachtet (die Distanz ist gleich $H\bar{O}$),
wird also der linke Zylinder doch breiter als der rechte erscheinen.

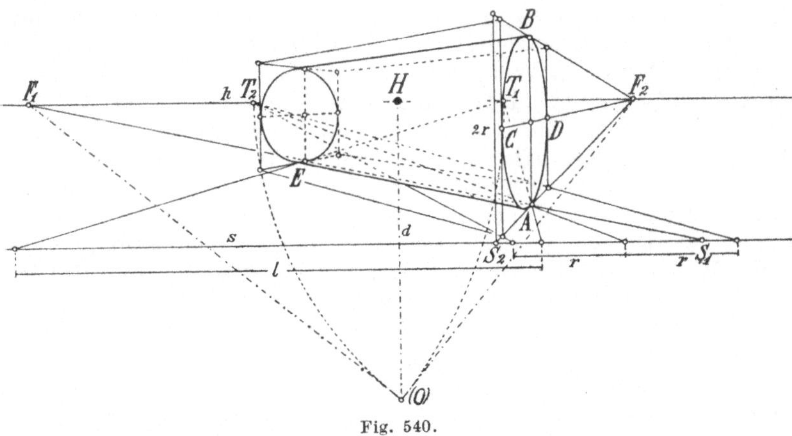

Fig. 540.

Als zweites Beispiel zeichnen wir das Bild eines auf einer wagerechten Grundebene E liegenden Rotationszylinders. Die
Grundebene E sei durch ihre Spurgerade s gegeben, siehe Fig. 540.
Die Gerade, längs deren der Zylinder die Grundebene berührt, sei die
Gerade mit dem Spurpunkt S_1 und Fluchtpunkt F_1. Auf ihr sei A der
vordere Endpunkt der auf der Grundebene liegenden Mantellinie. Ist
die Länge l des Zylinders gegeben, so findet man den hinteren Endpunkt E dieser Mantellinie, indem man l auf AE in richtiger Verkürzung

aufträgt. Dazu bedient man sich nach Nr. 308 des zum Fluchtpunkt F_1 gehörigen Teilungspunktes T_1. Man errichtet also in H auf dem Horizont h das Lot $H(O) = d$ (aus Gründen der Platzersparnis ist das Lot nach unten errichtet). Dann ist T_1 der Schnittpunkt von h mit dem um F_1 durch (O) gelegten Kreis. Nun wird $T_1 A$ mit s zum Schnitt gebracht, vom Schnittpunkt aus die Länge l auf s aufgetragen und der Endpunkt mit T_1 verbunden. Auf dieser Verbindenden liegt der gesuchte Punkt E.

Statt sogleich den Zylinder zu zeichnen, ist es zweckmäßig, zunächst das Rechtflach herzustellen, das dem Zylinder umschrieben ist und dessen Endfläche dasjenige Quadrat ist, das man dem vorderen Endkreis des Zylinders so umschreiben kann, daß eine Seite des Quadrats auf der Grundebene selbst liegt. Diese Quadratseite ist in Wahrheit die Senkrechte zu AE durch A. Der Fluchtpunkt F_2 dieser Senkrechten geht als Schnitt des Horizonts h mit dem in (O) auf $F_1(O)$ errichteten Lot hervor. Ist der Radius r des Zylinders gegeben, so liegt nun die Aufgabe vor, ihn von A aus in der richtigen Verkürzung nach vorn und hinten auf die Gerade $F_2 A$ zu übertragen. Dazu bedarf man des zum Fluchtpunkt F_2 gehörigen Teilungspunktes T_2, der sich als Schnittpunkt von h mit dem um F_2 gelegten Kreis durch (O) ergibt. Man bringt also $T_2 A$ mit der Spurgeraden s zum Schnitt, trägt von da aus auf s nach beiden Seiten r auf und verbindet die Endpunkte wieder mit T_2. Durch diese Verbindenden werden die Endpunkte der auf der Grundebene gelegenen Quadratseite auf $F_2 A$ ausgeschnitten. Die lotrechte Mittellinie AB des Quadrats ist in Wahrheit gleich $2r$. Um B zu finden, zieht man nach Nr. 308 $F_2 A$ bis zum Schnitt S_2 mit s durch, errichtet in S_2 das Lot $2r$ auf s und verbindet den Endpunkt wieder mit F_2. Nachdem man so B gefunden hat, ist das Bild des Endquadrats leicht zu vervollständigen. Es erscheint als ein Trapez. Die Punkte C und D sind in Wahrheit und im Bilde die Mittelpunkte der lotrechten Quadratseiten. Das andere, hintere Endquadrat des Rechtflachs ergibt sich jetzt leicht aus dem vorderen, indem man die zum Zylinder parallelen Rechtflachkanten zieht, die als Geraden nach F_1 erscheinen. Die nicht lotrechten Seiten des hinteren Endquadrats gehen im Bild nach dem Fluchtpunkt F_2. Man hat nun Trapeze, denen die Bilder der Endkreise des Zylinders eingeschrieben sind, und die selbst die Bilder von Quadraten sind. Nach dem zweiten Verfahren in Nr. 362, siehe Fig. 536, lassen sich also durch Benutzung von Perspektivitäten konjugierte Durchmesser der Bildellipsen finden. Nachdem man die Ellipsen hergestellt hat, zieht man ihre gemeinsamen und in Wahrheit zur Zylinderrichtung parallelen, also im Bilde nach F_1 gehenden Tangenten als die äußersten Mantellinien des Zylinders.

365. Parabolisches Kreisbild. Wenn der abzubildende Kreis die Verschwindungsgerade v seiner Ebene berührt, ist sein Bild eine Parabel (Nr. 355). Wieder nehmen wir an, die Ebene des Kreises, die durch ihre Fluchtgerade f und Spurgerade s gegeben sei, werde um die Spurgerade s in die Tafel T umgelegt, siehe Fig. 541. Der umgelegte Kreis berühre die umgelegte Verschwindungsgerade v in B. Nach dem, was in Nr. 358 über das parabolische Kreisbild gesagt wurde, bekommt man denjenigen Punkt $\mathfrak{A}$ der Bildparabel, dessen Tangente senkrecht ist zu der Richtung, nach der hin sich die Parabel ins Unendlichferne erstreckt, mit anderen Worten den Scheitel $\mathfrak{A}$ der Parabel wie folgt: Da B ein unendlich fernes Bild hat, gibt der Strahl vom umgelegten Auge $\overline{O}$ nach B die Richtung an, in der sich der unendlich ferne Punkt der Parabel befindet. Der dazu im Bild senkrechten Richtung kommt daher derjenige Verschwindungspunkt T zu, der durch das in $\overline{O}$ auf $\overline{O}B$ errichtete Lot auf v ausgeschnitten wird. Von T geht an den Kreis außer der Tangente v noch eine Tangente a. Das Bild $\mathfrak{A}$ des Berührungspunktes A dieser Tangente ist also der Parabelscheitel, da sich die

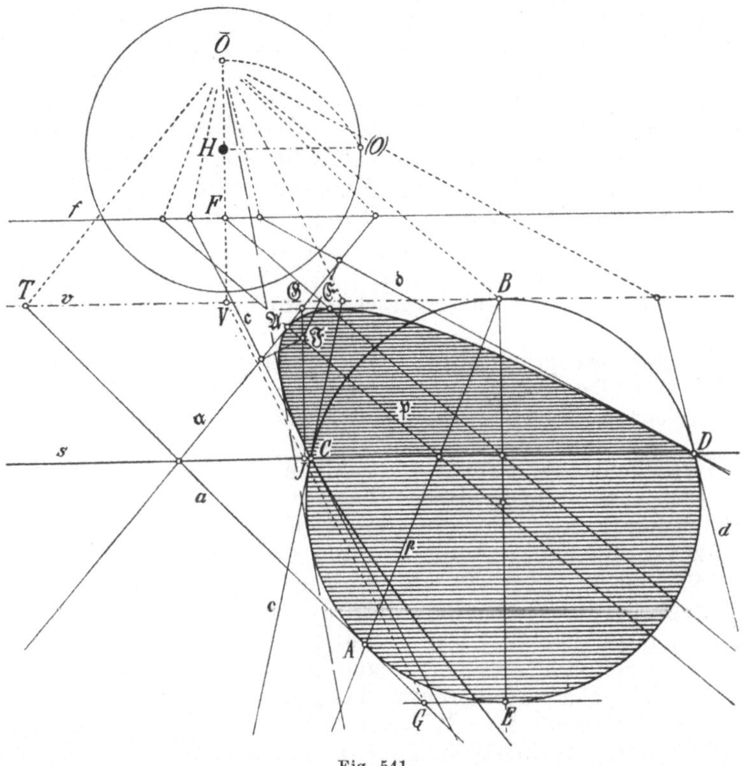

Fig. 541.

Tangente a als eine zur Achsenrichtung $\overline{O}B$ der Parabel senkrechte Gerade $\mathfrak{a}$ abbildet. Man bekommt $\mathfrak{A}$ am genauesten, indem man vom Spurpunkt von a das Lot auf $\overline{O}B$ fällt und ferner das Bild $\mathfrak{p}$ von AB oder p bestimmt. Die Gerade $\mathfrak{p}$, die durch $\mathfrak{A}$ geht, ist die Parabelachse. Somit ist der Scheitel $\mathfrak{A}$, die Scheiteltangente $\mathfrak{a}$ und die Achse $\mathfrak{p}$ der Parabel bekannt. Schneidet der Kreis, wie es in Fig. 541 der Fall ist, die Spurgerade s in Punkten C und D, so sind auch dies bekannte Punkte der Parabel. Man kann nun den Brennpunkt $\mathfrak{F}$ der Parabel so ermitteln: Nach Nr. 264 wird man eine bekannte Parabeltangente mit der Scheiteltangente $\mathfrak{a}$ zum Schnitt bringen und im Schnittpunkt auf sie das Lot errichten. Dies Lot trifft die Achse $\mathfrak{p}$ im Brennpunkte $\mathfrak{F}$. Als bekannte Parabeltangenten dienen z. B. die der Punkte C und D. Man zieht nämlich die Tangenten c und d des

Kreises in C und D und bestimmt ihre Bilder c und b. Da aber der Kreis die Spurgerade s nicht zu schneiden braucht, sind die Punkte C und D nicht immer vorhanden. Man kann aber irgendeine Kreistangente abbilden, um eine Parabeltangente zu bekommen. Am bequemsten ist die zur Spurgeraden parallele Tangente durch den A gegenüberliegenden Kreispunkt E. Sie bildet sich wieder als Parallele zu s ab. Da sie a in einem Punkt G schneidet, könnte man das Bild $\mathfrak{G}$ von G feststellen und in ihm das Lot auf die in Rede stehende Parabeltangente errichten, das zu s senkrecht ist, da die Tangente zu s parallel ist. Dieses Lot wird $\mathfrak{p}$ im Brennpunkt $\mathfrak{F}$ treffen. Noch bequemer ist es aber, wie folgt vorzugehen: Das von $\mathfrak{G}$ auf s zu fällende Lot ist das Bild einer Geraden der Kreisebene, die als Verschwindungspunkt den Hauptverschwindungspunkt V hat. Man zieht also VG und errichtet im Schnittpunkt J von VG mit der Spurgeraden s das Lot auf s. Dieses Lot trifft die Parabelachse $\mathfrak{p}$ im Brennpunkt $\mathfrak{F}$.

Nach Nr. 263 ist der Radius des Krümmungskreises im Parabelscheitel $\mathfrak{A}$ doppelt so groß wie $\mathfrak{AF}$. Man kann demnach die Parabel auf Grund der gefundenen Punkte und Tangenten oder auch nach Nr. 264 zeichnen. Von $\bar{O}$ gehen zwei Tangenten an den Kreis. Sie müssen ebenfalls Tangenten der Parabel sein. In Fig. 541 ist nur die eine gezeichnet, da die andere die Parabel in einem unerreichbaren Punkte berührt.

Dem in Fig. 541 geschrafften Teil des Kreisinnern entspricht der geschraffte Teil des Parabelinnern. Dies ist das in Wahrheit hinter der Tafel gelegene Gebiet des Kreisinnern.

366. Hyperbolisches Kreisbild. Schließlich kommen wir zu dem Fall, wo der abzubildende Kreis die Verschwindungsgerade v seiner Ebene in zwei verschiedenen Punkten schneidet, die sich als unendlich ferne Punkte abbilden, so daß das Bild des Kreises eine Hyperbel ist (Nr. 355). Wieder sei die durch ihre Fluchtgerade f und Spurgerade s gegebene Kreisebene um ihre Spurgerade s in die Bildtafel T umgelegt, siehe Fig. 542. Die Schnittpunkte des Kreises mit der Verschwindungsgeraden v seien A und B genannt, ihre Tangenten a und b. Die Bilder a und b dieser Tangenten sind die Asymptoten der Hyperbel (Nr. 358). Der Mittelpunkt der Hyperbel geht als Bild $\mathfrak{T}$ des Schnittpunktes T der Tangenten a und b hervor. Da der Punkt T der Pol der Verschwindungsgeraden v hinsichtlich des Kreises ist, ergibt sich wie im Fall des elliptischen Kreisbildes (Nr. 360) der Mittelpunkt der Bildkurve als Bild des Pols der Verschwindungsgeraden v hinsichtlich des Kreises. Dies gilt sogar auch im Fall der Parabel. Denn in diesem Fall (Nr. 365) ist der Pol von v der Berührungspunkt von v, und sein Bild liegt unendlich fern. Es ist der unendlich ferne Mittelpunkt der Parabel.

Da $\mathfrak{T}$ das Bild von T ist, liegen $\mathfrak{T}$ und T auf einem Strahl durch das umgelegte Auge $\bar{O}$, eine Bemerkung, die für die Prüfung der genauen Zeichnung der Asymptoten a und b nützlich ist. Man zieht nun die Gerade, die den Winkel der Asymptoten a und b in gleiche Teile teilt. Sie ist die Hauptachse der Hyperbel. Wenn man T mit dem Spurpunkt dieser Winkelhalbenden verbindet, bekommt man also diejenige Kreissekante, deren Bild die Hauptachse der Hyperbel ist. Diese

Kreissekante schneidet demnach den Kreis in den Punkten S_1 und S_2, die als Bilder die Scheitel $\mathfrak{S}_1$ und $\mathfrak{S}_2$ der Hyperbel liefern. Da die Scheiteltangenten zur Hauptachse senkrecht sind, bekommt man die Scheitel $\mathfrak{S}_1$ und $\mathfrak{S}_2$ am genauesten so: Man legt in S_1 und S_2 an den Kreis die Tangenten und fällt von ihren Schnittpunkten mit s die Lote auf die Hauptachse der Hyperbel (in Fig. 542 ist dies nur für S_1 geschehen, da der Spurpunkt der Tangente von S_2 unerreichbar ist). Wenn der Kreis, wie es in Fig. 542 der Fall ist, die Spurgerade s in Punkten P und Q

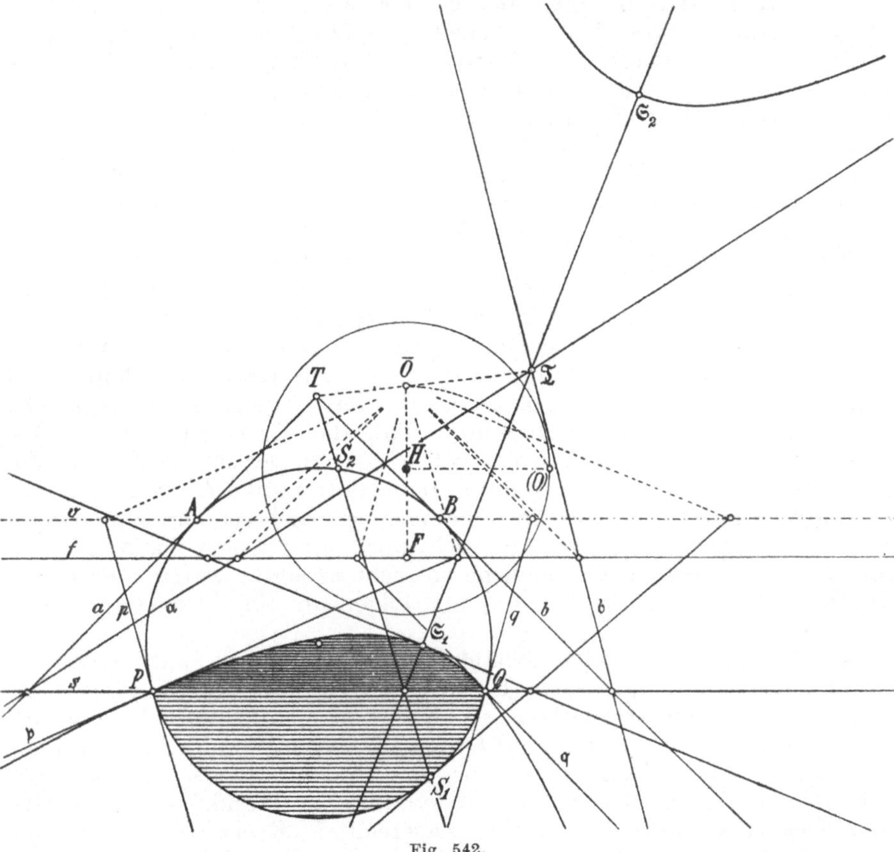

Fig. 542.

trifft, sind dies auch Hyperbelpunkte, also die Bilder $\mathfrak{p}$ und $\mathfrak{q}$ der Kreistangenten p und q in P und Q Hyperbeltangenten. Man bedarf aber der Punkte P und Q, die nicht immer vorhanden sind, gar nicht, da die Hyperbel durch ihre Asymptoten, ihre Hauptachse und ihre Scheiteltangenten schon vollständig bestimmt ist, so daß man sie nach Nr. 260 zeichnen kann.

In Fig. 542 ist dasjenige Stück des Kreisinnern, das eigentlich hinter der Tafel liegt, geschrafft, ebenso das entsprechende Stück des Hyperbelinnern. Die Fortsetzung jenes Stückes über die Tafel hinaus nach vorn bildet sich zunächst als die Fortsetzung dieses geschrafften Stückes des Hyperbelinnern ab. Da aber der Kreis die Verschwindungsebene in A und B durchsetzt, also zum Teil hinter dem Beobachter liegt, ergibt sich als Bild des hinter dem Beobachter gelegenen Kreisbogens der zweite Ast der Hyperbel mit dem Scheitel $\mathfrak{S}_2$. Dieser Hyperbelast ist also ein bloß geometrisches Bild; er kommt für die endgültige Abbildung des Kreises nicht in Betracht.

367. Eine Anwendung der elliptischen, parabolischen und hyperbolischen Kreisbilder. Zu den in Nr. 359, 362, 363, 365 und 366 untersuchten Kreisbildern ist allgemein zu bemerken: Legt man kein Gewicht darauf, die Achsen der Kegelschnitte, ihre Scheitel und die Krümmungskreise der Scheitel zu bestimmen, so kann man selbstredend immer eine hinreichende Anzahl von Punkten und Tangenten der Bildkurve dadurch ermitteln, daß man genügend viele Punkte des Kreises nebst ihren Tangenten abbildet. Wenn aber eine Hyperbel auftritt, erscheint es unerläßlich, allemal wenigstens ihre Asymptoten zu bestimmen, da erst ihre Kenntnis erlaubt, die Kurve einigermaßen richtig auszuziehen.

Ferner ist hervorzuheben, daß die vorhergehenden Betrachtungen für die Abbildung von Kreisen in beliebig gelegenen Ebenen gelten. Allerdings haben wir die Fluchtgerade f und Spurgerade s der Kreisebene stets wagerecht gezogen, aber das ist durchaus nebensächlich und geschah nur aus demselben Grund, weshalb man nicht ohne Ursache die Druckzeilen im Buch schief statt wagerecht setzt. Insbesondere ist zu beachten, daß die Kreisebene in den Figuren 534, 535, 538, 541 und 542 nicht wagerecht war, denn die Fluchtgeraden f gingen nicht durch den Hauptpunkt H. Bei den Anwendungen in Nr. 364 allerdings nahmen wir insbesondere eine wagerechte Kreisebene an, weil es sich dort um Säulen handelte, die auf einer wagerechten Grundebene lotrecht errichtet waren oder lagen. Unsere Ergebnisse gelten also ganz allgemein für beliebig gelegene Kreisebenen.

Als Anwendungsbeispiel behandeln wir jetzt einen Fall, in dem es sich um Kreise in wagerechten Ebenen handelt und sowohl Ellipsen als auch Parabeln und Hyperbeln als Kreisbilder auftreten. In Fig. 543 ist im oberen Teil der Aufriß und Grundriß eines kreisrunden Ganges dargestellt, dessen Axialschnitt aus dem Aufriß zu ersehen ist. Dies Gebilde hat eine außen und innen zylindrische Wand, bedeckt durch zwei Kegelabschnitte und einen wagerechten Kreisring. Im Innern stehe der Beobachter mit dem Fußpunkt O'. Die Höhe seines Auges wird durch die Höhe von O'' über der Projektionsachse angegeben. Als Bildtafel diene irgendeine lotrechte Ebene, etwa durch die Mittelachse. Wir können sie parallel zur Aufrißtafel annehmen, weil alle Axialschnitte Symmetrieebenen sind. Absichtlich ist der Standpunkt des Beobachters so gewählt worden, daß sich kein symmetrisches Bild ergibt, nämlich so, daß der Hauptsehstrahl OH nicht nach der Achse des Ganges zielt. Die Verschwindungsebene steht als zur Aufrißtafel parallele Ebene durch O längs der Parallelen v zur Projektionsachse durch O' auf der Grundrißtafel senkrecht. Der äußere Grundkreis k_1 wird von dieser Verschwindungsgeraden v der Grundrißtafel in zwei Punkten geschnitten, so daß sein Bild eine Hyperbel ist. Nach voriger Nummer bestimmt man den Schnittpunkt T der

Tangenten a_1 und a_2 dieser beiden Punkte. Sein Bild wird der Mittelpunkt der Hyperbel werden. Die Tangenten a_1 und a_2 haben auf der Bildtafel die Spurpunkte S_1 und S_2. Sie liegen auf der Grundrißtafel. Ihre Fluchtpunkte F_1 und F_2 liegen über F'_1 und F'_2 in der Höhe des Auges O oder Horizonts h. Demnach lassen sich die Bilder der beiden Tangenten in der perspektiven Darstellung (siehe unten in Fig. 543)

zeichnen. Hier ist h der Horizont, s_0 die Standlinie, die so tief unter h liegt wie die Achse der Projektion im Aufriß unter O''. Die Tangentenbilder sind die Asymptoten a_1 und a_2 der Hyperbel; und ihr Schnittpunkt ist T. Wir haben in der perspektiven Darstellung dieselben Bezeichnungen wie im Grundriß und Aufriß benutzt. Die Winkelhalbende der Asymptoten schneidet die Standlinie s_0 in einem Punkt, der auf s in die Grundrißtafel zu übertragen ist. Indem man diesen Punkt mit T durch die Gerade a verbindet, erhält man auf dem Kreis k_1 den Punkt Q, dessen Bild auf der Hauptachse der Hyperbel liegt, also ihr einer Scheitel Q ist. Somit läßt sich der allein in Betracht kommende eine Ast der Hyperbel als Bild des Kreises k_1 nach Nr. 260 zeichnen. Was den Hyperbelast betrifft, der das Bild des oberen äußeren Kreises ist, so hat man die Spurpunkte S_1 und S_2 in

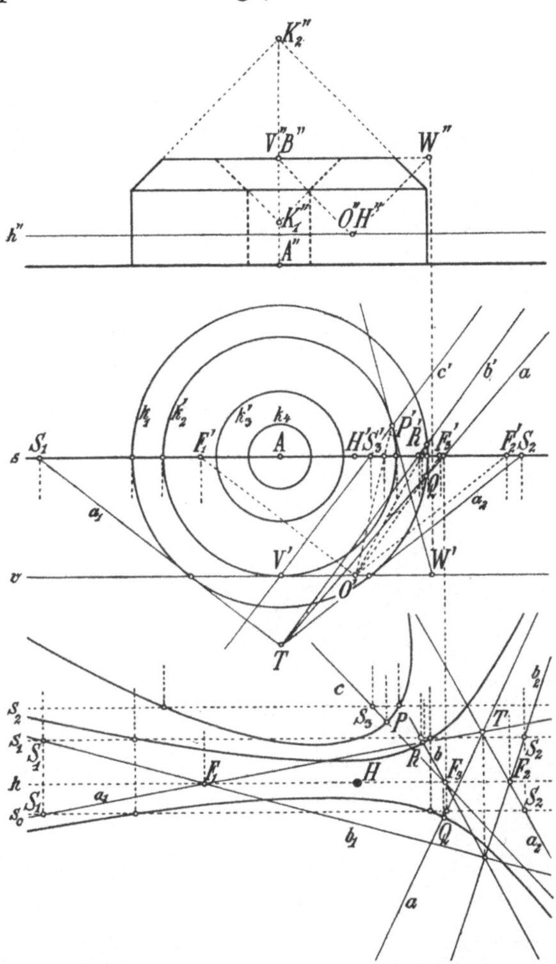

Fig. 543.

die Höhenlage der Geraden s_1 zu bringen, die so hoch über der Standlinie s_0 liegt wie im Aufriß der obere äußere Kreis über der Projektionsachse. Die Fluchtpunkte F_1 und F_2 dagegen bleiben die alten. Man bekommt die Asymptoten der zu zeichnenden zweiten Hyperbel, indem man die gehobenen Spurpunkte S_1 und S_2 mit F_1 und F_2 verbindet. Es sind die mit b_1 und b_2 bezeichneten Geraden. Wieder wird ihr Winkel in gleiche Teile geteilt und der auf s_1 gelegene Punkt der Teilenden auf s in die Grundrißzeichnung zurückübertragen. Seine Verbindende b' mit T schneidet den äußeren großen Kreis in einem Punkt R, dessen Bild der Scheitel R des gesuchten Hyperbelastes mit der Asymptoten b_1 und b_2 ist.

An der Decke des Ganges treten zwei Kreise auf. Wie man sieht, liegt der größere Kreis k_2 so, daß er die Verschwindungsebene berührt, nämlich in demjenigen Punkt, dessen Grundriß mit V' bezeichnet ist. Mithin. stellt sich dieser Kreis als Parabel dar. Um die Parabelachse zu bekommen, muß man nach Nr. 365 in der Verschwindungsebene

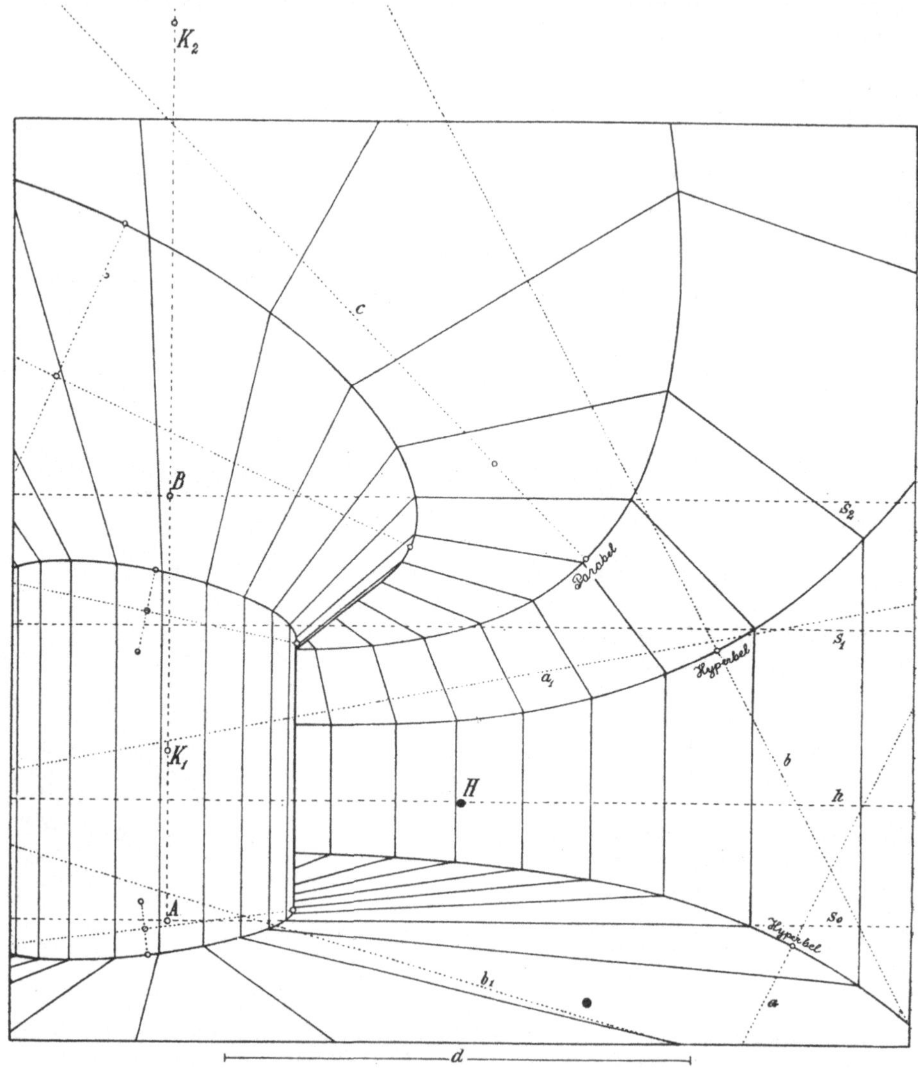

Fig. 544.

den zu OV senkrechten Strahl durch O ziehen und mit der Verschwindungsgeraden der Ebene des in Rede stehenden Kreises in W schneiden. Weil die Verschwindungsebene zur Aufrißtafel parallel ist, kommt diese Konstruktion im Aufriß zum Vorschein: In O'' wird auf $O''V''$ das Lot errichtet; es liefert in der Höhe von V'' den Aufriß W'' des Verschwindungspunktes. Daraus gewinnt man dann auch den Grundriß W'. Die von W an den Kreis k_2 gelegte zweite Tangente berührt ihn in P. Die Gerade VP ist nach Nr. 365 diejenige, deren Bild die Achse c der Parabel gibt, während P selbst den Parabelscheitel liefert. Man bestimmt c im Bilde mit Hilfe des Spurpunktes S_3 und Fluchtpunktes F_3. Der Spurpunkt S_3 ist auf der Schichtlinie s_2 zu zeichnen, die so hoch über s_0 liegt wie V'' im Aufriß über der Projektionsachse, und der Fluchtpunkt F_3 liegt auf dem Horizont h. Nachdem man die Parabelachse c gefunden hat, lotet man von P' auf sie herunter, wodurch sich der Scheitel P ergibt. Da die Scheiteltangente als Senkrechte zu c durch P bekannt ist, kann man den Brennpunkt der Parabel ermitteln, indem man nach Nr. 365 das Bild einer Tangente des Kreises k_2 bestimmt und in seinem Schnittpunkt mit der Scheiteltangente das Lot auf die Bildtangente errichtet. Das Lot trifft c im Brennpunkt. Die Parabel läßt sich dann nach Nr. 264 zeichnen.

Sowohl in bezug auf die Hyperbeläste als auch in bezug auf die Parabel ist zu beachten, daß man einzelne Punkte von ihnen kennt, nämlich diejenigen Punkte, die der Bildtafel selbst angehören, deren Grundrisse also die Schnittpunkte der Standlinie s mit den Kreisen sind.

Der innere obere Kreis k_3 und die beiden innersten Kreise, von denen der eine, nämlich k_4, der Grundrißtafel selbst angehört, und der andere mit ihm kongruent ist und senkrecht über ihm liegt, bilden sich als Ellipsen ab. Man findet ihre Bilder nach einem der in Nr. 359, 362 und 363 angegebenen Verfahren. Sie sind in der Bildzeichnung fortgelassen, weil sie sonst überfüllt würde.

Dagegen ist in Fig. 544 das vollständige perspektive Bild und zwar in vierfacher Vergrößerung (Nr. 309) gegeben. Die Distanz ist hier also viermal so groß wie in Fig. 543, wo sie gleich der Entfernung des Punktes O' von s ist. Um das Bild anschaulicher zu machen, haben wir noch Axialschnitte eingezeichnet, die gleiche Winkel miteinander einschließen. Diese Axialschnitte setzen sich aus lotrechten und schrägen Strecken zusammen. Die schrägen Strecken sind Teile von Mantellinien der Rotationskegel, deren Spitzen die in Fig. 543 mit K_1 und K_2 bezeichneten Punkte auf der Achse AB sind. Die Umrahmung des Bildes ist nach der Vorschrift von Nr. 301 ausgeführt worden, nämlich so, daß der rechte und linke Rand gleich weit vom Hauptpunkt H entfernt sind.

368. Hauptschnitte der Kugel. Ehe wir zur perspektiven Abbildung der Kugel selbst übergehen, beschäftigen wir uns mit der Aufgabe, solche Hauptschnitte einer Kugel (Nr. 92) zu zeichnen, von denen einer zur lotrecht gedachten Tafel parallel und einer wagerecht ist. Denn dies ist bloß eine Anwendung des bisher Vorgetragenen.

Umschreibt man den drei Großkreisen, die die Hauptschnitte sind, Quadrate mit wagerechten und lotrechten Kanten, so liegen diese drei Quadrate so, daß eines zur Tafel parallel, eines wagerecht und das dritte lotrecht ist. Die Quadrate haben zu je zweien eine Mittellinie gemein. Zunächst zeichnen wir die Bilder dieser Quadrate, siehe Fig. 545. Als gegeben werde eine wagerechte Ebene mit der Spurgeraden s angenommen und auf ihr ein Punkt K als der gemeinsame Mittelpunkt aller drei Quadrate. Ferner werde der Kugelradius r gegeben. Die

Quadratseiten müssen dann in Wahrheit gleich $2r$ sein. Die wagerechte Mittellinie AB des Quadrats $1\,2\,3\,4$, das auch im Bild als Quadrat

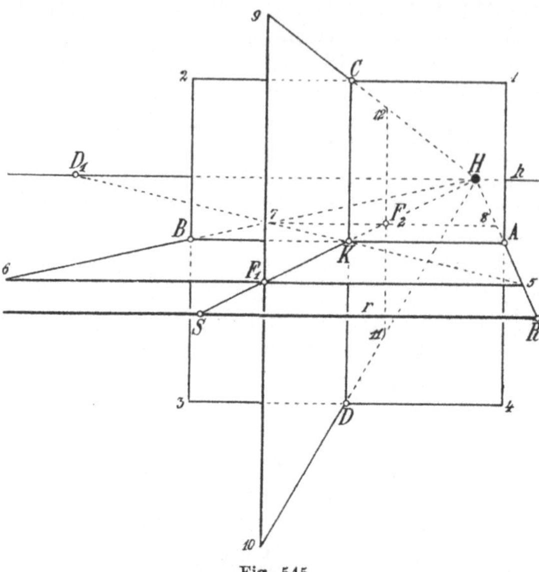

Fig. 545.

erscheint, geht durch K und ist zur Spurgeraden s parallel. Ihr Endpunkt A ergibt sich, indem man $r = SR$ auf s an den Spurpunkt S der Geraden HK ansetzt und H mit R verbindet. Dann geht das wagerechte Quadrat $5\,6\,7\,8$ sehr einfach hervor, da die Diagonale $5\,7$ nach dem einen Distanzpunkt D_1 gehen muß (Nr. 308). Die Endpunkte der zur Tafel senkrechten, also im Bilde nach dem Hauptpunkt H gehenden Mittellinie dieses Quadrates sind aus einem in Nr. 370 anzugebenden Grunde mit F_1 und F_2 bezeichnet worden. Die

Kante $9\,10$ des lotrechten Quadrats liegt mit der Kante $5\,6$ in einer zur Tafel parallelen Ebene, dasselbe gilt von den Kanten $11\,12$ und $7\,8$.

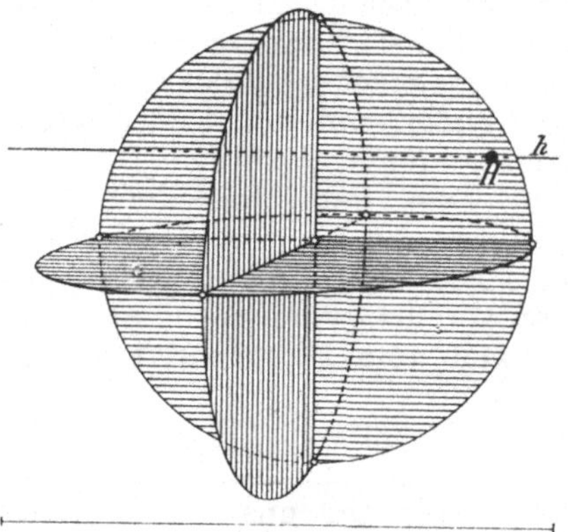

Fig. 546.

Deshalb erscheint $9\,10$ im Bild gerade so lang wie $5\,6$ und $11\,12$ gerade so lang wie $7\,8$.

Der dem Quadrat $1\,2\,3\,4$ eingeschriebene Kreis erscheint in der Zeichnung wieder als Kreis. Die Kreise, die den Quadraten $5\,6\,7\,8$ und $9\,10\,11\,12$ eingeschrieben sind, stellen sich als Ellipsen dar. Da diese Quadrate als Trapeze abgebildet werden, kann man konjugierte Durchmesser dieser Ellipsen nach Fig. 536 von Nr. 362 ausfindig machen. In Fig. 546 sind die drei Hauptschnitte der Kugel, die auf diese Art hervorgehen, dargestellt.

Daß der Mittelpunkt der Kugel im Bild nicht als Mittelpunkt der Ellipsen erscheint, ist selbstverständlich.

Diese Hauptschnitte der Kugel veranschaulichen zwar die Kugel einigermaßen, aber es fehlt doch noch der Kugelumriß. Wir gehen jetzt dazu über, auseinanderzusetzen, wie man den Kugelumriß in der Perspektive zu zeichnen hat.

369. Perspektives Bild der Kugel. Das perspektive Bild einer Kugel hat nicht immer einen Umriß, sondern nur dann, wenn es Sehstrahlen gibt, die die Kugeln berühren. Liegt das Auge O im

Innern der Kugel, so gibt es keinen Umriß. Die Bilder der
Punkte auf der Kugel erfüllen dann die ganze Bildtafel.
Wenn sich das Auge O auf der Kugel selbst befindet, erfüllen die Bilder aller sichtbaren Punkte der Kugel im
allgemeinen eine Hälfte der Tafel, nämlich dann, wenn die
Tangentialebene der Kugel in O nicht insbesondere zur Tafel parallel
ist. Die Kugel befindet sich auf einer Seite dieser Tangentialebene;
deshalb schneiden die Sehstrahlen nach ihren sichtbaren Punkten
die Tafel in allen denjenigen Punkten, die auf einer Seite der Spurgeraden der Tangentialebene liegen. In diesem Fall bildet also
diese Spurgerade den Kugelumriß. In dem besonderen Fall,
wo sich das Auge auf der Kugel selbst befindet und die Tangentialebene dieses Punktes zur Tafel parallel ist, erfüllen jedoch die Bilder
der Kugel wieder die ganze Tafel; als Umriß ist dann die unendlich ferne Gerade der Tafel zu bezeichnen.

Unter den bisher betrachteten Fällen gibt es nur einen, in dem
bloß geometrische Bilder von Kugelpunkten vorkommen, nämlich den
Fall, wo das Auge auf der Kugel liegt, die Tangentialebene dieses
Punktes zur Tafel parallel, also die Verschwindungsebene, ist und die
Kugel sich in dem Raum hinter der Verschwindungsebene befindet.

Dem Kugelbilde kommt ein krummer Umriß zu, wenn
sich das Auge O außerhalb und vor der Kugel befindet.
Dann bilden die die Kugel berührenden Sehstrahlen einen Rotationskegel, dessen Achse die Gerade von O nach der Kugelmitte K ist.
Der Kegel berührt die Kugel längs eines Kreises (Nr. 246). Der
Kugelumriß ist der Schnitt des Tangentialkegels mit der Bildtafel,
also ein Kegelschnitt. Dieser Kegelschnitt ist das Bild des
Kreises, in dem der Tangentialkegel die Kugel berührt.
Je nachdem der Kreis die Verschwindungsebene meidet, berührt
oder schneidet, d. h. je nachdem es keine oder nur eine oder
zwei die Kugel berührende und zur Tafel parallele Sehstrahlen gibt,
ist der Umriß eine Ellipse, Parabel oder Hyperbel (Nr. 256). Man
kann auch sagen: Der Umriß der Kugel ist eine Ellipse, Parabel
oder Hyperbel, je nachdem die Kugel die Verschwindungsebene meidet, berührt oder schneidet, vorausgesetzt, daß
das Auge außerhalb und vor der Kugel liegt. Wenn die Kugel
die Verschwindungsebene berührt, also der Umriß eine Parabel ist,
gibt der nach dem Berührungspunkt gehende Sehstrahl die Richtung,
in der sich der unendlich ferne Punkt der Parabel befindet, d. h. die
Richtung der Parabelachse. Wenn die Kugel die Verschwindungsebene schneidet, sind die vom Auge an den Schnittkreis zu ziehenden Tangenten die einzigen die Kugel berührenden Sehstrahlen, die
erst im Unendlichfernen die Tafel treffen. Dann ist der Umriß eine
Hyperbel, und die Richtungen dieser beiden Sehstrahlen sind die
Richtungen der Asymptoten der Hyperbel.

Ehe wir zum wirklichen Zeichnen des Kugelbildes übergehen, benutzen wir zur Gewinnung seiner besonderen Eigenschaften die Ebene,
die durch den Hauptsehstrahl OH und die Kugelmitte K
geht. Dies sei daher in Fig. 547 die Ebene der Zeichnung. Die Tafel T
hat man sich längs der mit T bezeichneten Geraden auf der Zeichenebene senkrecht stehend zu denken, und die Kugel, von der ein

Großkreis dargestellt ist, liegt zur Hälfte über und zur Hälfte unter der Ebene der Figur. Von dem die Kugel berührenden Sehkegel sind die der Ebene der Figur angehören-den Mantellinien OA_1 und OA_2 an-gegeben.

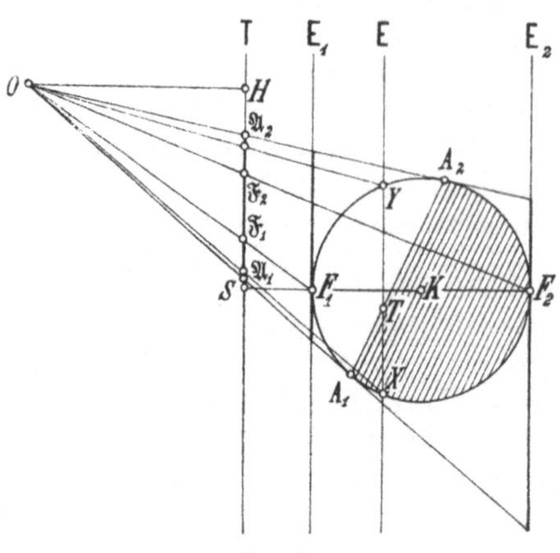

Fig. 547.

Es gibt zwei zur Tafel T parallele Ebenen E_1 und E_2, die die Kugel berühren, und zwar in den End-punkten F_1, F_2 des zur Tafel T senkrechten Durchmessers. Diese Ebenen schneiden den Tangential-kegel in Kegelschnitten, die zu dem Schnitt der Tafel T mit dem Tan-gentialkegel, also mit dem Kugel-umriß, ähnlich und ähnlich gelegen sind, wobei das Auge O der Ähn-lichkeitspunkt ist. Nach Nr. 77, 257 und 263 hat der Kegelschnitt in der Ebene E_1 den Punkt F_1 und der Kegelschnitt in der Ebene E_2 den Punkt F_2 als einen Brennpunkt. Somit sind die Bilder $\mathfrak{F}_1$ und $\mathfrak{F}_2$ der Endpunkte F_1 und F_2 des zur Tafel senkrechten Kugeldurchmessers die Brenn-punkte des Umrißkegelschnittes. (Wir erinnern an Nr. 136, wo eine Parallelprojektion der Kugel durch Beleuchtung mittels paralleler Lichtstrahlen bewirkt wurde, und an Nr. 165.) Die Gerade F_1F_2 hat den Hauptpunkt H als Fluchtpunkt. Die Hauptachse des Umrißkegelschnittes einer Kugel ist also nach dem Hauptpunkt gerichtet. Die Mantellinien OA_1 und OA_2 schnei-den die Tafel in Punkten der Geraden $\mathfrak{F}_1\mathfrak{F}_2$, und deshalb sind die Bilder $\mathfrak{A}_1$ und $\mathfrak{A}_2$ der Kugelpunkte A_1 und A_2 die Hauptscheitel des Umrißkegelschnittes. Da der Kegelschnitt durch die An-gabe der Hauptachse $\mathfrak{A}_1\mathfrak{A}_2$ und der Brennpunkte $\mathfrak{F}_1$, $\mathfrak{F}_2$ vollständig bestimmt ist, kann man also den Umriß der Kugel zeichnen, sobald man die Bilder der Punkte A_1, A_2 und F_1, F_2 gefunden hat. Bei der Ermittlung der Punkte $\mathfrak{F}_1$ und $\mathfrak{F}_2$ benutzt man zweckmäßig auch den Spurpunkt S der Geraden F_1F_2, da $\mathfrak{F}_1$ und $\mathfrak{F}_2$ auf SH liegen. Irgend-eine die Kugel schneidende und zur Tafel parallele Ebene E enthält einen Kugelkreis, der in Fig. 547 durch seinen Durchmesser XY dargestellt ist. Dieser Kreis bildet sich als Kreis ab. Ist die Kugel undurchsichtig, so ist dieser Kreis nicht immer vollständig sicht-bar. Denn der sichtbare Teil der Kugel wird durch den Kreis begrenzt, in dem die Kugel durch den Tangentialkegel von O aus berührt wird, also durch den Kreis, dessen Ebene längs des Durchmessers A_1A_2 auf der Ebene der Fig. 547 senkrecht steht. Dieser Kreis hat nun mit dem Kreis, der längs des Durchmessers XY auf der Ebene der Figur senk-recht steht, zwei Punkte gemein. Sie liegen auf dem Lot, das man sich in dem Schnittpunkte T von A_1A_2 und XY auf der Ebene der Figur errichtet zu denken hat. Somit kommt das Bild des Kugelkreises vom Durchmesser XY an zwei Stellen bis an den Kugelumriß heran. Solche Ebenen E, die A_1A_2 nicht wie die gezeichnete zwischen A_1 und A_2 treffen, liefern dagegen Kugelkreise, deren Bilder nicht bis an den

Umriß herankommen. Aber alle diese Kreise in Ebenen parallel zur Tafel bilden sich als Kreise ab, deren Mittelpunkte als Bilder der Mittelpunkte der Strecken XY auf der Strecke zwischen $\mathfrak{F}_1$ und $\mathfrak{F}_2$ liegen, also auf der Hauptachse des Umrißkegelschnittes. Sobald das Bild des Kreises, wie es bei dem Kreis über XY der Fall ist, bis an den Umriß herankommt, liegen also die Punkte, die er mit dem Umriß gemein hat, symmetrisch zur Hauptachse des Umrißkegelschnittes. Da das Bild des Kreises den Umriß nicht überschreiten darf, muß daher dort eine Berührung mit dem Umriß eintreten.

In Fig. 548, die das Wesentliche der Fig. 547 wiedergibt, ist dies veranschaulicht: Den Umrißkegelschnitt nämlich, dessen Hauptachse $\mathfrak{A}_1\mathfrak{A}_2$ und dessen Ebene T ist, möge man sich um $\mathfrak{A}_1\mathfrak{A}_2$ in die Ebene der Figur umgelegt denken. Damit die Zeichnung nicht undeutlich werde, ist die Umlegung nach rechts verschoben dargestellt. Die Bilder $\mathfrak{X}$ und $\mathfrak{Y}$ der Punkte X und Y liegen auf der Hauptachse $\mathfrak{A}_1\mathfrak{A}_2$ und begrenzen einen Durchmesser des Bildkreises, der an zwei zur Hauptachse symmetrisch gelegenen

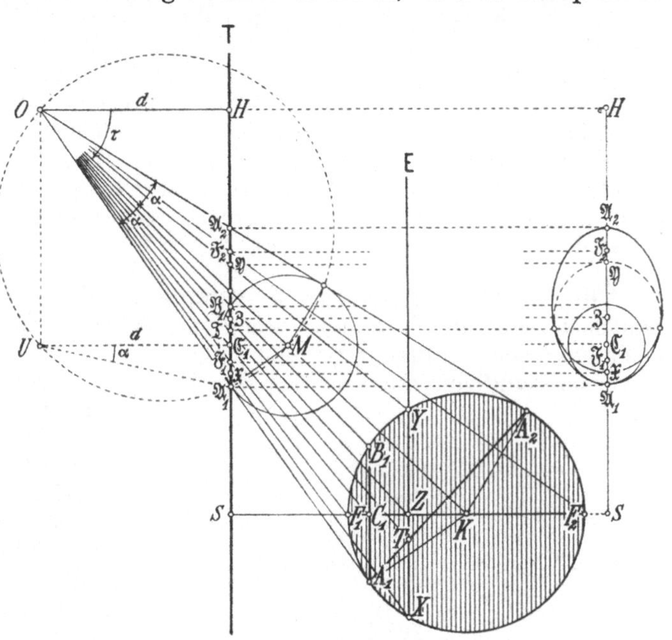

Fig. 548.

Stellen den Umriß berührt. Verschiebt man die Ebene E parallel mit sich, und zwar etwa nach der Tafel T hin, so wird das Bild des Schnittkreises kleiner; mithin rücken die beiden Stellen, an denen dieser Bildkreis den Umriß berührt, einander näher, indem sie nach dem Hauptscheitel $\mathfrak{A}_1$ streben. Insbesondere fallen sie in $\mathfrak{A}_1$ zusammen, wenn die Ebene E so weit verschoben wird, bis sie durch A_1 geht, weil dann der Schnittpunkt T von XY und A_1A_2 auch nach A_1 rückt. Mithin wird der Bildkreis dann der Krümmungskreis des Hauptscheitels $\mathfrak{A}_1$ des Umrisses (Nr. 80). Wenn XY in die durch A_1 gehende parallele Sehne A_1B_1 des Großkreises übergeht, gelangt der Mittelpunkt Z von XY nach der Stelle C_1. Demnach ist das Bild $\mathfrak{C}_1$ von C_1 der Mittelpunkt des Krümmungskreises des Hauptscheitels $\mathfrak{A}_1$.

Für die Größe des Radius dieses Krümmungskreises ergibt sich nun ein überraschend einfacher Ausdruck. Um ihn zu finden, errichten wir in $\mathfrak{A}_1$ auf $O\mathfrak{A}_1$ das Lot. Es schneide OK in M. Der Kreis um M, der durch $\mathfrak{A}_1$ geht, berührt OA_1 und OA_2 und ist also mit dem Großkreis der Kugel ähnlich und ähnlich gelegen, indem O der Ähnlichkeitspunkt ist. Bei dieser Ähnlichkeit entspricht dem Punkt A_1 der Punkt $\mathfrak{A}_1$, mithin der Sehne A_1B_1 die Sehne $\mathfrak{A}_1\mathfrak{B}_1$, d. h. der Kreis um M muß durch das Bild $\mathfrak{B}_1$ von B_1 gehen. Somit ist $\mathfrak{C}_1$ der Fußpunkt des Lotes von M auf $\mathfrak{A}_1\mathfrak{B}_1$. Die Gerade $M\mathfrak{C}_1$ werde mit der Parallelen zu $\mathfrak{A}_1\mathfrak{B}_1$ durch O in U zum Schnitt gebracht, so daß $U\mathfrak{C}_1$ gleich der Distanz d ist. Weil $\sphericalangle M\mathfrak{A}_1O$ und $\sphericalangle MUO$ rechte Winkel sind, liegen $\mathfrak{A}_1$ und U auf dem Kreis mit dem Durchmesser MO. In diesem Kreise sind $\sphericalangle MO\mathfrak{A}_1$ und $\sphericalangle MU\mathfrak{A}_1$ Peripheriewinkel über derselben Sehne $M\mathfrak{A}_1$ und also gleich groß. Man nennt $\sphericalangle MO\mathfrak{A}_1 = \alpha$ den halben Gesichtswinkel der Kugel. Er ist nämlich die Hälfte des Winkels, unter dem die Kugel von O aus gesehen wird. Aus dem rechtwinkligen Dreieck $\mathfrak{A}_1\mathfrak{C}_1U$ ergibt sich nun, daß $\mathfrak{A}_1\mathfrak{C}_1$, der Radius des Krümmungskreises des Hauptscheitels $\mathfrak{A}_1$, gleich $d \cdot \mathrm{tg}\,\alpha$ ist.

Somit hängt die Größe dieses Radius außer von der Distanz d nur von dem Gesichtswinkel 2α ab, d. h. alle Kugeln, die von O aus gesehen unter gleichen Gesichtswinkeln erscheinen, bilden sich so ab, daß die Krümmungskreise der Hauptscheitel ihrer Umrisse einander gleich sind[1]).

370. Vervollständigung der Zeichnung der Hauptschnitte einer Kugel. Zunächst wenden wir einiges von dem soeben Gefundenen an, um die Zeichnung der Hauptschnitte der Kugel in Fig. 546 von Nr. 368 dadurch zu vervollständigen, daß wir noch den Kugelumriß herstellen. In Fig. 549

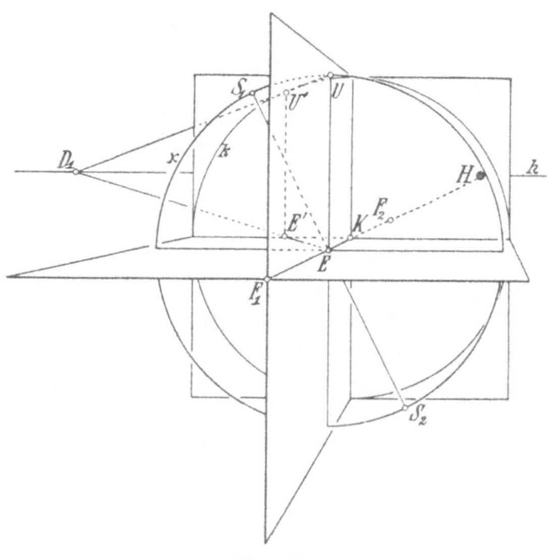

Fig. 549.

findet man jene drei schon in Fig. 545 von Nr. 368 konstruierten Quadrate wieder; außerdem ist der Kreis k gezeichnet, der dem zur Tafel parallelen Quadrat eingeschrieben ist. Nach voriger Nummer sind die Mittelpunkte F_1 und F_2 der zur Tafel parallelen Kanten des wagerechten Quadrats die Brennpunkte der Umrißellipse, denn der zur Tafel senkrechte Kugeldurchmesser hat den Hauptpunkt H als Fluchtpunkt und geht durch den Mittelpunkt K. Da man also die Brennpunkte kennt, kann man die Umrißellipse zeichnen. sobald die Größe einer ihrer Achsen bekannt ist. Die Nebenachse findet man nun so: In voriger Nummer zeigte sich, daß jeder Kreis der Kugel, der in einer zur Tafel parallelen Ebene liegt, als ein Kreis

---

abgebildet wird, dessen Mittelpunkt auf der Hauptachse gelegen ist, und daß der Bildkreis, falls er an den Umriß herankommt, ihn in zwei zur Hauptachse symmetrischen Punkten berührt. Der größte unter allen einer Ellipse eingeschriebenen Kreisen, deren Mittelpunkte auf der Hauptachse liegen, hat seine Mitte im Mittelpunkte der Ellipse und berührt die Ellipse in den Nebenscheiteln. Der Mittelpunkt der Ellipse ist nun der Mittelpunkt E der Strecke $F_1 F_2$ in Fig. 549. Folglich berührt im Bilde der Kugelkreis $\varkappa$, der in der durch E gehenden Ebene parallel zur Tafel liegt, die Umrißellipse in den Nebenscheiteln. Der Radius dieses Kreises $\varkappa$ läßt sich aber im Bilde leicht finden. Zieht man nämlich vom Distanzpunkt D_1 aus die Gerade $D_1 E$, so schneidet sie den wagerechten Durchmesser des Kreises k in einem Punkt E', und da $D_1 E$ in Wahrheit mit der Tafel $45°$ bildet, ist E' in Wahrheit genau so weit von K entfernt wie E. Das in E' auf dem wagerechten Durchmesser von k errichtete Lot $E'U'$ ist deshalb in Wahrheit gleich dem Radius des gesuchten Kreises. Bringt man also $D_1 U'$ mit dem in E errichteten Lot in U zum Schnitt, so ist EU der Radius von $\varkappa$ im Bilde, weil $D_1 U$ in Wahrheit zu $D_1 E$ parallel

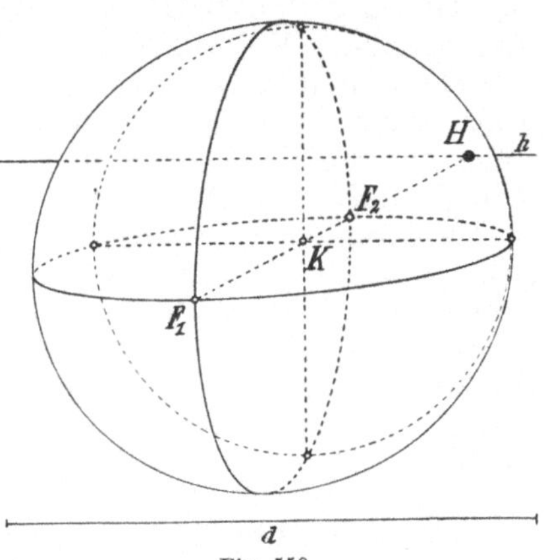

Fig. 550.

ist. Mithin berührt der um E durch U gelegte Kreis $\varkappa$ die Umrißellipse in den Nebenscheiteln, die also die Endpunkte S_1, S_2 des zu EH senkrecht zu ziehenden Durchmessers von $\varkappa$ sind. Somit ist die halbe Hauptachse der Umrißellipse gleich $F_1 S_1$. Man kann die Ellipse demnach zeichnen, und so geht das Bild in Fig. 550 hervor, worin die Hauptschnitte dieselben sind wie in Fig. 546 von Nr. 368.

371. Darstellung der Kugel mittels der zur Tafel parallelen Kugelkreise. Gerade so, wie wir soeben den Radius des zur Tafel parallelen Kugelkreises mit dem Mittelpunkt E ableiteten, kann man den Radius eines jeden zur Tafel parallelen Kugelkreises finden. Daher läßt sich das Kugelbild so herstellen: Der zur Tafel parallele Kugelkreis k, dessen Mittelpunkt der Kugelmittelpunkt K selbst ist, sei in der Zeichnung gegeben, siehe Fig. 551. Dann ist die Hauptachse des Umrißkegelschnitts auf KH gelegen. Indem man die Endpunkte des wagerechten Durchmessers von k mit dem einen Distanzpunkt D_1 verbindet und diese Verbindenden mit der

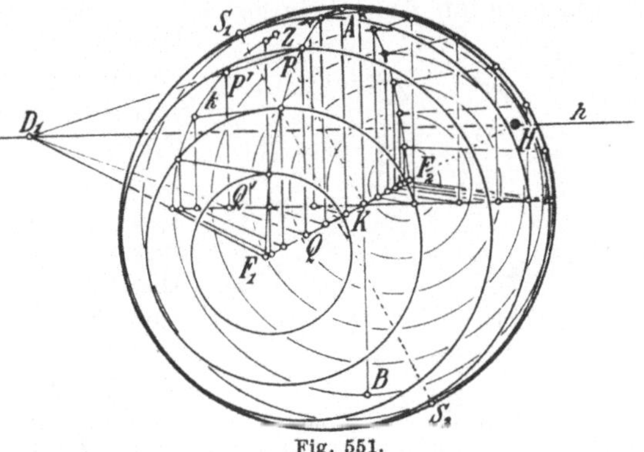

Fig. 551.

Geraden KH zum Schnitt bringt, bekommt man den zur Tafel senkrechten Kugeldurchmesser F_1F_2. Die Punkte F_1 und F_2 sind die Brennpunkte des Umrisses. Nun werde der obere Halbkreis k in eine Anzahl gleicher Teile zerlegt. Einer der Teilpunkte ist mit P' bezeichnet. Das Lot von P' auf den wagerechten Durchmesser habe den Fußpunkt Q'. Wenn D_1Q' die Gerade KH in Q schneidet, wird dort das Lot errichtet und mit D_1P' in P geschnitten. Dann ist QP der Radius des Kugelkreises, der in der zur Tafel parallelen Ebene durch Q liegt. Dies folgt wie in voriger Nummer einfach daraus, daß in Wahrheit KQ gleich KQ' und QQ' parallel zu PP' ist. Anschaulicher wird es so: Der Ort der Punkte P, die man so findet, ist ein Kegelschnitt, in Fig. 551 eine Ellipse, nämlich das Bild des Großkreises, der in der lotrechten und auch zur Tafel senkrechten Ebene durch die Mitte K liegt. Wird dieser Kreis um seinen lotrechten Durchmesser AB durch einen rechten Winkel gedreht, so geht er in den Kreis k über, mithin Q in Q' und P in P'.

Die Kreise um die Punkte Q durch die zugehörigen Punkte P liefern allein schon eine vollständig deutliche Abbildung der Kugel, denn sie haben als Einhüllende den Kugelumriß. Übrigens sind in Fig. 551 dieselben Annahmen über die Lage der Kugelmitte und die Größe des Kugelradius wie in Fig. 549 und 550 der letzten Nummer gemacht. Die in Fig. 549 ermittelten Nebenachse S_1S_2 der Umrißellipse ist auch hier eingezeichnet.

372. Unmittelbare Bestimmung des elliptischen Kugelumrisses. In Fig. 551 der letzten Nummer denke man sich durch die Mittelpunkte P der zur Tafel parallelen Kreise die zu S_1S_2 parallelen Durchmesser gezogen. Sie sind auch in Wahrheit zueinander parallel, und ihre Endpunkte bilden demnach in Wahrheit einen Großkreis der Kugel. Es stellt sich im Bild als eine Ellipse dar, die jedoch in Fig. 551 nicht eingezeichnet ist. Da die Mittelpunkte dieser zu S_1S_2 parallelen Durchmesser auch im Bild auf der zu den Durchmessern senkrechten Geraden F_1F_2 liegen, sind F_1F_2 und S_1S_2 sowohl konjugierte als auch zueinander senkrechte Durchmesser dieser Ellipse, d. h. ihre Achsen. Mithin sind die Nebenscheitel S_1, S_2 des Umrisses zugleich die Endpunkte einer Achse dieser Ellipse, von der F_1F_2 die andere Achse ist.

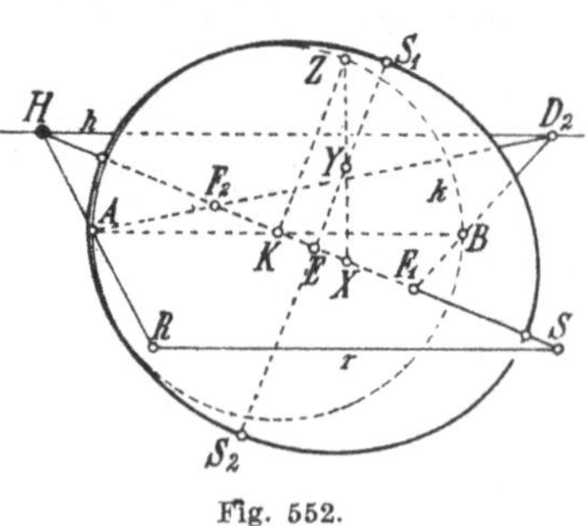

Fig. 552.

Man beachte ferner, daß ein Punkt der Ellipse mit den Achsen F_1F_2 und S_1S_2 von vornherein bekannt ist, nämlich der Endpunkt Z des zu F_1F_2 senkrechten Radius des Kreises k um K. Man kennt also von vornherein eine Achse F_1F_2 und einen Punkt Z jener Ellipse und kann also nach Nr. 83 in wohlbekannter Weise die Länge der anderen Halbachse, d. h. die Hälfte von S_1S_2, somit die halbe Nebenachse der Umrißellipse finden.

Diese Schlußfolgerung liefert uns nunmehr die folgende einfache unmittelbare Bestimmung des elliptischen Kugelumrisses, siehe Fig. 552, worin andere Maße benutzt worden sind als bisher:

Gegeben sei der Radius r der Kugel sowie ihr Mittelpunkt K, dieser als ein Punkt einer zur Tafel senkrechten Geraden mit dem Spurpunkt S, d. h. einer Tiefenlinie HS, die den Hauptpunkt H als Fluchtpunkt hat. Man zieht durch K etwa den wagerechten Kugeldurchmesser, der zur Tafel parallel ist. Seine Länge ergibt sich, indem man $r = SR$ parallel zu ihm von S aus bis R zeichnet und HR mit ihm in A zum Schnitt bringt, denn dann ist KA in Wahrheit gleich SR oder r. Indem man diesen Punkt A sowie den anderen Endpunkt B mit dem einen Distanzpunkt D_2 verbindet, ergeben sich durch den Schnitt mit HS die Brennpunkte F_2 und F_1 der Umrißellipse. Die Ellipsenmitte E ist die Mitte der Strecke $F_1 F_2$; dort errichtet man also die Senkrechte auf HS. Der zu ihr parallele Radius des Kreises k um K durch A und B habe den Endpunkt Z. Man nimmt nun die Strecke EF_1 (als halbe Achse jener vorhin betrachteten Ellipse) in den Zirkel und trägt sie von Z aus bis Y auf der Mittelsenkrechten von $F_1 F_2$ ab. Die Gerade ZY schneidet HS in einem Punkt X, und die Strecke ZX ist dann die halbe Nebenachse der Umrißellipse. Sie wird also von E aus auf der Mittelsenkrechten von $F_1 F_2$ bis S_1 und S_2 abgetragen. Dann sind S_1, S_2 die Nebenscheitel der Umrißellipse, und $F_1 S_1$ ist gleich ihrer halben Hauptachse.

373. Kugelförmige Kuppeln. Wenn man die Brennpunkte F_1, F_2 der Umrißellipse einer Kugel gefunden hat, kann man auch weiterhin so vorgehen: **Man ermittelt irgendeinen Punkt der Umrißellipse.** Dies geschieht, indem man einen der Sehstrahlen, die die Kugel berühren, mit der Bildtafel zum Schnitt bringt. Sobald ein Punkt A der Umrißellipse bekannt ist, weiß man ja, daß die Summe der Brennstrahlen $F_1 A + F_2 A$ gleich der großen Achse ist (Nr. 74), und kann also die Haupt- und Nebenscheitel finden.

Meistens ist es noch zweckmäßiger, **eine Tangente der Umrißellipse zu bestimmen.** Dies geschieht, indem man eine die Kugel berührende Ebene durch das Auge mit der Bildtafel zum Schnitt bringt, z. B. eine der lotrechten berührenden Ebenen. Sobald eine Tangente a der Umrißellipse bekannt ist, weiß man, daß ihr Berührungspunkt A so liegt, daß a mit $F_1 A$ und $F_2 A$ gleiche Winkel bildet (Nr. 79). Um also A zu finden, bestimmt man etwa den Spiegelpunkt (F_2) von F_2 hinsichtlich a und bringt $F_1 (F_2)$ mit a in A zum Schnitt. Zugleich ist dann $F_1 (F_2)$ gleich der Hauptachse der Umrißellipse. Dies Verfahren wenden wir in dem folgenden Beispiel an:

In Fig. 553 ist der Aufriß und Grundriß eines Gebäudes mit zwei Halbkugelkuppeln gegeben. Absichtlich ist der Hauptsehstrahl OH so gezogen, daß sein Grundriß gerade nach dem Grundriß K'_2 des Mittelpunktes der einen Kuppel geht, weil nachher auf die Folgen dieser besonderen Lage der einen Kuppel aufmerksam gemacht werden soll. Über die Art, wie man die ebenflächigen Wände der Gebäude in der Perspektive in Fig. 554 zeichnet, braucht hier nichts gesagt zu werden. Das Bild ist übrigens in doppelter Größe gezeichnet. Also sind im folgenden alle der Fig. 553 entnommenen Maße zu verdoppeln. Wir entwerfen zuerst die große Kuppel. Der zur Tafel senkrechte Durchmesser der Kugel hat den Spurpunkt S und liefert die Brennpunkte F_1 und F_2 der zugehörigen Umrißellipse. Die Höhe des Spurpunktes S ist gleich der Höhe von K_1 über der Grundrißtafel. In Fig. 554 wird danach S

aus S' auf der Standlinie s und aus der Höhe ermittelt und mit dem Hauptpunkt H verbunden. Lotrecht über den Stellen F_1' und F_2' der Standlinie befinden sich die Brennpunkte F_1 und F_2 der Umrißellipse. Eine zur Grundrißtafel senkrechte Tangentialebene der Kugel durch das Auge O schneidet die Standlinie in A'. Mithin ist das in Fig. 554 auf der Standlinie in A' errichtete Lot a eine Tangente der Umrißellipse. Man bestimmt den Spiegelpunkt (F_2) von F_2 hinsichtlich a und zieht $F_1(F_2)$. Auf dieser Geraden liegt der Berührungspunkt A der Tangente, und $F_1(F_2)$ ist gleich der Hauptachse der Ellipse, die man also zeichnen kann.

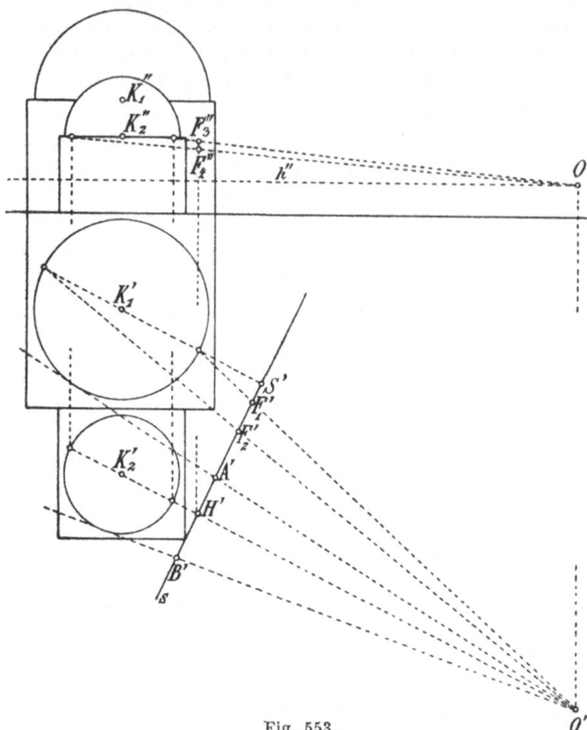

Fig. 553.

Was die kleine Kuppel betrifft, so liegt der zur Tafel senkrechte Durchmesser der Kugel in der lotrechten Ebene durch den Hauptsehstrahl, d. h. die Brennpunkte F_3 und F_4 liegen auf der lotrechten Geraden durch den Haupt-

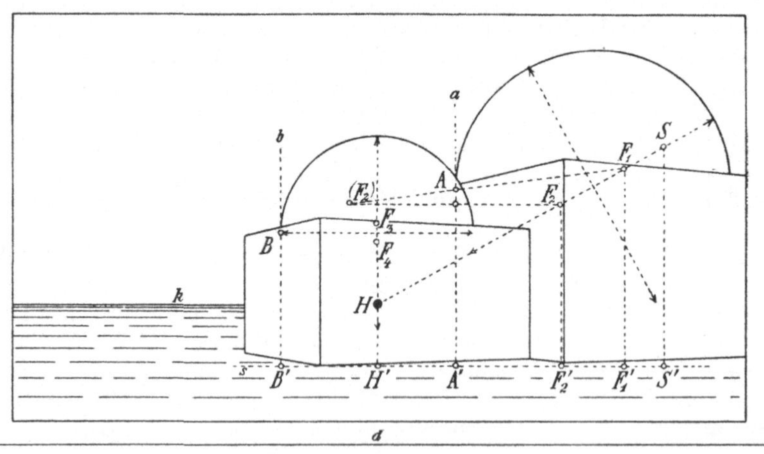

Fig. 554.

punkt H. Man kann daher diese Punkte nicht wie die Brennpunkte der ersten Ellipse finden, sondern muß aus dem Aufriß die Höhen der Punkte F_3 und F_4 entnehmen. Aber ebenso wie an die große Kugel kann man an die kleine Kugel eine lotrechte Tangentialebene durch das Auge O legen und mit Hilfe des Schnittpunktes B' mit s eine lotrechte Tangente b der Umrißellipse finden. Da die Hauptachse der Ellipse lotrecht ist, berührt b die Ellipse in einem Nebenscheitel B, der also auf der Mittelsenkrechten von $F_3 F_4$ liegt. Die halbe Hauptachse ist gleich $F_3 B$.

Trotzdem mit Absicht der Hauptsehstrahl so gewählt worden ist, daß die große Kuppel ziemlich weit seitlich liegt, erscheint sie ebenso wie die kleine Kuppel im Umriß nahezu als Kreis. Der Rahmen des Bildes ist nach der Vorschrift in Nr. 301 so anzubringen, daß der Hauptpunkt H vom rechten und linken Rande gleich weit entfernt ist.

374. Sonne und Mond in der Perspektive. Die Entfernungen der Sonne und des Mondes und ihre Radien stehen in fast gleichem Verhältnis zueinander. Deshalb sieht man beide unter fast gleichem Gesichtswinkel. Er ist sehr klein und beträgt rund $1/_2$ Grad. Die Hälfte des Gesichtswinkels, die in Fig. 548 von Nr. 369 mit α bezeichnet wurde, macht also rund $1/_4$ Grad aus. Der Winkel, den der Sehstrahl nach der Mitte des Himmelskörpers mit dem Hauptsehstrahl bildet, sei mit τ bezeichnet. Er ist je nach der Stellung des Gestirns am Himmel verschieden. In Fig. 548 von Nr. 369 ist der Winkel τ eingezeichnet. Dort ist $\sphericalangle HO\mathfrak{A}_1 = \tau + \alpha$ und $\sphericalangle HO\mathfrak{A}_2 = \tau - \alpha$. Aus den rechtwinkligen Dreiecken $OH\mathfrak{A}_1$ und $OH\mathfrak{A}_2$ ergibt sich wegen $OH = d$:

$$H\mathfrak{A}_1 = d \cdot \mathrm{tg}(\tau + \alpha), \quad H\mathfrak{A}_2 = d \cdot \mathrm{tg}(\tau - \alpha).$$

Mithin hat die halbe große Achse der Umrißellipse, d. h. $\tfrac{1}{2}\mathfrak{A}_1\mathfrak{A}_2$, den Wert:

$$a = \tfrac{1}{2}d\left[\mathrm{tg}(\tau + \alpha) - \mathrm{tg}(\tau - \alpha)\right].$$

Ferner ist nach Nr. 369 der Krümmungsradius eines Hauptscheitels gleich $d \cdot \mathrm{tg}\,\alpha$. Ist die halbe Nebenachse gleich b, so ist dieser Krümmungsradius nach Nr. 81 gleich $b^2 : a$. Mithin folgt:

$$b^2 = ad \cdot \mathrm{tg}\,\alpha.$$

Diese Formeln kann man anwenden, um die halbe Hauptachse a und halbe Nebenachse b der Ellipse zu berechnen, als die sich die Sonne oder der Mond im perspektiven Bilde darstellt. Dabei ist τ der Winkel, den der Sehstrahl nach der Mitte des Gestirns mit dem Hauptsehstrahl bildet, und α der halbe Gesichtswinkel. Da α, wie gesagt, den sehr kleinen Wert von nur etwa $1/_4$ Grad hat, können wir a und b nur rechnerisch und nicht durch die Zeichnung ermitteln. Es wird sich zeigen, daß a und b außerordentlich klein sind, wenn die Distanz nicht sehr groß gewählt wird.

Wir vereinfachen die Formeln, indem wir davon Gebrauch machen, daß α sehr klein ist. Zu diesem Zweck ist die Formel für a zunächst noch abzuändern: Indem wir den Tangens durch den Quotienten aus dem Sinus und Kosinus ersetzen, bekommen wir:

$$a = \tfrac{1}{2}d\,\frac{\sin(\tau + \alpha)\cos(\tau - \alpha) - \cos(\tau + \alpha)\sin(\tau - \alpha)}{\cos(\tau + \alpha)\cos(\tau - \alpha)}$$

oder, da der Zähler gleich dem Sinus der Differenz von $\tau + \alpha$ und $\tau - \alpha$ ist:

$$a = \tfrac{1}{2}d\,\frac{\sin 2\alpha}{\cos(\tau + \alpha)\,\cos(\tau - \alpha)}\;.$$

Wegen der Kleinheit von α darf $\cos(\tau + \alpha)$ und $\cos(\tau - \alpha)$ durch $\cos\tau$ ersetzt werden. Außerdem ist $\sin 2\alpha$ als Sinus eines sehr kleinen Winkels nahezu gleich dem Winkel 2α selbst, vorausgesetzt, daß man den Winkel durch sein Bogenmaß mißt, d. h. durch den Bogen, den er als Zentriwinkel auf einem Kreise vom Radius Eins ausschneidet. Dieses Bogenmaß 2β ergibt sich aus der Proportion:

$$\frac{2\beta}{2\pi} = \frac{2\alpha^\circ}{360^\circ} = \frac{1}{720}\;,$$

so daß $\beta = \pi : 720 =$ rd. $0{,}0044$ zu setzen ist. Wir haben nun:

$$a = \tfrac{1}{2}d \cdot \frac{2\beta}{\cos^2\tau} = 0{,}0044 \cdot \frac{d}{\cos^2\tau}\;.$$

Auch $\operatorname{tg}\alpha$ darf durch den Winkel α im Bogenmaß, also durch β ersetzt werden, so daß kommt:

$$b^2 = a\,d \cdot \beta = \frac{d^2\beta^2}{\cos^2\tau}\;.$$

Mithin sind die Halbachsen des Sonnen- oder Mondbildes:

$$a = 0{,}0044\,\frac{d}{\cos^2\tau}\,, \quad b = 0{,}0044\,\frac{d}{\cos\tau}\;.$$

Wenn der Sehstrahl nach dem Gestirn z. B. 30° mit dem Hauptsehstrahl bildet, ist $\cos\tau =$ rd. $0{,}866$, also

$$a = 0{,}0059\,d\,, \quad b = 0{,}0051\,d\;.$$

Wird die Distanz gleich dem schon recht großen Wert von 1 m angenommen, so erscheint also die Sonne oder der Mond als eine Ellipse, deren halbe Hauptachse gleich 5,9 mm und deren halbe Nebenachse gleich 5,1 mm ist.

Die Sonne wird wegen ihres Glanzes kaum auf Gemälden dargestellt, höchstens bewölkt, und dann kann von einem genauen Bilde nicht die Rede sein. Allerdings stellt man die Sonne öfters beim Aufgang oder Untergang dar. Aber dann verzerrt sich bekanntlich ihr Anblick infolge der Strahlenbrechung in der Luft, so daß unsere Berechnung auf diesen Fall nicht anwendbar ist. Ein Maler, der eine Mondscheinlandschaft darstellt und vielleicht ein Meter Distanz für sein Bild annimmt, wird den Mond niemals in der vorhin berechneten Kleinheit wiedergeben. Er ist dabei im Recht, denn der Glanz täuscht uns den Mond in viel größerer Gestalt vor, und das ist es, was der Maler im Bilde wiedergeben muß. Der Maler wird sich ferner nicht dazu verstehen, den Vollmond elliptisch zu malen.

Überhaupt ist zu sagen, daß man es auf Gemälden meistens vermeidet, eine Kugel nach den Lehren der Perspektive richtig als Ellipse darzustellen. Der Grund liegt darin, daß der Beschauer des Bildes nicht gezwungen werden kann, es von einem einzigen richtigen Augenpunkte aus zu betrachten. Vielmehr läßt er das Auge wandern. Dabei aber würden ihm die an sich für ein bestimmtes Auge richtigen perspektiven Verkürzungen als Verzerrungen erscheinen. Deshalb ist der Maler genötigt, die richtige perspektive Darstellung auszugleichen. Man spricht in diesem Sinne von einer subjektiven Perspektive, die der Natur der Sache nach nicht in bestimmte Regeln gefaßt werden kann. In der richtigen Art der Ausgleichung durch das Gefühl des Malers liegt eine der wichtigsten Maßnahmen für die gute Wirkung malerischer Darstellungen.

375. Hyperbolischer und parabolischer Kugelumriß. Wenn eine Kugel die Verschwindungsebene schneidet oder berührt, aber das Auge O außerhalb der Kugel liegt, ist der Umriß der Kugel nach Nr. 369 eine Hyperbel oder Parabel. Für die Brennpunkte der Hyperbel bzw. für den Brennpunkt der Parabel gilt dasselbe wie im Fall des elliptischen Umrisses: Die Endpunkte des zur Tafel senkrechten Kugeldurchmessers bilden sich als die Brennpunkte der Hyperbel ab, und im Fall der Parabel bildet sich der eine Endpunkt als der Brennpunkt ab, während das Bild des anderen, da dieser der Verschwindungsebene angehört, unendlich fern liegt. Nach Nr. 369 kann man ferner die Asymptotenrichtungen im Fall der Hyperbel und die Achsenrichtung im Fall der Parabel finden. Außerdem bedarf man dann zur vollständigen Bestimmung der Hyperbel oder Parabel etwa noch einer Tangente, die man als Schnitt der Tafel mit einer durch das Auge gehenden Tangentialebene der Kugel ermittelt.

In den Anwendungen kommt es nur selten vor, daß eine Kugel eine hyperbolische oder parabolischen Umriß hat, z. B. dann, wenn sich neben dem Beobachter eine Kugelkuppel befindet, die so groß ist, daß sie noch zum Teil auf der Bildtafel zu sehen ist. Näher soll nur ein besonderer Fall erörtert werden, in dem es sich um einen hyperbolischen Umriß handelt:

Von einer hohen Stelle aus, z. B. von einem Leuchtturm oder Flugschiff aus, werde eine photographische Aufnahme des Meeres gemacht. Da die Oberfläche des Meeres eine Kugel ist und die Photographie ein perspektives Bild gibt (Nr. 290), wird das Meer auf dem Bilde hyper-

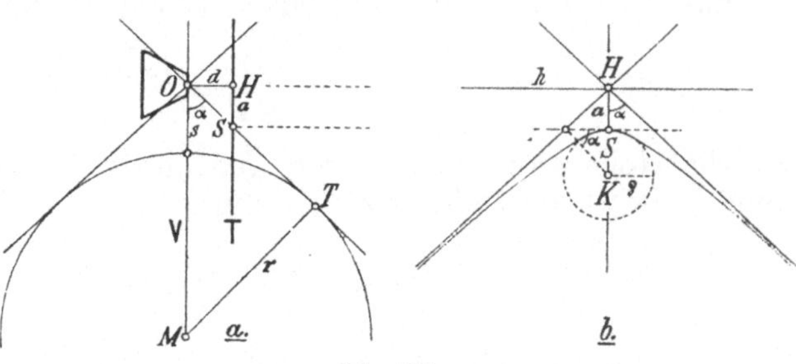

bolisch begrenzt sein, wie sich aus Fig. 555 ergibt: Die Ebene der Zeichnung in Fig. 555a sei die Ebene durch das Objektiv O der photographischen Kammer, durch die Achse der Kammer und durch den Mittelpunkt M der Erde.

Fig. 555.

Dabei sei angenommen, daß die Achse der Kammer wagerecht sei. Selbstverständlich entsprechen die Maße in der Zeichnung nicht entfernt der Wirklichkeit. Nach Nr. 290 ist das photographische Bild, nur in gedrehter Lage, dasselbe wie das perspektive Bild, das sich ergibt, wenn der Mittelpunkt O des Objektivs als das Auge aufgefaßt wird und als Bildtafel T diejenige Ebene dient, die sich parallel zur photographischen Platte vor dem Objektiv so befindet, daß O in der Mitte zwischen beiden liegt. Die Distanz d ist gleich der Brennweite des Objektivs. Die von O aus sichtbare Begrenzung des Meeres bezeichnet man häufig auch als Horizont. Wir wollen dies vermeiden, da wir nach Nr. 300 unter dem Horizont die Fluchtgerade der wagerechten Ebenen verstehen, also diejenige Gerade, in der die zu OM senkrechte Ebene durch O die Tafel T schneidet. Wir bedienen uns zur Bezeichnung des Randes des Meeresbildes des seemännischen Fachausdrucks Kimm. Die Kimm ist das Bild des Kreises, in dem der von O aus an die Erdkugel gelegte Tangentialkegel die Kugel berührt. Da die Tafel T zur Achse OM des Kegels parallel ist, erscheint die Kimm als Hyperbel (Nr. 258). In der Tat enthält die Verschwindungsebene V als die zur Tafel T parallele Ebene durch O den Mittelpunkt M der Erdkugel. Der Radius der Erde sei mit r, die Höhe des Auges O über der Erdoberfläche mit s bezeichnet. Der Winkel, den die Achse OM mit den die Erdkugel berührenden Sehstrahlen bildet, sei α genannt, so daß 2α der Gesichtswinkel ist, unter dem die Erdkugel erscheint. Augenscheinlich liefert die in Fig. 555a gezeichnete Tangente OT der Erdkugel im Schnitt mit T den Scheitel S des unteren Hyperbelastes. Der obere Ast kommt als nur geometrisches Bild nicht in Betracht.

Wie im Fall des elliptischen Kugelumrisses gilt der Satz (Nr. 369), daß der Krümmungsradius ϱ des Scheitels S gleich $d \cdot \mathrm{tg}\,\alpha$ ist. Dies läßt sich übrigens leicht bestätigen. Denn die Asymptoten bilden mit der Hauptachse den Winkel α (nach Nr. 258), so daß sich zunächst der Hyperbelast leicht zeichnen läßt, siehe Fig. 555b. Der Mittelpunkt K des Krümmungskreises geht hervor, wenn man im Schnittpunkte einer Asymptote mit der Scheiteltangente auf die Asymptote das Lot errichtet und es mit der Hauptachse zum Schnitt bringt. Wird HS, die halbe Hauptachse der Hyperbel, mit a bezeichnet, so ist $a = d \cdot \mathrm{ctg}\,\alpha$ nach Fig. 555a und das Stück der Scheiteltangente vom Scheitel bis zur Asymptote nach Fig. 555b gleich $a \cdot \mathrm{tg}\,\alpha$, d. h. gleich der Distanz d selbst, folglich $\varrho = SK = d \cdot \mathrm{tg}\,\alpha$, wie behauptet wurde. In Fig. 555a ist nun $OT^2 = (r + s)^2 - r^2$ oder $s(2\,r + s)$, mithin:

$$\mathrm{ctg}\,\alpha = \frac{OT}{MT} = \frac{\sqrt{s(2r + r)}}{r}\,.$$

Da die Höhe s des Beobachters gegenüber dem Erdradius r verschwindend klein ist, darf hierin $2\,r + s$ durch $2\,r$ ersetzt werden. Dann kommt

$$a = \frac{d\,\sqrt{2rs}}{r}\,, \qquad \varrho = \frac{dr}{\sqrt{2rs}}\,.$$

Nun ist der Erdradius r gleich rd. 6370 km. Wird als Höhe s des Beobachters die von 1 km angenommen, die schon recht beträchtlich ist, so ergibt sich:

$$a = 0{,}018\,d\,, \quad \varrho = 56{,}44\,d\,.$$

Selbst wenn die Distanz d, d. h. die Brennweite der photographischen Kammer den sehr großen Wert von 1 m hätte, würde also die höchste

Stelle S der Kimm doch nur um weniger als 2 cm tiefer als der Horizont liegen und ihr Krümmungsradius über 56 m betragen.

Ist s gleich 9 km, also ungefähr gleich der Höhe der höchsten Berge, so wird

$$a = 0{,}053\,d, \quad \varrho = 18{,}81\,d,$$

d. h. bei einer Distanz von 1 m Länge ist die Tiefe der höchsten Stelle der Kimm unter dem Horizont gleich etwa $5^1/_2$ cm und ihr Krümmungsradius gleich rd. 19 m.

Man darf aber aus diesen Ergebnissen nicht schließen, daß sich die hyperbolische Krümmung der Kimm z. B. für einen Flieger nicht bemerklich mache. Denn wir haben soeben nur die höchste Stelle der Kimm ins Auge gefaßt. Der Flieger aber übersieht den Horizont in unbeschränkter Ausdehnung. Weiter rechts und links vom höchsten Punkte der Kimm wird er also sehr wohl ihre hyperbolische Abweichung vom Horizont nach unten hin bemerken können. Um dies zu beurteilen, muß man die Asymptoten benutzen. Sie bilden mit dem Horizont den Komplementwinkel von α. In der Höhe $s = 1$ km ist dieser wegen $\operatorname{ctg}\alpha = \sqrt{2rs}:r$ gleich rd. $1°$, in der Höhe $s = 9$ km gleich rd. $3°$, und diese Abweichung in der Richtung nach unten kann genügend weit rechts und links vom Hauptpunkte des Horizonts schon deutlich bemerkbar sein.

376. Gesamtheit derjenigen Kreise, die sich als Kreise abbilden. Wenn unter E eine nicht zur Tafel T parallele Ebene verstanden wird und K_1, K_2 ihre winkeltreuen Punkte (Nr. 348) sind, gibt es nach Nr. 363 in E eine Schar von Kreisen, die sich wieder als Kreise abbilden, und zwar durchsetzen diese Kreise denjenigen Kreis $\varkappa$ senkrecht, der $K_1 K_2$ als Durchmesser hat. Wie schon oft benutzen wir die Ebene, die durch das Auge O geht und sowohl zur Tafel T als auch zur Ebene E senkrecht ist, als die Ebene der Zeichnung in Fig. 556. Die Tafel T und die Ebene E sollen also längs der mit T und E bezeichneten Geraden auf der Ebene dieser Figur senkrecht stehen. Die Zeichenebene enthält den Hauptverschwindungspunkt V sowie die winkeltreuen Punkte K_1 und K_2 der Ebene E. Diese ergeben sich als die Schnitte von E mit den Strahlen durch O, die zu den Winkelhalbenden von E und T senkrecht sind, und es ist V die Mitte von

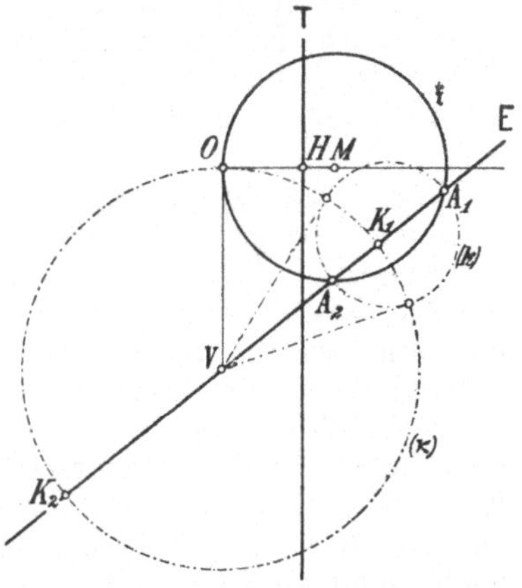

Fig. 556.

$K_1 K_2$. Um das, was sich in der Ebene E befindet, zu zeichnen, legen wir die Ebene in die der Figur um. Dann stellt sich der Kreis $\varkappa$ mit dem Durchmesser $K_1 K_2$ als ein Kreis $(\varkappa)$ dar, der durch O geht. Ein $\varkappa$ senkrecht durchsetzender Kreis der Ebene E sei mit k bezeichnet. In der Umlegung ist er durch einen Kreis (k) dargestellt, der die Gerade $K_1 K_2$ in A_1 und A_2 trifft. Da der Kreis $(\varkappa)$ den Kreis (k) senkrecht durchschneidet, sind die Radien von $(\varkappa)$, die nach den Schnittpunkten von (k) und $(\varkappa)$ gehen, Tangenten von (k). Also ist das Quadrat des Radius von $(\varkappa)$ gleich $VA_1 \cdot VA_2$, somit

$$VO^2 = VA_1 \cdot VA_2.$$

Nun werde durch O und A_1 derjenige Kreis $\mathfrak{k}$ in der Ebene der Figur gelegt, der in O die zu T parallele Gerade VO berührt. Er wird die Gerade K_1K_2 außer in A_1 noch in einem Punkte X schneiden, und es ist $VO^2 = VA_1 \cdot VX$. Nach der vorhergehenden Formel fällt also X mit A_2 zusammen, d. h. der Kreis durch A_1, A_2 und O ist der Kreis $\mathfrak{k}$, der in O die Gerade VO als Tangente hat.

Wir fassen jetzt $\mathfrak{k}$ als Großkreis einer Kugel auf, die also zur Hälfte über und zur Hälfte unter der Ebene der Figur liegt. Man sieht, daß diese Kugel die Ebene E gerade in dem Kreis k schneidet, dessen Umlegung der Kreis (k) ist. Die Kugel hat ihre Mitte M auf dem Hauptsehstrahl OH. Hieraus ergibt sich: Alle diejenigen Kreise der Ebene E, die den Kreis mit dem Durchmesser K_1K_2 senkrecht schneiden, werden aus der Ebene E durch die Kugeln ausgeschnitten, die durch O gehen und ihre Mittelpunkte auf dem Hauptsehstrahl haben. Da es diejenigen Kreise der Ebene sind, die sich wieder als Kreise abbilden, gilt somit der Satz:

Wenn man die Schar der Kugeln, die durch das Auge O gehen und ihre Mittelpunkte M auf dem Hauptsehstrahl haben, mit irgendeiner nicht zur Tafel parallelen Ebene E schneidet, ergeben sich alle diejenigen Kreise der Ebene E, die sich wieder als Kreise abbilden. Hieraus folgt weiter:

Die Gesamtheit aller derjenigen Kreise des Raumes überhaupt, die sich perspektiv wieder als Kreise abbilden, obgleich sie nicht in Ebenen parallel zur Tafel liegen, besteht aus allen Kreisen aller derjenigen Kugeln, die durch das Auge O gehen und ihre Mittelpunkte auf dem Hauptsehstrahl OH haben.

377. Stereographische Projektion. Wird eine Kugel perspektiv abgebildet, **indem man das Auge O auf der Kugel und die Tafel T senkrecht zum Radius dieses Punktes O annimmt,** so spricht man von einer **stereographischen Projektion.** Diese Benennung ist durchaus nicht glücklich gewählt, aber so eingebürgert, daß wir sie nicht umgehen können. Daß man dieser Art der perspektiven Abbildung der Kugel überhaupt einen besonderen Namen gegeben hat, beruht auf der merkwürdigen Eigenschaft, **daß bei ihr jeder Kreis der Kugel als Kreis abgebildet wird.** Dies folgt unmittelbar aus dem Ergebnis der letzten Nummer, aber wir werden nachher noch einen zweiten Beweis dafür beibringen. Die stereographische Projektion hat noch eine andere nicht weniger bemerkenswerte Eigenschaft, die wir zunächst dartun wollen:

Wenn die Tafel senkrecht zum Radius nach dem auf der Kugel gewählten Auge O ist, kann sie so weit verschoben werden, bis sie die Kugel insbesondere im Gegenpunkte des Punktes O berührt, denn dadurch wird das perspektive Bild nur ähnlich verändert. In Fig. 557, die eine Darstellung in senkrechter Projektion auf Grundriß und Aufriß ist, sei nun die Grundrißtafel die Bildtafel T, die die Kugel im

Gegenpunkte von O berührt, so daß die Kugel auf der Grundrißtafel aufliegt und ihr höchster Punkt das Auge O ist, während der tiefste Punkt als der Hauptpunkt H zu bezeichnen ist. Ist P irgendein Punkt der Kugel, so kann die Aufrißtafel so gewählt werden, daß der Radius von P zu ihr parallel wird, also P'' auf dem Umriß der Kugel im Aufriß liegt. Dann ist die Umrißtangente in P'' zugleich die Aufrißspurgerade s_2 der Tangentialebene von P; die Grundriß-spurgerade s_1 steht im Schnittpunkt S von s_2 mit der Projektionsachse auf dieser Achse senkrecht. Nun sollen irgend zwei Geraden a und b betrachtet werden, die im Punkt P die Kugel berühren. Ihre Aufrisse fallen mit s_2 zusammen, ihre Grundriß-spurpunkte sind beliebige Punkte A und B auf s_1. Ist $\mathfrak{P}$ das stereographische Bild von P, d. h. der Schnittpunkt des Sehstrahls OP mit der Grundriß-tafel, so sind $\mathfrak{P}A$ und $\mathfrak{P}B$ die Bilder $\mathfrak{a}$ und $\mathfrak{b}$ der beiden Tangenten. Die Aufrißzeichnung lehrt, daß $\sphericalangle\, SP''\mathfrak{P}''$ als Tangentenwinkel des Umrisses gleich $\sphericalangle\, O''H''P''$ als Peripheriewinkel ist. Weil $O''H''$ $\perp S\mathfrak{P}''$ und $H''P'' \perp \mathfrak{P}''P''$ ist, ergibt sich ferner $\sphericalangle\, O''H''P'' = \sphericalangle\, S\mathfrak{P}''P''$. Mithin ist $SP''\mathfrak{P}''$ ein

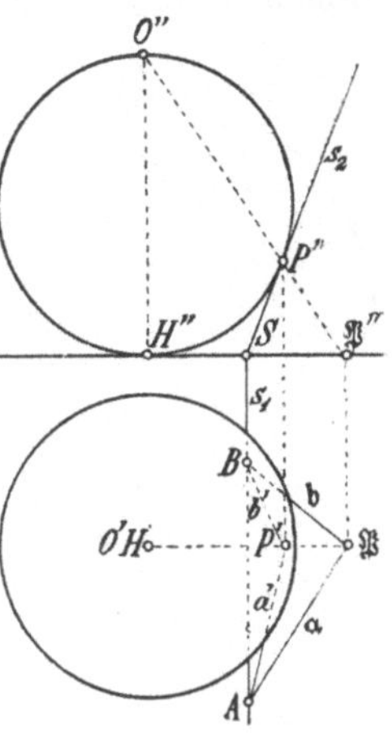

Fig. 557.

gleichschenkliges Dreieck mit der Spitze S, demnach $SP'' = S\mathfrak{P}''$. Daraus folgt nun, daß das Dreieck APB bei der Umlegung der Tangentialebene in die Grundrißtafel um s_1 herum mit dem Dreieck $A\mathfrak{P}B$ zur Deckung kommt. Mithin bilden $\mathfrak{a}$ und $\mathfrak{b}$ in P miteinander denselben Winkel wie $\mathfrak{a}$ und $\mathfrak{b}$ in $\mathfrak{P}$. Also werden zwei von demselben Kugelpunkt ausgehende Tangenten vermöge der stereographischen Projektion stets so abgebildet, daß ihre Bilder dieselben Winkel einschließen wie die Tangenten selbst. Deshalb sagt man, daß die stereographische Projektion eine winkeltreue Abbildung der Kugel sei.

Wenn auf der Kugel irgend zwei Kurven gezogen werden, die sich in einem Punkt P schneiden, ist der Winkel, den die Kurven dort miteinander bilden, gleich dem ihrer Tangenten in P, und diese Tangenten sind zugleich Tangenten der Kugel in P. Mithin bilden sich zwei einander schneidende Kurven der Kugel vermöge der stereographischen Projektion so ab, daß ihre Bilder denselben Winkel miteinander haben, wie die Kurven auf der Kugel selbst. Sind A, B, C drei einander benachbarte Punkte auf der Kugel, so daß man das geradlinige Dreieck ABC nahezu als ein Stück der Kugelfläche auffassen kann, so sind die Geraden AB, BC, CA angenähert Kugeltangenten. Danach ist das Bild $\mathfrak{ABC}$ des Dreiecks so beschaffen, daß $\mathfrak{AB}$, $\mathfrak{BC}$, $\mathfrak{CA}$ angenähert dieselben Winkel miteinander bestimmen wie AB, BC, CA, also das Dreieck $\mathfrak{ABC}$ dem Dreieck ABC nahezu ähnlich ist. Vollkommene Ähnlichkeit ist aber erst dann vorhanden, wenn das Dreieck ABC unendlich klein wird. Demnach gehört die stereographische Projektion zu denjenigen Abbildungen, die jede unendlich kleine Figur als ähnliche Figur darstellen oder, wie man auch sagt, in den kleinsten Teilen ähnlich sind. Derartige Abbildungen heißen konform. Die Bezeichnungen winkeltreue Abbildung und konforme Abbildung bedeuten also dasselbe. Der Maßstab der Ähnlichkeit zwischen einem unendlich kleinen Kugeldreieck ABC und seinem stereographischen Bild $\mathfrak{ABC}$ ist für verschiedene Stellen der Kugel verschieden; deshalb findet die Ähnlichkeit in der Tat nur in den kleinsten Teilen statt; sie besteht keineswegs für Figuren von endlicher Ausdehnung. In der Gegend des Hauptpunktes H ist die Ähnlichkeit eine Kongruenz. Entfernt man sich auf der Kugel allmählich von H, nähert man sich also allmählich

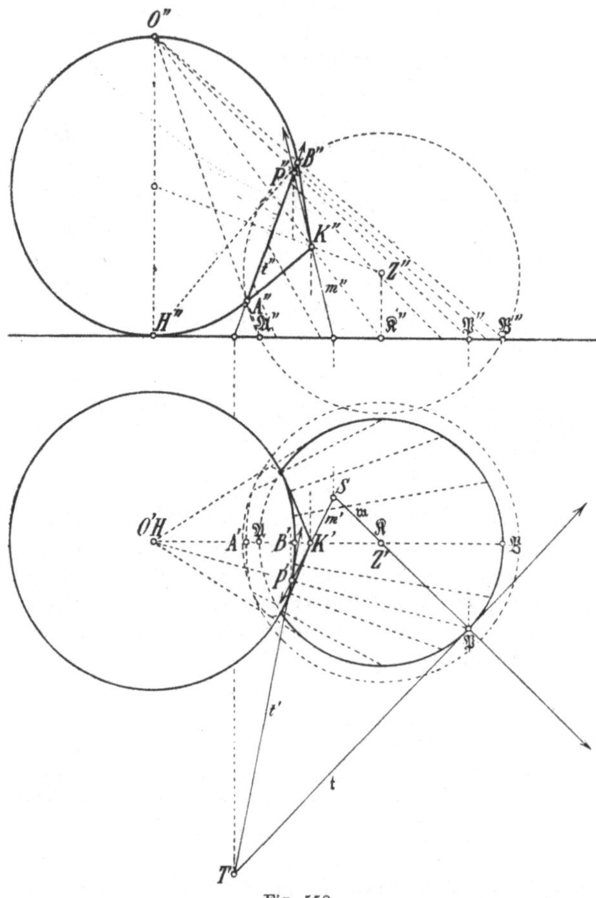

Fig. 558.

O, so wird ein unendlich kleines Stück der Kugel in der Abbildung vergrößert. Das Bild eines nahe bei O gelegenen Kugelstückes liegt außerordentlich fern. Das stereographische Bild der Kugel erfüllt die ganze Bildtafel T bis ins Unendlichferne.

Mit Hilfe der Winkeltreue kann man nun aufs neue beweisen, daß sich jeder Kugelkreis vermöge der stereographischen Projektion als Kreis abbildet: In Fig. 558 sei wieder der höchste Kugelpunkt das Auge O und der tiefste Punkt als Berührungspunkt der Grundrißtafel der Hauptpunkt H, also die Grundrißtafel die Bildtafel T. Ein Kreis wird aus der Kugel durch eine Ebene ausgeschnitten, und man kann die Aufrißtafel insbesondere senkrecht zu dieser Ebene

annehmen, so daß sich der Kreis im Aufriß als eine Strecke $A''B''$ und im Grundriß als eine Ellipse darstellt. Dann kann man sofort die Aufrißprojektion der Spitze K desjenigen Kegels bestimmen, der die Kugel längs des Kreises berührt. Der zugehörige Grundriß liegt auf $O'A'B'$. Das perspektive Bild $\mathfrak{K}$ der Kegelspitze K ist der Schnittpunkt des Sehstrahls OK mit der Grundrißtafel. Ist P irgendein Punkt des Kugelkreises und $\mathfrak{P}$ sein stereographisches Bild, so sei m die nach P gehende Mantellinie KP des Kegels und t die Tangente des Kugelkreises in P. In Fig. 558 sind die Grundrißspurpunkte S und T von m und t angegeben. Da diese Punkte bei der perspektiven Abbildung von O aus auf die Grundrißtafel ihre eigenen Bilder sind, haben m und t als

Bilder die Geraden $\mathfrak{m}$ und $\mathfrak{t}$ von $\mathfrak{P}$ nach S und T, und $\mathfrak{m}$ geht durch $\mathfrak{K}$.
Nun aber liegt die Mantellinie m des Tangentialkegels, weil dies ein
Rotationskegel ist, zur Tangente t seines Grundkreises senkrecht, und
nicht nur t, sondern auch m ist eine die Kugel in P berührende Tangente. Wegen der Winkeltreue der Abbildung ist mithin auch $\mathfrak{m}$ zu $\mathfrak{t}$
senkrecht. Folglich ist das stereographische Bild des Kugelkreises so
beschaffen, daß die Tangente $\mathfrak{t}$ irgendeines Punktes $\mathfrak{P}$ der Bildkurve auf
der Geraden $\mathfrak{m}$ von $\mathfrak{P}$ nach dem Punkt $\mathfrak{K}$ senkrecht steht. Eine Kurve
der Grundrißtafel aber, die alle Geraden durch den Punkt $\mathfrak{K}$ senkrecht
durchsetzt, ist ein Kreis um $\mathfrak{K}$. **Mithin bildet sich ein Kugelkreis vermöge der stereographischen Projektion als ein
Kreis ab, dessen Mittelpunkt das perspektive Bild der
Spitze desjenigen Kegels ist, der die Kugel längs des Kreises
berührt.** Handelt es sich insbesondere um einen Großkreis der
Kugel, so liegt K unendlich fern, und es ergibt sich: **Jeder Großkreis bildet sich als ein Kreis ab, dessen Mittelpunkt der
Schnittpunkt der Bildtafel mit dem vom Auge O auf die
Ebene des Kreises gefällten Lot ist.**

Wir ziehen aus Fig. 558 noch einige Folgerungen: Im Aufriß be-
merkt man, daß $\angle O''\mathfrak{B}''H'' = \angle O''H''B''$ ist, weil $O''H'' \perp \mathfrak{B}''H''$ und
$H''B'' \perp O''B''$ ist. Weiterhin ist $\angle O''H''B''$ als Peripheriewinkel gleich
$\angle O''A''B''$. Das Viereck $A''B''\mathfrak{B}''\mathfrak{A}''$
ist also so beschaffen, daß sich die
Gegenwinkel bei $\mathfrak{B}''$ und A'' zu zwei
rechten Winkeln ergänzen, d. h.
diesem Viereck läßt sich ein Kreis
umschreiben. Dieser Kreis, dessen
Mittelpunkt mit Z'' bezeichnet worden ist, kann nun als Umriß einer
Kugel aufgefaßt werden, auf der
sowohl der Kugelkreis, der im Aufriß durch $A''B''$ dargestellt ist, als
auch das stereographische Bild dieses
Kreises liegt, das im Aufriß durch
$\mathfrak{A}''\mathfrak{B}''$ dargestellt ist. Die Sehstrahlen ferner, vermöge deren der
Kugelkreis stereographisch abgebildet wird, erzeugen einen im allgemeinen schiefen Kreiskegel. In
Fig. 559, worin die Maße dieselben
wie in Fig. 558 sind, ist dieser Kegel
selbst dargestellt, und zwar soweit
er zwischen dem Kugelkreis und
seinem stereographischen Bild liegt.

Unter der Hauptebene des Kreiskegels wird nach Nr. 253 diejenige

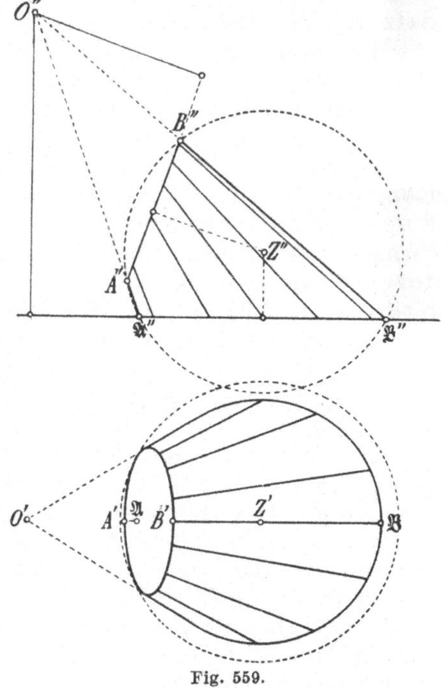

Fig. 559.

Ebene verstanden, die durch die Kegelspitze O und durch die Mitte
des Grundkreises geht sowie die Höhe des Kegels, das Lot von O auf
die Grundebene, enthält, hier also die Ebene der beiden Kreisdurchmesser AB und $\mathfrak{A}\mathfrak{B}$. Weil beide Kreisebenen zur Hauptebene senkrecht sind, erhellt, daß es für den Begriff der Hauptebene des Kegels

ganz einerlei ist, ob man den Kreis mit dem Durchmesser AB oder den Kreis mit dem Durchmesser $\mathfrak{AB}$ als den Grundkreis des Kegels auffaßt.

Die Betrachtung läßt sich sehr leicht umkehren, d. h. man kann, ausgehend von einem beliebig gegebenen schiefen Kreiskegel, statt von der Kugel durch O, alle Einzelheiten der Fig. 558 wieder herstellen. Dabei macht man davon Gebrauch, daß jede zur Grundebene parallele Ebene den Kegel ebenfalls in einem Kreis schneidet. Daraus ergibt sich:

Ein allgemeiner Kreiskegel enthält zwei Scharen von Kreisen in zwei Scharen von parallelen Ebenen. Die eine Schar ist die der Schnitte parallel zur Grundebene. Ein Kreis der anderen Schar geht als zweiter Schnitt des Kegels mit irgendeiner solchen Kugel hervor, die einen der Kreise der ersten Schar enthält. Welchen der Kreise der einen oder anderen Schar man auch als Grundkreis des Kegels auffassen mag, stets kommt dem Kegel dieselbe Hauptebene zu; die Ebenen aller Kreisschnitte sind zur Hauptebene senkrecht. Irgendein Kreis der ersten Schar und irgendein Kreis der zweiten Schar schneiden die Hauptebene in Durchmessern, deren Endpunkte ein Kreisviereck bilden. Beide Kreisscharen fallen nur dann zusammen, wenn ein Rotationskegel vorliegt. Wenn der Kegel ein Zylinder ist, kommt man auf den Satz von Nr. 123 zurück.

Man kann auch von der Kugel um Z ausgehen, die man durch irgend zwei Ebenen in Kreisen schneidet. Die Hauptebene ist dann die Ebene der Lote von der Kugelmitte Z auf beide Kreisebenen. Also kann man sagen:

Irgend zwei Kreise einer Kugel gehören stets einem Kreiskegel an. Nimmt man irgendeinen Kreis auf einer Kugel als Grundkreis eines Kegels und einen beliebigen Punkt des Raumes als Spitze des Kegels an, so schneidet der Kegel die Kugel zum zweiten Mal wieder in einem Kreise. Dabei liegen die Lote von der Kegelspitze auf die beiden Kreisebenen in einer Ebene durch die Mitte der Kugel. In Nr. 278 trat der Sonderfall auf, in dem die Kugel durch einen Zylinder in zwei Kreisen geschnitten wurde. Man kann sich auch so ausdrücken: Hat ein Kegel mit einer Kugel einen Kreis gemein, so hat er allemal noch einen zweiten Kreis mit ihr gemein. Beide Kreise fallen nur dann zusammen, wenn der Kegel ein Tangentialkegel der Kugel ist.

Faßt man die Kegelspitze O als Lichtquelle auf und nimmt man an, daß eine Hohlkugel eine kreisförmige Öffnung habe, so folgt: Der Schatten, den irgendein Kugelkreis bei Zentralbeleuchtung von einer beliebigen Stelle aus ins Innere der Kugel wirft, ist ebenfalls ein Kreis. In Nr. 278 wurde der Sonderfall der Parallelbeleuchtung behandelt.

Anmerkung: Hipparchos aus Nicäa (um 150 v. Chr. teils auf Rhodos, teils in Alexandria lebend), der Begründer der wissenschaftlichen Astronomie, soll die stereographische Projektion des Gradnetzes der Kugel, die wir in der nächsten Nummer besprechen, gekannt haben, siehe Jean Baptiste Josèphe Delambre (geb. 1749 in Amiens, Astronom, gest. 1822 in Paris): „Histoire de l'astronomie ancienne", 2 Bände, Paris 1817, 2. Bd. S. 453, 454, und Rudolf Wolf (geb. 1816 in Fällanden bei

Zürich, Astronom in Bern und Zürich, wo er 1893 starb): „Handbuch der Astronomie, ihrer Geschichte und Literatur", 2 Bände, Zürich 1890—93, 2. Bd. S. 70. Claudius Ptolemäus (Nr. 40) hat in seiner mathematischen Geographie, die unter dem Titel „Traité de géographie mathématique" 1828 von Nic. Halma in Paris herausgegeben und ins Französische übersetzt wurde, im 24. Kap. des 1. Bandes (S. 59 u. f.) die eine Haupteigenschaft der stereographischen Projektion, die darin besteht, daß sich jeder Kugelkreis als Kreis abbildet, für gewisse Kreise der Kugel bewiesen, vielleicht nur, indem er es von Hipparchos entlehnte. Jordanus Nemorarius (aller Wahrscheinlichkeit nach derselbe wie Jordanus Saxo, der, vermutlich in Borgentreich bei Paderborn geboren, 1222 in Paris zum General des Dominikanerordens gewählt wurde, gest. 1237 auf der Rückreise aus dem heiligen Lande) hat in einer Schrift über das Planisphärium, d. h. über die Abbildung der Kugel auf die Ebene, die 1507, 1536 und 1538 gedruckt worden ist, zum erstenmal bewiesen, daß sich jeder Kugelkreis vermöge der stereographischen Projektion als Kreis abbildet (nach M. Chasles in seinem bei Nr. 5 genannten „Aperçu historique", S. 516). Der Name stereographische Projektion wurde erfunden von François d'Aiguillon (auch Aguilon, latinisiert Aguilonius, geb. 1566 in Brüssel, Jesuit, als Lehrer in Antwerpen tätig, gest. 1617), siehe sein Werk „Opticorum libri sex, philosophis juxta ac mathematicis utiles" („Sechs Bücher der Optik, den Philosophen gemäß und den Mathematikern nützlich"), Antwerpen 1613, wo die stereographische Projektion im 6. Buch von S. 572 an behandelt wird. Er nannte sie so (S. 573), „quod universam corporis objecti profunditatem ac peripheriam ipsam unico projectu explanet" (weil sie sowohl die gesamte Tiefe des betrachteten Gegenstandes als auch seinen Umriß selbst in einer einzigen Projektion darstellt). Die Winkeltreue entdeckte Gerhard Kremer gen. Mercator (geb. 1512 zu Rupelmonde in Flandern von deutschen Eltern, Kartograph, gest. 1594 zu Duisburg) auf einer Karte, Duisburg 1587, siehe Aug. Breusing (geb. 1816 zu Osnabrück, Leiter der Seefahrtsschule zu Bremen, wo er 1892 starb): „Das Verebnen der Kugeloberfläche für Gradnetzentwürfe", Leipzig 1892, S. 29. Daß der Mittelpunkt des Bildes eines Kugelkreises das Bild der Spitze des zugehörigen Tangentialkegels ist, wurde zuerst von M. Chasles bewiesen und von J. Hachette (Nr. 77) in seinen „Eléments de géo-

métrie à trois dimensions, partie algébrique", Paris 1817, im Anhang als Note V „De la projection stéréographique", S. 270—274, veröffentlicht. Zugleich gab Chasles eine Verallgemeinerung an, auf die wir jedoch nicht eingehen wollen. Der Beweis von Chasles war analytisch, rein geometrisch wurde der Satz von G. Dandelin (Nr. 77) abgeleitet, siehe „Usages de la projection stéréographique en géométrie", Annales de mathém. p. et appl. 16. Bd. 1825/26, S. 322—327 (auch Mém. de l'Acad. des Sciences de Belgique, Brüssel, 4. Bd. 1827, S. 13 u. f.).

378. Stereographische Projektion des Gradnetzes der Kugel. Die stereographische Projektion des Gradnetzes der Kugel, d. h. der Längen- und Breitenkreise der Erd- oder Himmelskugel, hat die beiden Vorzüge, daß die Bilder der Kreise auch Kreise und daher mit dem Zirkel zu zeichnen sind und daß sie sich auch im Bild überall rechtwinklig schneiden, weil die stereographische Projektion winkeltreu ist. Obgleich die ganze Kugel auf die Ebene abgebildet werden kann, benutzt man meistens nur das Bild derjenigen Kugelhälfte, die der im Hauptpunkt H berührenden Bildtafel am nächsten liegt,

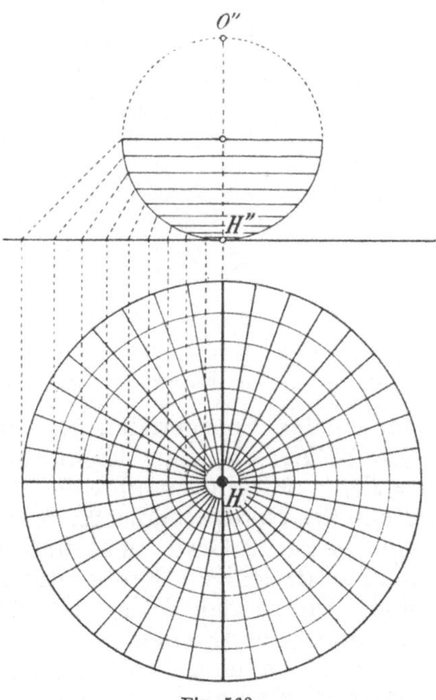

Fig. 560.

die der im Hauptpunkt H berührenden Bildtafel am nächsten liegt, weil die Darstellung der darüber hinaus auf der anderen Kugelhälfte gelegenen Teile der Kugel allzu große Verzerrungen aufweist.

Wenn die Äquatorebene zum Durchmesser vom Auge O bis zum Hauptpunkt H senkrecht ist, also O und H die Pole der Kugel sind, bilden sich die Breitenkreise als Kreise mit dem gemeinsamen Mittelpunkt H und die Längenkreise als die durch H gehenden Geraden ab, siehe Fig. 560, zu deren Konstruktion nichts weiter gesagt zu werden braucht.

Dagegen ist Fig. 561, worin die Erdachse NS ein anderer Durchmesser als OH und die Aufrißtafel parallel zur Erdachse gewählt ist,

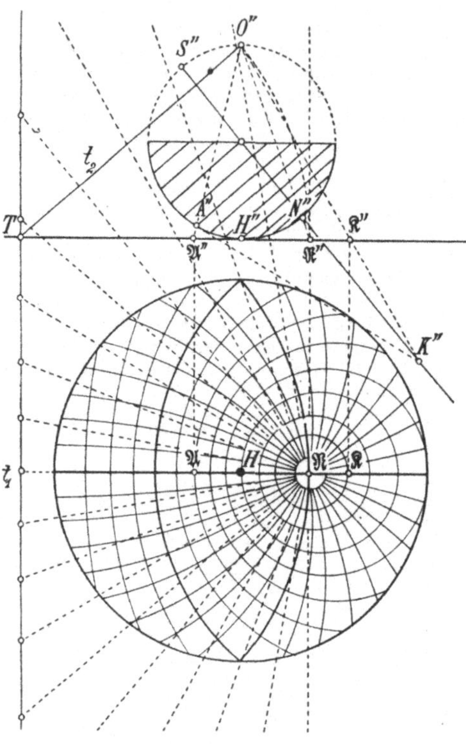

Fig. 561.

noch mit einigen Worten zu erläutern: Die Längenkreise sind die Großkreise in den durch NS gelegten Ebenen. Ihre Bilder gehen durch das Bild $\mathfrak{N}$ des Nordpols N (auch durch das jedoch zu weit links gelegene Bild des Südpols S). Die Mittelpunkte ihrer Bildkreise sind nach voriger Nummer die Fußpunkte der Lote von O auf ihre Ebenen. Will man die Längenkreise von 10 zu 10 Grad abbilden, so hat man also in der zu NS senkrechten Ebene durch O, deren Spurgeraden t_1 und t_2 sind, von O aus Strahlen zu ziehen, die je 10 Grad miteinander bilden, und mit der Spurgeraden t_1 zum Schnitt zu bringen. Die Schnittpunkte sind die Kreismitten. Diese Konstruktion ist dieselbe wie die der Stundenlinien einer Horizontalsonnenuhr (Nr. 42). Man legt wie damals die Ebene um ihre Spurgerade t_1 in die Bildtafel, also in die Grundrißebene um. Ist T der Schnittpunkt der Spurgeraden t_1 und t_2 auf der Projektionsachse, so ist $\sphericalangle O''\mathfrak{N}''T$, wie man leicht nachweist, gleich $\sphericalangle \mathfrak{N}''O''T$, d. h. $TO'' = T\mathfrak{N}''$. Mithin kommt der Punkt O vermöge der Umlegung an die Stelle des Nordpolbildes $\mathfrak{N}$. Indem man also von $\mathfrak{N}$ aus lauter Strahlen von 10 zu 10 Grad zieht und mit t_1 schneidet, erhält man die Mittelpunkte derjenigen Kreise durch $\mathfrak{N}$, die die Bilder der Längenkreise sind. Einige der Bilder haben weitentlegene Mittelpunkte; man wird sie daher bestimmen, indem man etwa noch die Bilder der Punkte feststellt, in denen sie den Äquator treffen. Denn dann kennt man von den Kreisen außer dem Punkt $\mathfrak{N}$ noch einen zweiten Punkt und in beiden Punkten ihre Tangenten. Im Punkte $\mathfrak{N}$ nämlich bilden die Tangenten aller Längenkreisbilder wegen der Winkeltreue je 10 Grad miteinander wie die Längenkreise auf der Kugel selbst, und den Äquator durchsetzen sie auch im Bilde senkrecht. Der Äquator gehört zu den Breitenkreisen, und ihre Bilder ergeben sich so: Im Aufriß sind die Projektionen der Breitenkreise als Sehnen des Umrißkreises eingezeichnet. Die Konstruktion ist an einem Kreis in der Figur gezeigt: In A'' wird die Tangente an den Umrißkreis gelegt. Sie trifft $N''S''$ in einem Punkt K'', der Aufrißprojektion der Spitze K des zugehörigen Tangentialkegels. Die Aufrißprojektion des Bildes $\Re$ von K ist der Schnittpunkt von $O''K''$ mit der Projektionsachse, und der Punkt $\Re$ selbst liegt also senkrecht unter $\Re''$ auf der zur Projektionsachse parallelen Geraden durch H. Das Bild $\mathfrak{A}$ des Punktes A, das ebenfalls auf dieser Geraden liegt, ergibt sich sofort. Mithin ist das Bild des Breitenkreises nach voriger Nummer der Kreis um $\Re$ durch $\mathfrak{A}$. Insbesondere ergibt sich der Mittelpunkt des Äquatorbildes, weil der Äquator ein Großkreis ist, indem man die Grundrißtafel mit der Parallelen zu NS durch O schneidet.

In Fig. 560 und 561 ist jedesmal nur die Halbkugel abgebildet, die dem Hauptpunkt H am nächsten liegt. Die Distanz ist gleich $H''O''$, dem Durchmesser der Kugel. Die Bilder sind also von dem senkrecht über H in dieser Entfernung gelegenen Punkt zu betrachten. **Die Halbkugeln werden somit vom Innern her in Augenschein genommen.**

Anmerkung: Die stereographische Abbildung der Halbkugel mit dem Gradnetz, das sogenannte Planisphärium, ist seit alten Zeiten sehr viel in der Astronomie benutzt worden, späterhin auch für die Zeichnung der Erdhälften und dann für die Landkartenzeichnung überhaupt. In älteren Atlanten wird die nördliche und südliche und die sogenannte östliche und westliche Erdhälfte meistens auf diese Art dargestellt; erst in neuerer Zeit wird diese Abbildung durch andere verdrängt, die keine Projektionen sind. Am nächsten liegt es allerdings, die Erdhälften in senkrechter Projektion auf die Ebenen ihrer begrenzenden Großkreise darzustellen; aber dabei werden die an den Rändern gelegenen Teile zu sehr zusammengedrängt. Auch sind diese Abbildungen nicht winkeltreu, und die Längenkreise der östlichen und westlichen Erdhälfte erscheinen als Ellipsen.

Wenn man die stereographische Projektion für die Abbildung der Erde benutzt, pflegt man aber eine Anordnung zu treffen, die der Wirklichkeit nicht entspricht: Wie oben gesagt wurde, stellen die Bilder der Gradnetze in Fig. 560 und 561 den Anblick der Halbkugeln vom Innern her dar. Da dies der Art entgegen ist, wie man auf den Erdglobus blickt, zeichnet man vielmehr die Länderumrisse so ein, als ob man von außen auf die Kugel sähe. D. h. während die Zählung der Längenkreise im Sinne von Westen nach Osten in den Gradnetzentwürfen von Fig. 560 und 561 eigentlich um den Pol herum entgegen dem Sinne des Uhrzeigers zu erfolgen hätte, nimmt man denselben Sinn an. Mithin gewähren die Karten Anblicke, wie sie überhaupt bei keiner Projektion entstehen. Auf diese Art wird jedoch erreicht, daß die Landkarte in ihren kleinsten Teilen gleichsinnig ähnlich zur wahren Gestalt wird.

Bei dieser Gelegenheit sei darauf hingewiesen, daß man die Lehre vom Entwerfen der Landkarten mit Unrecht als Kartenprojektion zu bezeichnen pflegt. Ursprünglich allerdings beschränkte man sich auf solche Abbildungen, die durch Parallel- oder Zentralprojektion entstanden. Aber heutzutage tut man dies durchaus nicht mehr, weil andere Arten der Abbildung, die nichts mit Projektion zu tun haben, größere Vorteile für die Zwecke der Landkarten bringen. Die Zahl der möglichen Arten von Landkartenentwürfen ist unbegrenzt; auf rechnerischem Wege kann man beliebig viele aufstellen, und sie gehören ihrer Natur nach nicht in das engere Gebiet der darstellenden Geometrie. Für manche Zwecke zieht man flächentreue Abbildungen vor. Bei ihnen verhalten sich die Inhalte irgend zweier Stücke der Erdoberfläche geradeso zueinander wie im Bild. Dies läßt sich aber nicht durch eine Parallel- oder Zentralprojektion, sondern nur auf anderen Wegen erzielen.

379. Nochmals die zur Tafel parallelen Kreise der Kugel. In Nr. 371 wurde eine Kugel perspektiv mit Hilfe solcher auf ihr gelegener Kreise abgebildet, die sich in zur Tafel parallelen Ebenen befinden. Diese

Kreise erscheinen wieder als Kreise, siehe Fig. 551 ebenda. Jetzt soll noch erläutert werden, daß die Bildkreise zugleich die Bilder anderer Kugelkreise sind, deren Ebenen nicht zur Tafel parallel sind.

Ist nämlich k ein Kreis auf der Kugel, dessen Ebene zur Tafel T parallel ist, so sei die Ebene der Zeichnung in Fig. 562 diejenige Ebene durch den Hauptsehstrahl OH, die durch den Mittelpunkt der Kugel geht, so daß die Tafel längs der mit T bezeichneten Geraden auf der Zeichenebene senkrecht steht, die Kugel zur Hälfte über, zur Hälfte unter dem angegebenen Großkreis liegt und der Kreis k durch seinen Durchmesser AB dargestellt wird, längs dessen die Ebene des Kreises auf der Ebene der Figur senkrecht steht. Die Sehstrahlen nach den Punkten des Kreises k bilden einen Kreiskegel, und die Ebene der Figur ist die Hauptebene des Kegels. Nach Nr. 377 ergibt sich daraus: Wenn OA und OB den

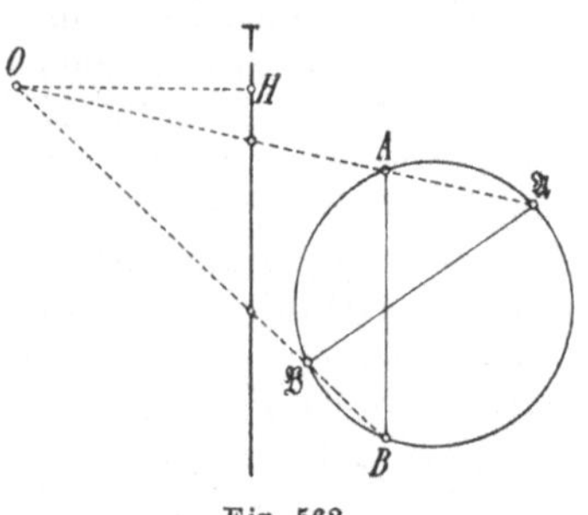

Fig. 562.

Großkreis der Kugel zum zweitenmal in $\mathfrak{A}$ und $\mathfrak{B}$ treffen, liegt derjenige Kreis $\mathfrak{k}$, der $\mathfrak{A}\mathfrak{B}$ als Durchmesser hat und dessen Ebene längs $\mathfrak{A}\mathfrak{B}$ auf der Ebene der Figur senkrecht steht, sowohl auf der Kugel als auch auf dem projizierenden Kegel des Kreises k, d. h. der Kreis $\mathfrak{k}$ hat dasselbe perspektive Bild wie der Kreis k.

Anmerkung: Man vergleiche hiermit die Anmerkungen zu Nr. 165 und 278. Sie beziehen sich auf eben diesen Umstand, aber nur für den Sonderfall einer Parallelprojektion der Kugel.

380. Perspektive Darstellung einer Kugel ohne Umriß. Das perspektive Bild einer Kugel hat gar keinen Umriß, wenn sich das Auge im Innern der Kugel befindet (Nr. 369). Aber auch in gewissen anderen Fällen, wo das Kugelbild an sich einen Umriß hat, kommt der Umriß für die Darstellung nicht in Betracht. Man denke z. B. an eine zylindrische Halle, die oben durch eine hohle Halbkugel als Kuppel begrenzt ist. Wenn sich das Auge des Beobachters im Innern der Halle, aber unterhalb der Ergänzung der Halbkugel zu einer ganzen Kugel, also außerhalb der Vollkugel befindet, hat die Kugel an sich zwar einen Umriß, der Beobachter sieht ihn aber nicht, so daß es unnütze Arbeit wäre, den Umriß zu zeichnen.

Um in allen derartigen Fällen die Kugel im Bild anschaulich zu machen, könnte man solche Kreise der Kugel abbilden, die in zur Tafel parallelen Ebene liegen und daher wieder als Kreise erscheinen (Nr. 371). Aber kugelförmige Hohlkuppeln pflegen auf der Innenseite architektonisch gegliedert zu sein, nämlich durch Rippen, die den Verlauf von Großkreisen der Kugel von der höchsten Stelle aus angeben oder den Verlauf von wagerecht gelegenen Kreisen der Kugel zeigen. Derartige Rippen erscheinen im Bild als Ellipsen, Parabeln oder Hyperbeln, die man also nach Nr. 359, 362, 363, 365 und 366 zeichnen kann. Man wird meistens damit zufrieden sein, diese Rippen freihändig zu bestimmen, nachdem man einige Punkte und Tangenten der Linien etwa mittels der gebundenen Perspektive aus dem Grundriß und Aufriß gewonnen hat.

Da wir in dieser Hinsicht nichts Neues zu dem bisher Vorgetragenen hinzuzufügen haben, gehen wir nicht näher darauf ein.

381. Übungen. 1) Von einer Hyperbel sei eine Asymptote, die Richtung (nicht die Lage) der anderen Asymptoten und ein Punkt nebst seiner Tangente gegeben. Wie kann man die Hyperbel Punkt für Punkt ermitteln (Nr. 357)?

2) Einen auf wagerechter Ebene stehenden Rotationskegel zu zeichnen, von dem ein Axialschnitt nach Größe und Gestalt gegeben sei. Die Grundebene sei durch ihre Spurgerade und der Mittelpunkt des Grundkreises des Kegels durch sein Bild gegeben (Nr. 359 u. f.). Die äußersten Mantellinien des Kegels kann man, da sie als Tangenten des Grundkreisbildes erscheinen, mit Hilfe der in die Tafel umgelegten Grundebene mit dem darin enthaltenen umgelegten Grundkreis zeichnen. Man fasse nämlich denjenigen Punkt der Grundebene ins Auge, dessen Bild mit dem Bild der Kegelspitze zusammenfällt, und suche den zugehörigen Punkt der umgelegten Ebene. Von dieser Stelle aus sind die Tangenten an den umgelegten Grundkreis zu ziehen. Ihre Bilder decken sich mit den äußersten Mantellinien.

3) Wie in Fig. 539 in Nr. 364 zeichne man zwei lotrecht stehende Rotationszylinder (Säulen) von gleichem Radius, aber so, daß die eine der Tafel näher ist als die andere.

4) Perspektives Bild eines oben durch eine wagerechte Ebene abgeschlossenen zylindrischen Innenraumes unter der Annahme, daß der Beobachter in einer in den Raum führenden Tür steht, so daß sich das Auge auf dem Zylinder befindet (Nr. 365).

5) Zwei Pfeiler mit gleich großen quadratischen Querschnitten sind oben durch einen Halbkreisbogen verbunden. Das Bild herzustellen unter der Annahme, daß der Beobachter den einen Pfeiler vor sich, den anderen hinter sich habe, aber nicht gerade unter dem Bogen selbst stehe (Nr. 366).

6) Perspektives Bild eines Gebäudes, das aus einer zylindrischen Halle mit aufgesetzter Halbkugelkuppel besteht, und zwar für einen außerhalb des Gebäudes stehenden Beobachter (Nr. 364 und Nr. 373).

7) Perspektives Bild einer dicken Halbkugelschale mit zylindrischem Fuß.

8) Eine auf wagerechter Ebene ruhende Kugel soll zentrisch durchbohrt werden (Nr. 91). Die Achse der Durchbohrung sei zur Grundebene parallel, und ihre Richtung sei durch einen auf dem Horizont gegebenen Fluchtpunkt festgelegt.

9) In senkrechter Projektion soll im Grundriß und Aufriß eine Kugel nebst ihrem Eigenschatten und den Schlagschatten auf den beiden Tafeln für den Fall der Beleuchtung von einem im Endlichen gelegenen Punkte L aus dargestellt werden. Das ist eine Verallgemeinerung der in Nr. 274 gelösten Aufgabe. Man fasse L als das Auge und die Grundrißtafel oder Aufrißtafel als Bildtafel T auf. Dann ist der Schlagschatten der Kugel im Grundriß oder Aufriß jedesmal ein perspektives Bild der Kugel. Er ist im Grundriß eine Ellipse, wenn sich L höher als die höchste Stelle der Kugel befindet, eine Parabel, wenn L gerade so hoch wie die höchste Stelle der Kugel ist, und eine Hyperbel, wenn L noch tiefer, aber höher als die tiefste Stelle der Kugel liegt. Entsprechendes gilt für den Schlagschatten im Aufriß. Man hat sich der durch L parallel zur betreffenden Tafel gelegten Ebene als Verschwindungsebene zu bedienen.

§ 7. Eigenschaften und Anwendungen der Kegelschnitte.

382. Pascalscher Satz. Die Kegelschnitte, die in der Perspektive als Kreisbilder auftreten, spielen überhaupt in der Geometrie und ihren Anwendungen eine große Rolle, und deshalb sind ihre Eigenschaften aufs gründlichste erforscht worden. Wie werden aus der Lehre von den Kegelschnitten nur einiges herausgreifen, was sich in der darstellenden Geometrie als nützlich erweisen wird.

Auf einem Kreise seien fünf Punkte A, B, C, D und O angenommen. Der Punkt O werde mit A, B, C, D geradlinig verbunden. Die Winkel, die dadurch bei O bestimmt werden, seien in einem bestimmten Drehsinn um O herum gemessen, siehe Fig. 563. Aus dem Satze vom Peripherie-winkel folgt: Wandert O auf dem Kreise nach einer andern Stelle U, so bilden die Geraden von U nach A, B, C, D dieselben Winkel miteinander wie die von O nach A, B, C, D. Dies gilt für jede Lage von U auf dem Kreise, z. B. auch im Fall der Fig. 564. Der Inbegriff der vier Geraden OA, OB, OC, OD ist also mit dem der vier Geraden UA,

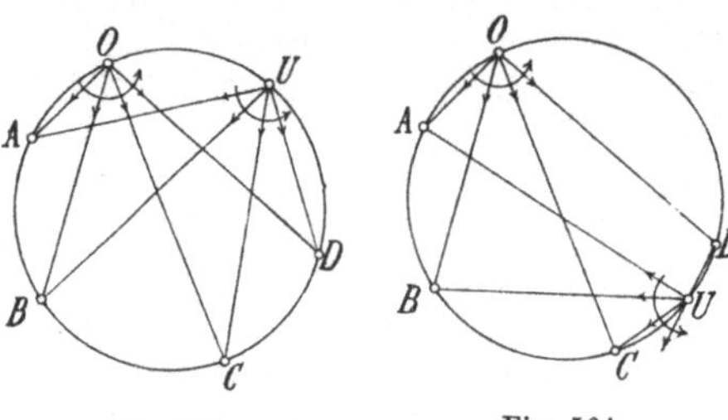

Fig. 563.   Fig. 564.

UB, UC, UD kongruent. Daraus folgt nach Nr. 327: Schneidet man OA, OB, OC, OD mit einer Geraden a' in Punkten A', B', C', D' und auch UA, UB, UC, UD mit einer Geraden a'' in Punkten A'', B'', C'', D'', so ist das Doppelverhältnis von A', B', C', D' gleich dem von A'', B'', C'', D''. Als schneidende Gerade a' wählen wir die Gerade AB, so daß A' mit A und B' mit B zusammenfällt, und als schneidende Gerade a'' die Gerade AC, so daß A'' mit A und C'' mit C zusammenfällt, siehe Fig. 565. Da A' und A'' an derselben Stelle liegen, sind A', B', C', D' und A'', B'', C'', D'' in perspektiver Lage (Nr. 330), d. h. die Geraden $B'B''$ (oder BB''), $C'C''$ (oder $C'C$) und $D'D''$ gehen durch einen gemeinsamen Punkt E. Nun bilden die sechs Punkte O, D, U, B, A, C, in dieser Reihenfolge genommen, ein dem Kreis eingeschriebenes Sechseck, dessen Seiten OD, DU, UB, BA, AC, CO dementsprechend mit $1, 2 \ldots 6$ bezeichnet worden sind. Auch dann, wenn das Sechseck wie hier verschränkt ist, nennt man die Seitenpaare $1, 4 - 2, 5 - 3, 6$ die Gegenseitenpaare. Das Paar $1, 4$ trifft sich in D', das Paar $2, 5$ in D'' und das Paar $3, 6$ in E. Diese drei Punkte liegen in gerader Linie.

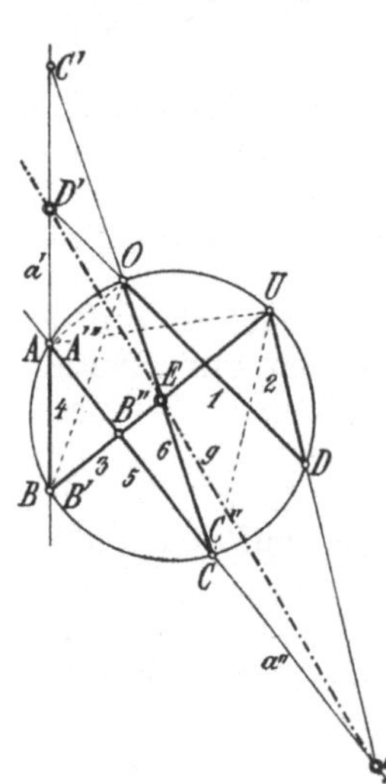

Fig. 565.

Da nun die Kegelschnitte die perspektiven Bilder der Kreise sind (Nr. 355), ergibt sich hieraus sofort allgemein:

Pascalscher Satz: Ist einem Kegelschnitt ein Sechseck eingeschrieben, so liegen die drei Schnittpunkte der Gegen-

seitenpaare des Sechsecks auf einer Geraden. Siehe Fig. 566, wo als Kegelschnitt eine Ellipse gewählt ist. Die Gerade g der drei Schnittpunkte heißt die **Pascalsche Gerade des Sechsecks.** In Fig. 566 ist wie in Fig. 565 nur deshalb ein verschränktes Sechseck gewählt worden, weil die Zeichnung sonst zu weitläufig wird. Ist nämlich das Sechseck nicht verschränkt, so rückt die Pascalsche Gerade weit hinaus, wenn man nicht einige Seiten des Sechsecks sehr kurz annimmt.

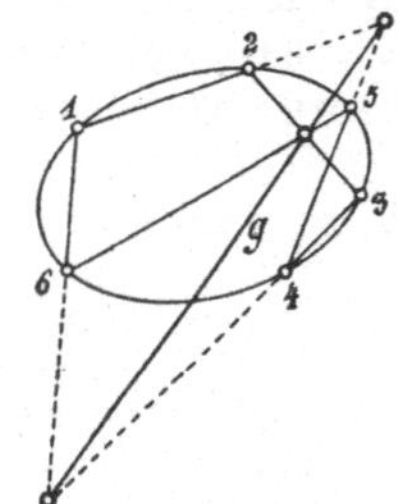

Fig. 566.

Anmerkung: Blaise Pascal (geb. 1623 zu Clermont, seit 1631 in Paris mit mathematischen, physikalischen und philosophischen Studien beschäftigt, von 1654 an zurückgezogen in Port-Royal lebend, gest. 1662 in Paris, kulturgeschichtlich berühmt durch seine Streitschrift gegen die Jesuiten) verfaßte im Alter von noch nicht sechzehn Jahren ein Buch über Kegelschnitte, von dem aber nur ein Bruchstück von sieben Druckseiten im Jahre 1640 als „Essai pour les coniques" veröffentlicht worden ist (abgedruckt in den „Oeuvres de Blaise Pascal", herausgegeben von Bossut, im Haag und Paris 1779, 4. Band, S. 1—7). Dieses Bruchstück ist es, auf dem der nach Pascal benannte Satz zuerst vorkommt; es enthält aber keinen Beweis. Fest steht, daß Pascals Neffe Perrier die Handschrift des Buches über Kegelschnitte Leibniz (Nr. 65) zur Prüfung übersandt hat. Dieser schickte sie 1776 mit einem Brief zurück. Die Handschrift ist seitdem verschollen, doch hat sich Leibniz in seinem Brief ausführlich darüber geäußert; auch ließ er vom ersten Abschnitt, der allerdings nur von der perspektiven Entstehung der Kegelschnitte als Kreisbilder handelt, eine noch jetzt vorhandene Abschrift herstellen. Der Brief von Leibniz findet sich auf S. 133—135 des Werkes „Der Briefwechsel von Gottfried Wilhelm Leibniz mit Mathematikern", 1. (einziger) Band, Berlin 1899, herausgegeben von Karl Immanuel Gerhardt. Wir führen die folgende Stelle an: „Après avoir expliqué la generation des sections du Cone, faite optiquement par la projection d'un cercle sur un plan qui coupe le cone des rayons, il explique les proprietez remarquables d'une certaine figure composée de six lignes droites qu'il appelle Hexagramme Mystique, et il fait voir par le moyen des projections que tout Hexagramme Mystique convient à une section conique, et que toute la (?) section conique donne un Hexagramme Mystique." Es dürfte danach keinem Zweifel unterliegen, daß das Hexagrammum mysticum, das geheimnisvolle Sechseck, eben das Pascalsche Sechseck für beliebige Kegelschnitte ist.

383. Brianchonscher Satz. Unter o und u seien zwei einen Kreis in O und U berührende Geraden verstanden, siehe Fig. 567a. Eine dritte Tangente t mit dem Berührungspunkte T schneide o und u in A und A'. Ist K die Kreismitte, so ist $\sphericalangle OKA = \sphericalangle AKT$ und $\sphericalangle TKA' = \sphericalangle A'KU$, daher $\sphericalangle AKA'$ die Hälfte von $\sphericalangle OKU$. Wenn sich nun die Tangente t um den Kreis dreht, behält also $\sphericalangle AKA'$ immer dieselbe Größe, d. h. die Geraden KA und KA' legen gleichzeitig immer gleiche Winkel in demselben Sinne zurück.

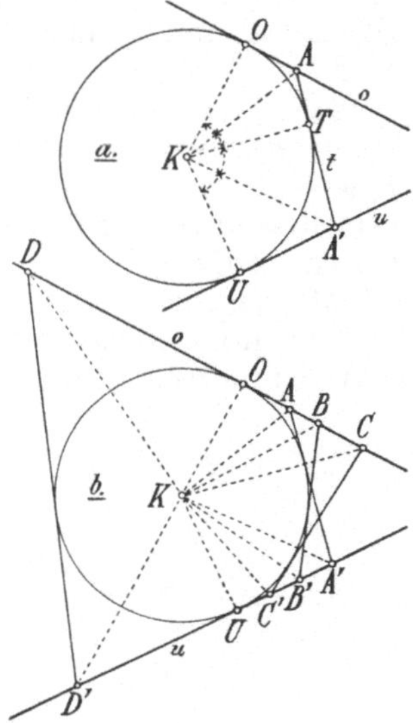

Fig. 567.

In Fig. 567b ist die Tangente t in vier verschiedenen Lagen gezeichnet, in denen sie o in A, B, C, D und u in A', B', C', D' schneidet. Der Inbegriff der vier Geraden von K nach A, B, C, D ist dem der vier Geraden von K nach A', B', C', D' kongruent. Dies gilt auch dann, wenn einzelne oder alle Schnittpunkte jenseits der Berührungspunkte von o und u mit dem Kreise liegen, wie es hier mit D und D' der Fall ist. Nach Nr. 327 haben also die vier Punkte A, B, C, D dasselbe Doppelverhältnis wie die vier Punkte A', B', C', D'. Man kann dies nach Nr. 330 auch so ausdrücken: **Eine veränderliche Kreistangente schneidet zwei feste Kreistangenten in projektiven Punktreihen.**

Nun seien in Fig. 568 irgend sechs verschiedene Tangenten o, u, a, b, c, d an den Kreis gelegt. Die Schnittpunkte von a, b, c, d mit o seien

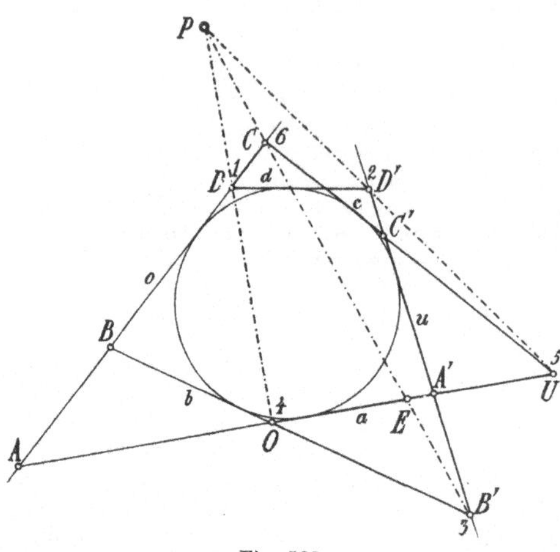
Fig. 568.

wieder A, B, C, D, die mit u wieder A', B', C', D' genannt, so daß also das Doppelverhältnis von A, B, C, D gleich dem von A', B', C', D' ist. Die Geraden von O nach A, B, C, D schneiden die Gerade $B'C$ in vier Punkten. Der erste sei mit E, der vierte mit P bezeichnet. Der zweite ist B' und der dritte C. Nach dem Satz des Pappus (Nr. 327) ist das Doppelverhältnis von A, B, C, D gleich dem von E, B', C, P. Ferner schneiden die Geraden von U nach A', B', C', D' dieselbe Gerade $B'C$ in vier Punkten. Die drei ersten sind wieder E, B', C, der vierte möge vorläufig mit Q bezeichnet sein. Nach dem Satz des Pappus ist das Doppelverhältnis von A', B', C', D' gleich dem von E, B', C, Q. Mithin sind die Doppelverhältnisse von E, B', C, P und E, B', C, Q einander gleich, so daß Q mit P zusammenfällt (Nr. 328). In der Reihenfolge o, d, u, b, a, c machen die Tangenten ein dem Kreis umschriebenes Sechsseit aus, dessen Ecken in Fig. 568 der Reihe nach mit $1, 2 \ldots 6$ bezeichnet worden sind. In dem Sechsseit nennt man die Punktepaare $1, 4 - 2, 5 - 3, 6$ Gegeneckenpaare, auch wenn das Sechsseit wie hier verschränkt ist. Die Diagonalen 14, 25, 36 treffen sich im Punkte P. Durch projektive Abbildung geht aus dem Kreis ein beliebiger Kegelschnitt hervor (Nr. 355). Also ergibt sich allgemein:

Brianchonscher Satz: Ist einem Kegelschnitt ein Sechsseit umschrieben, so gehen die drei die Gegenecken verbindenden Diagonalen des Sechsseits durch einen Punkt, siehe Fig. 569, wo als Kegelschnitt eine Ellipse gewählt worden ist. Der gemeinsame Punkt P heißt der **Brianchonsche Punkt des Sechsseits.**

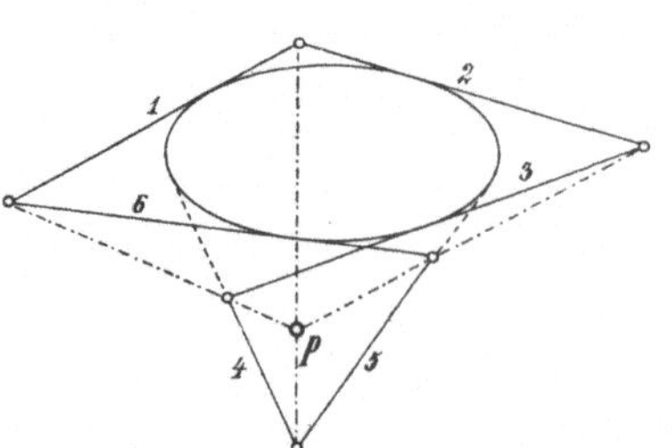
Fig. 569.

Auch eine vorhin beim Kreis gemachte Bemerkung soll noch auf die Kegelschnitte übertragen werden, wie sich sofort durch perspektive Abbildung ergibt: **Eine veränderliche Tangente eines Kegelschnittes schneidet auf zwei festen Tangenten des Kegelschnittes projektive Punktreihen aus.**

Anmerkung: Bei Nr. 150 wurde schon die Arbeit erwähnt, in der Charles Julien Brianchon 1805 den nach ihm benannten Satz zuerst bekannt machte. Siehe auch seine ausführlichere Abhandlung „Mémoire sur les surfaces courbes du second degré", Journal de l'Ecole polyt. 13. Heft 1806, S. 297—311. Sein Beweis ist anders als der oben gegebene.

Der Brianchonsche Satz steht dem Pascalschen Satz in der Geometrie der Ebene dual gegenüber (Nr. 191); man kann ihn z. B. aus dem Pascalschen Satz vermöge einer Transformation durch reziproke Polaren ableiten. Merkwürdig ist es, daß der Brianchonsche Satz erst anderthalb Jahrhundert später als der Pascalsche Satz entdeckt wurde.

***384. Kegelschnitt bestimmt durch fünf Punkte oder fünf Tangenten[1]).** Der Pascalsche und der Brianchonsche Satz geben, wie wir in Nr. 386 auseinandersetzen werden, das bequemste Mittel, um beliebig viele Punkte oder Tangenten eines Kegelschnittes zu ermitteln, wenn fünf verschiedene Punkte oder fünf verschiedene Tangenten des Kegelschnittes bekannt sind. Nahe liegt nun die Frage, ob es überhaupt stets einen Kegelschnitt gibt, der durch irgendwelche fünf verschiedene Punkte der Ebene geht oder irgendwelche fünf verschiedene Geraden der Ebene berührt.

Zunächst sind einige einfache Sonderfälle zu bemerken: Nimmt man fünf verschiedene Punkte A, B, C, D, E in der Ebene so an, daß drei in gerader Linie liegen, z. B. A, B, C, so bildet die Gerade ABC zusammen mit der Geraden DE einen Kegelschnitt, nämlich eine ausgeartete Hyperbel, wie sie durch den Schnitt eines Kreiskegels mit einer Ebene durch seine Spitze entsteht. Nimmt man fünf verschiedene Geraden a, b, c, d, e in der Ebene so an, daß drei durch einen gemeinsamen Punkt gehen, z. B. a, b, c, so ist die Strecke, die diesen Punkt mit dem Schnittpunkte von d und e verbindet, ein Kegelschnitt, nämlich eine ausgeartete Ellipse (Nr. 76), und a, b, c, d, e sind dabei Tangenten der Ellipse. Diese beiden Sonderfälle können also, da sie immer zu Kegelschnitten führen, im folgenden beiseite gelassen werden.

Demnach nehmen wir jetzt an, daß in der Ebene fünf verschiedene Punkte A, B, C, D, E gegeben seien, von denen keine drei in gerader Linie liegen, oder daß in der Ebene fünf verschiedene Geraden a, b, c, d, e gegeben seien, von denen keine drei durch einen Punkt gehen. Wir wissen nach Nr. 355, daß jedes perspektive Bild eines Kegelschnittes ebenfalls ein Kegelschnitt ist. Daß durch jene fünf Punkte ein Kegelschnitt geht oder daß jene fünf Geraden einen Kegelschnitt berühren, steht deshalb fest, sobald bewiesen worden ist, daß man durch eine perspektive Abbildung jene fünf Punkte oder fünf Geraden in eine solche Lage bringen kann, daß durch die Bildpunkte ein Kegelschnitt geht oder daß die Bildgeraden durch einen Kegelschnitt berührt werden. Durch eine geeignete perspektive Abbildung läßt sich aber stets erreichen, daß die Bildpunkte 𝔄, 𝔅, ℭ, 𝔇 von A, B, C, D ein Rechteck bestimmen (Nr. 347) oder daß die Bildgeraden 𝔞, 𝔟, 𝔠, 𝔡 von a, b, c, d einen Rhombus ausmachen. In diesem Falle nämlich muß man nur dafür sorgen, daß a und c parallele Bilder bekommen, ebenso b und d, und daß die Bilder der Diagonalen des Vierseits a, b, c, d zueinander senkrecht werden. Mithin kommt es nur darauf an, zu beweisen, daß es stets einen Kegelschnitt gibt, der durch alle Ecken eines Rechtecks 𝔄𝔅ℭ𝔇 und außerdem durch einen beliebig

---

[1]) Die mit Sternchen versehenen Nummern sind überschlagbar.

in der Ebene des Rechtecks angenommenen Punkt $\mathfrak{E}$ geht, sowie daß es stets einen Kegelschnitt gibt, der alle Seiten eines Rhombus $\mathfrak{a}\,\mathfrak{b}\,\mathfrak{c}\,\mathfrak{d}$ und außerdem eine beliebig in der Ebene des Rhombus angenommene Gerade $\mathfrak{e}$ berührt.

Da das Rechteck ebenso wie der Rhombus zwei zueinander senkrechte Symmetriegeraden hat, das Rechteck nämlich die beiden Mittellinien und der Rhombus die beiden Diagonalen, wird man darauf ausgehen, einen Kegelschnitt zu suchen, der diese Symmetriegeraden als Achsen hat. Ein Kegelschnitt, der die Mittellinien des Rechtecks als Achsen hat und durch eine Ecke $\mathfrak{A}$ des Rechtecks geht, enthält nämlich in der Tat auch die drei anderen Ecken $\mathfrak{B}$, $\mathfrak{C}$, $\mathfrak{D}$ des Rechtecks. Ein Kegelschnitt ferner, der die Diagonalen des Rhombus als Achsen hat und eine Seite $\mathfrak{a}$ des Rhombus berührt, hat offenbar auch die drei anderen Seiten $\mathfrak{b}$, $\mathfrak{c}$, $\mathfrak{d}$ des Rhombus als Tangenten. Mithin kommt alles darauf hinaus zu beweisen: Sind zwei zueinander senkrechte Geraden gegeben, so ist stets ein Kegelschnitt vorhanden, der diese Geraden als Achsen hat und durch zwei beliebig in der Ebene der Achsen vorgeschriebene Punkte $\mathfrak{A}$ und $\mathfrak{E}$ geht oder zwei beliebig in der Ebene der Achsen vorgeschriebene Geraden $\mathfrak{a}$ und $\mathfrak{e}$ berührt. Dies wird in der nächsten Nummer bewiesen werden; augenscheinlich handelt es sich dabei nur um Ellipsen und Hyperbeln, weil die Parabeln nur eine Achse haben. Nehmen wir das Ergebnis der nächsten Nummer vorweg, so finden wir also:

<table>
<tr><td>Durch fünf verschiedene Punkte der Ebene geht stets ein Kegelschnitt.</td><td>Fünf verschiedene Geraden der Ebene berühren stets einen Kegelschnitt.</td></tr>
</table>

***385. Ellipsen und Hyperbeln mit gegebenen Achsengeraden und zwei gegebenen Punkten oder Tangenten.** Um den versprochenen Nachweis zu führen, setzen wir voraus, zwei einander senkrecht schneidende Geraden g_1 und g_2 seien als diejenigen Geraden gegeben, auf denen die Achsen einer gesuchten Ellipse oder Hyperbel liegen. Außerdem seien in der Ebene der Geraden g_1 und g_2 zwei Punkte P, Q oder zwei Geraden p, q beliebig gegeben. Dann soll bewiesen werden, daß eine Ellipse oder Hyperbel vorhanden ist, die durch P und Q geht oder p und q berührt und deren Achsen auf g_1 und g_2 liegen.

Zunächst fassen wir den Fall ins Auge, wo außer den Achsengeraden g_1, g_2 zwei verschiedene Punkte P, Q gegeben sind und eine Ellipse gefunden werden soll. Die fragliche Ellipse muß nach Nr. 73 aus dem Kreise, der die auf g_1 gelegene Ellipsenachse als Durchmesser hat, dadurch hervorgehen, daß man alle Entfernungen von g_1 nach einem konstanten Verhältnis vergrößert oder verkleinert. Mit P_1 und Q_1 seien die aus P und Q bei der Ausübung dieser Affinität mit der Affinitätsachse g_1 hervorgehenden Punkte des Kreises bezeichnet. Nun ist zu verlangen: Erstens müssen P_1 und Q_1 vom Schnittpunkte M der Achsen g_1 und g_2 gleiche Entfernungen haben, und zweitens müssen P_1 und Q_1 auf den Loten von P und Q auf g_1 so liegen, daß P_1Q_1 die Achse g_1 in demselben Punkt S_1 trifft, wie es PQ tut. Dieser Punkt S_1 ist aber bekannt, siehe Fig. 570. Der Mittelpunkt R_1 von P_1Q_1 liegt auf dem von der Mitte R von PQ auf g_1 gefällten Lot, und zwar muß MR_1 zu P_1Q_1 senkrecht sein. Mithin ergibt sich R_1 als

Schnittpunkt des von R auf g_1 gefällten Lotes mit dem Kreis vom Durchmesser MS_1. Hat man dadurch R_1 bestimmt, so ergeben sich sofort P_1 und Q_1 so, daß sie in der Tat auf einem Kreis um M liegen. Demnach ist der auf g_1 gelegene Durchmesser dieses Kreises die eine Achse der gesuchten Ellipse.

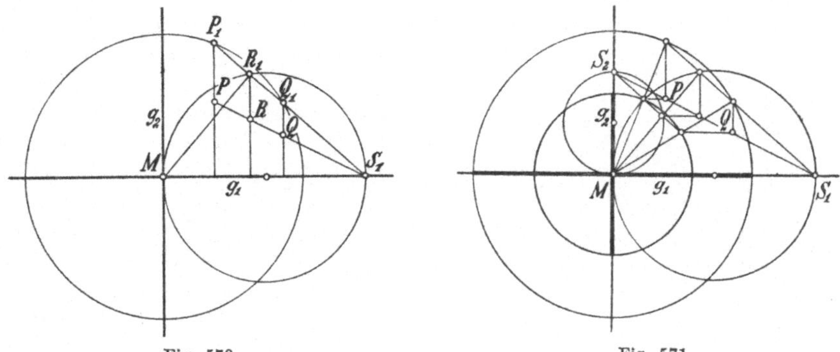

Fig. 570.Fig. 571.

In genau derselben Weise kann man die auf g_2 gelegene Achse der Ellipse bestimmen, indem man statt S_1 den Schnittpunkt S_2 von PQ mit g_2 benutzt, also den Hilfskreis über dem Durchmesser MS_2 zeichnet, siehe Fig. 571. Indem man beide Konstruktionen vereinigt, ergibt sich von selbst die Erzeugung der gesuchten Ellipse aus zwei konzentrischen Kreisen wie in Nr. 73.

Aber diese Konstruktionen sind nur dann ausführbar, wenn die Kreise mit den Durchmessern MS_1 und MS_2 die von R auf g_1 bzw. g_2 gefällten Lote treffen, d. h. wenn der Mittelpunkt R des Punktpaars P, Q zwischen S_1 und S_2 gelegen ist. Sobald der Mittelpunkt von PQ nicht zwischen den Schnittpunkten S_1, S_2 von PQ mit den Achsen liegt, gibt es, keine Ellipse, die den gestellten Forderungen genügen könnte. Wir zeigen jetzt, daß sich eine Hyperbel ergibt. Dieser Fall liegt in Fig. 572 vor. Darin ist angenommen, daß S_1 zwischen P und Q liege. Wir behaupten, daß es hier eine Hyperbel gibt, deren Achsen auf g_1 und g_2 liegen und die durch P und Q geht, und daß die Hauptachse dieser Hyperbel auf g_1 gelegen ist. Die Asymptoten x und y der Hyperbel müssen nämlich nach Nr. 259 zwei Bedingungen genügen: Erstens müssen

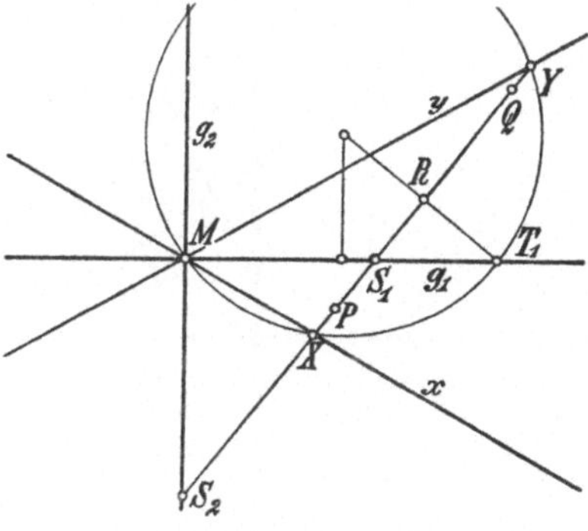

Fig. 572.

sie mit g_1 gleiche Winkel bilden, und zweitens müssen sie PQ in Punkten X, Y so schneiden, daß die Mitte R von PQ zugleich die von XY ist. Da der Mittelpunkt R von PQ bekannt ist, genügt man beiden Bedingungen so: Das in R auf PQ errichtete Lot schneidet g_1 in einem Punkte T_1 und das Mittellot von MT_1 trifft RT_1 im Mittelpunkt eines Kreises durch M und T_1, der PQ sicher schneidet. Die

Schnittpunkte X und Y liegen, da die Bogen T_1X und T_1Y einander gleich sind, so, daß $\sphericalangle T_1MX = \sphericalangle T_1MY$ ist. Da außerdem $RX = RY$ ist, sind die Bedingungen erfüllt: Die Geraden MX und MY oder x und y sind die Asymptoten der gesuchten Hyperbel, die im übrigen nach Nr. 259 vollkommen bestimmt ist.

Jetzt werde angenommen, daß außer den beiden sich in M senkrecht schneidenden Geraden g_1 und g_2 zwei verschiedene Geraden p und q in der Ebene gegeben seien. Zunächst suchen wir eine Ellipse, deren Achsen auf g_1 und g_2 liegen und die p und q berührt. Zur Vorbereitung diene Fig. 573. Wieder muß die gesuchte Ellipse einem Kreis affin sein, der die auf g_1 gelegene Achse der Ellipse als Durchmesser hat. Der dem Schnitt-

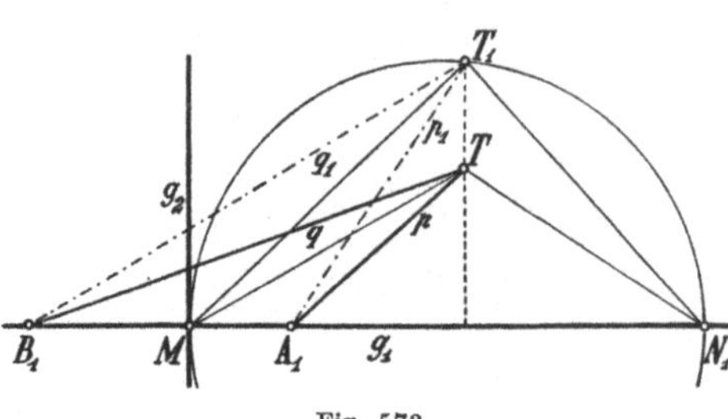

Fig. 573.

punkt T von p und q entsprechende affine Punkt sei T_1, so daß die Geraden p_1 und q_1 von T_1 nach den Schnittpunkten A_1 und B_1 von p und q mit g_1 die zu p und q affinen Kreistangenten bedeuten. Zu fordern ist, daß p_1 und q_1 gleiche Abstände von M haben, denn nur dann können sie Tangenten eines Kreises um M sein. Wäre T_1 schon gefunden, so würde das in T_1 auf MT_1 errichtete Lot die Gerade g_1 in einem Punkt N_1 so schneiden, daß das Punktepaar A_1, B_1 durch das Punktepaar M, N_1 harmonisch getrennt wird, weil T_1M und T_1N_1 die Winkel von p_1 und q_1 in gleiche Teile zerlegen (Nr. 186). Da A_1, B_1 und M bekannt sind, hat also der Punkt N_1 als vierter harmonischer Punkt eine bestimmte Lage. Wird nun der Kreis mit dem Durchmesser MN_1 geschlagen und mit T_1 einer seiner Schnittpunkte mit dem Lot von T auf g_1 bezeichnet, so ist $\sphericalangle MT_1N_1$ ein rechter Winkel, und aus dem Umstand, daß A_1, B_1 zu M, N_1 harmonisch sind, ergibt sich dann nach Nr. 186, daß MT_1 mit A_1T_1 und B_1T_1 oder p_1 und q_1 gleiche Winkel bildet. Mithin gibt es in

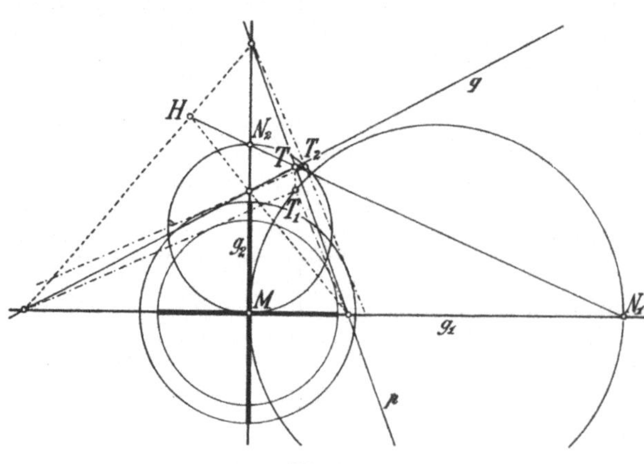

Fig. 574.

der Tat einen Kreis um M, der p_1 und q_1 berührt. Um diese Konstruktion durchzuführen, braucht man den vierten harmonischen Punkt N_1. Zweckmäßig geht man deshalb so vor wie in Fig. 574: Die gegebenen Geraden p und q schneiden g_1 und g_2 in je zwei Punkten; diese vier Schnittpunkte sind die Ecken eines vollständigen Vierecks (Nr. 187 und 333). Verbindet man die Punkte über Kreuz, so geht ein Schnittpunkt H hervor. Die auf g_1 und g_2 gelegenen Ecken des Vierecks werden durch den Diagonalpunkt M und den Schnittpunkt N_1 bzw. N_2 der Diagonale TH mit g_1 bzw. g_2 harmonisch getrennt. Damit ist der Punkt N_1 gefunden sowie der entsprechende Punkt N_2 auf g_2. Man bekommt nun sofort beide Achsen der Ellipse, indem man die Kreise mit den Durchmessern MN_1 und MN_2 mit den Loten von T auf g_1 bzw. g_2 in T_1 und T_2 schneidet und darauf einerseits von T_1 aus die Geraden nach den Schnittpunkten von g_1 mit p und q und andererseits von T_2 aus die Geraden nach den Schnittpunkten von g_2 mit p und q zieht. Dadurch nämlich ergeben sich zwei Geradenpaare von T_1 bzw. T_2 aus, die Tangentenpaare von Kreisen um M sind, und diese beiden Kreise haben mit g_1 bzw. g_2 je einen Durchmesser gemein, der die auf g_1 bzw. g_2 gelegene Ellipsenachse ist.

Diese Konstruktion versagt nur dann, wenn der Kreis über MN_1 das Lot von T auf g_1 oder der Kreis über MN_2 das Lot von T auf g_2 nicht trifft, d. h. wenn der Punkt T nicht zwischen N_1 und N_2 liegt. Deshalb gehen wir schließlich darauf aus, in dem Fall, wo T nicht zwischen N_1 und N_2 liegt, eine Hyperbel zu konstruieren, die ihre Achsen auf g_1 und g_2 hat und von der p und q Tangenten sind. Dazu bedarf es einer Vorbereitung:

Zwei Tangenten p und q einer Hyperbel mit den Asymptoten x und y liegen so, daß ihre Berührungspunkte P und Q die Mitten der von x und y auf ihnen abgeschnittenen Strecken sind und daß die Parallelogramme mit je einer Seite auf x und y, deren vierte Ecken P und Q sind, gleiche Fläche haben (Nr. 259), siehe Fig. 575. Da die Dreiecke, die p und q mit den Asymptoten einschließen, doppelt so groß wie diese Parallelogramme sind, sind sie einander ebenfalls flächengleich, d. h. wenn man die Schnittpunkte von p und q mit x und y über Kreuz verbindet, gehen zwei parallele Geraden hervor. Weil eine Hyperbel durch die Angabe ihrer Asymptoten und einer Tangente vollständig bestimmt ist (Nr. 259), läßt sich dies umkehren: Die Bedingung dafür, daß zwei Geraden p und q Tangenten einer Hyperbel mit

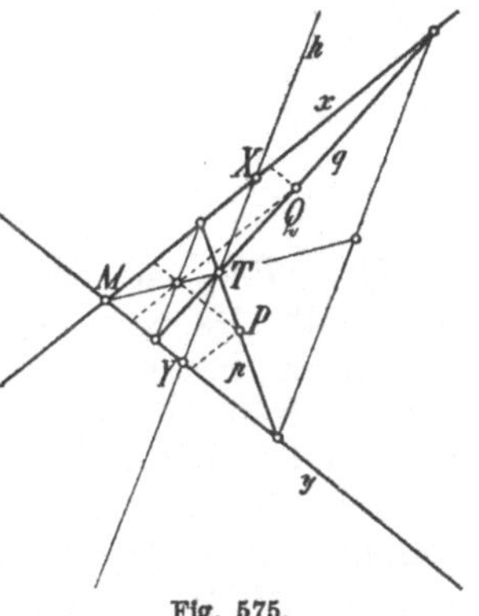

Fig. 575.

den Asymptoten x und y seien, besteht darin, daß sich durch Überkreuzverbinden der Schnittpunkte von p und q mit x und y zwei parallele Geraden ergeben. Wie früher sei M der Schnittpunkt von x und y und T der von p und q. Die Schnittpunkte von p und q mit x und y sind die Ecken eines vollständigen Vierecks (Nr. 187 und 333), von dem zwei Seiten parallel sind, also ein Diagonalpunkt unendlich fern liegt. Aus den beim vollständigen Viereck vorkommenden harmonischen Punktepaaren und aus dem Umstand, daß ein Punktepaar durch den Mittelpunkt und den unendlich fernen Punkt seiner Geraden harmonisch getrennt wird (Nr. 184), folgt also: Die parallelen Seiten des Vierecks sind zu einer Geraden h durch T parallel, die zusammen mit TM das Geradenpaar p, q harmonisch trennt, und MT geht durch die Mitten der zwischen x und y gelegenen Stücke der parallelen Viereckseiten. Mithin ist T auch die Mitte zwischen den Punkten X und Y, in denen h die Asymptoten x

und y trifft. Umgekehrt: Sind x und y zwei sich in M schneidende Geraden und trifft eine Gerade h diese Geraden in den Punkten X und Y, deren Mitte T sei, so ziehe man durch T zwei Geraden p und q, die TM und h harmonisch trennen. Diese beiden Geraden schneiden dann x und y in Punkten, die über Kreuz verbunden parallele Geraden liefern. Also gibt es eine Hyperbel mit den Asymptoten x und y und den Tangenten p und q.

Nach dieser Vorbereitung nehmen wir an, außer den einander in M senkrecht schneidenden Geraden g_1 und g_2 seien zwei Geraden p und q mit dem Schnittpunkt T in der Ebene gegeben. Wir bestimmen wie im vorhergehenden Fall der Ellipse die zu TM hinsichtlich p und q harmonische Gerade h durch T, indem wir die Schnittpunkte von g_1 und g_2 mit p und q über Kreuz verbinden, wodurch ein Punkt H der gesuchten Geraden h hervorgeht, siehe Fig. 576.

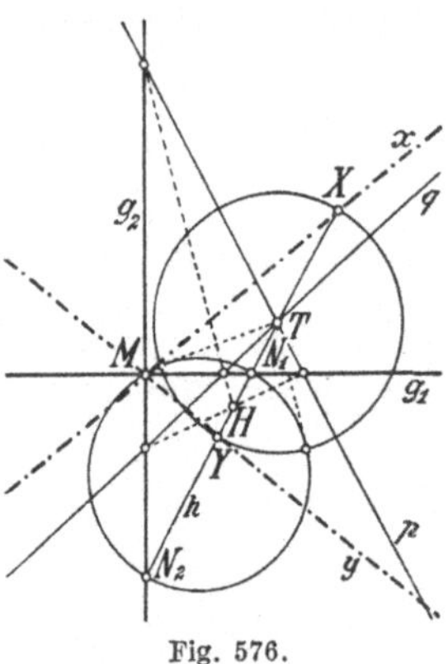

Die Gerade h trifft g_1 und g_2 in Punkten N_1 und N_2, und wir nehmen an, daß T nicht zwischen N_1 und N_2 gelegen sei. Nach dem Vorhergehenden ist eine Hyperbel vorhanden, deren Achsen g_1 und g_2 sind und die p und q berührt, sobald man auf TH zwei Punkte X und Y so ausfindig machen kann, daß erstens T die Mitte von XY ist und zweitens MX und MY mit g_1 gleiche Winkel bilden. Dann nämlich sind MX und MY die Asymptoten. Weil $\sphericalangle N_1MN_2$ ein rechter Winkel ist, wird gefordert, daß T die Mitte von XY sei und das Punktepaar X, Y das Punktepaar N_1, N_2 harmonisch trenne (Nr. 186), d. h. daß $TX^2 = TY^2$

Fig. 576.

$= TN_1 \cdot TN_2$ sei (Nr. 185). Man lege also von dem Punkt T, der sich außerhalb des Kreises über dem Durchmesser N_1N_2 befindet, die Tangenten an diesen Kreis. Sie sind gleich TX und TY. Mithin trifft der Kreis um T, der durch die Berührungspunkte der Tangenten geht, also den Kreis über N_1N_2 senkrecht schneidet, die Gerade TH in den gesuchten Punkten X und Y. Die Hyperbel ist vollständig bestimmt, weil man ihre Asymptoten MX MY oder x, y und ihre Tangenten p und q kennt (Nr. 259).

386. Kegelschnittkonstruktionen.

Wenn von einem Kegelschnitte fünf Punkte $1, 2, 3, 4, 5$ gegeben sind, siehe Fig. 577a, werde durch den Punkt 5 eine Gerade a beliebig gezogen. Soll 6 der noch unbekannte

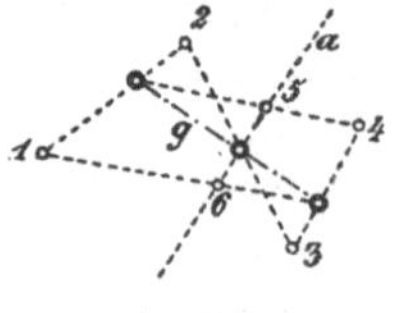

Fig. 577 a.

Wenn von einem Kegelschnitte fünf Tangenten $1, 2, 3, 4, 5$ gegeben sind, siehe Fig. 577 b, werde auf der Geraden 5 ein Punkt A beliebig angenommen. Soll 6 die noch

Fig. 577 b.

zweite Schnittpunkt von a mit dem Kegelschnitt sein, so ist $12\ldots6$ ein Pascalsches Sechseck (Nr. 382). In der Anordnung

$$1 \quad 2$$
$$6 \qquad 3$$
$$5 \quad 4$$

übersieht man sofort, welches die Gegenseiten sind. Man bestimmt also die Pascalsche Gerade g, indem man 12 mit 45 sowie 23 mit 56, d. h. mit a, schneidet und beide Schnittpunkte verbindet.

Nach dem Pascalschen Satz müssen sich die Geraden 34 und 61 auf der Geraden g schneiden. Man ermittelt also den Schnittpunkt von 34 mit g und verbindet ihn geradlinig mit 1. Dann ist der Schnittpunkt der Verbindenden mit a der gesuchte Punkt 6 des Kegelschnitts.

Da die Gerade a willkürlich durch den Punkt 5 gelegt werden kann, ergeben sich so durch bloßes Verbinden und Schneiden beliebig viele Punkte des Kegelschnittes.

Wenn zwei Punkte eines Kegelschnitts unendlich benachbart sind, ist ihre gemeinsame Gerade eine Tangente des Kegelschnitts. Dies kann man verwerten, um die Aufgabe zu lösen:

Von einem Kegelschnitte seien fünf verschiedene Punkte $1, 2, 3, 4, 5$ gegeben. Gesucht

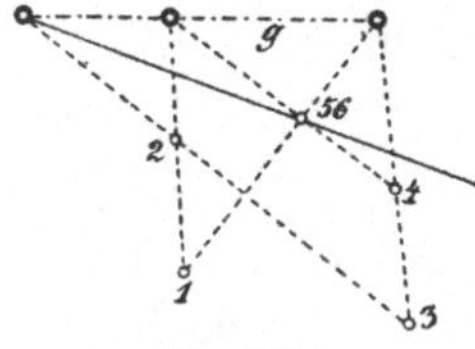

Fig. 578 a.

wird die Tangente des Punktes 5. Siehe Fig 578 a.

---

unbekannte zweite Tangente von A an den Kegelschnitt sein, so ist $12\ldots6$ ein Brianchonsches Sechsseit (Nr. 383). In der Anordnung

$$1 \quad 2$$
$$6 \qquad 3$$
$$5 \quad 4$$

übersieht man sofort, welches die Gegenecken sind. Man bestimmt also den Brianchonschen Punkt P, indem man die Gerade vom Schnittpunkt von 1 und 2 nach dem von 4 und 5 mit der Geraden vom Schnittpunkt von 2 und 3 nach dem von 5 und 6, d. h. mit A verbindet.

Nach dem Brianchonschen Satz muß die Verbindende des Schnittpunktes von 3 und 4 mit dem von 6 und 1 durch P gehen. Man verbindet also den Schnittpunkt von 3 und 4 mit P und schneidet die Verbindende mit 1. Dann ist die Gerade von diesem Schnittpunkt nach A die gesuchte Tangente 6 des Kegelschnitts.

Da der Punkt A willkürlich auf der Geraden 5 gewählt werden kann, ergeben sich so durch bloßes Verbinden und Schneiden beliebig viele Tangenten des Kegelschnitts.

Wenn zwei Tangenten eines Kegelschnitts unendlich benachbart sind, ist ihr gemeinsamer Punkt ein Punkt des Kegelschnitts. Dies kann man verwerten, um die Aufgabe zu lösen:

Von einem Kegelschnitte seien fünf verschiedene Tangenten $1, 2, 3, 4, 5$ gegeben.

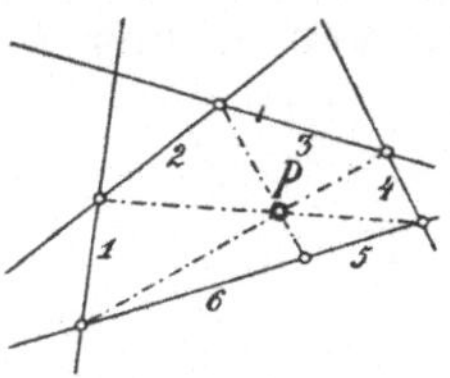

Fig. 578 b.

Gesucht wird der Berührungspunkt der Tangente 5. Siehe Fig. 578 b.

Unter *6* verstehe man nämlich den auf der gesuchten Tangente unendlich nahe bei *5* gelegenen Punkt des Kegelschnittes. Von der Pascalschen Geraden *g* des Sechsecks *1 2 . . . 6* kennt man dann den Schnittpunkt von *1 2* mit *4 5* und den von *3 4* mit *6 1*, denn *6 1* fällt mit *5 1* zusammen. Somit ist *g* bekannt. Mithin ist die gesuchte Tangente des Punktes *5*, nämlich die Seite *5 6* des Pascalschen Sechsecks, die Gerade von *5* nach dem Schnittpunkt von *g* und *2 3*.

Unter *6* verstehe man nämlich die durch den gesuchten Punkt gehende und zu *5* unendlich benachbarte Tangente des Kegelschnittes. Durch den Brianchonschen Punkt *P* des Sechsseits *1 2 . . . 6* geht dann die Gerade, die den Schnittpunkt von *1* und *2* mit dem von *4* und *5* verbindet, sowie diejenige, die den Schnittpunkt von *3* und *4* mit dem von *6* und *1* verbindet, denn der Schnittpunkt von *6* und *1* ist der von *5* und *1*. Somit ist *P* bekannt. Mithin ist der Berührungspunkt der Tangente *5* der Schnittpunkt von *5* mit der Geraden, die *P* mit dem Schnittpunkt von *2* und *3* verbindet.

Wenn man von einem Kegelschnitte vier verschiedene Punkte *1, 2, 3, 4* und die Tangente des Punktes *4* kennt, heißt das, daß noch ein zu *4* unendlich benachbarter Punkt *5* des Kegelschnitts, nämlich der auf der Tangente von *4* gelegene, bekannt ist. Daher läßt sich auch in diesem Fall der Pascalsche Satz anwenden, um beliebig viele Punkte des Kegelschnitts durch bloßes Verbinden und Schneiden zu ermitteln.

Wenn man von einem Kegelschnitte vier verschiedene Tangenten *1, 2, 3, 4* und den Berührungspunkt der Tangente *4* kennt, heißt dies, daß noch eine zu *4* unendlich benachbarte Tangente *5* des Kegelschnitts, nämlich die *4* in dem Berührungspunkt schneidende, bekannt ist. Daher läßt sich auch in diesem Fall der Brianchonsche Satz anwenden, um beliebig viele Tangenten des Kegelschnitts durch bloßes Verbinden und Schneiden zu ermitteln.

Entsprechendes gilt, wenn von einem Kegelschnitt drei verschiedene Punkte und die Tangenten von zweien gegeben sind.

Entprechendes gilt, wenn von einem Kegelschnitt drei verschiedene Tangenten und die Berührungspunkte von zweien gegeben sind.

Wir wollen jedoch hierauf nicht näher eingehen und nur den Fall betrachten, wo von einem Kegelschnitt drei verschiedene Punkte und die Tangenten von zweien gegeben sind. In Fig. 579 seien *A, B, C* die gegebenen Punkte und *a* und *b* die gegebenen Tangenten von *A* und *B*. Da die Tangente *a* mit dem Kegelschnitte zwei unendlich benachbarte Punkte gemein hat, bezeichnen wir *A* mit *1* und *2*, indem wir unter *1 2* die Gerade *a* verstehen. Ferner bezeichnen wir *C* als dritten Punkt mit *3* und *B* mit *4* und *5*, da in *B* zwei unendlich benachbarte Punkte liegen, deren Gerade *4 5* die Tangente *b* ist.

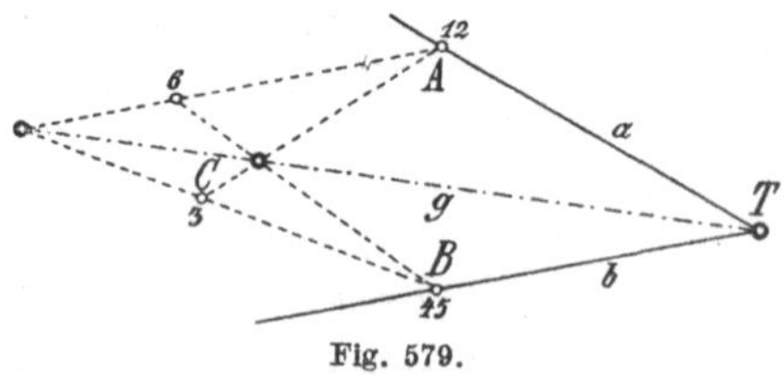

Fig. 579.

Der Schnittpunkt von *a* und *b* sei *T* genannt. Wenn *6* einen beliebigen Punkt des Kegelschnitts bedeutet, ist *1 2 . . . 6* ein Pascalsches Sechseck.

Als Pascalsche Gerade g ergibt sich eine Gerade durch den Schnittpunkt von *1 2* und *4 5* oder a und b, d. h. durch T. Sie muß außerdem durch den Schnittpunkt von *2 3* und *5 6*, d. h. von AC und $B6$, sowie durch den Schnittpunkt von *3 4* und *6 1*, d. h. von BC und $A6$ gehen. Also findet man den Punkt *6*, indem man g beliebig durch T zieht, die Schnittpunkte von AC und BC mit g bestimmt und sie über Kreuz mit B und A verbindet, wie es Fig. 579 zeigt. Hiermit kommen wir auf die Konstruktion in Fig. 530 von Nr. 357 zurück.

Wenn A, B, C drei Punkte eines Kegelschnitts und a, b, c ihre Tangenten sind, siehe Fig. 580, hat man sich vorzustellen, daß in A zwei unendlich benachbarte Punkte *1* und *2*, in B zwei unendlich benachbarte Punkte *3* und *4* sowie in C zwei unendlich benachbarte Punkte *5* und *6* liegen, indem die Geraden *1 2*, *3 4*, *5 6* die Tangenten a, b, c sind. Auf das Sechseck *1 2 ... 6* kann man dann den Pascalschen Satz anwenden. Man kann aber auch annehmen, daß in a zwei unendlich benachbarte Tangenten *1* und *2* zusammenfallen, ebenso in b zwei unendlich benachbarte Tangenten *3* und *4* sowie in c zwei unendlich benachbarte Tangenten *5* und *6*, indem A, B, C die Schnittpunkte der Tangentenpaare *1, 2* — *3, 4* — *5, 6* sind. Auf das Sechsseit *1 2 ... 6*

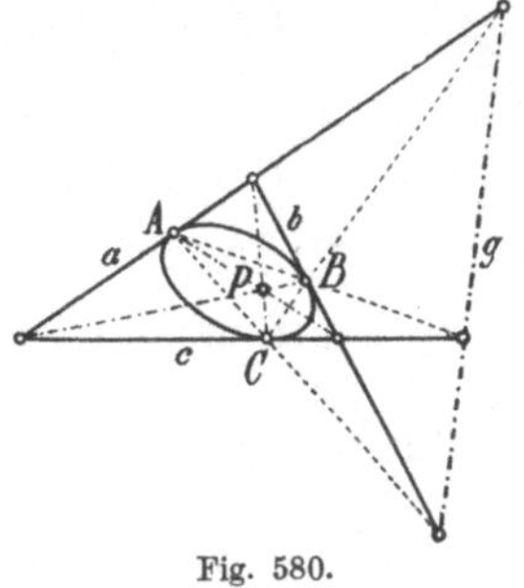

Fig. 580.

kann man dann den Brianchonschen Satz anwenden. Man findet:

Ist einem Kegelschnitt ein Dreieck ABC eingeschrieben und wird ihm dasjenige Dreiseit abc umschrieben, dessen Seiten den Kegelschnitt in A, B, C berühren, so liegen die Schnittpunkte der Seiten BC, CA, AB des Dreiecks mit den entsprechenden Seiten a, b, c des Dreiseits auf einer Geraden g, während die Verbindenden der Ecken A, B, C mit den Ecken $(bc), (ca), (ab)$ des Dreiseits durch einen Punkt P gehen. (Vgl. Nr. 193, 3. Aufgabe für den Fall einer Ellipse.) Die in Fig. 580 vorkommenden vollständigen Vierecke und Vierseite zeigen überdies, daß der Punkt P der Pol der Geraden g hinsichtlich des Kegelschnitts ist (Nr. 361).

***387. Parabel mit gegebener Achsengeraden und zwei gegebenen Punkten oder Tangenten**[1]**.** In Nr. 385 wurden diejenigen Ellipsen und Hyperbeln ermittelt, deren Achsen auf zwei gegebenen zueinander senkrechten Geraden liegen und von denen außerdem noch zwei Punkte oder zwei Tangenten vorgeschrieben sind. Wir vervollständigen diese Betrachtungen durch eine einfache Anwendung der Sätze von Pascal und Brianchon, indem wir die Parabel ermitteln, deren Achse auf einer gegebenen Geraden g liegt und die durch zwei gegebene Punkte P und Q geht oder zwei gegebene Tangenten p und q hat.

Zunächst seien außer der Geraden g der Achse zwei Punkte P und Q gegeben, siehe Fig. 581. Die Parabel muß auch durch den Spiegelpunkt P' von P hinsichtlich g gehen. Da die Parabel die unendlich ferne Gerade in dem unendlich fernen Punkt von g berührt, kann man ein Pascalsches Sechseck so herstellen, wie es das Schema

---

[1] Die mit Sternchen versehenen Nummern sind überschlagbar.

rechts unten angibt. Darin bedeutet die Sechseckseite QQ die noch
unbekannte Tangente des Punktes Q und die Sechseckseite $\infty\infty$ die
unendlich ferne Gerade, während die mit ∞ bezeichneten Ecken den
unendlich fernen Punkt von g darstellen.

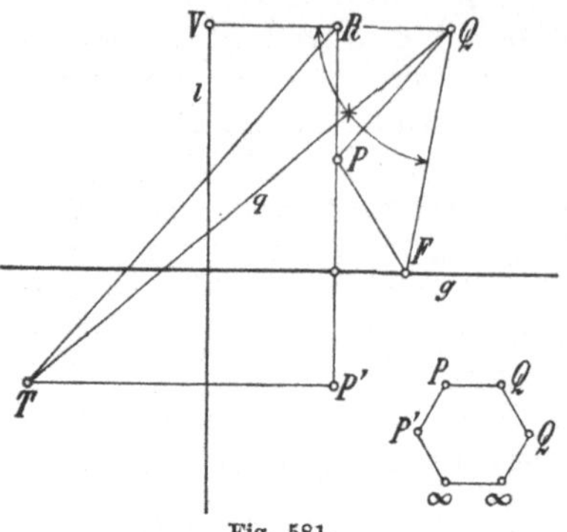

Fig. 581.

Der Schnittpunkt der Gegenseiten PP'
und $Q\infty$ ist der Punkt R als Schnittpunkt von PP' mit der Parallelen zu g
durch Q. Der Schnittpunkt der Gegenseiten PQ und $\infty\infty$ ist der unendlich
ferne Punkt von PQ. Mithin ist die
Pascalsche Gerade die Parallele zu PQ
durch R. Sie schneidet die Seite $\infty P'$
des Sechsecks, nämlich die Parallele zu g
durch P', in T. Folglich ist die Seite
QQ, d. h. die Tangente des Punktes Q,
die Gerade QT. Nun weiß man nach
Nr. 264, daß diese Tangente den Winkel,
den QR mit dem Brennstrahl des Punktes Q bildet, in gleiche Teile zerlegt. Also ergibt sich der Brennpunkt F auf g, indem man $\sphericalangle TQR$ um
TQ umklappt. Macht man ferner QV auf QR gleich QF, so bekommt
man in V einen Punkt der zu g senkrechten Leitlinie l der Parabel.

Sind von der Parabel außer der Geraden g der Achse
zwei Tangenten p und q gegeben, siehe Fig. 582, so ergibt sich
durch Spiegelung von p an g noch eine Tangente p'. Nun bilde man

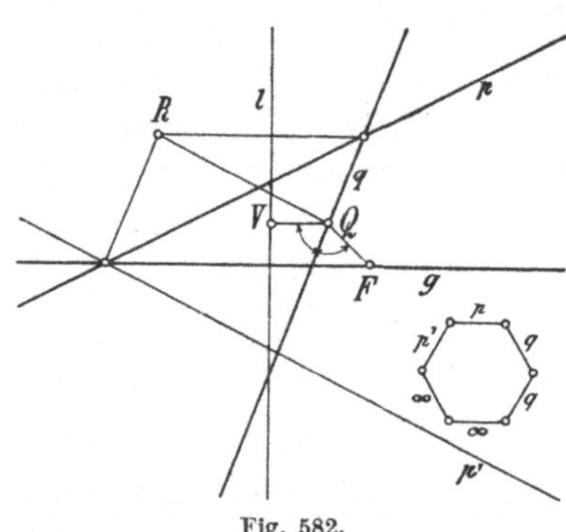

Fig. 582.

das im Schema rechts unten angegebene
Brianchonsche Sechsseit. In diesem
Schema stellt ∞ die unendlich ferne
Gerade und der Eckpunkt $\infty\infty$ den
unendlich fernen Punkt von g als den
Berührungspunkt der unendlich fernen
Geraden dar. Ferner bedeutet der Eckpunkt qq den noch unbekannten Berührungspunkt der Tangente q. Die
Anwendung des Brianchonschen Satzes
liefert nun die in der Figur angegebene
Konstruktion: R ist der Schnittpunkt
der Parallelen zu g durch den Schnittpunkt von p und q mit der Parallelen
zu q durch den Schnittpunkt von p und p', und RQ ist zu p' parallel.
Der Punkt Q ist der Berührungspunkt der Tangente q. Weiterhin
findet man wie vorhin den Brennpunkt F und einen Punkt V der Leitlinie l der Parabel.

388. Bestimmung der Parabel durch Einhüllung. Von den zahllosen
Anwendungen der Sätze von Pascal und Brianchon zum Bestimmen
beliebig vieler Punkte oder Tangenten eines Kegelschnitts geben wir
jetzt nur noch eine besonders einfache an: In Nr. 383 zeigte sich, daß
der Brianchonsche Satz im wesentlichen dasselbe besagt wie der Satz,
nach dem eine veränderliche Tangente auf zwei festen Tangenten p
und q eines Kegelschnitts projektive Punktreihen ausschneidet. Wir
wollen nun insbesondere auf gegebenen Geraden p und q zwei ähn-

liche Punktreihen zeichnen, siehe Fig. 583. Mit irgendeiner Einheit stellen wir also auf p einen Maßstab $0\,1\,2\,3\,4\ldots$ und mit irgendeiner anderen Einheit auf q einen Maßstab $0'\,1'\,2'\,3'\,4'\ldots$ her. Da ähnliche Punktreihen zu den projektiven ge-

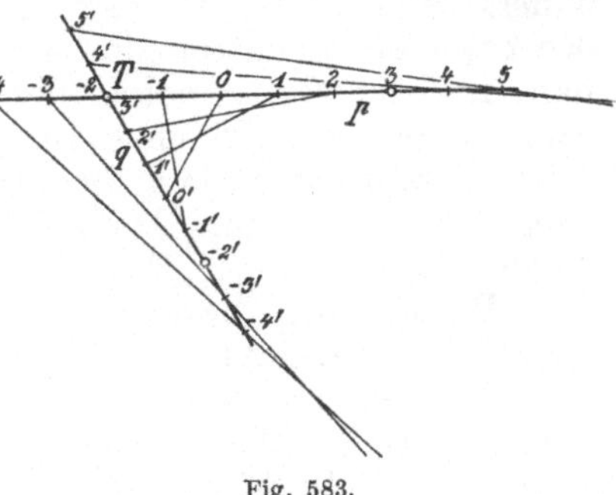

Fig. 583.

hören, weil ja z. B. $0, 1, 2, 3$ dasselbe Doppelverhältnis wie $0', 1', 2', 3'$ haben, sind die Geraden $0\,0'$, $1\,1'$, $2\,2'$, $3\,3'\ldots$ lauter Tangenten eines Kegelschnitts. Die Maßstäbe lassen sich auch über 0 und $0'$ hinaus ins Negative fortsetzen. Wir wissen, daß der Kegelschnitt auch p und q als Tangenten hat. Dies läßt sich auch so bestätigen: Der Schnittpunkt T von p und q ist ein Punkt des Maßstabes auf p (hier der Punkt -2), und ihm entspricht auf q ein Punkt des zweiten Maßstabes (hier der Punkt $-2'$). Also ist die Verbindende beider Punkte eine Tangente; aber diese Verbindende ist die Gerade q selbst. Ebenso beweist man aufs neue, daß auch p eine Tangente ist.

Weiterhin beachte man: Dem unendlich fernen Punkt des ersten Maßstabes entspricht der unendlich ferne Punkt des zweiten Maßstabes, d. h. die Gerade, die beide Punkte verbindet, nämlich die unendlich ferne Gerade, ist eine Tangente des Kegelschnitts. Also ist der Kegelschnitt eine Parabel.

Sind von einer Parabel zwei Punkte P und Q nebst ihren Tangenten p und q gegeben, so findet man hiernach beliebig viele Parabeltangenten so: Man bringt auf p und q einander ähnliche Maßstäbe an, aber so, daß dem Schnittpunkt T von p und q als Punkt von p der Punkt Q von q und außerdem dem Punkt P von p der Punkt T von q entspricht. Dies geschieht, indem man TP in eine Anzahl gleicher Teile und TQ in dieselbe Anzahl gleicher Teile zerlegt. Die Zählung der Teilpunkte geschieht nun so, daß dem Punkt P von p der Punkt T von q und dem Punkt T von p der Punkt Q von q entspricht. Alsdann sind die Geraden, die Teilpunkte von p und q mit gleichen Zahlen verbinden, Tangenten der Parabel.

389. Zur Anwendung der Sätze von Pascal und Brianchon. Kommt in einer Aufgabe der darstellenden Geometrie ein Kegelschnitt vor, so ist es selbstverständlich das beste, seine Achsen zu ermitteln. Zur Bestimmung der Achsen braucht man keineswegs die Sätze von Pascal und Brianchon, vielmehr jedesmal besondere Überlegungen, die von der Art der gestellten Aufgabe abhängen.

Aber es gibt Fälle, in denen man auf die Bestimmung der Kegelschnittsachsen mit guten Gründen verzichten kann. Vor allem dann, wenn der Aufwand von Mühe, den die Ermittlung der Achsen erfordert, nicht im rechten Verhältnis zum Gewinn steht, und dann, wenn die dafür nötigen Konstruktionen so umständlich sind, daß die doch immer unvermeidlichen kleinen Zeichenfehler das Ergebnis tatsächlich ungenau machen. Auch dann wird man auf die Achsen verzichten können, wenn nur ein kleines sichtbares Stück des Kegelschnitts vorkommt. Ferner bedenke man, daß Schatten bloß zur besseren Veranschaulichung des Dargestellten dienen sollen und in Wirklichkeit wegen der Lichtzerstreuung in der Luft und wegen des Widerscheins heller Flächen nur selten scharf begrenzt sind. Wenn also etwa ein Schatten durch einen Kegelschnitt umrandet wird, darf man auf die Bestimmung der Achsen des Kegelschnitts verzichten. Ganz besonders gilt dies für Grenzen von Eigenschatten krummer Flächen, weil längs dieser Schattengrenzen Streiflicht ist, also der Übergang vom Hellen zum Dunkeln allmählich stattfindet.

In allen diesen Fällen nun bieten die Sätze von Pascal und Brianchon bequeme Hilfsmittel, um den zu zeichnenden Kegelschnitt hinreichend genau festzustellen, da sie nach Nr. 386 gestatten, beliebig viele Punkte und Tangenten zu bestimmen. Es ist aber unzweckmäßig, allzu viele Punkte oder Tangenten zu ermitteln. Denn wegen der unvermeidlichen Zeichenfehler muß man doch beim Ausziehen des Kegelschnitts mit Hilfe des Kurvenlineals eine Ausgleichung zwischen den gefundenen Punkten oder Tangenten vornehmen. Gerade hier zeigt sich der Meister in der Beschränkung, während der Anfänger nutzlos Zeit und Mühe verschwendet. Man beachte überdies, daß Tangenten besser als Punkte Auskunft über den Verlauf einer Kurve geben; demnach sollte man den Satz des Brianchon mehr als den des Pascal benutzen.

Besonders oft kommt in der Perspektive der Fall vor, daß ein Kegelschnitt zu zeichnen ist, der erstens einem Viereck von beliebiger Gestalt eingeschrieben ist und zweitens die Seiten des Vierecks in denjenigen Punkten A, B, C, D berührt, die sich als Schnitte der Seiten mit den Geraden vom Diagonalpunkt nach den Schnittpunkten gegenüberliegenden Seiten ergeben, siehe Fig. 584. Wenn nämlich einem Kreis ein Quadrat umschrieben ist, stellt sich der Kreis bei perspektiver Abbildung als ein Kegelschnitt dar, der in der angegebenen Weise einem Viereck eingeschrieben ist. Übrigens sei daran erinnert, daß jedes derartige Viereck nach Nr. 347 als Bild eines Quadrats aufgefaßt werden kann, woraus folgt, daß es stets einen Kegelschnitt gibt, der dem Viereck in der vorhin angegebenen Art eingeschrieben ist. Das Brianchonsche Sechsseit $I\,II\,\ldots\,VI$ und das Pascalsche Sechseck $1\,2\,\ldots\,6$ in Fig. 584 zeigen, wie

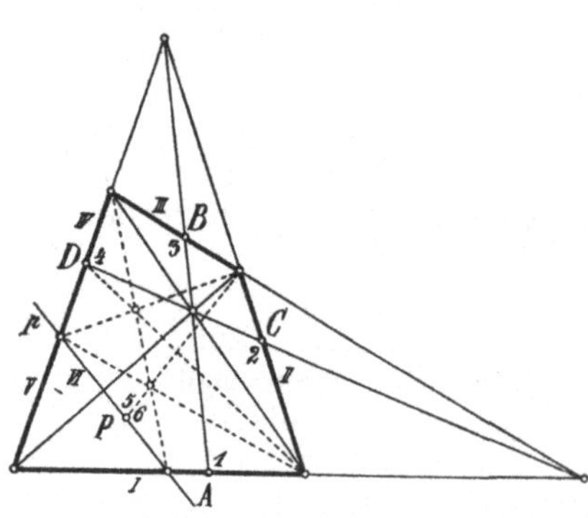

Fig. 584.

man beliebige Tangenten p des Kegelschnitts nebst ihren Berührungspunkten P finden kann.

Sind von einem Kegelschnitt fünf Punkte gegeben, so kann man mit Hilfe des Pascalschen Satzes den Mittelpunkt finden. Wenn nämlich die Punkte A, B, C, D, E gegeben sind, bestimme man den Punkt F, in dem die Parallele zu AB durch C den Kegelschnitt zum zweitenmal schneidet. Dann ist auf der Geraden, die den Mittelpunkt von AB mit dem von CF verbindet, ein Durchmesser gelegen.

Ebenso kann man eine zweite derartige Gerade bestimmen. Der Schnittpunkt beider ist der gesuchte Mittelpunkt. Übrigens kann man weiterhin auch die **Achsen des Kegelschnitts** ausfindig machen, aber wir gehen darauf nicht ein, weil das Ergebnis bei der wirklichen zeichnerischen Ausführung wegen der Zeichenfehler nur selten befriedigt. Wir empfehlen dagegen ein Näherungsverfahren, das in der Anwendung meistens ausreicht: Nachdem man mittels des Satzes von Pascal oder Brianchon so viel vom Kegelschnitt bestimmt hat, daß man ihn einigermaßen gut nachziehen kann, lege man parallele Sehnen hindurch und stelle ihre Mittelpunkte fest. Sie werden nicht genau in gerader Linie liegen. Durch Ausgleichung mit Hilfe des angelegten Lineals bekommt man einen Durchmesser hinreichend genau. Entweder bestimmt man dann den Mittelpunkt dieses Durchmessers, oder man stellt, was besser ist, auf dieselbe Art einen zweiten Durchmesser her, um den Mittelpunkt zu finden. Hat man den Mittelpunkt erhalten, so ziehe man um ihn einige Kreise und bestimme die Mitten ihrer im Kegelschnittsinnern gelegenen Sehnen. Diese Mitten liegen auf der Hauptachse; sind sie nicht genau in gerader Linie, so muß man die Fehler ausgleichen.

390. Perspektive Abbildung der Kegelschnitte. Nach Nr. 357 ist das perspektive Bild eines Kegelschnitts k stets ebenfalls ein Kegelschnitt. Je nachdem k die Verschwindungsebene meidet, berührt oder schneidet, hat das Bild keinen, nur einen oder zwei verschiedene unendlich ferne Punkte, d. h. es gilt dieselbe Regel wie beim Kreis (Nr. 355): **Das perspektive Bild eines Kegelschnitts ist eine Ellipse, Parabel oder Hyperbel, je nachdem er die Verschwindungsebene meidet, berührt oder schneidet.**

Aus Gründen, die vollkommen nur mit Hilfe der analytischen Geometrie dargelegt werden können, nennt man die Kegelschnitte die **Kurven zweiten Grades** (auch zweiter Ordnung oder Klasse). Hier genüge als Erklärung, daß ein Kegelschnitt eine Kurve ist, die von einer Geraden ihrer Ebene in höchstens zwei Punkten getroffen wird (daher Kurve zweiter Ordnung), und daß von einem Punkt der Ebene höchstens zwei Tangenten an die Kurve gehen (daher Kurve zweiter Klasse).

Ein Kegel, dessen Grundkurve ein Kegelschnitt ist, heißt entsprechend ein **Kegel zweiten Grades.** Die Sehstrahlen nach den Punkten eines Kegelschnitts bilden also einen Kegel zweiten Grades. Jeder ebene Schnitt eines Kegels zweiten Grades ist eine Ellipse, Parabel oder Hyperbel, und zwar, je nachdem die schneidende Ebene zu keiner Mantellinie oder zu nur einer Mantellinie, also zu einer Tangentialebene, oder zu zwei verschiedenen Mantellinien parallel ist, oder auch: je nachdem die zur Schnittebene parallele Ebene durch die Kegelspitze keine oder nur eine oder zwei verschiedene Mantellinien enthält. Insbesondere kann man die schneidende Ebene so annehmen, daß eine Ellipse hervorgeht. Weil man diese Ellipse als neue Grundkurve desselben Kegels benutzen kann, folgt: **Jeder Kegel zweiten Grades kann als elliptischer Kegel aufgefaßt werden.** Nebenbei bemerkt läßt sich sogar beweisen, daß es allemal kreisförmige Schnitte gibt, so daß also jeder Kegel zweiten Grades als Kreiskegel aufgefaßt werden kann. Die

Gesamtheit aller Kegel zweiten Grades ist also nichts anderes als die Gesamtheit aller Kreiskegel.

Nimmt man als Grundkurve des Kegels eine Hyperbel an, so machen diejenigen Mantellinien, die nach dem einen Aste gehen, nur einen Teil des Kegelmantels aus; er wird vervollständigt durch den Teil, der von den Mantellinien nach den Punkten des anderen Astes erzeugt wird, und beide Teile grenzen in denjenigen Mantellinien aneinander, die zu den Asymptoten der Hyperbel parallel sind. Man muß dabei dessen eingedenk sein, daß die Mantellinien eines Kegels nicht in der Kegelspitze enden, vielmehr auch der Scheitelkegel zum Gesamtkegel gehört (Nr. 157). Erst so wird die Tatsache verständlich, daß jeder hyperbolische Kegel als elliptischer Kegel aufgefaßt werden kann.

Ein Kegel zweiten Grades wird von einer Geraden, die keine Mantellinie ist, in höchstens zwei Punkten getroffen. Von einem Punkt, abgesehen von der Kegelspitze, gehen höchstens zwei Tangentialebenen an den Kegel.

391. Kreisschatten in der Perspektive. Wirft ein Kreis bei Zentralbeleuchtung seinen Schatten auf eine Ebene, so ist der Schatten als Schnitt der Ebene mit dem Lichtkegel eine Ellipse, Parabel oder Hyperbel, je nachdem die zur Ebene parallele Ebene durch die Lichtquelle den Kreis meidet, berührt oder schneidet. Allgemeiner ergibt sich, daß auch der Schlagschatten eines Kegelschnitts auf einer Ebene unter den entsprechenden Bedingungen eine Ellipse, Parabel oder Hyperbel ist. Wir wollen uns aber auf die Schatten der Kreise beschränken. Im Fall der Parallelbeleuchtung wird aus dem Lichtkegel ein Lichtzylinder, und dann ist der Schlagschatten des Kreises eine Ellipse (Nr. 133).

Ist ein Kreis k durch seinen Grundriß und Aufriß gegeben (Nr. 245) und ist außerdem der Grundriß und Aufriß einer Lichtquelle L vorgeschrieben, so bestimmt man den Schlagschatten, den der Kreis auf die Grundrißtafel wirft, indem man L als das Auge und die Grundrißtafel als Bildtafel T in der Perspektive auffaßt, d. h. als Verschwindungsebene die zur Grundrißtafel parallele Ebene durch L benutzt. Je nachdem also der Kreis k keinen Punkt oder nur einen Punkt oder zwei verschiedene Punkte hat, die geradeso hoch wie L über der Grundrißtafel liegen, ist der Schlagschatten auf dieser Tafel eine Ellipse, Parabel oder Hyperbel. Man bestimmt ihn nach Nr. 359, 362, 363, 365 und 366. Entsprechendes gilt von dem Schatten, den der Kreis auf die Aufrißtafel wirft.

Jetzt wollen wir uns mit der perspektiven Darstellung eines Kreises k und seines Schlagschattens auf einer Ebene E beschäftigen. Ebenso wie der Kreis im Bild als Ellipse, Parabel oder Hyperbel erscheinen kann, wird sich sein Schlagschatten als irgendeine dieser drei Arten von Kegelschnitten darbieten; z. B. kann er im Bild eine Hyperbel sein, auch wenn er in Wahrheit eine Ellipse ist. Denn wie er im Bild erscheint, hängt davon ab, wie viele Punkte der Schlagschatten mit der Verschwindungsgeraden der Ebene E gemein hat, da sich diese Punkte als unendlich ferne Punkte abbilden. Weil nun der Schlagschatten durch den Schnitt von E mit den Strahlen von der Lichtquelle L nach den Punkten des Kreises k zustande kommt, ergibt sich: Das perspektive Bild des Schlagschattens, den ein Kreis k auf eine Ebene E wirft, ist eine Ellipse, Parabel oder Hyperbel, je nachdem die Ebene durch die Lichtquelle L und die Verschwindungsgerade der Ebene E den Kreis k meidet, berührt oder schneidet. Im Fall der Parallelbeleuchtung tritt an die Stelle dieser Hilfsebene diejenige Ebene durch die Verschwindungsgerade von E, die zur Lichtrichtung parallel ist. Um das Bild des Schlagschattens zu finden, legt man um den Kreis k ein Quadrat und läßt es Schatten auf die Ebene E werfen. Dadurch entsteht ein Viereck, dem der gesuchte Schattenkegelschnitt so eingeschrieben ist wie dem Viereck in Fig. 584 von Nr. 389, so daß der Schlagschatten nach dem dort angegebenen Verfahren ermittelt werden kann.

Hiernach ist die Konstruktion in Fig. 585 ohne weiteres klar. Es handelt sich um den Schlagschatten, den ein Kreis in lotrechter Ebene auf eine wagerechte Ebene mit der Spurgeraden s bei Annahme einer lotrechten Tafel wirft. Insbesondere ist der Kreis so gewählt, daß er die wagerechte Ebene berührt. Das Bild des Kreises wird wie in Fig. 540 von Nr. 364 mit Hilfe desjenigen umschriebenen Quadrats $1\,2\,3\,4$ hergestellt, dessen Seiten lotrecht oder wagerecht sind, wobei man den Fluchtpunkt F und den zugehörigen Teilungspunkt T braucht, wenn der Radius r des Kreises vorge-

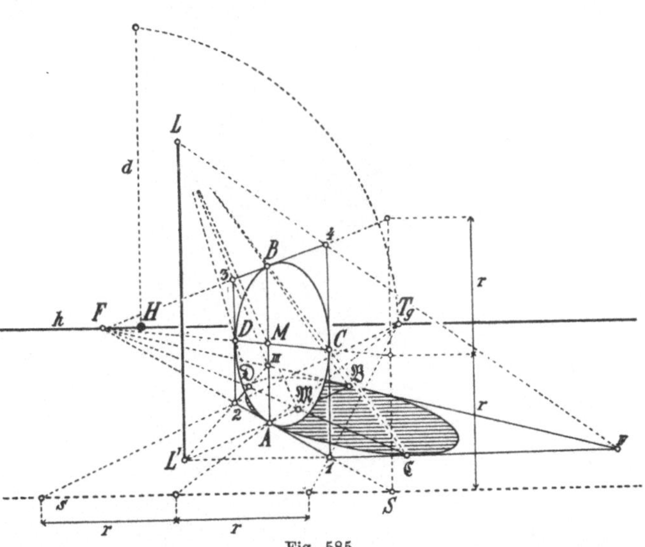

Fig. 585.

schrieben ist. Bei der Beleuchtung von L aus sind die Punkte 1 und 2 ihre eigenen Schatten. Die Schatten III und IV der Ecken 3 und 4 ergeben sich mit Hilfe der Fußpunkte 1 und 2 dieser Ecken und des Fußpunktes L' der Lichtquelle. Der Kreis zeigt seine helle Seite, da der Sinn des Umlaufes von A über C, B, D dem des Schlagschattens von A über $\mathfrak{C}$, $\mathfrak{B}$, $\mathfrak{D}$ entspricht.

In Fig. 586 kommt der Schatten eines Kreises vor, dessen Ebene nicht lotrecht zur schattenauffangenden Ebene ist. Hier handelt es sich nämlich um den Schlagschatten und Eigenschatten eines Rotationskegels, der auf wagerechter Grundebene liegt, also diese Ebene als Tangentialebene hat. Der zur Grundebene senkrechte Axialschnitt des Kegels ist unten gegeben. Hat man A auf der Grundebene im Bilde beliebig angenommen und die Richtung der Mantellinie AK durch ihren Fluchtpunkt F_1 auf dem Horizont h festgelegt, so findet man die Bilder der Spitze K und der Fußpunkte M' und B' der Lote von der Mitte M und vom höchsten Punkt B des Grundkreises auf die Grundebene, indem man den zu F_1 gehörigen Teilungspunkt T_1 wie in Fig. 447 von Nr. 308 zur perspektiven Übertragung der Strecken AK, AM', AB' benutzt. Dann findet man M und B, indem man nach Fig. 444 von Nr. 308 die Höhen $M'M$ und $B'B$ in der richtigen Verkürzung einzeichnet. Dem Grundkreis ist wieder ein Quadrat $1\,2\,3\,4$ zu umschreiben. Man wählt am besten dasjenige, dessen eine Seite $1\,2$ der Grundebene angehört. Da sie zu AK in Wahrheit senkrecht sein

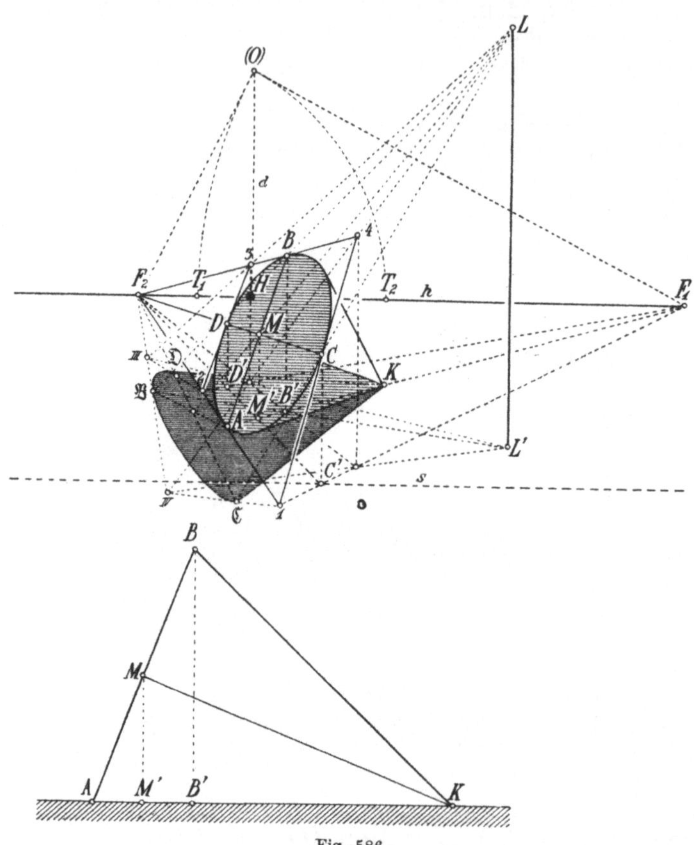

Fig. 586.

muß, ergibt sich der Fluchtpunkt F_2 von $1\,2$ mit Hilfe des rechten Winkels $F_1(O)F_2$. Nach F_2 geht auch der Grundriß $C'D'$ des wagerechten Kreisdurchmessers CD sowie der von $3\,4$, während die Grundrisse von $1\,4$ und $2\,3$ den Fluchtpunkt F_1 haben. Hiernach läßt sich das Bild des umschriebenen Quadrats $1\,2\,3\,4$ nebst den Berührungspunkten A, B, C, D vollständig zeichnen, ebenso der Schlagschatten $1\,2\,III\,IV$ des Quadrats nebst den Schlagschatten $\mathfrak{B}$, $\mathfrak{C}$, $\mathfrak{D}$ von B, C und D. Der Kreis sowie sein Schatten sind nun wie in Fig. 584 von Nr. 389 zu zeichnen. Die äußersten Mantellinien des Kegels sind die von K nach dem Kreisbild gehenden Tangenten. Der Schlagschatten des Kegels wird von einem Teil des Kreisschattens und von den von K

an diesen Kegelschnitt gezogenen Tangenten begrenzt. Indem man von
den Berührungspunkten dieser beiden Tangenten in der Lichtrichtung
zurückgeht, bekommt man auf dem Grundkreis die Endpunkte derjenigen Mantellinien, die den Eigenschatten des Kegels begrenzen. Nur
eine von ihnen ist zu sehen. Auf eine genauere Bestimmung dieser
Mantellinie gehen wir nicht ein, weil längs ihrer Streiflicht vorkommt,
also der Übergang vom Hellen zum Dunkeln in Wahrheit ganz allmählich
stattfindet. Der Grundkreis zeigt seine dunkle Seite, weil der Umlaufs-
sinn von A über C nach B und D dem von A über $\mathfrak{C}$ nach $\mathfrak{B}$ und $\mathfrak{D}$
entgegen ist.

In Fig. 587 ist derselbe lotrecht stehende Kreis wie in der vorletzten
Fig. 585 angenommen. Die Lichtquelle L ist hier aber so tief gewählt,

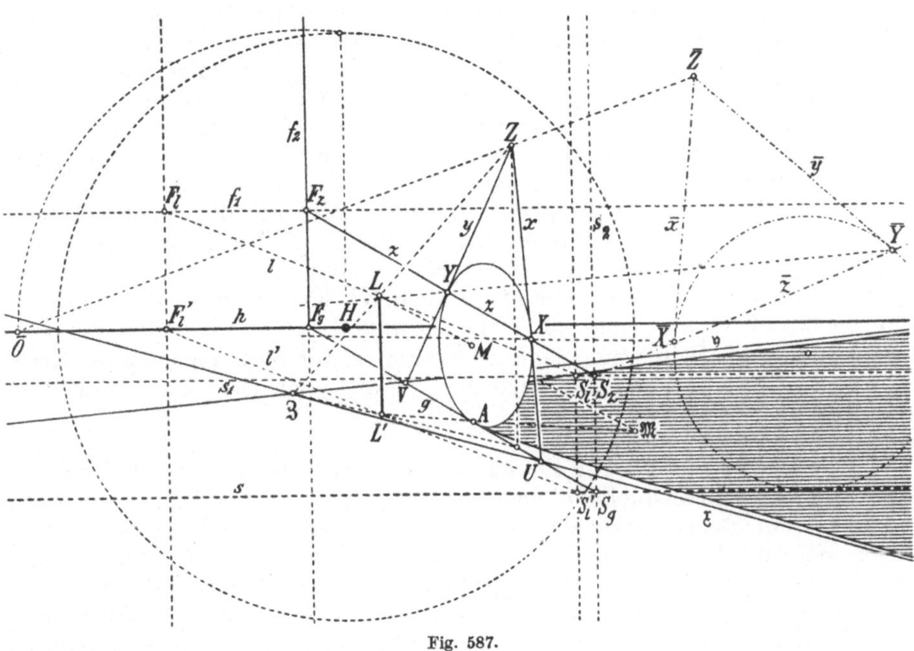

Fig. 587.

daß das Bild des Schlagschattens des Kreises eine Hyperbel
wird. Wir wollen auseinandersetzen, wie man die Asymptoten dieser
Hyperbel findet. Wie oben gesagt wurde, ist das Bild des Schlagschattens
eine Hyperbel, wenn die Ebene durch die Lichtquelle L und die Verschwindungsgerade v der schattenauffangenden Ebene, also hier der
Grundebene, den Kreis schneidet. Demnach handelt es sich zunächst
darum, die Schnittgerade z jener Ebene und der Kreisebene zu finden,
und dazu braucht man die Spur- und Fluchtgeraden der Ebenen. Zieht
man in der Grundebene durch L' eine beliebige Gerade l' mit dem Spurpunkt S_l' und Fluchtpunkt F_l', so erscheint diejenige Gerade l, die von L
nach dem Verschwindungspunkt von l' geht, im Bild als Parallele zu l'.
Die beiden Geraden l' und l gehören ferner einer lotrechten Ebene an,
weil die lotrechte Strecke $L'L$ in dieser Ebene enthalten ist. Mithin
sind die in S_l' und F_l' errichteten Lote die Spur- und Fluchtgerade der
Ebene, so daß man den Spurpunkt S_l und Fluchtpunkt F_l von l be-

kommt, indem man diese Lote mit der Parallelen l zu l' durch L schneidet. Die Gerade l ist nun eine Gerade derjenigen Ebene, die von der Lichtquelle L nach der Verschwindungsgeraden der Grundebene geht. Man erkennt also, daß diese Ebene als Spur- und Fluchtgerade s_1 und f_1 die Parallelen zu h durch S_l und F_l hat. Ferner hat die lotrechte Kreisebene als Spur- und Fluchtgerade s_2 und f_2 die Lote, die vom Spurpunkt S_g und Fluchtpunkt F_g derjenigen Geraden g ausgehen, längs deren die Kreisebene auf der Grundebene steht. Somit ist der Schnittpunkt S_z von s_1 und s_2 der Spurpunkt und der Schnittpunkt F_z von f_1 und f_2 der Fluchtpunkt der gesuchten Schnittgeraden z. Wie man sieht, hat diese Gerade z mit dem Kreis in der Tat zwei Punkte X und Y gemein, deren Schlagschatten also unendlich fern liegen, so daß die Schlagschatten $\mathfrak{x}$ und $\mathfrak{y}$ der zugehörigen Kreistangenten x und y die Asymptoten der Schlagschattenhyperbel sind. Diese Asymptoten gehen einerseits durch die Punkte U und V, in denen die Kreistangenten x und y die Grundebene schneiden, und andererseits durch den Schlagschatten $\mathfrak{Z}$ des Schnittpunktes Z von x und y. Da man von der Schattenhyperbel außer den Asymptoten noch einen Punkt A kennt, weil dieser sein eigner Schatten ist, oder da man noch den Schatten irgendeines anderen Punktes des Kreises leicht ermitteln kann, läßt sich die Hyperbel nach Nr. 259, 260 zeichnen. Das wichtigste zu ihrer Bestimmung sind die Asymptoten; deshalb empfiehlt es sich, sie genauer zu ermitteln, indem man nämlich die Ebene des Kreises nach Nr. 337 um ihre Spurgerade s_2 in die Tafel umlegt und dort die X und Y entsprechenden Schnittpunkte $\overline{X}$ und $\overline{Y}$ der umgelegten Geraden $\bar{z}$ mit dem umgelegten Kreis feststellt. Das ist genauer, als der Schnitt der Geraden z mit dem elliptischen Kreisbild.

392. Kugelschatten bei Zentralbeleuchtung. Der Kegel der Strahlen, die von einer Lichtquelle L aus als Tangenten an eine Kugel zu legen sind, ist ein Rotationskegel, der die Kugel längs eines Kreises berührt. Die Eigenschattengrenze der Kugel ist also auch bei Zentralbeleuchtung ein Kreis. Befindet sich die Lichtquelle im Endlichen, so ist der belichtete Teil der Kugel kleiner als die Hälfte; nur bei Parallelbeleuchtung ist er gerade so groß wie der dunkle. Wir nehmen selbstverständlich an, daß sich die Lichtquelle L außerhalb der Kugel befinde.

Der Schlagschatten, den eine Kugel auf eine Ebene E wirft, wird von einer Ellipse, Parabel oder Hyperbel umrandet, je nachdem die zu E parallele Ebene durch L die Kugel meidet, berührt oder schneidet (Nr. 390).

Ist die Kugel und die Lichtquelle im Grundriß und Aufriß gegeben, so kann man die Schatten (wie in Nr. 274) dadurch bestimmen, daß man als Seitenrißtafel eine Ebene benutzt, die zu einer Symmetrieebene parallel ist (Nr. 245), nämlich zu der lotrechten Ebene durch die Kugelmitte und die Lichtquelle. Man kann dabei die Lichtquelle L als Auge und die schattenempfangende Grundrißtafel als Bildtafel T betrachten, also die Aufgabe als eine Aufgabe der Perspektive behandeln. Nach Nr. 369 ergibt sich dabei: Der Schlagschatten, den eine Kugel auf eine Ebene wirft, wird auch bei zentraler Beleuchtung durch einen Kegelschnitt umrandet, dessen Brennpunkte

die Schlagschatten der Endpunkte des zur Ebene senkrechten Durchmessers sind.

In Fig. 588 beschränken wir uns auf den Fall, wo die Lichtquelle L gerade so weit wie der Mittelpunkt der Kugel
von der Aufrißtafel entfernt
ist. In diesem Fall nämlich ist die
Aufrißtafel selbst parallel zur erwähnten Symmetrieebene. Deshalb
erscheint der Eigenschattenkreis im
Aufriß bloß als eine Strecke $A''B''$;
diese Strecke ist gleich dem wahren
Durchmesser des Kreises. Im Grundriß stellt sich der Kreis als Ellipse
mit der Nebenachse $A'B'$ und der
Hauptachse $C'D' = A''B''$ dar. Der
Schlagschatten $\mathfrak{AB}$ von AB ist die
Hauptachse der Ellipse, die im vorliegenden Fall den Schlagschatten
der Kugel umgrenzt. Die Brenn-
punkte $\mathfrak{F}_1$ und $\mathfrak{F}_2$ sind die Schatten
der Endpunkte des zur Grundriß-
tafel senkrechten Kugeldurchmessers.
Wegen einer nachher zu machenden
Anwendung sei erwähnt, daß man
auch ohne diese Brennpunkte den
Schatten konstruieren kann: Man
umschreibt dem Eigenschattenkreis
dasjenige Quadrat, von dem zwei
Kanten a und b zur Grundrißtafel
parallel sind. Die Schlagschatten $\mathfrak{a}$,
$\mathfrak{b}$, $\mathfrak{c}$, $\mathfrak{d}$ aller vier Kanten a, b, c, d

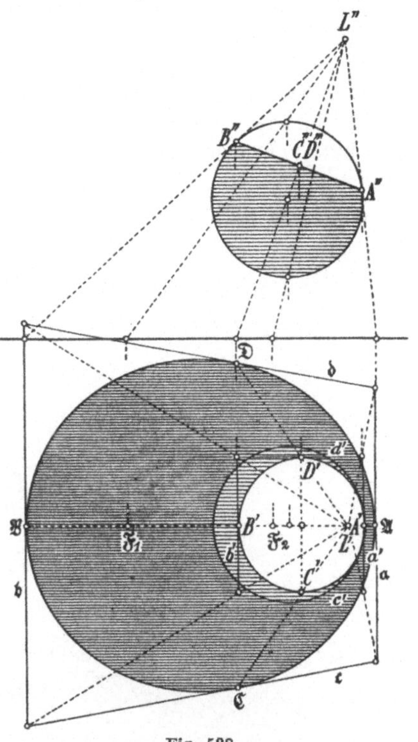

Fig. 588.

des Quadrats liefern ein Viereck, dem der Schlagschattenkegelschnitt so
einzuzeichnen ist wie in Fig. 584 von Nr. 389.

Wir kommen zur perspektiven Darstellung der Kugelschatten. Der Schlagschatten, den eine Kugel auf eine Ebene E wirft,
wird im perspektiven Bilde durch eine Ellipse, Parabel oder Hyperbel
begrenzt, je nachdem die Ebene durch die Lichtquelle L und die Verschwindungsgerade der Ebene E die Kugel meidet, berührt oder schneidet,
immer vorausgesetzt, daß sich die Lichtquelle nicht im Innern der Kugel
befinde. Es kann z. B. sehr wohl vorkommen, daß die Grenze des
Schlagschattens in Wahrheit eine Hyperbel, aber im Bild eine Ellipse ist.

In Fig. 589 ist die Bildtafel T wie immer lotrecht angenommen und
eine wagerechte Ebene durch ihre Spurgerade s festgelegt. Eine Kugel
von gegebenem Radius r soll auf dieser Grundebene liegen und auf sie
Schatten werfen. Da man die Bildtafel durch eine zu ihr parallele Ebene
ersetzen kann (Nr. 291), ist es keine wesentliche Beschränkung der Allgemeinheit, wohl aber eine kleine Vereinfachung der folgenden Zeichnung, wenn wir annehmen, die Kugelmitte K gehöre der Tafel selbst
an, also ihr Fußpunkt K' der Spurgeraden s der Grundebene. (Will man
den allgemeinen Fall haben, so fasse man s in Fig. 589 nicht als die
Spurgerade, sondern als irgendeine zur Tafel parallele Gerade der Grund-

ebene auf; dann ist der Radius r, der in der Figur vorkommt, nicht
der wahre Radius der Kugel, sondern der Radius des Bildes desjenigen
Großkreises, der zur Tafel parallel liegt.) Den Kugelumriß findet man
nach Nr. 372, indem man den auf der Tafel gelegenen Kugelkreis k
benutzt und außerdem den zur Tafel senkrechten Durchmesser PQ der
Kugel herstellt, da P und Q die Brennpunkte des Umrisses liefern. Man
ermittelt zuerst die Fußpunkte P' und Q' von P und Q auf der Tiefenlinie $K'H$ mit Hilfe des Distanzpunktes D_1 als Teilungspunktes, indem
man die Strecke r perspektiv von K' aus bis P' und Q' abträgt. Die
Nebenachse und Hauptachse ergibt sich wie in Nr. 372; wir haben aber
die zugehörigen Hilfslinien weggelassen.

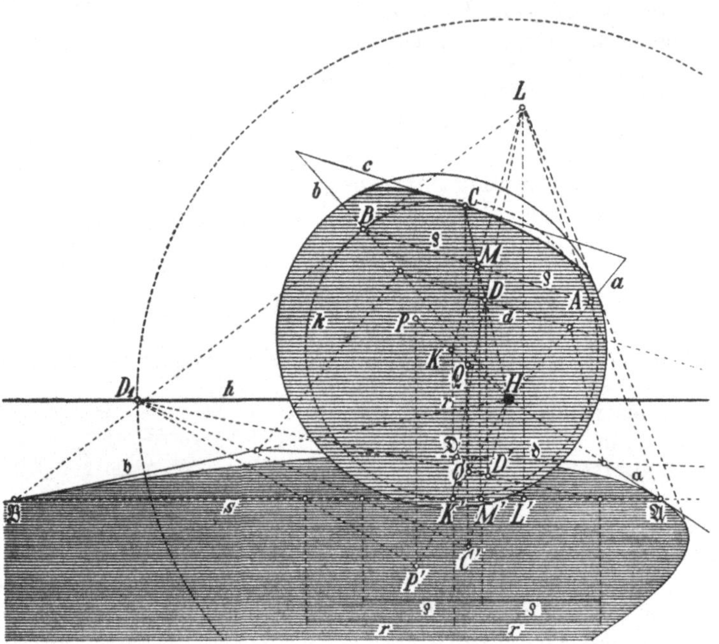

Fig. 589.

Vorerst nehmen wir an, daß die Lichtquelle L ebenso
wie die Kugelmitte K der Tafel T angehöre; der allgemeine
Fall soll erst nachher betrachtet werden. Der Fußpunkt L' der Lichtquelle soll also auf der Spurgeraden s gelegen sein. Wir können nun
die Bildtafel T als die Aufrißtafel der vorhergehenden Fig. 588 auffassen, denn der Kreis k ist der Umriß der senkrechten Projektion der
Kugel auf T. Indem wir also wie im Aufriß von Fig. 588 von L aus
die Tangenten an k ziehen und ihre Berührungspunkte A und B bestimmen, bekommen wir denjenigen Durchmesser des Eigenschattenkreises, der der Tafel T selbst angehört. Der dazu senkrechte Durchmesser ist auch zu Tafel senkrecht und stellt sich also im perspektiven
Bild als Strecke auf der Geraden vom Hauptpunkt H nach dem Mittelpunkt M von AB dar. Weil er in Wahrheit gleich AB sein muß, wird
man zunächst in der Grundebene vom Fußpunkt M' von M aus auf
der Tiefenlinie $M'H$ den Radius $\varrho = MA$ nach beiden Seiten perspektiv

bis C' und D' mit Hilfe des Distanzpunktes D_1 als Teilungspunktes eintragen und dann zu den Fußpunkten C' und D' die zugehörigen Punkte C und D auf der Tiefenlinie MH bestimmen. Nachdem so das in Wahrheit rechtwinklige Durchmesserpaar AB, CD des Eigenschattenkreises perspektiv dargestellt ist, bekommt man die Tangenten a und b von A und B, weil sie Tiefenlinien sind, indem man A und B mit H verbindet, während die Tangenten c und d von C und D als Parallelen zur Tafel auch im Bilde parallel zu AB verlaufen. Nach Fig. 584 von Nr. 389 kann man nun den Kegelschnitt zeichnen, der das Bild des Eigenschattenkreises ist. Die Begrenzung des Schlagschattens, den die Kugel auf die Grundebene wirft, bekommt man, indem man die Schlagschatten der beiden Durchmesser und der Tangenten bestimmt. Die Schatten $\mathfrak{A}$ und $\mathfrak{B}$ von A und B liegen auf s, die Schatten $\mathfrak{C}$ und $\mathfrak{D}$ von C und D findet man sofort, da die Fußpunkte C' und D' bekannt sind. Die Schatten $\mathfrak{a}$ und $\mathfrak{b}$ von a und b sind ebenfalls Tiefenlinien und gehen also nach dem Hauptpunkt H. Die Schatten $\mathfrak{c}$ und $\mathfrak{d}$ von c und d kann man dadurch bestimmen, daß man die Schatten ermittelt, die von den Schnittpunkten von c und d mit a und b auf die Grundebene geworfen werden. In Fig. 589 ist sowohl der Punkt $\mathfrak{C}$ als auch seine Tangente $\mathfrak{c}$ zu weit entlegen. Aber der Umriß des Schlagschattens ist dennoch bestimmt, weil man von diesem Kegelschnitte drei Punkte $\mathfrak{A}$, $\mathfrak{B}$, $\mathfrak{D}$ nebst ihren Tangenten $\mathfrak{a}$, $\mathfrak{b}$, $\mathfrak{d}$ kennt, so daß er nach Nr. 386 gezeichnet werden kann.

Den Fall, wo die Kugel von einer Lichtquelle L in beliebiger Lage beleuchtet wird, kann man auf den soeben behandelten dadurch zurückführen, daß man die Kugel und die fest mit ihr verbunden gedachte Lichtquelle um den zur Grundebene senkrechten Kugeldurchmesser so weit dreht, bis die Lichtquelle wie vorhin ein Punkt der Tafel wird. Wenn die Lichtquelle L und ihr Fußpunkt L' gegeben sind, siehe Fig. 590, bestimmt man zunächst den Punkt (L') auf s, wohin der Fußpunkt der Lichtquelle bei der Drehung gelangt, d. h. man ermittelt mit Hilfe des zum Fluchtpunkt F_1 von $K'L'$ gehörigen Teilungspunktes T_1 die wahre Länge von $K'L'$ als Strecke $K'(L')$ auf s, indem man $L'T_1$ mit s zum Schnitt bringt. Wenn (L) die neue Lage der Lichtquelle bedeutet, ist $L(L)$ in Wahrheit zu $L'(L')$ parallel, so daß also (L) im Bilde der Schnittpunkt von LT_1 mit dem in (L') errichteten Lot ist. Wir haben es nun so eingerichtet, daß die neue Lage (L) gegenüber der Kugel dieselbe wie die von L in der vorhergehenden Fig. 589 ist. Die damals mit A und B bezeichneten Punkte sind jetzt die Punkte (A) und (B), nämlich die Berührungspunkte der von (L) an den Kreis k gezogenen Tangenten. Indem wir die Drehung rückwärts ausführen wollen, bringen wir die Geraden von den Fußpunkten (A') und (B') von (A) und (B) nach dem Teilungspunkt T_1 mit $F_1K'L'$ in A' und B' zum Schnitt. Die in A' und B' errichteten Lote treffen $T_1(A)$ und $T_1(B)$ in den Punkten A und B, in die (A) und (B) bei der Zurückdrehung übergehen. Der Mittelpunkt (M) von $(A)(B)$ geht in den Punkt M über, der sich in entsprechender Weise mit Hilfe des Fußpunktes (M') ergibt. Die Schlagschatten $(\mathfrak{A})$ und $(\mathfrak{B})$, die (A) und (B) bei der Beleuchtung von (L) aus auf die Grundebene werfen und die auf s gelegen sind, gelangen beim Zurückdrehen nach den Schnittpunkten $\mathfrak{A}$ und $\mathfrak{B}$ von $T_1(\mathfrak{A})$ und $T_1(\mathfrak{B})$ mit $F_1K'L'$. Der Durchmesser AB

des Eigenschattenkreises liegt zusammen mit seinem Schlagschatten $\mathfrak{A}\mathfrak{B}$ in der längs $F_1K'L'$ auf der Grundebene senkrecht stehenden Ebene. Der zu AB senkrechte Durchmesser CD des Eigenschattenkreises ist das in M auf diese Ebene zu errichtende Lot. Folglich wird sein Fluchtpunkt F_2 auf dem Horizont h gefunden, indem man F_1 mit dem umgelegten Auge (O) verbindet und auf $F_1(O)$ in (O) das Lot errichtet. Mithin liegen C und D auf der Geraden von M nach F_2. Ebenso liegen die Fußpunkte C' und D' auf der Geraden von M' nach F_2. Da nun CD in Wahrheit zu $C'D'$ parallel und überdies gleich $(A)(B)$, dem wahren Kreisdurchmesser, ist, ergeben sich C' und D', indem man mit Hilfe des zum Fluchtpunkte F_2 gehörigen Teilungspunktes T_2 von M' aus auf F_2M' nach beiden Seiten den Radius $\varrho = (M)(A)$ des Eigenschattenkreises

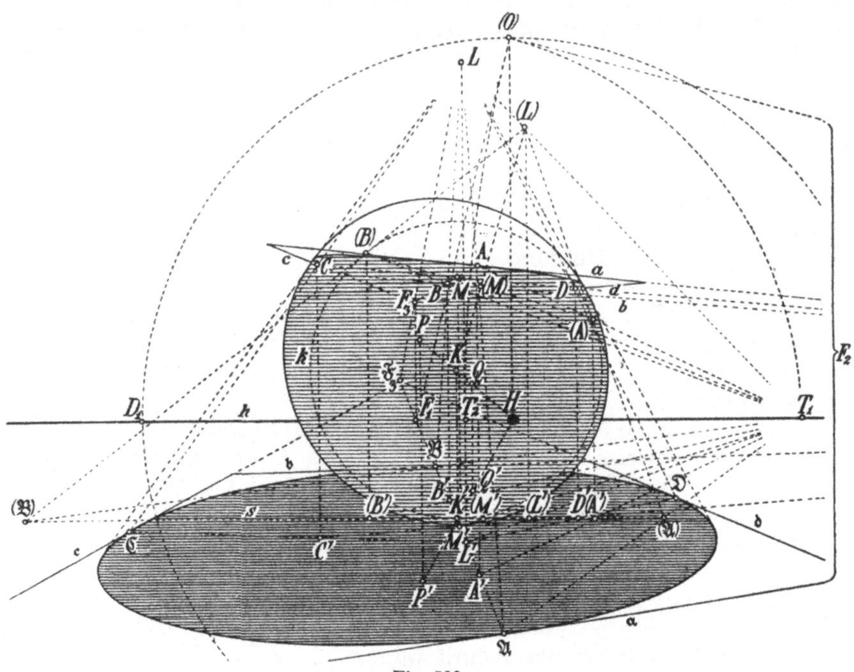

Fig. 590.

perspektiv einträgt. Um die Figur nicht zu überladen, sind die hierfür nötigen Hilfslinien in der Zeichnung fortgelassen. Die in C' und D' errichteten Lote schneiden F_2M in C und D, so daß man auch die Schlagschatten $\mathfrak{C}$ und $\mathfrak{D}$ von C und D finden kann. Man kennt mithin die beiden in Wahrheit zueinander senkrechten Durchmesser AB und CD des Eigenschattenkreises und ihre Schlagschatten $\mathfrak{A}\mathfrak{B}$ und $\mathfrak{C}\mathfrak{D}$. Nun müssen noch die Tangenten in ihren Endpunkten bestimmt werden. Da die Tangenten a und b von A und B in Wahrheit zu CD und die Tangenten $\mathfrak{a}$ und $\mathfrak{b}$ von $\mathfrak{A}$ und $\mathfrak{B}$ in Wahrheit zu $\mathfrak{C}\mathfrak{D}$ parallel sind, gehen $a, b, \mathfrak{a}, \mathfrak{b}$ sämtlich vom Fluchtpunkt F_2 aus. Die Tangenten c und d von C und D sind in Wahrheit zu AB parallel. Nun ist der Fluchtpunkt F_3 von AB der senkrecht über F_1 gelegene Punkt von AB, weil AB und $A'B'$ einer lotrechten Ebene angehören. Man zieht somit c und d von F_3 aus. Der Fluchtpunkt F_3 hat einen sofort zu ermittelnden

Schlagschatten $\mathfrak{F}_3$, und von ihm gehen $\mathfrak{c}$ und $\mathfrak{d}$ aus. Nun kann man die beiden Kegelschnitte, die im Bilde die Eigenschatten- und Schlagschattengrenze sind, nach Fig. 584 von Nr. 389 zeichnen.

393. Anderes Verfahren zur Bestimmung des Eigenschattens einer Kugel. Eine Kugel ist bestimmt, sobald man ihren Mittelpunkt M und ihren Radius r kennt. In der Perspektive kann man den Mittelpunkt M insbesondere dadurch festlegen, daß man außer seinem Bilde noch die Tiefenlinie angibt, auf der er liegt. Der Fluchtpunkt dieser Tiefenlinie ist der Hauptpunkt H. Ihr Spurpunkt sei S_m genannt. Dieser Spurpunkt S_m ist die senkrechte Projektion des Punktes M auf die Bildtafel. Die Lichtquelle L kann man entsprechend festlegen, indem man außer ihrem Bilde noch den Spurpunkt S_l der durch sie gehenden Tiefenlinie angibt. Dann ist S_l die senkrechte Projektion der Lichtquelle L auf die Tafel. Die Ebene E durch die Tiefenlinien von M und L steht auf der Bildtafel senkrecht. Ihre Spurgerade s ist die Gerade $S_m S_l$, ihre Fluchtgerade f die Parallele zu s durch H, siehe Fig. 591, wo die Lichtquelle L vor der Tafel angenommen worden ist.

Die Aufgabe, die von der Lichtquelle L auf der Kugel hervorgerufene Eigenschattengrenze zu bestimmen, kann man nun auf die Aufgabe zurückführen, die Eigenschattengrenze im Grundriß und Aufriß zu ermitteln, indem man die Bildtafel selbst als Grundrißtafel und die Ebene E der Tiefenlinien von M und L als Aufrißtafel benutzt. Dann ist s die Projektionsachse. Da man die Aufrißtafel um die Achse in die Grundrißtafel umlegt (Nr. 196), hat man die Ebene E um s in die Bildtafel zu drehen. Dann besteht zwischen der Ebene in der ursprünglichen Lage E und in der neuen Lage (E) in Wahrheit eine Affinität, im Bild eine Perspektivität. Die Achse der Perspektivität ist die Spurgerade s, ihr Zentrum (O) der Endpunkt der in H auf f errichteten Distanz (vgl. Fig. 506 von Nr. 337). Die Kugel stellt sich im umgelegten Aufriß, d. h. in der umgelegten Ebene (E), im Umriß als Kreis vom Radius r um den umgelegten Mittelpunkt (M) dar, der in bekannter Weise bestimmt wird, indem man z. B. in S_m auf s das Lot errichtet, d. h. die Tiefenlinie durch M in der Umlegung zeichnet, dies Lot mit $(O)M$ in (M) zum Schnitt bringt und schließlich um (M) den Kreis mit dem Radius r schlägt. Ebenso wie (M) ergibt sich die umgelegte Lichtquelle (L), die ja auch der Aufrißtafel (E) angehört. Im Aufriß (E) erscheint die Eigenschattengrenze der Kugel als Strecke $(A)(B)$, wobei (A) und (B) die Berührungspunkte der von (L) an den Umriß gezogenen Tangenten sind. Den Grundriß der Kugel, d. h. die senkrechte Projektion der Kugel auf die Bildtafel T, lassen wir fort, da wir seiner nicht bedürfen.

Zunächst ist nun der Umriß der Kugel im Bilde zu zeichnen. Dies geschieht nach Nr. 372: Derjenige Großkreis der Kugel, dessen Ebene zur Bildtafel parallel ist und der sich als Kreis um M abbildet, erscheint im Aufriß als der zu s parallele Durchmesser $(U)(V)$ des Kugelumrisses. Da man das Bild UV dieses Durchmessers sofort finden kann, ist auch das Bild des Großkreises bekannt, nämlich der Kreis mit dem Durchmesser UV. Ferner sind die Endpunkte des zur Tafel senkrechten Durchmessers PQ der Kugel im Aufriß die Endpunkte (P) und (Q) des zu s senkrechten Durchmessers des Kugelumrisses. Indem man P und Q

im Bilde bestimmt, bekommt man die Brennpunkte derjenigen Ellipse, als die sich der Umriß der Kugel im Bilde darstellt. Aus ihm und aus dem vorhin gezeichneten Kreis um M ergibt sich die Umrißellipse wie in Nr. 372.

Um nun die Eigenschattengrenze der Kugel herzustellen, bestimmen wir zunächst den Schatten, den sie auf die Bildtafel selbst werfen würde,

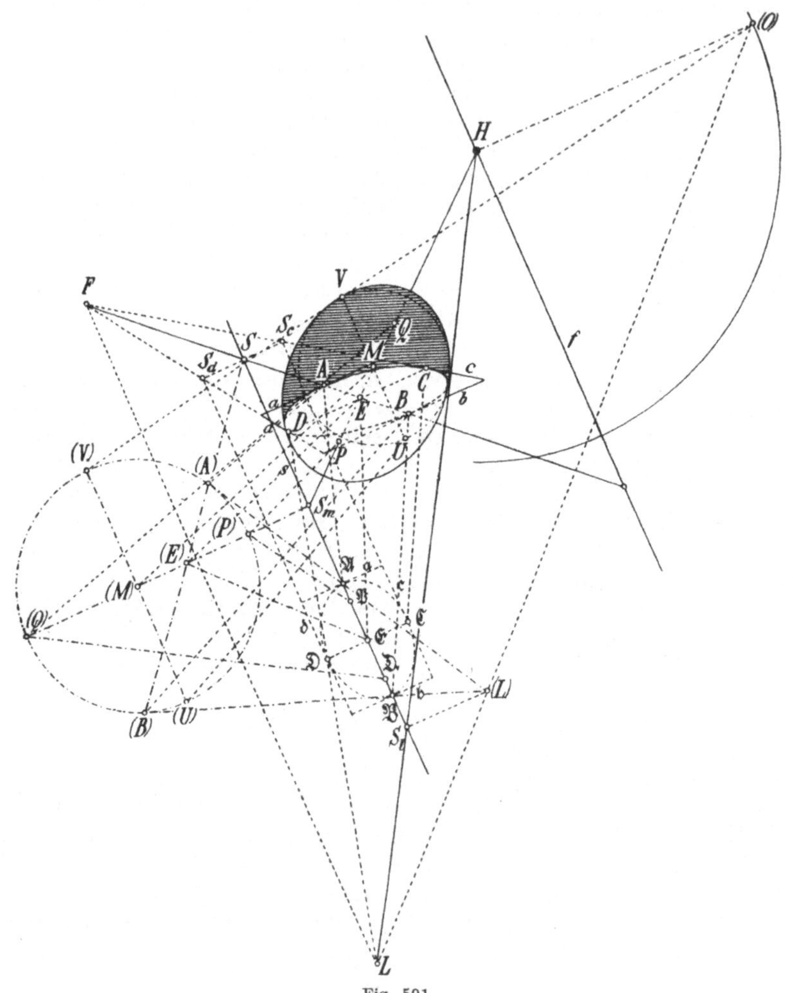

Fig. 591.

falls diese Tafel nicht (wie wir ja eigentlich annehmen) durchsichtig wäre. Da sich übrigens im vorliegenden Fall die Lichtquelle L vor der Bildtafel befindet, kommt auch dann, wenn diese Tafel undurchsichtig ist, eigentlich gar kein Schlagschatten auf der Tafel zustande. Vielmehr handelt es sich um einen bloß geometrischen Schatten, was jedoch für die Durchführbarkeit der Konstruktion kein Hindernis ist. Weil sich die Lichtquelle in der Umlegung (L) auf der Aufrißtafel (E) befindet und auch die Kugelmitte (M) der Aufrißtafel angehört, wird der Schlagschatten, den die Kugel auf die Grundrißtafel, d. h. auf die

Bildtafel, wirft, von einer Ellipse begrenzt, die zur Hälfte vor und zur Hälfte hinter der Aufrißtafel liegt, deren Hauptachse $\mathfrak{AB}$ also der Spurgeraden s angehört und sofort durch den Schnitt von s mit $(L)(A)$ und $(L)(B)$ hervorgeht. Die Brennpunkte $(\mathfrak{P})$ und $(\mathfrak{Q})$ dieser Ellipse sind nach voriger Nummer die Schatten von (P) und (Q), d. h. die Schnittpunkte von s mit $(L)(P)$ und $(L)(Q)$. Man kann also die Nebenachse $\mathfrak{CD}$ der Ellipse finden (Nr. 75), mithin auch das ihr umschriebene Rechteck der Tangenten $\mathfrak{a}$, $\mathfrak{b}$, $\mathfrak{c}$, $\mathfrak{d}$ der Haupt- und Nebenscheitel. Übrigens sieht man leicht ein, daß der Mittelpunkt $\mathfrak{E}$ der Ellipse der Schnitt von s mit dem Lichtstrahl von (L) nach dem Schnittpunkt (E) von $(A)(B)$ und $(P)(Q)$ ist. Denn $(A)(B)$ wird durch (E) und durch den Schnittpunkt mit der Parallelen zu s durch (L) harmonisch getrennt, weil (L) der Pol der Geraden $(A)(B)$ in bezug auf den Umriß der Kugel im Aufriß (E) ist (Nr. 360). Der Schlagschatten, den der Schnittpunkt von $(A)(B)$ mit der Parallelen zu s durch (L) auf die Grundrißtafel wirft, liegt aber unendlich fern, und folglich ist der Schlagschatten $\mathfrak{E}$, den (E) auf die Grundrißtafel wirft, der Mittelpunkt von $\mathfrak{AB}$ (Nr. 333).

Schließlich stellt man die Eigenschattengrenze auf der Kugel im perspektiven Bilde her, indem man von der Lichtquelle L aus durch $\mathfrak{A}$, $\mathfrak{B}$, $\mathfrak{C}$, $\mathfrak{D}$ zur Kugel zurückgeht. Da die Punkte (A) und (B) der Ebene (E) angehören, ergeben sich die entsprechenden Punkte A und B auf dem Kugelbild, indem man $(O)(A)$ und $(O)(B)$ mit $L\mathfrak{A}$ bzw. $L\mathfrak{B}$ zum Schnitt bringt. Ebenso geht E aus (E) und $\mathfrak{E}$ hervor. Die den Punkten $\mathfrak{C}$ und $\mathfrak{D}$ entsprechenden Punkte C und D auf der Kugel findet man, indem man bedenkt, daß $\mathfrak{CD}$ der Schatten einer auf der Aufrißtafel E senkrecht stehenden Sehne der Kugel ist, d. h. daß diese Sehne CD in Wahrheit zur Bildtafel parallel und zur Spurgeraden s senkrecht ist. Man bringt also $L\mathfrak{C}$ und $L\mathfrak{D}$ in A und B mit dem Lot von E auf s zum Schnitt. Die Tangenten a und b von A und B sind ebenfalls in Wahrheit zur Bildtafel parallel und zur Spurgeraden s senkrecht; sie stellen sich also im Bild als Parallelen zu CD dar. Die noch fehlenden Tangenten c und d von C und D findet man so: Die Ebene des Eigenschattenkreises der Kugel steht längs $(A)(B)$ auf der Aufrißtafel (E) senkrecht und schneidet daher die Grundrißtafel oder Bildebene in dem Lot, das auf s im Schnittpunkte S mit $(A)(B)$ zu errichten ist. Da nun $\mathfrak{c}$ und $\mathfrak{d}$ die Schatten von Geraden sind, die dieser Ebene angehören, und zwar Schatten auf der Grundrißtafel, müssen die Spurpunkte der Tangenten c und d die Punkte S_c und S_d sein, in denen $\mathfrak{c}$ und $\mathfrak{d}$ das in S auf s errichtete Lot schneiden. Man bekommt also c und d im Bild, indem man S_c und S_d mit C und D verbindet. Die Geraden c und d sind in Wahrheit parallel. Also haben sie einen gemeinsamen Fluchtpunkt F, der, wie man leicht erkennt, auf der Parallelen zu s durch L liegt. Diese Bemerkung dient zur Prüfung der Richtigkeit der Zeichnung. Man kennt jetzt das Trapez der Tangenten a, b, c, d, das in A, B, C, D durch diejenige Ellipse berührt wird, die im Bilde die Eigenschattengrenze der Kugel ist. Also kann man diese Ellipse nach Fig. 584 von Nr. 389 zeichnen.

394. Übungen. 1) Ein Paar sich schneidender Geraden kann als eine Hyperbel aufgefaßt werden, deren Nebenachse die Länge Null hat. Auf diesen Fall wende man den Satz des Pascal (Nr. 382) an.

2) Die in Fig. 126 von Nr. 85 gegebene Konstruktion von Ellipsentangenten kann man mit Hilfe des Satzes von Brianchon (Nr. 383) aufs neue beweisen. Man bezeichne $E'C'$, $C'F'$, $F'B'$, $H'A'$, $A'E'$, $X'Y'$ fortlaufend mit 1 bis 6.

3) Von einer Parabel seien drei Punkte und die Richtung der Achse (nicht ihre Lage) gegeben. Beliebig viele Punkte der Parabel zu bestimmen (Nr. 386).

4) Von einer Hyperbel seien zwei Punkte, eine Asymptote und die Richtung (nicht die Lage) der anderen Asymptote gegeben. Beliebig viele Tangenten der Hyperbel zu bestimmen (Nr. 386).

5) Von einer Hyperbel seien drei Punkte und eine Asymptote gegeben. Beliebig viele Punkte der Hyperbel zu bestimmen (Nr. 386).

6) Auf lotrechter Tafel soll das perspektive Bild eines lotrechten Rotationszylinders und sein Schnitt mit einer Ebene gezeichnet werden. Diese Ebene sei durch ihre Schnittgerade mit der Grundebene des Zylinders und durch ihren Schnittpunkt mit der Achse des Zylinders gegeben (Nr. 364, 390). Ferner soll der Schlagschatten und Eigenschatten des durch diesen Schnitt hervorgehenden Zylinderstumpfes auf die Grundebene bei Sonnenbeleuchtung ermittelt werden (Nr. 390).

7) Das Spiegelbild des in Fig. 586 von Nr. 391 dargestellten Rotationskegels zu zeichnen, wenn die Spiegelebene lotrecht ist (Nr. 353 und 390).

§ 8. Freie Perspektive.

395. Begriff der freien Perspektive. Diejenigen Aufgaben, die in der Geometrie des Raumes gestellt werden können, also insbesondere die Grundaufgaben der Stereometrie, löst die freie Perspektive dadurch, daß sie die räumlichen Konstruktionen unmittelbar perspektiv auf der Tafel wiedergibt. Die freie Perspektive verzichtet also auf die Benutzung von Grund- und Aufrissen. Bei den Grundaufgaben der Stereometrie (Nr. 206) handelt es sich um die Verknüpfungen zwischen den Punkten, Geraden und Ebenen des Raumes. Eine Gerade wird in der Perspektive durch Angabe ihres Spurpunktes und Fluchtpunktes, eine Ebene durch Angabe ihrer Spurgeraden und Fluchtgeraden festgelegt. Ein Punkt dagegen ist durch die bloße Angabe seines perspektiven Bildes noch nicht bestimmt, vielmehr muß man noch eine den Punkt enthaltende Gerade oder Ebene in der soeben angegebenen Art festlegen (Nr. 296). Schließlich muß auch die Lage des Auges gegenüber der Tafel durch den Distanzkreis unzweideutig bestimmt sein (Nr. 297).

Eine Ausnahme bilden diejenigen Geraden und Ebenen, die zur Tafel parallel sind, weil ihre Spur- und Fluchtpunkte oder Spur- und Fluchtgeraden unendlich fern sind. Eine zur Tafel parallele Gerade kann man dadurch perspektiv festlegen, daß man außer ihrem Bilde noch die Spur- und Fluchtgerade einer sie enthaltenden und nicht zur Tafel parallelen Ebene angibt; offenbar sind alle drei Geraden zueinander parallel. Eine zur Tafel parallele Ebene ist bekannt, wenn man einen ihrer Punkte kennt, den man als Punkt einer nicht zur Tafel parallelen Geraden oder Ebene geben kann. Bei den folgenden allgemeinen Betrachtungen werden wir die zur Tafel parallelen Geraden und Ebenen beiseite lassen. Man wird keine besonderen Schwierigkeiten haben, die Aufgaben, die wir nachher besprechen, auch dann zu lösen, wenn eine zur Tafel parallele Gerade oder Ebene vorkommen sollte. Es wäre aber lästig, jedesmal auf diesen Ausnahmefall einzugehen. Aber wir werden Anlaß haben, in Nr. 397 zur Tafel parallele Geraden als Hilfsmittel zu verwenden.

Die freie Perspektive dient zunächst mehr geometrischen, als künstlerischen Zwecken, legt also weniger Gewicht darauf, daß künstlerisch wirkende Bilder entstehen. Damit soll nicht gesagt sein, daß sie keinen Wert für die Herstellung künstlerischer Zeichnungen hätte vielmehr wird man die von ihr gebotenen Lösungen stereometrischer Aufgaben bei geeigneter Gelegenheit anwenden. Da man sich die Tafel durchsichtig zu denken hat, sind die Spurgeraden der Ebenen eigentlich bloß gedachte Hilfslinien, die jedenfalls auf einer vollendeten künstlerischen Zeichnung nicht gesehen werden sollten. Aber da, wie gesagt, jetzt mehr das Geometrische in den Vordergrund tritt, werden wir uns erlauben, die Spurgeraden kräftig auszuziehen. Auch werden wir im allgemeinen keinerlei Rücksicht darauf nehmen, was sich in der Zeichnung gegenseitig verdeckt (Nr. 298). Da nämlich viele Hilfsebenen vorkommen, würden sie als undurchsichtig allzuviel zudecken. Auch wäre es lästig, jedesmal besondere Festsetzungen darüber zu treffen, was durchsichtig und was undurchsichtig angenommen werden soll.

396. Verbinden und Schneiden. Die grundlegenden Aufgaben des Schneidens wurden schon in Nr. 298 gelöst. Wenn wir, wie bemerkt, im allgemeinen die zur Tafel parallelen Geraden und Ebenen beiseite lassen, können wir sagen, daß die Lösung auf dem Satz beruht: Eine Gerade liegt mit einer Ebene vereinigt, wenn der Spurpunkt der Geraden auf der Spurgeraden der Ebene und der Fluchtpunkt der Geraden auf der Fluchtgeraden der Ebene liegt (Nr. 296). Wir fügen hinzu, wie man die grundlegende Aufgabe des Verbindens löst. Dabei sei eine durch ihren Spurpunkt S und Fluchtpunkt F gegebene Gerade kurz als Gerade SF und eine durch ihre Spurgerade s und Fluchtgerade f gegebene Ebene kurz als Ebene sf bezeichnet. In bezug auf das Verbinden zweier Punkte P_1 und P_2 zu einer Geraden kommen drei verschiedene Aufgaben in Betracht. Wir suchen nämlich den Spurpunkt und Fluchtpunkt der Geraden P_1P_2 unter der Voraussetzung, daß die Punkte entweder in gegebenen Ebenen oder auf gegebenen Geraden liegen, so daß es die folgenden drei Möglichkeiten gibt:

Erstens: P_1 und P_2 seien als Punkte zweier Ebenen s_1f_1 und s_2f_2 gegeben, siehe Fig. 592. Man bestimmt nach Nr. 298 die Schnittgerade der Ebenen und legt durch P_1P_2 und irgendeinen Punkt Q der Schnittgeraden eine Hilfsebene. Die Spur- und Fluchtpunkte der in den gegebenen Ebenen gelegenen Geraden P_1Q und P_2Q sind bekannt; ihre Verbindenden, die zueinander

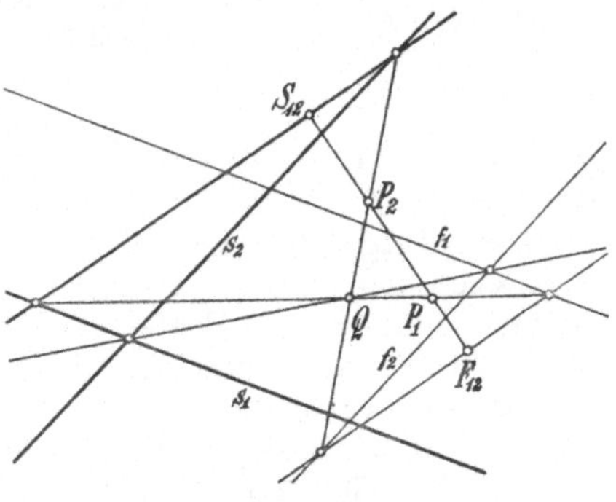

Fig. 592.

parallel sind, stellen die Spur- und Fluchtgerade der Hilfsebene dar.
Weil $P_1 P_2$ der Hilfsebene angehört, liegt der Spurpunkt S_{12} von $P_1 P_2$
auf der Spurgeraden und der Fluchtpunkt F'_{12} von $P_1 P_2$ auf der Fluchtgeraden der Hilfsebene.

Zweitens: P_1 sei als Punkt einer Ebene sf und P_2 als
Punkt einer Geraden SF gegeben, siehe Fig. 593. Nach Nr. 298
ermittelt man den Schnittpunkt Q der
Geraden SF mit der Ebene sf, indem
man durch die Gerade eine beliebige
Hilfsebene legt. Da die Gerade $P_1 Q$ der
Ebene sf angehört, kennt man ihren
Spurpunkt und Fluchtpunkt. Die Ebene
$P_1 P_2 Q$ enthält diese Gerade und die gegebene Gerade SF. Mithin ergibt sich
ihre Spurgerade durch Verbinden des
Spurpunktes von $P_1 Q$ mit S und ihre
Fluchtgerade durch Verbinden des Fluchtpunktes von $P_1 Q$ mit F. Auf diesen
beiden Verbindenden, die zueinander parallel sein müssen, liegen der Spurpunkt

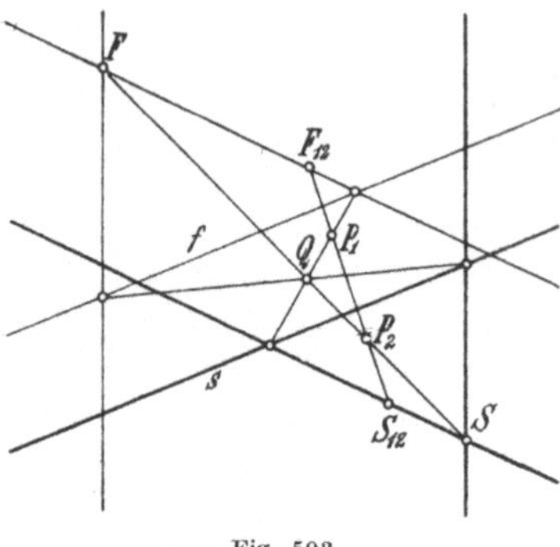

Fig. 593.

S_{12} und der Fluchtpunkt F_{12} von $P_1 P_2$, weil $P_1 P_2$ der Ebene $P_1 P_2 Q$
angehört.

Drittens: P_1 und P_2 seien als Punkte zweier Geraden $S_1 F_1$
und $S_2 F_2$ gegeben, siehe Fig. 594. Die Hilfsebene durch die Geraden
$S_1 F_1$ und $P_1 P_2$ enthält die Gerade $S_1 P_2$ mit dem Spurpunkt S_1. Da
diese Gerade die Gerade $S_2 F_2$ in P_2 schneidet,
liegen beide Geraden in einer Ebene, deren
Spurgerade $S_1 S_2$ ist, während ihre Fluchtgerade
parallel zu $S_1 S_2$ durch F_2 verläuft. Der Schnittpunkt dieser Fluchtgeraden mit $S_1 P_2$ ist somit
der Fluchtpunkt von $S_1 P_2$. Die Fluchtgerade
der Hilfsebene durch $S_1 F_1$ und $P_1 P_2$ ist die
Verbindende dieses Fluchtpunktes mit F_1, ihre
Spurgerade läuft parallel dazu durch S_1. Weil
die Gerade $P_1 P_2$ in der Ebene enthalten ist,
ergibt sich ihr Spurpunkt S_{12} auf der Spurgeraden und ihr Fluchtpunkt F_{12} auf der Fluchtgeraden dieser Hilfsebene.

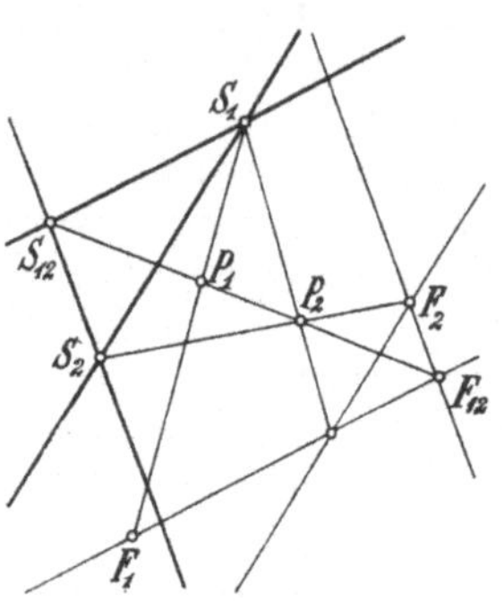

Fig. 594.

Man kann diese Aufgaben auch auf andere
Art lösen, z. B. im dritten Fall statt der Geraden $S_1 P_2$ in der Hilfsebene
die Gerade $F_1 P_2$ in der Hilfsebene verwenden.

Die Aufgaben des Verbindens dreier Punkte oder eines
Punktes und einer Geraden zu einer Ebene lassen sich auf die
soeben behandelten Fälle zurückführen, indem man darauf ausgeht,
zunächst die Spurpunkte und Fluchtpunkte von Geraden der gesuchten
Ebene zu bestimmen. Aus der großen Anzahl der möglichen Fälle
greifen wir als Beispiel die folgende Aufgabe heraus:

Auf drei Geraden $S_1 F_1$, $S_2 F_2$, $S_3 F_3$ seien Punkte P_1, P_2, P_3 gegeben.
Gesucht wird die Spurgerade und Fluchtgerade der Ebene $P_1 P_2 P_3$,
siehe Fig. 595. Zunächst bestimmen wir den Spurpunkt S_{12} und Fluchtpunkt F_{12} der Geraden $P_1 P_2$. Dies geschieht nach dem Verfahren in

Fig. 594. In derselben Weise bestimmen wir den Spurpunkt S_{23} und den Fluchtpunkt F_{23} der Geraden $P_2 P_3$. Zum Überfluß können wir noch

ebenso den Spurpunkt S_{31} und den Fluchtpunkt F_{31} der Geraden $P_3 P_1$ feststellen. Dann liegen S_{12}, S_{23}, S_{31} auf einer Geraden, der Spurgeraden s, und F_{12}, F_{23}, F_{31} auf einer dazu parallelen Geraden, der Fluchtgeraden f der Ebene $P_1 P_2 P_3$.

Bei der Lösung von Aufgaben, die sich ausschließlich auf das Verbinden und Schneiden von Punkten, Geraden und Ebenen beziehen, braucht man weder den Hauptpunkt H noch den Distanzkreis. Die Zeichnungen in den vorhergehenden Figuren sind also für jedes

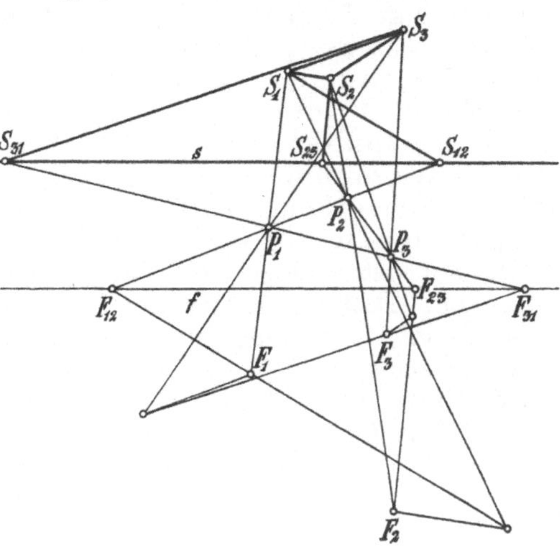

Fig. 595.

irgendwo angenommene Auge O perspektiv richtig. Was insbesondere die Aufgaben über das Parallelenziehen betrifft, so unterscheiden sie sich in der Perspektive nicht wesentlich von anderen Aufgaben des Verbindens. Denn soll man z. B. zu einer Geraden SF eine Parallele ziehen, so heißt dies, daß eine Gerade nach dem Fluchtpunkt F gezogen werden soll.

397. Ersatz-Spurpunkte und Spurparallelen. Die große und leicht verwirrende Anzahl von Hilfslinien, die bei den Aufgaben des Verbindens und Schneidens vorkommen können, wie es z. B. bei der letzten Aufgabe in Fig. 595 der Fall war, läßt sich manchmal verringern, indem man die Spurpunkte und Spurgeraden der Geraden und Ebenen, d. h. die Schnitte der Geraden und Ebenen mit der Tafel T, durch die Schnitte der Geraden und Ebenen mit einer zur Tafel parallelen Ebene $\mathfrak{E}$ ersetzt. Diese Schnitte wollen wir Ersatz-Spurpunkte und Spurparallelen nennen. Die Spurparallelen sind nämlich in Wahrheit und auch im Bilde Parallelen zu den Spurgeraden.

Um die Lage der Ersatz-Spurpunkte und Spurparallelen festzustellen, sei auf einer Geraden $S_0 F_0$ ein Punkt P_0 angenommen. Dann werde unter $\mathfrak{E}$ diejenige zur Tafel parallele Ebene verstanden, die durch den Punkt P_0 geht. Ist nun SF eine beliebige Gerade, siehe Fig. 596, so soll festgestellt werden, in welchem Punkt P sie durch $\mathfrak{E}$ getroffen wird. Wir ziehen noch die Gerade mit dem Spurpunkt S und Fluchtpunkt F_0. Sie bildet mit der Geraden $S_0 F_0$ (zu der sie in Wahrheit parallel ist) eine Ebene, deren Spurgerade $S_0 S$ ist. Diese Ebene wird von $\mathfrak{E}$ in der Spurparallelen durch P_0 geschnitten. Der Schnittpunkt der Spurparallelen mit SF_0 sei Q. Weiterhin liegen die Geraden SF_0 und SF in einer

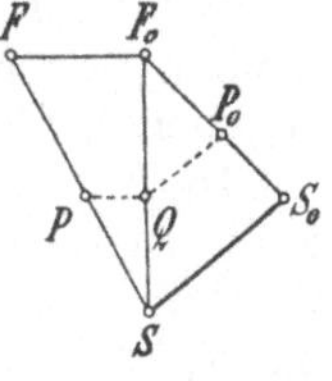

Fig. 596.

Ebene, deren Fluchtgerade F_0F ist. Mithin verläuft die Spurparallele in dieser Ebene von Q aus parallel zu F_0F. Sie schneidet SF in dem gesuchten Punkt P. Man sieht, daß P_0 die Strecke S_0F_0 in demselben Verhältnis teilt wie P die Strecke SF. Eine zur Tafel T parallele Ebene $\mathfrak{E}$ schneidet also alle Geraden in Punkten, deren perspektive Bilder die Strecken zwischen den Spurpunkten und Fluchtpunkten der Geraden in demselben Verhältnis teilen; sie schneidet ferner alle Ebenen in Spurparallelen, die in demselben Verhältnis die Abstände zwischen den Spurgeraden und Fluchtgeraden der Ebenen teilen.

Hiernach ist es leicht, die Ersatz-Spurpunkte und Spurparallelen zu bestimmen. Daß sie nun in der Tat gelegentlich nützlich sind, indem sie die Lösung von Aufgaben übersichtlicher gestalten, erörtern wir an einem Beispiel:

Gegeben seien drei zueinander windschiefe Geraden S_1F_1, S_2F_2, S_3F_3. Gesucht werden solche Geraden, die alle drei gegebenen Geraden schneiden. Daß die gegebenen Geraden zueinander windschief sind, kommt dadurch zum Ausdruck, daß S_1S_2 nicht zu F_1F_2, ferner S_2S_3 nicht zu F_2F_3 und schließlich auch S_3S_1 nicht zu F_3F_1 parallel ist, siehe Fig. 597. Die drei gegebenen Geraden sind hier auch mit a_1, a_2 und a_3 bezeichnet. Wir wählen nun auf a_1 oder S_1F_1 irgendeinen Punkt P und bestimmen dann auf a_2 und a_3 Punkte so, daß sie S_2F_2 und S_3F_3 in demselben Verhältnis teilen, wie P die Strecke S_1F_1 teilt. Das sind die mit 1 bezeichneten Punkte auf a_2 und a_3. Die Ebenen durch P und a_2 und durch P und a_3 haben nun die Geraden von P nach diesen beiden Punkten 1 als Spurparallelen; mithin

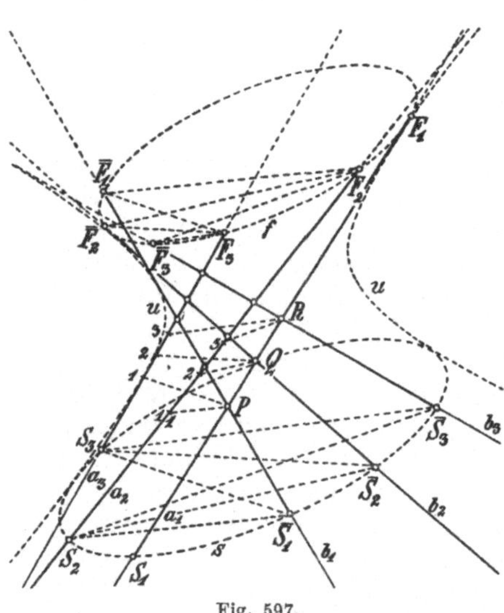

Fig. 597.

sind ihre Fluchtgeraden die Parallelen zu diesen Geraden durch F_2 und F_3. Sie schneiden sich also im Fluchtpunkte $\overline{F}_1$ der Geraden, die den Ebenen $(P\,a_2)$ und $(P\,a_3)$ gemein ist. Ebenso schneiden sich die Parallelen durch S_2 und S_3 im Spurpunkte $\overline{S}_1$ dieser Schnittgeraden. Da nun die Schnittgerade der Ebenen $(P\,a_2)$ und $(P\,a_3)$ durch P geht und sowohl a_2 als auch a_3 trifft, ist somit $\overline{S}_1\overline{F}_1$ eine Gerade b_1, die alle drei gegebenen Geraden a_1, a_2, a_3 schneidet und zwar a_1 in P.

In Fig. 597 sind außer P noch zwei andere Punkte Q und R auf a_1 willkürlich gewählt. Die Punkte 1, 2, 3 auf a_2 und a_3 sind so angenommen worden, daß sie S_2F_2 und S_3F_3 in denselben Verhältnissen teilen, in die S_1F_1 durch P, Q und R zerlegt wird. Ebenso wie vorhin $\overline{F}_1$ und $\overline{S}_1$ bestimmt wurden, sind $\overline{F}_2$ und $\overline{S}_2$ mit Hilfe der Teilpunkte 2 und $\overline{F}_3$ und $\overline{S}_3$ mit Hilfe der Teilpunkte 3 ermittelt. So erhalten wir drei Geraden $\overline{S}_1\overline{F}_1$, $\overline{S}_2\overline{F}_2$, $\overline{S}_3\overline{F}_3$ oder b_1, b_2, b_3, die die drei gegebenen windschiefen Geraden a_1, a_2, a_3 schneiden. In derselben Weise kann man beliebig viele finden.

***398. Nochmals das einschalige Hyperboloid**[1]). Die soeben ermittelten drei Geraden b_1, b_2, b_3 sind zueinander windschief. Denn wenn sich z. B. b_1 und b_2 schnitten, müßten a_1, a_2, a_3 in der Ebene von b_1 und b_2 liegen, also entgegen der gemachten Voraussetzung einander ebenfalls schneiden.

Somit liegen zwei Tripel von je drei windschiefen Geraden a_1, a_2, a_3 und b_1, b_2, b_3 derart vor, daß jede Gerade des einen Tripels jede des anderen schneidet.

Die Betrachtung zu Beginn von Nr. 149, die sich auf zwei derartige Geradentripel bezog (dort mit AB, CD, FH und DA, BC, EG bezeichnet) und die in Fig. 211 ihren Ausdruck fand, gilt auch jetzt. Denn sie ist unabhängig davon, ob die Figur durch eine Parallelprojektion wie dort oder allgemeiner durch eine Zentralprojektion entsteht. Mithin gilt der zu Anfang von Nr. 150 ausgesprochene Satz auch dann, wenn darin a_1, a_2, a_3 und b_1, b_2, b_3 perspektive Bilder der beiden Geradentripel sind. Also sind die Bilder der beiden Geradentripel die Seiten eines Brianchonschen Sechsseits. Daraus folgt nach Nr. 383, daß sie Tangenten eines Kegelschnitts sind. Dieser Kegelschnitt ist in Fig. 597 der letzten Nummer punktiert als die Hyperbel u angegeben. In Nr. 151 wurde bewiesen, daß jede vierte Gerade b_4, die a_1, a_2, a_3 schneidet, auch jede vierte Gerade a_4 trifft, die b_1, b_2, b_3 schneidet. Man kann deshalb eine der Geraden b_1, b_2, b_3 auch durch b_4 oder eine der Geraden a_1, a_2, a_3 auch durch a_4 ersetzen, d. h. alle Geraden b, die a_1, a_2, a_3 schneiden, und alle Geraden a, die b_1, b_2, b_3 schneiden, erzeugen eine und dieselbe krumme Fläche, und die Bilder aller dieser Geraden, die sich vermöge irgendeiner Perspektive ergeben, berühren sämtlich einen Kegelschnitt. Die Fläche heißt, wie dort schon gesagt wurde, ein einschaliges Hyperboloid Danach gilt der Satz:

Bei jeder perspektiven Abbildung hat ein einschaliges Hyperboloid einen Kegelschnitt als Umriß.

Nebenbei sei erwähnt: Auf Grund der Konstruktion in der letzten Nummer ließe sich nach Nr. 382 beweisen, daß der geometrische Ort der Spurpunkte S aller Geraden SF, die die drei gegebenen windschiefen Geraden S_1F_1, S_2F_2, S_3F_3 schneiden, ein Kegelschnitt ist, d. h. also, daß das einschalige Hyperboloid die Tafel T in einem Kegelschnitt schneidet. Auch dieser Kegelschnitt ist in Fig. 597 der letzten Nummer punktiert angegeben. Er stellt sich dort als eine Ellipse s dar. Nun ist zu beachten, daß die Tafel in beliebiger Lage gegenüber den drei schiefen Geraden a_1, a_2, a_3 angenommen worden war. Dasselbe gilt daher auch für jede andere Ebene: Ein einschaliges Hyperboloid wird von jeder Ebene in einem Kegelschnitt getroffen, insbesondere auch von der unendlich fernen Ebene, d. h. auch die Fluchtpunkte F_1, F_2, $F_3 \ldots$ und $\overline{F}_1$, $\overline{F}_2$, $\overline{F}_3 \ldots$ liegen auf einem Kegelschnitt f, der ebenfalls in Fig. 597 der letzten Nummer punktiert als Ellipse angegeben ist.

Wenn eine der Geraden a und eine der Geraden b unendlich fern wird, geht das einschalige Hyperboloid in ein hyperbolisches Para-

---

[1]) Die mit Sternchen versehenen Nummern sind überschlagbar.

boloid über (Nr. 152). Die vorstehenden Sätze gelten also auch für dieses. In Fig. 216 von Nr. 152 ist der Kegelschnittumriß des hyperbolischen Paraboloids zu erkennen.

399. Wahre Länge einer Strecke. Bei den Aufgaben, die wir von jetzt an besprechen, wird der Distanzkreis benutzt. Ihre Lösung hängt also wesentlich mit von der Lage des Auges O gegenüber der Tafel ab.

Auf einer Geraden SF seien zwei Punkte A und B gegeben, gesucht wird die wahre Länge der Strecke AB. Diese Aufgabe wurde in Nr. 308 für den Fall einer in einer wagerechten Ebene liegenden Geraden erledigt. Die dort in Anknüpfung an Fig. 446 aufgestellte Proportion

$$SP : S\mathfrak{P} = OF : F\mathfrak{P}$$

gilt offenbar auch für beliebig gelegene Geraden SF. Wir sprechen sie so aus: Ist auf einer Geraden SF ein Punkt gegeben, so verhält sich die Strecke vom Spurpunkt S bis zum wahren Punkt zum Bilde dieser Strecke gerade so wie der Abstand des Auges O vom Fluchtpunkt F zur Strecke vom Fluchtpunkt F bis zum Bildpunkt. Die wahre Länge von OF ergibt sich wie in Nr. 297 durch Umlegen des bei H rechtwinkligen Dreiecks HFO um die Kathete HF, wobei O nach einem der beiden Punkte (O) gelangt, in denen das in H auf HF errichtete Lot den Distanzkreis schneidet, siehe Fig. 598. Zieht man zu $(O)F$ die Parallele durch S und bringt man sie mit den Geraden $(O)A$ und $(O)B$ in (A) und (B) zum Schnitt, so sieht man: Die Strecke $S(A)$ verhält sich zur Bildstrecke SA wie OF oder $(O)F$ zur Strecke vom Fluchtpunkt F bis zum Bildpunkt A, und die Übereinstimmung dieser Proportion mit der vorhin genannten in den letzten drei Gliedern zeigt, daß auch die ersten Glieder übereinstimmen, d. h. daß $S(A)$ die wahre Länge der Strecke SA ist. Ebenso ist $S(B)$ die

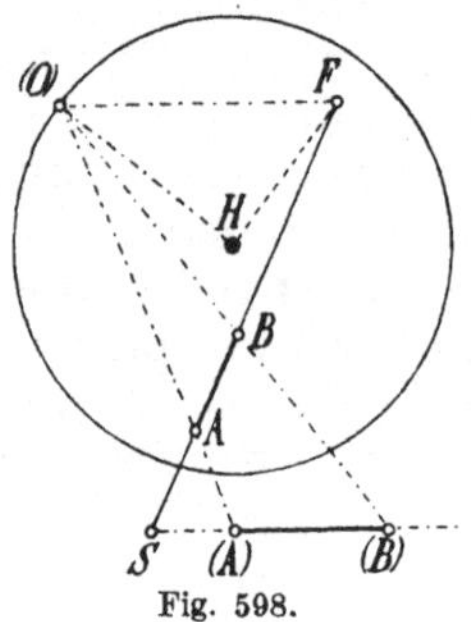
Fig. 598.

wahre Länge von SB, mithin stellt $(A)(B)$ die wahre Länge von AB dar.

Das umgelegte Auge (O) spielt somit für das perspektive Auftragen von Strecken von gegebener Länge auf die Gerade SF dieselbe Rolle wie der Teilungspunkt T in Nr. 308.

400. Kennzeichen für das Senkrechtstehen einer Geraden auf einer Ebene. Nach Nr. 18 lassen sich alle Aufgaben über das Senkrechtstehen auf eine der beiden Aufgaben zurückführen, entweder die zu einer gegebenen Richtung senkrechte Stellung oder die zu einer gegebenen Stellung senkrechte Richtung zu bestimmen. In der Perspektive wird jede Richtung durch einen Fluchtpunkt und jede Stellung durch eine Fluchtgerade gegeben. Denn ein Fluchtpunkt F kennzeichnet die Richtung des Sehstrahls OF, und alle Geraden mit dem Fluchtpunkt F haben die Richtung dieses Sehstrahls (Nr. 294). Ebenso kennzeichnet eine Fluchtgerade f die Stellung der Sehebene (Of), und alle Ebenen mit der Fluchtgeraden f haben diese Stellung (Nr. 295). Hieraus erhellt von vornherein, daß das Senkrechtstehen einer Geraden

auf einer Ebene einzig und allein in einer besonderen Lage
des Fluchtpunktes F der Geraden zur Fluchtgeraden f der
Ebene zum Ausdruck kommen muß, während es dabei vollkommen
einerlei ist, wo der Spurpunkt der Geraden und die Spurgerade der
Ebene liegt.

Ist f eine Fluchtgerade, so möge der Fluchtpunkt aller Geraden,
die zu den Ebenen mit der Fluchtgeraden f senkrecht sind, mit $\overline{F}$ bezeichnet sein. Ist die Gerade f gegeben, so muß $\overline{F}$ so liegen daß $O\overline{F}$
zur Ebene (Of) senkrecht ist. Daraus folgt nach Nr. 17 die in Fig. 599
angegebene Konstruktion von $\overline{F}$: Man fällt vom
Hauptpunkt H das Lot auf die Fluchtgerade f.
Der Fußpunkt F dieses Lotes ist der Hauptfluchtpunkt aller Ebenen mit der Fluchtgeraden f
(Nr. 297), und die Gerade OF ist Fallinie der
Sehebene (Of) gegenüber der Tafel. Daher muß $\overline{F}$
so auf HF liegen, daß $\sphericalangle FO\overline{F}$ ein rechter Winkel
ist. Indem man das Dreieck $FO\overline{F}$ um seine
Hypotenuse in die Tafel umlegt, ergibt sich der
umgelegte Punkt (O) als einer der Schnittpunkte
des Distanzkreises mit der Parallelen zu f durch H,
und $\overline{F}$ ist der Schnittpunkt des in (O) auf $(O)F$

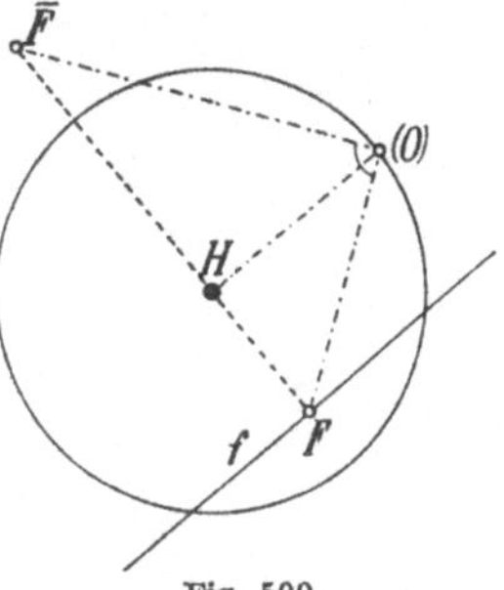

Fig. 599.

errichteten Lotes mit HF. Ist nicht die Fluchtgerade f, sondern der
Fluchtpunkt $\overline{F}$ gegeben, so geht durch umgekehrte Ausführung der
Konstruktion die Fluchtgerade f aller Ebenen hervor, die zu allen Ge-
raden mit dem Fluchtpunkt $\overline{F}$ senkrecht sind.

Das Produkt der Hypotenusenabschnitte HF und $H\overline{F}$ des rechtwinkligen Dreiecks $F(O)\overline{F}$ ist gleich dem Quadrat der Höhe $H(O)$ oder d.
Daß F und $\overline{F}$ auf verschiedenen Seiten von H liegen, bringen wir
dadurch zum Ausdruck, daß wir HF und $H\overline{F}$ mit entgegengesetzten
Vorzeichen messen:

$$HF \cdot H\overline{F} = -d^2.$$

Ist eine Ebene mit der Fluchtgeraden f zu einer Geraden mit dem Fluchtpunkt $\overline{F}$ senkrecht, so liegt der
Hauptfluchtpunkt F der Ebene auf der Geraden $H\overline{F}$ und
zwar auf der anderen Seite von H derart, daß das Produkt
der Abstände HF und $H\overline{F}$ gleich $-d^2$ ist.

401. Lot von einem Punkt auf eine Ebene oder Gerade. Von einem
auf einer Geraden SF gegebenen Punkt P soll das Lot auf
eine gegebene Ebene sf gefällt werden, siehe Fig. 600. Der Flucht-
punkt $\overline{F}$ des Lotes geht aus f wie in Fig. 599 hervor. Das Lot $P\overline{F}$ und
die gegebene Gerade SF liegen in einer Ebene mit der Fluchtgeraden $F\overline{F}$,
deren Spurgerade also die Parallele zu $F\overline{F}$ durch S ist. Diese Spurgerade schneidet $P\overline{F}$ im Spurpunkt $\overline{S}$ des Lotes. Den Fußpunkt Q
des Lotes auf der gegebenen Ebene sf findet man nach Nr. 298, indem
man durch das Lot eine Hilfsebene legt, deren Spurgerade $\bar{s}$ eine beliebige Gerade durch $\overline{S}$ und deren Fluchtgerade $\bar{f}$ die Parallele zu $\bar{s}$
durch $\overline{F}$ ist. Die Gerade, die den Schnittpunkt von s und $\bar{s}$ mit dem

von f und $\bar{f}$ verbindet, schneidet das Lot im gesuchten Fußpunkt Q.
Die wahre Länge des Lotes PQ kann man nach Nr. 399 bestimmen.

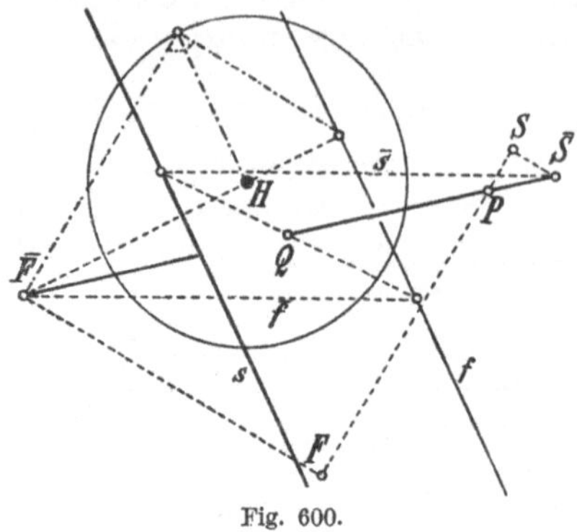

Fig. 600.

Die Hilfsebene $\bar{s}\,\bar{f}$ ist eine der unendlich vielen Ebenen durch P, die
auf der gegebenen Ebene $s\,f$ senkrecht stehen. Als Hilfsebene kann
man insbesondere die durch das Lot
und durch SF benutzen. In Fig. 600
haben wir, um das Ergebnis anschaulicher zu machen, die gegebene
Ebene $s\,f$ undurchsichtig angenommen
und durch ihre Spurgerade s begrenzt.
Was dann vom Lot von P aus sichtbar ist, wird nach den Vorschriften
von Nr. 298 bestimmt.

Nun soll von einem auf
einer Geraden SF gegebenen Punkte P das Lot auf eine andere gegebene Gerade $\bar{S}\,\bar{F}$ gefällt werden, siehe Fig. 601. Nach

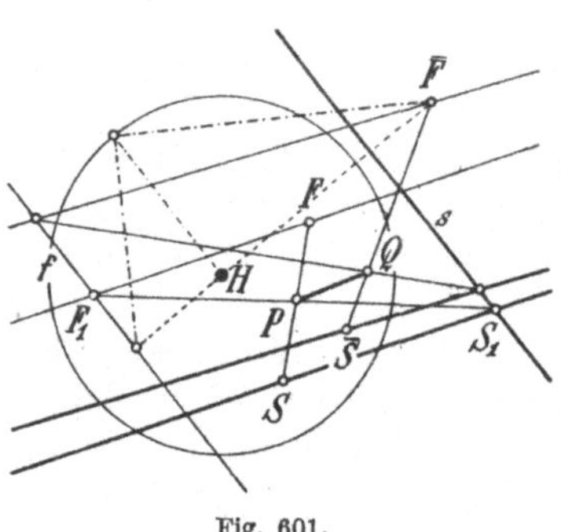

Fig. 601.

Nr. 19 legt man durch P die zur Geraden $\bar{S}\,\bar{F}$ senkrechte Ebene. Ihre Fluchtgerade f ergibt sich aus dem Fluchtpunkt F so wie in Fig. 599 von Nr. 400.
Da die Ebene durch P gehen soll, enthält
sie die Gerade, die von P nach einem
beliebigen Fluchtpunkt F_1 auf f geht, und
da diese Gerade die Gerade SF in P
schneidet, ergibt sich ihr Spurpunkt S_1
durch den Schnitt mit der zu FF_1 parallelen Geraden durch S. Mithin hat die
durch P gehende und zur Geraden SF
senkrechte Ebene als Spurgerade s die

Parallele zu f durch S_1. Schließlich ist noch der Schnittpunkt Q der
Ebene $s\,f$ mit der gegebenen Geraden $\bar{S}\,\bar{F}$ nach Nr. 298 dadurch zu ermitteln, daß man durch $\bar{S}\,\bar{F}$ eine beliebige Hilfsebene legt und sie mit
der Ebene $s\,f$ schneidet. Dann ist PQ das gesuchte Lot von P auf $\bar{S}\,\bar{F}$,
und die wahre Länge dieses Lotes kann nach Nr. 399 bestimmt werden.

402. Kürzester Abstand windschiefer Geraden. Zwei zueinander windschiefe Geraden S_1F_1 und S_2F_2 seien gegeben, so daß also S_1S_2 nicht
zu F_1F_2 parallel ist. Der kürzeste Abstand zwischen den beiden Geraden
(Nr. 214, 228) verbindet einen gewissen Punkt P_1 von S_1F_1 mit einem gewissen Punkt P_2 von S_2F_2 derart, daß die Gerade P_1P_2 sowohl zur Geraden S_1F_1 als auch zur Geraden S_2F_2 senkrecht ist.

Nun liegen alle zur Geraden S_1F_1 senkrechten Geraden in den zu
dieser Geraden senkrechten Ebenen, d. h. die Fluchtpunkte aller zur
Geraden S_1F_1 senkrechten Geraden befinden sich auf der gemeinsamen
Fluchtgeraden $\bar{f}_1$ aller zur Geraden S_1F_1 senkrechten Ebenen. Diese
Fluchtgerade $\bar{f}_1$ geht aus dem Fluchtpunkt F_1 so hervor wie die Fluchtgerade f in Fig. 599 von Nr. 400 aus dem Fluchtpunkt $\bar{F}$. Siehe Fig. 602.
Ebenso liegen die Fluchtpunkte aller zur Geraden S_2F_2 senkrechten

Geraden auf der gemeinsamen Fluchtgeraden $\overline{f_2}$ aller zur Geraden S_2F_2 senkrechten Ebenen, und diese Fluchtgerade $\overline{f_2}$ geht in entsprechender Weise aus F_2 hervor. Der Schnittpunkt F_3 von $\overline{f_1}$ und $\overline{f_2}$ ist mithin der Fluchtpunkt der gesuchten Geraden P_1P_2. Da P_1P_2 und S_1F_1 in einer Ebene liegen, muß sich der Spurpunkt S_3 von P_1P_2 auf der zu F_1F_3 parallelen Spurgeraden durch S_1 befinden. Ferner muß er entsprechend auf der zu F_2F_3 parallelen Spurgeraden durch S_2 gelegen sein, so daß er dadurch bestimmt wird. Schließlich ergeben sich P_1 und P_2 als die Schnittpunkte von S_3F_3 mit S_1F_1 und S_2F_2. Die wahre Länge des kürzesten Abstandes P_1P_2 kann man nach Nr. 399 finden.

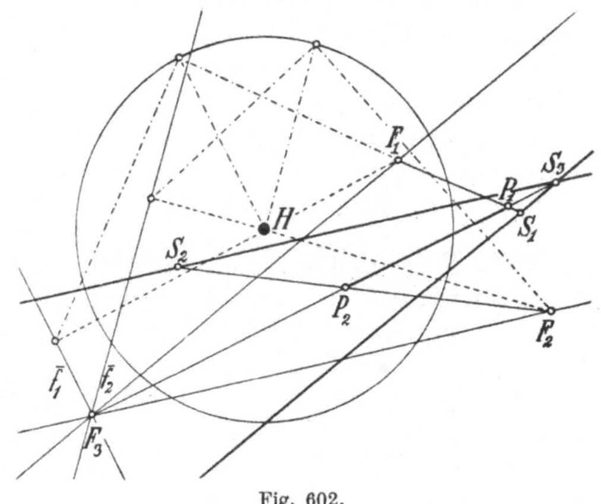

Fig. 602.

403. Wahre Größe eines Winkels. Zunächst erinnern wir daran, daß zwei Geraden auch dann, wenn sie zueinander windschief sind, gewisse Winkel miteinander bilden (Nr. 6). Ferner erinnern wir daran, daß die Richtung einer Geraden einzig und allein durch ihren Fluchtpunkt und die Stellung einer Ebene einzig und allein durch ihre Fluchtgerade bestimmt wird. Hieraus folgt, daß es möglich sein muß, die Winkel von Geraden und Geraden oder von Geraden und Ebenen oder schließlich von Ebenen und Ebenen zu bestimmen, sobald man bloß die Fluchtpunkte der Geraden und Fluchtgeraden der Ebenen kennt, während die Lage der Spurpunkte und Spurgeraden dabei gar nicht in Betracht kommt.

Sind F_1 und F_2 die gegebenen Fluchtpunkte zweier Geraden, so ist die eine Gerade zu OF_1 und die andere zu OF_2 parallel, demnach bilden OF_1 und OF_2 diejenigen Winkel miteinander, die von den beiden Geraden bestimmt werden. Die wahre Größe der Winkel ergibt sich, wenn man das Dreieck F_1OF_2 um die Grundlinie F_1F_2 in die Tafel umlegt, siehe Fig. 603. Dabei beschreibt O einen Kreis, dessen Mittelpunkt der Fußpunkt F des Lotes von H auf F_1F_2 ist und dessen Radius FO durch Umlegen des bei H rechtwinkligen Dreiecks FHO um FH hervorgeht. Bei der Umlegung dieses Dreiecks kommt O nach einem der Punkte (O), in denen die Parallele zu F_1F_2

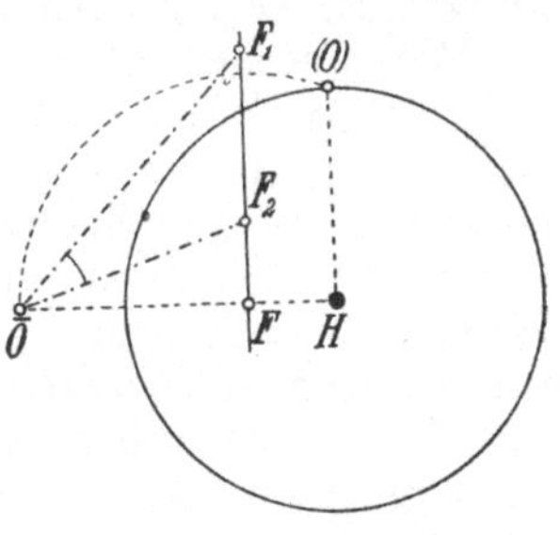

Fig. 603.

durch H den Distanzkreis schneidet. Also gelangt O bei der Umlegung des Dreiecks F_1OF_2 um F_1F_2 nach einem der Punkte $\overline{O}$, in denen der Kreis um F durch (O) die Gerade HF schneidet. Folglich ist $\sphericalangle F_1\overline{O}F_2$ die wahre Größe des spitzen Winkels, den die Geraden mit den gegebenen Fluchtpunkten F_1 und F_2 miteinander bilden.

Ist der Fluchtpunkt F einer Geraden und die Fluchtgerade f einer Ebene gegeben, so sind die Winkel, die die Gerade mit der Ebene bildet, die Komplemente der Winkel, die die Gerade mit den Loten der Ebene bildet. Die Lote haben als Fluchtpunkt $\overline{F}$ denjenigen Punkt, der sich nach Fig. 599 von Nr. 400 ergibt, und die Aufgabe, die wahre Größe der Winkel zwischen der Geraden und der Ebene zu bestimmen, ist dadurch auf die vorhergehende Aufgabe zurückgeführt.

Ebenso behandelt man die Aufgabe, die wahre Größe der Winkel **zweier Ebenen** zu ermitteln, wenn die Fluchtgeraden der Ebenen gegeben sind, indem man nämlich statt ihrer die Winkel der zu den Ebenen senkrechten Geraden bestimmt.

404. Perspektive Axonometrie. Jetzt soll es sich darum handeln, **das perspektive Bild eines beliebig im Raum angenommenen rechtwinkligen Achsenkreuzes herzustellen** (Nr. 49). Die Achsen seien als die x-, y- und z-Achse bezeichnet, ihre Fluchtpunkte mit F_x, F_y, F_z. Die Achsenebenen, also die yz-Ebene, zx-Ebene und xy-Ebene, mögen die Fluchtgeraden f_{yz}, f_{zx}, f_{xy} haben.

Da sich F_x, F_y, F_z als Schnittpunkte der Tafel mit den zu den Achsen parallelen Sehstrahlen ergeben, bilden diese drei Sehstrahlen ebenfalls ein rechtwinkliges Achsenkreuz, das aus dem zu zeichnenden durch Verschiebung des Mittelpunktes des Achsenkreuzes nach O entsteht. Man sieht daraus, daß das Dreieck $F_x F_y F_z$ der Fluchtpunkte jetzt dieselbe Rolle spielt wie in Nr. 49 und weiterhin das Spurdreieck $\mathfrak{XYZ}$ eines senkrecht auf die Tafel projizierten rechtwinkligen Achsenkreuzes. Es ist deshalb **spitzwinklig**, vorausgesetzt, daß, wie wir annehmen wollen, keine Achse zur Tafel parallel sei, und der **Hauptpunkt H ist als senkrechte Projektion von O auf die Tafel der Höhenschnittpunkt des Fluchtpunktdreiecks.** In Nr. 49 und weiterhin wählten wir das Spurdreieck $\mathfrak{XYZ}$ beliebig **als** spitzwinkliges Dreieck und ermittelten nachträglich den Höhenschnittpunkt H sowie die Höhe HO des Mittelpunktes des Achsenkreuzes über der Tafel. Jetzt dagegen ist HO gegeben, und deshalb ist der Gang der Konstruktion anders, obgleich das Ergebnis, soweit es die Fluchtpunkte F_x, F_y, F_z betrifft, dasselbe ist wie damals.

Wir nehmen einen Fluchtpunkt F_x beliebig an. Die yz-Ebene ist zur ersten Achse senkrecht; mithin ergibt sich ihre Fluchtgerade f_{yz} aus F_x so, wie die Gerade f in Fig. 599 von Nr. 400 aus dem dort mit $\overline{F}$ bezeichneten Fluchtpunkt hervorging, siehe Fig. 604. Da die zweite Achse der yz-Ebene angehört, muß ihr Fluchtpunkt F_y auf f_{yz} liegen. Wird er beliebig auf f_{yz} angenommen, so steht fest, daß die erste Achse zur zweiten senkrecht ist. Nun geht die Fluchtgerade f_{zx} der zx-Ebene aus dem Fluchtpunkt F_y der zweiten Achse wieder wie in Fig. 599 von Nr. 400 die Gerade f aus $\overline{F}$ hervor. Da die zx-Ebene die x-Achse enthält, muß f_{zx} durch F_x gehen. Der Schnittpunkt von f_{yz} und f_{zx} ist der Fluchtpunkt F_z der dritten Achse, und die Gerade $F_x F_y$ die Fluchtgerade f_{xy} der xy-Ebene. Man kann diese Gerade f_{xy} aufs neue unabhängig davon bestimmen, indem man sie aus F_z wiederum nach dem Verfahren in Fig. 599 von Nr. 400 ableitet. Nachdem so die drei Fluchtpunkte F_x, F_y, F_z ermittelt worden sind, wählt man den Spurpunkt S_x der x-Achse irgendwo und auf $S_x F_x$ den Mittelpunkt P des Achsenkreuzes irgendwo. Die xy-Ebene und die zx-Ebene haben dann die Spurgeraden s_{xy} und s_{zx}, die durch S_x gehen und zu den Fluchtgeraden f_{xy} und f_{zx} parallel sind.

Auf diesen Spurgeraden liegen die Spurpunkte S_y und S_z der zweiten und dritten Achse. Eine Probe der Richtigkeit ergibt sich daraus, daß die Verbindende von S_y und S_z die Spurgerade s_{yz} der yz-Ebene und daher zu f_{yz} parallel sein muß. In Fig. 604 sind die Achsenebenen als undurchsichtig und durch die Spurgeraden sowie durch die Achsen selbst begrenzt angenommen worden.

Ist der Hauptpunkt H und die Distanz von vornherein nicht gegeben, so kann man von einem beliebigen spitzwinkligen Fluchtpunktdreieck $F_x F_y F_z$ ausgehen. Dann ist der Hauptpunkt H der Schnittpunkt der Höhen des Dreiecks, und nachträglich ergibt sich die Länge der Distanz, wenn man den zur Tafel senkrechten Schnitt längs der Geraden $F_x H$ um diese Gerade in die Tafel umlegt.

Da die drei Dreiecke $F_y O F_z$, $F_z O F_x$ und $F_x O F_y$ in O rechtwinklig sind, geht O bei der Umlegung dieser Dreiecke um ihre Hypotenusen in drei Punkte (O) über, die einerseits auf den Kreisen mit den Durchmessern $F_y F_z$, $F_z F_x$, $F_x F_y$ und andererseits auf den Höhen des Fluchtpunktdreiecks liegen. Man kommt dadurch zu einer Figur, wie es Fig. 73 von Nr. 52 war, wenn man von den dort gemachten Konstruk-

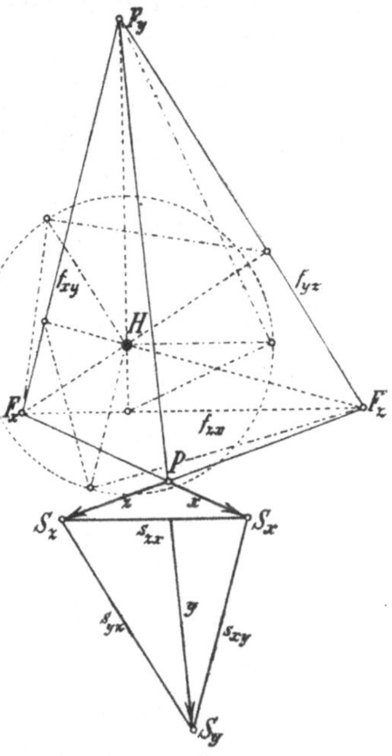

Fig. 604.

tionen für die senkrechte Projektion eines Rechtflachs absieht. Diese Konstruktionen haben hier, wo die dort mit $\mathfrak{X}$, $\mathfrak{Y}$, $\mathfrak{Z}$ bezeichneten Punkte nicht Spur-, sondern Fluchtpunkte sind, keinen Sinn.

Die Darstellung eines rechtwinkligen Achsenkreuzes in der Perspektive kann man benutzen, um das perspektive Bild eines Gegenstandes, der durch seine senkrechten Projektionen auf eine Grundrißtafel, Aufrißtafel und Kreuzrißtafel gegeben ist, für den Fall zu zeichnen, wo das Achsenkreuz dieser Tafeln eine beliebige Lage gegenüber der Bildtafel T und dem Auge O hat. Ein Punkt Q des Raumes kann durch seine Abstände von den Tafeln, also durch seine rechtwinkligen Koordinaten, gegeben werden, und dann kann man ihn in die perspektive Darstellung des Achsenkreuzes einzeichnen, sobald man die Strecken auf den Achsen nach ihren wahren Längen zu messen vermag. Zu diesem Zweck versieht man sie mit kongruenten Maßstäben in der richtigen perspektiven Darstellung. Dazu kann man das Verfahren von Nr. 399 für jede der drei Achsen anwenden. Aber bequemer ist es, wie in Fig. 605 vorzugehen: Auf dem Bild der x-Achse wählt man einen Punkt X beliebig; er soll den Einheitspunkt des Maßstabes auf der x-Achse bedeuten. Dann handelt es sich darum, die Strecke, die im Bild durch PX dargestellt ist, perspektiv richtig wiederholt auf alle drei Achsen aufzutragen, wodurch man zu den gewünschten Teilpunkten $1, 2, 3 \ldots$ der Achsen gelangen würde. Wären diese Teilpunkte schon bekannt, so

würden diejenigen Geraden der xy-Ebene, die durch die Teilpunkte
$1, 2, 3 \ldots$ der x-Achse gehen und den Fluchtpunkt F_y haben, mit denjenigen, die durch die Teilpunkte $1, 2, 3 \ldots$ der y-Achse gehen und
den Fluchtpunkt F_x haben, eine quadratische Täfelung der xy-Ebene
im perspektiven Bild liefern. Diese Täfelung stellt man wie in Fig. 512
von Nr. 342 her, indem man den gemeinsamen Fluchtpunkt D_{xy} der
einen Schar von Quadratdiagonalen benutzt. Er liegt auf der Fluchtgeraden f_{xy} der xy-Ebene, und zwar ist er der Schnittpunkt dieser
Geraden mit derjenigen Geraden, die den umgelegten rechten Winkel

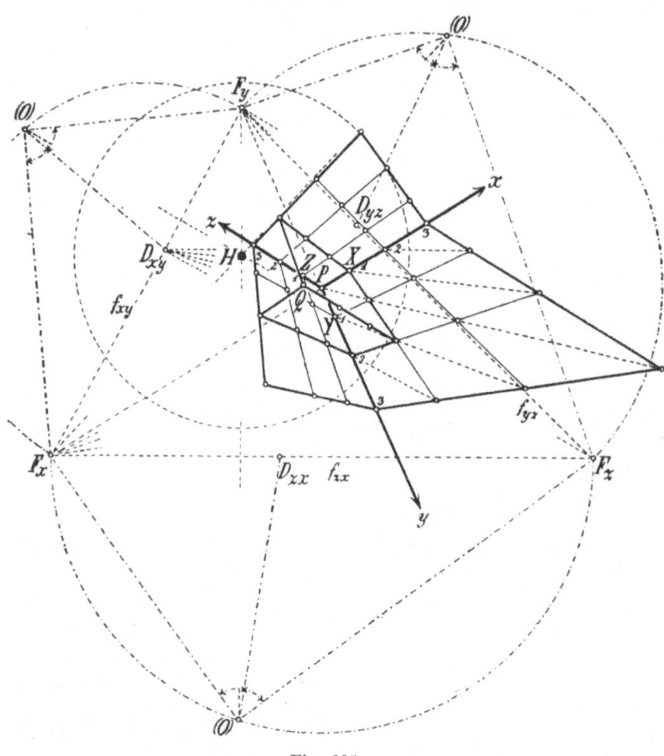

Fig. 605.

$F_x(O)F_y$ in gleiche Teile zerlegt. Durch abwechselndes Ziehen der Geraden nach den Fluchtpunkten F_x, F_y und D_{xy} geht die Täfelung hervor. Man kann sie auch über P hinaus rückwärts fortsetzen (was in
Fig. 605 unterlassen ist). Ebenso bestimmt man die Fluchtpunkte D_{yz}
und D_{zx} der Quadratdiagonalen für die Täfelungen der beiden anderen
Achsenebenen, so daß man imstande ist, auch diese Täfelungen zu
zeichnen. Insbesondere ergeben sich auf diesem Wege auch alle Teilpunkte $1, 2, 3 \ldots$ auf den Achsen, namentlich also auch die Einheits-
punkte Y und Z der y- und z-Achse. Nachdem man die Täfelungen
gezeichnet hat, ist es leicht, das perspektive Bild eines Punktes Q zu
finden, der hinsichtlich des Achsenkreuzes gegebene rechtwinklige Koordinaten hat. So ist in Fig. 605 der Punkt Q bestimmt worden, dessen
Abstände von der yz-Ebene, zx-Ebene und xy-Ebene gleich $1, 2, 3$ sind.
Man muß nämlich die Strecken $P1, P2, P3$ auf den drei Achsen als

Kanten eines Rechtflachs auffassen. Da alle Kanten des Rechtflachs die Fluchtpunkte F_x, F_y, F_z haben, läßt es sich sofort vervollständigen. Die P gegenüberliegende Ecke des Rechtflachs ist der gesuchte Punkt Q.

Hierin sind die Grundbegriffe der perspektiven Axonometrie enthalten. Die Auseinandersetzungen in Nr. 282 lassen sich in entsprechender Abänderung für den Fall der Perspektive auch jetzt anwenden, so daß man imstande ist, in beliebiger Lage gegenüber der Tafel und dem Auge das perspektive Bild eines Gegenstandes zu entwerfen, von dem der Grundriß und Aufriß oder Kreuzriß vorliegt.

405. Würfel in allgemeiner Lage. Ein einfaches Beispiel zu dem soeben Erörterten bietet Fig. 606 mit dem perspektiven Bild eines Würfels in allgemeiner Lage. Nachdem die Fluchtpunkte F_x, F_y, F_z und D_{yz},

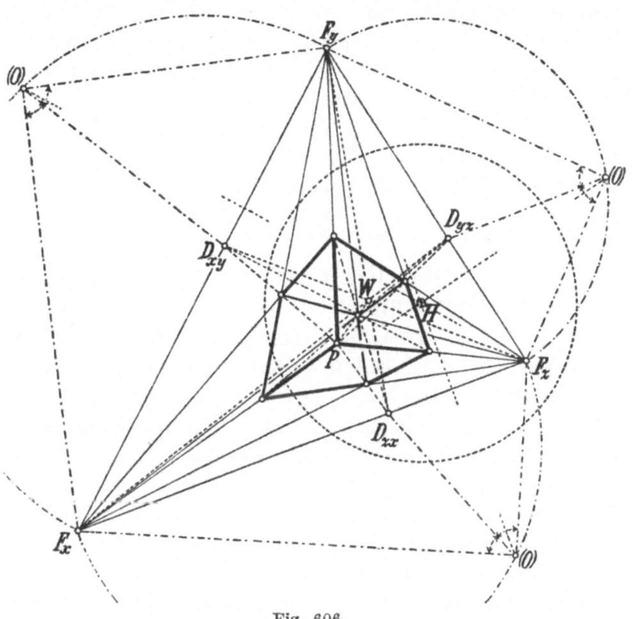

Fig. 606.

D_{zx}, D_{xy} wie in voriger Nummer ermittelt worden sind, wählt man einen beliebigen Punkt P als eine Würfelecke und zieht die von ihm ausgehenden Geraden PF_x, PF_y, PF_z, auf denen die Würfelkanten liegen. Eine Kante, z. B. die auf PF_x, kann man beliebig lang annehmen. Durch ihren Endpunkt zieht man die Geraden nach F_y und F_z. Sie schneiden die Geraden PD_{xy} und PD_{zx} in den P gegenüberliegenden Ecken der längs PF_x zusammenstoßenden Würfelquadrate, die dann leicht zu vervollständigen sind, wodurch sich also auch das Bild des dritten in P anstoßenden Quadrates ergibt. Die Zeichnung wird dadurch geprüft, daß die von P ausgehende Diagonale des dritten Quadrates nach D_{yz} gehen muß. Die noch fehlenden drei Würfelkanten ergeben sich, indem man die P gegenüberliegenden Ecken der drei hergestellten Quadrate bzw. mit F_x, F_y, F_z verbindet.

Eine Probe der Richtigkeit des so gewonnenen Würfelbildes besteht in folgendem: Die von P ausgehende Diagonale des Würfels liegt in

drei Diagonalebenen des Würfels. Die erste ist die Ebene durch die längs PF_x gelegene Würfelkante und durch die längs PD_{yz} gelegene Quadratdiagonale, und diese Ebene hat daher als Fluchtgerade die Gerade $F_x D_{yz}$. Entsprechendes gilt von den beiden anderen Diagonalebenen. Da nun die Würfeldiagonale von P aus in allen drei Ebenen liegen muß, folgt: Die drei Fluchtgeraden $F_x D_{yz}$, $F_y D_{zx}$, $F_z D_{xy}$ müssen sich in einem Punkt W treffen, und dieser Punkt muß der Fluchtpunkt der Würfeldiagonale von P aus sein.

Bisher haben wir nur die Fluchtpunkte gewisser Quadratdiagonalen, nämlich der von P ausgehenden, benutzt. Sie waren mit D_{yz}, D_{zx}, D_{xy} bezeichnet worden. Die drei in P zusammenstoßenden Quadrate haben aber noch drei andere Diagonalen. Ihre Fluchtpunkte seien mit $\overline{D}_{yz}$, $\overline{D}_{zx}$, $\overline{D}_{xy}$ bezeichnet. Von den Fluchtpunkten der Würfeldiagonalen haben wir bisher ebenfalls nur einen erwähnt, nämlich den Fluchtpunkt W der von P ausgehenden Diagonale. Der Würfel hat aber noch drei andere Diagonalen, und ihre Fluchtpunkte mögen W_x, W_y, W_z heißen. Damit klar wird, auf welche Geraden sich diese Benennungen beziehen, sind sie in Fig. 607 rechts in einer senkrechten Würfelprojektion für die in Betracht kommenden Geraden angegeben. Diese Fig. 607 soll die Lagerung aller Fluchtpunkte

$$F_x,\; F_y,\; F_z,\; D_{yz},\; D_{zx},\; D_{xy},\; \overline{D}_{yz},\; \overline{D}_{zx},\; \overline{D}_{xy},\; W,\; W_x,\; W_y,\; W_z$$

zeigen. Damit sie noch sämtlich erreichbar seien, mußte allerdings die Distanz d sehr klein angenommen werden. Weil die Quadratdiagonale mit dem Fluchtpunkt $\overline{D}_{yz}$ zur Quadratdiagonale mit dem Fluchtpunkt D_{yz} senkrecht ist und beide Diagonalen in der Quadratebene mit der Fluchtgeraden $F_y F_z$ liegen, ergibt sich $\overline{D}_{yz}$ als Schnittpunkt von $F_y F_z$ mit dem auf $(O)D_{yz}$ in (O) errichteten Lot. Entsprechendes gilt von den Diagonalfluchtpunkten $\overline{D}_{zx}$ und $\overline{D}_{xy}$. Übrigens ist zu bemerken: Der Punkt D_{yz} ergab sich in voriger Nummer dadurch, daß der rechte Winkel $F_y(O)F_z$ in gleiche Teile zerlegt wurde. Man kann deshalb D_{yz} und $\overline{D}_{yz}$ auch so bestimmen: Im Kreis vom Durchmesser $F_y F_z$ zieht man den zu diesem Durchmesser senkrechten Durchmesser. Die Geraden von dem auf dem Kreis gelegenen Punkt (O) nach den Endpunkten dieses zweiten Durchmessers schneiden $F_y F_z$ in D_{yz} und $\overline{D}_{yz}$. Entsprechendes gilt von den Fluchtpunkten der anderen Quadratdiagonalen. Die sechs Ebenen des Würfels sind zu je zweien parallel, sie haben also drei verschiedene Fluchtgeraden, nämlich $F_y F_z$, $F_z F_x$ und $F_x F_y$. Die sechs Quadrate haben zwölf Diagonalen, aber je zwei sind einander parallel, weshalb sich eben nur die sechs Fluchtpunkte D_{yz}, D_{zx}, D_{xy} und $\overline{D}_{yz}$, $\overline{D}_{zx}$, $\overline{D}_{xy}$ für die Quadratdiagonalen ergeben. Der Würfel hat ferner sechs Diagonalebenen, nämlich diejenigen Ebenen, die durch je zwei parallele Kanten gehen. Betrachten wir z. B. diejenige Diagonalebene, die durch die Kante mit dem Fluchtpunkt F_x geht. Sie enthält zwei parallele Quadratdiagonalen mit dem Fluchtpunkt D_{yz} und außerdem zwei Würfeldiagonalen, nämlich die mit den Fluchtpunkten W und W_x. Da alle diese Fluchtpunkte auf der Fluchtgeraden der Diagonalebene liegen müssen, ergibt sich, daß sich W und W_x auf der Geraden $F_x D_{yz}$ befinden. Ebenso liegen W und W_y auf der Geraden $F_y D_{zx}$ und schließlich W und W_z auf der Geraden $F_z D_{xy}$. Dadurch ist W

bestimmt, aber W_x, W_y, W_z sind noch nicht vollständig ermittelt. Nun beachte man: Eine Diagonalebene des Würfels enthält zwei Kanten mit dem Fluchtpunkt F_x, ferner zwei Quadratdiagonalen mit dem Fluchtpunkt $\overline{D}_{yz}$ und die Würfeldiagonalen mit den Fluchtpunkten W_y und W_z. Demnach liegen F_x, $\overline{D}_{yz}$, W_y, W_z auf einer Geraden, der Fluchtgeraden dieser Diagonalebene. Ebenso liegen F_y, $\overline{D}_{zx}$, W_z, W_x auf einer Geraden und schließlich auch F_z, $\overline{D}_{xy}$, W_x, W_y. Hiermit sind nun alle

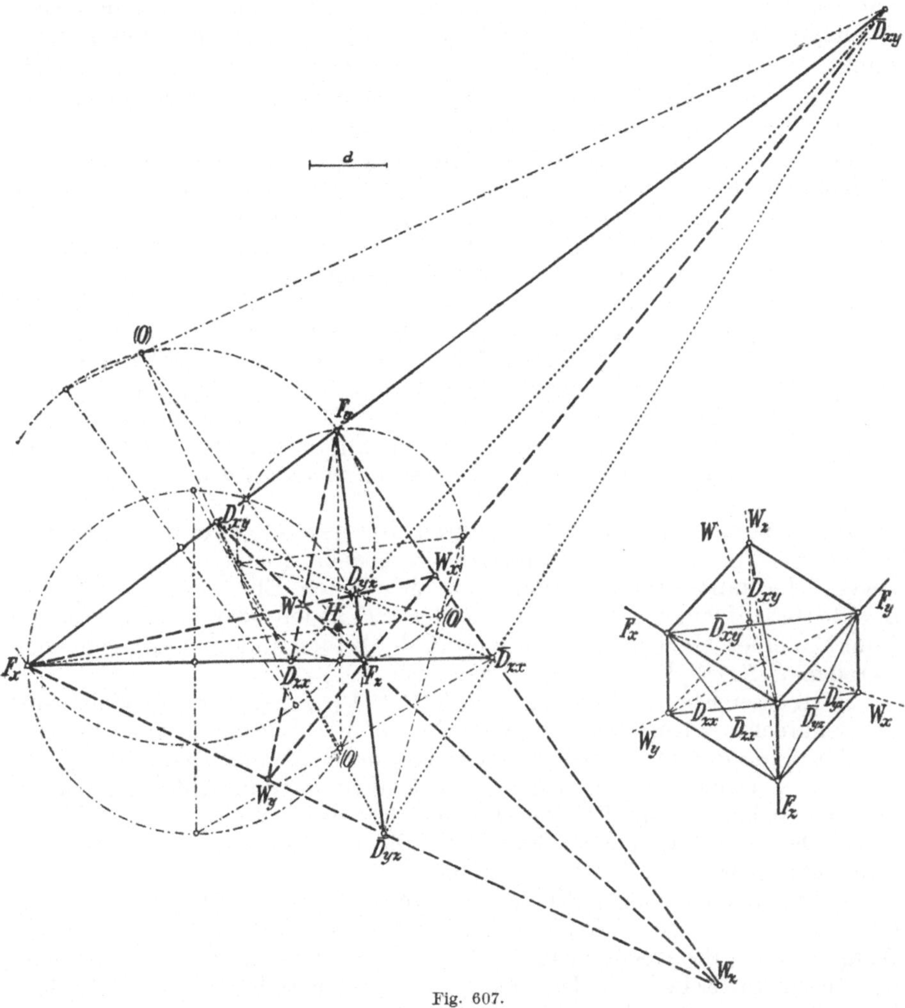

Fig. 607.

Fluchtpunkte vollkommen bestimmt. In Fig. 607 sind die drei Fluchtgeraden der drei Paare von parallelen Würfelebenen kräftig dargestellt, die vier Fluchtgeraden der Diagonalebenen durch kräftige gestrichelte Linien. Aber es kommen noch weitere Fluchtgeraden vor: Wir gehen von einer Würfelecke längs der dort zusammenstoßenden Kanten bis zu den Endpunkten dieser Kanten. Das sind Punkte, die eine Ebene bestimmen, und diese Ebene enthält drei Quadratdiagonalen. So z. B.

enthält eine Ebene die Quadratdiagonalen mit den Fluchtpunkten $\overline{D}_{xy}$, D_{yz}, D_{zx}. Daher müssen $\overline{D}_{xy}$, D_{yz}, D_{zx} auf einer Geraden liegen. Ebenso müssen $\overline{D}_{yz}$, D_{zx}, D_{xy} und $\overline{D}_{zx}$, D_{xy}, D_{yz} auf je einer Geraden liegen. Schließlich gilt dasselbe von $\overline{D}_{xy}$, $\overline{D}_{yz}$, $\overline{D}_{zx}$. Diese vier Fluchtgeraden sind in Fig. 607 punktiert dargestellt.

Weil $(O)D_{yz}$ den rechten Winkel $F_y(O)F_z$ in gleiche Teile zerlegt, teilt D_{yz} die Grundseite F_yF_z des rechtwinkligen Dreiecks $F_y(O)F_z$ im Verhältnis der Seiten $(O)F_y$ und $(O)F_z$. Diese Seiten sind gleich den Entfernungen des Auges O von den Fluchtpunkten F_y und F_z. Der Fluchtpunkt $\overline{D}_{yz}$ ist zu D_{yz} hinsichtlich F_yF_z harmonisch und teilt also F_yF_z außerhalb in demselben Verhältnis. Entsprechendes gilt von den Punkten D_{zx} und D_{zx} sowie von den Punkten D_{xy} und D_{xy}.

Ferner liegen auf den beiden Halbkreisen, die F_x gemein haben, die Hilfspunkte (O) so, daß sie von F_x gleiche Entfernungen haben, da diese Entfernungen beide gleich OF_x sind. Da außerdem in dem einen Kreis die Gerade $(O)D_{xy}$ mit $(O)F_x$ einen Winkel von $45°$ bildet und im anderen Kreis die Gerade $(O)D_{zx}$ mit $(O)F_x$ ebenfalls einen Winkel von $45°$ bildet, ist auch der Schnittpunkt der Geraden $(O)D_{xy}$ im einen Kreis mit der Geraden $(O)D_{yz}$ im anderen Kreis gleich weit von den beiden Hilfspunkten (O) entfernt. Hieraus folgt: Verbindet man jeden der drei Hilfspunkte (O) mit dem zugehörigen Punkt D_{xy}, D_{yz}, D_{zx}, so schneiden sich alle drei Geraden im Mittelpunkt des Kreises, der durch die drei Hilfspunkte (O) geht. Dies ist aber in Fig. 607 nicht eingezeichnet, weil die Figur sonst mit Linien zu sehr überladen würde.

406. Übungen. 1) Die Ebene durch drei gegebene Punkte zu finden, falls diese Punkte entweder in drei gegebenen Ebenen s_1f_1, s_2f_2, s_3f_3 liegen oder falls zwei der Punkte in gegebenen Ebenen s_1f_1, s_2f_2 und der dritte auf einer gegebenen Geraden SF liegen oder endlich falls ein Punkt in einer gegebenen Ebene sf und die beiden anderen auf gegebenen Geraden S_1F_1, S_2F_2 liegen (Nr. 396 oder 397).

2) In einer Ebene sf sei ein Vieleck $P_1P_2P_3\ldots$ gegeben. Gesucht wird die senkrechte Projektion des Vielecks auf die Bildtafel. Ferner sollen die Abstände der Ecken des Vielecks von der Bildtafel bestimmt werden (Nr. 399). Dann kann man das Vieleck auch in senkrechter Projektion auf eine beliebige zur Tafel senkrechte Ebene darstellen.

3) Durch eine gegebene Gerade SF die zu einer gegebenen Ebene sf senkrechte Ebene zu legen (Nr. 400).

4) In einer gegebenen Ebene sf liege ein Dreieck vor. Gesucht wird das Bild des wahren Höhenschnittpunktes des Dreiecks. Man löse die Aufgabe, ohne die Ebene sf in die Tafel umzulegen, mit Hilfe der Ebenen, die durch die Ecken des Dreiecks gehen und jeweils zu den gegenüberliegenden Kanten senkrecht sind (Nr. 401).

5) Man bestimme das Bild des Mittelpunktes des demselben Dreieck eingeschriebenen Kreises, ebenfalls ohne die Ebene sf in die Tafel umzulegen (Nr. 403).

6) In einer gegebenen Ebene sf sei eine Gerade SF gegeben. Die Ebene soll um die Gerade durch einen gegebenen Winkel α gedreht werden. Zuerst bestimme man die Fluchtgerade f der Ebene in der neuen Lage. Sie muß durch F gehen und zwar so, daß die Ebenen (O, f)

und $(O, \bar{f})$ den Winkel α miteinander bilden. Man benutze dabei den zur Schnittgeraden OF der Ebenen (O, f) und $(O, \bar{f})$ senkrechten Querschnitt durch O, den man in die Tafel umlege. Die Spurgerade $\bar{s}$ der gesuchten Ebene muß durch S gehen. Schließlich ermittle man noch, wohin ein beliebiger Punkt der gegebenen Ebene infolge der Drehung gelangt.

7) Zwei Ebenen $s_1 f_1$ und $s_2 f_2$ seien gegeben. Wohin gelangt ein Punkt der ersten Ebene, wenn sie um die Schnittgerade beider Ebenen so weit gedreht wird, bis sie mit der zweiten Ebene zusammenfällt?

8) In zwei gegebenen Ebenen $s_1 f_1$ und $s_2 f_2$ mögen Punkte A und B vorliegen. Gesucht wird der kürzeste Weg, auf dem man von A nach B gelangen kann, ohne die Ebenen zu verlassen. Vgl. Nr. 236, wo die Aufgabe in senkrechter Projektion auf zwei Tafeln gelöst wurde.

9) Diejenigen Ebenen zu bestimmen, vermöge deren die Winkel zweier gegebenen Ebenen $s_1 f_1$ und $s_2 f_2$ in gleiche Teile zerlegt werden. Wie in der 6. Aufgabe benutze man die zu den Ebenen (O, f_1) und (O, f_2) senkrechte Ebene durch O.

Fünftes Kapitel.

Anwendungen und Ergänzungen.

§ 1. Ebene Kurven, Flachornamente, Gelände.

407. Vorbemerkung. Bisher wurden Anwendungen in der Hauptsache nur zur besseren Erläuterung der verschiedenen Darstellungsverfahren oder wegen der gerade günstigen Gelegenheit gebracht. Im folgenden machen wir Anwendungen um ihrer selbst willen: Wir wollen Eigenschaften der geometrischen Gebilde mit Hilfe der darstellenden Geometrie ergründen. Dabei ist jeweils die zweckmäßigste Art der Darstellung zu benutzen. Weil jedoch die darstellende Geometrie wie jedes Einzelfach ihre natürlichen Grenzen hat, gestattet sie nicht immer, die Eigenschaften der Gegenstände auf dem geradesten oder besten Wege zu ermitteln. Manche findet man leichter und strenger durch Anwendung derjenigen Verfahren, die in der analytischen Geometrie und in der Differential- und Integralrechnung gelehrt werden. Deshalb wollen wir, wenn auch nur ganz gelegentlich, Ergebnisse aus diesen Lehrgebieten heranziehen, selbstredend aber immer so, daß sie auch ohne das Bekanntsein mit ihren Quellen verständlich sind. Außerdem soll dies letzte Kapitel die Gelegenheit bieten, Früheres zu ergänzen und abzurunden. —

Absichtlich bildeten wir bisher fast nur solche Gegenstände ab, die sich geometrisch genau beschreiben lassen. Jetzt aber müssen wir auch Anwendungen auf andere Gebilde machen, z. B. auf Ornamente, deren Formen der Künstler erfindet, und auf Gelände (Nr. 33), deren Formen die Natur liefert. In derartigen Fällen treten willkürliche oder beliebige Kurven auf, die nicht bestimmten geometrischen Gesetzen unterworfen sind. Auch Kurven, die zwar gesetzmäßig entstehen, deren Gesetz aber nicht bekannt oder für die gerade vorliegende Aufgabe unwesentlich ist, wird man zu diesen willkürlichen oder beliebigen Kurven rechnen. Zunächst soll die Ermittlung der Tangenten, Normalen und Krümmungskreise derartiger in der Ebene gezeichneter Kurven besprochen werden. In Anknüpfung daran werden wir einiges aus der Geometrie der ebenen Kurven bringen, um es später bei Gelegenheit zu verwenden.

408. Ermittlung der Tangenten und Normalen gegebener ebener Kurven. Handelt es sich darum, an eine gezeichnet vorliegende Kurve irgendeine Tangente zu ziehen, so ist es am einfachsten und genauesten, das Lineal so auf die Kurve zu legen, daß es die Kurve mit Ausnahme eines ganz kurzen Stückes verdeckt, und dann längs des Lineals die Tangente zu ziehen, indem man dabei den Bleistift oder die Reißfeder so schräg hält, wie es dem Vorsprung des sichtbaren Kurvenstückes entspricht. Selbst im Falle geometrisch definierter Kurven, z. B. der Kreise, ist dies ebenso genau wie die gebräuchlichen Schulkonstruktionen. Dasselbe Verfahren wendet man an, um an eine gezeichnete Kurve eine Tangente in vorgeschriebener Richtung zu ziehen. Dabei benutzt man als Lineal eine Kante des Zeichendreiecks, das man längs einer anderen Kante mit Hilfe eines angelegten Lineals oder Dreiecks parallel verschiebt. Dasselbe Verfahren wird angewandt, wenn von einem gegebenen Punkt außerhalb der Kurve eine Tangente an sie gelegt werden soll, endlich auch dann, wenn man an zwei Kurven eine gemeinsame Tangente ziehen will.

Um den Berührungspunkt P einer schon gezeichneten Tangente t möglichst scharf zu ermitteln, ziehe man einige zur Tangente t benachbarte und parallele Sekanten, siehe Fig. 608. Schneidet eine dieser Sekanten die Kurve in A und B, so lege man durch A und B Geraden in zwei beliebig anzunehmenden Richtungen. Sie haben zwei Schnittpunkte C und D. Indem man ebenso mit den anderen Sekanten verfährt und immer dieselben Richtungen für die Hilfsgeraden benutzt, bekommt man eine Reihe von Punkten C und D einer Hilfskurve, die man freihändig oder mittels des Kurvenlineals auszieht. Augenscheinlich muß diese Hilfskurve die gegebene Kurve in dem gesuchten Punkt P schneiden, denn wenn die

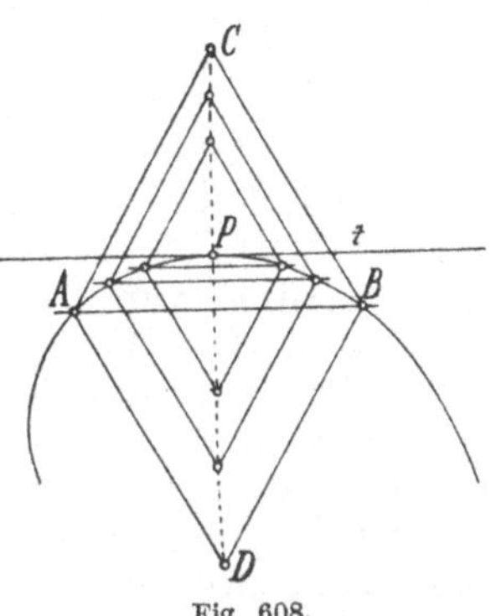

Fig. 608.

Sekante AB zur Tangente t wird, rücken A und B nach P, also auch C und D. Der Ort der Punkte C und der Ort der Punkte D bilden nicht etwa zwei verschiedene, in P aufeinander stoßende Kurven, sondern eine einzige Kurve, denn wenn A die gegebene Kurve über P bis B stetig durchläuft, verschiebt sich die durch A gezogene Sekante stetig hin und her, und schließlich gelangt dabei nicht nur A nach B, sondern zugleich auch B nach A, d. h. C nach D und D nach C.

Ist für einen gegebenen Punkt P einer Kurve die Tangente t zu bestimmen, so schlage man um P einen beliebigen Kreis, siehe Fig. 609. Ferner ziehe man durch P einige Sekanten, deren zweite Schnittpunkte A mit der Kurve auf verschiedenen Seiten von P liegen. Eine derartige Sekante wird den Kreis einmal in einem Punkt B schneiden. Man trage die Strecke AP im Sinne von A nach P von der Stelle B aus auf der Sekante bis C ab. Tut man

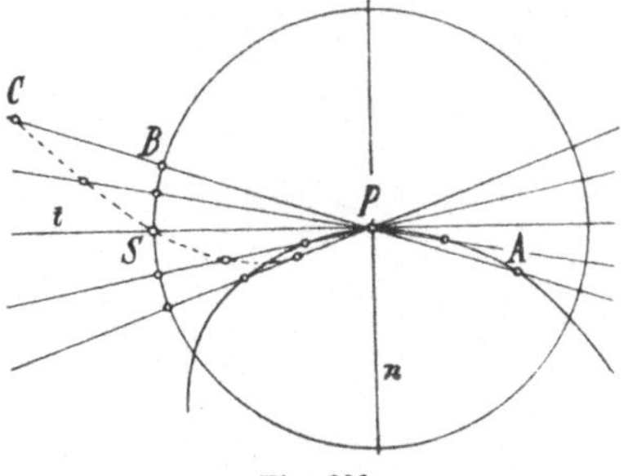

Fig. 609.

dasselbe für alle gezeichneten Sekanten, so ergeben sich Punkte C einer Hilfskurve, die man freihändig oder mittels des Kurvenlineals auszieht. Sie schneidet den Kreis in einem Punkt S der gesuchten Tangente t. Denn wenn die Sekante zur Tangente wird, rückt A nach P, so daß die Strecke AP gleich Null wird und demnach auch BC, so daß der Punkt C auf den Kreis gelangt.

Hiermit ist auch die Aufgabe gelöst, die Normale n (Nr. 79) in einem gegebenen Kurvenpunkt auf die Kurve zu errichten.

Um durch einen außerhalb einer gezeichneten Kurve angenommenen Punkt P eine Kurvennormale zu ziehen, schlage man um P einige Kreise, auf denen die Kurve kurze Bogen abschneidet, siehe Fig. 610. Dann verfahre man

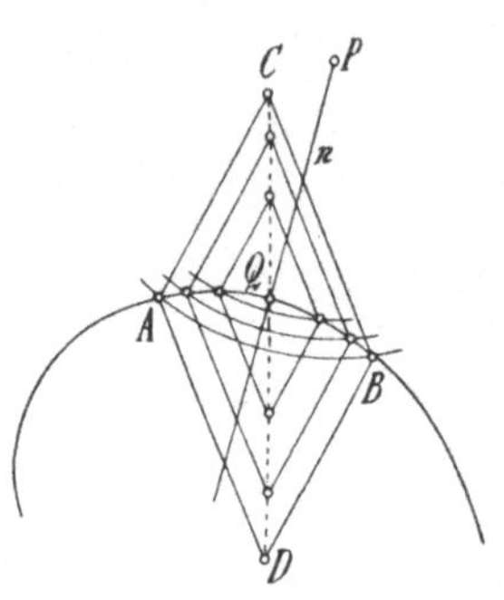

Fig. 610.

ähnlich wie in Fig. 608. Sind nämlich A und B die Schnittpunkte eines der Kreise mit der Kurve, so ziehe man durch A und B in zwei beliebig angenommenen Richtungen Geraden und bringe sie in C und D zum Schnitt. Verfährt man so bei allen gezeichneten Kreisen, indem man für die Hilfsgeraden immer dieselben Richtungen benutzt, so ergibt sich als Ort der Punkte C und D eine Hilfskurve, die man wieder freihändig oder mittels des Kurvenlineals auszieht und die augenscheinlich die Kurve in demjenigen Punkt Q schneidet, in dem die Kurve von einem Kreis um P berührt wird, d. h. im Fußpunkte Q einer von P ausgehenden Normale n. Dies Verfahren ist ziemlich ungenau, wenn der Punkt P auf der hohlen Seite des Kurvenbogens liegt, weil dann die Schnittpunkte der Kreise mit der Kurve nicht scharf hervortreten. In diesem Fall empfiehlt es sich, zunächst einen Bogen der sogenannten Evolute der Kurve zu zeichnen. Hierunter versteht man diejenige Kurve, deren Tangenten die Normalen der vorgelegten Kurve sind. Man ziehe durch einige Punkte der gegebenen Kurve, die beiderseits von dem vermuteten Fußpunkt Q der gesuchten Normale gelegen sind, die Normalen nach dem Verfahren von Fig. 609. Diese Normalen sind Tangenten der Evolute, die als Hilfskurve dient und freihändig oder mittels des Kurvenlineals ausgezogen wird. Die gesuchte Normale ergibt sich dann als eine von P aus an die Evolute zu legende Tangente.

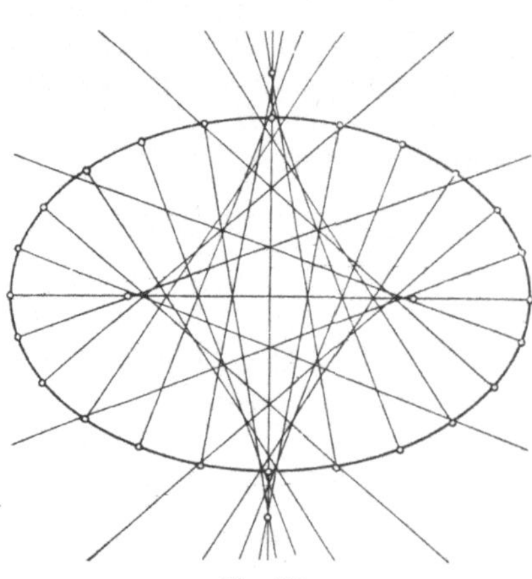

Fig. 611.

Um bei dieser Gelegenheit den Begriff der Evolute zu erläutern, betrachten wir als Beispiel die Evolute einer Ellipse. Nach Fig. 103 von Nr. 73 kann man beliebig viele Normalen der Ellipse genau zeichnen. Dies ist in Fig. 611 geschehen, die deutlich den Verlauf der Evolute als der von den Normalen eingehüllten Kurve zeigt. Die Evolute ist zu beiden Achsen symmetrisch und hat auf den Achsen scharfe Spitzen. In Nr. 410 wird sich ergeben, daß diese Spitzen die Krümmungsmittelpunkte der Scheitel sind. In

Fig. 612 ist die Evolute der Ellipse ausgezogen. Mit ihrer Hilfe sind
die von einem innerhalb der Evolute gelegenen Punkt P ausgehenden
Normalen der Ellipse ermittelt, nämlich die von P an die Evolute zu
ziehenden Tangenten. Hier gibt es
vier Normalen mit den Fußpunkten
Q_1, Q_2, Q_3, Q_4. Sie berühren die
Evolute in K_1, K_2, K_3, K_4. Dieses
Beispiel zeigt, daß es sehr wohl vorkommen kann, daß von einem
Punkt P mehrere Normalen
einer Kurve ausgehen.

In bezug auf die benutzten
Hilfskurven ist zu bemerken, daß
sie in Fig. 608—610 bloß deshalb
gestrichelt worden sind, damit sie
sich deutlich von der gegebenen
Kurve unterscheiden. Beim Zeichnen sollte man sie nicht stricheln,

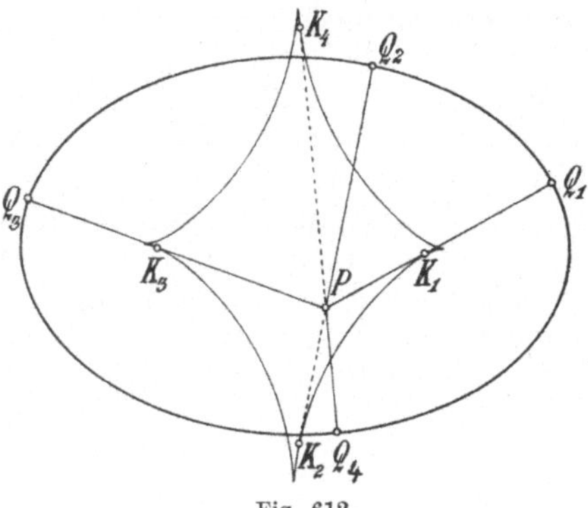

Fig. 612.

sondern in einem Zug ausziehen. Das Stricheln ist überhaupt immer
zeitraubend und ungenau.

Die angegebenen Verfahren benutze man nur dann, wenn der Aufwand an Arbeit im richtigen Verhältnis zur Genauigkeit der Zeichnung
steht. Wenn eine Kurve, an die eine Tangente gelegt werden soll, nicht
hinreichend scharf bestimmt ist, wird man sich damit begnügen, den
Berührungspunkt P einer gezeichneten Tangente t bloß nach Augenschein zu bestimmen. Auch wird man sich, um von einem Punkt P
außerhalb der Kurve eine Normale zu ziehen, in diesem Falle damit
begnügen, durch Versuche einen Kreis um P zu finden, der die Kurve
berührt, und den Berührungspunkt Q bloß nach Augenschein annehmen,
wodurch sich dann die Normale PQ hinreichend genau ergibt.

Anmerkung: Nach einer Andeutung von G. Loria (Nr. 2) auf S. 89 seiner „Vorlesungen über darstellende Geometrie", deutsch von Fritz Schütte, 2. Teil,
Leipzig und Berlin 1913, sind die Hilfskurven von J. N. P. Hachette (Nr. 77) als fehler-
anzeigende Kurven oder Fehlerkurven bezeichnet worden, eine Benennung, deren
Grund einleuchtet. Wir können jedoch nicht feststellen, ob derartige Kurven zuerst von
Hachette oder von anderen eingeführt worden sind. Jedenfalls aber enthalten die Lehrbücher der darstellenden Geometrie seit der ersten Hälfte des neunzehnten Jahrhunderts
häufig Hilfskonstruktionen zur Ermittlung der Tangenten, Berührungspunkte und Normalen. Statt der in Fig. 608 und Fig. 610 werden auch andere angegeben, die uns jedoch
nicht so gut zu sein scheinen.

Die Normale eines Kurvenpunktes P kann man sehr schnell mit Hilfe des Spiegel-
lineals finden. Das ist ein dickes Lineal, das auf der zu gebrauchenden lotrechten Seiten-
fläche aus spiegelndem Stein oder Metall besteht (eine mit Metall hinterlegte Spiegelglas-
fläche eignet sich nicht). Man legt das Lineal so durch P quer zur Kurve, daß das sichtbare Kurvenstück und sein Spiegelbild keinen Knick in P zeigen. Das Spiegellineal wurde
um die Mitte des neunzehnten Jahrhunderts von E. Reusch erfunden, siehe seine
kurze Bemerkung „Das Spiegellineal" im Repertorium für Experimentalphysik,
16. Bd. 1880, S. 255/56. Vgl. auch R. Mehmke (Nr. 313), „Leitfaden zum
graphischen Rechnen", Leipzig und Berlin 1917, S. 109, 110.

Die Aufgabe, für einen gegebenen Punkt P einer gezeichneten Kurve die Tangente
zu bestimmen, wird auch die Aufgabe der graphischen Differentiation genannt.
Nach den Grundlehren der Differentialrechnung ist nämlich die Neigung der Tangente
einer durch rechtwinklige Koordinaten x, y dargestellten Kurve $y = f(x)$, also der Tangens
des Winkels, den die Kurventangente mit der x-Achse bildet, gleich dem Differential-
quotienten $dy : dx$ oder $f'(x)$ an der betrachteten Stelle. Dabei wird vorausgesetzt, daß
die Koordinaten x und y mit Hilfe derselben Längeneinheit als Strecken dargestellt seien.

409. Krümmungskreise beliebiger ebener Kurven. Nach Nr. 80 ist
der Schnittpunkt der Normale eines Kurvenpunktes P mit der Normale
eines unendlich benachbarten Kurvenpunktes der Mittelpunkt K des
Krümmungskreises der Kurve im Punkte P. Bisher haben wir nur
die Krümmungskreise in den Scheiteln der Kegelschnitte (Nr. 81,
258, 263) sowie gelegentlich die in den Scheiteln der Sinuslinie (Nr. 249)
verwendet. Deshalb muß hervorgehoben werden, daß der Krümmungskreis eines Kurvenpunktes P im allgemeinen die
Kurve in P durchsetzt, obgleich er sich dort auf das innigste an
die Kurve anschmiegt; das ist nämlich eine Eigenschaft, die gerade in
den Scheiteln nicht auftritt. Sie erklärt sich so: Durchläuft ein Punkt
die Kurve, indem er durch die Stelle P hindurchgeht, so wird die zugehörige Krümmung, der reziproke Wert des Krümmungsradius
(Nr. 80), im allgemeinen entweder wachsen oder abnehmen. In Fig. 613

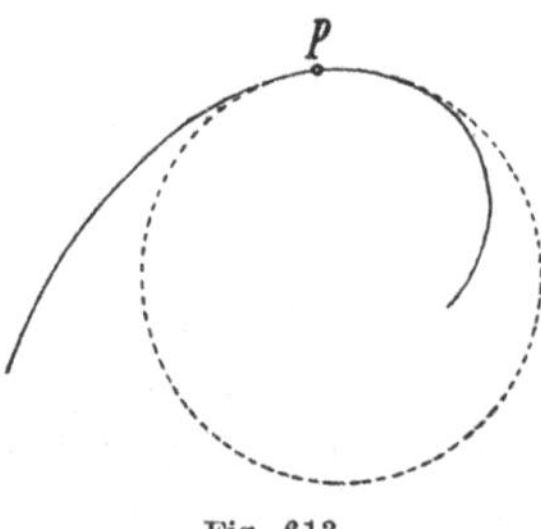

Fig. 613.

z. B. nimmt sie beim Fortschreiten von links
nach rechts zu. Durchläuft der Punkt dagegen
den Krümmungskreis der Stelle P, so bleibt
die zugehörige Krümmung immer dieselbe, da
der Kreis überall die gleiche Krümmung hat.
Die Folge davon ist, daß die Kurve in Fig. 613
links von P weniger, rechts von P mehr als der
Krümmungskreis von P gekrümmt ist und daher
links außerhalb und rechts innerhalb des Kreises
verläuft. Dies bezieht sich im allgemeinen nur
auf die nächste Umgebung der Stelle P, denn
die Kurve kann in ihrem weiteren Verlauf ganz beliebige Wege einschlagen. Wenn man für den Punkt P die Tangente und Normale
nach dem Verfahren in Fig. 609 der letzten Nummer ermittelt hat,
kann man verschiedene Punkte auf derjenigen Normalenhälfte, die auf
der hohlen Seite der Kurve liegt, als Mittelpunkte von Kreisen benutzen, die in P die Kurve berühren. Es ist anzuraten, dies einmal
wirklich zu tun. Man wird sehen, daß man dadurch wenigstens ungefähr die Lage des zu P gehörigen Krümmungsmittelpunktes finden
kann, nämlich indem man versucht, den Kreis so zu wählen, daß er
sich in P möglichst innig an die Kurve anschmiegt. Aber dies Verfahren
reicht nicht immer aus.

Bevor wir ein genügend scharfes Verfahren angeben, sind noch einige
Bemerkungen in bezug auf die Scheitel zu machen. In Nr. 249 wurde
gesagt, daß die Schnittpunkte einer Kurve mit einer Symmetriegeraden, falls eine solche vorhanden ist, Scheitel genannt werden.
Aus der Symmetrie folgt nun: Ist P ein Scheitel und bewegt sich ein
Punkt auf der Kurve von der einen Seite auf P zu, so wird die Krümmung der Kurve dabei entweder wachsen (z. B. im Fall eines Hauptscheitels der Ellipse) oder abnehmen (z. B. im Fall eines Nebenscheitels
der Ellipse), und genau dasselbe tritt ein, wenn sich der Punkt auf
der Kurve von der anderen Seite her dem Scheitel P nähert. Somit
wird die Kurve im allgemeinen im Scheitel P entweder ein Maximum
oder ein Minimum der Krümmung haben. Durchläuft also der Punkt
die Kurve in einem bestimmten Sinne, indem er dabei durch den
Scheitel P hindurchgeht, so ist die Krümmung vorher und nachher
beide Male kleiner oder beide Male größer als im Scheitel selbst. Des-

halb gilt hier nicht mehr die Schlußfolgerung, die wir bei Fig. 613 machten, und das ist der Grund, weshalb die Krümmungskreise der Scheitel die Kurve nicht zu durchsetzen brauchen. In der Tat liegen z. B. bei der Ellipse die Krümmungskreise der Hauptscheitel innerhalb und die der Nebenscheitel außerhalb der Ellipse. Nun kann es aber auch eintreten, daß die Krümmung an einer Stelle S einer Kurve ein Maximum oder Minimum erreicht, ohne daß diese Stelle auf einer Symmetriegeraden der Kurve liegt, d. h. ohne daß die Normale n dieser Stelle S eine Symmetriegerade der Kurve ist, siehe Fig. 614. Auch in diesem Falle wird der Krümmungskreis von P im allgemeinen auf einerlei Seite der Kurve verlaufen. Man nennt deshalb allgemein einen Kurvenpunkt einen Scheitel, sobald überhaupt die Krümmung der Kurve dort ein Maximum oder Minimum erreicht. Aus Gründen, die sich bequemer in der Differentialrechnung erörtern lassen, folgt, wie nebenbei bemerkt sei, daß die Berührung zwischen einer Kurve und ihren Krümmungskreisen in einem Scheitel inniger als sonst ist, so daß die Krümmungskreise der Scheitel für ver-

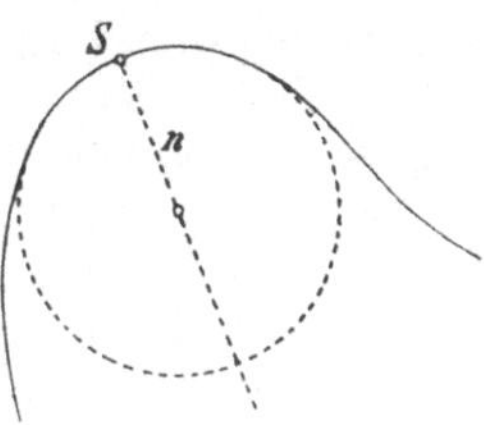

Fig. 614.

hältnismäßig lange Bogen die Kurve in der Zeichnung ersetzen können. Aber im allgemeinen ist die Auffindung derjenigen Scheitel, die nicht auf Symmetriegeraden liegen, ziemlich mühselig. Deshalb beschränkt man sich meistens auf die Benutzung derjenigen Scheitel, die sich einfach als Schnittpunkte der Kurve mit etwa vorhandenen Symmetriegeraden ergeben.

Um den Mittelpunkt K des Krümmungskreises eines Punktes P einer gezeichneten Kurve zu finden, kann man nun so schließen: Derjenige Kreis, der die Kurve in P berührt und außerdem noch durch einen benachbarten Kurvenpunkt Q geht, hat seinen Mittelpunkt M einerseits auf der Normale n des Punktes P und andererseits auf der Mittelsenkrechten der Sehne PQ, siehe Fig. 615. Wenn der Punkt Q auf der Kurve nahe an P heranrückt, schneiden sich die Normale n und das Mittellot von PQ unter zu spitzem Winkel, so daß der Schnittpunkt M nicht mehr bestimmbar ist. Aber gerade dann wird der Kreis, der die Kurve in P berührt und außerdem durch Q geht, nach dem gesuchten Krümmungskreis von P streben. Man wendet nun wieder wie in voriger Nummer eine Hilfskurve an: Durch M zieht man in beliebiger Richtung

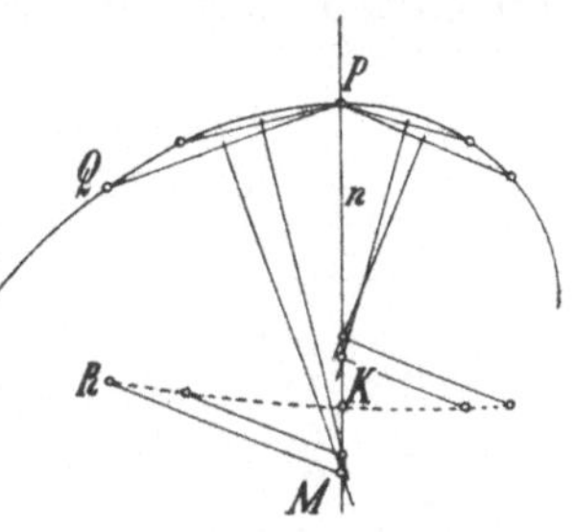

Fig. 615.

eine Gerade und trägt auf ihr von M aus die Länge der Sehne PQ bis R ab. Tut man dies für mehrere verschiedene Annahmen des Punktes Q auf der Kurve beiderseits von P, indem man immer dieselbe Richtung der Hilfsgeraden benutzt, so bekommt man mehrere Punkte R, die einer Hilfskurve angehören. Dabei muß man die Strecke PQ von R aus in der gewählten Richtung in dem einen oder anderen Sinn auftragen, je nachdem Q auf der einen oder anderen Seite von P liegt. Die Hilfskurve wird freihändig oder mittels des Kurvenlineals ausgezogen. Da, wenn Q nach P strebt, die Sehne PQ und daher auch die Strecke MR unendlich klein wird, ergibt sich: Die Hilfskurve schneidet die Normale n im gesuchten Mittelpunkt K des Krümmungskreises der Stelle P.

Übrigens nennt man den Mittelpunkt K des Krümmungskreises eines Kurvenpunktes P auch kürzer den **Krümmungsmittelpunkt** der Stelle P.

410. Evolute, Evolventen, Parallelkurven. Nach Nr. 408 ist die Evolute einer ebenen Kurve diejenige Kurve, deren Tangenten die Normalen der gegebenen Kurve sind. Da nun jeder Punkt einer Kurve als der Schnittpunkt zweier unendlich benachbarter Tangenten aufgefaßt werden kann, ergibt sich hieraus: Jeder Punkt K der Evolute einer Kurve ist der Schnittpunkt der Normale eines Punktes P der gegebenen Kurve mit einer unendlich benachbarten Normale, d. h. der Krümmungsmittelpunkt des Punktes P. **Mithin ist die Evolute einer gegebenen ebenen Kurve der geometrische Ort ihrer Krümmungsmittelpunkte.**

In Fig. 611 und 612 von Nr. 408 wurde als Beispiel die Evolute einer Ellipse dargestellt. Die vier Spitzen dieser Evolute sind also die Krümmungsmittelpunkte der Haupt- und Nebenscheitel. Auch erkennt man, daß in Fig. 612, wo mit Hilfe der Evolute von einem Punkte P aus vier Normalen PQ_1, PQ_2, PQ_3, PQ_4 der Ellipse bestimmt wurden, die Berührungspunkte K_1, K_2, K_3, K_4 dieser vier Normalen mit der Evolute die Krümmungsmittelpunkte der vier Ellipsenpunkte Q_1, Q_2, Q_3, Q_4 sind.

Um die Beziehungen zwischen einer ebenen Kurve und ihrer Evolute zu untersuchen, gehen wir davon aus, daß jeder Krümmungskreis wegen seiner innigen Berührung mit der Kurve diese, wenn auch nur für ein kurzes Stück, in der Zeichnung ersetzen kann. Deshalb betrachten wir zunächst eine Kurve, die aus einer Reihe von kurzen Kreisbogen zusammengesetzt ist, und zwar so, daß diese Bogen ohne Knicke ineinander übergehen, also da, wo sie zusammentreffen, gemeinsame Tangenten haben.

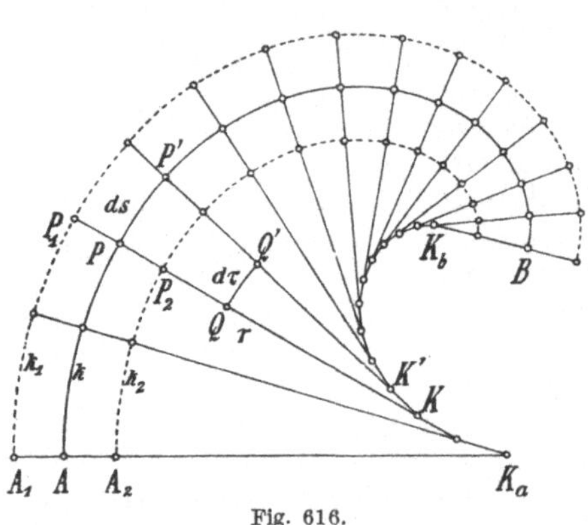

Die Mittelpunkte zweier aufeinander folgender Kreisbogenstücke sollen mithin allemal auf einer gemeinsamen Normale der Übergangsstelle liegen. Auf diese Art ist die Kurve k in Fig. 616 hergestellt worden: Ausgehend von A wurde ein kurzer Kreisbogen um K_a gezogen, dann auf dem Radius des Endpunktes dieses Bogens an Stelle von K_a ein benachbarter Punkt als neuer Mittelpunkt angenommen, um ihn ein an den ersten Bogen anschließender Kreisbogen gezogen usw. Auf diese Art ist also der Bogen AB einer aus lauter Kreisstücken gebildeten Kurve k entstanden. Eines der Kreisbogenstücke ist PP' mit dem Mittelpunkt K, während K' der auf KP' gelegene Mittelpunkt des

Fig. 616.

folgenden Bogenstückes ist. Da KP' und $K'P'$ die aufeinanderfolgenden
Radien sind, ist KK' ihre Differenz. Folglich ergibt sich für den ganzen
Kurvenzug von A bis B: Die Differenz aus dem ersten Kreisradius K_aA
und dem letzten Kreisradius K_bB ist gleich der Summe aller Stücke KK',
d. h. gleich der Länge der gebrochenen Linie von K_a über K und K'
bis K_b.

Aus der aus Kreisbogen zusammengesetzten Kurve k wird eine beliebige ebene Kurve, wenn man sich vorstellt, daß die Zentriwinkel
aller einzelnen Kreissektoren unendlich klein werden und zugleich die
Differenz zwischen je zwei aufeinanderfolgenden Kreisradien nach Null
strebt. Dann folgen alle Punkte P, P' unendlich dicht aufeinander,
und die Kurve k enthält ihrer unendlich viele. In diesem Grenzfall
ist K als der Krümmungsmittelpunkt von P und K' als der Krümmungsmittelpunkt des zu P unendlich benachbarten Kurvenpunktes P'
zu bezeichnen. Demnach wird aus dem gebrochenen Linienzug von K_a
über K und K' bis K_b die Evolute der Kurve k. Mithin folgt: **Die
Bogenlänge der Evolute von K_a bis K_b ist gleich der Differenz des Anfangs- und des End-Krümmungsradius K_aA
und K_bB.**

Man stelle sich ferner die Evolute K_aK_b als erhaben über der
Zeichenebene vor, betrachte sie also als die Grundlinie eines auf der
Ebene lotrecht stehenden Zylinders. In K_a werde dann ein unausdehnbarer, aber biegsamer Faden bis A gespannt, daran in A ein Zeichenstift befestigt und nun dieser Stift so auf der Zeichenebene entlang geführt, daß sich der straff gehaltene Faden von K_a an auf die Evolute
(oder den Zylinder) aufwickelt. Dabei wird der Zeichenstift die Kurve k
von A bis B beschreiben. **Mithin entsteht die Kurve k aus ihrer
Evolute durch Aufwicklung eines unausdehnbaren, aber
biegsamen Fadens.**

Daß die Länge dieses Fadens beliebig groß gewählt werden kann,
erhellt so: In Fig. 616 sind außer k noch zwei aus Kreisbogen zusammen-
gesetzte krumme Linien k_1 und k_2 gezogen, wobei dieselben Kreismittel-
punkte $K_a \ldots K$, $K' \ldots K_b$ und dieselben Zentriwinkel wie vorher zur
Verwendung gekommen sind. Beim Grenzübergange werden aus k_1 und k_2
Kurven, die dieselbe Evolute haben wie die Kurve k. Statt der Faden-
länge K_aA kann also eine beliebige andere, größere oder kleinere benutzt werden.

**Hiernach gehört eine und dieselbe Evolute oder ein und
derselbe Ort der Krümmungsmittelpunkte zu einer Schar von
unendlich vielen Kurven, in der die Kurven k, k_1 und k_2 enthalten
sind.** Diese Schar nennt man die **Evolventen** der gemeinsamen
Evolute (vom latein. evolvere, abwickeln). Die in Fig. 616 gezogenen
Geraden, die Radien der Kreise, stellen beim Grenzübergange die Normalen der Evolventen k_1, k und k_2 dar. **Demnach haben alle Evolventen einer Evolute dieselben Normalen, nämlich die Tangenten der Evolute.** Man kann auch sagen: **Die Evolventen einer
Evolute sind diejenigen Kurven, die alle Tangenten der
Evolute senkrecht durchsetzen.** Man nennt sie deshalb auch
die **senkrechten Trajektorien der Evolutentangenten** (vom
latein. trajicere, darüberziehen). Schließlich nennt man die Evolventen
auch **Parallelkurven.** Denn diese Kurven, von denen k, k_1 und k_2

nur drei aus der unendlichen Schar aller sind, haben die Eigenschaft, daß sie überall gleich weit voneinander entfernt sind, indem diese Entfernungen auf ihren gemeinsamen Normalen gemessen werden. Auch kommen den einander entsprechenden Punkten P, P_1 und P_2 von k, k_1 und k_2 parallele Tangenten zu, nämlich senkrecht zu P_1PP_2K.

Die Parallelkurven eines Kreises sind alle Kreise mit demselben Mittelpunkt. Sie haben, als Evolventen aufgefaßt, eine in einen Punkt, den Mittelpunkt, zusammengeschrumpfte Evolute. Die Parallelkurven eines Kegelschnittes sind jedoch durchaus keine Kegelschnitte, obwohl

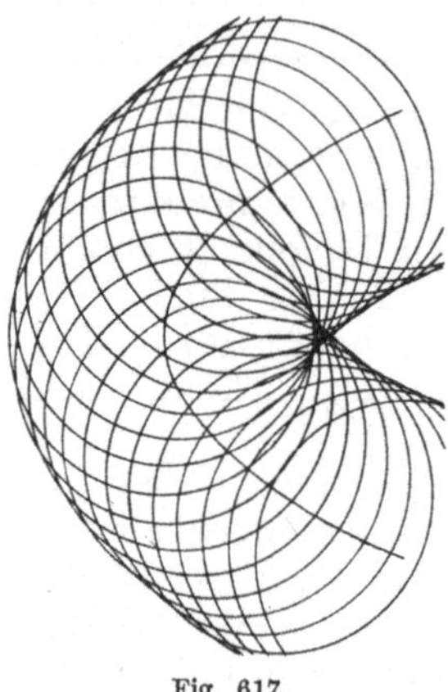

Fig. 617.

sie beinahe so aussehen, so lange sie nicht allzu große Abstände vom gegebenen Kegelschnitt haben. Man zeichnet eine Parallelkurve einer Kurve k am bequemsten, indem man um eine größere Anzahl von Punkten von k gleichgroße Kreise legt und dann die alle diese Kreise berührende oder einhüllende Kurve bestimmt, siehe Fig. 617, wo als gegebene Kurve eine Parabel gewählt ist. Obgleich die einhüllende Parallelkurve gar nicht gezeichnet ist, erkennt man doch deutlich ihren Verlauf; insbesondere sieht man, daß sie im Innern der Parabel sich selbst überschneidet und zwei Spitzen hat. Die äußere und die innere einhüllende Kurve der Kreise sind als zwei getrennte Zweige einer und derselben Parallelkurve der Parabel auf-

zufassen. In Fig. 618 ist dieselbe Parabel mit dieser Parallelkurve dargestellt. Dem Parabelscheitel S entsprechen die Punkte S_1 und S_2, die ihrerseits Scheitel der Parallelkurve sind, weil sie auf einer Symmetrie-

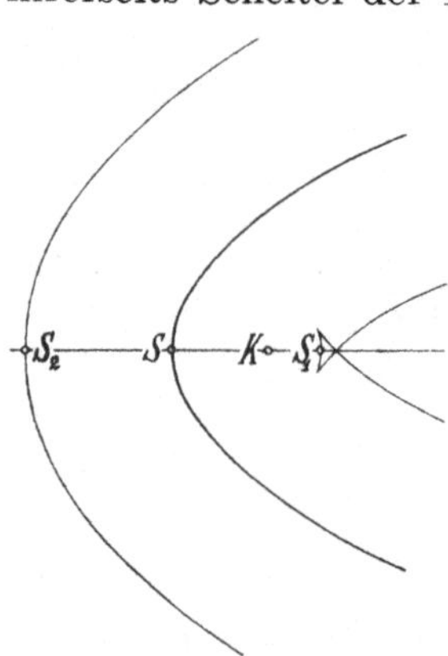

Fig. 618.

geraden, der Parabelachse, liegen. Weil alle Parallelkurven dieselbe Evolute, d. h. dieselben Krümmungsmittelpunkte haben, ist der Mittelpunkt K des Krümmungskreises des Parabelscheitels S zugleich der Krümmungsmittelpunkt von S_1 und S_2. In Fig. 617 war der Radius der Hilfskreise größer als der Krümmungsradius des Parabelscheitels gewählt. Ist er kleiner, so treten keine Spitzen auf. Entsprechende Erscheinungen gelten auch für die Parallelkurven anderer Kurven, falls Scheitel vorkommen.

Schließlich kehren wir noch einmal zu Fig. 616 zurück. Darin ist KP als der Radius r des Krümmungskreises der Kurve k an der Stelle P kürzer als der Krümmungsradius des Punktes P zu bezeichnen. Da wir uns

vorstellen, der Punkt P' folge unendlich nahe auf P, bedeutet PP' einen unendlich kurzen Kreisbogen. Unendlich kleine Größen kennzeichnet man dadurch, daß man ihre Benennung mit einem vorgesetzten d versieht, abgekürzt für Differential, d. h. unendlich kleine Änderung einer Größe. Dementsprechend bezeichnen wir den Bogen PP' mit ds. Zu diesem Bogen gehört ein unendlich kleiner Winkel PKP', der Winkel der Normalen PK und $P'K$ der unendlich benachbarten

Punkte P und P' von k. Diesen Winkel, den wir mit $d\tau$ bezeichnen wollen, nennt man den zu dem unendlich kurzen Kurvenbogen ds gehörigen Kontingenzwinkel (vom latein. contingere, unmittelbar angrenzen). Zwischen r, ds und $d\tau$ besteht nun eine Beziehung, die sich am einfachsten ausdrückt, wenn man den Winkel $d\tau$ mit seinem Bogenmaß mißt, nämlich unter $d\tau$ denjenigen Bogen eines Kreises vom Radius Eins versteht, dessen Zentriwinkel eben dieser Winkel ist (Nr. 374). Um den Scheitel K werde also der Kreis vom Radius Eins gezogen. Die Längeneinheit, mit der selbstredend dann auch alle anderen Strecken, z. B. r und ds, zu messen sind, kann man beliebig wählen. Der Kreis vom Radius Eins schneidet PK und PK' in Punkten Q und Q', und der Kreisbogen QQ' ist das Bogenmaß des Winkels $d\tau$. Indem wir also $QQ' = d\tau$ setzen, finden wir aus der Proportion

$$KP : KQ = PP' : QQ'$$

sofort:

$$r : 1 = ds : d\tau,$$

d. h.: der Krümmungsradius r eines Kurvenpunktes P ist gleich dem Verhältnis eines an der Stelle P gelegenen unendlich kurzen Bogenstückes ds der Kurve zum zugehörigen unendlich kleinen Kontingenzwinkel $d\tau$:

$$r = \frac{ds}{d\tau}\,.$$

Anmerkung: Die Evolute mit ihren Evolventen wurde von Christian Huygens (geb. 1629 im Haag, Mathematiker, Astronom und Physiker, berühmt als Urheber der Wellentheorie für das Licht und der Pendeltheorie, gest. 1695 im Haag) in die Geometrie eingeführt, und zwar durch sein Hauptwerk: „Horologium oscillatorium. Sive de motu pendulorum ad horologia aptato demonstrationes geometricae" (Pendeluhr oder geometrische Erklärung der bei Uhren angewandten Pendelbewegung), Paris 1673, abgedruckt in den „Opera varia", Leiden 1724, 1. Bd., S. 15—192. Die Evolute nannte er selbst (S. 90) ebenso, dagegen bezeichnete er (S. 89) eine Evolvente als Descripta ex evolutione (durch Abwicklung beschriebene Kurve). Auch bemerkte er (S. 94), daß die Evolventen Parallelkurven sind.

411. Spitzen und Wendepunkte ebener Kurven. Man kann leicht erkennen, daß jede Evolvente da, wo sie ihre Evolute trifft, eine Spitze aufweist. Zu diesem Zweck ersetzen wir die Erzeugung der Evolventen mittels Fadenabwicklung durch eine andere Erzeugung, die dasselbe und noch mehr leistet: In Fig. 619 ist statt der gegebenen Evolute $\varkappa$ ein wenig von einer Kurve abweichender gebrochener Linienzug angenommen. Man stelle sich diesen Linienzug als Grundlinie eines auf der Zeichenebene lotrecht stehenden Prismas vor, das wenig von einem Zylinder abweicht. Auf die Zeichenebene werde nun ein Lineal gelegt, an eine Seite des Prismas angedrückt und dann um eine Ecke dieser Seite ein wenig gedreht, bis es an der nächsten Seite anliegt, usw. Wird dabei auf dem Lineal eine Stelle vermerkt, so beschreibt sie bei dieser Bewegung einen gebrochenen Linienzug, der sehr wenig von einer Kurve

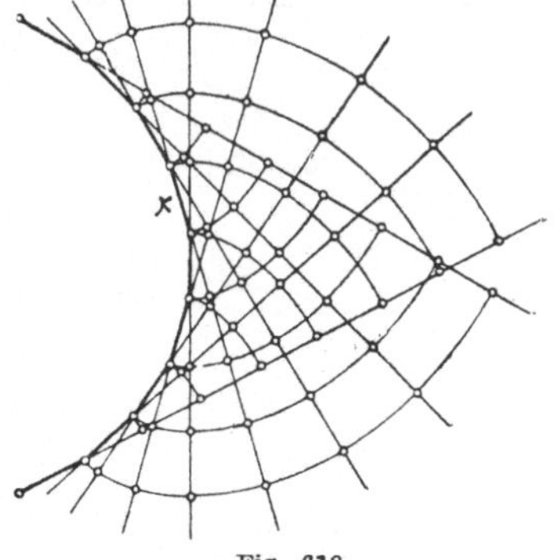

Fig. 619.

abweicht und aus lauter kurzen Kreisbogenstücken besteht, die berührend ineinander übergehen. Offenbar ist der Erfolg derselbe, als ob längs $\varkappa$ ein völlig biegsamer und unausdehnbarer Faden gelegt sei, der durch einen Zeichenstift gespannt und von $\varkappa$ abgewickelt wird wie in Fig. 616 der vorigen Nummer. Die Punkte des Lineals beschreiben somit aus kurzen Kreisbogen zusammengesetzte Linien wie die mit k, k_1 und k_2 bezeichneten Linien jener Figur, also Linien, die man als Evolventen der Evolute $\varkappa$ aufzufassen hat. Den gebrochenen Linienzug $\varkappa$ hat man sich schließlich durch eine Kurve $\varkappa$ ersetzt zu denken. Dann aber rollt das Lineal ohne Gleiten auf der Kurve $\varkappa$ ab, indem von Augenblick zu Augenblick ein anderer Punkt von $\varkappa$ der Mittelpunkt einer unendlich kleinen Drehung des Lineals ist. Demnach sind die Evolventen einer Kurve $\varkappa$ die Bahnen der Punkte einer starren Geraden, die ohne Gleiten auf $\varkappa$ abrollt. Das Lineal bietet gegenüber dem Faden den Vorteil, daß es nicht wie dieser ein fest mit $\varkappa$ verbundenes Ende hat. Deshalb kann man die Bahnen seiner Punkte auch noch nach ihrem Auftreffen auf $\varkappa$ verfolgen, und man sieht, daß sich in den Treffpunkten Spitzen ergeben, weil sich die Mittelpunkte der unendlich kleinen Drehungen, die ja auf $\varkappa$ liegen, vor und nach dem Auftreffen auf verschiedenen Seiten der Treffpunkte befinden. Die Evolventen einer Evolute haben also da, wo sie auf die Evolute auftreffen, Spitzen, die sich dort den Normalen der Evolute anschmiegen. So sind z. B. die Spitzen der Parallelkurve einer Parabel in Fig. 617 und 618 der vorigen Nummer entstanden. Denn diese Parallelkurven sind wie die Parabel selbst Evolventen der (dort nicht eingezeichneten) Parabelevolute, und die Spitzen liegen auf der Evolute.

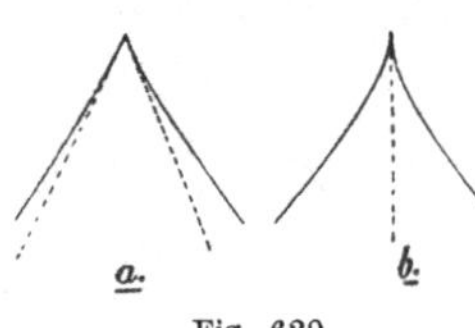

Fig. 620.

Spitzen sind nicht mit Ecken zu verwechseln. Eine Ecke ist eine Knickstelle mit zwei verschiedenen Tangentenrichtungen, siehe Fig. 620a; dagegen läuft eine Spitze in einer einzigen Richtung aus, siehe Fig. 620 b.

Durchläuft ein Punkt eine ebene Kurve, so wird die Art der Richtungsänderung am deutlichsten, wenn man durch einen irgendwo fest angenommenen Punkt die Strahlen zieht, die zu den aufeinanderfolgenden Tangenten parallel sind, und zwar immer im Pfeilsinn entsprechend dem Fortschritt auf der Kurve, siehe Fig. 621, wo statt der Kurve ein wenig von einer Kurve abweichender gebrochener Linienzug dargestellt ist, dessen Ecken also die Punkte der Kurve und dessen Strecken ihre Tangenten bedeuten sollen. Diese Zeichnung stellt den gewöhnlichen oder allgemeinen Fall dar: Während der Punkt die Stellen *1, 2, 3* ... durchläuft, dreht sich der jeweils parallel zur Tangente gezogene Strahl in einerlei Sinn um den festen Punkt. Sonderfälle ergeben sich, wenn der Strahl in einer gewissen Lage entweder in den entgegengesetzten überspringt

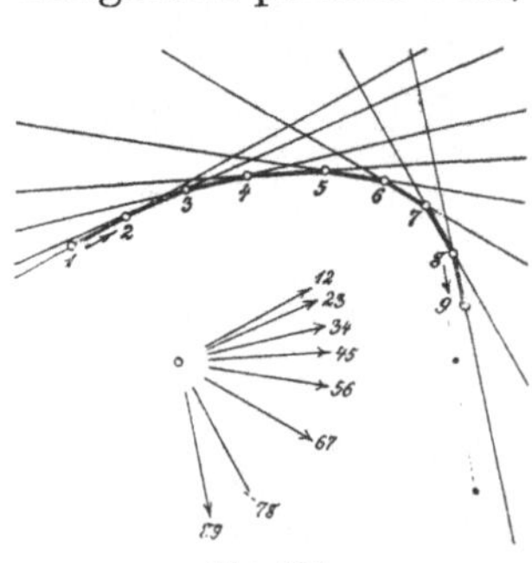

Fig. 621.

oder dort eine rückwärtige Drehung beginnt. Der erste Fall ist in Fig. 622, der zweite in Fig. 623 dargestellt. Der erste Fall tritt für eine Kurvenspitze ein; hier weicht der auf den Strahl *4 5* folgende Strahl *5 6* nicht um ein Geringes, sondern um fast 180° vom Strahl *4 5* in seiner Richtung ab. Dies hängt damit zusammen, daß der Punkt, nachdem er in *5* angelangt ist, wieder zurückgeht. Man nennt deshalb die Spitzen auch Rückkehrpunkte. Der in Fig. 623 dargestellte

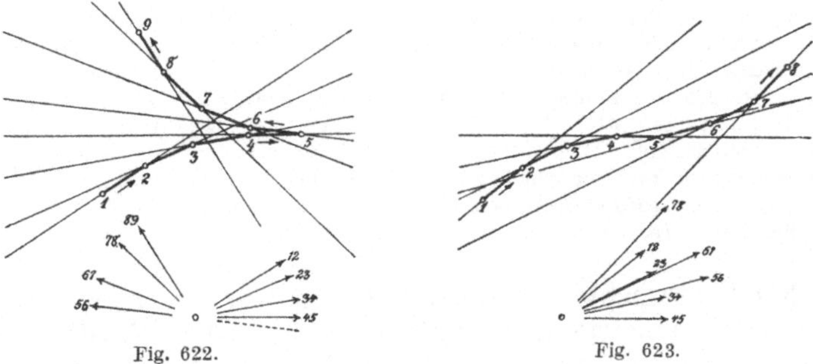

Fig. 622.   Fig. 623.

zweite Fall ist der eines Wendepunktes: Der zur Tangente parallele Strahl geht nicht über die Lage *4 5* hinaus; sowohl der Strahl *3 4* als auch der Strahl *5 6* liegen auf derselben Seite des Strahles *4 5*. Wendepunkte kamen schon gelegentlich in Nr. 249 und 250 vor. In einem Wendepunkte tritt vorübergehend ein Stillstand in der Drehung der Tangente ein, weil sie sich dort anschickt, wieder zu den früheren Richtungen zurückzukehren. Zwei unendlich benachbarte Normalen treffen sich auf der einen oder anderen Seite der Kurve, je nachdem die ins Auge gefaßte Stelle vor dem Wendepunkte liegt oder auf ihn folgt, siehe Fig. 624. Deshalb hat die Evolute zwei getrennte Zweige auf verschiedenen Seiten der Kurve. Sie hängen aber im Unendlichfernen zusammen. Denn da die Richtung der Tangente im Wendepunkt augenblicklich zu einem Stillstand kommt, gilt dasselbe von der Richtung der Normale, d. h. die Normale des Wendepunktes und eine unendlich benachbarte Normale sind parallel und treffen sich erst im Unendlichfernen. Der Krümmungsmittelpunkt des Wendepunktes liegt also unendlichfern, so daß der zugehörige Krümmungskreis in eine Gerade, nämlich in die Wendetangente, ausartet. Da jeder Krümmungskreis als Kreis durch drei unendlich benachbarte Kurvenpunkte aufzufassen ist, stellt demnach auch die Wendetangente eine

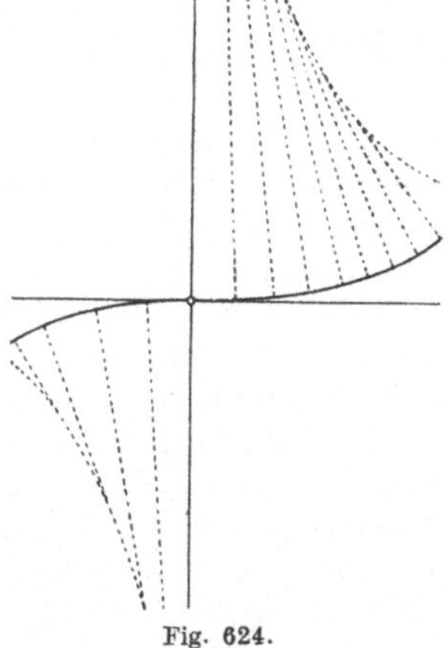

Fig. 624.

Gerade durch drei unendlich benachbarte Kurvenpunkte dar, während eine gewöhnliche Tangente eine Gerade durch nur zwei unendlich benachbarte Kurvenpunkte ist. Deshalb schmiegt sich die Kurve einer Wendetangente meistens inniger als gewöhnlichen Tangenten an. Beim Zeichnen darf man meistens ein nicht geringes geradliniges Stück der Wendetangente für den Kurvenzug verwenden. Aus diesem Grund ist es nützlich, die etwa vorkommenden Wendetangenten einer zu zeichnenden Kurve zu kennen.

Im vorhergehenden sind nur die einfachsten denkbaren Sonderfälle besprochen. Es können noch verwickeltere Möglichkeiten bei einer Kurve auftreten, wodurch sich noch höhere Singularitäten ergeben. Wir wollen aber darauf nicht eingehen.

Anmerkung: Wenn man mit Rücksicht auf die Art der Bewegung des Kurvenpunktes eine Spitze einen Rückkehrpunkt nennt, kann man mit demselben Recht im Hinblick auf die Art der Bewegung der Tangente eine Wendetangente eine Rückkehrtangente nennen. Aber das würde zu Verwechslungen Anlaß geben und wird deshalb besser vermieden. Die lateinische Bezeichnung für die Wendetangente ist Inflexionstangente (von inflexio, Beugung oder Wendung). In älteren mathematischen Schriften werden auch die Spitzen oft Inflexionspunkte genannt, was dann dasselbe wie Rückkehrpunkte bedeuten soll. Hin und wieder trifft man diese Bezeichnung auch noch jetzt in physikalischen und anderen Büchern. Man versteht aber heutzutage in der Geometrie durchweg unter den Inflexionspunkten die Berührungspunkte der Inflexionstangenten, d. h. die Wendepunkte.

412. Flachornamente. Nunmehr gehen wir zu Anwendungen der darstellenden Geometrie über, indem wir zunächst Flachornamente oder Reliefs betrachten. Man versteht darunter Verzierungen, die wenig erhaben über einer Fläche, im allgemeinen über einer Ebene sind. Ihre künstlerische Wirkung hängt wesentlich von ihrem Schlagschatten auf der Fläche und von ihrem Eigenschatten ab, da erst diese Schatten die Verzierungen bei ihrer geringen Höhe aus der Fläche herausheben. Deshalb sollen diese Schatten besprochen werden. Ob das Flachornament auf einer gekrümmten Fläche oder auf einer Ebene liegt, ist für die Ermittlung ihrer Schatten von geringerer Bedeutung, denn die Schatten werden sich nur wenig ändern, wenn man die Fläche an der betrachteten Stelle durch eine Ebene ersetzt, eben weil das Ornament nur wenig hervortritt. Wir beschränken uns aus diesem Grund auf die Betrachtung eines Flachornaments auf einer Ebene, die wir die Grundebene des Ornaments nennen.

Außer der senkrechten Projektion des Flachornaments auf die Grundebene wird man kaum eine senkrechte Projektion auf eine zweite Tafel, eine Aufrißtafel, benutzen, weil sie zu geringe Höhen hätte. Also handelt es sich hier um senkrechte Projektion auf nur eine Tafel (1. Kapitel). Gebräuchlich ist es, den Schatten bei einer Parallelbeleuchtung so darzustellen, daß die Projektionen der Lichtstrahlen 45°-Linien von links oben nach rechts unten werden, und diese Annahme wollen wir ebenfalls machen.

In der Hauptsache bestehen die Flachornamente aus Nachahmungen von Blumen, Blättern und Ranken. Als Beispiel sei eine einzelne Ranke herausgegriffen. Sie pflegt eine erhabene Rippe r zu haben, von der aus sich etwa ihre beiden Flächen bis zur Grundebene senken, indem sie dort durch Randlinien a und b begrenzt werden, die in ihrem Verlauf nur wenig von der Rippe abweichen, siehe Fig. 626 und 627 in der späteren Nr. 414. Um die Schatten zeichnen zu können, muß man wissen, wie hoch die Rippe r über der Tafel liegt. Sie kann z. B. zu ihr parallel sein; aber im allgemeinen wird sie verschiedene Höhen aufweisen. Eigentlich müßte man außerdem das Gesetz kennen, nach dem die beiden Flächen zwischen r und a und zwischen r und b gebildet sind. Aber das sind mehr oder weniger willkürliche Flächen, über deren Gestaltung sehr oft die vorgelegte Zeichnung gar keine Auskunft gibt, ja deren Form im einzelnen dem Verfertiger des Ornaments überlassen wird. Man kann sich z. B. vorstellen, daß die Flächen gerade Fallinien haben, die von der Rippe r ausgehen und etwa senkrecht auf die Ränder a und b stoßen. In dieser Unbestimmtheit des Gegenstandes liegt eine gewisse Schwierigkeit für die Ermittlung der Schatten, aber wegen der Flachheit des Ornaments werden die Grenzen der auf die Grundebene fallenden Schlagschatten doch nur wenig durch die Art der Wölbung der Rankenflächen beeinflußt, in stärkerem Maße allerdings die Grenzen der Eigenschatten.

413. Lehrbeispiel für Flachornamente. Um zu klaren Vorstellungen zu gelangen, tut man gut, zunächst eine solche Ranke zu untersuchen, die geometrisch genau beschrieben werden kann. Wir benutzen eine

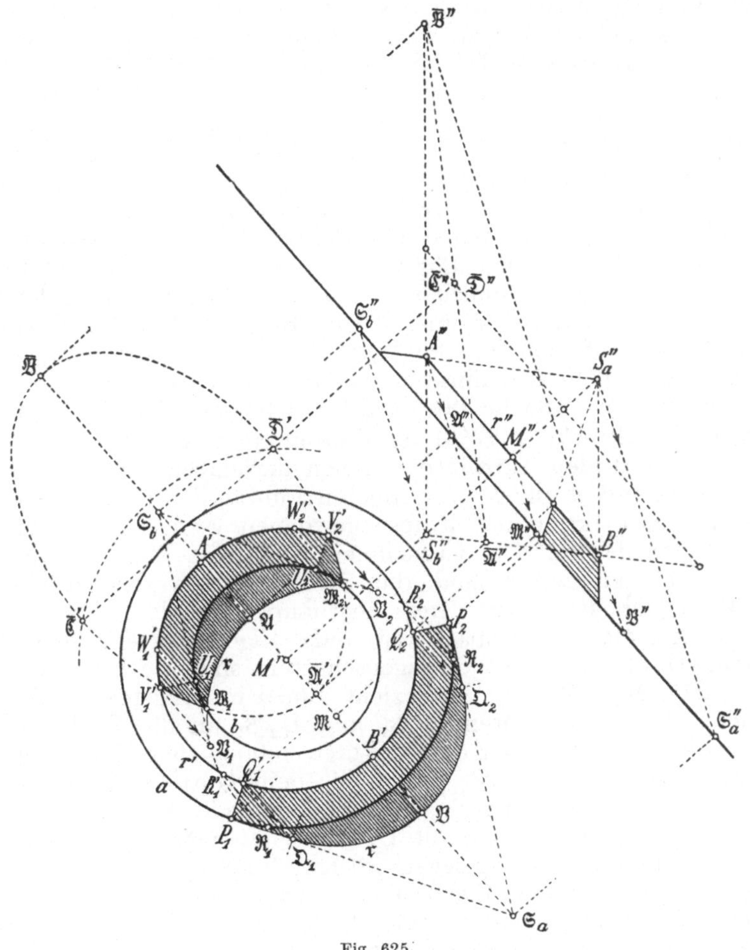

Fig. 625.

ringförmige Ranke, deren Rippe r ein zur Grundebene parallel gelegener Kreis ist, siehe Fig. 625. Die Randlinien a und b seien Kreise, die denselben Mittelpunkt haben wie die Projektion r' der Rippe. Daß der Radius von a um ebensoviel größer wie der von b kleiner als der

Radius von r' angenommen worden ist, hat keine wesentliche Bedeutung. Absichtlich ist die Höhe der Rippe r über der Grundebene so groß gewählt worden, daß in diesem Lehrbeispiel auch ein Aufriß benutzt werden kann. Die Ebene des Aufrisses ist zur Lichtrichtung parallel angenommen worden. Man stelle sich die beiden Rankenflächen zwischen r und a und zwischen r und b als Kegelgürtel vor, nämlich als Teile von Rotationskegeln mit den Spitzen S_a und S_b, die auf dem durch die Mitte M von r gehenden Lot zur Grundebene liegen. Die Schlagschatten $\mathfrak{S}_a$ und $\mathfrak{S}_b$ der Spitzen kann man mit Hilfe des Aufrisses sofort bestimmen.

Der Schlagschatten $\mathfrak{r}$ der Rippe r ist ein Kreis von demselben Radius; sein Mittelpunkt $\mathfrak{M}$ ist der Schlagschatten der Mitte M von r. Der Schlag- und Eigenschatten des äußeren Kegelgürtels ergibt sich nach Nr. 117. Der Schlagschatten wird teils durch die von $\mathfrak{S}_a$ ausgehenden gemeinsamen Tangenten der Kreise a und $\mathfrak{r}$, nämlich durch $P_1 \mathfrak{Q}_1$ und $P_2 \mathfrak{Q}_2$, teils durch den Bogen $\mathfrak{Q}_1 \mathfrak{Q}_2$ des Kreises $\mathfrak{r}$ begrenzt, und die Grenzen des Eigenschattens sind die Stücke $P_1 Q_1$ und $P_2 Q_2$ der von P_1 und P_2 nach S_a gehenden Mantellinien. Ferner sind $\mathfrak{Q}_1$ und $\mathfrak{Q}_2$ die Schlagschatten von Q_1 und Q_2. Bezüglich des Schlag- und Eigenschattens des inneren Kegelgürtels verweisen wir auf das in Fig. 395 von Nr. 280 behandelte Beispiel. Der Schlagschatten auf der Grundebene wird durch den innerhalb b gelegenen Bogen $\mathfrak{W}_1 \mathfrak{W}_2$ des Kreises $\mathfrak{r}$ begrenzt. Die Punkte $\mathfrak{W}_1$ und $\mathfrak{W}_2$, in denen sich $\mathfrak{r}$ und b schneiden, sind die Schlagschatten gewisser Punkte W_1 und W_2 der Rippe r. Die Grenzlinien $\mathfrak{W}_1 V_1$ und $\mathfrak{W}_2 V_2$ des auf dem inneren Kegel liegenden Schattens sind Stücke einer Ellipse, und diese Ellipse ist der Schlagschatten, den die Rippe r selbst auf die Innenfläche des Kegels wirft. Im Aufriß erscheint die Ellipse als eine Strecke $\overline{\mathfrak{A}'' \mathfrak{B}''}$, deren Endpunkte die Schnitte der äußersten Mantellinien mit den Aufrißprojektionen derjenigen Lichtstrahlen sind, die durch die mit A und B bezeichneten Punkte der Rippe r gehen. Wie die Grundrißprojektion der Ellipse gewonnen wird, ist in Fig. 625 im einzelnen angedeutet. Die Grenzlinien $\mathfrak{W}_1 V_1$ und $\mathfrak{W}_2 V_2$ des Schattens auf dem inneren Kegel sind die Schlagschatten der Stücke $W_1 V_1$ und $W_2 V_2$ der Rippe r. Der überhaupt auf dem inneren Kegel zustande kommende Schatten ist teils Eigenschatten, teils Schlagschatten. Die Grenzlinien des Eigenschattens sind wie bei jedem Kegel, vgl. Nr. 275, Mantellinien: Man zieht von dem Schatten $\mathfrak{S}_b$ der Spitze die gemeinsamen Tangenten $U_1 \mathfrak{W}_1$ und $U_2 \mathfrak{W}_2$ an die Kreise b und $\mathfrak{r}$; sie sind die Schlagschatten der in Frage kommenden Mantellinien, von denen nur die Stücke $U_1 V_1$ und $U_2 V_2$ dem Gürtel angehören. Dabei sind $\mathfrak{W}_1$ und $\mathfrak{W}_2$ die allerdings nicht zustande kommenden Schlagschatten, die V_1 und V_2 auf die Grundebene werfen. Hiernach ist das zwischen $U_1 V_1$ und $U_2 V_2$ gelegene Stück des Schlagschattens auf dem inneren Kegelgürtel der Eigenschatten, während die Stücke $U_1 V_1 \mathfrak{W}_1$ und $U_2 V_2 \mathfrak{W}_2$ Schlagschatten vorstellen. In der Zeichnung sind alle Schlagschatten durch engere Schraffen, alle Eigenschatten durch weitere Schraffen gekennzeichnet; in Wirklichkeit sind aber die Grenzen $U_1 V_1$ und $U_2 V_2$ zwischen Eigen- und Schlagschatten gar nicht zu sehen.

Da dies Beispiel als Muster für die in der nächsten Nummer zu betrachtenden Ranken dienen soll, bei denen von der Benutzung eines Aufrisses abgesehen wird, muß man sich darüber Rechenschaft geben, wie man das Wesentliche der Schattenkonstruktion auch ohne den Aufriß finden kann: Wenn man weiß, wie hoch die Punkte der Rippe r über der Grundebene liegen, und welche Neigung die Lichtstrahlen zur Grundebene haben, kann man leicht ihren Schlagschatten bestimmen und dadurch die Schattenlinie $\mathfrak{r}$ bekommen. Dann sind alle vorhandenen gemeinsamen Tangenten an $\mathfrak{r}$ und a sowie an $\mathfrak{r}$ und b zu ziehen, das sind $P_1\mathfrak{Q}_1$, $P_2\mathfrak{Q}_2$ und $U_1\mathfrak{B}_1$ und $U_2\mathfrak{B}_2$. Von den Berührungspunkten $\mathfrak{Q}_1$, $\mathfrak{Q}_2$, $\mathfrak{B}_1$, $\mathfrak{B}_2$ sind die beiden ersten sichtbar, während die beiden letzten durch die Ranke verdeckt werden. Indem man nun von den sichtbaren Tangenten, also von $P_1\mathfrak{Q}_1$ und $P_2\mathfrak{Q}_2$, in der Lichtrichtung zurückgeht, gelangt man zu Grenzlinien P_1Q_1 und P_2Q_2 eines Eigenschattens, und die Grenzlinien selbst sind Stücke von Mantellinien, also geradlinig. Indem man auch von den durch die Ranke verdeckten Tangenten $U_1\mathfrak{B}_1$ und $U_2\mathfrak{B}_2$ in der Lichtrichtung zurückgeht, gelangt man dagegen zu Stücken U_1V_1 und U_2V_2 von Mantellinien, die als Grenzen von Schatten nicht in Betracht kommen. Vielmehr muß man V_1 und V_2 durch krumme Linien, nämlich durch Stücke einer Ellipse, mit denjenigen Punkten $\mathfrak{B}_1$ und $\mathfrak{B}_2$ verbinden, in denen $\mathfrak{r}$ in der Nähe von U_1 und U_2 die Randlinie b schneidet, also mit denjenigen Punkten, in denen das sichtbare Stück des Schattens $\mathfrak{r}$ der Rippe endet. Man beachte noch, daß die Grenzlinien $\mathfrak{B}_1V_1$ und $\mathfrak{B}_2V_2$ des Schattens auf dem inneren Kegel nach außen — vom Schatten aus gerechnet — gekrümmt sind.

414. Schatten einer Ranke von beliebiger Gestalt. Auf Grund des soeben Erkannten ist man in der Lage, die Eigen- und Schlagschatten beliebiger Ranken in befriedigender Weise festzustellen. Zunächst werde in Fig. 626 ein Rankenstück angenommen, dessen Rippe r überall gleich hoch über der Grundebene liegt. Ist diese Höhe und die Neigung der Lichtstrahlen zur Tafel gegeben, so ist es augenscheinlich leicht,

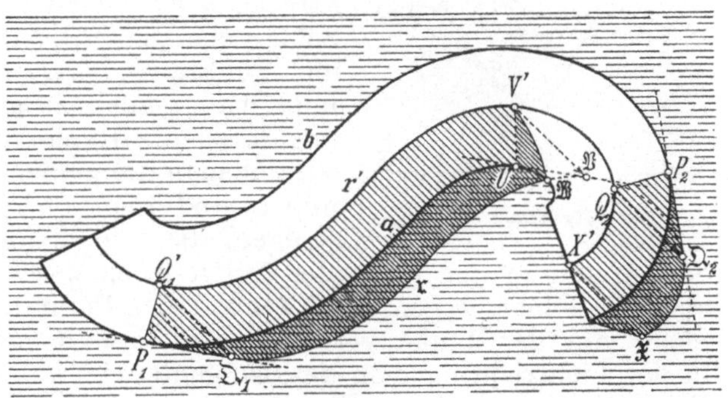

Fig. 626.

den Schlagschatten $\mathfrak{X}$ zu bestimmen, den irgendein Punkt X von r auf die Grundebene wirft. Fehlen diese Angaben, so kann man $\mathfrak{X}$ irgendwo auf der Projektion des Lichtstrahls durch X annehmen. Weil r überall dieselbe Höhe über der Grundebene hat, ist der Schatten $\mathfrak{r}$, den r auf die Grundebene wirft, mit r und mit der dargestellten Projektion r' von r kongruent und gleichgestellt, d. h. $\mathfrak{r}$ ergibt sich, wenn man r' so verschiebt, daß X' nach $\mathfrak{X}$ gelangt. Dabei hat man die Kurve $\mathfrak{r}$ auch dort zu zeichnen, wo sie von der Ranke verdeckt wird. Jedes einzelne Stück der Ranke kann man nun als ein Stück einer ringförmigen Ranke von der in voriger Nummer betrachteten Gestalt auffassen. Demnach ergeben sich alle Schatten so: Man sucht alle gemeinsamen Tangenten von $\mathfrak{r}$ und a sowie von $\mathfrak{r}$ und b auf. Das sind hier die Strecken $P_1\mathfrak{Q}_1$, $U\mathfrak{B}$ und $P_2\mathfrak{Q}_2$. Die Punkte $\mathfrak{Q}_1$ und $\mathfrak{Q}_2$ werden nicht durch die Ranke verdeckt, dagegen liegt $\mathfrak{B}$ unter der Ranke. Deshalb ergeben sich auf der Ranke zwei Grenzlinien von Eigenschatten und eine Grenzlinie von Schlagschatten. Die beiden ersten findet man, indem man von $\mathfrak{Q}_1$ und $\mathfrak{Q}_2$ in der Lichtrichtung nach Q_1 und Q_2 auf r zurückgeht; es sind die Linien P_1Q_1 und P_2Q_2, die nahezu gerade sind. In der Nähe von U schneidet $\mathfrak{r}$ die Randlinie a in $\mathfrak{B}$. Demnach ergibt sich hier eine Grenzlinie $\mathfrak{B}V$ eines Schlagschattens auf der Ranke; sie ist gekrümmt, und zwar nach außen hin, vom Schatten aus gerechnet. Wie die Schlagschatten auf der Grundebene zustande kommen, erkennt man ohne weiteres. Wie in der vorigen Figur sind auch hier die Schlagschatten durch engere, die Eigenschatten durch weitere Schraffen kenntlich gemacht, aber selbstverständlich ist die Grenzlinie UV zwischen Eigenschatten und Schlagschatten in Wirklichkeit nicht zu sehen.

Wir betrachten jetzt in Fig. 627 ein Rankenstück, dessen Rippe verschiedene Höhen über der Grundebene hat, indem sie von einem Punkt 0 an allmählich emporsteigt. Wir nehmen an, daß jeder der Punkte $1, 2 \dots 6$ von r um denselben Betrag höher als der vorhergehende liege. Wenn dann VI der Schlagschatten von 6 ist, bekommt man die Schlagschatten $I, II \dots V$ von $1, 2 \dots 5$, indem man in der Richtung der Lichtstrahlprojektionen von $1', 2' \dots 5'$ aus $\frac{1}{6}, \frac{2}{6} \dots \frac{5}{6}$ der Strecke $6'VI$ aufträgt. Dann kann man den Schlagschatten $\mathfrak{r}$ der Rippe r als Kurve durch die Punkte $0, I, II \dots VI$ ziehen. Wieder muß man $\mathfrak{r}$ auch da ausziehen, wo der Schatten durch die Ranke verdeckt wird. Nun bestimmt man die gemeinsamen Tangenten von $\mathfrak{r}$ und a und die von $\mathfrak{r}$ und b, das sind diejenigen, die $\mathfrak{r}$ in $\mathfrak{B}$ und $\mathfrak{Q}$ berühren. Außerdem treten in der Nähe der Spitze noch zwei gemeinsame Tangenten auf, die jedoch wegen der Kleinheit der Figur fortgelassen sind. Da $\mathfrak{Q}$ nicht von der Ranke verdeckt wird, erhält man durch Zurückgehen in der Lichtrichtung von der Tangente $P\mathfrak{Q}$ aus eine Grenzlinie PQ des Eigenschattens auf der Ranke, und zwar ist sie nahezu gerade. Der Punkt $\mathfrak{B}$ dagegen wird durch die Ranke verdeckt. In seiner Nähe schneidet $\mathfrak{r}$ die Randlinie b in $\mathfrak{B}$. Indem man von $\mathfrak{B}$ in der Lichtrichtung bis V auf r zurückgeht, bekommt man also die Endpunkte $\mathfrak{B}$ und V einer krummlinigen Schlagschattengrenze auf der Ranke. Sie ist nach außen gekrümmt, vom Schatten aus gerechnet, aber in diesem Beispiel ziemlich wenig, weil nämlich der Punkt, in dem die $\mathfrak{r}$ in $\mathfrak{B}$ berührende gemeinsame Tangente von $\mathfrak{r}$ und a die Randlinie a berührt, sehr nahe bei $\mathfrak{B}$ liegt. Deshalb ist auch das kleine, an $V\mathfrak{B}$ angrenzende Schlagschattenstück auf der Ranke von dem Eigenschattenstück nicht durch engere Schraffen wie in den beiden vorhergehenden Figuren unterschieden worden. Die Konstruktionen für die in der Nähe der Spitze 0 auftretenden Grenzlinien von Schatten sind nicht angegeben, weil die

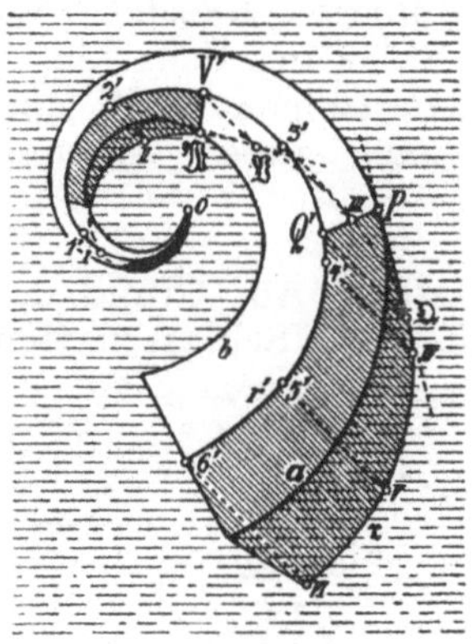

Fig. 627.

Ranke bei *0* zu spitz ist. Bemerkt sei nur, daß von der Spitze aus zwischen *r* und *a* ein schmales Schattenstück auf der Ranke und daneben ein schmales Schattenstück auf der Grundebene vorkommt.

Wenn die Rankenflächen hier und da in anderer Weise gewölbt sind, treten leichte Verschiebungen in den Grenzlinien der Schatten auf. Sie sind, wie schon in Nr. 412 gesagt wurde, geringer für die gekrümmten Schlagschattengrenzen, bedeutender für die sonst fast geradlinigen Eigenschattengrenzen.

Im übrigen kann man bei verwickelteren Ornamenten auch Querschnitte anwenden, und zwar in Ebenen, die zur Tafel senkrecht und zur Lichtrichtung parallel sind. Diese Querschnitte legt man in die Tafel zusammen mit der Lichtrichtung um, so daß es dann leicht ist, die Schatten in den Querschnitten festzustellen.

Anmerkung: Gang und gäbe ist beim Ornamentzeichnen eine nach dem Vorhergehenden durchaus falsche Schattenbestimmung: Man läßt die Punkte V' und Q' auf r' an der Stelle zusammenrücken, wo r' durch die Projektion eines Lichtstrahls berührt wird. Das Musterbeispiel in voriger Nummer zeigt, wie unsinnig diese leider auch auf Hochschulen beliebte handwerksmäßige und undurchdachte Darstellung der Schatten ist.

415. Höhenlinien des Geländes. In Nr. 33 wurde der Begriff des Geländes erläutert. Dort beschränkten wir uns auf ebenflächig zusammengesetzte Gelände; jetzt sollen beliebig gestaltete Gelände betrachtet werden. Dabei sehen wir wie damals von senkrechten und überhängenden Erdwänden und von Höhlenbildungen ab. Die wagerechten Ebenen schneiden das Gelände in Höhenlinien, und die senkrechten Projektionen der Höhenlinien auf eine wagerechte Grundebene sind so beschaffen, daß niemals irgend zwei, die sich auf verschiedene Höhen beziehen, einander schneiden. Die Projektionen der Höhenlinien sind zu den Höhenlinien selbst kongruent und gehören zu den willkürlichen Kurven, von denen in Nr. 407 und 408 die Rede war. Die größten Höhen und Tiefen eines Geländes sind gegenüber der wagerechten Ausdehnung des Geländes meistens gering; deshalb benutzt man zur Darstellung die senkrechte Projektion auf eine einzige Grundebene, indem man also auf den Aufriß verzichtet. Diese Projektion reicht aus, wenn man bei jeder Höhenlinie angibt, wie hoch sie liegen soll.

Um eine derartige Zeichnung eines in der Natur vorhandenen Geländes, also eine Karte des Geländes herzustellen, muß man die Höhen möglichst vieler Punkte des Geländes über einer in irgend einer bestimmten Höhe gedachten wagerechten Ebene ermitteln. Liegen Punkte des Geländes unterhalb dieser Grundebene, so haben sie negative Höhen. Die Bestimmung der Höhen ist eine Aufgabe der Feldmeßkunst oder Geodäsie, die uns hier nichts angeht. Hat man die Projektionen der vermessenen Punkte angegeben und dabei die zugehörigen Höhen in Zahlen vermerkt, so kann man daraus den ungefähren Verlauf derjenigen Höhenlinien ableiten, deren Höhen sich in runden Zahlen ausdrücken, die gleich große Differenzen haben, also etwa die Höhen von 0, 1, 2 ... m oder von 0, 5, 10 ... m sind. Die vermessenen Punkte müssen so nahe beieinander gewählt sein, daß man annehmen darf, daß die Verbindende je zweier benachbarter Punkte auf dem Gelände nahezu geradlinig ist. Ihre Neigung zur Grundebene hängt vom Höhenunterschiede der beiden Endpunkte und von der Länge ihrer Projektion

ab; der Quotient aus beiden ist der Tangens des Neigungswinkels, die
Steigung oder das Gefälle (Nr. 31) der Strecke. Steigt man längs
einer zur Grundebene geneigten Geraden empor, so ist die von Punkt
zu Punkt erreichte Höhe proportional zu dem in der Projektion zurück-
gelegten Wege. Wenn also z. B. P' und Q' in
Fig. 628 die Projektionen benachbarter ver-
messener Punkte P und Q mit den Höhen $5,3$
und $6,2$ sind, ergibt sich die Projektion des
auf PQ und zwischen P und Q gelegenen
Punktes X von der Höhe 6 so: Man zieht
durch P' und Q' parallele Geraden in irgendeiner Richtung, legt dann einen Maßstab so
darüber, daß das von den Parallelen auf ihm
bestimmte Stück gleich der Differenz der
Höhen, also gleich $6,2-5,3$ oder $0,9$ ist, ausgedrückt in Teilen des Maßstabes, und vermerkt auf dem Zeichenblatte denjenigen Punkt
des Maßstabes, der zur Differenz zwischen der
gewünschten Höhe 6 und der Höhe 5,3 gehört,

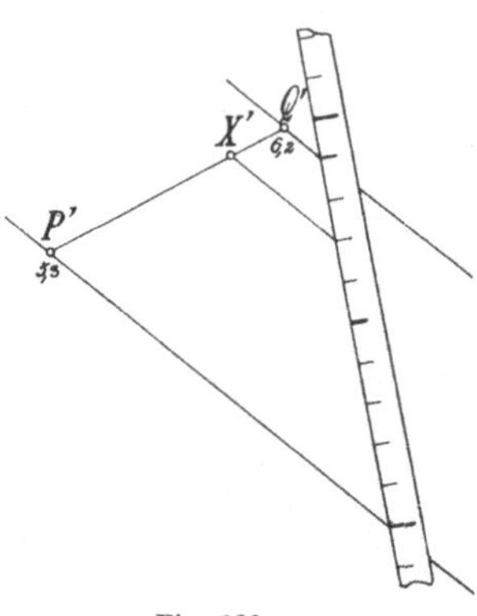

Fig. 628.

also zu 0,7. Zieht man nun durch diesen Punkt die Parallele zu den
beiden vorhin gezeichneten Parallelen, so schneidet sie $P'Q'$ an der
gesuchten Stelle X'.

Nachdem man so zwischen allen vermessenen Punkten die Stellen
ermittelt hat, die zu Höhen in runden Zahlen gehören, erhält man den
Verlauf der Höhenlinien, indem man diejenigen von diesen Stellen durch
Kurven verbindet, denen die gleiche Höhe zukommt. Da die Genauigkeit der Kurven von der Dichte des Netzes der vermessenen Punkte
abhängt, geben die Höhenlinien einer Karte nur ein ungefähres Bild
vom richtigen Verlauf. Man muß beim Ausziehen der Kurven darauf
Bedacht nehmen, daß die Voraussetzung, das Gelände verlaufe zwischen
je zwei benachbarten vermessenen Punkten geradlinig, nur angenähert
zutrifft. Deshalb sind die Höhenlinien beim Ausziehen einigermaßen
auszugleichen, indem man kleine Wellenbildungen unterdrückt. Wenn
das Gelände eine Fläche von bestimmtem geometrischen Gesetz, z. B.
eine Kugelschale, ist, kann man die Höhenlinien selbstverständlich
ganz genau ermitteln.

416. Tangentenebenen und Normalen einer Fläche. Ehe die Eigenschaften eines Geländes weiter untersucht werden, sind einige grund-
sätzliche Bemerkungen allgemeiner Art am Platze: Wenn man durch
einen Punkt P einer Fläche beliebig viele auf der Fläche
verlaufende Kurven zieht, kommen diesen Kurven in P
Tangenten zu, und alle diese Tangenten liegen in einer
Ebene, die man die Tangentialebene oder Tangentenebene
des Flächenpunktes P nennt. Dieser Satz läßt sich beweisen, wenn
man eine Fläche betrachtet, die ein bestimmtes geometrisches Gesetz
hat, wie z. B. die Kugel und die Kegel, insbesondere auch die Zylinder.
Nimmt man aber eine beliebige Fläche an, so läßt sich der Satz nur
dann streng beweisen, wenn man gewisse Voraussetzungen macht, wie
es in der analytischen Geometrie des Raumes geschieht. Es reicht z. B.
für den Beweis nicht aus, die Fläche als Grenze zwischen zwei Raum-

teilen zu erklären. Wir haben den Begriff der Fläche überhaupt nicht erklärt und wollen ihn als schon vorhanden annehmen, aus denselben Gründen, aus denen wir in Nr. 79 auch den Begriff der Kurve nicht erklärt haben. Es wird genügen, daß wir unter Flächen zweidimensionale Gebilde von Punkten verstehen, die überall einander dicht benachbart sind derart, daß an jeder Stelle eine Tangentenebene vorhanden ist.

Allerdings muß man dann zuweilen von gewissen Punkten absehen. Während die Kugel insofern eine vollkommene Fläche ist, als sie an jeder Stelle eine Tangentenebene hat, macht bei einem Kegel die Spitze eine Ausnahme: Die Tangenten der durch die Spitze vom Kegel zum Scheitelkegel übergehenden Kurven bilden keine Ebene, sondern sind die Mantellinien des Kegels selbst. Läßt man einen Kreis sich um eine Gerade drehen, die ihn in zwei Punkten A und B schneidet, so entsteht eine Fläche, die an den Stellen A und B kegelförmige Vertiefungen und daher dort keine Tangentenebenen, sondern Tangentenkegel hat. Man kann sogar beweisen, daß es zweidimensionale Gebilde von überall dicht benachbarten Punkten derart gibt, daß sie nirgends Tangentenebenen, sondern überall Tangentenkegel haben. Aber sie spielen in der darstellenden Geometrie keine Rolle. Wenn eine Fläche einzelne Punkte aufweist, denen keine Tangentenebenen zukommen, nennt man diese Stellen singuläre Punkte. Die Spitze eines Kegels ist also ein singulärer Punkt des Kegels. Es gibt Flächen, die unendlich viele singuläre Punkte längs einer Kurve haben. Um hervorzuheben, daß die Tangentialebene eines Flächenpunktes die Ebene der Tangenten der durch ihn gehenden Flächenkurven ist, wollen wir von jetzt an den Namen Tangentenebene statt Tangentialebene anwenden.

Unter der Normale eines Flächenpunktes wird diejenige Gerade verstanden, die in diesem Punkt auf der Tangentenebene des Punktes senkrecht steht.

417. Gipfel- und Talpunkte sowie Jochpunkte. Ein Gelände weist gewisse ausgezeichnete Punkte auf, denen man besondere Namen gibt: Ein Punkt des Geländes heißt ein Gipfelpunkt, wenn kein ihm unmittelbar benachbarter Punkt höher liegt. Entsprechend heißt eine Stelle ein Talpunkt, wenn kein ihr unmittelbar benachbarter Punkt tiefer liegt. Hierdurch wird nicht ausgeschlossen, daß unmittelbar neben einem Gipfelpunkt oder Talpunkt ein gleich hoher oder gleich tiefer Punkt liegt, aber im allgemeinen ist dies als eine Ausnahme zu bezeichnen. Eine Kurve auf dem Gelände, die über einen Gipfel- oder Talpunkt hinweggeht, hat dort eine wagerechte Tangente, d. h. die Gipfel- und Talpunkte sind Punkte mit wagerechten Tangentenebenen. Allerdings kann in einem Gipfel- oder Talpunkt auch eine kegelförmige Spitze oder Vertiefung vorkommen; dann aber ist der Gipfel- oder Talpunkt eine singuläre Stelle, und von solchen Stellen wollen wir bei diesen allgemeinen Betrachtungen überhaupt absehen. Ein Gelände kann mehrere verschieden hohe Gipfelpunkte und auch mehrere verschieden tiefe Talpunkte haben, siehe Fig. 629, wo die mit dem Pluszeichen versehenen Stellen Gipfelpunkte und die mit dem Minuszeichen versehenen Talpunkte sind. Auch kann es Talpunkte geben, die höher als Gipfelpunkte liegen. Weil man mit dem Begriff eines Tales die Vorstellung von einer

ziemlich ausgedehnten Vertiefung zu verbinden pflegt, sagt man auch
für Talpunkte, die kleinen Vertiefungen angehören, Muldenpunkte.

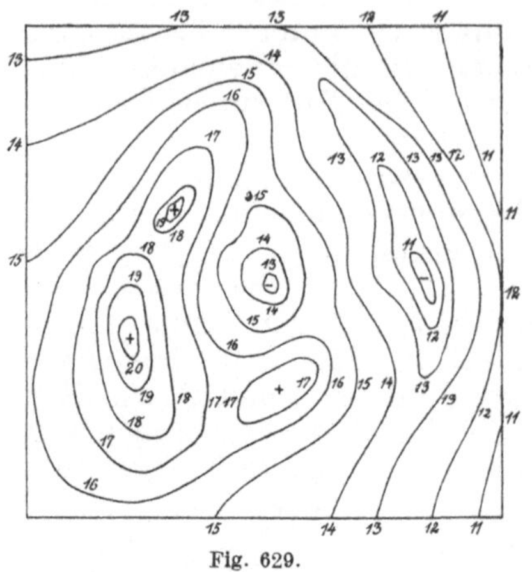

Fig. 629.

Die Gipfel- und Talpunkte sind
nicht die einzigen Stellen mit wagerechten Tangentenebenen. Dies ergibt
sich so: Ein Punkt des Geländes hat
eine wagerechte Tangentenebene, sobald es dort wenigstens zwei verschiedene wagerechte Tangenten gibt, und
dies tritt ein, wenn durch ihn zwei
Wege auf dem Gelände gehen, die dort
wagerechte Tangenten von verschiedenen Richtungen haben. Derartige
Wege können dort höchste Stellen oder
tiefste Stellen haben, wie es bei Gipfel-
und Talpunkten der Fall ist. Aber sie
können dort auch zum Teil höchste und
zum Teil tiefste Stellen haben. Dann
schneidet die wagerechte Ebene durch
die betreffende Stelle das Gelände in einer Höhenlinie die sich dort
selbst durchsetzt. Wenn es auch ausgeschlossen ist, daß sich Höhenlinien
von verschiedenen Höhen in ihren Projektionen schneiden, kann doch
eine Höhenlinie von bestimmter Höhe, weil sie eine willkürliche Kurve
ist, so verlaufen, daß sie sich selbst an einer Stelle durchschneidet. Um
die Gestaltung des Geländes an einer derartigen Stelle zu erkennen, hat
man davon auszugehen, daß das Gelände im allgemeinen einerseits von einer Höhenlinie steigt und andererseits von ihr
fällt. Allerdings kann es vorkommen, daß das Gelände beiderseits einer
Höhenlinie fällt, so daß die Höhenlinie aus lauter gleich hohen Gipfeln
besteht, aber das ist eine ungewöhnliche Erscheinung, von der wir absehen. Ebenso ungewöhnlich ist es, wenn das Gelände beiderseits einer
Höhenlinie steigt, weil dann eine Linie von lauter gleich tiefen Talpunkten entsteht. Wenn nun AC und BD in Fig. 630

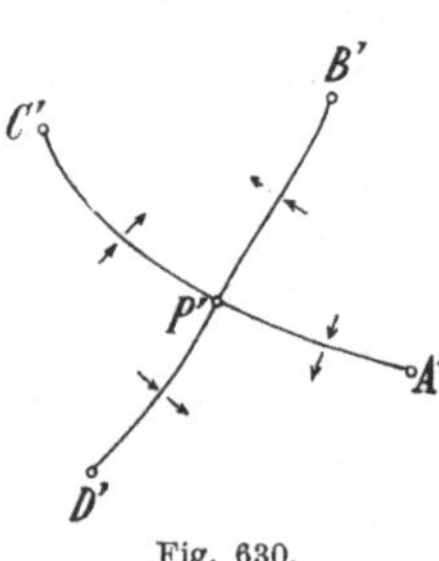

Fig. 630.

zwei einander in einem Punkte P schneidende Zweige
einer und derselben Höhenlinie sind und man annimmt, daß das Gelände auf dem Wege von A bis P
etwa rechter Hand steigt, was durch den Pfeil angedeutet ist, der den Abfall nach unten kennzeichnen soll, so liegt im Zwickel APB eine Er-
höhung. Also fällt das Gelände längs AP nach links
und längs BP nach rechts, wie es die Pfeile andeuten. Ebenso schließt man daraus weiter, daß das
Gelände auf dem Wege CP nach links und auf dem
Wege DP nach rechts fällt. Das Gelände liegt also in den Zwickeln
APB und CPD höher und in den Zwickeln APD und BPC tiefer als
an der Stelle P. Als Grundebene kann man etwa die wagerechte Ebene
durch P benutzen, die die Kurven AC und BD enthält. Dann liegen
in den Zwickeln APB und CPD Höhenlinien mit positiven Höhen und
in den Zwickeln APD und BPC Höhenlinien mit negativen Höhen,
und diese Höhenlinien werden im ganzen so wie in Fig. 631 verlaufen,
wo das Gebiet mit negativen Höhen geschrafft ist. Wohlbemerkt

gilt dies nur für die unmittelbare Umgebung der Stelle P. Die Fläche des Geländes ist in P sattelförmig, und man nennt die Stelle P, also jede Stelle, an der sich eine Höhenlinie selbst durchschneidet, einen Jochpunkt. Ein Weg auf dem Gelände, der aus dem Zwickel APD empor nach P und von da abwärts in den Zwickel BPC führt, heißt ein Paß. Irgendein durch den Jochunkt P gehender Weg hat dort eine höchste oder tiefste Stelle, also eine wagerechte Tangente, und die Tangentenebene des Punktes P ist wagerecht. Obgleich diese Ebene also in P beliebige durch P gehende Kurven des Geländes berührt, schneidet sie das Gelände in zwei durch P gehenden Kurvenzweigen AC und BD.

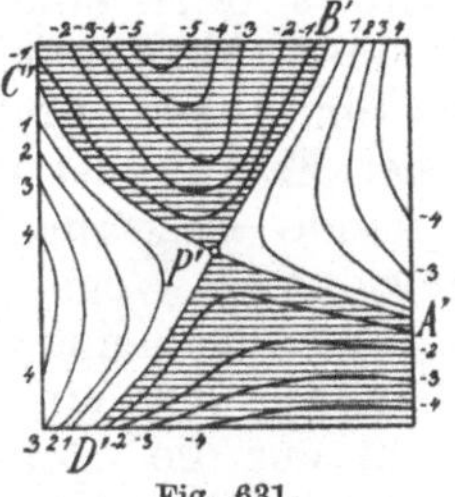

Fig. 631.

Diejenigen Punkte eines Geländes also, denen wagerechte Tangentenebenen zukommen, sind die Gipfel-, Tal- und Jochpunkte.

Anmerkung: Ist eine Höhenlinie eine geschlossene Kurve, die sich selbst in einem Punkte durchschneidet, siehe Fig. 632, so sind zwei verschiedene Fälle denkbar: Entweder ist das eingeschlossene Gebiet das höher gelegene, Fall a, oder das tiefer gelegene, Fall b. Man hat dann den Namen Jochpunkt oder Paßpunkt nur auf den Fall a beschränkt und die Stelle im Fall b einen Gabelpunkt (Furka) genannt. Derartige Unterscheidungen haben aber das Mißliche, daß sie nicht nur von der Beschaffenheit der unmittelbaren Umgebung der Stelle abhängen, sondern auch davon, daß sich die Zweige der Höhenlinie wieder anderswo vereinigen. Bei der Fülle verschiedenartiger Möglichkeiten ist diese Unterscheidung in geometrischer Hinsicht zu verwerfen.

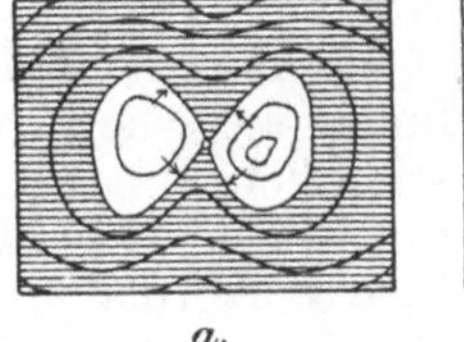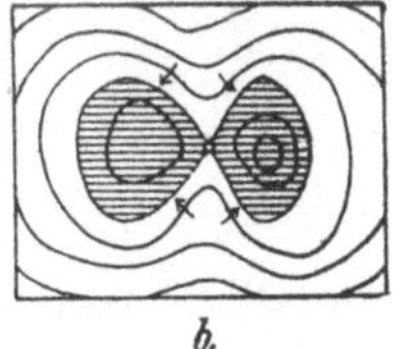

Fig. 632.

418. Fallinien, Kamm- und Talwege.

Von einem Punkt A einer Höhenlinie kann man auf verschiedenen Wegen zu Punkten der nächsthöheren oder nächsttieferen Höhenlinie gelangen. Da der Höhenunterschied zwischen dem Anfangspunkt A und den Endpunkten aller dieser Wege derselbe ist, ergibt sich als der kürzeste Weg derjenige, der auch in der Projektion am kürzesten ist, d. h. man muß in der Projektion von A' aus die Normale auf die nächste Höhenlinie fällen. Dies geschieht wie in Nr. 408, indem man um A' einen Kreis schlägt, der ein hinreichend kleines Stück von der nächsten Höhenlinie abschneidet. Die Mitte dieses Stückes kann mit Rücksicht auf die bei Geländedarstellungen immer vorkommende Unsicherheit hinreichend genau als der Fußpunkt der Normale angesehen werden. Von diesem Punkte kann man alsdann ebenso zur folgenden Höhenlinie auf dem kürzesten Weg übergehen und so fortfahren. Dadurch entsteht ein gebrochener Linienzug, siehe Fig. 633, den man schließlich durch eine Kurve ersetzen wird, deren Projektion also die Projektionen aller Höhenlinien senkrecht durchschneidet. Weil die

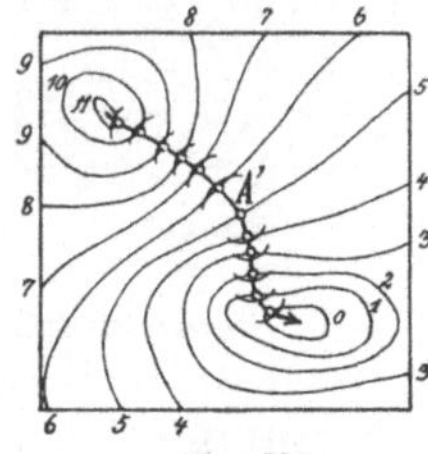

Fig. 633.

Tangenten der Höhenlinien wagerecht sind, folgt aus Nr. 18, daß dies auch auf dem Gelände selbst, nicht nur auf der Karte gilt: Die entstandene

Kurve auf dem Gelände durchsetzt alle Höhenlinien senkrecht; sie heißt daher eine **senkrechte Trajektorie der Höhenlinien des Ge-ländes** oder eine **Fallinie** oder auch eine **Kurve stärksten Ge-fälles.-** Man spricht vom Anfangspunkt und Endpunkt einer Fallinie im Sinne des durch den Pfeil angedeuteten Falles. Der Anfangspunkt einer Fallinie ist ein Gipfelpunkt, ihr Endpunkt ein Talpunkt. Vom Gelände langsam herabsickerndes Wasser wird die durch die Fallinien gewiesenen Wege einschlagen.

Im allgemeinen geht durch einen bestimmt gewählten Punkt A des Geländes nur eine Fallinie. Man hat von A eigentlich die Normale nicht auf die nächst tiefere oder höhere gezeichnet vorliegende Höhen-linie zu fällen, sondern auf eine unendlich benachbarte Höhenlinie, und im allgemeinen gibt es in der unmittelbaren Nachbarschaft von A nur eine derartige Normale. Es können aber mehrere, ja sogar unendlich viele vorkommen. Eine wagerechte Ebene nämlich, die wenig tiefer als ein Gipfelpunkt liegt, enthält eine Höhenlinie, die eine kleine ge-

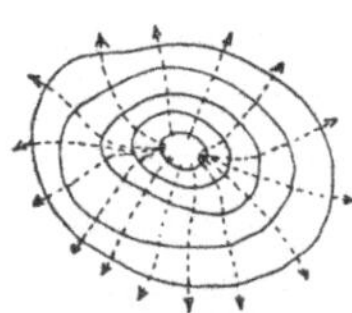

schlossene Kurve ist, siehe Fig. 634. Von den Punkten dieser Linien gehen nach allen Seiten Fallinien hin-unter. Hebt man die wagerechte Ebene bis zur Gipfel-höhe, so zieht sich die Höhenlinie in den Gipfelpunkt zusammen, so daß also von ihm unendlich viele Fall-linien ausgehen werden. Entsprechendes gilt selbstver-ständlich von einem Talpunkte, in ihm kommen also unendlich viele Fallinien zusammen. Da sich zwei

Fig. 634.

unendlich benachbarte Normalen einer ebenen Kurve in dem Krüm-mungsmittelpunkte der Stelle schneiden (Nr. 80), können auch von anderen Punkten des Geländes eng benachbarte Fallinien ausgehen. Wenn nämlich der ins Auge gefaßte Punkt A' auf einer Höhenlinie der Karte zufällig der Krümmungsmittelpunkt einer Stelle der nächsten gezeichneten Höhenlinie ist, sind zwar die beiden durch A' gehenden unendlich benachbarten Normalen dieser zweiten Höhenlinie streng-genommen nicht Teile von Fallinien, da man eigentlich von A' zu einer unendlich benachbarten Höhenlinie übergehen müßte, aber es erhellt, daß sich bei A' zwei zuerst sehr nahe beieinander verlaufende Fallinien abzweigen werden. Zeichnet man auf der Geländekarte möglichst viele

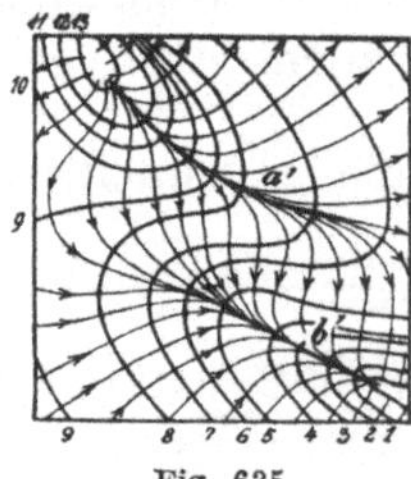

Fallinien ein, wie es in Fig. 635 geschehen ist, so ergeben sich daher gewisse **Kurven, längs deren sich die Fallinien eng zusammendrängen,** siehe die Kurven a und b. Während die Fallinien von a fortstreben, laufen sie nach b zu. Die Kurven von der Art der Linie a heißen **Kammwege,** die von der Art der Linie b **Talwege.** Die Kammwege sind **Bergrücken und natürliche Wasserscheiden,** weil die Gewässer, je nachdem sie auf der einen

Fig. 635.

oder anderen Seite eines Kammweges entspringen, nach verschiedenen Tälern abfließen. Die Talwege sind **Bahnen,** in denen sich **Bach- und Flußläufe** auszubilden pflegen. Sowohl die Kammwege als auch die Talwege sind selbst auch Fallinien. Ihre Enden lassen sich auf der Karte nicht genau ermitteln, weil die Karte nicht alle Höhenlinien, sondern nur eine Auswahl bietet. Von einem **Jochpunkte** gehen im allgemeinen zwei Fallinien abwärts, während

dort zugleich zwei Fallinien einmünden, siehe Fig. 636. Die beiden
ersten bilden zusammen eine einzige Kurve, ebenso die beiden anderen.

Nur in großen Zügen haben wir
die Gestaltung eines Geländes beschrieben. Mancherlei verwickeltere Erscheinungen können vorkommen. Hier sei bloß eines noch
erwähnt: daß eine Kante k vorkommen kann, siehe Fig. 637, derart, daß jede Höhenlinie auf dieser
Kante einen Knick aufweist, so daß
jedem auf der Kante gelegenen

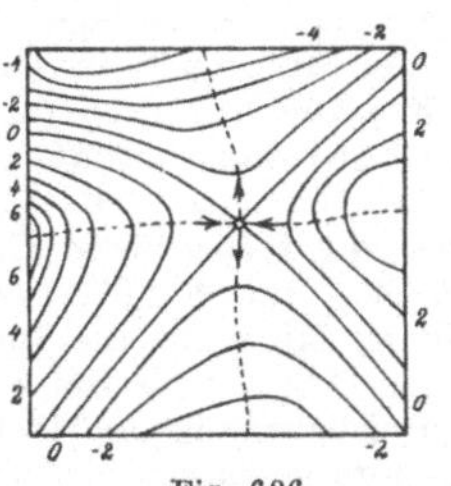
Fig. 636.

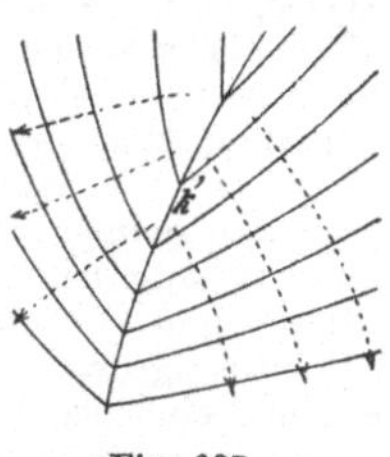
Fig. 637

Punkte des Geländes zwei verschiedene Tangentenebenen zugehören, je
nachdem man ihn zum einen oder anderen Teil des Geländes rechnet.
Die Fallinien können von den Punkten der Kante fortgehen wie in
Fig. 637 oder dort zusammenlaufen. Es kann aber auch sein, daß sie
einerseits dorthin laufen, andererseits von dort fortgehen.

Anmerkung: Der geschichtliche Ursprung der Geländedarstellung mittels der
Höhenlinien ist durch einen Aufsatz „Zur Geschichte der Horizontallinien oder
Isohypsen" von Josef L. Licka (damals Geometer und Assistent an der böhmischen
technischen Hochschule Prag) in der Zeitschrift für Vermessungswesen, 9. Bd. 1880, S. 37
bis 50, gegenüber früheren falschen Ansichten richtig gestellt worden. Danach ist, falls
sich nicht noch frühere Anwärter auf den Anspruch ergeben sollten, der Geometer des
holländischen Rheinlandes Nicolaas Samuel Cruquius oder Kruikius (geb. 1678
vielleicht in Delft, jedenfalls wird er als von Delft stammend bezeichnet, gest. 1754 zu
Spaarndam) der erste, der Höhenlinien für die Darstellung eines Geländes anwandte,
nämlich im Jahre 1729 für das Flußbett der Merwede, des gemeinschaftlichen Bettes der
Maas und des Waals vor der Mündung ins Meer, und zwar als Linien gleicher Sonde,
d. h. als Höhenlinien unterhalb der Wasseroberfläche. Die betreffende Karte ist in
dem Werk „La topographie enseignée par des plans-reliefs et des dessins,
avec texte explicatif" von Bardin (Nr. 201, chef des travaux graphiques à l'Ecole
polytechnique zu Paris), Paris 1855, wiedergegeben. Sie war von dem Wasserbau-In-
spektor Melchior Bolstra (wahrscheinlich einem Friesen, geb. um 1704, gest. 1776 zu
Leiden) auf Grund von Cruquius' Karte von 1729 im Jahre 1733 gezeichnet worden.
Der sonst als erster Erfinder der Höhenlinien genannte französische Geograph Philippe
Buache (geb. 1700 und gest. 1773 in Paris) hat erst 1737 seine Karte des Ärmelkanals
mit Höhenlinien der Pariser Akademie der Wissenschaften vorgelegt. Sie wurde noch viel
später, nämlich 1752, in den Mémoires de l'Académie S. 416, Tafel 14, veröffentlicht.
Auch sie hat Bardin in seinem Werke wiedergegeben. Den ersten Anstoß zur Bestimmung
der Höhenlinien gaben natürlich die Uferlinien bei verschieden hohem Wasserstand. Sie
wurden als Isobathen, Linien gleicher Tiefe (vom griechischen $\beta \acute{\alpha} \vartheta o \varsigma$, Tiefe), und als
Isohypsen, Linien gleicher Höhe (vom griechischen $\acute{v}\psi o \varsigma$, Höhe), bezeichnet. Nach dem
„Aperçu historique sur les fortifications, les ingénieurs et sur le corps du
génie en France", 3 Bände, Paris 1860—64, des Oberst Augoyat, insbes. 2. Bd. S. 567,
hat Louis Gabriel Comte du Buat-Nançay (1732—1787) in einem „Mémoire sur
le relief et le défilement", verfaßt 1768 in Valenciennes und in vielen Abschriften
unter den Genieoffizieren verbreitet, zuerst eine geneigte Ebene durch ihre Höhenlinien dargestellt. Weiterhin legte der Ingenieur Ducarla (geb. zu Vabres, Département du Tarn)
1771 der Pariser Akademie eine Abhandlung vor, die aber erst 1782 unter dem Titel
„Expression des nivellements, ou méthode nouvelle pour marquer rigou-
reusement sur les cartes terrestres et marines les hauteurs et les configu-
rations du terrain" zu Paris veröffentlicht wurde, und zwar von dem Geographen
J. L. Dupain-Triel. Darin wird der Vorteil der Darstellung von Geländen durch
Höhenlinien auseinandergesetzt, aber (auf S. 103) bekannt, daß Buache der Urheber
des Gedankens sei, allerdings ohne wahrscheinlich seine Fruchtbarkeit erkannt zu haben.
Vermutlich hat Jean Baptiste Marie Charles Meusnier (mit dem Zusatz de la
Place, geb. 1754, gest. als Divisionskommandeur nach der Verteidigung von Mainz
gegen die Preußen 1793) die Höhenlinien aufs neue gefunden und angewandt, da
eine 1777 erschienene Abhandlung „Mémoire sur le plan et le défilement" ohne

Verfassernamen, worin das Wesen der Höhenlinien klar auseinandergesetzt wird, allgemein ihm zugeschrieben wird, siehe Augoyat a. a. O. 2. Bd. S. 569. Er hat auch 1789 eine Karte der Reede von Cherbourg in Höhenlinien entworfen. In ziemlich leichtfertiger Weise, nämlich ohne genügende Unterlagen, stellte der schon genannte Dupain - Triel 1791 die erste Karte von Frankreich in Höhenlinien her mit Text und Querschnitten unter dem Titel „La France considerée dans les différentes hauteurs de ses plaines. Ouvrage spécialement destiné à l'instruction de la jeunesse". Auch sie ist in dem Werke von Bardin wiedergegeben. Endlich ist das Jahr 1802 als dasjenige zu nennen, in dem die Höhenlinien Eingang in den Unterricht fanden: Nach Augoyats Angaben (a. a. O. 3. Bd. S. 597, 598) wurden an der 1802 neu errichteten Artillerie- und Genieschule zu Metz alle die Befestigungslehre betreffenden Aufgaben unter der Leitung des Professors der Militär-Baukunst Dobenheim in senkrechter Projektion auf nur eine Tafel unter Benutzung der Höhenlinien ausgeführt, was deshalb besonders bemerkenswert ist, weil gerade damals von G. Monge und seinen Schülern das Zweitafelsystem zielbewußt ausgebildet worden war (Nr. 201). Das Vorstehende ist, wie gesagt, in allem Wesentlichen der Abhandlung von Licka entnommen. Die Werke von Augoyat und Bardin standen uns nicht zur Verfügung.

Der Genie-Hauptmann F. Noizet hat dann in seinem „Mémoire sur la géométrie appliquée au dessin de la fortification", Mémorial de l'Officier du Génie Nr. 6, Paris 1823, S. 5—224, zum erstenmal das Verfahren der kotierten Projektion (vgl. Nr. 8) im Zusammenhang entwickelt. Seitdem fand es Aufnahme in viele Lehrbücher der darstellenden Geometrie.

Die Höhen- und Fallinien eines Geländes sind dasselbe wie die Potentialkurven und Kraftlinien in einem Kraftfelde; man braucht nur die Höhenzahlen als die Zahlenwerte des Potentials aufzufassen. Artur Cayley (geb. 1821 zu Richmond, Professor der Mathematik an der Universität Cambridge, gest. 1895 ebenda) und James Clerk Maxwell (geb. 1831 zu Edinburg, Professor der Physik in Aberdeen, London und Cambridge, gest. 1879 zu Cambridge) haben sich in kurzen Abhandlungen, der erste in der Abhandlung „On contour and slope lines", Philos. Magazine 4. Reihe 18. Bd. 1859, S. 264—268 (in seinen „Collected mathematical papers", 4. Bd., Cambridge 1891, S. 108—111), der zweite in der Abhandlung „On hills and dales", ebenda 40. Bd. 1870, S. 421—427 (in seinen „Scientific papers", 2. Bd., Cambridge 1890, S. 233—240), mit der Geometrie des Geländes beschäftigt, der zweite insbesondere mit der Frage, welche Beziehungen zwischen den Anzahlen der Gipfelpunkte, Talpunkte, Jochpunkte usw. in einem durch eine Höhenlinie abgeschlossenen Gelände bestehen. Der Talweg (ebenso der Kammweg) ist, wie oben gesagt wurde, auf einer vorgelegten Karte in Höhenlinien nicht ganz genau feststellbar. Anders verhält es sich, wenn das Gelände mathematisch als Fläche durch seine Gleichung $z = f(x, y)$ in rechtwinkligen Koordinaten gegeben ist. Für diesen Fall hat Rudolf Rothe (geb. 1873 zu Berlin, Professor der Mathematik an der technischen Hochschule Berlin-Charlottenburg) den Begriff des Talwegs festgestellt, siehe „Zum Problem des Talwegs", Sitzungsberichte der Berliner Mathematischen Gesellschaft 14. Jahrg. 1814/15, S. 51—68. Wir entnehmen daraus, daß der Wasserbautechniker Karl v. Wiebeking (geb. 1762 in Wollin, gest. 1842 in München) der Schöpfer des Namens Talweg ist, der eine wichtige Rolle bei Staatsverträgen über den Verlauf der Grenze zweier Länder in einem sie trennenden Flußbett spielt. Wir erwähnen noch Rothes „Darstellende Geometrie des Geländes", Leipzig und Berlin 1914, 2. Aufl. 1915.

419. Schnitte des Geländes. Die Karte eines Geländes muß außer den darin verzeichneten Höhenlinien die Zahlenwerte der zugehörigen Höhen enthalten und außerdem die Angabe über den Unterschied zwischen den Höhen je zweier benachbarter Höhenlinien. Da die Karte ein verkleinertes Abbild der Wirklichkeit ist, muß der Höhenunterschied, auch Höhenstufe genannt, selbstverständlich in derselben Verkleinerung angegeben sein, oder es muß der Maßstab der Verkleinerung vermerkt werden.

Ist das Gelände besonders flach, so kann man eine Überhöhung vornehmen: man wählt eine hinreichend große Strecke für den Höhenunterschied. Die folgenden Konstruktionen werden dadurch nicht wesentlich beeinträchtigt. Der Grund liegt darin, daß aus einer geneigten Ebene, falls man die Höhen aller ihrer Punkte in demselben Maßstab vergrößert,

stets wieder eine Ebene hervorgeht, dementsprechend aus einer Geraden
stets wieder eine Gerade. Nur dann, wenn es auf die Ermittlung von
Neigungswinkeln ankommt, muß man beachten, daß dieser Winkel infolge der Überhöhung zu groß erscheint. Ist die Überhöhung z. B. k-fach,
so erscheint ein Neigungswinkel α als ein Winkel β, dessen Tangens
gleich $k \cdot \mathrm{tg}\,\alpha$ ist. Es ist also leicht, den richtigen Winkel α aus dem
Winkel β abzuleiten.

Zunächst sprechen wir von den ebenen Schnitten des Geländes.
Die einfachsten und wichtigsten sind die Querschnitte oder Profile.
Darunter versteht man die Schnitte des Geländes mit den zur Tafel
lotrechten Ebenen. Ein Querschnitt erscheint im Bild als eine Gerade s, und
seine wahre Gestalt ergibt sich durch
Umlegen der Querschnittebene um ihre
Spurgerade s in die Tafel, siehe Fig. 638.
In den Schnittpunkten von s mit den
Projektionen der Höhenlinien werden
die Lote auf s errichtet und gleich den
zugehörigen Höhen gemacht. Will man
das Kartenbild nicht beeinträchtigen, so
zeichnet man den umgelegten Querschnitt verschoben neben die Karte.

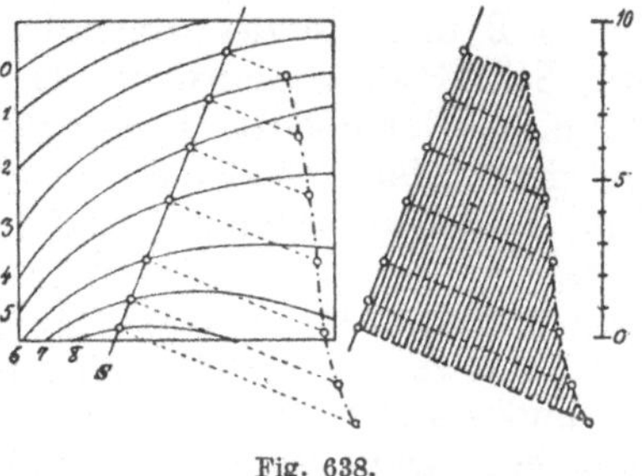

Fig. 638.

Braucht man die Gestalt des Querschnittes nur in der Umgebung
eines Punktes P der Fläche, so spart man Raum, wenn man die
Grundebene durch diejenige wagerechte Ebene
ersetzt, die eine dem Punkt P benachbarte oder
durch ihn gehende Höhenlinie enthält, so daß
dann diese Höhenlinie als die von der Höhe
Null dient, siehe Fig. 639, wo die Höhenlinie
des Punktes P als Höhenlinie von der Höhe
Null benutzt worden ist. Nach Nr. 12 kann
man ja überhaupt die Grundebene durch
irgendeine Höhenebene ersetzen, und davon macht man oft bei Konstruktionen auf
der Geländekarte Gebrauch. Wesentlich sind
ja nicht die Höhen selbst, sondern nur die Höhenunterschiede.

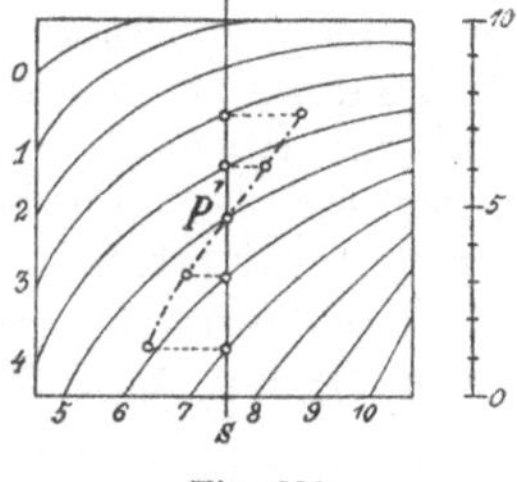

Fig. 639.

Ein geneigter ebener Schnitt des Geländes geht hervor,
wenn man jede Höhenlinie des Geländes mit der mit derselben Höhenzahl versehenen Höhenlinie einer Ebene zum Schnitte bringt und dann
die Kurve durch die Schnittpunkte
zieht. Die Höhenlinien der Ebene
erscheinen als parallele Geraden in
gleichen Abständen (Nr. 12). Ist der
spitze Winkel α gegeben, den die
Schnittebene mit der Tafel bildet, so
bekommt man die Abstände zwischen
den Projektionen der Höhenlinien der
Ebene, wie es Fig. 640 zeigt; Man
zieht durch den Nullpunkt des senk

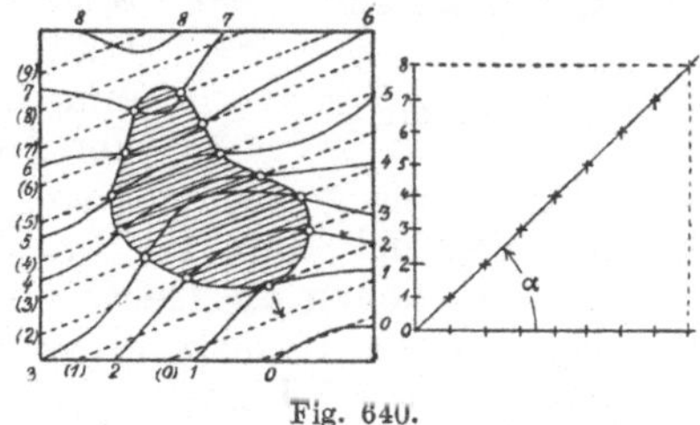

Fig. 640.

recht gezeichneten Höhenmaßstabes die wagerechte Gerade und setzt
den Winkel α daran. Die Wagerechten durch die Teilpunkte des

16*

Maßstabes schneiden den schrägen Schenkel von α in Punkten, von denen man die Lote auf den wagerechten Schenkel fällt. Die hier entstehenden Strecken sind die Abstände der Höhenlinien der Ebene auf der Karte. Ist nun außerdem irgendeine Höhenlinie der Schnittebene und die Richtung des Gefälles durch einen Pfeil (Nr. 21) vorgeschrieben, so kann man alle Höhenlinien der Ebene zeichnen und also die Schnittkurve der Ebene mit dem Gelände Punkt für Punkt ermitteln. In Fig. 640 beziehen sich die eingeklammerten Zahlen auf die Höhenlinien der Ebene. Ist nicht der Winkel α, sondern statt dessen das Gefälle der Ebene gegeben, so kann man die Nebenfigur wie in Nr. 31 herstellen. In Fig. 640 tritt eine Berührung zwischen den Höhenlinien 2 und (2) des Geländes und der Schnittebene ein; deshalb hat die Schnittkurve dort die Gerade (2) als Tangente in ihrem tiefsten Punkte. Der höchste Punkt der Schnittkurve hat eine zwischen 7 und 8 gelegene Höhe. Will man sie genauer ermitteln, so kann man zwischen 7 und 8 und zwischen (7) und (8) noch die Höhenlinien $7\tfrac{1}{2}$ und $(7\tfrac{1}{2})$ einschalten. Auf dem Gelände geschieht dies, indem man die Mitten der ungefähren lotrechten Abstände zwischen den Höhenlinien 7 und 8 durch eine Kurve verbindet. Wegen der Ungenauigkeit der Festlegung des Geländes durch die Schar seiner Höhenlinien kann man sich meistens damit begnügen, diese Einschaltung einer Höhenlinie bloß nach Augenmaß auszuführen, falls die beiden in Betracht kommenden Höhenlinien nicht zu weit voneinander entfernt sind. Dagegen läßt sich die einzuschaltende Höhenlinie der Schnittebene genau bestimmen. In Fig. 640 liegt der geschraffte Teil der Schnittebene höher als das Gelände. Dies erkennt man daraus, daß z. B. die Höhenlinie 3 des Geländes und die Höhenlinie (4) der Schnittebene im geschrafften Gebiet eine Deckstelle haben. Übrigens kann der Schnitt der Ebene mit dem Gelände aus mehreren Kurven bestehen; auch können nicht geschlossene Schnittkurven auftreten.

Die Schnittpunkte einer Geraden mit dem Gelände findet man, indem man durch die Gerade eine Hilfsebene legt (Nr. 217) und

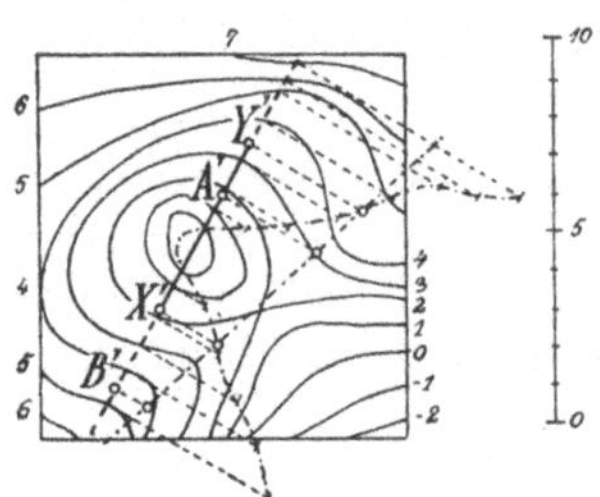

Fig. 641.

ihre Schnittkurve mit dem Gelände bestimmt. Die gesuchten Stellen sind die Schnittpunkte dieser Kurve mit der Geraden. Die Gerade sei durch zwei ihrer Punkte A und B nebst ihren Höhenzahlen gegeben. Benutzt man wie in Fig. 641, wo für A und B die Höhen 3 und 1 vorgeschrieben sind, als Hilfsebene die lotrechte Ebene durch die Gerade AB, so hat man diese Ebene um ihre Spurgerade (oder eine Parallele dazu) umzulegen. Hat man in der Umlegung den Querschnitt des Geländes und die Gerade gezeichnet, so lotet man von den Schnittpunkten beider auf $A'B'$ zurück, um die Projektionen der Punkte X und Y zu bekommen, in denen die Gerade AB das Gelände durchbohrt. In Fig. 642 ist dagegen als Hilfsebene eine geneigte Ebene durch die Gerade AB benutzt worden. Hier sind für A und B die Höhen 8 und 5 vorgeschrieben. Man bestimmt zunächst nach Fig. 628 von Nr. 415 diejenigen Punkte der Geraden AB, denen runde Höhenzahlen zukommen, und zieht dann durch alle diese Punkte parallele Geraden in einer

beliebigen Richtung. Diese Geraden kann man als die Höhenlinien
einer die Gerade AB enthaltenden Ebene betrachten; die ihnen zukommenden Höhen sind in Fig. 642 eingeklammert
angegeben. Wie in Fig. 640 stellt man die
Schnittkurve des Geländes mit der Ebene her;
wo sie $A'B'$ trifft, liegen die Projektionen X'
und Y' derjenigen Punkte, in denen die Gerade AB das Gelände durchbohrt. Gegenüber
dem Verfahren in Fig. 641 hat dieses den Vorzug, daß keine Umlegung erforderlich wird. In
Fig. 641 ist das zwischen X und Y gelegene
Stück der Geraden AB sichtbar, während dies
Stück in Fig. 642 unsichtbar ist.

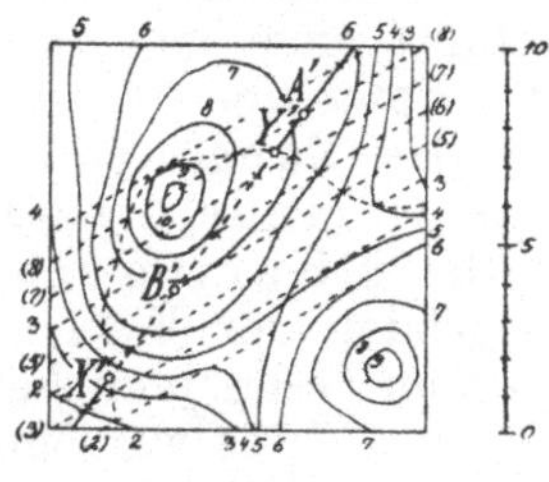

Fig. 642.

    Den Schnitt des Geländes mit einer krummen Fläche kann
man Punkt für Punkt herstellen, wenn man auch auf der schneidenden
Fläche die Höhenlinien her-
gestellt hat. In Fig. 643 ist
der Schnitt des Gelän-
des mit einem Rota-
tionskegel bestimmt wor-
den, dessen Achse lotrecht
ist. Die Nebenfigur zeigt
den Aufriß des Kegels, und
es leuchtet ein, wie man die
Radien derjenigen Höhen-

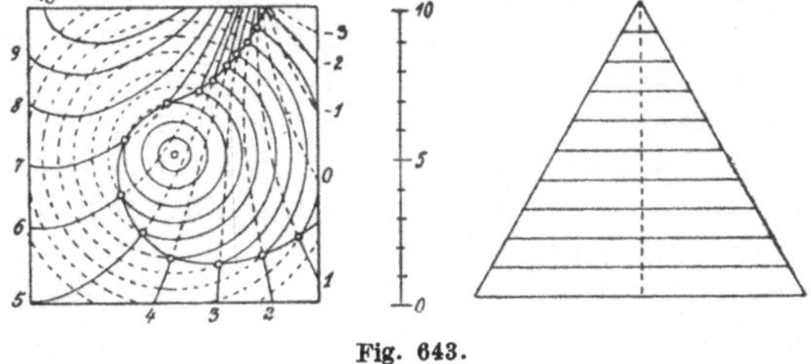

Fig. 643.

kreise des Kegels findet, die den Höhen $0, 1, 2 \ldots$ des Geländes entsprechen. Die Spitze des Kegels und seine Umgebung sind höher als
das Gelände gelegen und daher sichtbar.

420. Tangentenebenen des Geländes. Nach Nr. 416 bekommt man
jedesmal eine Gerade der Tangentenebene eines Punktes P des Geländes,
wenn man durch P auf dem Gelände eine Kurve zieht und an sie in P
die Tangente legt. Zu diesen Kurven gehört die Höhenlinie des Punktes P.
Demnach enthält die Tangentenebene von P die in P an diese Höhenlinie zu legende Tangente h, und zwar ist h die
durch P gehende Höhenlinie der Tangentenebene.
Zur vollständigen Bestimmung der Tangentenebene braucht man also nur noch eine zweite
Gerade. Zu diesem Zweck legt man durch P
irgendeinen zur Tafel senkrechten Querschnitt,
etwa längs der Geraden t' der Tafel, siehe Fig. 644.
Dieser Querschnitt wird wie in Fig. 638 der letzten Nummer in der Umlegung um t' gezeichnet.
Im umgelegten Punkt (P) zieht man die Tangente (t) an die Schnittkurve. Sie trifft t' im
Spurpunkt S der Tangente t, die von P ausgeht

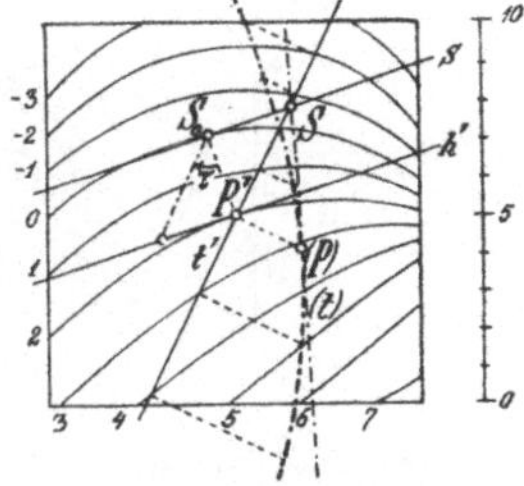

Fig. 644.

und in der Querschnittebene liegt. Mithin ist die Spurgerade der
Tangentenebene von P die Parallele s zu h' durch S. Die Neigung τ
der Tangentenebene zur Tafel ergibt sich, wenn man durch P die Fall-
linie der Tangentenebene zieht. Ihre Projektion ist das Lot $P'S_0$ von P'
auf s. Indem man von P' aus auf h' die Höhe von P aufträgt und

den Endpunkt mit S_0 verbindet, bekommt man τ als Winkel dieser Verbindenden mit $P'S_0$.

Im allgemeinen ist es das vorteilhafteste, den anzuwendenden Querschnitt nicht längs einer beliebigen Geraden t' durch P', sondern längs des Lotes von P' auf h' zu legen.

Die Tangentenebene eines Punktes P des Geländes kann das Gelände, trotzdem in P eine Berührung eintritt, sehr wohl in Kurven schneiden, und zwar nicht nur in P ferner gelegenen Gegenden der Fläche, sondern in Kurven, die durch P selbst gehen. In dem besonderen Fall, wo P ein Jochpunkt ist, zeigte sich dies schon in Nr. 417; es war eine Folge davon, daß das Gelände in einem Jochpunkt sattelförmig ist. Aber das ist keine Ausnahmeerscheinung. Allgemein geredet, kann es vielmehr auf einem Gelände ausgedehnte Gebiete geben, in denen es sattelförmig ist, d. h. von den Tangentenebenen der Berührungspunkte in Kurven durch die Berührungspunkte geschnitten wird. Daß dies eine gewöhnliche Erscheinung ist, ergibt sich auch so: Man denke sich ein starres Modell des Geländes ein wenig gekippt, so daß seine Grundebene nicht mehr wagerecht ist. Nach wie vor stellt es eine Fläche dar, der Höhenlinien zukommen, aber die Höhenlinien sind jetzt ganz andere Kurven als vorher, da sie die Schnitte der Fläche mit den wagerechten Ebenen sind, denen gegenüber die frühere Grundebene jetzt geneigt ist. Durch das Kippen ändern sich demnach die Höhenlinien, und die Folge davon ist, daß die Jochpunkte an andere Stellen rücken. Mithin gibt es auf dem Gelände auch andere Stellen als die Jochpunkte derart, daß die Fläche dort sattelförmig ist.

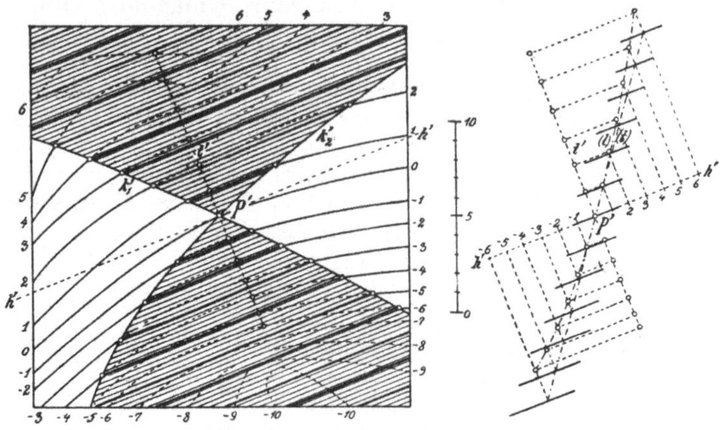

Fig. 645.

Wie der Schnitt einer Tangentenebene mit dem Gelände an einer sattelförmigen Stelle P zustande kommt, zeigt Fig. 645. Zunächst ist hier wie in Fig. 644 die Tangentenebene des Punktes P ermittelt worden, aber, um die Kartenzeichnung nicht zu überladen, parallel nach rechts verschoben. Insbesondere ist als Hilfsquerschnitt derjenige gewählt worden, dessen Ebene auf der Tafel längs des Lotes t' zu h' senkrecht steht. In der Umlegung ist (l) der Querschnitt des Geländes und (t) die an ihn in (P) zu legende Tangente. Um Raum zu sparen, haben wir die Grundebene durch die Höhenebene des Punktes P ersetzt (wie in Fig. 639 der letzten Nummer), also die Höhenlinie von P als die Höhenlinie 0 bezeichnet. Die Neigung von (t) zu t' in der Umlegung ist auch die der Tangentenebene zur Tafel. Man kann nun die Höhenlinien der Tangentenebene auf folgende Art in die Karte einzeichnen: In der Nebenzeichnung trägt man auf dem Lot zu t', d. h. auf h', den Höhenmaßstab mit den Zahlen $1, 2, 3 \ldots$ und $-1, -2,$ $-3 \ldots$ auf. Die durch die Teilpunkte parallel zu t' gezogenen Geraden treffen die umgelegte Fallinie (t) der Tangentenebene in denjenigen Punkten, denen die Höhen $1, 2, 3 \ldots$ und $-1, -2, -3 \ldots$ zukommen. Weil auf der Karte die senkrechten Projektionen der Höhenlinien der Ebene gezogen werden sollen, haben also diese Projektionen diejenigen Abstände voneinander, die durch die in der Nebenfigur kräftig gezogenen Strecken parallel zu h' angegeben werden. Somit verlaufen die Höhenlinien der Tangentenebene auf der Karte wie diese Strecken parallel zueinander; sie ergeben sich, indem man die Nebenfigur wieder nach links auf die Hauptfigur parallel verschoben legt. In der Hauptfigur sind die Höhenlinien der Tangentenebene nur so weit ausgezogen, bis sie die mit denselben Höhenzahlen versehenen Höhenlinien des Geländes schneiden. Die Schnittpunkte liefern verbunden die Kurven k_1' und k_2' durch P'; also schneidet die Tangentenebene des Punktes P das Gelände in zwei durch P gehenden Kurven k_1 und k_2. In dem geschrafften Gebiete liegt die Tangentenebene oberhalb des Geländes.

Falls eine Stelle P sattelförmig ist, d. h. falls die Tangentenebene von P die Fläche in zwei durch P gehenden Kurven k_1 und k_2 schneidet, ist aber nicht notwendig wie in Fig. 645 gerade das geschraffte Gebiet der Tangentenebene das höher gelegene. Es könnten auch die beiden anderen Zwickel zwischen k_1 und k_2 sein. In der Tat ergibt sich dieser zweite Fall aus dem vorliegenden einfach, wenn man den Sinn der Höhen mit dem entgegengesetzten vertauscht, d. h. die Höhenlinien $1, 2, 3 \ldots$ mit den Höhenlinien $-1, -2, -3 \ldots$ vertauscht, mit anderen Worten, wenn man das ganze Gelände umdreht oder, deutlicher gesagt, von unten her betrachtet, wobei sich oben und unten selbstredend nicht auf die Lage der Zeichnung auf dem Zeichenblatte bezieht, sondern auf die Richtung senkrecht zur Zeichenebene.

Eine Ebene, die zur Tangentenebene in Fig. 645 parallel ist und nur wenig von ihr abweicht, also nicht mehr durch P geht, schneidet die Fläche in einem Kurvenpaar, das in der Nähe von P nur wenig von k_1 und k_2 abweicht. Da die Schnittkurven dann nicht durch P selbst gehen, verlaufen sie ungefähr so, wie es Fig. 646 a für einige verschieden nahe an die Tangentenebene herangerückte Parallelebenen andeutet. Die gestrichelten Kurven beziehen sich dabei etwa auf tiefer gelegene und die

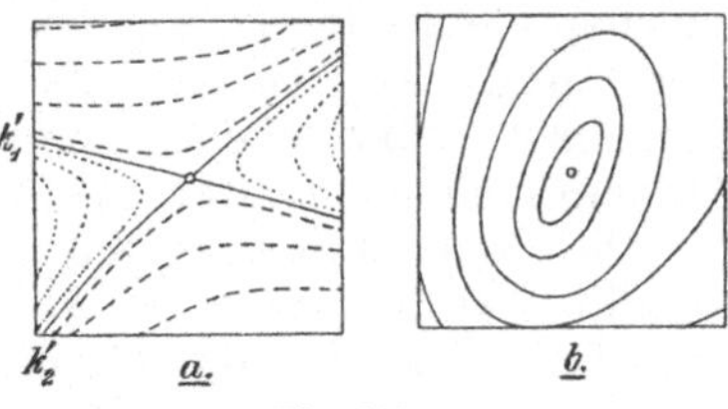

Fig. 646.

punktierten auf höher gelegene Parallelebenen, und die Kurven gehören in Paaren zusammen. Es ist vielleicht nicht ganz überflüssig, daran zu erinnern, daß diese Kurven nicht Höhenlinien sind, es sei denn, daß die ins Auge gefaßte Tangentenebene wagerecht liegt, was eben nicht der Fall zu sein braucht. Wenn die Tangentenebene eines

Flächenpunktes die Fläche in der Umgebung dieses Punktes nicht in Kurven schneidet, die durch den Punkt gehen, wird eine ein wenig von ihr verschiedene Parallelebene die Fläche in der Nähe des Punktes entweder gar nicht treffen oder sie in einer kleinen geschlossenen Kurve um die Stelle herum schneiden, je nachdem sie auf der einen oder anderen Seite der Tangentenebene liegt. Die Schnittkurven verschiedener Parallelebenen auf der einen Seite der Tangentenebene verlaufen also etwa so wie in Fig. 646 b. Je näher im Fall a die Parallelebene an die Tangentenebene heranrückt, um so mehr verlaufen die Schnittkurven in der Umgebung der betrachteten Stelle ungefähr wie die beiden Äste einer Hyperbel, deren Asymptoten die Tangenten der Kurven k_1 und k_2 in ihrem Treffpunkte sind. Im Falle b dagegen nähert sich die Schnittkurve, je mehr die schneidende Parallelebene an die Tangentenebene heranrückt, einer Ellipse, deren Mittelpunkt die betrachtete Stelle ist. Diese Bemerkungen mögen hier genügen, um zu begründen, daß man sattelförmige Flächenpunkte auch hyperbolische Flächenpunkte und nichtsattelförmige elliptische Flächenpunkte nennt.

Auf einer beliebigen Fläche können hyperbolische Punkte ebenso häufig wie elliptische auftreten. Daß dies zunächst nicht so zu sein scheint, liegt bloß an unserer falschen Gewöhnung. Denn wenn von einer krummen Fläche die Rede ist, denkt man sich zunächst meistens eine Fläche, die etwa wie die jedermann wohl vertraute Kugel gekrümmt ist und daher nur elliptische Punkte aufweist. Ein Sattel, von dem ja der Name der sattelförmigen Punkte stammt, ist dagegen eine Fläche, die lauter hyperbolische Punkte hat.

Das Gebiet der elliptischen Punkte einer Fläche und das ihrer hyperbolischen Punkte haben Grenzlinien gegeneinander. Die dort gelegenen Punkte heißen parabolische Flächenpunkte. Es gibt aber auch Flächen, die gar keine elliptischen oder hyperbolischen Punkte, sondern nur parabolische Punkte haben. Dazu gehört z. B. jeder Kegel.

421. Kurven auf dem Gelände. Wird auf der Karte des Geländes irgendeine Kurve k' gezogen, so ist sie die senkrechte Projektion einer auf dem Gelände selbst gelegenen Kurve k. Im allgemeinen ist die Kurve nicht in einer Ebene gelegen. Sie gehört also zu denjenigen Kurven, die man als Raumkurven zu bezeichnen hat, obgleich sie auf dem Gelände liegt (Nr. 231). Denn das Wort Raum deutet hierbei nicht einen Gegensatz zur Fläche des Geländes, sondern nur zur Ebene an. Insbesondere sind die Fallinien eines Geländes im allgemeinen keine ebenen Kurven, sondern Raumkurven, während die Höhenlinien nach ihrer Erklärung selbstverständlich ebene Kurven sind.

Die Tangenten einer Kurve k des Geländes erzeugen die Tangentenfläche der Kurve, eine abwickelbare krumme Fläche, die aus zwei Mänteln besteht, die längs der Kurve k in einem scharfen Grat zusammenhängen, wie in Nr. 231 auseinandergesetzt wurde. Eine gute Vorstellung von der Tangentenfläche einer Geländekurve k bekommt man, wenn man, wie es in Fig. 647 geschieht, statt der Kurve k eine gebrochene Linie betrachtet, deren Stücke $01, 12, 23 \ldots$ Strecken von einer Höhenlinie zur nächst höheren sind. Wenn auch die Geländefläche zwischen den aufeinanderfolgenden Höhenlinien gekrümmt ist, kann man doch angenähert jede Kurve auf dem Gelände durch eine derartige gebrochene Linie ersetzen. In Fig. 647 ist angenommen worden, daß das Gelände von der Höhenlinie *0* an emporsteige, und daß rechts von dieser Höhenlinie *0* die Ebene der Zeichnung, die Tafel oder Grundebene selbst sichtbar sei. Man stelle sich also etwa vor, die Höhenlinie *0* sei die Uferlinie eines Sees, der das geschraffte Gebiet

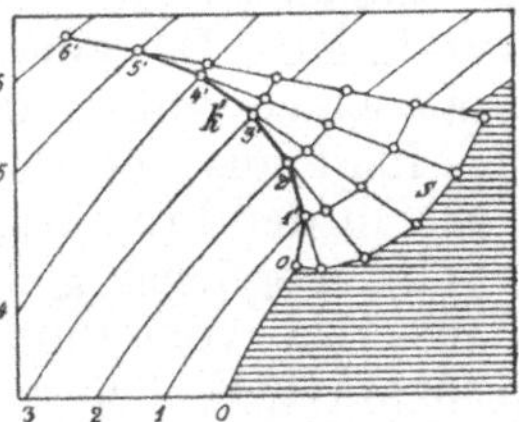

Fig. 647.

einnimmt. Nun kann z. B. die Gerade *6 5* als eine Tangente der Flächenkurve *k* aufgefaßt werden. Da die Gerade, über *5* fortgesetzt, überall dieselbe Neigung zur Tafel hat, braucht man nur die Strecke *6′ 5′* über *5′* hinaus fünfmal auf ihr abzutragen, um diejenigen Punkte dieser Geraden zu bekommen, die in denselben Höhen liegen wie die Höhenlinien *4, 3, 2, 1, 0*. Ebenso kann man mit der Geraden *5 4* verfahren, wobei die Strecke *5′ 4′* selbstredend nur viermal von *4′* aus angesetzt werden muß, usw. Die so auf den Tangenten *6 5, 5 4, 4 3 . . .* gewonnenen Punkte kann man nun wieder geradlinig miteinander verbinden. Insbesondere ergibt sich durch Verbindung der Endpunkte die gebrochene Linie *s*. Diese Linie *s* stellt den Schnitt der von den ebenen Winkelfeldern zwischen den Geraden *6 5, 5 4 . . . 1 0* erzeugten Fläche mit der Tafel, also die Spurlinie derjenigen Fläche dar, die hier den einen Mantel der Tangentenfläche der Kurve *k* bedeutet. Die anderen Verbindenden der ermittelten Punkte sind die Höhenlinien *1, 2, 3, 4* dieses Mantels. Der zweite Mantel der Tangentenfläche ist in Fig. 647 fortgelassen; er würde sich ergeben, wenn man die Geraden *6 5, 5 4 . . . 1 0* immer nach links hin über *6, 5 . . . 1* verlängern und auf ihnen die Strecken in derselben Weise auftragen würde.

Will man die Länge der in Fig. 647 durch die gebrochene Linie *k′* dargestellten Geländekurve *k* angenähert ermitteln, so muß man die wahren Längen der einzelnen Strecken *6 5, 5 4 . . . 1 0* bestimmen. Wenn man weiß, wie groß die Differenz zwischen den einzelnen Höhenschichten ist, ergeben sich die wahren Längen als Hypotenusen der rechtwinkligen Dreiecke, die als Katheten der einen Art die Projektionen *6′ 5′, 5′ 4′ . . . 1′ 0* und als Katheten der anderen Art diese Differenz haben.

422. Kurven konstanten Gefälles. Solche Kurven auf dem Gelände, die überall dasselbe Gefälle haben, d. h. deren Tangenten sämtlich mit der Grundebene denselben spitzen Winkel bilden, benutzt man insbesondere gern als Mittellinien von Wegen auf dem Gelände. Angenähert bekommt man derartige Kurven so, wie es Fig. 648 zeigt: Vorgeschrieben werde, daß von einem gegebenen Punkt *A* auf der Höhenlinie 2 eine aufsteigende Kurve mit dem gegebenen Gefälle 0,36 ausgehe.

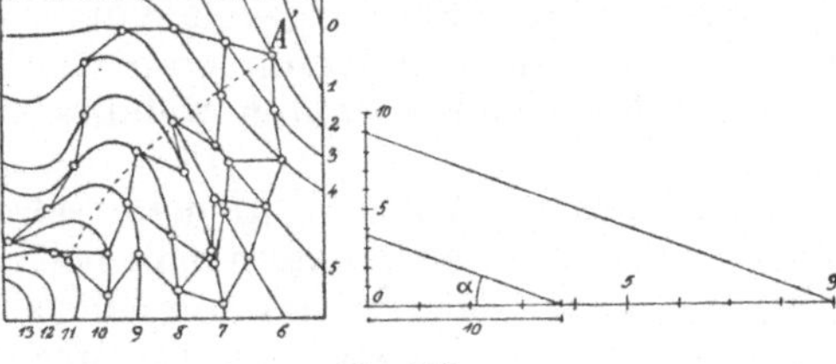

Fig. 648.

In der Nebenfigur stellt die lotrechte Strecke den Höhenmaßstab dar. Trägt man 10 Einheiten dieses Maßstabes wagerecht vom Nullpunkt aus ab und verbindet man den Endpunkt mit dem Punkt 3,6 des

Maßstabes durch eine Gerade, so hat diese Gerade gegenüber der Wagerechten das gegebene Gefälle, so daß damit der Winkel α bestimmt ist, den die Tangenten der Kurve mit der Tafel bilden. Man darf nun wieder angenähert die gesuchte Kurve aus lauter solchen Strecken zusammensetzen, die Punkte der einzelnen Höhenlinien miteinander verbinden. Da eine derartige Strecke Endpunkte hat, deren Höhenunterschied immer derselbe, nämlich die Einheit des Höhenmaßstabes ist, folgt aus der Forderung des konstanten Gefälles, daß die Strecken auch in der Projektion sämtlich gleiche Länge haben müssen. Um diese Länge möglichst genau zu bestimmen, verfahren wir so: Die gesuchte Kurve soll vom Punkt A der Höhenlinie 2 etwa bis zur Höhenlinie 11, also um 9 Einheiten des Maßstabes emporsteigen. Deshalb wird durch den Punkt 9 des Maßstabes die Parallele zu dem vorhin ermittelten schrägen Schenkel des Winkels α gezogen. Sie schneidet die wagerechte Gerade durch den Nullpunkt in einem mit 9 bezeichneten Punkt. Die Strecke $0\,9$ auf der Wagerechten wird nun in neun gleiche Teile zerlegt. Diese Teile sind die Längen der Projektionen der einzelnen Strecken der in das Gelände einzuzeichnenden und von A' ausgehenden gebrochenen Linie. Man trägt daher das Teilstück der Wagerechten, bei A' beginnend, wiederholt von Höhenlinie zu Höhenlinie ein, bis man schließlich auf der Höhenlinie 11 anlangt. Von Punkt zu Punkt sind, wenn überhaupt, zwei verschiedene Arten des Eintragens möglich, doch kann es auch sein, daß die Teilstrecke gegenüber den Entfernungen der Höhenlinien voneinander zu kurz ist, d. h. daß man in Gegenden gelangt, die zu flach sind, als daß es dort eine Linie von dem vorgeschriebenen Gefälle geben könnte. Auf mancherlei verschiedenen Wegen, von denen die Figur nur einige zeigt, ist es also möglich, mit dem gegebenen Gefälle von A aus bis zur Höhe 11 zu kommen. Alle diese Wege haben dieselbe Gesamtlänge in der Projektion. Sie haben aber auch gleiche Gesamtlänge in Wirklichkeit. In der Projektion ist die Länge gleich der wagerechten Strecke $0\,9$ der Nebenfigur, in Wahrheit gleich der schrägen Strecke nach 9. Da alle Wege gleich lang sind, heißt das Netz aller Kurven von gleichem Gefälle ein Kurvennetz ohne Umwege.

Selbstverständlich ist das benutzte Verfahren nur eine Annäherung; die gebrochenen Linien sind durch stetige Kurven zu ersetzen. Bei Wegebauten im Gelände wird man eine Kurve auswählen, die nicht so sehr im Zickzack ansteigt.

Zur Vergleichung ist in Fig. 648 die kürzeste Linie angegeben, die im Gelände von A bis zur Höhenlinie 11 führt, nämlich die nach A gehende Fallinie. Sie ist keine Kurve konstanten Gefälles. In Nr. 424 werden wir diejenigen besonderen Gelände besprechen, auf denen die Fallinien Kurven konstanten Gefälles sind.

423. Kürzeste Kurven auf dem Gelände. Nimmt man auf dem Gelände zwei Punkte an, so kann man sich die Aufgabe stellen, den kürzesten Weg auf dem Gelände von dem einen Punkt zum andern zu ermitteln. Sie ist nicht einfach; wir begnügen uns damit, zu zeigen, wie man durch Versuche zur Beantwortung kommen kann. Zuvor muß dabei die folgende Aufgabe gelöst werden:

Gegeben seien die Projektionen a', b', c' von drei aufeinanderfolgenden Höhenlinien, und die Strecke OU in Fig. 649 möge den Höhenunterschied zwischen den Höhenlagen von a und b, also auch den zwischen den Höhenlagen von b und c darstellen. Ferner seien auf a' und b' die Projektionen A' und B' zweier Punkte A und B gegeben. Gesucht wird derjenige Punkt C auf c, der so liegt, daß der Weg von A über B bis C kürzer ist als jeder andere Weg, der von A auf dem Gelände nach C führt. Wir nehmen dabei an, daß die Höhenlinien a, b, c in einem so geringen Höhenunterschied aufeinanderfolgen, daß die Bogen AB und BC der Kurve ABC unbedenklich durch die geradlinigen Strecken AB und BC ersetzt werden dürfen. Nur der Deutlichkeit halber ist der Höhenunterschied OU in Fig. 649 beträchtlich gewählt worden.

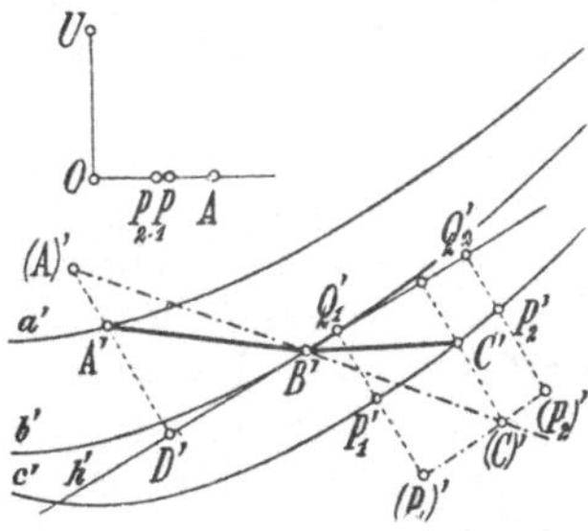

Fig. 649.

Nehmen wir zunächst an, der gesuchte Punkt C' sei bereits gefunden. Wird dann B durch einen benachbarten Punkt auf b ersetzt, so ist zu fordern, daß der Weg von A über diesen Punkt nach C länger als der von A über B nach C sei. Die zu B benachbarten Punkte auf b kann man als die Punkte der in B an b zu legenden wagerechten Tangente h betrachten. Ihre geradlinigen Verbindenden mit A bilden dann die Ebene (A, h) und ihre geradlinigen Verbindenden mit C die Ebene (C, h). Mithin muß B so liegen, daß der Weg von A über B nach C von allen Wegen, auf denen man von A aus auf der Ebene (A, h) über h in die Ebene (C, h) und nach C gelangt, der kürzeste ist. Mit solchen Wegen haben wir uns schon in Nr. 236 beschäftigt. Wie damals denken wir uns die Ebenen (A, h) und (B, h) um ihre Schnittgerade h so weit gedreht, bis sie eine einzige Ebene ausmachen. Gelangt dabei A nach (A) und C nach (C), so ist zu verlangen, daß $(A)B(C)$ eine Gerade sei. Weil h wagerecht ist, können die Drehungen so ausgeführt werden, daß die Ebenen (A, h) und (C, h) in die wagerechte Ebene durch h übergehen. Man hat aber zu bedenken, daß A und B gegeben sind und C noch gesucht wird. Also verfährt man so: Bei der Umlegung der Ebene (A, h) gelangt A nach einer Stelle $(A)'$, die auf dem Lot $A'D'$ von A' auf h' liegt, und zwar ist dabei der Radius $D'(A)'$ des Drehkreises gleich der Hypotenuse desjenigen rechtwinkligen Dreiecks, von dem der seitliche Abstand $A'D'$ die eine Kathete und der Höhenunterschied OU die andere Kathete gibt (Nr. 13). Somit setzt man in O an OU rechtwinklig die Strecke OA gleich $A'D'$ an und trägt die Entfernung von U bis A auf $D'A'$ von D' an bis $(A)'$ auf. Indem man dann die Gerade $(A)'B'$ zieht, bekommt man in ihrer Fortsetzung über B' einen ersten geometrischen Ort für die Projektion $(C)'$ des gedrehten Punktes (C). Ein zweiter geometrischer Ort ergibt sich so: Man denkt sich verschiedene Punkte von c der Drehung um h unterworfen, etwa die Punkte P_1 und P_2, die man in der vermutlichen Gegend des gesuchten Punktes C auf c annimmt. Die Lote $P_1'Q_1'$ und $P_2'Q_2'$ von P_1' und P_2' auf h' liefern die seitlichen Abstände; sie werden in O rechtwinklig an OU bis P_1 und P_2 angetragen. Dann sind die Entfernungen von U bis P_1 und P_2 die Strecken, die man von Q_1' und Q_2' an auf $Q_1'P_1'$ und $Q_2'P_2'$ aufzutragen hat, um die Projektionen $(P_1)'$ und $(P_2)'$ der gedrehten Punkte (P_1) und (P_2) zu bekommen. Denkt man sich dies Verfahren auf alle Punkte von c ausgeübt, so wird man zu einer Kurve kommen, von der es meistens genügt, den Bogen $(P_1)'(P_2)'$ allein freihändig zu ziehen. Weil C auf c liegen soll, ist diese neue Kurve der zweite geometrische Ort von $(C)'$. Demnach ist $(C)'$ bestimmt, und das Lot von $(C)'$ auf h' schneidet c' im gesuchten Punkt C'.

Von einem gegebenen Punkt A des Geländes werden nach allen Punkten der Umgebung, d. h. in allen Richtungen auf dem Gelände kürzeste Linien ausgehen. Das Vorhergehende zeigt nun: Wählt man eine bestimmte Richtung von A aus, d. h. nimmt man auf der nächsten Höhenlinie einen benachbarten Punkt B an, so ist durch das angegebene Verfahren ein Punkt C auf der folgenden Höhenlinie so bestimmt, daß ABC der kürzeste Weg von A bis C ist. Man kann dasselbe Verfahren anwenden, um aus B und C auf der nächstfolgenden Höhenlinie einen Punkt D so zu finden, daß BCD der kürzeste Weg von B bis D ist, usw. Schritt für Schritt gelangt man so zu einer Kurve, und es erhellt, daß diejenige kürzeste Linie des Geländes, die von AB ausgeht, eben diese Kurve sein muß.

Ist nun die Aufgabe gestellt, von einem gegebenen Punkt A einer Höhenlinie a den kürzesten Weg auf dem Gelände nach einem anderen gegebenen Punkt P zu ermitteln, so ziehe man die fragliche Linie zunächst ungefähr nach Vermuten. Sie wird die auf a folgende Höhenlinie in einem Punkt B schneiden. Wie soeben setzt man das Stück AB Schritt für Schritt fort. Weicht die dadurch erhaltene Kurve vom Ziel P nach einer Seite hin ab, so ist das ein Hinweis darauf, daß der Punkt B ein wenig weiter hin auf b nach der anderen Seite angenommen werden muß. Ermittelt man nun aus A und dem so verbesserten Punkt B aufs neue eine kürzeste Linie, so wird sie vielleicht von P nach der anderen Seite hin abweichen. Dann liegt die gesuchte kürzeste Linie zwischen den beiden schon konstruierten, und es leuchtet ein, wie man durch weitere Verbesserung die Aufgabe schließlich zufriedenstellend lösen kann. Allerdings ist das Verfahren etwas mühsam, aber bei der Natur der Aufgabe wird es kaum ein bequemeres geben.

424. Böschungsflächen. Beim Anhäufen von Erdmasse bildet sich ihre Oberfläche so, daß sie nirgends steiler wird, als es dem natürlichen Gefälle entspricht (Nr. 33). Haben alle Tangentenebenen der Oberfläche dies Gefälle erlangt, so ist ein vollständiger Böschungskörper entstanden. Seine Oberfläche ist also eine Fläche, deren Tangentenebenen sämtlich mit der Grundebene denselben spitzen Winkel α bilden. Solche Flächen heißen Böschungsflächen; die Böschungsebenen und Böschungskegel (Nr. 31, 32) sind die einfachsten Böschungsflächen.

Eine Böschungsfläche kann wie jede Geländefläche durch ihre Höhenlinien veranschaulicht werden. Ihre Schnittkurve mit der Grundebene, d. h. ihre Spurlinie, sei eine Kurve s. Unter t sei irgendeine Tangente von s verstanden, und S sei der Berührungspunkt. Legt man nun an alle Höhenlinien die zu t parallelen Tangenten, so ergibt sich als Ort ihrer Berührungspunkte eine gewisse Kurve l, und die zu t parallelen Tangenten erzeugen einen wagerechten Zylinder, der die Fläche längs der Kurve l berührt. Die Tangentenebenen dieses Zylinders sind also die Tangentenebenen der Böschungsfläche in den Punkten der Kurve l. Da diese Tangentenebenen einerseits zu t parallel sind und anderseits mit der

Grundebene denselben Winkel α bilden, sind sie parallel zueinander. Aber ein Zylinder hat nie lauter parallele Tangentenebenen, es sei denn, daß er selbst in eine Ebene ausartet. Folglich berührt die Tangentenebene, die man in einem Punkte S der Spurlinie s an die Böschungsfläche legen kann, diese Fläche nicht nur in S, sondern längs einer von S ausgehenden Kurve l. Die Gesamtheit aller Tangentenebenen überhaupt ist mithin nur die der Tangentenebenen längs der Spurlinie s. Man kann also die Böschungsfläche als die von diesen Tangentenebenen eingehüllte Fläche bezeichnen.

In Nr. 230 hatten wir eine Folge von Ebenen betrachtet, bei der jede Ebene zur nächsten benachbart ist. Dann ließen wir in Nr. 231 diese Folge in eine stetige Schar von Ebenen übergehen. Es ergab sich, daß die Ebenen die Tangentenfläche einer Raumkurve einhüllen. Mithin muß jede Böschungsfläche die Tangentenfläche einer gewissen Raumkurve sein. Die Tangenten der Raumkurve sind die Schnittgeraden je zweier unendlich benachbarter Ebenen der Schar, die Punkte der Raumkurve die Schnittpunkte je dreier unendlich benachbarter. Die Ebenen der Schar sind also die Schmiegungsebenen der Raumkurve.

Aber nicht jede Raumkurve hat als Tangentenfläche eine Böschungsfläche; sie muß vielmehr eine Bedingung erfüllen: Ihre Schmiegungsebenen müssen mit der Grundebene denselben Winkel α bilden. Dies läßt sich anders ausdrücken: Betrachtet man zunächst irgend zwei Ebenen, die mit der Grundebene denselben Winkel α bilden, so projiziert sich ihre Schnittgerade auf die Grundebene als Gerade, die den Winkel der Spurgeraden in gleiche Teile zerlegt. Wenn nun die Ebenen unendlich benachbart sind, strebt der Winkel ihrer Spurgeraden nach einem gestreckten, d. h. dann projiziert sich die Schnittgerade als Senkrechte zur einen Spurgeraden (oder zur anderen, was dasselbe ist, da beide nur unendlich wenig voneinander abweichen). Die Schnittgerade selbst wird also eine Fallinie (Nr. 17) und bildet somit ebenfalls den Winkel α mit der Grundebene. Da nun die Schnittgerade zweier unendlich benachbarter Schmiegungsebenen der Raumkurve eine ihrer Tangenten ist, folgt: Die Tangenten der Raumkurve müssen mit der Grundebene den Winkel α bilden.

Eine Böschungsfläche ist also dasselbe wie die Fläche der Tangenten einer Raumkurve $\varkappa$, sobald alle diese Tangenten mit der Grundebene denselben Winkel bilden. Wenn man unter dem Gefälle in einem Punkte P einer Raumkurve $\varkappa$ gegenüber der Grundebene das Gefälle ihrer Tangente in P zur Grundebene versteht, kann man diese Kurve $\varkappa$ als Kurve konstanten Gefälles bezeichnen. (Die in Nr. 422 betrachteten Kurven konstanten Gefälles auf einer beliebigen Geländefläche gehören zu ihnen.)

Man kann beliebige Raumkurven konstanten Gefälles auf mechanische Weise leicht herstellen. Zu diesem Zweck empfiehlt es sich, wie schon oft im vorhergehenden, statt der stetigen Kurve $\varkappa$ zunächst einen ihr angenäherten gebrochenen Linienzug $P_0 P_1 P_2 \ldots$ zu betrachten. Er ist in Fig. 650 in irgendeiner Parallelprojektion dargestellt, zugleich mit seiner senkrechten Projektion $P_0' P_1' P_2' \ldots$ oder $\varkappa'$ auf die Grundebene. Die Geraden $P_0 P_1$, $P_1 P_2 \ldots$ sind als die Tangenten von $\varkappa$ zu bezeichnen. Sie mögen die Grundebene in S_0, $S_1 \ldots$ treffen. Die Kurve $\varkappa$ hat konstantes Gefälle, wenn die Winkel $P_0' S_0 P_0$, $P_1' S_1 P_1 \ldots$ sämtlich dieselbe

Größe haben. Dann aber ist das rechtwinklige Dreieck $P_1'S_1P_1$ mit dem rechtwinkligen Dreieck $P_1'S_2P_1$ kongruent, da sie eine Kathete gemein haben und in den ihr gegenüberliegenden Winkeln übereinstimmen. Mithin ist $P_1'S_1 = P_1'S_2$ und auch $P_1S_1 = P_1S_2$. Ebenso ergibt sich $P_2'S_2 = P_2'S_3$ und $P_2S_2 = P_2S_3$ usw. Wenn man also die rechtwinkligen Dreiecke $P_1'S_1P_1$, $P_2'S_2P_2$ usw. um ihre Katheten $P_1'P_1$,

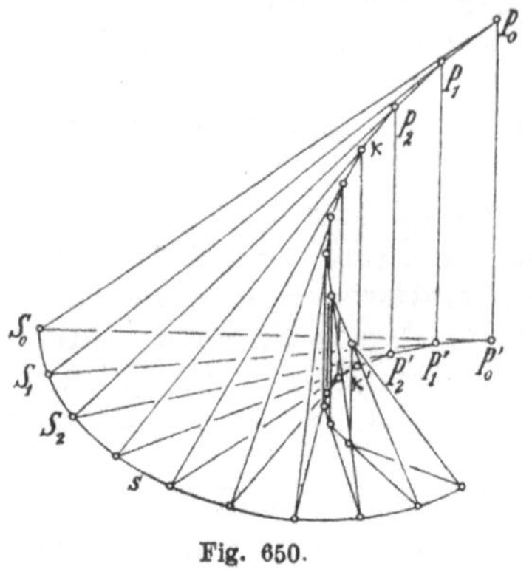

Fig. 650.

$P_2'P_2$ usw. so weit dreht, bis ihre Ebenen in die Ebene des ersten Dreiecks $P_0'S_0P_0$ fallen, kommen die Punkte S_1, S_2 ... sämtlich nach S_0, und die Punkte P_1, P_2 ... rücken sämtlich auf P_0S_0. Da man den Linienzug $P_0P_1P_2$ ... durch eine stetige Kurve zu ersetzen hat, liegen die unendlich kleinen Strecken $P_0'P_0$, $P_1'P_1$, $P_2'P_2$ auf einem auf der Grundebene senkrecht stehenden Zylinder. Man verfahre also so: Auf einem Blatte Papier zeichne man zwei Geraden $\varkappa$ und $\varkappa'$ und schneide das Papier längs $\varkappa'$ ab. Darauf biege man es zu irgendeinem Zylinder zusammen, der längs der verbogenen Linie $\varkappa'$ senkrecht auf der Grundebene stehe. Dann wird aus der Geraden $\varkappa$ eine Kurve $\varkappa$ von konstantem Gefälle.

Die Böschungsfläche ist die von den Geraden S_0P_0, S_1P_1, S_2P_2 ... erzeugte Fläche. Da, wie wir sahen, $P_1'S_1 = P_1'S_2$, ferner $P_2'S_2 = P_2'S_3$ usw. ist, kann man die Stücke der Spurlinie s als Bogen von Kreisen mit den Mittelpunkten P_1, P_2 ... betrachten. Diese Kreisbogen gehen berührend ineinander über, und die Geraden S_1P_1', S_2P_2' ... sind zu ihnen senkrecht, daher als die Normalen der Spurlinie s zu bezeichnen. Mithin ist $\varkappa'$ die Evolute von s (Nr. 408). Wieder begegnen wir hier der Erzeugung der Evolvente s aus der Evolute $\varkappa'$ vermöge der Abwicklung eines Fadens von der Evolute (Nr. 410), denn $P_0'S_0$ kann als dieser Faden dienen. Die Geraden S_0P_0, S_1P_1 ... der Böschungsfläche projizieren sich auf die Grundebene als die Normalen S_0P_0', S_1P_1' ... der Spurlinie s. Ersetzen wir die Grundebene durch irgendeine Höhenebene, so ergibt sich dasselbe, indem dann an die Stelle der Spurlinie s eine Höhenlinie tritt. Also sind die Projektionen der Geraden der Böschungsfläche zu den Projektionen aller Höhenlinien senkrecht. Dies aber besagt: Die Fallinien einer Böschungsfläche sind gerade Linien (Nr. 418).

In Kürze sei hier eine Bemerkung eingeschaltet, die sich auf die zu Anfang angestellte Überlegung bezieht: Dort legten wir an alle Höhenlinien parallele Tangenten und betrachteten den geometrischen Ort l ihrer Berührungspunkte. Jetzt ergibt sich nachträglich, daß diese Kurven l nichts anderes als die geraden Fallinien sind, denn z. B. diejenige Ebene, die die Böschungsfläche in S_0 berührt, ist in allen Punkten von S_0P_0 Tangentenebene.

In Fig. 651 ist die angenäherte Konstruktion einer Böschungsfläche in senkrechter Projektion im Grundriß und Aufriß dargestellt. Die Grundrißtafel ist die Grundebene, die Aufrißtafel die des Dreiecks $S_0P_0'P_0$. Zunächst wird dies Dreieck gezeichnet und dann

der gebrochene Linienzug $\varkappa'$ oder $P_0'P_1'P_2'\ldots$ auf der Grundrißtafel
beliebig angenommen. Dann ergibt sich S_1 durch den Kreisbogen um S_0
mit dem Mittelpunkt P_0', ferner die Aufrißprojektion P_1'' des Punktes P
der Raumkurve $\varkappa$ als Schnitt von S_0P_0 mit dem Lot von P_1' aus. Weiter-

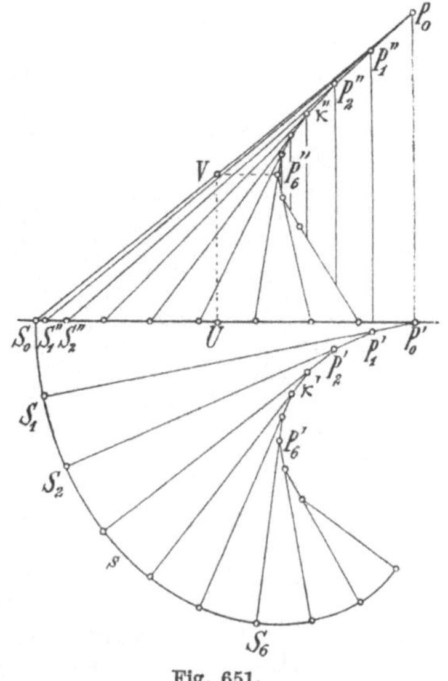

hin ergibt sich S_2 durch den Kreisbogen
um S_1 mit dem Mittelpunkt P_1', während die Aufrißprojektion P_2'' des Punktes
P_2 von $\varkappa$ als Schnitt von $S_1''P_1''$ mit dem
Lot von P_2' aus entsteht. So kann man
beliebig weit fortfahren. Der Übergang
zum Aufriß wird jedoch ungenau, wenn
die Geraden der Böschungsfläche im Aufriß zu steil werden. Dann empfiehlt es
sich, so vorzugehen, wie es beim Punkte P_6
gezeigt ist: Man trägt S_6P_6' von S_0 aus auf
S_0P_0' bis U auf und geht von hier senkrecht bis V auf S_0P_0' über. Dann muß
der Punkt P_6'' gerade so hoch wie V liegen,
wodurch er sich also genauer bestim-
men läßt.

Nach Nr. 231 hat eine Tangentenfläche, also auch eine Böschungsfläche,
zwei Mäntel. Bisher haben wir nur den
einen betrachtet. Der andere wird von
den in Fig. 651 nicht angegebenen Fort-

Fig. 651.

setzungen der Fallinien über $\varkappa$ hinaus gebildet. Beide Mäntel berühren
einander längs des Grates $\varkappa$ nach Nr. 231 so, daß ein beliebiger ebener
Querschnitt auf beiden Mänteln Schnittkurven liefert, die auf dem Grat
in einer Spitze zusammenlaufen.

Anmerkung: Die Böschungsflächen wurden von G. Monge in dem in der Anmerkung zu Nr. 201 genannten Werk „Application de l'analyse à la géométrie"
in § VIII, S. 51—58 der 5. Auflage, untersucht.

425. Böschungskörper. Die Oberfläche eines Böschungskörpers gehört zwar einer Böschungsfläche an, ist aber nur ein Teil von ihr, und
zwar nur ein Teil ihres einen Mantels. Zunächst stellen wir denjenigen Böschungskörper her, der zu einer gegebenen Spurlinie s auf der Grundebene und zu einem gegebenen Gefälle gehört.

Als Beispiel nehmen wir eine Ellipse als Spurlinie s, siehe Fig. 652.
Man stelle sich also vor, auf einer wagerechten elliptischen Scheibe
werde Erde angehäuft, so daß der Überfluß vom Rand herunterfallen
kann. Dann soll der auf der Scheibe entstehende Böschungskörper bestimmt werden. In Fig. 652 ist angenommen worden, daß das Gefälle
gleich Eins sei, also die Tangentenebenen der Oberfläche mit der Grundebene 45° bilden. Die Fallinien der Oberfläche projizieren sich auf die
Grundebene als die Normalen der Ellipse; zur Konstruktion reichen die
zwölf stark gezogenen Normalen aus. Die Normalen hüllen die Evolute $\varkappa'$
der Ellipse s ein, und sie ist nach voriger Nummer die Grundrißprojektion des Grates $\varkappa$ der Böschungsfläche. Aber man sieht: Die Normalen
von den Punkten *1* und *11*, *2* und *10* usw. treffen sich auf der Hauptachse der Ellipse, bevor sie die Evolute $\varkappa'$ berühren. Mithin endet die

Oberfläche des Böschungskörpers unterhalb des Grates $\varkappa$ und zwar in der Kurve derjenigen Punkte, die zu diesen Schnittpunkten gehören.

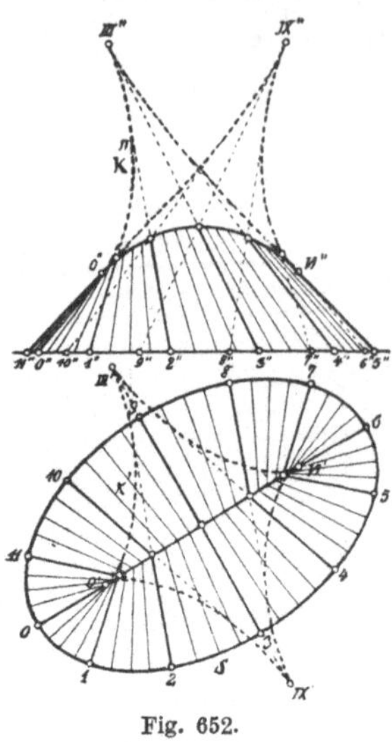

Fig. 652.

Wegen des angenommenen Gefälles Eins liegen die Punkte gerade so hoch über der Grundebene, wie es die Normalenlängen von den Ellipsenpunkten bis zur Hauptachse angeben. Daher läßt sich die Buckelkurve, in der die Böschungsfläche sich selbst unterhalb des Grates $\varkappa$ durchsetzt, ohne weiteres zeichnen. Wenn die Punkte *1* und *11* gleichmäßig zum Scheitel *0* hinrücken, wird der Schnittpunkt der zugehörigen Normalen der Krümmungsmittelpunkt dieses Scheitels. Entsprechendes gilt vom anderen Scheitel. Die Buckelkurve hat also ihre Enden in den Punkten *0* und *VI*, die senkrecht über den Krümmungsmittelpunkten der Hauptscheitel und zwar so hoch liegen, wie es der Krümmungsradius angibt. Die Oberfläche des Böschungskörpers hat längs der Buckelkurve eine Kante derart, daß den Punkten dort verschiedene Tangentenebenen zukommen, je nachdem man sie zu den Punkten auf der einen oder anderen Seite des Buckels rechnet. Im übrigen aber ist die Oberfläche überall stetig gekrümmt. Nur nebenbei sei erwähnt, daß die Buckellinie in diesem Beispiel ein Teil einer Ellipse ist, von der zwei Scheitel die Brennpunkte der Ellipse *s* sind und deren andere Achse gleich der Nebenachse der Ellipse *s* ist und auf der Grundebene senkrecht steht. Durch Verlängerung der Aufrißprojektionen der Fall-linien bekommt man als ihre eingehüllte Kurve die Aufrißprojektion $\varkappa''$ des Grates der Böschungsfläche. Der Grat besteht aus vier Kurvenbogen *0 III*, *III VI*, *VI IX* und *IX 0*, die in den Punkten *0*, *III*, *VI* und *IX* in Spitzen zusammenkommen. Das ist also eine ziemlich verwickelte Raumkurve, aber für die Konstruktion des Böschungskörpers wird sie gar nicht gebraucht.

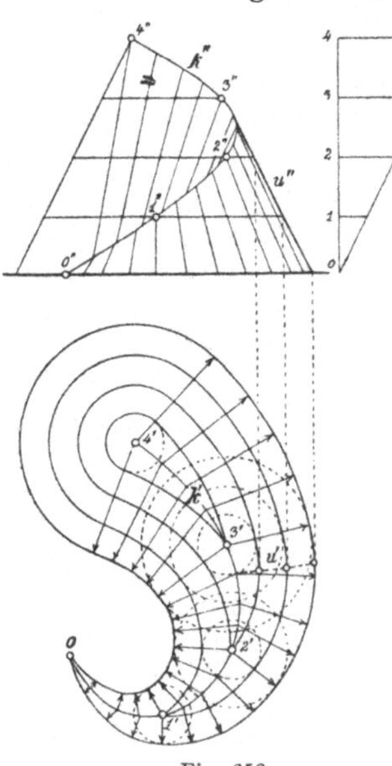

Fig. 653.

Eine andere Aufgabe besteht darin, von einer vorgeschriebenen Buckellinie aus, die sich oberhalb der Grundebene befindet, den Böschungskörper bis zur Grundebene herzustellen. Man denke sich eine irgendwie über der Grundebene ansteigende Raumkurve etwa als einen Weg, der durch Böschungen gestützt werden soll. Von jedem Punkte dieses Weges aus, als Kegelspitze aufgefaßt, stelle man den Böschungskegel (Nr. 31) mit dem vorgeschriebenen Gefälle nach unten gehend her. Der Böschungskörper, der gesucht wird, umfaßt alle diese Kegel; seine Oberfläche ist also die alle diese Kegel einhüllende Fläche. In Fig. 653 ist die Buckellinie k im Grundriß und Aufriß durch k' und k'' gegeben. Es genügt, die zu den Punkten *1, 2, 3, 4* gehörigen Böschungskegel zu benutzen. Die Radien ihrer Grundkreise ergeben sich aus dem vorgeschriebenen Gefälle sofort, wie es die Nebenfigur zeigt. Die Spurlinie des Böschungskörpers geht als Einhüllende der Grundkreise hervor. Ebenso ergeben sich die Grundrißprojektionen der Höhenlinien in den Höhen der Punkte *1, 2* und *3*. Nachträglich findet man die geradlinigen Fallinien im Grundriß als die Lote von den Punkten von k' auf der Spurlinie, und daraus kann man ihre Aufrisse ableiten. Man beachte, daß die Umrißlinie u'' keine Gerade ist, wenn sie auch nur sehr wenig gekrümmt ist. Denn ihre Punkte ergeben sich aus denjenigen Punkten im Grundriß, in denen die Höhenlinien zur Aufrißtafel senkrechte Tangenten haben, und der Ort u' dieser Punkte ist keine Senkrechte zur Spurlinie. Übrigens ist auch bei der vorhergehenden Fig. 652 eine entsprechende Bemerkung zu machen.

Da die gegebene Bukkellinie eine verwickeltere Gestalt haben kann, ist es denkbar, daß der Böschungskörper sich selbst durchsetzt. Deutlicher wird die Konstruktion der Durchdringung, wenn man von zwei verschiedenen Buckellinien k_1 und k_2 aus die Böschungskörper herstellt, siehe Fig. 654. Hierbei ist nichts weiter zu erläutern. Die Kurven a' und d' gehören eigentlich zusammen, ebenso die Kurven b' und c'. Denn wenn die eine Böschungsfläche weiter nach oben über die Buckellinie hinweg fortgesetzt wird, geht der Zweig a' in den Zweig d' und der Zweig b' in den Zweig c' über.

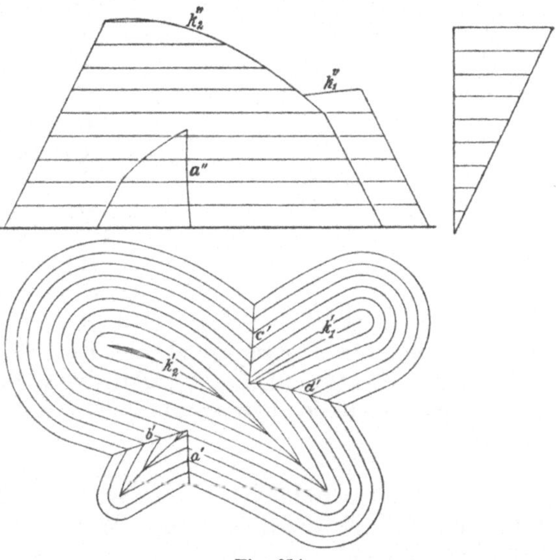

Fig. 654.

In Fig. 652 lag der Grat der Böschungsfläche über dem Böschungskörper. Dasselbe gilt von Fig. 653 und 654, wo allerdings die Grate nicht angegeben sind. Ein Fall, in dem der Grat tiefer liegt, ist in Fig. 655 dargestellt. Um die Sachlage möglichst einfach zu haben, ist als Buckellinie eine überall gleich hoch über der Grundebene verlaufende Kurve ABC gewählt, so daß die zugehörigen Böschungskegel alle denselben Radius haben. Als Kurve ABC ist eine halbe Ellipse angenommen worden. Wegen der Gleichheit der Radien aller Böschungskegel sind die Grundrisse aller Höhenlinien Parallelkurven der Ellipse, natürlich abgesehen von den Halbkreisen um A' und C' herum. Die Grundrißprojektion der obersten gezeichneten Höhenlinie weist keine besonderen Punkte auf, die nächste geht gerade durch den Krümmungsmittelpunkt K' des Ellipsenscheitels B', und die folgenden haben daher als Parallel-

kurven der Ellipse je zwei Spitzen (Nr. 410). Vom Ort der Spitzen,
d. h. nach Nr. 411 von der Evolute der Ellipse, kommen die beiden
Bogen a' und b' in Betracht, die in K' in einer Spitze zusammenlaufen.

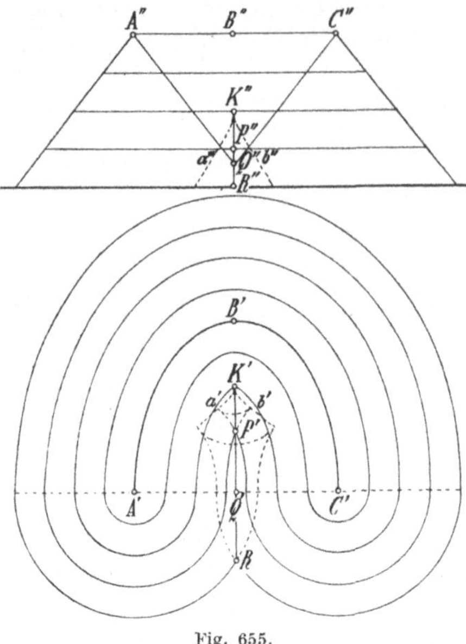

Fig. 655.

Die Kurven a und b sind nach
voriger Nummer Teile der Gratlinie
der Böschungsfläche. Die Falten
der Böschungsfläche längs a und b
kommen jedoch für den Böschungskörper nicht zur Geltung, weil sie
in seinem Innern liegen. Denn jede
der unteren Höhenlinien schneidet
sich selbst in einem Punkt, siehe
z. B. P. Demnach schneidet die Böschungsfläche sich selbst in einer
Kurve KPQ, die zwar im Grundriß
und Aufriß geradlinig erscheint,
aber nur deshalb, weil sie in einer
zur Projektionsachse senkrechten
Ebene liegt. In Wahrheit ist sie
krumm. Nebenbei bemerkt ist sie
im vorliegenden Fall ein Ellipsen-
stück (wie der Buckel in Fig. 652).
Die beiden vorderen halben Böschungskegel von A und C setzen
durch ihren Schnitt QR, der in
Wahrheit ein Hyperbelbogen (Nr. 258) ist, die Schnittlinie der Böschungsfläche fort. Also weist der Böschungskörper längs $KPQR$ eine
gekrümmte Kante auf derart, daß den Punkten der Oberfläche hier
je zwei verschiedene Tangentenflächen zukommen (siehe Fig. 637 von
Nr. 418).

426. Wege im Gelände. Nach Nr. 36 muß die Mittellinie eines Weges
stets eine Fallinie der Fläche des Weges sein, d. h. die Höhenlinien
der Wegfläche müssen diese Mittellinie in Wirklichkeit
und auch in der Projektion auf die Grundebene senkrecht
durchsetzen. Wenn daher als Mittellinie eines Weges eine beliebige
krumme Linie m im Raume vorgeschrieben ist, ergeben sich die Ränder
a und b des Weges, der überall gleich breit sein soll, indem man die
halbe Breite von der Mittellinie aus auf den wagerechten und zur Höhenlinie senkrechten Geraden aufträgt. Die Wegfläche selbst ist daher ein
Teil einer sogenannten geradlinigen Fläche, d. h. einer Fläche,
die von lauter Geraden erzeugt wird, aber trotzdem selbst krumm ist,
und zwar sind die geradlinigen Erzeugenden der Fläche im vorliegenden
Falle sämtlich wagerecht. Sobald die Mittellinie m nicht selbst wagerecht
ist, und auch sobald sie nicht gerade ist, ergibt sich somit, daß die Geraden der Wegfläche zueinander windschief sind. Denn sie verlaufen
zwar alle wagerecht, aber in verschiedenen Höhen. Die Fläche eines
Weges also, die keine Ebene ist, wird stets durch eine Schar
von windschiefen, aber wagerechten Geraden erzeugt. Mithin
gehört sie keineswegs zu den in Nr. 231 besprochenen Tangentenflächen
oder abwickelbaren Flächen.

Da die Wegränder a und b über oder unter dem Gelände verlaufen können, sind zur Sicherung des Weges entweder Dammböschungen oder Einschnittböschungen herzustellen. Dies geschieht wie in Nr. 36 mit Hilfe der Böschungskegel, die von den Punkten der Wegränder a und b ausgehen, und zwar braucht man, falls diese Punkte über dem Gelände liegen, solche Böschungskegel, die sich nach unten öffnen, andernfalls solche, die sich nach oben öffnen. Dabei sind im allgemeinen für beide Arten von Böschungen verschiedene Gefälle t und τ vorgeschrieben (Nr. 33). Man wird auf den Böschungskegeln diejenigen Höhenkreise zeichnen, denen dieselben Höhen wie den Höhenlinien des Geländes zukommen. Die lauter gleich hohe Kreise einhüllenden Kurven sind die

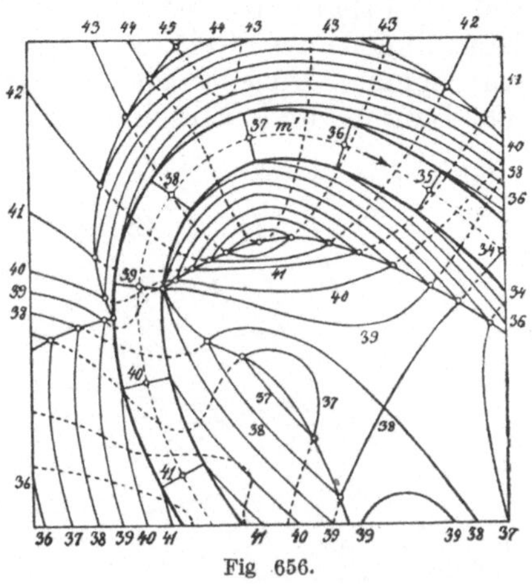

Höhenlinien der Böschungsflächen. Die Schnittlinien der Böschungsflächen mit dem Gelände ergeben sich, indem man gleich hohe Höhenlinien der Böschungsflächen und des Geländes miteinander zum Schnitt bringt.

In Fig. 656 ist die Böschung längs eines krummen Weges hergestellt. Die Zahlen der Höhenlinien sollen die Höhen in Metern bezeichnen. Die Mittellinie m des Weges ist durch ihre Projektion m' gegeben, und auf ihr sind Punkte mit vorgeschriebenen Höhen von 34 bis 41 m angegeben. Vergleicht man diese Höhen mit denen der Höhenlinien des Geländes, so findet man, daß die Mittellinie

Fig 656.

an den Stellen 34 bis 39 unter dem Gelände, an den Stellen 40 und 41 über dem Gelände liegt. Dort also wird man Einschnittböschungen vom

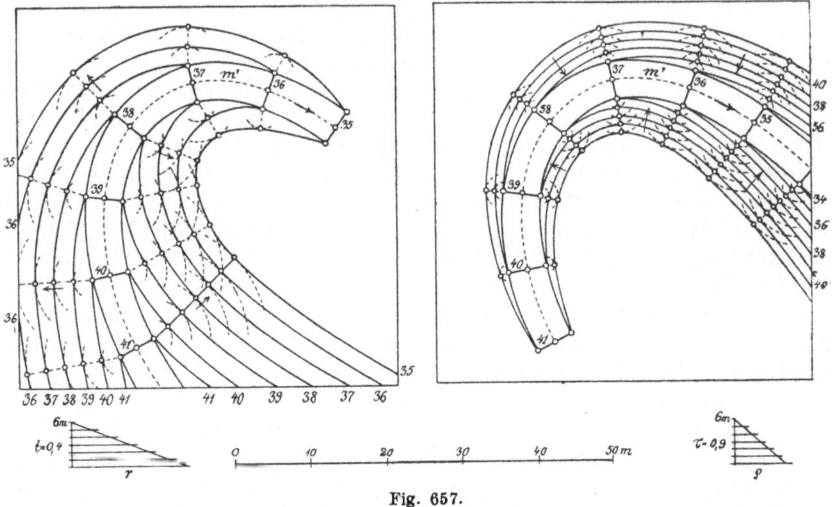

Fig. 657.

Gefälle τ, hier Dammböschungen vom Gefälle t machen. Vorgeschrieben sei $t = 0{,}4$ und $\tau = 0{,}9$. Der Deutlichkeit halber ist die Zeichnung der

17*

Böschungsflächen für sich in Fig. 657 vorgenommen worden. Links unten ist die Hilfskonstruktion für die Radien der Böschungskreise, die zum Gefälle $t = 0,4$ und zu den Höhen von 1 bis 6 m gehören. Schlägt man mit diesen Radien um diejenigen Punkte der Randlinien des Weges, die auf den Höhenlinien des Weges liegen, die Kreise, so ergeben sich als ihre Einhüllenden ohne weiteres diejenigen Höhenlinien der Dammböschungsflächen, die zu 35 bis 41 m gehören. Entsprechendes gilt von der Zeichnung rechter Hand, wo $\tau = 0,9$ an die Stelle von t tritt und die zu den Höhen 34 bis 41 gehörigen Höhenlinien der Einschnittböschungsfläche hergestellt sind. Denkt man sich nun diese Zeichnungen auf die in Fig. 656 gelegt, so sind die Höhenlinien der Böschungsflächen nur so weit sichtbar, als sie an den Deckstellen größere Zahlen als die Höhenlinien des Geländes haben, und ihre Schnitte mit den entsprechenden Höhenlinien des Geländes geben die Kurven, in denen die Damm- und Einschnittböschungen enden. Da, wo die Damm-

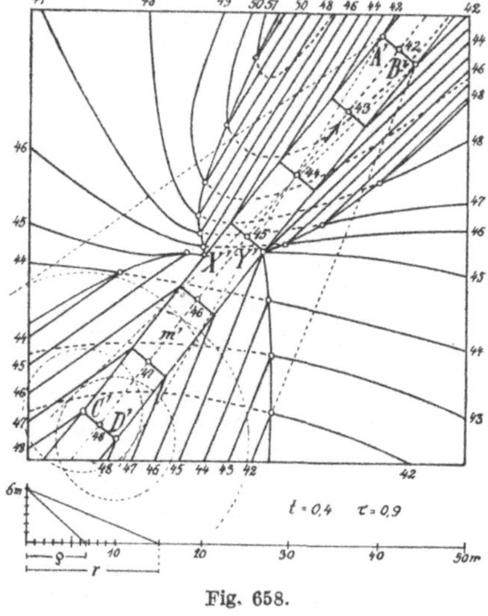

Fig. 658.

böschungsgrenzen an die Wegränder stoßen, beginnen auch die Einschnittböschungsgrenzen.

Wenn die Mittellinie des Weges m geradlinig ist, siehe Fig. 658, fällt die Fläche des Weges eben aus. Infolgedessen sind dann die Böschungsflächen diejenigen Ebenen durch die geradlinigen Wegränder, die die gegebenen Gefälle t und τ haben. Man bedarf also in diesem Falle nicht der vielen Böschungsradien, weil die Höhenlinien der Böschungsebenen Geraden sind. Es genügt, z. B. für die Höhe 48, d. h. für die Punkte C und D, die Böschungskegel mit der Höhe von 6 m herzustellen. Ihre Radien r und ϱ sind in der Nebenfigur bestimmt. Schlägt man mit r und ϱ die Kreise um C' und D', so ist weiter zu bedenken, daß die Differenz $48 - 6$ die Höhe 42 gibt, was die Punkte A und B der Wegränder liefert. Daher sind die von A' und B' an die Kreise vom Radius r nach außen (vom Weg aus gerechnet) gezogenen Tangenten die Projektionen der Höhenlinien 42 der Dammböschungsebenen. Die Parallelen dazu durch die Punkte 43, 44 ... 48 der Wegränder liefern die Höhenlinien 43 bis 48 derselben Ebenen. Was dagegen die Einschnittböschungen betrifft, so ist zu beachten, daß sich die Kegel mit den Radien ϱ nach oben öffnen. Man hat also hier von den Stellen A' und B' aus die Tangenten an die Kreise vom Radius ϱ um C' und D' nach innen zu ziehen (vom Weg aus gerechnet), vgl. das Entsprechende in Nr. 32—36. Diese Tangenten sind die Höhenlinien 42 der Einschnittböschungsebenen und die Parallelen zu ihnen durch die übrigen Randpunkte die Höhenlinien 43 bis 48 derselben Ebenen. Schließlich bringt man noch die Höhenlinien des Geländes mit den gleich hohen Höhenlinien der Böschungsebenen zum Schnitt, wodurch sich wie im vorigen Fall die

Grenzlinien der Damm- und Einschnittböschungen ergeben. Sie treffen an den Wegrändern aufeinander.

Bezüglich der Entwässerung der Weganlagen gilt dasselbe wie in Nr. 36: Solange der Weg im Einschnitt des Geländes verläuft, sind die Entwässerungsrinnen längs der Wegränder anzubringen, sobald aber der Weg aus dem Gelände heraustritt, zweigen sie sich ab, indem sie dann den Grenzlinien der Dammböschungen auf dem Gelände folgen.

***427. Die Peanosche Fläche[1]).** Wie leicht man sich über die Gestaltung einer Fläche täuschen kann, wenn man nicht alle Möglichkeiten sorglich ins Auge faßt, lehrt die folgende Betrachtung: Angenommen,

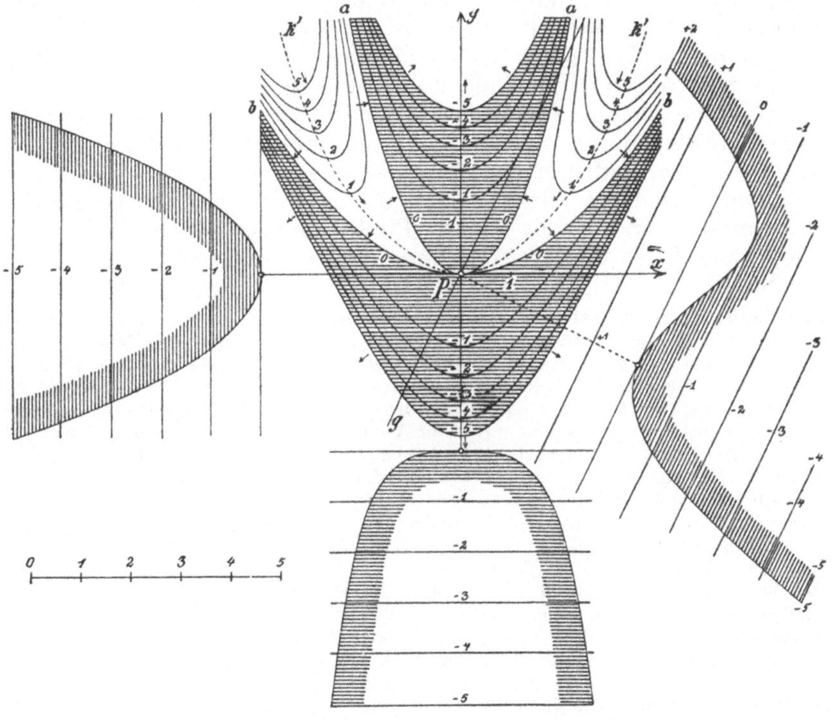

Fig. 659.

ein Gelände liege vor, und P sei ein Punkt des Geländes. Durch P mögen lauter verschieden lotrechte ebene Schnitte gelegt werden. Die Querschnitte, die sich so ergeben (Nr. 419), sind dann Kurven durch P. Angenommen, daß alle diese Kurven in P eine höchste Stelle haben, also diese Stelle höher liegt als die benachbarten Punkte der Querschnitte, so wird man geneigt sein, zu schließen, daß der Punkt P überhaupt ein Gipfel des Geländes sei, nämlich daß auch jede andere Kurve, die auf dem Gelände über P hinwegführt, in P eine höchste Stelle habe. Aber dieser Schluß ist vorschnell, und dies lehrt die Fläche von Peano, siehe Fig. 659. In der Mitte der Zeichnung ist ein Gelände durch Höhenlinien dargestellt. Die Höhenlinie *0* besteht aus zwei Parabeln, die sich mit ihren Scheiteln in P berühren. Das geschraffte Gebiet

---

[1]) Die mit Sternchen versehenen Nummern sind überschlagbar.

mit negativen Höhenzahlen liegt tiefer, das andere Gebiet mit positiven Höhenzahlen höher als die Grundebene. Rechts und links erheben sich, bei P allmählich beginnend, gerundete Bergrücken, während sich in der Mitte Täler von P aus senken. Der lotrechte Querschnitt in der Ebene, die längs der Scheiteltangente x der Parabeln aufsteht, ist an der Stelle P am höchsten; er ist in der Umlegung und nach unten verschoben dargestellt. Der lotrechte Querschnitt durch die gemeinsame Achse y der Parabeln hat ebenfalls in P die höchste Stelle; er ist in der Umlegung und nach links verschoben dargestellt. Legt man schließlich durch P irgendeinen anderen lotrechten Querschnitt, z. B. den längs der Geraden g, so ergibt sich, daß für ihn der Punkt P ebenfalls ein Gipfel ist, denn keine Gerade g durch P hat mit dem nicht geschrafften Gebiet einen Punkt gemein außer der Stelle P. Der Querschnitt ist in der Umlegung nach rechts verschoben dargestellt. Mithin schneidet jede durch P gehende lotrechte Ebene die Peanosche Fläche in einer Kurve, die in P selbst einen höchsten Punkt hat. Nun aber verfolge man den durch die Kurve k' angegebenen Weg k auf dem Gelände. Wenn man auf ihm von der einen oder anderen Seite her nach P strebt, geht man stets abwärts, weil dieser Weg im nicht geschrafften Gebiet verläuft und P der tiefste Punkt dieses Gebietes ist. Mithin ist der Punkt P für den Weg k keine höchste, sondern im Gegenteil die tiefste Stelle.

Anmerkung: Die Peanosche Fläche spielt eine Rolle in der Geschichte der Variationsrechnung, d. h. der Lehre von der Bestimmung der Maxima und Minima. Wenn eine Funktion $z = f(x, y)$ von zwei unabhängigen Veränderlichen x und y vorliegt und es sich darum handelt, festzustellen, ob diese Funktion an einer bestimmten Stelle, etwa für $x = 0$, $y = 0$, ein Maximum oder Minimum hat, könnte man diese Aufgabe auf die entsprechende für Funktionen von nur einer Veränderlichen dadurch zurückführen, daß man für x und y eine Veränderliche t, multipliziert mit irgendwelchen Konstanten, also $x = at$, $y = bt$ setzte und also untersuchte, ob die Funktion $z = f(at, bt)$ von t an der Stelle $t = 0$ ein Maximum oder Minimum hat. Hat sie z. B. für $t = 0$ ein Maximum und zwar, wie auch immer man die Konstanten a und b gewählt haben mag, so nahm man früher an, daß dann der Funktion $z = f(x, y)$ für $x = 0$, $y = 0$ gewiß ein Maximum zukomme. Daß dieser Schluß falsch und daher das bis dahin aufgestellte Kennzeichen für das Vorkommen der Maxima und Minima bei Funktionen von mehr als einer Veränderlichen mangelhaft war, zeigte Giuseppe Peano (geb. 1858 zu Cuneo, Professor der Mathematik an der Universität Turin), und zwar in einer Anmerkung S. XXIX, XXX zu Nr. 133—136 des von ihm herausgegebenen Werkes ,,Calcolo differenziale e principii di calcolo integrale", Turin 1884, von Angelo Genocchi (geb. 1817 zu Piacenza, Professor der Mathematik an der Universität Turin, gest. 1889 zu Turin). Hiervon ist eine deutsche Übersetzung ,,Differentialrechnung und Grundzüge der Integralrechnung" durch G. Bohlmann und A. Schepp bearbeitet worden, Leipzig 1899, und man findet die betreffende Stelle hier auf S. 332. Peano betrachtete die Funktion $z = (y^2 - 2px)(y^2 - 2qx)$, wo p und q positive Konstanten sind. Seine Überlegungen kommen nun auf die oben an Fig. 659 angeknüpften zurück, wenn man x, y, z als rechtwinklige Koordinaten deutet, denn dann läßt sich die Funktion durch eine Geländefläche über der xy-Ebene als Grundebene veranschaulichen, und wenn man $x = at$, $y = bt$ setzt und t sich ändern läßt, heißt dies, daß man einen Schnitt durch die Fläche legt, dessen Ebene durch die z-Achse und irgendeine vom Anfangspunkt P der Koordinaten ausgehende Gerade g der xy-Ebene geht, also einer der oben betrachteten Querschnitte ist. Obgleich im Punkte P in allen diesen Querschnitten ein Maximum der Höhe z auftritt, gibt es doch, wie wir sahen, andere Wege k, auf denen in Γ gerade im Gegenteil ein Minimum der Höhe z vorkommt. — Wir haben, was unwesentlich ist, x mit y vertauscht und z durch $-z$ ersetzt. Außerdem haben wir $p = 2{,}5$ und $q = 0{,}5$ angenommen und, damit das Gelände nicht zu hoch wird, es dadurch verflacht, daß wir nur den zehnten Teil von z als Höhe benutzten. Demnach stellt Fig. 659 die durch

$$ z = -\tfrac{1}{10}(x^2 - 5y)(x^2 - y) $$

gegebene Fläche dar. Die positiven x- und y-Achsen sind angegeben, die positive z-Achse ist das in P auf die Tafel errichtete Lot. Der angewandte Maßstab ist in der Figur links unten vermerkt.

Dies Peanosche Beispiel gab den Anstoß zu einem vollkommen neuen Aufbau der Lehre von den Maximis und Minimis einer Funktion von mehr als einer Veränderlichen. Allerdings wurde auch von anderer Seite unabhängig von Peano derselbe Fehler der alten Theorie bemerkt, aber darauf einzugehen ist hier nicht der Platz.

428. Übungen. 1) Von einem außerhalb einer gezeichneten Kurve k gegebenen Punkt P soll eine Gerade gezogen werden, die k unter einem gegebenen Winkel α schneidet. Diese Aufgabe wird mittels einer Hilfskurve gelöst (Nr. 408). Man wähle einige Punkte Q auf k beiderseits von der vermuteten Schnittstelle und setze an die Schenkel QP den gegebenen Winkel α an. Die zweiten Schenkel werden die Kurve k außer in Q noch einmal in Punkten R schneiden. Die Strecken QR trage man in einer beliebig gewählten, aber bestimmten Richtung von den Punkten Q aus auf, und zwar in verschiedenem Sinne, je nachdem die Punkte R einerseits oder andererseits von den Punkten Q liegen. Der Ort der so hervorgehenden Punkte ist die Hilfskurve.

2) Man bestimme die Schlag- und Eigenschatten einer Ranke (Nr. 414), deren Rippe r in der Projektion r' eine Schleife bildet, so daß die Ranke sich selbst durchsetzt. Dabei sei angenommen, daß die Rippe r allmählich über der Tafel emporsteige.

3) Ein durch den Schnitt mit einer Axialebene hergestellter halber gerader Kreiskegel liege mit der Schnittfläche auf der Tafel. Man stelle ihn durch Höhenlinien dar (Nr. 415 und 258).

4) In einer zur Tafel senkrechten Ebene sei ein Kreis oberhalb der Tafel angenommen, so daß er die Tafel berührt. Ein zweiter Kreis befinde sich in einer zu dieser Ebene und zur Tafel senkrechten Ebene. Er werde, ohne die Stellung seiner Ebene zu ändern, so bewegt, daß sein höchster Punkt den ersten Kreis beschreibt. Man stelle die von dem beweglichen Kreis erzeugte Fläche mittels Höhenlinien in der Umgebung jenes Punktes dar, in dem der erste Kreis die Tafel berührt. Dieser Punkt ist ein Jochpunkt (Nr. 417).

5) Eine Höhenlinie des Geländes sei so beschaffen, daß sie sich in einem Punkt mehrfach schneidet, so daß durch diesen Punkt drei Zweige der Kurve in verschiedenen Richtungen gehen. Wie werden sich die Höhenlinien in der Umgebung dieses Punktes im allgemeinen darstellen (Nr. 417)?

6) Auf einem Gelände seien zwei Punkte gegeben. Durch Versuche soll von einem bis zum anderen Punkt eine Kurve konstanten Gefälles auf dem Gelände gezogen werden (Nr. 422).

7) Von einer Böschungsfläche sei die Grundlinie und das Gefälle gegeben. Gesucht wird der Schnitt der Fläche mit einer Ebene, deren Spurgerade und Gefälle vorgeschrieben sind (Nr. 424 und 419).

8) Gegeben ein Gelände und die Projektion der Mittellinie zweier gerader ebener Wege in verschiedenen gegebenen Höhen. Bei Annahme gegebener Gefälle für die Damm- und Einschnittböschungen sollen alle Böschungen hergestellt werden, insbesondere soll der höher gelegene Weg durch die Bahn des tieferen Weges so durchbrochen werden, daß der höhere Weg dort über eine Brücke zu führen ist. Beiderseits des Durchbruches hat der Damm des höheren Weges ebenfalls Böschungen (Nr. 425, 426).

§ 2. Rotationsflächen und Rotationskörper.

429. Breitenkreise und Meridiankurven. Wenn sich eine mit einer Achse a fest verbundene starre Kurve k um die Achse dreht, erzeugt sie eine Rotationsfläche. Jeder Punkt von k beschreibt einen Kreis um die Achse, der ein Breitenkreis der Rotationsfläche heißt. Diese Bezeichnung ist von der sich um die Nord-Süd-Achse drehenden Erde entnommen, ebendaher auch die Benennung der Ebenen durch die Achse als Meridianebenen (Nr. 39).

Die Gesamtheit aller Drehungen um eine Achse a durch verschieden große Winkel heißt stetige Drehung um diese Achse. Die Rotationsflächen mit der Achse a sind diejenigen Flächen, die vermöge stetiger Drehung um a nur in sich bewegt werden. Man sagt auch, daß sie die stetige Drehung um a gestatten. Jede auf einer Rotationsfläche gezogene Kurve geht vermöge stetiger Drehung um die Achse in unendlich viele kongruente Kurven über, die sämtlich der Fläche angehören. Man kann daher zur Erzeugung einer Rotationsfläche irgendeine ihrer Kurven verwenden, nur muß sie alle Breitenkreise der Fläche treffen, denn sonst würde durch ihre Drehung nur ein durch zwei Breitenkreise begrenzter Gürtel der Fläche entstehen. Insbesondere kann man als erzeugende Kurve den Schnitt der Rotationsfläche mit einer Meridianebene benutzen; er besteht aus zwei zur Achse symmetrisch gelegenen Kurven; als Meridiankurve bezeichnet man jede einzelne. Durch jeden Punkt der Fläche geht ein Breitenkreis und eine Meridiankurve, und sie haben dort zueinander senkrechte Tangenten, durchsetzen sich also senkrecht. Dies gilt nicht mehr für diejenigen Punkte der Fläche, die der Achse angehören, falls solche Punkte überhaupt vorhanden sind. Denn hier schrumpft der Breitenkreis in einen Punkt zusammen.

Unter stetiger Schiebung versteht man die Gesamtheit der Schiebungen in einer bestimmten Richtung und um beliebig lange Strecken. Diejenigen Flächen, die bei stetiger Schiebung nur in sich bewegt werden oder, wie man auch sagt, die stetige Schiebung gestatten, sind die Zylinder in der Schiebungsrichtung. Es gibt Flächen, die sowohl die stetige Drehung um eine Achse a als auch die stetige Schiebung in der Richtung der Achse gestatten, nämlich die Rotationszylinder mit der Achse a. Dagegen gibt es keine krumme Fläche, die die stetige Drehung um eine Achse a und zugleich die stetige Schiebung in einer von der Achsenrichtung verschiedenen Richtung zuläßt. Auch gibt es keine Fläche, die stetige Drehungen um zwei zueinander windschiefe Achsen gestattet, d. h. es gibt keine Fläche, die zugleich in bezug auf zwei zueinander windschiefe Achsen eine Rotationsfläche ist. Wohl aber gibt es Flächen, die zugleich in bezug auf zwei einander schneidende Achsen Rotationsflächen sind, nämlich die Kugeln, die sogar in bezug auf alle durch ihre Mittelpunkte gehenden Achsen als Rotationsflächen aufgefaßt werden können.

Ein Stück AB einer Meridiankurve, das weder die Achse noch sich selbst durchsetzt, schließt zusammen mit der Achse und den von A und B auf die Achse gefällten Loten ein ebenes Flächenstück ein, durch dessen Drehung ein Rotationskörper entsteht. Unter Kehlkreisen versteht man diejenigen Breitenkreise, die kleiner als die unmittelbar benachbarten Breitenkreise sind. Unter Rumpfkreisen wollen wir diejenigen verstehen, die größer als die unmittelbar benachbarten sind. Die Kehl- und Rumpfkreise sind geometrische Örter von Punkten, deren Meridiantangenten zur Achse parallel sind. Es kann aber noch andere Breitenkreise mit dieser Eigenschaft geben, wenn nämlich die Meridiankurven Wendepunkte (Nr. 411) mit zur Achse parallelen Tangenten haben. Jede Rotationsfläche hat unendlich viele Symmetrieebenen, nämlich alle Meridianebenen.

Anmerkung: Nach dem Vorgang von K. Pohlke in der bei Nr. 85 erwähnten 2. Abtl. seiner „Darstellenden Geometrie", Berlin 1876, S. 12, nennt man Rotationsflächen auch Drehflächen. So lobenswert an sich die Ausmerzung von Fremdwörtern ist, sollte sie doch nicht wie in diesem Falle gegen den Geist der deutschen Sprache erfolgen. Schlüssel und Windmühlenflügel sind Drehkörper, aber nicht Rotationskörper. Im Deutschen deutet der Stamm eines Zeitwortes, wenn er den ersten Teil eines Hauptwortes bildet, allemal mehr oder weniger entschieden auf eine Zweckbestimmung, niemals auf die Entstehung. Die Bezeichnung Drehachse ist nicht zu beanstanden. Möglich wäre die Verdeutschung Drehungsfläche, die schlecht klingt. Übrigens ist das lateinische Fremdwort Rotationsfläche nicht auf dem Umwege durch das Französische zu uns gekommen, denn der Franzose sagt surface de revolution.

430. Tangentenebenen von Rotationsflächen. Die einfachste Darstellung einer Rotationsfläche im Grundriß und Aufriß ergibt sich, wenn man die Grundrißtafel senkrecht zur Achse der Fläche annimmt, siehe Fig. 660. Denn da dann die Aufrißtafel zu einer Meridianebene parallel ist, stellen sich die in dieser Meridianebene gelegenen und zur Achse a symmetrischen Meridiane u und v im Aufriß in ihrer wahren Gestalt dar. Hat man u'' gegeben, so ermittelt man die dazu hinsichtlich a'' symmetrische zweite Kurve v'', indem man nicht bloß mehrere Punkte von u'' an a'' spiegelt, sondern auch die Tangenten, die der Kurve u'' dort zukommen und deren Schnittpunkte mit a'' bei der Spiegelung ungeändert bleiben. Die Breitenkreise stellen sich im Aufriß als die wagerechten Strecken zwischen u'' und v'' dar. Mithin bilden u'' und v'' den Umriß der Rotationsfläche in der Aufrißzeichnung. Im Grundriß erscheinen die Meridiankurven u und v wie alle Meridiankurven als Strecken, die nach a' zielen, und die Breitenkreise in wahrer Größe als Kreise um a'. Der Umriß der Grundrißprojektion besteht aus den Projektionen der vorhandenen Kehl- und Rumpfkreise und derjenigen Breitenkreise, die durch die Endpunkte der Meridiankurven gehen, da man diese Kurven in der Zeichnung begrenzen muß, auch wenn sie bis ins Unendlichferne gehen sollten. Im Grundriß kann sich, wie es in Fig. 660 der Fall ist, die Fläche überdecken, übrigens auch im Aufriß, wenn die Meridiankurven entsprechend gekrümmt sind. Den eigentlichen Umriß im Grundriß bilden nur die Projektionen der Kehl- und Rumpfkreise, denn die Breitenkreise durch die Endpunkte der Meridiane sind willkürliche Begrenzungen.

Grundriß und Aufriß eines Punktes P der Rotationsfläche müssen offenbar so liegen, daß die Entfernung des Punktes P' von a' gleich der Länge der wagerechten Strecke durch P'' ist, die durch a'' und durch u'' oder v'' begrenzt wird.

In Nr. 416 wurde gesagt, daß man bei Flächen, die ein bestimmtes geometrisches Gesetz haben, das Vorhandensein der Tangentenebenen beweisen kann. Das soll jetzt für die Rotationsflächen geschehen.

Durch Drehung um a kann man den beliebig gewählten Flächenpunkt P in einen Punkt (P) der Meridiankurve u überführen, weshalb man nur für (P) den Beweis zu erbringen braucht. Eine beliebige Flächenkurve k durch (P) hat einen Aufriß k'', der den Umriß u'' nicht überschreiten kann; also berührt k'' den Umriß in $(P)''$. Die Tangente (t) von k in (P) hat daher als Aufriß $(t)''$ die Tangente von u'' in $(P)''$, d. h. sie liegt in derjenigen Ebene, die längs $(t)''$ auf der Aufrißtafel senkrecht steht.

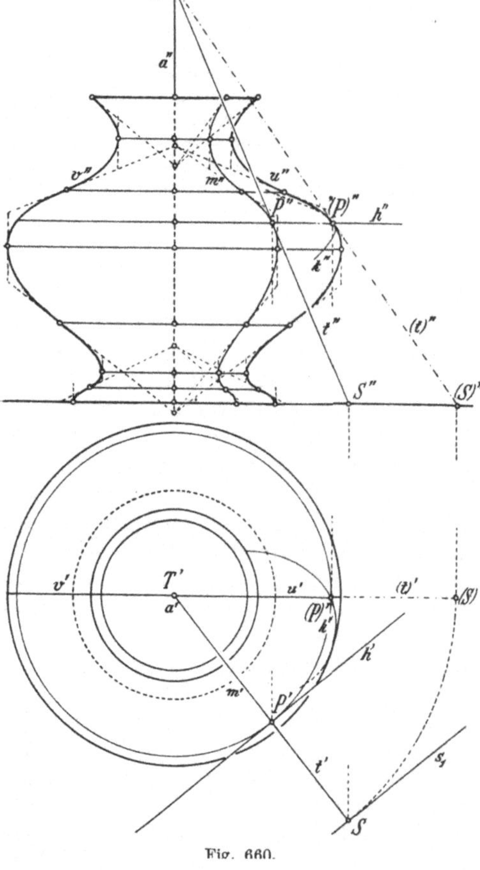

Fig. 660.

In dieser Ebene verlaufen somit die Tangenten aller durch (P) gelegten Flächenkurven, d. h. sie ist die Tangentenebene von (P).

Hieraus erhellt auch, wie man die Tangentenebene des Punktes P in der Zeichnung bestimmt: Die Tangentenebene von (P) wird um die Achse a soweit gedreht, bis sie die Fläche in P berührt. Sie ist durch die zueinander senkrechten Tangenten bestimmt, die in (P) dem Breitenkreis und der Meridiankurve u zukommen. Vermöge der Drehung geht die Tangente des Breitenkreises in die Tangente h desselben Breitenkreises an der Stelle P über; sie ist eine Höhenlinie der gesuchten Tangentenebene. Ferner schneidet die Tangente (t) der Meridiankurve u die Achse a in einem Punkt T, der bei der Drehung in Ruhe bleibt, d. h. die Tangente t der Meridiankurve von P geht ebenfalls durch T; sie ist eine Fallinie der Tangentenebene. Wie man die Spurgeraden s_1 und s_2 der Tangentenebene von P bestimmt, leuchtet sofort ein. In Fig. 660 ist s_2 unerreichbar.

Falls der Punkt T unerreichbar sein sollte, kann man irgendeinen anderen Punkt auf (t) annehmen und der Drehung unterwerfen.

Diejenigen Tangenten aller Meridiankurven, deren Berührungspunkte auf dem Breitenkreise von P gelegen sind, gehen sämtlich nach T, erzeugen also einen Rotationskegel mit der Spitze T, der die Rotationsfläche längs des Breitenkreises berührt.

Die Aufrißprojektion m'' der Meridiankurve von P geht aus dem Umriß u'' hervor, indem man alle Lote von u'' auf a'' in dem Verhältnis der Abstände der Punkte P'' und $(P)''$ von a'' verkleinert. Die Beziehung zwischen u und m stellt sich also im Aufriß als eine Affinität mit der Achse a'' und der zur Achse a'' senkrechten Affinitätsrichtung dar.

Man bekommt eine gute Zeichnung von m'', wenn man nicht nur einzelne Punkte von u'', sondern auch ihre Tangenten überträgt, indem man davon Gebrauch macht, daß sich die Tangenten von u'' und die zu ihnen affinen Tangenten von m'' auf a'' treffen.

431. Senkrechte Projektion einer Rotationsfläche auf eine beliebige Tafel. Auch in Fig. 661 ist der Grundriß und Aufriß einer Rotationsfläche so angenommen worden, daß die Achse der Fläche auf der Grundrißtafel senkrecht steht. Nimmt man eine beliebige neue Tafel an, so bleibt die senkrechte Projektion der Fläche auf diese Tafel immer dieselbe, wenn man die Tafel um die Achse dreht, und man kann die Drehung soweit ausüben, bis die Tafel zur Aufrißtafel senkrecht wird. Dementsprechend ist in Fig. 661 als neue Tafel die längs der Geraden s auf der Aufrißtafel senkrecht stehende Ebene angenommen worden (Nr. 213). Besonders bemerkenswerte Punkte der Meridiankurve u sind hier A, B, C, D, E; die Punkte A und E liegen auf dem höchsten und dem tiefsten

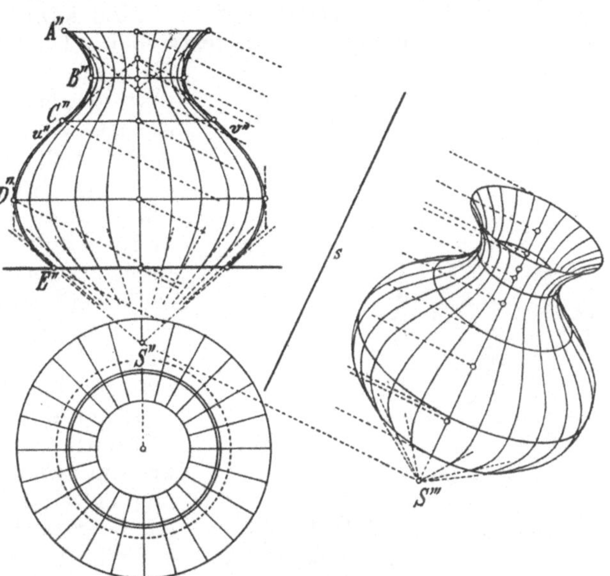

Fig. 661.

Breitenkreise, B auf einem Kehlkreise und D auf einem Rumpfkreise, während die Meridiankurve in C einen Wendepunkt hat. Die Breitenkreise von A, B, C, D, E projizieren sich auf die neue Tafel als Ellipsen, deren Achsen sich ohne weiteres ergeben. Will man eine Anzahl von Meridiankurven in der neuen Projektion zeichnen, so teilt man die Breitenkreise in eine Anzahl gleicher Teile, in Fig. 661 sind es 24; in der neuen Projektion geschieht es wie in Fig. 129 von Nr. 88. Dann sind die Verbindenden entsprechender Teilpunkte die Meridianbilder. Ehe man sie auszieht, wird man noch ihre Tangenten bestimmen: Längs des tiefsten Breitenkreises wird die Fläche durch den Kegel mit der Spitze S berührt. Der Seitenriß S''' von S gibt somit den Punkt, nach dem in der neuen Zeichnung die Tangenten der Meridianbilder in ihren Endpunkten auf dem untersten Breitenkreise gerichtet sind. Ebenso benutzt man die Spitze des Kegels, der die Rotationsfläche längs des höchsten Breitenkreises berührt, und die des Kegels, der von den Wendetangenten aller Meridiankurven gebildet wird, zu denen die von C gehört. Die Breitenkreise der Punkte B und D stellen sich als Ellipsen dar, die in der neuen Projektion von den Meridianbildern in Tangenten parallel zur Achse der Fläche durchquert werden.

Als Umriß der Zeichnung der Meridianfläche stellt sich außer dem Abschluß durch die Ellipsen, als die sich der oberste und der unterste Breitenkreis abbilden, ein Kurvenpaar heraus, das die gezeichneten Breitenkreise und Meridiankurven einhüllt, aber nicht selbst das Bild eines Paares von Meridiankurven ist. Der Umriß hat die Projektion der Achse als Symmetriegerade.

432. Umriß einer Rotationsfläche bei senkrechter Projektion. Die Ermittlung des Umrisses, wie sie soeben geschah, ist umständlich, weil sie verlangt, daß vorher eine hinreichende Anzahl von Breitenkreisen oder Meridiankurven gezeichnet sei. Man kann aber den Umriß Punkt für Punkt unabhängig davon feststellen. Dies ist in Fig. 662 gezeigt.

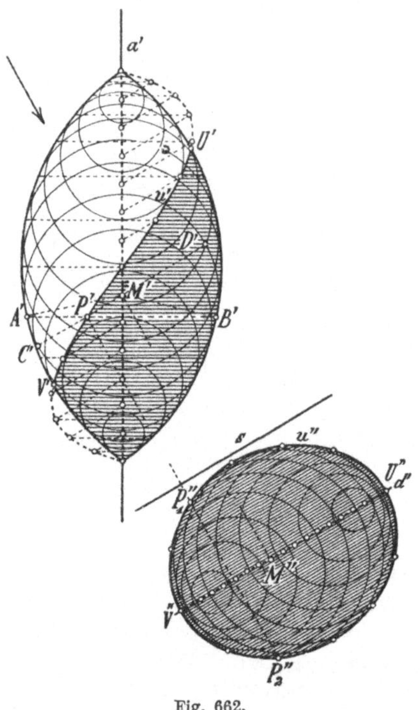

Fig. 662.

Es genügt dabei, die senkrechte Projektion der Rotationsfläche auf eine einzige Ebene zu kennen, die zur Achse a der Fläche parallel ist und also als Umriß ein Paar von Meridiankurven in wahrer Gestalt zeigt. Wird nämlich dann längs einer beliebigen Geraden s eine neue Tafel senkrecht aufgesetzt, so erscheint die Achse auf der umgelegten neuen Tafel als eine Parallele a'' zu s, die man in beliebigem Abstand annehmen kann. Nun ist allgemein zu bemerken: Projiziert man irgendeine krumme Fläche senkrecht oder allgemeiner schräg durch parallele Strahlen oder noch allgemeiner perspektiv auf eine Tafel, so besteht der Umriß der Fläche aus den Projektionen aller derjenigen Punkte, in denen die Fläche von den projizierenden Strahlen berührt wird, d. h. derjenigen Punkte, die als Tangentenebenen projizierende Ebenen haben. Hier ist nur von dem eigentlichen Umriß die Rede; dazu kann nämlich noch ein uneigentlicher Umriß treten, der entsteht, wenn man nur ein Stück der Fläche abbildet. Denn dann wird das Bild außerdem durch die Projektion des Flächenrandes begrenzt.

Im Fall der Fig. 662 tritt kein uneigentlicher Umriß auf, da die Meridiankurve bis zu ihrem Schnitt mit der Achse a geht, so daß nur diese beiden Schnittpunkte als willkürliche Grenzen der Fläche zu bezeichnen sind. Nach dem Vorhergehenden handelt es sich darum, den Ort u derjenigen Punkte der Rotationsfläche ausfindig zu machen, deren Tangentenebenen zur neuen Tafel senkrecht sind. Dabei dient als bequemes Hilfsmittel die Schar der Kugeln, von denen die Rotationsfläche längs ihrer Breitenkreise berührt wird. Eine derartige Kugel ist die mit dem Mittelpunkt M, die die Fläche längs des Breitenkreises vom Durchmesser AB berührt. Der Punkt M' ist der Schnittpunkt von a' mit der Normale des Punktes A' oder B' des alten Umrisses. Da die Kugel längs des Breitenkreises vom Durchmesser AB überall dieselben Tangentenebenen wie die Rotationsfläche hat, ist es leicht, diejenigen Punkte auf dem Kreise zu finden, die zur neuen Tafel senkrechte Tangentenebenen haben. Denn auf der Kugel liegen die Punkte mit zur neuen Tafel senkrechten Tangentenebenen auf dem zur neuen Tafel parallelen Großkreise vom Durchmesser CD. Dieser Großkreis schneidet den Breitenkreis vom Durchmesser AB in zwei Punkten P_1 und P_2, die in der alten Projektion in P', dem Schnittpunkt von $A'B'$ und $C'D'$, zusammenfallen. Folglich gehören diese Punkte zu derjenigen Kurve u, deren neue Projektion der gesuchte neue Umriß u'' ist. Die Punkte P_1'' und P_2'' von u'' ergeben sich sofort, denn der Großkreis vom Durchmesser CD stellt sich auf der neuen Tafel als der Kugelumriß um M'' dar. Verfährt man so mit einer Anzahl von Breitenkreisen, so bekommt man hinreichend viele Punkte P' der Projektion u' von u auf der alten Tafel und hinreichend viele Punkte P_1'' und P_2'' des gesuchten Umrisses u''. Man kann die neue Projektion der Rotationsfläche noch anders auffassen: Wenn die Fläche in der zur neuen Tafel senkrechten Richtung, die durch den Pfeil angedeutet ist, belichtet wird, ist u die **Eigenschattengrenze** der Fläche und also u'' die **Grenze des Schlagschattens** auf der neuen Tafel (Nr. 117). Deshalb ist in Fig. 662 der bei dieser Annahme im Schatten liegende Teil des Rotationskörpers geschrafft, ebenso wie die neue Projektion, die als Schattenwurf auf die neue Tafel aufzufassen ist.

Da sich die Punkte P' als die Schnitte der Geraden $A'B'$ mit den entsprechenden Geraden $C'D'$ ergeben, ist es möglich, daß diese Punkte nicht zwischen A' und B' zu liegen kommen. Das ist in Fig. 662 oben und unten der Fall. Diese Punkte liefern gar keine Punkte der Flächenkurve u. Die Projektion u' ist demnach da zu Ende, wo sie den alten Umriß trifft, nämlich in U' und V'. Man muß im Auge behalten, daß jeder Punkt P' zu zwei Punkten P_1 und P_2 gehört, weshalb u' doppelt zählt. Die Kurve u geht auf der Fläche in U und V von der in der ursprünglichen Zeichnung sichtbaren Hälfte der Oberfläche des Rotationskörpers auf die unsichtbare Hälfte über.

Die Kugeln haben auf der neuen Tafel als Umrisse die Kreise um die Mittelpunkte M'' und Radien, die gleich $M'C'$ (oder $M'A'$) sind. Da die Kugeln die Rotationsfläche in den Punkten von u berühren, erscheinen diese Kreise auf der neuen Tafel so, daß sie den Umriß u'' als Umhüllungskurve haben. Mithin hat u'' in P_1'' und P_2'' als Tangenten die Senkrechten zu $M''P_1''$ und $M''P_2''$. In U'' und V'' sind die Tangenten von u'' senkrecht zu a'', was besagt, daß die Kurve u der Fläche in U und V zur ersten Tafel senkrechte Tangenten hat. Dies steht damit im Einklange, daß die Kurve u in U und V auf die in der ersten Tafel unsichtbare Hälfte der Rotationsfläche übergeht.

Der Umriß u'' ergibt sich auch schon dadurch genügend genau, daß man nicht mehrere seiner Punkte bestimmt, sondern die Umrisse einiger Kugeln auf der neuen Tafel zeichnet. Da jeder derartige Kreis die Umrißkurve u'' in zwei zu a'' symmetrisch gelegenen Punkten P_1'' und P_2'' berührt, rücken die Berührungspunkte insbesondere in U'' oder V''

zusammen. Daraus folgt (Nr. 80): Die Kugeln, die in U und V die Rotationsfläche berühren, haben auf der neuen Tafel als Umrisse die Krümmungskreise des Umrisses u'' in den Punkten U'' und V'', die ihrerseits Scheitel von u'' sind, weil sie auf der Symmetriegeraden a'' liegen (Nr. 409).

433. Spitzen des Umrisses einer Rotationsfläche. Nicht immer ist die Sachlage so einfach wie in dem soeben behandelten Beispiel. In Fig. 663 ist links wieder die senkrechte Projektion einer Rotationsfläche auf eine zu ihrer Achse parallele Ebene gegeben, also mit der wahren Gestalt der Meridiankurve. Doch ist hier die Achse schräg gelegt, damit das Bild, das rechts in senkrechter Projektion auf eine zur alten Tafel senkrechte Ebene dargestellt werden soll, eine aufrechte Achse

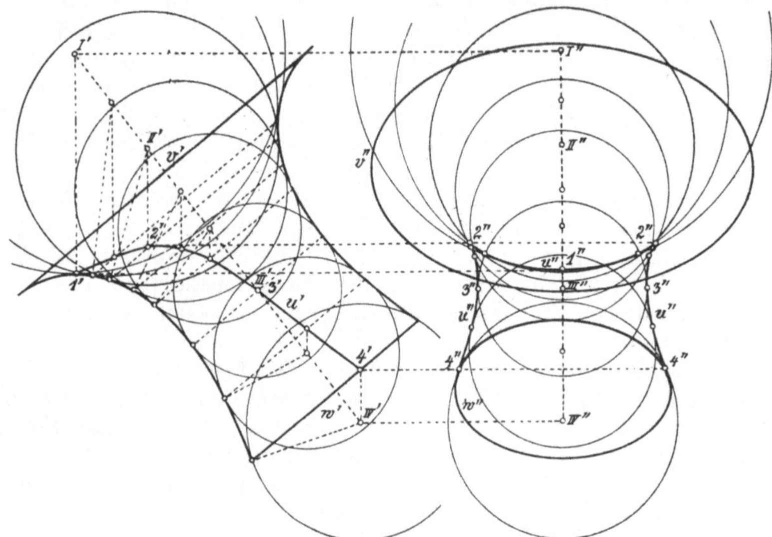

Fig. 663.

bekommt, wie man es bei der Betrachtung einer Rotationsfläche in beliebiger senkrechter Projektion vorziehen wird[1]). Wie in voriger Nummer ist eine Reihe von eingeschriebenen Kugeln in beiden Projektionen dargestellt, wodurch sich die Umrißlinie u'' auf der neuen Tafel ergibt, der die Kurve u' auf der alten Tafel entspricht. Nun ist zu beachten: Im vorliegenden Fall treten zu dem eigentlichen Umriß u'' auf der neuen Tafel noch zwei uneigentliche Umrisse hinzu, nämlich die

---

[1]) Es dürfte nützlich sein, bei dieser Gelegenheit mit Nachdruck darauf hinzuweisen, daß es sich nicht um eine schiefe oder schräge Projektion der Rotationsfläche handelt. Vielmehr ist es eine senkrechte Projektion, wenn auch die Achse der Fläche zur Tafel geneigt liegt. Das Beiwort schief in der Bezeichnung der schiefen Projektion bezieht sich eben nur darauf, welche Lage die projizierenden Strahlen zur Tafel haben, und nicht darauf, welche Lage der abgebildete Gegenstand zur Tafel hat. Obgleich dies nach der Erklärung der allgemeinen Parallelprojektion in Nr. 104 selbstverständlich ist, muß doch noch einmal auf die leider sehr verbreitete Begriffsverwechselung hingewiesen werden. Legt man irgendeinem gebildeten Menschen die Figuren 663 rechts und 664 vor, so wird er ziemlich sicher behaupten, es seien schiefe oder schräge Projektionen, obgleich es tatsächlich senkrechte Projektionen sind.

elliptischen Bilder der beiden End Breitenkreise. Der gesamte Umriß besteht also aus diesen beiden Ellipsen und aus der Kurve u''. Die Kurve u' hat ferner in $2'$ die höchste Stelle. Die Folge davon ist, daß die den Punkten von u' beiderseits von $2'$ entsprechenden Punkte von u'' umkehren, also in den Punkten $2''$ Rückkehrpunkte oder Spitzen von u'' entstehen (Nr. 411). Außerdem ist $1'$ auf dem Umriß in der alten Projektion gelegen; nach der letzten Bemerkung der vorigen Nummer ist der zugehörige Punkt $1''$ ein Scheitel von u'' und sein Krümmungskreis der Umrißkreis der Kugel, die der Rotationsfläche längs des zu 1 gehörigen Breitenkreises eingeschrieben ist. So ergibt sich der Mittelpunkt I'' dieses Krümmungskreises.

Der in Fig. 663 dargestellte gesamte Umriß ist ohne Rücksicht darauf konstruiert worden, daß sich die Fläche zum Teil dem Anblick entzieht wenn sie undurchsichtig ist. Man denke sie sich also zunächst durchsichtig, z. B. aus einem Drahtnetz von Breitenkreisen und Meridiankurven hergestellt, durch dessen Maschen man hindurchsehen kann.

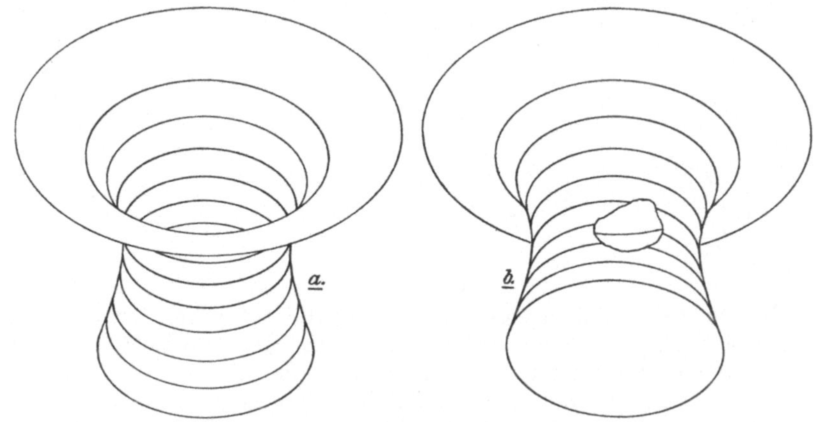

Fig. 664.

Dann wird sich der ganze Umriß beim Anblick in der zur neuen Tafel senkrechten Richtung zeigen, indem nämlich sowohl die Drähte, die die Breitenkreise darstellen, als auch diejenigen Drähte, die die Meridiankurven darstellen, so erscheinen, daß sie von der Kurve u'' umhüllt werden. Nimmt man dagegen die Fläche undurchsichtig, aber hohl an, so ist entweder der größere oder der kleinere End-Breitenkreis derjenige, dessen Mittelpunkt höher, also dem Beschauer näher liegt. Ist es der große Kreis, so ergibt sich der Anblick in Fig. 664 a, sonst der in Fig. 664 b. Hier ist eine Anzahl von Breitenkreisen durch ihre elliptischen Bilder dargestellt. Einige Ellipsen berühren die Umrißlinie u'' in zum Teil unsichtbaren Punkten. Deshalb ist nur ein Teil der Umrißlinie u'' wirklich zu sehen, ebenso nur ein Teil des einen oder anderen End-Breitenkreises. Macht man, wie es im Falle b angedeutet ist, in die vordere sichtbare Fläche ein Loch, so kann man auch einen sonst verdeckten Teil der Umrißlinie u'' sehen. (Man muß die Zeichnung mit der in Fig. 663 rechts vergleichen.)

In voriger Nummer zeigte sich, daß die Kurve u' in der ersten Projektion ein Teil einer Kurve sein kann, die die äußersten Meridiankurven

überschreitet (dort in Fig. 662 an den Stellen U' und V'). Deshalb ist
es auch möglich, daß die Kurve an anderen Stellen wieder über die
Meridiankurven in die Projektion der Fläche eintritt. Dann wird u'
aus einzelnen Teilen bestehen. Dieser Fall liegt bei der Vase vor,
siehe Fig. 665, die in der Mitte die senkrechte Projektion auf eine zur
Achse der Fläche parallele Tafel enthält. Die in voriger Nummer auseinandergesetzte Konstruktion der Punkte P' von u' und der Punkte P_1''
und P_2'' des gesuchten Umrisses ist hier noch einmal angedeutet. Die
Bilder rechts und links unterscheiden sich nur dadurch, daß die Achse
der Fläche, obwohl sie mit der Tafel beide Male denselben Winkel bildet,
einmal nach der einen und das andere Mal nach der anderen Seite zur
Tafel geneigt ist. Hier liegen zwei einzelne Kurven u' vor. Zur oberen
Kurve u' gehört eine Umrißlinie, die an den der tiefsten Stelle entsprechenden Punkten, rechts und links am Hals der Vase, Spitzen hat.

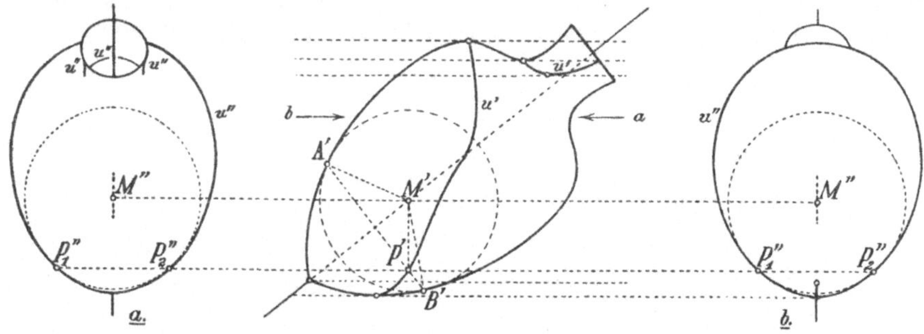

Fig. 665.

In der linken Zeichnung a sieht man zwar diese Punkte, aber von den
von ihnen ausgehenden Kurvenzweigen nur die äußeren vollständig, den
inneren, beide verbindenden Zweig zum Teil im Innern des Vasenhalses
hinten herum. Die andere Kurve u' liefert den weiter ausholenden und
eine geschlossene Linie bildenden äußeren Rand des Vasenrumpfes, von
dem das durch den Vasenhals verdeckte Stück unsichtbar ist. Das
untere Vasenende ist ebenfalls unsichtbar. Die Sehrichtung für den
Fall a wird durch die Lage des Pfeiles a gegenüber der Vase in der
mittleren Figur angedeutet. Die entgegengesetzte Annahme liefert das
Bild b. Hier ist vom eigentlichen Umriß nur die zuletzt erwähnte geschlossene Kurve um den Vasenrumpf zu sehen. Oben nämlich erblickt
man nur einen Teil des obersten Breitenkreises, und dieser Breitenkreis
gehört nicht zum eigentlichen Umriß der Rotationsfläche. In Figur b
ist das untere Vasenende sichtbar.

434. Umriß des Wulstes. Den Umriß, den eine Rotationsfläche bei
senkrechter Projektion auf eine Tafel bekommt, kann man im Falle des
Wulstes, der namentlich bei Säulen vorkommt, bequemer ermitteln.
Unter einem Wulst versteht man eine Rotationsfläche, die durch Drehung
eines Kreises um eine in seiner Ebene gelegene Achse entsteht. Man
nennt sie auch eine Kreisringfläche oder einen Torus (vom lat. torus,
was so viel wie ein Polster bedeutet). Geht die Achse durch die Kreismitte, so entsteht als Rotationsfläche eine Kugel. Wir wollen daher
annehmen, daß die Achse nicht durch die Kreismitte gehe. Auch möge

sie den Kreis nicht schneiden. Sie soll aber wohlbemerkt in der Kreisebene liegen, d. h. der Kreis soll eine Meridiankurve sein. Der Kreis habe
den Radius r, und die Achse habe von seiner Mitte die Entfernung m.
Wir nehmen also $m > r$ an.

Während in den vorhergehenden Nummern diejenigen Hilfskugeln
benutzt wurden, die je längs eines Breitenkreises die Rotationsfläche
berühren und also ihre Mittelpunkte auf der Drehachse haben, kann
man hier auch andere die Fläche in Kreisen berührende Kugeln verwenden. Denn der Wulst entsteht auch, wenn eine Kugel vom Radius r
um eine Achse gedreht wird, die von der Kugelmitte die Entfernung m
hat. Alle dadurch hervorgehenden Kugeln berühren den Wulst längs
seiner Meridiankreise, und der Wulst hüllt alle Kugeln ein. Der Ort
der Kugelmitten stellt sich in senkrechter Projektion als eine Ellipse
dar, deren Hauptachse gleich $2m$ und zur Projektion der Drehachse
senkrecht ist, und die Kugelumrisse sind die Kreise
vom Radius r um die Punkte der Ellipse. Deshalb
ist der Umriß des Wulstes bei senkrechter
Projektion eine Parallelkurve der Ellipse
(Nr. 410), siehe die oberste Zeichnung in Fig. 666,
worin man den Umriß verfolgen kann, obwohl er
nicht ausgezogen worden ist. Der Umriß besteht aus
zwei getrennten geschlossenen Kurven. Die äußere
ähnelt einer Ellipse, ist aber keine. Wenn, wie im
vorliegenden Falle, der Kugelradius r größer als der
Krümmungsradius der Ellipsenhauptscheitel ist, hat
die innere Umrißlinie vier symmetrisch gelegene
Spitzen, die zu zweien durch je einen Kurvenzweig
verbunden sind. In der mittleren und unteren Zeichnung, wo der Wulst undurchsichtig sein soll und die
Drehachse in dem einen oder anderen Sinne zur Tafel
geneigt ist, sieht man nur den oberen oder unteren
Zweig. Den rechten oder linken Zweig würde man
sehen können, wenn die Fläche des hohl gedachten
Wulstes ein Loch hätte.

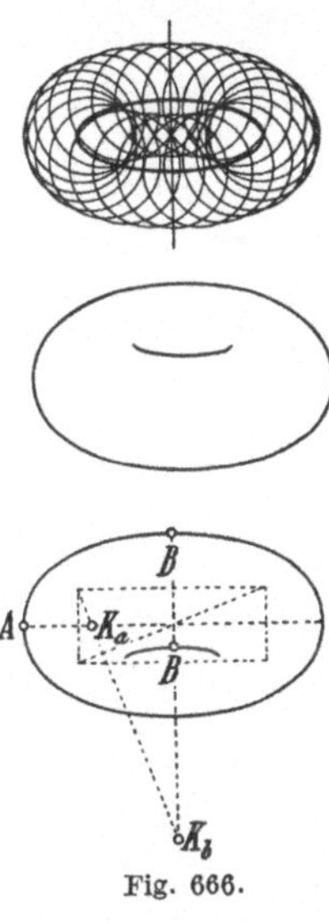

Fig. 666.

Die auf der Haupt- und Nebenachse der Ellipse gelegenen Punkte
des Umrisses sind Scheitel, und sie haben dieselben Krümmungsmittelpunkte wie die Ellipsenscheitel (Nr. 410). In der untersten Zeichnung
ist das der Ellipse umschriebene Rechteck angegeben, aus dem man in
bekannter Weise (Nr. 81) diese Mittelpunkte findet. Hier ist also K_a
für A und K_b für beide mit B bezeichnete Scheitel des Umrisses
der Krümmungsmittelpunkt (K_a auch für den Scheitel des unsichtbaren
linken Kurvenzweiges der inneren Umrißlinie).

Ist die Neigung der Drehachse zur Tafel größer, so verschwinden
die Spitzen der inneren Umrißlinie, und dann kann man durch den
Ring des Wulstes hindurchsehen.

435. Ebene Schnitte von Rotationsflächen. Daraus, daß alle Meridianebenen einer Rotationsfläche Symmetrieebenen der Fläche sind, folgt,
daß die Kurve, in der eine Ebene E die Rotationsfläche
schneidet, eine Symmetriegerade hat, nämlich die Schnittgerade
der Ebene E mit der zu E senkrechten Meridianebene. Die Grundrißtafel

sei wieder senkrecht zur Drehachse angenommen, und die Ebene E sei durch ihre Grundrißspurgerade s und durch ihren Schnittpunkt A mit der Drehachse gegeben, siehe Fig. 667. Dann ist die Symmetriegerade die von A ausgehende Fallinie f der Ebene E. Auf ihr liegen die höchsten und tiefsten Punkte der Schnittkurve. Man bestimmt sie, indem man die Meridianebene, die durch f geht, so weit dreht, bis sie zur Aufrißtafel parallel wird. Denn dann kommt f in eine Lage (f) derart, daß man aus dem Aufriß durch den Schnitt von (f'') mit dem Umriß der Fläche die Höhen der gesuchten höchsten und tiefsten Punkte der Schnittkurve bestimmen kann.

Da sich die zu f symmetrisch gelegenen Punktepaare der Schnittkurve auf Höhenlinien h der Ebene E befinden, und da sich diese Höhenlinien auch im Grundriß senkrecht zu f' darstellen, hat die Grundrißprojektion der Schnittkurve die Symmetriegerade f'. Im Aufriß dagegen geht die Symmetrie verloren. Man bekommt zusammengehörige Projektionen h' und h'' einer Höhenlinie h,

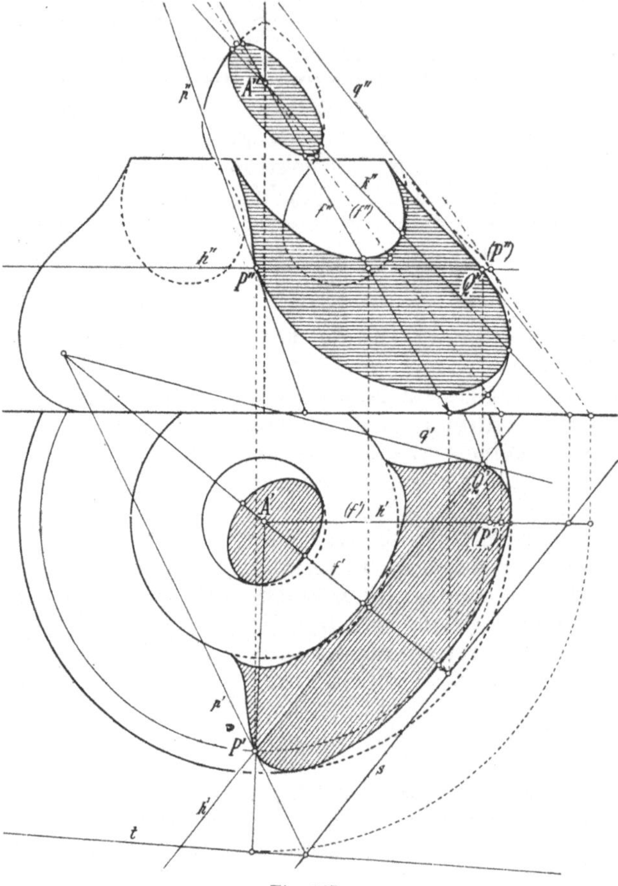

Fig. 667.

indem man den Schnittpunkt der Höhenlinie mit der Fallinie f benutzt. Die Höhenebene durch eine Höhenlinie h schneidet die Fläche in einem Breitenkreise (oder in einigen, wenn die Meridiankurve wie hier gestaltet ist). Daraus kann man die Grundrisse der Schnittpunkte P und Q der Höhenlinie h mit der Fläche bestimmen. Die Tangenten p und q, die der Schnittkurve in P und Q zukommen, müssen sich auf der Symmetriegeraden f treffen. Man bekommt sie als die Schnittgeraden der Ebene E mit den Tangentenebenen der Punkte P und Q, und zwar bestimmt man zunächst ihre Grundrißspurpunkte. Denn nach Nr. 430 ergibt sich z. B. die Grundrißspur t der Tangentenebene von P, indem man die Drehung um die Achse benutzt, wodurch P in einen Punkt (P) der zur Aufrißtafel parallelen Meridianebene übergeht. Der Schnittpunkt von t und s ist der Grundrißspurpunkt der gesuchten Tangente p, und mit Hilfe der Symmetrie geht auch die Tangente q hervor.

Besonders bequem lassen sich im Aufriß die Punkte der Schnittkurve bestimmen, in denen sie den Umriß berührt, indem man die durch A gehende Hauptlinie zweiter Art k (Nr. 201) der Ebene E benutzt. Auf die Bestimmung der wahren Gestalt der Schnittkurve kommen wir in Nr. 446 zurück.

436. Durchbohrung einer Rotationsfläche mit einer Geraden. Um diejenigen Punkte zu finden, in denen eine Rotationsfläche von einer Geraden g durchbohrt wird, legt man nach Nr. 217 eine Hilfsebene durch g. Sie schneidet die Fläche in einer Kurve, und die gesuchten Punkte sind die Schnittpunkte dieser Kurve mit g. Wenn wieder die Grundrißtafel senkrecht zur Projektionsachse angenommen wird, siehe Fig. 668, ist die bequemste Hilfsebene die zur Grundrißtafel senkrechte Ebene durch g. Ihre Schnittkurve mit der Fläche erscheint nämlich im Grundriß als Strecke, und mittels der Punkte, in denen g' die Grundrisse der Breitenkreise trifft, findet man den Aufriß der Schnittkurve. Man braucht die Kurve nur in der Nähe der vermuteten Durchstoßungspunkte.

437. Eigenschattengrenze einer krummen Fläche bei Parallelbeleuchtung. Wird irgendeine Fläche durch parallele Lichtstrahlen beleuchtet, so hängt die

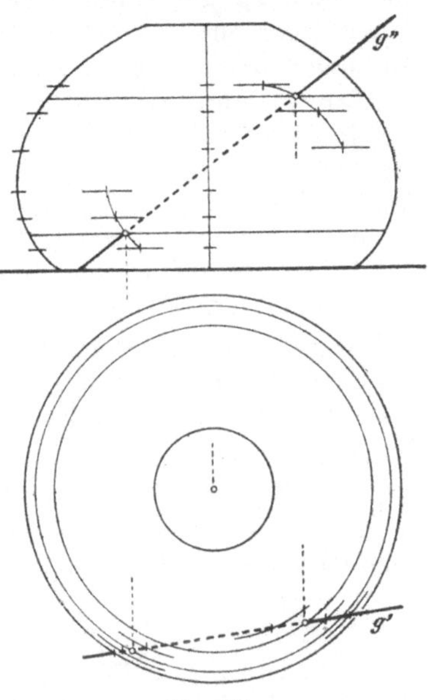

Fig. 668.

Belichtung eines Punktes P der Fläche nur davon ab, welche Stellung die Tangentenebene dieses Punktes zur Lichtrichtung hat. Wenn die sichtbare Seite der Tangentenebene hell ist, gilt dasselbe von der Fläche an der Stelle P, vorausgesetzt, daß man sich die Tangentenebene dort fortgenommen oder als bloße Hilfsebene durchsichtig denkt. Insbesondere wird die Eigenschattengrenze l auf der Fläche durch diejenigen Punkte P gebildet, deren Tangentenebenen die Lichtrichtung enthalten. Die Lichtstrahlen, die durch diese Punkte gehen, bilden einen sogenannten Lichtzylinder. Die Eigenschattengrenze l ist also die Kurve, längs deren die Fläche durch den Lichtzylinder eingehüllt wird. Um sie zu bestimmen, kann man oft eine Hilfsfläche benutzen. Angenommen nämlich, es sei eine andere Fläche bekannt, auf der man die Eigenschattengrenze schon kennt. Vermag man zu jedem Punkte $\bar{P}$ dieser Hilfsfläche diejenigen Punkte P der gegebenen Fläche zu bestimmen, deren Tangentenebenen zu der Tangentenebene des Punktes $\bar{P}$ parallel sind, und zwar so, daß sie wie die Tangentenebene von $\bar{P}$ dieselbe sichtbare helle oder dunkle Seite zeigen, so wird dadurch jedem Punkte $\bar{P}$

18*

der Hilfsfläche ein Punkt P der gegebenen Fläche zugeordnet. Es können auch mehrere Punkte P auf der gegebenen Fläche sein. Läßt man nun den Punkt $\bar{P}$ die Eigenschattengrenze auf der Hilfsfläche durchlaufen, so werden die zugehörigen Punkte P der gegebenen Fläche die Eigenschattengrenze auf ihr bestimmen.

Insbesondere empfiehlt es sich, als Hilfsfläche eine Kugel zu benutzen. Zwar gibt es auch andere Flächen, auf denen man die Eigenschattengrenzen leicht ermitteln kann, aber nicht alle eignen sich als Hilfsflächen. Ein Kegel z. B. nicht, weil er keine Punkte $\bar{P}$ aufweist, deren Tangentenebenen beliebige Stellungen haben. Denn zu einer beliebig gewählten Ebene gibt es im allgemeinen keine parallele Tangentenebene des Kegels. Eine Kugel dagegen hat Tangentenebenen von jeder beliebigen Stellung.

Man ist nun imstande, zu jedem Punkt $\bar{P}$ der Hilfskugel die zugeordneten Punkte P der gegebenen Fläche zu finden, wenn man in der Lage ist, auf der gegebenen Fläche diejenigen Punkte zu ermitteln, die Tangentenebenen von vorgeschriebenen Stellungen haben. Dies ist insbesondere der Fall, wenn die gegebene Fläche eine Rotationsfläche ist. Wird nämlich wieder angenommen, daß die Grundrißtafel zur Drehachse senkrecht sei, siehe Fig. 669, und ist $\bar{P}$ ein beliebiger Punkt der Hilfskugel, so lege man durch $\bar{P}$ die Höhenebene. Sie schneidet die Kugel in einem Kreis $\bar{a}$, und längs dieses Kreises wird die Kugel durch einen Rotationskegel mit lotrechter Achse und der Spitze $\bar{S}$ berührt. Der Kreis $\bar{a}$ erscheint im Aufriß als Strecke und die äußerste Mantellinie des Kegels auf der einen Seite als Tangente $\bar{t}''$ des Umrißkreises im Endpunkt $\bar{A}''$ der Strecke. Man lege nun an den Umriß der Rotationsfläche im Aufriß die zu $\bar{t}''$ parallelen Tangenten. In Fig. 669 gibt es ihrer zwei; sie sind mit t_1'' und t_2'' bezeichnet, und ihre Berührungspunkte mit A_1'' und A_2''. Die Schnittpunkte von t_1'' und t_2'' mit der Aufrißprojektion der Drehachse sind die Aufrisse der Spitzen S_1 und S_2 zweier Rotationskegel, die die Rotationsfläche längs derjenigen Breitenkreise a_1 und a_2 berühren, deren Aufrisse in A_1'' und A_2'' enden. Wird zu $\bar{S}''\bar{P}_1''$ sowohl durch S_1'' als auch durch S_2'' die Parallele gezogen, so schneiden diese Parallelen die Aufrisse a_1'' und a_2'' der Breitenkreise in den Aufrissen derjenigen Stellen P_1 und P_2, denen Tangentenebenen zukommen, die zur Tangentenebene des Kugelpunktes $\bar{P}$ parallel sind. Man vermag also in der Tat, zu jedem Punkte $\bar{P}$ der Hilfskugel

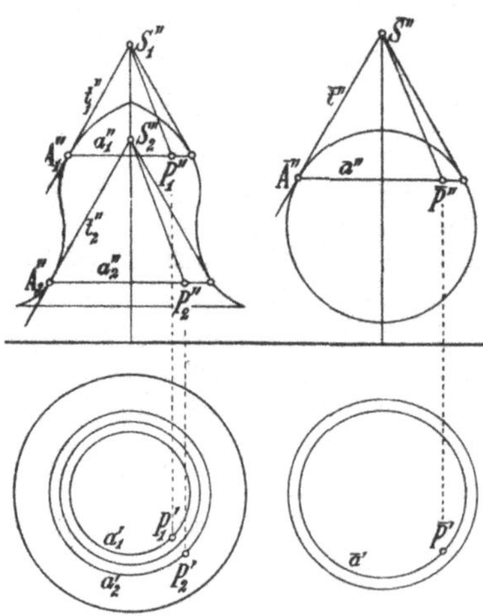

Fig. 669.

die zugehörigen Punkte der Rotationsfläche zu bestimmen. Wenn die Kegelspitzen unerreichbar sind, ergeben sich P_1'' und P_2'' dadurch, daß man die Strecken a_1'' und a_2'' in demselben Verhältnis teilt, in dem die Strecke $\bar{a}''$ durch $\bar{P}''$ zerlegt wird. Wieviele Punkte dem Punkt $\bar{P}$ zugeordnet sind, hängt von der Gestalt der Rotationsfläche ab. Es kann wohl sein, daß einem Punkte $\bar{P}$ der Kugel gar kein Punkt der Rotationsfläche entspricht. Im Fall der Fig. 669 gibt es z. B. keinen dem höchsten Punkte der Kugel zugeordneten Punkt der Rotationsfläche. Umgekehrt aber ist jeder Punkt der Rotationsfläche einem Punkte der Kugel zugeordnet, weil eben die Kugel Tangentenebenen von allen möglichen Stellungen hat.

438. Schatten eines Rotationskörpers bei Parallelbeleuchtung. Nach dem soeben auseinandergesetzten Verfahren wird die Eigenschattengrenze auf dem in Fig. 670 dargestellten Rotationskörper bestimmt. Zuerst ermittelt man nach Nr. 274 die Eigenschattengrenze $\bar{l}$ auf der Hilfskugel. Sie ist der Großkreis, dessen Ebene auf der Lichtrichtung senkrecht steht, und erscheint im Grundriß und Aufriß als Ellipse. Den Schlagschatten der Kugel auf den Tafeln zu zeichnen, ist nicht nötig, er ist nur der Vollständigkeit halber hinzugefügt. Um die wichtigsten Punkte der Eigenschattengrenze auf der Oberfläche des Rotationskörpers zu bekommen, benutzt man vier Höhenkreise der Kugel, von denen

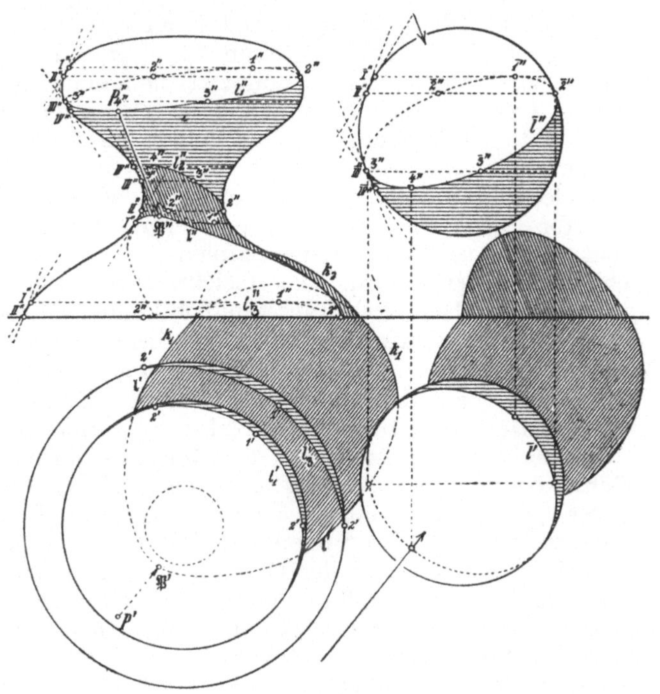

Fig. 670.

der erste durch den höchsten Punkt $\bar{1}$ und der letzte durch den tiefsten Punkt $\bar{4}$ des Kreises $\bar{l}$ geht, während der zweite und dritte die Kreise durch diejenigen Punkte $\bar{2}$ und $\bar{3}$ von $\bar{l}$ sind, deren Aufrisse auf dem Umriß der Kugel liegen. Der zweite und dritte Kreis schneiden den Kreis $\bar{l}$ noch einmal in Punkten, die ebenfalls mit $\bar{2}$ und $\bar{3}$ bezeichnet sind. Die Kreise haben mit dem Kugelumriß linker Hand die Punkte $\bar{I}, \bar{II}, \bar{III}, \bar{IV}$ gemein; insbesondere ist $\bar{III}$ derselbe Punkt wie der eine Punkt $\bar{3}$. Um die den Punkten $\bar{I}, \bar{2}, \bar{3}, \bar{4}$ entsprechenden Punkte $1, 2, 3, 4$ auf der Rotationsfläche zu finden, zieht man zu den Tangenten des Kugelumrisses in $\bar{I}'', \bar{II}'', \bar{III}'', \bar{IV}''$ parallele Tangenten an den linken Umriß der Rotationsfläche. Zur ersten und zweiten Tangente gibt es je drei, zur dritten und vierten dagegen nur je zwei parallele Tangenten. Ihre Berührungspunkte sind mit I, II, III, IV bezeichnet. Nun gehen ohne weiteres die den Punkten $\bar{1}, \bar{2}, \bar{3}, \bar{4}$ auf der Kugel zugeordneten Punkte auf der Rotationsfläche hervor, indem man die Strecken, als die sich die Breitenkreise darstellen, in denselben Verhältnissen teilt, in die $\overline{1}''$, $\overline{2}''$, $\overline{3}''$, $\overline{4}''$ die Strecken zerlegen, als die sich die Höhenkreise der Kugel darstellen. Die Punkte 1 und 4 liefern höchste oder tiefste Stellen der Eigenschattengrenze auf der Rotationsfläche und die Punkte 2 und 3 diejenigen, in deren Aufrissen die Aufrißprojektion der Eigenschattengrenze den Umriß berührt. Von oben nach unten gezählt, folgen die Breitenkreise auf der Rotationsfläche in der Reihe

$$I\ II\ III\ IV - IV\ III\ II\ I - I\ II$$

aufeinander. Oberhalb des obersten Kreises I tritt kein Eigenschatten auf, zwischen den Breitenkreisen IV liegt ein Gürtel der Fläche, der überall Eigenschatten hat, und zwischen den beiden unteren Breitenkreisen I ein Gürtel, der nirgends Eigenschatten hat. Infolgedessen ist der oberste Punkt 1 ein höchster Punkt, der oberste Punkt 4 ein tiefster Punkt, dann aber der nächste Punkt 4 wieder ein höchster und der folgende Punkt 1 ein tiefster, endlich der letzte Punkt 1 wieder ein höchster Punkt der Eigenschattengrenze. Die Eigenschattengrenze besteht daher aus drei einzelnen Linien l_1, l_2, l_3, von denen l_1 und l_2 geschlossene Kurven sind. Die unsichtbaren Linien sind im Aufriß vollständig angegeben. Selbstverständlich kann man, wenn die gezeichneten Punkte nicht genügen sollten, noch beliebig viele Punkte der Eigenschattengrenze auf der Rotationsfläche aus den entsprechenden Punkten des Kreises $\overline{l}$ auf der Hilfskugel ableiten. Die sichtbaren Gebiete mit Eigenschatten sind durch wagerechte Schraffen gekennzeichnet.

Weiterhin ist aber noch der Schlagschatten herzustellen. Zunächst beschäftigen wir uns mit dem auf der Fläche selbst. Da die Kurven l_1, l_2, l_3 diejenigen sind, in deren Punkten die Oberfläche des Körpers durch Lichtstrahlen gestreift wird, ergibt sich die Grenze des Schlagschattens auf der Oberfläche, indem man bestimmt, wo diese Lichtstrahlen nach erfolgter Berührung zum erstenmal wieder die Fläche treffen. Je nach der Gestaltung des Körpers sind sehr verschiedene Möglichkeiten vorhanden. Im Fall der Fig. 670 ergibt sich bloß ein Schlagschatten l, nämlich der von der Kurve l_1 auf die Fläche geworfene. Er wird gefunden, indem man von einzelnen Punkten P der Kurve l_1 ausgeht, durch sie die Lichtstrahlen zieht und nach Nr. 436 bestimmt, wo diese die Fläche abermals treffen. Die dazu nötigen Konstruktionen sind fortgelassen, nur für einen Punkt P ist der Durchstoßungspunkt $\mathfrak{P}$ angegeben. Das Verfahren erscheint umständlich, ist aber doch nicht so mühsam, da man von vornherein die ungefähre Gegend der gesuchten Punkte $\mathfrak{P}$ kennt und also von der Hilfskurve, die in Nr. 436 benutzt wurde, nur ein kurzes Stück zu bestimmen braucht. Auf diese Art geht die Kurve l als Grenze des Schlagschattens auf dem Rotationskörper hervor. Ein anderes, aber weniger genaues Verfahren besteht darin, daß man feststellt, wo die Grenze des Schlagschattens, den der Körper auf die Grundrißtafel wirft, die Schlagschatten der Breitenkreise des Körpers schneidet, und dann von dort in der Lichtrichtung zurückgeht. In Fig. 670 ist der Streifen der Oberfläche zwischen der Eigenschattengrenze l_2 und der Schlagschattengrenze l dasjenige Gebiet, das Schlagschatten empfängt. Es ist durch Schraffen in der Richtung des

Lichtes gekennzeichnet. Selbstverständlich sieht der Beobachter die Grenzlinie zwischen dem Eigenschatten und Schlagschatten nicht.

Was den Schlagschatten des Rotationskörpers auf der Grundrißtafel betrifft, so bestimmt man die Schlagschatten genügend vieler Breitenkreise. Da diese Kreise zur Grundrißtafel parallel liegen, sind ihre Schatten mit ihnen kongruent, so daß sie sich ohne Mühe zeichnen lassen. Das von ihnen bedeckte Gebiet der Grundrißtafel ist das des gesuchten Schlagschattens. Es ist in Fig. 670 durch die Kurve k_1 begrenzt, die aber die Achse der Projektion schneidet, was zeigt, daß ein Teil des Schlagschattens auf die Aufrißtafel fällt. Seine Begrenzung k_2 geht aus dem hinter der Aufrißtafel (d. h. in der Zeichnung oberhalb der Projektionsachse) gelegenen Stück von k_1 durch das Überkreuzverfahren von Nr. 271 hervor.

439. Treffpunkte von Schlag- und Eigenschattengrenzen auf krummen Flächen.

In bezug auf die Schlagschatten, die auf einem Rotationskörper vorkommen können, ist noch eine Bemerkung zu machen, die aus einem allgemeinen Satze folgt, der jetzt abgeleitet werden soll. Zunächst sei durch irgendeine Raumkurve k ein Zylinder in einer bestimmten Richtung gelegt, und dieser Zylinder werde mit irgendeiner krummen Fläche F zum Schnitt gebracht, siehe Fig. 671 a. Die Mantellinie des Punktes A von k gehe vor der Fläche F vorüber, ohne sie zu treffen, die Mantellinie des Punktes B von k dagegen durchbohre F, indem sie in $\mathfrak{B}$ eintrete und in $\overline{\mathfrak{B}}$ wieder austrete. Durchläuft ein Punkt die Kurve k von A bis B, so muß es einmal vorkommen, daß eine Mantellinie die Fläche F streift, siehe den Punkt P, dessen Mantellinie die Fläche in $\mathfrak{P}$ berührt. Eine unmittelbar folgende Mantellinie, siehe die von Q, wird dann F in zwei benachbarten Punkten $\mathfrak{Q}$ und $\overline{\mathfrak{Q}}$ treffen. Wenn Q auf k nach P strebt, geht die Sekante $\mathfrak{Q}\overline{\mathfrak{Q}}$ der Schnittkurve $\mathfrak{k}$ in die Tangente des Punktes $\mathfrak{P}$ über. Demnach ist $P\mathfrak{P}$ die Tangente der Schnittkurve $\mathfrak{k}$ in $\mathfrak{P}$.

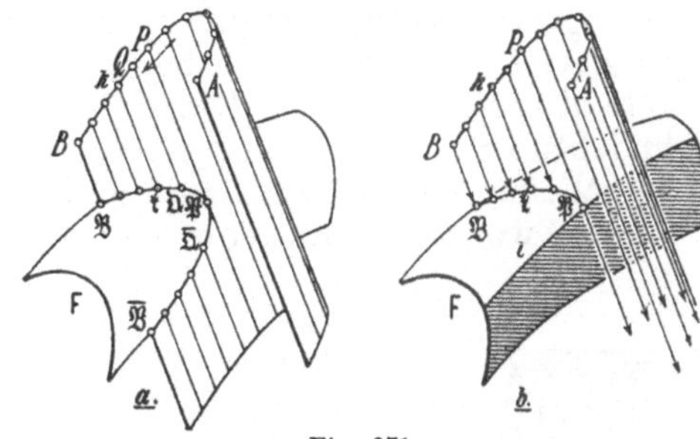
Fig. 671.

Nun werde die Sachlage anders aufgefaßt: Die Raumkurve k werfe auf die Fläche F einen Schlagschatten, wobei die Lichtrichtung die des Zylinders sei. Dann ist der Zylinder als Lichtzylinder aufzufassen. Die Lichtstrahlen, die von dem Stück AP der Kurve k ausgehen, treffen die Fläche F nicht, dagegen erzeugen diejenigen, die von dem Stück PB der Kurve k ausgehen, den Schlagschatten $\mathfrak{k}$, der also nur aus dem Stück $\mathfrak{P}\mathfrak{B}$ der vorhin betrachteten Kurve $\mathfrak{k}$ besteht, siehe Fig. 671 b. Der Ort aller derjenigen Punkte der Fläche F, in denen F durch Lichtstrahlen berührt wird, ist die Eigenschattengrenze l von F. Dazu gehört aber der Punkt $\mathfrak{P}$. Somit geht die Eigenschattengrenze l durch $\mathfrak{P}$. Also folgt:

Der Schlagschatten, den irgendeine Raumkurve k auf irgendeine krumme Fläche F wirft, ist ein Kurvenzweig $\mathfrak{k}$, der in dem Punkte $\mathfrak{P}$, in dem er die Eigenschattengrenze l der Fläche F trifft, sein Ende hat, indem er den durch $\mathfrak{P}$ gehenden Lichtstrahl dort berührt. Wird statt der Kurve k irgendeine Fläche oder irgendein Körper angenommen, der auf F einen Schlagschatten wirft, so ist die Grenzlinie $\mathfrak{k}$ des Schattens dasselbe wie der Schlagschatten, den die Grenze k des Eigenschattens der Fläche oder des Körpers auf F wirft. Also kann man allgemeiner sagen: Die Grenze des Schlagschattens, den irgendeine Kurve oder Fläche oder irgendein Körper auf eine krumme Fläche F wirft, ist ein Kurvenzweig, der da, wo er die Eigenschattengrenze l der Fläche F trifft, endet, indem er dort den hindurchgehenden Lichtstrahl berührt. Dies gilt auch für Zentralbeleuchtung; dann nämlich tritt an die Stelle des Lichtzylinders ein Lichtkegel, aber die Schlußfolgerung bleibt dieselbe.

In Fig. 670 der letzten Nummer ist $\mathfrak{l}$ ein auf den Rotationskörper fallender Schlagschatten, erzeugt von der Kurve l_1, die also hier die Rolle der soeben k genannten Kurve spielt. Die Kurve $\mathfrak{l}$ trifft die Eigenschattengrenze l_3 des Rotationskörpers in zwei Punkten, die allerdings nur im Grundriß sichtbar sind. Sie liegen dort in der Nähe der Punkte $2'$ des äußersten Umrisses. Hier also hat $\mathfrak{l}$ Tangenten in der Lichtrichtung.

Deutlicher ist die Anwendung des aufgestellten Satzes in Fig. 672 zu sehen, wo die Schatten auf einer tulpenartigen Rotations-

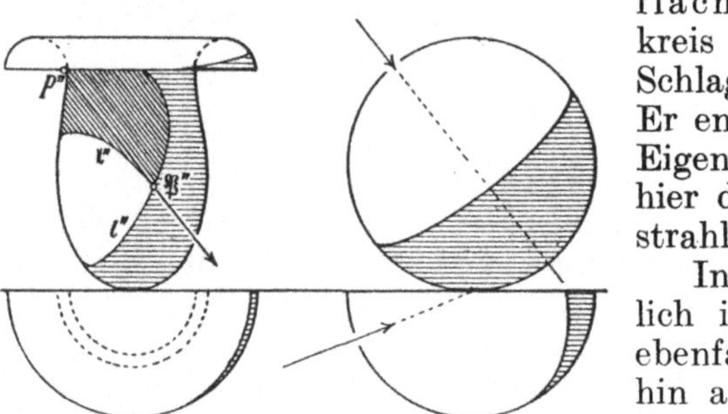

fläche hergestellt sind. Der Endkreis der Tulpe wirft hier den Schlagschatten $\mathfrak{l}$ auf die Fläche. Er endet in einem Punkte $\mathfrak{P}$ der Eigenschattengrenze l und hat hier den hindurchgehenden Lichtstrahl als Tangente.

In einer früheren Figur, nämlich in Fig. 389 von Nr. 276, ist ebenfalls eine Anwendung des vorhin aufgestellten Satzes zu erkennen. Dort handelte es sich um den Schlagschatten, den eine Ge-

Fig. 672.

rade AB auf einen Rotationszylinder wirft. Er endet auf der im Aufriß sichtbaren geradlinigen Eigenschattengrenze des Zylinders. Demnach ist hier der hindurchgehende Lichtstrahl seine Tangente.

Denkt man sich die tulpenartige Rotationsfläche in Fig. 672 hohl, so zeigt der Grundriß auch ihre Innenseite. Man kann den Eigenschatten der Innenfläche geradeso wie den der Außenfläche mit Hilfe der Kugel herstellen und muß nur beachten, daß diejenigen Gebiete der Innenseite keinen Eigenschatten haben, die den mit Eigenschatten versehenen Gebieten der Außenseite entsprechen. Die Linie l gilt also auch innen als Eigenschattengrenze. Aber anders verhält es sich mit dem Schlagschatten. Der Schlagschatten, der ins Innere fällt, wird nicht vom Schlagschatten des äußersten Tulpenkreises begrenzt. Vielmehr müßte man bestimmen, welchen Schlagschatten die Eigenschattengrenze der Fläche ins Innere wirft.

440. Über die Tangenten der Eigenschattengrenze einer krummen Fläche. Wirft eine Kurve k auf eine krumme Fläche F einen Schlagschatten $\mathfrak{k}$, so ergeben sich die Tangenten des Schlagschattens einfach. Denn wenn es sich um Parallelbeleuchtung handelt, ist $\mathfrak{k}$ der Schnitt der Fläche F mit dem von k ausgehenden Lichtzylinder. Ist also $\mathfrak{P}$ ein Punkt von $\mathfrak{k}$, nämlich der Schatten eines Punktes P von k, so liegt die gesuchte Tangente von $\mathfrak{P}$ einerseits in der Tangentenebene, die der Fläche F in $\mathfrak{P}$ zukommt, und andererseits in der Tangentenebene, die dem Lichtzylinder längs seiner Mantellinie $P\mathfrak{P}$ zukommt. Die gesuchte Tangente der Schattenkurve $\mathfrak{k}$ ergibt sich demnach einfach als die Schnittgerade dieser beiden Ebenen.

Dies Verfahren versagt jedoch, wenn die beiden Ebenen zusammenfallen, d. h. wenn der Lichtzylinder der schattenwerfenden Kurve k und die den Schatten auffangende Fläche F in einem Punkt $\mathfrak{P}$ dieselbe Tangentenebene haben. Diesen Ausnahmefall schon jetzt zu besprechen, wäre störend; wir kommen darauf an einer späteren Stelle, nämlich in Nr. 521, zurück.

Besonders schwierig ist ferner die Ermittelung der Tangenten der Eigenschattengrenze l einer krummen Fläche F. Unter P und Q seien zwei benachbarte Punkte dieser Grenzlinie l verstanden. Dann weiß man, daß die Tangentenebenen der Flächenpunkte P und Q die nach P und Q gehenden Lichtstrahlen enthalten. Rückt Q unendlich nahe an P heran, so wird die Sekante PQ zur Tangente der Kurve l; aber diese Linie ist keineswegs die Gerade, nach der die Schnittgerade der Tangentenebenen von P und Q strebt. Denn da diese Tangentenebenen die nach P und Q gehenden Lichtstrahlen enthalten, hat ihre Schnittgerade ebenfalls die Lichtrichtung. Die Bestimmung der Tangente einer Eigenschattengrenze l auf einer krummen Fläche hängt von den Krümmungseigenschaften der Fläche ab; sie erfordert eine tiefere Einsicht in die Geometrie der Flächen, und deshalb soll darauf nicht näher eingegangen werden. Wohl aber mag ein Beispiel zeigen, welche eigentümlichen Erscheinungen auftreten können:

Fig. 673 a zeigt im Grundriß und Aufriß einen Rotationskörper, der aus Teilen eines Rotationszylinders, zweier Kugeln und zweier Rotationskegel zusammengesetzt ist. Diejenigen Breitenkreise, die die einzelnen Teile begrenzen, sind angegeben. Die Lichtrichtung ist zur Aufrißtafel parallel gewählt. Auf den Kegeln findet man die Eigenschattengrenzen, indem man die Punkte bestimmt, in denen die Lichtstrahlen nach den Kegelspitzen die Grundebenen der Kegel schneiden, und von hier aus die Tangenten an die Grundkreise der Kegel legt.

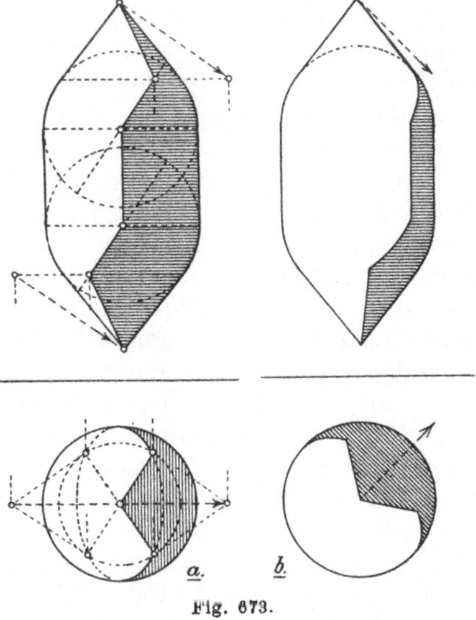

Fig. 673.

Denn die Eigenschattengrenzen sind die nach den Berührungspunkten der Tangenten gehenden Mantellinien (Nr. 117, 275). Die Eigenschattengrenzen auf den Kugeln sind diejenigen Großkreise, die als Achsen die Lichtstrahlen nach den Kugelmitten haben (Nr. 136, 274). Da diese Achsen zur Aufrißtafel parallel sind, erscheinen die Großkreise im Aufriß als Strecken. Die Eigenschattengrenze des Zylinders besteht aus seiner vordersten und hintersten Mantellinie. Demnach setzt sich die Eigenschattengrenze des Rotationskörpers aus sechs geradlinigen und zwei kreisförmigen Stücken zusammen und zwar so, daß da, wo diese Stücke aneinanderstoßen, Ecken auftreten. In Fig. 673 b ist derselbe Rotationskörper mit seinem Eigenschatten für den Fall dargestellt, wo der Lichtstrahl um die Achse des Körpers in eine zur Aufrißtafel geneigte Lage gedreht ist. Hier sieht man auch im Aufriß die krummlinige Gestalt der Eigenschattengrenzen auf den Kugelstücken.

Die Meridiankurve der vorliegenden Rotationsfläche ist aus drei geradlinigen Strecken und zwei Kreisbogen so zusammengesetzt, daß sie an den Stellen, wo sie zusammentreffen, berührend ineinander übergehen. Wenn man also von der oberen Spitze bis zur unteren auf dem Körper auf irgend einer Kurve entlang geht, ändert sich die Lage der jeweiligen Tangentenebene der Fläche durchaus stetig. Trotzdem weist die Eigenschattengrenze eine Reihe von Ecken auf. Der Grund liegt darin, daß sich die Krümmungsverhältnisse der Rotationsfläche sprungweis ändern, wenn man vom Kegel zur Kugel und dann zum Zylinder übergeht. In Wirklichkeit sind solche Ecken selten scharf zu sehen, weil längs der Eigenschattengrenze ein allmählicher Übergang vom Hellen zum Dunkeln stattfindet.

441. Tangentialkegel einer Rotationsfläche. Die Aufgabe, von einem gegebenen Punkte L die Tangenten an eine gegebene Rotationsfläche zu legen, d. h. denjenigen Tangentialkegel zu bestimmen, dessen Spitze der Punkt L ist, kommt vor, wenn es sich um die Beleuchtung der Rotationsfläche durch eine im Endlichen gelegene Lichtquelle L handelt. Man löst sie in Fig. 674 dadurch, daß man die Rotationsfläche jeweils längs eines Breitenkreises durch den sie längs dieses Kreises berührenden Rotationskegel ersetzt, dessen Spitze auf der Drehachse liegt. Denn nach Nr. 254 bekommt man dann diejenigen Ebenen durch L, die den Kegel längs Mantellinien und daher die Rotationsfläche in den auf dem Grundkreise, d. h. auf dem Breitenkreise gelegenen Punkten dieser Mantellinie berühren, indem man die Gerade von L nach der Spitze S mit der Grundebene des Kegels, d. h. mit der Ebene des Breitenkreises, in T zum Schnitte bringt und von T aus die Tangenten an den Breitenkreis legt. Die Ebenen durch diese Tangenten und durch die Kegelspitze sind die Tangentialebenen von L aus. Mithin sind die Geraden von L aus nach den Punkten, in denen jene Tangenten den Breitenkreis berühren, ebenfalls Tangenten des Kegels und infolgedessen Tangenten der Rotationsfläche.

Dementsprechend sind in Fig. 674 vier Breitenkreise *1, 2, 3, 4* als Grundkreise von Rotationskegeln benutzt, die die Rotationsfläche längs der Breitenkreise berühren. Dann sind die in Rede stehenden Punkte auf den Breitenkreisen bestimmt worden. Das sind also Punkte der

Kurve, längs deren die Rotationsfläche durch den Tangentialkegel mit der Spitze L berührt wird. Augenscheinlich ist die Kurve symmetrisch zu der L enthaltenden Meridianebene, und ihre Projektion auf die zur Drehachse senkrechte Grundrißtafel weist Symmetrie in bezug auf die Gerade von L' nach der Projektion der Drehachse auf. Den tiefsten Punkt der Kurve könnte man genau bestimmen. Man müßte zu diesem Zwecke die Rotationsfläche nebst dem fest damit verbunden gedachten

Punkte L um ihre Achse soweit drehen, bis L in die zur Aufrißtafel parallele Meridianebene gelangt. Von dem Aufriß des neuen Punktes (L) aus — er ist in Fig. 674 nicht angegeben — müßte man dann an den Umriß der Fläche im Aufriß die Tangente legen und ihren Berührungspunkt zurückdrehen. Offenbar geht die Berührungskurve des von L an die Rotationsfläche gelegten Tangentialkegels von der Vorderseite auf die Hinterseite der Fläche an einer Stelle D über, deren Aufriß D'' der Berührungspunkt der von L'' an den Umriß gelegten Tangente ist. An dieser Stelle berührt die Aufrißprojektion der Kurve den Umriß.

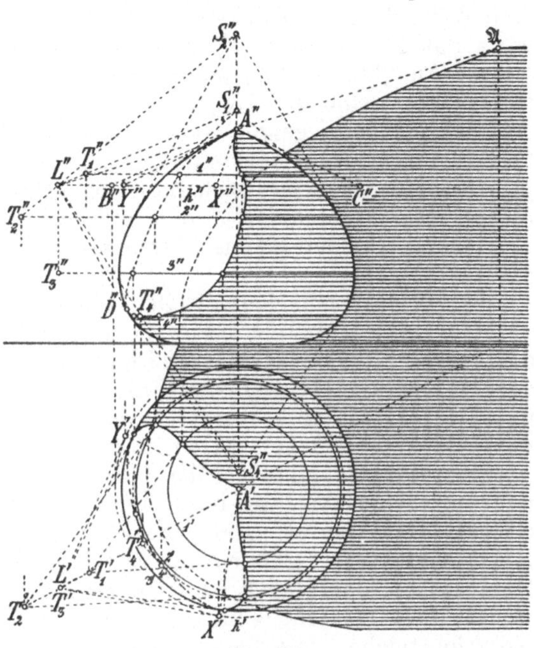

Fig. 674.

Im Fall der Fig. 674 läuft die Rotationsfläche oben in A kegelförmig aus. Infolge davon hat die Kurve in A zwei Tangenten, die sich ergeben, wenn man die Fläche an der Spitze A durch den sie berührenden Rotationskegel ersetzt und an diesen von L aus die Tangentenebenen legt, deren Berührungs-Mantellinien zu bestimmen sind. Die äußersten Mantellinien des Kegels mit der Spitze A sind im Aufriß die in A'' an den Umriß der Fläche gelegten Tangenten $A''B''$ und $A''C''$. Als Grundebene des Kegels kann die Höhenebene durch L benutzt werden. Man braucht dann nur von L aus an den Grundkreis k des Kegels die Tangenten zu legen. Dies führt man im Grundriß aus, wodurch man zu den Punkten X und Y auf k gelangt. Die Geraden AX und AY sind diejenigen Mantellinien des Kegels, längs deren er durch die von L ausgehenden Tangentenebenen berührt wird. Mithin sind sie zugleich die Tangenten, die der Berührungskurve des von L an die Rotationsfläche gelegten Tangentialkegels in A zukommen.

Faßt man L als Lichtquelle auf, so ist die Kurve wie gesagt die Grenze des Eigenschattens der Rotationsfläche. Die Grenze des Schlagschattens auf der Grundrißtafel ergibt sich entweder, indem man die Mantellinien des Tangentialkegels mit der Grundrißtafel zum Schnitte bringt, oder bequemer so: Da alle Breitenkreise zur Grundrißtafel parallel sind, wird der Lichtkegel von L aus nach irgendeinem dieser Breitenkreise von der Grundrißtafel ebenfalls in einem Kreise geschnitten, dessen Mittelpunkt und Radius man leicht findet. Diese Kreise sind die Schlagschatten, die von den Breitenkreisen auf die Grundrißtafel geworfen werden, und sie bedecken das Stück der Grundrißtafel, das den Schlagschatten der Rotationsfläche bildet. Aus der Schlagschattengrenze im Grundriß ergibt sich die im Aufriß durch das Überkreuzverfahren von Nr. 271. Im Fall der Fig. 674 wirft das kegelförmige Ende A der Rotationsfläche seinen Schatten $\mathfrak{A}$ auf die Aufrißtafel. Die Schlagschatten, die AX und AY auf die Aufrißtafel werfen, sind die Tangenten der Schattengrenze in $\mathfrak{A}$.

Die hier vorliegende Rotationsfläche ist so gestaltet, daß auf ihr kein Schlagschatten vorkommt. Bei anderer Form kann die Fläche wie in voriger Nummer auf sich selbst Schatten werfen. Man bestimmt ihn, indem man feststellt, wo die von L ausgehenden Tangenten nach ihrer Berührung mit der Fläche abermals die Fläche treffen.

442. Rotationsflächen zweiten Grades. Unter einer Rotationsfläche zweiten Grades versteht man eine Rotationsfläche, die von jeder Ebene, die sie trifft, in einer Kurve zweiten Grades, d. h. in einer Ellipse, Parabel oder Hyperbel (Nr. 390), geschnitten wird. Eine derartige Fläche hat mit einer Geraden höchstens zwei Punkte gemein. Wir nehmen uns vor, alle diese Flächen zu bestimmen.

Zunächst muß die Meridiankurve selbst ein Kegelschnitt sein. Wir nehmen also einen Kegelschnitt an und wählen eine in seiner Ebene gelegene Gerade a als Drehachse. Wenn diese Gerade a keine Achse des Kegelschnittes ist, gibt es immer in der Ebene solche zu a senkrechte Geraden, die den Kegelschnitt in zwei Punkten treffen, die verschieden weit von a entfernt sind. Durch die Drehung entsteht daher eine Rotationsfläche, die in gewissen zur Drehachse senkrechten Ebenen zwei verschieden große Breitenkreise hat, so daß es also auch Geraden gibt, die die Fläche viermal treffen. Da dies nicht sein soll, muß als Drehachse a eine Achse des Kegelschnittes angenommen werden. Als Beispiel ist in Fig. 675 eine Ellipse und als Drehachse a ihre Nebenachse gewählt. Das Folgende gilt aber auch, falls man die Hauptachse als Drehachse annimmt oder die Ellipse durch eine Parabel oder Hyperbel ersetzt. Die Ebene der Zeichnung in Fig. 675 ist eine Meridianebene, auf die wir das nicht in ihr Enthaltene senkrecht projizieren werden. Eine beliebige Schnittebene E kann als eine Ebene angenommen werden, die längs einer beliebigen Sekante s auf der Meridianebene senkrecht steht. Ist P irgendein Punkt der Schnittkurve k, also P' ein irgendwo auf der Sehne AB von s angenommener Punkt, so ergibt sich die Höhe des Punktes P über der Meridianebene (oder seine Tiefe darunter) mit Hilfe des durch P gehenden Breitenkreises, dessen Durchmesser die zu a senkrechte Sehne UV des Kegelschnittes ist. Man legt die Hälfte dieses Kreises um UV in die Zeichenebene um und errichtet in P' auf UV das Lot, das den umgelegten Halbkreis in einem Punkte (P) trifft. Dann ist $P'(P)$ die gesuchte Höhe. Die in (P) an den umgelegten Halbkreis gelegte Tangente trifft die Gerade UV in einem Punkte Q. Die in P selbst an den Breitenkreis gelegte Tangente schneidet also die Meridianebene auch in Q. Die Tangentenebene des Punktes P der

Rotationsfläche schneidet somit die Meridianebene in einer durch Q gehenden Geraden p. Die Punkte P' und Q teilen die Strecke UV harmonisch, denn Q ist der Pol der in P' auf der Zeichenebene lotrecht stehenden Geraden in bezug auf den Breitenkreis (Nr. 360). Nun sei der Pol der Geraden UV hinsichtlich des Kegelschnittes mit W bezeichnet (Nr. 361). Er liegt auf der Drehachse a und ist die Spitze des Kegels, der die Rotationsfläche längs des Breitenkreises durch P berührt. Mithin ist die Gerade PW die Tangente der durch P gehenden Meridiankurve, so daß sie der Tangentenebene von P angehört, also die Spurgerade p durch W gehen muß. Da Q zu P' hinsichtlich UV harmonisch liegt und W der Pol von UV hinsichtlich des Kegelschnittes ist, stellt p die Polare von P' hinsichtlich des Kegelschnittes dar. Weil die Gerade AB durch P' geht, muß ihr Pol S hinsichtlich des Kegelschnittes auf der Polare p von P' gelegen sein.
Die Tangenten der Punkte A und B des Kegelschnittes schneiden sich also in einem Punkte S von p. Läßt man nun P' auf AB wandern, d. h. läßt man P die Schnittkurve k der Rotationsfläche mit der längs s auf der Meridianebene senkrecht stehenden Ebene E durchlaufen, so bleibt der Punkt S in Ruhe. Daraus folgt: Die Schnittkurve k hat die Eigenschaft, daß die Tangentenebenen aller ihrer Punkte durch denselben Punkt S gehen. Anders ausgedrückt: Die Rotationsfläche wird längs der Schnittkurve k durch einen Kegel mit der Spitze S berührt. Noch anders gesagt: Die ebenen Schnitte k der Rotationsfläche sind diejenigen Kurven, in denen die Rotations-

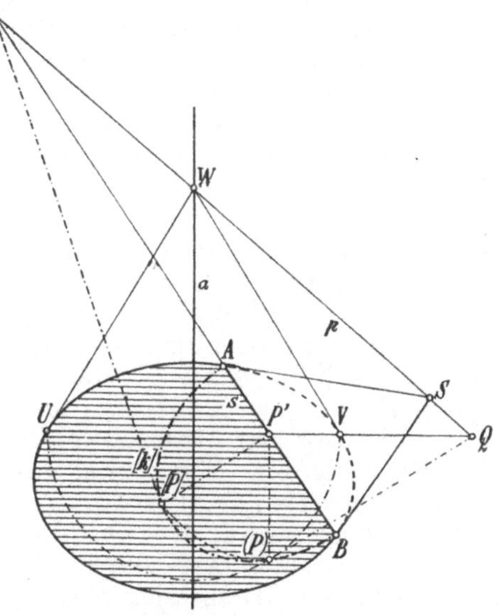

Fig. 675.

fläche von Kegeln berührt wird. Im Punkte P hat die Schnittkurve k als Tangente die der Ebene E und der Tangentenebene (P, p) gemeinsame Gerade, d. h. diese Tangente trifft die Meridianebene im Schnittpunkte T von p und AB. Da p die Polare von P' ist, liegen P' und T hinsichtlich A und B harmonisch. In Fig. 675 ist die eine Hälfte der Schnittkurve k um AB in die Zeichenebene umgelegt. Dabei gelangt P an die Stelle $[P]$ der umgelegten Kurve $[k]$, indem $P'[P] = P'(P)$ und senkrecht zu s ist.

Somit hat die umgelegte Schnittkurve $[k]$ der Ebene E mit der Rotationsfläche folgende Eigenschaft: Die umgelegte Ebene enthält eine Gerade s, die $[k]$ in A und B schneidet, und die Tangente eines beliebigen Punktes $[P]$ der Kurve $[k]$ trifft s in einem Punkte T derart, daß T hinsichtlich A und B harmonisch liegt zum Fußpunkte P' des Lotes von $[P]$ auf s. Nun aber wissen wir: Wird ein Kegelschnitt angenommen, der AB als eine Achse hat und durch $[P]$ geht, so hat die Gerade $[P]P'$ ihren Pol auf AB, und zwar liegt er so, daß er zusammen mit P' die

Strecke AB harmonisch teilt, d. h. er ist gerade der Punkt T. Mithin ist zu schließen: Die Kurve $[k]$ wird an jeder Stelle $[P]$ durch einen Kegelschnitt berührt, der AB als eine Achse hat. Aber die Schar aller Kegelschnitte mit der Achse AB ist so beschaffen, daß sie sich nur in den Scheiteln A und B treffen und sonst voneinander verschieden sind. Folglich muß $[k]$ selbst einer dieser Kegelschnitte sein. Damit ist bewiesen:

Dreht sich ein Kegelschnitt um eine seiner Achsen, so entsteht eine Rotationsfläche, die mit jeder sie treffenden Ebene einen Kegelschnitt gemein hat. Die so entstehenden Rotationsflächen sind die einzigen, die lauter Kegelschnitte als ebene Schnitte haben. Mithin sind hiermit alle Rotationsflächen zweiten Grades gefunden. Außerdem: Der Tangentialkegel, der von irgendeinem Punkte S aus an eine derartige Fläche gelegt werden kann, berührt sie längs einer ebenen Kurve und daher längs eines Kegelschnittes. Man kann dies auch so ausdrücken: Wird eine Rotationsfläche zweiten Grades von einer Lichtquelle S aus beleuchtet, so ist die Eigenschattengrenze stets ein Kegelschnitt. Faßt man S als das Auge O bei Zentralprojektion auf, so kann man auch so sagen: Der Kegel der eine Rotationsfläche zweiten Grades berührenden Sehstrahlen ist ein Kegel zweiten Grades. Mithin ist der Umriß einer Rotationsfläche zweiten Grades bei jeder Zentralprojektion ein Kegelschnitt. Selbstverständlich gilt dies im besonderen für jede Parallelprojektion. Schließlich ist noch zu folgern: Der Schlagschatten, den eine Rotationsfläche zweiten Grades bei Zentral- oder Parallelbeleuchtung auf eine Ebene wirft, ist stets ein Kegelschnitt.

Dreht sich eine Ellipse um ihre Hauptachse, so entsteht ein längliches Rotationsellipsoid. Dreht sie sich um ihre Nebenachse, so entsteht ein flaches Rotationsellipsoid (dies im Fall der Fig. 675). Dreht sich eine Parabel um ihre Achse, so geht ein Rotationsparaboloid hervor. Dreht sich eine Hyperbel um ihre Hauptachse, so entsteht ein zweischaliges Rotationshyperboloid, denn jeder der beiden Äste erzeugt für sich einen Mantel der Fläche. Dreht sich eine Hyperbel um ihre Nebenachse, so ergibt sich ein einschaliges Rotationshyperboloid. Nun gibt es aber noch ausgeartete, nämlich aus zwei sich schneidenden Geraden bestehende Kegelschnitte. Sie sind als Hyperbeln aufzufassen, deren Achsen ihre Winkel in gleiche Teile zerlegen. Durch die Drehung um eine dieser Achsen entsteht ein Rotationskegel. Ein Paar von parallelen Geraden kann als eine ausgeartete Ellipse aufgefaßt werden, deren Hauptachse die Mittellinie und deren Nebenachse eine Senkrechte zu ihr ist. Durch Drehung um die Hauptachse entsteht ein Rotationszylinder als besonderer Fall einer Rotationsfläche zweiten Grades. Durch Drehung um die Nebenachse ergibt sich dagegen ein Paar von parallelen Ebenen. Damit sind alle Möglichkeiten von Rotationsflächen zweiten Grades erschöpft.

443. Einschaliges Rotationshyperboloid. Unter den Rotationsflächen zweiten Grades zeichnet sich das einschalige Rotationshyperboloid dadurch aus, daß es durch Drehung einer Geraden um eine Achse erzeugt werden kann wie jeder Rotationskegel, aber mit dem Unterschiede, daß die sich drehende Gerade die Achse nicht schneidet. Um diese Eigenschaft zu beweisen, gehen wir von einer Achse a und einer zu ihr windschiefen Geraden g aus. Die Gerade g sei aber nicht im besonderen eine zu k senkrechte windschiefe Gerade, denn dann entstände bei der Drehung bloß eine zur Achse senkrechte Ebene. Durch Drehung von g um a entsteht eine Rotationsfläche, die unendlich viele Geraden hat. Irgend zwei Geraden der Schar sind zueinander windschief, denn wenn sie sich schnitten, wäre der Schnittpunkt ein bei der Drehung in Ruhe bleibender Punkt; aber nur die Punkte der Drehachse bleiben in Ruhe.

Nun ist von einem einfachen Satz über Drehungen um die Achse a und Spiegelungen an Ebenen E durch die Achse a Gebrauch zu machen. Angenommen, irgendein Gebilde werde zuerst an einer Ebene E durch die Achse a gespiegelt. Dadurch gehen seine Punkte P in neue Lagen $\bar{P}$ über, indem nämlich $P\bar{P}$ ein Lot zu E ist und die Mitte von $P\bar{P}$ auf E liegt. Das neue Gebilde werde weiterhin um die Achse a durch irgendeinen Winkel α gedreht. Die Punkte $\bar{P}$ gehen dadurch in Punkte $\mathfrak{P}$ über, die auf den Kreisen liegen, die a als Achse haben. Da zusammengehörige Punkte P, $\bar{P}$ und $\mathfrak{P}$ in einer zur

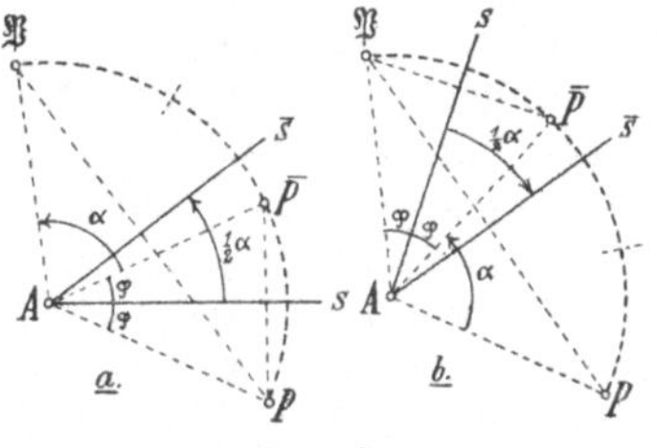

Fig. 676.

Drehachse senkrechten Ebene gelegen sind, können wir uns auf die Betrachtung dieser Ebene beschränken. Sie soll die Ebene der Zeichnung in Fig. 676a sein. Die Drehachse a stehe in A, die Ebene E längs der von A ausgehenden Geraden s auf der Zeichenebene senkrecht. Nun ist $AP = A\bar{P} = A\mathfrak{P}$. Bildet AP mit s den Winkel φ, so gilt dasselbe von $A\bar{P}$. Die Gerade $\bar{s}$, die den Winkel von AP und $A\mathfrak{P}$ in gleiche Teile zerlegt, ist die Mittelsenkrechte von $P\mathfrak{P}$. Ferner bildet sie mit AP den Winkel $\frac{1}{2}(2\varphi + \alpha)$ oder $\varphi + \frac{1}{2}\alpha$, d. h. s und $\bar{s}$ bilden miteinander den Winkel $\frac{1}{2}\alpha$. Da er unabhängig von φ ist, wird sich dieselbe Gerade $\bar{s}$ ergeben, wenn man statt P irgendeinen anderen Punkt als Ausgangspunkt der Spiegelung und Drehung benutzt. Die längs $\bar{s}$ auf die Zeichenebene errichtete Ebene $\bar{E}$ enthält die Drehachse a und liegt so, daß P durch Spiegelung an $\bar{E}$ in $\mathfrak{P}$ übergeht. Also hat sich ergeben:

Wird ein Gebilde an einer durch eine Gerade a gehenden Ebene E gespiegelt und das hervorgehende Gebilde weiterhin um die Achse a durch einen Winkel α gedreht, so entsteht ein Gebilde, das aus dem ursprünglichen auch dadurch hervorgeht, daß man es an derjenigen Ebene $\bar{E}$ durch a spiegelt, in die E durch Drehung um a durch den Winkel $\frac{1}{2}\alpha$ übergeht.

Ganz entsprechend beweist man, siehe Fig. 676 b:

Wird ein Gebilde um eine Achse a durch einen Winkel α gedreht und das hervorgehende Gebilde weiterhin an einer durch a gehenden Ebene E gespiegelt, so entsteht ein Gebilde, das aus dem ursprünglichen auch dadurch hervorgeht, daß man es an derjenigen Ebene $\bar{\mathsf{E}}$ durch a spiegelt, in die E durch rückwärtige Drehung um a durch den Winkel $\tfrac{1}{2}\alpha$ übergeht.

Mit anderen Worten: Die Aufeinanderfolge einer Spiegelung an einer Ebene durch a und einer Drehung um die Achse a ist, ob man erst die Spiegelung und dann die Drehung oder umgekehrt erst die Drehung und dann die Spiegelung ausübt, stets durch eine einzige Spiegelung an einer Ebene durch a ersetzbar.

Dieser Satz werde nun auf die zur Achse a windschief angenommene Gerade g angewandt. Wird g an allen Ebenen durch a gespiegelt, so entstehen unendlich viele Geraden $\mathfrak{g}$. Werden diese um a durch beliebige Winkel gedreht, die für verschiedene Geraden verschieden sein dürfen, so ergeben sich nach dem zweiten Satze immer nur wieder Geraden der Schar $\mathfrak{g}$. Noch mehr: Wird g durch beliebige Winkel um a gedreht, so entsteht eine unendliche Schar von Geraden, die wir alle als die Geraden g bezeichnen wollen. Werden sie weiterhin an beliebigen Ebenen durch a gespiegelt, so entstehen Geraden, die nach dem ersten Satz auch dadurch hervorgehen, daß man die ursprüngliche Gerade g an alle Ebenen durch a spiegelt, d. h. die Geraden der Schar $\mathfrak{g}$.

Aus der ursprünglich angenommenen Geraden gehen somit durch die Drehungen um a unendlich viele Geraden g hervor und durch die Spiegelungen an den Ebenen durch a unendlich viele Geraden $\mathfrak{g}$, und alle Geraden der Schar $\mathfrak{g}$ entstehen aus einer von ihnen durch die Drehungen um a, und ferner geht durch jede Spiegelung an einer Ebene durch a jede Gerade der einen Schar in eine Gerade der anderen Schar über. Ebenso wie alle Geraden g zueinander windschief sind, schneidet auch keine Gerade der Schar $\mathfrak{g}$ eine andere Gerade derselben Schar. Dagegen sieht man sofort, daß jede Gerade g jede Gerade $\mathfrak{g}$ schneidet. Denn $\mathfrak{g}$ entsteht aus g durch Spiegelung an einer Ebene durch a, und derjenige Punkt von g, der der Spiegelebene angehört, ist sein eigenes Spiegelbild, also auch ein Punkt von $\mathfrak{g}$.

Mithin ist die Rotationsfläche, die durch Drehung einer zur Achse a windschiefen Geraden entsteht, eine Fläche mit unendlich vielen Geraden g, die auch alle Geraden der Schar $\mathfrak{g}$ enthält. Durch jeden Punkt P der Fläche geht eine Gerade g und eine Gerade $\mathfrak{g}$, und zwar liegen sie symmetrisch zur Meridianebene von P.

In Fig. 677 ist die Grundrißtafel senkrecht zur Drehachse a angenommen. Bei der Drehung um a gelangt die ursprüngliche Gerade g zweimal in eine zur Aufrißtafel parallele Lage. Das sind die Geraden g_1 und g_2, die mit einem Pfeil nach unten versehen sind. Die Begrenzung der Zeichnung ist willkürlich durch zwei Breitenkreisebenen hergestellt, die gleich hoch über und unter dem Kehlkreis liegen. Dieser Kehlkreis ist der Ort derjenigen Punkte der Geraden g, die der Achse a am nächsten sind, und im Grundriß erscheinen die gemeinsamen Lote von a und g als Senkrechte zu den Projektionen g' durch a'. Der Kehlkreis erscheint deshalb im Grundriß als der g_1' und g_2' berührende Kreis um a'. Sein Mittelpunkt ist mit M bezeichnet. Durch Spiegelung von g_1 an der zur Aufrißtafel senkrechten Meridianebene entsteht eine Gerade der Schar $\mathfrak{g}$. Sie hat denselben Grundriß wie g_1, aber ihre Endpunkte sind vertauscht, d. h. auf ihr müßte der Pfeil der entgegengesetzte sein. Wird sie um a beliebig weit gedreht, so kommt man zum Grundriß und Aufriß einer beliebigen Geraden $\mathfrak{g}$ der zweiten Schar. Sie schneidet alle Geraden g, also insbesondere g_1 und g_2. Diese Schnittpunkte sind mit X und Y bezeichnet. Um die Meridiankurve in der zur Aufrißtafel parallelen Meridianebene zu bekommen, muß man den Umriß der Fläche im Aufrisse bestimmen. Da alle Geraden $\mathfrak{g}$ der Fläche angehören, sind ihre Aufrißprojektionen $\mathfrak{g}''$ Tangenten dieses Umrisses. Die Berührungspunkte P liegen in der zur Aufrißtafel parallelen Meridianebene, so daß der Grundriß P' des Punktes P auf $\mathfrak{g}$ sofort zu finden ist. Nun ist P' die Mitte von $X'Y'$, also P'' die von $X''Y''$. Die Umrißlinie hat also die Eigenschaft, daß die Berührungspunkte P'' ihrer Tangenten $\mathfrak{g}''$ in den Mitten der Strecken $X''Y''$ liegen, die von den Geraden g_1'' und g_2'' auf den Tangenten $\mathfrak{g}''$ bestimmt werden. Dies aber ist eine Eigenschaft aller Hyperbeln, die g_1'' und g_2'' als Asymptoten haben (Nr. 259). Die Umrißlinie muß somit in jedem Punkte P'' durch eine der Hyperbeln mit diesen Asymptoten berührt werden. Da

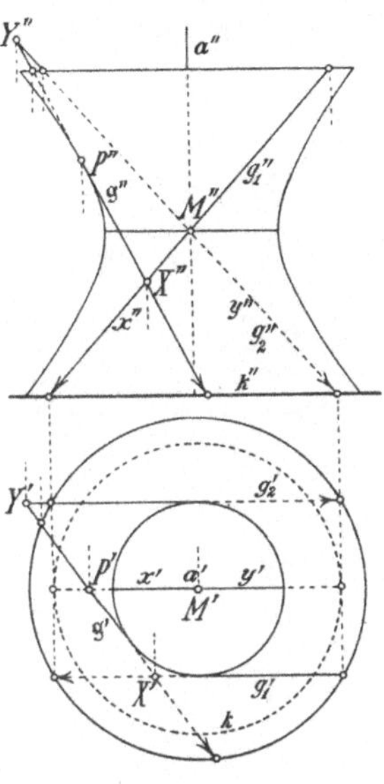

Fig. 677.

aber die Schar aller Hyperbeln mit gemeinsamen Asymptoten so beschaffen ist, daß keine zwei von ihnen sich im Endlichen treffen, muß die Umrißlinie selbst eine der Hyperbeln sein. Also ergibt sich:

Durch Drehung einer zur Drehachse windschiefen, aber nicht senkrechten Geraden entsteht ein einschaliges Rotationshyperboloid, das außer den durch die Drehung hervorgehenden Geraden noch eine zweite Schar von unendlich vielen Geraden hat. Jede Gerade der einen Schar geht durch Spiegelung an irgendeiner Ebene durch die Drehachse in eine Gerade der anderen Schar über. Alle Geraden der einen Schar sind zueinander windschief, ebenso alle Geraden der anderen Schar, aber jede Gerade der einen Schar schneidet jede der andern. Durch jeden Punkt der der Fläche gehen zwei ihr angehörige Geraden, nämlich je eine aus jeder Schar. Sie liegen zueinander symmetrisch hinsichtlich der Meridianebene des Punktes.

Zwar sind g_1'' und g_2'' die Asymptoten der Umrißhyperbel im Aufrisse, jedoch die zur Aufrißtafel parallele Meridian-Hyperbel hat als Asymptoten die Parallelen x und y zu g_1 und g_2 durch M, deren Aufrisse sich mit g_1'' und g_2'' decken. Bei der Drehung der Hyperbel um die Drehachse a, die ihre Nebenachse ist, beschreiben x und y einen Rotationskegel. Er heißt der Asymptotenkegel des einschaligen Rotationshyperboloids. Sein Grundkreis ist in Fig. 677 gestrichelt angegeben. Jede Meridianebene enthält eine Meridian-Hyperbel, deren Asymptoten die in dieser Ebene gelegenen Mantellinien des Asymptotenkegels sind.

Die Fläche, die in Fig. 677 willkürlich begrenzt ist, erstreckt sich nach oben und unten ins Unendlichferne und hat dabei das Bestreben, sich dem Asymptotenkegel im Unendlichfernen berührend anzuschmiegen.

Fig. 678 gibt von beiden Scharen g und $\mathfrak{g}$, die man übrigens die Erzeugenden der Fläche nennt, eine größere Anzahl. Wird die

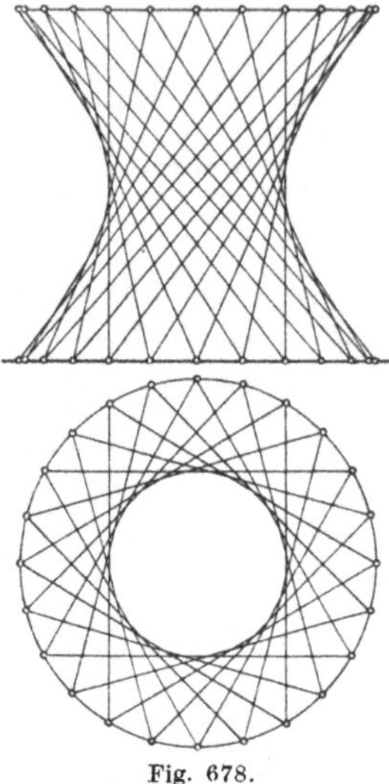

Achse der Fläche zur Bildtafel geneigt, so entsteht die senkrechte Projektion in Fig. 679. Die Hauptachsen der Ellipsen, als die sich die Breitenkreise zeigen, sind senkrecht zur Projektion der Drehachse, und die regelmäßige Einteilung der Breitenkreise geschieht wie in Fig. 129 von Nr. 88. Hat man sie ausgeführt und beginnt man die Zählung auf zwei Breitenkreisen mit entsprechenden Teilstellen 0, so gehe man auf dem einen Breitenkreise um beliebig viele Teile (in Fig. 679 sind 8 genommen) nach beiden Seiten weiter. Dann verbinde man die dadurch erreichten Teilpunkte (hier $+8$ und -8) mit dem Teilpunkt 0 auf dem anderen Breitenkreise. Dadurch ergeben sich zwei Geraden g und $\mathfrak{g}$, durch deren Drehung um die Achse die Fläche entsteht.

Da durch jeden Punkt P des einschaligen Rotationshyperboloids zwei Geraden g und $\mathfrak{g}$ der Fläche gehen, ist die Tangentenebene

Fig. 678.

von P die Ebene von g und $\mathfrak{g}$, denn beim Fortschreiten von P in der Richtung von g oder $\mathfrak{g}$ sind eben g und $\mathfrak{g}$ selbst die Tangenten. Daher hat die Tangentenebene eines Punktes P des einschaligen Rotationshyperboloids die Eigenschaft, die Fläche trotz der Berührung in P außerdem in zwei Geraden g und $\mathfrak{g}$ durch P zu schneiden. Die Fläche ist also überall sattelförmig (Nr. 420).

Nach voriger Nummer ist der Umriß auch in Fig. 679 ein Kegelschnitt. Hier ist er eine Hyperbel. Daß er aber bei stärkerer Neigung der Drehachse zur Tafel eine Ellipse sein kann, leuchtet ein, wenn man bedenkt, daß er im Grundriß von Fig. 678 ein Kreis, nämlich die Projektion des Kehlkreises ist. Der äußere Kreis im Grundriß von Fig. 678 ist ein uneigentlicher Umriß, der nur dadurch entstanden ist, daß die Fläche durch gewisse Breitenkreise abgeschnitten worden ist. Der eigentliche Umriß kann auch ein ausgearteter Kegelschnitt sein.

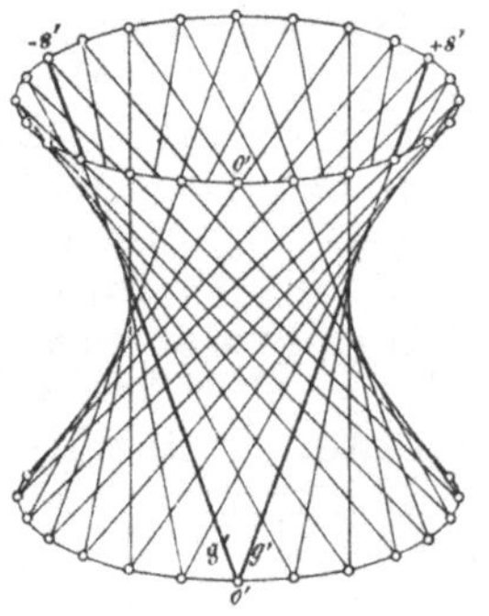

Fig. 679.

In der Tat, in Fig. 680 ist die Drehachse a parallel zur Grundrißtafel und als erzeugende Gerade g der Fläche eine zur Aufrißtafel senkrechte Gerade gewählt worden. Die Gerade g erscheint im Aufriß also als Punkt g''. Dann ist eine Reihe von Erzeugenden der anderen Schar $\mathfrak{g}$ gezeichnet. Dies sieht man daran, daß die Teilpunkte 0 im Aufrisse nicht an der Stelle g'', sondern an der dazu symmetrisch hinsichtlich a'' gelegenen Stelle angenommen worden sind. Da alle Geraden $\mathfrak{g}$ die

dargestellte Gerade g schneiden, gehen ihre Aufrisse sämtlich durch
den Punkt g''. Ebenso ergibt sich, daß die Aufrisse aller (nicht dargestellten) Geraden g der anderen Schar durch
die Stelle $0''$ im Aufrisse gehen. Der Aufriß
hat also als eigentlichen Umriß nur die beiden
Punkte g'' und $0''$. Aber man kann auch jetzt
sagen, daß der Umriß ein Kegelschnitt sei,
nämlich eine in die Strecke $g''0''$ ausgeartete
Ellipse. Denn wenn die Nebenachse einer
Ellipse zu Null wird, sind alle Geraden durch
die Hauptscheitel ihre Tangenten.

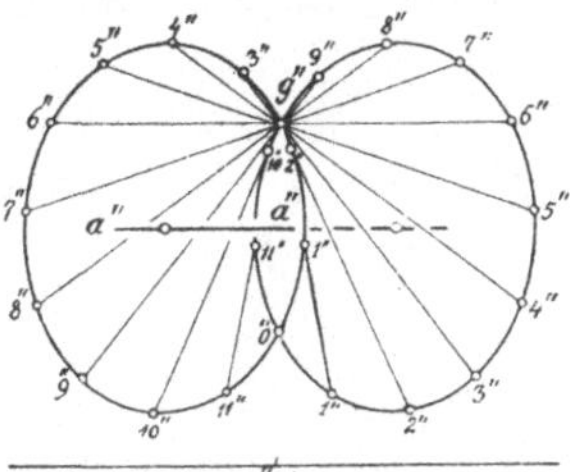

Anmerkung: Die einschaligen Rotationshyperboloide gehören zu den in Nr. 151 und Nr. 398 besprochenen einschaligen Hyperboloiden. Daß ihre doppelte Erzeugung durch Geraden im Jahre 1669 von
Chr. Wren erkannt worden ist, wurde schon in der
Anmerkung zu Nr. 151 gesagt.

***444. Hyperboloidräderpaare**[1]**).** In Nr. 95
wurde eine gleichförmige Drehung um eine
Achse auf eine diese Achse schneidende Achse
mittels eines Paares von konischen Rädern
übertragen. Man kann nun einschalige Rotationshyperboloide benutzen, um eine gleich-

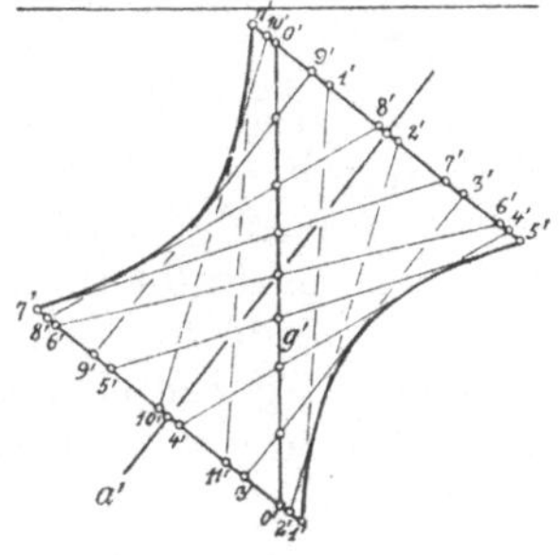

Fig. 680.

förmige Drehung um eine Achse a mittels eines Räderpaares
auf eine zur Achse a windschiefe Achse b zu übertragen.
Man stelle nämlich einschalige Rotationshyperboloide mit den Achsen a
und b her, die sich überall längs einer Erzeugenden g berühren. Gibt
es solche, so ist es klar, daß sich eine gleichförmige Drehung des einen
Körpers um a durch Reibung oder durch Zähnung in eine gleichförmige
Drehung des anderen Körpers um b übersetzen läßt.

Demnach kommt es darauf an, eine Gerade g so zu bestimmen, daß diejenigen Rotationshyperboloide, die durch
Drehung von g um die Achsen a und b entstehen, einander
überall längs der Geraden g berühren. Um die Lage von g zu
finden, schließt man so: Ist P ein Punkt von g, so hat das Hyperboloid,
das durch die Drehung von g um a hervorgeht, in P zwei bekannte
Tangenten, nämlich die Gerade g und die Tangente des Breitenkreises,
den P beschreibt. Diese Tangente ist das in P auf die Ebene (P, a)
errichtete Lot. Das Hyperboloid, das durch Drehung von g um b hervorgeht, hat ebenfalls in P zwei bekannte Tangenten, die Gerade g und
das in P auf der Ebene (P, b) errichtete Lot. Sollen sich die Hyperboloide in P berühren, so muß also g in der Ebene der in P auf die
Ebenen (P, a) und (P, b) errichteten Lote liegen, d. h. senkrecht sein
zur Schnittgeraden der Ebenen (P, a) und (P, b). Diese Schnittgerade
ist diejenige einzige Gerade durch P, die a und b schneidet (Nr. 218).
Da sich die Hyperboloide überall längs g berühren sollen, muß man
also die Gerade g so annehmen, daß sie senkrecht ist zu
allen a, b und g schneidenden Geraden.

Da jede zu g senkrechte Gerade in einer zu g senkrechten Ebene
liegt, folgt weiter: Jede zu g senkrechte Ebene muß a und b in Punkten U

---

[1]) Die mit Sternchen versehenen Nummern sind überschlagbar.

und V so treffen, daß die Gerade UV die Gerade g schneidet. Wird eine derartige Ebene als Tafel für eine senkrechte Projektion benutzt und sind A und B die Schnittpunkte der Geraden a und b mit dieser

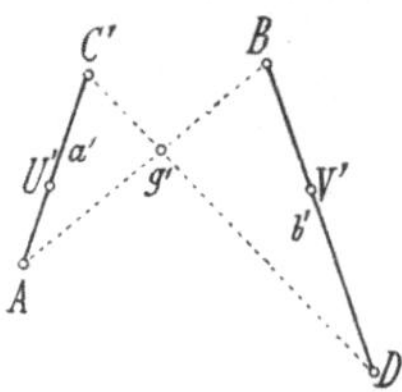
Fig. 681.

Ebene, also ihre Spurpunkte, so muß AB durch den Punkt g' gehen, in den sich g auf die Tafel projiziert. Irgendeine Höhenebene schneide a und b in C und D. Dann muß CD durch g gehen, d. h. $C'D'$ muß durch g' gehen. Diese Annahmen sind in Fig. 681 gemacht. Eine beliebige Höhenebene trifft nun a und b in Punkten U und V, deren Projektionen U' und V' die Strecken AC' und BD' in demselben Verhältnis teilen. Also ist zu fordern: Teilt man AC' und BD' durch U' und V' in demselben beliebig gewählten Verhältnis, so muß $U'V'$ durch g' gehen. Dies ist aber nur dann der Fall, wenn AC' und BD' parallel sind. Mithin liegen die drei Geraden a, b und g in drei zur Bildtafel senkrechten parallelen Ebenen.

Nun werde die Grundrißtafel parallel zu diesen Ebenen gewählt. Da dann a, b, g zur Grundrißtafel parallel sind, kann man die Aufrißtafel senkrecht zu g annehmen, siehe Fig. 682, so daß g im Aufriß als Punkt g''

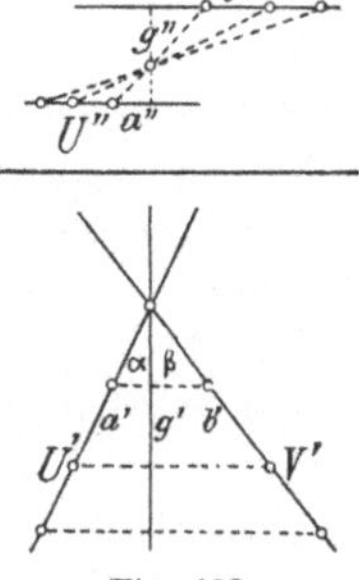
Fig. 682.

erscheint. Irgend eine zu g senkrechte, also zur Aufrißtafel parallele Ebene schneidet a und b in Punkten U und V, deren Grundrisse auf einer Parallelen zur Projektionsachse liegen. Zu fordern ist, daß die Gerade UV die Gerade g schneide, d. h. daß $U''V''$ durch g'' gehe. Bilden a' und b' mit g' die Winkel α und β, so verhalten sich die Abstände der Punkte U' und V' von g' zueinander wie $\mathrm{tg}\,\alpha$ zu $\mathrm{tg}\,\beta$. Der Aufriß zeigt also, daß sich die Höhenunterschiede zwischen g'' und a'' und zwischen g'' und b'' zueinander wie $\mathrm{tg}\,\alpha$ zu $\mathrm{tg}\,\beta$ verhalten müssen. Diese Höhenunterschiede sind gleich den kürzesten Abständen zwischen g und a bzw. g und b. Beide zusammen machen den kürzesten Abstand zwischen a und b aus. Somit hat sich ergeben:

Sind a und b zwei zueinander windschiefe Drehachsen, so bestimme man eine Gerade g so, daß sie erstens den kürzesten Abstand zwischen a und b schneidet und zweitens ihn so teilt, daß sich die Abstände zueinander wie die Tangens der Winkel verhalten, die die senkrechte Projektion von g auf eine zum kürzesten Abstand senkrechte Tafel mit den Projektionen von a und b bildet. Dreht sich dann g um a oder um b, so entstehen zwei einschalige Rotationshyperboloide, die sich überall längs der Geraden g berühren.

In Fig. 683 ist ein solches Hyperboloidpaar konstruiert: Als Grundrißtafel ist wie in Fig. 682 eine zu a und b parallele Ebene gewählt, und die Gerade g wird dann so hergestellt, daß sie zur Aufrißtafel senkrecht ist: Man zieht im Grundriß eine zur Projektionsachse parallele Gerade, die a' und b' in U' und V' schneidet, und bestimmt die Aufrisse U'' und V'' auf a'' und b''. Die Gerade $U''V''$ schneidet dann das Lot vom Schnittpunkt M' von a' und b' auf die Projektionsachse in einem

Punkte M''. Der Punkt mit dem Grundriß M' und Aufriß M'' ist
ein Punkt M der Geraden g, und g' ist zur Projektionsachse senkrecht.
Die Gerade g ist durch zwei gleich weit von M entfernte Punkte P
und Q willkürlich begrenzt worden. Bei
der Drehung von g um a und b beschreiben P und Q die Endbreitenkreise beider
Rotationskörper; sie erscheinen im Grundriß als Strecken und im Aufriß als Ellipsen. Die Umrisse der Rotationsflächen
sind im Grundriß Hyperbeln, deren eine
gemeinsame Asymptote nach Fig. 677
von Nr. 443 mit g' zusammenfällt. Die
anderen Asymptoten liegen zu dieser
symmetrisch hinsichtlich a' und b'. Ferner kennt man die Radien der Kehlkreise;
sie sind nämlich die Höhenunterschiede
zwischen M und a sowie zwischen M
und b, die man aus dem Aufriß entnimmt. Nach Fig. 677 von Nr. 443 sind
sie gleich den halben Hauptachsen der
Umrißhyperbeln im Grundriß, die man
also nach Nr. 260 zeichnen kann. Im
Aufriß erscheinen die Rotationskörper
wie in Fig. 680 der letzten Nummer.

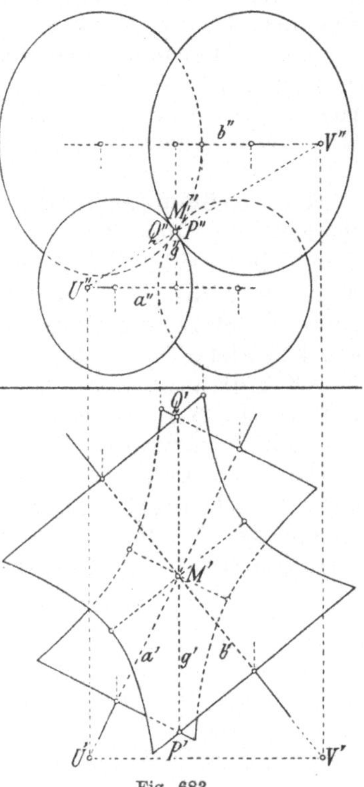

Fig. 683.

Wie man sieht, gibt es zu einem
Achsenpaar a und b unendlich viele Geraden g. Denn man darf die Aufrißtafel
durch irgendeine andere Aufrißtafel ersetzen, also g senkrecht zu dieser annehmen. Je nach der Wahl von g unter
der unendlichen Anzahl von Möglich-
keiten erhält man Hyperboloidräderpaare, bei denen das Verhältnis
der Geschwindigkeiten der Drehungen um a und b verschieden ausfällt.
Übrigens besteht die Drehung der beiden Hyperboloide nicht in einem
bloßen Rollen des einen auf dem anderen, vielmehr tritt zugleich ein
Schleifen längs der Berührungsgeraden g ein. Man sagt, daß die Hyperboloide aufeinander schroten.

***445. Allgemeine Räderpaare für windschiefe Achsen.** Die Paare von
Hyperboloidrädern geben nicht die einzige Möglichkeit, eine gleich-
mäßige Drehung um eine Achse a auf eine zu ihr windschiefe Achse b
zu übertragen. Vielmehr kann man die Aufgabe ganz allgemein lösen,
indem man solche Paare von Rotationsflächen mit den Achsen a und b
bestimmt, die einander längs einer Kurve k statt einer Geraden g berühren. Die ersten Betrachtungen der vorhergehenden Nummer zeigen,
wie man vorzugehen hat: Man muß eine Kurve k so bestimmen, daß
sie senkrecht ist zu jeder Geraden l, die sie und die Achsen a und b
schneidet. Wird eine derartige Kurve um a und b gedreht, so entstehen
immer zwei Rotationsflächen, die einander längs einer Kurve berühren.

In aller Kürze sei angedeutet, wie man solche Kurven k bestimmen wird: Nach einem beliebigen Gesetz ordne man jedem Punkt U

der Achse a einen Punkt V der Achse b zu. Durch geradlinige Verbindung einander zugeordneter Punkte ergibt sich dann eine Schar von unendlich vielen Geraden UV oder l. Diese Geraden erzeugen eine sogenannte **geradlinige Fläche.** Nun hat man auf dieser krummen Fläche eine Kurve k zu ziehen, die alle ihre Geraden senkrecht durchsetzt.

Das allgemeinste Räderpaar für zwei windschiefe Achsen a und b geht also hervor, wenn man eine senkrechte Trajektorie k aller Geraden einer geradlinigen Fläche, deren Geraden a und b schneiden, um die Achsen a und b dreht.

446. Krümmungskreise der Scheitel ebener Schnitte von Rotationsflächen. Bei der Besprechung des Schnittes einer Rotationsfläche mit einer Ebene E in Nr. 435 wurde darauf hingewiesen, daß diejenige Meridianebene, die zu E senkrecht ist, die Ebene E in einer Symmetriegeraden der Schnittkurve trifft. **Diese Symmetriegerade ist die senkrechte Projektion der Drehachse a auf die Ebene E.** Ihre Schnittpunkte mit der Schnittkurve sind nach Nr. 409 Scheitel der Kurve. Deshalb ist es nützlich, für die Zeichnung der wahren Gestalt der Schnittkurve die Krümmungskreise dieser Punkte zu kennen.

Um überhaupt die wahre Gestalt eines ebenen Schnittes der Rotationsfläche zu bestimmen, kann man so vorgehen: Als Ebene der Zeichnung wählt man die zur Schnittebene E senkrechte Meridianebene. Darin ist die Achse a und die Meridiankurve m in wahrer Gestalt enthalten, siehe Fig. 684. Die Schnittebene E stehe längs der Geraden s auf der Zeichenebene senkrecht. Diese Gerade ist die Symmetriegerade der Kurve. Die Ebene werde um s in die Zeichenebene umgelegt. Zwei symmetrisch zu s gelegene Punkte $[R_1]$ und $[R_2]$ der umgelegten Schnittkurve ergeben sich, wenn man irgendeinen zur Achse a senkrechten Schnitt macht, der die Meridiankurve m in Q treffe. Das Lot von Q auf a ist der Radius des in diesem Schnitt gelegenen Breitenkreises, und die gesuchte Kurve enthält zwei Punkte R_1 und R_2 dieses Breitenkreises. Sie liegen senkrecht über und unter der Stelle S, an der das Lot von Q auf a die Gerade s trifft.

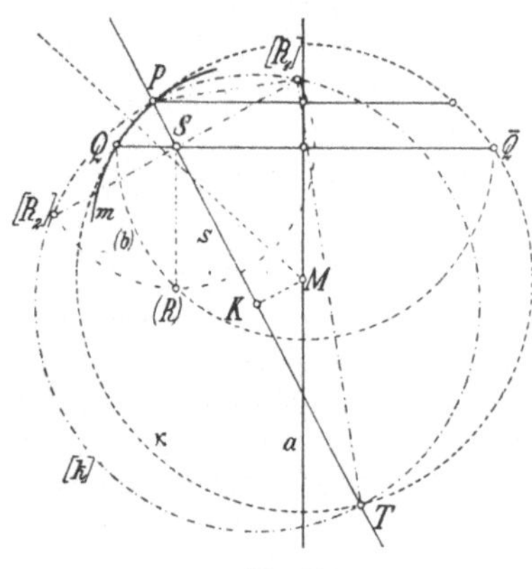

Fig. 684.

Indem man den halben Breitenkreis um dies Lot nach $[b]$ umlegt und durch S bis zu ihm die Parallele zur Achse a zieht, bekommt man einen Punkt (R) so, daß $S(R)$ die Höhe und Tiefe der Punkte $[R_1]$ und $[R_2]$ angibt. Man schlägt also um S den Kreis durch (R). Er bestimmt auf dem in S auf s errichteten Lote die Punkte $[R_1]$ und $[R_2]$ der Schnittkurve in der umgelegten Ebene E. So kann man Punkt für Punkt die Schnittkurve in der Umlegung zeichnen. Wie man ihre Tangenten in $[R_1]$ und $[R_2]$ bestimmt, sieht man leicht.

Die Symmetriegerade s trifft die Meridiankurve m in ihrem Scheitel P. Rückt S nach P, so streben $[R_1]$ und $[R_2]$ auch nach P. Der Krümmungskreis von P ist also der Kreis, nach dem der Kreis $[k]$ durch P,

$[R_1]$ und $[R_2]$ strebt. Dieser Kreis hat als Gegenpunkt T von P den Schnittpunkt von s mit dem in $[R_1]$ auf $P[R_1]$ errichteten Lote. Durch denselben Punkt T geht aber der Kreis $\varkappa$, der seinen Mittelpunkt M auf a hat und der die Punkte P und Q enthält, also auch durch den Spiegelpunkt $\bar{Q}$ von Q hinsichtlich a geht. Denn es ist $SQ \cdot S\bar{Q} = S(R)^2 = S[R_1]^2 = SP \cdot ST$. Der Mittelpunkt M des Kreises $\varkappa$ ist der Schnittpunkt von a mit dem Mittellot von PQ, also der Mittelpunkt K von $[k]$ der Fußpunkt des Lotes von M auf s. Läßt man S nach P streben, also auch Q, so strebt die Mittelsenkrechte von PQ nach der Normale der Meridiankurve m im Punkte P. Das Ergebnis des Grenzüberganges ist in Fig. 685 dargestellt: Die in P auf m errichtete Normale trifft die Achse a in N, und das Lot von N auf s hat als Fußpunkt K den Mittelpunkt des Krümmungskreises des Scheitels P. Wird die Normalenlänge von P bis N mit n bezeichnet und ist α der Winkel zwischen n und s, so ist $n \cos \alpha$ der Radius des Krümmungskreises.

Legt man durch den Punkt P verschiedene zur Meridianebene senkrechte Ebenen, die also die Zeichenebene in verschiedenen Geraden s von P aus treffen, so ergeben sich lauter Schnittkurven, die in P Scheitel haben. Der geometrische Ort der Mittelpunkte K der Krümmungskreise dieses Scheitels ist der in der Meridianebene gelegene Kreis vom Durchmesser NP. Die stärkste Krümmung stellt sich im Scheitel heraus, wenn s mit n zusammenfällt, d. h. wenn die Schnittebene senkrecht zur Tangente t der Meridiankurve m in P ist.

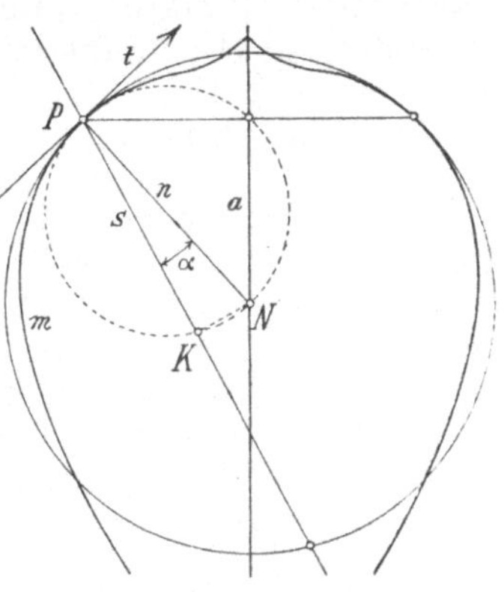

Fig. 685.

447. Hauptkrümmungsrichtungen und Krümmung einer Rotationsfläche. Unter P sei irgend ein Punkt einer Rotationsfläche verstanden. Die Flächennormale von P ist zur Tangente des Meridians m und zur Tangente des Breitenkreises b von P senkrecht und schneidet die Drehachse a. Die Gerade n, die schon in voriger Nummer auftrat, ist also nicht nur Normale der Meridiankurve, sondern auch Normale der Rotationsfläche. Geht P zu einem unendlich benachbarten Flächenpunkte Q über, so kann man die Frage aufwerfen, ob sich die Normalen von P und Q schneiden. Liegt Q auf derselben Meridiankurve wie P, so schneiden sie sich, weil beide der Meridianebene angehören. Liegt Q auf demselben Breitenkreise wie P, so schneiden sie sich auch, nämlich auf der Achse a der Fläche. Aber in allen anderen Fällen sind sie windschief. Denn da beide die Achse a treffen, müßten sie, wenn sie einander schnitten, entweder in einer Ebene durch die Achse liegen oder in demselben Punkte der Achse zusammenkommen, und im ersten Fall wären P und Q Punkte derselben Meridiankurve, im zweiten Punkte desselben Breitenkreises.

Wandert also ein Punkt P der Rotationsfläche nach einer unendlich benachbarten Stelle Q, so schneidet die

Normale von P die Normale von Q nur dann, wenn die Wanderung entweder längs der Meridiankurve oder längs des Breitenkreises von P stattfindet. Nebenbei bemerkt, kann man beweisen, daß es auch für einen allgemeinen Punkt P einer beliebigen Fläche zwei zueinander senkrechte Fortschreitungsrichtungen zu benachbarten Punkten Q derart gibt, daß die Normale von P die von Q schneidet. Man nennt diese Richtungen die **Hauptkrümmungsrichtungen** des Flächenpunktes P. Auf der Rotationsfläche werden also die Hauptkrümmungsrichtungen eines Punktes P durch die Tangenten der Meridiankurve und des Breitenkreises von P angegeben. Geht man auf einer Fläche beständig so weiter, daß die Normale des wandernden Punktes immer die des unendlich benachbarten Punktes schneidet, so beschreibt man eine Kurve, die eine **Krümmungskurve** der Fläche heißt. Im Falle der Rotationsfläche ergibt sich: Die **Krümmungskurven einer Rotationsfläche sind ihre Meridiankurven und ihre Breitenkreise.**

Unter einem **Normalschnitt** eines Flächenpunktes P versteht man den Schnitt mit einer Ebene, die durch die Flächennormale n des Punktes geht. **Hauptnormalschnitte oder Hauptkrümmungsschnitte** nennt man diejenigen, die längs der Hauptkrümmungsrichtungen erfolgen. Die Hauptkrümmungsschnitte eines Punktes P einer Rotationsfläche sind daher die Schnitte mit den Ebenen durch die Normale n und die Tangente der Meridiankurve oder die Tangente des Breitenkreises von P. Der Hauptkrümmungsschnitt längs der Tangente t der Meridiankurve ist die Meridiankurve selbst. Die Krümmungskreise, die den beiden Schnittkurven in P zukommen, heißen die **Hauptkrümmungskreise**, ihre Radien R_1 und R_2 die **Hauptkrümmungsradien** des Flächenpunktes P.

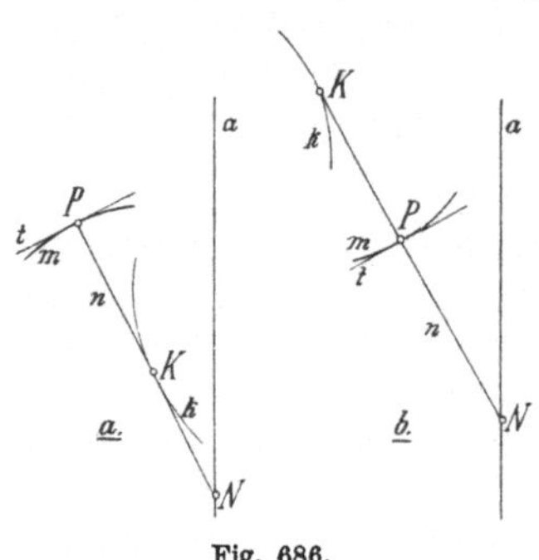

Fig. 686.

Sie bestimmen sich im Falle der Rotationsfläche so: In Fig. 686 a sei die Ebene der Zeichnung die Meridianebene von P. Die Meridiankurve m hat eine Evolute k, und die Normale n von P berührt die Evolute im Mittelpunkte K des Krümmungskreises der Meridiankurve (Nr. 410). Daher ist $PK = R_1$ der eine Hauptkrümmungsradius. Die Ebene des zweiten Hauptkrümmungsschnittes steht längs PK auf der Meridianebene senkrecht. Nach voriger Nummer ist der Krümmungsmittelpunkt von P für diese Schnittkurve derjenige Punkt N, in dem die Normale n die Achse a trifft. Folglich ist $PN = R_2$ der zweite Hauptkrümmungsradius. Aus Gründen, die hier nicht auseinandergesetzt werden können, nennt man das Produkt der beiden Hauptkrümmungen von P. also

$$\frac{1}{R_1} \cdot \frac{1}{R_2} = \frac{1}{PK \cdot PN}$$

das **Krümmungsmaß** des Punktes P der Fläche oder auch kurz seine **Krümmung.**

Man hat dabei auf den Sinn der Strecken PK und PN Rücksicht zu nehmen: Haben sie denselben Sinn, wie es in Fig. 686 a der Fall ist, so gilt ihr Produkt als positiv, andernfalls, siehe Fig. 686 b, als negativ.

Demnach unterscheidet man zwischen positiv und negativ gekrümmten Stellen der Fläche. Diese Unterscheidung kommt auf eine früher gemachte in Nr. 420 hinaus. Denn im Fall a hat die Tangentenebene des Punktes P, die längs der Meridiantangente t auf der Meridianebene senkrecht steht, zwar mit der Fläche den Punkt P gemein, aber keinen Punkt in der Umgebung von P. Im Falle b dagegen sieht man, daß die Tangentenebene die Fläche schneidet und zwar in zwei symmetrisch zur Meridianebene gelegenen Kurven, die sich in P durchsetzen. Im zweiten Falle, d. h. im Fall einer negativen Krümmung, tritt also die schon in Nr. 420 bemerkte Erscheinung ein: Obwohl die Tangentenebene von P die Fläche in P berührt, indem sie die Tangenten aller von P ausgehenden Richtungen auf der Fläche enthält, liegt doch die Ebene dort teils auf der einen, teils auf der anderen Seite der Fläche, weil die Fläche dort sattelförmig ist. Ein Beispiel hierzu ist in Fig. 687 dargestellt: Der in Nr. 434 betrachtete Wulst wird von der Tangentenebene eines Punktes P seines Kehlkreises — es ist der vorderste Punkt gewählt worden — in einer schleifenförmigen Kurve geschnitten, deren Doppelpunkt P ist. Die Punkte K_1 und K_2 bedeuten die Mittelpunkte der zur Aufrißtafel parallel liegenden Meridiankreise des Wulstes. Nach voriger Nummer sind ferner die einschaligen Rotationshyperboloide überall negativ gekrümmt. Da-

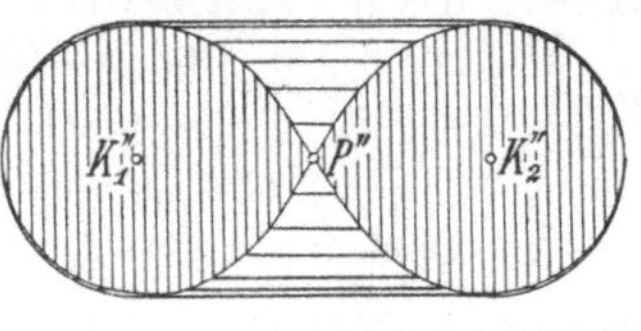

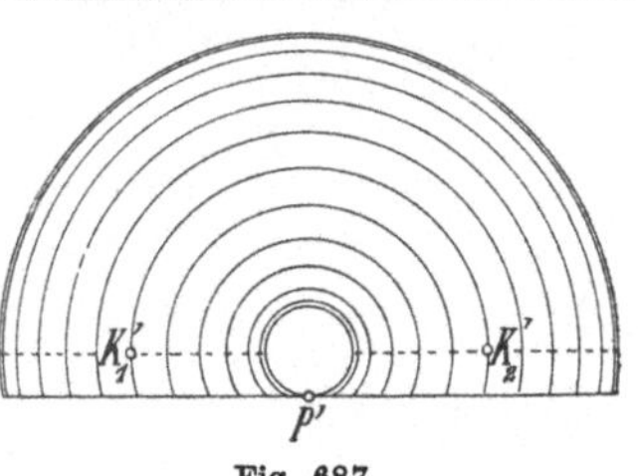

Fig. 687.

gegen haben die Rotationsellipsoide, die zweischaligen Rotationshyperboloide und die Rotationsparaboloide überall positive Krümmung.

Im Fall einer Rotationsfläche zeigt sich also, daß die Punkte mit positiver Flächenkrümmung die sogenannten elliptischen Flächenpunkte, die mit negativer Flächenkrümmung die sogenannten hyperbolischen Flächenpunkte sind (Nr. 420). Wir erwähnen nur nebenbei, daß dasselbe überhaupt bei beliebigen Flächen gilt. Der soeben betrachtete Wulst hat sowohl elliptische als auch hyperbolische Punkte. Die elliptischen Punkte liegen außen, die hyperbolischen innen, und zwar werden sie voneinander durch den höchsten und tiefsten Breitenkreis getrennt. Die Punkte dieser Kreise heißen, wie in Nr. 420 gesagt wurde, parabolisch.

Wendet man die Erklärung der Flächenkrümmung $1 : R_1 R_2$ auf die Kugel an, die ja zu den Rotationsflächen gehört, so findet man, daß hier N mit K im Mittelpunkte der Kugel zusammenfällt, also das Krümmungsmaß gleich $1 : r^2$ ist, wenn r den Radius der Kugel bedeutet. Die Kugel hat daher konstante positive Krümmung; in der Tat hat sie auch nirgends sattelförmige oder hyperbolische Punkte. Da die Kugel hinsichtlich jeder Achse durch ihren Mittelpunkt eine Rotationsfläche ist, spielt sie eine Ausnahmerolle in bezug auf die vorhin erwähnten Krümmungskurven: Während sonst auf einer Rotationsfläche nur die Meridiankurven und Breitenkreise Krümmungskurven sind, kann auf der Kugel jede Kurve eine Krümmungskurve genannt

werden. In der Tat treffen sich ja alle Normalen der Kugel in ihrem
Mittelpunkte; stets also schneiden sich die Normalen unendlich benachbarter Punkte.

448. Kreisschnitte des Wulstes. Ein Wulst hat nach Nr. 434 zwei
Scharen von Kreisen, einmal nämlich wie jede Rotationsfläche eine
Schar von Breitenkreisen, dann aber auch eine Schar von Kreisen in
den Meridianebenen, weil der Wulst durch Drehung eines Kreises um
eine in seiner Ebene gelegene Achse entsteht. Es ist nun sehr bemerkenswert, daß der Wulst noch eine dritte Schar von Kreisen
hat, vorausgesetzt, daß die Drehachse den erzeugenden
Kreis nicht schneidet. Dies soll jetzt gezeigt werden.

Unter r sei der Radius des Kreises k verstanden, durch dessen
Drehung die Fläche hervorgeht. Der Mittelpunkt K dieses Kreises
habe von der Drehachse die Entfernung m,
und es sei $m > r$, d. h. die Drehachse
schneide den Kreis k nicht. Im Aufriß
von Fig. 688, der zur Drehachse a parallel
ist, sind die beiden Lagen k_1 und k_2 des
Kreises k, die zur Aufrißtafel parallel sind,
mit ihren Mittelpunkten K_1 und K_2 dargestellt. Wir betrachten nun aber zunächst
zwei kongruente Wulste mit demselben
Aufriß. Der eine Wulst habe den im
Grundriß angegebenen Mittelpunkt M_1;
selbstverständlich wird unter dem Mittelpunkt des Wulstes der seines Kehlkreises
verstanden. Der zweite kongruente Wulst
habe den Mittelpunkt M_2, und M_1 und M_2
sollen auf einem Lot zur Aufrißtafel in der
Entfernung $2r$ voneinander liegen, so daß
beide Wulste, wie gesagt, denselben Aufriß haben. Die Mitte von $M_1 M_2$ ist mit
O bezeichnet. Im Aufrisse fallen M_1'' und
M_2'' mit O'' zusammen.

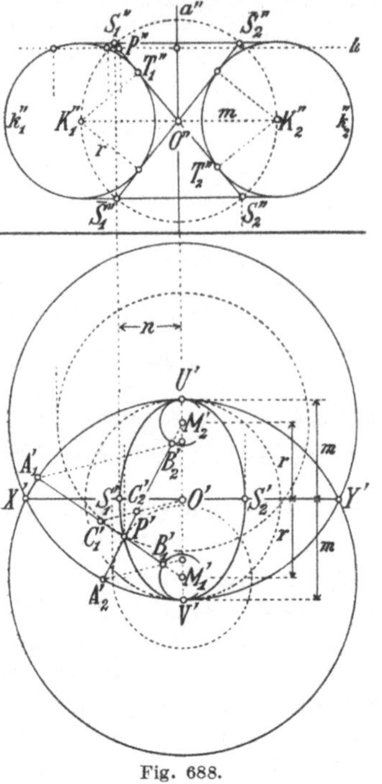

Fig. 688.

Die Wulste durchdringen einander.
Einmal geschieht dies in der Ebene, die
in O auf $M_1 M_2$ senkrecht steht und also
zur Aufrißtafel parallel ist. Denn diese
Ebene liegt zu beiden Wulsten sym-
metrisch. Die Wulste haben aber noch andere Schnittkurven. Wenn
man nämlich einen gemeinsamen Punkt P beider Wulste finden will,
schneidet man sie mit einer Höhenebene in beliebiger Höhe h. Diese
Ebene hat mit jedem Wulst zwei Breitenkreise gemein, einen größeren
und einen kleineren. Die Schnittpunkte der beiden größeren und einander kongruenten Kreise und ebenso die der beiden kleineren und
einander kongruenten Kreise liegen in der soeben erwähnten Symmetrieebene. Anders verhält es sich mit den Schnittpunkten des kleineren
Breitenkreises des vorderen Wulstes und des größeren Breitenkreises
des hinteren Wulstes sowie mit den Schnittpunkten des größeren Breitenkreises des vorderen Wulstes und des kleineren Breitenkreises des hinteren

Wulstes. Ein Schnittpunkt von dieser Art ist der mit P bezeichnete. Die sich in P schneidenden Breitenkreise sind im Grundriß gestrichelt. Der Radius des einen Breitenkreises ist um ebensoviel kleiner als m wie der des anderen größer als m, d. h. die Summe beider Radien ist gleich $2m$. Nun aber sind die Strecken $M_1'P'$ und $M_2'P'$ diesen Radien gleich. Also ist

$$M_1'P' + M_2'P' = 2m\,.$$

Dies bedeutet nach Nr. 74, daß der geometrische Ort des Punktes P' im Grundriß die Ellipse mit der halben Hauptachse m und den Brennpunkten M_1' und M_2' ist. Der Rumpfkreis, d. h. größte Breitenkreis des vorderen Wulstes hat als hintersten Punkt die Stelle U, der Rumpfkreis des anderen Wulstes als vordersten Punkt die Stelle V. Da nun $U'V' = 2\,m$ ist, hat die Ellipse die Hauptachse $U'V'$. Die durch P gehende Meridianebene des vorderen Wulstes enthält einen Meridiankreis, der im Grundriß als die Strecke $A_1'B_1'$ erscheint, die durch P gehende Meridianebene des anderen Wulstes einen Meridiankreis, der im Grundriß als die Strecke $A_2'B_2'$ erscheint. Der Punkt P gehört beiden Kreisen an. Die Mittelpunkte dieser Kreise seien C_1 und C_2. Da $M_1'B_1'C_1'A_1'$ zu $M_2'B_2'C_2'A_2'$ kongruent ist, sind $A_2'B_1'$, $C_1'C_2'$, $A_1'B_2'$ zueinander parallel, und $A_2'B_1'$ und $A_1'B_2'$ treffen die Gerade $M_1'M_2'$ in Punkten, die gleiche Entfernungen von O' haben, d. h. $C_1'C_2'$ geht durch O'. Daraus schließt man, daß auch C_1C_2 selbst durch O geht. Nun sind PC_1 und PC_2 die Normalen der Wulste in P, mithin ist die Tangente der Schnittkurve sowohl zu PC_1 als auch zu PC_2, folglich zur Ebene PC_1C_2 senkrecht. Da aber C_1C_2 durch O geht, ergibt sich: Die Tangente des Punktes P der Schnittkurve ist zu PO senkrecht.

Die Schnittkurve der Wulste ist also so beschaffen, daß sie in jedem Punkte P eine zur Verbindungslinie von P mit O senkrechte Tangente hat. Diese Tangente berührt also die Kugel um O, die durch P geht. Folglich muß die Kurve in jedem ihrer Punkte eine der konzentrischen Kugeln um O berühren. Weil aber keine zwei dieser Kugeln einander treffen, geht dies nur so an, daß die Schnittkurve einer bestimmten Kugel um O angehört. Da insbesondere U und V Punkte der Schnittkurve sind, ist UV ein Durchmesser der Kugel, daher ihr Radius gleich m. Der Schnittkurve kommen hiernach zwei Eigenschaften zu: Einerseits ist ihre Grundrißprojektion eine Ellipse mit der Hauptachse $U'V'$ und andererseits liegt sie auf der Kugel um O, deren Umriß im Grundriß den Durchmesser $U'V'$ hat. Die Kugel ist in beiden Tafeln durch ihre Umrisse dargestellt. Die Nebenscheitel S_1' und S_2' der Ellipse liegen auf der Parallelen zur Projektionsachse durch O', also sind sie Projektionen von Kugelpunkten S_1 und S_2, deren Aufrisse dem Umriß der Kugel angehören. Man bekommt, indem man von S_1' lotrecht zum Aufriß übergeht, zwei Punkte auf dem Umriß der Kugel. Wir wählen etwa den oberen als S_1'' und für S_2'' entsprechend den unteren Punkt. Nun leuchtet ein, daß diejenige Ebene, die längs $S_1''S_2''$ auf der Aufrißtafel senkrecht steht und also insbesondere durch den Mittelpunkt O der Kugel geht, die Kugel in einem Großkreise schneidet, dessen Grundriß gerade die Ellipse ist. Folglich ist die in Rede stehende Schnittkurve entweder dieser Großkreis der Kugel oder der andere, der sich ergibt, wenn man die Höhen von S_1'' und S_2'' vertauscht, d. h. S_1'' durch $\overline{S_1''}$ und S_2'' durch $\overline{S_2''}$ ersetzt, der also in der anderen zur Aufrißtafel senkrechten Ebene durch O liegt, die dieselbe Neigung zur Grundrißtafel wie die erste Ebene hat, aber nach der anderen Seite hin.

Somit haben die beiden Wulste außer der in der Symmetrieebene gelegenen Kurve noch zwei Kreise vom Radius m mit dem Mittelpunkt O gemein. Lassen wir jetzt den zweiten Wulst beiseite, so folgt: Die Ebene, die längs $S_1''S_2''$ auf der Aufrißtafel senkrecht steht, schneidet den vorderen Wulst in einem Kreis um O vom Radius m, und dasselbe tut die Ebene, die längs $\overline{S}_1''\overline{S}_2''$ auf der Aufrißtafel senkrecht steht. Die halbe Nebenachse $O'S_1'$ der Ellipse sei mit n bezeichnet. Da M_1' und M_2' die Brennpunkte sind und $O'M_1' = O'M_2' = r$ ist, besteht nach Nr. 74 die Beziehung $n^2 + r^2 = m^2$. In der Tat ist auch n gleich der Entfernung des Punktes S_1'' von a'', r gleich der Entfernung des Punktes O'' von $S_1''S_2''$ und $O''S_1'' = m$. Das von diesen drei Strecken gebildete rechtwinklige Dreieck ist kongruent zu dem mit der Hypotenuse $O''K_1''$, das sich durch das Fällen des Lotes $K_1''T_1''$ von K_1'' auf $S_1''S_2''$ ergibt. Also ist $K_1''T_1'' = r$, d. h. $S_1''S_2''$ berührt in T_1'' den Kreis k_1''. Ebenso berührt $S_1''S_2''$ in T_2'' den Kreis k_2''. Mithin ist die Ebene, die längs $S_1''S_2''$ auf der Aufrißtafel senkrecht steht, in doppelter Weise Tangentenebene des Wulstes, da sie ihn sowohl in einem Punkte T_1 des linken Meridiankreises k_1 als auch in einem Punkte T_2 des rechten Meridiankreises k_2 berührt. Beide Berührungspunkte liegen in der zur Aufrißtafel parallelen Meridianebene.

Die Ebene, die in T_1 und T_2 den Wulst berührt, schneidet ihn aber nicht bloß in dem vorhin bestimmten Kreise vom Radius m um O, sondern noch in einem zweiten ebenso großen Kreise. Denn wir haben vorhin einen zweiten Wulst angenommen, dessen Mittelpunkt M_2 um die Strecke $2r$ hinter dem Mittelpunkte M_1 des ersten Wulstes lag, und statt dessen können wir den zweiten Wulst auch so annehmen, daß sein Mittelpunkt um die Strecke $2r$ vor dem Mittelpunkte M_1 des

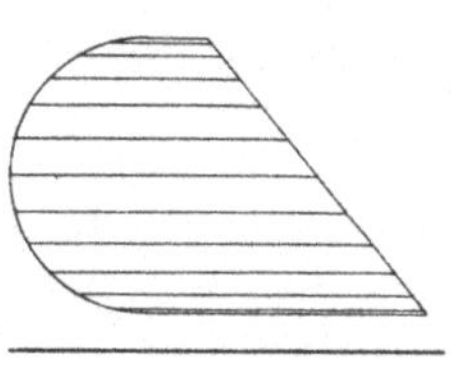

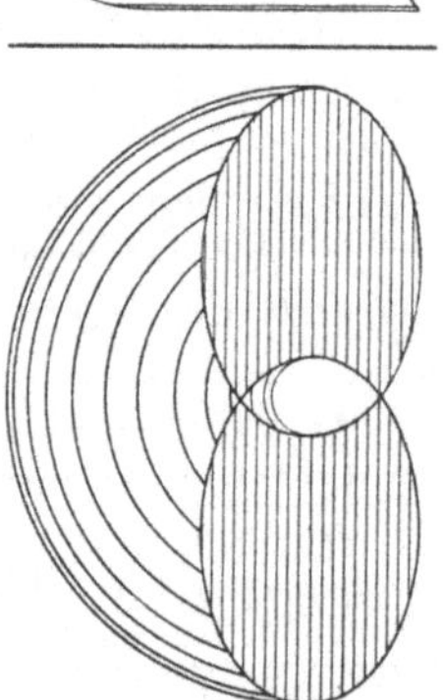

Fig. 689.

ersten Wulstes liegt, und dann eine entsprechende Betrachtung anstellen. Also hat sich ergeben:

Ein Wulst, dessen erzeugender Kreis vom Radius r die Drehachse a nicht schneidet, dessen Mittelpunkt also von ihr eine Entfernung m hat, die größer als r ist, hat unendlich viele Doppel-Tangentenebenen; man bekommt eine, indem man in einer Meridianebene eine innere gemeinsame Tangente an die beiden in der Meridianebene enthaltenen erzeugenden Kreise k_1 und k_2 legt und längs ihrer die zur Meridianebene senkrechte Ebene errichtet. Diese Ebene berührt den Wulst in den Punkten T_1 und T_2, in denen die Tangente die beiden Kreise k_1 und k_2 berührt, und sie schneidet den Wulst in zwei Kreisen vom Radius m, die beide durch die Punkte T_1 und T_2 gehen. In Fig. 689, worin dieselben Maße wie in Fig. 688 benutzt worden sind, ist der halbe Wulst dargestellt, der durch den Schnitt mit einer Doppel-Tangentenebene entsteht. Die Ebene schneidet ihn in zwei Kreisen, die im

Grundriß als Ellipsen erscheinen, und die gemeinsamen Punkte beider Kreise sind die Stellen, an denen die Ebene den Wulst berührt.

Obgleich der zweite Wulst nur zum Nachweis der Kreisschnitte benutzt wurde, wird es doch förderlich sein, im Grundriß den vollständigen Schnitt beider Wulste zu zeigen, wie er sich darstellt, wenn die Wulste undurchsichtig sind, siehe Fig. 690. Der Symmetrieschnitt erscheint hier zwar geradlinig, ist aber in Wahrheit krumm. Die anderen Schnitte erscheinen elliptisch und sind in Wahrheit Kreise. Man muß beachten, daß die linke Hälfte der Ellipse eine andere Kreishälfte als die rechte bedeutet, die linke nämlich den oberen Halbkreis in Fig. 688 mit dem höchsten Punkte S_1, die rechte den oberen Halbkreis in Fig. 688 mit dem höchsten Punkte $\bar{S}_2$.

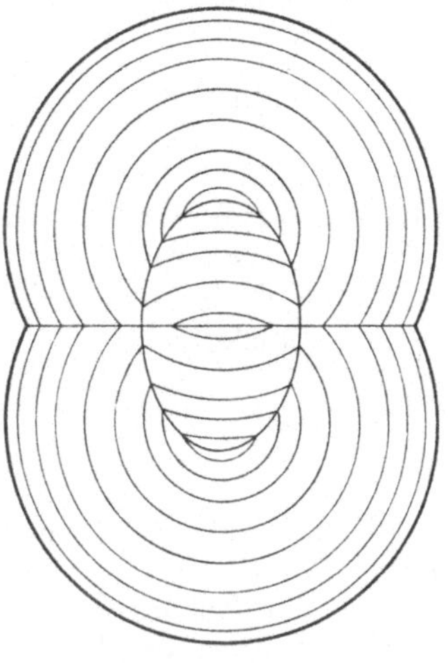

Fig. 690.

Läßt man die Doppel-Tangentenebene sich um die Achse a drehen, so ergeben sich unendlich viele auf dem Wulst gelegene Kreise vom Radius m. Der Wulst hat also außer den unendlich vielen Breitenkreisen und den unendlich vielen erzeugenden Kreisen vom Radius r noch unendlich viele Kreise vom Radius m. Die Mittelpunkte dieser Kreise haben von der Drehachse die Entfernung m, und der Kosinus des spitzen Winkels, den die Ebenen der Kreise mit der Drehachse bilden, ist gleich $r : m$.

Anmerkung: Diese Kreise des Wulstes entdeckte Yvon Villarceau (geb. 1813 zu Vendôme, gest. 1883 als Leiter der Sternwarte zu Paris), siehe „Extrait d'une note", Comptes rendus de l'Académie des Sciences, Paris, 27. Bd. 1848, S. 246.

***449. Rotationsflächen mit übereinstimmenden ebenen Schnitten**[1]**).** In Nr. 432 wurden zur Ermittlung des Umrisses einer Rotationsfläche diejenigen Kugeln benutzt, die längs der Breitenkreise die Fläche berühren. Man denke sich die Fläche und diese Kugelschar mit einer Ebene geschnitten. Die Schnittkurve der Ebene mit der Rotationsfläche berührt die Kreise, in denen die Kugeln durch die Ebene geschnitten werden. Man kann also die Schnittkurve der Ebene mit der Fläche als Umhüllende einer Kreisschar bestimmen, und diese Auffassung wird im folgenden benutzt werden. Die Kreise haben ihre Mittelpunkte auf der Symmetriegeraden der Schnittkurve, nämlich auf derjenigen Geraden, in der die Ebene durch die zu ihr senkrechte Meridianebene getroffen wird.

Zunächst werde eine Betrachtung angestellt, die bloß der Geometrie der Ebene angehört: In der Ebene sei ein Kreis k und eine durch seinen Mittelpunkt M gehende Gerade a gegeben, siehe Fig. 691. Auf a werde ein Punkt O gewählt und durch ihn eine Sekante a_1 des Kreises gezogen. Dann werde die auf der Sekante gelegene Sehne A_1B_1 zum Durchmesser eines zweiten Kreises k_1 gemacht, und wieder sei von O aus eine Sekante a_2 durch diesen Kreis gelegt, wodurch eine Sehne A_2B_2 hervorgeht.

---

[1]) Die mit Sternchen versehenen Nummern sind überschlagbar.

Dann ist $OA_1 \cdot OB_1 = OA_2 \cdot OB_2$. Wird nun a_2 um O so weit gedreht, bis A_2 an eine Stelle $\bar{A}$ des ersten Kreises k gelangt, und schneidet die

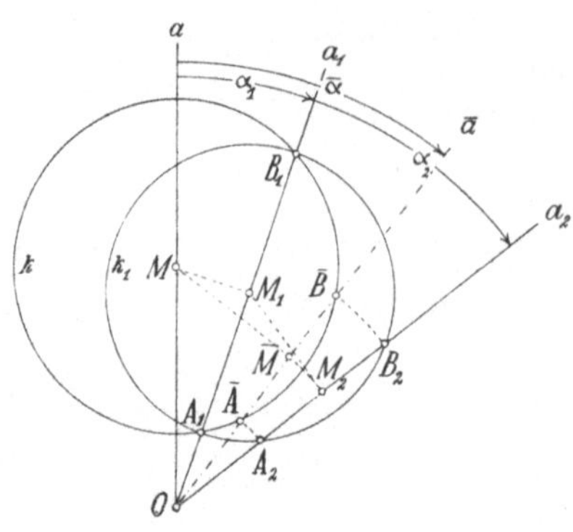

gedrehte Gerade $\bar{a}$ den Kreis k außerdem in $\bar{B}$, so ist einerseits $O\bar{A} \cdot O\bar{B} = OA_1 \cdot OB_1 = OA_2 \cdot OB_2$ und andererseits $O\bar{A} = OA_2$, also auch $O\bar{B} = OB_2$. Ferner sei M_1 der Mittelpunkt von A_1B_1, M_2 der von A_2B_2 und $\bar{M}$ der von $\bar{A}\,\bar{B}$. Der Winkel der Geraden a und a_1 sei mit α_1, der Winkel der Geraden a_1 und a_2 mit α_2 und der Winkel der Geraden a und $\bar{a}$ mit $\bar{\alpha}$ bezeichnet. Dann ist $OM_2 = OM_1 \cos\alpha_2 = OM \cos\alpha_1 \cos\alpha_2$ und $O\bar{M} = OM \cos\bar{\alpha}$. Weil $OM_2 = O\bar{M}$ ist, ergibt sich also:

$$\cos\alpha_1 \cos\alpha_2 = \cos\bar{\alpha}\,.$$

Fig. 691.

Nun werde k als Großkreis einer Kugel K betrachtet, und diese Kugel werde durch eine Ebene E_1 geschnitten, die längs a_1 auf der Ebene der Zeichnung senkrecht stehe. Der Schnitt ist ein Kreis mit dem Durchmesser A_1B_1. Dieser Kreis ist ein Großkreis einer Kugel K_1 vom Durchmesser A_1B_1, und diese Kugel schneidet die Ebene der Zeichnung in dem Kreise k_1. Eine zweite Ebene E_2, die längs a_2 auf der Ebene der Zeichnung senkrecht stehe, schneidet die Kugel K_1 in einem Großkreise, von dem A_2B_2 ein Durchmesser ist. Dreht man die Ebene E_2 um das in O auf die Zeichenebene errichtete Lot, bis A_2 nach $\bar{A}$ kommt, so wird aus dem zuletzt genannten Schnittkreise derjenige Kreis, in dem die längs $\bar{a}$ auf der Zeichenebene senkrecht stehende Ebene $\bar{\mathsf{E}}$ die erste Kugel K schneidet.

Schließlich bedeute die Kugel K eine der unendlich vielen Kugeln, die eine Rotationsfläche mit der Achse a längs ihrer Breitenkreise berühren. Alle diese Kugeln K mögen von der Ebene E_1 geschnitten werden. Nach der vorausgeschickten Bemerkung ergeben sich dann unendlich viele Kreise, und diese Kreise werden von derjenigen Kurve $\varkappa_1$ umhüllt, in der die Ebene E_1 die Rotationsfläche schneidet. Ferner hat die Kurve $\varkappa_1$ die Symmetriegerade a_1. Wenn man $\varkappa_1$ um die Symmetriegerade a_1 dreht, entsteht eine zweite Rotationsfläche. Hier werde dieselbe Betrachtung angestellt: Der Schnitt der neuen Rotationsfläche mit der Ebene E_2 liefert eine Kurve $\varkappa_2$, die alle diejenigen Kreise einhüllt, in denen E_2 die der zweiten Rotationsfläche eingeschriebenen Kugeln schneidet. Zu diesen Kugeln gehört aber die vorhin mit K_1 bezeichnete Kugel, die k_1 als Großkreis hat. Also ist der Kreis, der A_2B_2 als Durchmesser hat und der in E_2 liegt, einer der Kreise, die $\varkappa_2$ umhüllt. Vorhin aber ergab sich: Die Ebene $\bar{\mathsf{E}}$, die durch O geht und auf der Zeichenebene oder Meridianebene senkrecht steht, indem sie mit a einen Winkel $\bar{\alpha}$ bildet, der durch

$$\cos\alpha_1 \cos\alpha_2 = \cos\bar{\alpha}$$

bestimmt ist, schneidet die Kugeln K, die der ersten Rotationsfläche eingeschrieben sind, in Kreisen, die einfach dadurch hervorgehen, daß man die Ebene E_2 mit den in ihr enthaltenen Kreisen in die Lage $\bar{E}$ dreht. Dies besagt, daß die Schnittkurve $\bar{\varkappa}$ der Ebene $\bar{E}$ mit der ersten Rotationsfläche und die Schnittkurve $\varkappa_2$ der Ebene E_2 mit der zweiten Rotationsfläche einander kongruent sind,. Hiermit ist der Satz gewonnen:

Wird eine Rotationsfläche mit der Drehachse a durch eine Ebene E_1 geschnitten, die a in einem Punkte O trifft und mit a einen spitzen Winkel α_1 bildet, so geht eine Kurve $\varkappa_1$ hervor, deren Symmetriegerade a_1 durch O geht. Wird $\varkappa_1$ um a_1 gedreht, so entsteht eine neue Rotationsfläche mit der Achse a_1. Schneidet man sie mit einer Ebene E_2 durch O, die mit a_2 einen spitzen Winkel α_2 bildet, so ergibt sich eine Kurve $\varkappa_2$, die kongruent ist mit der Kurve $\bar{\varkappa}$, in der die erste Rotationsfläche durch diejenige Ebene $\bar{E}$ geschnitten wird, die ebenfalls durch O geht und mit der Drehachse den durch

$$\cos\alpha_1 \cos\alpha_2 = \cos\bar{\alpha}$$

bestimmten spitzen Winkel $\bar{\alpha}$ bildet.

Alle durch O gehenden ebenen Schnitte $\varkappa_2$ der zweiten Rotationsfläche sind also kongruent mit solchen ebenen Schnitten $\bar{\varkappa}$ der ersten Rotationsfläche, die ebenfalls durch O gehen.

Liegt O unendlich fern auf der Drehachse a, so sind die Winkel α_1, α_2, $\bar{\alpha}$ nicht mehr vorhanden. Man schneide die erste Rotationsfläche mit einer Ebene E_1, die zur Achse a parallel ist und von ihr die Entfernung m_1 hat. Dadurch geht eine Kurve $\varkappa_1$ hervor, die als Symmetriegerade die senkrechte Projektion a_1 von a auf E_1 hat. Wird $\varkappa_1$ um a_1 gedreht, so entsteht eine zweite Rotationsfläche. Wird sie durch eine zur Achse a_1 parallele Ebene E_2 geschnitten, die von a_1 die Entfernung m_2 hat, so ergibt sich eine Kurve $\varkappa_2$, die kongruent ist mit derjenigen Kurve $\bar{\varkappa}$, in der die erste Rotationsfläche durch eine zur Achse a parallele Ebene $\bar{E}$ geschnitten wird, deren Entfernung $\bar{m}$ von a durch

$$m_1^2 + m_2^2 = \bar{m}^2$$

Fig. 692.

bestimmt ist. Dies ergibt sich sofort durch eine entsprechende Betrachtung wie vorhin, wenn man Fig. 692 benutzt. Denn hierin liefern die rechtwinkligen Dreiecke:

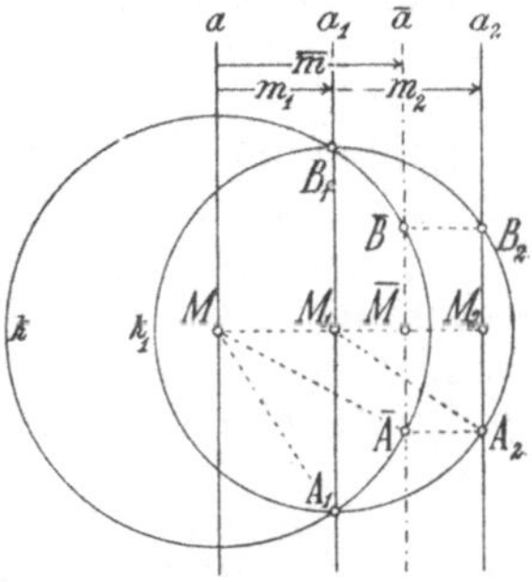

$$MA_1^2 = m_1^2 + M_1A_1^2 = m_1^2 + M_1A_2^2 = m_1^2 + m_2^2 + M_2A_2^2$$

und

$$M\bar{A}^2 = \bar{m}^2 + \overline{M}\overline{A}^2,$$

und es ist $M_2A_2 = \overline{M}\overline{A}$ und $MA_1 = M\bar{A}$.

In Beispielen kann man die Sätze leicht bestätigt finden. Geht man von einem Rotationszylinder aus, so liefert ein ebener Schnitt durch einen Punkt O der Achse eine Ellipse, deren Nebenachse gleich dem Zylinderdurchmesser ist. Hier ist a_1 die Hauptachse und O die Mitte der Ellipse. Durch Drehung der Ellipse um a_1 entsteht ein längliches Rotationsellipsoid (Nr. 442), und jeder ebene Schnitt durch seinen Mittelpunkt O liefert wieder eine Ellipse, deren Nebenachse gleich dem Zylinderdurchmesser ist, so daß diese Schnittellipse in der Tat auch durch einen ebenen Schnitt des Rotationszylinders hervorgeht.

In Fig. 693 ist oben der Meridianschnitt eines Wulstes mit der Achse a angegeben und als Gerade a_1 eine der inneren Tangenten der Meridiankreise gewählt. Der Schnitt des Wulstes mit der längs a_1 auf der Meridianebene senkrecht stehenden Ebene E_1 ist nach voriger Nummer ein Kreispaar, dessen Symmetriegerade a_1 ist. Durch Drehung des Kreispaares um a_1 entsteht ein zweiter Wulst, dessen Meridianschnitt unten dargestellt ist. Wenn die Meridiankreise des ersten Wulstes den Radius r haben und ihre Mittelpunkte um die Strecke $m > r$ von a entfernt sind, haben die des zweiten Wulstes den Radius m, während ihre Mittelpunkte um die Strecke $r < m$ von a_1 entfernt sind. Aus dem oben aufgestellten Satze folgt nun: Jeder durch den Mittelpunkt des zweiten Wulstes gelegte ebene Schnitt liefert eine Kurve, die auch entsteht, wenn man durch den Mittelpunkt des ersten Wulstes einen ebenen Schnitt legt. So schneiden die Ebenen $\overline{\mathsf{E}}$ und E_2, die längs der Geraden $\bar{a}$ und a_2 auf den Meridianebenen des ersten und zweiten Wulstes senkrecht stehen, beide Flächen in kongruenten Kurven; dabei ist $\cos\alpha_1 \cos\alpha_2 = \cos\bar{\alpha}$, wenn α_1 den Winkel von a und a_1, α_2 den von a_1 und a_2 und $\bar{\alpha}$ den von a und $\bar{a}$ bedeutet. —

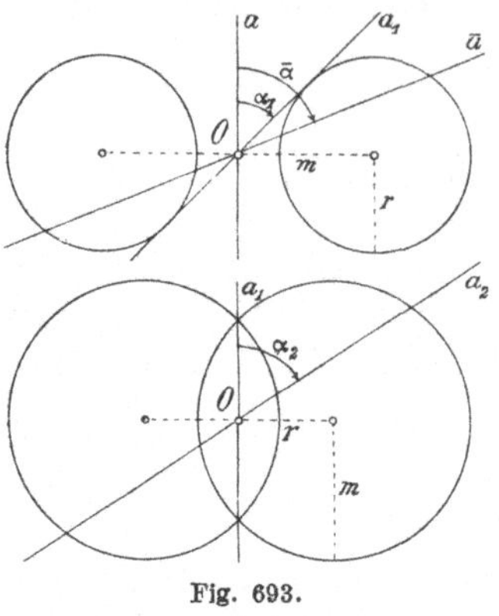

Fig. 693.

Schließlich sei darauf aufmerksam gemacht, daß die Formel $\cos\alpha_1 \cos\alpha_2 = \cos\bar{\alpha}$ lehrt, daß $\bar{\alpha}$ stets größer als α_2 ist. Wenn man also aus einer gegebenen Rotationsfläche durch einen unter einem bestimmten spitzen Winkel α_1 gegenüber ihrer Achse a gelegten ebenen Schnitt die Meridiankurve einer zweiten Rotationsfläche abgeleitet hat, sind alle ebenen Schnitte der zweiten Rotationsfläche, die durch den Schnittpunkt O von a und a_1 gehen, zwar auch als ebene Schnitte der ersten Fläche durch den Punkt O zu gewinnen, aber das Umgekehrte gilt nicht. Vielmehr kommen diejenigen ebenen Schnitte der ersten Fläche, die durch O gehen und mit a Winkel bilden, die kleiner als α_1 sind, bei der zweiten Fläche nicht vor.

***450. Rotationsflächen mit übereinstimmenden Umrissen.** Noch einfacher läßt sich ein entsprechender Satz über die Umrisse von Rotationsflächen bei senkrechter Projektion ableiten. Beschreibt man alle Kugeln, die eine Rotationsfläche längs ihrer Breitenkreise berühren, so ist der Umriß der Fläche nach Nr. 432 diejenige Kurve, die die Umrisse aller dieser Kugeln einhüllt. Diese Kugelumrisse sind Kreise von denselben Radien wie die Kugeln selbst, und ihre Mittelpunkte erfüllen die Projektion a' der Achse a auf diejenige Ebene E', auf die man die Fläche und die Kugeln senkrecht projiziert. Bildet E' mit a den spitzen Winkel α', so wird jede auf a gelegene Entfernung s zwischen irgend zwei Kugelmittelpunkten in der Projektion zur Entfernung $s' = s\cos\alpha'$

verkürzt. Nun werde der gewonnene Flächenumriß um seine Symmetriegerade a' gedreht. Dadurch entsteht eine zweite Rotationsfläche. Die Kugeln, die sie längs ihrer Breitenkreise berühren, gehen aus den vorher erhaltenen Kreisen hervor, haben also dieselben Radien wie die entsprechenden Kugeln der ersten Fläche. Weiterhin werde die zweite Fläche senkrecht projiziert, und zwar auf eine Ebene E'', die mit ihrer Achse a' einen spitzen Winkel α'' bildet. Wieder ergibt sich ein Umriß, der die Umrisse der Kugeln der zweiten Fläche umhüllt. Dabei werden die Entfernungen s' zwischen irgend zwei Kugelmittelpunkten auf a' in der Projektion zu $s'' = s' \cos \alpha''$ verkürzt. Also entsprechen den Entfernungen s zwischen zwei Kugelmitten der ersten Fläche die Entfernungen $s'' = s \cos \alpha' \cos \alpha''$ zwischen den entsprechenden Kreismitten in der Ebene E''. Wird nun andererseits die erste Fläche senkrecht auf eine Ebene $\bar{E}$ projiziert, die mit ihr denjenigen spitzen Winkel $\bar{\alpha}$ bildet, der durch $\cos \alpha' \cos \alpha'' = \cos \bar{\alpha}$ bestimmt ist, so erhellt, daß die ihr eingeschriebenen Kugeln Umrißkreise geben, deren Schar kongruent mit der Schar der Umrißkreise in der Ebene E'' ist. Mithin ergibt sich ein Flächenumriß, der dem in der Ebene E'' kongruent ist. Damit ist der Satz gewonnen:

Wird eine Rotationsfläche auf eine Ebene, die mit ihrer Achse einen spitzen Winkel α' bildet, senkrecht projiziert und der dadurch entstehende Umriß um seine Symmetriegerade gedreht, so daß eine zweite Rotationsfläche entsteht, so ist der Umriß, der durch senkrechte Projektion dieser zweiten Fläche auf irgendeine mit ihrer Achse einen spitzen Winkel α'' bildende Ebene hervorgeht, kongruent mit demjenigen Umriß, der sich für die erste Fläche ergibt, wenn man sie senkrecht auf eine Ebene projiziert, die mit ihrer Achse den spitzen Winkel $\bar{\alpha}$ bildet, der durch

$$\cos \alpha' \cos \alpha'' = \cos \bar{\alpha}$$

bestimmt wird.

Man erhält daher aus einer bestimmten Rotationsfläche dadurch, daß man sie auf Ebenen von allen möglichen Stellungen senkrecht projiziert, lauter Umrißkurven, durch deren Umdrehung um ihre Symmetriegeraden eine unendliche Schar von Rotationsflächen entsteht, der die merkwürdige Eigenschaft zukommt, daß diejenigen Umrisse, die sich bei senkrechten Projektionen dieser Flächen auf irgendwelche Ebenen ergeben, keine neuen Kurven sind, sondern durchweg zu den zuerst gewonnenen Kurven gehören. Die ursprüngliche Fläche kann man die erzeugende Fläche der ganzen Flächenschar nennen. Aber man beachte, daß man das Verfahren auch rückwärts fortsetzen kann. Man darf nämlich die Kreise, in denen eine Meridianebene die der ursprünglichen Fläche einbeschriebenen Kugeln schneidet, als Umrisse der senkrechten Projektionen von Kugeln betrachten, deren Mittelpunkte auf einer Geraden liegen und die also ihrerseits von einer Rotationsfläche umhüllt werden. Diese Fläche ist dann für die Ausgangsfläche die erzeugende Fläche.

Nicht immer geht durch das Projektionsverfahren und Drehen eine Schar von Flächen hervor. Denn Rotationszylinder und Kugeln liefern als erzeugende Flächen immer kongruente Flächen.

Ein einfaches Beispiel, in dem sich die Meridianschnitte aller Flächen, die aus einer erzeugenden Fläche entstehen, leicht angeben lassen, gibt die zu einem Wulst gehörige Flächenschar. Denn nach Nr. 434 ist der Umriß eines Wulstes bei senkrechter Projektion die Parallelkurve einer Ellipse im Abstand r, wenn r den Radius des Meridiankreises bedeutet. Ist m der Abstand der Mitte dieses Kreises von der Drehachse, so hat die Ellipse die Hauptachse $2m$. Man kann das Verfahren auch rückwärts ausüben, dann ergibt sich die Parallelkurve einer Ellipse mit der Nebenachse $2m$, während der Abstand r der alte ist, denn der Kreis, der den Ort der Mitten aller Meridiankreise des Wulstes darstellt und den Radius m hat, ist die senkrechte Projektion einer Ellipse mit der Nebenachse $2m$. Man kommt also zu allen denjenigen Flächen, deren Meridiankurven die Parallelkurven von Ellipsen sind. Dabei ist immer eine Ellipsenachse gleich $2m$, und die Parallelkurven haben alle von den Ellipsen denselben Abstand r. Die Drehachsen sind diejenigen Ellipsenachsen, die nicht die Längs $2m$ haben.

451. Angenäherte Abwicklung von Rotationsflächen. In Nr. 231 wurde erwähnt, daß es außer den Tangentenflächen von Raumkurven und den Kegeln und Zylindern keine Fläche gibt, die sich auf die Ebene abwickeln läßt. Daraus folgt, daß von der Gesamtheit der Rotationsflächen bloß die Rotationskegel und Rotationszylinder abwickelbar sind. Will man trotzdem eine Rotationsfläche aus Papier verfertigen, so hat man sie in Streifen zu zerlegen, die angenähert abwickelbar sind und zusammengefügt werden müssen. Zwei Arten der Zerlegung bieten sich sofort dar, entweder solche, die durch Meridiankurven, oder solche, die durch Breitenkreise bewirkt werden. Zwei benachbarte Meridiankurven schneiden jeden Breitenkreis in einem Punktepaar, und die Verbindenden der Punktepaare sind zueinander parallel. Faßt man sie als Mantellinien eines Zylinders auf, dessen Leitkurve die eine Meridiankurve ist, so kann das zwischen beiden Meridiankurven gelegene Stück des Zylinders angenähert statt des Streifens der Rotationsfläche zwischen den Meridiankurven benutzt werden, und da es einem Zylinder angehört, läßt es sich auf der Ebene ausbreiten. Faßt man dagegen zwei benachbarte Breitenkreise ins Auge, so schneiden sie jede Meridiankurve in einem Punktepaar derart, daß die Verbindenden der Punktepaare verlängert nach einem gemeinsamen Punkte S auf der Drehachse gehen. Der Rotationskegel, dessen Spitze S ist und der die beiden Breitenkreise enthält, kann in dem zwischen den Breitenkreisen gelegenen Stück angenähert statt des Gürtels der Rotationsfläche zwischen den Breitenkreisen angenommen und auf die Ebene abgewickelt werden. Um die Rotationsfläche nach dem ersten Verfahren zu zerlegen, muß man die Bogenlänge der Meridiankurve bestimmen. Beim zweiten Verfahren dagegen braucht man die Länge der Breitenkreise, die abgewickelt zu Kreisbogen werden, deren Radien die Mantellinien der Kegel sind. Das zweite Verfahren läßt sich mit Hilfe der Konstruktion in Nr. 248 durchführen; es ist auch deshalb vorzuziehen, weil bei ihm die Zusammensetzung der Streifen zu einer Fläche mehr Gewähr dafür bietet, daß die Haupteigenschaft der Fläche, eine Rotationsfläche zu sein, auch beim Modell zutrifft.

Deshalb sei das zweite Verfahren an einem Beispiel vorgeführt, und zwar wählen wir, da hierbei die Gestalt der Meridiankurve keine wesentliche Rolle spielt, insbesondere eine **Kugel**, siehe Fig. 694. Links ist der Meridiankreis der Kugel in je zehn Grad geteilt, und je zwanzig Grad sind zu einem Gürtel, begrenzt durch zwei Breitenkreise, zusammengefaßt. Die Äquatorgegend der Kugel wird durch einen Zylinderstreifen, die Polgegenden werden durch volle Kegelmäntel und die dazwischen liegenden Teile durch Gürtel von Kegeln ersetzt. Die Kegelspitzen

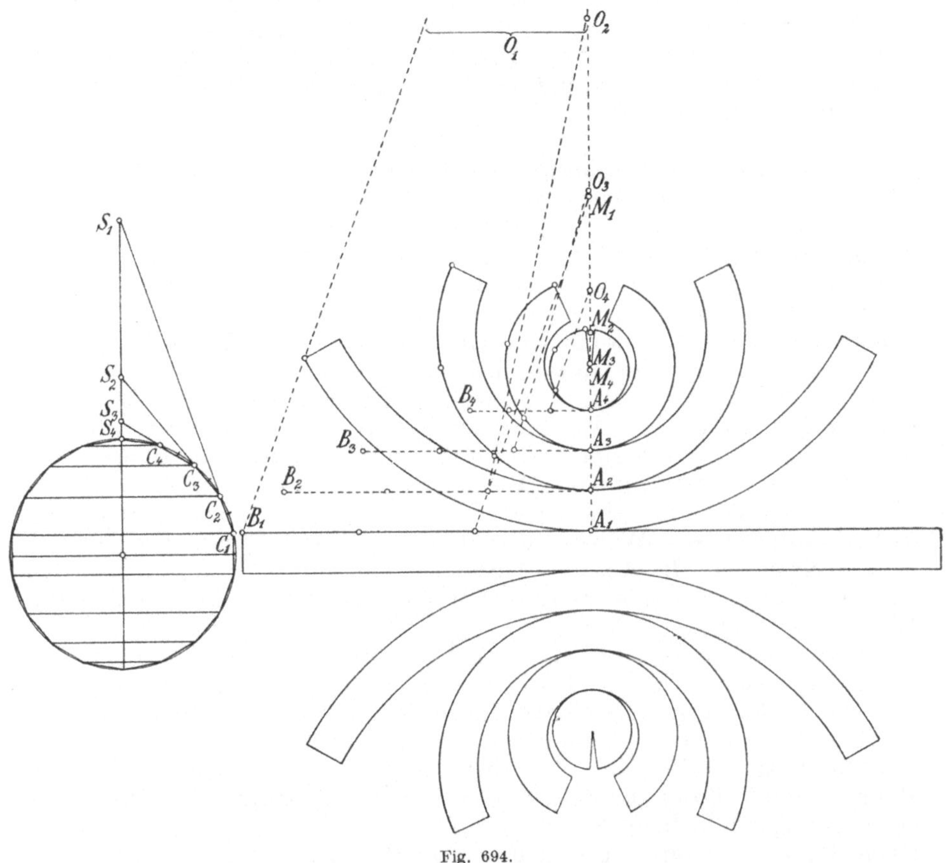

Fig. 694.

sind die Punkte S_1, S_2, S_3, S_4, ihre Mantellinien die Strecken S_1C_1, S_2C_2, S_3C_3, S_4C_4. Die Strecken C_1C_2, C_2C_3 ... sind gleich lang. Rechts ist zunächst eine lotrechte Gerade mit den Punkten A_1, A_2, A_3, A_4 gezogen. Die Abstände dieser Punkte sind gleich C_1C_2. Dann sind durch A_1, A_2, A_3, A_4 wagerechte Geraden gezogen, und auf ihnen werden bis B_1, B_2, B_3, B_4 die halben Umfänge der Breitenkreise abgetragen. Sie ergeben sich am genauesten und bequemsten, wenn man die Radien der Kreise abmißt und mit π multipliziert. Man könnte aber auch das in Nr. 248 angegebene Verfahren anwenden. Weiterhin sind M_1, M_2, M_3, M_4 so auf der lotrechten Geraden gewählt, daß $M_1A_1 = S_1C_1$, $M_2A_2 = S_2C_2$ usw. ist. Die Kreise um M_1 durch A_1 und A_2, die um M_2

durch A_2 und A_3 usw. geben in der Abwicklung die Breitenkreise. Nun muß man die Strecken A_1B_1, A_2B_2, A_3B_3 und A_4B_4 durch gleich lange Bogen dieser Kreise von A_1, A_2, A_3, A_4 aus ersetzen. Dies geschieht angenähert nach Nr. 248. Dabei werden Hilfspunkte O_1, O_2, O_3, O_4 auf der lotrechten Geraden gebraucht. Es ist $A_1O_1 = 3A_1M_1$, $A_2O_2 = 3A_2M_2$ usw. Nach Nr. 248 muß man sich darauf beschränken, nur die Drittel der wagerechten Strecken auf die Kreise zu übertragen. Man verbindet zu diesem Zwecke die Drittelteilpunkte mit den Hilfspunkten O. Nur bei A_1B_1 kann man wegen der Größe des Radius A_1M_1 sogleich die ganze Strecke auf den Kreis durch A_1 übertragen. Allerdings ist O_1 unerreichbar. Man zieht deshalb wie in Fig. 345 von Nr. 248 durch den Drittelteilpunkt von A_1B_1 die Gerade nach M_1. Die Parallele zu ihr durch B_1 ist nach O_1 gerichtet.

452. Loxodromen. Ursprünglich bedeuten Loxodromen (eigentlich „Schieflaufende") die **Kurven konstanten Kurses auf der Erde.** Sie spielen in der Seefahrt eine Rolle. Der Begriff wurde dann auf beliebige Rotationsflächen übertragen, so daß also unter einer Loxodrome eine Kurve verstanden wird, die alle Meridiankurven einer Rotationsfläche unter demselben Winkel durchsetzt. Insbesondere sind die Breitenkreise und Meridiankurven selbst Loxodromen. Da die Tangentenebene eines Punktes der Rotationsfläche zu seiner Meridianebene senkrecht ist, bildet die Tangente der Loxodrome einen konstanten Winkel mit der Meridianebene. Alle Meridianebenen aber machen ein Ebenenbüschel aus. Daraus ergibt sich die folgende von den Rotationsflächen unabhängige Erklärung der Loxodromen: **Eine Loxodrome ist eine Raumkurve, die alle Ebenen eines Ebenenbüschels unter konstantem Winkel durchsetzt.** Durch Drehung einer derartigen Kurve um die Achse des Büschels entsteht eine Rotationsfläche, auf der die Kurve alle Meridiankurven unter demselben konstanten Winkel durchsetzt.

Wird eine Rotationsfläche durch eine beliebige Meridiankurve gegeben, so lassen sich ihre Loxodromen mit den Hilfsmitteln der darstellenden Geometrie nur näherungsweise bestimmen: Man teilt die Meridiankurve in eine Anzahl von hinlänglich kurzen gleichen Teilen und legt durch die Teilpunkte die Breitenkreise. Dann geht man vom Punkte *0* der Teilung aus und trägt auf dem Breitenkreise des Punktes *1* einen genügend kleinen Bogen von *1* aus ab, auf dem des Punktes *2* einen doppelt so langen Bogen usw. Die dadurch hervorgehenden Endpunkte bilden angenähert eine Loxodrome.

In einigen einfacheren Fällen kann man die Loxodromen punktweise genau konstruieren. Der einfachste Fall ist der eines **Rotationszylinders.** Auf ihm sind die Loxodromen diejenigen Kurven, die alle Mantellinien unter konstantem Winkel durchsetzen. Das sind die sogenannten **Schraubenlinien,** auf die jedoch erst später (in § 3) eingegangen werden soll. Im Fall eines **Rotationskegels** hat man zu beachten, daß alle Mantellinien des Kegels dieselbe Neigung zur Ebene des Grundkreises haben. Weil nun eine Loxodrome alle Mantellinien unter demselben Winkel α durchsetzt, geht deshalb durch ihre senkrechte Projektion auf die Grundebene eine Kurve hervor, die die Projektionen aller Mantellinien unter einem gewissen konstanten Winkel α' durchsetzt.

Ist S' die Projektion der Kegelspitze S, so sind also die Projektionen
der Loxodromen diejenigen Kurven, die alle Strahlen des Strahlenbüschels mit dem Scheitel S' unter konstanten Winkeln durchschneiden. In Fig. 695
mögen die Strahlen von S' aus lauter gleiche
Winkel ε miteinander bilden. Auf dem Anfangsstrahl werde ein Punkt $0'$ angenommen,
dort ein Winkel α' angesetzt, in seinem
Schnittpunkt $1'$ mit dem nächsten Strahl
wieder der Winkel α' an $1'S'$ angesetzt, usw.
Dadurch entsteht eine Punktfolge $0'\,1'\,2'\ldots$

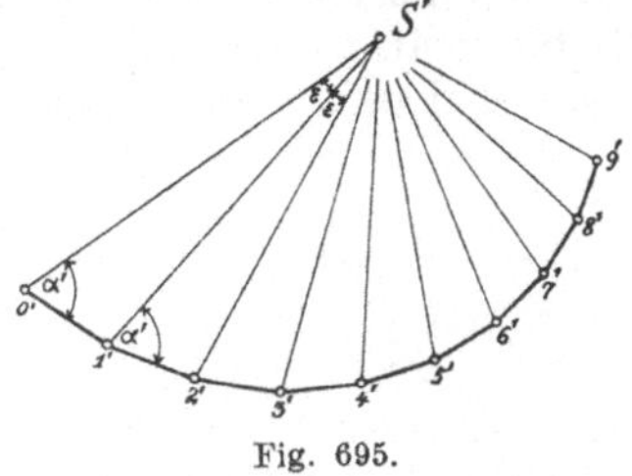

Fig. 695.

Wenn ε unendlich klein ist, ergeben sich
unendlich dicht aufeinander folgende Punkte der Projektion einer Loxodrome des Rotationskegels. Da die Dreiecke $S'0'1'$, $S'1'2'$, $S'2'3'$ usw.
einander ähnlich sind, gilt die fortgesetzte Proportion:

$$\frac{S'0'}{S'1'} = \frac{S'1'}{S'2'} = \frac{S'2'}{S'3'} = \frac{S'3'}{S'4'} \cdots$$

Dabei ist

$$\sphericalangle\,0'S'1' = \varepsilon, \qquad \sphericalangle\,0'S'2' = 2\,\varepsilon, \qquad \sphericalangle\,0'S'3' = 3\,\varepsilon \ldots$$

Diese Winkel bilden also eine **arithmetische** Progression, während
die Strecken $S'0'$, $S'1'$, $S'2'\ldots$ eine **geometrische** Progression ausmachen. Dieselbe Erscheinung gilt bekanntlich für die Logarithmen
und ihre Numeri, indem z. B. die Numeri 10, 10^2, $10^3 \ldots$ die Logarithmen $1, 2, 3 \ldots$ haben. Dies ist der Grund, weshalb die Kurve eine
logarithmische Spirale genannt wird. Unter einer logarithmischen Spirale versteht man also eine Kurve in der
Ebene, die alle Strahlen eines Strahlenbüschels unter konstantem Winkel durchsetzt. Nur wenn der konstante Winkel α'
ein rechter ist, schließt sich die Kurve, da sie dann ein Kreis um den
Scheitel S' des Büschels ist. Sonst aber macht sie unendlich viele Windungen um S' herum, die zwar immer enger werden, aber niemals den
Punkt S' erreichen. Deshalb heißt S' der asymptotische Punkt
der logarithmischen Spirale. Faßt man eine beliebige Anzahl aufeinanderfolgender unendlich spitzer Dreiecke irgendwo zusammen und
ebenso viele irgendwo anders, so bilden beide solche Figuren, die einander ähnlich sind. So ist z. B. das Bogenstück $0'\,1'\,2'\,3'\,4'$ dem
Bogenstück $5'\,6'\,7'\,8'\,9'$ ähnlich. Das eine geht in das andere über
durch Drehung um S' und ähnliche Verkleinerung von S' aus. Die
logarithmischen Spiralen haben also die Eigenschaft, daß
solche Bogenstücke einer derartigen Kurve, deren Anfangsund Endstrahlen gleiche Winkel bei S' einschließen, einander ähnlich sind. Hieraus ergibt sich eine Konstruktion der Kurve
Punkt für Punkt: Zieht man nämlich Strahlen von S' aus,
die gleiche und nicht unendlich kleine Winkel miteinander
bilden, so stehen die Strecken, die die Kurve auf ihnen
abschneidet, in geometrischer Progression, d. h. die erste
verhält sich zur zweiten wie diese zur dritten usw.

In Fig. 696, wo eine **Loxodrome des Rotationskegels** im
Grundriß l', Aufriß l'' und in der Abwicklung (l) dargestellt werden

soll, ist zunächst eine äußerste Mantellinie des Kegels im Aufriß in
irgendeiner geometrischen Progression geteilt worden. Dies geschieht,
indem man durch S'' eine beliebige Gerade zieht, zwei Richtungen beliebig wählt und dann etwa vom Endpunkte der Mantellinie ausgehend
im Zickzack zwischen ihr und der Hilfsgeraden abwechselnd in
beiden Richtungen hin-
und herzieht. Die dadurch
gewonnene Teilung über-
trägt man auf den Grund-
riß der Mantellinie, wo-
durch auch hier eine geo-
metrische Progression entsteht. Dann zieht man
durch die Teilpunkte im
Grundriß die Kreise um S'
bis zu denjenigen Mantel-
linien, die Schritt für
Schritt durch Drehung um
denselben Winkel aus der
ersten Mantellinie ent-
stehen. So geht z. B. aus
dem zweiten Teilpunkt der
Grundriß P' eines Punktes
der Loxodrome l hervor,

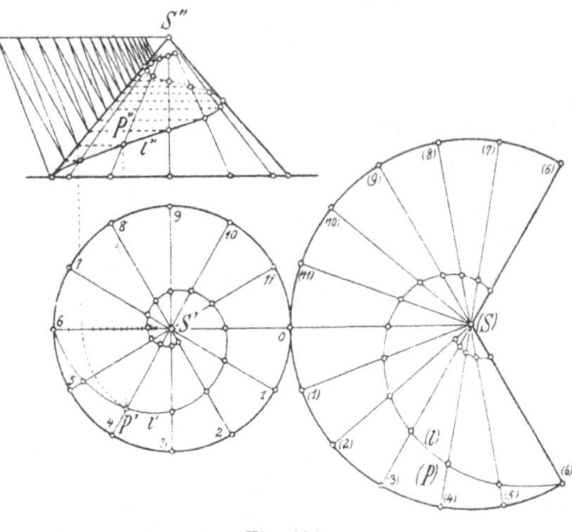

Fig. 696.

und der zugehörige Aufriß P'' liegt auf dem zugehörigen Breitenkreis,
dessen Aufriß als Parallele zur Projektionsachse durch den zweiten Teilpunkt der Aufrißteilung erscheint. Die Abwicklung des Kegels wird nach
Nr. 251 ausgeführt. Für den dabei aus P hervorgehenden Punkt (P) der
Loxodrome in der Abwicklung (l) ist $(S)(P)$ gleich der wahren Länge
von SP, d. h. gleich der zugehörigen Strecke im Aufriß auf der äußersten
Mantellinie. Da den gleichen Winkeln, die im Grundriß von den benutzten Mantellinien miteinander gebildet werden, auch in der Abwicklung lauter gleiche Winkel (aber kleinere) entsprechen, erhellt, daß die
Abwicklung (l) ebenfalls eine logarithmische Spirale mit dem
asymptotischen Punkt (S) ist. Hier ist allerdings die Kurve (l)
auf dem sechsten Strahl zerrissen, weil längs dieses Strahles der Schnitt
des Mantels für die Abwicklung gezogen worden ist. Die Loxodrome
macht auf dem Kegel in der Nähe der Spitze S immer engere Windungen,
ohne sie jemals zu erreichen. Deshalb ist die Spitze S ein asympto-
tischer Punkt der Kegelloxodrome l.

Die Loxodromen des Rotationskegels heißen auch zylindro-ko-
nische Schraubenlinien, weil sie einerseits alle Mantellinien des
Kegels und andererseits auch alle Mantellinien eines gewissen Zylinders unter je einem konstanten Winkel durchsetzen. Die Lote nämlich,
die man von den Punkten der Kurve l auf die Grundrißtafel fällen kann,
bilden einen Zylinder, dessen Grundkurve die logarithmische Spirale l'
ist, und die Loxodrome l bildet auch mit allen diesen Loten einen konstanten Winkel. Demnach wird sie eine Schraubenlinie auf dem Zylinder
mit der Grundkurve l' genannt.

Um eine Loxodrome auf der Kugel zu zeichnen, benutzt man
die stereographische Projektion (Nr. 377). In Fig. 697 ist als

Grundrißtafel die Tangentenebene der Erdkugel im Südpol S verwendet, und die Kugel wird vom Nordpol N aus auf diese Ebene stereographisch projiziert (vgl. Fig. 560 von Nr. 378). Die Projektion ist nur für die südliche Erdhälfte soweit ausgeführt, als sie nicht durch die Grundrißprojektion der Kugel verdeckt wird. Die Längen- oder Meridiankreise der Kugel erscheinen in der stereographischen Projektion als die Strahlen von S aus, und wegen der Winkeltreue dieser Projektion wird die Loxodrome als Kurve abgebildet, die alle Strahlen von S aus unter demselben Winkel durchsetzt, unter dem die Loxodrome die Meridiankreise durchsetzt. **Die stereographische Projektion der Kugelloxodromen vom Nordpol N aus liefert daher logarithmische Spiralen.** Man wird also zunächst eine derartige Spirale l zeichnen, indem man auf den Strahlen, die gleiche Winkel miteinander bilden, von S aus Strecken abträgt, die in einer geometrischen Progression stehen. Die zugehörige Teilung ist links oben für sich ausgeführt. Zu irgendeinem Punkte $\mathfrak{P}$ der Kurve l ergibt sich dann der Grundriß und Aufriß des entsprechenden Punktes P der Kugelloxodrome l, indem man den Breitenkreis und Längenkreis des Punktes benutzt. Fig. 697 zeigt eine Loxodrome, die durch den vordersten Punkt A des Äquators geht. Die Aufrißprojektion l'' dieser Loxodrome bewahrt ihre Symmetrie gegenüber dem Punkt A: Aus jedem Punkte P'' von l'' ergibt sich wieder ein Punkt von l'', wenn man $P''A''$ über A'' hinaus verdoppelt. Die Loxodrome schlingt sich sowohl um den Nordpol N als auch um den Südpol S in immer enger werdenden Windungen herum, die jedoch so eng sind, daß sie in der kleinen Figur nicht dargestellt werden können. Weder der Nordpol noch der Südpol wird je von der Kurve erreicht; sie sind **asymptotische Punkte der Kugelloxodrome.**

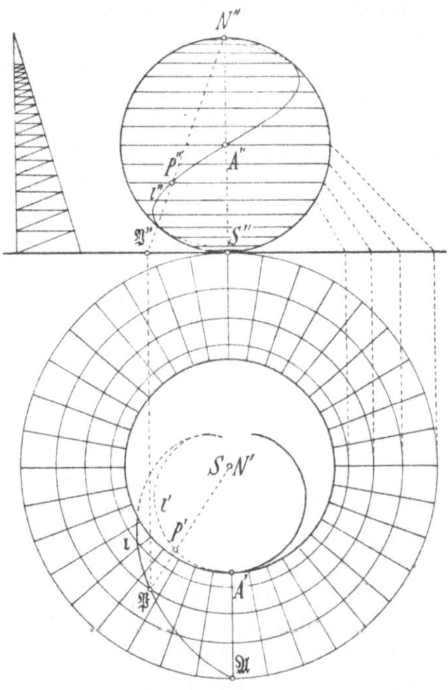

Fig. 697.

Anmerkung: Der kürzeste Weg, auf dem der Seefahrer von einem Hafen nach einem anderen gelangt, ist ein Teil desjenigen Großkreises, der durch beide Stellen geht; aber längs dieses Kreises ändert sich die Himmelsrichtung beständig, wenn es sich nicht gerade um einen Meridian oder um den Äquator handelt. Der Seemann will jedoch immer für längere Zeit denselben Kurs beibehalten; deshalb setzt sich sein Weg aus Teilen von Kugelloxodromen zusammen; er schlägt also nicht den kürzesten Weg ein. Um den zweckmäßigsten Weg bequem auf der Karte eintragen zu können, bedarf er einer Seekarte, auf der die Loxodromen der Erdkugel als Geraden erscheinen und zwar so, daß die Richtungen dieser Geraden zugleich den wahren Kurs anzeigen, d. h. er bedarf einer solchen winkeltreuen Abbildung der Erdkugel, auf der sich alle Loxodromen als Geraden darstellen. Mittels Parallel- oder Zentralprojektion läßt sich dies nicht erreichen. Wie in der Anmerkung zu Nr. 378 erwähnt wurde, gibt es aber unbegrenzt viele andere Abbildungsarten. Insbesondere gibt es eine, die das Gewünschte leistet:

Ist λ die geographische Länge und β die geographische Breite eines Punktes auf der Erde, so hat man diesen Punkt als diejenige Stelle der Ebene abzubilden, deren rechtwinklige Koordinaten $x = \lambda$ und $y = \log \mathrm{nat}\ \mathrm{tg}\left(\tfrac{1}{2}\beta + \tfrac{1}{4}\pi\right)$ sind, wobei λ im Bogenmaß (Nr. 374) zu messen ist. Selbstverständlich kann man die so gewonnene Karte noch beliebig ähnlich verkleinern. Diese Abbildung, deren Begründung mit Hilfe der Differentialrechnung gewonnen wird, hat zuerst G. Mercator (Nr. 377) auf seiner 1569 zu Duisburg erschienenen großen Weltkarte gegeben. Man findet die Mercatorkarte in allen Atlanten als Darstellung der gesamten Erdoberfläche, abgesehen von den Polargegenden, die ins Unendlichferne rücken. Näheres hierüber in dem bei Nr. 377 genannten Buche von A. Breusing, S. 31—50.

453. Rotationsflächen in Kavalierperspektive. Will man die Eigenschaften der Rotationsflächen mit den Hilfsmitteln der darstellenden Geometrie untersuchen, so wählt man die dafür zweckmäßigste Projektionsart aus, nämlich die senkrechte Projektion, die wir deshalb fast ausschließlich angewandt haben. Aber gelegentlich können in einer Darstellung von Gegenständen mittels schiefer Parallelprojektion oder Perspektive Rotationskörper auftreten, z. B. Säulen, Vasen od. drgl. Dann muß man die Umrisse bestimmen. Dies geschieht genau genug, wenn man eine hinreichende Anzahl von Breitenkreisen oder Meridiankurven abbildet und daraus den Umriß als die alle diese Linien umhüllende Kurve ermittelt.

Handelt es sich um eine schiefe Parallelprojektion, so stellen sich die Breitenkreise als lauter einander ähnliche und ähnlich gelegene Ellipsen dar, deren Hauptachsen im allgemeinen nicht (wie in Nr. 431) zur Projektion der Drehachse senkrecht sind. Am bequemsten wird es meistens sein, eine Anzahl von Breitenkreisen in etwa sechs oder acht gleiche Teile zu zerlegen und die Teilpunkte abzubilden. Dadurch erhält man zugleich genügend viele Punkte von sechs oder acht Meridiankurven. Indem man auch die Spitzen derjenigen Rotationskegel bestimmt, die die Rotationsfläche längs der ausgewählten Breitenkreise berühren, findet man ferner die Tangenten der Meridiankurven in den ermittelten Punkten.

Besonders einfach ist die Darstellung von Rotationsflächen in Kavalierperspektive (Nr. 105), wenn die Drehachse zur Tafel senkrecht ist. Denn diese Achse erscheint in wahrer Länge, und die Breitenkreise stellen sich als Kreise mit den wahren Radien dar. Wenn also, wie in Fig. 698a, der Meridianschnitt der Fläche gegeben ist, geht das Bild b hervor, indem man statt der Strecken, die in a die Breitenkreise darstellen, um die auf der Drehachse gelegenen Mittelpunkte die Kreise legt, die diese Strecken als Durchmesser haben. Diese Kreise sind hier in zwölf gleiche Teile geteilt, so daß man auch sofort zwölf Meridiankurven zeichnen kann. Wie vorhin gesagt wurde, tut man beim Ausziehen dieser Kurven gut, auch ihre jeweiligen Tangenten zu berücksichtigen, wozu man die Rotationskegel oder Rotationszylinder braucht, die die Fläche längs der ausgewählten Breitenkreise berühren. Die Zeichnung b ist so entworfen worden, als ob statt der Rotationsfläche bloß ein Drahtgeflecht vorliege, bestehend aus den ausgewählten Breitenkreisen und Meridiankurven, so daß man hindurchsehen kann. Infolgedessen tritt der gesamte eigentliche Umriß in Erscheinung. Wird die Fläche undurchsichtig angenommen, siehe di Zeichnung c, so kommen nur Teile davon zur Geltung. Hier ist die Innenseite der Vase, soweit sie oben zu sehen ist, durch Schraffen gekennzeichnet. Der eigentliche

Umriß besteht aus zwei geschlossenen Kurven u_1 und u_2 und aus einem
Stück u_3 einer dritten Kurve, die nur deshalb nicht geschlossen ist,
weil die Vase durch den Breitenkreis k_a begrenzt ist. Deshalb tritt
zum eigentlichen Umriß ein Stück des Bildes dieses Kreises als uneigentlicher Umriß hinzu. Auch der Fuß der Vase hat als uneigentlichen Umriß das Bild eines Breitenkreises k_b. Der eigentliche Umriß
wird von den Bildern der Breitenkreise in symmetrisch zur Drehachse gelegenen Punkten berührt. Für gewisse Breitenkreise rücken diese Punkte
in eine Stelle auf der Drehachse zusammen, so daß diese Breitenkreise
Krümmungskreise des Umrisses werden (Nr. 80). Man findet sie,
indem man bedenkt, daß die projizierenden Strahlen bei der Kavalierperspektive 45° mit der Tafel, also auch mit der auf der Tafel senkrecht stehenden Drehachse bilden. Daher zieht man in Figur a die mit
der Drehachse 45° bildenden Tangenten des Meridianschnittes. Es gibt
ihrer fünf; sie berühren ihn in P, Q, R, U, V. Zufällig liegen P und R
gleich hoch, d. h. ihre Breitenkreise haben denselben Mittelpunkt $K_{p,r}$.

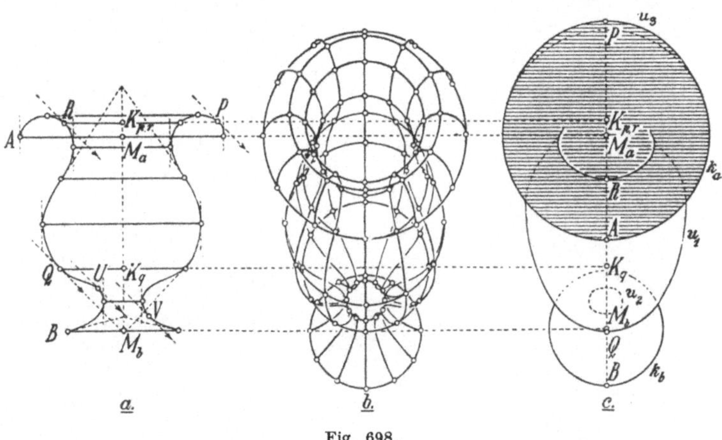

Fig. 698.

In Figur c also ist $K_{p,r}$ der Krümmungsmittelpunkt sowohl für den
Punkt P von u_3 als auch für den Punkt R von u_1. Die Krümmungsradien sind gleich den aus Figur a zu entnehmenden Strecken von $K_{p,r}$
bis P und R. Entsprechendes gilt vom Breitenkreise des Punktes Q
mit dem Mittelpunkte K_q. Was die Punkte U und V betrifft, so sind
sie in Figur c unsichtbar, da sie der nicht sichtbaren Umrißlinie u_2
angehören. Die Umrißlinie u_1 hat zwei Spitzen und ist nur zum Teil
sichtbar. Die Darstellung der Rotationsfläche in Figur c ist nicht sehr
befriedigend. Überhaupt ist allgemein zu sagen: Von einer krummen Fläche bekommt man dadurch, daß man bloß ihren
Umriß zeichnet, meistens keine genügende Vorstellung.
Denn es fehlt die Andeutung der Krümmung der Fläche in dem vom
Umriß umschlossenen Gebiete. Man wird also noch eine Reihe
von Flächenkurven, hier Breitenkreise oder Meridiankurven,
einzeichnen. Dadurch würde Figur c gerade so ausdrucksvoll wie
Figur b werden.

Auch in Nr. 432 und 433 ergab sich der Umriß als Einhüllende einer
Schar von Kreisen. Dort aber, wo es sich um senkrechte Projektion

handelte, waren diese Kreise die Umrisse von der Fläche eingeschriebenen Kugeln. Das ist hier, wo eine schiefe Parallelprojektion vorliegt, durchaus nicht der Fall, denn der Umriß einer Kugel ist bei schiefer Parallelprojektion eine Ellipse (Nr. 165). Vielmehr sind hier die Kreise Bilder von Kreisen. Stellt man die Vase auf den untersten Kreis in Figur b, so liefert sie bei Beleuchtung durch parallele Strahlen unter 45° einen Schlagschatten, dessen Fläche die der Kurven in Figur b ist.

454. Perspektive einer Rotationsfläche, deren Achse zur Tafel senkrecht ist. Die perspektive Darstellung einer Rotationsfläche ist am einfachsten, wenn die Achse der Fläche auf der Tafel T senkrecht steht. Denn dann liegen alle Breitenkreise in zur Tafel parallelen Ebenen, so daß sie sich als Kreise, wenn auch mit anderen Radien, abbilden.

Als Beispiel soll in Fig. 699 ein Wulst (Nr. 434) gezeichnet werden. Die Achse a des Wulstes habe den Spurpunkt S. Da sie auf der Tafel senkrecht stehen, also eine Tiefenlinie (Nr. 300) sein soll, ist ihr Fluchtpunkt der Hauptpunkt H. Um die Bilder der Mittelpunkte und die verkürzten Längen der Radien der Breitenkreise zu bekommen, benutzt man als Hilfsebene die Ebene durch das Auge O und die Achse a. Sie steht auf der Tafel längs HS senkrecht. Durch ihre Umlegung um HS gelangt das Auge O nach der Stelle (O), indem $H(O) \perp HS$ und gleich der Distanz d ist. Die Achse a ist in der Umlegung das in S auf HS errichtete Lot (a). Man zeichnet dementsprechend den umgelegten Meridianschnitt und kann dann zu jedem Breitenkreise sofort den Mittelpunkt und Radius

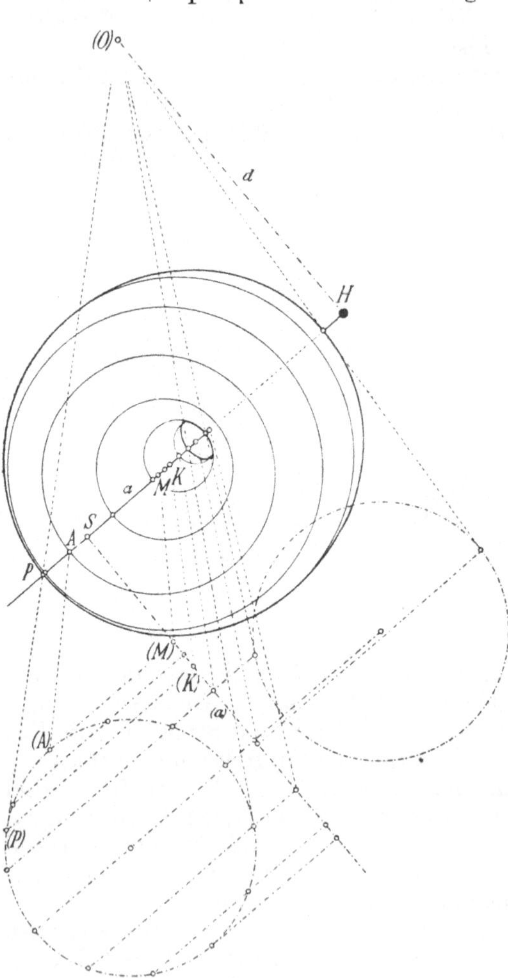

Fig. 699.

im Bilde finden. Denn z. B. der vorderste Breitenkreis hat in der Umlegung den Punkt (A) und den Mittelpunkt (M), und die umgelegten Sehstrahlen $(O)(A)$ und $(O)(M)$ liefern auf SH den Punkt A und den Mittelpunkt M des Bildkreises. Der Umriß umhüllt die Bilder derjenigen Breitenkreise, die nicht vollständig sichtbar sind, und zwar in zu SH symmetrisch gelegenen Punkten. Deshalb liefern diejenigen Breitenkreise, die gerade noch vollständig sichtbar oder vollständig unsichtbar sind, im Bilde die Krümmungskreise des Umrisses in seinen auf der Symmetriegeraden SH gelegenen Scheiteln. Augenscheinlich stellt man diese Breitenkreise fest, indem man von (O) an den umgelegten Meridianschnitt die Tangenten zieht. Es sind ihrer vier, eine von ihnen ist $(O)(P)$. Da der zu (P) gehörige Breitenkreis in der Umlegung den Mittelpunkt (K) auf (a) hat, liefert der Schnitt K von $(O)(K)$ mit SH den Mittelpunkt des Krümmungskreises für den auf $(O)(P)$ gelegenen Scheitel P des Umrisses. Entsprechendes gilt für die drei anderen Scheitel. Der Umriß besteht aus zwei einzelnen geschlossenen Kurven, für die im ganzen dasselbe gilt, was in Nr. 434 für den Fall der senkrechten Projektion bemerkt wurde. Insbesondere hat die innere Umrißlinie vier Spitzen, von denen aber zwei unsichtbar und die beiden anderen kaum sichtbar sind, weil sie zu wenig hervorragen.

Ebenso wie der Wulst läßt sich jede andere Rotationsfläche, deren Achse zur Tafel senkrecht ist, auf diese Art leicht perspektiv darstellen.

455. Perspektive einer Rotationsfläche, deren Achse zur Tafel parallel ist. Dieser Fall tritt häufiger als der soeben betrachtete auf. Er kommt z. B. dann vor, wenn Säulen darzustellen sind. Unter den Meridianschnitten einer Rotationsfläche, deren Achse zur Tafel parallel ist, gibt es einen, der ebenfalls zur Tafel parallel ist. Dieser Schnitt erscheint in wahrer Gestalt und im allgemeinen verkleinert. Ihn wird man zuerst darstellen. In Fig. 700 soll unter Annahme einer lotrechten Tafel der Fuß einer toskanischen Säule gezeichnet werden, dessen Querschnitt rechts in wahrer Gestalt und Größe gegeben ist. Der Fuß besteht aus einer quadratischen Plinthe, auf der ein Wulst liegt, an den sich dann eine schmale zylindrische Platte anschließt, und der in seinem unteren Teile zylindrische Säulenschaft mündet mit einem Ablauf an der Oberseite der Platte ein. Die Grundebene der Säule habe die wagerechte Spurgerade s; ihre Fluchtgerade ist der Horizont h. Der Mittelpunkt der Grundfläche habe sein Bild an der beliebig gewählten und mit M bezeichneten Stelle.

Der zur Tafel parallele verkleinerte Meridianschnitt ist durch Schraffen hervorgehoben. Seine Abmessungen verhalten sich zu den wahren, wie die Entfernung des Punktes M von h zur Entfernung der Spurgeraden s von h, nach Fig. 445 von Nr. 308. Man entwirft nun das Bild der Plinthe, indem man den Fluchtpunkt F_1 der einen Kantenrichtung irgendwo auf dem Horizont h annimmt und dann den Fluchtpunkt F_2 der anderen Kante auf h mit Hilfe des rechten Winkels $F_1(O)F_2$ ermittelt, wobei (O) das umgelegte Auge ist. Aus Gründen der Raumersparnis ist das Auge nach unten umgelegt worden. Die Breite der Buchseite gestattete nicht, die Verlängerung des Horizontes bis F_1 und F_2 darzustellen. Beim Zeichnen der Plinthenquadrate braucht man die zu F_1 und F_2 gehörigen Teilungspunkte T_1 und T_2 (Nr. 308). Nachdem die Plinthe entworfen worden ist, wird man die in der Nebenfigur mit *2, 3, 4* bezeichneten Breitenkreise als Ellipsen nach Nr. 359, 362 oder 363 abbilden, für den Breitenkreis *1* ist es nicht nötig, da er unsichtbar ist. Um schließlich den Umriß des Wulstes zu bekommen, empfiehlt es sich, noch diejenigen Meridian-

schnitte darzustellen, deren Ebenen zu den Kanten und Diagonalen der
Plinthenquadrate parallel sind. Dies geschieht, indem man den geschrafften Meridianschnitt nach Nr. 344 um seine zur Tafel parallele
Achse dreht. Nachdem man so mehrere Meridianschnitte hergestellt
hat, ergibt sich der Umriß des Wulstes als die zugehörige einhüllende
Kurve. Übrigens gibt es außer dem zur Tafel parallelen Meridianschnitt,
der geschrafft ist, noch einen besonders ausgezeichneten, nämlich denjenigen, dessen Ebene durch das Auge geht, der also als Strecke längs
der zu h senkrechten Geraden durch M erscheint. Um die Ausbauchung

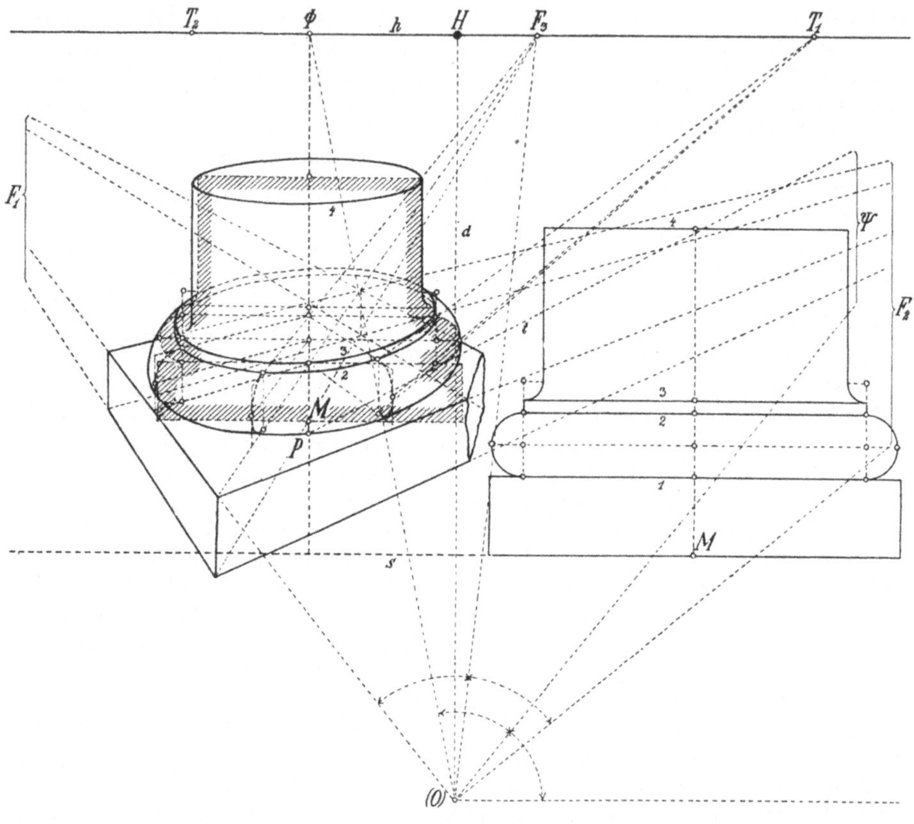

Fig. 700.

des Wulstes richtig zu bekommen, empfiehlt es sich, den tiefsten Punkt P
des in dieser Ebene gelegenen Meridianschnittes des Wulstes zu ermitteln.
Zu diesem Zweck hat man den zur Tafel parallelen Meridianschnitt so
weit zu drehen, daß seine Ebene die Grundebene der Säule in der zu h
senkrechten Geraden durch M schneidet, deren Fluchtpunkt mit Φ bezeichnet ist. Nach Nr. 344 wird man also den Winkel von $(O)\Phi$ mit
der zu h parallelen Geraden durch (O) in gleiche Teile zerlegen und dadurch den Fluchtpunkt Ψ auf h bestimmen. Aus den Punkten des geschrafften Meridianschnittes gehen dann die entsprechenden Punkte des in
eine Strecke ausartenden Meridianschnittes mittels der von Ψ nach den
betreffenden Punkten gehenden Strahlen hervor. Insbesondere also

schneidet die von Ψ an den Wulst im geschrafften Meridianschnitt gelegte Tangente t die Gerade $M\Phi$ in dem gesuchten tiefsten Punkte P. Die äußersten Mantellinien des Säulenschaftes kann man unabhängig von der Zeichnung des obersten Breitenkreises nach Fig. 539 von Nr. 364 bestimmen.

456. Perspektives Bild einer Rotationsfläche in beliebiger Lage. Schließlich kommen wir zum allgemeinsten Fall: Eine Rotationsfläche, nämlich eine Vase, deren Meridianschnitt in Fig. 701 rechts gegeben ist, soll perspektiv unter Annahme einer beliebig zur Tafel gelegenen

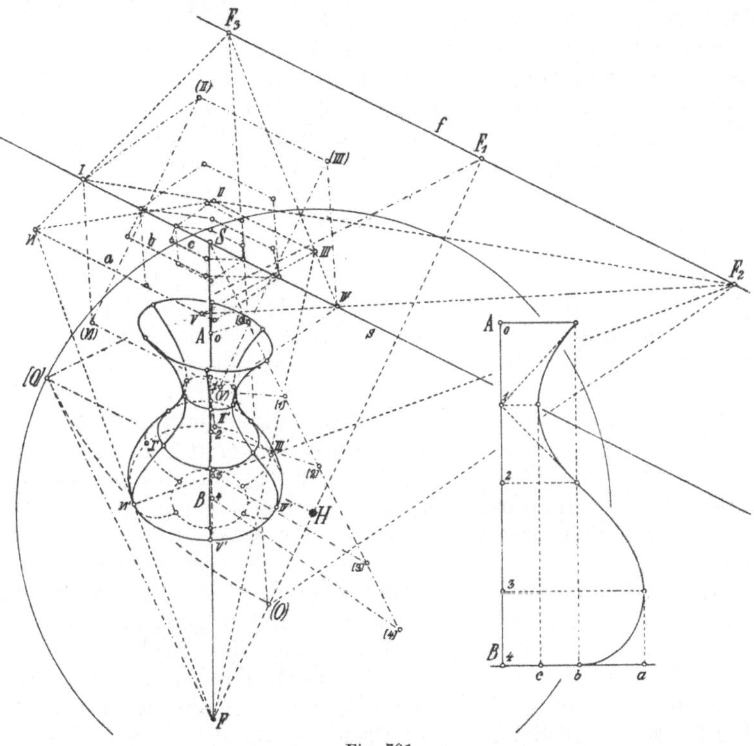

Fig. 701.

Drehachse dargestellt werden. Diese Drehachse sei durch ihren Spurpunkt S und Fluchtpunkt F gegeben, und auf SF sei das Bild des Punktes A der Drehachse irgendwo angenommen. Man wählt besondere Breitenkreise aus; ihre Mittelpunkte sind in der Nebenfigur mit 0, 1, 2, 3, 4 bezeichnet. Zunächst hat man die Bilder der Punkte 0, 1, 2, 3, 4 auf SF zu ermitteln. Nach Fig. 598 von Nr. 399 errichtet man im Hauptpunkte H das Lot auf HF, bringt es in $[O]$ mit dem Distanzkreise zum Schnitt und zieht die Parallele zu $F[O]$ durch S. Der Strahl $[O]A$ liefert auf dieser Geraden den Punkt $[0]$, von dem aus man die Strecken bis $[1]$, $[2]$, $[3]$, $[4]$ gleich den Strecken von 0 bis 1, 2, 3, 4 in der Nebenfigur aufträgt. Indem man die Punkte $[1]$ bis $[4]$ mit $[O]$ verbindet, schneidet man die gesuchten Punkte 1, 2, 3, 4 auf SF aus. Um nun die zugehörigen Breitenkreise sowie mehrere

Meridiankurven zu zeichnen, denke man sich den Breitenkreisen etwa regelmäßige Sechsecke eingeschrieben. Dann handelt es sich darum, diese Sechsecke abzubilden. Sie liegen in zur Geraden SF senkrechten Ebenen. Zunächst zeichnen wir alle in der zu SF senkrechten Ebene E durch S. Wir stellen uns also vor, die Vase oder die den Breitenkreisen eingeschriebenen Sechsecke seien auf diese Ebene senkrecht projiziert, und es soll zuerst dieser Grundriß perspektiv eingezeichnet werden. Alle zur Drehachse senkrechten Ebenen haben dieselbe Fluchtgerade f. Nach Nr. 400 errichtet man in $[O]$ auf $F[O]$ das Lot und bringt es in F_1 mit HF zum Schnitt; dann ist das in F_1 auf HF errichtete Lot diese Fluchtgerade f. Insbesondere hat diejenige zur Drehachse senkrechte Ebene E, die durch den Spurpunkt S geht, als Spurgerade s die Parallele zu f durch S. Zunächst werde diese Ebene E um ihre Spurgerade s in die Tafel umgelegt; nach Nr. 337 gelangt dabei das umgelegte Auge nach dem Schnittpunkte (O) von HF mit dem Kreis um F_1 durch $[O]$. In der Umlegung sind die senkrechten Projektionen der drei Sechsecke mit dem Mittelpunkt S ohne weiteres zu zeichnen, da die Radien der umschriebenen Kreise die Längen Ba, Bb Bc aus der Nebenfigur haben. Das größte Sechseck ist in der Umlegung mit I (II) (III) IV (V) (VI) bezeichnet. Beim Zurückdrehen der Ebene E in ihre richtige Lage bleiben I und IV in Ruhe, während (II), (III) und (V), (VI) nach den Stellen II, III und V, VI gelangen, die durch Anwendung der Perspektivität mit dem Zentrum (O) nach Nr. 337 hervorgehen. Dabei verwendet man die auf f gelegenen Fluchtpunkte F_2 und F_3 der Sechseckskanten $I\,II$, $IV\,V$ und $III\,IV$, $VI\,I$, die sich ergeben, wenn man durch (O) diejenigen Strahlen zieht, die mit $(O)F_1$ dreißig Grad bilden. Auf diese Art geht das mit a bezeichnete Sechseck $I\,II\,\ldots\,VI$ in der Ebene E hervor, und entsprechend ergeben sich die beiden kleineren Sechsecke b und c. Nun sind diese Sechsecke die senkrechten Projektionen der eigentlich zu zeichnenden, den Breitenkreisen um $0,\,1,\,2,\,3,\,4$ eingeschriebenen Sechsecke, deren Ebenen zur Ebene E parallel liegen. Die zur Ebene E senkrechten Geraden haben ihren gemeinsamen Fluchtpunkt in F. Mithin geht z. B. das Sechseck $I'\,II'\,\ldots\,VI'$ um 4 hervor, indem man die Strahlen von F nach $I, II\,\ldots\,VI$ mit denjenigen Geraden durch den Punkt 4 von SF schneidet, von denen zwei nach F_2 und F_3 gehen, während die dritte (nämlich $I'\,IV'$) zu f parallel ist. Auf dieselbe Art findet man die Bilder der Sechsecke, deren Mittelpunkte die Stellen $0, 1, 2, 3$ der Achse SF sind.

So findet man genügend viele Punkte, um einerseits die fünf sich elliptisch darstellenden Breitenkreise und andererseits sechs Meridiankurven zu zeichnen. Dabei kann man eine größere Genauigkeit erzielen, wenn man auch die Tangenten der Breitenkreise und Meridiankurven in den gefundenen Punkten bestimmt, was keine Mühe macht, aber in Fig. 701 fortgelassen ist, weil die Zeichnung sonst zu sehr mit Linien beladen würde. Schließlich ergibt sich der Umriß der Vase als Einhüllende aller gezeichneten Breitenkreise und Meridiankurven.

457. Sogenannte windschiefe Rotationskörper. Geländer, die zur Einfassung von Gängen dienen, haben als Stützen sogenannte **Docken** (Baluster), die meistens längliche Rotationskörper sind. Mündet der Gang in eine Treppe, so ist das Geländer geneigt zur wagerechten Ebene weiter zu führen. Dabei wandelt man die Docken zuweilen entsprechend der Neigung in andere Körper um, die als **windschiefe Rotationskörper** bezeichnet werden, obwohl diese Bezeichnung zu beanstanden ist, weil das Beiwort windschief die Eigenschaft des Körpers, ein Rotationskörper zu sein, geradezu aufhebt. Man leitet diese neuen Körper so ab, wie es Fig. 702 zeigt, die links eine Docke im Aufriß parallel zur Drehachse darstellt, rechts die abgeleitete schiefe Docke. Wesentlich ist hierbei, daß die schiefe Docke genau denselben Grundriß behält wie die gerade Docke. An die Stelle der Breitenkreise treten also jetzt Ellipsen, deren Grundrißprojektionen den Breitenkreisen kongruent sind. Denkt man sich die linke Docke zunächst nach rechts verschoben, insbesondere den durch ACB dargestellten Breitenkreis, so muß man die Endpunkte A und B des zur Aufrißtafel parallelen Kreisdurchmessers bis zu den Punkten $\mathfrak{A}$ und $\mathfrak{B}$ heben, so daß an die Stelle des Durchmessers AB der längere Durchmesser $\mathfrak{A}\mathfrak{B}$ tritt. Dagegen behält der zu AB senkrechte Durchmesser des Breitenkreises die ursprüngliche Länge. An die Stelle des Breitenkreises tritt also eine Ellipse, deren Hauptachse $\mathfrak{A}\mathfrak{B}$ und

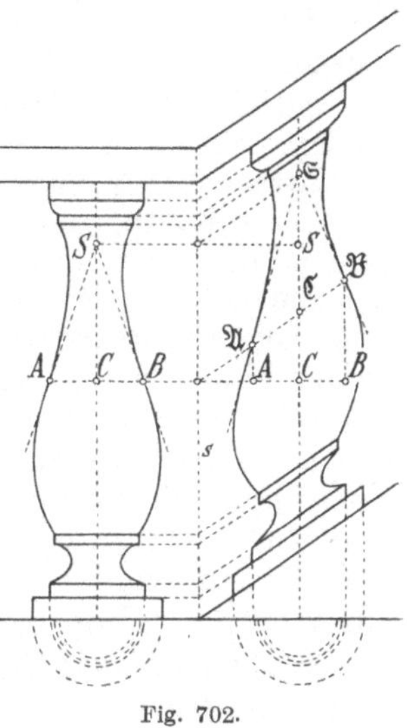

Fig. 702.

deren Nebenachse gleich dem Durchmesser des Breitenkreises ist.

Aus den in der Zeichenebene gelegenen beiden zur Drehachse symmetrischen Meridiankurven werden hierbei zwei nicht mehr zur Achse symmetrische Kurven. Offenbar gehen sie aus den ursprünglichen Kurven durch Affinität hervor (Nr. 121). Die Affinitätsachse ist die Gerade s. Zum genauen Zeichnen der Kurve bedient man sich auch der Tangenten der Punkte A und B, die sich in einem Punkte S der Körperachse treffen, indem man auch S der Affinität unterwirft, wodurch der Schnittpunkt $\mathfrak{S}$ der Tangenten von $\mathfrak{A}$ und $\mathfrak{B}$ hervorgeht.

Der zur Zeichenebene senkrechte Schnitt durch die Körperachse behält die ursprüngliche Gestalt, ist also dem Umriß der geraden Docke kongruent.

In Fig. 703 ist angedeutet, wie durch dasselbe Verfahren aus einem länglichen Rotationsellipsoid (Nr. 442) eine neue Fläche entsteht. Weil eine Ellipse vermöge der Affinität wieder in eine Ellipse übergeht (Nr. 139), ist der Querschnitt der neuen Fläche in der Zeichenebene

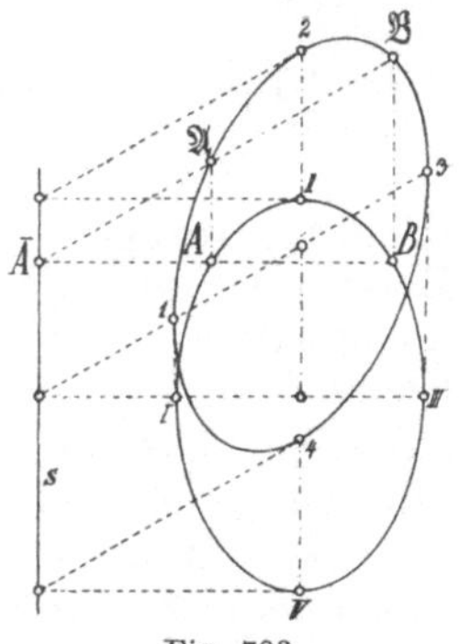

Fig. 703.

ebenfalls eine Ellipse, und die aus den Achsen $I\,III$ und $II\,IV$ der ursprünglichen Ellipse vermöge der Affinität hervorgehenden Strecken $1\,3$ und $2\,4$ sind konjugierte Durchmesser der neuen Ellipse. Der zur Zeichenebene senkrechte Querschnitt durch die Körperachse dagegen ist zur ursprünglichen Ellipse kongruent und nur nach oben verschoben.

Anmerkung: Die sogenannten windschiefen Rotationskörper wurden von G. Monge in seiner bei Nr. 201 erwähnten „Application de l'analyse à la géométrie", S. 20/21 der 5. Auflage, besprochen. Dort heißen sie balustres rampants.

458. Affinität im Raum und allgemeine Flächen zweiten Grades. Die letzten Betrachtungen geben Anlaß, hier als Anhang einige Bemerkungen einzuschalten, durch die einige frühere Betrachtungen verallgemeinert werden.

Indem wir zunächst noch bei Fig. 703 der letzten Nummer verweilen, wollen wir unter $\mathfrak{C}$ diejenige Ebene verstehen, die längs der Affinitätsachse s auf der Ebene der Zeichnung senkrecht steht. Das zur Umwandlung der ursprünglichen Fläche angewandte Verfahren, das sich ja nicht nur auf das in der Zeichenebene Gelegene, sondern auch auf die davor oder dahinter befindlichen Punkte der Fläche bezieht, also eine Konstruktion im Raum ist, besteht dann in folgendem: Aus jedem Punkt A der ursprünglichen Fläche wird ein neuer Punkt $\mathfrak{A}$ abgeleitet, indem man zuerst von A das Lot auf die Ebene $\mathfrak{C}$ fällt, dann durch seinen Fußpunkt $\bar{A}$ einen Strahl in einer bestimmten schrägen Richtung nach oben zieht und diesen Strahl mit der Lotrechten durch A in $\mathfrak{A}$ zum Schnitt bringt. Hierbei treten also drei Richtungen auf, die von $A\bar{A}$, die von $\bar{A}\mathfrak{A}$ und die von $A\mathfrak{A}$. Indem wir dies Verfahren verallgemeinern, führen wir nun die folgende Umformung aus:

Gegeben sei eine Ebene $\mathfrak{C}$; außerdem seien im Raum irgend drei bestimmte Richtungen so gewählt, daß alle drei zu einer gewissen Ebene parallel sind. Ist nun A ein beliebig im Raum angenommener Punkt, siehe Fig. 704 a, so werde durch A der Strahl in der ersten Richtung gezogen. Er treffe $\mathfrak{C}$ in $\bar{A}$. Dann werde durch $\bar{A}$ der Strahl in der zweiten Richtung und durch A der Strahl in der dritten

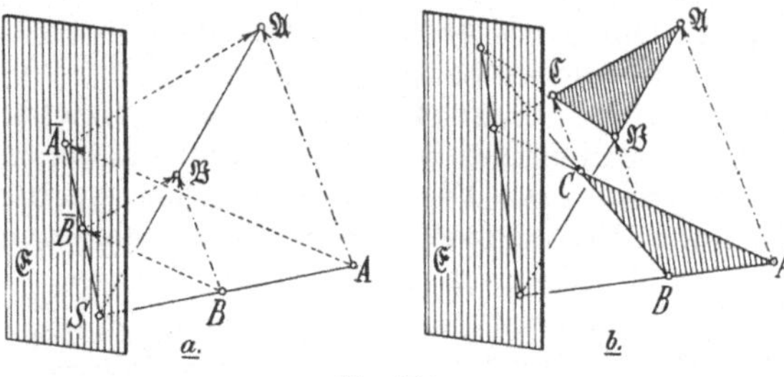

Fig. 704.

Richtung gezogen. Diese beiden Strahlen treffen sich in einem Punkt $\mathfrak{A}$. Ebenso wie auf diese Art aus A ein neuer Punkt $\mathfrak{A}$ entsteht, geht aus irgendeinem anderen Punkte B ein neuer Punkt $\mathfrak{B}$ hervor. Wenn AB die Ebene $\mathfrak{C}$ in S schneidet, erhellt, daß S der Ähnlichkeitspunkt der beiden ähnlichen Dreiecke $A\bar{A}\mathfrak{A}$ und $B\bar{B}\mathfrak{B}$ ist, d. h. zwei Punkte A und B gehen in zwei Punkte $\mathfrak{A}$ und $\mathfrak{B}$ derart über, daß die Geraden AB und $\mathfrak{A}\mathfrak{B}$ die Ebene $\mathfrak{C}$ an derselben Stelle S treffen. Durchläuft B die Gerade AS, so durchläuft also $\mathfrak{B}$ die Gerade $\mathfrak{A}S$, d. h.: Jede Gerade durch A wird in eine Gerade durch $\mathfrak{A}$ verwandelt, und einander entsprechende Geraden treffen sich auf der Ebene $\mathfrak{C}$.

Hieraus schließt man weiter, siehe Fig. 704 b: Ist außer der Ebene $\mathfrak{C}$ nur der Punkt A und der ihm zugeordnete neue Punkt $\mathfrak{A}$ gegeben (also $\bar{A}$ nicht), so findet man zu jedem Punkte B den zugeordneten Punkt $\mathfrak{B}$ so: Erstens muß $\mathfrak{B}$ auf der Parallelen zu $A\mathfrak{A}$ durch B liegen und zweitens auf derjenigen Geraden, die $\mathfrak{A}$ mit dem Schnittpunkte von AB und $\mathfrak{C}$

verbindet. Die Umformung ist also vollständig bestimmt, sobald nur die Ebene $\mathfrak{E}$ und das Punktepaar A, $\mathfrak{A}$ vorliegt.

Wenn weiterhin C irgendein Punkt und $\mathfrak{C}$ der zugeordnete ist, also $\mathfrak{C}$ einerseits auf der Parallelen zu $A\mathfrak{A}$ durch C und andererseits auf der Geraden von $\mathfrak{A}$ nach dem Schnittpunkt von AC und $\mathfrak{E}$ liegt, sind ABC und $\mathfrak{ABC}$ solche zwei Dreiecke, deren Eckpunkte zu Paaren auf parallelen Geraden $A\mathfrak{A}$, $B\mathfrak{B}$, $C\mathfrak{C}$ angeordnet sind, woraus man folgert (Nr. 131), daß sich die Seitenpaare BC, $\mathfrak{BC} - CA$, $\mathfrak{CA} - AB$, $\mathfrak{AB}$ in drei Punkten auf einer Geraden der Ebene $\mathfrak{E}$ treffen. Mithin kann man den Punkt $\mathfrak{C}$ aus C auch dadurch ermitteln, daß man nicht das Punktepaar A, $\mathfrak{A}$, sondern das Punktepaar B, $\mathfrak{B}$ benutzt: $\mathfrak{C}$ liegt einerseits auf der Parallelen zu $B\mathfrak{B}$ durch C und andererseits auf der Geraden von $\mathfrak{B}$ nach dem Schnittpunkt von BC und $\mathfrak{E}$. Das ursprüngliche Punktepaar A, $\mathfrak{A}$ kann also durch ein anderes Punktepaar B, $\mathfrak{B}$ ersetzt werden. Da sich vorhin ergab, daß allen Punkten einer Geraden durch A alle Punkte einer Geraden durch $\mathfrak{A}$ entsprechen, schließt man also allgemein: Jede Gerade überhaupt geht in eine Gerade über. Weil eine Ebene entsteht, wenn man einen Punkt A geradlinig mit allen Punkten einer Geraden BC verbindet, folgt auch: Die allen Punkten einer Ebene entsprechenden Punkte bilden ebenfalls eine Ebene. So entspricht der Ebene ABC in Fig. 704 b die Ebene $\mathfrak{ABC}$, und beide Ebenen schneiden sich in einer Geraden der Ebene $\mathfrak{E}$. Diese Ebene $\mathfrak{E}$ enthält lauter Punkte, die sich selbst entsprechen.

Demnach erfüllt die betrachtete Umformung die folgenden Gesetze:

Erstens: Jeder Punkt der Ebene $\mathfrak{E}$ entspricht sich selbst.

Zweitens: Jeder Geraden entspricht eine Gerade.

Drittens: Jeder Ebene entspricht eine Ebene.

Viertens: Einander entsprechende Punkte liegen auf parallelen Geraden.

Diese Zuordnung zwischen den Punkten A, B, $C \ldots$ und $\mathfrak{A}$, $\mathfrak{B}$, $\mathfrak{C} \ldots$ des Raumes ist eine Verallgemeinerung der Affinität in der Ebene (Nr.121), und man nennt sie eine **Affinität im Raume**. In Nr. 120 wurde zwar auch eine Betrachtung im Raum angestellt, aber dort wurden nur den Punkten einer Ebene E Punkte einer zweiten Ebene $\mathfrak{E}$ zugeordnet. Jetzt dagegen wird jedem Punkt A des Raumes ein Punkt $\mathfrak{A}$ zugeordnet.

Die in voriger Nummer betrachteten sogenannten windschiefen Rotationsflächen gehen also durch Ausübung einer gewissen besonderen Affinität im Raum aus den eigentlichen Rotationsflächen hervor. Dort nämlich war nicht nur die Ebene $\mathfrak{E}$, die als die **Grundebene der Affinität** bezeichnet werden soll, zur Drehachse parallel, sondern auch die Richtung zwischen einander zugeordneten Punkten, die als die **Richtung der Affinität** bezeichnet wird.

Eine einfache Anwendung der Affinität im Raum ist die auf die **Rotationsflächen zweiten Grades** (Nr. 442). Es wurde bewiesen, daß jeder ebene Schnitt einer derartigen Fläche ein Kegelschnitt ist. Wird diesem Kegelschnitt ein Sechseck eingeschrieben, so ist es nach Nr. 382 ein Pascalsches Sechseck. Da nun die räumliche Affinität die Ebene des Sechsecks wieder in eine Ebene überführt, bleibt das Sechseck auch nach der Umformung ein Pascalsches, d. h. auch die neue Fläche wird von der neuen Ebene in einem Kegelschnitt getroffen. Somit gilt der Satz:

Jede Rotationsfläche zweiten Grades geht vermöge räumlicher Affinität in eine Fläche über, deren ebene Schnitte ohne Ausnahme Ellipsen, Parabeln oder Hyperbeln sind. Man nennt eine Fläche, deren ebene Schnitte sämtlich Kegelschnitte sind, eine Fläche zweiten Grades. Aus den Rotationsflächen zweiten Grades gehen also vermöge räumlicher Affinität lauter Flächen zweiten Grades hervor, nämlich das Ellipsoid, das ein- und zweischalige Hyperboloid und das Paraboloid. Das einschalige Hyperboloid wurde schon in Nr. 151 und 398 betrachtet; es hat danach zwei Scharen von Geraden. Was das aus einem Rotationsparaboloid durch Affinität hervorgehende Paraboloid betrifft, so wird es das elliptische Paraboloid genannt. Nämlich durch Anwendung der Affinität auf die Rotationsflächen zweiten Grades gehen, wie man beweisen kann, überhaupt alle Flächen zweiten Grades mit einer Ausnahme hervor; diese Ausnahme ist das sogenannte hyperbolische Paraboloid, das in Nr. 152 vorkam und wie das einschalige Hyperboloid zwei Scharen von Geraden hat. Man kann es, wie schon damals bemerkt wurde, als einen Sonderfall des einschaligen Hyperboloids betrachten. Schließlich ist noch zu erwähnen, daß Rotationskegel und insbesondere Rotationszylinder vermöge der räumlichen Affinität in allgemeine Kegel und Zylinder zweiten Grades (Nr. 390) übergehen.

Mit Rücksicht auf die Ergebnisse von Nr. 442 folgt, daß der Tangentialkegel, den man von einem Punkt an eine Fläche zweiten Grades legen kann, die Fläche längs einer Ellipse. Parabel oder Hyperbel berührt. Weiter: Der Eigenschatten einer Fläche zweiten Grades bei Zentralbeleuchtung und insbesondere bei Parallelbeleuchtung hat einen Kegelschnitt als Grenzlinie, und ihr Schlagschatten auf eine Ebene wird ebenfalls durch einen Kegelschnitt begrenzt. Oder auch: Der Umriß einer Fläche zweiter Ordnung ist bei jeder Projektion ein Kegelschnitt.

Eine Gerade schneidet eine Fläche zweiter Ordnung in höchstens zwei Punkten.

Anmerkung: Nach früheren unvollkommenen Versuchen anderer hat zuerst L. Euler die allgemeinen Flächen zweiten Grades in seiner bei Nr. 129 erwähnten „Introductio in analysin infinitorum", 2. Bd. 1748, S. 373—387, in dem Kap. V „De superficiebus secundi ordinis" (Über die Flächen zweiter Ordnung) mit den Hilfsmitteln der analytischen Geometrie untersucht. In seiner bei Nr. 98 genannten „Theoria motus corporum solidorum etc." von 1765 hat er auf S. 166—203 gewisse Betrachtungen angestellt, auf denen das Verfahren beruht, durch das J. Hachette (Nr 77) die Einteilung der Flächen zweiten Grades in die oben erwähnten Arten gewann, siehe G. Monge und J. Hachette, „Application d'algèbre à la géométrie", Journal de l'Ecole polyt., 11. cah., 4. Bd. 1802, S. 143—169. Siehe auch die „Addition au mémoire précédent" von Hachette und Siméon Denis Poisson (geb. 1781 zu Pithiviers bei Loiret, Professor der Mathematik an der Universität Paris, gest. 1840 zu Paris), S. 170—172, sowie die zusammenfassende Darstellung in dem bei Nr. 377 erwähnten Buche von Hachette. Alle diese Untersuchungen beruhen auf der Anwendung der rechnenden Geometrie. Mit Hilfe der neueren Geometrie oder Geometrie der Lage (siehe die Anmerkungen zu Nr. 201 und 330) läßt sich die Einteilung aber auch rein geometrisch gewinnen.

459. Übungen. 1) Eine Hyperbel, deren Asymptoten zueinander senkrecht sind, drehe sich um eine Asymptote. Gesucht der Umriß der von dem einen Hyperbelast erzeugten Fläche bei senkrechter Projektion auf eine zur Drehachse geneigte Tafel (Nr. 432, 433).

2) Schnitt des Wulstes mit einer Ebene, die zu einer Doppel-Tangentenebene parallel ist (Nr. 435, 448).

3) Bestimmung des Schlagschattens, den eine Gerade auf eine Rotationsfläche wirft (Nr. 435).

4) Nach dem allgemeinen in Nr. 437 angegebenen Verfahren bestimme man den Eigenschatten und Schlagschatten auf einer Rotationsfläche für den Fall, wo sie im Grundriß und Aufriß dargestellt und ihre Achse zu keiner der beiden Tafeln parallel ist.

5) Ein Halbkreisbogen drehe sich um eine zu seinem begrenzenden Durchmesser parallele und in seiner Ebene gelegene Gerade so, daß das innere Stück einer Wulstfläche entsteht. Gesucht der Eigen- und Schlagschatten dieses Hohlringes in senkrechter Projektion für den Fall, wo die Achse zur Tafel parallel ist (Nr. 438).

6) Schnitt eines zweischaligen Rotationshyperboloids mit einer Ebene; die Achsen des entstehenden Kegelschnittes sollen ermittelt werden (Nr. 442).

7) Von einem Punkte aus den Tangentialkegel an ein Rotationsparaboloid zu legen und die Achsen desjenigen Kegelschnittes zu bestimmen, längs dessen der Kegel die Fläche berührt (Nr. 442).

8) Bestimmung eines Paares von Hyperboloidrädern für den Fall, daß ihre Achsen beliebig im Grundriß und Aufriß gegeben sind (Nr. 444).

9) Angenäherte Abwicklung einer Kugel mittels Ebenenstreifen, die längs der Meridiankreise aufgelegt werden (Nr. 451).

10) Bestimmung des Eigenschattens einer sogenannten windschiefen Rotationsfläche (Nr. 457). Hierbei ersetzt man die Fläche längs ihrer Ellipsen durch die sie dort berührenden Kegel, deren Spitzen auf der Flächenachse liegen.

11) Man wende die Affinität im Raum (Nr. 458) auf eine Kugel und ihre ebenen Schnitte an. Aus welchen ebenen Schnitten werden wieder Kreise?

§ 3. Schraubenlinien und Radlinien.

460. Schraubenlinien. Ein Punkt möge abwechselnd eine Drehung um eine feste Achse a und eine Schiebung parallel zur Achse machen; der Drehwinkel habe beständig dieselbe Größe α, und die Schiebungsstrecke sei beständig gleich s. Das Lot r vom Punkt auf die Achse a behält immer dieselbe Länge, d. h. der Punkt verbleibt auf einem Rotationszylinder um a. Das vom Lot r beschriebene Gebilde ist eine Wendeltreppe, siehe Fig. 705. Die Achse a wird man sich gern lotrecht denken; die Zeichnung ist eine senkrechte Projektion auf eine wenig zur Achse geneigte Tafel, herzustellen nach Nr. 88. Beträgt der Drehwinkel α den n^{ten} Teil von $360°$ (in Fig. 705 ist $n = 12$), so befindet sich die $(n + 1)^{\text{te}}$ Stufe lotrecht über der ersten. Die Wendeltreppe hat also die Periode $h = ns$, d. h. ein aus n aufeinanderfolgenden Stufen bestehendes Stück der Treppe geht vermöge einer Hebung um h in das sich daran anschließende Stück von n Stufen über. Die oberen Eckpunkte aller Stufen bilden eine Punktfolge $P_0 P_1 P_2 \ldots$ auf dem Zylinder, und bei der Abwicklung des Zylinders auf die Ebene (Nr. 249) ergibt sich daraus eine Punktfolge $(P_0)(P_1)(P_2) \ldots$ auf einer Geraden (g). Diese Gerade bildet mit derjenigen Geraden, die bei der Abwicklung aus dem Grundkreis entsteht, den durch

$$\operatorname{tg}\sigma = \frac{h:n}{2\,\pi r:n} = \frac{h}{2\,\pi r}$$

bestimmten spitzen Winkel σ. Behält man die Periode h bei, nimmt man aber statt n eine größere Anzahl an, so ergibt sich dieselbe Gerade (g). Wird die Anzahl n unendlich groß, so daß alle Stufenwinkel $\alpha = 360°:n$ und alle Stufenhöhen $s = h:n$ nach Null streben, so geht aus der Punktfolge $P_0 P_1 P_2 \ldots$ eine stetige Kurve auf dem Zylinder hervor, und durch die Abwicklung wird aus dieser Kurve die Gerade (g).

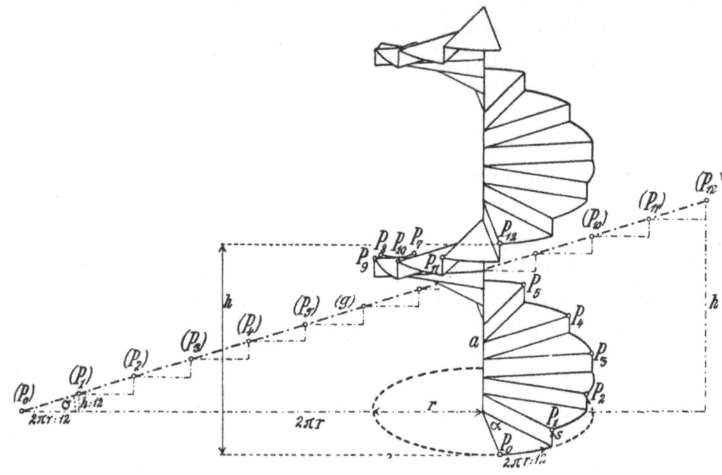

Fig. 705.

Die Kurve heißt eine gewöhnliche Schraubenlinie, die Achse a die Schraubenachse, die Periode h die Ganghöhe, der Winkel σ der Steigwinkel, $\operatorname{tg}\sigma$ die Steigung und r der Radius der Schraubenlinie. Unter einem Schraubengang versteht man ein Stück der Schraubenlinie, das die Ganghöhe h hat. Seine Länge ist $h : \sin\sigma$.

Hiernach ist eine Schraubenlinie eine Kurve, in die eine Gerade der Ebene bei der Verbiegung der Ebene zu einem Rotationszylinder übergeht. Da gewisse Geraden der Ebene in die Mantellinien und die zu ihnen senkrechten Geraden in die Kreise des Zylinders verwandelt werden, muß man die Mantellinien und Kreise des Zylinders zu seinen Schraubenlinien rechnen; sie sind die Schraubenlinien mit den Steigwinkeln 90° und 0°. Von diesen einfachen Sonderfällen sehen wir ab. Die Schraubenlinien sind beiderseits endlos; jedes beliebig lange Stück einer Schraubenlinie kann in jedes andere gleichlange Stück durch Drehung um a und Schiebung längs a übergeführt werden, d. h. eine Schraubenlinie ist überall mit sich selbst kongruent. Außerdem gibt es, wie sich beweisen läßt, keine überall mit sich selbst kongruenten Kurven, wenn man berücksichtigt, daß die Geraden und Kreise zu den Schraubenlinien gehören.

Man kann auch sagen: Eine Schraubenlinie ist eine Kurve, die alle Kreise eines Rotationszylinders unter demselben

Winkel σ oder alle Mantellinien eines Rotationszylinders unter demselben Winkel $90° - \sigma$ durchsetzt, d. h. sie ist eine Loxodrome des Rotationszylinders (Nr. 452). Oder auch: Eine Schraubenlinie ist eine solche Kurve auf einem Rotationszylinder, deren Tangenten mit der Ebene des Grundkreises des Zylinders einen konstanten Winkel σ bilden. Man sagt auch, daß ein Punkt auf dem Rotationszylinder eine Schraubenlinie beschreibt, wenn er sich so bewegt, daß die Hebung (Schiebung parallel zur Achse) beständig proportional zur Drehung um die Achse ist. Nach Nr. 252 kann man auch sagen: Die Schraubenlinien sind die geodätischen Linien der Rotationszylinder. Zwei Punkte A und B eines Rotationszylinders gehen bei der Abwicklung in zwei Punkte (A) und (B) der Ebene über. Da man nun die Abwicklung durch weiteres Abrollen des Zylinders auf der Ebene beliebig oft wiederholen kann, läßt sich der Punkt (B) auch durch irgendeinen derjenigen Punkte ersetzen, die aus ihm durch Verschieben um ein beliebiges ganzes Vielfaches des Zylinderumfanges $2\pi r$ in der Rollrichtung hervorgehen. Die Geraden, die (A) mit allen diesen Punkten verbinden, gehen vermöge der Verbiegung der Ebene zum Zylinder in lauter Schraubenlinien über, die von A nach B verlaufen. Deshalb gibt es zwischen zwei beliebig gewählten Punkten A und B des Rotationszylinders unendlich viele geodätische Linien (nur dann nicht, wenn A und B auf demselben Kreise liegen), aber nur die steilste unter ihnen ist die kürzeste Linie auf dem Zylinder von A bis B.

Man unterscheidet rechts- und linksgewundene Schraubenlinien. Durchläuft nämlich ein Punkt P eine Schraubenlinie, so dreht sich die durch ihn gehende Mantellinie in einem gewissen Sinne um die Achse a, während der Punkt P zugleich längs der Mantellinie in einem gewissen Sinne fortschreitet. Bringt man nun auf der Achse einen Pfeil derart an, daß die Drehung für die Betrachtung im Pfeilsinne wie die des Uhrzeigers erfolgt, so geschieht Schiebung entweder in der Sehrichtung oder umgekehrt, Im ersten Fall heißt die Schraubenlinie rechtsgewunden, im zweiten linksgewunden. Dieselbe Unterscheidung gilt für die Wendeltreppe; die in Fig. 705 ist rechtsgewunden. Die Schrauben, von denen später (in Nr. 484—486) die Rede sein wird, sind meistens rechtsgewunden. Die Schraubenlinien von der Ganghöhe Null, nämlich die Kreise des Zylinders, stellen den Übergang von den rechtsgewundenen zu den linksgewundenen Kurven dar.

Anmerkung: In der analytischen Geometrie des Raumes bezeichnet man als allgemeine Schraubenlinien alle Kurven, deren Tangenten mit einer festen Ebene einen konstanten Winkel bilden, auch wenn die Kurven nicht auf Rotationszylindern verlaufen, die auf der Ebene senkrecht stehen. Diese Kurven sind die Grate der Böschungsflächen (Nr. 424). Technisch sind aber nur die oben besprochenen sogenannten gewöhnlichen Schraubenlinien für die Herstellung von Schrauben zu verwenden. Da wir uns auf sie beschränken werden, können wir auf das Beiwort: gewöhnlich verzichten.

Selbstverständlich waren die gewöhnlichen Schraubenlinien schon im Altertum bekannt. Sie kommen z. B. bei dem von Archimedes (Nr. 73) ersonnenen Wasserhebewerk, der Archimedischen Schraube, vor, worüber der griechische Geschichtsschreiber Diodoros in seiner „Bibliothek" I, 34 und V, 37 berichtet. Ein gewisser Geminus von Rhodos, über dessen Lebenszeit man nichts Näheres weiß, hat nach einer Erzählung des Proklus (siehe die bei Nr. 84 genannte Ausgabe S. 112/113 und 251) gewußt, daß es außer den Geraden, Kreisen und gewöhnlichen Schraubenlinien keine Kurven gibt, die zu sich selbst in allen Teilen kongruent sind. Die Schraubenlinien Spiralen zu nennen, wie es oft geschieht, ist zu beanstanden, weil diese Bezeichnung auf vielerlei verschiedene Kurven angewandt wird, namentlich auf viele ebene Kurven.

461. Die zur Ganghöhe der Schraubenlinie gehörige Kegelhöhe. Bevor gezeigt wird, wie man eine Schraubenlinie am besten zeichnet, sind einige Hilfsmittel zu entwickeln. Dazu gehört vor allem ein Kegel, dessen Mantellinien zu allen Tangenten der Schraubenlinie parallel sind und der also ein Rotationskegel ist. Wird die Spitze K des Kegels auf der Schraubenachse a angenommen, so ist diese Achse auch die des Kegels. Insbesondere pflegt man die Spitze K so auf der Achse a zu wählen, daß der Grundkreis des Zylinders auch als Grundkreis des Kegels dienen kann. Die Höhe k der Spitze K über dem Mittelpunkte M des Grundkreises ergibt sich dann aus der Bedingung $k : r = \mathrm{tg}\,\sigma$, so daß wegen $\mathrm{tg}\,\sigma = h : 2\pi r$ die Proportion gilt:

$$\frac{k}{h} = \frac{r}{2\pi r} = \frac{1}{2\pi},$$

d. h. k verhält sich zu h wie der Radius eines Kreises zu seinem Umfang. Wir nennen k die zur Ganghöhe h gehörige Kegelhöhe und den Kegel den zur Schraubenlinie gehörigen Kegel. Die Kegelhöhe k ist vom Radius r des Zylinders unabhängig. Stellt MN in Fig. 706 die Schraubenachse mit der Ganghöhe dar, so bekommt man die Kegelspitze k am bequemsten, indem man von M aus irgendwie einen Maßstab anlegt, von ihm die Stellen 1 und $2\pi = 6,283\ldots$ auf das Zeichenblatt überträgt, die zweite Stelle mit N verbindet und durch die erste Stelle die Parallele zur Verbindenden zieht. Diese Parallele schneidet MN in K. Handelt es sich um eine senkrechte oder schiefe Parallelprojektion der Schraubenlinie, so wird die Kegelhöhe k in demselben Verhältnis verkürzt

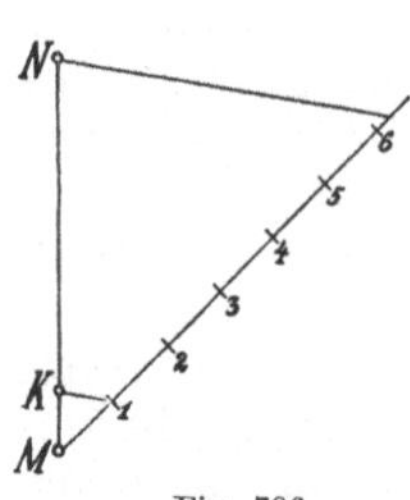

Fig. 706.

oder verlängert wie die Ganghöhe h. Im Fall der Perspektive gilt dies nur dann, wenn die Schraubenachse a zur Tafel parallel ist (Nr. 294). Bei flüchtigen Skizzen reicht es aus, π durch 3 zu ersetzen, also k gleich einem Sechstel der Ganghöhe zu wählen, aber diese Annäherung ist für genaue Zeichnungen zu roh. Dagegen genügt es meistens, π durch $3\frac{1}{7}$ zu ersetzen.

Mit Hilfe des Kegels ergibt sich nun die Tangente p eines Punktes P der Schraubenlinie so: Sie liegt in der Ebene, die den Zylinder längs der durch P gehenden Mantellinie berührt. Ist Q, siehe Fig. 707, der Fußpunkt dieser Mantellinie, d. h. ihr Schnittpunkt mit dem Grundkreis, so schneidet die Tangentenebene die Grundebene in der Tangente q des Kreispunktes Q. Die zur Tangentenebene parallele Ebene durch die Schraubenachse schneidet den Grundkreis in der Parallelen zu q durch M und den Kegel in zwei Mantellinien KR und KS. Dies sind die einzigen Geraden durch K, die mit der Grundebene den Winkel σ bilden und zur Tangentenebene von P parallel sind. Folglich muß die gesuchte Tangente p von P zu KR oder KS parallel sein. Welche von beiden Mantellinien zu nehmen ist, richtet sich nach der Art der Windung der Schraubenlinie: Die Kreisbogen QR und QS sind in Wahrheit Viertelkreise. Wenn sich nun P auf derselben Seite der

Grundebene befindet wie die Kegelspitze K und die Schraubenlinie
rechtsgewunden ist, geht man von MQ im Sinne des Uhrzeigers — von K
aus gesehen — durch einen rechten Winkel bis MR,
andernfalls im entgegengesetzten Sinne bis MS.
Stellt man sich vor, die Schraubenlinie werde von
einem Punkte P so durchlaufen, daß er sich von
der Grundebene entfernt und zwar nach derselben
Seite hin, auf der die Kegelspitze K liegt, so entspricht dem eine gewisse Drehung von Q. Man
sieht dann: Der in Betracht kommende Punkt R
wird aus dem Fußpunkte Q gewonnen, indem
man auf dem Grundkreise von Q aus durch
einen Viertelkreis zurückgeht. Wenn die
Zeichnung wie in Fig. 707 in senkrechter Projektion oder allgemeiner in irgendeiner Parallelprojektion entworfen ist, erscheinen MQ und MR
als konjugierte Halbmesser der Bildellipse des
Grundkreises (Nr. 72, 133). Nachdem man R gefunden hat, zieht man die gesuchte Tangente p
als Parallele zu KR durch P. Der Schnittpunkt T

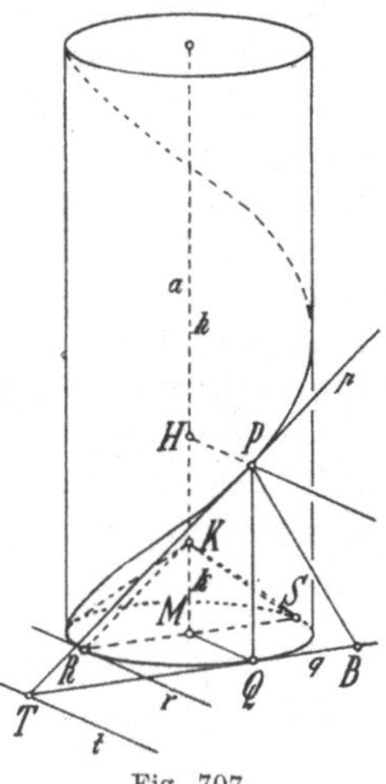

Fig. 707.

von p mit q ist der Punkt, in dem die Tangente p die Grundkreisebene
schneidet.

Anmerkung: Die zur Ganghöhe h gehörige Kegelhöhe $k = h : 2\pi$ wird meistens
die reduzierte Ganghöhe genannt. Das ist eine gespreizte und eigentlich sinnlose
Redeweise, denn folgerichtig müßte man dann auch den Radius eines Kreises den redu-
zierten Kreisumfang nennen. Der Kegel wird von Wilhelm Otto Fiedler (geb. 1832
zu Chemnitz, Lehrer an der Gewerbeschule ebenda, dann Professor der darstellenden
Geometrie an der deutschen technischen Hochschule Prag und am Eidgenössischen Poly-
technikum, gest. 1912 in Zürich) der Richtungskegel genannt. Wir benutzen diese
Gelegenheit um auf ein bisher nicht erwähntes Werk Fiedlers hinzuweisen, das für die
neuere Geschichte der darstellenden Geometrie von Bedeutung ist und dessen Eigenart
aus seinem Titel hervorgeht: „Die darstellende Geometrie in organischer Verbindung mit der Geometrie der Lage", 1. Aufl. Leipzig 1871, später in drei Bänden,
1. Teil 4. Aufl. 1904, 2. u. 3. Teil 3. Aufl. 1885 und 1888, die Kegelhöhe insbesondere auf
S. 84 des 2. Teils.

462. Schmiegungsebenen und Schmiegungsellipsen der Schraubenlinie.
Indem wir die Bezeichnungen der letzten Nummer beibehalten, verstehen
wir unter P' einen zu P unendlich benachbarten Punkt der Schraubenlinie. Dazu gehören Punkte Q' und R', die zu Q und R unendlich benachbart sind, und die Tangente p' von P' ist zu KR' parallel. Nun ist
die Tangente p von P als die Gerade durch P und P' aufzufassen, entsprechend die Tangente p' von P' als die Gerade durch P' und einen
folgenden unendlich benachbarten Punkt P'' der Kurve. Beide Tangenten haben den Punkt P' gemein. Sie bestimmen nach Nr. 231 die
Schmiegungsebene des Kurvenpunktes P (ob man sagt, sie sei die
Schmiegungsebene von P oder die von P', ist einerlei, da P' unendlich
nahe bei P liegt). Die Schmiegungsebene ist parallel zur Ebene von KR
und KR', und diese Ebene ist als die Tangentenebene des Kegels längs
der Mantellinie KR aufzufassen. Sie schneidet die Grundebene in der
Tangente r des Grundkreispunktes R, die zu MQ parallel ist, siehe
Fig. 707 der letzten Nummer. Folglich schneidet die Schmiegungsebene
von P die Grundebene in der zu r parallelen Geraden t durch T, die
in Wahrheit zu q senkrecht ist.

Da q die senkrechte Projektion von p auf die Grundebene ist, stellt p eine Fallinie der Schmiegungsebene gegenüber der Grundebene dar (Nr. 17). Nach Nr. 231 heißt die in der Schmiegungsebene gelegene, durch P gehende und zur Tangente p senkrechte Gerade die **Hauptnormale** des Kurvenpunktes P. Sie ist also die durch P gehende Höhenlinie der Schmiegungsebene, d. h. das Lot PH von P auf die Schraubenachse a. Ferner ist nach Nr. 231 die **Binormale** des Kurvenpunktes P die auf der Tangente p und auch auf der Schmiegungsebene senkrecht stehende Gerade durch P. Sie befindet sich also in der Tangentenebene des Zylinders und schneidet die Grundebene in einem Punkte B von q derart, daß $\sphericalangle TPB$ in Wahrheit ein rechter Winkel ist.

Die Schmiegungsebene von P ist als die Ebene durch die drei unendlich nahe aufeinanderfolgenden Kurvenpunkte P, P', P'' aufzufassen. Sie schneidet den Zylinder in einer Ellipse e durch P, P', P'', die also

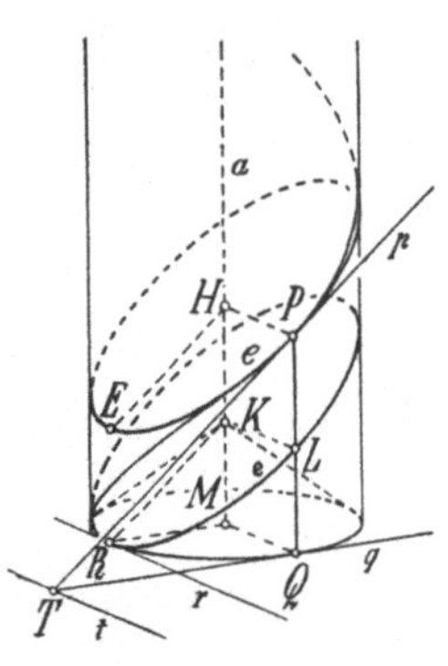

mit der Schraubenlinie zwei unendlich nahe aufeinanderfolgende Punkte P, P' und ihre Tangenten p, p' gemein hat und sich daher in P besonders innig an die Kurve anschmiegt. Sie heißt die **Schmiegungsellipse** des Kurvenpunktes P. Ihr Mittelpunkt ist der Punkt H der Schraubenachse. Um die Schmiegungsellipse zu zeichnen, geht man am besten zum zugehörigen Kegel über, denn die Schmiegungsebene ist zu der den Kegel längs der Mantellinie KR berührenden Ebene parallel, und diese Ebene schneidet den Zylinder in einer Ellipse $\mathfrak{e}$ mit dem Mittelpunkte K, die parallel um KH verschoben in die Ellipse e übergeht,

Fig. 708.

siehe Fig. 708. Die Ellipse $\mathfrak{e}$ hat in Wahrheit KR als halbe Hauptachse und den zu MQ parallelen Radius KL des Zylinders als halbe Nebenachse. Demnach ist die zu KR parallele und gleichlange Strecke HE die halbe Hauptachse und HP die halbe Nebenachse der Schmiegungsellipse e. Wenn wie in Fig. 708 eine senkrechte Projektion oder allgemeiner eine Parallelprojektion vorliegt, sind HE und HP konjugierte Halbmesser des Bildes der Schmiegungsellipse e.

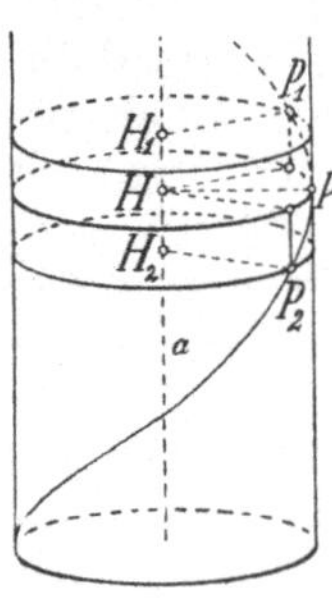

Zum Zwecke der Zeichnung der Schraubenlinie benutzt man die Schmiegungsellipse insbesondere für die **Scheitel** der Bildkurve. Das sind die auf den äußersten Mantellinien des Zylinders gelegenen Punkte P der Kurve. In der Tat, man wähle außer dem Kreisschnitt des Zylinders durch eine derartige Stelle P, siehe Fig. 709, zwei Kreisschnitte, deren Mittelpunkte H_1 und H_2 um gleichviel höher und tiefer als der Mittelpunkt H des Kreisschnittes durch P liegen. Da zu gleichen Hebungen gleich große Drehungen gehören, erhellt sofort, daß die zugehörigen Punkte P_1 und P_2 der Kurve im Bilde

Fig. 709.

symmetrisch zur Geraden HP gelegen sind, sobald es sich wie hier um eine senkrechte Projektion handelt. **Bei senkrechter Projektion ist also das Lot von einem auf einer Umrißmantellinie des Zylinders gelegenen Punkte der Schraubenlinie auf die Schraubenachse eine Symmetriegerade des Kurvenbildes, der Punkt selbst mithin ein Scheitel** (Nr. 409).

Für diese Scheitel P lassen sich die Schmiegungsellipsen, ohne daß man diese wirklich zeichnet, wie folgt verwerten: Der zu P gehörige Fußpunkt Q ist einer der Endpunkte der Hauptachse der Ellipse, als die sich der Grundkreis darstellt, siehe Fig. 710, also der Punkt R einer der Endpunkte der Nebenachse. Mithin ist jetzt KR zu HP senkrecht, d. h. die Schmiegungsellipse e des Scheitels P hat jetzt auch im Bilde HE $(= KR)$ und HP als Halbachsen, so daß P im Bild ebenfalls ein Scheitel von e ist. Ohne die Ellipse e zu zeichnen (sie ist in Fig. 710 nur der besseren Anschauung halber dargestellt), bestimmt man nun mit Hilfe des ihr umschriebenen Rechtecks nach Nr. 81 den Mittelpunkt des Krümmungskreises von P. Dieser Krümmungskreis ist dann zugleich der **Krümmungskreis des Bildes der Schraubenlinie für den Scheitel P.**

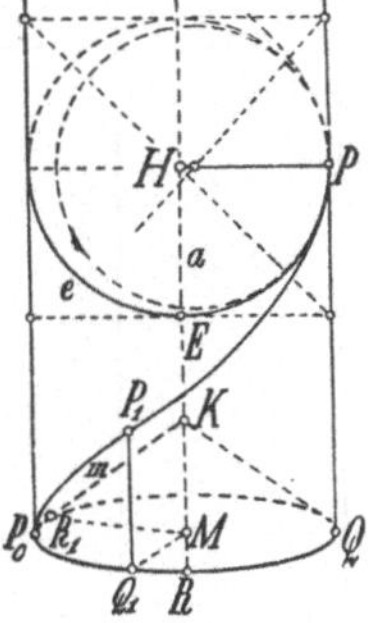

Fig. 710.

Das Bild der Schraubenlinie kann Wendepunkte haben. Nach Nr. 411 ist ein Wendepunkt dadurch gekennzeichnet, daß die Art der Drehung der Tangente beim Durchlaufen des Wendepunktes umkehrt. Die Tangenten der Schraubenlinie sind aber zu den Mantellinien des Kegels parallel, und beim Durchlaufen des Grundkreises kehrt in der Zeichnung die Drehung der zugehörigen Mantellinie dann um, wenn sie eine äußerste Mantellinie ist. In Fig. 710 hat der Kegel in der Tat äußerste Mantellinien; eine von ihnen ist KR_1. Man bekommt daher einen Wendepunkt des Bildes der Schraubenlinie, wenn man den zugehörigen Punkt P_1 der Kurve bestimmt. Dies geschieht, indem man auf dem Grundkreise von R_1 aus einen Viertelkreisbogen vorwärts zurücklegt, wodurch man zu einem Fußpunkte Q_1 gelangt. In der Zeichnung sind MR_1 und MQ_1 konjugierte Halbmesser des Grundkreisbildes, und da KR_1 die Ellipse in R_1 berührt, ergibt sich also MQ_1 einfach als Parallele zu KR_1 durch M. Die von Q_1 ausgehende Mantellinie des Zylinders enthält folglich einen Wendepunkt P_1 des Bildes der Schraubenlinie, und die Wendetangente ist zu KR_1 parallel. Will man den Wendepunkt P_1 genau ermitteln, so hat man die Länge des Bogens vom Anfangspunkte P_0 der Schraubenlinie bis Q_1 auf dem Grundkreise festzustellen, selbstverständlich nicht auf der Ellipse, sondern auf dem Grundkreise selbst, der sich durch Umlegen um den Durchmesser P_0Q ergibt (Nr. 88). Die gesuchte Höhe Q_1P_1 muß sich zur halben Ganghöhe im Bilde, d. h. zu MH, wie die Länge des ermittelten Kreisbogens zur Länge des Halbkreises verhalten.

Die Kegelspitze K kann jedoch unter Umständen in der Zeichnung innerhalb des Bildes des Grundkreises liegen. Dann hat der Kegel keine äußersten Mantellinien (Nr. 94), und folglich kommen dann dem Bilde der Schraubenlinie keine Wendepunkte zu. Dieser Fall wird in der nächsten Nummer auftreten, ebenso der Übergangsfall, wo K in der Zeichnung gerade auf dem elliptischen Bilde des Grundkreises liegt. Tritt dies ein, so gibt es eine Mantellinie des Kegels, die in der Projektion nur als Punkt erscheint, also auf der Tafel senkrecht steht. Da die Tangenten der Schraubenlinie zu den Mantellinien parallel sind, bedeutet dies, daß es dann **Punkte der Schraubenlinie gibt, die zur Tafel senkrechte Tangenten haben.**

463. Schraubenlinie in beliebiger senkrechter Projektion. Nach dem soeben Gesagten ergeben sich drei wesentlich verschiedene Gestalten für die senkrechte Projektion einer Schraubenlinie, je nachdem die Spitze K des Kegels in der Zeichnung außerhalb des Grundkreises oder gerade auf ihm oder im Innern des Grundkreises liegt. Um alle drei Fälle darzustellen, geht man in Fig. 711 von einem Axialschnitte des Zylinders

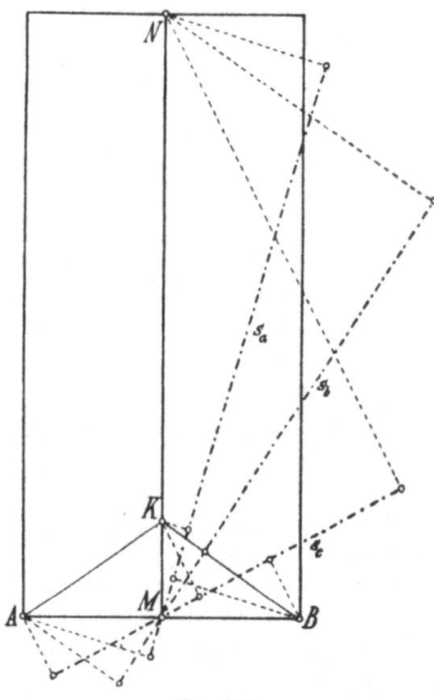

Fig. 711.

aus. Hier bedeute MN die Ganghöhe h und AB den Durchmesser $2r$ des Zylinders. Die Kegelspitze K wird nach Fig. 706 von Nr. 461 bestimmt. Das Lot von M auf die Mantellinie KB des Kegels ist die mit s_b bezeichnete Gerade. Ferner ist s_a eine weniger als s_b und s_c eine mehr als s_b zur Achse geneigte Gerade durch M. Die drei Fälle ergeben sich nun, wenn man die Schraubenlinie auf diejenigen Ebenen senkrecht projiziert, die längs s_a, s_b, s_c auf der Ebene des Axialschnittes senkrecht stehen. Indem man von N und K auf s_a, s_b, s_c die Lote fällt, bekommt man jedesmal die Länge der Ganghöhe h und der Kegelhöhe k im Bilde.

In Fig. 712 a, b, c wird zunächst der Grundkreis als Ellipse dargestellt. Ihre Hauptachse ist gleich AB, ihre Nebenachse gleich der senkrechten Projektion von AB auf s_a, s_b, s_c in Fig. 711. Dann zeichnet man die Kegelspitze K und die verkürzte Ganghöhe MN ein, indem man die Maße aus Fig. 711 von s_a, s_b, s_c entnimmt. Sollen insgesamt acht Punkte eines Schraubenganges ermittelt werden, so ist der Grundkreis in acht gleiche Teile zu zerlegen. Die Teilpunkte $1'$, $2'$ ... $8'$ ergeben sich nach Fig. 129 von Nr. 88 aus der (nicht dargestellten) Umlegung des Grundkreises. Ferner wird MN entsprechend in acht gleiche Teile zerlegt, wodurch die Punkte I, II ... VIII hervorgehen. Nun bekommt man die zugehörigen Punkte $1, 2$ ... 8 des Schraubenganges, indem man die Strecken MI, MII ... von $1', 2'$ ... aus auf den Mantellinien des Zylinders aufträgt. Dabei wird $I1$ zu $M1'$, ebenso $III3$ zu $M3'$ usw. parallel. Damit die Gestalt der Kurve besser hervortrete, ist der Schraubengang noch um je eine Hälfte nach oben und nach unten hin fortgesetzt. Dies geschieht durch Spiegelung der Punkte an den Symmetriegeraden $M0$ und $N8$. Bevor man die Kurve auszieht, bestimmt man die Tangenten ihrer Punkte und die Krümmungskreise ihrer Scheitel. Die Tangente des Punktes 3 z. B. ergibt sich nach Nr. 461, wenn man vom Fußpunkte $3'$ um einen Viertelkreis zurückgeht, also bis $1'$. Also ist die Tangente die Parallele zu $K1'$ durch 3. Zur Vermeidung einer Überladung der Figur sind die übrigen Tangenten nicht eingezeichnet. Die Krümmungskreise der Scheitel $0, 4, 8$ ergeben sich nach voriger Nummer, wie es bei den Punkten 4 und 8 gezeigt ist (der Krümmungskreis von 0 ist so groß wie der von 8): Man stellt die Rechtecke her, die einerseits $IV4$ und $VIII8$ als halbe Mittellinie und andererseits eine Strecke gleich $K\,2'$ und $K\,6'$ als halbe Mittellinie haben, und fällt jedesmal von einer Ecke des Rechtecks das Lot auf eine Diagonale. So gehen die Krümmungsmittelpunkte K_4 und K_8 hervor. Die Kurve wird in der Umgebung der Scheitel durch die Bogen ihrer Krümmungskreise ersetzt.

Im Fall b ist zu bemerken, daß, weil K hier mit $6'$ zusammenliegt, die Tangenten in den Punkten 0 und 8 zur Tafel senkrecht sind und

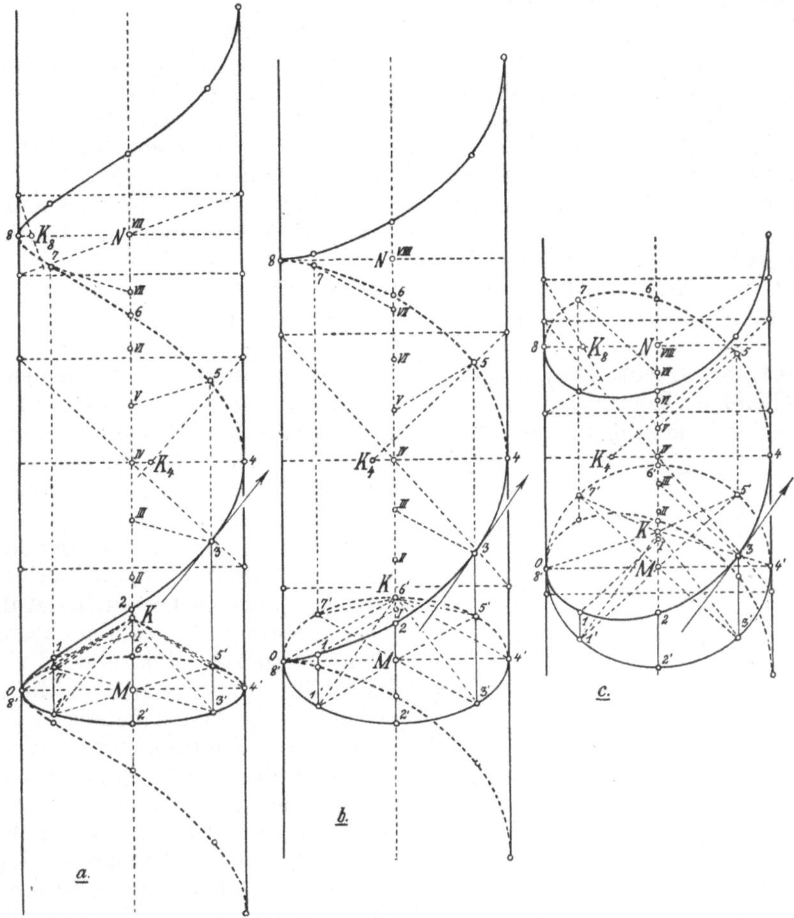

Fig. 712.

die halben Nebenachsen der Schmiegungsellipsen von 0 und 8 zu Null werden, somit diese Ellipsen nur als die Strecken $M\,0$ und $N\,8$ erscheinen und die Radien der Krümmungskreise von 0 und 8 gleich Null werden. Die Schmiegungsebenen dieser Punkte stehen mithin auf der Tafel senkrecht. Da sich die Kurve diesen Ebenen anschmiegt, gehen infolgedessen in den Punkten 0 und 8 des Falles b Spitzen der Kurve hervor. Dies steht im Einklange mit Nr. 411. Wenn nämlich ein Punkt R den Grundkreis durchläuft, ändert die Mantellinie von K nach R ihren Sinn in den entgegengesetzten, sobald der Punkt R durch die Stelle $6'$ geht, weil $6'$ mit K zusammenfällt. Da die Mantellinien zu den Tangenten der zugehörigen Kurvenpunkte P parallel sind, folgt also auch hieraus, daß der Sinn der Tangente der Kurve in 0 und 8 in den entgegengesetzten übergeht, daher Spitzen auftreten.

Im Fall a hat das Bild der Schraubenlinie nach voriger Nummer Wendepunkte, dagegen im Falle b und c nicht. Die Folge davon ist die **geschweifte Form** der Kurve im Fall a, die **gespitzte Form** im Falle b und die **verschlungene Form** im Falle c. Nur im Falle c hat das Bild der Schraubenlinie Deckstellen.

Aus der Darstellung im Falle b ist noch ein Schluß zu ziehen: Die Schmiegungsebene des Punktes 8 steht hier, wie gesagt, auf der Tafel senkrecht, indem sie als die Gerade $8\,VIII$ erscheint. Die Schraubenlinie verläuft **vor** der Stelle 8 unterhalb und **nach** der Stelle 8 oberhalb der Schmiegungsebene. Entsprechendes trifft überall zu, da die Schraubenlinie überall mit sich selbst kongruent ist (Nr. 460), nur tritt es an anderen Stellen in der Zeichnung nicht in Erscheinung. **Obgleich sich also die Kurve in jedem Punkte der Schmiegungsebene des Punktes besonders innig anschmiegt, durchsetzt sie dort zugleich diese Ebene.** Dies gilt übrigens, nebenbei bemerkt, im allgemeinen auch für beliebige Raumkurven.

464. Senkrechte Projektionen der Schraubenlinie auf die Ebenen des begleitenden Achsenkreuzes. Wird die Tangente eines Punktes P der Schraubenlinie mit t, seine Hauptnormale mit h und seine Binormale

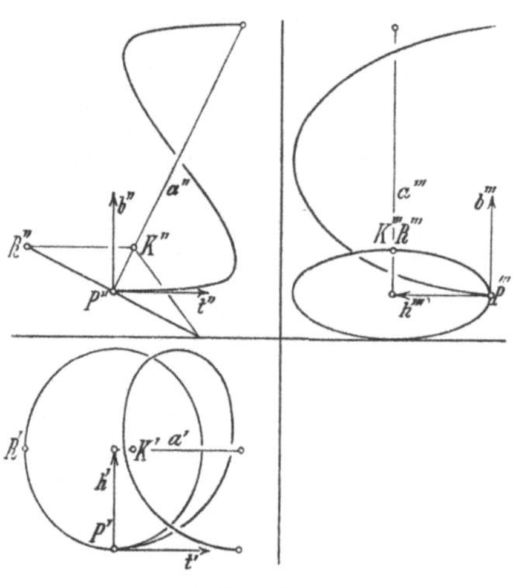

Fig. 713.

mit b bezeichnet (so daß also augenblicklich h nicht die Ganghöhe bedeute), so sind die drei Ebenen $(t,\,h)$, $(t,\,b)$ und $(h,\,b)$ zueinander senkrecht. Zu ihnen parallele Ebenen können daher als Grundriß-, Aufriß- und Kreuzrißtafel benutzt werden. Dann ergeben sich die drei in Fig. 713 dargestellten Abbildungen. Man hat die Schraubenachse a parallel zur Aufrißtafel so zu zeichnen, daß eine der äußersten Mantellinien $K''R''$ des zugehörigen Kegels im Aufriß zur Grundrißtafel parallel wird. Denn wenn man dann den vordersten Punkt P des Grundkreises als Ausgangspunkt der Schraubenlinie wählt, ist die Tangente t von P als Parallele zu RK zur Grundriß- und Aufrißtafel parallel und seine Hauptnormale h als das Lot von P auf a zur Grundriß- und Kreuzrißtafel parallel. In Fig. 713 ist nur ein Schraubengang dargestellt. Im Grundriß hat er die verschlungene Form, im Aufriß die geschweifte und im Kreuzriß die gespitzte Form.

465. Verschraubung eines beliebigen Punktes um eine beliebige Achse. Durch ihren Grundriß und Aufriß sei eine beliebige Achse a und ein beliebiger Punkt P_0 gegeben, siehe Fig. 714. Außerdem sei eine Strecke MN (links dargestellt) als Ganghöhe vorgeschrieben. Dann soll der Punkt P_0

eine etwa rechtsgewundene Schraubenlinie um die Achse a mit der gegebenen Ganghöhe MN durchlaufen.

Zunächst ist der Grundkreis festzustellen. Seine Ebene ist die zu a senkrechte Ebene durch P_0, und sie wird durch ihre von P_0 ausgehenden Hauptlinien h und k bestimmt, wobei $h' \perp a'$ und $k'' \perp a''$ ist (Nr. 202). Der Schnittpunkt M dieser Ebene mit a ergibt sich, indem man etwa als Hilfsebene die zur Aufrißtafel senkrechte Ebene durch a benutzt, und dieser Punkt ist der Fußpunkt des Lotes r von P_0 auf a (Nr. 203), also der Mittelpunkt des Grundkreises der Schraubenlinie. Die wahre Länge des Radius r dieses Kreises ergibt sich, indem man MP_0 durch Drehung in die Lage $M(P_0)$ zur Grundrißtafel parallel macht (Nr. 204), so daß $M_0(P_0') = r$ ist. Der Grundkreis stellt sich in beiden Projektionen als Ellipse mit der Hauptachse $2r$ dar. Die Hauptachse $I'III'$ im Grundriß ist zu a' und die Hauptachse $II''IV''$ im Aufriß zu a'' senkrecht, so daß man die Nebenachsen der Ellipsen in bekannter Weise findet. (Nr. 245). Sollen nur vier Punkte eines Schraubenganges ermittelt werden, so hat man die zueinander in Wahrheit senkrechten Kreisradien zu zeichnen, zu denen MP_0 gehört. Sie liegen auf den im Bilde konjugierten Durchmessern P_0Q_2 und Q_1Q_3 (der Punkt Q_0 fällt mit P_0 zusammen), und man bestimmt sie am genauesten, indem man den Grundkreis um den Durchmesser $I\,III$ bzw. $II\,IV$ soweit umlegt, bis er zur Grundrißtafel bzw. Aufrißtafel parallel wird, dann in der Umlegung zueinander senkrechte Durchmesser zieht und überdies die Konstruktion der Ellipse aus konzentrischen Kreisen (Nr. 73) benutzt. Eigentlich werden also die elliptischen

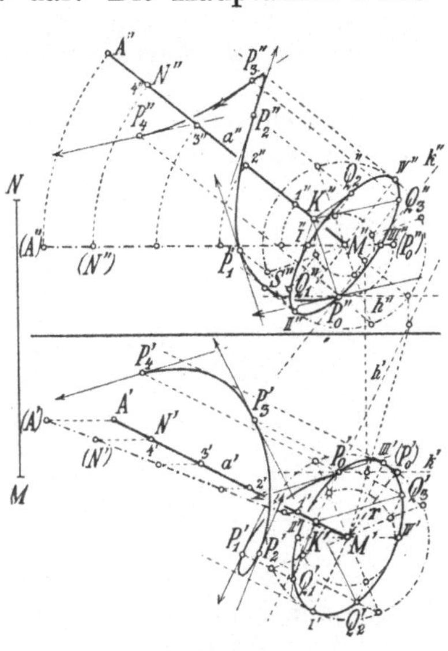

Fig. 714.

Bilder des Grundkreises gar nicht gebraucht; sie sind nur der größeren Anschaulichkeit halber angegeben. Zu beachten ist, daß man im Grundriß und Aufriß die Punkte Q_1, Q_2, Q_3 richtig zusammengehörig ermittelt. Man muß sich danach richten, wie die Punkte I, II, III, IV aufeinander folgen.

Weiterhin ist festzustellen, wie lang die gegebene Ganghöhe MN im Grundriß und Aufriß erscheint, d. h. man hat MN auf a' und a'' so aufzutragen, daß $M'N'$ und $M''N''$ die Projektionen von MN sind. Dies geschieht nach Nr. 204, indem man zunächst irgendeinen Punkt A auf a annimmt und MA so dreht, daß die gedrehte Strecke $M(A)$ zur Grundrißtafel parallel liegt, also $M'(A')$ die wahre Länge von MA angibt. Man trägt die Strecke MN von M' aus auf $M'(A')$ bis (N') auf und bestimmt daraus durch Zurückdrehen N' und N''. Es ist gut, auf dieselbe Weise auch die Viertel der Ganghöhe festzustellen, wodurch man zu den Punkten $1, 2, 3, 4$ auf a kommt (der Punkt 4 fällt mit N zusammen). Die zur Grundriß- und Aufrißzeichnung gehörigen Kegelhöhen $M'K'$ und $M''K''$ werden nach Nr. 461 ermittelt.

Man kann nun die beiden Projektionen der Schraubenlinie unabhängig voneinander zeichnen. So bekommt man die Punkte P_1', P_2', P_3', P_4' des Grundrisses, indem man von Q_1', Q_2', Q_3', Q_4' (oder P_0') aus die Strecken $M'1'$, $M'2'$, $M'3'$, $M'4'$ parallel zu a' einzeichnet. Die Tangenten dieser Punkte ergeben sich nach Nr. 461 mit Hilfe des Kegels, so z. B. die von P_3', indem man zu $K'Q_2'$ die Parallele durch P_3' zieht.

Der Grundriß der Schraubenlinie berührt die Parallelen zu a' durch I' und III' und ihr Aufriß die Parallelen zu a'' durch II'' und IV''. Die Berührungspunkte sind nach Nr. 462 Scheitel der Bildkurven. Man kann sie, wenn man will, genauer feststellen. So z. B. ergibt sich der auf der Parallelen zu a'' durch II'' gelegene Scheitel S'', indem man die Strecke $II''S''$ so bestimmt, daß sie sich zu $M''N''$ verhält wie die wahre Länge des Kreisbogens P_0II zum ganzen Kreisumfang. Hat man die Scheitel bestimmt, so kann man ihre Krümmungskreise nach Nr. 462 für das Ausziehen der Kurven verwerten.

466. Senkrechte Projektion der Schraubenlinie auf eine zur Achse parallele Tafel. Dem in Fig. 711 von Nr. 463 mit a bezeichneten Fall ordnet sich der Sonderfall unter, wo die Tafel zur Schraubenachse parallel ist. Dann erscheint der Grundkreis als Strecke AB, siehe Fig. 715, und die Ganghöhe MN in wahrer Länge. Nach Fig. 706 von Nr. 461 bestimmt man die Kegelspitze K. Auf den äußersten Mantellinien und auf der vordersten und hintersten Mantellinie des Zylinders liegen diejenigen Punkte der Schraubenlinie, denen die Viertel von MN als Höhen zukommen, wenn man die Kurve in A beginnen läßt. Das in Fig. 710 von Nr. 462 angegebene Verfahren zur Bestimmung der Krümmungs-

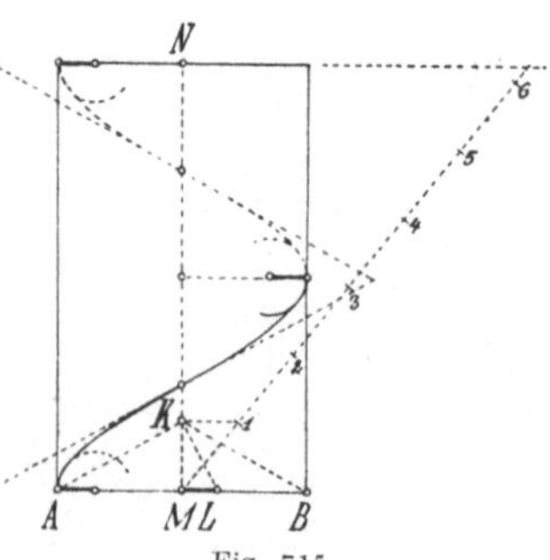

Fig. 715.

radien der Scheitel vereinfacht sich jetzt. Da nämlich die zu einem Scheitel gehörige Schmiegungsellipse, z. B. die zu A gehörige, im Bild als eine Halbachse MA und als andere Halbachse MK hat, ergibt sich sofort: Wird in K auf AK das Lot errichtet und schneidet dies Lot AB in L, so ist ML gleich dem gesuchten Krümmungsradius. Dieser Radius ist hier für alle Scheitel links und rechts derselbe. Auch folgt aus Nr. 462, daß jetzt gerade die auf der vordersten und hintersten Mantellinie des Zylinders gelegenen Punkte der Schraubenlinie im Bilde die Wendepunkte sind. Die Wendetangenten verlaufen parallel zu KA und KB. Die wenigen in Fig. 715 gemachten Konstruktionen genügen meistens schon, um ein befriedigendes Bild der Schraubenlinie zu bekommen. Aber wenn man will, kann man leicht noch mehr Punkte nebst ihren Tangenten ermitteln, z. B. diejenigen, die zu den Achteln der Ganghöhe gehören.

Die in diesem Sonderfall hervorgehende Abbildung der Schraubenlinie liefert eine Kurve, die uns schon früher begegnet ist. Um dies zu erkennen, betrachte man zunächst eine Schraubenlinie, deren Steigwinkel σ gleich $45°$ ist, siehe Fig. 716. Da in diesem Fall wegen $\operatorname{tg}\sigma = h : 2\pi r = 1$ die Kegelhöhe $k = r$ ist (Nr. 461), wird der Krümmungsradius der Scheitel gleich dem Radius des Grundkreises, so daß die

Krümmungsmittelpunkte jetzt auf der Schraubenachse liegen. Wird
der Zylinder, der die Aufrißtafel berührt, auf diese Tafel abgewickelt,
so entsteht aus der Schraubenlinie s eine unter 45° ansteigende Gerade (s). Wenn man den Zylinder mit der Ebene schneidet, die längs
der Geraden (s) auf der Aufrißtafel
senkrecht steht, ergibt sich eine Ellipse e,
die bei der Abwicklung des Zylinders
in eine Sinuslinie (e) übergeht (Nr. 249).
Da die Ganghöhe gleich dem Zylinder-
umfang ist, herrscht die in Fig. 716
zutagetretende Symmetrie zwischen s''
und (e) in bezug auf die Gerade (s).
Deshalb ist auch die Aufrißprojektion s'' der Schraubenlinie eine
Sinuslinie.

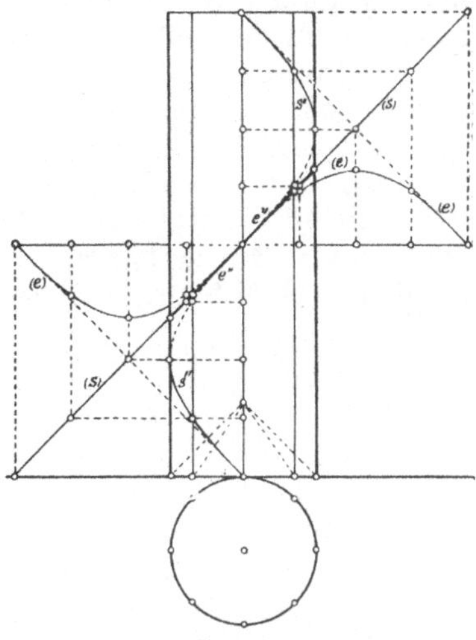

Fig. 716

Wird die unter 45° zur Grundrißtafel
geneigte Ellipsenebene durch eine steilere
oder weniger steile Ebene ersetzt, so tritt
an die Stelle der Sinuslinie (e) nach Nr. 249
eine zur Sinuslinie affine Kurve, indem
die Höhen und Tiefen der Wellenberge
und Wellentäler andere werden, während
die Länge der Welle, die Periode der
Sinuslinie, ungeändert bleibt. Wird andererseits die Schraubenlinie s
durch eine andere ersetzt, deren Steigwinkel σ größer oder kleiner
als 45° ist, so ergibt sich statt der Sinuslinie s'' eine zu ihr affine
Kurve, indem die Höhen und Tiefen der Wellenberge und Wellentäler
ungeändert bleiben, während die Länge der Welle, die Periode der
Schraubenlinie oder ihre Ganghöhe eine andere wird. Gestaltlich ergeben sich auf beide Arten dieselben zur Sinuslinie affinen Kurven.

467. Zykloiden. Unter den Schatten, die eine Schraubenlinie bei
Parallelbeleuchtung auf irgendwelche Ebenen wirft, sind insbesondere
diejenigen auf die zur Schraubenachse senkrechten Ebenen, also z. B.
der Schatten auf die Ebene des Grundkreises, bemerkenswert.
Man kann ihn auch als Parallelprojektion der Schraubenlinie auf die
Grundebene bezeichnen oder auch als Kavalierperspektive der Schraubenlinie mit lotrechter Achse, wenn man bei der Kavalierperspektive
wie in Nr. 108 eine Verflachung oder Überhöhung gestattet. Daß diese
Kurven besonders bemerkenswert sind, hat seinen Grund darin, daß
sich alle Kreise des Zylinders als kongruente Kreise abbilden. Man bekommt nach Nr. 460 eine Schraubenlinie, wenn man den Grundkreis
des Zylinders auf dem Zylinder verschiebt und zugleich um die Achse
dreht, und zwar so, daß der Drehwinkel zur Hebung proportional ist;
jeder Punkt des Kreises beschreibt dabei eine Schraubenlinie. Im
Schatten oder parallelprojektiven Bild auf der Grundebene stellt sich
dies so dar: Der Grundkreis wird verschoben, indem seine Mitte eine
Gerade MN beschreibt; zugleich wird er gedreht und zwar so, daß der
Drehwinkel zur Schiebungsstrecke proportional ist. Jeder Punkt des
Kreises beschreibt dabei eine der in Rede stehenden Kurven, siehe
Fig. 717 a, b, c, worin MN die Parallelprojektion der auf der Schrauben-

achse aufgetragenen Ganghöhe sein soll. Die Spitze des zugehörigen
Kegels projiziert sich dabei als Punkt K derart, daß sich MK zu MN
wie 1 zu 2π verhält, und K wird also wie in Fig. 706 von Nr. 461 bestimmt. Im Fall a liegt K außerhalb des Grundkreises, im Falle b auf
ihm, im Falle c im Grundkreise, und dementsprechend ergeben sich auch
jetzt wie in Nr. 463 drei wesentlich verschiedene Gestalten der Kurve,
die geschweifte Form, die gespitzte Form und die verschlungene Form.
Gezeichnet sind diejenigen Kreise, deren Mittelpunkte die Strecke MN
in acht gleiche Teile zerlegen. In jedem Kreis ist daher ein Radius zu
zeichnen, der gegenüber dem vorhergehenden um ein Achtel von 360°,
d. h. um 45° gedreht ist. Die Tangentenkonstruktion ist die alte; man
bekommt z. B. die Tangente des Punktes *3*, indem man vom Punkte *3*
parallel zu MN bis zum Grundkreis, also bis *3′*, zurückgeht und dann den

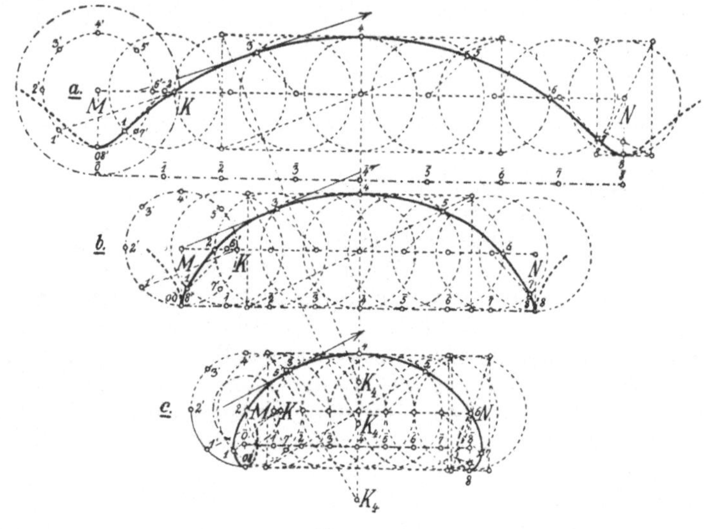

Fig. 717.

Radius $M\,3'$ durch einen rechten Winkel bis $M\,1'$ zurückdreht, indem
nämlich nun $K\,1'$ parallel zur gesuchten Tangente verläuft. Auch jetzt
sind die Kurvenpunkte auf den äußersten Mantellinien Scheitel und
die in ihnen auf diese Mantellinien errichteten Lote Symmetriegeraden. Die Krümmungsmittelpunkte für die Scheitel ergeben sich wie früher durch Benutzung der den Schmiegungsellipsen
umschriebenen Rechtecke. Für den Scheitel *4* z. B. ist die eine halbe
Mittellinie des Rechtecks der Kreisradius von *4* und die andere, auf MN
gelegene, gleich $K\,2'$. Die Konstruktion des zugehörigen Krümmungsmittelpunktes K_4 ist in allen drei Fällen angegeben.

    Im Falle b ist MN gleich dem Umfange des Grundkreises. Die Be-
wegung dieses Kreises ist also hier ein wirkliches Abrollen auf der
Geraden *0 8*, und die Kurve die Bahnkurve eines auf dem Umfange
dieses rollenden Kreises gelegenen Punktes. Dies trifft in den Fällen a
und c nicht zu, da hier MN größer bzw. kleiner als der Umfang des
Grundkreises ist. Aber in allen Fällen ist MN gleich dem 2π-fachen
von MK. Man zeichne also den zum Grundkreise konzentrischen Kreis

vom Radius MK und denke sich ihn mit dem Grundkreise fest verbunden. Dann wird er bei der Bewegung des Grundkreises ohne Gleiten auf der Geraden abrollen, die mit $\overline{0\,1}\ldots\overline{8}$ bezeichnet ist. Der Grundkreis selbst rollt nur scheinbar — abgesehen vom Falle b — auf der Geraden $0\,8$ ab, denn in Wahrheit besteht die Bewegung dieses Kreises in einem mit beständigem Vorwärts- oder Rückwärtsgleiten auf dieser Geraden verbundenen Drehen. Man nennt die Kurve, die ein mit einem Kreise fest verbundener Punkt beim Abrollen des Kreises auf einer Geraden beschreibt, eine Zykloide. Mithin gilt der Satz:

Jede Parallelprojektion einer Schraubenlinie auf eine zu ihrer Achse senkrechte Ebene ist eine Zykloide. Der Radius des Rollkreises ist gleich der Projektion der Kegelhöhe.

468. Stetige Bewegung in der Ebene. Die soeben betrachtete Bewegung eines Kreises ordnet sich einer allgemeineren Bewegung unter, und wir benutzen die Gelegenheit, davon zu sprechen, weil sich dadurch ein Satz ergibt, den man oft anwenden kann.

Zunächst werde angenommen, daß eine starre ebene Figur F in ihrer Ebene in eine beliebige andere Lage F′ gebracht werde, also so, daß sie bei der Überführung in die neue Lage die Ebene nicht verläßt. Dann ist jedes Dreieck ABC der Figur F mit dem Dreieck $A'B'C'$ der Figur F′, in das es übergeht, gleichsinnig kongruent. Die Mittellote von AA' und BB' haben einen Schnittpunkt O, siehe Fig. 718, und das Dreieck OAB ist mit dem Dreieck $OA'B'$ gleichsinnig kongruent. Mithin ist auch das Viereck $OABC$ mit dem Viereck $OA'B'C'$ gleichsinnig kongruent, so daß diejenige

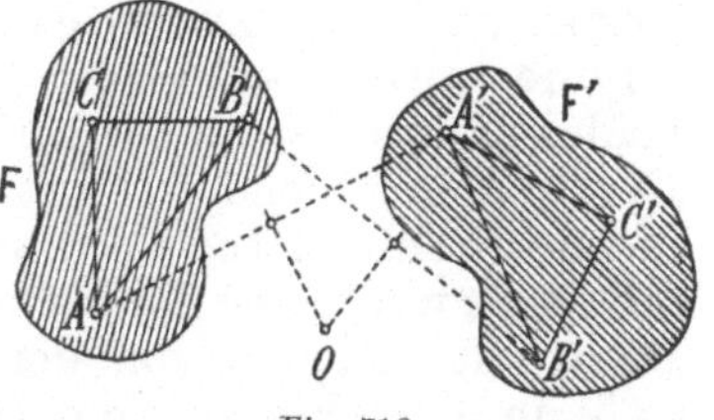

Fig. 718.

Drehung um O, die A in A' überführt, jeden Punkt C der Figur F in den entsprechenden Punkt C' der Figur F′ verwandelt, d. h.:

Liegen in der Ebene zwei gleichsinnig kongruente Figuren F und F′ vor, so gibt es einen Punkt O in der Ebene derart, daß die Figur F vermöge einer Drehung um O in die Figur F′ übergeht. Allerdings könnten die Mittelsenkrechten von AA' und BB' zueinander parallel sein. Dann liegt der Drehungsmittelpunkt O unendlich fern, und aus der Drehung wird eine Schiebung, bei der alle Punkte Strecken parallel und gleich AA' beschreiben. Diese Schiebung ist als eine Drehung um einen unendlich fernen Punkt O aufzufassen.

Nun möge sich eine starre ebene Figur F in ihrer Ebene stetig bewegen, d. h. so, daß sie Schritt für Schritt in eine unendlich benachbarte Lage übergeht. Nach dem Satze wird dieser Übergang jedesmal durch eine unendlich kleine Drehung um einen gewissen Punkt O bewirkt, so daß sich die gesamte stetige Bewegung als eine Aufeinanderfolge von unendlich vielen unendlich kleinen Drehungen darstellt. Der Mittelpunkt O der Drehung wird von Augenblick zu Augenblick ein anderer, d. h. in der festen Ebene ist der Ort aller dieser Punkte O eine gewisse Kurve $\varkappa$. Bei jeder einzelnen unendlich kleinen Drehung kann man aber den zugehörigen Mittelpunkt O auch als einen Punkt der sich drehenden Figur F auffassen. Mithin ergibt sich auch in der sich bewegenden Ebene dieser Figur F für die Punkte O eine Kurve k als geometrischer Ort. Um die Art der Bewegung richtig zu verstehen, tut man gut, die Kurven k und $\varkappa$ zunächst durch zwei gebrochene Linien $0\ 1\ 2\ 3\ldots$ und $\overline{0}\ \overline{1}\ \overline{2}\ \overline{3}\ldots$ zu ersetzen, siehe Fig. 719. Zuerst sollen die Punkte 0 und $\overline{0}$ zusammenliegen und den Drehungsmittelpunkt O darstellen. Da aber nach vollzogener unendlich kleiner Drehung um diese Stelle die Punkte 1 und $\overline{1}$ im folgenden Drehungsmittelpunkt O zusammenfallen sollen, muß die Strecke $0\ 1$ gleich der Strecke $\overline{0}\ \overline{1}$ gewählt sein, ebenso die Strecke $1\ 2$ gleich der Strecke $\overline{1}\ \overline{2}$ usw. Hat man die ge-

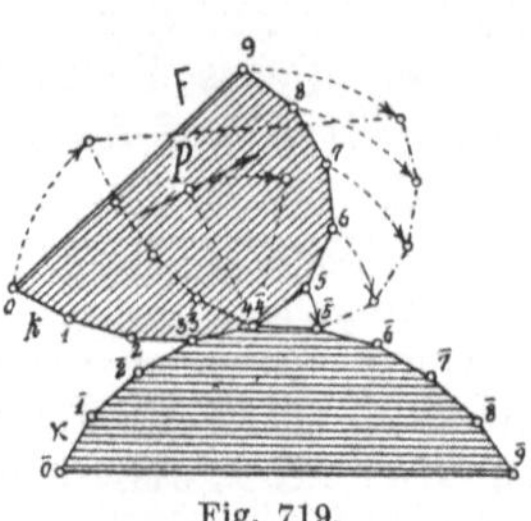

Fig. 719.

brochenen Linien in dieser Art angenommen, so ist auch die Art der Bewegung vollkommen bestimmt. Sie besteht darin, daß die starr gedachte gebrochene Linie k auf der unbeweglich angenommenen gebrochenen Linie $\varkappa$ abrollt, indem nacheinander entsprechend bezeichnete Strecken miteinander zur Deckung kommen. Geht man zu stetigen Kurven k und $\varkappa$ über, so folgt:

Jede stetige Bewegung einer starren ebenen Figur F in ihrer Ebene besteht darin, daß eine gewisse mit F fest verknüpft zu denkende Kurve k auf einer gewissen in der Ebene unbeweglichen Kurve $\varkappa$ ohne Gleiten abrollt. Diese beiden Kurven k und $\varkappa$ heißen die **Polkurven**, die nach und nach zur Deckung kommenden Punkte der Kurven die einander entsprechenden **momentanen Drehungsmittelpunkte oder Drehpole**. Ein Sonderfall ist es, wenn eine der Polkurven zu einem Punkte zusammenschrumpft. Dann gilt dasselbe von der anderen Polkurve, und die Bewegung besteht in einer beständigen Drehung um denselben festen Punkt O. Ein zweiter Sonderfall ist es, wenn sich die Figur F überhaupt ohne Drehung bewegt, also lauter unendlich kleine Schiebungen macht, deren Richtungen sich ändern können. Diesen Fall kann man als den Fall unendlich ferner Polkurven auffassen.

In Fig. 719 setzt sich die Bahn irgendeines mit der Figur F fest verbundenen Punktes P aus lauter unendlich kurzen Kreisbogen um die aufeinanderfolgenden Drehpole auf $\varkappa$ zusammen. Insbesondere ist gerade $3\ 4$ mit $\overline{3}\ \overline{4}$ zur Deckung gekommen. Der nächste Schritt der Bewegung besteht also in einer unendlich kleinen Drehung um den Punkt 4, d. h. augenblicklich ist die Tangente des Punktes P als Tangente eines Kreises um 4 senkrecht zur Geraden von P nach 4. Daraus folgt:

Bei einer stetigen Bewegung einer starren ebenen Figur F in ihrer Ebene sind die Normalen der Bahnkurven aller mit F fest verbundenen Punkte P in jedem Augenblicke nach dem momentanen Drehpol gerichtet.

Dieser Satz ermöglicht in vielen Fällen die Ermittlung der Tangenten von Kurven. Ein Beispiel kam in Fig. 118 von Nr. 84 vor, wo sich ein starres Dreieck UVP so in der Ebene bewegte, daß die Ecken U und V zwei sich in einem Punkte M schneidende Geraden u und v beschrieben. Hier sind daher die in U und V auf u und v zu errichtenden Lote die Normalen von U und V, so daß ihr Schnittpunkt der momentane Drehpol O, also die Normale der Bahnkurve von P die Gerade OP ist. Damals ergab sich, daß zwei gewisse mit dem Dreieck UVP fest verbundene Punkte X und Y zueinander senkrechte Geraden x und y durch M beschreiben. Also ist O auch der Schnittpunkt der in X und Y auf x und y errichteten Lote, und daher ist der Ort von O in der Ebene, d. h. die Polkurve $\varkappa$ ein Kreis um M. Er ist in Fig. 117 von Nr. 84 angegeben. Die mit dem starren Dreieck fest verbundene und auf $\varkappa$ abrollende Polkurve k ist ein Kreis von halb so großem Radius, der $\varkappa$ auf der Innenseite von $\varkappa$ berührt. Diesen Kreis sieht man in beiden Figuren. Die Bahnkurven aller Punkte P sind in diesem Beispiel Ellipsen mit dem Mittelpunkte M.

Anmerkung: Daß beim Abrollen einer Kurve k auf eine Kurve $\varkappa$ die Normalen der Bewegungsrichtungen nach dem jeweiligen Berührungspunkte O von k und $\varkappa$ gerichtet sind, erkannte R. Descartes (Nr. 65) im Fall der gespitzten Zykloide, auf den wir in der nächsten Nummer zurückkommen. Er sprach darüber in einem an den Minoritenpater Marin Mersenne (geb. 1588 in Soultière, in regem wissenschaftlichen Briefwechsel mit den bedeutendsten Mathematikern seiner Zeit, gest. 1648 in Paris) gerichteten Brief von 1638, abgedruckt in den bei Nr. 146 genannten „Oeuvres de Descartes", 2. Bd. Paris 1898, S. 307—311. Mit den Rouletten, d. h. den Bahnkurven beim Abrollen einer Kurve k auf einer Kurve $\varkappa$, beschäftigte sich alsdann in allgemeinster Weise Ph. de la Hire (Nr. 73) in seinem „Traité des roulettes, où l'on démontre la manière universelle de trouver leurs touchantes, leurs points de recourbement ou d'inflexion, et de reflexion ou de rebroussement, leurs superficies et leurs longueurs, par la géométrie ordinaire", Mém. de l'Acad. des Sciences 1706, Paris 1707, S. 340—379. In der sich anschließenden Abhandlung „Méthode générale pour réduire toutes les lignes courbes à des roulettes, leur generatrice ou leur base étant donnée telle qu'on voudra", S. 379—387, zeigte de la Hire, daß jede beliebige Kurve in der Ebene als eine Roulette erzeugt werden kann, indem man dabei entweder die Polkurve k oder die Polkurve $\varkappa$ willkürlich annehmen darf.

Daß eine Figur der Ebene in eine gleichsinnig kongruente Figur derselben Ebene stets durch eine einzige Drehung, insbesondere eine Schiebung, übergeführt werden kann, ist in einem allgemeineren Satze von L. Euler (Nr. 65) enthalten. Dieser bewies nämlich in der Abhandlung „Formulae generales pro translatione quacunque corporum rigidorum" (Allgemeine Formeln für eine beliebige Bewegung starrer Körper), Novi Comment. Acad. Petrop. 20. Bd. 1775, Petersburg 1776, S. 189—207, insbes. S. 202 (abgedruckt in der bei Nr. 98 genannten „Theoria motus corporum rigidorum etc.", aber erst in der zweiten Auflage, Greifswald 1790, S. 449—460, insbes. S. 457), daß eine starre auf einer Kugel gelegene Figur in irgendeine gleichsinnig kongruente Figur auf der Kugel stets durch eine Drehung um einen Kugeldurchmesser übergeführt werden kann. Es ist deshalb nicht richtig, wenn man, wie es öfters geschieht, erst M. Chasles als den Entdecker dieses Satzes nennt (vgl. Chasles selbst in seinem bei Nr. 5 erwähnten „Aperçu historique etc.", 3. Aufl. 1889, S. 548). Allerdings hat sich Chasles in der „Note sur les propriétés générales du système de deux corps semblables, placés d'une manière quelconque dans l'espace, et sur le déplacement fini ou infiniment petit d'un corps libre solide", Bulletin des sciences mathém. de Férussac, 14. Bd. 1830, S. 321—326, mit der Bewegung starrer Körper im Raume beschäftigt, aber jener Satz gehört doch schon Euler an. Der Punkt, um den man eine starre Figur in der Ebene drehen muß, um ihn in eine beliebig gegebene neue Lage zu bringen, wird auch der Situationspunkt genannt, so von Ludwig Immanuel Magnus in seiner „Sammlung von Aufgaben und Lehrsätzen der analytischen Geometrie", Berlin 1833, S. 57.

Was die allgemeine stetige Bewegung einer starren Figur in der Ebene betrifft, so hatte schon Joh. Bernoulli (Nr. 231) den momentanen Drehpol entdeckt, nämlich in der Abhandlung „Propositiones variae mechanico-dynamicae" (Verschiedene mechanisch-dynamische Lehrsätze) in seinen „Opera omnia", 4. Bd. Lausanne 1742, S. 253—313, von S. 265 an. Er bezeichnete ihn nicht als den momentanen Drehpol, sondern als den spontanen Drehungsmittelpunkt, weil er solche stetige Bewegungen von Figuren betrachtete, die durch gegebene Kräfte ausgelöst werden, und daher, wie er sagt, dieser Punkt von der Natur selbst gleichsam ausgewählt werde, entsprechend den vorliegenden Umständen, so daß es nicht in unserer Macht stehe, ihn nach Belieben anzunehmen (S. 268). Wer zuerst vollkommen erkannt hat, daß jede stetige Bewegung einer starren, ebenen Figur in ihrer Ebene durch Abrollen der Polkurven aufeinander zustandekommt, steht dahin. Allerdings zeigte dies Chasles in seinem „Mémoire de géo-

métrie sur la construction des normales à plusieurs courbes mécaniques".
Bulletin de la Société mathém. de France 6. Bd. 1877/78, S. 208—251, insbes. S. 236, das
aus dem Jahre 1829 stammt, und er wird oft als der Entdecker des Satzes genannt und
scheint sich auch selbst dafür gehalten zu haben, siehe S. 77/78 seines „Rapport sur les
progrès de la géométrie", Paris 1870, aber jedenfalls wurde der Satz schon vor ihm von
A. L. Cauchy (Nr. 98) in seinen „Exercices de mathématiques", 2. Bd. Paris 1827,
in aller Ausführlichkeit bewiesen und zwar in der Abhandlung „Sur les mouvements
que peut prendre un système invariable, libre, ou assujetti à certaines
conditions", S. 70—90, insbes. S. 75/76, wo der momentane Drehpunkt wie von Chasles als centre instantané de rotation bezeichnet wird. Demgegenüber ist es sonder-
bar, daß Chasles in dem vorhin genannten „Rapport etc." diese Arbeit von Cauchy
vollkommen übergeht und auf S. 34 sein Bedauern ausspricht, daß sich Cauchy nach
glänzenden Anfängen in der reinen Geometrie zur Analysis gewandt habe.

469. Tangenten der Zykloiden. Wendet man den letzten Satz der
vorhergehenden Nummer auf die Zykloïden an, die in Fig. 717 von
Nr. 467 dargestellt wurden, so ergibt sich, da die Punkte $\bar{0}, \bar{1}, \bar{2} \ldots \bar{8}$
dort die momentanen Drehpole auf der Polgeraden $\varkappa$ waren: Die Normale
irgendeines Punktes der Zykloide ist nach dem jeweiligen Berührungspunkte des auf der Geraden $\bar{0}\,\bar{8}$ abrollenden Kreises vom Radius MK
gerichtet. Man kann also z. B. die Tangente des Punktes 3 auch als
die zur Geraden $3\,\bar{3}$ senkrechte Gerade bestimmen.

Daß diese Konstruktion der Tangente auf dasselbe hinauskommt
wie die in Nr. 467, zeigt Fig. 720. Hier stellt der Kreis um M durch K
den rollenden Kreis dar und $0_0 0$ die Rollgerade, also die Polkurve $\varkappa$.

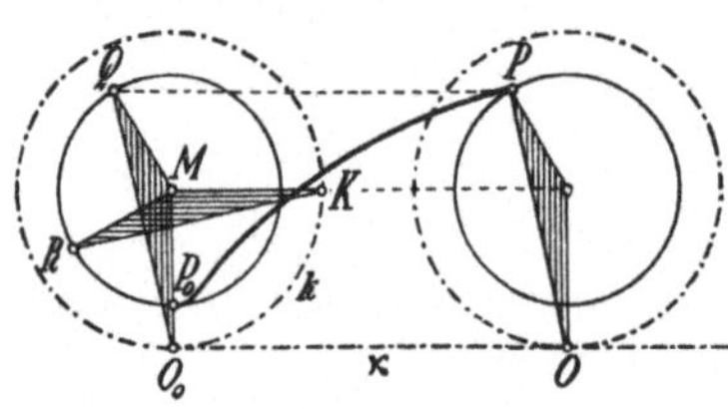

Fig. 720.

Ein mit dem rollenden Kreis fest verbundener Punkt P_0 beschreibt den Zy-
kloidenbogen $P_0 P$, und zum Punkte P
gehört der momentane Drehpol O. Nach
Nr. 467 ergibt sich die Tangente von P,
wenn man von P parallel zu $\varkappa$ bis Q auf
dem Kreis um M durch P_0 übergeht und
MQ durch einen rechten Winkel nach MR
zurückdreht, indem dann die Tangente

von P zu KR parallel ist. Die drei geschrafften Dreiecke sind kongruent,
insbesondere die Dreiecke $0_0 MQ$ und KMR, weil sie mittels Drehung
um M durch einen rechten Winkel ineinander übergehen. Mithin
ist $0_0 Q \perp KR$, also wegen $0_0 Q \parallel OP$ auch $OP \perp KR$, d. h. OP ist die
Normale des Zykloidenpunktes P.

Wenn man insbesondere einen Punkt P einer gespitzten Zykloide,
siehe Fig. 721, ins Auge faßt und seine Normale OP konstruiert, ergibt

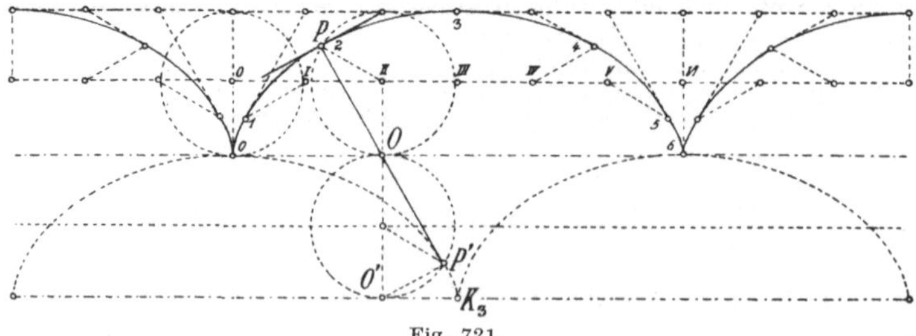

Fig. 721.

sich ohne weiteres, daß die Normalen der gespitzten Zykloide die Tangenten einer zweiten gespitzten Zykloide sind. Diese zweite geht nämlich

aus der ersten hervor, wenn man diese um die Länge des Durchmessers des Rollkreises senkrecht zur Rollbahn und dann noch um die Länge der halben Periode parallel zur Rollbahn verschiebt. Der Punkt P', in dem die Normale OP der ersten Zykloide die zweite berührt, ist also nicht derjenige Punkt, der dem Punkt P bei der Kongruenz beider Zykloiden entspricht. Hiernach hat die gespitzte Zykloide als Evolute eine zu ihr kongruente Kurve (Nr. 410). Der Krümmungsradius des Scheitels, nämlich des Punktes 3, ist doppelt so lang wie der Durchmesser des Rollkreises, indem der Krümmungsmittelpunkt K_3 eine Spitze der Evolute ist.

Anmerkung: Der Name Zykloide wurde zunächst nur den gespitzten Kurven beigelegt, nämlich im Jahre 1590 durch keinen Geringeren als Galileo Galilei (geb. 1564 zu Pisa, bahnbrechend auf den Gebieten der Mechanik, Physik und Astronomie, bekanntlich durch die Inquisition verfolgt, erblindet 1642 in Arcetri gestorben), siehe Fabbroni, „Vitae Italorum doctrina excellentium qui saeculis XVII et XVIII floruerunt" (Leben berühmter italienischer Gelehrter, die im 17. und 18. Jahrhundert blühten), 2. Bd. Pisa 1778, S. 12.

470. Doppelte Erzeugung der Epi- und Hypozykloiden. Eine naheliegende Verallgemeinerung, die wir ihrer technischen Wichtigkeit halber besprechen, führt zur Betrachtung der Bahnkurve, die ein mit einem Kreise k fest verbundener Punkt P beschreibt, wenn der Kreis nicht auf einer Geraden, sondern auf einem unbeweglichen Kreise $\varkappa$ ohne Gleiten rollt. Je nachdem der rollende Kreis k außerhalb oder innerhalb des festen Kreises $\varkappa$ liegt, heißt die Bahnkurve eine Epi- oder Hypozykloide. Im Falle der Epizykloide liegt der Rollkreis entweder so, daß er den Kreis $\varkappa$ nicht umfaßt, siehe a in Fig. 722, oder so, daß er ihn einschließt, siehe b. Fall c ist der der

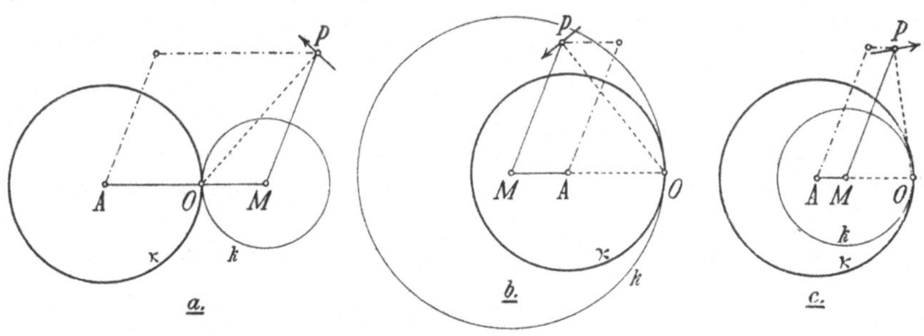

Fig. 722.

Hypozykloide. Ob der Punkt P außerhalb oder innerhalb des Rollkreises liegt, ist gleichgültig; er muß nur mit ihm fest verknüpft sein. Die Bahnkurve von P hat nach Nr. 468 als Normale die Gerade PO nach dem momentanen Drehpol O, dem Berührungspunkte beider Kreise. Da das Abrollen darin besteht, daß der auf dem Rollkreis zurückgelegte Bogen immer gerade so lang wie der auf dem festen Kreise zurückgelegte Bogen ist, erhellt sofort, daß die Gerade vom Mittelpunkt A des festen Kreises $\varkappa$ nach dem Mittelpunkte M des Rollkreises k und die Gerade von M nach P ihre Richtungen während der Bewegung derart ändern, daß der Winkel, um den sich die Richtung von AM ändert, proportional zu dem Winkel ist, um den sich die Richtung von MP ändert. Die Bewegung wird nicht beeinträchtigt, wenn man AM und

MP durch die Parallelen zu ihnen durch P bzw. A zu einem Parallelogramm vervollständigt und dies **Parallelogramm als Gelenkviereck** ausgestaltet. In den Fällen a und b bewegen sich AM und MP so, daß sich ihre Richtungen in demselben Sinn ändern, im Fall c dagegen sind die Sinne verschieden. Das Gelenkparallelogramm bewegt sich demnach so, daß sich die in der festen Ecke A zusammenstoßenden Seiten um den Punkt A mit Winkelgeschwindigkeiten v_1 und v_2 drehen, die in einem konstanten Verhältnis stehen, und zwar ist dies Verhältnis im Fall einer Epizykloide positiv und im Fall einer Hypozykloide negativ.

Zunächst werde vom Gelenkparallelogramm ausgegangen und der Fall der **Epizykloide** betrachtet. Die Ecken des Parallelogrammes seien jetzt mit A, M_1, P, M_2 bezeichnet, siehe Fig. 723, so daß also jetzt M_1 den Mittelpunkt des rollenden Kreises bedeute. Das Verhältnis von v_1 zu v_2 sei gegeben; in Fig. 723 ist $v_1 : v_2 = 3 : 5$ angenommen. Dreht sich AM_1 durch irgendeinen Winkel α_1, so dreht sich AM_2 durch einen Winkel α_2 in demselben Sinn und zwar so, daß $\alpha_1 : \alpha_2 = v_1 : v_2$ ist. Dadurch gelangt das Parallelogramm in eine neue Lage $AM_1'P'M_2'$. Mit O_1 und O_1' sind die zu P und P' gehörigen momentanen Drehpole bezeichnet. Derjenige Punkt des Rollkreises, der zuerst an der Stelle O_1 liegt, gelangt an eine Stelle U, so daß die Bogen O_1O_1' und UO_1' einander gleich sind. Der in demselben Sinne wie α_1 und α_2 gemessene Winkel $\beta = O_1'M_1'U$ bestimmt sich daher aus der Proportion $\alpha_1 : \beta = r : \varrho$, wenn ϱ der Radius des festen Kreises und r der des Rollkreises ist. Da AM_2 um A durch den Winkel α_2 in die Lage AM_2' gedreht ist, da ferner M_1P zu AM_2 und $M_1'P'$ zu AM_2' parallel ist, erhellt, daß auch die Figur, die aus dem Rollkreis und dem mit ihm fest verknüpften Punkte P besteht, eine Drehung durch den Winkel α_2 gemacht hat. Weil dabei O_1M_1 in UM_1' übergeht, ist mithin der Winkel, den O_1M_1 mit UM_1' bildet, gleich α_2. Demnach ist α_2 Außenwinkel eines Dreiecks mit den Innenwinkeln α_1 und β, d. h. $\alpha_2 = \alpha_1 + \beta$. Nach der vorhin aufgestellten Proportion ist aber $\beta = \varrho\,\alpha_1 : r$. Also kommt:

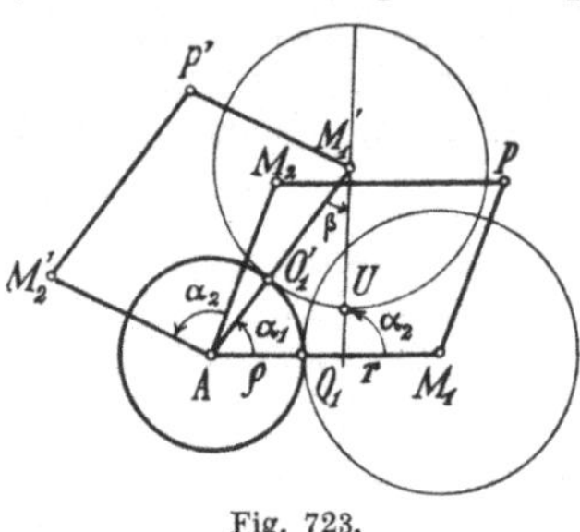

Fig. 723.

$$\alpha_2 = \alpha_1 + \frac{\varrho}{r}\,\alpha_1$$

oder, da $\alpha_1 : \alpha_2 = v_1 : v_2$ ist:

$$v_2 = v_1 + \frac{\varrho}{r}\,v_1 \,.$$

Hieraus folgt:

$$\frac{\varrho}{r} = \frac{v_2 - v_1}{v_1}\,.$$

Dies Ergebnis gestattet, ϱ und r und damit den festen und den rollenden Kreis zu bestimmen, wenn von vornherein nur das Gelenkparallelogramm AM_1PM_2 und das konstante Verhältnis $v_1 : v_2$ der Winkelgeschwindigkeiten, mit denen sich AM_1 und AM_2 um A drehen, gegeben ist, siehe Fig. 724, wo wieder $v_1 : v_2 = 3 : 5$ angenommen ist: Man teilt AM_1 durch den zwischen A und M_1 gelegenen Punkt O_1 so, daß sich die Strecken AO_1 (oder ϱ) und M_1O_1 (oder r) wie $v_2 - v_1$ zu v_1 verhalten. Da jedoch ein inneres Teilverhältnis negativ gerechnet wird (Nr. 9), drückt man sich besser so aus: Die Strecke AM_1 wird durch O_1 im Verhältnis

$$\frac{v_1 - v_2}{v_1}$$

geteilt. Ist dies geschehen, so ist O_1 bekannt, so daß der feste Kreis der Kreis
um A durch O_1 und der rollende Kreis
der Kreis um M_1 durch O_1 ist.

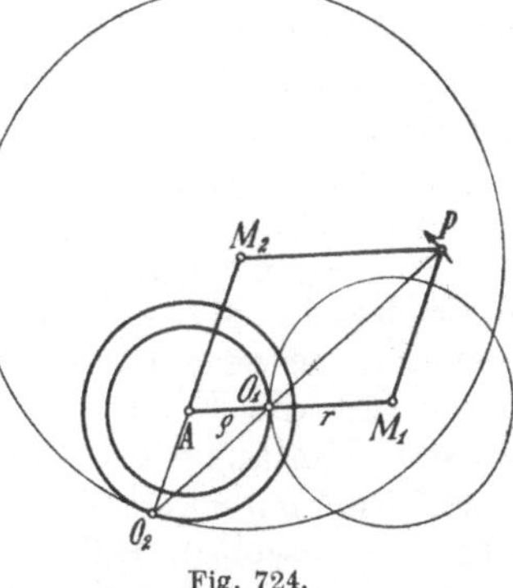

Fig. 724.

Nun ist zu beachten: Wenn sich ein Gelenkparallelogramm AM_1PM_2 so bewegt,
daß die Seiten AM_1 und AM_2 um die feste
Ecke A Drehungen ausführen, deren Winkelgeschwindigkeiten v_1 und v_2 in einem gegebenen Verhältnisse stehen, kann man auch die Bedeutung der Eckpunkte M_1 und M_2 in der soeben durchgeführten Betrachtung vertauschen. Dann aber kommt man zu einem neuen Ergebnisse, indem
auch v_1 mit v_2 zu vertauschen ist: Man hat den Punkt O_2 auf AM_2 so
zu wählen, daß O_2 die Strecke AM_2 im Verhältnis

$$\frac{v_2 - v_1}{v_2}$$

teilt. Wird, wie es in Fig. 724 der Fall ist, $v_2 > v_1$ angenommen, so ist
dies Verhältnis positiv, d. h. der Punkt O_2 liegt außerhalb der Strecke
AM_2. Übrigens erkennt man leicht, daß O_1 und O_2 auf einer Geraden
durch P gelegen sind. Wenn man nun als festen Kreis den Kreis um A
durch O_2 und als Rollkreis den Kreis um M_2 durch O_2 benutzt und annimmt, daß P mit diesem Rollkreise fest verknüpft sei, beschreibt P
dieselbe Bahnkurve wie bei der vorhergehenden Bewegung, d. h. beim
Abrollen des Kreises um M_1 auf dem Kreis um A. Folglich läßt sich die
Epizykloide auf doppelte Art durch Abrollen eines Kreises auf einem
Kreise herstellen. Bei der ersten Art umfaßt der
Rollkreis den festen Kreis nicht, wohl aber bei der
zweiten Art, so daß also die beiden in Fig. 722 mit a
und b bezeichneten Fälle für eine und dieselbe Epizykloide zugleich auftreten.

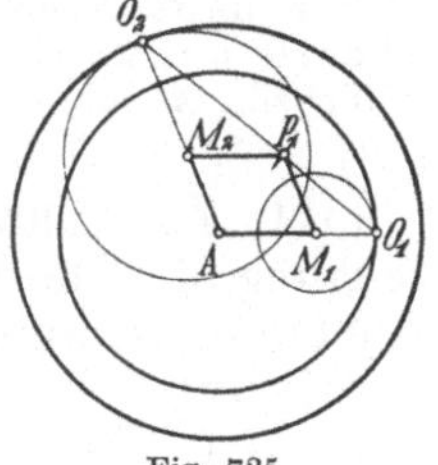

Fig. 725.

Ganz entsprechend läßt sich jede Hypozykloide
doppelt durch Abrollen von Kreisen auf Kreisen
erzeugen. Der einzige Unterschied besteht darin, daß
jetzt $v_1 : v_2$ negativ angenommen werden muß. In
Fig. 725 ist $v_1 : v_2 = -2 : 3$ gewählt. Die Punkte O_1
und O_2 sind wieder so zu bestimmen, daß sie die Strecken AM_1
und AM_2 in den Verhältnissen

$$\frac{v_1 - v_2}{v_1} \quad \text{und} \quad \frac{v_2 - v_1}{v_2}$$

teilen, die jetzt beide positiv sind, so daß sowohl O_1 außerhalb der
Strecke AM_1 als auch O_2 außerhalb der Strecke AM_2 liegt. Hier ergeben sich Rollkreise, die im Innern der festen Kreise liegen. Daß die

Gerade O_1O_2, wie vorhin bemerkt wurde, durch P geht, folgt auch daraus, daß die Normale des Punktes P der Bahnkurve sowohl die Gerade nach dem momentanen Drehpol O_1 als auch die nach dem momentanen Drehpol O_2 sein muß.

Die Bahnkurven der Punkte, die mit einem auf einem festen Kreise abrollenden Kreise fest verbunden sind, nennt man auch allgemein Radlinien. Mithin läßt sich der Satz aussprechen:

Eine Radlinie ist auf zwei verschiedene Arten als Rollkurve zu erzeugen, entweder beide Male als Epizykloide oder beide Male als Hypozykloide. Dabei sind die beiden festen Kreise konzentrisch. Insbesondere erkennt man noch leicht: Wenn der die Kurve beschreibende Punkt P bei der einen Erzeugung auf dem Umfange des rollenden Kreises liegt, ist der feste Kreis für beide Erzeugungen derselbe, und der Punkt P liegt dann auch auf dem Umfange des zweiten rollenden Kreises.

Anmerkung: Der Sprachgebrauch ist in bezug auf die Bezeichnung der Kurven schwankend. Die Mathematiker ziehen es vor, die Kurven Trochoiden oder Radlinien (vom griech. τρόχος, Rad) zu nennen und den Namen Zykloide nur auf den Fall zu beschränken, wo der die Kurve beschreibende Punkt auf dem Umfange des rollenden Kreises liegt. Die Techniker dagegen machen diese Unterscheidung nicht und brauchen also die Bezeichnung Zykloide im allgemeinen Fall. Wir schließen uns dem hier an. Die doppelte Erzeugung von Epi- und Hypozykloiden im engeren Sinne, d. h. im Fall eines Punktes, der auf dem Umfange des Rollkreises liegt, wurde von L. Euler (Nr. 65) entdeckt, siehe „De duplici genesi tam epicycloidum quam hypocycloidum" (Über die doppelte Erzeugung sowohl der Epizykloiden als auch der Hypozykloiden), Acta Acad. Petrop. 1781, Petersburg 1784, S. 48—59 (schon 1775 der Petersburger Akademie vorgelegt). Die Entstehung der Radlinie mittels Gelenkparallelogramms gab Gustav Bellermann (geb. 1838 zu Berlin) in seiner Jenaer Dissertation „Epizykloiden und Hypozykloiden", Berlin 1867. Die doppelte Erzeugung der allgemeinen Radlinie hat aber vor ihm schon S. H. Gildemeister entdeckt, siehe „D lineis curvis epicycloidibus et hypocycloidibus", Dissertation Marburg 1866. Wenn im Falle der Epizykloide der Rollkreis den festen Kreis einschließt, siehe Fall b in Fig. 722, wurde und wird noch jetzt oft die Kurve eine Perizykloide genannt. Die zweite Erzeugung zeigt aber, daß dieselbe Kurve auch als Nicht-Perizykloide entsteht, weshalb diese besondere Benennung als Perizykloide wissenschaftlich beanstandet werden muß. Allerdings ist einzuräumen, daß sie eine gewisse Berechtigung haben kann, wenn man die Kurve wirklich technisch durch Abrollen eines Kreises auf einem anderen mittels Verzahnung herstellt. Von der sehr umfangreichen Literatur über die Radlinien erwähnen wir nur die Abhandlung „Über neue kinematische Modelle, sowie eine neue Einführung in die Theorie der zyklischen Kurven" von Fr. Schilling (Nr. 313), Zeitschr. f. Math. u. Physik 44. Jahrgang 1899, S. 214—227.

471. Zeichnung von Radlinien. Indem wir von der doppelten Erzeugung der Radlinien absehen, wollen wir das Wichtigste über ihre Zeichnung erwähnen. Rollt ein Kreis k auf einen Kreis $\varkappa$ ab, so schließen sich die dabei entstehenden Radlinien, sobald sich die Radien der Kreise wie zwei ganze Zahlen zueinander verhalten. Andernfalls schließt sich keine der Kurven, und der Raum, den eine von ihnen in ihrem gesamten Verlauf erfüllt, ist ein Ring um den Mittelpunkt des festen Kreises.

In Fig. 726 ist die Zeichnung einiger Epizykloiden dargestellt, die sich nach drei Perioden schließen. Der Radius des Rollkreises ist nämlich gleich einem Drittel des Radius des festen Kreises gewählt worden. Es genügt hier, die Drittel des festen Kreises etwa in je vier gleiche Teile zu zerlegen und für die Teilpunkte die einzelnen Lagen des rollenden Kreises einzuzeichnen, wie es rechts unten angegeben ist. Dadurch bekommt man von den Kurven — in Fig. 726 sind drei dargestellt, deren erzeugende Punkte im Äußeren, auf dem Umfang und im Innern des Rollkreises liegen — insgesamt je zwölf Punkte. Die Normalen der Punkte sind nach den benutzten Teilpunkten als den momentanen Drehpolen gerichtet, so daß man die Tangenten der Kurvenpunkte leicht ermittelt. Augenscheinlich haben die Radlinien in Fig. 726 drei Symmetriegeraden und also je sechs Scheitel. Drei der Scheitel derjenigen Kurve, die von dem Punkte auf dem Umfange des rollenden Kreises erzeugt wird, werden allerdings zu Spitzen. In bezug auf die allgemeine Gestalt gilt nämlich Entsprechendes wie bei den gewöhnlichen Zykloiden (Nr. 467): es entsteht die geschweifte, die gespitzte und die verschlungene Form.

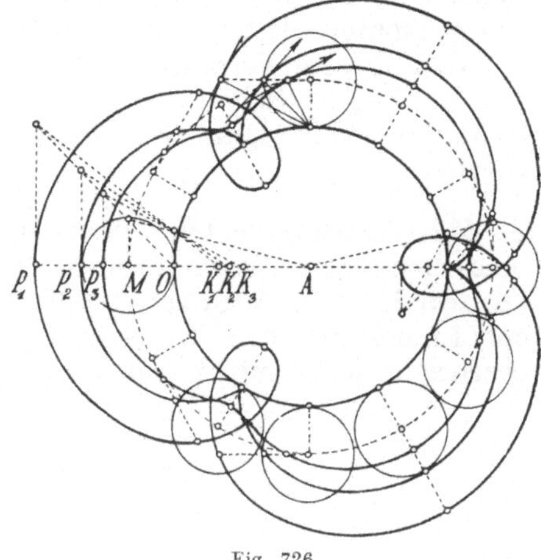

Fig. 726.

Sehr wesentlich für die Gewinnung einer guten Zeichnung ist die Benutzung der Krümmungskreise der Scheitel, da sie sich den Kurven besonders innig anschmiegen. Wie man diese findet, ist in Fig. 727 gezeigt. Hierin ist oben ein Stück des festen Kreises um A und der Rollkreis mit dem Mittelpunkt M dargestellt. Der beschreibende Punkt der Epizykloide sei ein Scheitel P, d. h. er liege auf der Symmetriegeraden AM. Der momentane Drehpol ist wieder mit O bezeichnet. Der Rollkreis ist ferner in einer benachbarten Lage mit dem Mittelpunkte M' und momentanen Drehpol O' dargestellt. Da das Stück OO' des festen Kreises abgerollt ist, erhellt, daß, wenn O' unendlich nahe bei O liegt, die neue Lage P' von P auf der Geraden OM' zu suchen ist. Die Normale des Kurvenpunktes P ist OP, die des Kurvenpunktes P' ist $O'P'$. Beide treffen sich in einem Punkte K, und dieser Punkt ist der Krümmungsmittelpunkt des Scheitels P, falls O' unendlich nahe bei O liegt (Nr. 80). Beim Grenzübergange werden die Bogen OO',

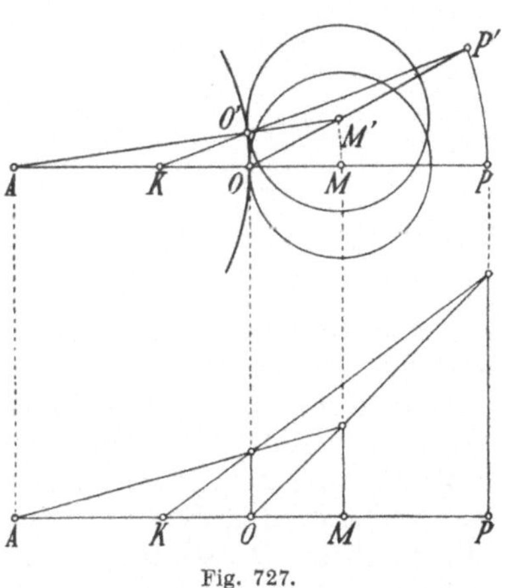

Fig. 727.

MM' und PP' unendlich kurz; die Punkte O', M' und P' streben also nach Lagen auf den in O, M und P auf OMP errichteten Loten. Diese Lote und die Geraden $AO'M'$, $KO'P'$ machen nun beim Grenzübergang eine Figur aus, die nicht gestattet, den Schnittpunkt K zu bestimmen. Man kann aber die Figur affin verändern, indem man die Gerade $AOMP$ als Affinitätsachse benutzt, denn dabei bleiben die Punkte dieser Achse unverändert. Daraus entspringt die in Fig. 727 unten angegebene Konstruktion: Man zieht durch O, M, P die Lote zu $AOMP$ und legt dann durch O

eine beliebige Gerade. Ihren Schnittpunkt mit dem Lot von M verbindet man mit A, wodurch sich ein Punkt auf dem Lot von O ergibt. Diesen Punkt verbindet man mit der Stelle, an der die durch O gezogene Gerade das Lot von P schneidet. Die letzte Verbindende gibt auf $AOMP$ den gesuchten Mittelpunkt K für den Krümmungskreis des Scheitels P.

Nach diesem Verfahren sind in Fig. 726 die Krümmungsmittelpunkte K_1, K_2, K_3 der Scheitel P_1, P_2, P_3 bestimmt worden. Ebenso sind die Krümmungsmittelpunkte für die rechts gelegenen Scheitel ermittelt worden.

472. Kreisevolventen. Besondere Annahmen führen zu besonders bemerkenswerten Radlinien. Nach Nr. 84 gehören z. B. die Ellipsen zu den Hypozykloiden, denn dort ergab sich: Rollt ein Kreis k auf der Innenseite eines Kreises $\varkappa$ von doppelt so großem Radius ab, so beschreibt jeder mit k fest verknüpfte Punkt eine Ellipse.

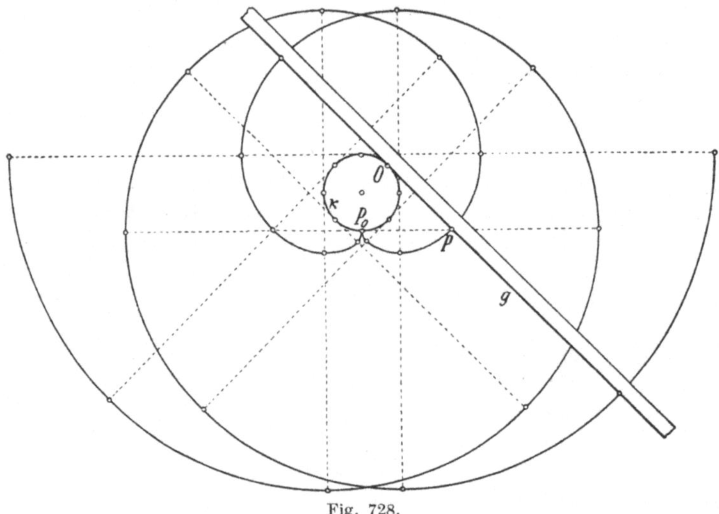

Fig. 728.

Ein anderer besonderer Fall tritt ein, wenn der Rollkreis einen unendlich großen Radius hat, also eine Gerade g ist. Selbstverständlich gehen dann nur Epizykloiden hervor. Nach Nr. 411 beschreibt ein Punkt P einer Geraden g, wenn die Gerade auf einem festen Kreis $\varkappa$ abrollt, eine Kreisevolvente, siehe Fig. 728. Für die Zeichnung wird es genügen, den Kreis $\varkappa$ in acht gleiche Teile zu zerlegen und von den Teilpunkten O aus tangential die Längen der Kreisbogen von der Anfangsstelle P_0 an bis O als Strecken bis zu den Punkten P der Kurve abzutragen. Da der Kreis die Evolute ist, gehört zu P als Krümmungsmittelpunkt der Drehpol O. Die Kurve macht unendlich viele Windungen um den festen Kreis, die immer größer werden, und zwar Windungen in beiden Drehsinnen. Der Punkt P_0 ist die einzige Spitze der Kurve. Unsere Figur zeigt nur je $1^1/_4$ Windungen in beiden Drehsinnen. Der durch P_0 gehende Kreisdurchmesser ist die Symmetriegerade der Kurve.

Die Kreisevolventen haben eine Eigenschaft, die z. B. auch den Kreisen und Parabeln (Nr. 264) zukommt: Alle Kreisevolventen haben dieselbe Gestalt, d. h. sie sind alle einander im strengen geometrischen Sinn ähnlich. In der Tat hängen ihre Abmessungen nur von einer einzigen Größe ab, nämlich von der Länge des Kreisradius.

473. Archimedische Spiralen. Mit der Geraden g, die auf dem festen Kreise $\varkappa$ abrollt, können andere nicht auf g liegende Punkte fest verknüpft sein. Sie beschreiben Epizykloiden, unter denen es gewisse besondere gibt: Ein Punkt P sei so an g geknüpft, daß er von g um die Länge des Radius ϱ des festen Kreises $\varkappa$ entfernt ist, und zwar liege er auf derselben Seite von g wie der Mittelpunkt A des festen Kreises, siehe Fig. 729. Der Punkt, in dem g den Kreis berührt, sei als der Drehpol wieder mit O bezeichnet. Die Tangente des Kurvenpunktes P ist zu PO senkrecht. Der Fußpunkt Q des Lotes von P auf g beschreibt als Punkt der Geraden g die in voriger Nummer betrachtete Kreisevolvente.

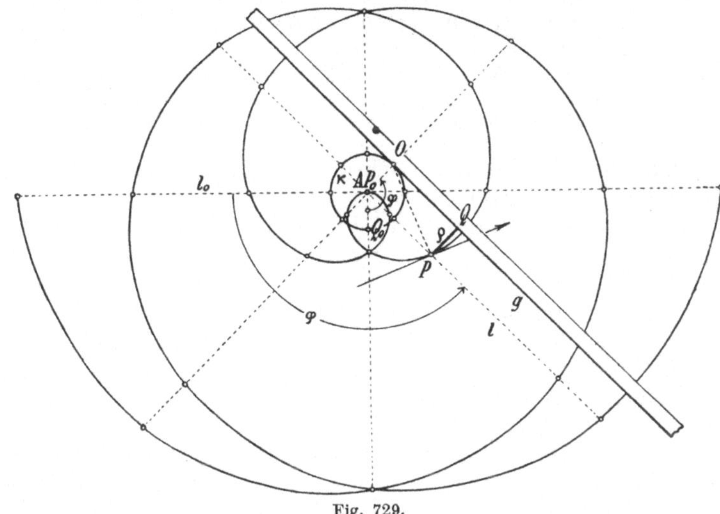

Fig. 729.

Während des Abrollens von g auf $\varkappa$ tritt es einmal ein, daß der Punkt P in die Kreismitte A rückt. Diesen Punkt nennen wir den Anfangspunkt P_0 der Kurve; zu ihm gehört die Spitze Q_0 der Kreisevolvente (die in Fig. 729 nicht eingezeichnet ist). Man denke sich mit g die zu g parallele Gerade l durch P fest verknüpft. Während der Bewegung geht sie beständig durch A, und ihre Anfangslage ist die zur Tangente des Kreispunktes Q_0 parallele Gerade l_0 durch A. Der Winkel φ, den l_0 um A beschreibt, um in die Lage l überzugehen, ist gleich dem Winkel, den der Radius AQ_0 beschreibt, um in die Lage AO überzugehen. Ferner ist die Strecke $AP = OQ$ und daher gleich dem Bogen Q_0O des Kreises. Wird der Drehwinkel φ in Graden gemessen, so ist dieser Bogen gleich $2\pi\varrho\varphi : 360$. Setzt man $AP = r$, so ergibt sich also:

$$r = \frac{2\pi\varrho}{360} \cdot \varphi ,$$

d. h., da $2\pi\varphi : 360$ eine Konstante k ist:

$$r = k\varphi .$$

Die Bahn des Punktes P entsteht also, wenn sich eine Gerade durch A aus der Anfangslage l_0 um A dreht und zugleich ein Punkt P die Gerade von der Anfangslage A an durchläuft und zwar derart, daß der von P zurückgelegte Weg AP oder r proportional zum Drehwinkel φ ist. Diese Kurve heißt eine **Archimedische Spirale**. Die Gerade l_0 kann auch rückwärts gedreht werden. Die Kurve hat deshalb unendlich viele Windungen in beiderlei Drehsinn. Die Gerade AQ_0 ist Symmetriegerade, also der Punkt A oder P_0 ein Scheitel. Wenn man auf diesen Punkt die in Nr. 471 gegebene Konstruktion des Krümmungsmittelpunktes anwendet, indem man die Archimedische Spirale als Epizykloide auffaßt, ergibt sich, daß der Krümmungsmittelpunkt dieses Scheitels die Mitte von P_0Q_0 ist. Man hat dabei zu beachten, daß der Mittelpunkt M des Rollkreises unendlich fern liegt, da dieser Kreis jetzt eine Gerade ist.

Alle Archimedischen Spiralen haben wie die Kreisevolventen die Eigenschaft, daß sie einerlei Gestalt haben: **Alle Archimedischen Spiralen sind zueinander ähnlich**.

Anmerkung: Wie ihr Name besagt, schreibt man die Erfindung dieser Kurve Archimedes (Nr. 73) zu, der über sie in einem „Buche von den Spirallinien" spricht, siehe die bei Nr. 73 genannte Ausgabe, 2. Bd. 2. Aufl., Leipzig 1913, S. 8, 9.

474. Übungen. 1) An eine Schraubenlinie die zu einer gegebenen Ebene parallelen Tangenten zu legen (Nr. 461).

2) Zwei Geraden a und t sind durch ihre Grundrisse und Aufrisse gegeben; gesucht wird diejenige Schraubenlinie, die a als Achse hat und t berührt (Nr. 465).

3) Nicht nur in dem in Nr. 467 besprochenen Fall der Parallelprojektion auf eine zur Schraubenachse senkrechte Ebene bildet sich eine Schraubenlinie als Zykloide ab. In welcher Richtung muß man die Schraubenlinie auf eine beliebig gegebene Ebene projizieren, damit sich eine Zykloide ergibt (Nr. 123)?

4) Den Schatten einer Schraubenlinie, deren Achse auf der Grundrißtafel senkrecht steht, mittels des Überkreuzverfahrens (Nr. 271) aus dem Schatten auf der Grundrißtafel (Nr. 467) abzuleiten.

5) Ein Kreis rolle auf einem gleich großen festen Kreis ab. Die von einem Punkte seines Umfanges beschriebene Epizykloide, die sogenannte **Herzlinie (Kardioide)** soll konstruiert werden (Nr. 471). Außerdem ermittle man die zweite Erzeugung dieser Kurve als Epizykloide (Nr. 470).

6) Perspektive Darstellung einer Schraubenlinie z. B. für den Fall, wo die Schraubenachse zur Bildtafel parallel ist (Nr. 364). Dabei benutze man den zugehörigen Kegel (Nr. 461). Es genügt, vier Punkte eines Schraubenganges nebst ihren Tangenten zu bestimmen.

§ 4. Schraubenflächen und Schrauben.

475. Stetige Schraubung. Nachdem im vorhergehenden Paragraphen die Bahnkurve eines sich verschraubenden Punktes untersucht worden ist, soll jetzt die gleichzeitige Verschraubung beliebig vieler Punkte betrachtet werden. Die Bewegung ist bestimmt, sobald man die Achse a und Ganghöhe h gegeben und überdies die Art der Windung verabredet hat (Nr. 460). Ob die Bewegung rechts- oder linksgewunden sein soll, kann man durch Pfeile kennzeichnen: Erstens werde die Achse a mit einem Pfeil so versehen, daß die Drehung um die Achse für einen im Sinne des Pfeiles blickenden Beobachter wie die des Uhrzeigers erfolgt. Zweitens werde die Ganghöhe h als Strecke auf a oder parallel zu a mit einem Pfeil so dargestellt, daß der Pfeil den Sinn der Schiebung längs a angibt. Je nachdem beide Pfeile übereinstimmen oder nicht, ist die Schraubung rechts- oder linksgewunden.

Zu einem bestimmt gewählten Drehwinkel α gehört eine bestimmte Lagenänderung aller Punkte des Raumes. Man kann ihre neuen Lagen dadurch ermitteln, daß man die Punkte zuerst bloß durch den Winkel α um a dreht und dann parallel zu a um diejenige Strecke s verschiebt, die sich zur Ganghöhe h verhält wie der Drehwinkel zur vollen Umdrehung. Deshalb geht jedes Gebilde $PQR\ldots$ vermöge der Schraubung durch irgendeinen Drehwinkel α in ein kongruentes Gebilde $P'Q'R'\ldots$ über. Das Gebilde kann daher als **starrer Körper** aufgefaßt werden.

Die Gesamtheit aller Lagen $P'Q'R'\ldots$, in die ein starrer Körper $PQR\ldots$ vermöge Schraubung mit gegebener Ganghöhe um eine gegebene Achse gelangt, wenn man den Drehwinkel beliebig läßt, ist stetig, d. h. zu jeder Lage gibt es eine unendlich benachbarte. Daher sagt man, **daß der Körper stetig verschraubt werde.** Alle Punkte des Körpers beschreiben als Bahnkurven Schraubenlinien von derselben Ganghöhe h um die Achse a, aber die Steigwinkel σ dieser Schraubenlinien hängen infolge der Beziehung $\mathrm{tg}\,\sigma = h : 2\,\pi\,r$ (Nr. 460) außerdem von den Entfernungen r der Punkte von der Achse ab. Der Steigwinkel σ ist um so kleiner, je größer die Entfernung r ist. Für die Punkte der Achse selbst ist er ein rechter Winkel, und die Achse gehört mit zu den Schraubenlinien.

476. Schraubenflächen. Eine Schraubenfläche entsteht, wenn eine starre Raumkurve k stetig verschraubt wird. Sie ist der Ort aller Lagen, in die k gelangt, und zugleich der Ort der Bahnkurven aller Punkte von k, so daß durch jeden Punkt der Fläche sowohl eine mit k kongruente Kurve als auch eine Schraubenlinie geht und beide Kurven vollständig der Fläche angehören. Die Achse a der Schraubung heißt auch die **Achse der Schraubenfläche** und die Ganghöhe h der Schraubung die **Ganghöhe der Schraubenfläche.** Unter einem **Schraubengang** versteht man denjenigen Teil der Schraubenfläche, der sich ergibt, wenn man die Kurve k — die erzeugende Kurve der Fläche — soweit verschraubt, daß sie dabei gerade eine volle Drehung um die Achse macht.

Unter P_1 und P_2 seien zwei benachbarte Punkte der Fläche verstanden, siehe Fig. 730. Durch sie gehen mit k kongruente Kurven k_1 und k_2 sowie Schraubenlinien s_1 und s_2, und da k_1, k_2, s_1, s_2 der Fläche angehören, schneiden sich k_1 und s_2 in einem Punkte Q_1 und ebenso k_2 und s_1 in einem Punkte Q_2 der Fläche. Nähert sich P_2 auf der Fläche dem Punkte P_1, so gilt dasselbe von Q_1 und Q_2, und die Geraden P_1P_2, P_1Q_1, P_1Q_2 streben nach Tangenten der Fläche in P_1, insbesondere die Geraden P_1Q_1 und P_1Q_2 nach den k_1 und s_1 in P_1 zukommenden Tangenten. Ursprünglich ist das Viereck $P_1Q_1P_2Q_2$ krumm, aber je näher P_2 an P_1 heranrückt, um so weniger

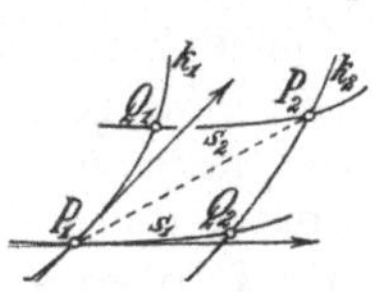

Fig. 730.

weichen die Richtungen der Seiten P_1Q_1 und Q_2P_2 voneinander ab, ebenso die der Seiten P_1Q_2 und Q_1P_2. Demnach geht dies Viereck, falls P_2 auf der Fläche unendlich nahe an P_1 heranrückt, in ein ebenes Viereck über, dessen Ebene die k_1 und s_1 in P_1 zukommenden Tangenten enthält. Mithin strebt die Gerade P_1P_2 nach einer in dieser Ebene gelegenen Geraden, d. h.: **Alle der Schraubenfläche in P_1 zukommenden Tangenten liegen in der Ebene der Tangenten, die k_1 und s_1 in P_1 haben.** Hiernach hat die Schraubenfläche an jeder Stelle P_1 eine Tangentenebene (Nr. 416).

Um die durch stetige Schraubung der Kurve k entstehende Schraubenfläche zu zeichnen, wird man die Kurve k in genügend viele Lagen vermöge der Schraubung bringen. In Fig. 731 ist die Grundrißtafel senkrecht zur Schraubenachse a ange-

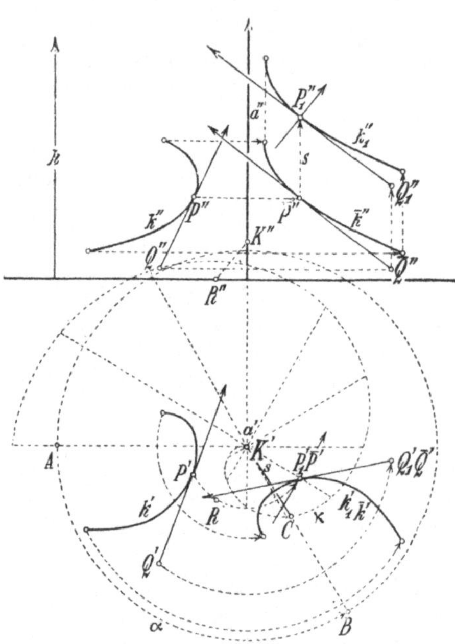

Fig. 731.

nommen worden, und es soll sich darum handeln, diejenige neue Lage k_1 der durch ihren Grundriß k' und Aufriß k'' gegebenen Kurve k zu bestimmen, in die k bei der Schraubung mit beliebig gewähltem Drehwinkel α übergeht. Die zum Drehwinkel α gehörige Hebung s ergibt sich am bequemsten so: Man zieht durch a', ausgehend etwa von der Parallelen $a'A$ zur Projektionsachse, lauter Strahlen, die miteinander einfache Bruchteile von $360°$ ausmachen, z. B. die Zwölftel, also $30°$. Auf den Strahlen trägt man von a' aus nacheinander die Zwölftel der Ganghöhe h auf. Der Ort der Endpunkte ist nach Nr. 473 eine Archimedische Spirale $\varkappa$. Nachdem man sie gezeichnet hat, bekommt man die zu einem beliebigen Drehwinkel α gehörige Hebung s, indem man den Winkel α an den Schenkel $a'A$ ansetzt und den anderen Schenkel $a'B$ des Winkels mit der Spirale in C zum Schnitte bringt, denn dann ist $a'C$ die gesuchte Strecke s. Um nun die neue Lage k_1 von k zu finden, dreht man k zunächst um a durch den Winkel α. Dabei geht der Grundriß k' in den durch Drehung um a' entstehenden kongruenten Grundriß $\bar{k}'$ über, der Aufriß k'' in eine Kurve $\bar{k}''$, deren Punkte $\bar{P}''$ so hoch wie die entsprechenden Punkte P'' von k'' liegen. Die Kurve $\bar{k}$, in die k vermöge der Drehung übergegangen ist, muß nun noch um die zu α gehörige Strecke s gehoben werden, um in die gesuchte Lage k_1 überzugehen. Der Grundriß k_1' von k_1 fällt mit $\bar{k}'$ zusammen, und der Aufriß k_1'' geht aus $\bar{k}''$ durch Schiebung parallel zu a um die Strecke s hervor, insbesondere also der zu P'' gehörige Punkt P_1'' von k_1'' durch Schiebung von $\bar{P}''$. Aus der Tangente, die k in P hat, ergibt sich ebenso die Tangente, die k_1 in P_1 hat. Man nehme nämlich auf jener Tangente noch einen zweiten Punkt Q an und unterwerfe ihn denselben Bewegungen, wodurch er zuerst in $\overline{Q}$ und dann in einen Punkt Q_1 der gesuchten Tangente von P_1 übergeht.

Die Tangentenebene des Punktes P_1 der Schraubenfläche enthält die Tangente P_1Q_1 von k_1 und die Tangente der durch P_1 gehenden Schraubenlinie. Um diese zweite Tangente zu ermitteln, bestimmt man nach Fig. 706 von Nr. 461 den Endpunkt K der zur Ganghöhe h gehörigen Kegelhöhe und dreht P_1' um a' durch einen rechten Winkel in die Lage R zurück. Unter R ist ein Punkt der Grundrißtafel zu verstehen, so daß der Aufriß R'' auf der Projektionsachse liegt. Die gesuchte Tangente der durch P_1 gehenden Schraubenlinie der Fläche ist nun parallel zu RK.

Die Rotationsflächen gehören als Sonderfälle zu den Schraubenflächen; sie sind die Schraubenflächen mit der Ganghöhe Null. Wird die Ganghöhe unendlich groß, so wird aus der stetigen Schraubung die stetige Schiebung parallel zur Achse a. Deshalb gehören auch die Zylinder als Sonderfälle zu den Schraubenflächen. Im Folgenden werden wir von den Rotationsflächen und Zylindern meistens stillschweigend absehen.

Eine Schraubenfläche geht beständig in sich selbst über, wenn sie derjenigen stetigen Schraubung um ihre Achse unterworfen wird, die durch die zugehörige Ganghöhe bestimmt wird. Man sagt daher, daß die Schraubenfläche eine stetige Schraubung um ihre Achse gestatte. Man kann beweisen, daß es außer den Schraubenflächen, zu denen als Sonderfälle die Zylinder und Rotationsflächen gehören, keine Fläche gibt, die sich stetig als starres Gebilde in sich selbst bewegen läßt. Die Technik braucht starre, aber in ihren Lagern noch bewegliche Körper. Deshalb muß sie Gebilde verwenden, deren Oberflächen aus Teilen von Schraubenflächen mit derselben Achse und derselben Ganghöhe bestehen. Solche Körper heißen Schrauben, ihre Lager Schraubenmuttern.

Selbstverständlich ist jede Schraubenfläche — abgesehen von den Rotationsflächen — periodisch. Die Periode ist ein einzelner Schraubengang.

477. Ermittlung des Profils und Querschnitts einer Schraubenfläche. Ersetzt man die Kurve k, durch deren stetige Schraubung eine Schraubenfläche hervorgeht, durch irgendeine andere auf der Fläche gezogene Kurve, so erzeugt diese bei derselben stetigen Schraubung dieselbe Fläche, wenn sie die Bahnkurven (Schraubenlinien) aller Punkte von k durchsetzt, andernfalls wenigstens einen Streifen dieser Fläche. Man kann also statt k andere erzeugende Kurven benutzen. In Betracht kommen namentlich diejenigen ebenen Kurven, deren Ebenen entweder die Schraubenachse enthalten oder zur Schraubenachse senkrecht sind. Die Schnittkurven der Fläche mit Ebenen von der ersten Art sollen ihre Profilkurven p, ihre Schnittkurven mit Ebenen von der zweiten Art ihre Querschnittkurven q heißen. Alle Profilkurven p der Fläche sind miteinander kongruent, ebenso alle Querschnittkurven q.

Aus der gegebenen erzeugenden Kurve k ermittelt man die Profilkurve p, wie es in Fig. 732a gezeigt ist, wo wieder die Grundrißtafel senkrecht zur Schraubenachse a angenommen worden ist:

Als Ebene des Profils kann man hier die zur Aufrißtafel parallele Ebene durch die Achse benutzen; dann wird sich die Profilkurve p im Aufriß in wahrer Gestalt zeigen. Man muß die Punkte von k soweit verschrauben, bis sie in diese Ebene gelangen. Dabei gehören aber zu verschiedenen Punkten verschieden große Drehwinkel α. Man zieht durch a' Strahlen, die mit der Parallelen zur Projektionsachse solche Winkel bilden, die einfache Bruchteile von 360° sind; in Fig. 732a sind die Zwölftel,

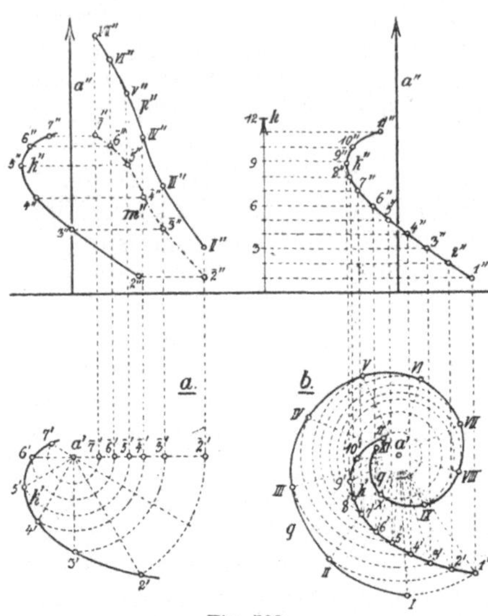

Fig. 732.

also Winkel von 30° benutzt. Die Strahlen treffen k' in Punkten, die mit $2', 3' \ldots 7'$ bezeichnet worden sind, so daß die Zahlen angeben, welche Vielfache von 30° die Drehwinkel α betragen. Führt man zunächst nur die Drehungen durch diese Winkel α aus, so gelangen die Punkte $2, 3 \ldots 7$ der Kurve k in neue Lagen $\bar{2}, \bar{3} \ldots \bar{7}$, die der Profilebene angehören. Sie bilden hier eine Kurve m. Offenbar ist m die Meridiankurve derjenigen Rotationsfläche, die durch Drehung der Kurve k um die Achse a entsteht (Nr. 429). Um schließlich den Aufriß p'' der Profilkurve p zu bekommen, hat man die Punkte $\bar{2}, \bar{3} \ldots \bar{7}$ um $2, 3 \ldots 7$ Zwölftel der Ganghöhe h zu heben, wodurch ihre Aufrisse in die Punkte $II'', III'' \ldots VII''$ von p'' übergehen.

In Fig. 732b ist gezeigt, wie man aus der gegebenen erzeugenden Kurve k die Querschnittkurve q ermittelt und zwar unter Annahme derselben Kurve k wie in Fig. 732a sowie derselben Ganghöhe h. Als Ebene der Querschnittkurve q kann man die Grundrißtafel benutzen. Die Punkte von k werden soweit zurückgeschraubt, bis sie in die Grundrißtafel gelangen. Zu diesem Zwecke sind auf k solche Punkte $1, 2 \ldots 11$ gewählt, deren Höhen $1, 2 \ldots 11$ Zwölftel der Ganghöhe ausmachen. Die Drehwinkel α, durch die sie zurückgeschraubt werden müssen, betragen das $1, 2 \ldots 11$-fache von 30°, so daß sich die gesuchten Punkte $I, II \ldots XI$ von q sofort ergeben.

478. Beziehung zwischen dem Profil und Querschnitt einer Schraubenfläche. Meistens wird die Gestalt einer Schraubenfläche dadurch vorgeschrieben, daß man außer der Achse a und Ganghöhe h die Profilkurve p angibt. Nach dem Vorhergehenden ist es leicht, aus der Profilkurve p die Querschnittkurve q abzuleiten, siehe Fig. 733, wo wieder die Grundrißtafel zur Schraubenachse a senkrecht und die Profilkurve p in der zur Aufrißtafel parallelen Ebene angenommen worden ist. Nach Fig. 732b der letzten Nummer verschraubt man die Punkte von p soweit zurück, bis sie in die Grundrißtafel gelangen. In Fig. 733 sind auf p die Punkte $1, 2 \ldots 6$ gewählt, deren Höhen die Sechstel der Ganghöhe h betragen, und aus ihnen entstehen die Punkte $I, II \ldots VI$ der Querschnittkurve q.

Ist die Querschnittkurve q gegeben, so erhellt, wie man umgekehrt aus ihr die Profilkurve p bestimmen kann.

Die Profilkurve p sei auf **rechtwinklige Koordinaten** x, y bezogen (Nr. 128), d. h. der Abstand eines beliebigen Punktes der Kurve p'' von a'' sei mit x, seine Höhe über der Grundrißtafel mit y bezeichnet. Die Querschnittkurve q dagegen sei auf **Polarkoordinaten** r, φ (Nr. 251) bezogen, d. h. der Abstand des jenem Punkte von p entsprechenden Punktes der Kurve q von a' sei mit r und der Drehwinkel, durch den jener Punkt zurückgeschraubt werden muß, mit φ bezeichnet. Wird φ im Bogenmaß gemessen, d. h. durch den Bogen, den der Winkel auf einem Kreis vom Radius Eins um seinen Scheitel abschneidet, so ergibt sich sofort $r = x$ und $\varphi : 2\pi = y : h$. Als Längeneinheit kann man insbesondere die zur Ganghöhe h gehörige Kegelhöhe k benutzen. Nach Nr. 461 ist dann $h = 2\pi$, so daß sich $r = x$, $\varphi = y$ ergibt, d. h.:

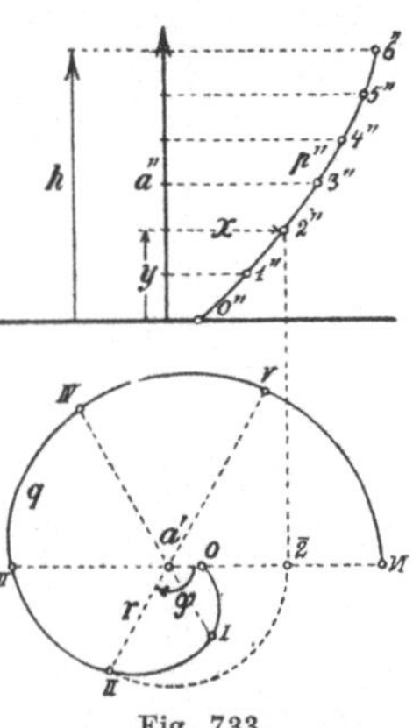
Fig. 733.

Wird die zur Ganghöhe gehörige Kegelhöhe als Längeneinheit benutzt, so sind die rechtwinkligen Koordinaten x, y der Profilkurve p gleich den Polarkoordinaten r, φ der Querschnittkurve q, falls die Amplituden φ im Bogenmaß gemessen werden.

Ist die Profilkurve p z. B. eine die Achse schneidende, aber nicht zu ihr senkrechte Gerade und legt man die Grundrißtafel durch den Schnittpunkt, so ist y zu x proportional, also auch φ zu r. Dies besagt nach Nr. 473: **Die durch stetige Schraubung einer die Achse schneidenden, aber nicht zu ihr senkrechten Geraden entstehende Schraubenfläche hat als Querschnittkurve eine Archimedische Spirale.** Wird als Querschnittkurve q ein Kreis angenommen, der die Achse a schneidet, und wird die Aufrißtafel parallel zur Tangente des Kreises im Schnittpunkte gelegt, so ist für die Punkte des Kreises $r = 2m \sin\varphi$, wenn m der Radius ist. Daraus folgt $x = 2m \sin y$, was nach Nr. 249 besagt: **Die Schraubenfläche, die durch stetige Schraubung eines die Achse schneidenden Kreises entsteht, dessen Ebene zur Achse senkrecht ist, hat als Profilkurve eine zur Sinuslinie affine Kurve.**

Anmerkung: Pierre Varignon (geb. 1654 zu Caen, Professor am Collège de France, Begründer der Lehre von der Zusammensetzung der Kräfte, gest. 1722 zu Paris) betrachtete in der Abhandlung „Nouvelle formation de spirales, beaucoup plus différentes entr' elles que tout ce qu'on peut imaginer d'autres courbes quelconques à l'infini; avec les touchantes, les quadratures, les déroulements, et les longueurs de quelques-unes de ces spirales, qu'on donne seulement ici pour éxemple de cette formation générale", Mém. de l'Acad. des Sciences 1704, gedruckt Paris 1722, 2. Aufl. S. 69—132, insbesondere S. 70—71, diejenigen Kurven, die aus in rechtwinkligen Koordinaten x, y gegebenen Kurven entstehen, wenn man x und y durch Polarkoordinaten r, φ ersetzt, und gab dafür ein geometrisches Verfahren an, das allerdings im wesentlichen dasselbe wie in Fig. 733 ist, aber doch von ihm nicht räumlich als die Beziehung zwischen der Profilkurve und der Querschnittkurve einer Schraubenfläche gedeutet würde. Dies geschah erst durch M. Chasles in der Note VIII seines bei Nr. 2 erwähnten „Aperçu historique etc.", siehe 3. Aufl. 1889, S. 297—301.

479. Umriß einer Schraubenfläche bei senkrechter Projektion auf eine zur Achse parallele Ebene. Eine **Rotationsfläche** wird durch eine Ebene, die ihre Achse enthält, überall senkrecht getroffen, so daß der Umriß einer Rotationsfläche bei senkrechter Projektion auf eine zu ihrer Achse parallele Ebene mit der Projektion einer ihrer Meridiankurven kongruent ist (Nr. 430). Etwas Entsprechendes gilt jedoch nicht für beliebige Schraubenflächen. Wird z. B. ein Kreis um eine Achse a verschraubt, die in seiner Ebene liegt und durch seinen Mittelpunkt geht, so kann der Umriß bei senkrechter Projektion auf eine zur Achse parallele Ebene unmöglich ein Kreis sein, weil sonst das Ergebnis der Schraubung eine Kugel wäre. Mithin entsteht die Aufgabe, aus der gegebenen Profilkurve p den Umriß abzuleiten.

In Fig. 734 ist die Grundrißtafel wieder senkrecht zur Schraubenachse a gewählt und die Profilkurve p in der zur Aufrißtafel parallelen Ebene gegeben. Nun werde irgendein Punkt P von p durch einen beliebigen Drehwinkel α verschraubt. Zuerst führe man nur die Drehung aus, wodurch P an eine Stelle $\bar{P}$ in derselben Höhe wie P gelangt, dann die zugehörige Hebung s, wodurch $\bar{P}$ in die neue Lage U kommt. Die Tangente der Profilkurve p in P t effe a in T. Dann ist $\bar{P}T$ die Tangente der gedrehten Profilkurve, also die Parallele zu $\bar{P}T$ durch U die Tangente der durch U gehenden Profilkurve. Die Tangente der durch U gehenden Schraubenlinie der Fläche ergibt sich mit Hilfe der zur Ganghöhe h gehörigen Kegelhöhe $k = AK$, indem man U' (oder $\bar{P}'$) um den Fußpunkt A der Achse a durch einen rechten Winkel nach R zurückdreht (Nr. 461). Der Punkt R gehört der Grundrißtafel an, und die gesuchte Tangente ist zu RK parallel. Soll nun der Punkt U so beschaffen sein, daß sein Aufriß U'' dem Umriß der Schraubenfläche angehört, so muß die Tangentenebene von U zur Aufrißtafel senkrecht sein, d. h. die durch U gehenden beiden Tangenten, die soeben bestimmt wurden, müssen dieselbe Aufrißprojektion haben. Dazu ist erforderlich. daß $R''K'' \parallel \bar{P}''T''$ sei. Diese Annahme ist in Fig. 734 gemacht. Wird der Fußpunkt des Lotes von P auf a mit S bezeichnet, so drückt sich die Forderung durch die Proportion aus:

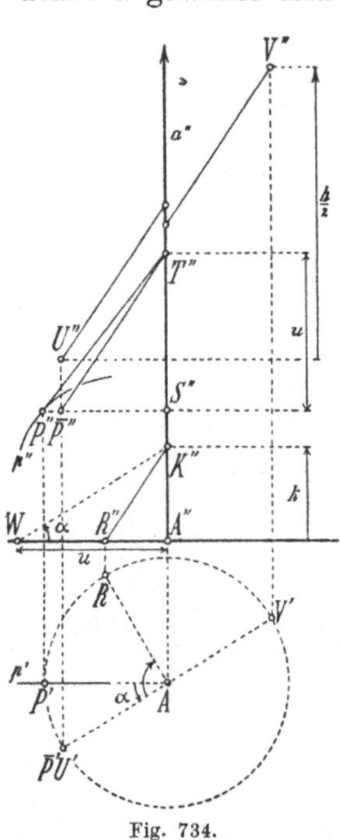

Fig. 734.

$$\frac{R''A''}{\bar{P}''S''} = \frac{A''K''}{S''T''} \; .$$

Der Grundriß zeigt, daß $R''A'' = P'A \sin\alpha$ und $\bar{P}''S'' = P'A \cos\alpha$, also die linke Seite der Gleichung gleich $\operatorname{tg}\alpha$ ist. Wird ST mit u bezeichnet, so kommt daher:

$$\operatorname{tg}\alpha = \frac{k}{u} \; .$$

Diese Formel bestimmt den für den Punkt P erforderlichen Drehwinkel α. Trägt man die Strecke $u = S''T''$ von A'' aus auf der Projektionsachse bis W ab, so ist $\sphericalangle A''WK'' = \alpha$. Mithin zieht man durch A den zu $K''W$ parallelen Radius des Kreises um A durch P'. Er hat als Endpunkt den Grundriß U' des gesuchten Punktes U. Der Aufriß U'' liegt um die zu α gehörige Strecke s höher als P'', und diese Strecke kann man wie in Fig. 731 von Nr. 476 mit Hilfe der dort $\varkappa$ genannten Archimedischen Spirale feststellen. Mittels dieses Verfahrens kann man aus genügend vielen Punkten P'' von p'' genügend viele Punkte U'' des Umrisses u'' im Aufriß ableiten.

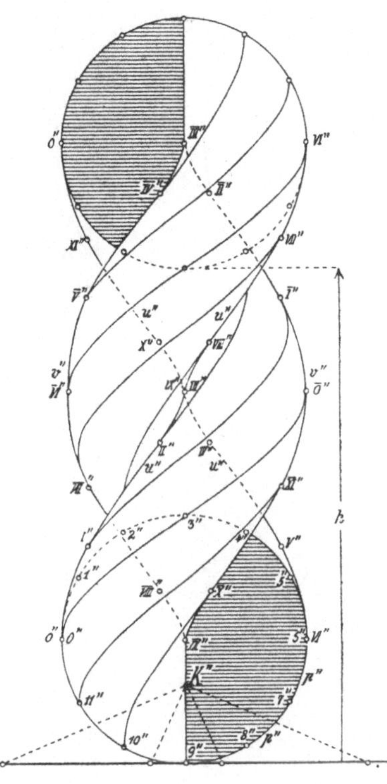

Wird einer der Punkte U abermals und zwar soweit verschraubt, daß der zugehörige Drehwinkel zwei Rechte ausmacht, so erhellt, daß seine Tangentenebene dadurch aufs neue in eine zur Aufrißtafel senkrechte Lage gelangt. Aus dem Umriß u'' geht also ein zweiter Umriß v'' hervor, wenn man u'' um a'' herumklappt und dann um die halbe Ganghöhe h parallel zu a'' verschiebt. Oder auch: Statt des Radius AU' kann man auch den entgegengesetzt gerichteten Radius AV' benutzen, nur muß man dann als Hebung nicht die Strecke s, sondern die um $\tfrac{1}{2}h$ längere Strecke verwenden, d. h. den auf dem Strahl AV' gelegenen Radiusvektor der Archimedischen Spirale $\varkappa$. Man bekommt dann einen Punkt V'' des zweiten Umrisses v''.

In Fig. 734 liegt T'' höher als S''. Im anderen Falle muß man die Strecke $u = S''T''$ von A'' aus nach der anderen Seite hin auf der Projektionsachse auftragen. Derselbe Wechsel muß vorgenommen werden, wenn man von solchen Punkten P'' der Kurve p'', die auf der einen Seite von a'' liegen, zu solchen Punkten übergeht, die auf der anderen Seite von a'' liegen.

Dies Verfahren ist in Fig. 735 auf den Fall angewandt, wo die Profilkurve ein Kreis ist, dessen Mittelpunkt auf der Schraubenachse liegt, während die Ganghöhe h doppelt so groß wie der Durch-

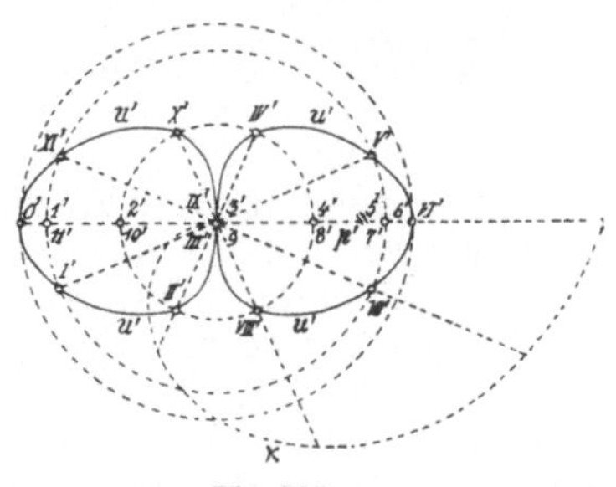

Fig. 735.

messer des Kreises ist. Die entstehende Schraubenfläche kann als eine Locke bezeichnet werden. Hier spielen die mit $0, 1, 2 \ldots 11$ bezeichneten Punkte des Kreises die Rolle des Punktes P und die entsprechend mit $0, I, II \ldots XI$ bezeichneten Punkte die Rolle des Punktes U. Die Kurve u, deren Aufriß den einen Umriß der Fläche darstellt, ist im Grundriß vollständig ausgezogen. Im Aufriß wird der Umriß u'' zum Teil durch die Fläche selbst verdeckt; es tritt also

23*

hier eine Erscheinung ein, wie sie schon früher bei den Umrissen der Rotationsflächen in Nr. 433 vorkam: Ein unsichtbares Stück von u wäre zu sehen, wenn das Innere der Schraubenfläche hohl wäre und die Fläche

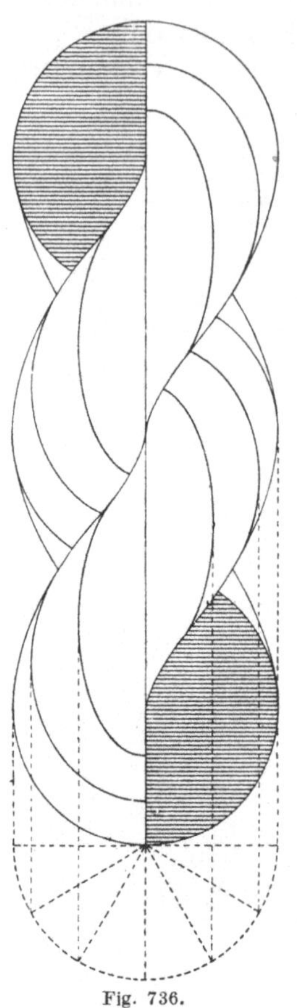

vorn durchlocht würde. Die Kurve u'' beginnt mit dem aufsteigenden Zweig $0''\,I''\,II''\,III''$, hier schließt sich ein absteigender Zweig $III''\,IV''\,V''\,VI''$ so an, daß in III'' eine Spitze entsteht. Da nur ein Schraubengang dargestellt ist, wird u'' im Punkte VI'' abgeschnitten. Wie die Fortsetzung nach unten weiter verlaufen würde, sieht man, wenn man von VI'' um die Ganghöhe h emporsteigt. Dort nämlich kommt der absteigende Zweig $VI''\,VII''\,VIII''\,IX''$ zutage, an den sich mit einer Spitze der ansteigende Zweig $IX''\,X''\,XI''\,0''$ anschließt. Die zweite Umrißlinie v'' entsteht aus u'' durch Umlegung um a'' und Hebung oder Senkung um $\tfrac{1}{2}h$. Der zugehörige Grundriß v' fällt mit u' zusammen. Da nur ein Schraubengang dargestellt ist, sieht man Teile der erzeugenden Kreisfläche in der Anfangs- und Endlage; sie sind geschrafft.

Man kann die Umrißlinien u'' und v'' auch so bestimmen: Genügend viele Punkte des Kreises läßt man ihre Schraubenlinien beschreiben, wie sie in der Zeichnung angegeben sind. Die Kurven u'' und v'' sind dann die diese Kurven im Aufriß einhüllenden Kurven.

Ein anderes Verfahren ist in Fig. 736 benutzt, das dieselbe Schraubenfläche darstellt. Hier ist der erzeugende Kreis in einer Anzahl von Lagen gezeichnet, in die er bei der Verschraubung gelangt. Die Kreisbilder sind Ellipsen, deren Nebenachsen sich wie angedeutet sofort ergeben. Die Umrißlinien sind die diese Ellipsen einhüllenden

Fig. 736.

Kurven. In Nr. 453 wurde darauf hingewiesen, daß die bloße Zeichnung der Umrißlinien kein genügend deutliches Bild von der Gestalt einer Fläche gibt. Da man also entweder eine Anzahl Schraubenlinien oder eine Anzahl von Profilkurven darstellen wird, ist es meistens bequemer, die Umrißlinie als Einhüllende dieser Kurve und nicht durch das in Fig. 734 auseinandergesetzte Verfahren zu bestimmen.

480. Wendelfläche oder gemeine Schraubenfläche. Sieht man von den Sonderfällen der Zylinder- und Rotationsflächen ab, so ist die einfachste Schraubenfläche die Wendelfläche, die durch stetige Schraubung einer die Achse senkrecht schneidenden Geraden entsteht. Sie hat ihren Namen daher, daß auf ihr die Vorderkanten der Stufen einer Wendeltreppe liegen, siehe Fig. 705 von Nr. 460, und unterscheidet sich von der Wendeltreppe dadurch, daß sie eine stetig gekrümmte Fläche ist. Man nennt sie auch die gemeine Schraubenfläche. Sie erstreckt sich nicht nur insofern, als sie wie jede Schraubenfläche periodisch fortsetzbar ist, bis ins Unendliche, sondern nach allen Richtungen hin, weil die erzeugende Gerade unbegrenzt ist. **Alle Wendelflächen von gleicher Ganghöhe sind einander kongruent, falls sie dieselbe Art der Windung haben. Daher sind alle rechtsgewundenen Wendelflächen überhaupt einander ähnlich, ebenso alle linksgewundenen.**

Wenn man die erzeugende Gerade der Fläche begrenzt, etwa beiderseits gleichweit von der Achse, beschreiben die Endpunkte Schraubenlinien, und die Projektionen dieser Schraubenlinien liefern einen Umriß der Fläche. Aber dies ist ein uneigentlicher Umriß, da die Begrenzung willkürlich ist. Wird die Grundrißtafel senkrecht zur Schraubenachse angenommen, so entsteht die wenig anschauliche Darstellung in Fig. 737, deren Konstruktion nach Nr. 466 einleuchtet. Hier ist ein Schraubengang wiedergegeben; man muß sich vor dem Irrtum hüten, die Hälfte der Ganghöhe

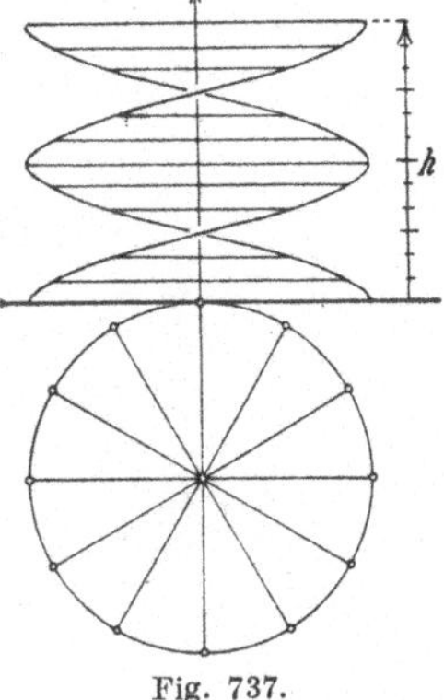

Fig. 737.

für die richtige Ganghöhe zu halten. Allerdings wird die verschraubende Gerade, nachdem nur ein Drehwinkel von zwei Rechten zurückgelegt worden ist, wieder zu ihrer ursprünglichen Lage parallel, aber im entgegengesetzten Sinne.

Viel anschaulicher ist die senkrechte Projektion der Wendelfläche auf eine zu ihrer Achse geneigte Tafel, siehe Fig. 738. Hier sind dieselben Maße wie in Fig. 737 benutzt, aber selbstverständlich erscheint die Ganghöhe h jetzt verkürzt als Strecke h', vgl. Nr. 463. Die Zeichnung stellt insgesamt $1^3/_4$ Schraubengang dar. Die Bahnen der Endpunkte der erzeugenden Geraden liefern wieder einen uneigentlichen Umriß, da diese Gerade beliebig lang sein darf. Aber außerdem bemerkt man eigentliche Umrisse u', nämlich Kurvenstücke, die von den Geraden der Fläche in der Zeichnung berührt werden. Auf diese Umrisse kommen wir in der nächsten Nummer zurück.

Wie man die Tangentenebene eines Punktes P der Fläche bestimmt, zeigt Fig. 739, worin nur ein halber Schraubengang in senkrechter Projektion auf eine zur Achse geneigte Tafel dargestellt ist. Durch den Punkt P geht eine auf der Fläche verlaufende Schraubenlinie. Nach Nr. 461 ergibt sich ihre Tangente in P, indem man von P zur Grundebene bis P' hinuntergeht, dann den Radius MP' durch einen rechten Winkel bis MR zurückdreht (so daß MP' und MR in Fig. 739

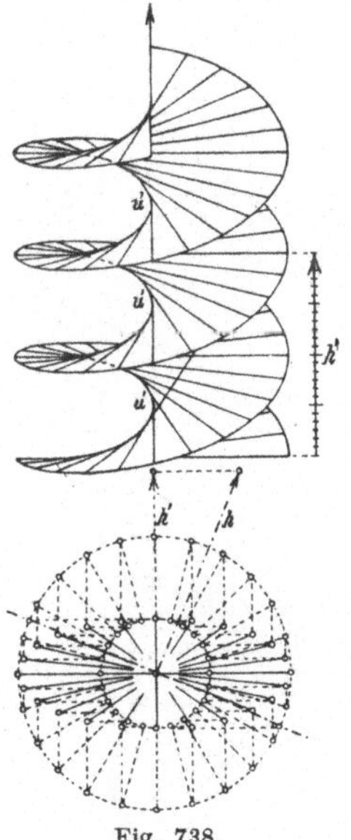

Fig. 738.

nach Nr. 72 konjugierte Ellipsenhalbmesser sind) und R mit dem Punkte K verbindet, der auf der Achse über M so hoch liegt, daß MK die Kegelhöhe, gleich $h : 2\pi$ ist. Die gesuchte Tangente ist dann die Parallele zu KR durch P; ihr Schnittpunkt mit der Grundebene ist mit T bezeichnet. Da durch P eine Gerade PQ der Fläche geht, gehört diese Gerade zur Tangentenebene von P. Mithin ist die Tangentenebene von P die Ebene durch PT und PQ, woraus nach Nr. 462 folgt: **Die Tangentenebene eines Punktes der Wendelfläche ist die Schmiegungsebene der** durch ihn gehenden Schraubenlinie der Fläche. Sie schneidet die Grundebene in der Parallelen zu MP' durch T.

Auf der Parallelen zu MP' durch R sei ein Punkt L gewählt. Die Gerade KL ist parallel zur Tangentenebene des Punktes P. Hieraus ergibt sich, wie man diejenigen Punkte der Wendelfläche ermitteln kann, deren Tangentenebenen zu einer gegebenen Richtung parallel sind: Man ziehe durch die Kegelspitze K die Gerade in der gegebenen Richtung; sie treffe die Grundebene in L. Dann wähle man in der Grundebene irgendeinen rechten Winkel, dessen Schenkel durch L und M gehen. Der Scheitel R dieses Winkels wird durch einen rechten Winkel vorwärts ge-

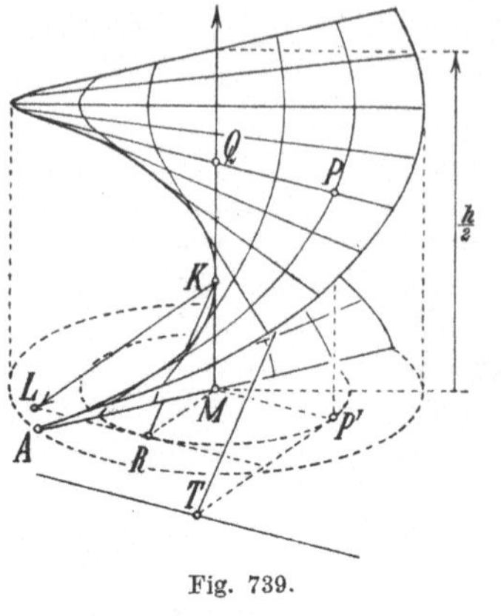

Fig. 739.

dreht bis P'. Senkrecht über der Stelle P' der Grundebene liegt dann ein Punkt P der Fläche, dessen Tangentenebene zur gegebenen Richtung parallel ist. Seine Höhe $P'P$ ist zum Drehwinkel vom Anfangsschenkel MA bis zum Schenkel MP' proportional.

Die Scheitel aller rechten Winkel LMR, deren Schenkel durch L und M gehen, liegen auf demjenigen Kreis der Grundebene, der LM als Durchmesser hat. Hieraus folgt eine merkwürdige Eigenschaft des geometrischen Ortes aller Punkte P der Wendelfläche, deren Tangentenebenen zu einer gegebenen Richtung parallel sind. Zu ihrer Ableitung bedienen wir uns der Zeichnung der Fläche im Grundriß und Aufriß, siehe Fig. 740, wo die Grundrißtafel senkrecht zur Schraubenachse a und die Aufrißtafel parallel zur Anfangslage MA der erzeugenden Geraden angenommen worden ist. Eine Richtung sei durch die Projektionen l' und l'' einer Geraden l vorgeschrieben. Die Parallele zu l durch die Kegelspitze K schneidet die Grundrißtafel in L; der Ort der Punkte R ist also der Kreis der Grundrißtafel mit dem Durchmesser ML.

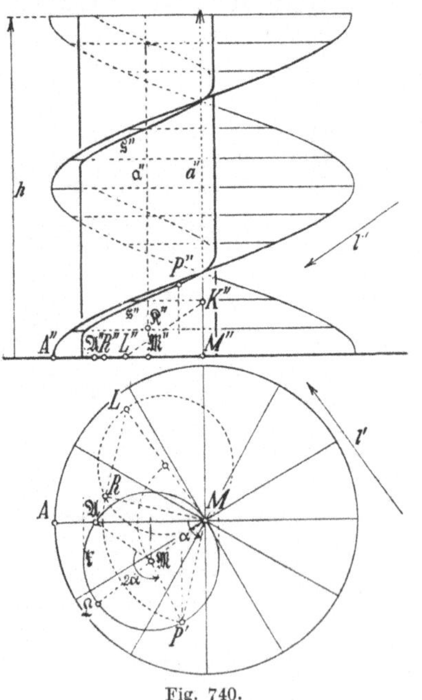

Fig. 740.

Durch Vorwärtsdrehen aller Punkte R um M durch je einen rechten Winkel ergibt sich als Ort der Fußpunkte P' ein kongruenter Kreis $\mathfrak{k}$ mit dem Durchmesser $M\mathfrak{L} \perp ML$ und Mittelpunkt $\mathfrak{M}$. Dieser Kreis schneidet MA außer in M noch in einem Punkte $\mathfrak{A}$. Der Drehwinkel α aus der Anfangslage MA in die Lage MP' ist als Peripheriewinkel des Kreises $\mathfrak{k}$

halb so groß wie der Zentriwinkel $\mathfrak{A}\mathfrak{M}P'$. Die Höhen, in denen die gesuchten Punkte P über den Fußpunkten P' liegen, sind ferner zu den Drehwinkeln α proportional und zwar so, daß zur Drehung durch 360° die ganze Ganghöhe h gehört. Während daher der geometrische Ort der Fußpunkte P' der Kreis vom Durchmesser $M\mathfrak{L}$ ist, sind die zugehörigen Höhen der Punkte P über den Fußpunkten P' zwar proportional zu den zugehörigen Zentriwinkeln $\mathfrak{A}\mathfrak{M}P'$, doch so, daß zur Drehung durch 360° um das in $\mathfrak{M}$ auf die Grundrißtafel errichtete Lot $\mathfrak{a}$ nur die halbe Ganghöhe h gehört. Mithin liegen die Punkte P auf dem Rotationszylinder, dessen Grundkreis der Kreis $\mathfrak{f}$ ist, und zwar bilden sie eine auf diesem Zylinder verlaufende Schraubenlinie $\mathfrak{z}$ von der Ganghöhe $\tfrac{1}{2}h$. Diese Schraubenlinie geht vom Punkte $\mathfrak{A}$ aus und schneidet die Schraubenachse a, denn $\mathfrak{a}$ ist eine Mantellinie des Zylinders. Hiernach gilt der Satz:

Die Wendelfläche von der Ganghöhe h wird von jedem Rotationszylinder, der die Achse a der Fläche als Mantellinie hat, in einer Schraubenlinie $\mathfrak{z}$ von der Ganghöhe $\tfrac{1}{2}h$ geschnitten. Die Achse dieser Schraubenlinie ist die Achse $\mathfrak{a}$ des Zylinders. Da man die Achse $\mathfrak{a}$ beliebig parallel zur Achse a wählen kann, gibt es auf der Wendelfläche außer den unendlich vielen Schraubenlinien, die die Bahnkurven ihrer Punkte bei der Verschraubung sind und die Ganghöhe h haben, noch unendlich viele Schraubenlinien von der Ganghöhe $\tfrac{1}{2}h$, die sämtlich die Achse a schneiden, und zwar gehen durch jeden Punkt der Fläche unendlich viele derartige Schraubenlinien. Der Ort derjenigen Punkte einer Wendelfläche von der Ganghöhe h, deren Tangentenebenen zu einer gegebenen Richtung parallel sind, ist eine der soeben erwähnten Schraubenlinien von der Ganghöhe $\tfrac{1}{2}h$. Wird die Fläche durch Strahlen parallel zur gegebenen Richtung beleuchtet, so heißt dies: Die Eigenschattengrenze auf einer Wendelfläche bei Parallelbeleuchtung ist eine Schraubenlinie, deren Ganghöhe halb so groß wie die der Fläche ist und die aus der Fläche durch einen Rotationszylinder ausgeschnitten wird, der die Achse der Fläche als Mantellinie hat.

481. Umriß der Wendelfläche bei senkrechter Projektion. Wird die Wendelfläche auf eine beliebig zu ihrer Achse a geneigte Tafel senkrecht projiziert, so wird ihr Umriß von den Projektionen derjenigen Punkte der Fläche gebildet, deren Tangentenebenen zur Tafel senkrecht sind, d. h. deren Tangentenebenen parallel sind zu einem auf die Tafel gefällten Lot. Nach dem Vorhergehenden ist daher die Kurve auf der Fläche, die den Umriß liefert, eine der auf der Fläche verlaufenden Schraubenlinien von der halben Ganghöhe. Um den Umriß zu bestimmen, wendet man also dasselbe Verfahren wie in voriger Nummer an: In Fig. 741 ist die Tafel zur Achse geneigt gewählt, so daß der Kreis, den ein Punkt A der Erzeugenden MA in ihrer Anfangslage bei bloßer Drehung um die Achse a beschreibt, als Ellipse erscheint. Die in Fig. 739 und 740 der letzten Nummer beliebig gewählte Richtung von KL ist jetzt senkrecht zur Tafel, d. h. die Gerade KL erscheint hier bloß als Punkt, so daß also L in der Zeichnung mit K zusammenfällt.

Man muß dabei L als Punkt der Grundebene auffassen, während K die Kegelspitze ist. Der Punkt $\mathfrak{L}$ geht durch Vorwärtsdrehen von ML durch einen rechten Winkel hervor; er liegt demnach auf MA und zwar so, daß sich $M\mathfrak{L}$ zu ML verhält wie die Hauptachse der Grundellipse zu ihrer Nebenachse, d. h. man bekommt $\mathfrak{L}$ als Schnittpunkt von MA mit der Parallelen durch L zur Verbindenden des einen Nebenscheitels der Ellipse mit dem Hauptscheitel A. Der Punkt $\mathfrak{L}$ ist hier zugleich der in voriger Nummer mit $\mathfrak{A}$ bezeichnete Ausgangspunkt der Schraubenlinie $\mathfrak{s}$ von der halben Ganghöhe. Der Grundkreis des Zylinders, auf dem diese Schraubenlinie $\mathfrak{s}$ liegt, stellt sich als Ellipse $\mathfrak{k}$ dar, die zur Ellipse durch A ähnlich und ähnlich gelegen ist. Die halbe Nebenachse ist daher halb so groß wie MK. Da die Ganghöhe der Schraubenlinie $\mathfrak{s}$ halb so groß wie die Ganghöhe h der Fläche ist, gehört zu ihr eine Kegelhöhe, die halb so groß wie die zur Fläche gehörige Kegelhöhe ist. Mithin ist die Spitze $\mathfrak{K}$ des zur Schraubenlinie $\mathfrak{s}$ gehörigen Kegels der auf $K\mathfrak{A}$ gelegene

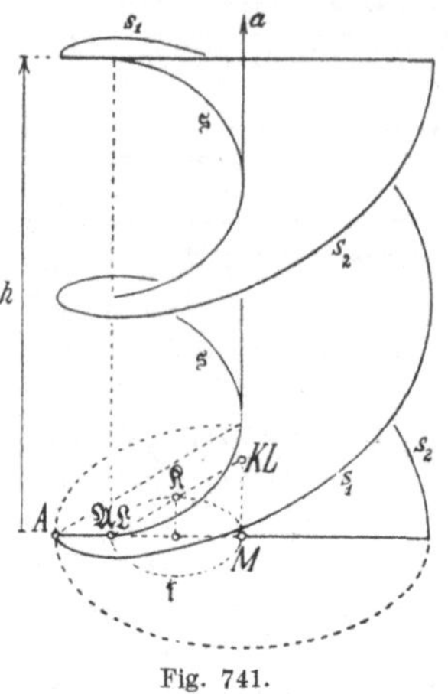

Fig. 741.

Nebenscheitel der Ellipse $\mathfrak{k}$. Nach Nr. 463 stellt sich also die Schraubenlinie $\mathfrak{s}$ in der Zeichnung als Kurve von der gespitzten Form dar. Ihre Zeichnung ist nach Nr. 463 ohne weiteres durchzuführen, da man ihren Ausgangspunkt $\mathfrak{A}$ kennt. Hiernach gilt der Satz:

Bei senkrechter Projektion auf eine beliebig zur Achse a geneigte Tafel hat die Wendelfläche als eigentlichen Umriß die Projektion einer Schraubenlinie von halber Ganghöhe in der gespitzten Form. Diese Projektion berührt die Projektion der Schraubenachse a.

Wohlbemerkt handelt es sich hier um den eigentlichen Umriß. Die Schraubenlinien s_1 und s_2, die von den Endpunkten der willkürlich begrenzten erzeugenden Geraden der Fläche beschrieben werden, bilden dagegen einen uneigentlichen Umriß. Die in Fig. 738 der vorigen Nummer mit u' bezeichneten Umrißstücke sind Teile des eigentlichen Umrisses, nämlich Teile jener Kurve $\mathfrak{s}$ von der gespitzten Form. An

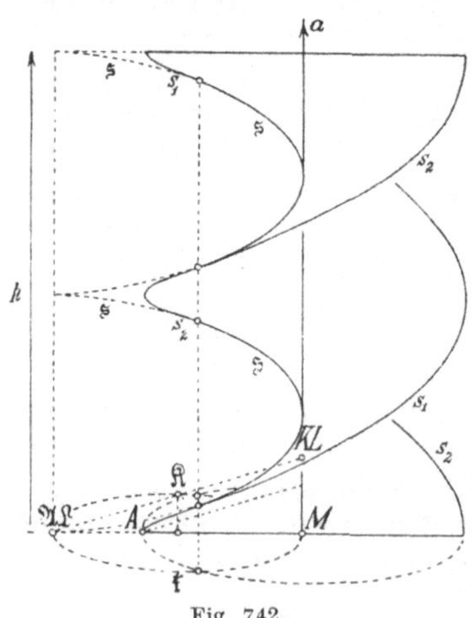

Fig. 742.

scheinend wird dem aufgestellten Satz durch den Umriß in Fig. 739 der vorigen Nummer widersprochen. Aber die krumme Linie, die hier links als Umriß auftritt, gehört nur zum Teil zum eigentlichen Umriß, dessen Spitzen weiter links außerhalb der gewählten Begrenzung der Fläche gelegen sind. Dies erläutert Fig. 742, worin dieselbe Wendelfläche wie in Fig. 741, aber mit geringerer Neigung ihrer Achse gegenüber der Tafel, in senkrechter Projektion dargestellt und dieselbe Konstruktion wie dort ausgeführt worden ist. Der Grundkreis des Rotationszylinders, auf dem die Kurve $\mathfrak{s}$ verläuft, die den eigentlichen Umriß liefert, schneidet jetzt den Grundkreis der willkürlichen Umgrenzung der Fläche in zwei Punkten. Die von diesen Stellen ausgehenden Parallelen zur Schraubenachse a liefern daher diejenigen Punkte auf den Schraubenlinien s_1 und s_2, die auch auf $\mathfrak{s}$ liegen. Daß die Spitzen der eigentlichen Umrißlinie nicht zur Geltung kommen, liegt also bloß daran, daß die erzeugende Gerade der Fläche zu knapp abgegrenzt worden ist.

Anmerkung: Die Wendelfläche hat noch eine Reihe von Eigenschaften, weshalb sie als die merkwürdigste aller Schraubenflächen bezeichnet werden kann. Auf Grund der Betrachtungen in der vorhergehenden Nummer kann man z. B. beweisen, daß der Ort der Mittelpunkte aller Strecken, deren Endpunkte einer bestimmten Schraubenlinie angehören, eine Wendelfläche ist, ferner, daß sich eine Wendelfläche ergibt, wenn man eine starre Schraubenlinie ohne Drehung so parallel verschiebt, daß einer ihrer Punkte eine kongruente und gleichgestellte Schraubenlinie beschreibt (vgl. Nr. 501). Überdies hat die Wendelfläche, wie wir ohne Beweis erwähnen, die Eigenschaft, daß in jedem ihrer Punkte die beiden Hauptkrümmungsradien (Nr. 447) einander entgegengesetzt gleich sind. Deshalb gehört sie zu den durch diese Eigenschaft gekennzeichneten sogenannten Minimalflächen, d. h.: nimmt man eine auf der Wendelfläche gelegene hinreichend enge geschlossene Kurve an, so läßt sich beweisen, daß von allen Flächen, die diese Kurve enthalten, die Wendelfläche diejenige ist, die innerhalb der Kurve den kleinsten Flächeninhalt hat. Die Wendelfläche war schon im Altertum bekannt; daß sie zu den Minimalflächen gehört, fand zuerst Ch. Meusnier (Nr. 418) als junger Leutnant, siehe sein berühmtes „Mémoire sur la courbure des surfaces", der Pariser Akademie 1776 vorgelegt, gedruckt in den Mém. des Savants étrangers 10. Bd. Paris 1785, S. 477—510. insbes. S. 502 u. f. und S. 507. Auf die anderen vorhin erwähnten Eigenschaften der Wendelfläche machte zuerst Sophus Marius Lie (geb. 1842 in Nordfjordeide, Norwegen, Professor der Geometrie an den Universitäten Christiania und Leipzig, gest. 1899 in Christiania) aufmerksam, siehe seine Abhandlung „Weitere Untersuchungen über Minimalflächen", Archiv for Mathematik og Naturvidenskab, 4. Bd. 1880, S. 477—506.

482. Abwickelbare Schraubenflächen. Wird eine Gerade g einer stetigen Schraubung um eine Achse a unterworfen, so erzeugt sie eine geradlinige Schraubenfläche, nämlich eine Schraubenfläche, die unendlich viele Geraden enthält. Die wichtigste unter diesen Flächen ist die soeben besprochene Wendelfläche. Eine andere wichtige geradlinige Schraubenfläche ergibt sich bei der Beantwortung der Frage, wie die Gerade g gegenüber der Achse gelegen sein muß, damit sie in jeder ihrer Lagen die unendlich benachbarte Lage schneidet. Sind $g, g', g'' \ldots$ unendlich benachbarte Lagen der erzeugenden Geraden und haben g und g' den Punkt P, ferner g' und g'' den Punkt P' usw. gemein, so ist der Ort der Punkte $P, P' \ldots$ eine Kurve, die $g, g', g'' \ldots$ als Tangenten hat. Also besteht die Fläche in diesem Falle aus allen Tangenten einer gewissen Raumkurve, und da es sich um eine Schraubenfläche handelt, muß diese Kurve eine Schraubenlinie sein. Man kommt demnach zur Tangentenfläche einer Schraubenlinie. Nach Nr. 231 ist diese Fläche auf die Ebene abwickelbar. Also gilt der Satz:

Eine Schraubenfläche ist auf die Ebene abwickelbar, sobald sie die Tangentenfläche einer Schraubenlinie ist. Man nennt sie dann eine abwickelbare Schraubenfläche.

Da sich die Tangenten einer Schraubenlinie nach Nr. 461 sehr einfach mit Hilfe der Mantellinien des zugehörigen Kegels zeichnen lassen, ist es leicht, das Bild einer abwickelbaren Schraubenfläche in senkrechter Projektion auf Grundriß und Aufriß zu entwerfen. Dies ist in Fig. 743 geschehen, wo die Grundrißtafel zur Schraubenachse senkrecht angenommen und ein Schraubengang dargestellt ist.

Die Fläche geht wie die Wendelfläche allseitig ins Unendliche, da ihre Geraden eigentlich unbegrenzt sind. Man muß die Geraden in der Zeichnung begrenzen; hier ist es so geschehen, daß auf allen Tangenten der Schraubenlinie nach beiden Seiten von den Berührungspunkten aus dieselbe Strecke aufgetragen worden ist. Die Strecke erscheint aber im Bilde in verschiedenen Verkürzungen. Zu ihrer Zeichnung hilft der Umstand, daß jede Tangente nach Nr. 461 parallel zu einer Mantellinie des Hilfskegels ist und alle diese Mantellinien in Wahrheit gleiche Längen haben. Man entnimmt daher das Maß für die Länge jeder Tangente von der entsprechenden parallelen Mantellinie und kann es auch, um einen größeren Teil der Fläche darzustellen, vervielfältigen. In Fig. 743 sind die Strecken verdoppelt worden. So z. B. ist die Tangente des Punktes 7 der Schraubenlinie parallel zu der nach dem Punkte 4' des

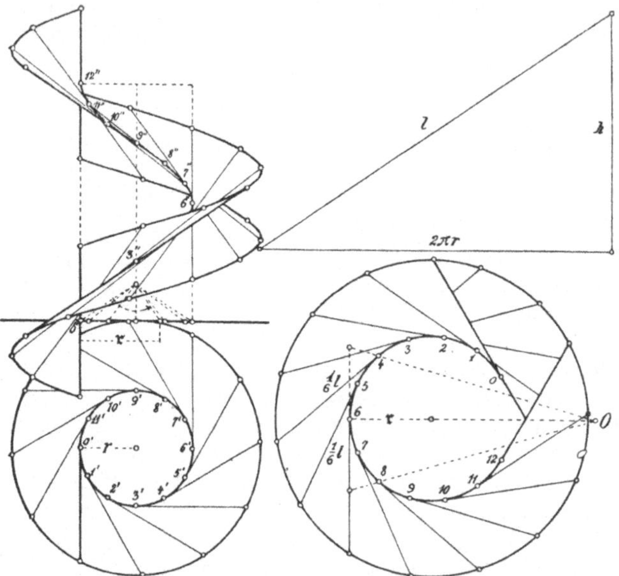

Grundkreises gehenden Mantellinie des Kegels. Im Aufriß ist daher auf der Tangente von 7'' das Doppelte dieser Mantellinie des Kegels, wie sie dort erscheint, nach beiden Seiten von 7'' aus abgetragen worden. Die Endpunkte der so in Wahrheit sämtlich gleich lang gemachten Tangenten bilden zwei Schraubenlinien mit derselben Achse und Ganghöhe wie die Fläche selbst. Der Radius des Rotationszylinders, auf dem sie liegen, ergibt sich ohne weiteres im Grundriß, da

Fig. 743.

man auch hier das Doppelte der Mantellinien des Kegels auf den Tangenten aufzutragen hat. Man kann also die beiden Schraubenlinien, die uneigentliche Umrisse der abwickelbaren Schraubenfläche sind, auch nach Nr. 466 entwerfen, ohne so viele einzelne Geraden der Fläche zu zeichnen. Die Darstellung wird jedoch erst anschaulich, wenn man genügend viele Geraden der Fläche angibt.

Wie jede Tangentenfläche besteht die vorliegende aus zwei Mänteln, die sich längs der ursprünglich gegebenen Schraubenlinie als ihres Grates so treffen, daß ein beliebiger ebener Schnitt der Fläche eine Kurve liefert, die auf dem Grat eine Spitze hat (Nr. 231). Wie sich die Mäntel im Aufriß gegenseitig verdecken, erkennt man, indem man zwei Tangenten, die dort eine Deckstelle haben, im Grundriß aufsucht (Nr. 195). Da die Fläche abwickelbar ist, soll noch gezeigt werden, wie man ihre Abwicklung wirklich herstellen kann. Hierfür muß eine allgemeine Betrachtung vorausgeschickt werden:

In Fig. 744 mögen $P, P', P'' \ldots$ aufeinander folgende Punkte einer
Raumkurve sein. Faßt man sie als unendlich benachbart auf, so ist die
Gerade PP' als die Tangente von P, die Gerade $P'P''$ als die von P' usw.
zu betrachten. Der unendlich kurze Bogen PP', der als gerade Strecke
betrachtet werden darf, sei wie in Nr. 410 mit ds und der zu ihm gehörige unendlich kleine Winkel der Tangenten von P und P' als der zugehörige Kontingenzwinkel $d\tau$ bezeichnet. Die Tangenten PP' und
$P'P''$ liegen in der Ebene der drei Punkte P, P', P'', die nach Nr. 231
die Schmiegungsebene des Punktes P der Raum-
kurve ist. Das Stück $PP'P''$ der Raumkurve liegt
ebenfalls in dieser Ebene, und ihm kommt daher
wie jeder ebenen Kurve ein Krümmungskreis zu.
Er heißt der Krümmungskreis der Raumkurve
an der Stelle P. Sein Radius sei mit $\mathfrak{r}$ bezeichnet. Nach Nr. 410 ist $\mathfrak{r} = ds : d\tau$, vorausgesetzt, daß der Kontingenzwinkel $d\tau$ im Bogenmaß
ausgedrückt wird. Bei der Ausbreitung der Tangentenfläche der Raumkurve auf die Ebene bleiben ds und $d\tau$
ungeändert, daher auch $\mathfrak{r}$, d. h.:

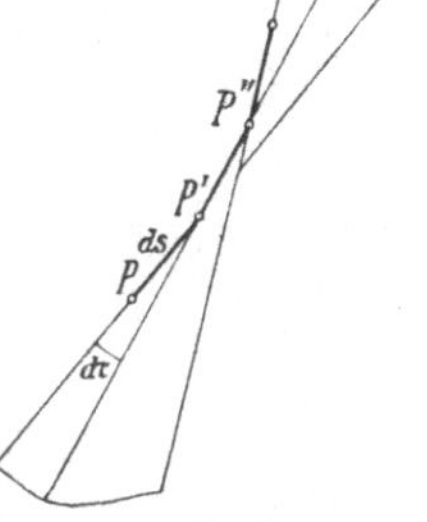

Fig. 744.

Wird die Tangentenfläche einer Raumkurve auf die Ebene abgewickelt, so geht
die Kurve in eine ebene Kurve über, deren Krümmungskreise dieselben Radien haben wie die Krümmungskreise
der entsprechenden Punkte der Raumkurve.

Insbesondere sei nun die Raumkurve eine Schraubenlinie. Da diese
Kurve überall mit sich selbst kongruent ist, haben alle ihre Krümmungskreise denselben Radius $\mathfrak{r}$. Vermöge der Abwicklung geht
also der Grat der Fläche in eine ebene Kurve von konstantem Krüm-
mungsradius $\mathfrak{r}$ über, d. h. in einen Kreis. Wie groß sein Radius $\mathfrak{r}$ ist,
darüber gibt die Schmiegungsellipse der Schraubenlinie Auskunft.
Nach Nr. 462 schmiegt sie sich in ihrem einen Nebenscheitel an die
Schraubenlinie an, indem sie dort dieselbe Krümmung, also auch denselben Krümmungsradius $\mathfrak{r}$ wie die Schraubenlinie hat. Ist r der Radius
des Schraubenzylinders und σ der Steigwinkel, so ist $r : \cos\sigma$ die halbe
Hauptachse und r die halbe Nebenachse der Schmiegungsellipse, mithin
der Krümmungsradius $\mathfrak{r}$ im Nebenscheitel nach Nr. 81 gleich $r : \cos^2\sigma$.
In Fig. 743 kommt σ in wahrer Größe als die Neigung der äußersten
linken Mantellinie des Kegels im Aufriß gegenüber der Projektionsachse
vor. Wird also von der Kegelspitze aus das Lot zu dieser Mantellinie
gezogen, so schneidet es die Projektionsachse in einem Punkte, der von
dem Endpunkt der linken Mantellinie den Abstand $\mathfrak{r}$ hat. Nachdem
so $\mathfrak{r}$ ermittelt worden ist, schlägt man, wie es in Fig. 743 rechts unten
geschehen ist, den Kreis vom Radius $\mathfrak{r}$. In diesen Kreis soll die Schraubenlinie bei der Abwicklung ihrer Tangentenfläche übergehen. Man muß
daher die Länge l eines Schraubenganges als Bogen auf diesen Kreis
übertragen. Sie ergibt sich, wie es das rechtwinklige Dreieck rechts oben
zeigt, als Hypotenuse zu den Katheten $2\pi r$ und h. Nach Nr. 248 verwandelt man etwa ein Sechstel von l mittels des Hilfspunktes O in einen
gleichlangen Bogen des Kreises vom Radius $\mathfrak{r}$. Dadurch kommt man
zu den Punkten 4 und 8. Die übrigen Punkte 0 bis 12 ergeben sich
durch Vervielfältigen und Teilen. Diese Punkte sind es, in die die

ebenso bezeichneten Punkte der Schraubenlinie bei der Abwicklung übergehen. Die Tangenten der Schraubenlinie werden dabei in die des Kreises
vom Radius r verwandelt. Man hat also auf ihnen die wahre Tangenten-
länge abzutragen und zwar von jedem Berührungspunkte *0, 1, 2 . . . 12*
aus nach beiden Seiten hin. Diese wahre Länge ist das Doppelte der
äußersten Mantellinien des Kegels im Aufriß. Die Endpunkte der so begrenzten Tangenten bilden den Kreis, in den die beiden Begrenzungslinien
der Schraubenfläche bei der Abwicklung übergehen. Der Kreisring wird
von den Tangenten zum größten Teil doppelt überdeckt, so daß also die
beiden Mäntel der Fläche bei der Ausbreitung auf die Ebene fast vollständig
aufeinanderfallen. Der eine Mantel ist daher nur wenig sichtbar.

Hiernach kann man ein Modell der abwickelbaren Schraubenfläche aus zwei Papierblättern herstellen: Man legt die Blätter aufeinander und zeichnet darauf die in der Figur dargestellte Abwicklung.
Dann schneidet man das Äußere ab und entfernt auch das innere
Stück. Schließlich befestigt man beide Blätter längs des kleinen Kreises
aneinander. Man muß die Kreisringscheiben außerdem geradlinig abschneiden, wie es die Tangenten in den Punkten *0* und *12* angeben.
Durch Verbiegen der Blätter kann man dann wieder die ursprüngliche
Form eines Ganges der abwickelbaren Schraubenfläche gewinnen.

In Fig. 743 ist die Fläche dadurch willkürlich begrenzt worden, daß
auf allen Tangenten der Schraubenlinie gleiche Strecken abgetragen
worden sind. In Wahrheit ist die Fläche, wie gesagt, allseitig unbegrenzt.

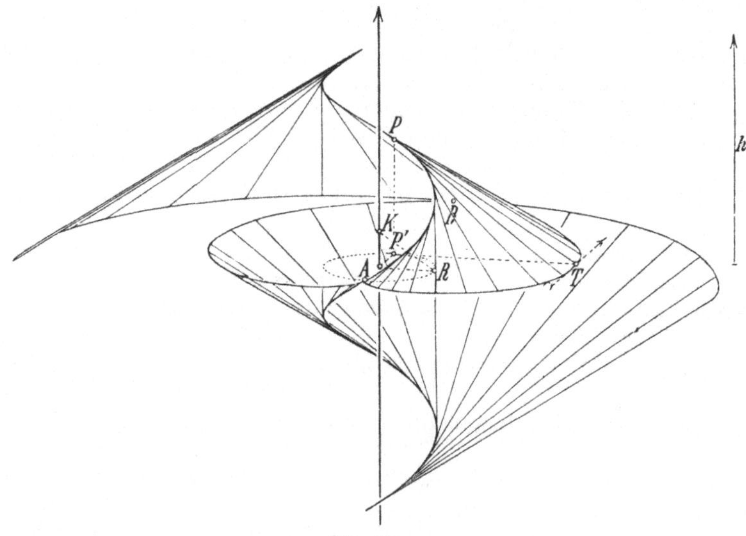

Fig. 745.

Die Geraden der Fläche bilden als Tangenten der Schraubenlinie sämtlich denselben Winkel σ mit der Grundrißtafel, d. h. die abwickelbare Schraubenfläche ist eine Böschungsfläche, deren Grat
die Schraubenlinie ist (Nr. 424).

Läßt man die Tangenten der Schraubenlinie unbegrenzt, so durchschneidet die Tangentenfläche jede zur Schraubenachse senkrechte Ebene in
einer Kreisevolvente, denn die senkrechte Projektion der Schrauben-

linie auf diese Ebene ist ein Kreis (Nr. 424, 472). In Fig. 745 ist dies
für dieselbe Tangentenfläche wie in Fig. 743 dargestellt; hier ist aber
die Bildtafel zur Schraubenachse geneigt angenommen, so daß man in
der Grundebene die Kreisevolvente sieht. Die Tangente der Evolvente
in T ist parallel zu dem Radius des Grundkreises, der nach dem zu P
gehörigen Fußpunkte P' geht. Von der Schraubenlinie sind zwei Gänge
dargestellt, einer oberhalb und einer unterhalb der Grundebene, und die
Tangenten dieser Gänge geben in ihrem Schnitte mit der Grundebene
zwei Bogen der Evolvente, die sich in dem Schnittpunkte A der Schraubenlinie mit dem Grundkreis in einer Spitze treffen. Die beiden Evolventenbogen begegnen sich in einem A gegenüberliegenden Punkte B.
Dieser Punkt hat eine Bedeutung bei der Beantwortung der Frage,
wie die Tangentenfläche einer Schraubenlinie sich selbst
schneidet. Da zwei Mäntel vorhanden sind, leuchtet ein, daß sich die
Fläche wiederholt durchsetzt und zwar in Kurven, die selbstverständlich
Schraubenlinien mit derselben Achse und derselben Ganghöhe sein
müssen. Dies Durchsetzen tritt unendlich oft ein, denn die Tangenten
sind unbegrenzt, und die Schnitt-Schraubenlinien liegen der Reihe nach
auf Zylindern mit immer größeren Radien. Diejenige Schraubenlinie,
in der sich die Tangentenfläche zum erstenmal selbst durchsetzt, d. h. diejenige auf dem Zylinder vom kleinsten
Radius, ist die durch den Punkt B, denn hier schneidet
eine von oben kommende Tangente eine von unten kommende. Die Schnitt-Schraubenlinie ist bekannt, sobald
man die Entfernung ϱ des Punktes B von der Schraubenachse kennt. Statt durch Konstruktion der beiden Evolventenbogen (siehe Fig. 728 von Nr. 472) kann man ϱ
auch rechnerisch ermitteln: In Fig. 746 sei die Zeichenebene die des Grundkreises der Schraubenlinie. Geht man
vom Punkt A der Schraubenlinie zu einem höher gelegenen
Punkte P mit der Projektion P' über, indem man MA
durch einen Winkel α^0 dreht, so ist die Höhe s von P aus
$s : h = \alpha : 360$ zu ermitteln. Der zu P' hinsichtlich MA
symmetrisch gelegene Punkt Q' des Grundkreises kann als
Projektion eines um dieselbe Strecke s tiefer gelegenen

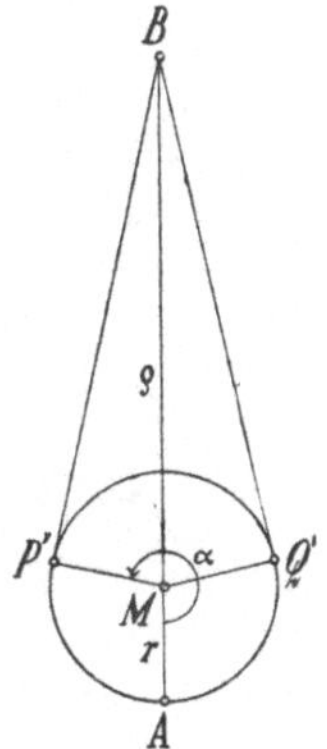

Fig. 746.

Punktes Q der Schraubenlinie aufgefaßt werden. Die Tangenten der
Schraubenlinie in P und Q werden einander in einem Punkte B der Geraden MA der Grundebene treffen, falls $s : P'B = \mathrm{tg}\,\sigma$ ist, wenn σ den Steigwinkel bedeutet. Nun ist $\mathrm{tg}\,\sigma = h : 2\,\pi\,r$, $P'B = r\,\mathrm{tg}\,\alpha$. Deshalb kommt:

$$\mathrm{tg}\,\alpha = \frac{2\,\pi\,r}{360} \cdot \alpha\,.$$

Hier ist α im Gradmaß gemessen. (Im Bogenmaß würde sich einfacher
$\mathrm{tg}\,\alpha = \alpha$ ergeben.) Dies ist eine Bedingung für α, aus der man α durch
Näherungsverfahren berechnen kann. Es gibt unendlich viele Winkel α,
die der Forderung genügen. Der kleinste, abgesehen von Null, ist
$\alpha = \mathrm{rd.}\ 257° 27'$. Als zugehörige Entfernung $\varrho = MB$ ergibt sich
wegen $r : \varrho = -\cos\alpha$ der Wert $\varrho = \mathrm{rd.}\ 4{,}60\,r$.

483. Korkzieherflächen. Unter den Schraubenflächen, die durch
stetige Schraubung einer Geraden g entstehen, sind ferner wegen der

Anwendungen diejenigen besonders bemerkenswert, bei denen die erzeugende Gerade g die Schraubenachse a unter einem beliebigen Winkel schneidet. Sie sind ebenso wie die Wendelfläche und die abwickelbare Schraubenfläche nicht nur wegen ihrer periodischen Fortsetzbarkeit unbegrenzt, sondern auch deshalb, weil ihre erzeugende Gerade an sich unbegrenzt ist. Wie die abwickelbare Schraubenfläche durchsetzen sie sich selbst in unendlich vielen Schraubenlinien, und deshalb kann man sie bis zu ihrem ersten Schnitte mit sich selbst abgrenzen.

In Fig. 747 ist eine die Achse a schneidende Gerade g_0 angenommen und eine bestimmte Ganghöhe h gewählt. Wird g_0 um a verschraubt, so kommt die Gerade zum erstenmal wieder in die Ebene von a und g_0, wenn ein Drehwinkel von 180° zurückgelegt worden ist, d. h. nach der Hebung $\tfrac{1}{2}h$. Die Gerade in dieser neuen Lage g_1 schneidet also g_0 in einem Punkte A. Demnach wird man die erzeugende Gerade g_0 durch den Punkt A und den auf der anderen Seite von a ebenso weit entfernt gelegenen Punkt B abgrenzen. Verschraubt man die Strecke AB stetig mit der Ganghöhe h um a, so entsteht ein Teil der Fläche derart, daß das Flächenstück, das einen halben Schraubengang darstellt, von demjenigen Stück, das durch den nächsten halben Schraubengang dargestellt wird, längs einer Schraubenlinie, nämlich der Bahnkurve des Punktes A, getroffen wird. Mithin entsteht eine Fläche, die einen abgeschlossenen Schraubenkörper begrenzt (selbstverständlich abgesehen von der Fortsetzung längs der Achse a). In Fig. 747 ist diese Fläche in senkrechter Projektion auf eine zu ihrer Achse a parallele Tafel dargestellt. Die Achse a verläuft vollständig auf der Fläche, teils

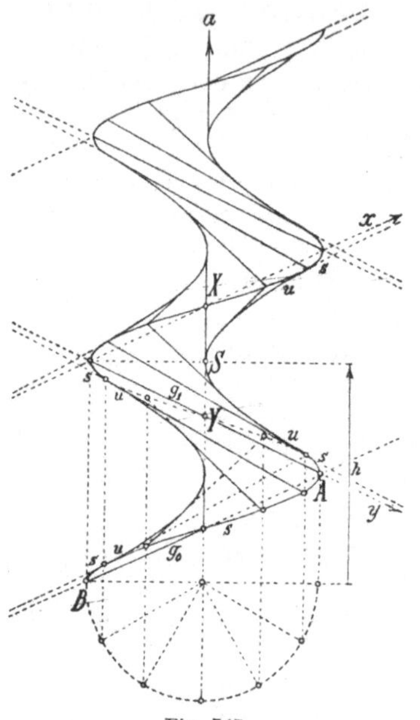

Fig. 747.

auf ihrer Vorderseite, teils auf ihrer Hinterseite. Eine ungefähre Vorstellung gibt ein Korkzieher, und wir nennen die Fläche deshalb eine Korkzieherfläche. Die Endpunkte A und B der Strecke g_0 beschreiben beide dieselbe Schraubenlinie s. Aber diese Linie, die Schneide des Korkziehers, stellt nur einen uneigentlichen Umriß der Fläche dar, die ja an sich unbegrenzt ist; auch gehören nur Teile von s zum Umriß. Denn es entstehen auch eigentliche krummlinige Umrisse u, die im Bilde von den verschiedenen Lagen der verschraubten Geraden eingehüllt werden. Läßt man die erzeugende Gerade unbegrenzt, so erstrecken sich auch diese Kurven u bis ins Unendliche, wie es in der Zeichnung gestrichelt angedeutet ist. Mit x und y sind hier zwei aufeinanderfolgende Lagen der erzeugenden Geraden parallel zur Bildtafel bezeichnet. Da die hier auftretende Kurve u sowohl x als auch y wie die dazwischen liegenden Geraden berührt, aber weiter oben und unten andere Kurven u vorkommen, die ebenfalls x bzw. y berühren, erhellt, daß die ins Auge gefaßte Umrißlinie u die

Geraden x und y erst im Unendlichfernen erreicht. Mithin sind x und y Asymptoten dieser Kurve u (Nr. 252). Die Punkte, in denen x und y die Achse a treffen, sind mit X und Y bezeichnet. Offenbar ist die Kurve u symmetrisch zur Geraden, die im Mittelpunkte S von XY auf a senkrecht steht, so daß der Punkt S ein Scheitel der Kurve u ist (Nr. 249). Die Kurve u verläuft somit ungefähr wie ein Hyperbelast mit dem Scheitel S und den Asymptoten x und y, aber sie ist keine Hyperbel. Man beachte wegen der Anwendungen, daß sich die Kurve nach ihrer Symmetriegeraden hin krümmt, jedoch ebenso wie eine Hyperbel schon in nicht großer Ferne von s nur noch geringe Krümmung aufweist. Ferner beachte man, daß nach Nr. 478 der Querschnitt der Korkzieherfläche eine Archimedische Spirale ist.

484. Flachgängige Schrauben. Wir kommen zur Betrachtung der in Nr. 476 erwähnten Schrauben. Jede Schraube besteht aus einem Kern in Gestalt eines Rotationszylinders um die Schraubenachse a und dem außerhalb dieses Kernes gelegenen Gewinde. Dies wird durch sein Profil gegeben. Unter einer flachgängigen Schraube versteht man eine, deren Gewindeprofil ein Rechteck ist, von dem zwei Kanten zur Schraubenachse senkrecht sind.

In Fig. 748 ist im Axialschnitt der Kern geschrafft angegeben, das Gewindeprofil durch ein Rechteck a (hier ist insbesondere ein Quadrat gewählt). Damit eine brauchbare Schraube entstehe, muß man die Schraubenhöhe h geeignet wählen, nämlich mindestens doppelt so groß wie die Höhe des Rechtecks a, siehe den linken Querschnitt, denn dann gelangt a nach einer ganzen Umdrehung nebst Hebung in die Lage a'. Man kann aber auch h doppelt so groß wie soeben annehmen, siehe den mittleren Querschnitt. Hier kommt a nach einer ganzen Um-

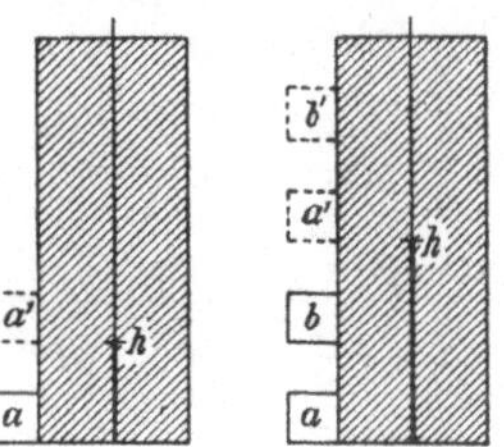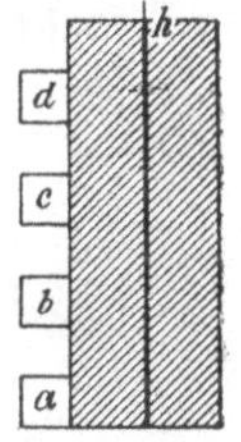

Fig. 748.

drehung nebst Hebung in die höhere Lage a', so daß noch ein zweites Gewinde mit kongruentem Profil b eingeschaltet werden kann. In diesem Fall lassen sich also zwei kongruente Gewinde herstellen, von denen das eine um $\tfrac12 h$ höher als das andere verläuft. Die so entstehende Schraube heißt zweigängig. Man kann beliebig vielgängige Schrauben herstellen. Der dritte Querschnitt gibt die Ganghöhe h für eine viergängige Schraube an. In Fig. 749 sind die zu den Maßen in Fig. 748 gehörigen Schrauben vergrößert und in senkrechter Projektion auf eine zur Schraubenachse parallele Tafel gezeichnet. Die unteren und oberen Flächen der Gewinde sind Teile von Wendelflächen (Nr. 480), ihre äußeren Flächen Teile eines Rotationszylinders um die Schraubenachse. Oben sind die Gewinde in verschiedenen Höhen durch Ebenen begrenzt, die durch die Schraubenachse gehen. Die Bahnkurven der Eckpunkte der Profile stellen sich nach Nr. 466 als zur Sinuskurve affine Kurven dar. Wie man die Krümmungsradien ihrer Scheitel bestimmt, ist nach dem dort Gesagten klar; es ist außerdem in der mittleren Zeichnung noch einmal angedeutet, wo K die zugehörige Kegelspitze und $KB_1 \perp KA_1$ sowie $KB_2 \perp KA_2$ ist.

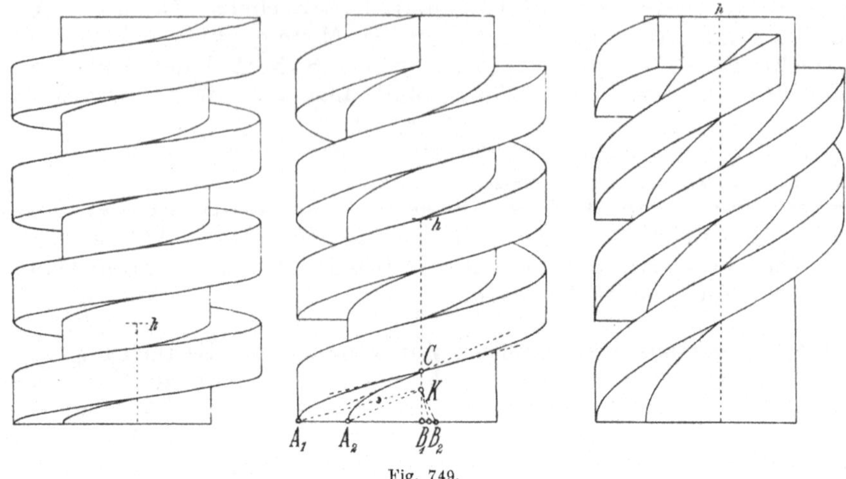

Fig. 749.

485. Scharfgängige Schrauben. Wird als Profil des Gewindes ein Dreieck gewählt, von dem zwei Seiten zur Schraubenachse schräg sind, so entsteht eine scharfgängige Schraube. In Fig. 750 ist links in senkrechter Projektion auf eine zur Schraubenachse parallele Tafel eine

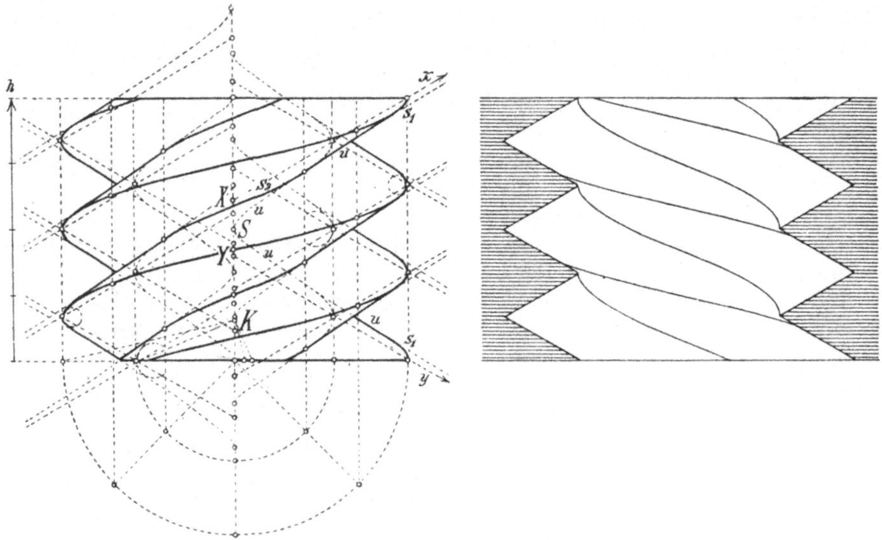

Fig. 750.

Schraube dargestellt, bei der das Gewindeprofil ein auf den Kern mit seiner Grundseite aufgesetztes gleichschenkliges Dreieck ist (insbesondere ist das Dreieck gleichseitig gewählt). Damit eine brauchbare Schraube entstehe, muß man die Ganghöhe so lang wie die Grundseite des Dreiecks oder als ein ganzes Vielfaches dieser Strecke wählen. Wir haben das

Dreifache angenommen, so daß eine **dreigängige Schraube** entsteht. Die Spitze des gleichschenkligen Dreiecks beschreibt eine Schraubenlinie, die sich als eine zur Sinuskurve affine Kurve darstellt. Entsprechendes gilt von den Ecken der Grundseite des Dreiecks. Die oberen und die unteren Flächen des Gewindes sind Teile von Korkzieherflächen; deshalb entstehen noch eigentliche Umrißlinien u, die Teile von solchen Kurven sind, wie sie in Fig. 747 von Nr. 483 dargestellt wurden. Wie dort sind hier die Asymptoten x und y und der Scheitel S einer dieser Kurven u angegeben, nämlich solche Lagen der Seiten des Profildreiecks, in denen sie zur Tafel parallel sind. Wie in Nr. 483 bemerkt wurde, sind die Kurven u, abgesehen von der Umgebung ihrer Scheitel S, sehr wenig gekrümmt und zwar nach ihren Symmetriegeraden hin, nämlich nach den in ihren Scheiteln S auf die Achse errichteten Loten. **Deshalb genügt es, die Kurvenstücke u fast geradlinig als gemeinsame Tangenten der äußeren und inneren Schraubenlinien s_1 und s_2 zu zeichnen, indem man ihnen eine ganz geringe Krümmung und zwar so gibt, daß die Buckel der Bogen nach der Achse hin gerichtet sind.**

Die Schrauben werden in der Technik als in ihren Lagern bewegliche starre Körper benutzt. In Fig. 750 ist rechts das Lager der scharfgängigen Schraube, also die zugehörige **Schraubenmutter**, in derselben senkrechten Projektion dargestellt, aber nur ihre hintere Hälfte. Die hier zu sehenden Kurven sind also die in der linken Zeichnung nicht sichtbaren Teile der Schraubenlinien. Die Umrißlinien u kommen bei dieser halben Schraubenmutter nicht vor.

486. Querschnitte von Schrauben. Da die obere und untere Fläche des Gewindes der soeben betrachteten Schraube Teile von Korkzieherflächen sind, wird der Querschnitt der Schraube durch Archimedische Spiralen begrenzt (Nr. 483). Weil eine dreigängige Schraube vorliegt, hat der Querschnitt drei kongruente Vorsprünge. Ihre äußersten Punkte A_1, A_2, A_3 liegen auf einem Kreise, dessen Durchmesser die Gesamtbreite des Gewindes in Fig. 750 der letzten Nummer ist, siehe Fig. 751; außerdem bilden die Radien dieser drei Punkte je 120° miteinander. Die Punkte B_1, B_2, B_3, in denen die Vorsprünge aneinanderstoßen, liegen auf dem Kernkreis. Demnach handelt es sich nur noch darum, die Archimedischen Spiralen zwischen den Punkten A und B zu zeichnen. Um den Bogen von A_1 bis B_1 hinreichend genau zu

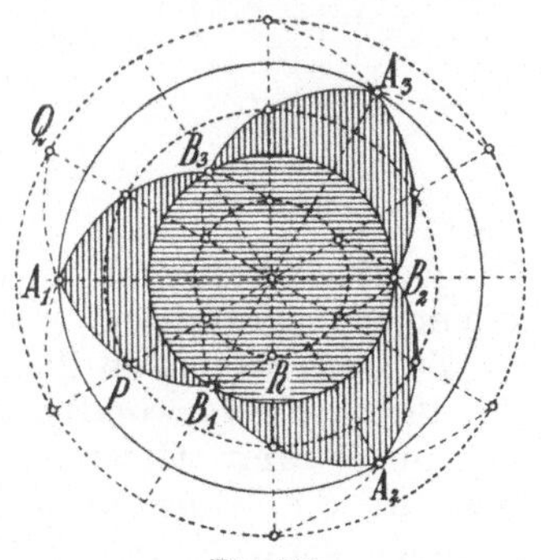

Fig. 751.

bekommen, verfährt man so: Die Archimedische Spirale hat nach Nr. 473 die Eigenschaft, daß zu gleichen Drehwinkeln gleiche Zunahmen der Radienvektoren gehören. Außer den Kreisen um die Kernmitte durch A_1 und B_1 zeichne man also noch einige Kreise so, daß die Radien in einer arithmetischen Reihe stehen. In Fig. 751 ist als Unterschied der Radien die Hälfte des Unterschiedes der Radien von A_1 und B_1 gewählt, so daß sich ohne weiteres die Punkte P, Q und R der Spirale auf denjenigen Radien ergeben, die mit den Radien von A_1 und B_1 je 30° bilden

Durch Verbinden der Punkte Q, A_1, P, B_1, R erhält man eine hinlänglich gute Zeichnung der Spirale, von der nur der Bogen von A_1 bis B_1 gebraucht wird.

In Fig. 752 sind oben die Profile verschiedener Arten von Schrauben angegeben, Fall a bezieht sich auf flachgängige Schrauben (Nr. 484). Darunter sind nach dem auseinandergesetzten Verfahren die Querschnitte der Schrauben unter der Annahme gezeichnet, daß es sich um eine eingängige oder doppelgängige Schraube handelt. In den Fällen c und d empfiehlt es sich, auch die punktiert angegebenen Fortsetzungen der Profile nach außen oder innen zu benutzen. In den Fällen b, c, d treten im Querschnitt Archimedische Spiralen auf, weil das Profil aus geradlinigen Strecken zusammengesetzt ist. Hat das Profil dagegen krumm-

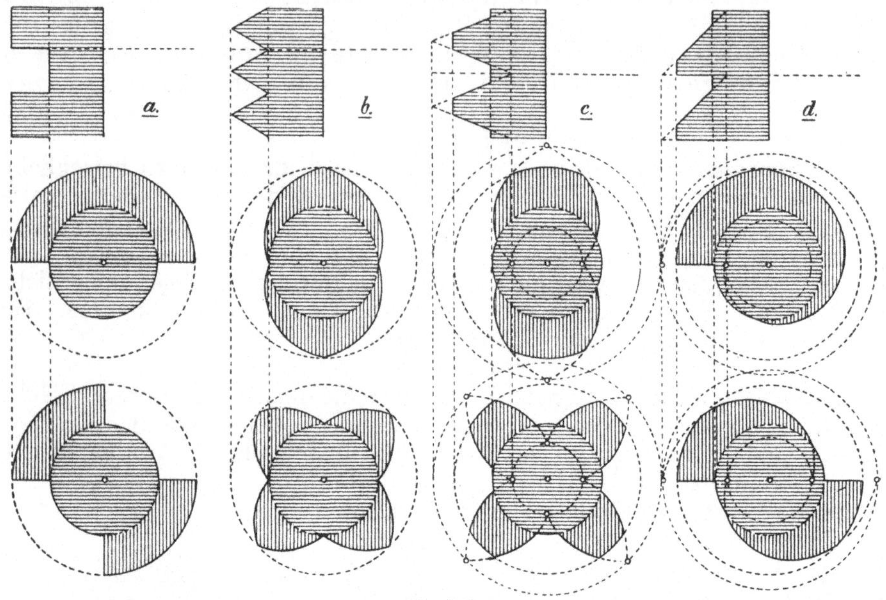

Fig. 752.

linige Begrenzungen, so findet man den Querschnitt, indem man das allgemeine Verfahren von Nr. 478 anwendet.

Zu den Beispielen dieser und der vorigen Nummer ist zu sagen, daß die technisch verwendbaren Schrauben meistens einen Kern haben, der gegenüber dem Gewinde einen bedeutend größeren Durchmesser hat. Nur um die Konstruktionen deutlich zu machen, haben wir den Kern ziemlich schwach gewählt.

487. Röhrenschraubenfläche. Wenn man einen starren Körper K stetig um eine Achse verschraubt, durchläuft er einen Raum, der durch eine gewisse Schraubenfläche eingehüllt wird. Denn wenn der Körper durch unendlich geringe Schraubung in die Lage K' übergeht, wird seine Oberfläche die von K' in einer Kurve k schneiden, und die einhüllende Schraubenfläche wird durch die stetige Verschraubung dieser Kurve k erzeugt. Die Bestimmung der Kurve k als Schnittkurve zweier unendlich benachbarter Lagen der Oberfläche von K ist im allgemeinen nicht einfach. Wir erwähnen nur einen Fall, in dem sich die Kurve k ohne weiteres ergibt, nämlich die Röhrenschraubenfläche, die bei stetiger Schraubung einer Kugel entsteht, siehe Fig. 753 in senkrechter Projektion auf eine zur Schraubenachse parallele Tafel. Der Ort der Mittelpunkte projiziert sich nach Nr. 466 als eine zur Sinuskurve affine Linie, und da sich die Umrisse aller Kugeln als kongruente Kreise darstellen, wird der Umriß der Fläche eine Parallelkurve dieser Linie (Nr. 410). Wenn der Kugelradius nicht zu klein ist, hat die Parallelkurve Spitzen. Offenbar kommen für den sichtbaren Umriß nur die kräftiger ausgezogenen Teile der Kurve in Betracht. Der Punkt A ist eine vorderste Stelle der Mittelpunktskurve und die Tangente des Punktes A dieser Kurve ist zur Tafel parallel. Die Kugel um A und die unendlich benachbarte Kugel haben daher gleich hoch über der Tafel gelegene Mittelpunkte. Mithin liegt ihr Schnittkreis k in einer zur Tafel und zur Tangente von A senkrechten Ebene, außerdem ist er ein Großkreis, weil die beiden Kugeln unendlich benachbart sind. Somit stellt er sich als der zur Tangente des Punktes A senkrechte Durchmesser k' des Kugel-

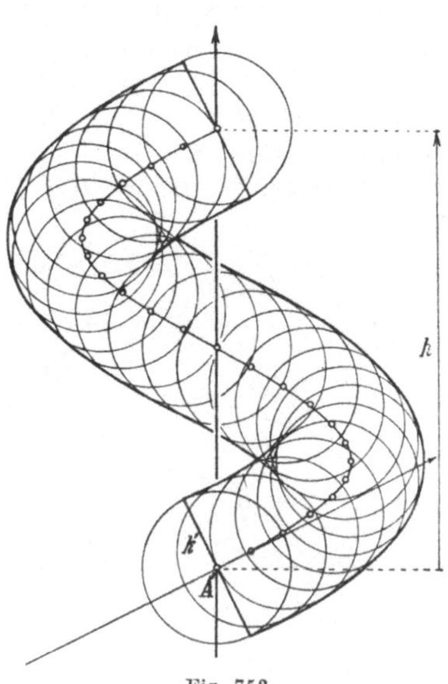

Fig. 753.

umrisses um A' dar. Dieser Kreis und der um die Strecke h höher gelegene Kreis sind als Abschluß eines Schraubenganges benutzt. Die Röhrenschraubenfläche entsteht demnach durch stetige Schraubung eines Kreises k, jedoch enthält die Ebene des Kreises die Schraubenachse nicht, d. h. die Profilkurve ist kein Kreis. Sie ist übrigens auch nicht etwa eine Ellipse. Dagegen wurde in Fig. 735 und 736 von Nr. 479 eine Schraubenfläche dargestellt, die durch stetige Schraubung eines Kreises entsteht, dessen Ebene die Achse der Schraubung enthält.

488. Schatten auf einer Schraube. In bezug auf Schatten, die bei Parallelbeleuchtung auf Schraubenflächen entstehen, ist eine einzelne Bemerkung schon in Nr. 480 gemacht worden. Dort ergab sich, daß die Grenze des Eigenschattens auf einer Wendelfläche von der Ganghöhe h eine Schraubenlinie von der Ganghöhe $\frac{1}{2}h$ ist, und man kann sie nach dem dort Gesagten zeichnen.

Allgemein sind, falls eine Schraubenfläche durch parallele Strahlen beleuchtet wird, sowohl Eigenschattengrenzen als auch Schlagschattengrenzen festzustellen, da die Fläche auf sich selbst Schatten werfen kann. Wie man vorzugehen hat, ist in Fig. 754 durch das Beispiel einer scharfgängigen Schraube erläutert. Sie ist dreigängig und hat wie die in Fig. 750 von Nr. 485 als Gewindeprofil ein gleichseitiges Dreieck. Während aber dort ein voller Schraubengang dargestellt wurde, ist jetzt nur $^3/_4$ eines Schraubenganges gezeichnet. Wieder ist die Grundrißtafel senkrecht zur Schraubenachse gewählt. Die Lichtrichtung

ist durch den Grundriß und Aufriß eines Lichtstrahles festgelegt. Bei
der folgenden Ermittlung der Schatten braucht man die erzeugenden
Geraden der Fläche in verschiedenen Lagen. Deshalb ist das Gewindeprofil in allen denjenigen Lagen eingezeichnet, die zu den Schraubungen
mit Drehwinkeln von je 15° gehören.

Mit a, b, c sind drei aufeinanderfolgende Schraubenlinien bezeichnet,
von denen a und c Schneiden der Schraube sind, während b auf dem
Kernzylinder verläuft. Die Schraubenlinie a wirft auf die Fläche
zwischen b und c einen Schlagschatten, den man Punkt für Punkt bestimmen kann, wie es an dem mit 5 bezeichneten Punkte von a gezeigt
ist: Man ermittelt, wo der Lichtstrahl durch diesen Punkt den Flächen-

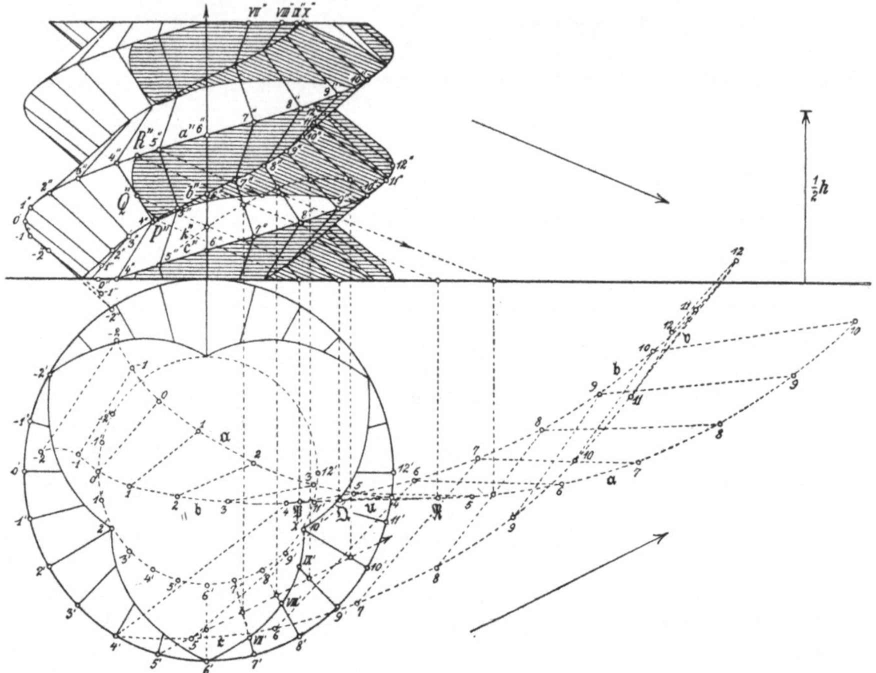

Fig. 754.

streifen zwischen b und c trifft. Zu diesem Zweck legt man nach Nr. 217
durch den Strahl als Hilfsebene die zur Grundrißtafel senkrechte Ebene.
Sie schneidet die zwischen b und c verlaufenden erzeugenden Geraden
der Fläche in Punkten, die man aus dem Grundriß sofort bekommt.
Dadurch ergibt sich eine Kurve k, und wo der durch den Punkt 5 von a
gehende Lichtstrahl diese Kurve trifft, liegt der gesuchte Schlagschatten.
Auf diese Art kann man hinreichend viele Punkte des Schattens bestimmen, den die Schneide a auf den Flächenstreifen zwischen b und c
wirft. Man kann aber auch das Zurückgehen in der Lichtrichtung benutzen. Zu diesem Zwecke stellt man zunächst die Schlagschatten a, b, c
der Kurven a, b, c auf der Grundrißtafel her. Sie sind, nebenbei gesagt,
Zykloiden (Nr. 467). Man bekommt dadurch auch die Schlagschatten,
die von den Profilgeraden auf die Grundrißtafel geworfen werden. Nun
schneidet der Schlagschatten a die Schatten der zwischen b und c ge-

legenen Profilgeraden in Punkten, von denen man in der Lichtrichtung
zurückgeht, um die auf diesen Geraden gelegenen Schlagschatten der
Schneide a zu bekommen. Das Verfahren ist insbesondere für den
Punkt auf der Geraden 8 zwischen b und c angegeben.

Die in der Figur dargestellte Schlagschattengrenze auf dem Flächenstreifen zwischen b und c ist nur in ihrem rechten Teil die so ermittelte
Kurve. Weiter links nämlich, und zwar von dem Punkte an, durch den
der von der Stelle R von a ausgehende Lichtstrahl hindurchgeht, ist die
Kurve der Schlagschatten der zwischen a und b zustande kommenden
Eigenschattengrenze PQR. Wie sich diese ergibt, wird im folgenden
erörtert werden. Betrachtet man z. B. das zwischen den Geraden 2 und 3
des von a und b begrenzten Flächenstreifens gelegene schmale und daher
fast ebene Stück der Fläche und seinen Schlagschatten auf der Grundrißtafel, so findet man, daß beide denselben Umlaufsinn haben, d. h.
daß dieses Flächenstück hell ist (Nr. 111). Dasselbe gilt von den weiter
links liegenden Stücken, selbst von dem zwischen den Geraden -1
und -2. Anders verhält es sich weiter rechts, z. B. ergibt sich, daß das
zwischen den Geraden 7 und 8 gelegene Stück des Streifens dunkel ist.
Die Entscheidung mittels des Umlaufsinnes wird bei dem zwischen
den Geraden 4 und 5 gelegenen Flächenstück des Streifens zwischen a
und b ungewiß; denn die Schlagschatten, die diese beiden Geraden auf
die Grundrißtafel werfen, treffen sich fast. Dies zeigt an, daß eine
Eigenschattengrenze auftritt. Man bekommt sie so: Dem Schlagschatten,
den der ganze Flächenstreifen zwischen a und b auf die Grundrißtafel wirft,
kommt eine Grenzlinie zu, die sich links mit b, rechts mit a deckt, aber
dazwischen eine beide verbindende Kurve $\mathfrak{u}$ ist, die als Tangenten die
Schlagschatten der Geraden hat. Diese Kurve $\mathfrak{u}$ ist es, von der man durch
Zurückgehen in der Lichtrichtung zur Eigenschattengrenze gelangt. Sie
beginnt ungefähr an der Stelle $\mathfrak{P}$ von b, berührt den Schlagschatten
der Geraden 4 ungefähr an der Stelle $\mathfrak{Q}$ und endet ungefähr an der
Stelle $\mathfrak{R}$ von a. Das Zurückgehen in der Lichtrichtung liefert die Eigenschattengrenze PQR. Allerdings ist sie auf diese Weise nicht allzu genau
ermittelt, aber darauf kommt es auch nicht an, da längs der Eigenschattengrenze ein allmählicher Übergang vom Hellen zum Dunkeln
stattfindet. Man kann sie genauer bestimmen, indem man z. B. die
Tangentenebenen der Schraubenfläche in den Punkten der Geraden 4
zwischen a und b herstellt und denjenigen Punkt Q dieser Geraden ermittelt, dessen Tangentenebene zur Lichtrichtung parallel ist. Aber wir
gehen hierauf nicht näher ein, weil es, wie gesagt, nebensächlich ist.
Die Eigenschattengrenze PQR verursacht nun auf dem Flächenstreifen
zwischen b und c eine Schlagschattengrenze. Sie verläuft sehr nahe bei b
und kann Punkt für Punkt bestimmt werden, indem man von den Schnittpunkten von $\mathfrak{u}$ mit den Schlagschatten der zwischen b und c gelegenen
Geraden in der Lichtrichtung zurückgeht. Diese Kurve geht rechts
stetig in den Schlagschatten über, den die Schneide a auf den Flächenstreifen zwischen b und c wirft.

Der Schlagschatten, den der Flächenstreifen zwischen b und c auf die
Grundrißtafel wirft, wird durch eine Kurve begrenzt, die sich zunächst
mit c deckt, dann eine c mit b verbindende Kurve $\mathfrak{v}$ ist und sich nachher
mit b deckt. Deshalb kommt man von der Kurve $\mathfrak{v}$ genau so wie von
der Kurve $\mathfrak{u}$ durch Zurückgehen in der Lichtrichtung zu einer Eigen-

schattengrenze auf dem Flächenstreifen zwischen b und c. Er verläuft ziemlich geradlinig zwischen den Geraden *11* und *12*. Aber als wirkliche Schattengrenze kommt diese Linie nicht zur Geltung, weil weiter vorn auf den Flächenstreifen zwischen b und c Schlagschatten von dem Streifen zwischen a und b geworfen wird. Wohl aber sieht man die entsprechende Schattengrenze auf dem obersten Flächenstreifen, denn da die Schraube oben durch eine wagerechte Ebene abgeschnitten ist, kommt hier der soeben erwähnte Schlagschatten nicht vor. Die ebene Abgrenzung der Schraube liefert die im Grundriß dargestellte Linie mit drei Vorsprüngen. Insbesondere hat man zu untersuchen, welche Schatten die mit VII bis X bezeichneten Punkte auf die Schraube werfen. Man findet, daß die Punkte VII bis IX Schatten über die Schraube hinaus werfen, während der Punkt X sein eigener Schlagschatten ist. Daher entsteht ganz oben rechts noch eine von X ausgehende Schlagschattengrenze, die nahezu die Richtung des Lichtstrahles durch X hat.

Die Schatten auf der Schraube auch im Grundriß darzustellen, ist unterlassen worden, damit die Konstruktionen nicht undeutlich werden. Aus demselben Grund ist der Schlagschatten der Schraube auf die Grundriß- und Aufrißtafel nicht angegeben.

489. Übungen. Die Schraubenflächen und Schrauben sind im vorhergehenden fast ausnahmslos in senkrechter Projektion auf eine zur Schraubenachse parallele Tafel dargestellt worden. Nur die Wendelfläche und die abwickelbare Schraubenfläche wurden gelegentlich auf zu ihren Achsen geneigte Tafeln senkrecht projiziert. Da jedoch im vorigen Paragraphen die senkrechte Projektion einer Schraubenlinie auf eine zu ihrer Achse geneigte Tafel erledigt wurde (Nr. 463), ist auch die Darstellung der Schraubenflächen und Schrauben auf derartigen Tafeln leicht durchzuführen. Wir gehen darauf nicht ein und stellen nur einige hierhergehörige Aufgaben:

1) Eine Korkzieherfläche soll in senkrechter Projektion auf eine zu ihrer Achse geneigte Tafel gezeichnet werden (Nr. 483).

2) Ebenso eine flach- oder scharfgängige Schraube (Nr. 484, 485).

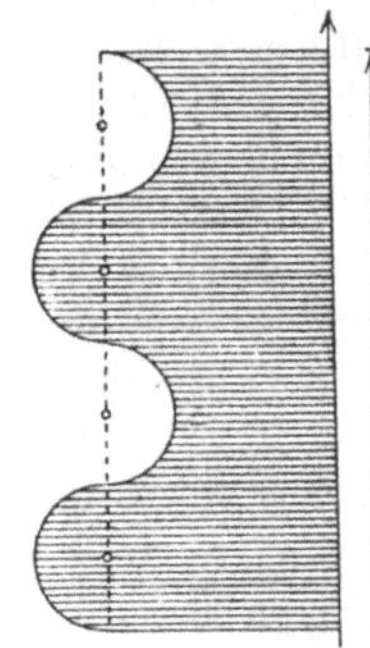

Fig. 755.

3) Eine Gerade werde um eine Achse, die sie nicht trifft, zu der sie aber senkrecht ist, stetig verschraubt. Man begrenze die Gerade und stelle die erzeugte Fläche in irgendeiner senkrechten Projektion dar.

4) Das Gewinde einer Schraube bestehe aus Halbkreisen wie in Fig. 755. Die Schraube habe die vorgeschriebene Ganghöhe h. Der Querschnitt ist zu ermitteln (Nr. 478, 486).

5) Man bestimme die Profilkurve der Röhrenschraubenfläche (Nr. 477, 487).

6) Schnitt einer Korkzieherfläche mit einer beliebigen Geraden (Nr. 483).

7) Es gibt Schraubenkörper, die man, wie z. B. den der Röhrenschraubenfläche (Nr. 487), am besten durch den senkrechten Querschnitt gegenüber einer in ihrem Innern verlaufenden Schraubenlinie beschreiben kann. Dazu gehört der folgende: Um eine Achse a werde ein Punkt A mit bestimmter Ganghöhe h verschraubt.

Durch A lege man die zur Tangente der Schraubenlinie senkrechte
Ebene. In ihr nehme man ein Quadrat an, das A als Mittelpunkt hat
und von dem die eine Mittellinie auf dem Lot von A auf die Schraubenachse a liegt. Bei der stetigen Schraubung um a mit der Ganghöhe h
beschreibt das Quadrat einen Schraubenkörper. Man zeichne ihn in
senkrechter Projektion auf eine zur Achse a parallele Tafel und ermittle
das Profil und den Querschnitt (Nr. 477).

§ 5. Geradlinige Flächen.

490. Abwickelbare und windschiefe Flächen. Eine Gerade, die eine
stetige Bewegung im Raum ausführt, beschreibt eine **geradlinige
Fläche**. Die kennzeichnende Eigenschaft einer geradlinigen Fläche besteht also darin, daß durch jeden Flächenpunkt eine vollständig auf der
Fläche verlaufende Gerade geht. Diese Geraden heißen die **Erzeugenden**.

Abwickelbar heißt eine geradlinige Fläche, wenn jede Erzeugende
die unendlich benachbarte schneidet, d. h. wenn die Erzeugenden die
Tangenten einer Raumkurve sind. Dann nämlich läßt sich die Fläche
ohne Dehnung auf die Ebene ausbreiten (Nr. 231). Andernfalls heißt die
Fläche **windschief**. Im folgenden wird im wesentlichen nur von den
windschiefen geradlinigen Flächen die Rede sein. Zu ihnen gehört das
einschalige Hyperboloid (Nr. 151, 398), das entsteht, wenn eine
Gerade an drei festen windschiefen Geraden entlang gleitet, sowie jede
Korkzieherfläche (Nr. 483), da sie durch stetige Schraubung einer Geraden um eine die Gerade schneidende Achse hervorgeht. Ein Sonderfall hiervon ist die **Wendelfläche** (Nr. 480). Unter den Rotationsflächen
gibt es als windschiefe geradlinige Flächen nur die **einschaligen
Rotationshyperboloide** (Nr. 443). Die allgemeinste geradlinige
Schraubenfläche entsteht durch stetige Schraubung einer Geraden
um irgendeine Achse. Nur in dem in Nr. 482 betrachteten Sonderfall
ist diese Schraubenfläche abwickelbar.

Ist P ein Punkt einer Erzeugenden g einer geradlinigen Fläche, so
werden die von P ausgehenden Flächenkurven eine zu g unendlich benachbarte Erzeugende $\bar{g}$ in Punkten $\bar{P}$ schneiden. Da die Punkte P
und $\bar{P}$ unendlich benachbart sind, haben die von P ausgehenden Flächenkurven die Geraden $P\bar{P}$ als Tangenten. Diese Geraden liegen sämtlich in
der Ebene durch P und $\bar{g}$. Mithin kommt dem Punkt P eine **Tangentenebene** zu (Nr. 416). Wir untersuchen die Stellungen der den verschiedenen Punkten P einer und derselben Erzeugenden g angehörigen Tangentenebenen. Zu diesem Zweck werde die senkrechte Projektion auf
diejenige Ebene durch g benutzt, die zur Erzeugenden $\bar{g}$ parallel ist, siehe Fig. 756. Das gemeinsame Lot a von g und $\bar{g}$ erscheint dann bloß
als der Punkt A, in dem g durch die Projektion $\bar{g}'$
von $\bar{g}$ getroffen wird. Die Höhe von $\bar{g}$ über der
Tafel, d. h. die Länge des gemeinsamen Lotes,
ist unendlich klein und sei deshalb mit dh be-

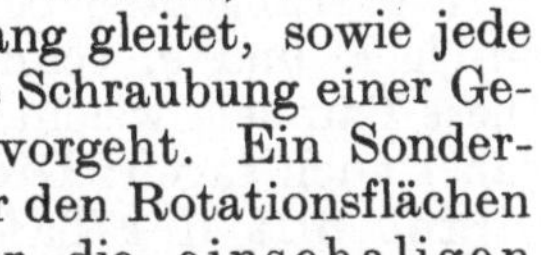

Fig. 756.

zeichnet. Der Winkel, den g mit $\bar{g}$ bildet, ist gleich dem von y mit $\bar{g}'$
und ebenfalls unendlich klein; er sei mit $d\alpha$ bezeichnet. Er möge im
Bogenmaß gemessen sein, d. h. $d\alpha$ sei die Länge des Kreisbogens, der

von g und $\bar{g}'$ aus dem Kreis um A vom Radius Eins ausgeschnitten wird. Der Übergang der Erzeugenden g in die Erzeugende $\bar{g}$ kann so gemacht werden, daß man g zunächst durch den Winkel $d\alpha$ um A in die Lage $\bar{g}'$ dreht und dann $\bar{g}'$ um die Strecke dh hebt. Die Größe $dh:d\alpha$ bringt das Verhältnis der Hebung zur Drehung zum Ausdruck; sie hat für die ins Auge gefaßte Erzeugende g einen bestimmten Wert, aber dieser Wert wird sich im allgemeinen ändern, wenn man zu einer anderen Erzeugenden übergeht. Wir behalten jedoch die Erzeugende g bei, so daß wir $dh:d\alpha$ als Konstante auffassen können, die mit c bezeichnet werde. Auf g werde ein Punkt P angenommen, der von A die Entfernung r hat (gemessen mit der beim Winkel $d\alpha$ benutzten Längeneinheit). Die Fallinie QP der Tangentenebene von P, die von $\bar{g}$ nach P geht, erscheint in der Projektion als Lot PQ' auf $\bar{g}'$, weil $\bar{g}$ zur Tafel parallel ist (Nr. 17). Der spitze Winkel τ, den die Tangentenebene mit der Tafel bildet, ist $\sphericalangle Q'P\bar{Q}$, also $\operatorname{tg}\tau = dh:r\sin d\alpha$. Weil $d\alpha$ unendlich klein ist und im Bogenmaß gemessen wurde, darf $\sin d\alpha$, das vom Schnittpunkt des Bogens $d\alpha$ mit $\bar{g}'$ auf g gefällte Lot, durch $d\alpha$ ersetzt werden. Mithin ist $\operatorname{tg}\tau = dh:rd\alpha = c:r$. Liegt der Punkt P auf der anderen Seite von A in demselben Abstande r, so ist r negativ zu rechnen. Die Tangentenebene dieses Punktes hat nämlich dieselbe Neigung wie die des ursprünglichen Punktes P, aber sie fällt nach der anderen Seite hin, d. h. der spitze Winkel τ ist für sie negativ.

Die Tangentenebene eines Punktes P von g, d. h. die Ebene durch P und $\bar{g}$, schneidet die Tafel in der Parallelen zu $\bar{g}'$ durch P. Diese Parallele weicht jedoch nur unendlich wenig von g ab. Man kann daher auch sagen: **Die Tangentenebene von P geht durch g und bildet mit der Tafel den durch $\operatorname{tg}\tau = c:r$ bestimmten spitzen Winkel.** Durchläuft P die ganze Erzeugende g stetig, so dreht sich die zugehörige Tangentenebene stetig um g. Sie ist zur Tafel lotrecht, wenn P nach A gelangt; sie ist die Tafel selbst, wenn P unendlich fern liegt.

Wir nehmen jetzt auf g vier Punkte P_1, P_2, P_3, P_4 an und betrachten ihre Tangentenebenen. Sie gehören zum Büschel der Ebenen durch g, und ihr zu g senkrechter Querschnitt stellt sich wegen $\operatorname{tg}\tau = c:r$

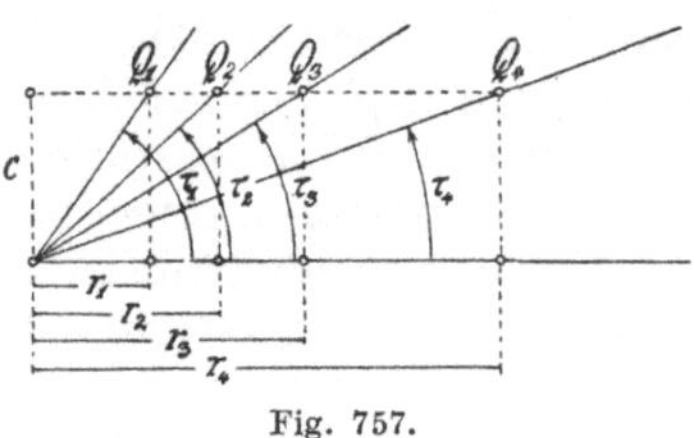

Fig. 757.

wie in Fig. 757 dar, wo die Höhe zwischen dem wagerechten Schenkel der vier Neigungswinkel τ_1, τ_2, τ_3, τ_4 und der Parallelen dazu die Strecke c ist und r_1, r_2, r_3, r_4 die Entfernungen der Punkte P_1, P_2, P_3, P_4 von A bedeuten. Also schneidet eine zur Tafel von Fig. 756 parallele und g senkrecht kreuzende Gerade die Tangentenebenen in Punkten Q_1, Q_2, Q_3, Q_4, die dieselben Entfernungen voneinander haben wie die Punkte P_1, P_2, P_3, P_4. Dies läßt sich allgemeiner ausdrücken. Dabei benutzt man den Satz, daß **vier Ebenen E_1, E_2, E_3, E_4 durch eine gemeinsame Gerade g von irgend zwei Geraden a und b stets in Punkten A_1, A_2, A_3, A_4 und B_1, B_2, B_3, B_4 getroffen werden, die dasselbe Doppelverhältnis haben.** In der Tat, man verbinde A_1 mit B_4 durch eine Gerade c, die E_2 in C_2 und E_3 in C_3 schneide. Da dann a und c in einer Ebene liegen und ebenso c und b, so gehen die

Geraden A_2C_2, A_3C_3, A_4B_4 durch einen Punkt O von g und die Geraden A_1B_1, C_2B_2, C_3B_3 durch einen Punkt U von g, siehe Fig. 758. Nach dem Satz des Pappus (Nr. 327) ist mithin das Doppelverhältnis von A_1, A_2, A_3, A_4 gleich dem von A_1, C_2, C_3, B_4 und dieses gleich dem von B_1, B_2, B_3, B_4, wie behauptet wurde. Die Anwendung auf den vorliegenden Fall liefert den Satz:

Die Tangentenebenen von vier Punkten P_1, P_2, P_3, P_4 einer Erzeugenden g einer windschiefen geradlinigen Fläche sind solche Ebenen durch g, die von jeder schneidenden Geraden in vier Punkten getroffen werden, die dasselbe Doppelverhältnis wie P_1, P_2, P_3, P_4 haben.

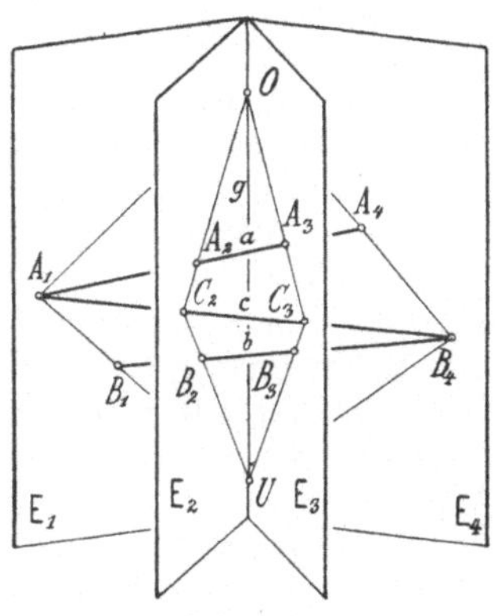

Fig. 758.

Anmerkung: Die geradlinigen Flächen werden oft Regelflächen genannt. Dies beruht auf einer falschen Übersetzung des französischen Ausdruckes surfaces réglées. Hier bezieht sich das Beiwort auf règle, Lineal. Eine sinngemäße Übertragung wäre also Linienflächen. Aber das Wort Linie bedeutet nicht notwendig eine Gerade. Wir ziehen daher die Bezeichnung geradlinige Flächen vor. Die falsche Benennung Regelflächen scheint sich im Deutschen erst seit etwa der Mitte des neunzehnten Jahrhunderts eingebürgert zu haben; vorher sagte man richtig geradlinige Fläche, so z. B. L. J. Magnus (Nr. 468) in seiner „Sammlung von Aufgaben und Lehrsätzen aus der analytischen Geometrie des Raumes", 1. (einzige) Abteilung, Berlin 1837, S. 150.

Der Satz über das Doppelverhältnis der Tangentenebenen von vier Punkten einer Erzeugenden der geradlinigen Fläche wurde von M. Chasles (Nr. 5) entdeckt, siehe sein „Mémoire sur les surfaces engendrées par une ligne droite" in der Correspondance math. et phys. von Quetelet, 11. Bd. 1839, S. 49—113, insbes. S. 52.

491. Striktionslinie. Unter g_1, g_2, $g_3 \ldots$ seien unendlich nahe aufeinanderfolgende Erzeugende einer windschiefen geradlinigen Fläche verstanden. Das gemeinsame Lot von g_1 und g_2 treffe g_1 in A_1 und g_2 in B_2; das gemeinsame Lot von g_2 und g_3 ferner treffe g_2 in A_2 und g_3 in B_3, usw., wie es Fig. 759 andeuten soll. Nach voriger Nummer ist der Punkt A_1 auch dadurch gekennzeichnet, daß seine Tangentenebene das Lot A_1B_2 enthält. Entsprechendes gilt von A_2 usw. Der geometrische Ort der Punkte A_1, $A_2 \ldots$ ist eine Kurve s auf der Fläche. Da aber die Strecken A_1B_2, $A_2B_3 \ldots$ unendlich klein sind, kann man s auch als den geometrischen Ort der Punkte B_2, $B_3 \ldots$ bezeichnen. Dagegen ist zu beachten, daß die Richtungen der unendlich kleinen Strecken A_1B_2, $A_2B_3 \ldots$ durchaus nicht die der Tangenten der Kurve s zu sein brauchen. Die Kurve s heißt die Striktionslinie der Fläche

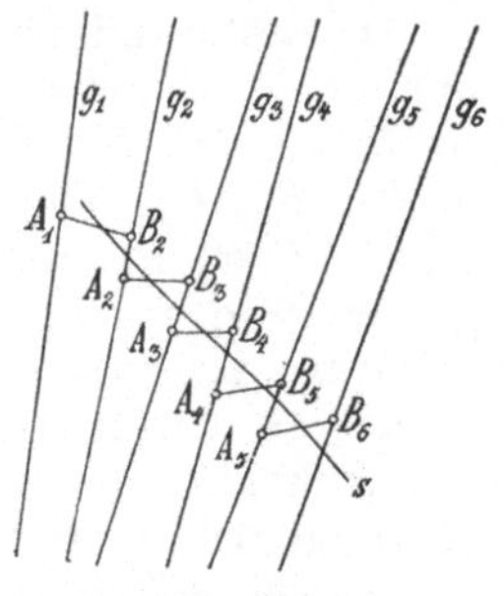

Fig. 759.

(vom latein. stringere, zusammenschnüren). Die Striktionslinie einer windschiefen geradlinigen Fläche ist hiernach der Ort der Fußpunkte der gemeinsamen Lote unendlich benachbarter Erzeugender der Fläche.

Im Falle der Wendelfläche (Nr. 480) ist die Striktionslinie ihre Achse, und in diesem Falle liegen auch die Strecken A_1B_2, $A_2B_3 \ldots$ auf der Achse. Ferner gibt es geradlinige Flächen mit beliebigen Striktionslinien s

derart, daß die Strecken A_1B_2, A_2B_3 ... auch in ihren Richtungen mit den Tangenten von s übereinstimmen. Man kann nämlich beweisen, daß die von allen Binormalen (Nr. 231) einer beliebigen Raumkurve erzeugte geradlinige Fläche stets die Kurve als Striktionslinie hat. Aber im allgemeinen sind die Richtungen der Strecken A_1B_2, A_2B_3 ..., wie gesagt, durchaus nicht die der Tangenten der Striktionslinie. Dies zeigt das Beispiel des einschaligen Rotationshyperboloids (Nr. 443). Wenn sich nämlich eine Gerade g um eine zu ihr windschiefe Achse a dreht, ist der Ort der kürzesten Abstände zwischen je zwei unendlich benachbarten Lagen der Geraden der Kehlkreis des entstehenden Rotationshyperboloids, und es leuchtet ein, daß die Richtungen der kürzesten Abstände keineswegs die der Tangenten des Kehlkreises sind. Im Falle der allgemeinen **Korkzieherfläche**, d. h. wenn man eine die Achse a unter einem spitzen Winkel schneidende Gerade stetig um die Achse verschrauben läßt (Nr. 483), ergibt sich leicht, daß der kürzeste Abstand je zweier unendlich benachbarter Lagen der erzeugenden Geraden unendlich nahe bei der Achse a liegt. Demnach ist in diesem Falle die Achse a die Striktionslinie, aber die Richtungen der kürzesten Abstände stimmen nicht mit der Richtung von a überein.

492. Geradlinige Flächen durch drei gegebene Kurven. Sind irgend drei Raumkurven k_1, k_2, k_3 gegeben, so wird, allgemein geredet, eine geradlinige Fläche vorhanden sein können, die durch alle drei Kurven geht. Man wähle nämlich als Ausgangspunkt einer Erzeugenden der Fläche einen Punkt P_1 auf k_1. Alle Geraden von P_1 aus, die k_1 schneiden, bilden eine allgemeine Kegelfläche mit der Spitze P_1, ebenso alle Geraden von P_1 aus, die k_2 schneiden. Mithin handelt es sich darum, eine gemeinsame Mantellinie beider Kegel ausfindig zu machen. Schneidet man die Kegel mit einer beliebig gewählten Ebene E, so ergeben sich zwei Kurven in E. Haben sie einen Schnittpunkt, so ist die Gerade von P_1 nach ihm eine Erzeugende der gesuchten Fläche. Indem man P_1 auf k_1 wandern läßt und dasselbe Verfahren beständig anwendet, kommt man zur Schar aller Erzeugenden.

Die entstandene Fläche ist nur dann abwickelbar, wenn sich zwei unendlich benachbarte Erzeugende stets schneiden. Eine Erzeugende g treffe k_1, k_2, k_3 in P_1, P_2, P_3, eine unendlich benachbarte treffe sie in P_1', P_2', P_3'. Die Forderung ist dann erfüllt, wenn die Geraden P_1P_1', P_2P_2', P_3P_3' in einer Ebene liegen. Diese Geraden sind aber die Tangenten von k_1, k_2, k_3 in P_1, P_2, P_3. Mithin folgt: **Durch drei gegebene Kurven geht nur dann eine abwickelbare Fläche, wenn es unendlich viele Ebenen gibt, die alle drei Kurven in jeweils in gerader Linie liegenden Punkten berühren.** Im allgemeinen wird dies nicht der Fall sein.

Ist die Fläche nicht abwickelbar, so **kann man die Tangentenebene eines beliebigen Punktes P der Erzeugenden g mit Hilfe des Satzes der vorletzten Nummer bestimmen.** Denn die Tangentenebenen der Punkte P_1, P_2, P_3 sind bekannt, nämlich die Ebenen durch die Erzeugende g selbst und durch ·die Tangenten von k_1, k_2, k_3 in P_1, P_2, P_3. Wenn also irgendeine Gerade diese drei Ebenen in Q_1, Q_2, Q_3 schneidet, liegt ihr Schnittpunkt Q mit der Tangentenebene eines beliebig auf g angenommenen Punktes P so, daß das Doppelverhältnis von Q_1, Q_2, Q_3 und Q gleich dem von P_1, P_2, P_3 und P ist. Daher kann man Q bestimmen, und die Tangentenebene von P ist dann die Ebene durch die Erzeugende und durch Q. Insbesondere kann man so die Tangentenebene des unendlichfernen Punktes der Erzeugenden g ermitteln. Dann kann man denjenigen Punkt S auf g bestimmen, dessen Tangentenebene zu dieser Tangentenebene senkrecht ist. Nach den beiden letzten Nummern ist S der Schnitt punkt der Erzeugenden g mit der Striktionslinie; man hat also ein Verfahren, die Striktionslinie Punkt für Punkt zu finden. Die Gesamtheit der Tangentenebenen aller unendlichfernen Punkte aller Erzeugenden der Fläche ist eine Ebenenschar, und diese Schar hüllt nach Nr. 231 eine abwickelbare Fläche ein. Die windschiefe geradlinige Fläche durch k_1, k_2, k_3 berührt diese abwickelbare Fläche in allen ihren unendlichfernen Punkten. Sie schmiegt sich ihr also so an, wie eine Kurve ihrer Asymptote, und daher nennt man die abwickelbare Fläche die asymptotische abwickelbare Fläche der windschiefen geradlinigen Fläche. Ein Beispiel hierzu liefert das einschalige Rotationshyperboloid mit seinem Asymptotenkegel (Nr. 443).

493. Windschiefe Perspektivität. Wir werden uns mit solchen geradlinigen Flächen beschäftigen, die durch zwei gegebene windschiefe Geraden l und m gehen. Diese Geraden heißen ihre Leitgeraden. Die Fläche ist vollständig bestimmt, wenn außerdem eine Kurve k der Fläche gegeben ist. Wählt man nämlich auf k irgendeinen Punkt P, so ist die durch P gehende Erzeugende g der Fläche diejenige Gerade durch P, die l und m schneidet, also die gemeinsame Gerade der Ebenen (P, l) und (P, m), siehe Nr. 218.

Eine geradlinige Fläche mit den windschiefen Leitgeraden l und m werde insbesondere durch eine Ebene E in einer Kurve k geschnitten. Ist k bekannt, so kann man leicht die Kurve $\mathfrak{k}$ finden, in der die Fläche durch irgendeine andere Ebene $\mathfrak{E}$ geschnitten wird. Denn wenn l und m die Ebene E in L und M und die Ebene $\mathfrak{E}$ in $\mathfrak{L}$ und $\mathfrak{M}$ treffen, siehe Fig. 760, die in beliebiger Parallelprojektion entworfen sei, und wenn P irgendein Punkt von k ist, schneiden die Ebenen (P, l) und (P, m) die Ebene E in PL und PM. Treffen diese Geraden die Schnittgerade s der Ebenen E und $\mathfrak{E}$ in Q und R, so sind also $Q\mathfrak{L}$ und $R\mathfrak{M}$ die Schnittgeraden der Ebenen (P, l) und (P, m) mit der Ebene $\mathfrak{E}$, d. h. ihr gemeinsamer Punkt $\mathfrak{P}$ liegt auf der von P ausgehenden Erzeugenden g, die demnach l

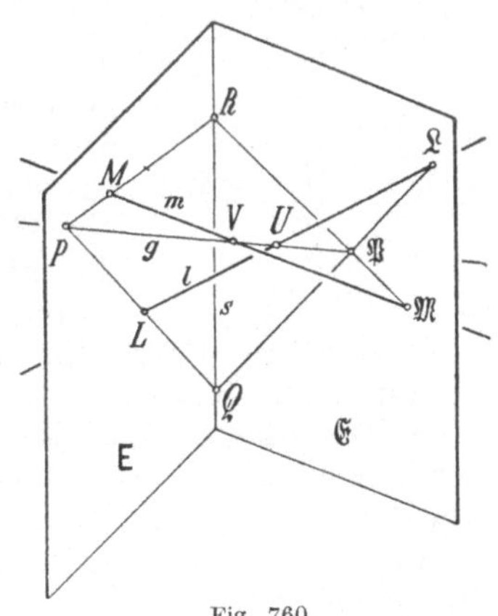

Fig. 760.

und m in Punkten U und V trifft. Beschreibt P die Kurve k in E, so beschreibt $\mathfrak{P}$ die gesuchte Kurve $\mathfrak{k}$ in $\mathfrak{E}$.

Dies Verfahren ist nicht ausführbar, wenn die Leitgeraden l und m die Gerade s schneiden, weil dann L und $\mathfrak{L}$ sowie M und $\mathfrak{M}$ in je einen Punkt zusammenfallen. In der Tat ist dann die Lage der Geraden l und m gegenüber den Ebenen E und $\mathfrak{E}$ noch nicht soweit festgelegt, daß $\mathfrak{P}$ aus P in freier Parallelprojektion (Nr. 145) gefunden werden könnte. Man gehe so vor: Unter $A\mathfrak{A}$ und $B\mathfrak{B}$ seien zwei windschiefe Geraden verstanden, die E in A und B und $\mathfrak{C}$ in $\mathfrak{A}$ und $\mathfrak{B}$ treffen, siehe Fig. 761. Ferner seien L und M Punkte auf der Schnittgeraden s von E und $\mathfrak{C}$. Nun mögen die Leitgeraden l und m diejenigen Geraden sein, die durch L und M gehen und zu den Geraden $A\mathfrak{A}$ und $B\mathfrak{B}$ parallel

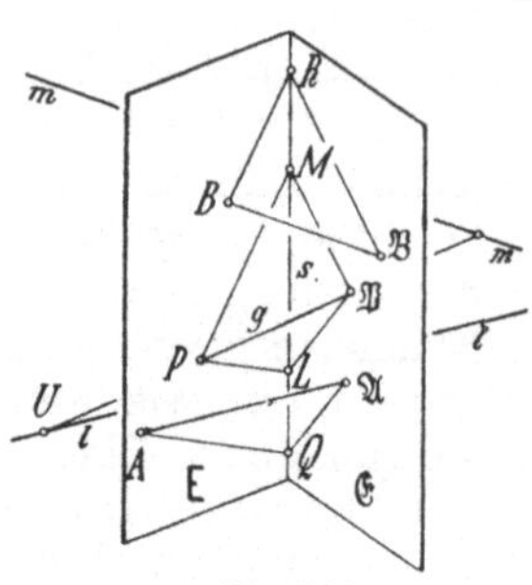

sind. Ist dann P irgendein Punkt der Ebene E, so gehört der Ebene (P, l) die Gerade PL an. Zieht man zu ihr die Parallele durch A, die s in Q treffe, so ist die Ebene $AQ\mathfrak{A}$ zur Ebene (P, l) parallel. Da sie $\mathfrak{C}$ in der Geraden $Q\mathfrak{A}$ schneidet, muß die Ebene (P, l) die Ebene $\mathfrak{C}$ in der Parallelen zu $Q\mathfrak{A}$ durch L schneiden. Entsprechend schließt man in bezug auf die Ebene (P, m): Man zieht durch B die Parallele zu PM; trifft sie s in R, so wird durch M die Parallele zu $R\mathfrak{B}$ gezogen. Diese Gerade ist die Schnittgerade der Ebene (P, m) mit $\mathfrak{C}$.

Fig. 761.

Mithin ist der gesuchte Punkt $\mathfrak{P}$ der Schnittpunkt der in $\mathfrak{C}$ durch L und M gelegten Geraden, und folglich ist $P\mathfrak{P}$ diejenige Gerade g von P aus, die die Leitgeraden l und m in Punkten U und V trifft. Durchläuft also P die in der Ebene E gegebene Kurve k der geradlinigen Fläche, so beschreibt $\mathfrak{P}$ in der Ebene $\mathfrak{C}$ die Schnittkurve $\mathfrak{k}$ der Fläche mit $\mathfrak{C}$.

Wenn man davon absieht, daß in der Ebene E eine gegebene Kurve k vorliegt, wenn man also den Punkt P in E ganz beliebig läßt, wird durch dies Verfahren, d. h. dadurch, daß man von P aus die l und m

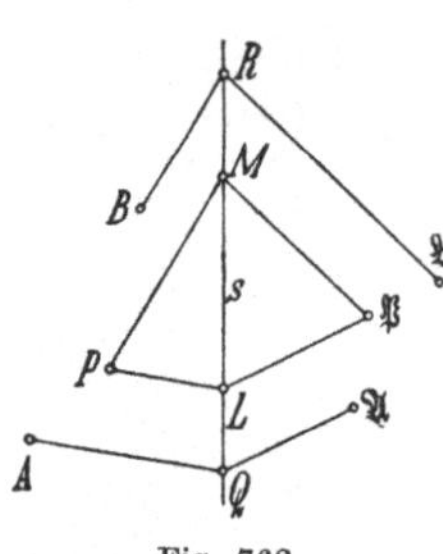

schneidende Gerade g zieht, jedem Punkte P der Ebene E ein Punkt $\mathfrak{P}$ der Ebene $\mathfrak{C}$ zugeordnet. Weil zur Ermittlung von $\mathfrak{P}$ ausschließlich Geraden in den Ebenen E und $\mathfrak{C}$ gezogen werden, kann man die Ebenen, ohne diese Zeichnung zu beeinträchtigen, um ihre Schnittgerade s so weit drehen, bis sie eine Doppelebene bilden, gerade so wie es in Nr. 124 bei der Affinität und in Nr. 335 bei der Perspektivität geschah. Die Fig. 762, die alle erforderlichen Linien enthält, kann man daher nach Belieben entweder als ebene Konstruktion oder als Parallelprojektion einer in zwei verschiedenen Ebenen

Fig. 762.

verlaufenden Konstruktion ansehen.

Wir nehmen jetzt vier Punkte P_0, P_1, P_2, P_3 auf einer Geraden p der Ebene E an; insbesondere sei P_0 der Schnittpunkt von p mit s. Bei der Ermittlung der den Punkten P_1 und P_2 entsprechenden Punkte $\mathfrak{P}_1$ und $\mathfrak{P}_2$ treten die Hilfspunkte Q_1, Q_2 und R_1, R_2 auf, siehe Fig. 763. In bezug auf den Punkt P_3 ist die Konstruktion absichtlich nur zur Hälfte ausgeführt: Die Parallele zu P_3L durch A schneidet s in Q_3, und durch L ist die Parallele zu $Q_3\mathfrak{A}$ gezogen. Diese trifft die Gerade $\mathfrak{P}_1\mathfrak{P}_2$ in einem Punkte $\mathfrak{X}_3$. Ferner sei $\mathfrak{X}_0$ der Schnittpunkt von $\mathfrak{P}_1\mathfrak{P}_2$ mit s. Zieht man schließlich noch durch A und $\mathfrak{A}$ die Parallelen zu s, so sind die Strahlen von L nach P_0, P_1, P_2, P_3 zu den Strahlen durch A parallel, ebenso die Strahlen von L nach $\mathfrak{X}_0$, $\mathfrak{P}_1$, $\mathfrak{P}_2$, $\mathfrak{X}_3$ zu den Strahlen durch $\mathfrak{A}$. Aus dem Satze des Pappus (Nr. 327) folgt daher, daß das Doppelverhältnis der Punkte P_0, P_1, P_2, P_3 gleich dem Doppelverhältnis aus dem unendlichfernen Punkte der Geraden s und den Punkten Q_1, Q_2, Q_3 und dies Doppelverhältnis gleich dem der Punkte $\mathfrak{X}_0$, $\mathfrak{P}_1$, $\mathfrak{P}_2$, $\mathfrak{X}_3$ ist. Wenn man nun die zweite Hälfte der von P_3 ausgehenden Konstruktion macht (was in Fig. 763 unterlassen ist), d. h. wenn man die Parallele zu P_3M durch B mit s in R_3 zum Schnitte bringt und dann durch M die Parallele zu $R_2\mathfrak{B}$ zieht, wird diese Parallele die Gerade $\mathfrak{P}_1\mathfrak{P}_2$ in einem Punkte $\mathfrak{Y}_3$ treffen, und es ergibt sich wie vorher, daß das Doppelverhältnis von P_0, P_1, P_2, P_3 gleich dem von $\mathfrak{X}_0$, $\mathfrak{P}_1$, $\mathfrak{P}_2$, $\mathfrak{Y}_3$ ist. Da also die Doppelverhältnisse von $\mathfrak{X}_0$, $\mathfrak{P}_1$, $\mathfrak{P}_2$, $\mathfrak{X}_3$ und von $\mathfrak{X}_0$, $\mathfrak{P}_1$, $\mathfrak{P}_2$, $\mathfrak{Y}_3$ übereinstimmen, lehrt der Hilfssatz von Nr. 328, daß $\mathfrak{X}_3$ derselbe Punkt wie $\mathfrak{Y}_3$ ist. Dies aber besagt, daß der dem Punkte P_3 zugeordnete Punkt $\mathfrak{P}_3$ ebenfalls die Stelle $\mathfrak{X}_3$ ist, d. h. auf der Geraden $\mathfrak{P}_1\mathfrak{P}_2$ liegt. Mithin entsprechen drei Punkten P_1, P_2, P_3 einer Geraden p der Ebene E drei Punkte $\mathfrak{P}_1$, $\mathfrak{P}_2$, $\mathfrak{P}_3$ einer Geraden $\mathfrak{p}$ der Ebene $\mathfrak{E}$. Jeder Geraden p wird somit eine Gerade $\mathfrak{p}$ zugeordnet.

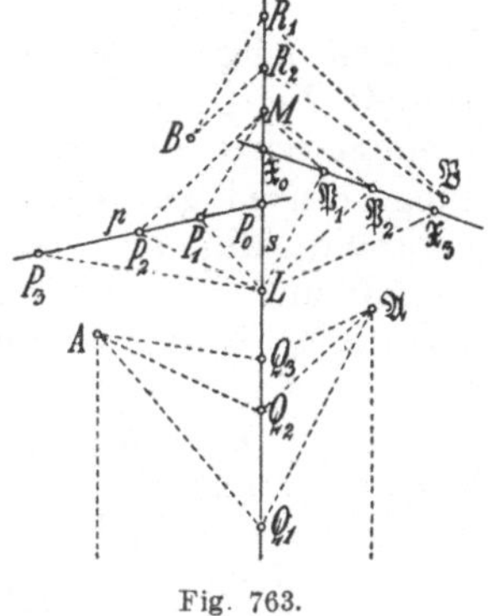

Fig. 763.

Insbesondere ergibt sich noch, daß der vorhin mit $\mathfrak{X}_0$ bezeichnete Punkt der P_0 entsprechende Punkt $\mathfrak{P}_0$ ist, siehe Fig. 764.

Wie bei der Affinität und bei der Perspektivität wird demnach jedem Punkte der Ebene E ein Punkt der Ebene $\mathfrak{E}$ und jeder Geraden der Ebene E eine Gerade der Ebene $\mathfrak{E}$ zugeordnet. Ebenso wie die Perspektivität eine Verallgemeinerung der Affinität ist, stellt die neue Zuordnung eine Verallgemeinerung der Perspektivität dar. Aus ihr geht nämlich insbesondere die Perspektivität hervor, wenn man die Leitgeraden l und m nicht windschief, sondern so annimmt, daß sie einen Punkt O gemein haben. Denn dann ist der einem Punkte P zugeordnete Punkt $\mathfrak{P}$ der Schnittpunkt des von dem Perspektivitätszentrum O nach P gehenden Strahles mit der Ebene $\mathfrak{E}$. Wir nennen die gewonnene Zuordnung deshalb in dem allgemeinen Falle, wo die Leitgeraden l und m zwar von Punkten L und M der Geraden s ausgehen, aber zueinander windschief sind, eine windschiefe Perspektivität. Bei der gewöhnlichen Perspektivität entspricht · der unendlichfernen Geraden der Ebene E bekanntlich eine zu s parallele Fluchtgerade in der Ebene $\mathfrak{E}$ und einer gewissen zu s parallelen Verschwindungsgeraden der Ebene E die unendlichferne Gerade der Ebene $\mathfrak{E}$. Im Falle der windschiefen Perspektivität sind zwar auch derartige Geraden vorhanden, aber sie sind nicht zu s parallel. Die Gerade s entspricht zwar auch jetzt sich selbst, aber einem Punkte von s wird ein von ihm verschiedener Punkt von s zugeordnet, siehe P_0 und $\mathfrak{P}_0$ in Fig. 764.

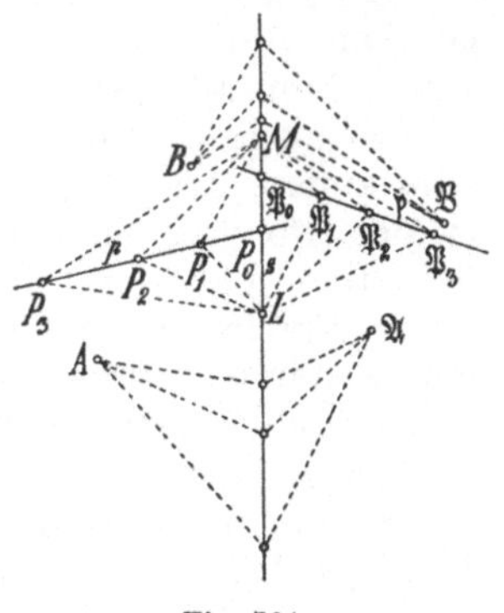

Fig. 764.

Anmerkung: Die windschiefe Perspektivität ist gelegentlich von verschiedenen Mathematikern behandelt worden, so z. B. von J. Steiner in seiner bei Nr. 5 erwähnten

„Systematischen Entwicklung usw." von 1832 auf S. 241 und S. 254 („Gesammelte Werke", 1. Bd., S. 401 und 409), wo sie eine schiefe (gebrochene) Projektion genannt wird. Wenn die Leitgeraden l und m die Gerade s nicht schneiden, siehe Fig. 760, ergibt sich eine allgemeinere Zuordnung zwischen den Punkten P und $\mathfrak{P}$ der Ebenen E und $\mathfrak{E}$. Man kann beweisen, daß in diesem Falle jeder Geraden der Ebene E ein Kegelschnitt durch die mit $\mathfrak{L}$ und $\mathfrak{M}$ bezeichneten Punkte der Ebene $\mathfrak{E}$ in Fig. 700 und durch den Schnittpunkt der Geraden LM mit s entspricht, somit jedem Kegelschnitt der Ebene E durch L, M und den Schnittpunkt von $\mathfrak{LM}$ mit s eine Gerade der Ebene $\mathfrak{E}$.

494. Allgemeine Konoide. Eine geradlinige Fläche durch zwei windschiefe Leitgeraden l und m, eine Fläche also, die von einer Geraden g erzeugt wird, die nach irgendeinem Gesetz auf l und m entlang gleitet, möge ein **allgemeines Konoid** heißen. Dadurch wird zum Ausdruck gebracht, daß sie eine Verallgemeinerung der Kegelfläche, des Konus, ist. Wenn sich nämlich l und m schneiden, wird die Fläche ein Kegel. Allerdings wendet man den Namen Konoid meistens nur für den Fall an, wo eine Leitgerade, etwa m, unendlich fern liegt. Eine derartige Fläche wird von einer Geraden g beschrieben, die nach irgendeinem Gesetze längs der Geraden l gleitet und dabei beständig zu einer gegebenen Ebene parallel bleibt. Wir wollen diese Konoide, die eine unendlichferne Leitgerade m haben, **Konoide im engeren Sinne** nennen. Die wesentlichen Eigenschaften der Konoide gelten auch in dem allgemeinen Falle, wo l und m im Endlichen liegen, und deshalb erscheint es uns angebracht, auch dann den Namen Konoid zu verwenden.

Ein allgemeines Konoid ist vollständig bestimmt, wenn außer seinen windschiefen Leitgeraden l und m eine auf der Fläche gelegene Kurve k bekannt ist (Nr. 493). Diese Kurve, die das Gesetz angibt, nach dem die erzeugende Gerade g auf l und m zu gleiten hat, kann man die **Leitkurve** der Fläche nennen. Während die Leitgeraden l und m die besondere Eigenschaft haben, daß sie, abgesehen von den Erzeugenden g, die einzigen Geraden auf der Fläche sind, kommt der Leitkurve k keine sie vor anderen Kurven der Fläche auszeichnende Eigenschaft zu. Sie kann vielmehr durch irgendeine andere Kurve auf der Fläche ersetzt werden. Ein besonderer Fall ist der, wo auch diese Leitkurve k eine Gerade ist. Dann wird die Fläche von allen Geraden g erzeugt, die auf drei Geraden entlang gleiten. Diese Fläche ist das einschalige Hyperboloid (Nr. 151, 398) und insbesondere, falls eine der Leitgeraden unendlich fern ist, das hyperbolische Paraboloid (Nr. 152). Ferner kamen in Nr. 445 Konoide vor.

Insbesondere ist ein allgemeines Konoid vollständig bestimmt, wenn außer seinen windschiefen Leitgeraden l und m sein Schnitt k mit einer Ebene E bekannt ist, wobei vorausgesetzt wird, daß die Ebene weder l noch m enthält. Wenn die Leitgeraden l und m die Ebene E in L und M schneiden, ergibt sich der Schnitt $\mathfrak{k}$ der Fläche mit irgendeiner Ebene $\mathfrak{E}$ des Ebenenbüschels durch die L und M verbindende Gerade s vermöge der windschiefen Perspektivität. Da bei ihr jeder Geraden der Ebene E eine Gerade der Ebene $\mathfrak{E}$ entspricht, kann man nicht nur die Punkte $\mathfrak{P}$ der Kurve $\mathfrak{k}$ aus den Punkten P der Kurve k, sondern auch die Tangenten der Kurve $\mathfrak{k}$ aus den Tangenten der Kurve k vermöge der windschiefen Perspektivität ableiten.

Ist die Kurve k insbesondere ein Kegelschnitt, so ist das aus sechs Punkten der Kurve bestehende Sechseck ein Pascalsches (Nr. 382).

Vermöge der windschiefen Perspektivität geht daraus ein ebenfalls Pascalsches Sechseck in der Ebene $\mathfrak{E}$ hervor. Daraus ergibt sich:

Enthält ein allgemeines Konoid einen Kegelschnitt, so wird es von allen Ebenen eines Ebenenbüschels in Kegelschnitten getroffen. Die Ebenen des Büschels haben diejenige Gerade gemein, die durch die Schnittpunkte der Ebene des ersten Kegelschnittes mit den Leitgeraden geht.

495. Die zu einer Flächennormale benachbarten Flächennormalen. Als Beispiel werde ein Konoid dargestellt, zu dem man durch einige Sätze der Flächentheorie geführt wird: Ist P ein Punkt einer Fläche und n seine Normale (Nr. 416), so schneidet eine Ebene E, die zur Tangentenebene von P parallel ist, die Fläche, falls sie überhaupt die Fläche trifft, in einer Kurve, die sich in der Nachbarschaft von P um so mehr einer Ellipse oder Hyperbel nähert, je weniger die Ebene E von der durch P gehenden Tangentenebene abweicht, und zwar, je nachdem der betrachtete Flächenpunkt P nicht-sattelförmig oder sattelförmig ist. (Nr. 420). Auf den Beweis dafür, daß die Schnittkurve in der. Tat unendlich nahe bei P eine Ellipse oder Hyperbel ist, falls die Ebene E der Tangentenebene von P unendlich benachbart liegt, können wir nicht eingehen. Dieser Kegelschnitt heißt die Indikatrix des Flächenpunktes. Wie schon in Nr. 420 gesagt wurde, wird der Flächenpunkt ein elliptischer oder hyperbolischer Punkt genannt, je nachdem diese Indikatrix eine Ellipse oder Hyperbel ist. Der Mittelpunkt der Indikatrix liegt auf der Normalen n selbst. Wie ferner in Nr. 447 ohne Beweis bemerkt wurde, kommen dem Flächenpunkte P zwei zueinander senkrechte Hauptnormalschnitte zu, d. h. es gibt zwei zueinander senkrechte Ebenen durch die Normale n derart, daß die in ihnen gelegenen und zu P unendlich benachbarten Punkte A, B und C, D der Fläche Normalen haben, die nicht nur zur Normale n unendlich benachbart sind, sondern sie auch schneiden. Die Schnittpunkte K_1 und K_2 sind die Mittelpunkte der zu P gehörigen Krümmungskreise der beiden Normalschnitte, also der Kreise durch A, P, B und C, P, D, siehe Fig. 765, wo K_1 und K_2 auf derselben Seite von P gewählt sind und es sich deshalb um einen elliptischen Flächenpunkt P handelt. Die Punkte K_1 und K_2 heißen die Hauptkrümmungsmittelpunkte des Flächenpunktes P. Was nun die Indikatrix betrifft, so hat dieser Kegelschnitt seine Achsen in den beiden Hauptnormalschnitten. Die Normalen der Fläche, die von den Punkten der Indikatrix ausgehen, sind zwar zur Normale n von P unendlich benachbart, schneiden sie aber nicht,

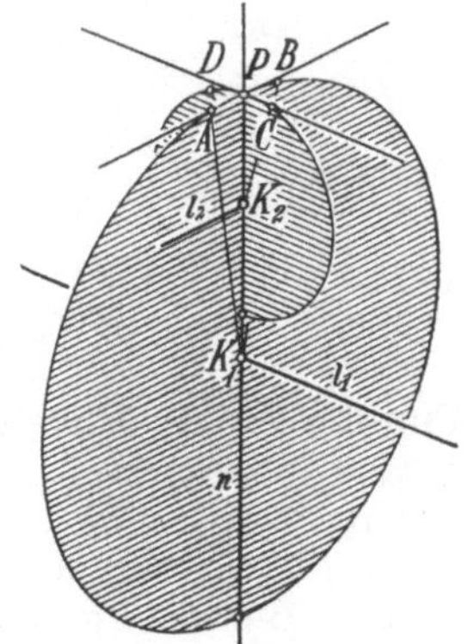

Fig. 765.

abgesehen von denjenigen, die in den Hauptnormalschnitten liegen. Vielmehr gilt der folgende Satz, der ebenfalls ohne Beweis angegeben sei: Die Normalen der Fläche in den Punkten der Indikatrix schneiden sämtlich zwei zueinander windschiefe Geraden l_1 und l_2. Die Gerade l_1 geht durch den Punkt K_1 und ist senkrecht zur Ebene des ersten Hauptnormalschnittes, die Gerade l_2 geht durch den

Punkt K_2 und ist senkrecht zur Ebene des zweiten Hauptnormalschnittes, d. h. l_1 liegt in der Ebene des zweiten und l_2 in der des ersten Hauptnormalschnittes. Die Geraden l_1 und l_2 schneiden also die Normale n in K_1 und K_2 senkrecht. Die Gesamtheit der Normalen der Fläche, die von den Punkten der Indikatrix ausgehen, bilden somit ein **Konoid mit den Leitgeraden** l_1 **und** l_2, **und die Indikatrix ist die Leitkurve des Konoids.**

Im Fall eines elliptischen Flächenpunktes P ist die Indikatrix-Ellipse unendlich klein. Im Fall eines hyperbolischen Flächenpunktes P liegen die Scheitel der Indikatrix-Hyperbel unendlich nahe bei P, und es kommen nur die zu P unendlich benachbarten Teile der Indikatrix in Betracht. Das Konoid der zu n unendlich benachbarten Flächennormalen ist also unendlich dünn. Zur Veranschaulichung der Lagerung dieser Normalen genügt es aber, ein Konoid mit endlichen Abmessungen darzustellen. Dabei beschränken wir uns auf einen elliptischen Punkt. Wir nehmen senkrecht zur Normale n von P eine zu P benachbarte Ebene an und zeichnen in ihr eine Ellipse mit den Achsen AB und CD so, daß der Mittelpunkt der Ellipse auf n liegt, siehe Fig. 766 im Grundriß, Aufriß und Kreuzriß, wo n zur Grundrißtafel senkrecht gewählt ist. Die Achse AB ist parallel, die Achse CD senkrecht zur Aufrißtafel angenommen, d. h. die Ebene des ersten Hauptnormalschnittes ist zur Aufrißtafel parallel. Der Aufriß des Punktes K_1 ergibt sich daher als Mittelpunkt des Kreises durch A'', P'', B'' und der Kreuzriß des

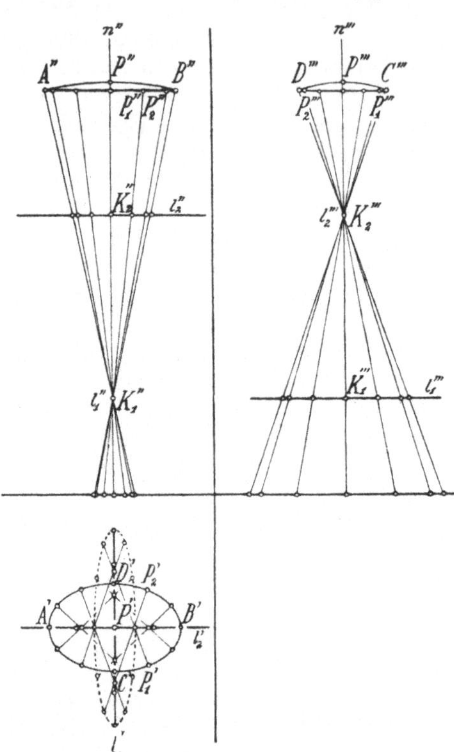

Fig. 766.

Punktes K_2 als Mittelpunkt des Kreises durch C''', P''', D'''. Die Leitgerade l_1 steht in K_1 auf der Aufrißtafel, die Leitgerade l_2 in K_2 auf der Kreuzrißtafel senkrecht. Das Konoid der Geraden, die die Ellipse sowie l_1 und l_2 schneiden, läßt sich nun leicht zeichnen. Zu diesem Zwecke werden die in irgendeiner Hilfsebene durch l_1 gelegenen Geraden des Konoids bestimmt. Diese Ebene steht auf der Aufrißtafel senkrecht und schneidet die Ellipse in einer zu CD parallelen Sehne $P_1 P_2$, die im Aufriß als Punkt erscheint, so daß die von P_1 und P_2 ausgehenden Geraden der Fläche im Aufriß als die Gerade von P_1'' nach dem Punkte l_1'' (oder K_1'') erscheinen. Die Schnittpunkte dieser beiden Geraden mit l_2 fallen im Aufriß zusammen, ebenso im Kreuzriß, weil hier l_2 als Punkt erscheint. Dagegen sind im Kreuzriß ihre Schnittpunkte mit l_1 voneinander getrennt. In Fig. 766 sind zwölf Geraden des Konoids dargestellt. Die Fläche

täuscht im Aufriß und im Kreuzriß den Anblick eines Kegels vor. Da die
Leitgeraden l_1 und l_2 zur Ebene der Ellipse parallel sind, also diese Ebene
in unendlich fernen Punkten schneiden, folgt aus dem Satz der letzten
Nummer: Jede zur Grundrißtafel parallele Ebene schneidet
das Konoid in einem Kegelschnitt. Augenscheinlich sind alle diese
Kegelschnitte Ellipsen, und ihre Achsen liegen in den zur Aufriß- und
Kreuzrißtafel parallelen Ebenen durch n. In Fig. 766 ist insbesondere
der Schnitt des Konoids mit der Grundrißtafel dargestellt.

Die Fig. 766 dient zur ungefähren Veranschaulichung der Lagerung
der zu einer Flächennormale n unendlich benachbarten Flächennormalen
einer beliebigen Fläche, falls P ein elliptischer Punkt ist; man muß
sich nur die Strecken AB und CD und den Abstand des Punktes P von
ihrer Ebene unendlich klein vorstellen. In entsprechender Weise könnte
man die Lagerung der Normalen veranschaulichen, wenn P ein hyperbolischer Flächenpunkt wäre.

496. Konoide im engeren Sinne. Eine derartige Fläche wird nach
Nr. 494 durch eine Gerade beschrieben, die beständig zu einer Ebene
parallel bleibt und auf einer Geraden l und auf einer Kurve k entlang
gleitet. Während l die Leitgerade und k die Leitkurve heißt, kann man
die Ebene, zu der die Erzeugenden der Fläche parallel sind, die Leitebene nennen. Sie ersetzt die unendlich fern anzunehmende zweite
Leitgerade m, die nämlich die unendlich ferne Gerade der Leitebene ist.
Da man statt der Leitkurve k, wie schon in Nr. 494 erwähnt wurde,
irgendeine andere Kurve der Fläche wählen kann, ist das wesentlichste
die Lage der Leitgeraden l zur Leitebene. Insbesondere heißt die Fläche
ein gerades Konoid,
wenn die Leitgerade l
auf der Leitebene senk-
recht steht. In diesem
Fall ist die Strik-
tionslinie (Nr. 491)
die Leitgerade l selbst.
Zu den geraden Ko-
noiden gehört die Wen-
delfläche (Nr. 480).

In Fig. 767, die in
Parallelprojektion ent-
worfen ist, sei die un-
tere Ebene die Leit-
ebene. Ferner sei als
Leitkurve k die
Schnittkurve der

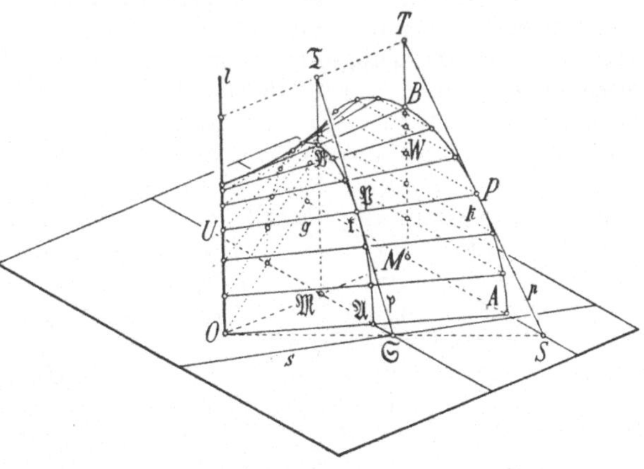

Fig. 767.

Fläche mit einer zur Leitgeraden l parallelen Ebene AMB
gegeben. Da die Erzeugenden der Fläche zur Leitebene parallel sind,
benutzt man zu ihrer Gewinnung Hilfsbenen, die zur Leitebene parallel liegen. Man nimmt also auf der Leitgeraden, die in O die Leitebene schneidet, und auf der zu ihr parallelen Geraden MB der Ebene
von k gleich hoch gelegene Punkte U und W an; die Hilfsebene durch U
und W schneidet die Ebene von k in der Parallelen zu MA durch W.
Trifft diese Parallele k in P, so ist UP eine erzeugende Gerade g der

Fläche. In der Zeichnung ist nur das oberhalb der Leitebene gelegene Stück der Fläche zwischen der Leitgeraden l und der Leitkurve k dargestellt. Ein eigentlicher Umriß kommt nur oben in Form einer Kurve zustande, die als Tangenten die Bilder erzeugender Geraden hat. Die Ebene der Kurve k schneidet l im Unendlichfernen. Da die zweite Leitgerade m die unendlich ferne Gerade der Leitebene ist, schneidet sie ebenfalls die Ebene von k im Unendlichfernen. Hier also liegen die bei der windschiefen Perspektivität in Nr. 493 mit L und M bezeichneten Punkte und also auch die dort s genannte Gerade unendlich fern in der Ebene E von k. Um die windschiefe Perspektivität anzuwenden, hat man daher als zweite Ebene $\mathfrak{E}$ irgendeine zu E parallele Ebene zu wählen. Eine derartige Ebene ist diejenige, die die Leitebene in der Geraden $\mathfrak{M}\mathfrak{A}$ schneidet. Die Kurve $\mathfrak{k}$, in der diese Ebene $\mathfrak{E}$ das Konoid trifft, geht aus der Kurve k vermöge windschiefer Perspektivität hervor. Einem Punkte P von k entspricht der Punkt $\mathfrak{P}$ von $\mathfrak{k}$, in dem die durch P gehende Erzeugende g die Ebene $\mathfrak{E}$ schneidet. Um ihn und zugleich seine Tangente $\mathfrak{p}$ zu bekommen, geht man von der Tangente p von k in P aus. Sie trifft MA in S und MB in T. Die zur Leitebene parallele Gerade durch T ist die Parallele zu OM, und sie gibt auf $\mathfrak{M}\mathfrak{B}$ den T entsprechenden Punkt $\mathfrak{T}$. Ferner liefert OS im Schnitte mit $\mathfrak{M}\mathfrak{A}$ den S entsprechenden Punkt $\mathfrak{S}$. Somit ist $\mathfrak{S}\mathfrak{T}$ die p entsprechende Tangente $\mathfrak{p}$ von $\mathfrak{k}$. Das Konoid hat daher in $\mathfrak{P}$ als Tangentenebene die Ebene durch g und $\mathfrak{p}$. Sie schneidet die Leitebene in der Parallelen s zu g durch $\mathfrak{S}$.

Will man die Eigenschattengrenze des Konoids bei Beleuchtung durch parallele Strahlen bestimmen, so schließt man so: Ein Punkt $\mathfrak{P}$ ist auf der Eigenschattengrenze gelegen, wenn seine Tangentenebene zur Lichtrichtung parallel ist, d. h. wenn die Spurgerade s seiner Tangentenebene durch den Schlagschatten des zugehörigen Punktes U auf der Geraden l geht. Um also den auf einer bestimmt gewählten Erzeugenden g gelegenen Punkt $\mathfrak{P}$ der Eigenschattengrenze zu ermitteln, bestimmt man außer dem Schlagschatten von U den Spurpunkt S der Tangente p des auf g gelegenen Punktes P von k. Wo dann die Parallele zu g durch den Schlagschatten von U die Gerade OS trifft, liegt der Spurpunkt $\mathfrak{S}$ der Tangente $\mathfrak{p}$ der gesuchten Stelle $\mathfrak{P}$, so daß die Auffindung des Punktes $\mathfrak{P}$ selbst leicht ist.

In Fig. 767 ist als Leitkurve k ein Kegelschnitt gewählt worden. Nach dem Satz von Nr. 494 ist daher auch die Kurve $\mathfrak{k}$ ein Kegelschnitt. Insbesondere sind MA und MB als konjugierte Halbmesser von k angenommen worden, d. h. die Tangenten von k in A und B sind bzw. zu MB und MA parallel. Die Anwendung der windschiefen Perspektivität zeigt, daß dann auch die Tangenten von $\mathfrak{k}$ in $\mathfrak{A}$ und $\mathfrak{B}$ zu $\mathfrak{M}\mathfrak{B}$ bzw. $\mathfrak{M}\mathfrak{A}$ parallel sind, also $\mathfrak{M}\mathfrak{A}$ und $\mathfrak{M}\mathfrak{B}$ konjugierte Halbmesser des Kegelschnittes $\mathfrak{k}$ sind.

497. Ringförmige Kreuzgewölbe. Konoide im engeren Sinne und insbesondere gerade Konoide werden in der Baukunst zur Herstellung von Anschlüssen an elliptische Gewölbe benutzt. Die Zusammenstellung eines solchen Gewölbes mit einem Konoid liefert durch seine Durchdringung verschiedene Gewölbeformen, unter denen wir als Beispiel das ringförmige Kreuzgewölbe herausgreifen:

Zunächst sei ein halber Wulst (Nr. 434) als ein Ringgewölbe gewählt, nämlich die obere Hälfte eines Wulstes, der durch die Ebene eines Kehlkreises durchschnitten wird. Als Tafel diene diese Ebene, und es werde die senkrechte Projektion auf diese Tafel verwendet, siehe Fig. 768. Der Mittelpunkt O des Wulstes liegt dann auf der Tafel selbst. Der zur Tafel senkrechte Querschnitt in einer O enthaltenden Ebene besteht aus einem Halbkreis über dem Durchmesser AB. Sein höchster Punkt sei mit H bezeichnet. Ein gerades Konoid wird nun durch folgende Angaben bestimmt: Die Leitebene sei die Tafel selbst, die Leitgerade l das in O auf die Tafel errichtete Lot. Als Leitkurve diene der Halbkreis, der aus dem Halbkreis über AB entsteht, wenn dieser um seinen zur Tafel senkrechten Radius durch einen rechten Winkel gedreht wird, d. h. sie sei der Halbkreis mit dem Durchmesser CD. Da die Erzeugenden des Wulstes zur Tafel parallel sind, benutzt man zur Bestimmung der Durchdringung des Wulstes mit dem Konoid Ebenen, die ebenfalls zur Tafel parallel sind. Zu diesem Zwecke legt man sowohl den Halbkreis über AB als auch den über CD um seinen Durchmesser in die Tafel um. Beide Halbkreise haben H als höchsten Punkt. Bei der Umlegung kommen beide Halbkreise auf demselben Kreis durch A, C, B, D zu liegen, aber H geht bei der Umlegung des ersten Halbkreises in (H), bei der des zweiten in $[H]$ über. Nun nimmt man in der Umlegung gleich hohe Punkte (Q) und $[R]$ der Halbkreise an, d. h. (Q)

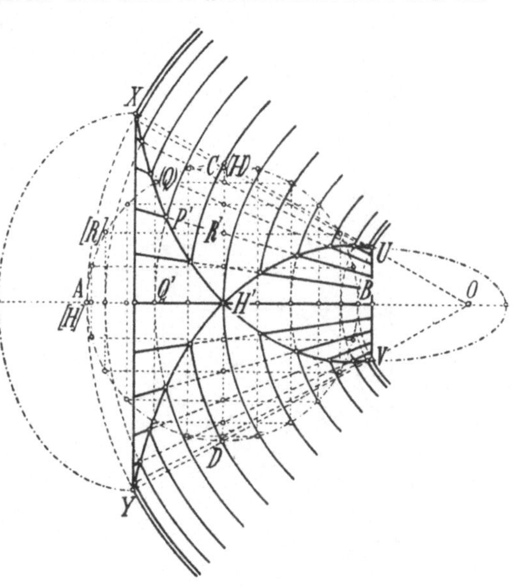

Fig. 768.

liege von AB ebenso weit entfernt wie $[R]$ von CD. Beim Zurückdrehen der Halbkreise ergeben sich die Projektionen Q' und R' der Punkte Q und R als Fußpunkte der Lote von (Q) und $[R]$ auf AB bzw. CD. In der gewählten Höhe liegt sowohl derjenige Breitenkreis des Wulstes, dessen Projektion durch Q' geht, als auch diejenige Erzeugende des Konoids, deren Projektion durch R' geht. Beide schneiden sich in der Projektion P' eines Punktes der Durchdringungskurve. Am bequemsten ist es, den Kreis durch A, C, B, D in eine Anzahl gleicher Teile von A an zu zerlegen, so daß die Teilpunkte als Punkte (Q) und als Punkte $[R]$ dienen können. Die Durchdringungskurve des Wulstes mit dem Konoid hat zwei Zweige, die sich im Gewölbeschluß H durchkreuzen. Der eine Zweig geht von X bis V, der andere von Y bis U. Nach dem Ergebnis der vorigen Nummer wird das Konoid von jeder zu CD parallelen und zur Tafel lotrechten Ebene durch eine Ellipse geschnitten, insbesondere durch die Ebenen, die längs XY und UV auf der Tafel senkrecht stehen. Diese Ellipsen haben einerseits als Achsen XY und UV und andererseits als zur Tafel lotrechte Halbachsen Strecken gleich der Höhe von H über der Tafel, d. h. gleich dem Radius des Hilfskreises. Die Ellipsen sind in der Umlegung um XY und UV gezeichnet. Sie bilden den Eingang und Ausgang des Konoids für das ringförmige Kreuzgewölbe. Die längs XU und YV auf der Tafel senkrecht stehenden Ebenen schneiden den Wulst in Halbkreisen, die als die beiden anderen Ausgänge des eigentlichen Kreuzgewölbes dienen können.

Das soeben betrachtete ringförmige Kreuzgewölbe läßt sich leicht verallgemeinern: In Fig. 769 ist der Halbkreis des Wulstes durch eine halbe Ellipse mit der Hauptachse AB ersetzt, die in der Umlegung die Halbellipse $A(H)B$ ist, so daß $H'(H)$ die Höhe des Gewölbeschlusses H angibt. Als Leitkurve des geraden Konoids kann man ferner statt des

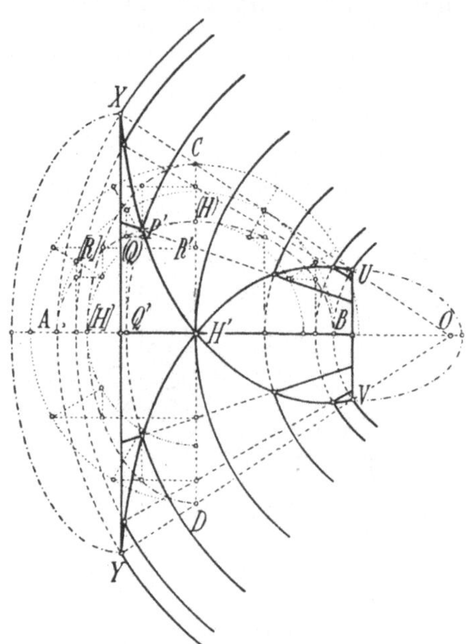

Fig. 769.

Halbkreises über CD irgendeine Halbellipse benutzen, deren Achse CD beliebig lang angenommen sein darf. Die zu ihr senkrechte Halbachse jedoch muß gleich der Höhe des Gewölbeschlusses H sein. In der Umlegung um CD ist also $C[H]D$ diese Halbellipse, indem $H'[H] = H'(H)$ gewählt werden muß. Die Konstruktion ist genau wie vorhin: Man nimmt auf den umgelegten Halbellipsen $A(H)B$ und $C[H]D$ gleich weit von AB bzw. CD entfernte Punkte (Q) und $[R]$ an, aus denen sich auf dieselbe Weise die Projektion P' eines Punktes P der Durchdringungskurve ergibt. Die Ellipsen braucht man gar nicht zu zeichnen, wenn man ihre Konstruktion aus konzentrischen Kreisen (Nr. 73) benutzt, wie es punktiert angegeben ist. Man teilt diese Kreise in eine Anzahl gleicher Teile und gewinnt daraus die zu verwendenden Punkte Q' und R', ohne die Punkte (Q) und $[R]$ zeichnen zu müssen. Auch jetzt kann man das Konoid durch die zur Tafel lotrechten Ebenen durch XY und UV begrenzen, und sie schneiden das Konoid auch jetzt in Ellipsen mit den Achsen XY und UV. Die lotrechten Halbachsen dieser Ellipsen sind wieder gleich der Höhe des Gewölbeschlusses H. Durch geeignete Wahl der Länge von CD kann man eine gefällige Form der Konoidausgänge erreichen.

Anmerkung: Die Theorie der geraden Konoide wird in der bei Nr. 201 erwähnten „Application de l'analyse à la géométrie" von G. Monge im § V behandelt (S. 24 bis 29 der 5. Auflage von 1850). Insbesondere kommt dort (S. 27) das ringförmige Kreuzgewölbe vor, und es wird darauf hingewiesen, daß das verwendete Konoid stets auch einen kreisförmigen Querschnitt hat. In der Tat, da alle zu OBA senkrechten Ebenen das Konoid in Ellipsen schneiden, deren eine Halbachse gleich der Höhe des Gewölbeschlusses ist, hat man den Schnitt senkrecht zu OAB so zu führen, daß die dadurch zwischen OUX und OVY bestimmte Strecke gleich der doppelten Höhe des Gewölbeschlusses wird. Ein wesentlich anderes ringförmiges Kreuzgewölbe behandelt

Charles Francois Antoine Leroy (1780—1854, Professor der darstellenden Geometrie an der Ecole polytechnique zu Paris) in seinem „Traité de géométrie descriptive, suivie de la méthode des plans cotés et de la théorie des engrenages cylindriques et coniques etc.", Paris 1835 (7. Aufl. 1865), deutsch unter dem Titel „Die darstellende Geometrie" von E. F. Kauffmann, Stuttgart 1838, hier auf S. 248—250, 3. Aufl. 1873, S. 217—221. Als Leitkurve des Konoids wird hier nämlich nicht die Ellipse mit der Achse CD benutzt, sondern diejenige Raumkurve, die aus ihr entsteht, wenn man die Ebene der Ellipse zum Rotationszylinder um die Wulstachse so verbiegt, daß der Zylinder den durch H' gehenden Kreis um O als Grundkreis hat. In diesem Falle besteht die senkrechte Projektion der Durchdringungskurve aus zwei Archimedischen Spiralen (Nr. 473). Das von Leroy verwendete Konoid hat im Gegensatze zu dem oben benutzten keine elliptischen Schnitte. Sein Eingang und Ausgang über XY und UV sind deshalb keine Ellipsen.

498. Übungen. 1) Unter der Wölbfläche des schrägen Durchganges versteht man diejenige geradlinige Fläche, deren Erzeugende zwei wagerecht liegende gleich große Kreise k_1 und k_2 schneiden, deren Mittelpunkte sich nicht lotrecht übereinander befinden. Außerdem schneiden die Erzeugenden die lotrechte Gerade l durch die Mitte M zwischen den beiden Kreismittelpunkten. Augenscheinlich gibt es einen Kegel mit der Spitze M, der die Kreise k_1 und k_2 enthält. Die Fläche, um die es sich handelt, ist die andere durch k_1, k_2 und l gehende geradlinige Fläche. Sie soll im Grundriß und Aufriß dargestellt werden (Nr. 492). Als Hilfsebenen dienen die durch l. Ist g eine Erzeugende der Fläche, so sind die Tangentenebenen der Fläche in den Schnittpunkten von g mit den Kreisen k_1 und k_2 und mit der Geraden l bekannt. Daraus kann man nach Nr. 490 die Tangentenebene eines beliebigen Punktes von g ermitteln. Außerdem bestimme man einen beliebigen wagerechten Schnitt der Fläche.

2) Man bestimme bei der windschiefen Perspektivität zwischen zwei Ebenen E und $\mathfrak{E}$ (Nr. 493) diejenige Gerade der Ebene E, der die unendlich ferne Gerade der Ebene $\mathfrak{E}$ entspricht, sowie diejenige Gerade der Ebene $\mathfrak{E}$, die der unendlich fernen Gerade der Ebene E entspricht. Überhaupt verdient die windschiefe Perspektivität eine eingehendere Untersuchung.

3) Auf der Grundrißtafel liege ein Kegelschnitt k. Zwei durch ihre Grundrisse und Aufrisse gegebene windschiefe Geraden l und m mögen die Grundrißtafel in L und M schneiden. Eine Ebene $\mathfrak{E}$ durch L und M sei durch Angabe eines ihrer Punkte bestimmt. Gesucht wird der Schnitt der Ebene $\mathfrak{E}$ mit dem Konoid (im weiteren Sinne), das l und m als Leitgeraden und k als Leitkurve hat (Nr. 494).

4) Die Grundrißtafel sei die Leitebene eines geraden Konoids (im engeren Sinne), dessen Leitgerade l also lotrecht sei. Das Konoid enthalte einen Kreis, dessen Ebene zur Grundrißtafel senkrecht ist und dessen Mittelpunkt der Grundrißtafel angehört. Von dem Konoid werde nur derjenige Teil hergestellt, der über der Grundrißtafel und zwischen der Leitgeraden und dem Kreise liegt. Bei gegebener Lichtrichtung alle Eigen- und Schlagschatten zu bestimmen (Nr. 496).

§ 6. Verschiedene Flächen.

499. Einseitige Flächen. Da die Ebene zwei verschiedene Seiten hat, ist man geneigt anzunehmen, daß auch jede krumme Fläche zwei verschiedene Seiten habe. Es gibt jedoch auch einseitige Flächen, auf denen man von der einen Seite auf die andere ohne Überschreitung einer auf der Fläche gezogenen Randlinie gelangen kann. In der Tat kann man leicht ein Modell einer abwickelbaren einseitigen Fläche aus einem rechteckigen Papierstreifen, siehe Fig. 770, herstellen, indem man die kurzen Seiten nach gehöriger Verbiegung aneinanderklebt, jedoch erst, nachdem man eine

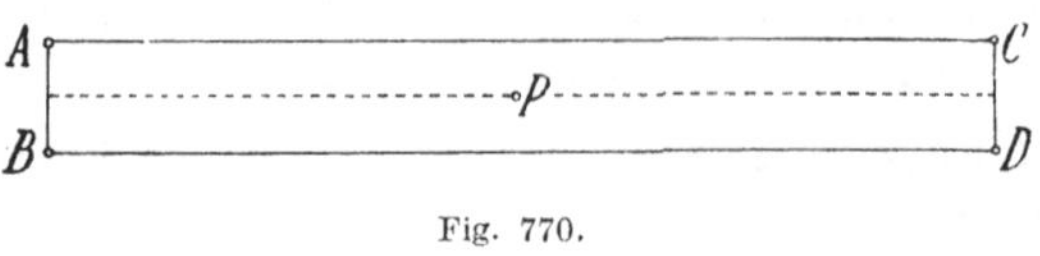

Fig. 770.

Verdrillung derart vorgenommen hat, daß C mit B (und nicht mit A) sowie D mit A zur Deckung kommt. Dadurch entsteht ein Stück einer abwickelbaren Fläche

mit einer einzigen geschlosesnen Randlinie. Durchläuft der Punkt P die Mittellinie, so gelangt er ohne Überschreitung der Randlinie zur Ausgangsstelle zurück, aber auf die andere Seite des Papiers. Fängt man an einer Stelle an, das Modell zu bemalen, ohne den Rand mit dem Pinsel zu überschreiten, und fährt man so fort, so wird das Modell schließlich überall gefärbt.

Eine windschiefe einseitige Fläche wird durch Bewegung einer Strecke AB nach irgendeinem Gesetz erzeugt, wenn man nur dafür Sorge trägt, daß die Strecke schließlich in ihre Anfangslage A_0B_0 im verkehrten Sinne zurückkehrt, d. h. daß schließlich A nach B_0 und zugleich B nach A_0 gelangt. Ein einfaches Beispiel zeigt Fig. 771 in senkrechter Projektion auf drei Tafeln. Hier ist die Anfangslage A_0B_0 parallel zu einer gewissen Achse a angenommen; die Ebene durch Achse und Strecke drehe sich um a, und zugleich drehe sich in dieser Ebene die Strecke A_0B_0 um ihren Mittelpunkt C_0. Dabei sei der Winkel α der ersten Drehung das Doppelte des Winkels der zweiten Drehung. Hat α den Betrag von vier Rechten erreicht, so ist die Ebene in ihre Anfangslage zurückgekehrt, während die Strecke in verkehrtem Sinn in ihre Anfangslage kommt, also in die Lage B_0A_0 gelangt. Während der Mittelpunkt der Strecke einen Kreis um die Achse a durchläuft, beschreiben ihre beiden Endpunkte dieselbe geschlossene Randlinie. Ein Punkt, der von C_0 aus längs des Kreises auf der Fläche wandert, gelangt zwar schließlich wieder nach C_0, jedoch auf die andere Seite der Fläche. In betreff der Zeichnung der Fig. 771 ist zu bemerken, daß die Kreuzrißtafel zur Achse a parallel gewählt ist. Der Kreis, den C_0 durchläuft und der im Grundriß und Aufriß als Ellipse und im Kreuzriß als Strecke erscheint (Nr. 245), wird in etwa 24 gleiche Teile zerlegt (Nr. 88). Um dann die Strecke in den zugehörigen 24 Lagen zu zeichnen, verfährt man am bequemsten so, wie es sich aus der Hilfsfigur rechts unten ergibt: Hat die Ebene um a den Winkel α beschrieben, so befindet sich die Strecke nicht mehr parallel zu a in der Lage A_0B_0, sondern durch den Winkel $\tfrac{1}{2}\alpha$ gedreht in der Lage AB. Ist der Kreisradius MC gleich r und die Hälfte der Strecke gleich l, so haben die senkrechten Projektionen MA_1 und MB_1 von CA und CB auf a die Länge $l \cos\tfrac{1}{2}\alpha$, während die Gerade der Strecke die Achse a in einem Punkte D trifft, dessen Entfernung von M gleich $r \operatorname{ctg}\tfrac{1}{2}\alpha$ ist. Indem man die Hilfsfigur für $\alpha = 0°, 15°, 30° \ldots$ entwirft oder auch die Größen von $l \cos\tfrac{1}{2}\alpha$ und $r \operatorname{ctg}\tfrac{1}{2}\alpha$ für $\alpha = 0°, 15°, 30° \ldots$ mittels der trigonometrischen Tafeln ermittelt und dann die zu den verschiedenen

Winkeln gehörigen Punkte A_1, B_1 und D auf der Achse a im Kreuzriß
aufträgt, weil hier die Achse unverkürzt erscheint, bekommt man auch
die Grundrisse und Aufrisse dieser Punkte. Daraus ist es leicht, alle drei
Projektionen der Endpunkte A und B der Sehne in den verschiedenen
Lagen zu bestimmen. Einige Male werden dabei die Schnitte der Geraden MD mit den zu MC parallelen Geraden durch A_1 und B_1 wegen
zu spitzer Schnittwinkel ungenau. Hier empfiehlt es sich, auch die in
der Nebenfigur mit A_2 und B_2 bezeichneten senkrechten Projektionen
von A und B auf MC zu verwenden. Die Strecken CA_2 und CB_2 sind

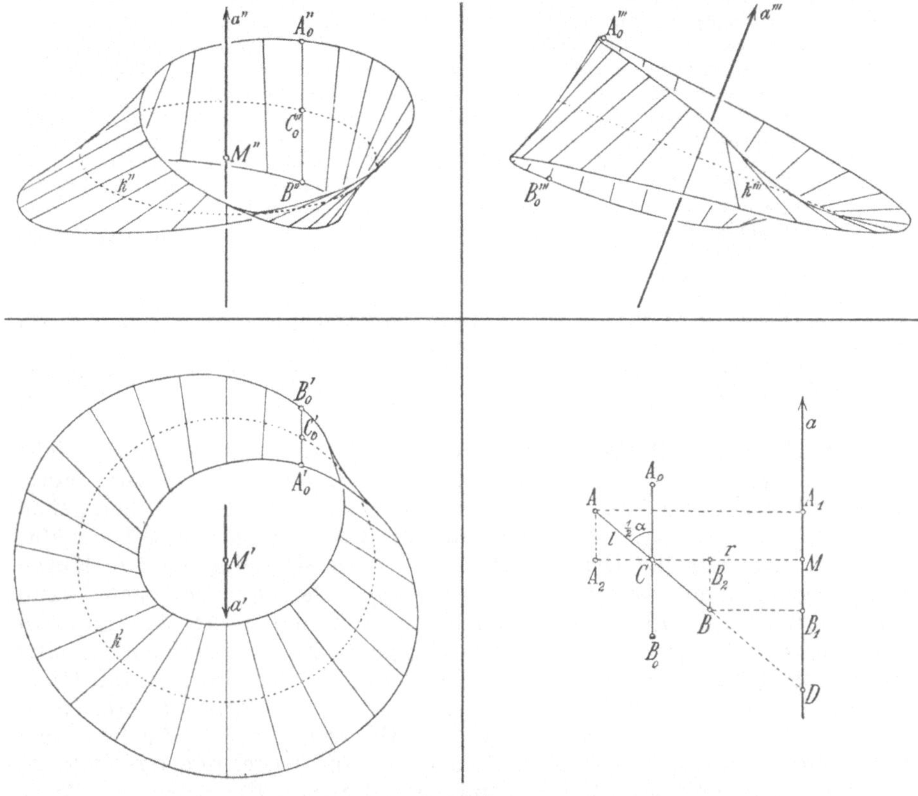

Fig. 771.

gleich $l \sin \tfrac{1}{2}\alpha$. Der eigentliche Umriß der Fläche ergibt sich als Kurve,
deren Tangenten die Geraden der Strecken sind. Da jedoch die Strecken
begrenzt sind, kommen vom eigentlichen Umriß nur kurze Stücke vor.
Im übrigen wird die Umrandung vom uneigentlichen Umriß gebildet,
nämlich von der gemeinsamen Bahnkurve der beiden Endpunkte der
Strecke. Ist die Fläche undurchsichtig, so werden im Grundriß und Aufriß nur kurze Stücke des von C_0 beschriebenen Kreises verdeckt, eben
weil die Fläche einseitig ist.

Außer der soeben betrachteten gibt es unendlich viele andere windschiefe einseitige Flächen, da das Gesetz, nach dem die Strecke in ihre
Anfangslage, aber im verkehrten Sinne, zurückkehren soll, willkürlich
angenommen werden darf.

Ferner gibt es außer den abwickelbaren und windschiefen einseitigen Flächen noch manche andere einseitige Fläche. Man nehme irgendeine krumme Linie A_0B_0 an, bewege sie aus ihrer Anfangslage nach irgendeinem Gesetze, indem man zugleich ihre Gestalt nach irgendeinem Gesetz abändere; man richte es aber so ein, daß diese krumme Linie schließlich wieder in ihre Anfangslage, aber im umgekehrten Sinne, übergehe. Dann wird sie eine beliebige einseitige Fläche erzeugen.

Anmerkung: Unabhängig voneinander und ungefähr gleichzeitig haben Johann Benedikt Listing und A. F. Möbius (Nr. 5) die einseitigen Flächen entdeckt. Eine erste Andeutung findet man schon in Listings „Vorstudien zur Topologie", Göttinger Studien 1847, 1. Abt., mathem.-naturw. Abhdlgn. (gesondert erschienen Göttingen 1848, hier insbesondere auf S. 49, 50). Ausdrücklich wurden die einseitigen Flächen dann von Listing erwähnt in der Abhandlung: „Der Zensus räumlicher Komplexe oder Verallgemeinerung des Eulerschen Satzes von den Polyedern" (nämlich des Satzes in Nr. 65), Abhdlgn. der Gesellsch. d. Wiss. zu Göttingen 10. Bd. 1862, S. 1—86, insbes. S. 13/14. Ohne diese Arbeit zu kennen, verfaßte Möbius die Schrift „Über die Bestimmung des Inhaltes eines Polyeders", Berichte über die Verhdlgn. d. Sächs. Gesellsch. d. Wiss. 17. Bd. 1865, S. 31—68, siehe auch „Gesammelte Werke", 2. Bd. Leipzig 1886, S. 475—512, und hierin wurde ebenfalls das Vorhandensein der einseitigen Flächen nachgewiesen. Insbesondere rührt von Möbius das oben erwähnte Modell einer abwickelbaren einseitigen Fläche her, das man daher auch das Möbiussche Blatt nennt (in den „Ges. Werken" auf S. 484). Nach der kurzen Bemerkung „Die Entdeckung der einseitigen Flächen", Math. Annalen 52. Bd. 1899, S. 298—600, von P. Stäckel (Nr. 252) und nach den Erläuterungen, die Curt Reinhardt (geb. 1855 zu Öderau, Oberlehrer in Freiberg i. S.) in Möbius' „Ges. Werken", 2. Bd., S. 519 gibt, läßt sich aus dem Nachlaß von Listing und Möbius schließen, daß beide wahrscheinlich in demselben Jahr 1847 zur Entdeckung der einseitigen Flächen gelangt sind.

500. Bewegungsflächen. In allgemeinster Art entsteht eine Fläche dadurch, daß sich eine Raumkurve nach irgendeinem Gesetz stetig ändert. Die meisten in den Anwendungen vorkommenden Flächen gehen hervor, wenn insbesondere die Gestalt der Kurve immer dieselbe bleibt, während sich nur ihr Ort ändert, d. h. wenn sich eine starre Kurve nach irgendeinem Gesetze stetig bewegt. Derartige Flächen kann man Bewegungsflächen nennen, wenn man das Wort Bewegung in dem in Nr. 13 angegebenen engeren Sinne benutzt. Hiernach ist eine Bewegungsfläche eine Fläche, die eine Schar von unendlich vielen kongruenten Kurven aufweist. Diese Kurven kann man ihre erzeugenden Kurven nennen. Alle geradlinigen Flächen, insbesondere die abwickelbaren, zu denen auch die Kegel und die Zylinder gehören, sind Bewegungsflächen mit geradlinigen Erzeugenden. Auch alle Rotationsflächen sind Bewegungsflächen, denn wenn man auf einer Rotationsfläche eine Kurve beliebig annimmt, gehen aus ihr durch stetige Drehung um die Achse der Fläche unendlich viele kongruente und der Fläche angehörende Kurven hervor. Noch allgemeiner ist jede Schraubenfläche eine Bewegungsfläche, denn irgendeine auf der Schraubenfläche angenommene Kurve geht vermöge der stetigen Schraubung in unendlich viele kongruente und auf der Fläche gelegene Kurven über.

Eine stetige Bewegung einer starren Raumkurve k kann man in allgemeinster Weise so herstellen: Man geht von einer Raumkurve $\varkappa$ aus; sie hat nach Nr. 231 eine Tangentenfläche. Diese abwickelbare Fläche hat als Tangentenebenen die Schmiegungsebenen der Raumkurve. Man nehme eine Ebene E an, lege sie tangential an die Tangentenfläche der Kurve $\varkappa$ und rolle sie auf dieser Tangentenfläche ab, indem man sie Schritt für Schritt der unendlich kleinen Drehung um die in ihr enthaltene Tangente t von $\varkappa$ unterwirft, wodurch man sie nach und nach in alle Schmiegungsebenen der Kurve $\varkappa$ überführt. Dabei knüpfe man durch starre Verbindungen an die Ebene E irgendeine starre Raumkurve k an. Sie wird bei der Bewegung der Ebene E ebenfalls fortgeführt, und die Gesamtheit der Lagen, in die sie kommt, ist eine Bewegungsfläche. Ist P irgendein Punkt von k, so geht die Tangentenebene des Punktes P der Bewegungsfläche einerseits durch die Tangente, die der Kurve k in P zukommt, und andererseits durch die Tangente des Kreises, den der Punkt P, weil er mit E starr verbunden ist, bei der unendlich kleinen Drehung um die augenblicklich in E gelegene Tangente t von $\varkappa$ beschreibt.

Wir werden uns auf die Betrachtung einiger Sonderfälle beschränken: Man kann z. B. die Ebene E so bewegen, daß sie beständig zu ihrer Anfangslage parallel bleibt. Eine mit E fest verknüpfte starre Kurve k wird in diesem Falle so bewegt, daß sie in jeder Lage mit ihrer Anfangslage k_0 gleichgestellt bleibt. Unter gleichgestellten kongruenten Kurven k_0 und k versteht man nämlich solche kongruente Kurven, deren einander entsprechende Punkte die Anfangs- und Endpunkte von lauter parallelen gleichlangen Strecken sind, so daß es möglich ist, k_0 durch eine Schiebung ohne Drehung in k überzuführen. Man gelangt so zu Bewegungsflächen, die unendlich viele kongruente und gleichgestellte Kurven k aufweisen. Sie heißen Schiebungsflächen.

Läßt man die Ebene E auf einem Zylinder abrollen und benutzt man als erzeugende Kurve k insbesondere eine in E gelegene starre Kurve, so entsteht aus ihr vermöge der Bewegung eine sogenannte Gesimsfläche.

In den folgenden Nummern sollen die Schiebungs- und Gesimsflächen kurz besprochen werden.

501. Schiebungsflächen. Eine Schiebungsfläche geht hervor, wenn sich eine starre Kurve k stetig so bewegt, daß sie in jeder Lage mit ihrer Anfangslage k_0 gleichgestellt bleibt. Dies erreicht man am einfachsten, wenn man die Bahn $\varkappa_0$ eines Punktes S von k_0 als eine von S ausgehende Kurve vorschreibt, siehe Fig. 772. Die Bewegung besteht dann darin, daß S auf $\varkappa_0$ entlang geführt und die starre Kurve k_0 nicht gedreht wird. Hat S einen Bogen SR von $\varkappa_0$ zurückgelegt, so hat irgendein Punkt Q von k_0 eine mit $\varkappa_0$ kongruente und gleichgestellte Kurve QP beschrieben, denn in jedem Augenblick ist QP parallel und gleich SR. Mithin ist die Fläche in doppelter Weise eine Schiebungsfläche; sie entsteht sowohl, wenn man die starre Kurve k_0 längs $\varkappa_0$ als auch, wenn man die starre Kurve $\varkappa_0$ längs k_0 verschiebt. Durch jeden Punkt P der Fläche geht also eine mit k_0 kongruente und gleichgestellte Kurve k und eine mit $\varkappa_0$ kongruente und gleichgestellte Kurve $\varkappa$ der Fläche. Man kann daher beide Kurven als erzeugende Kurven der Fläche bezeichnen. Sind Q, Q' unendlich benachbarte Punkte auf k_0 und R, R' unendlich benachbarte Punkte auf $\varkappa_0$, so schließen die von Q und Q' ausgehenden erzeugenden Kurven $\varkappa$ und $\varkappa'$ mit den

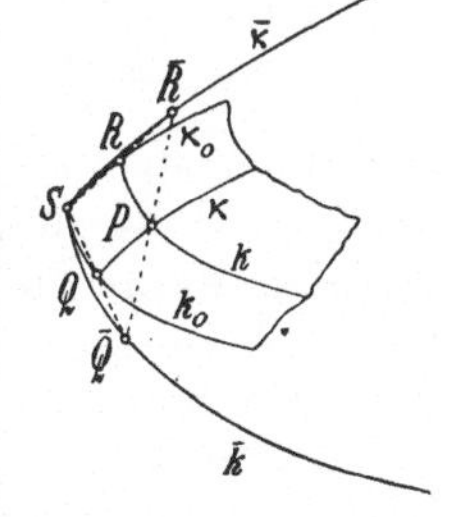

Fig. 772.

von R und R' ausgehenden erzeugenden Kurven k und k' ein unendlich kleines Parallelogramm ein, dessen Ebene die Tangentenebene des Schnittpunktes P von k und $\varkappa$ ist. Daher wird diese Tangentenebene durch die in P an k und $\varkappa$ gezogenen Tangenten bestimmt. Wenn man auf k_0 Punkte Q, Q', Q'' ... unendlich dicht und auf $\varkappa_0$ Punkte R, R', R'' ... unendlich dicht und zwar so annimmt, daß $QQ' = Q'Q'' = \ldots$ und auch gleich $RR' = R'R'' = \ldots$ ist und dann durch die Punkte die erzeugenden Kurven $\varkappa$ und k zieht, wird die Schiebungsfläche durch das Netz der erzeugenden Kurven derart überdeckt, daß das Netz als Maschen unendlich kleine Rhomben hat.

Ist k_0 oder $\varkappa_0$ eine Gerade, so ist die Schiebungsfläche ein Zylinder. Umgekehrt: Jeder Zylinder entsteht durch Schiebung irgendeiner auf ihm gelegenen Kurve in der Richtung des Zylinders. Sind k_0 und $\varkappa_0$ ebene Kurven in derselben Ebene, so ist die Schiebungsfläche selbst die Ebene. Von diesen einfachen Sonderfällen werde abgesehen.

Wenn die geraden Strecken SQ und SR über Q und R hinaus bis $\overline{Q}$ und $\overline{R}$ verdoppelt werden, ist der Punkt P offenbar der Mittelpunkt der Strecke $\overline{Q}\,\overline{R}$. Durchlaufen Q und R die Kurven k_0 und $\varkappa_0$, so beschreiben $\overline{Q}$ und $\overline{R}$ Kurven $\overline{k}$ und $\overline{\varkappa}$, die mit k_0 bzw. $\varkappa_0$ ähnlich und ähnlich gelegen und von doppelt so großen Abmessungen sind. Dabei ist S der Ähnlichkeitspunkt. Die Kurven $\overline{k}$ und $\overline{\varkappa}$ gehen beide von S aus. Aber man kann auch aus zwei Kurven $\overline{k}$ und $\overline{\varkappa}$, die sich nicht treffen, eine Schiebungsfläche ableiten. Denn es gilt der Satz:

Der Ort der Mitten derjenigen Strecken, die beliebige Punkte $\overline{Q}$ und $\overline{R}$ zweier Raumkurven $\overline{k}$ und $\overline{\varkappa}$ verbinden, ist eine Schiebungsfläche. Zum Beweise genügt es zu bemerken, daß die Mitten der Strecken, die einen Punkt $\overline{R}$ von $\overline{\varkappa}$ mit allen Punkten von $\overline{k}$ verbinden, auf einer mit $\overline{k}$ ähnlichen und ähnlich gelegenen Kurve k von halb so großen Abmessungen liegen, siehe Fig. 773, und ebenso die Mitten der Strecken, die einen Punkt $\overline{Q}$ von $\overline{k}$ mit allen Punkten von $\overline{\varkappa}$ verbinden,

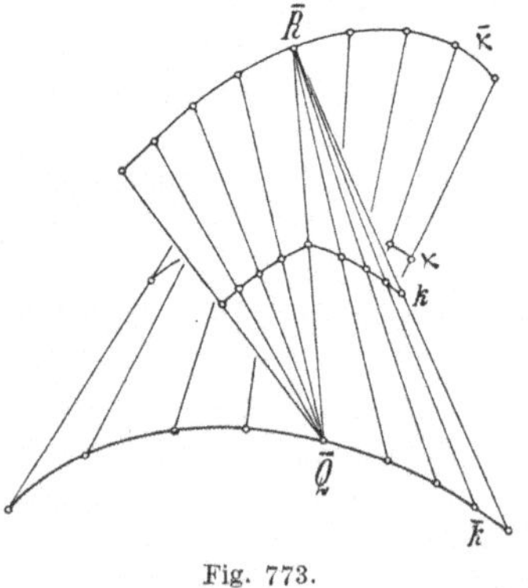

Fig. 773.

auf einer mit $\overline{\varkappa}$ ähnlichen und ähnlich gelegenen Kurve $\varkappa$ von halb so großen Abmessungen liegen.

Man kann die Kurven $\overline{k}$ und $\overline{\varkappa}$ insbesondere in eine einzige Raumkurve $\overline{k}$ zusammenfallen lassen. Dann ergeben sich besondere Schiebungsflächen, nämlich die Orte der Mitten aller Sekanten von Raumkurven. In diesem Falle machen alle erzeugenden Kurven k und $\varkappa$ eine einzige Schar aus, aber diese Schar ist dennoch so beschaffen, daß durch einen beliebig gewählten Punkt der Fläche zwei Kurven der Schar gehen. Nimmt man als Kurve $\overline{k}$ z. B. eine Schraubenlinie (Nr. 460) an, so ergeben sich als erzeugende Kurven der Schiebungsfläche lauter Schraubenlinien, deren Radien und Ganghöhen halb so groß wie der Radius und die Ganghöhe von $\overline{k}$ sind, während ihre Achsen zur Achse von $\overline{k}$ parallel liegen. Dies wird durch Fig. 774 erläutert, die in senk-

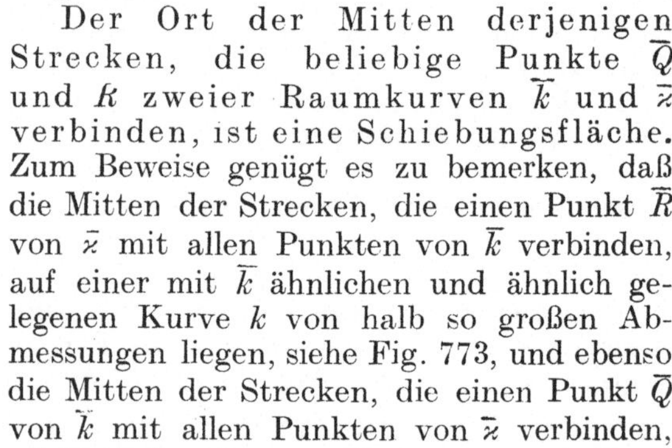

rechter Projektion auf eine zur Achse der Schraubenlinie $\bar{k}$ geneigte Tafel entworfen ist. Um das Kennzeichnende der Schiebungsfläche besonders hervortreten zu lassen, haben wir dabei die Schraubenlinie $\bar{k}$ durch einen gebrochenen Linienzug $0\,1\,2 \ldots 12$ ersetzt, indem wir einen Schraubengang in zwölf gleiche Teile zerlegt und die Teilpunkte geradlinig verbunden haben. Die Zerlegung ergibt sich ohne weiteres aus der Projektion auf die zur Achse senkrechte Ebene mit Hilfe des Zwölfecks $0'\,1'\,2' \ldots 12'$, das in Wahrheit ein regelmäßiges Zwölfeck ist. Statt der Schiebungsfläche entsteht ein Netz von Rhomben, wenn man als Knotenpunkte des Netzes die Mittelpunkte aller derjenigen Strecken benutzt, die je zwei der Punkte $0, 1, 2 \ldots 12$ miteinander verbinden. Insbesondere bestimmen die Mitten der Strecken vom Punkte 0 nach den Punkten $1, 2 \ldots 12$ die mit $I, II \ldots XII$ bezeichneten Punkte. Wenn man einen mit dem Linienzug $0\,I\,II \ldots XII$ kongruenten starren Linienzug ohne Drehung so bewegt, daß sein Endpunkt 0 den festgehaltenen Linienzug $0\,I\,II \ldots XII$ durchläuft, so beschreibt er das ganze in Fig. 774 dargestellte Rhombennetz. Die Projektion des Linienzuges $0\,I\,II \ldots XII$ auf die Grundebene ist ein in Wahrheit regelmäßiges Zwölfeck $0\,I'\,II' \ldots XII'$, dessen Ecken die Mitten der Strecken vom Punkte 0 nach den Ecken $1', 2' \ldots 12'$ des großen Zwölfecks sind. Geht man von dem gebrochenen Linienzug $0\,1\,2 \ldots 12$ zur stetigen Schraubenlinie über, so werden aus den Zwölfecken Kreise,

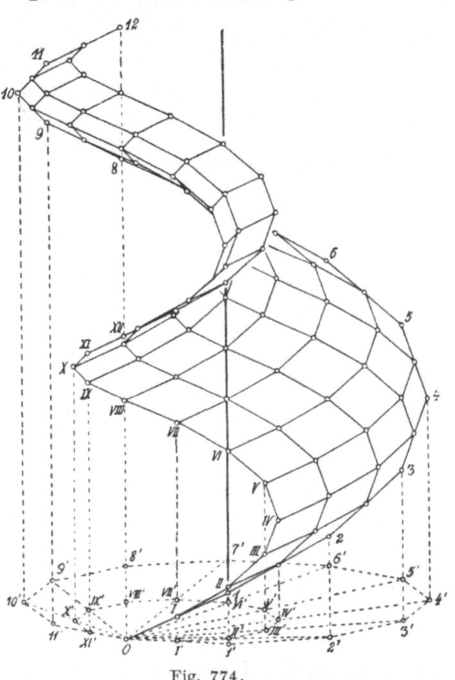

Fig. 774.

und der Linienzug $0\,I\,II \ldots XII$ wird also eine Schraubenlinie von halber Ganghöhe auf einem Zylinder, der die Achse der ursprünglichen Schraubenlinie als Mantellinie hat. Nach Nr. 480 aber verläuft jene Schraubenlinie auf der Wendelfläche, deren erzeugenden Geraden die Lote von den Punkten der ursprünglichen Schraubenlinie auf ihre Achse sind. Dasselbe gilt von allen erzeugenden Kurven der Schiebungsfläche. **Demnach ist diejenige Schiebungsfläche, die sich als Ort der Mitten aller Sekanten einer Schraubenlinie ergibt, eine Wendelfläche.** Selbstverständlich ist das in Fig. 774 dargestellte Netz von Rhomben periodisch fortsetzbar.

Anmerkung: Die Schiebungsflächen, die man auch Translationsflächen nennt, wurden von G. Monge in seiner „Application de l'analyse à la géométrie" (Nr. 201) in § XIV untersucht, siehe S. 111—124 der 5. Auflage von 1850. Daß ein Zylinder auf unendlich viele Arten als Schiebungsfläche erzeugt werden kann, indem er entsteht, wenn irgendeine auf ihm gelegene Kurve in der Zylinderrichtung verschoben wird, ist nicht überraschend, wohl aber, daß die Wendelfläche auf unendlich viele verschiedene Arten Schiebungsfläche ist. Denn wenn man sie mit irgendeinem Rotationszylinder schneidet, der, die Schraubenachse als Mantellinie hat, erhält man nach Nr. 480 eine Schraubenlinie von halber Ganghöhe, und diese Kurve läßt sich, wie wir soeben sahen, ohne Drehung so verschieben, daß sie beständig auf der Wendelfläche bleibt. Da der Radius des Schnittzylinders beliebig groß angenommen werden kann, ist daher die Wendelfläche in der Tat auf unendlich viele Arten als Schiebungsfläche zu erzeugen. Aber es gibt außer ihr auch andere Flächen, die auf unendlich viele Arten als Schiebungsflächen aufzufassen sind. Nach den ersten Bemerkungen dieser Nummer ist jede Schiebungsfläche in doppelter Art zu erzeugen. Es gibt nun auch Schiebungsflächen, die auf zweimal zwei Arten erzeugbar sind, indem sie vier Kurven $k_0, \varkappa_0$ und $k_0', \varkappa_0'$ derart enthalten, daß sie nicht nur entstehen, wenn k_0 längs $\varkappa_0$ oder $\varkappa_0$ längs k_0 verschoben wird, sondern auch, wenn k_0' längs $\varkappa_0'$ oder $\varkappa_0'$ längs k_0' verschoben wird. Alle diese Flächen bestimmte S. Lie (Nr. 481), siehe insbes.: „Die Theorie der Translationsflächen und des Abelschen Theorems", Berichte über die Verhdlgn. d. Sächs. Gesellsch. d. Wiss. 1896, S. 141—198. Eine zusammenfassende Darstellung der Lieschen Untersuchungen findet man in der Abhandlung des Verfassers: „Das Abelsche Theorem und das Liesche Theorem über Translationsflächen", Acta mathematica 28. Bd. 1903, S. 65—91. Die Hilfsmittel der darstellenden Geometrie reichen zur Auffindung der Schiebungsflächen mit mehr als doppelter Erzeugung nicht aus, so daß wir hierauf nicht näher eingehen können.

502. Gesimsflächen. Nach Nr. 500 entsteht eine Gesimsfläche, wenn eine Ebene E, die eine starre Kurve k enthält, auf einem Zylinder abrollt,

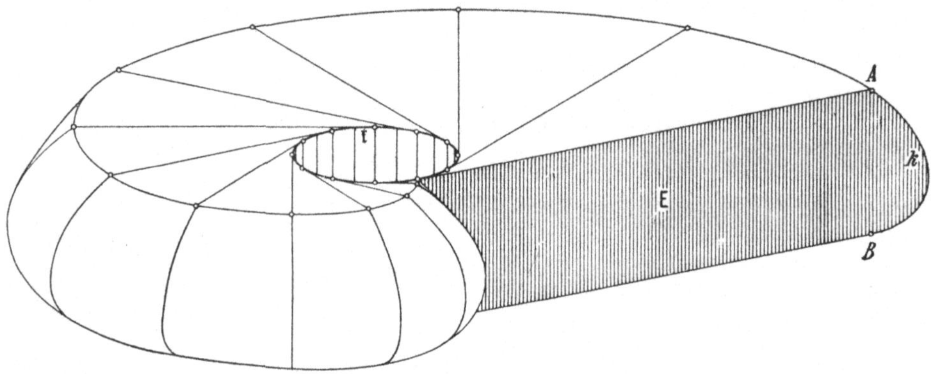

Fig. 775.

indem dann die Kurve k die Fläche erzeugt. In Fig. 775 ist als Zylinder insbesondere ein Rotationszylinder angenommen worden, die Zeichnung stellt eine senkrechte Projektion auf eine zur Zylinderachse geneigte Tafel dar. Die folgenden Bemerkungen gelten aber auch, wenn der Zylinder von beliebiger Gestalt ist. Die Ebene, die man durch einen Punkt A der erzeugenden Kurve k senkrecht zur Richtung des Zylinders legen kann, schneidet den Zylinder in einer Querschnittkurve $\mathfrak{k}$. Indem E auf dem Zylinder abrollt, beschreibt der Punkt A augenscheinlich eine Evolvente dieser Querschnittkurve (Nr. 410). Die Tangente der Evolvente in A ist in der Querschnittebene und senkrecht zur Tangente von A an die Querschnittkurve $\mathfrak{k}$ gelegen. Diese Tangente und die k in A zukommende Tangente bestimmen die Tangentenebene der Gesimsfläche in A.

Zu den Gesimsflächen gehören insbesondere die Rotationsflächen; diese gehen nämlich hervor, wenn der Zylinder in eine Gerade zusammenschrumpft. Wenn ferner die erzeugende Kurve k als Gerade in E angenommen wird, entsteht als Gesimsfläche offenbar eine Böschungsfläche (Nr. 424).

In Nr. 447 wurde der Begriff der Krümmungskurven einer Fläche erwähnt: Die Normalen der Fläche in unendlich benachbarten Punkten einer derartigen Kurve schneiden einander. Die Krümmungskurven der Gesimsfläche ergeben sich so: Die Normale des Flächenpunktes A liegt in der Ebene E und ist senkrecht zu der k in A zukommenden Tangente. Läßt man einen erzeugenden Punkt die Kurve k oder AB beschreiben, so sind die zugehörigen Flächennormalen sämtlich in E gelegen, d. h. die erzeugende Kurve k ist eine Krümmungskurve. Läßt man ferner einen Punkt die Bahnkurve von A, also die Evolvente der Querschnittkurve f beschreiben, so behält die Flächennormale stets dieselbe Neigung zur Querschnittebene, und demnach ist der Ort der Flächennormalen der Punkte einer Bahnkurve eine Böschungsfläche. Da nun die Geraden einer Böschungsfläche den Grat der Fläche einhüllen, schneidet jede die unendlich benachbarte. Folglich ist die Evolvente eine Krümmungskurve der Gesimsfläche. **Also hat die Gesimsfläche als Krümmungskurven einerseits die erzeugenden Kurven und andererseits die Bahnkurven aller Punkte, d. h. die Evolventen. Beide Kurvenscharen durchsetzen einander senkrecht.**

Anmerkung: Auch die Gesimsflächen hat G. Monge a. a. O. in § XVII (S. 161—186 der 5. Auflage von 1850) betrachtet. Er zeigte (S. 174), daß es die einzigen Flächen sind, die eine Schar von Krümmungskurven in parallelen Ebenen haben.

503. Röhrenflächen. Eine Kugel von unveränderlichem Radius r bewege sich irgendwie, so daß ihr Mittelpunkt M eine Kurve $\varkappa$, die Leitkurve, beschreibt. Die Fläche, die die Kugel in allen ihren Lagen einhüllt, wird von der Gesamtheit der Kurven gebildet, die die Kugel in jeder Lage mit der unendlich benachbarten Lage gemein hat. Aber zwei Kugeln vom Radius r, deren Mittelpunkte M und M' unendlich nahe beieinander auf $\varkappa$ liegen, schneiden sich in einem Kreis in der zu MM' mittelsenkrechten Ebene, und der Radius dieses Kreises strebt nach r, weil MM' nach Null strebt. Mithin wird die Fläche von unendlich vielen Kreisen k vom Radius r erzeugt; daher gehört sie zu den Bewegungsflächen (Nr. 500). Die Ebenen der Kreise durchsetzen die Leitkurve $\varkappa$ senkrecht, und die Mittelpunkte der Kreise sind die Punkte von $\varkappa$. Die Fläche heißt deshalb eine **Röhrenfläche.** Ist die Leitkurve $\varkappa$ eine Schraubenlinie, so ist die Fläche die schon in Nr. 487 zur Darstellung gebrachte **Röhrenschraubenfläche.** Ein Sonderfall hiervon ist der **Wulst** (Nr. 434).

Unter M, M', M'' seien drei unendlich dicht aufeinanderfolgende Punkte der Leitkurve $\varkappa$ verstanden. Die mittelsenkrechte Ebene E von MM' schneidet die mittelsenkrechte Ebene E' von $M'M''$ in einer Geraden s, die auf der Ebene von M, M', M'' senkrecht steht und von M, M', M'' gleiche Abstände hat. Daher kann man den in E gelegenen erzeugenden Kreis k in den in E' gelegenen erzeugenden Kreis k' dadurch überführen, daß man die Ebene E unendlich wenig um s dreht. Die Bahn eines Punktes P von k hat dabei als Tangente die zu E senkrechte Gerade, weil der Drehwinkel unendlich klein ist. Die Tangentenebene der Röhrenfläche wird durch diese Tangente und durch die Tangente des Kreises k bestimmt. Folglich ist die Flächennormale der Radius des Kreises k. Vermöge der Drehung von E in E' geht sie in die Normale des unendlich benachbarten Punktes P' auf k' über; beide schneiden sich also auf der Drehachse s. Mithin ist die Bahn des

Punktes P eine Krümmungskurve der Röhrenfläche (Nr. 447); es ist eine Kurve, die alle erzeugenden Kreise k senkrecht durchsetzt. Wenn ferner der Punkt P einen erzeugenden Kreis k umläuft, ist seine Flächennormale stets nach dem Mittelpunkte des Kreises gerichtet, und deshalb ist auch k eine Krümmungskurve. **Die Röhrenfläche hat somit als Krümmungskurven ihre erzeugenden Kreise und diejenigen Kurven, die diese Kreise senkrecht durchsetzen.**

Projiziert man die Röhrenfläche senkrecht, so bekommen die Kugeln als Umrisse die Kreise vom Radius r um die Punkte der Projektion $\varkappa'$ der Leitkurve. **Folglich ist der Umriß der Röhrenfläche bei senkrechter Projektion eine Parallelkurve der Projektion ihrer Leitkurve (Nr. 410).**

Anmerkung: Siehe abermals G. Monge a. a. O. § VII (S. 36—51 der 5. Auflage von 1850). Dort heißen die Röhrenflächen surfaces des canaux, Kanalflächen. Zu dieser Anmerkung wie zu denen in Nr. 501 und 502 ist hinzuzufügen, daß die besprochenen Flächen oder wenigstens Beispiele von ihnen auch schon vor Monge aufgetreten sind. Aber erst Monge hat sie zum Gegenstand genauer und eingehender mathematischer Untersuchungen gemacht.

504. Von Kreisen erzeugte Kuppel mit elliptischer Grundfläche. In Nr. 500 wurde bemerkt, daß die meisten in den Anwendungen vorkommenden Flächen Bewegungsflächen sind. Dennoch bilden die Bewegungsflächen nur eine einzelne, wenn auch besonders bemerkenswerte Klasse von Flächen in der unübersehbaren Gesamtheit aller Flächen überhaupt. Die am nächsten liegende Verallgemeinerung der Bewegungsfläche besteht darin, eine Fläche nicht durch unendlich viele kongruente Kurven, sondern durch unendlich viele ähnliche Kurven zu erzeugen. Man nehme z. B. einen Kreis an und bringe ihn nach irgendeinem Gesetz in unendlich viele Lagen, indem man zugleich den Kreisradius gesetzmäßig ändere. So gelangt man zu Flächen, die unendlich viele nicht kongruente Kreise enthalten.

Als Beispiel betrachten wir **eine von Kreisen gebildete Kuppel:** Gegeben sei eine wagerecht gelegene Ellipse e mit den Halbachsen a und b und ein Punkt P senkrecht über dem Mittelpunkte der Ellipse in der Höhe h. Aus Kreisbogen soll eine Kuppel über e hergestellt werden, die ein Gewölbe mit dem Gewölbeschluß P bildet, so daß die Kreisbogen alle durch P gehen. Die Ebenen der Kreise sind die lotrechten Ebenen durch P. Eine derartige Ebene schneidet die Ellipse in zwei Punkten Q und S, und der in ihr gelegene Kreisbogen geht durch P, Q und S. In Fig. 776 ist die Kuppel im Grundriß, Aufriß und Kreuzriß dargestellt, und zwar durch das geschraffte Flächenstück. Die Hauptachse $AB = 2a$ der Ellipse ist parallel, die Nebenachse $CD = 2b$ senkrecht zur Aufrißtafel gelegt worden. Von den Kreisbogen der Kuppel wird man eine Anzahl in regelmäßiger Anordnung zeichnen, in Fig. 776 sind nur vier dargestellt. Mit Hilfe der konzentrischen Kreise von den Radien a und b und ihrer einen konstanten Winkel miteinander bildenden Durchmesser (in Fig. 776 ist die Zerlegung in je $30°$ benutzt) bestimmt man eine Reihe von Durchmessern der Ellipse. Einer dieser Durchmesser ist QS. Der Kreis durch P, Q und S stellt sich im Aufriß und Kreuzriß als Ellipse dar. Um ihre Achsen zu bekommen, dreht man die Ebene dieses Kreises um die Lotrechte durch P in die zur Aufrißtafel parallele Lage, wodurch Q nach (Q)

gelangt. Dann erscheint der Kreis im Aufriß in wahrer Gestalt, d. h. das in $(Q)''$ auf $(Q)''P''$ errichtete Lot schneidet die Lotrechte durch P'' in dem Endpunkt N'' des auf der Lotrechten gelegenen Kreisdurchmessers. Daraus ergibt sich der Mittelpunkt M'' im Aufriß als Mitte von $P''N''$. Wenn man dann den Kreisradius, der gleich $M''P''$ ist, von P' aus auf $P'Q'$ bis L' aufträgt und von L' senkrecht bis zur Höhe von M'' in dem Aufriß geht, bekommt man einen Nebenscheitel L'' des elliptischen Kreisbildes im Aufriß. Die Punkte P'' und N'' sind die Hauptscheitel dieser Ellipse. Auch im Kreuzriß sind P''', N''' die Hauptscheitel des elliptischen Kreisbildes, während L''' einen Nebenscheitel liefert.

Von den Kreisen kommen für die Kuppel nur die über der Ellipse a gelegenen Bogen in Betracht. Die Kuppel ist also nur ein Teil einer aus Kreisen erzeugten Fläche. Diese Fläche hat unterhalb der Ellipse e durchaus keine so einfache Gestalt wie darüber. Man sieht dies daran, daß ihr Umriß im Kreuzriß eine gewisse Kurve ist, die durch die gezeichneten Ellipsen berührt wird, aber nicht ausgezogen worden ist, weil zu wenige

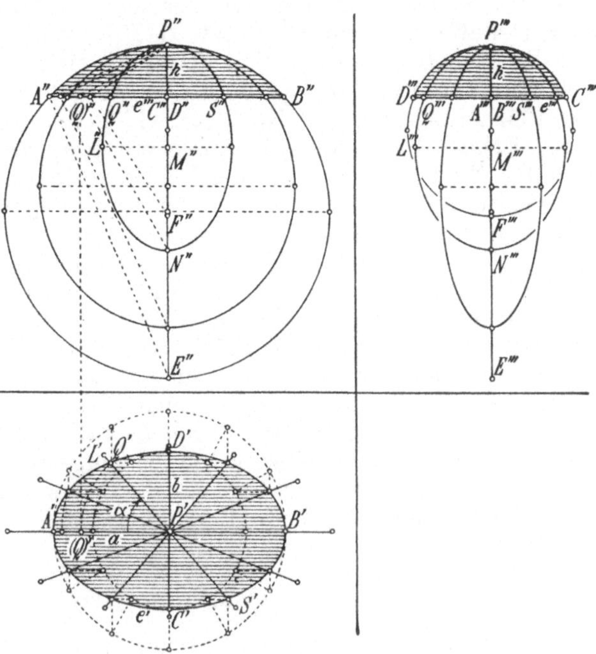

Fig. 776.

Kreise dargestellt worden sind, die zu ihrer genauen Zeichnung nicht ausreichen. Immerhin kann man ihren ungefähren Verlauf erkennen. Der Kreis durch A und B stellt sich im Aufriß als Kreis mit dem Durchmesser $P''E''$, im Kreuzriß als die Strecke $P'''E'''$ dar, der Kreis durch C und D stellt sich dagegen im Kreuzriß als Kreis mit dem Durchmesser $P'''F'''$ und im Aufriß als Strecke $P''F''$ dar. Die Umrißlinie der Fläche im Kreuzriß geht also nach unten bis zum Punkte E'''. Die Fläche hat im Aufriß als Umriß den Kreis durch A'' und B''. Im Grundriß wird der Umriß durch den Ort der Punkte L' gebildet. Das ist eine Kurve, die an eine Ellipse erinnert, aber keine Ellipse ist. Da die Kreise der Fläche Durchmesser haben, die von PF bis PE wachsen, erhellt, daß die gerade Strecke von F bis E auf der Fläche liegt.

***505. Krümmungskreise der Normalschnitte eines allgemeinen Flächenpunktes[1]).** Die soeben betrachtete Kuppel führt durch einen Grenzübergang zu einem wichtigen Satze der Flächentheorie. In Nr. 495 wurde

---

[1]) Die mit Sternchen versehenen Nummern sind überschlagbar.

erwähnt, daß man das folgende beweisen kann: Ist P ein beliebiger Punkt einer krummen Fläche und schneidet man die Fläche mit einer Ebene, die zur Tangentenebene von P parallel und unendlich benachbart ist, so ergibt sich, daß sich die unendlich nahe bei P gelegenen Punkte der Schnittkurve auf einer Ellipse oder Hyperbel befinden, je nachdem P ein elliptischer oder hyperbolischer Flächenpunkt ist. Dieser Kegelschnitt, die sogenannte Indikatrix des Flächenpunktes P, liegt so, daß sein Mittelpunkt der Fußpunkt des Lotes von P auf seine Ebene ist. Im Fall eines elliptischen Flächenpunktes P können wir also die Ellipse e in Fig. 776 der letzten Nummer als die Indikatrix von P auffassen, vorausgesetzt, daß sowohl die Höhe h von P über der Ellipsenebene als auch die Halbachsen a und b der Ellipse unendlich klein werden. Dann spielt die Lotrechte durch P die Rolle der Normale des Flächenpunktes P. Nach Nr. 447 heißt der Schnitt der Fläche mit einer Ebene durch diese Normale ein Normalschnitt des Flächenpunktes P. Das ist eine auf der Fläche verlaufende und durch P gehende Kurve, die mit der Indikatrix e zwei Punkte Q und S gemein hat. Dieser Kurve kommt in P ein Krümmungskreis zu, und der Kreis durch P, Q und S, der in voriger Nummer konstruiert wurde, spielt demnach die Rolle dieses Krümmungskreises. Mithin veranschaulichen die Kreise der Kuppel die Krümmungskreise aller Normalschnitte eines elliptischen Punktes P einer krummen Fläche von allgemeiner Art, falls h, a und b unendlich klein werden. Untersuchen wir, welcher Wert sich für den Krümmungsradius R eines beliebigen Normalschnittes ergibt.

Die Ebene des Schnittes durch Q und S bilde mit der Hauptachse den Winkel α. Nach einer in Nr. 98 aufgestellten Formel ist dann das Quadrat des Halbmessers von Q, d. h. das Quadrat der Strecke $P'Q'$ oder $P'(Q)'$ oder $D''(Q)''$ in Fig. 776 gleich

$$\frac{a^2 b^2}{a^2 \sin^2\alpha + b^2 \cos^2\alpha} \, .$$

Wird der Radius des durch P, Q und S gehenden Kuppelkreises R genannt, so ist $P''N'' = 2R$. Da das Dreieck $P''(Q)''N''$ bei $(Q)''$ rechtwinklig ist, ergibt sich $(2R - h)h$ gleich dem Quadrat von $D''(Q)''$:

$$(2R - h)\,h = \frac{a^2 b^2}{a^2 \sin^2\alpha + b^2 \cos^2\alpha} \, .$$

Hieraus findet man:

$$R = \frac{a^2 b^2}{2\,h\,(a^2 \sin^2\alpha + b^2 \cos^2\alpha)} + \tfrac{1}{2}h \, .$$

Insbesondere seien R_1 und R_2 die Radien der Kuppelkreise durch die Hauptscheitel A, B und Nebenscheitel C, D der Ellipse, d. h. die Werte von R für $\alpha = 0°$ und $\alpha = 90°$. Die Formel liefert:

$$R_1 = \frac{a^2}{2\,h} + \tfrac{1}{2}h \, , \qquad R_2 = \frac{b^2}{2\,h} + \tfrac{1}{2}h \, .$$

Nun sollen h, a, b unendlich klein werden. Dann können $a^2 : 2\,h$ und $b^2 : 2\,h$ sehr wohl endliche Werte behalten, aber die additive Größe $\tfrac{1}{2}h$ kann dann bei R, R_1 und R_2 fortgelassen werden, weil sie nach Null strebt.

Mithin kommt:

$$R = \frac{a^2 b^2}{2h(a^2 \sin^2 \alpha + b^2 \cos^2 \alpha)}, \qquad R_1 = \frac{a^2}{2h}, \qquad R_2 = \frac{b^2}{2h}.$$

Die letzten beiden Formeln liefern $a^2 = 2h R_1$ und $b^2 = 2h R_2$. Werden diese Werte für a^2 und b^2 in die erste Formel eingesetzt, so kommt:

$$R = \frac{R_1 R_2}{R_1 \sin^2 \alpha + R_2 \cos^2 \alpha}.$$

Wenn man hieraus $1 : R$ berechnet, ergibt sich:

Eulerscher Satz: Die Radien R der Krümmungskreise aller Normalschnitte eines allgemeinen Flächenpunktes drücken sich durch die Radien R_1 und R_2 gewisser zweier Normalschnitte mittels der Formel aus:

$$\frac{1}{R} = \frac{\cos^2 \alpha}{R_1} + \frac{\sin^2 \alpha}{R_2}.$$

Die Ebenen der Normalschnitte, zu denen die Radien R_1 und R_2 gehören, stehen aufeinander senkrecht; es sind nämlich diejenigen, die durch die Haupt- und Nebenachse der Indikatrix des Flächenpunktes gehen, und α ist der Winkel, den die Ebene des allgemeinen Normalschnittes mit der Ebene des zu R_1 gehörigen Normalschnittes bildet.

Dies gilt zunächst für einen elliptischen Flächenpunkt. Handelt es sich um einen hyperbolischen Flächenpunkt, so ist die Ellipse e in Fig. 776 der letzten Nummer durch eine Hyperbel zu ersetzen. Dies kommt, wie wir ohne Beweis erwähnen, einfach darauf hinaus, daß die Mittelpunkte der Kreise mit den Radien R_1 und R_2 auf verschiedenen Seiten von P liegen, d. h. darauf, daß einer von den Radien R_1 und R_2 negativ zu rechnen ist, so daß die Formel des Satzes auch für hyperbolische Flächenpunkte gilt. Ferner erwähnen wir noch ohne Beweis, daß die Normalschnitte, die zu R_1 und R_2 gehören, diejenigen in den Richtungen der von P ausgehenden Krümmungskurven der Fläche sind. R_1 und R_2 sind die sogenannten **Hauptkrümmungsradien** des Flächenpunktes P (Nr. 447).

Hiernach veranschaulicht die in Fig. 776 dargestellte Kuppel über der Ellipse e die Form einer beliebigen krummen Fläche zwischen einem elliptischen Flächenpunkte P und seiner Indikatrix e, falls man die Höhe von P über der Ellipsenebene und die Achsen der Ellipse unendlich klein annimmt.

Anmerkung: L. Euler (Nr. 65) hat in der Abhandlung „Recherches sur la courbure des surfaces“, Mém. de l'Acad. des Sciences de Berlin 16. Bd. 1760, gedruckt 1767, S. 119—143, den nach ihm benannten Satz auf rein rechnerischem Wege gewonnen. Die vorstehende Betrachtung ist übrigens kein ausreichender Beweis, denn sie beruht auf dem Satze von der Indikatrix, der ohne Begründung aus der Flächentheorie entlehnt worden war. Dieser Satz rührt von Ch. Dupin (Nr. 201) her. Siehe seine „Développements de géométrie, première partie: De la courbure et de l'osculation des surfaces“, Paris 1813, insbes. S. 48.

506. Übungen. 1) Ein Halbkreis über dem Durchmesser AB habe den Mittelpunkt M, und a sei eine in seiner Ebene gelegene und zu AB parallele Gerade, die jedoch den zu AB senkrechten Radius MC des

Kreises nicht treffe, vielmehr die Gerade MC erst über C hinaus schneide. Während die Achse a im Raum fest sei, drehe sich die Gerade MC mit einer gewissen Winkelgeschwindigkeit um a. Zugleich drehe sich die Ebene des Halbkreises mit halb so großer Winkelgeschwindigkeit um die Gerade MC. Infolgedessen kehrt der Halbkreis nach einer vollen Umdrehung von MC um a in die Anfangslage, aber im verkehrten Sinne zurück, d. h. so, daß A jetzt nach B und B nach A fällt, während C wieder an die alte Stelle gelangt. Deshalb erzeugt der Halbkreis eine einseitige Fläche. Sie soll in senkrechter Projektion auf eine zur Achse a geneigte Tafel dargestellt werden (Nr. 499).

2) Gegeben seien zwei Kreise, von denen der zweite seinen Mittelpunkt auf der Achse des ersten Kreises hat, während seine Ebene durch diese Achse geht. In irgendeiner senkrechten Projektion soll der Ort der Mittelpunkte aller die Punkte des einen Kreises mit denen des anderen Kreises verbindenden Strecken dargestellt werden (Nr. 501, vgl. Aufgabe 4 von Nr. 428).

3) Was für eine Schiebungsfläche ist der Ort der Mittelpunkte aller Strecken, die die Punkte einer Geraden mit denen einer Raumkurve verbinden (Nr. 501)?

4) Eine Schiebungsfläche ist im Grundriß und Aufriß durch zwei erzeugende Kurven gegeben. Bei vorgeschriebener Lichtrichtung die Eigenschattengrenze zu ermitteln (Nr. 501).

5) Der Ort der Mittelpunkte einer Kugelschar sei eine Loxodrome eines Rotationskegels (Nr. 452). Die Radien der Kugeln seien proportional zu den Entfernungen der Mittelpunkte von der Kegelspitze, z. B. gleich der Hälfte dieser Entfernungen. In senkrechter Projektion auf eine zur Kegelachse senkrechte Grundrißtafel und eine zur Kegelachse parallele Aufrißtafel den Umriß derjenigen Fläche zu ermitteln, die die Kugelschar einhüllt. Während die Schraubenflächen und insbesondere die Rotationsflächen überall zu sich selbst kongruent sind (Nr. 476), ist diese Fläche überall zu sich selbst ähnlich. Denn indem man sie von der Kegelspitze aus ähnlich vergrößert und zugleich um einen gewissen, vom Maßstab der Vergrößerung abhängigen Winkel um die Achse dreht, geht sie in sich über.

§ 7. Durchdringungen und Schatten.

507. Darstellung der Kegeldurchdringung im Grundriß und Aufriß. Wie man den Durchschnitt zweier Kegel bekommt, wurde in Nr. 158 gezeigt. Man benutzt eine veränderliche Hilfsebene, die Mantellinien beider Kegel enthält, also um die Verbindende der Kegelspitzen S_1 und S_2 herumpendelt. Für die Zeichnung braucht man die Schnittgerade s der Grundebenen beider Kegel sowie die Punkte T_1 und T_2, in denen die Gerade $S_1 S_2$ die Grundebenen trifft, denn die Hilfsebene schneidet die Grundebenen in von T_1 und T_2 ausgehenden Geraden, die auf s zusammenkommen. Handelt es sich um die Darstellung in nur einer Projektion, so kann man s, T_1 und T_2 wie in Nr. 158 (vgl. Nr. 155) nach Belieben annehmen. Sind jedoch die Kegel durch ihre Projektionen im Grundriß und Aufriß vollkommen gegeben, insbesondere also auch Hauptlinien h_1, k_1 und h_2, k_2 der Grundebenen bekannt, siehe Fig. 777, so muß man die Gerade s als Schnitt der Ebenen (h_1, k_1) und

(h_2, k_2) nach Nr. 201 und die Punkte T_1 und T_2 als Schnitte der Geraden S_1S_2 mit den Ebenen (h_1, k_1) und (h_2, k_2) nach Nr. 199 ermitteln. Diese Konstruktionen sind in Fig. 777 der größeren Deutlichkeit der Durchdringung zuliebe fortgelassen. Sobald s, T_1 und T_2 gefunden sind, bekommt man die Durchdringung im Grundriß durchaus für sich, d. h. ohne weiterhin den Aufriß zu benutzen, nämlich genau so wie in Nr. 158. Man bestimmt also in der richtigen Reihenfolge diejenigen Punkte $0, 1, 2 \ldots 8$ der Durchdringungskurve, die entweder auf den äußersten Mantellinien oder auf solchen Mantellinien liegen, die von der Kurve nicht überschritten werden können. Für die Punkte von der zweiten Art ($0, 2, 4, 7$) sind die nicht überschreitbaren Mantellinien auch in Wahrheit Tangenten der Kurve. Für die auf den äußersten Mantellinien gelegenen Punkte dagegen sind diese Mantellinien nur im Bilde Tangenten der Kurven, nämlich nur deshalb, weil die Kurventangenten in den dort zur Tafel senkrechten Tangentialebenen der Kegel liegen. Ein besonderer Fall liegt in Fig. 777 beim Punkt 8 vor. Zufällig nämlich ist dieser Punkt ein wirklicher Schnittpunkt äußerster Mantellinien beider Kegel, so daß die Tangente von 8 in zwei lotrechten Tangentialebenen liegt und also ebenfalls zur

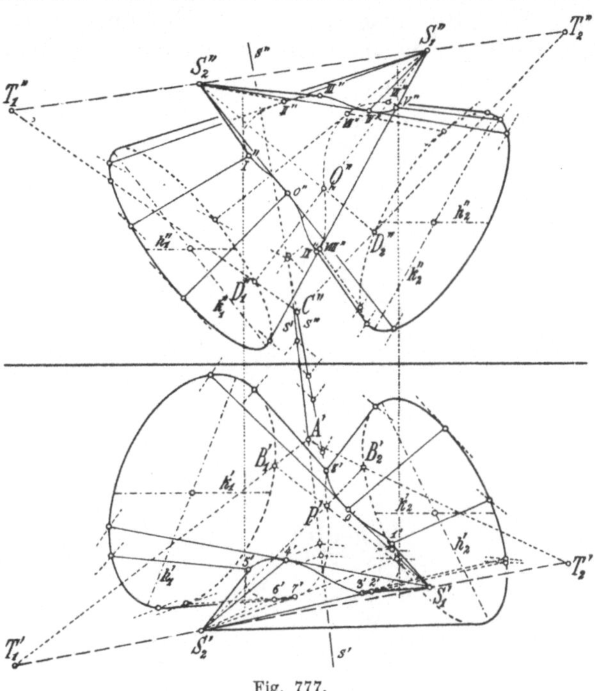

Fig. 777.

Grundrißtafel lotrecht ist. Daß sich infolgedessen in der Projektion an der Stelle $8'$ eine Spitze der Kurve ausbildet (wie bei der Schraubenlinie im Falle b der Fig. 712 von Nr. 463 an den Stellen 0 und 8), beruht auf dem folgenden Satze:

Hat ein Punkt einer Raumkurve eine Tangente, die auf einem projizierenden Strahl liegt, so projiziert sich der Kurvenpunkt im allgemeinen als eine Spitze.

Zum Beweise werde von einem gebrochenen Linienzug $P_0P_1P_2 \ldots$ der Aufriß beliebig angenommen, siehe Fig. 778 a, doch so, daß eine der Strecken, nämlich P_3P_4, lotrecht ist. Die Geraden der Strecken P_0P_1, $P_1P_2 \ldots$ mögen auf der Grundrißtafel Spurpunkte $S_0, S_1 \ldots$ haben, die in irgendeiner Folge ebenfalls willkürlich angenommen seien, selbstredend auf den Loten, die man in S_0'', $S_1'' \ldots$ auf die Projektionsachse zu errichten hat. Dann kann man, von der Strecke P_3P_4 ausgehend, die Grundrisse der Punkte $P_0, P_1, P_2 \ldots$ konstruieren. Denn die von P_3 und P_4 fallen mit S_3 zusammen, ferner liegt P_2 auf $S_2 P_3$, also P_2' auf $S_2 P_3'$, so daß man P_2' finden kann. Darauf bestimmt man P_1' aus der Bedingung, daß P_1 auf $S_1 P_2$ liegt, und P_0' aus der Bedingung, daß P_0 auf $S_0 P_1$ liegt. Genau so kann man nacheinander P_5', P_6', P_7' ermitteln. Da nun P_2 zwischen S_2 und P_3, ferner P_1 zwischen S_1 und P_2 und P_0 zwischen S_0 und P_1 liegt, während sich P_5, P_6, P_7 auf den Verlängerungen von $S_4 P_4$, $S_5 P_5$, $S_6 P_6$ über P_4, P_5, P_6 hinaus befinden, werden die gebrochenen Linienzüge $P_0' P_1' P_2' P_{3,4}'$ und $P_{3,4}' P_5' P_6' P_7'$ durch den gebrochenen Linienzug $S_0 S_1 S_2 S_3$ voneinander getrennt. Geht man von den angenommenen gebrochenen Linienzügen $P_0'' P_1'' P_2'' \ldots$ und $S_0 S_1 S_2 \ldots$ zu stetigen Kurven k'' und s über, siehe Fig. 778 b, so kommt man zu dem im Satz ausgesprochenen Ergebnis (vgl. Fig. 622 von Nr. 411): Die Kurve k, die in P eine zur Grundrißtafel senkrechte Tangente t hat,

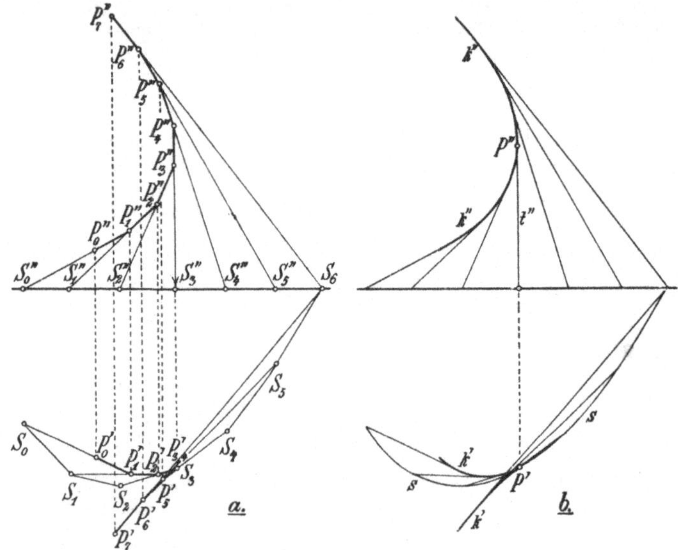

Fig. 778.

stellt sich in der Grundrißprojektion als eine Kurve k' dar, die in P' eine Spitze hat, und diese Spitze schmiegt sich in P' an die Kurve s an, die der Schnitt der Grundrißtafel mit der Tangentenfläche der Kurve k (Nr. 231) ist. Die Schmiegungsebene der Kurve k an der Stelle P ist die Ebene der Tangente t und einer unendlich benachbarten Tangente und steht infolgedessen auf der Grundrißtafel längs der Tangente von s in P' senkrecht. Man kann also zu dem Satz noch die Bemerkung hinzufügen, daß die Tangente der auftretenden Spitze der Schnitt der Tafel mit der Schmiegungsebene des Punktes P ist.

Absichtlich sind beim Ausspruch des Satzes die Worte: im allgemeinen hinzugefügt worden. Im Vorhergehenden wurde nämlich nur der gewöhnliche Fall betrachtet, in dem die Kurve s an der Stelle P' keinerlei Singularität (Nr. 411) aufweist. Hätte s selbst an der Stelle P' eine Spitze, so wäre die Schlußfolgerung hinfällig. Dagegen leuchtet ein, daß die Beweisführung auch für den Fall gilt, wo es sich statt um senkrechte um schiefe Parallelprojektion oder um Zentralprojektion handelt.

Wir kehren nun zur Durchdringung in Fig. 777 zurück. Außer den besonderen Punkten $0'$, $1'$, $2'$ ... $8'$, deren Tangenten man ohne weiteres kennt, lassen sich nach Bedarf noch beliebige Punkte P' der Kurve bestimmen, wie es die Hilfsebene $T_1 A T_2$ zeigt. Will man die Tangente von P' haben, so muß man die Tangentenebenen der Kegel längs der Mantellinien $S_1 B_1$ und $S_2 B_2$ zum Schnitte bringen (vgl. Fig. 231 von Nr. 158).

Entsprechendes wie für den Grundriß gilt für den Aufriß. Auch hier ist die Durchdringungskurve wie in Nr. 158 ohne weitere Benutzung des Grundrisses zu ermitteln. Die besonderen Punkte, deren Tangenten man sofort kennt, sind hier $0''$, I'', II'' ... $VIII''$. Eine beliebige Hilfsebene $T_1 C T_2$ liefert einen beliebigen Punkt Q'' der Kurve. Nachdem man die Durchdringungskurve in beiden Projektionen gewonnen hat, prüft man die Richtigkeit des Ergebnisses durch Vergleichung. Insbesondere müssen beide Kurven zwischen gemeinsamen, zur Projektionsachse senkrechten Tangenten (punktiert gezeichnet) gelegen sein. In betreff der Sichtbarkeit gilt die Regel: Ein Punkt der Durchdringungskurve ist sichtbar, wenn die beiden durch ihn gehenden Mantellinien sichtbar sind, sobald man jeden der Kegel für sich betrachtet. Man braucht bloß für einen einzigen Punkt die Sichtbarkeit festzustellen, denn da alle diejenigen Punkte ermittelt worden sind, die auf äußersten Mantellinien liegen, weiß man, wo die Kurve von der sichtbaren Seite eines Kegels auf die unsichtbare Seite übergeht.

Übrigens sind in Fig. 777 insbesondere Rotationskegel angenommen worden. Während Fig. 230 von Nr. 158 ein Durchbohren in zwei getrennten Kurven zeigt, stellt Fig. 777 ein Anschneiden der Kegel in einer einzigen Kurve dar.

508. Darstellung der Zylinderdurchdringung im Grundriß und Aufriß. Tritt an die Stelle eines der beiden Kegel ein Zylinder, so ist dieser als Kegel mit unendlich ferner Spitze aufzufassen, d. h. an die Stelle der Geraden $S_1 S_2$ tritt dann die Parallele zum Zylinder durch die Kegelspitze. Im übrigen ist das Verfahren dasselbe wie vorher.

Handelt es sich um die Durchdringung zweier Zylinder, siehe Fig. 779, so rücken beide Spitzen ins Unendlichferne, daher auch die Gerade $S_1 S_2$, d. h. an die Stelle der pendelnden Hilfsebene tritt eine parallel mit sich verschiebbare Ebene, die zu beiden Zylindern parallel ist. Zunächst stellt man irgendeine derartige Ebene her, indem man durch einen beliebig angenommenen Punkt H die Parallelen a_1 und a_2 zu den Zylindern zieht. Wenn man dann nach Nr. 199 und 201 die Punkte E_1 und E_2 ermittelt, in denen a_1 die erste Grundebene (h_1, k_1) und a_2 die zweite Grundebene (h_2, k_2) trifft, und außerdem die Schnittgerade s der Grundebenen mit der Hilfsebene (a_1, a_2) in S zum Schnitte bringt, weiß man, daß die Hilfsebene (a_1, a_2) mit den Grundebenen die Geraden $S E_1$ und $S E_2$ gemein hat. Die weitere Konstruktion geschieht wieder wie in voriger Nummer im Grundriß ohne Benutzung des Aufrisses und im Aufriß ohne Benutzung des Grundrisses, indem man S die Gerade s durchwandern läßt und $S E_1$ und $S E_2$ parallel verschiebt. Im Grundriß gewinnt man dadurch die Punkte $0'$, $1'$, $2'$ ... $11'$ auf den äußersten Mantel-

linien und auf den nicht überschreitbaren Mantellinien; im Aufrisse sind
es andere Punkte $0'', I'', II'' \ldots XI''$. Insbesondere liefern beliebige Hilfs-

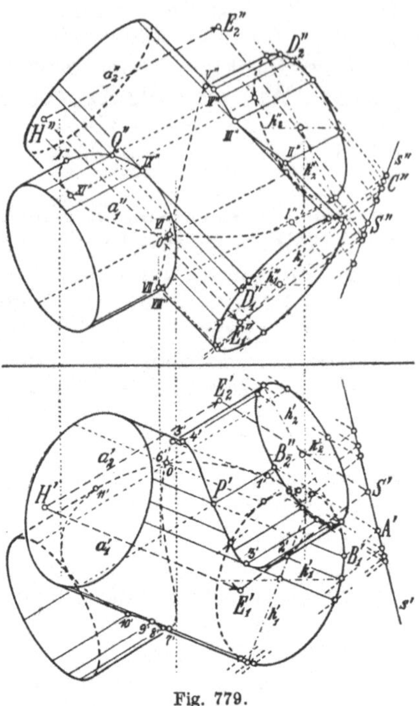

ebenen B_1AB_2 oder D_1CD_2 parallel
zur Ebene durch H Grundrisse P' oder
Aufrisse Q'' von beliebigen Punkten
der Kurve. Nachträglich vergleicht
man die Ergebnisse im Grundriß mit
denen im Aufriß, siehe die punktierten und zur Projektionsachse senkrechten gemeinsamen Tangenten.

Die Zylinder sind in Fig. 779 so
gewählt worden, daß sie eine Tangentialebene, nämlich die Hilfsebene
durch den Punkt 0, gemein haben.
Dieser Punkt ist daher ein Doppelpunkt der Durchdringungskurve
(Nr. 158); deshalb hat er in beiden
Projektionen zwei Bezeichnungen.
Man muß zwischen wirklichen und
scheinbaren Doppelpunkten unterscheiden. In Fig. 779 hat die Grundrißprojektion noch einen Doppelpunkt zwischen $0'1'$ und $3'4'$, aber er
ist nur scheinbar. Insbesondere sind
Rotationszylinder zur Durchdringung
gebracht worden.

Fig. 779.

509. Kurven vierten Grades. Obgleich in Fig. 777 und 779 der vorhergehenden Nummern Kreiskegel bzw. Kreiszylinder (insbesondere Rotationsflächen) angenommen wurden, gilt das Verfahren für beliebige
Kegel und Zylinder. Aber im Falle von Kreiskegeln oder Kreiszylindern,
d. h. nach Nr. 390 im Falle von Kegeln zweiten Grades, gilt ein Satz,
der auch in dem allgemeineren Falle der Durchdringung irgend zweier
Flächen zweiten Grades (Nr. 458) besteht. Er beruht auf einem Satze
über Kegelschnitte:

Durch fünf verschiedene Punkte einer Ebene geht nur
ein Kegelschnitt. Denn der Pascalsche Satz gibt beliebig viele Punkte
der Kurve (Nr. 386). Daraus folgt: Zwei verschiedene und in
derselben Ebene gelegene Kegelschnitte haben höchstens
vier verschiedene Punkte gemein. Rücken zwei dieser Punkte
einander unendlich nahe, so heißt dies, daß die Kegelschnitte dort
einen Punkt nebst seiner Tangente gemein haben. Also: Zwei verschiedene und in derselben Ebene gelegene Kegelschnitte,
die sich an einer Stelle berühren, haben außerdem höchstens zwei verschiedene Punkte gemein. Ferner: Zwei verschiedene Kegelschnitte, die sich an zwei verschiedenen
Stellen berühren, haben sonst keinen Punkt gemein. Übrigens
können auch drei Punkte einander unendlich nahe rücken. Dann haben
die Kegelschnitte dort den Krümmungskreis gemein, und sie können
sich außerdem höchstens noch in einem Punkte schneiden.

Wenn sich nun zwei Flächen zweiten Grades durchdringen, wird eine

beliebige Ebene die Flächen in zwei Kegelschnitten treffen, und die
gemeinsamen Punkte dieser Kegelschnitte gehören der Durchdringungskurve an. Also folgt:

Die Durchdringungskurve zweier Flächen zweiten Grades
wird von einer beliebigen Ebene in höchstens vier Punkten
getroffen. Deshalb gehört sie zu den sogenannten Raumkurven
vierten Grades. Wenn man die Durchdringungskurve auf eine Tafel
projiziert und als schneidende Ebene eine projizierende Ebene benutzt,
zeigt sich diese Ebene bloß als Gerade, d. h.: Die Projektion der
Durchdringungskurve zweier Flächen zweiten Grades wird
von einer beliebigen Geraden in höchstens vier Punkten getroffen. Sie gehört deshalb zu den sogenannten ebenen Kurven
vierten Grades.

Hat man viele Punkte der Durchdringungskurve in der Zeichnung
ermittelt, so werden sie wegen der unvermeidlichen Ungenauigkeiten
die richtige Linie nicht dadurch liefern, daß man sie der Reihe nach
genau verbindet. Vielmehr muß man die vorkommenden kleinen Wellen
ausgleichen. Dabei dient der soeben aufgestellte Satz zum Ausmerzen
der Fehler: Man wird die vermittelnde Kurve derart ziehen, daß sie
von keiner Geraden in mehr als vier Punkten getroffen wird. Dabei
ist zu beachten, daß für eine Gerade, die die Kurve
an einer Stelle berührt, dieser Punkt doppelt zählt.
Insbesondere ist die Stelle, an der eine Wendetangente die Kurve berührt, dreifach zu zählen
(Nr. 411). Die in Fig. 780 dargestellte und aus dem
Aufriß von Fig. 777 (Nr. 507) entnommene Kurve
vierten Grades wird von der Geraden *1* in vier verschiedenen Punkten getroffen. Die Gerade *2* ist eine
gewöhnliche Tangente und trifft die Kurve außer im
Berührungspunkte noch zweimal. Die Geraden *3, 4, 5*

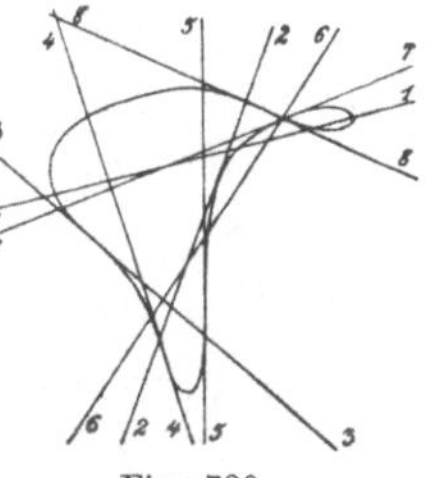

Fig. 780.

sind Wendetangenten Sie haben mit der Kurve außer ihren Berührungspunkten nur noch je einen Punkt gemein. Die Gerade *6* ist eine
Gerade durch den Doppelpunkt und schneidet die Kurve sonst nur noch
zweimal. Die Gerade *7* berührt im Doppelpunkte den einen Kurvenzweig. Daher zählt diese Stelle dreifach, und damit steht im Einklange,
daß die Gerade *7* die Kurve sonst nur noch einmal trifft. Schließlich ist
die Gerade *8*, die ebenfalls durch den Doppelpunkt geht, dort zugleich
Wendetangente des einen Kurvenzweiges. Mithin zählt sie für den
Doppelpunkt vierfach, d. h. sie trifft sonst die Kurve nicht mehr.

Ohne näher darauf einzugehen, erwähnen wir noch, daß es auch
Raumkurven vierten Grades gibt, die nicht Durchdringungskurven von
Flächen zweiten Grades sind.

**510. Andere Verfahren für die Durchdringung von Kegeln oder
Zylindern.** Das Verfahren von Nr. 158, 507 und 508 ist nicht immer
anwendbar. Denn die Spitzen S_1 und S_2 der Kegel können unerreichbar
sein oder auch die Punkte T_1 und T_2, in denen die Gerade $S_1 S_2$ die
Grundebenen schneidet; schließlich kann auch die Schnittgerade s der
Grundebenen zu weit entlegen sein. In solchen Fällen muß man anders
vorgehen. Bei der großen Anzahl verschiedener Möglichkeiten beschränken wir uns auf einige Hinweise.

Man kann die Grundebenen der Kegel oder Zylinder durch
andere Ebenen ersetzen. Dies erfordert den Schnitt der Flächen
mit Ebenen, also, wenn es sich um Kegel oder Zylinder zweiten Grades
handelt, die Bestimmung von Kegelschnitten (Nr. 256—268). Oft ist
es besonders bequem, als gemeinsame Grundebene beider Kegel oder
Zylinder eine Projektionstafel, z. B. die Grundrißtafel, zu verwenden.
Hat man nämlich die Fläche mit dieser Ebene zum Schnitte gebracht,
so fallen die Punkte T_1 und T_2 nunmehr im Spurpunkte T der Geraden
$S_1 S_2$ zusammen. Die Schnittgerade s der Grundebenen kommt dann
nicht mehr vor. Die pendelnden Hilfsebenen durch $S_1 S_2$ haben von T
ausgehende Spurgeraden, und diese bringt man mit den neuen Grundkurven der Flächen zum Schnitte. Siehe Fig. 781, wo es sich um die
Durchdringung zweier Kegel handelt, deren elliptische Grundkurven
einer Ebene angehören. Die Bezifferung zeigt, in welcher Reihenfolge
sich diejenigen Punkte der Durchdringungskurve ergeben, die auf den

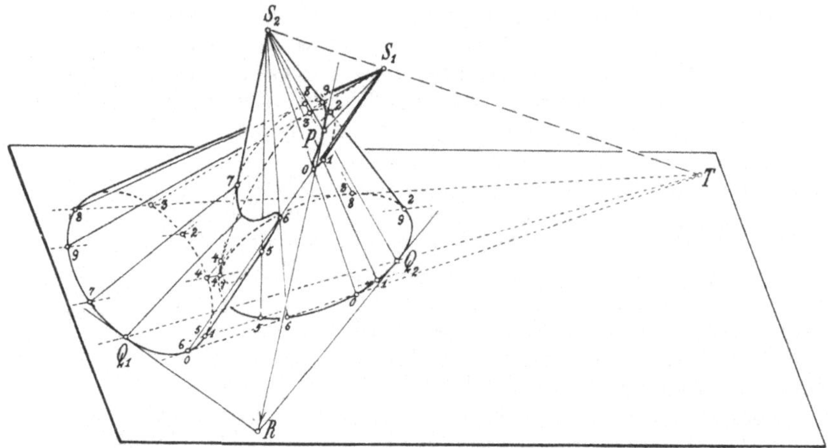

Fig. 781.

äußersten Mantellinien oder auf solchen Mantellinien liegen, die von
der Kurve nicht überschritten werden und daher auch in Wirklichkeit
Tangenten der Kurve sind. Ferner ist die Konstruktion eines beliebigen
Punktes P der Kurve angegeben, und es erhellt sofort, wie man seine
Tangente PR aus den Tangenten der Grundellipsen in Q_1 und Q_2
gewinnt.

Sind die Kegelspitzen S_1 und S_2 zu weit entlegen, so kann man
die Kegel durch zu ihren Grundebenen parallele Ebenen
zum zweiten Male begrenzen. Die um $S_1 S_2$ pendelnde Hilfsebene
schneidet die neuen Ebenen in Parallelen zu den Schnittgeraden mit
den eigentlichen Grundebenen.

Handelt es sich um Kreiskegel oder Kreiszylinder, die auf
derselben Grundebene stehen, so kann man als Hilfsebenen die
zur Grundebene parallelen Ebenen benutzen, da sie die Flächen ebenfalls in Kreisen schneiden. Dies empfiehlt sich aber nur dann, wenn
die Grundkreise auch in der Zeichnung als Kreise erscheinen und
wenn sich die Kreise in den Hilfsebenen nicht unter zu spitzen Winkeln
schneiden.

Liegen zwei Rotationskegel oder Rotationszylinder vor, deren Achsen sich schneiden, so kann man statt der Hilfsebenen auch Hilfskugeln anwenden, nämlich die Kugeln, die den Schnittpunkt der Achsen als Mittelpunkt haben. Denn diese Kugeln schneiden die Flächen in Kreisen, und es handelt sich also darum, jeweils die Schnittpunkte zweier Kreise auf einer Kugel zu bestimmen. Dies Verfahren wird in Nr. 517 angewandt werden.

511. Asymptoten der Durchdringungskurve zweier Kegel. Jeder Punkt P der Durchdringungskurve zweier Kegel ist der Schnittpunkt einer Mantellinie m_1 der einen Fläche mit einer Mantellinie m_2 der anderen, und die Tangente t, die der Schnittkurve in P zukommt, ist die Schnittgerade der Ebenen, die die Flächen längs m_1 und m_2 berühren. Nun kann es vorkommen, daß eine Mantellinie m_1 des einen Kegels zu einer Mantellinie m_2 des anderen Kegels parallel wird. Dann rückt P ins Unendlichferne, aber die Tangente t von P kann im Endlichen bleiben. Sie heißt eine Asymptote (Nr. 252) der Schnittkurve.

Um die etwa vorhandenen Paare von parallelen Mantellinien m_1 und m_2 zweier Kegel zu finden, verschiebt man den ersten Kegel parallel mit sich soweit, bis seine Spitze mit der des zweiten zusammenfällt. Dann müssen die fraglichen parallelen Mantellinien ebenfalls zusammenfallen. Man hat also die gemeinsamen Mantellinien des verschobenen Kegels mit dem zweiten Kegel zu bestimmen. Zu diesem Zwecke schneidet man beide Kegel mit einer Ebene, wodurch sich zwei Kurven ergeben, deren Schnittpunkte auf den gesuchten Mantellinien liegen.

Handelt es sich insbesondere um Kegel zweiten Grades, so werden sie von der Ebene in Kegelschnitten getroffen. Nach Nr. 509 haben diese höchstens vier Punkte gemein, d. h.: Die Durchdringungskurve zweier Kegel zweiten Grades kann sich höchstens nach vier Richtungen ins Unendlichferne erstrecken, oder auch: sie hat höchstens vier Asymptoten.

512. Durchdringung zweier Kegel zweiten Grades mit einer gemeinsamen Mantellinie. Wenn die Verbindungsgerade der Spitzen S_1 und S_2 zweier Kegel zweiten Grades beiden Kegeln als Mantellinie angehört, ist sie selbst ein Teil der Durchdringung der Kegel. Da nun eine beliebige Ebene den gesamten Durchschnitt der Kegel in höchstens vier Punkten trifft (Nr. 509) und einer dieser Punkte der Geraden $S_1 S_2$ angehört, ist der Rest der Durchdringung eine Raumkurve, die von beliebigen Ebenen in höchstens drei Punkten getroffen wird. Diese Kurve gehört daher zu den sogenannten Raumkurven dritten Grades.

Insbesondere kann es vorkommen, daß zwei Kegel zweiten Grades einander längs einer gemeinsamen Mantellinie berühren. Dann zählt diese als Teil des Durchschnitts doppelt, so daß der Rest der Durchdringung eine Kurve ist, die von einer beliebigen Ebene in höchstens zwei Punkten getroffen wird. Man wird also vermuten, daß sich nur ein Kegelschnitt ergibt. In der Tat: Es seien A, B, C drei Punkte der Durchdringungskurve. Die durch sie gehende Ebene E trifft die gemeinsame Mantellinie in einem Punkte D und die längs der Mantellinie gemeinsame Tangentialebene in einer Geraden d. Deshalb schneidet sie beide Kegel in Kegelschnitten durch A, B, C, D, die in D die Tangente d haben. Aber es gibt nur einen Kegelschnitt, der durch vier verschiedene Punkte der Ebene geht und in einem der Punkte eine gegebene Tangente hat, da man ihn mit Hilfe des Pascalschen Satzes Punkt für Punkt ermitteln kann (Nr. 386). Also haben die Kegel in der Tat einen Kegelschnitt gemein. Andererseits können sie außer diesem und der doppelt zählenden Mantellinie keine Kurve gemein haben, da irgendeine Ebene mit dem gesamten Durchschnitt höchstens vier Punkte gemein hat, d. h.:

Wenn sich zwei Kegel zweiten Grades längs einer Mantellinie berühren, haben sie außerdem nur noch eine Ellipse, Parabel oder Hyperbel gemein.

513. Durchdringung zweier Kegel zweiten Grades mit zwei gemeinsamen Tangentialebenen. In Nr. 279 wurde bewiesen, daß sich zwei Kegel, die eine Ellipse gemein haben, außerdem nur noch in einer ebenen Kurve, also in einer Ellipse, Parabel oder Hyperbel, schneiden. Der Beweis wurde zunächst für den Fall geführt, wo die Ellipse ein Kreis ist, und zwar mittels der Polareigenschaften des Kreises. Da diese Eigenschaften auch für die Ellipse gelten, konnte der Satz auf den Fall der Ellipse ausgedehnt werden. Nun gelten aber die Polareigenschaften auch für die Parabeln und Hyperbeln (Nr. 361). Daher ergibt sich:

Wenn zwei Kegel eine Ellipse, Parabel oder Hyperbel gemein haben, schneiden sie sich außerdem nur noch in einer ebenfalls ebenen Kurve, also in einer Ellipse, Parabel oder Hyperbel. Dies gilt selbstredend auch für den Sonderfall der Zylinder. Die Kurve vierten Grades, die den Durchschnitt bildet, zerfällt also in zwei einzelne Kegelschnitte oder Kurven zweiten Grades. Nach Nr. 279 treffen sich diese in zwei Punkten. Das sind die Doppelpunkte der Durchdringung. Es zeigte sich, daß die Kegel zwei Tangentialebenen gemein haben, und daß die Doppelpunkte die Punkte sind, in denen sich diejenigen Mantellinien schneiden, längs deren die gemeinsamen Tangentialebenen die Kegel berühren.

Durch eine ähnliche Schlußfolgerung wie in voriger Nummer kann man die Umkehrung beweisen:

Wenn zwei Kegel zweiten Grades zwei verschiedene gemeinsame Tangentialebenen haben, schneiden sie sich in zwei Kegelschnitten. In der Tat, die Mantellinien, längs deren die eine Ebene die Kegel berührt, mögen sich in U treffen, die Mantellinien, längs deren die andere Ebene die Kegel berührt, in V. Ferner sei P ein beliebiger gemeinsamer Punkt beider Kegel. Die Ebene E durch P, U und V schneidet jeden Kegel in einem Kegelschnitte, der durch P, U und V geht und in U und V die Geraden u und v berührt, in denen E die gemeinsamen Tangentialebenen schneidet. Es gibt jedoch nur einen Kegelschnitt, der durch P, U, V geht und in U und V die Tangenten u und v hat (Nr. 386). Also schneidet E beide Kegel in demselben Kegelschnitte.

514. Durchdringung der Kugel mit einem Kegel oder Zylinder. Handelt es sich um die Durchdringung einer Kugel mit irgendeiner anderen Fläche, so sind, was die Kugel angeht, beliebige Schnittebenen als Hilfsebenen verwendbar, denn sie treffen die Kugel immer in Kreisen. Soll der Schnitt der Kugel mit einem Kegel oder Zylinder gefunden werden, so sind aber, was die zweite Fläche angeht, die durch die Kegelspitzen gehenden oder die zum Zylinder parallelen Ebenen besonders geeignet, da sie Mantellinien der Fläche enthalten. Demnach benutzt man Hilfsebenen durch die Kegelspitze oder parallel zum Zylinder und zwar solche, deren Schnitte mit der Kugel sich besonders bequem zeichnen lassen. Als Beispiel diene die Durchdringung einer Kugel mit

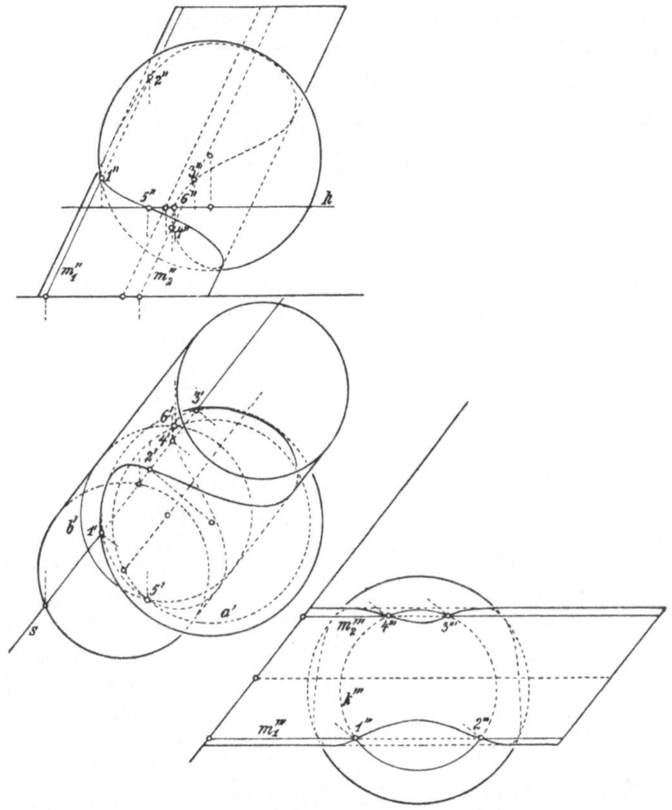

Fig. 782.

einem schiefen Kreiszylinder in Fig. 782. Als Hilfsebene benutze man die zur Grundrißtafel senkrechten und zum Zylinder parallelen Ebenen. Sie schneiden die Kugel in Kreisen, die sich in einem zur Grundrißtafel senkrechten und zum Zylinder parallelen Seitenriß wieder als Kreise zeigen. Diejenige Hilfsebene z. B., die längs s auf der Grundrißtafel senkrecht steht, schneidet die Kugel in einem Kreis k und den Zylinder in Mantellinien m_1 und m_2, woraus sich sofort im Seitenriß die Punkte $1, 2, 3, 4$ der Durchdringungskurve ergeben. Indem man eine hinreichende Anzahl von Hilfsebenen benutzt, bekommt man genügend viele Punkte. Insbesondere lassen sich leicht diejenigen bestimmen, die im Grund- oder Seitenriß auf äußersten Mantellinien oder

auf dem Kugelumriß liegen. Die Schnittkurve ist nach Nr. 509 eine
Kurve vierten Grades. Der Zylinder ist hohl gedacht und oben offen.

Man kann im vorliegenden Fall auch wagerechte Hilfsebenen benutzen, z. B. die in der Höhe h, die die Kugel und den Zylinder in
Kreisen a und b schneidet, denn diese Kreise stellen sich im Grundriß
als Kreise dar, wodurch sich die Punkte 5 und 6 ergeben. Aber die
Schnitte der Kreise a' und b' sind zu spitzwinklig und daher zu ungenau.
Man tut besser, das erste Verfahren anzuwenden.

515. Hilfssatz über Kegelschnitte mit vier gemeinsamen Punkten.
Wir schalten hier einen in der nächsten Nummer anzuwendenden Hilfssatz ein: In der Ebene seien vier verschiedene Punkte A, B, C, D gegeben, und durch A gehe eine beliebige Gerade a. Nun gibt es nach
Nr. 386 und 509 nur einen Kegelschnitt, der durch A, B, C, D geht
und in A die Gerade a berührt. Die Tangente b von B ergibt sich, indem man den Pascalschen Satz auf das Sechseck

$$A \quad A$$
$$C \qquad\qquad D$$
$$B \quad B$$

anwendet, wo AA die gegebene Tangente a und BB die gesuchte Tangente b bedeutet. Hiernach muß nämlich der Schnittpunkt F von a
und b auf der Geraden
durch den Schnittpunkt
U von AD und BC und
durch den Schnittpunkt
W von DB und CA
liegen, siehe Fig. 783.
Ebenso findet man die
Tangenten c und d von
C und D. Daher treffen
sich die aufeinanderfolgenden Tangenten a, b,
c, d jeweils auf einer der
drei Geraden durch die
Diagonalpunkte U, V, W
des vollständigen Vierecks $ABCD$ (Nr. 187).

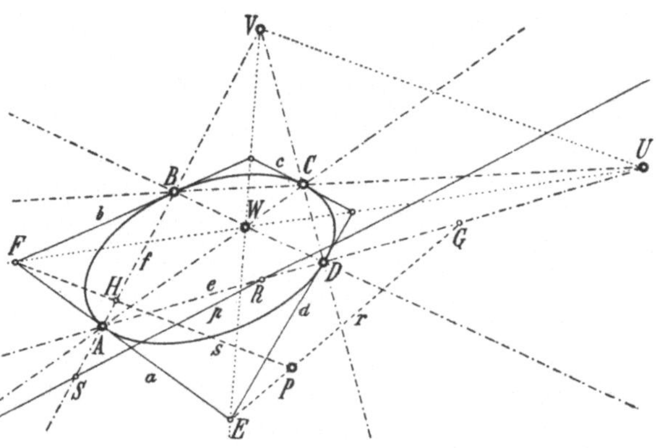

Fig. 783.

Nun sei P ein beliebiger Punkt. Wir gehen darauf aus, seine Polare p
hinsichtlich des Kegelschnittes zu finden. Wir ziehen die Geraden von P
nach den Schnittpunkten E und F von a und d bzw. a und b. Da die
Polare e von E die Gerade AD ist (Nr. 361), liegt der Pol R der Geraden EPG oder r auf e und zwar so, daß R und G die Punkte A und D
harmonisch trennen. Ebenso liegt der Pol S der Geraden PHF oder s
auf der Polaren f oder AB von F und zwar so, daß S und H die Punkte
A und B harmonisch trennen. Weil nun P der Schnittpunkt von r und s
ist, muß die Polare p von P die Verbindende der Pole R und S von r
und s sein.

Werden die Punkte A, B, C, D und P beibehalten, also auch die
Punkte U, V, W, wird dagegen die Tangente a durch eine andere Gerade durch A ersetzt, so ändert sich der Kegelschnitt durch A, B, C, D,
der in A die Tangente a hat. Demnach ändert sich auch die Lage der

Polare p von P hinsichtlich des Kegelschnittes. Man schließt nun so:
Die Gerade a möge in vier verschiedene Lagen a_1, a_2, a_3, a_4 durch A
gebracht werden. Den entsprechenden Punkten E, F usw. seien die
Ziffern 1, 2, 3, 4 angehängt. Nach dem Satze des Pappus (Nr. 327)
ist das Doppelverhältnis von E_1, E_2, E_3, E_4 auf VW gleich dem von
F_1, F_2, F_3, F_4 auf UW, ferner das von E_1, E_2, E_3, E_4 gleich dem von
G_1, G_2, G_3, G_4 auf ADU, und das von F_1, F_2, F_3, F_4 gleich dem von
H_1, H_2, H_3, H_4 auf ABV. Da R und G die Punkte A und D harmonisch trennen, haben auch G_1, G_2, G_3, G_4 und R_1, R_2, R_3, R_4 auf ADU
dasselbe Doppelverhältnis, ebenso schließlich auch H_1, H_2, H_3, H_4
und S_1, S_2, S_3, S_4 auf ABV. Somit ist das Doppelverhältnis von
R_1, R_2, R_3, R_4 gleich dem von S_1, S_2, S_3, S_4. Mit anderen Worten
(Nr. 330): Dreht sich a um A, so beschreiben R und S projektive
Punktreihen auf e und f. Wenn a insbesondere in die Lage AP gelangt, kommen G und H nach A, also auch R und S, d. h. der Schnittpunkt A der projektiven Punktreihen auf e und f entspricht sich selbst.
Dies besagt nach Nr. 330, daß die Punktreihen insbesondere perspektiv
sind, mit anderen Worten: Die Verbindende der Punkte R und S dreht
sich, wenn a um A gedreht wird, ebenfalls um einen festen Punkt. Da
sie die Polare p des Punktes P hinsichtlich des veränderlichen Kegelschnittes durch A, B, C, D ist, gilt somit der Satz:

Die Polaren p, die einem Punkte P der Ebene hinsichtlich aller unendlich vielen Kegelschnitte durch vier feste
Punkte A, B, C, D der Ebene zukommen, gehen sämtlich
durch einen Punkt.

516. Durchdringung zweier Flächen zweiten Grades, die eine Symmetrieebene gemein haben. Wenn eine Fläche zweiten Grades eine
Symmetrieebene hat, schneidet sie diese in einem Kegelschnitte.
Irgendeine zur Symmetrieebene senkrechte Ebene schneidet die Fläche
in einem Kegelschnitte, der als eine Achse diejenige Strecke AB hat,
die durch die senkrechte Ebene als Sehne aus dem ersten Kegelschnitt
ausgeschnitten wird. Daraus folgt wie in Nr. 442, deren Fig. 675 auch
jetzt benutzt werden kann, obwohl es sich nicht notwendig wie damals
um eine Rotationsfläche handelt:

Hat eine Fläche zweiten Grades eine Symmetrieebene und
ist P' die senkrechte Projektion irgendeines Punktes P der
Fläche auf die Symmetrieebene, so geht die Tangentenebene
des Punktes P durch diejenige Gerade p der Symmetrieebene,
die die Polare von P' hinsichtlich des Kegelschnittes ist, in
dem die Symmetrieebene die Fläche trifft.

Nun betrachten wir die Durchdringung
zweier Flächen zweiten Grades, die eine
gemeinsame Symmetrieebene haben. Diese
Ebene diene als Tafel für die senkrechte Projektion in Fig. 784. Sie schneidet die Flächen
in Kegelschnitten k_1 und k_2. Insbesondere werde
angenommen, daß diese Kegelschnitte vier
Punkte A, B, C, D gemein haben. Ferner sei P

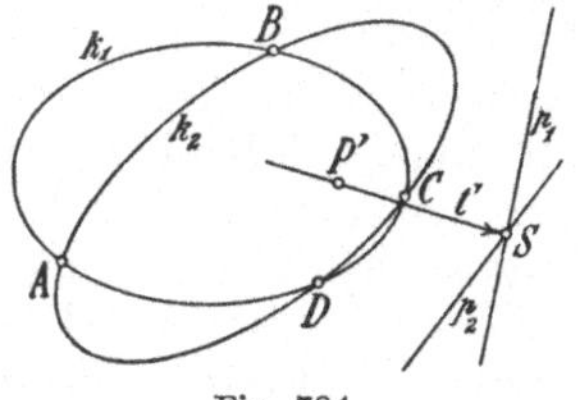

Fig. 784.

ein Punkt der Durchdringungskurve und P' seine senkrechte Projektion.
Nach dem soeben aufgestellten Satze haben die Tangentenebenen der

Flächen in P als Spurgeraden die Polaren p_1 und p_2 von P' hinsichtlich der Kegelschnitte k_1 und k_2. Daher geht die Projektion t' der Tangente der Durchdringungskurve nach dem Schnittpunkte S von p_1 und p_2. Nun gibt es einen Kegelschnitt, der durch A, B, C, D und P' geht. Weil er mit den Kegelschnitten k_1 und k_2 die Punkte A, B, C, D gemein hat, gehen die Polaren, die P' hinsichtlich aller drei Kegelschnitte hat, nach dem Satze der letzten Nummer durch einen gemeinsamen Punkt. Mithin geht die Polare des Punktes P' hinsichtlich des Kegelschnittes durch A, B, C, D und P' ebenfalls durch S. Weil aber P' selbst ein Punkt dieses Kegelschnittes ist, hat er als Polare seine Tangente (Nr. 361). Mithin ist $P'S$ oder t' die Tangente des Kegelschnittes durch A, B, C, D und P'. Andererseits ergab sich, daß die Projektion der Durchdringungskurve der beiden Flächen zweiten Grades, falls sie durch P' geht, dort ebenfalls t' als Tangente hat. Die Projektion der Durchdringungskurve ist daher so beschaffen, daß sie in jedem ihrer Punkte P' einen durch A, B, C, D gehenden Kegelschnitt berührt. Aber keine zwei der Kegelschnitte durch A, B, C, D haben außer A, B, C, D noch einen Punkt gemein (Nr. 509). Daher muß die Projektion der Durchdringungskurve selbst einer dieser Kegelschnitte sein, d. h.:

Haben zwei Flächen zweiten Grades eine gemeinsame Symmetrieebene, die sie in Kegelschnitten k_1 und k_2 mit vier Schnittpunkten A, B, C, D treffen, so ist die senkrechte Projektion der Durchdringungskurve auf die Symmetrieebene auch ein durch A, B, C, D gehender Kegelschnitt.

Im allgemeinen ist die senkrechte Projektion der Durchdringungskurve zweier Flächen zweiten Grades eine Kurve vierten Grades (Nr. 509). Daß sich hier eine Kurve zweiten Grades ergibt, erklärt sich daraus, daß die Durchdringungskurve ebenfalls die vorausgesetzte Symmetrieebene hat, so daß es zu jedem Punkte P der Kurve eine hinsichtlich dieser Ebene symmetrisch gelegenen Punkt gibt. Beide Punkte haben dieselbe senkrechte Projektion P'. Der Kegelschnitt, der sich als senkrechte Projektion der Durchdringungskurve auf die Symmetrieebene ergibt, ist somit als Doppelkurve aufzufassen.

Man kann übrigens beweisen, daß der Satz auch dann gilt, wenn die Kegelschnitte k_1 und k_2 weniger als vier Punkte A, B, C, D gemein haben, doch würde es zu weit führen, darauf einzugehen.

Ein Beispiel zeigt Fig. 785, nämlich die Durchdringung einer Kugel mit einem Rotationskegel. Die Ebene durch die Kegelachse und Kugelmitte M ist sowohl für den Kegel als auch für die Kugel eine Symmetrieebene. Da die Kegelachse lotrecht angenommen worden ist, steht diese Ebene auf der Grundrißtafel senkrecht. Statt auf sie kann man auf eine zu ihr parallele Ebene projizieren. Das ist die Ebene des Seitenrisses. Hier also erscheint die Durchdringungskurve als Kegelschnitt. Nebenbei bemerkt läßt sich beweisen, daß der Kegelschnitt im vorliegenden Fall eine Parabel ist, deren Achse zur neuen Projektionsachse parallel liegt. Die Punkte A, B, C, D ergeben sich im Seitenriß ohne weiteres. Die Projektion der Durchdringungskurve besteht im Seitenriß aus den doppelt zählenden Bogenstücken $A'''D'''$ und $B'''C'''$ der Parabel. Bemerkenswert ist, daß nur Teile der Parabel als Projektion der Kurve gelten. (In Fig. 662 von Nr. 432 trat eine ähnliche Erscheinung auf.) Die Punkte E, F, G, H ergeben sich,

indem man als Hilfsebene die zur Aufrißtafel parallele Ebene durch
die Kegelachse benutzt. Sie schneidet die Kugel in einem Kreise, der
im Aufriß als Kreis erscheint, so daß dort E'', F'', G'', H'' als Punkte
auf den äußersten Mantellinien des Kegels hervorgehen. Durch Benutzung
der Symmetrie im Grundriß ergeben sich weiterhin aus E', F', G', H'

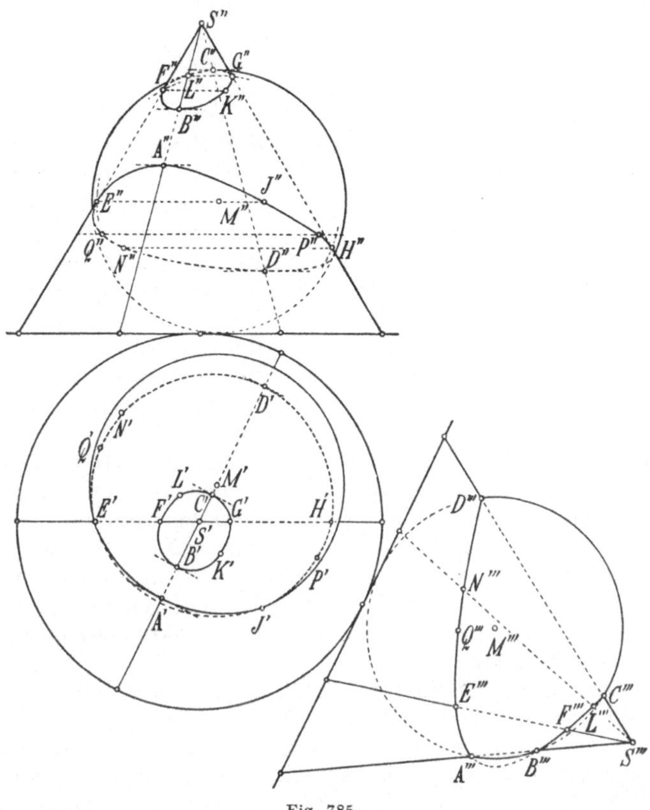

Fig. 785.

die Punkte J', K', L', N'. Ein beliebiges symmetrisch gelegenes Punktepaar P, Q, zu dem also nur ein Punkt Q''' im Seitenriß gehört, geht
durch Anwendung einer wagerechten Hilfsebene hervor.

**517. Durchdringung von Rotationsflächen, deren Achsen sich schnei-
den.** Die Ermittlung des Durchschnitts zweier Rotationsflächen
(Nr. 429) ist im allgemeinen mühselig. Man wird als Hilfsebenen etwa
Ebenen senkrecht zur Achse der einen Fläche benutzen, da sie diese
Fläche in Breitenkreisen schneiden. Die Schnitte mit der zweiten Fläche
müssen dann nach Nr. 435 bestimmt werden.

In einem Falle jedoch, der oft vorkommt, ist die Ermittlung bedeutend leichter, nämlich wenn sich die Achsen a_1 und a_2 der
Flächen schneiden. Denn dann kann man als Hilfsflächen Kugeln
benutzen, die den Schnittpunkt M der Achsen als Mittelpunkt haben.
Derartige Kugeln schneiden die Flächen in Breitenkreisen, und es handelt
sich also jeweils um die Bestimmung der Schnittpunkte zweier auf einer

Kugel gelegener Kreise. Um die Durchdringung zu zeichnen, benutzt man zweckmäßig die Ebene der Achsen als Tafel für eine senkrechte Projektion. Auf dieser Tafel stellen sich die Meridiankurven in wahrer Gestalt dar, siehe Fig. 786. Eine beliebige Kugel um M schneidet die Fläche in Breitenkreisen, die sich als Strecken k_1, l_1 und k_2, l_2 darstellen. Die Schnittpunkte A, B, C, D der Geraden k_1, l_1 mit den Geraden k_2, l_2 geben also Punkte der Projektion der Durchdringungskurve, jedoch nur dann, wenn sie nicht auf die Verlängerungen der Strecken k_1, l_1 und k_2, l_2 fallen. Das trifft für den Punkt D nicht zu. Die kleinste noch brauchbare Hilfskugel ist diejenige, deren Schnittkreise mit m_1, m_2, m_3 bezeichnet sind. Sie liefern zwei Punkte P und Q der Kurve, und es erhellt, daß die Kurve in P und Q die Geraden m_2 und m_3 berühren muß. Obgleich sich bei der Anwendung der Hilfskugeln Punkte

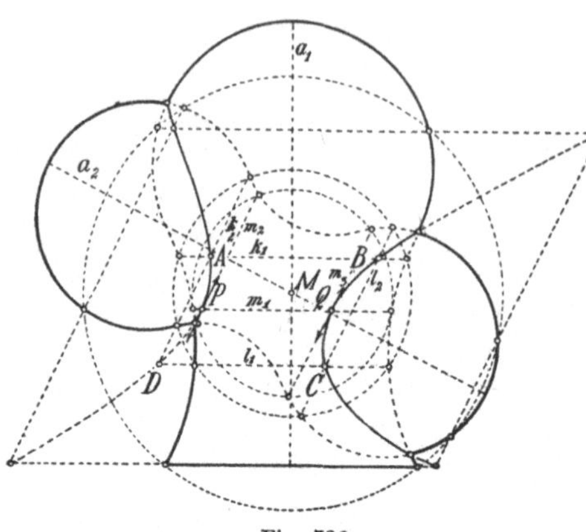

Fig. 786.

wie D ergeben, die eigentlich nicht der Projektion der Durchdringungskurve angehören, sind sie doch nützlich zu verwenden. Denn es tritt hier wie in voriger Nummer (und wie schon in Nr. 432) die Erscheinung auf, daß die Projektion der Durchdringungskurve nur aus doppelt zählenden Teilen einer sich weiter erstreckenden Kurve besteht. Durch Benutzung der weiter draußen gelegenen Punkte bekommt man den Zug der Kurve genauer.

Insbesondere kann die kleinste noch brauchbare Hilfskugel in ihrem Schnitte mit der Tafel die Meridiankurven beider Rotationsflächen berühren, siehe Fig. 787 mit der Durchdringung zweier spindelförmiger Rotationsflächen. Dann ergibt sich ein besonderer Punkt der Projektion der Kurve als Schnitt U der Sehnen A_1B_1 und A_2B_2. Dieser Fall geht aus dem allgemeinen Fall in Fig. 786 hervor, wenn man dort die Meridiankurve der zweiten Fläche so weit abändert, daß auch sie den dort gezeichneten kleinsten Kreis berührt, indem dann die dort mit P und Q bezeichneten Punkte zusammenrücken. Daraus erhellt, daß der Punkt U die Projektion eines Doppelpunktes der Durchdringungskurve ist, besser gesagt, zweier Doppelpunkte, denn die Kurve ist zur Tafel symmetrisch, hat also über und unter U in gleichen Abständen je einen Punkt. In diesen Doppelpunkten haben die Rotationsflächen gemeinsame Tangentenebenen.

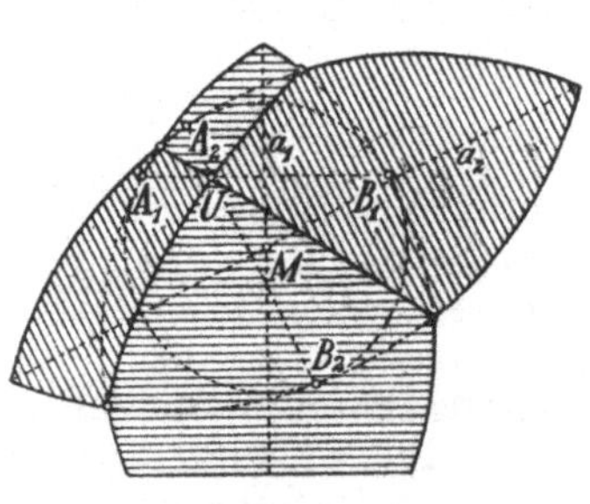

Fig. 787.

Handelt es sich um Rotationsflächen zweiten Grades, deren Achsen sich schneiden (Nr. 442), so ist die Projektion ihrer Durchdringungskurve auf die Ebene der Achsen a_1 und a_2 nach Nr. 516 ein

Kegelschnitt. Wenn insbesondere wie soeben Doppelpunkte vorhanden
sind, liefert ihre Projektion einen Doppelpunkt U des Kegelschnittes.
Aber wenn ein Kegelschnitt einen Doppel-
punkt hat, besteht er aus einem Geradenpaar, das man als eine ausgeartete Hyperbel
auffassen kann. Also folgt:

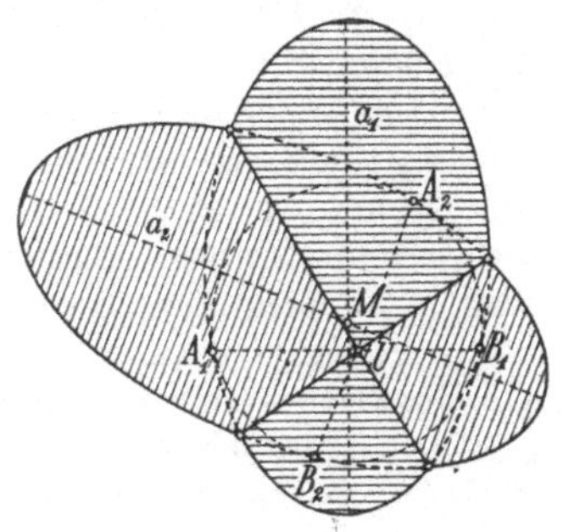
Fig. 788.

Wenn die Durchdringungskurve
zweier Rotationsflächen zweiten Grades, deren Achsen sich schneiden,
Doppelpunkte hat, projiziert sich die
Kurve senkrecht auf die Ebene der
Achsen als ein Streckenpaar. Dies besagt: Die Durchdringungskurve selbst
zerfällt in zwei einzelne Kegelschnitte,
deren Ebenen auf der Ebene der Ach-
sen senkrecht stehen. Siehe Fig. 788 für den Fall zweier Rotationsellipsoide.

Das in dieser Nummer entwickelte Verfahren wird auch dann angewandt, wenn es sich um die Durchdrin-
gung zweier Rotationskegel oder Rotationszylinder handelt, deren Achsen sich
schneiden (Nr. 510), siehe in Fig. 789
die Darstellung einer Kanne mit Ausfluß, wobei angenommen wird, daß
die Kanne ein Stumpf eines Rotationskegels sei und auch der Ausfluß durch
einen Rotationskegel gebildet werde,
dessen Achse a_2 die Achse a_1 des ersten
Kegels in M trifft. Nach dem Gesagten
stellt sich die Projektion der Durchdringungskurve als Kegelschnitt dar.

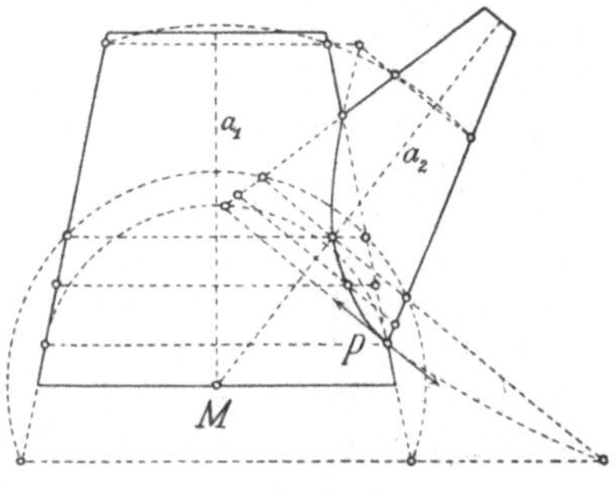
Fig. 789.

Im vorliegenden Falle kann man beweisen, daß es eine Hyperbel ist.
Von ihr kommt nur ein Teil des einen Astes in Betracht.

518. Wie die Sichtbarkeit einer Durchdringungskurve endet. Für
die Feststellung der Sichtbarkeit einer Durchdringungskurve ergibt sich
eine einfache Regel aus der Betrachtung
der Fig. 790. Unter u_1 und u_2 seien die
Umrisse zweier Flächen verstanden, die sich
längs der Kurve k durchdringen. An den
Stellen 1 und 2 berühre die Kurve k in der
Zeichnung die Umrisse u_1 und u_2. Wird
nun angenommen, daß das Stück $0\,1$ der
Kurve k auf den sichtbaren Seiten beider
Flächen liege, also selbst sichtbar sei, so
wird die Fortsetzung $1\,2$ unsichtbar, weil sie

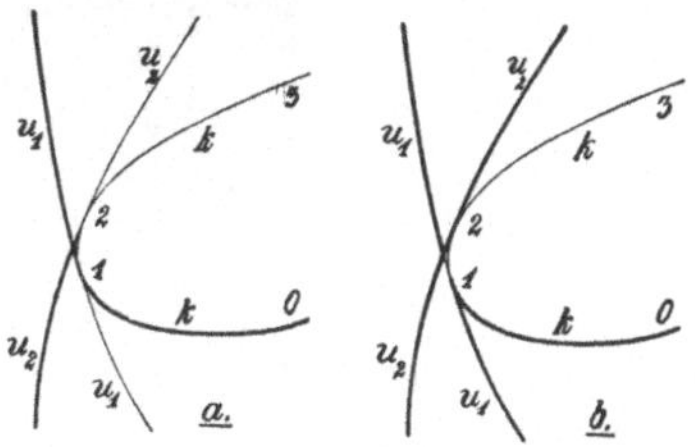
Fig. 790

auf der unsichtbaren Seite der ersten Fläche gelegen ist, und die weitere
Fortsetzung $2\,3$, weil sie auf den unsichtbaren Teilen beider Flächen gelegen
ist. Von der Stelle 1 an wird also die Umrißlinie u_1 im einen oder anderen
Sinne als sichtbare Linie kräftig zu ziehen sein. Dies kann an sich entweder wie im Fall a oder wie im Fall b geschehen. Aber im Fall b kommt

man zu einem Widerspruch: Wenn die Fortsetzung der Linie u_1 von 1 an bis zur Deckstelle mit u_2 unsichtbar wird, kann es nur daran liegen, daß u_1 in 1 die zweite Fläche durchbohrt. Da aber u_1 weiterhin über die Deckstelle hinaus jedenfalls zu sehen ist, dagegen die zweite Fläche den Umriß u_2 hat, muß also u_1 zwischen 1 und der Deckstelle von u_1 und u_2 abermals die zweite Fläche durchsetzen. Diese Stelle gehört wie jede gemeinsame Stelle beider Flächen der Durchdringungskurve k an, die jedoch keinen Punkt auf u_1 zwischen 1 und der Deckstelle hat. Fall b ist demnach unmöglich, und die Ausbildung einer Spitze wie hier bei 1 kommt nicht vor. Daraus entspringt die Regel, siehe Fig. 790a:

Verfolgt man ein sichtbares Stück $0\,1$ einer Durchdringungskurve k bis zu der Stelle 1, wo sie an eine Umrißlinie u_1 herankommt, so ist weiterhin dasjenige Stück von u_1 zu sehen, das sich daran tangential im Sinne des Fortganges anschließt und nicht das rückwärtige Stück von u_1.

Die Beachtung dieser Regel hilft zur schnelleren Feststellung aller sichtbaren Linien.

519. Schatten in einem Torbogen. Der Schlagschatten, den eine Kurve oder ein Körper auf eine Fläche wirft, ergibt sich durch den Schnitt dieser Fläche mit dem Zylinder der Lichtstrahlen, die die Kurve treffen oder den Körper berühren. Wenn die schattenauffangende Fläche selbst zylindrisch ist, ist also der Schlagschatten der Kurve oder die Grenze des Schlagschattens des Körpers der Schnitt zweier Zylinder. Nach Nr. 158 und 508 benutzt man dann als Hilfsebenen solche Ebenen, die zu beiden Zylindern parallel sind, d. h. einerseits die Lichtrichtung enthalten und andererseits zum gegebenen Zylinder parallel sind. Man muß feststellen, wie eine derartige Hilfsebene die Grundebenen beider Zylinder schneidet, und sie dann parallel verschieben.

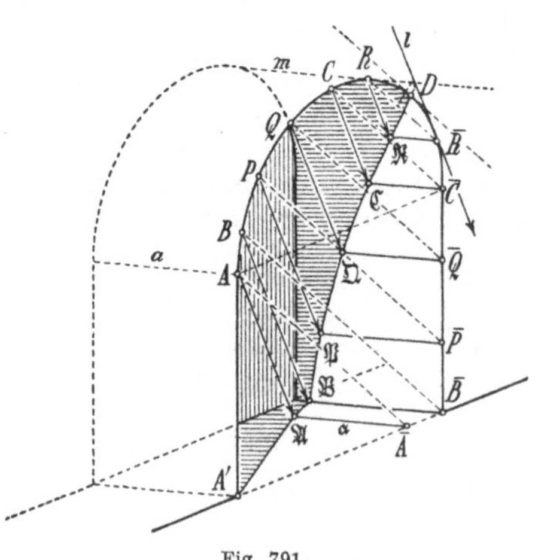

Fig. 791.

Insbesondere kommt oft der Fall vor, daß eine Kurve einen Schatten auf einen Zylinder wirft, auf dem die Kurve selbst liegt, nämlich dann, wenn der Zylinder durch die Kurve begrenzt wird. Wenn die Kurve überdies eben ist, der Zylinder also durch eine Ebene abgeschnitten worden ist, kann man diese Ebene selbst als Grundebene des Zylinders benutzen, also die Kurve als Grundkurve des Zylinders. Dann aber hat der Lichtzylinder, da er von der Kurve ausgeht, dieselbe Grundkurve. Danach liegt jetzt der Fall der Durchdringung zweier Zylinder mit gemeinsamer Grundebene und Grundkurve vor. Ein Beispiel hierzu ist in Fig. 198 von Nr. 140 dargestellt. Ein anderes Beispiel ist das folgende, siehe Fig. 791:

Der Rand $A'ABP\ldots$ eines Torbogens, der eine Kurve in der Ebene einer Mauer ist, wirft seine Schatten ins Innere. Der Endpunkt A der geraden Strecke $A'A$ habe seinen Schatten $\mathfrak{A}$ auf dem Fußboden. Eine der Hilfsebenen ist die Ebene durch den Lichtstrahl $A\mathfrak{A}$ und durch die von A ausgehende Gerade a des Torbogenzylinders. Diese Gerade a wirft zwar keinen Schatten, aber ihre Fortsetzung über A hinaus würde, da a zum Fußboden parallel liegt, den zu a parallelen Schatten $\mathfrak{a}$ durch $\mathfrak{A}$ werfen, und diese Gerade schneidet die Schwelle in $\overline{A}$. Demnach ist $A\mathfrak{A}\overline{A}$ eine der Hilfsebenen. Sie schneidet die Grundebene des Torzylinders, d. h. die Ebene der Mauer, in der Geraden $A\overline{A}$. Man bekommt mithin den Schatten $\mathfrak{P}$ irgendeines Punktes P des Torbogens, indem man die Hilfsebene bis P parallel verschiebt: Die verschobene Ebene schneidet die Mauerebene in der Parallelen $P\overline{P}$ zu $A\overline{A}$, also die innere Torfläche in der Parallelen zu $\mathfrak{A}\overline{A}$ durch $\overline{P}$, und demnach ist $\mathfrak{P}$ der Schnittpunkt dieser Parallelen mit dem Lichtstrahl durch P. Indem man $\overline{P}$ an die unterste Stelle $\overline{B}$ verlegt, bekommt man den letzten Punkt B, dessen Schatten $\mathfrak{B}$ noch auf den Fußboden fällt. Die Fortsetzung, nämlich das Stück von B bis C, wirft den Schatten auf die ebene Innenwand, und C findet man, indem man die Lichtebene durch den obersten Punkt $\overline{C}$ der geraden Strecke $\overline{B}\overline{C}$ legt. Daraus geht also die Stelle $\mathfrak{C}$ als Ende des Schattens $\mathfrak{B}\mathfrak{C}$ auf der ebenen Innenwand hervor. Zur genaueren Bestimmung der Kurve $\mathfrak{B}\mathfrak{C}$ genügt es, noch den Schatten $\mathfrak{Q}$ einer Stelle Q zwischen P und C zu ermitteln. Der Torbogen über C wirft den Schatten auf den inneren Zylinder, siehe z. B. den Schatten $\mathfrak{R}$ des Punktes R. Die fortgesetzte Verschiebung der Hilfsebene zeigt, daß die letzte diejenige ist, deren Schnittgerade mit der Mauerwand als Parallele zu $A\overline{A}$ den Torbogen in D berührt. Demnach ist D sein eigener Schatten, und die Schattenkurve endet in D. Zu beachten ist, daß dieser Endpunkt nicht derjenige Punkt ist, in dem die Parallele l zur Lichtrichtung den Torbogen berührt. In der Tat ist diese Berührung nur scheinbar; sie findet zwar in der Zeichnung, aber nicht in Wirklichkeit statt, da l nicht der Mauerebene angehört. Ferner ist zu beachten, daß die Schattenkurve $\mathfrak{C}D$ in D keineswegs den Torbogen berührt. Macht man nämlich dieselbe Konstruktion wie für P, Q, R, indem man den Punkt über D hinaus nach $\overline{R}$ wandern läßt, so daß $\overline{R}$ an die Stelle von R tritt, so wechselt R seine Bedeutung mit $\overline{R}$ und der allerdings nur geometrische Schatten von $\overline{R}$ ist der Schnittpunkt der Parallelen zur Lichtrichtung durch $\overline{R}$ mit der durch R gehenden Mantellinie m des Torzylinders. Die Kurve $\mathfrak{C}D$ setzt sich also in der Tat über D hinaus fort; die Fortsetzung ist angedeutet. Sie berührt die äußersten Mantellinien m und l des Torzylinders und Lichtzylinders. Beide Zylinder haben die Kurve ACD als Grundkurve und außerdem die Schattenkurve gemein, d. h. ihre Durchdringung besteht aus beiden Kurven, und D ist also ein Doppelpunkt der Durchdringung.

Da der Torbogen elliptisch angenommen worden ist, sind die Kurvenstücke $\mathfrak{A}\mathfrak{B}$ und $\mathfrak{B}\mathfrak{C}$ Teile von Ellipsen; dasselbe gilt aber auch nach Nr. 513 von dem Kurvenstück $\mathfrak{C}D$. Selbstverständlich gehen die Ellipsenstücke $\mathfrak{B}\mathfrak{C}$ und $\mathfrak{C}D$ in $\mathfrak{C}$ stetig ineinander über, während an der Stelle $\mathfrak{B}$ ein Knick vorkommt.

Dieselbe Aufgabe ist in Fig. 792 in perspektiver Darstellung behandelt. Ein kleiner Unterschied besteht darin, daß hier das Sonnenbild S (Nr. 324) so angenommen worden ist, daß der Punkt A seinen

Schatten $\mathfrak{A}$ nicht auf den Fußboden, sondern auf die ebene Innenwand des Torwegs wirft. Die Mantellinie a des Torzylinders geht nach dem Fluchtpunkte F_2, und der Schatten, den die Verlängerung von a über A hinaus auf die Innenwand werfen würde, ist die von F_2 nach $\mathfrak{A}$ gehende Gerade $\mathfrak{a}$. Man hat also auch jetzt sofort $A\mathfrak{A}$ als Schnitt einer der Hilfsebenen mit der Ebene der Mauer. Da alle Hilfsebenen parallel sind und diese eine Hilfsebene die Gerade a mit dem Fluchtpunkt F_2 und den Lichtstrahl SA mit dem Fluchtpunkt S enthält, ist F_2S die gemeinsame Fluchtgerade der Hilfsebenen (Nr. 295). Andererseits hat die Ebene der Mauer eine lotrechte Fluchtgerade, nämlich die durch den Fluchtpunkt F_1 der unteren Kante. Beide Fluchtgeraden schneiden sich in F_3.

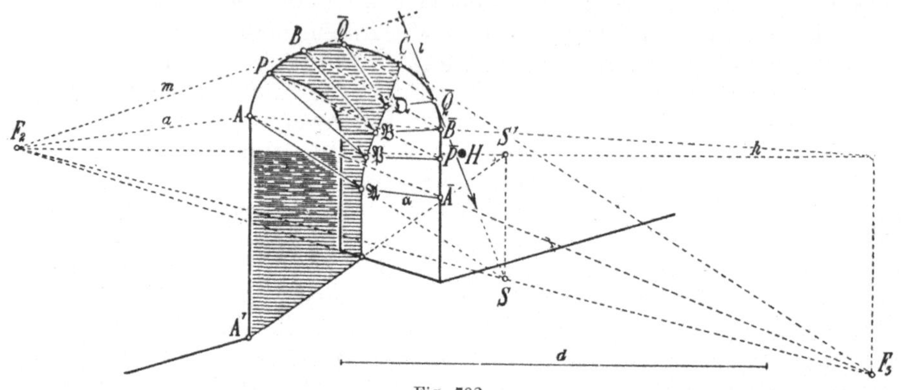

Fig. 792.

Mithin stellen sich jetzt die in Wahrheit parallelen Schnittgeraden der Hilfsebenen mit der Ebene der Mauer als die Geraden nach F_3 dar. Im übrigen ist die Konstruktion wie in Fig. 791; an die Stelle der Parallelen treten die Geraden nach S, F_3 und F_2. Der Endpunkt der Schattengrenze ist also der Punkt C in dem die von F_3 ausgehende Tangente den Torbogen berührt. Die Kurve kann man wieder über C hinaus fortsetzen. Die Fortsetzung berührt den äußersten Lichtstrahl l und die äußerste Mantellinie m des Torzylinders.

520. Schatten auf einer Turmhaube. Auch bei der Turmhaube in Fig. 793 handelt es sich um die Durchdringung von Zylindern mit gemeinsamer Grundkurve. Die Grundfläche der in beliebiger Parallelprojektion dargestellten Turmhaube sei ein Quadrat. Als Diagonalebenen seien die lotrechten Ebenen durch die Quadratdiagonalen bezeichnet. Wird in der einen Ebene die Kante der Haube von S an bis unten hin als Kurve gegeben, so kann man leicht die damit kongruenten übrigen drei Kanten zeichnen, da sie sich als affine Kurven darstellen. Die Affinitätsachse ist dabei die Turmachse. Die Turmhaube wird von vier Flächen gebildet, die Teile von Zylindern sind, deren Richtungen durch die Kanten des Grundquadrates angegeben werden. Als Grundkurven der Zylinder dienen die Kurven in den Diagonalebenen.

Angenommen, die Turmspitze S werfe auf die Grundebene der Turmhaube den allerdings nicht zustande kommenden Schatten ($\mathfrak{S}$). Für die Zylinder dienen als Hilfsebenen die Ebenen parallel zur Lichtrichtung und Zylinderrichtung. Für den linken Zylinder ist eine dieser Ebenen die Ebene durch S und durch die zur Zylinderrichtung parallele Gerade $\mathfrak{s}$ durch $(\mathfrak{S})$. Diese Ebene hat mit den Diagonalen des Quadrates die Punkte U und V gemein und schneidet die Diagonalebenen in SU und SV. Jede Parallelebene schneidet die Diagonalebenen in dazu parallelen Geraden, so daß die Konstruktion einfach ist: In den Diagonalebenen zieht man diejenigen Parallelen zu SU und SV, die die Diagonalkurven berühren, nämlich in den Punkten 1, 2 und 3. Die Mantellinien 11, 22, 33 oder a, b, c sind die Eigenschattengrenzen auf dem linken Zylinder. Allerdings kommt c nicht in Betracht, da die Ausbauchung den unteren Teil des Zylinders vollkommen in Schlagschatten setzt. Die Geraden SU und SV treffen die Diagonalkurven in P und Q; demnach schneidet der in der Ebene SUV enthaltene Lichtstrahl durch S den Zylinder in einem Punkte $\mathfrak{S}$ von PQ, der also der wirklich zustande kommende Schlagschatten von S ist. Das oberste Stück des Zylinders, der Zipfel zwischen a und S, wirft einen Schlag-

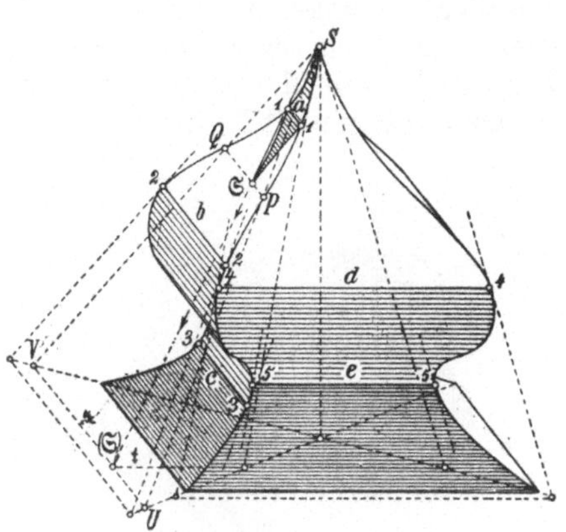

Fig. 793.

schatten in Form eines von a bis $\mathfrak{S}$ gehenden Zipfels. Man könnte die Kurven $\mathfrak{S}1$, die die Schlagschatten der Kurvenstücke $S1$ sind, Punkt für Punkt bestimmen, indem man höher als a gelegene Mantellinien Schlagschatten werfen läßt. Aber die Stücke sind so kurz, daß es sich nicht lohnt.

Was den vorderen Zylinder betrifft, so ist an die Stelle der Geraden $\mathfrak{s}$ die Parallele t zur vorderen Quadratkante zu setzen. Im übrigen gilt hier dasselbe. Die Ebene durch S und t schneidet die Diagonalebenen in von S ausgehenden Geraden, und die zu ihnen parallelen Tangenten der Diagonalkurven liefern die Endpunkte 4 und 5 der Eigenschattengrenzen d und e, von denen aber nur d in Betracht kommt, weil sich der untere Teil des Zylinders im Schlagschatten befindet.

521. Eckige Schatten stetiger Gebilde auf stetigen Flächen. Wenn auch die Konstruktion der Schlagschatten darauf hinauskommt, die Durchdringung von Lichtzylindern mit den schattenauffangenden Flächen zu ermitteln, ist doch zu berücksichtigen, daß man nur Teile der Durchdringungskurve braucht, denn es kommen immer nur diejenigen Punkte in Betracht, in denen die Lichtstrahlen zum ersten Male die schattenauffangende Fläche treffen. Hat der Lichtzylinder mit der Fläche insbesondere Tangentenebenen gemein, so weist die vollständige Durchdringungskurve Doppelpunkte auf (vgl. z. B. Nr. 513), und sie liegen auf der Eigenschattengrenze der Fläche. Da man für den Schlagschatten nur dasjenige Stück der Durchdringungskurve braucht, das dem an sich hellen Teile der Fläche angehört, kann es deshalb sehr wohl vorkommen, daß die Grenze des Schlagschattens Ecken auf der Grenzlinie des Eigenschattens der Fläche aufweist, denn in einem Doppelpunkte durchsetzt sich die Durchdringungskurve so, daß dort die beiden

Kurventangenten nicht zusammenfallen, sondern einen gewissen Winkel bilden. Infolgedessen ist es möglich, daß eine durchweg stetige Kurve oder ein durchweg stetig begrenzter Körper ohne jede Ecke oder Kante auf eine durchweg stetige Fläche einen Schatten wirft, dessen Umgrenzung Ecken zeigt.

In Fig. 794 wirft eine Kugel auf einen Rotationskegel einen derartigen Schatten. Der Lichtzylinder, der die Kugel umhüllt, ist nämlich so gelegen, daß er zwei Tangentenebenen mit dem Kegel gemein hat. Das sieht man daran, daß der nicht zustande kommende Schlagschatten der Kugel auf der Grundrißtafel, die Ellipse mit den Achsen $\mathfrak{AB}$ und $\mathfrak{CD}$, die Grenzlinien des Schlagschattens des Kegels in

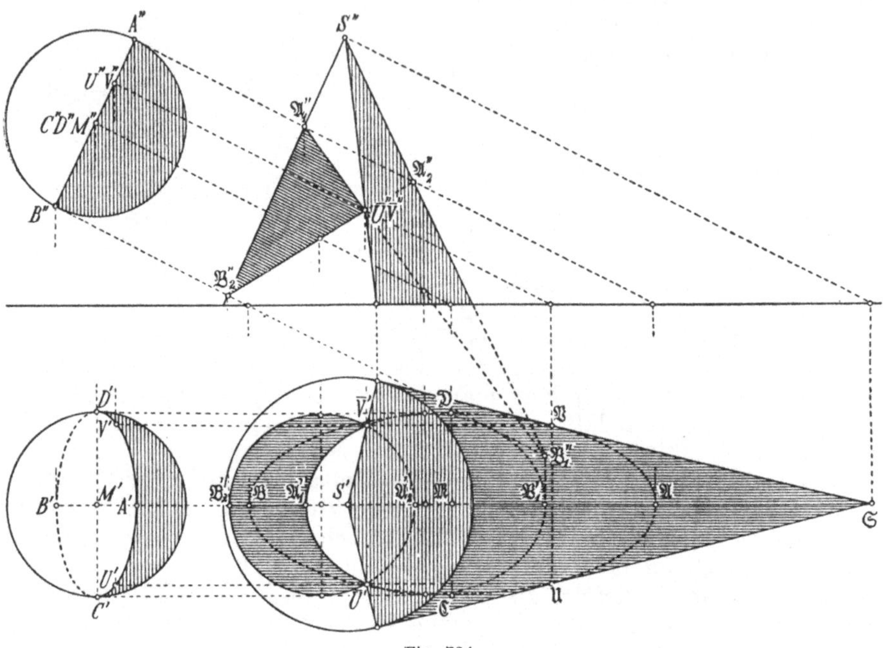

Fig. 794.

$\mathfrak{U}$ und $\mathfrak{B}$ berührt. Mithin schneidet der Lichtzylinder den Kegel nach Nr. 513 in zwei Ellipsen, die sich in den Doppelpunkten $\bar{U}$ und $\bar{V}$ treffen. Daher kommt es, daß der Schlagschatten der Kugel auf dem Kegel sichelförmig durch zwei halbe Ellipsen begrenzt ist.

Fig. 795 zeigt einen wagerecht schwebenden Kreis, der auf eine Halbkugel einen Schatten mit einer Ecke IV wirft. Dies liegt daran, daß die Tangentialebene des Lichtzylinders durch den Punkt 4 des Kreises die Kugel ebenfalls berührt. In beiden Fig. 794 und 795 ist die vollständige Durchdringungskurve des Lichtzylinders mit der Fläche angegeben, obwohl nur ein Teil von ihr als wirklich sichtbare Schattengrenze in Betracht kommt.

522. Übungen. 1) Man bestimme die Durchdringung zweier Rotationskegel, die auf der Grundrißtafel liegen, also diese Tafel als Tangentialebene haben (Nr. 507).

2) Ein auf der Grundrißtafel liegender Rotationszylinder, der also diese Tafel als Tangentialebene habe, soll einen Rotationskegel durchbohren, dessen Achse zur Grundrißtafel parallel sei (Nr. 508).

3) Auf der Grundrißtafel liegen zwei Rotationszylinder mit verschiedenen Radien. Ihre Durchdringung zu ermitteln.

4) Man bestimme die Durchdringung zweier Rotationskegel, von denen der eine eine lotrechte Achse und der andere eine wagerechte Achse hat, in dem Fall, wo beide Achsen sich schneiden (Nr. 510 oder 517).

5) Zwei schiefe Kreiskegel, deren Grundkreise der Grundrißtafel angehören, sollen so angenommen werden, daß ihre Durchdringungskurve ins Unendlichferne geht. Die Asymptoten der Kurve zu bestimmen (Nr. 511).

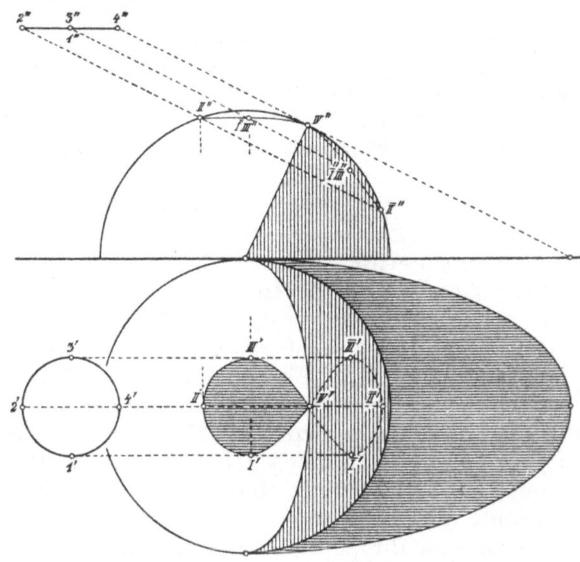

Fig. 795.

6) Die Durchdringung eines Rotationskegels mit lotrechter Achse und eines Rotationszylinders für den Fall zu bestimmen, wo der Zylinder die rechte äußerste Mantellinie des Kegels ebenfalls als Mantellinie hat (Nr. 512).

7) Die Grundrißtafel werde längs einer und derselben Geraden von zwei Rotationskegeln mit verschiedenen Spitzen berührt. Die Durchdringung der Kegel zu bestimmen (Nr. 512).

8) Durchdringung eines einschaligen Rotationshyperboloids mit lotrechter Achse und eines Rotationszylinders, dessen Achse wagerecht ist.

9) In perspektiver Darstellung zeichne man eine Brücke mit runder Öffnung so, daß der Durchblick nicht gehindert wird. Die Sonne befinde sich hinter der Bildtafel. Den Schlagschatten in der Brückenöffnung zu bestimmen (Nr. 519).

10) In perspektiver Darstellung löse man dieselbe Aufgabe wie in Fig. 792 von Nr. 519 für den Fall, daß die Lichtquelle eine Laterne sei.

11) Auf der Grundrißtafel liege ein halber Rotationszylinder, dessen Achse zur Aufrißtafel senkrecht ist, und eine Lichtrichtung sei gegeben.

Eine Kugel schwebe so hoch, daß sie gerade noch unterhalb der den Zylinder berührenden Lichtebene liegt, indem auch sie diese Ebene berühre. Gesucht der Schlagschatten, den die Kugel auf den Zylinder wirft. (Nr. 521).

§ 8. Reliefperspektive.

523. Begriff der Reliefperspektive. Wenn man Gegenstände perspektiv auf eine Tafel abbildet, erhält man eine Darstellung, die denselben Eindruck macht wie die Gegenstände selbst, vorausgesetzt, daß man das Auge genau an die Stelle des Projektionszentrums bringt. Eine geringfügige Bewegung des Auges zeigt aber sofort das Flächenhafte, Platte des Bildes. Besser ist es in dieser Hinsicht mit der stereoskopischen Abbildung (Nr. 315) bestellt, die überraschend gut das Körperliche vortäuscht. Sie hat jedoch, wie seinerzeit auseinandergesetzt wurde, ihre Beschränkungen. Insbesondere gewährt sie den darzustellenden Gegenständen einen zu kleinen Spielraum. Man kann auf einem anderen Wege versuchen, die Plattheit der Bilder zu beseitigen, nämlich dadurch, daß man statt ebener Zeichnungen erhabene Wiedergaben der Gegenstände in Form von Reliefs schafft. Die Reliefperspektive hat die Aufgabe, die geometrischen Gesetze dieser Abbildung festzulegen und anzuwenden.

Zu den Grundregeln der Reliefperspektive gelangt man durch eine naheliegende Verallgemeinerung der Perspektivität in der Doppelebene (Nr. 337). Diese setzt als gegeben ein Auge, eine Spurgerade s und eine dazu parallele Fluchtgerade f in der Ebene voraus und ordnet einer beliebigen Geraden g der Ebene als Bild $\mathfrak{g}$ diejenige Gerade zu, die s in demselben Spurpunkte S wie g trifft und nach dem Fluchtpunkte F von g geht, nämlich nach dem Schnittpunkte von f mit dem zu g parallelen Sehstrahl. Indem wir dies verallgemeinern, nehmen wir im Raum ein Auge oder Projektionszentrum O, eine Spurebene S und eine zu ihr parallele Fluchtebene F an. Ist dann g eine beliebige Gerade des Raumes, so heiße ihr Schnittpunkt S mit S ihr Spurpunkt und der Schnittpunkt F der Ebene F mit dem zu g parallelen Sehstrahl ihr Fluchtpunkt. Als Bild der Geraden g soll die Gerade $\mathfrak{g}$ durch S und F angenommen werden. Augenscheinlich deckt sich für einen Beobachter, der von O aus blickt, die Gerade $\mathfrak{g}$ mit g, und insbesondere deckt sich für ihn der unendlichferne Punkt der Geraden g mit dem Fluchtpunkte F. Aber man muß noch beweisen, daß jetzt auch jedem Punkte P des Raumes ein Bild $\mathfrak{P}$ zukommt, d. h. daß allen Geraden g durch einen Punkt P als Bilder lauter solche Geraden $\mathfrak{g}$ entsprechen, die ebenfalls durch einen gemeinsamen Punkt $\mathfrak{P}$ gehen, und daß dieser Punkt $\mathfrak{P}$ auf dem Sehstrahl OP liegt. Zu diesem Zwecke seien zwei sich in einem Punkte P schneidende Geraden g_1 und g_2 angenommen, siehe Fig. 796. Wenn der Strahl OP die Ebenen S und F in U und W trifft, und wenn g_1 und g_2 die Spurpunkte S_1 und S_2 haben, bekommt man leicht die Fluchtpunkte F_1 und F_2 von g_1 und g_2. Denn der zu g_1 parallele Sehstrahl bestimmt zusammen mit g_1 eine Ebene, die S in US_1 und daher F in einer zu US_1 parallelen Geraden durch W schneidet, so daß F_1 der Punkt ist, den diese Parallele mit dem zu g_1 parallelen Sehstrahl gemein hat.

Entsprechend geht F_2 hervor, indem WF_2 zu US_2 parallel sein muß. Ferner ist die Ebene von g_1 und g_2 zur Ebene OF_1F_2 parallel, d. h. F_1F_2 ist zu S_1S_2 parallel. Mithin sind US_1S_2 und WF_1F_2 Dreiecke mit parallelen Seiten, also ähnliche und ähnlich ge-legene Dreiecke, die somit einen Ähnlichkeits-punkt haben, nämlich den Schnittpunkt $\mathfrak{P}$ der drei Geraden UW, S_1F_1 und S_2F_2, d. h. des Sehstrahls OP und der Geraden $\mathfrak{g}_1$ und $\mathfrak{g}_2$. Hiermit ist bewiesen, daß zwei Geraden g_1 und g_2 durch einen Punkt P solche Bilder $\mathfrak{g}_1$ und $\mathfrak{g}_2$ haben, die durch einen Punkt $\mathfrak{P}$ des Sehstrahls OP gehen. Da der Punkt $\mathfrak{P}$ schon vollkommen bestimmt ist, wenn außer P eine durch P gehende Gerade g_1 gegeben ist,

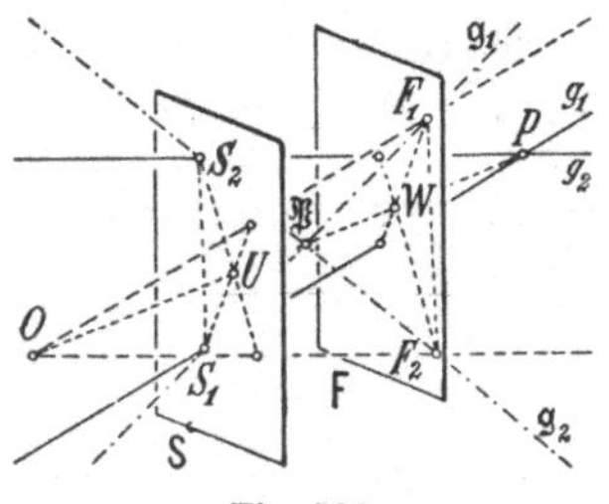

Fig. 796.

nämlich als Schnittpunkt von OP mit $\mathfrak{g}_1$, so erhellt, daß überhaupt jede Gerade, die durch P geht, als Bild eine Gerade durch $\mathfrak{P}$ hat.

Weiterhin erkennt man nun ohne Mühe, daß auch jede Ebene E als Bild eine Ebene $\mathfrak{E}$ hat. Wenn E die Ebene S in der Spur-geraden s schneidet und die zu E parallele Sehebene die Ebene F in der Fluchtgeraden f schneidet, siehe Fig. 797, ist das Bild $\mathfrak{E}$ von E die Ebene durch s und f. Jede in E gelegene Gerade g hat ihren Spur-punkt S auf s und ihren Fluchtpunkt F auf f, d. h. ihr Bild $\mathfrak{g}$ liegt in $\mathfrak{E}$. Demnach hat auch jeder in E gelegene Punkt P sein Bild $\mathfrak{P}$ in $\mathfrak{E}$. Mithin haben wir eine Abbildung der Punkte, Geraden und Ebenen des Raumes, bei der vereinigt liegenden Punkten, Geraden oder Ebe-nen (Nr. 4) immer auch vereinigt liegende Bilder entsprechen. Man kann daher beliebige aus Punk-ten, Geraden und Ebenen zusammen-gesetzte Gegenstände abbilden. Ihre Bilder machen, von O aus betrachtet, denselben Eindruck wie die Gegen-stände selbst. Von der gewöhnlichen Perspektive unterscheidet sich diese Art der Abbildung dadurch, daß die Bilder der räumlichen Gegenstände nicht eben, sondern wie die Gegen-stände selbst räumlich sind. Wie bei der gewöhnlichen Perspektive gibt es einen Fall, wo ein Punkt kein Bild hat. Der Punkt darf nämlich nicht

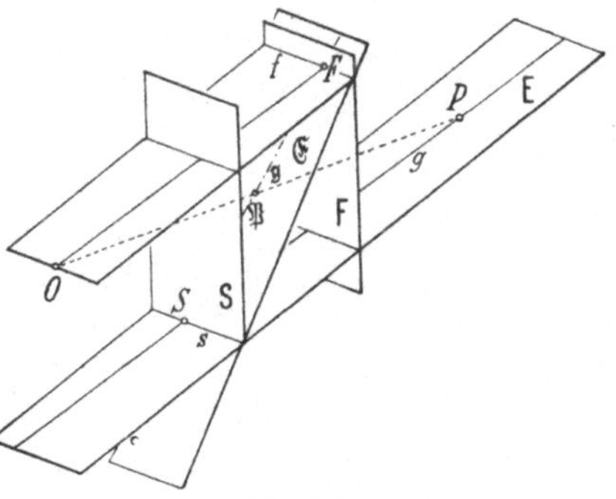

Fig. 797.

in O selbst liegen. Während bei der gewöhnlichen Perspektive solche Geraden und Ebenen, die durch O gehen, nur als Punkte oder Geraden abgebildet werden, ist jetzt jede durch O gehende Gerade oder Ebene ihr eigenes Bild.

Das Auge O braucht nicht so wie in Fig. 796 und 797 zu liegen. Es kann sich auch zwischen S und F oder jenseits von F befinden. Für die Herstellung von Reliefs nimmt man aber die bisher gewählte Lage an, und deshalb wollen wir sie beibehalten. Der ganze hinter S ge-legene Raum, von O aus gerechnet, wird als der Raumstreifen zwischen S und F abgebildet. Ausgedehnte räumliche Gegenstände hinter S liefern demnach verhältnismäßig schmale zwischen S und F gelegene räumliche

Bilder, und das sind eben die Reliefs. Die Ebene F stellt im Relief die unendlichferne Ebene dar; sie dient dem Relief als natürlicher Hintergrund.

524. Beispiel zur Reliefperspektive. Die Ergebnisse der Abbildung mittels Reliefperspektive stellen wir, da sie räumlich sind, im Grundriß und Aufriß dar. In Fig. 798 sind die Grundriß- und Aufrißtafel senkrecht zur Spurebene S und Fluchtebene F angenommen, die somit als Geraden S′, F′ und S″, F″ erscheinen. Das Auge O ist bestimmt zu

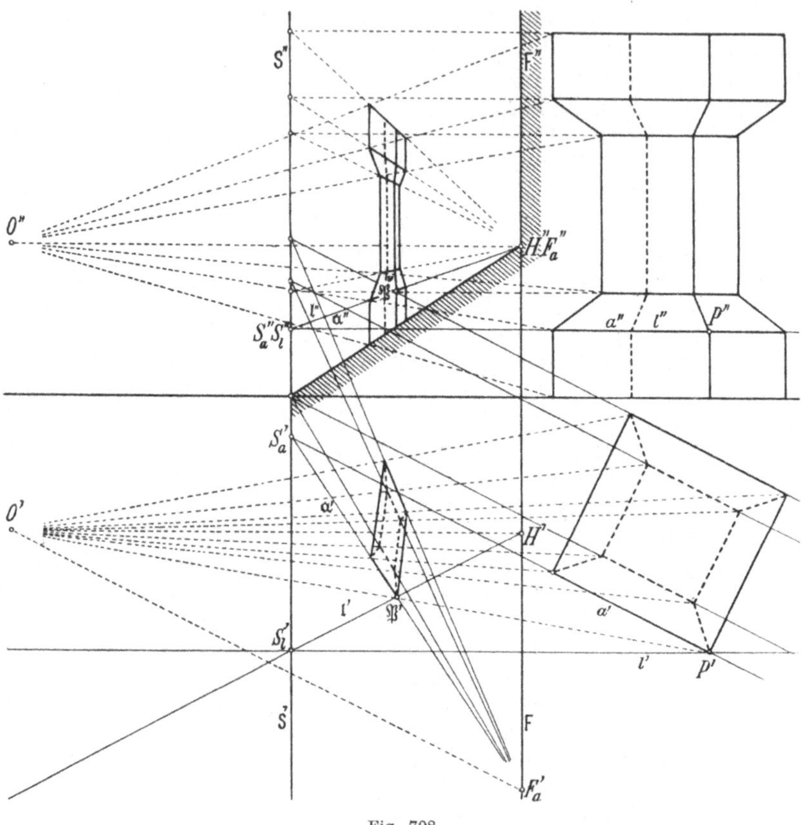

Fig. 798.

wählen. Als abzubildender Gegenstand werde dieselbe Säule wie in Fig. 431 von Nr. 301 benutzt. Wie damals kann man das Punkt- oder Geradenverfahren anwenden. Um z. B. das Bild $\mathfrak{P}$ des Punktes P zu bekommen, zieht man den Sehstrahl OP. Ferner fällt man von P das Lot l auf S. Dies Lot hat den Spurpunkt S_l auf S. Sein Fluchtpunkt ist der Schnittpunkt H von F mit dem zu l parallelen, d. h. zu S und F lotrechten Sehstrahl. Daher bilden sich alle zu S und F lotrechten Geraden als Geraden mit dem gemeinsamen Fluchtpunkt H ab, den man auch jetzt zweckmäßig den Hauptpunkt nennen wird (Nr. 300). Das Bild $\mathfrak{l}$ von l ist die Gerade $S_l H$. Mithin ist der gesuchte Punkt $\mathfrak{P}$ der Schnittpunkt von $S_l H$ mit OP. Um die Anwendung des Geradenverfahrens zu zeigen, genügt es, etwa die Kante a der Säule zu betrachten. Ihr Spurpunkt S_a ist ihr Schnittpunkt mit S und ihr Fluchtpunkt F_a der Schnittpunkt von F mit dem zu a parallelen Sehstrahl. Also ist S_aF_a das gesuchte Bild a. Der Aufriß a'' fällt übrigens mit $1''$ zusammen. Der Grundriß des Säulenbildes geht aus dem Grundriß der Säule selbst mittels derjenigen Perspektivität hervor, bei der O' das Auge, S' die Spurgerade und F' die Fluchtgerade ist (Nr. 337). Entsprechendes gilt für den Aufriß des Säulenbildes: Er entsteht aus dem Aufriß der Säule selbst mittels derjenigen Perspektivität, bei der O'' das Auge, S'' die Spurgerade und F'' die Fluchtgerade ist.

Die wagerechte Ebene, auf der die Säule steht, bildet sich als eine ansteigende Ebene ab. Ihre Fluchtgerade ist die Schnittgerade von F mit der durch O gelegten wagerechten Ebene, und diese Gerade kann man auch jetzt als den Horizont (Nr. 300) bezeichnen, denn sie enthält die Bilder aller unendlichfernen Punkte aller wagerechten Ebenen. Die untere Begrenzung des Reliefs liefert das geschrafft hervorgehobene Bild der Grundebene, und der Hintergrund des Reliefs ist, wie schon gesagt (Nr. 523), die ebenfalls durch Schraffen gekennzeichnete Fluchtebene F.

525. Die Augenebene und die Verschwindungsebene. Die zu S und F parallele Ebene O durch das Auge O heiße die Augenebene, siehe Fig. 799. Diejenige Ebene V, die sich aus der Augenebene O durch dieselbe Verschiebung ergibt, wodurch die Fluchtebene F in die Spurebene S übergeht, soll die Verschwindungsebene genannt werden, weil sie jetzt diejenige Rolle spielt, die der Verschwindungsebene bei der gewöhnlichen Perspektive zukommt (Nr. 292, 294). Denn eine Gerade g und der zu ihr parallele Sehstrahl bestimmen eine Ebene, die alle vier Ebenen V, O, S, F in parallelen Geraden schneidet.

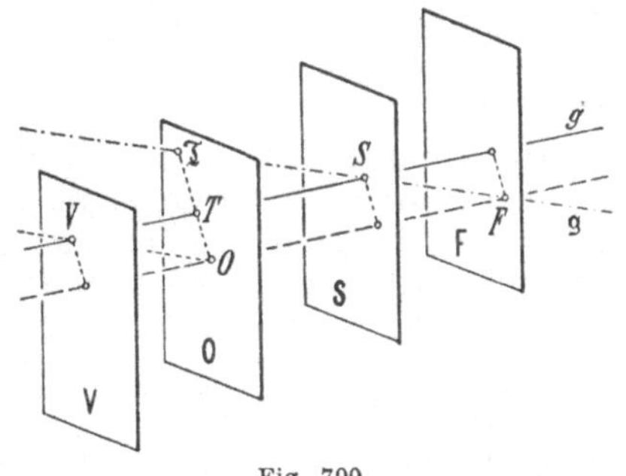

Fig. 799.

Da nun das Bild $\mathfrak{g}$ von g durch den Schnittpunkt S von g mit S geht, ist das Bild $\mathfrak{g}$ der Geraden g parallel zu dem Sehstrahl nach dem Punkte V, in dem g die Verschwindungsebene V trifft. Somit ist die Verschwindungsebene der Ort aller Punkte V, deren Bilder unendlich fern sind. Nur solche Geraden g, die sich auf der Verschwindungsebene treffen, haben Bilder, die zueinander parallel sind.

Bei der gewöhnlichen Perspektive war es die durchs Auge parallel zur Tafel gelegte Ebene, die diese Rolle spielte. Hier jedoch ist die Augenebene O ebenso wie die Spurebene S eine Ebene, die mit ihrem Bilde zusammenfällt. Während aber jeder Punkt S der Spurebene S sein eigenes Bild ist, ergibt sich als Bild $\mathfrak{T}$ eines beliebigen Punktes T der Augenebene O ein von T verschiedener Punkt.

Weiterhin ergibt sich: Das Bild $\mathfrak{E}$ einer Ebene E ist parallel zur Sehebene durch diejenige Gerade, in der E die Verschwindungsebene schneidet.

526. Reliefperspektive Abbildung von Kurven und Flächen zweiten Grades. Eine Kurve zweiten Grades, d. h. ein Kegelschnitt k (Nr. 390) gehört einer Ebene E an. Ist $\mathfrak{E}$ das Bild der Ebene E, so ergibt sich das Bild $\mathfrak{k}$ von k als Schnitt von $\mathfrak{E}$ mit dem Kegel der nach k gehenden Sehstrahlen. Dies ist ein Kegel zweiten Grades, daher der Schnitt ein Kegelschnitt:

Ein Kegelschnitt bildet sich vermöge der Reliefperspektive als Ellipse, Parabel oder Hyperbel ab, je nachdem er die Verschwindungsebene meidet, berührt oder schneidet.

Da eine Fläche zweiten Grades durch die Eigenschaft gekennzeichnet ist, daß sie als ebene Schnitte nur Kegelschnitte hat (Nr. 458), ergibt sich ferner:

Das Relief einer Fläche zweiten Grades ist ebenfalls eine Fläche zweiten Grades.

Insbesondere entsteht aus einer Kugel vermöge der Reliefperspektive ein Ellipsoid, wenn die Kugel die Verschwindungsebene meidet, ein elliptisches Paraboloid, wenn sie diese Ebene berührt, und ein zweischaliges Hyperboloid, wenn sie diese Ebene schneidet. Durch die räumliche Affinität, von der in Nr. 458 die Rede war, geht aus der Kugel stets ein Ellipsoid hervor.

527. Mängel der Reliefperspektive. Ein erster Einwand gegen die Anwendung der Reliefperspektive entspringt aus der Betrachtung der Fig. 798 von Nr. 524. Als Bild der Säule ergab sich eine Säule von verzerrter Form, die auf dem ansteigenden Bilde der Grundebene steht. An der verzerrten Form der Säule ist kein Anstoß zu nehmen, denn vom richtigen Auge O aus betrachtet wird sie doch denselben Eindruck wie die regelmäßig gestaltete Säule machen. Wohl aber daran, daß sie hier auf der schrägen Ebene aufsteht, losgelöst vom Hintergrunde. Der Künstler will keine Reliefs darstellen, bei denen leere Räume zwischen den Gegenständen und dem Hintergrunde vorkommen. Abgesehen von anderen Gründen ist dafür der Umstand maßgebend, daß derartige freistehende Teile bei der Beleuchtung im gewöhnlichen Tageslichte unliebsame Schatten werfen. Indem wir überhaupt auf den Schatten in der Reliefperspektive näher eingehen, kommen wir nun zu einem zweiten und viel bedeutenderen Einwande gegen die Benutzung der Reliefperspektive:

Ist ein Relief hergestellt worden und wird es im Tageslichte betrachtet, so sieht man darin die Schatten, die durch die Sonne auf dem Relief hervorgebracht werden. Die Frage ist, was für eine Art von Beleuchtung der eigentlichen Gegenstände durch diese Sonnenbeleuchtung des Reliefs vorgetäuscht wird. In Fig. 800, wo wieder die Grundriß- und Aufrißtafel zu S und F senkrecht angenommen sind wie in Fig. 798 von Nr. 524, sei die Richtung der Sonnenstrahlen durch die Projektionen $\mathfrak{l}'$ und $\mathfrak{l}''$ des durch O gehenden Strahls gegeben. Es reicht aus, den Schatten einer lotrechten Strecke zu untersuchen. Die Strecke PQ, die in Q auf der Grundrißtafel senkrecht steht, hat als Bild eine Strecke $\mathfrak{PD}$, die in $\mathfrak{D}$ auf der schrägen Grundebene des Reliefs steht. Indem man durch $\mathfrak{P}$ den zu $\mathfrak{l}$ parallelen Lichtstrahl zieht, bekommt man ohne weiteres den Schlagschatten $\overline{\mathfrak{P}}$, den $\mathfrak{P}$ auf die schräge Grundebene wirft. Da die Sonne das Relief, nicht den eigentlichen

Gegenstand beleuchtet, hat man die Sonnenstrahlen als Bilder der Strahlen
bei einer gewissen Beleuchtung der Gegenstände selbst aufzufassen.
Insbesondere ist der durch $\mathfrak{P}$ gehende Strahl $\mathfrak{P}\mathfrak{P}$ das Bild des Strahls l,
der vom Spurpunkte S aus nach P geht. Nun sind alle Sonnenstrahlen
parallel. Nach Nr. 525 sind sie demnach als Bilder von Strahlen aufzufassen, die alle von einem Punkte L ausgehen, nämlich vom zugehörigen Verschwindungspunkte, d. h. von dem Schnittpunkte des durch O
gehenden Strahls l mit der Verschwindungsebene V.

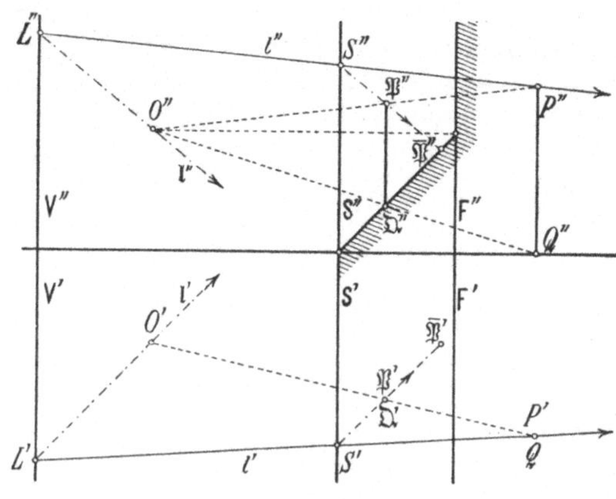

Fig. 800.

Mithin ist die Sonnenbeleuchtung des Reliefs das Abbild
einer Beleuchtung der eigentlichen Gegenstände durch eine
im Endlichen und zwar auf der Verschwindungsebene V befindlichen Lichtquelle L. Eine derartige Beleuchtung der Gegenstände ist aber unnatürlich, wenn man z. B. im Relief ausgedehntere
Baulichkeiten darstellt. Denn solche Bauten denkt man sich durch parallele Strahlen wie durch die Sonne beleuchtet und nicht so, als ob sich
an einer Stelle L eine Laterne befinde. Dies ist der Grund, weshalb
ein Relief, das man bei klarem Tageslichte betrachtet, wegen der dann
unvermeidlich entstehenden Schatten einen unbefriedigenden Eindruck
macht. Man kann höchstens durch künstliche Beleuchtung des Reliefs
erzielen, daß sie einer Sonnenbeleuchtung der eigentlichen Gegenstände
entspricht. Dazu wäre jedoch nötig, die Lichtstrahlen in einem Punkte
des Hintergrundes zusammenlaufen zu lassen, und das macht technische
Schwierigkeiten.

Man behauptet, daß die Reliefperspektive die Richtlinien für die
sogenannte Theaterperspektive gebe. Dem widerspricht, daß sich die
auf der Bühne auftretenden Personen dem Relief gar nicht einordnen.

Die Reliefperspektive sucht sowohl die Wünsche des Malers als auch
die des Bildhauers zu befriedigen und scheitert daran, daß sie **zwei**
Herren zugleich dienen will.

Anmerkung. Die erste wissenschaftliche Behandlung der Reliefperspektive findet
sich in dem „Versuch einer Erläuterung der Reliefperspektive“, Magdeburg
1798, vom Theatermaler und Kunstschuldirektor Breysig in Danzig. J. V. Poncelet
(Nr. 5) entwickelte in seinem „Traité des propriétes projectives des figures“ auf
S. 356—408 die Theorie ausführlich. In den neueren Lehrbüchern der darstellenden
Geometrie wird die Reliefperspektive fast immer behandelt. Insbesondere nennen

wir die Einzelschrift von **Ludwig Burmester** (geb. 1840 in Othmarschen, Professor der darstellenden Geometrie an der Technischen Hochschule Dresden, dann München): „**Grundzüge der Reliefperspektive nebst Anwendung zur Herstellung reliefperspektivischer Modelle**", Leipzig 1883. In naher Beziehung zur Reliefperspektive steht, wie schon gesagt, die **Theaterperspektive**, außerdem die **Theorie der Panoramen**.

528. Übungen. 1) Die vier parallelen Ebenen V, O, S, F (Nr. 525) zerlegen den Raum in fünf Teile. Man untersuche, als welche Stücke des Raumes sich diese Teile abbilden.

2) Zu beweisen: Wenn der Sehstrahl nach einem Punkte P die Ebenen V, S, F in V, S, F schneidet, teilt P die Strecke VS in demselben Verhältnis wie S die Strecke von F nach dem Bildpunkte $\mathfrak{P}$ von P.

3) Man bestimme die reliefperspektiven Bilder der Hauptschnitte einer Kugel (Nr. 92), falls einer der Hauptschnitte parallel zur Spurebene S ist (Nr. 526).

Namenverzeichnis

zu beiden Bänden des Werkes in der zweiten Auflage. Die Zahlen geben die N u m m e r n, nicht die Seiten an. An den durch Kursivdruck kenntlich gemachten Stellen finden sich Lebensdaten.